2025 전기공사 산업기사 실기

공학박사 김상훈 편저 / 한빛전기수험연구회 감수

편저 **김상훈**

건국대학교 전기공학과 졸업(공학박사)
現 엔지니어랩 전기분야 대표강사
現 ㈜일렉킴에듀 대표
現 인하공업전문대학 교수
現 대한전기학회 이사(정회원)
前 커넥츠 전기단기 전기분야 대표강사
前 NCS 전기분야 집필진
前 에듀윌 전기기사 대표강사
前 김상훈전기기술학원 원장
前 EBS 전기(산업)기사/전기공사(산업)기사 교수
前 한국조명설비학회 이사(정회원)

저서 : 『2025 회로이론』 외 기본서 시리즈 7종
　　　『2025 전기기사 필기』 외 3종
　　　『2025 전기기사 실기』 외 3종
　　　『파이널 특강 – 전기기사 필기』 외 5종
　　　『2025 전기기사 필기 7개년 기출문제집』 외 1종
　　　『2025 전기기능사 필기 기출문제집』 외 1종
　　　『2024 9급 공무원 전기직 전기이론』 외 5종
　　　『2024 고등학교 교과서 전기설비』

감수 **한빛전기수험연구회**

동영상 강좌 수강
엔지니어랩 https://www.engineerlab.co.kr

2025 전기공사산업기사 실기

초판 발행　　　2021년 3월 1일
25년 개정판 발행 2025년 3월 15일
편저자 김상훈
펴낸이 배용석
펴낸곳 도서출판 윤조
전화 050-5369-8829 / **팩스** 02-6716-1989
등록 2019년 4월 17일
ISBN 979-11-92689-90-6 13560
정가 42,000원

이 책에 대한 의견이나 오탈자 및 잘못된 내용에 대한 수정 정보는 아래 홈페이지와 이메일로 알려주시기 바랍니다.
홈페이지 www.yoonjo.co.kr / 이메일 customer@yoonjo.co.kr

이 책의 저작권은 김상훈과 도서출판 윤조에게 있습니다.
저작권법에 의해 보호를 받는 저작물이므로 무단 복제 및 무단 전재를 금합니다.

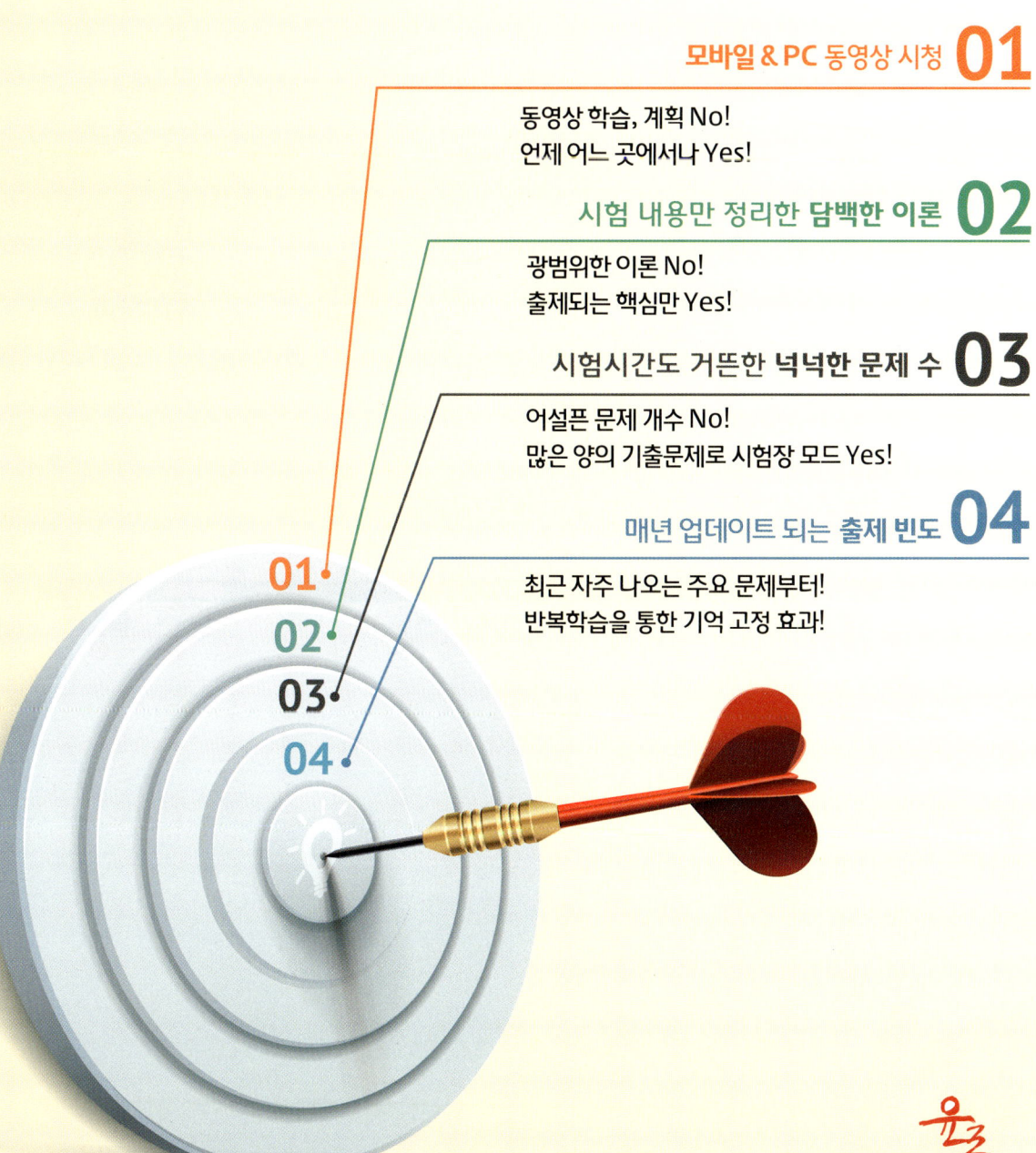

동영상 강좌 안내

| 무료 & 유료 동영상 강의 수강 방법 |

❶ 엔지니어랩 사이트 접속

인터넷 주소표시줄에 [https://www.engineerlab.co.kr]을 입력하여 홈페이지에 접속합니다.

※ 인터넷 검색창에 '엔지니어랩'을 검색하거나 하단 QR코드로 홈페이지에 접속할 수 있습니다.

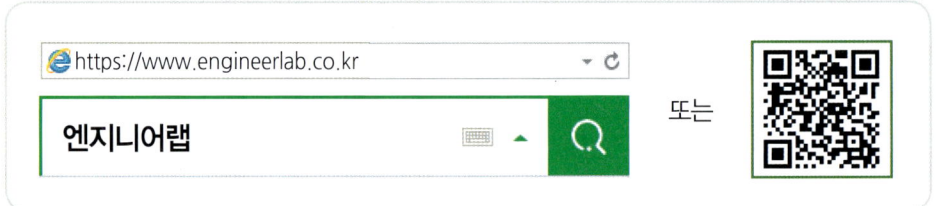

❷ 회원가입 (로그인)

화면 우측 상단에 있는 「회원가입」을 클릭하여 가입 후 「로그인」합니다.

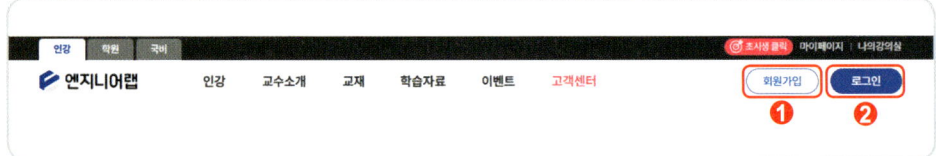

❸ 회원가입 혜택 받기

화면 좌측 상단에 있는 「이벤트」를 클릭하여 다양한 무료 혜택 및 맞춤 할인 혜택을 받아볼 수 있습니다.

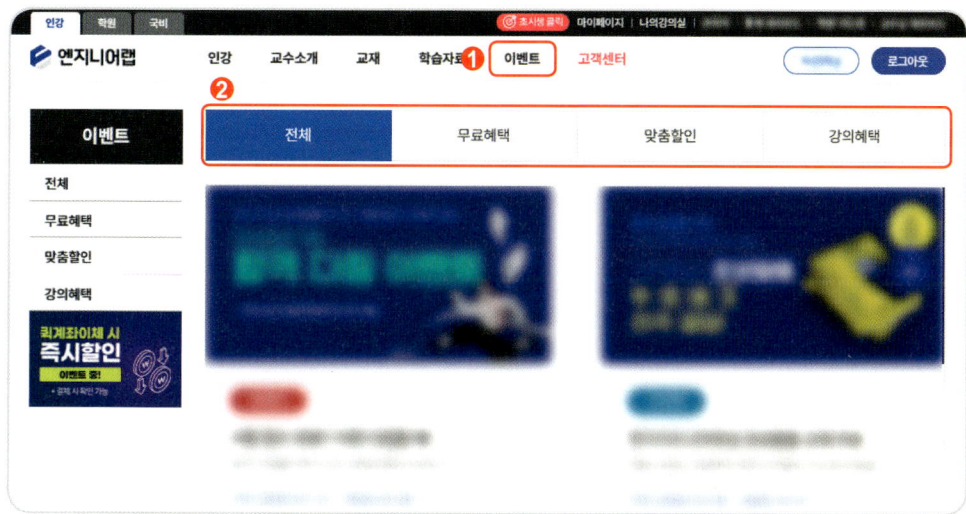

❹ 무료 학습자료 이용

화면 좌측 상단에 있는 「학습자료」를 클릭 후 원하는 메뉴를 선택합니다. 최신 시험 정보부터 무료 특강까지 다양한 학습자료를 이용하실 수 있습니다.

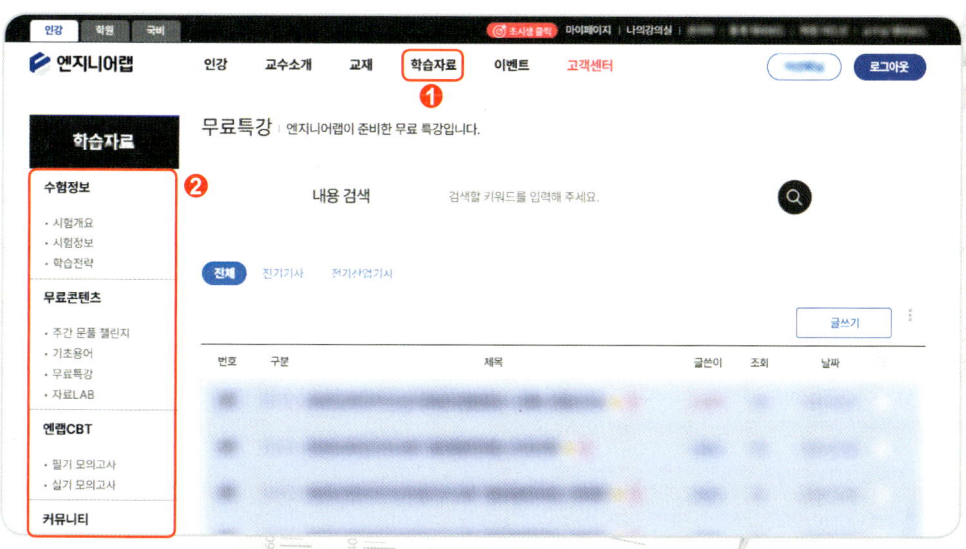

❺ 유료 강의 수강

화면 좌측 상단에 있는 「인강」를 클릭 후 원하는 과정을 선택하고 나에게 맞는 상품을 선택하여 수강신청 합니다.

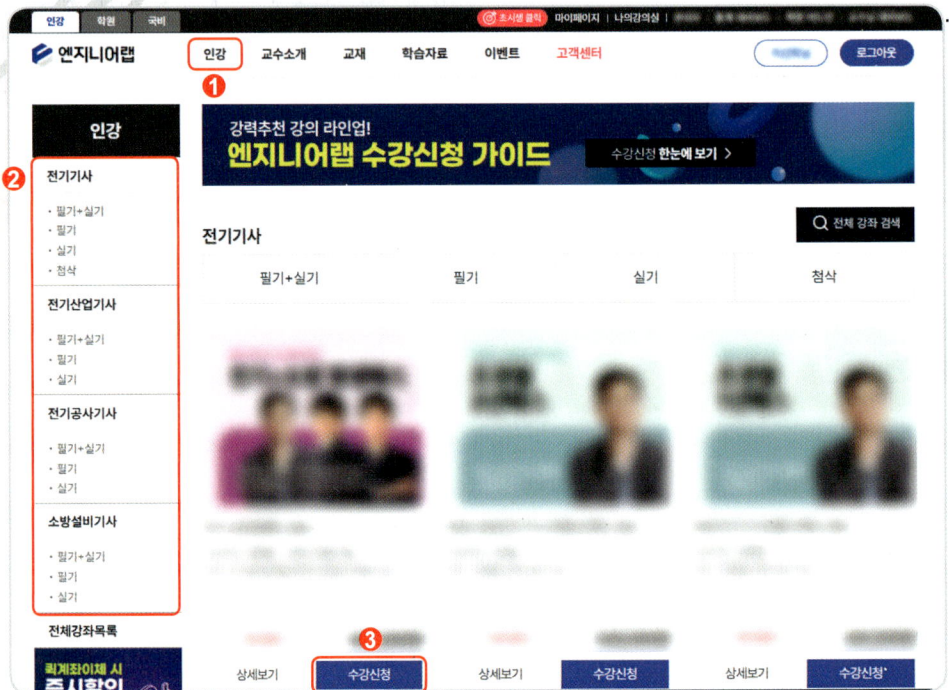

❻ 쿠폰 적용 및 결제

구매하시려는 상품과 금액을 확인하시고 최종 결제 전 잊으신 할인 혜택은 없는지 다시 한번 꼭 확인해주세요.

※ 엔지니어랩에서는 환승 할인, 대학생 할인, 내일배움카드 소지 할인 등 다양한 할인혜택을 제공하고 있으며, 자세한 내용은 「맞춤할인 혜택 확인하기」 참고 부탁드립니다.

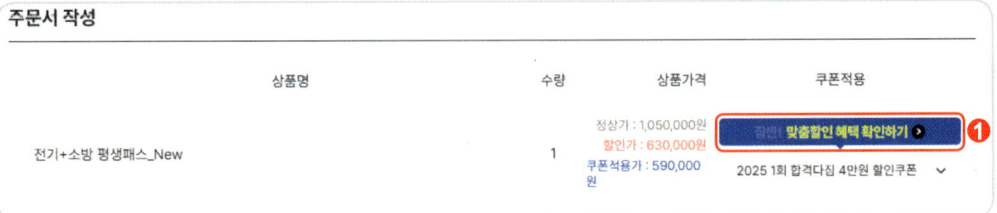

국내 유일 실시간 강의
유튜브 김상훈 TV

전기는 김상훈이 답이다
(전기기사, 공무원(전기직), 공기업(전기직))

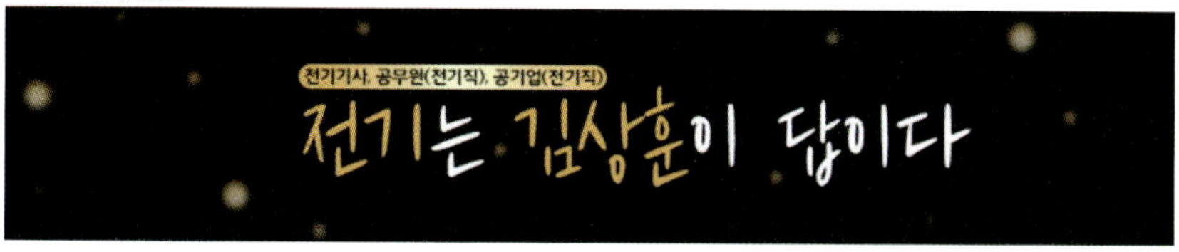

- 목표는 오직 좀 더 많은 수험생들의 합격!
- 국내 유일의 유튜브 실시간 Live 강의(유튜브 김상훈 TV 검색)
- 합격 설명회, 실기, 필기, 공무원 등 다양한 콘텐츠 무료 시청

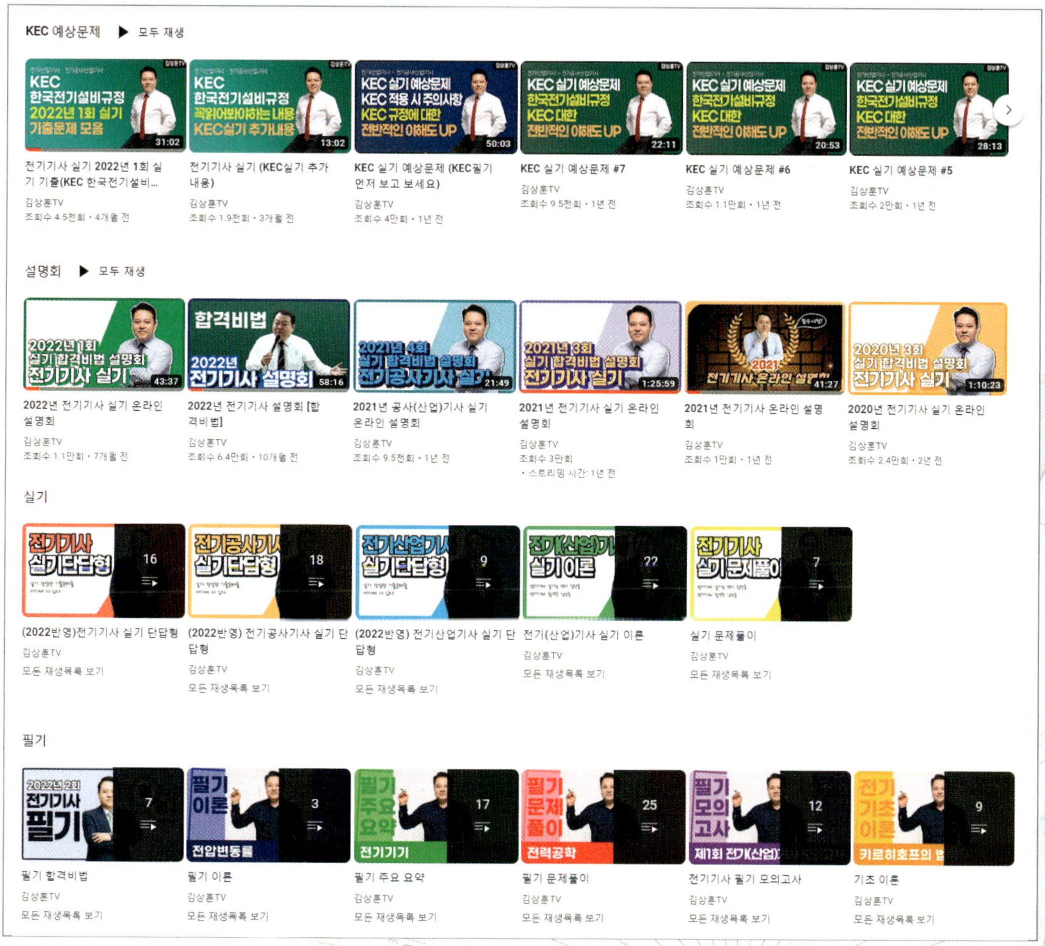

KEC 예상문제 ▶ 모두 재생

- 전기기사 실기 2022년 1회 실기 기출(KEC 한국전기설비… / 김상훈TV / 조회수 4.5천회 · 4개월 전 / 31:02
- 전기기사 실기 (KEC실기 추가내용) / 김상훈TV / 조회수 1.9천회 · 3개월 전 / 13:02
- KEC 실기 예상문제 (KEC필기 먼저 보고 보세요) / 김상훈TV / 조회수 4만회 · 1년 전 / 50:03
- KEC 실기 예상문제 #7 / 김상훈TV / 조회수 9.5천회 · 1년 전 / 22:11
- KEC 실기 예상문제 #6 / 김상훈TV / 조회수 1.1만회 · 1년 전 / 20:53
- KEC 실기 예상문제 #5 / 김상훈TV / 조회수 2만회 · 1년 전 / 28:13

설명회 ▶ 모두 재생

- 2022년 전기기사 실기 온라인 설명회 / 김상훈TV / 조회수 1.1만회 · 7개월 전 / 43:37
- 2022년 전기기사 설명회 (합격비법) / 김상훈TV / 조회수 6.4천회 · 10개월 전 / 58:16
- 2021년 공사(산업)기사 실기 온라인 설명회 / 김상훈TV / 조회수 9.5천회 · 1년 전 / 21:49
- 2021년 전기기사 실기 온라인 설명회 / 김상훈TV / 조회수 3만회 · 1년 전 · 스트리밍 시간: 1년 전 / 1:25:59
- 2021년 전기기사 온라인 설명회 / 김상훈TV / 조회수 1만회 · 1년 전 / 41:27
- 2020년 3회 전기기사 실기 온라인 설명회 / 김상훈TV / 조회수 2.4만회 · 2년 전 / 1:10:23

실기

- (2022반영)전기기사 실기 단답형 / 김상훈TV / 모든 재생목록 보기 / 16
- (2022반영) 전기공사기사 실기 단답형 / 김상훈TV / 모든 재생목록 보기 / 18
- (2022반영) 전기산업기사 실기 단답형 / 김상훈TV / 모든 재생목록 보기 / 9
- 전기(산업)기사 실기 이론 / 김상훈TV / 모든 재생목록 보기 / 22
- 실기 문제풀이 / 김상훈TV / 모든 재생목록 보기 / 7

필기

- 필기 합격비법 / 김상훈TV / 모든 재생목록 보기 / 7
- 필기 이론 / 김상훈TV / 모든 재생목록 보기 / 3
- 필기 주요 요약 / 김상훈TV / 모든 재생목록 보기 / 17
- 필기 문제풀이 / 김상훈TV / 모든 재생목록 보기 / 25
- 전기기사 필기 모의고사 / 김상훈TV / 모든 재생목록 보기 / 12
- 기초 이론 / 김상훈TV / 모든 재생목록 보기 / 9

※ 자세한 강의 시간표는 다음 일렉킴 카페(https://cafe.daum.net/eleckimedu) > 유튜브 방송 시간표 참고

실기 출제기준

출제기준 원본의 상세 내용은 Q-NET 홈페이지(www.q-net.or.kr)에서 꼭 확인해야 합니다.

※ 아래 내용은 출제기준 내용 중에서 '세세항목'은 요약하여 정리한 것입니다. 정확한 내용은 꼭 Q-NET 홈페이지나 도서출판 윤조 사이트(www.yoonjo.co.kr)에서 다운로드 받아 확인하시기 바랍니다.

※ 시퀀스와 논리회로가 21년 1회 시험 이후 출제되고 있으므로 출제 가능성에 대비하시기 바랍니다.

자격 종목	전기공사기사, 전기공사산업기사	적용기간	2024.1.1~2026.12.31

▶ 직무내용 : 전기공사에 관한 공학기초지식을 가지고 전기공작물의 재료견적, 공사시공, 관리, 유지 및 이와 관련한 보수공사와 부대공사 시공의 관리에 관한 업무를 수행하는 직무이다.

▶ 수행준거 :
1. 전기설비도면을 해독하고, 설치 작업절차에 따라 시공, 관리업무를 수행할 수 있다.
2. 전기설비도면에 대한 공사원가를 산정할 수 있다.
3. 전기설비 공사 관리에 대한 전반적인 업무를 수행할 수 있다.

▶ 실기과목명 : 전기설비견적 및 시공

자격 종목	세부항목	세세항목
1. 시공계획	1. 설계도서 검토하기	• 설계도서 • 전기공사의 종류와 자재의 규격 등 • 발주처 요구사항, 전기설비기술기준, 공사시방서 등과의 적합성
	2. 현장조사 및 분석하기	• 최적의 설비 구축 • 전력의 인입, 공급계획 수립 • 현장의 대지저항률에 기반한 접지설비 계획 • 현장의 낙뢰빈도 기반 피뢰설비 계획
	3. 법규 및 규정 검토하기	• 전기설비기술기준 • 공사와 관련된 관계법 • 전기설비 설계, 감리, 유지관리 관련법 • 전기설비 기능, 용도, 안정성 확보 위한 기초이론
	4. 공정 및 안전관리 계획하기	• 네트워크 공정표(PERT, CPM 등) 이해 및 분석 • 공사의 진행 순서 및 투입요소판단 • 안전관리의 기본원칙과 규정 • 전기안전에 관한 규제사항 이해 및 적용
	5. 시공자재 선정하기	• 재료비 구성요소 • 산출된 수량 검증 • 품목별 규격별 적용 단가 판단 • 설계도서에 따른 시공방법 및 요구사항 이해

2. 공사비 산정	1. 공사내역 및 원가계산 기준 검토하기	• 시공방법 및 구성요소 • 계약의 종류와 방법과 구성요소 • 국가계약법 등 각종 규제사항 • 자재 및 인건비와 경비 산출 • 일반관리비, 이윤 등 산출
	2. 재료비 산출하기	• 재료비 세부비목과 내용 또는 범위 결정 • 적산 수량 계산 • 품목별 규격별 적용 단가 결정
	3. 노무비 산출하기	• 적정인건비 산출 위한 일반적 기준 이해 • 공량의 조정 및 적용 • 공사 규모, 기간, 시공조건 감안한 공량 선택 적용
	4. 경비 산출하기	• 원가계산에 의한 예가작성기준 이해 • 실적공사비에 의한 예가작성기준 이해 • 공사비 조정에 따른 각종 요율 반영 방식 이해
3. 전기설비 설치	1. 송전설비 설치하기	• 철탑기초 • 철탑 조립, 볼트 채움, 조이기, 가선공사 등 • 송전접지 시공 및 접지저항 측정 • 가선공사 시공 및 와이어, 전력선 연선 작업 • 애자장치 조립, 이도 측정, 댐퍼 취부 작업
	2. 배전설비 설치하기	• 지지물 및 지선 • 배전접지 시설 • 주상 기기 설치 • 인입선 설치 및 계기 부설
	3. 변전설비 설치하기	• 변전소 접지 시공 • 모선 및 변압기 • 가스절연개폐장치 • 개폐장치 및 전압조정설비, 변성기, 피뢰기 • 보호계전기반, 감시제어장치
	4. 부하설비 설치하기	• 수변전설비 • 예비전원설비 • 조명 및 전원설비, 동력 설비 • 간선설비 • 엘리베이터, 에스컬레이터 등
	5. 신재생에너지 설치하기	• 태양광발전설비 • 풍력발전 • 연료전지발전 • 기타 신재생에너지설비
4. 시험검사	1 시험 측정하기	• 접지저항과 절연저항 • 전압 및 전류 측정 • 상회선 방향 • 조도측정
	2. 시운전하기	• 수변전설비의 보호장치에 대한 종합 연동시험 • 변압기 운전 • 발전기 운전 및 절체 시험 • 전선로 가압시험 • 계통연계장치 구성 및 동작
	3. 사용전 검사하기	• 전기기기의 구조 및 외관검사 • 접지저항, 절연저항, 절연내력, 절연유성능, 시스템 동작 • 단락개방시험 • 전선로검사 • 보호장치의 정정 및 계측 • 제어회로 및 기기 종합조작시험(종합연동, 인터록)

이 책의 학습 방법

최신 기출문제부터 과년도 순서대로 풀어보세요. 다시 출제 빈도수가 높은 문제부터 풀어보고 이해가 안 되는 내용은 엔지니어랩(https://www.engineerlab.co.kr) 홈페이지에 남겨주세요.

1. 2001년부터 2024년까지 24개년 기출문제를 한 권에!

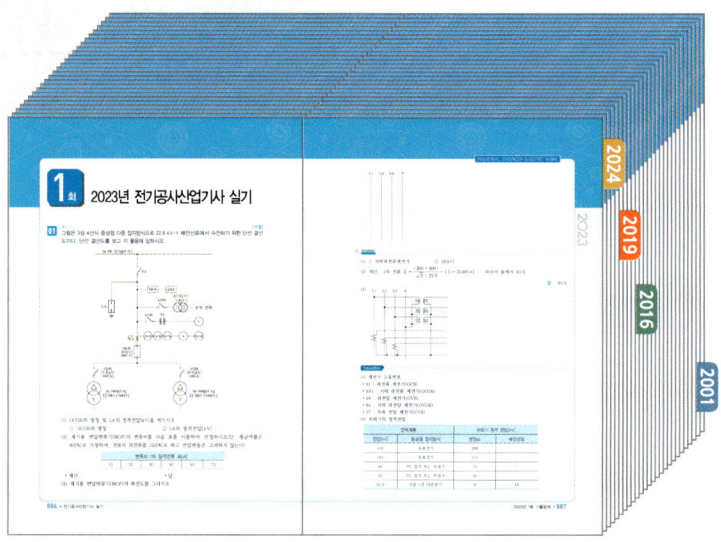

2. 별이 다른 문제? 출제빈도수가 다르니까요~

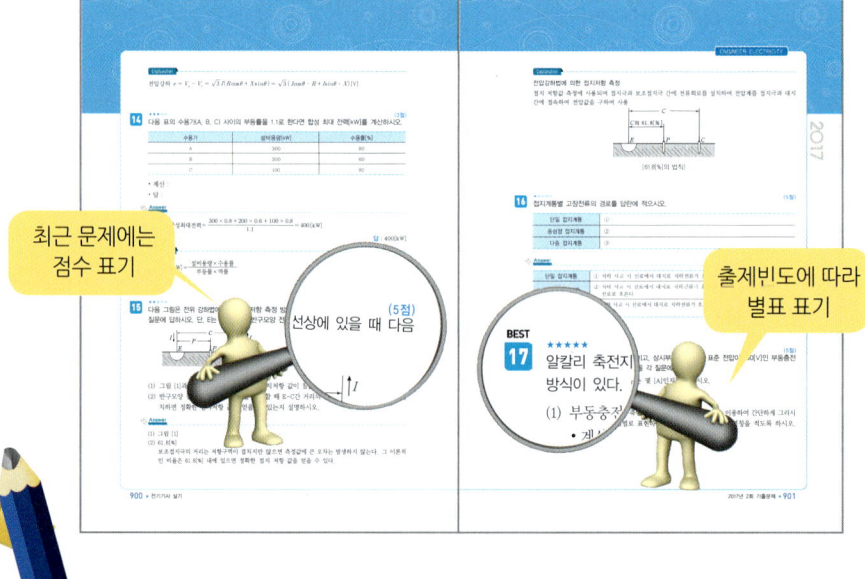

3. 실기, 이렇게 공부하세요!

STEP 1 실기 이론 비법서를 빠르게 학습합니다.

▶ 실기 이론 비법서는 지난 24년간(2001년~2024년) 동안 출제된 모든 유형의 문제를 분석하여 집대성한 자료로, 실기시험의 보고라 할 수 있습니다. 필기 때 공부한 이론이 기초가 되지만, 실기 시험에 그 모든 내용이 출제되는 것은 아닙니다. 비법서로 실기 시험에 출제되는 내용을 다시 확인하고 넘어가세요.

STEP 2 이 책의 기출문제를 모두 풀어봅니다.

▶ 기출문제 전체(2001년~2024년)를 순서대로 풀어나가면서 유형별로 푸는 방법을 익힙니다. 문제별로 표시된 출제빈도를 참고하면서 자주 출제되는 유형은 반드시 암기하세요.
일정 비율 이상 출제되는 단답형 문제에 대해서는 실기 단답형 문제집을 활용해서 단계별 학습을 통해서 철저히 암기해서 확실하게 득점할 수 있도록 합시다.

STEP 3 부족한 부분을 집중 공략합니다.

▶ 몰랐던 부분은 동영상 강좌를 수강하며 이론을 정립해 두고, 자주 틀리는 문제는 오답노트 등을 이용하여 정리하고 반복하여 풀어봅니다.

실력에 맞는 선택적 학습 계획표

필기시험을 치른 당일부터 실기 공부를 시작한다고 해도 기간은 약 한 달!
일단 필기시험 가채점 결과 합격선에 들어왔다면 30일은 실기공부에 올인한다.

| 내 실력에 맞는 학습 전략은? |

[10~5점 향상]

커트라인 근처에서 맴돌고 있다면 …
부분 점수로 합격의 당락이 결정되는 시험이니만큼 '대충 공부하면 되겠지'라는 안일한 생각은 금물!
선택과 집중을 통해 단기간에 실기시험까지 합격해야 한다.

동영상 강좌 활용

최신 기출문제부터 2001년 과년도 기출문제까지 김상훈 저자님의 강의를 보며 푼다. 문제를 여러 번 반복해서 풀어도, 강의를 통해서도 이해가 안 되는 내용은 별도로 표시해놓고 엔지니어랩(https://www.engineerlab.co.kr) 홈페이지 게시판을 통해 꼭 해결하고 간다. '이 문제는 포기하고 가도 되겠지'라는 생각은 두 번째 실기시험을 치르는 기회를 만들 수 있으므로 2주 동안은 '이 책에 있는 문제는 하나도 빠짐없이 이해하고 간다'는 마음으로 4~5차례 풀어본다.

유형별로 묶어서 공부하기

누구에게나 약한 유형의 문제는 있기 마련! 자주 틀리는 유형의 문제만 모아서 풀어본다. 강의를 통해 풀이 과정을 이해하고, 손이 그 유형의 문제를 완전히 마스터 할 때까지 쓰고 또 쓰면서 공부한다. 확실히 아는 문제는 스피드하게 풀거나 과감하게 넘어간다.
한편, 단답형의 경우는 단답형 문제집이나 나만의 요약 노트에 필기를 하고 잠자기 전이나 대중교통 이용 시 등 자투리 시간을 할애한다.

실수하지 않기

2단계를 7일~10일 동안 학습하였으면 남은 시간은 24년간 자주 출제된 문제(별 3개 이상)들만 두 번 이상 풀어본다. 또한, 계산식 문제에서 단위를 표기하라는 말이 없더라도 정확히 적어주는 연습, 소수 몇 째 자리에서 반올림해야 하는지 등 알면서도 사소하게 놓칠 수 있는 부분이나 시험 시 주의해야 할 사항들을 꼼꼼하게 체크해둔다.

[20~15점 향상]

40점대 점수에 머물러 있다면 …
'커트라인만 넘기자.'는 각오로 물리적인 시간을 많이 투자한다.
실기시험은 필기시험보다 상대적으로 난이도가 높고 모든 문제가
주관식이기 때문에 암기하고 이해해서 푸는 분량이 많다!

시험문제의 유형 파악

기출문제집의 3개년치만 눈으로 넘기다 보면 크게 '단답형 / 서술형', '계산형', '시퀀스 문제', '수전설비 문제', 'Table Spec 문제'로 구성됨을 알 수 있다.

2단계 기출문제집을 처음부터 끝까지 1회 풀기

'자격증 취득 = 취업'이라는 긍정적 동기를 갖고 7일 동안 매일 10시간 이상 기출문제 한 권을 다 풀어본다. 특히 2024년 최근 문제부터 2001년 과년도 문제 순서로 푼다. 문제 유형과 난이도 수준, 자신의 실력을 점검할 수 있다.

3단계 김상훈 저자님과 함께 풀기

동영상 강좌는 엔지니어랩(https://www.engineerlab.co.kr)에서 유료로 수강할 수 있다.
동영상 강좌 시청 시, 나만의 노트를 만들어 어려운 용어, 계산식 문제에서 자주 등장하는 공식, 김상훈 저자님이 칠판에 직접 그리는 도면, 타임차트 및 풀이과정을 꼼꼼하게 노트한다.
※ 도면이나 타임차트, 계산 풀이과정을 똑같이 따라 그리고 푸는 과정은 오랜 시간이 걸리지만 그만큼 오래 기억에 남아 시험 당일에 유사 문제에서 당황하지 않을 수 있다.

4단계 나만의 노트 + 이동 시간 활용

3단계에서 24개년 기출문제를 2~3회 반복해서 풀다 보면 개인에 따라 2주~3주가 소요된다. 그동안 공부하면서 필기한 자신만의 핵심노트를 남은 기간 동안 암기한다. 특히 단답형 문제는 무조건 다 맞춘다는 각오로 시험 당일까지 단답형 문제집을 휴대하면서 꼼꼼히 복습하고, 모바일에서도 시청 가능한 동영상 강좌를 통해 이동 시간에도 김상훈 저자님의 명품 강의를 한 강좌도 빼놓지 않고 반복 학습한다.

이 책의 목차

회차별 학습 체크 리스트

문제 풀이 횟수를 체크하여 스케줄 관리도 하고, 학습 속도도 조절할 수 있습니다.

이제는 합격이다

유료 동영상 수강 방법 ·············· 4	이 책의 학습 방법 ·············· 10
유튜브 김상훈 TV 안내 ············· 7	실력에 맞는 선택적 학습 계획표 ······ 12
실기 출제기준 ·················· 8	회차별 학습 체크 리스트 ············ 14

과년도 기출문제

학습

2001년 전기공사산업기사 1회 ············ 18 ☐☐☐
2001년 전기공사산업기사 2회 ············ 35 ☐☐☐
2001년 전기공사산업기사 4회 ············ 49 ☐☐☐
2002년 전기공사산업기사 1회 ············ 68 ☐☐☐
2002년 전기공사산업기사 2회 ············ 81 ☐☐☐
2002년 전기공사산업기사 4회 ············ 96 ☐☐☐
2003년 전기공사산업기사 1회 ············ 110 ☐☐☐
2003년 전기공사산업기사 2회 ············ 119 ☐☐☐
2003년 전기공사산업기사 4회 ············ 131 ☐☐☐
2004년 전기공사산업기사 1회 ············ 144 ☐☐☐
2004년 전기공사산업기사 2회 ············ 155 ☐☐☐
2004년 전기공사산업기사 4회 ············ 165 ☐☐☐
2005년 전기공사산업기사 1회 ············ 176 ☐☐☐
2005년 전기공사산업기사 2회 ············ 187 ☐☐☐
2005년 전기공사산업기사 4회 ············ 198 ☐☐☐
2006년 전기공사산업기사 1회 ············ 210 ☐☐☐
2006년 전기공사산업기사 2회 ············ 221 ☐☐☐
2006년 전기공사산업기사 4회 ············ 232 ☐☐☐
2007년 전기공사산업기사 1회 ············ 242 ☐☐☐
2007년 전기공사산업기사 2회 ············ 254 ☐☐☐
2007년 전기공사산업기사 4회 ············ 268 ☐☐☐
2008년 전기공사산업기사 1회 ············ 280 ☐☐☐
2008년 전기공사산업기사 2회 ············ 290 ☐☐☐
2008년 전기공사산업기사 4회 ············ 298 ☐☐☐
2009년 전기공사산업기사 1회 ············ 310 ☐☐☐
2009년 전기공사산업기사 2회 ············ 321 ☐☐☐
2009년 전기공사산업기사 4회 ············ 335 ☐☐☐

최신 기출문제부터 과년도 기출문제 순서로 풀어보세요. 최근 출제 경향을 먼저 익히는 것이 중요합니다.

	학습
2010년 전기공사산업기사 1회 ………… 346	☐☐☐
2010년 전기공사산업기사 2회 ………… 356	☐☐☐
2010년 전기공사산업기사 4회 ………… 368	☐☐☐
2011년 전기공사산업기사 1회 ………… 382	☐☐☐
2011년 전기공사산업기사 2회 ………… 394	☐☐☐
2011년 전기공사산업기사 4회 ………… 406	☐☐☐
2012년 전기공사산업기사 1회 ………… 418	☐☐☐
2012년 전기공사산업기사 2회 ………… 429	☐☐☐
2012년 전기공사산업기사 4회 ………… 441	☐☐☐
2013년 전기공사산업기사 1회 ………… 454	☐☐☐
2013년 전기공사산업기사 2회 ………… 468	☐☐☐
2013년 전기공사산업기사 4회 ………… 483	☐☐☐
2014년 전기공사산업기사 1회 ………… 498	☐☐☐
2014년 전기공사산업기사 2회 ………… 513	☐☐☐
2014년 전기공사산업기사 4회 ………… 527	☐☐☐
2015년 전기공사산업기사 1회 ………… 540	☐☐☐
2015년 전기공사산업기사 2회 ………… 553	☐☐☐
2015년 전기공사산업기사 4회 ………… 570	☐☐☐
2016년 전기공사산업기사 1회 ………… 580	☐☐☐
2016년 전기공사산업기사 2회 ………… 594	☐☐☐
2016년 전기공사산업기사 4회 ………… 609	☐☐☐
2017년 전기공사산업기사 1회 ………… 624	☐☐☐
2017년 전기공사산업기사 2회 ………… 640	☐☐☐
2017년 전기공사산업기사 4회 ………… 652	☐☐☐
2018년 전기공사산업기사 1회 ………… 664	☐☐☐
2018년 전기공사산업기사 2회 ………… 677	☐☐☐
2018년 전기공사산업기사 4회 ………… 691	☐☐☐
2019년 전기공사산업기사 1회 ………… 706	☐☐☐
2019년 전기공사산업기사 2회 ………… 721	☐☐☐
2019년 전기공사산업기사 4회 ………… 734	☐☐☐
2020년 전기공사산업기사 1회 ………… 748	☐☐☐
2020년 전기공사산업기사 2회 ………… 760	☐☐☐
2020년 전기공사산업기사 3회 ………… 774	☐☐☐
2020년 전기공사산업기사 4회 ………… 787	☐☐☐
2021년 전기공사산업기사 1회 ………… 000	☐☐☐
2021년 전기공사산업기사 2회 ………… 813	☐☐☐
2021년 전기공사산업기사 4회 ………… 825	☐☐☐
2022년 전기공사산업기사 1회 ………… 842	☐☐☐
2022년 전기공사산업기사 2회 ………… 856	☐☐☐
2022년 전기공사산업기사 4회 ………… 870	☐☐☐
2023년 전기공사산업기사 1회 ………… 886	☐☐☐
2023년 전기공사산업기사 2회 ………… 900	☐☐☐
2023년 전기공사산업기사 4회 ………… 916	☐☐☐
2024년 전기공사산업기사 1회 ………… 934	☐☐☐
2024년 전기공사산업기사 2회 ………… 948	☐☐☐
2024년 전기공사산업기사 3회 ………… 961	☐☐☐

☆ 시험 D-7에는 별 3~5개 문제에 집중! 효율적 시간관리로 합격을 관리하세요.

편저자의 말

1970년대 중반부터 시행된 전기 분야 국가기술자격시험은 일부 개정을 거쳐 현재에 이르고 있으며, 시험 합격을 위해서는 그에 맞는 전략과 노력이 필요합니다.

최근 5년 동안의 시험 경향을 보면 확실히 예전보다는 조금 어려워졌습니다. 예전처럼 그냥 외우는 방법으로는 어렵고, 이론을 이해해야 풀 수 있는 문제들이 많아지고 있기 때문입니다. 특히 필기시험은 출제 경향이 크게 다르지 않은데, 실기시험은 회차별로 난이도 차이가 크게 나고 예전보다 문제수도 늘어나 좀 더 세분화되었다고 볼 수 있습니다.

그러므로 합격의 전략은 새로운 경향을 찾는 것보다는 많이 출제되었던 기출문제를 공부하되 이론을 같이 공부하는 것이 빠른 합격에 유리할 수 있습니다.

또 전기기사 출제 경향을 합격자 수로 이야기하는 경우가 많지만, 작년에 합격자 수가 많았다고 해서 올해 꼭 적게 나오는 것은 아닙니다. 약간씩 출제 경향의 변화가 있지만 난이도는 거의 대동소이하며, 수급 조절은 3~5년으로 보기 때문에 수험생 스스로 섣부른 판단은 하지 않도록 해야 합니다.

필자는 10여 년 전부터 현재까지 오프라인 학원, 수많은 온라인 교육 및 EBS 강의를 진행하면서 많은 수험생을 접하며 그들이 가지고 있는 고충과 애로사항을 청취한 결과, 국가기술자격시험 합격을 위한 보다 쉽고 확실한 해법을 주기 위하여 이 교재를 집필하게 되었습니다.

본 수험서의 특징은 그간 어렵게 생각했던 문제를 쉽게 해설하여 수험생들이 혼자 공부할 수 있게 하고, 매년 출제 빈도를 반영하여 문제마다 별 표시를 해 중요 부분을 확인할 수 있게 함으로써 시험 대비 시 공부의 효율을 높이도록 한 점입니다.

아무쪼록 본 수험서로 공부하는 모든 분이 합격하시기를 기원하며, 마지막으로 본 수험서가 출간되기까지 큰 노력을 기울여주신 한빛전기수험연구회 여러분들과 도서출판 윤조 배용석 대표님께 감사의 말씀을 전합니다.

편저자 김상훈

감수자의 말

현대 사회에서 전기의 중요성은 날로 커지고 있으며, 일정한 자격을 갖춘 전문가들에 의해 여러 가지 기술의 개발과 발전이 이루어지고 있습니다. 이러한 전기 분야의 전문가를 국가기술자격시험을 통해 선발하기 때문에 이 시험의 비중이 날로 증가하고 있는 추세입니다.

우리 연구회 일동은 전기 분야 교육의 전문가이신 김상훈 박사가 책 출간 후 5년간의 노하우와 새로운 경향을 반영하는 개정 작업의 감수에 참여하게 되어 기쁜 마음으로 더욱더 좋은 책, 수험생들이 쉽게 이해할 수 있는 책이 되도록 노력하였습니다.

아무쪼록 본 수험서로 공부하는 수험생 모두가 합격하여 우리나라 전기 분야에 이바지하는 전문가들로 성장하기를 기원합니다.

한빛전기수험연구회 일동

전기공사산업기사 실기

과년도 기출문제

2001

- 2001년 제 01회
- 2001년 제 02회
- 2001년 제 04회

2001년 과년도 기출문제에 대한 출제 빈도 분석 차트입니다.
각 회차별로 별의 개수를 확인하고 학습에 참고하기 바랍니다.

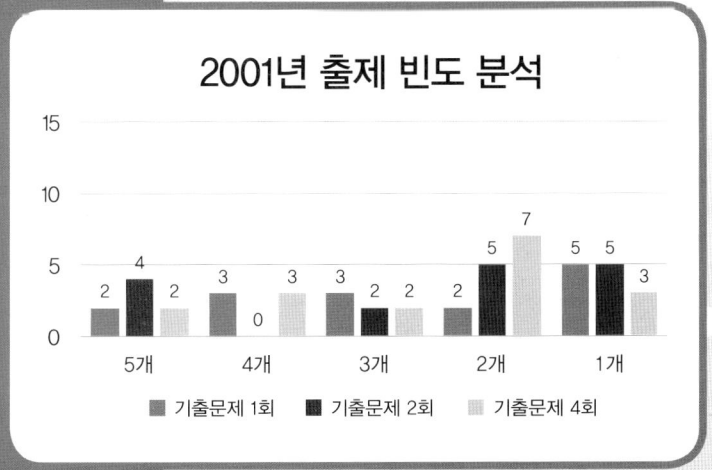

2001년 전기공사산업기사 실기

01 ★★★☆☆
22.9[kV-Y]로 수전하는 수용가의 수전용량이 750[kVA]이다. 인입구에 시설하는 MOF의 적당한 변류비와 변압비를 표준규격으로 구하시오. 단, 변류비는 1차 정격전류의 1.2~1.5배로 한다.

Answer

계산 : $I = \dfrac{750 \times 10^3}{\sqrt{3} \times 22.9 \times 10^3} \times (1.2 \sim 1.5) = 22.69 \sim 28.36 [A]$

30/5 선정

답 : 변압비 : $\dfrac{22{,}900}{\sqrt{3}} / \dfrac{190}{\sqrt{3}}$ (13,200/110)

　　변류비 : 30/5

Explanation

보통의 경우 CT비 : 1차 전류×(1.25~1.5)
CT 1차 전류 : 10, 15, 20, 30, 40, 50, 75, 100, 150, 200, 300, 400, 500[A]
문제에서는 CT의 1차 전류가 범위 내에 없으므로 그보다 큰 30/5를 선정하는 것이 일반적이다.

02 ★★★☆☆
그림과 같은 철탑은 무슨 철탑이라 하는가?

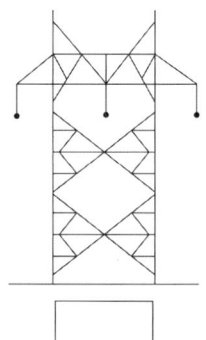

Answer

방형철탑

Explanation

철탑의 형태에 의한 종류
- 사각 철탑 : 4면이 동일한 모양과 강도를 가진 철탑으로 2회선용으로 사용할 수 있으며 현재 가장 많이 사용되고 있다.
- 방형 철탑 : 마주 보는 2면이 각각 동일한 모양과 강도를 가진 철탑으로 1회선용으로 사용된다.

- 우두형 철탑 : 중간부 이상이 특히 넓은 형의 철탑으로 외국의 경우 초고압 송전선이나 눈이 많은 지역에 사용된다.
- 문형 철탑(Gantry Tower) : 전차선로나 수로, 도로상에 송전선을 시설할 때 많이 사용된다.
- 회전형 철탑 : 철탑의 중앙부 이상과 이하가 45° 회전형의 철탑으로 철탑부재의 강도를 가장 유용하게 이용한 철탑이다.
- MC 철탑 : 스위스의 Motor Columbus사가 개발한 철탑으로 콘크리트를 채운 강관형 철탑으로 철강재가 적어 경량화가 가능하며 운반 조립이 쉬운 철탑이다.

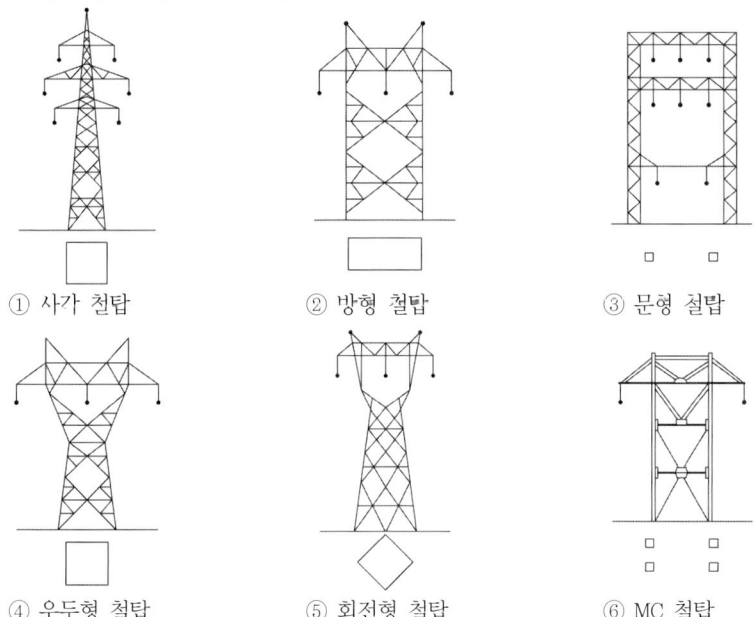

① 사가 철탑 ② 방형 철탑 ③ 문형 철탑
④ 우두형 철탑 ⑤ 회전형 철탑 ⑥ MC 철탑

BEST 03 ★★★★★
변전실의 위치 선정 조건을 아는 대로 5가지만 쓰시오.

Answer
① 부하 중심에 가까울 것
② 인입선의 인입이 쉽고 보수 유지 및 점검이 용이한 곳
③ 긴선 처리 및 증설이 용이한 곳
④ 기기 반출입에 지장이 없을 것
⑤ 침수 기타 재해 발생의 우려가 적은 곳

Explanation
⑥ 화재, 폭발 위험성이 적을 것
⑦ 습기, 먼지가 적은 곳
⑧ 열해, 유독가스의 발생이 적을 것
⑨ 발전기·축전지실이 가급적 인접한 곳
⑩ 장래부하 증설에 대비한 면적 확보가 용이한 곳
⑪ 기기 높이에 대하여 천장 높이가 충분한 곳
⑫ 채광 및 통풍이 잘되는 곳

04 ★★★★☆

그림과 같은 저압기기의 지락 사고 시 기기에 접촉된 사람의 인체에 흐르는 전류를 구하시오. 단, 변압기 2차측 접지 저항값 $R_2 = 50[\Omega]$, 저압기기의 접지 저항값 $R_3 = 100[\Omega]$, 인체의 접지 저항 및 접촉 저항값 $R_m = 1,000[\Omega]$이다.

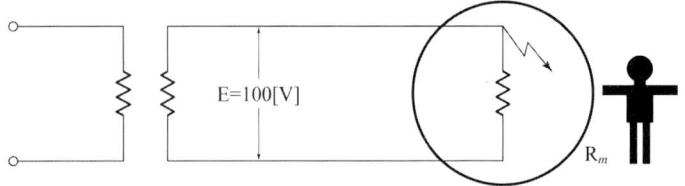

Answer

$$I = \frac{100}{50 + \dfrac{100 \times 1,000}{100 + 1,000}} \times \frac{100}{100 + 1,000} \times 10^3 = 64.52 [\text{mA}]$$

답 : 64.52[mA]

Explanation

회로를 등가회로로 전환하면 다음과 같다.

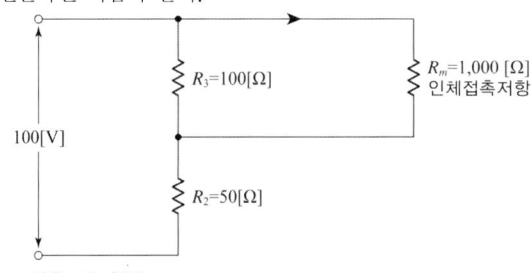

전체 저항 $R_T = 50 + \dfrac{100 \times 1,000}{100 + 1,000}$

전체 전류 $I_T = \dfrac{E}{R_T} = \dfrac{100}{50 + \dfrac{100 \times 1,000}{100 + 1,000}}$

따라서 인체에 흐르는 전류 $I = \dfrac{R_3}{R_3 + R_m} \times I_T = \dfrac{100}{100 + 1,000} \times \dfrac{100}{50 + \dfrac{100 \times 1,000}{100 + 1,000}} \times 10^3$

$= 64.52[\text{mA}]$

이 문제는 변경된 KEC 적용으로 인하여 삭제하고, 아래 예상문제로 대체되었습니다.

05 한국전기설비규정에 의거하여 다음 전선의 색상을 적으시오.

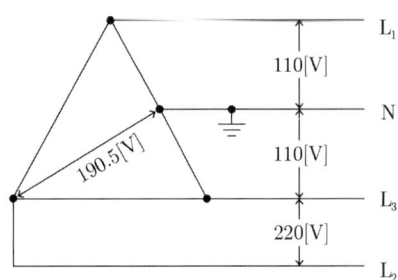

상(문자)	색상
L1	①
L2	②
L3	③
N	④
보호도체	⑤

| ① | ② | ③ | ④ | ⑤ |

Answer

① 갈색　　② 흑색　　③ 회색　　④ 청색　　⑤ 녹색–노란색

Explanation

(KEC 121.2조) 전선의 상별 색상
1. 전선의 색상은 표에 따른다.

상(문자)	색상
L1	갈색
L2	흑색
L3	회색
N	청색
보호도체	녹색–노란색

2. 색상 식별이 종단 및 연결 지점에서만 이루어지는 나도체 등은 전선 종단부에 색상이 반영구적으로 유지될 수 있는 도색, 밴드, 색 테이프 등의 방법으로 표시해야 한다.
3. 제1 및 제2를 제외한 전선의 식별은 KS C IEC 60445(인간과 기계 간 인터페이스, 표시 식별의 기본 및 안전원칙–장비단자, 도체단자 및 도체의 식별)에 적합하여야 한다.

06 다음 물음에 답하시오.

(1) 저압 옥내의 배선에 사용되는 연동선의 최소 굵기는?
(2) 저압 교류와 직류의 범위는 얼마인가?
(3) 고감도 누전 차단기의 정격 감도 전류의 최댓값은?
(4) 지반이 약한 도로에서 전장 15[m]의 철근 콘크리트주를 건주할 때 근입 깊이는?
　　단, 설계하중이 7.84[kN]이다.
(5) 주택에 있어서 단위 면적[m^2]당 표준 부하는?
(6) 소형 전등 수구 또는 콘센트 1개의 예상 부하는?

Answer

(1) 2.5[mm^2]
(2) 교류 1[kV] 이하, 직류 1.5[kV] 이하
(3) 30[mA]
(4) $15 \times \dfrac{1}{6} + 0.3 = 2.8$[m]
(5) 40[VA/m^2]
(6) 150[VA]

Explanation

(1) (KEC 231.3.1조) 저압 옥내배선의 사용전선
　　저압 옥내배선의 전선은 다음 각 호 어느 하나에 적합한 것을 사용하여야 한다.
　　• 단면적이 2.5[mm^2] 이상의 연동선 또는 이와 동등 이상의 강도 및 굵기의 것

(2) (KEC 111.1조) 전압의 구분
국내에 사용되는 전압의 종별은 저압, 고압, 특고압으로 분류된다.
① 저압 : 직류는 1.5[kV] 이하, 교류는 1[kV] 이하인 것
② 고압 : 직류는 1.5[kV]를, 교류는 1[kV]를 초과하고, 7[kV] 이하인 것
③ 특고압 : 7[kV]를 초과하는 것

(3) (내선규정 1,475-2) 누전 차단기의 선정
고감도형 누전 차단기는 고속형, 시연형, 반한시형이 있으며 정격 감도 전류는 5, 10, 15, 30[mA]를 사용한다.

(4) (KEC 331.7조) 가공전선로 지지물의 기초의 안전율
① 강관을 주체로 하는 철주(이하 "강관주"라 한다.) 또는 철근 콘크리트주로서 그 전체 길이가 16[m] 이하, 설계하중이 6.8[kN] 이하인 것 또는 목주를 다음에 의하여 시설하는 경우
   • 전체의 길이가 15[m] 이하인 경우는 땅에 묻히는 깊이를 전체 길이의 6분의 1 이상으로 할 것
   • 전체의 길이가 15[m]를 초과하는 경우는 땅에 묻히는 깊이를 2.5[m] 이상으로 할 것
   • 논이나 그 밖의 지반이 연약한 곳에서는 견고한 근가(根架)를 시설할 것
② 철근 콘크리트주로서 그 전체의 길이가 16[m] 초과 20[m] 이하이고, 설계하중이 6.8[kN] 이하의 것을 논이나 그 밖의 지반이 연약한 곳 이외에 그 묻히는 깊이를 2.8[m] 이상으로 시설하는 경우
③ 철근 콘크리트주로서 전체의 길이가 14[m] 이상 20[m] 이하이고, 설계하중이 6.8[kN] 초과 9.8[kN] 이하의 것을 논이나 그 밖의 지반이 연약한 곳 이외에 시설하는 경우 그 묻히는 깊이는 ①의 기준보다 30[cm]를 가산하여 시설하는 경우

(5) 부하상정 및 분기회로
건축물의 종류에 따른 표준 부하

건축물의 종류	표준 부하[VA/m²]
공장, 공회당, 사원, 교회, 극장, 영화관, 연회장 등	10
기숙사, 여관, 호텔, 병원, 학교, 음식점, 다방, 대중 목욕탕	20
사무실, 은행, 상점, 이발소, 미장원	30
주택, 아파트	40

(6) 배선설계
수구의 종류에 의한 예상 부하

수구의 종류	예상 부하[VA/개]
소형 전등수구, 콘센트	150
대형 전등수구	300

[비고1] 콘센트는 1구이든 2구이든 몇 개의 구로 되어 있더라도 1개로 본다.
[비고2] 전등수구의 종류는 다음과 같다.
    소형 : 공칭 지름이 26[mm]의 베이스인 것
    대형 : 공칭 지름이 30[mm]의 베이스인 것

07 ★★☆☆☆ 엔트런스 캡, 링 리듀서, 유니온 커플링, 새들, 방출 원형 노출박스 등의 재료를 필요로 하는 공사 방법은?

Answer

금속관 공사

Explanation

금속관 공사용 부품

명칭	사용 용도
로크너트 (lock nut)	관과 박스를 접속하는 경우 파이프나사를 죄어 공정시키는 데 사용
부싱 (bushing)	전선 관단에 끼우고 전선을 넣거나 빼는 데 있어서 전선의 피복을 보호하여 전선이 손상되지 않게 하는 것
커플링 (coupling)	• 금속관 상호 접속 또는 관과 노멀 밴드와의 접속에 사용 • 관의 양측을 돌려서 접속할 수 없는 경우 : 유니온 커플링
새들 (saddle)	노출 배관에서 금속관을 조영재에 고정시키는 데 사용
노멀 밴드 (normal bend)	배관의 직각 굴곡에 사용
링 리듀서	금속을 아웃트렛 박스의 로크 아우트에 취부할 때 로크아우트의 구멍이 관의 구멍보다 클 때 사용
스위치 박스 (switch box)	매입형의 스위치나 콘센트를 고정하는 데 사용
아웃트렛 박스 (outlet box)	전선관 공사에 있어 전등기구나 점멸기 또는 콘센트의 고정, 접속함으로 사용
콘크리트 박스 (concrete box)	콘크리트에 매입 배선용으로 아웃트렛 박스와 같은 목적으로 사용
플로어 박스	바닥 밑으로 매입 배선할 때 사용 및 바닥 밑에 콘센트를 접속할 때 사용
유니버설 엘보우 (elbow)	• 노출 배관공사에 관을 직각으로 굽혀야 할 곳의 관 상호 접속 또는 관을 분기해야 할 곳에 사용 • 3방향으로 분기하는 T형 엘보우, 4방향으로 분기하는 크로스 엘보우
터미널 캡 (terminal cap)	전동기에 접속하는 장소나 애자 사용 공사로 옮기는 장소의 관단에 사용
엔트런스 캡(우에사캡) (entrance cap)	인입구, 인출구의 관단에 설치하여 금속관에 접속하여 옥외의 빗물을 막는 데 사용
픽스처 스터드와 히키 (fixture stud & hickey)	아웃렛 박스에 조명기구를 부착시킬 때 기구 중량의 장력을 보강하기 위하여 사용
블랭크 와셔 (blank washer)	플로어 덕트의 정션 박스에 덕트를 접속하지 않는 곳을 막기 위하여 사용
유니버설 피팅	노출 배관시 L형 또는 T형으로 구부러지는 장소에 사용

08 다음 표시 기호를 보고 물음에 답하시오.

$$\text{———}/\!/\!/\!/\text{———}$$
NR 2.5□

(1) 배선 공사명
(2) 전선의 종류
(3) 전선의 굵기
(4) 전선 수

Answer

(1) 천장 은폐 배선
(2) 450/750[V] 일반용 단심 비닐절연전선
(3) 2.5[mm²]
(4) 4가닥(4본)

Explanation

(KS C 0301) 옥내배선용 그림기호

명칭	그림기호	적요
천장 은폐 배선	———	① 천장 은폐 배선 중 천장 속의 배선을 구별하는 경우는 천장 속의 배선에 —·—·— 를 사용하여도 좋다. ② 노출 배선 중 바닥면 노출 배선을 구별하는 경우는 바닥면 노출 배선에 —··—··— 를 사용하여도 좋다. ③ 전선의 종류를 표시할 필요가 있는 경우는 기호를 기입한다. [보기] • 600[V] 비닐 절연 전선 : IV • 600[V] 2종 비닐 절연 전선 : HIV • 가교 폴리에틸렌 절연 비닐 시스 케이블 : CV • 600[V] 비닐 절연 비닐 시스 케이블(평형) : VVF ④ 절연 전선의 굵기 및 전선 수는 다음과 같이 기입한다. 단위가 명백한 경우는 단위를 생략하여도 좋다. [보기] $\frac{/\!/}{1.6} \quad \frac{/\!/}{2} \quad \frac{/\!/}{2[mm^2]} \quad \frac{/\!/\!/\!/}{8}$ [보기] 숫자표기 　　1.6 × 5 　　5.5 × 1
바닥 은폐 배선	― ― ― ―	
노출 배선	············	

09 고압 수전설비 진상 콘덴서 접속 뱅크 결선도이다. 물음에 답하시오.

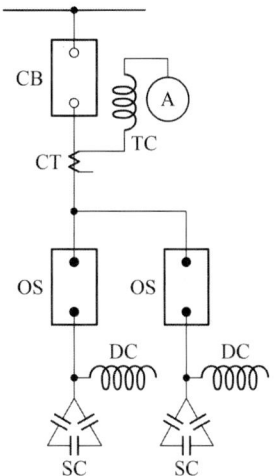

(1) 콘덴서 용량이 100[kVA] 이하인 경우 CB 대신 사용 가능한 개폐기는?
(2) 콘덴서 용량이 50[kVA] 미만인 경우 OS 대신 사용 가능한 개폐기는?

Answer

(1) OS 또는 인터럽트 스위치
(2) COS(직결로 함)

Explanation

콘덴서 총 용량이 300[kVA] 이하의
경우 전류계를 생략할 때

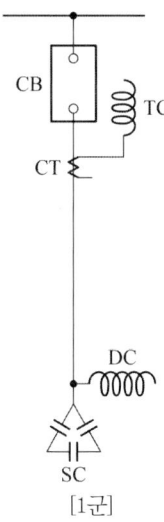
[1군]

콘덴서 총 용량이 300[kVA] 초과
600[kVA] 이하의 경우

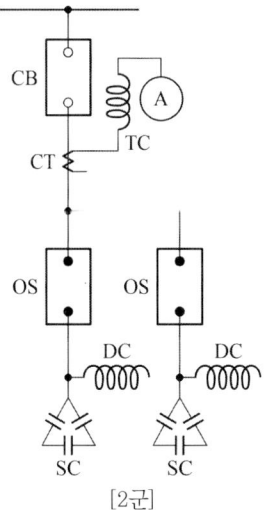
[2군]

콘덴서 총 용량이 600[kVA] 초과의 경우

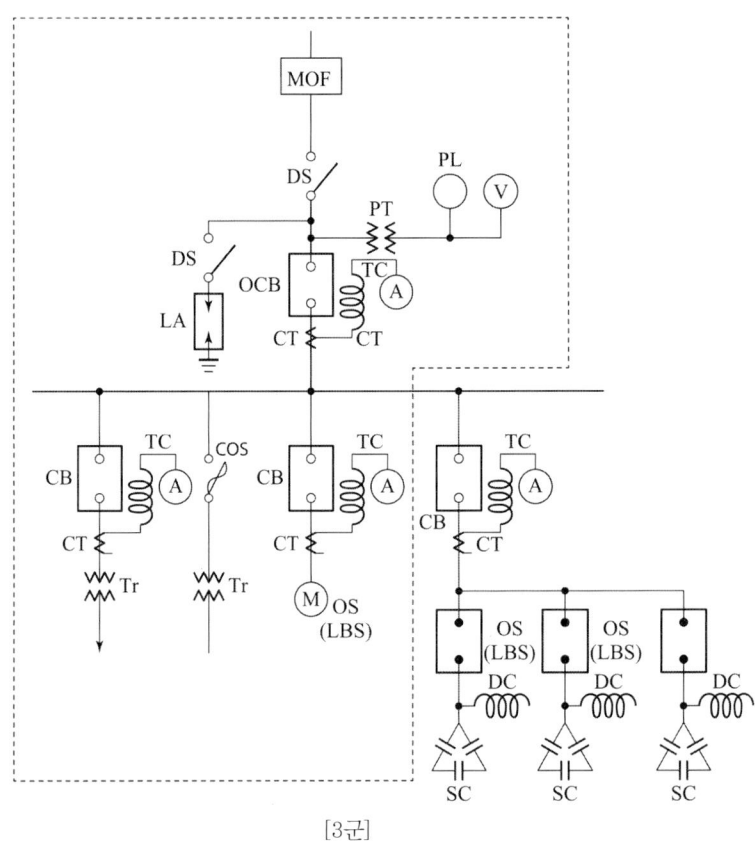

[3군]

[주] 콘덴서의 용량이 100[kVA] 이하인 경우에는 CB 대신 OS 또는 유사한 것(인터럽터 스위치 등)을 50[kVA] 미만의 경우에는 COS(직결로 함)를 사용할 수 있다.

10 배전방식 중에 저압 네트워크 방식, T형 인입 방식, 저압 뱅킹 방식 등이 있다. 이들 중 공급 신뢰도가 가장 우수한 계통 구성 방식은?

Answer
저압 네트워크 방식

Explanation

저압 네트워크 방식
동일 모선으로부터 2회선 이상의 급전선으로 전력을 공급받는 방식으로 2대 이상의 배전용 변압기로부터 저압측을 망상(네트워크)으로 구성한 것으로 각 수용가는 망상 네트워크로부터 분기하여 공급받는 방식으로 주로 부하가 밀집된 시가지에 사용

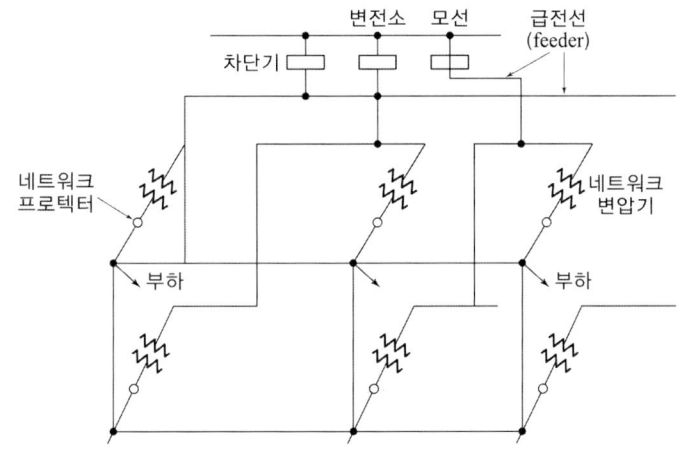

① 장점
- 무정전 공급이 가능하다(공급 신뢰성이 가장 우수).
- 전압강하가 작다.
- 플리커 현상이 적다.
- 전력 손실이 작다.
- 전압변동이 적다.
- 부하 증가에 대한 적응성이 우수하다.
- 변전소 수가 감소된다.

② 단점
- 인축의 접지 사고가 증가한다.
- 고장전류가 역류한다.

11 ★★★☆☆
22.9[kV] 배전선로이다. 그림과 참고표를 이용하여 물음에 답하여라.

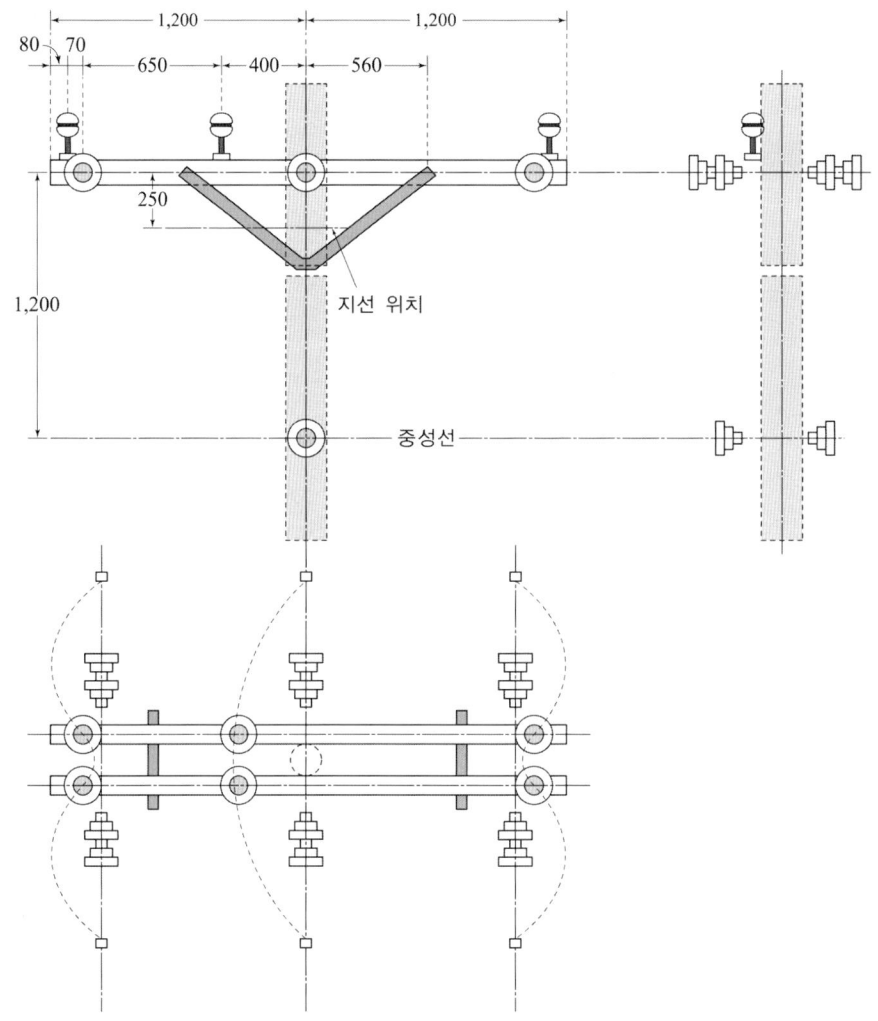

그림의 애자를 노후로 인하여 교체하는 경우 총 인건비(직접 노무비 포함)는 얼마인가?
단, • 간접 노무비를 15[%](가정)로 계산한다.
  • 노임단가는 배전전공 15,860원, 보통 인부 6,520원이다. (가정)
  • 인공을 산출한 후 이를 합계하여 노임 단가를 적용하여 원까지만 구하고 소수점 이하는 버린다.
  • 애자 노후로 인하여 교체되어야 할 애자 종류 및 수량은 다음과 같다.
   ① 특고압용 현수 애자 : 14개
   ② 특고압용 핀 애자 : 6개

배전용 애자 및 랙크(Rack) 신설   (개당)

종별	배전 전공	보통 인부
특고압용 핀 애자	0.064	0.126
고압 및 특고압 현수 애자	0.065	0.05
고압용 핀 애자	0.044	–
인류 애자	0.056	–
내장 애자	0.035	0.083
저압용 핀 애자	0.034	–
저압용 인류 애자	0.044	–
랙크 1선용	0.125	–
랙크 2선용	0.20	–
랙크 3선용	0.275	–
랙크 4선용	0.350	–

[해설] ① 애자 철거 50[%](재사용 80[%])
② 애자 교환 또는 갈아 끼우기 : 150[%]
③ 인류 애자는 다대 애자를 고친 것임
④ 애자 닦기
  가. 주상(탑상) 손 닦기 : 신설품의 50[%]
  나. 주상(탑상) 기계 닦기 : 기계 손료만 계산(인건비 포함)
  다. 발췌 손 닦기는 신설품의 170[%]
⑤ 특고압용 라인 포스트 애자 취급품은 특고압용 핀 애자 취급품에 준함
⑥ 랙크 철거는 이 품의 30[%](재사용 50[%]) 적용함

Answer

배전전공 : $0.065 \times 14 \times 1.5 + 0.064 \times 6 \times 1.5 = 1.94$[인]
보통 인부 : $0.05 \times 14 \times 1.5 + 0.126 \times 6 \times 1.5 = 2.18$[인]
배전전공 노임 : $1.94 \times 15,860 = 30,768$[원]
보통 인부 노임 : $2.18 \times 6,520 = 14,213$[원]
직접 노무비 = $30,768 + 14,213 = 44,981$[원]
간접 노무비 = $44,981 \times 0.15 = 6,747$[원]
노무비계 = $44,981 + 6,747 = 51,728$[원]

답 : 51,728[원]

Explanation

교체 : 철거+신설
애자 철거 50[%]+신설 100[%]=150[%]

종별	배전 전공	보통 인부
특고압용 핀 애자	0.064	0.126
고압 및 특고압 현수 애자	0.065	0.05
고압용 핀 애자	0.044	–
인류애자	0.056	–

12 다음 동작사항을 읽고 시퀀스도를 완성하시오.

(1) S_{3-1}, S_{3-2}, S_{3-3}를 OFF시키고 S_1을 ON시키면 전등 R_1, R_2, R_3가 점등, S_1을 OFF 시키면 소등된다.
(2) S_1을 OFF시키고 S_{3-1}을 ON시키면 R_1이 점등, S_{3-2}를 ON시키면 R_2가 점등되고 S_{3-3}를 ON시키면 R_3가 점등된다.

Answer

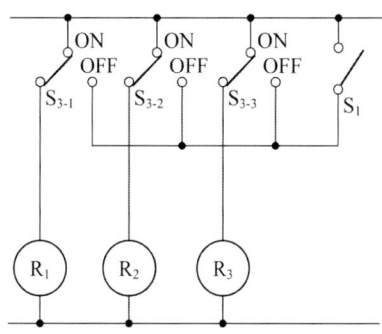

Explanation

- S_1을 OFF시키고 S_{3-1}을 ON시키면 R_1이 점등, S_{3-2}를 ON시키면 R_2가 점등되고 S_{3-3}를 ON시키면 R_3가 점등

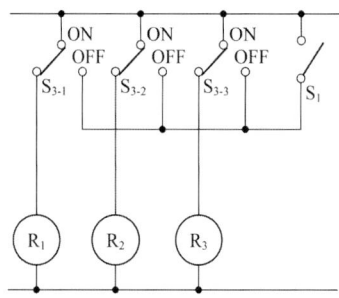

- S_{3-1}, S_{3-2}, S_{3-3}를 OFF시키고 S_1을 ON시키면 전등 R_1, R_2, R_3가 점등, S_1을 OFF 시키면 소등

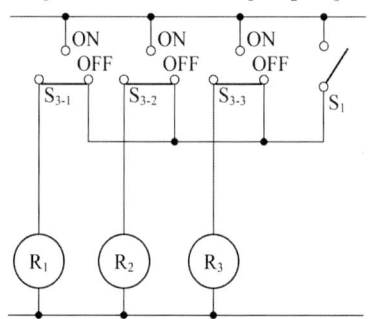

13 ★★★★☆
다음 그림의 릴레이 회로를 보고 물음에 답하시오.

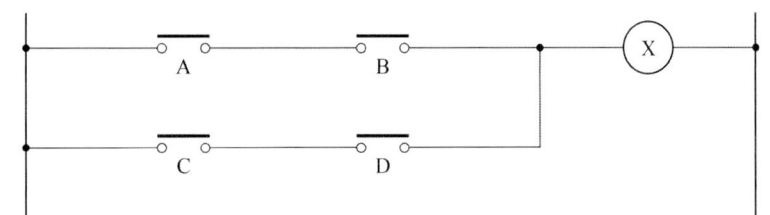

(1) 논리식을 쓰시오.

(2) 2입력 AND소자, 2입력 OR 소자를 사용하여 로직 회로로 바꾸시오.

(3) 2입력 NAND 소자만으로 회로를 바꾸시오.

Answer

(1) $\text{Ⓧ}=AB+CD$

(2)

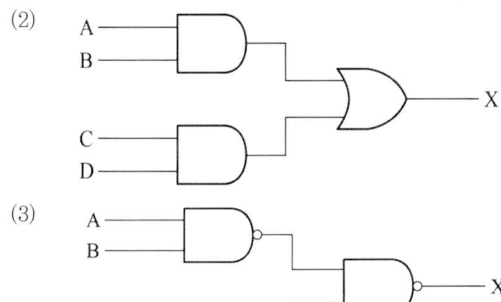

(3)

Explanation

2입력 NAND 소자

$X = AB + CD = \overline{\overline{AB + CD}}$ 드모르간의 정리를 이용

$= \overline{\overline{AB} \cdot \overline{CD}}$

14 그림은 154[kV]를 수전하는 어느 공장의 옥외 수전설비에 대한 단선도이다. 물음에 답하시오.

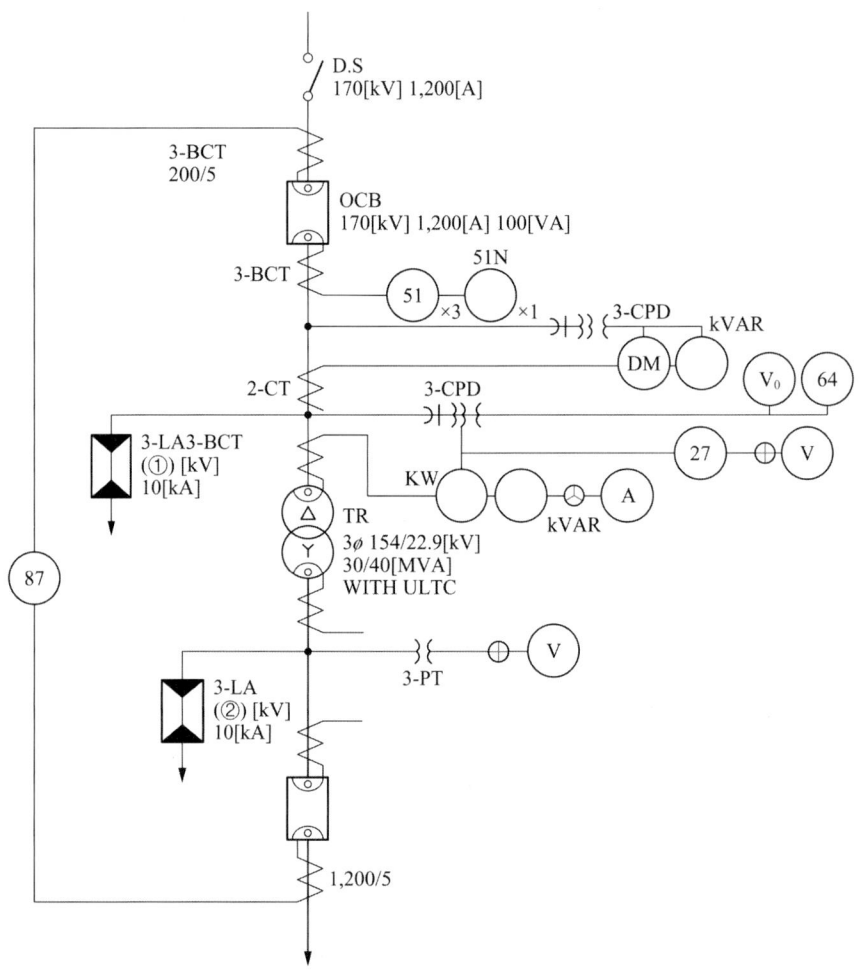

(1) 도면에 표시된 ①의 피뢰기 정격전압은?
(2) 도면에 표시된 ②의 피뢰기 정격전압은?
(3) 도면에 표시된 64의 명칭은?
(4) 도면에 표시된 87의 명칭은?
(5) 도면에 표시된 3상 변압기를 복선도로 그리시오.

Answer

(1) 144[kV]
(2) 21[kV]
(3) 지락 과전압 계전기
(4) 전류 차동 계전기(비율 차동 계전기)
(5)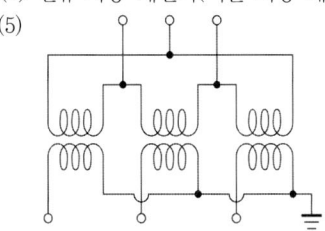

Explanation

(내선규정 3,250-1) 피뢰기의 정격 전압

전력계통		피뢰기 정격 전압[kV]	
전압[kV]	중성점 접지방식	변전소	배전선로
345	유효접지	288	-
154	유효접지	144	-
66	PC 접지 또는 비접지	72	-
22	PC 접지 또는 비접지	24	-
22.9	3상 4선 다중접지	21	18

[주] 전압 22.9[kV] 이하의 배전선로에서 수전하는 설비의 피뢰기 정격 전압[kV]은 배전선로용을 적용한다.
여기서, 154/22.9[kV]는 배전용 변전소

주요 계전기 번호

- 27 : 부족 전압 계전기(UVR)
- 51 : 과전류 계전기(OCR)
- 59 : 과전압 계전기(OVR)
- 64 : 지락 과전압 계전기(OVGR)
- 87 : 전류 차동계전기(비율 차동계전기)
- 87B : 모선 보호 차동계전기
- 87G : 발전기용 차동계전기
- 87T : 주변압기 차동계전기

15 그림은 특고압 가공전선로 일부의 평면도이다. ①, ②, ③, ④, ⑤의 명칭을 정확하게 쓰시오.

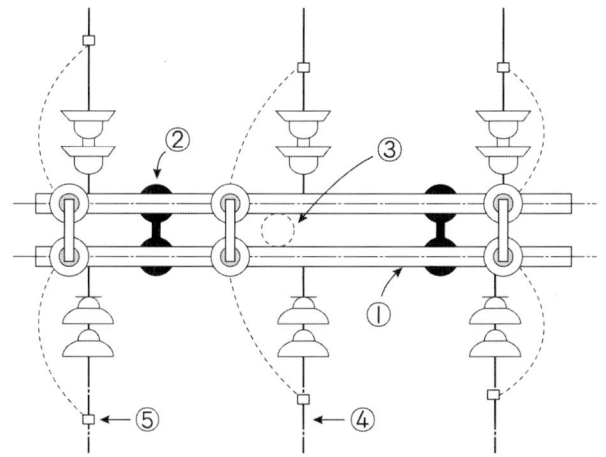

Answer

① 완금
② 머신 볼트
③ 완금밴드
④ 전선
⑤ 데드 엔드 클램프

2001년 전기공사산업기사 실기

01 ★★★★★

38[mm²]의 경동연선을 사용해서 높이가 같고 경간이 300[m]인 철탑에 가선하는 경우 이도는 얼마인가? 단, 이 경동연선의 인장하중은 1,480[kg], 안전율은 2.2이고 전선 자체의 무게는 0.334[kg/m]라고 한다.

Answer

계산 : $D = \dfrac{WS^2}{8T} = \dfrac{0.334 \times 300^2}{8 \times \dfrac{1,480}{2.2}} = 5.59[\text{m}]$ 　답 : 5.59[m]

Explanation

이도 : $D = \dfrac{WS^2}{8T} = \dfrac{WS^2}{8 \times \dfrac{\text{인장하중}}{\text{안전율}}}[\text{m}]$

실제 길이 : $L = S + \dfrac{8D^2}{3S}[\text{m}]$ 　여기서, L : 전선의 실제 길이[m], D : 이도[m], S : 경간[m]

02 ★☆☆☆☆

BUS DUCT의 종류에 플러그인 버스 덕트란 무엇인가 간단하게 답하시오.

Answer

덕트 도중에 부하 접속용으로 꽂음 플러그를 시설한 것

Explanation

(내선규정 2,245-3) 버스 덕트의 종류 및 정격

명칭	형식		정격 전류(A)
피더 버스 덕트	옥내용	환기형 비환기형	100, 200, 300, 400, 600, 800, 1,000, 1,200, 1,500, 2,000, 2,500, 3,000, 3,500, 4,000, 4,500, 5,000
	옥외용	환기형 비환기형	
익스팬션 버스 덕트 탭붙이 버스 덕트 트랜스포지션 버스 덕트	옥내용	비환기형	
플러그 인 버스 덕트	옥내용	환기형 비환기형	

- 피더 버스 덕트 : 도중에 부하를 접속하지 아니한 것
- 플러그인 버스 덕트 : 덕트 도중에 부하 접속용으로 꽂음 플러그를 시설한 것
- 트롤리 버스 덕트 : 도중에 이동 부하를 접속할 수 있도록 트롤리 접촉식 구조로 한 것

03 ★★☆☆☆
밴드를 이용한 애자 설치이다. 그림을 보고 ①, ②, ③, ④, ⑤ 명칭을 쓰시오.

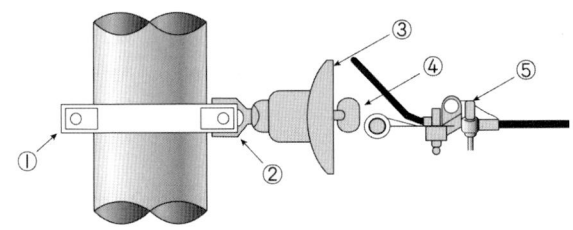

Answer

① 지선 밴드
② 볼 아이
③ 현수 애자
④ 소켓 아이
⑤ 데드 엔드 클램프

04 ★★★☆☆
한 개의 전등을 3개소에서 점멸하고자 할 때 소요되는 3로 스위치의 수는?

Answer

4개

Explanation

3개소에서 점멸하도록 회로를 구성할 때
① 3로 스위치 2개와 4로 스위치 1개를 사용한 경우   ② 3로 스위치 4개를 사용한 경우

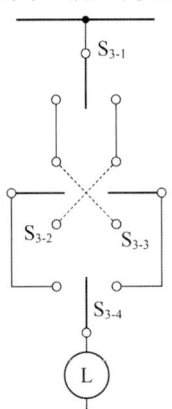

05

배전설계의 긍장이 45[m] 부하의 최대 사용 전류는 150[A], 배전설계의 전압강하는 4[V]이다. 이때 3상 3선식 저압회로의 공칭단면적을 구하시오. 단, 공칭단면적은 35[mm²], 50[mm²], 70[mm²], 95[mm²] 등이 있다.

Answer

계산 : 3상 3선식 회로에서의 전선의 단면적은

$$A = \frac{30.8LI}{1,000e} = \frac{30.8 \times 45 \times 150}{1,000 \times 4} = 51.98[\text{mm}^2]$$ 따라서, 70[mm²] 선정

답 : 70[mm²]

Explanation

전압 강하 및 전선의 단면적 계산

전기 방식	전압 강하		전선 단면적	대상 전압강하
단상 3선식 직류 3선식 3상 4선식	IR	$e = \dfrac{17.8LI}{1,000A}$	$A = \dfrac{17.8LI}{1,000e}$	대지와 선간
단상 2선식 직류 2선식	$2IR$	$e = \dfrac{35.6LI}{1,000A}$	$A = \dfrac{35.6LI}{1,000e}$	선간
3상 3선식	$\sqrt{3}IR$	$e = \dfrac{30.8LI}{1,000A}$	$A = \dfrac{30.8LI}{1,000e}$	선간

여기서, e : 전압강하[V], A : 사용전선의 단면적[mm²]
L : 선로의 길이[m], C : 전선의 도전율(97[%])

KSC-IEC 전선 규격

전선의 공칭단면적[mm²]			
1.5	16	95	300
2.5	25	120	400
4	35	150	500
6	50	185	630
10	70	240	

06

지진 감지기 그림 기호를 그리시오.

Answer

Explanation

지진 감지기
[Gal] : 중력 가속도의 단위
1[Gal]=1[cm/s²]

BEST 07 ★★★★★

예비 전원으로 이용되는 축전지에 대한 물음에 답하시오.

(1) 축전지 설비를 하려고 한다. 설비 구성 4가지를 쓰시오.
(2) 연축전지의 공칭 전압은 몇 [V]인가?

Answer

(1) ① 축전지 ② 보안 장치 ③ 제어 장치 ④ 충전 장치
(2) 2[V]

Explanation

- 납(연)축전지 : 2.0[V/cell], 10[Ah]
  알칼리 축전지 : 1.2[V/cell], 5[Ah]
- 축전지 설비 : 축전지, 보안 장치, 제어 장치, 충전 장치

08 ★☆☆☆☆

접지의 종별 적용에 대하여 구분하면 계통 접지, 중성점 접지, 기능 접지, 안전 접지로 구분한다. 이중 "기능 접지"는 어떤 요구 조건에 부응하고자 적용하는 접지인가?

Answer

전자계산기 등에 있어 전위의 안정된 기준을 얻기 위한 접지

Explanation

접지의 종류
① 계통 접지 : 고압전로와 저압전로가 혼촉 되었을 때 감전이나 화재 방지
② 기기 접지 : 누전되고 있는 기기에 접촉 시 감전 방지
③ 지락 검출용 접지 : 누전 차단기의 동작을 확실하게 하기 위함
④ 정전기 접지 : 정전기의 축적에 의한 폭발 재해 방지
⑤ 등전위 접지 : 병원에 있어서 의료 기기 사용 시 안전을 확보하기 위함
⑥ 기능 접지 : 전자계산기 등에 있어 전위의 안정된 기준을 얻기 위한 접지

09 ★★★☆☆

전기 공사 금액이 3억 원 미만일 때 일반 관리비 비율은 얼마인가?

Answer

6[%]

Explanation

일반 관리 비율

종합공사		전문·전기·정보통신·소방 및 기타공사	
공사원가	일반관리비율[%]	공사원가	일반관리비율[%]
50억 미만	6.0	5억원 미만	6.0
50억원~300억원 미만	5.5	5억원~30억원 미만	5.5
300억원 이상	5.0	30억원 이상	5.0

10. 전선의 소요량 계산에서 전선 가선 시 선로의 고저차가 심할 때 산출하는 식은?

Answer

선로 긍장 × 전선 조수 × 1.03

Explanation

전선 가선 시 소요량
- 고저차가 심한 경우 : 선로 긍장 × 전선 조수 × 1.03
- 고저차가 없는 경우 : 선로 긍장 × 전선 조수 × 1.02

11. ACSR 38[mm^2] 전선으로 전력을 공급하는 긍장 1[km]인 3상 2회선의 배전선로를 포설하기 위한 직접 인건비계는 얼마인가? 단, 노임 단가, 배전전공은 35,000원, 보통 인부는 25,000원이다.

[표] 배전선 가선   100[m]당

규격		배전전공	보통 인부
나동선	14[mm^2] 이하	0.20	0.10
	22[mm^2] 이하	0.32	0.16
	30[mm^2] 이하	0.40	0.20
	38[mm^2] 이하	0.52	0.26
	60[mm^2] 이하	0.76	0.38
	100[mm^2] 이하	0.08	0.54
	150[mm^2] 이하	0.32	0.66
	200[mm^2] 이하	1.44	0.72
	200[mm^2] 초과	1.52	0.76
ACSR, ASC	38[mm^2] 이하	0.60	0.30
	58[mm^2] 이하	0.88	0.44
	95[mm^2] 이하	1.28	0.64
	160[mm^2] 이하	1.56	0.78
	240[mm^2] 이하	1.8	0.9

[해설]
① 이품은 1선당 수작업으로 연선, 긴선, 이도 조정품 포함
② 애자에 묶는 품 포함
③ 피복선 120[%]
④ 기설선로 상부 가설 120[%]
⑤ 장력조정만 할 때 120[%]
⑥ 철거 50[%], 재사용 철거 80[%]
⑦ 가공지선 80[%]
⑧ 재사용 전선 110[%]
⑨ [m]당으로 환산 시에는 본 품을 100으로 나누어 산출
⑩ 22[kV], 66[kV], HDCC 송전선 1회선 가선품은 본 품의 300[%]
⑪ 66[kV], HDCC 송전선 가선은 송전전공이 시공한다.
⑫ 배전선을 가로수 또는 수목과 접촉하여 설치 작업 시는 수목으로 인한 장애를 감안하여 이품의 120[%] 적용

Answer

- 선로 신설 : 배전전공 : $\dfrac{0.6}{100} \times 1{,}000 \times 3 \times 2 = 36$[인]

  보통 인부 : $\dfrac{0.3}{100} \times 1{,}000 \times 3 \times 2 = 18$[인]
- 직접 노무비 : 배전전공 : $36 \times 35{,}000 = 1{,}260{,}000$[원]

  보통 인부 : $18 \times 25{,}000 = 450{,}000$[원]
- 계 : $1{,}260{,}000 + 450{,}000 = 1{,}710{,}000$[원]   답 : 1,710,000[원]

Explanation

견적 표에서의 해설 적용 방법

[m]당으로 환산 시에는 본 품을 100으로 나누어 산출

규격		배전전공	보통 인부
ACSR, ASC	$38[\text{mm}^2]$ 이하	0.60	0.30
	$58[\text{mm}^2]$ 이하	0.88	0.44
	$95[\text{mm}^2]$ 이하	1.28	0.64
	$160[\text{mm}^2]$ 이하	1.56	0.78
	$240[\text{mm}^2]$ 이하	1.8	0.9

12 ★★☆☆☆

동작설명과 도면을 참고하여 실제 결선도를 그리시오.

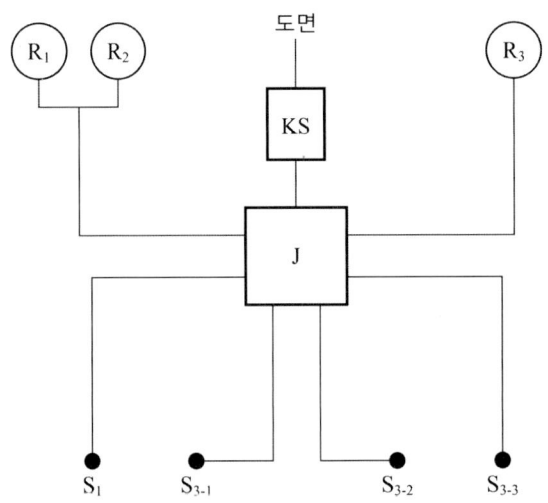

(1) S_{3-1}, S_{3-2}, S_{3-3}를 OFF시키고 S_1을 ON시키면 전등 R_1, R_2, R_3가 점등, S_1을 OFF 시키면 소등된다.

(2) S_1을 OFF시키고 S_{3-1}을 ON시키면 R_1이 점등, S_{3-2}를 ON시키면 R_2가 점등되고 S_{3-3}를 ON시키면 R_3가 점등된다. 단, 모든 결선은 4각 박스를 경유한다.

Answer

회로도

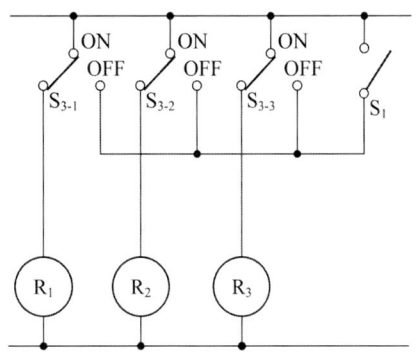

Explanation

- S_1을 OFF시키고 S_{3-1}을 ON시키면 R_1이 점등, S_{3-2}를 ON시키면 R_2가 점등되고 S_{3-3}를 ON시키면 R_3가 점등

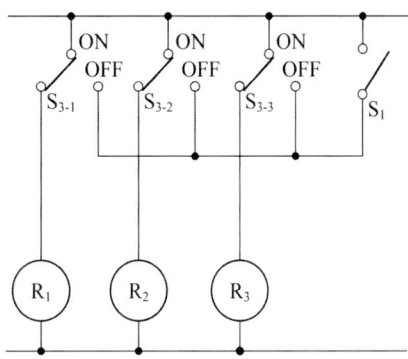

- S_{3-1}, S_{3-2}, S_{3-3}를 OFF시키고 S_1을 ON시키면 전등 R_1, R_2, R_3가 점등, S_1을 OFF 시키면 소등

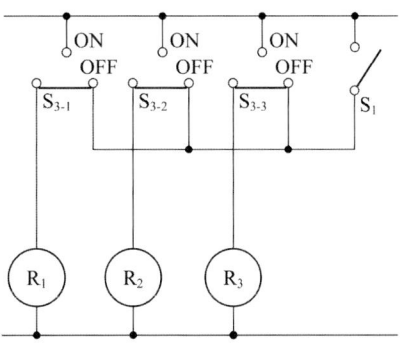

13 ★★☆☆☆ 도면과 같이 구내 각 공장에 케이블을 포설하고자 한다. 도면을 숙독하고 유의사항을 참고하여 총 수량을 주어진 답안지에 계산하여 답하시오.

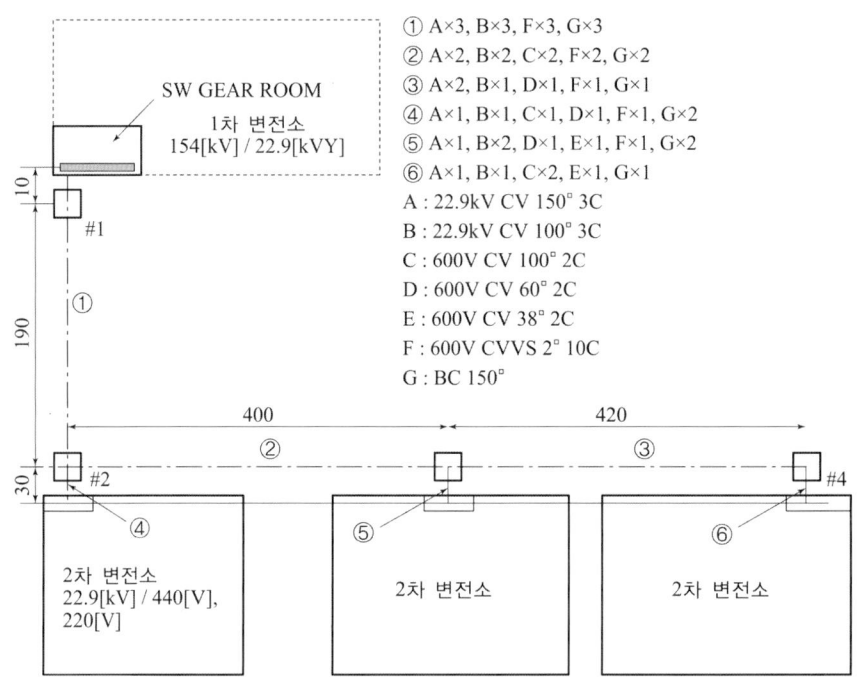

[유의사항]
① 생략된 도면과 문제지에 나타나 있지 않은 사항은 임의로 생각하지 말고 도면대로 할 것
② MANHOLE과 관로는 완성되어 있다.
③ MANHOLE에서 S.W GEAR ROOM과 2차 변전소 간의 거리는 표시된 숫자만큼만 계산한다.
④ #맨홀 표시
⑤ 케이블 수량을 구한 후 3[%] 할증을 적용하여 소수점 미만은 버리시오.

번호	품명	규격	단위	수량
(1)	케이블	22.9[kV] CV 150□ 3C	[m]	
(2)	케이블	22.9[kV] CV 100□ 3C	[m]	
(3)	케이블	600[V] CV 100□ 2C	[m]	
(4)	케이블	600[V] CV 60□ 2C	[m]	
(5)	케이블	600[V] CV 38□ 2C	[m]	
(6)	케이블	600[V] CVVS 2□ 10C	[m]	
(7)	케이블	B.C. 150□ 나연동	[m]	

Answer

(1) (200×3+400×2+420×2+30×3)×1.03=2,330×1.03=2,399[m]
(2) (200×3+400×2+420×1+30×4)×1.03=1,940×1.03=1,998[m]
(3) (400×2+30×1+60×1)×1.03=890×1.03=916[m]
(4) (420×1+30×2)×1.03=480×1.03=494[m]
(5) (30×2)×1.03=60×1.03=61[m]
(6) (200×3+400×2+420×1+30×2)×1.03=1,880×1.03=1,936[m]
(7) (200×3+400×2+420×1+30×5)×1.03=1,970×1.03=2,029[m]

Explanation

도면의 길이

① 200[m]
② 400[m]
③ 420[m]
④ 30[m]
⑤ 30[m]
⑥ 30[m]

케이블

A : 22.9[kV] CV 150$^\square$ 3C
  ①×3+②×2+③×2+④×1+⑤×1+⑥×1

B : 22.9[kV] CV 100$^\square$ 3C
  ①×3+②×2+③×1+④×1+⑤×2+⑥×1

C : 600[V] CV 100$^\square$ 2C
  ②×2+④×1+⑥×1

D : 600[V] CV 60$^\square$ 2C
  ③×1+④×1+⑤×1

E : 600[V] CV 38$^\square$ 2C
  ⑤×1+⑥×1

F : 600[V] CVVS 2$^\square$ 10C
  ①×3+②×2+③×1+④×1+⑤×1

G : B.C. 150$^\square$ 나연동
  ①×3+②×2+③×2+④×2+⑤×2+⑥×1

14 ★☆☆☆☆
그림은 릴레이 동작 체크 회로이다. 릴레이 X, Y, Z 중 하나만 동작하는 경우와 모두 동작하는 경우 논리 시퀀스 회로를 그리시오.

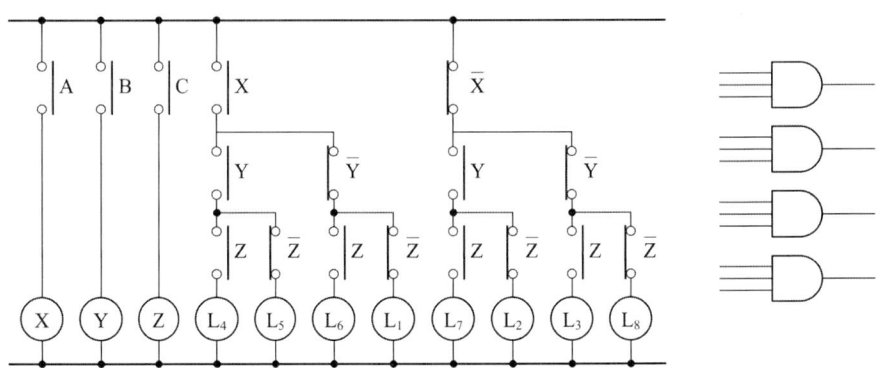

📝 **Answer**

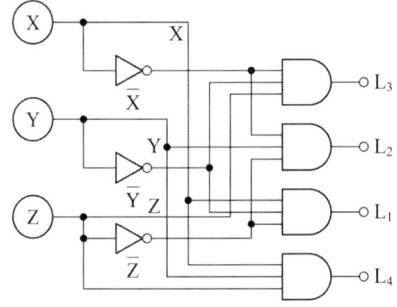

▶ **Explanation**

- 논리식으로 표현하면 $L_1 = X\overline{Y}\overline{Z}$
$L_2 = \overline{X}Y\overline{Z}$
$L_3 = \overline{X}\overline{Y}Z$
$L_4 = XYZ$
$L_5 = XY\overline{Z}$
$L_6 = X\overline{Y}Z$
$L_7 = \overline{X}YZ$
$L_8 = \overline{X}\overline{Y}\overline{Z}$

문제에서는
- 릴레이 X, Y, Z 중 하나만 동작하는 경우 $L_1 = X\overline{Y}\overline{Z}$
$L_2 = \overline{X}Y\overline{Z}$
$L_3 = \overline{X}\overline{Y}Z$
- 모두 동작하는 경우 $L_4 = XYZ$

15 도면은 어느 154[kV] 수용가의 수전설비 단선결선도의 일부분이다. 물음에 답하시오.

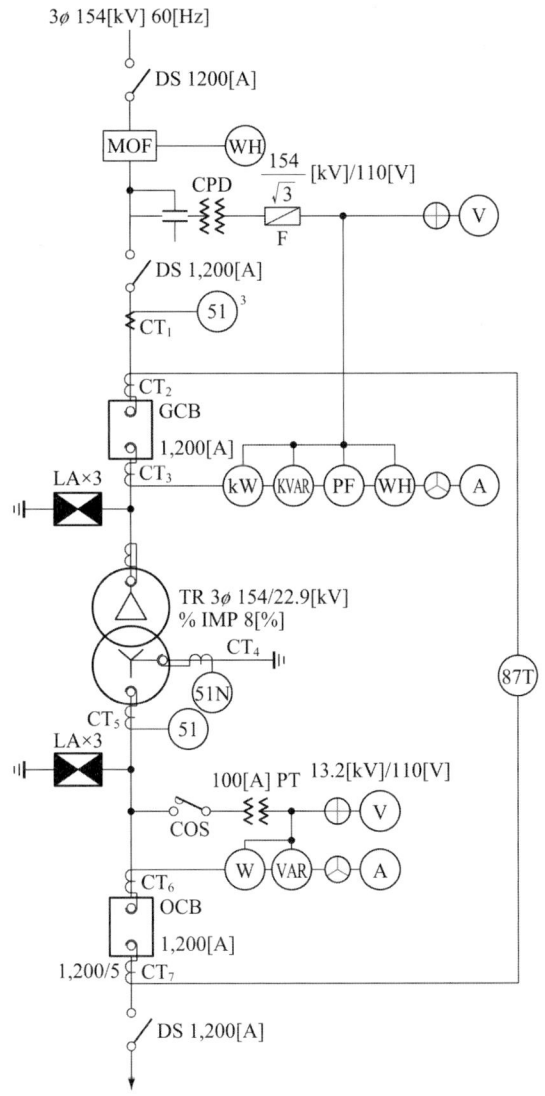

(1) 변압기 2차 부하설비 용량 51[MW], 수용률 70[%], 부하 역률 90[%]일 때 도면의 변압기 용량은 몇 [MVA]인가?
　• 계산 :　　　　　　　　　　• 답 :

(2) 변압기 1차측 DS의 정격 전압은?

(3) GCB 내에 사용되는 가스로 주로 어떤 것을 사용하는가?

(4) 87T에서 87의 명칭은?

(5) 51의 명칭은?

Answer

(1) 계산 : $STr = \dfrac{51 \times 0.7}{0.9} = 39.67[\text{MVA}]$ 　　　　　　　　　　　답 : 39.67[MVA]

(2) 170[kV]
(3) SF_6
(4) 전류 차동 계전기(비율 차동 계전기)
(5) 과전류 계전기

Explanation

(1) 변압기 용량[kVA] = $\dfrac{\text{설비용량[kVA]} \times \text{수용률}}{\text{부등률}} = \dfrac{\text{설비용량[kW]} \times \text{수용률}}{\text{부등률} \times \text{역률}}$[kVA]

(2) 기계, 기구의 정격(차단기, 단로기 등)

$154 \times \dfrac{1.2}{1.1} = 168[\text{kV}]$　　　　∴ 170[kV]

(3) 차단기 종류

차단기의 종류		
명칭	약호	소호매질
유입 차단기	OCB	절연유
기중 차단기	ACB	대기(공기)
자기 차단기	MBB	자계의 전자력
공기 차단기	ABB	압축공기
진공 차단기	VCB	진공
가스 차단기	GCB	SF_6

(4) 계전기 고유번호
- 87 : 전류 차동계전기(비율 차동계전기)
- 87B : 모선 보호 차동계전기
- 87G : 발전기용 차동계전기
- 87T : 주변압기 차동계전기

(5) 계전기 고유번호
- 51 : 과전류 계전기(OCR)
- 51G : 지락 과전류 계전기(OCGR)
- 59 : 과전압 계전기(OVR)
- 64 : 지락 과전압 계전기(OVGR)
- 27 : 부족 전압 계전기(UVR))

16 간이 수전설비에 대한 단선 결선도이다. 다음 물음에 답하시오.

(1) 그림에서 피뢰기의 적당한 규격[kV]은?
(2) 그림에서 피뢰기의 설치 수량은?
(3) 일반적으로 발전기, 변압기, 조상기, 모선 또는 이를 지지하는 애자는 어떠한 전류에 의하여 생기는 기계적 충격에 견디는 것이어야 하는가?
(4) 22.9[kV-Y] 가공전선로의 중성선에 ACSR을 사용하는 경우의 최대 굵기는 몇 [mm^2]인가?

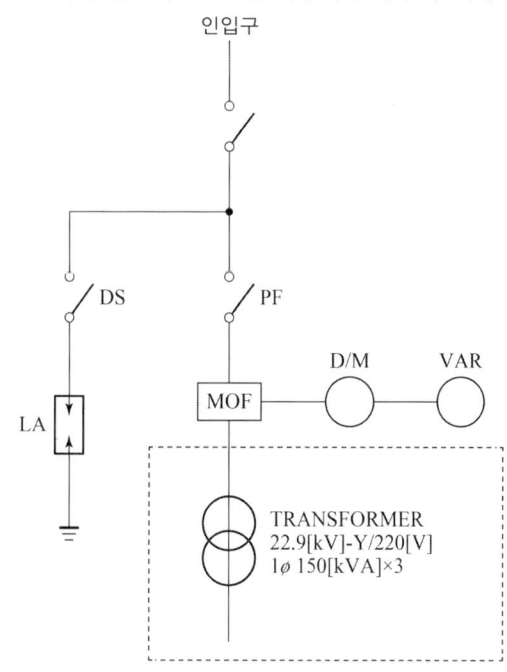

Answer

(1) 18[kV] (2) 3개 (3) 단락 전류 (4) 95[mm^2]

Explanation

(내선규정 3,250-1) 피뢰기의 정격 전압

전력계통		피뢰기 성격 전압[kV]	
전압[kV]	중성점 접지방식	변전소	배전선로
345	유효접지	288	–
154	유효접지	144	–
66	PC 접지 또는 비접지	72	–
22	PC 접지 또는 비접지	24	–
22.9	3상 4선 다중접지	21	18

[주] 전압 22.9[kV] 이하의 배전선로에서 수전하는 설비의 피뢰기 정격 전압[kV]은 배전선로용을 적용한다.

(기술기준 제23조) 발전기 등의 기계적 강도
발전기 · 변압기 · 무효 전력 보상 장치 · 계기용 변성기 · 모선 및 이를 지지하는 애자는 단락전류에 의하여 생기는 기계적 충격에 견디는 것이어야 한다.

(내선규정 2,155-4) 특고압 중성선의 가선
① 중성선은 나전선을 사용해야 하며 저압애자로 지지한다. 다만, 인류개소, 장경간 등 저압애자를 사용할 수 없는 경우는 적용하지 않는다.
② 중성선의 최소 굵기는 ACSR 32[mm^2] 이상으로서 전압선과 같은 굵기의 전선을 사용하여야 하며 최대 굵기는 ACSR 95[mm^2]로 한다.

2001년 전기공사산업기사 실기

> 이 문제는 변경된 KEC 적용으로 인하여 삭제되고, 아래 예상문제로 대체되었습니다.

01 다음의 회로에서 보호도체의 굵기를 산정하시오.

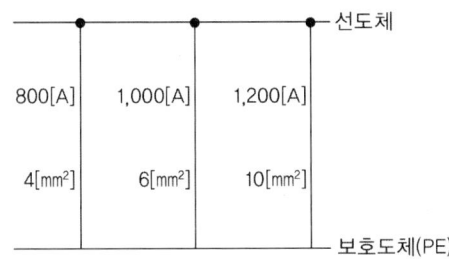

[조건]
- 구리도체
- $k = 143$
- 자동차단을 위한 보호장치 동작 시간 : 0.5[초]
- 최대 지락전류 : 1,200[A]

(1) 보호도체 굵기 산정식을 이용하여 구하는 경우
- 계산 :   • 답 :

(2) 보호도체 선정표를 적용하여 구하는 경우
- 답 :

Answer

(1) 계산 : $S = \dfrac{\sqrt{I^2 t}}{k} = \dfrac{\sqrt{1{,}200^2 \times 0.5}}{143} = 5.93\,[\text{mm}^2]$ 답 : 6[mm²] 선정

(2) 10[mm²] 선정

Explanation

(KEC 142.3.2조) 보호도체
보호도체가 두 개 이상의 회로에 공통으로 사용되면 단면적은 다음과 같이 선정하여야 한다.

① 회로 중 가장 부담이 큰 것으로 예상되는 고장전류 및 동작시간을 고려하여 보호도체의 굵기 산정식에 따라 산정한다.

$S = \dfrac{\sqrt{I^2 t}}{k}\,[\text{mm}^2] = \dfrac{\sqrt{1{,}200^2 \times 0.5}}{143} = 5.93\,[\text{mm}^2]$

∴ 6[mm²] 선정

② 회로 중 가장 큰 선도체의 단면적을 기준으로 표에 따라 선정한다.

선도체의 단면적 S(㎟, 구리)	보호도체의 최소 단면적(㎟, 구리)
	보호도체의 재질이 선도체와 같은 경우
16[㎟] 이하	S
16[㎟] 초과 35[㎟] 이하	16
35[㎟] 초과	S/2

02 ★★☆☆☆ 인입선을 지중선으로 시설하는 경우 22.9[kV-Y] 접지식 전로에 사용하는 케이블의 종류는?

Answer

동심중성선 수밀형 전력케이블(CNCV-W)

Explanation

특고압 간이 수전 설비 표준 결선도(22.9[kV-Y] 1,000[kVA] 이하를 시설하는 경우)

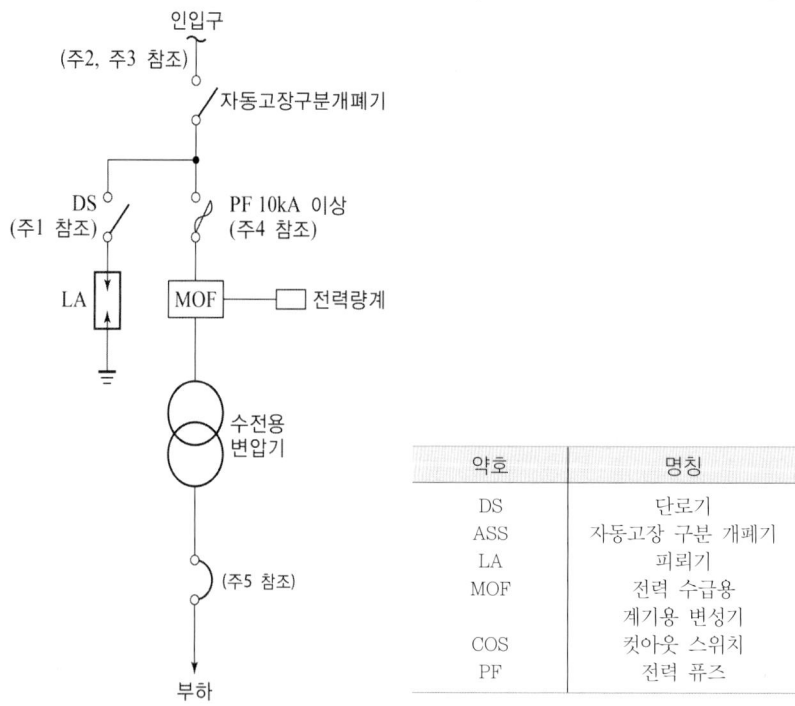

약호	명칭
DS	단로기
ASS	자동고장 구분 개폐기
LA	피뢰기
MOF	전력 수급용 계기용 변성기
COS	컷아웃 스위치
PF	전력 퓨즈

[주1] LA용 DS는 생략할 수 있으며 22.9[kV-Y]용의 LA는 Disconnector(또는 Isolator) 붙임형을 사용하여야 한다.
[주2] 인입선을 지중선으로 시설하는 경우로서 공동주택 등 사고 시 정전 피해가 큰 수전 설비인입선은 예비선을 포함하여 2회선으로 시설하는 것이 바람직하다.
[주3] 지중 인입선의 경우에 22.9[kV-Y] 계통은 CNCV-W 케이블(수밀형) 또는 TR CNCV-W(트리억제형)을 사용하여야 한다. 다만, 전력구, 공동구, 덕트, 건물구내 등 화재의 우려가 있는 장소에서는 FR CNCO-W(난연) 케이블을 사용하는 것이 바람직하다.
[주4] 300[kVA] 이하인 경우는 PF 대신 COS(비대칭 차단전류 10[kA] 이상의 것)을 사용할 수 있다.
[주5] 특별고압 간이 수전설비는 PF의 용단 등의 결상사고에 대한 대책이 없으므로 변압기 2차측에 설치되는 주차단기에는 결상계전기 등을 설치하여 결상사고에 대한 보호능력이 있도록 함이 바람직하다.

03 ★★★☆☆
예비전원용 고압 발전기에서 부하에 이르는 전로에는 발전기의 가까운 곳에 쉽게 개폐 및 점검을 할 수 있는 곳에 (   ), (   ), (   ) 및 전압계를 시설하여야 하는가?

Answer

개폐기, 과전류 차단기, 전류계

Explanation

(내선규정 4,168-3) 예비전원 고압 발전기
예비전원으로 시설하는 고압 발전기에서 부하에 이르는 전로에는 발전기에 가까운 곳에 개폐기, 과전류 차단기, 전압계 및 전류계를 다음 각 호에 의해 시설하여야 한다.
• 각 극에 개폐기 및 과전류 차단기를 시설할 것
• 전압계는 각 상의 전압을 읽을 수 있도록 시설할 것
• 전류계는 각 선(중성선 제외)의 전류를 읽을 수 있도록 시설할 것

04 ★★☆☆☆
그림은 콘크리트 매입배관에서 박스에 파이프를 부착하는 방법이다. 물음에 답하시오.

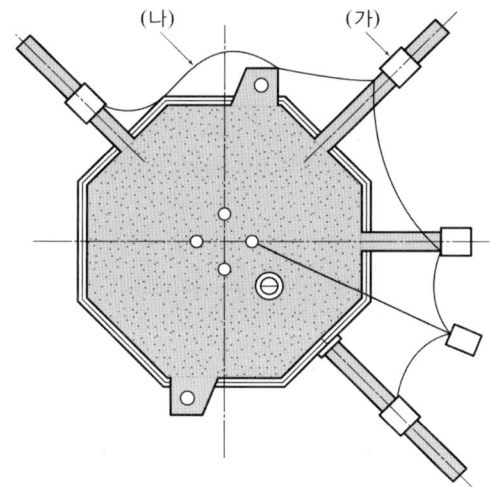

(1) 그림에 표시된 (가)의 재료 명칭은?

(2) 그림에 표시된 (나)의 전선은 무슨 선인가?

Answer

(1) 접지 클램프
(2) 본딩선(접지도체)

05 폴리머 애자 설치에 관한 그림이다. 각 기호의 ①, ②, ③, ④ 명칭을 쓰시오.

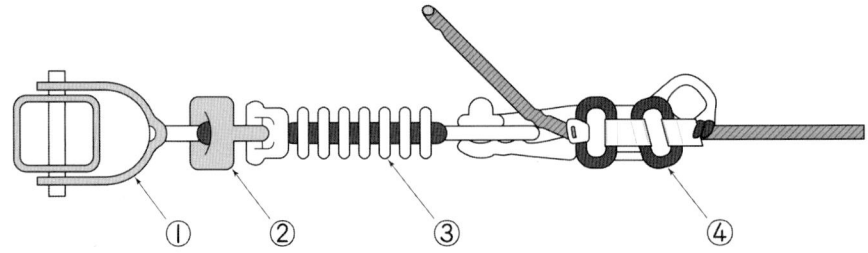

✎ Answer

① 볼 쇄클
② 소켓 아이
③ 폴리머 애자
④ 데드 엔드 클램프

BEST 06 4.5[m]×4.5[m]인 엘리베이터 홀에 down light 조명을 하려고 한다. 이 홀의 실지수를 구하시오. 단, 천장의 높이는 3[m]이고, 천장면의 반사율은 70[%]이다.

✎ Answer

계산 : 실지수 $R \cdot I = \dfrac{X \cdot Y}{H(X+Y)} = \dfrac{4.5 \times 4.5}{3(4.5+4.5)} = 0.75$ 답 : 0.8

Explanation

- 실지수(방지수) $= \dfrac{XY}{H(X+Y)}$

  여기서, H : 등의 높이−작업면 높이[m]
  X : 방의 가로[m]
  Y : 방의 세로[m]

- 실지수표

기호	A	B	C	D	E	F	G	H	I	J
실지수	5.0	4.0	3.0	2.5	2.0	1.5	1.25	1.0	0.8	0.6
범위	4.5 이상	4.5~3.5	3.5~2.75	2.75~2.25	2.25~1.75	1.75~1.38	1.38~1.12	1.12~0.9	0.9~0.7	0.7 이하

07 ★★★★☆ 그림과 같은 저압 기기의 지락 사고 시 기기에 접촉된 사람의 인체에 흐르는 전류를 구하시오. 단, 변압기 2차측 접지저항값 $R_2 = 50[\Omega]$, 저압기기의 접지저항값 $R_3 = 100[\Omega]$, 인체의 접지저항 및 접촉저항값 $R_m = 1,000[\Omega]$이다.

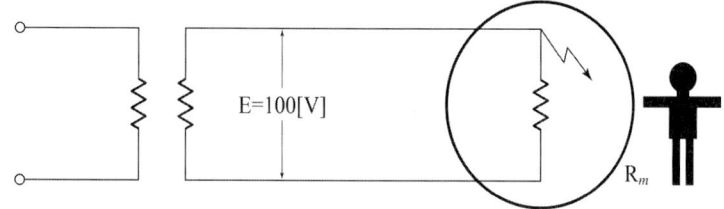

Answer

$$I = \frac{100}{50 + \frac{100 \times 1,000}{100 + 1,000}} \times \frac{100}{100 + 1,000} \times 10^3 = 64.52[\text{mA}]$$

답 : 64.52[mA]

Explanation

회로를 등가회로로 전환하면 다음과 같다.

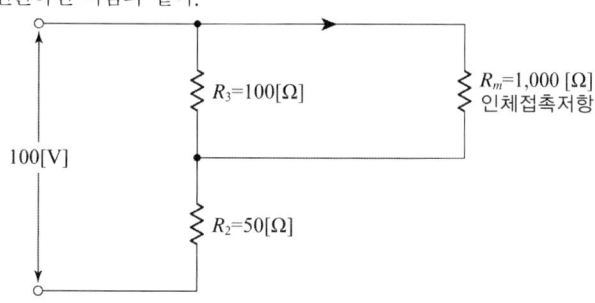

전체 저항 $R_T = 50 + \frac{100 \times 1,000}{100 + 1,000}$

전체 전류 $I_T = \frac{E}{R_T} = \frac{100}{50 + \frac{100 \times 1,000}{100 + 1,000}}$

따라서 인체에 흐르는 전류 $I = \frac{100}{50 + \frac{100 \times 1,000}{100 + 1,000}} \times \frac{100}{100 + 1,000} \times 10^3$

08 금속관 배관에서 전선을 병렬로 사용하는 경우의 그림이다. A, B, C 중 잘못된 그림은?

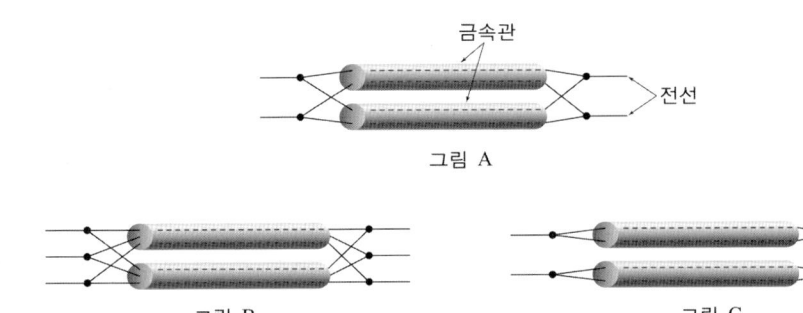

Answer

C

Explanation

(KEC 123조) 전선의 접속 중 병렬 사용
① 전선의 굵기는 동 50[mm²] 이상 또는 알루미늄 70[mm²] 이상으로 하고, 전선은 같은 도체, 같은 재료, 같은 길이 및 같은 굵기의 것을 사용할 것
② 같은 극의 각 전선은 동일한 터미널러그에 완전히 접속할 것
③ 같은 극인 각 전선의 터미널러그는 동일한 도체에 2개 이상의 리벳 또는 2개 이상의 나사로 접속할 것
④ 병렬로 사용하는 전선에는 각각에 퓨즈를 설치하지 말 것
⑤ 교류회로에서 병렬로 사용하는 전선은 금속관 안에 전자적 불평형이 생기지 않도록 시설할 것

전선을 병렬로 사용하는 경우

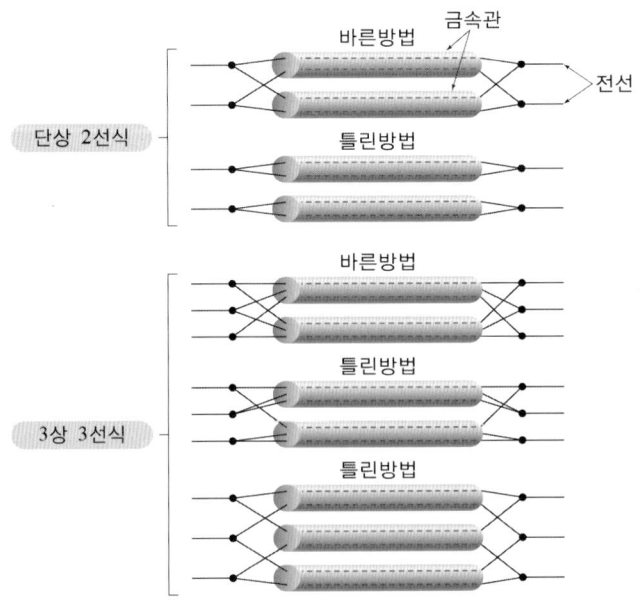

09 가선 공사에서 밧줄의 중간에 재료나 공기구 등을 묶을 경우에 그림과 같은 결박법은?

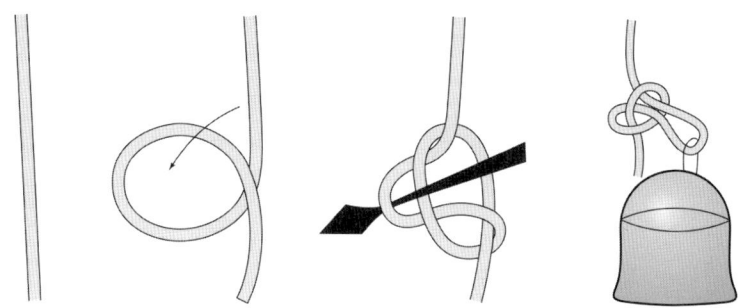

Answer

걸이 고리법

BEST 10 '공사원가'라 함은 공사 시공 과정에서 무엇의 합계액을 말하는가?

Answer

재료비, 노무비, 경비

Explanation

- 순 공사원가 : 재료비, 노무비, 경비
- 총 공사원가 : 재료비, 노무비, 경비, 일반 관리비, 이윤

여기서, 공사원가는 순 공사원가를 말하는 것임

11 7.5[kV] N-RV는 네온관용 전선 기호이다. 여기서 R은 어떤 뜻의 기호인가?

Answer

고무

Explanation

전선 약호
- N : 네온전선
- V : 비닐
- E : 폴리에틸렌
- R : 고무
- C : 클로로프렌

12 다음 그림은 심야 전력 기기의 인입구 장치 부근의 배선을 나타낸 것이다. 이 그림은 어떤 경우의 시설을 나타낸 것인가?

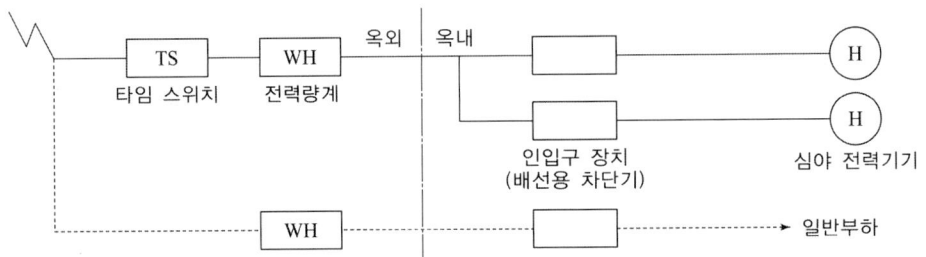

Answer

종량제

Explanation

(내선규정 4,145) 심야 전력기기
① 심야 전력기기의 배선은 기기마다 전용의 분기회로를 시설할 것
② 배선은 합성수지관공사, 금속관공사, 금속제 가요전선관공사, 케이블공사에 의할 것

• 배선방법

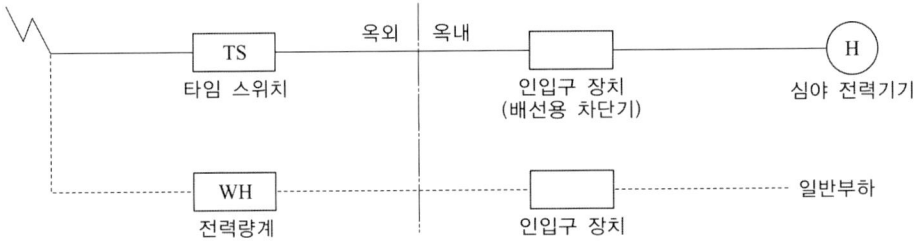

정액제인 경우의 시설(예)

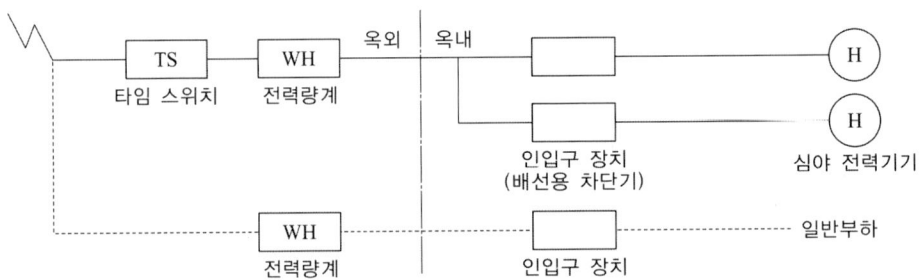

종량제인 경우의 시설(예)

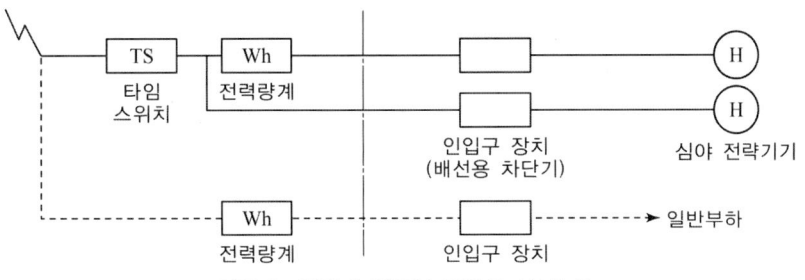

정액제·종량제 병용인 경우의 시설(예)

13. ★☆☆☆☆ 옥내 배선용에서 ●$_R$은 무엇을 나타내는가?

Answer

리모콘 스위치

Explanation

(KS C 0301) 옥내배선용 그림기호 스위치

명칭	그림기호	적요
점멸기 (Switch)	●	① 용량의 표시 방법은 다음과 같다. 10[A]는 방기하지 않는다. 15[A] 이상은 전류 값을 표기한다. [보기] ●15A ② 극 수의 표시 방법은 다음과 같다. 단극은 방기하지 않는다. 2극 또는 3로, 4로는 각각 2P 또는 3, 4의 숫자를 표기한다. [보기] ●2P　●3 ③ 파일럿 램프를 내장하는 것은 L을 표기한다. ●L ④ 방수형은 WP를 표기한다. ●WP ⑤ 방폭형은 EX를 표기한다. ●EX ⑥ 타이머 붙이는 T를 표기한다. ●T

14 ★★☆☆☆

총 공사비가 29억원이고, 공사 기간이 11개월인 전기공사의 간접 노무 비율[%]을 참고자료에 의거하여 계산하시오.

구분		간접 노무 비율
공사 종류별	건축공사	14.5
	토목공사	15
	기타(전기, 통신 등)	15
공사 규모별 ※ 품셈에 의하여 산출되는 공사원가 기준	5억 원 미만	14
	5~30억 원 미만	15
	30억 원 이상	16
공사 기간별	6개월 미만	13
	6~12개월 미만	15
	12개월 이상	17

Answer

계산 : 간접 노무 비율 $= \dfrac{15+15+15}{3} = 15[\%]$ 답 : 15[%]

Explanation

간접 노무 비율 $= \dfrac{공사\ 종류별[\%] + 공사\ 규모별[\%] + 공사\ 기간별[\%]}{3}$

15 ★★☆☆☆
다음에서 제시한 배관 배치도와 동작 설명을 읽고 시퀀스도로 작성하고 실제 배관 배치도에 배선을 그려 넣으시오.

[동작 설명]
- 배선은 전선관 안쪽으로 배선하고 전선 접속은 Junction Box 안에서 하고 시퀀스도 및 실체도 작성 시 전선이 접속되는 부분은 반드시 접속점을 표시하시오.
- Junction Box에서 접속점은 필요 이상 만들지 마시오.
- 전원을 투입하고 3로 스위치 S_3을 자동 쪽(A)으로 전환하면 전등 Ln이, 밤이 되면 조광 스위치(Sun Switch, S.Sw)에 의해서 자동으로 점등되고 동시에 전등 Lp는 점멸한다.
- 전원이 투입된 상태에서 3로 스위치 S_3를 수동 쪽(M)으로 전환하면 전등 Ln이 점등되고, 동시에 전등 Lp는 점멸한다.

조광 스위치의 기본 결선도

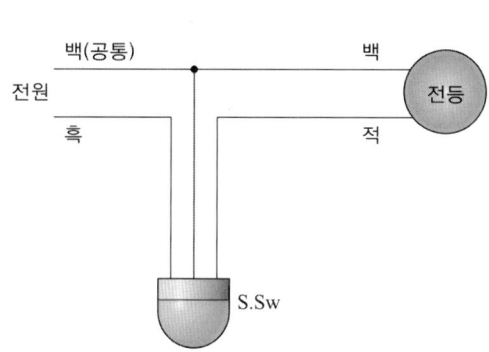

Flicker relay의 내부 결선도

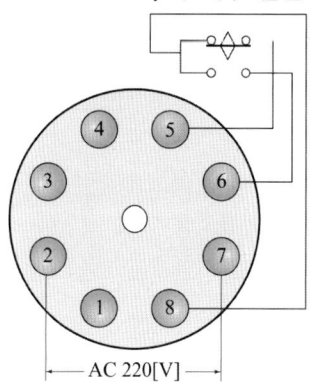

배관 및 기구 배치도

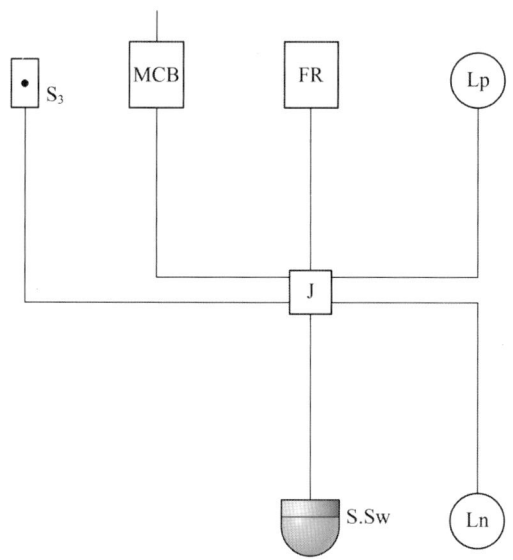

> **Answer**

(1) 시퀀스도

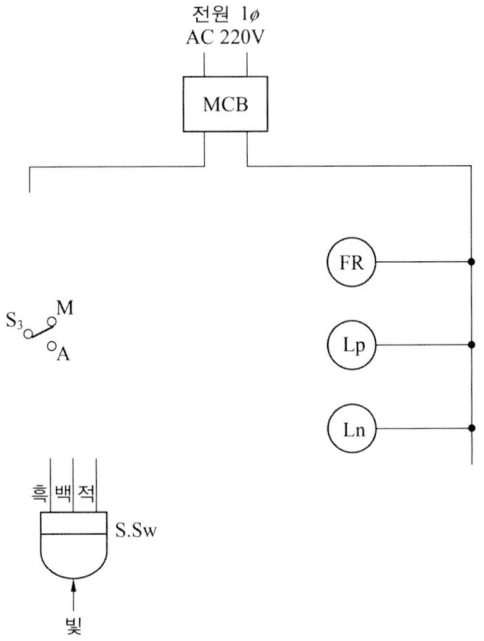

(2) 실체 배선도

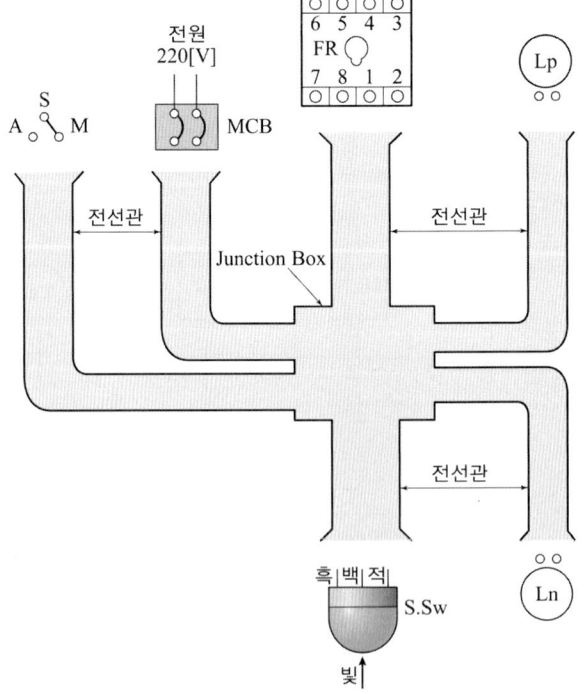

Explanation

(1) 시퀀스도

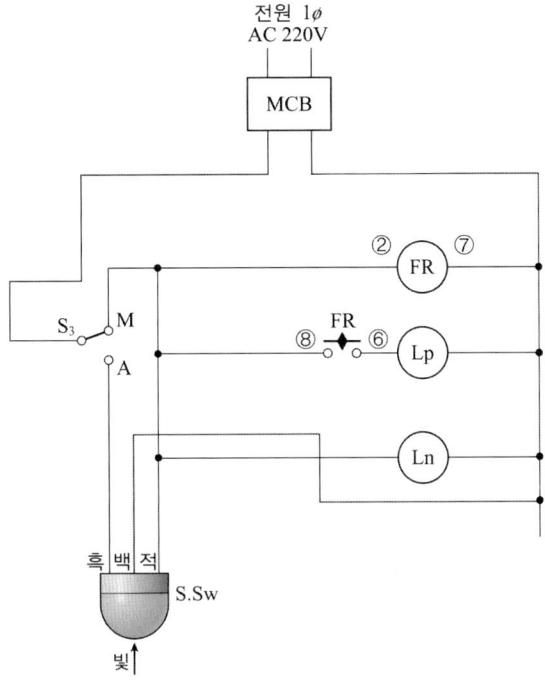

(2) 실체 배선도

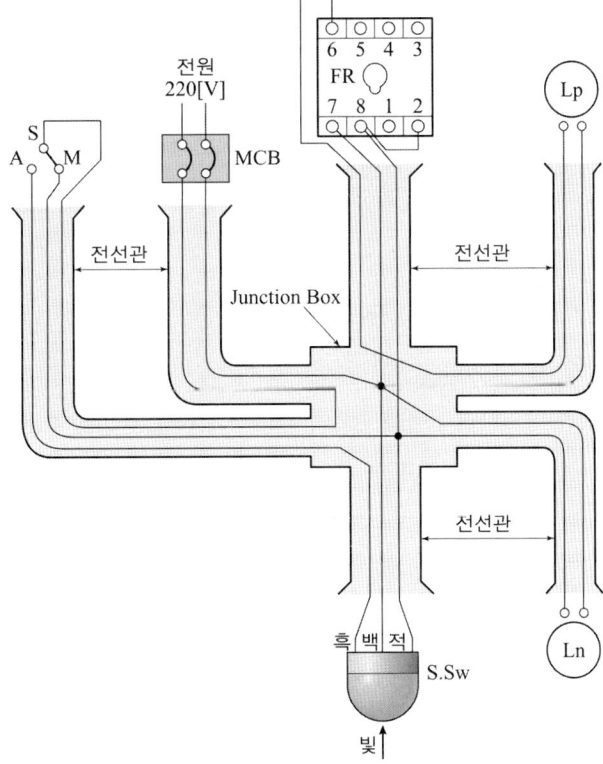

16 ★☆☆☆☆
그림은 3상 유도 전동기의 정·역 회로의 일부를 그린 것으로 출력회로 등을 생략한 것이다. 다음 물음을 답안지에 답하시오. 단, GL : 정지 표시 램프

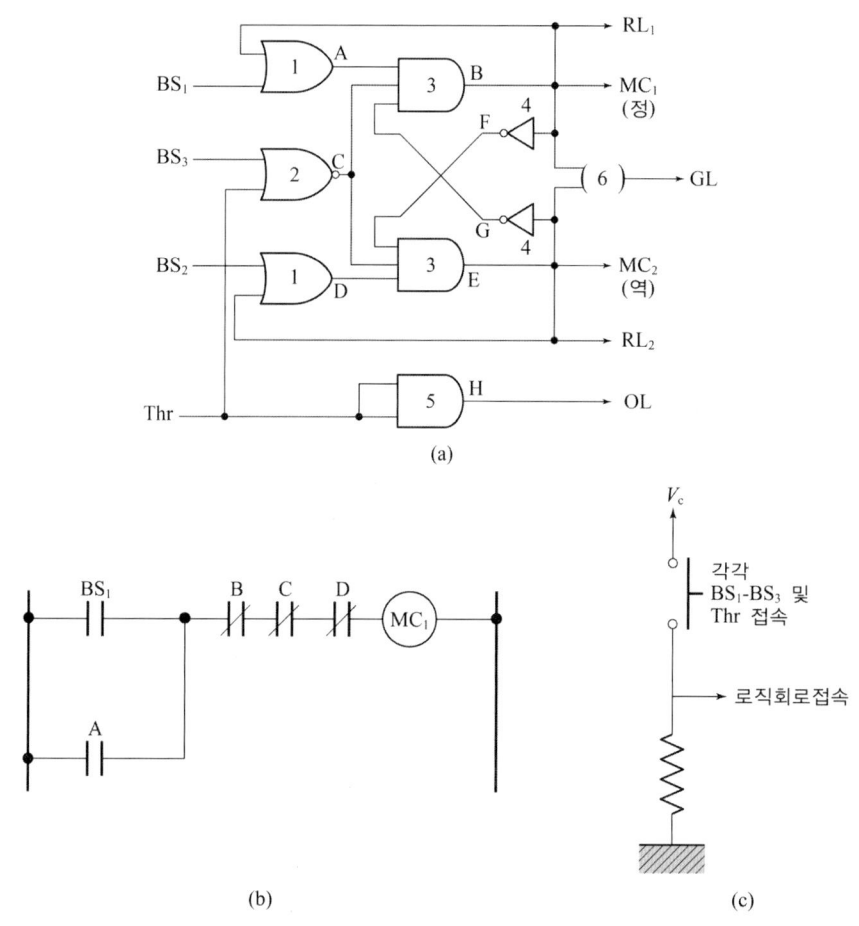

(1) 유지회로의 기능을 갖는 로직소자는 1~6번 중 어느 것인지 1개만 답하시오.

(2) 인터록 기능의 로직소자는 1~6번 중 어느 것인지 1개만 답하시오.

(3) OL램프가 점등 중이라면 H레벨 출력이 되는 소자는 1~6번 중 어느 것인지 3개만 답하시오.

(4) Thr이 작동하였다. MC와 램프 중 출력이 생기는 기구는 어느 것인지 2개만 답하시오.

(5) MC_1 혹은 MC_2가 동작하면 GL은 소등된다. (6)의 로직 기호를 그리시오.

(6) MC_1이 동작 중이다. A~G 중에서 H(전압) 레벨인 곳 4곳을 답하시오.

(7) BS_3를 누르고 있을 때 C점은 H레벨인가 L레벨인가?

(8) 그림 (b)에서 B는 BS_3, C는 Thr을 나타낸다면 A와 D는 각각 무엇을 나타내는가? 기호로 표시하고 기능을 한마디로 쓰시오.

Answer

(1) 1
(2) 4
(3) 4, 5, 6
(4) OL, GL
(5)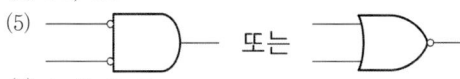
(6) A, B, C, G
(7) L
(8) A : MC_1, 유지   D : MC_2, 인터록

Explanation

17 ★☆☆☆☆
그림은 CB형 고압 자가용 수변전 설비의 주회로 복선 결선도이다. 다음 질문에 답하시오. 단, 도면에서 질문에 직접 관계없는 부분은 생략 또는 간략화 하였다.

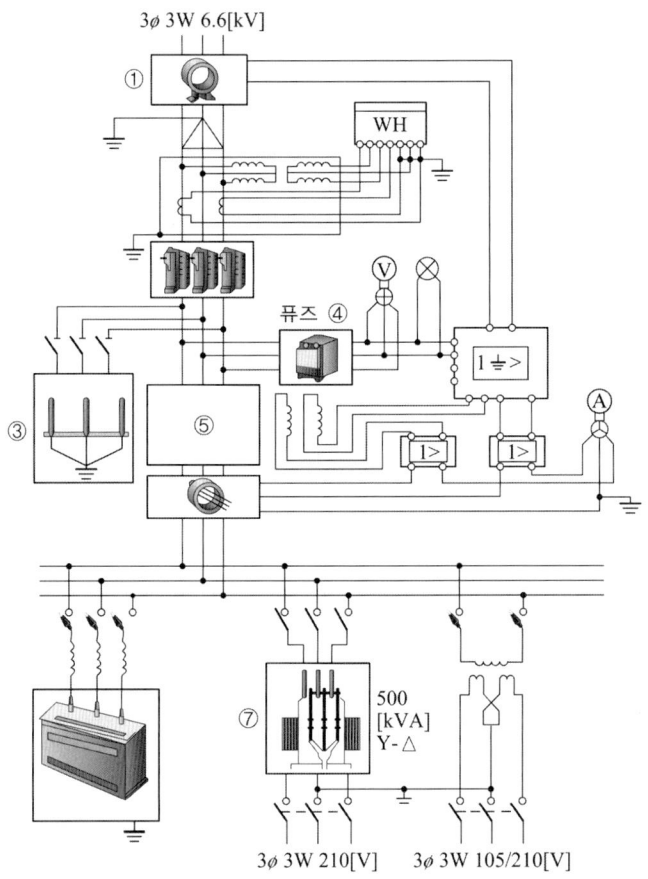

(1) ①의 기기의 명칭은?
(2) ①의 기능은?
(3) ③의 피뢰기는 고압 가공전선로에서 공급을 받는 수전전력 용량 몇 [kW] 이상인 수용장소 인입구에 시설하는가?
(4) ④의 기기에 퓨즈를 사용하는 목적은?
(5) ⑤에 설치하는 기기로서 가장 적당한 차단기는?
(6) ⑦에 설치하는 기기의 복선도용 기호는?

Answer

(1) 영상 변류기
(2) 영상(지락)전류 검출
(3) 용량에 관계없이 설치
(4) 계기용 변압기 및 부하 측에 사고 발생 시 이를 고압회로로부터 분리함으로써 PT 보호 및 사고 확대를 방지
(5) 진공 차단기(VCB)
(6)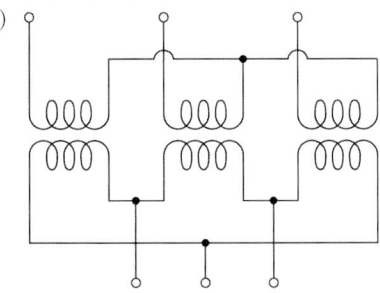

Explanation

고압 수전설비

(1)~(2) 영상변류기(ZCT : Zero-Phase CT) : 영상(지락)전류 검출
(3) 피뢰기의 시설장소
　① 발전소, 변전소 또는 이에 준하는 장소의 가공 전선 인입구 및 인출구
　② 가공전선로에 접속하는 배전용 변압기의 고압측 및 특고압측
　③ 고압 및 특고압 가공전선로로부터 공급을 받는 수용장소의 인입구
　④ 가공전선로와 지중전선로가 접속되는 곳
(4) 계기용 변압기의 퓨즈 설치
- 계기용 변압기 1차 측에는 과전압에 대한 보호를 위해 부착
- 계기용 변압기 2차 측에는 부하의 단락 및 과부하 또는 계기용 변압기 단락 시 사고가 확대되는 것을 방지하기 위하여 퓨즈 부착
(5) 진공 차단기(VCB, Vacuum Circuit Breaker)
- 소호 매질 : 진공
- 소형, 경량
- 주파수의 영향을 받지 않는다.
- 25[kV] 이하 급에서 많이 사용

MEMO

전기공사산업기사 실기

과년도 기출문제

2002

- 2002년 제 01회
- 2002년 제 02회
- 2002년 제 04회

2002년 과년도 기출문제에 대한 출제 빈도 분석 차트입니다.
각 회차별로 별의 개수를 확인하고 학습에 참고하기 바랍니다.

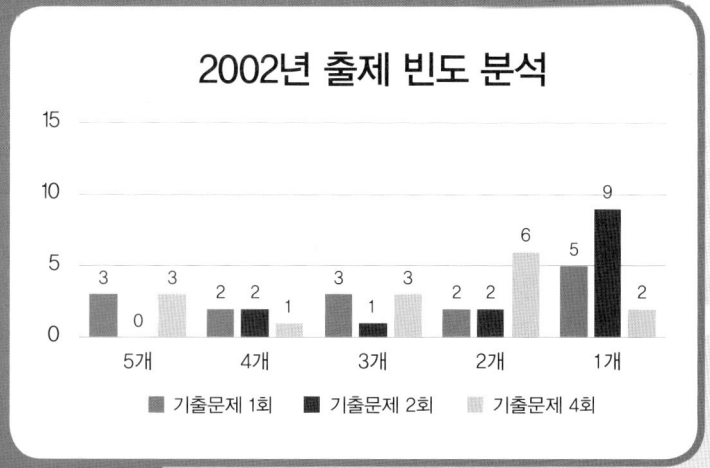

2002년 전기공사산업기사 실기

01 ★★☆☆☆
그림은 장간형 현수 애자 ㄱ형 완철 애자 설치 방법이다. 1, 2, 3, 4, 5 명칭을 기입하시오.

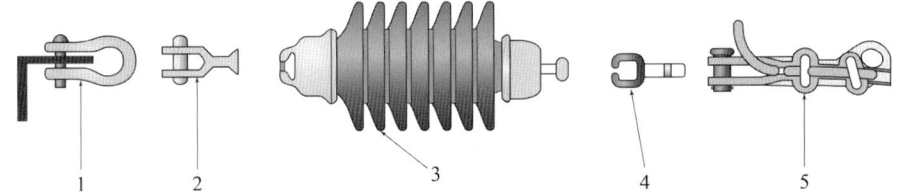

Answer

1. 앵카쇄클
2. 볼크레비스
3. 장간형 현수 애자
4. 소켓아이
5. 데드 엔드 클램프

Explanation

장간형 현수 애자 설치

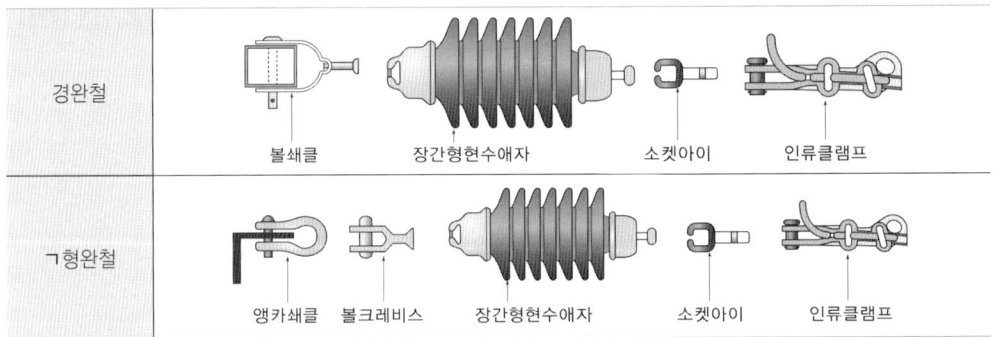

02 ★☆☆☆☆
1종, 2종 가요전선관을 구부리는 경우의 시설이다. 다음 물음에 답하시오.

(1) 노출장소 또는 점검 가능한 은폐장소에서 관을 시설하고 제거하는 것이 자유로운 경우에는 곡률 반지름을 2종 가요전선관 안지름의 몇 배 이상으로 하여야 하는가?

(2) 노출장소 또는 점검 가능한 은폐장소에서 관을 시설하고 제거하는 것이 부자유하거나 점검이 불가능할 경우에는 곡률 반지름을 2종 가요전선관 안지름의 몇 배 이상으로 하여야 하는가?

(3) 1종 가요전선관을 구부릴 경우의 곡률 반지름은 관 안지름의 몇 배 이상으로 하여야 하는가?

Answer

(1) 3배   (2) 6배   (3) 6배

> **Explanation**

(KEC 232.13조) 금속제 가요전선관공사
1. 가요전선관 및 그 부속품의 끝 면은 매끈하게 하여 전선의 피복이 손상될 우려가 없도록 하여야 한다.
2. 2종 가요 전선관을 구부리는 경우의 시설은 다음에 의하여야 한다.
   ① 노출장소 또는 점검 가능한 은폐장소에서 관을 시설하고 제거하는 것이 자유로운 경우는 곡률 반지름을 2종 가요전선관 안지름의 3배 이상으로 할 것
   ② 노출장소 또는 점검 가능한 은폐장소에서 관을 시설하고, 이를 변경하는 것이 어렵거나, 점검이 불가능할 경우는 곡률 반지름을 2종 가요전선관 안지름의 6배 이상으로 할 것
3. 1종 가요전선관을 구부릴 경우의 곡률 반지름은 관 안지름의 6배 이상으로 하여야 한다.
4. 전선관의 길이가 25[m]를 초과하는 경우는 25[m] 이하마다 풀박스를 설치하여 시공하는 것이 바람직하며, 굴곡부위가 있는 경우는 15[m]를 초과할 수 없다. 또한 3개소를 초과하는 직각 또는 직각에 가까운 굴곡개소를 만들어서는 안 된다.

03 ★☆☆☆☆
수은구, 저압 나트륨구, 메탈헬라이드 구, 형광등 중 가장 효율이 좋은 전구는 어느 것인가?

> **Answer**

저압 나트륨구

> **Explanation**

광원의 효율

램프	효율[lm/W]	램프	효율[lm/W]
나트륨 램프	80~150	수은 램프	35~55
메탈헬라이드 램프	75~105	할로겐 램프	20~22
형광 램프	48~80	백열 전구	7~22

저압 나트륨구 〉 메탈헬라이드 구 〉 형광등 〉 수은구

> 이 문제는 변경된 KEC 적용으로 인하여 삭제하고, 아래 예상문제로 대체되었습니다.

04 한국전기설비규정에 의거하여 다음 전선의 색상을 적으시오.

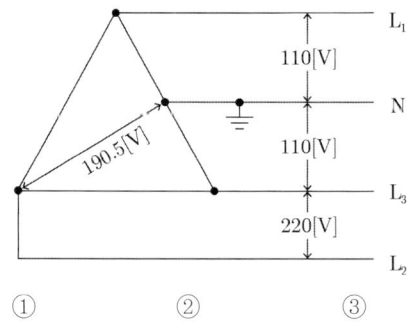

상(문자)	색상
L1	①
L2	②
L3	③
N	④
보호도체	⑤

① ② ③ ④ ⑤

> **Answer**

① 갈색   ② 흑색   ③ 회색   ④ 청색   ⑤ 녹색-노란색

> **Explanation**

(KEC 121.2조) 전선의 상별 색상

1. 전선의 색상은 표에 따른다.

상(문자)	색상
L1	갈색
L2	흑색
L3	회색
N	청색
보호도체	녹색-노란색

2. 색상 식별이 종단 및 연결 지점에서만 이루어지는 나도체 등은 전선 종단부에 색상이 반영구적으로 유지될 수 있는 도색, 밴드, 색 테이프 등의 방법으로 표시해야 한다.
3. 제1 및 제2를 제외한 전선의 식별은 KS C IEC 60445(인간과 기계 간 인터페이스, 표시 식별의 기본 및 안전원칙-장비단자, 도체단자 및 도체의 식별)에 적합하여야 한다.

05 ★☆☆☆☆
아래 표시된 그림은 구내고압 전로의 케이블 입상부의 실제도이다. 그림 ①~⑧에 대한 물음에 답하시오. 단, 전주의 전장은 16[m]이고, 설계하중 6.8[kN] 이하의 철근 콘크리트주이다.

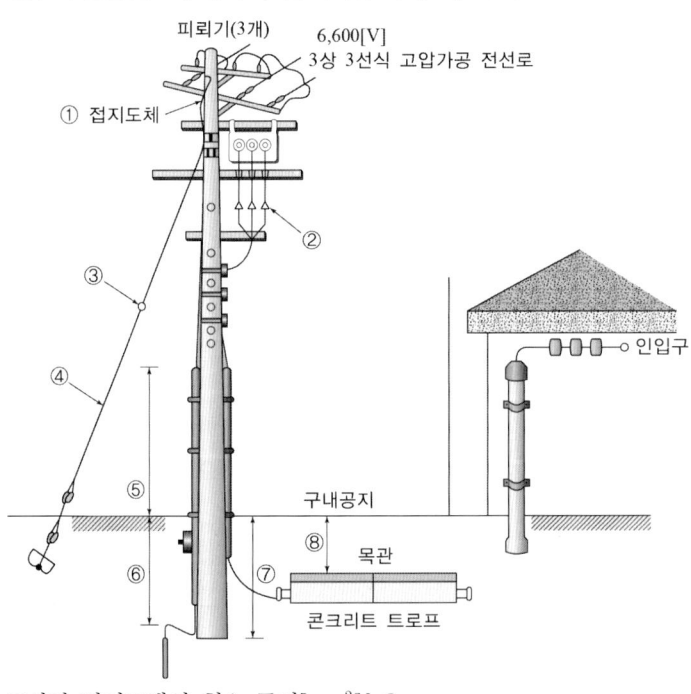

(1) 그림 ①에 표시된 접지도체의 최소 굵기[mm²]는?
(2) 그림 ②로 표시된 부분의 명칭은?
(3) 그림 ③에 표시된 재료의 명칭은?
(4) 그림 ④에 표시된 명칭은?
(5) 그림 ⑤는 지표상에서 최소 몇 [m]의 높이인가? (케이블 보호관임)
(6) 그림 ⑥에서 접지극 매설의 최소 깊이[m]는?
(7) 그림 ⑦에서 땅속으로 묻히는 최소 깊이[m]는?
(8) 그림 ⑧에서 이 부분의 토관의 최소 깊이[m]는? 단, 중량물에 의한 압력은 안 받는다.

Answer

(1) 6[mm²]　　(2) 케이블 헤드　　(3) 지선 애자(옥 애자)
(4) 지선　　(5) 2[m]　　(6) 0.75[m] 이상
(7) 2.5[m] 이상　　(8) 0.6[m] 이상

Explanation

(KEC 331.11조) 지선의 시설
① 가공전선로의 지지물로 사용하는 철탑은 지선을 사용하여 그 강도를 분담시켜서는 아니 된다.
② 가공전선로의 지지물로 사용하는 철주 또는 철근 콘크리트주는 지선을 사용하지 아니하는 상태에서 2분의 1 이상의 풍압하중에 견디는 강도를 가지는 경우 이외에는 지선을 사용하여 그 강도를 분담시켜서는 아니 된다.
③ 가공전선로의 지지물에 시설하는 지선은 다음 각 호에 따라야 한다.
- 지선의 안전율은 2.5 이상일 것. 이 경우에 허용 인장하중의 최저는 4.31[kN]으로 한다.
- 지선에 연선을 사용할 경우에는 다음에 의할 것
  - 소선(素線) 3가닥 이상의 연선일 것
  - 소선의 지름이 2.6[mm] 이상의 금속선을 사용한 것일 것. 다만, 소선의 지름이 2[mm] 이상인 아연도강연선(亞鉛鍍鋼然線)으로서 소선의 인장강도가 0.68[kN/mm²] 이상인 것을 사용하는 경우에는 그러하지 아니하다.
- 지중 부분 및 지표상 0.3[m]까지의 부분에는 내식성이 있는 것 또는 아연도금을 한 철봉을 사용하고 쉽게 부식되지 아니하는 근가에 견고하게 붙일 것. 다만, 목주에 시설하는 지선에 대해서는 그러하지 아니하다.
- 지선근가는 지선의 인장하중에 충분히 견디도록 시설할 것
- 도로를 횡단하여 시설하는 지선의 높이는 지표상 5[m] 이상으로 하여야 한다. 다만, 기술상 부득이한 경우로서 교통에 지장을 초래할 우려가 없는 경우에는 지표상 4.5[m] 이상, 보도의 경우에는 2.5[m] 이상으로 할 수 있다.

(KEC 142.2조) 접지극의 시설 및 접지저항
접지도체를 사람이 접촉할 우려가 있는 곳에 시설하는 경우
① 접지극은 지하 0.75[m] 이상으로 하되 동결 깊이를 감안하여 매설할 것
② 접지도체를 철주 기타의 금속체를 따라서 시설하는 경우에는 접지극을 철주의 밑면(底面)으로부터 0.3[m] 이상의 깊이에 매설하는 경우 이외에는 접지극을 지중에서 그 금속체로부터 1[m] 이상 떼어 매설할 것
③ 접지도체에는 절연전선, 캡타이어 케이블 또는 케이블(통신용 케이블을 제외한다)을 사용할 것
④ 접지도체의 지하 0.75[m]로부터 지표상 2[m]까지의 부분은 합성수지관 또는 이와 동등 이상의 절연효력 및 강도를 가지는 몰드로 덮을 것
⑤ 접지도체를 시설한 지지물에는 피뢰침용 지선을 시설하지 말 것

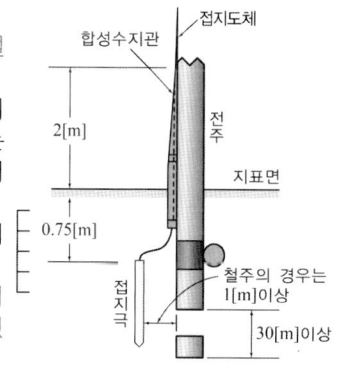

(KEC 331.7조) 가공 전선로 지지물의 기초의 안전율
강관을 주체로 하는 철주(이하 "강관주"라 한다.) 또는 철근 콘크리트주로서 그 전체 길이가 16[m] 이하, 설계하중이 6.8[kN] 이하인 것
- 전체의 길이가 15[m] 이하인 경우는 땅에 묻히는 깊이를 전체 길이의 6분의 1 이상으로 할 것
- 전체의 길이가 15[m]를 초과하는 경우는 땅에 묻히는 깊이를 2.5[m] 이상으로 할 것

(KEC 334.1조) 지중 전선로의 시설
① 지중전선로는 전선에 케이블을 사용하고 또한 관로식·암거식(暗渠式) 또는 직접 매설식에 의하여 시설

하여야 한다.
② 지중전선로를 직접 매설식에 의하여 시설하는 경우에는 매설 깊이를 차량 기타 중량물의 압력을 받을 우려가 있는 장소에는 1[m] 이상, 기타 장소에는 0.6[m] 이상으로 하고 또한 지중전선을 견고한 트라프 기타 방호물에 넣어 시설하여야 한다.

BEST 06 ★★★★★
이웃 연결 인입선이란 무엇인가 정확하게 설명하시오.

Answer

한 수용장소 인입구 접속점에서 분기하여 다른 지지물을 거치지 아니하고 다른 수용장소 인입구에 이르는 전선을 말함

Explanation

(기술기준 제3조) 정의
"이웃 연결 인입선"이란 한 수용장소의 인입선에서 분기하여 지지물을 거치지 아니하고 다른 수용장소의 인입구에 이르는 부분의 전선을 말한다.

07 ★★★☆☆
그림과 같이 전선 1조마다 50[kg]의 장력을 받는 전선 3조와 인류지선을 시설하고자 한다. 이 경우 지선이 받는 장력[kg]을 구하시오.

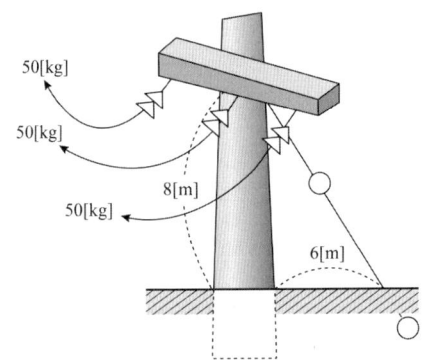

Answer

계산 : 지선장력 $T_0 = \dfrac{T}{\cos\theta} = \dfrac{50 \times 3}{\dfrac{6}{10}} = 250[\text{kg}]$

답 : 250[kg]

Explanation

지선장력
$T_0 = \dfrac{T}{\cos\theta}$
$\cos\theta = \dfrac{T}{T_0} = \dfrac{6}{10}$
$\therefore T_0 = \dfrac{10}{6} \times T = \dfrac{10}{6} \times 50 \times 3 = 250[\text{kg}]$

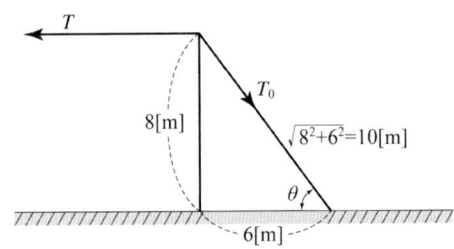

> 이 문제는 변경된 KEC 적용으로 인하여 삭제하고, 아래 예상문제로 대체되었습니다.

08 다음의 빈칸에 알맞은 값을 적으시오.

> 접지도체의 선정
> 가. 접지도체의 단면적은 큰 고장전류가 접지도체를 통하여 흐르지 않을 경우 접지도체의 최소 단면적은 다음과 같다.
>   (1) 구리는 (①)[mm²] 이상
>   (2) 철제는 (②)[mm²] 이상
> 나. 접지도체에 피뢰시스템이 접속되는 경우, 접지도체의 단면적은 구리 (③)[mm²] 또는 철 (④)[mm²] 이상으로 하여야 한다.

①　　　　　　　　②　　　　　　　　③　　　　　　　　④

Answer

① 6　　② 50　　③ 16　　④ 50

Explanation

(KEC 142.3조) 접지도체
접지도체의 선정
가. 접지도체의 단면적은 142.3.2의 1에 의하며 큰 고장전류가 접지도체를 통하여 흐르지 않을 경우 접지도체의 최소 단면적은 다음과 같다.
  (1) 구리는 6[mm²] 이상
  (2) 철제는 50[mm²] 이상
나. 접지도체에 피뢰시스템이 접속되는 경우, 접지도체의 단면적은 구리 16[mm²] 또는 철 50[mm²] 이상으로 하여야 한다.

09 ★★★☆☆ 계기의 급별에서 용도에 따라 답안을 쓰시오.

(1) 대형 부표준기
(2) 휴대용 계기(정밀급)
(3) 소형 휴대용 계기(정밀 측정)
(4) 배전반용 계기(공업용 보통 측정)
(5) 배전반용 소형 계기

Answer

(1) 0.2급　　(2) 0.5급　　(3) 1.0급
(4) 1.5급　　(5) 2.5급

Explanation

계기 등급(grade of meter)

등급별	허용차	용도
0.2급	±0.2[%]	부표준기(실험실용) 등
0.5급	±0.5[%]	정밀 측정용(휴대용 계기)
1.0급	±1.0[%]	소형 정밀용(소형 휴대용) 계기
1.5급	±1.5[%]	배전반용 계기(공업용 보통 측정)
2.5급	±2.5[%]	정확함을 중시하지 않는 소형 계기(배전반 소형 계기)

10 심벌은 콘센트에 관한 전기 심벌이다. 정확한 명칭은?

Answer

의료용 콘센트

Explanation

(KS C 0301) 옥내배선용 그림기호 콘센트

명칭	그림기호	적요
콘센트	⊙	① 천장에 부착하는 경우는 다음과 같다. ② 바닥에 부착하는 경우는 다음과 같다. ③ 용량의 표시방법은 다음과 같다. 　a. 15[A]는 방기하지 않는다. 　b. 20[A] 이상은 암페어 수를 표기한다. 　[보기] ⊙20A ④ 2구 이상인 경우는 구수를 표기한다. 　[보기] ⊙2 ⑤ 3극 이상인 것은 극수를 표기한다. 　[보기] ⊙3P ⑥ 종류를 표시하는 경우는 다음과 같다. 　빠짐방지형　　　　　⊙LK 　걸림형　　　　　　　⊙T 　접지극붙이　　　　　⊙E 　접지단자붙이　　　　⊙ET 　누전차단기붙이　　　⊙EL ⑦ 방수형은 WP를 표기한다.　⊙WP ⑧ 방폭형은 EX를 표기한다.　⊙EX ⑨ 의료용은 H를 표기한다.　⊙H

11 금속관 공사에 필요한 재료들을 물음에 답하시오.

(1) 금속관으로부터 전선을 뽑아 전동기 단자 부분에 접속할 때 전선을 보호하기 위해 관 끝에 취부하는 재료는?
(2) 배관을 직각으로 굽히는 곳에, 관 상호간을 접속하는 재료는?
(3) 노출 배관공사에서 관을 직각으로 굽히는 곳에 사용하는 재료는?
(4) 금속관을 아웃렛 박스에 취부할 때 관보다 지름이 큰 관계로 로크너트만으로 고정할 수 없을 때 보조적으로 사용하는 재료는?
(5) 무거운 기구를 박스에 취부할 때 사용하는 재료는?
(6) 금속 전선관을 상호 접속할 때 전선관과 같이 돌릴 수 없는 경우, 또는 관 상호를 돌려서 접속할 수 없는 경우에 나사를 내지 않고 접속하는 재료는?
(7) 전선의 절연피복을 보호하기 위해서 금속관의 끝에 취부하는 재료는?

Answer

(1) 터미널 캡 또는 서비스 캡
(2) 노멀 밴드
(3) 유니버셜 엘보
(4) 링 리듀서
(5) 픽스쳐 스터드와 히키
(6) 유니온 커플링
(7) 부싱

Explanation

금속관 공사용 부품

명칭	사용 용도
로크너트(lock nut)	관과 박스를 접속하는 경우 파이프 나사를 죄어 고정시키는 데 사용
부싱(bushing)	전선 관단에 끼우고 전선을 넣거나 빼는 데 있어서 전선의 피복을 보호하여 전선이 손상되지 않게 하는 것
커플링(coupling)	• 금속관 상호 접속 또는 관과 노멀 밴드와의 접속에 사용 • 관의 양측을 돌려서 접속할 수 없는 경우 : 유니온 커플링
새들(saddle)	노출 배관에서 금속관을 조영재에 고정시키는 데 사용
노멀 밴드(normal bend)	배관의 직각 굴곡에 사용
링 리듀서	금속을 아웃트렛 박스의 로크 아웃에 취부할 때 로크아웃의 구멍이 관의 구멍보다 클 때 사용
스위치 박스(switch box)	매입형의 스위치나 콘센트를 고정하는 데 사용
아웃트렛 박스(outlet box)	전선관 공사에 있어 전등기구나 점멸기 또는 콘센트의 고정, 접속함으로 사용
콘크리트 박스(concrete box)	콘크리트에 매입 배선용으로 아웃트렛 박스와 같은 목적으로 사용
플로어 박스	바닥 밑으로 매입 배선할 때 사용
유니버셜 엘보우(elbow)	• 노출 배관공사에 관을 직각으로 굽혀야 할 곳의 관 상호 접속 또는 관을 분기해야 할 곳에 사용 • 3방향으로 분기하는 T형, 4방향으로 분기하는 크로스 엘보우

명칭	사용 용도
터미널 캡 (terminal cap)	전동기에 접속하는 장소나 애자 사용 공사로 옮기는 장소의 관단에 사용
엔트런스 캡(우에사캡) (entrance cap)	인입구, 인출구의 관단에 설치하여 금속관에 접속하여 옥외의 빗물을 막는 데 사용
픽스처 스터드와 히키 (fixture stud & hickey)	아웃트렛 박스에 조명기구를 부착시킬 때 기구 중량의 장력을 보강하기 위하여 사용
블랭크 와셔(blank washer)	플로어 덕트의 정션 박스에 덕트를 접속하지 않는 곳을 막기 위하여 사용
유니버설 피팅	노출 배관시 L형 또는 T형으로 구부러지는 장소에 사용

12 ★★★★☆
공사원가 구성에 관하여 아래의 답안에 적당한 비목을 완성하시오.

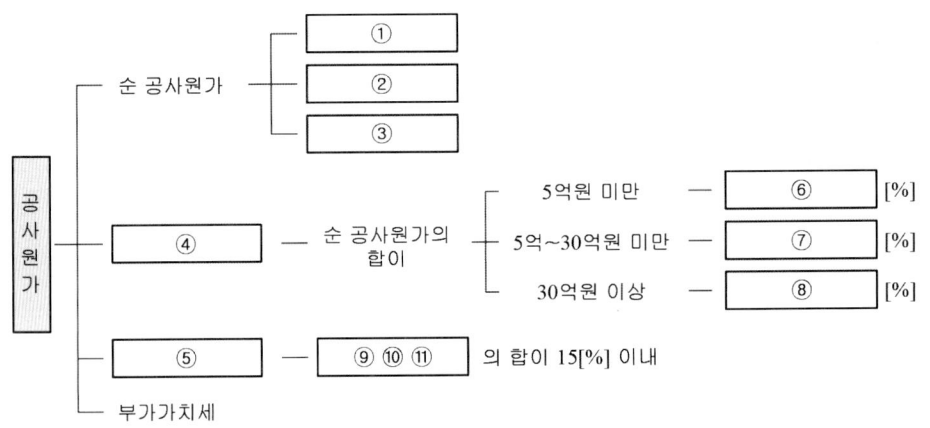

Answer

① 재료비 ② 노무비 ③ 경비
④ 일반관리비 ⑤ 이윤 ⑥ 6
⑦ 5.5 ⑧ 5 ⑨ 노무비
⑩ 경비 ⑪ 일반관리비

Explanation

• 순 공사원가 : 재료비, 노무비, 경비
• 총 공사원가 : 재료비, 노무비, 경비, 일반관리비, 이윤
• 일반관리 비율

종합공사		전문 · 전기 · 정보통신 · 소방 및 기타공사	
공사원가	일반관리비율[%]	공사원가	일반관리비율[%]
50억 미만	6.0	5억원 미만	6.0
50억원~300억원 미만	5.5	5억원~30억원 미만	5.5
300억원 이상	5.0	30억원 이상	5.0

13 그림의 로직 회로는 지하철역의 무인 개찰 회로의 일부이다.

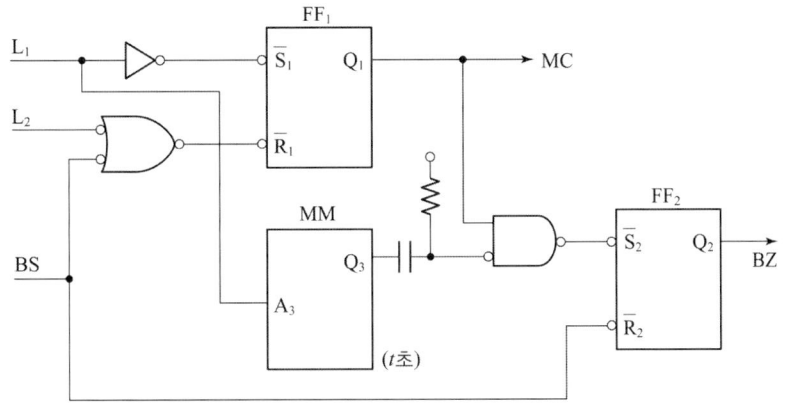

[보기] OR, AND, FF_1, FF_2, MM, MC, NOT(중복도 가힘)

다음 동작 개요의 ( )에 보기 중에서 골라 넣으시오.
(1) 차표를 넣으면 L_1이 검출하여 (①)가 세트되고 (②)가 동작하여 차표 투입구를 닫는다. t초 후 차표가 배출구로 나오면 L_2가 검출하여 (③)가 리셋되고 (④)가 복귀하여 투입구를 연다.
(2) 차표를 넣은 후 T초가 되어도 ($T > t$) 차표가 나오지 않으면 (⑤)의 출력과 (⑥)의 출력의 (⑦) 회로에 의하여 (⑧)가 동작하고 부저가 울린다. 이때 BS를 누르면 모두 복귀한다. 여기서 FF는 $\overline{R}\,\overline{S}$ -latch이고 MM은 단안정 IC소자이며 L_1은 H레벨 입력이다.

Answer

① FF_1 ② MC ③ FF_1 ④ MC ⑤ FF_1 ⑥ MM ⑦ AND ⑧ FF_2

Explanation

NAND 게이트로 된 R-S 래치
- NAND 게이트로 된 기본 플립플롭 회로에서, 두 입력이 모두 1이면 플립플롭의 상태는 전 상태를 그대로 유지하게 된다.
- 순간적으로 S 입력에 0을 가하면 Q는 1로, Q'는 0으로 바뀐다.
- S를 1로 바꾼 뒤에 R 입력을 0을 가하면 플립플롭은 클리어 상태가 된다.
- 두 입력이 동시에 0으로 될 때는 두 출력이 모두 1이 되기 때문에 정상적인 플립플롭 작동에서는 피해야 한다.

IC 타이머 SMV
- 단안정 멀티 바이브레이터(one shot)의 원리를 이용한 IC 타이머 소자인데 A, B 입력 중 입력은 고정하고 한 입력으로 트리거(trigger)하면 단안정 특성이 얻어진다(SMV, MM, MMV).

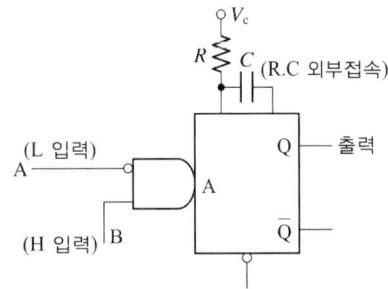

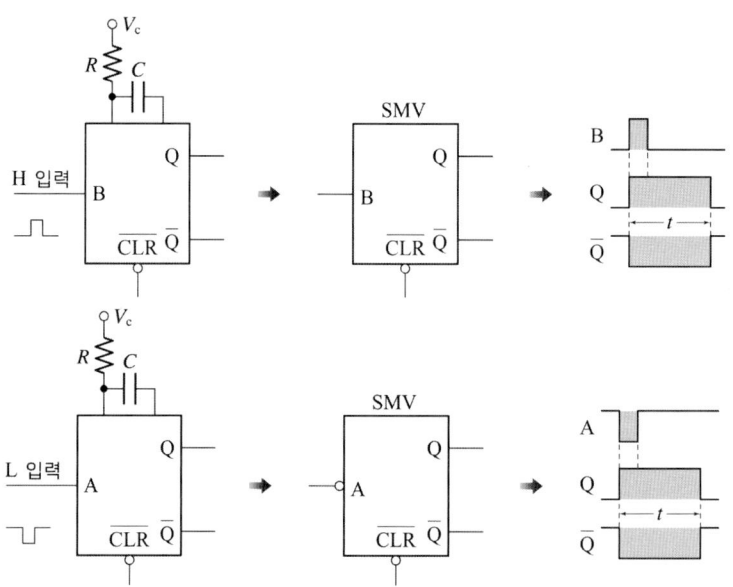

14 약호의 뜻을 정확히 쓰시오.

(1) OCB :   (2) MBB :   (3) ACB :
(4) GCB :   (5) ABB :   (6) NFB :
(7) VCB :   (8) ELB :   (9) BCT :
(10) ZCT :

Answer

(1) OCB : 유입 차단기   (2) MBB : 자기 차단기
(3) ACB : 기중 차단기   (4) GCB : 가스 차단기
(5) ABB : 공기 차단기   (6) NFB : 배선용 차단기
(7) VCB : 진공 차단기   (8) ELB : 누전 차단기
(9) BCT : 부싱형 변류기   (10) ZCT : 영상 변류기

Explanation

(1) 유입 차단기 : OCB(Oil Circuit Breaker)
(2) 자기 차단기 : MBB(Magnetic-Blast Circuit Breaker)
(3) 기중 차단기 : ACB(Air Circuit Breaker)
(4) 가스 차단기 : GCB(Gas Circuit Breaker)
(5) 공기 차단기 : ABB(Air Blast Circuit Breaker)
(6) 배선용 차단기 : NFB(No Fuse Breaker)
(7) 진공 차단기 : VCB(Vacuum Circuit Breaker)
(8) 누전 차단기 : ELB(Earth Leakage Circuit Breaker)
(9) 부싱형 변류기 : BCT(Bushing-type CT)
(10) 영상 변류기 : ZCT(Zero-Phase CT)

15 ★☆☆☆☆ 도면은 옥내배선의 배치도이다. 범례와 동작 설명을 이해하고 결선도(시퀀스)를 주어진 답안지에 전기적으로 정확하게 그리시오.

[동작 사항]

(1) 스위치 S를 ON하고 PB_1을 누르면 릴레이(Ry_1)가 여자되고 버저 B가 울림과 동시에 전등 R_1, R_2가 직렬로 점등된다. 다음 PB_2를 누르면 릴레이(Ry_1)가 소자되고 버저(B)가 정지함과 동시에 릴레이(Ry_2)가 여자되어 전등 R_1, R_2가 병렬 점등된다.

(2) 스위치 S를 OFF하면 모든 동작이 정지한다.

[범례]

Ry : 릴레이
PB : 누름 버튼
R : 램프, S : 스위치
B : 버저
J : 정크션 박스
KS : 단투 커버 나이프이고 기타는 생략한다.

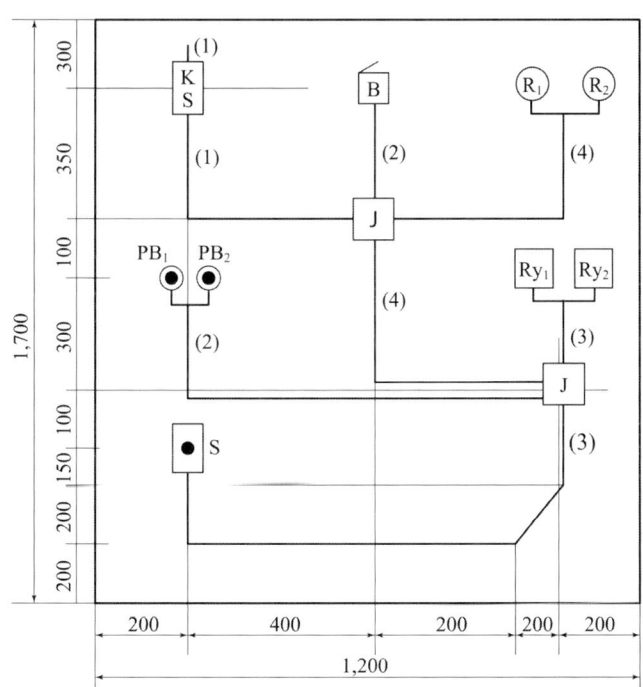

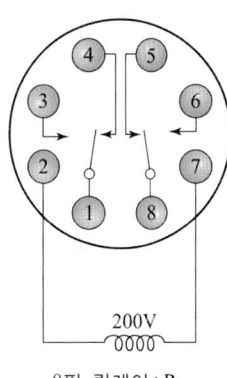

8핀 릴레이 : Ry

Answer

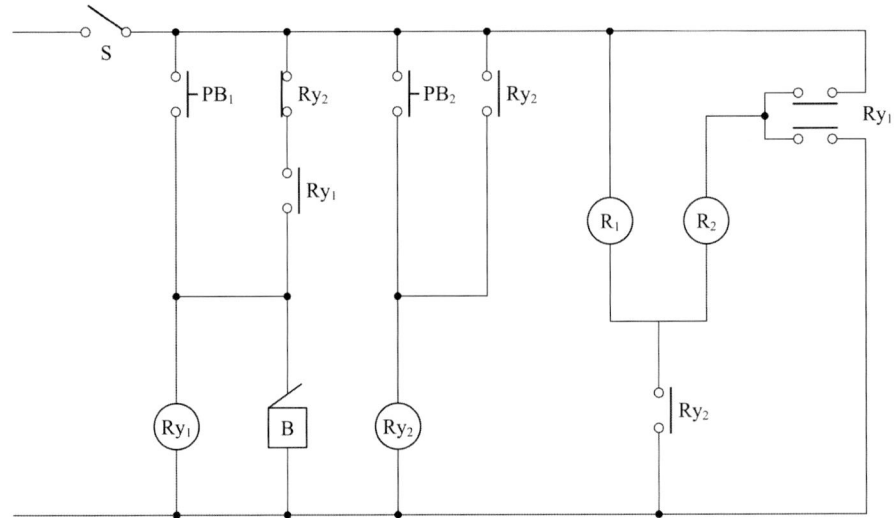

2002년 전기공사산업기사 실기

01 ★☆☆☆☆
둥근 물건의 외경이나 파이프 등의 내경 또는 가공물의 깊이 등을 측정하며 본척, 부척에 의하여 1/10[mm] 또는 1/20[mm]까지 측정할 수 있는 측정 기구는?

Answer

버니어 켈리퍼스

Explanation

버니어 켈리퍼스(Vernier calipers)
- 둥근 물건의 외경이나 파이프 등의 내경 또는 가공물의 깊이 등을 측정
- 1/10[mm] 또는 1/20[mm]까지 측정

02 ★★☆☆☆
22.9[kV-Y] 특고압 가공전선로의 중성선 가선 시 중성선의 최소 굵기는 전선이 ACSR인 경우 최소 몇 [mm²] 이상으로 시설하여야 하는가?

Answer

32[mm²]

Explanation

(내선규정 2,155-4) 특고압 중성선의 가선
① 중성선은 나전선을 사용해야 하며 저압 애자로 지지한다. 다만, 인류개소, 장경간 등 저압 애자를 사용할 수 없는 경우는 적용하지 않는다.
② 중성선의 최소 굵기는 ACSR 32[mm²] 이상으로서 전압선과 같은 굵기의 전선을 사용하여야 하며 최대 굵기는 ACSR 95[mm²]로 한다.

03 다음 그림은 저압전로에 있어서의 지락 고장을 표시한 그림이다. 그림의 전동기 M_1(단상 110[V])의 내부와 외함 간에 누전으로 지락 사고를 일으킨 경우 변압기 저압 측 전로의 1선은 전기설비기술 기준령에 의하여 고·저압 혼촉 시의 대지전위 상승을 억제하기 위한 접지공사를 하도록 규정하고 있다. 다음 물음에 답하시오.

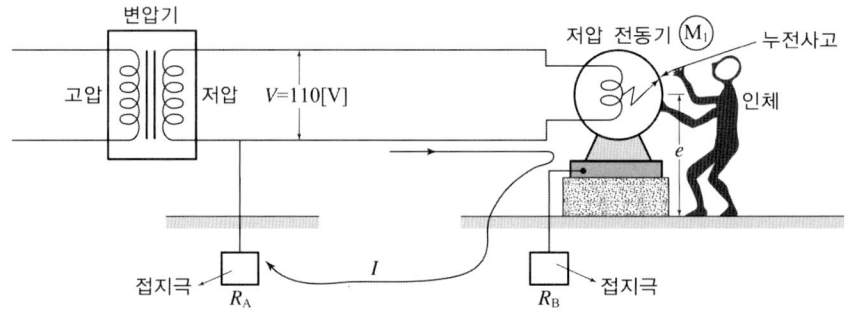

(1) 앞의 그림에 대한 등가회로를 그리면 아래와 같다. 물음에 답하시오.

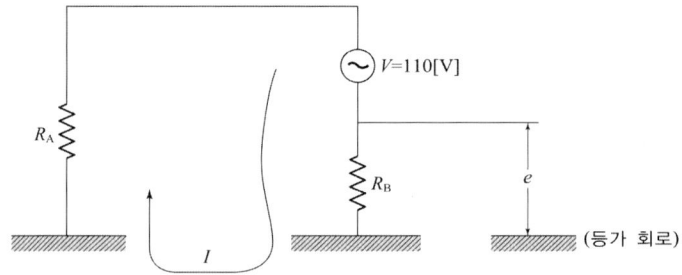

① 등가회로상의 e는 무엇을 의미하는가?
② 등가회로상의 e의 값을 표시하는 수식을 표시하시오.
③ 저압회로의 지락전류 $I = \dfrac{V}{R_A + R_B}$ [A]로 표시할 수 있다. 고압 측 전로의 중성점이 비접지식인 경우에 고압 측 전로의 1선 지락전류가 4[A]라고 하면 변압기의 2차 측(저압 측)에 대한 접지저항값은 얼마인가? 또, 위에서 구한 접지저항값(R_A)을 기준으로 하였을 때의 R_B의 값을 구하고 위 등가회로상의 I, 즉 저압 측 전로의 1선 지락전류를 구하시오. 단, e의 값을 25[V]로 제한하도록 한다.

(2) 접지극의 매설 깊이는 얼마 이하로 하는가?

(3) 변압기 2차측 접지도체는 단면적 몇 [mm²] 이상의 연동선이나 이와 동등 이상의 세기 및 굵기의 것을 사용하는가?

Answer

(1) ① 접촉전압

② $e = \dfrac{R_B}{R_A + R_B} \times V$

③ $R_A = \dfrac{150}{I} = \dfrac{150}{4} = 37.5[\Omega]$

$25 = \dfrac{R_B}{37.5 + R_B} \times 110 \quad R_B = 11.03[\Omega]$

$I = \dfrac{V}{R_A + R_B} = \dfrac{110}{37.5 + 11.03} = 2.27[A]$

$R_B = 11.03[\Omega], \ I = 2.27[A]$

(2) 75[cm]

(3) 6[mm^2]

Explanation

(1) (KEC 142.5.1조) 중성점 접지 저항 값

접지 저항값
• $\dfrac{150}{I_g}[\Omega]$ 이하(여기서, I_g는 1선 지락전류. 이하 같음)
• $\dfrac{600}{I_g}[\Omega]$ 자동 차단 설비가 1초 이내 동작시
• $\dfrac{300}{I_g}[\Omega]$ 자동 차단 설비가 1초 초과 2초 이내 동작시

(2) 접지도체를 사람이 접촉할 우려가 있는 곳에 시설하는 경우
  ① 접지극은 지하 0.75[m] 이상으로 하되 동결 깊이를 감안하여 매설할 것
  ② 접지도체의 지하 0.75[m]로부터 지표상 2[m]까지의 부분은 합성수지관 또는 이와 동등 이상의 절연 효력 및 강도를 가지는 몰드로 덮을 것

(3) 접지공사의 접지도체의 굵기
  • 공칭 단면적 16[mm^2] 이상의 연동선
  • 고압전로 또는 25[kV] 이하인 특고압 가공전선로에서 중성점 다중 접지식으로 전로에 지락이 생긴 경우 2초 이내에 자동으로 차단하는 장치가 있는 전로와 저압전로를 변압기에 의하여 결합하는 경우에는 공칭 단면적 6[mm^2] 이상의 연동선

04 ★★☆☆☆

단상 변압기 2대를 사용 정격전압 3,000[V]의 유도 전동기의 절연내력 시험을 실시하고자 한다. 결선도 및 표기사항의 틀린 곳을 바르게 고치고 그리시오. 단, 전원 전압은 100[V], T_1, T_2는 6,000[V]/100[V]의 단상 변압기이다.

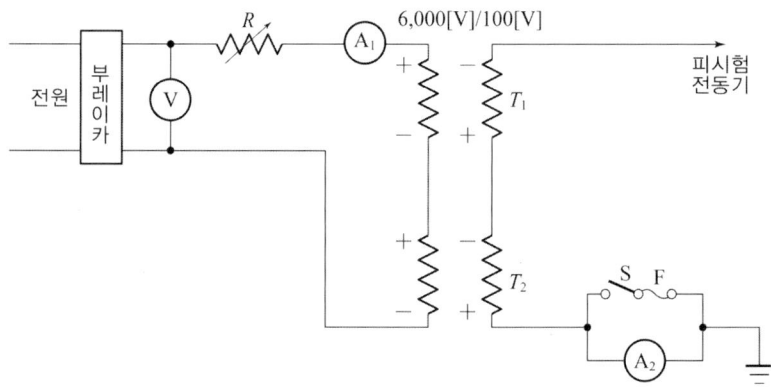

Answer

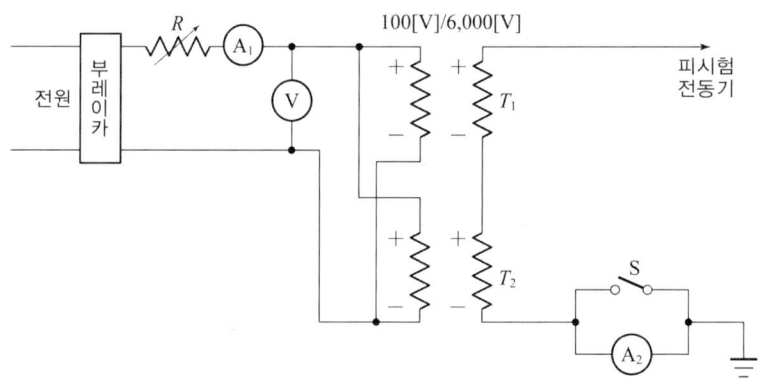

Explanation

수정 사항

① ⓥ 를 변압기 1차에 접속한다.
② 변압기의 1차 측을 병렬로 접속한다.
③ 변압기의 1차, 2차의 극성을 감극성으로 한다.
④ 변압비를 100[V]/6,000[V]로 한다.
⑤ A_2 의 병렬 스위치에 퓨즈는 불필요하다.

05 다음 물음에 답하시오.

(1) 저압 전동기를 Star-Delta 기동기(Y-△ 기동)일 경우 기동전류는 전전압 기동의 몇 배가 흐르는가?
(2) Still의 식은 송전선로에서 무엇을 구하기 위한 실험인가?
(3) Y-Y 결선의 변압기와 Y-△ 결선의 변압기는 병렬 운전할 수 없다. 그 이유를 설명하시오.
(4) 최대 사용전압이 6,900[V]일 때 절연내력 시험을 직류전압으로 하는 경우의 사용전압[V]은?
(5) 시험용 변압기에 의한 절연내력 시험에서 시험전압을 연속해서 인가하는 시간[분]은?

Answer

(1) 1/3배
(2) 경제적인 송전전압 결정
(3) 각 변위가 다르며, 2차 단자전압이 서로 다르기 때문
(4) $6,900 \times 1.5 \times 2 = 20,700$[V]
(5) 10[분]

Explanation

(1) Y-△ 기동 : Y-△ 기동 시의 기동전류는 전전압 기동 전류의 1/3배 전원 투입 후 Y결선으로 기동한 후 타이머의 설정 시간이 되면 △ 결선으로 운전한다.
이때 Y결선은 정지하며 Y와 △ 는 동시 투입이 되어서는 안 된다(인터록).
(2) 경제적인 송전전압 결정 식(still의 식)
$$V_s = 5.5\sqrt{0.6l + \frac{P}{100}} \text{ [kV]}$$
여기서, l : 송전거리[km], P : 송전용량[kW]
(3) 각 변위가 달라 위상차에 의한 순환전류가 흘러 사용할 수 없다.
(4)~(5) (KEC 135조) 변압기 전로의 절연내력

구분		배율	최저 전압
중성점 직접 접지식이 아닌 경우	7[kV] 이하	1.5	500[V]
	7[kV] 초과 ~ 60[kV] 이하	1.25	10.5[kV]
	60[kV] 초과(비접지식)	1.25	
	60[kV] 초과(중성점 접지식) (성형결선, 또는 스콧결선의 것에 한한다)	1.1	75[kV]
중성점 직접 접지식	7[kV] 초과 ~ 25[kV] 이하 (중성점 다중 접지식)	0.92	
	60[kV] 초과 ~ 170[kV]까지	0.72	
	170[kV] 초과	0.64	
	최대사용전압이 60[kV]를 초과하는 정류기에 접속되고 있는 전로	1.1	

※ 시험되는 권선과 다른 권선, 철심 및 외함 간에 시험전압을 연속하여 10분간 가한다.

06 다음의 설명에 맞는 배전자재의 명칭을 쓰시오.

(1) 주상 변압기를 전주에 설치하기 위해 사용되는 밴드는?
(2) 전주에 암타이 및 랙을 설치하기 위하여 사용되는 밴드는?
(3) 가공 배전선로 및 인입선 공사에서 인류 애자를 설치하기 위해 사용되는 금구는?
(4) 현수 애자를 설치한 가공 ACSR 배전선의 인류 및 내장개소에 ACSR 전선을 현수 애자에 설치하기 위해 사용하는 금구는?

Answer

(1) 행거 밴드   (2) 암타이 밴드   (3) 랙   (4) 데드 엔드 클램프

Explanation

(1) ~ (2) 밴드의 종류
 • 행거 밴드 : 주상변압기를 전주에 설치하기 위해 사용되는 밴드
 • 암타이 밴드 : 전주에 각 암타이를 설치하기 위하여 사용되는 밴드
 • 랙 밴드 : 전주에 랙을 설치하기 위하여 사용되는 밴드
 • 지선 밴드 : 지선을 설치하기 위한 밴드
(3) 랙(Rack) : 저압 선로용으로 지면에 대하여 저압 배전선로를 수직으로 배열하는 데 사용
 • 1선용 : 특별고압 중성선(인류 애자 사용)
 • 2선용 : 단상 2선 저압 선로의 전선
 • 4선용 : 3상 4선식 저압 선로의 전선
(4) 데드 엔드 클램프 : 현수 애자를 설치한 가공 ACSR 배전선의 인류 및 내장개소에 ACSR 전선을 현수 애자에 설치하기 위해 사용하는 금구

07 그림은 거치용 축전지의 충전장치를 간략하게 표시한 도면이다. 다음 물음에 답하시오.

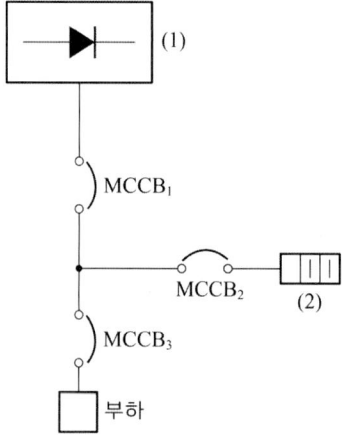

(1) 도면에 표시된 (1) 그림의 명칭은?
(2) 도면에 표시된 (2) 그림의 명칭은?

Answer

(1) 정류기   (2) 축전지

BEST 08 ★★★★★

분전반에서 40[m] 떨어진 회로의 끝에서 단상 2선식 220[V] 전열기 8,800[W] 2대 사용 시, 450/750[V] 일반용 단심 비닐절연전선의 굵기는? 단, 전압강하는 2[%] 이내로 하고 전류 감소 계수는 없는 것으로 하고 최종 답은 공칭단면적 값을 쓰시오.

Answer

계산 : $A = \dfrac{35.6LI}{1,000 \cdot e} = \dfrac{35.6 \times 40 \times \dfrac{8,800 \times 2}{220}}{1,000 \times 220 \times 0.02} = 25.89[\text{mm}^2]$

따라서, 35[mm²] 선정

답 : 35[mm²]

Explanation

전압 강하 및 전선의 단면적 계산

전기 방식	전압 강하		전선 단면적	대상 전압강하
단상 3선식 직류 3선식 3상 4선식	IR	$e = \dfrac{17.8LI}{1,000A}$	$A = \dfrac{17.8LI}{1,000e}$	대지와 선간
단상 2선식 직류 2선식	$2IR$	$e = \dfrac{35.6LI}{1,000A}$	$A = \dfrac{35.6LI}{1,000e}$	선간
3상 3선식	$\sqrt{3}\,IR$	$e = \dfrac{30.8LI}{1,000A}$	$A = \dfrac{30.8LI}{1,000e}$	선간

여기서, e : 전압강하[V], A : 사용전선의 단면적[mm²]
L : 선로의 길이[m], C : 전선의 도전율(97[%])

KSC-IEC 전선 규격

전선의 공칭단면적[mm²]			
1.5	16	95	300
2.5	25	120	400
4	35	150	500
6	50	185	630
10	70	240	

09 다음은 네온전선의 약호이다. 이에 대한 명칭을 우리말로 쓰시오.

(1) N-RC (2) N-EV
(3) N-V   (4) N-RV

Answer

(1) 고무절연 클로로프렌 시스 네온전선
(2) 폴리에틸렌 절연 비닐 시스 네온전선
(3) 비닐절연 네온전선
(4) 고무절연 비닐 시스 네온전선

Explanation

전선 약호
• N : 네온전선   • V : 비닐
• E : 폴리에틸렌   • R : 고무
• C : 클로로프렌

10 3상 간선에서 CT 및 PT를 사용하여 전압 및 전류를 측정하기 위한 결선도를 그리고 접지 표시를 하시오.

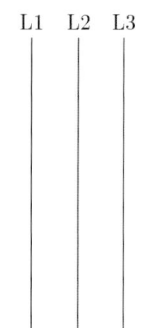
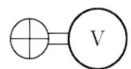
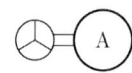

Answer

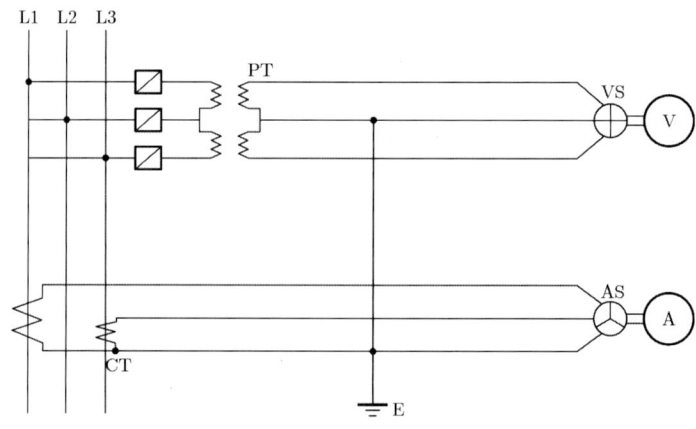

Explanation

결선 시 유의사항
- 3상 3선식이므로 PT, CT는 2대를 V결선한다.
- PT의 1차 측에는 퓨즈를 연결한다.
- PT, CT 2차 측은 접지한다.

11 ★☆☆☆☆
다음 문제를 읽고 참고표를 이용하여 주어진 답안지에 식과 답을 쓰시오.

(1) 35[mm^2] NR 전선 6본과 25[mm^2] 1본을 같은 후강전선관에 수용 시공할 때 전선관의 굵기는? 단, 절연체 두께를 포함한 전선의 외경 35[mm^2]는 10.9[mm]이고, 25[mm^2]는 9.7[mm]임. 전선관 내 단면적의 32[%] 수용이고, 표 이외의 기타 사항은 무시한다.

(2) 어느 건물의 보수공사를 하는데 전기설비 중 형광등 반매입 40[W]×1, 20등, 선풍기 천장면 4대를 교체하였다. 소요 인공계를 소수점까지 모두 산출하시오. 단, 임의로 소수점 반올림 하지 말 것

[표1] 형광등 기구 신설(등당 : 내선전공)

종별	직부형	팬던트형	반매입 및 매입형	매입아크릴 커버형
10[W]×1	0.135	0.165	0.20	0.217
20[W]×1	0.155	0.185	0.235	0.250
20[W]×2	0.195	0.235	0.30	0.32
20[W]×3	0.245	–	–	–
20[W]×4	0.355	–	0.538	0.570
20[W]×5	0.360	–	–	0.581
30[W]×1	0.165	0.195	0.25	0.266
30[W]×2	–	–	0.34	0.36
40[W]×1	0.245	0.295	0.375	0.399
40[W]×2	0.305	0.365	0.460	0.488
40[W]×3	0.395	0.475	0.60	0.640
40[W]×4	0.515	–	0.78	0.83
40[W]×5	0.520	–	–	–
40[W]×6	0.525	–	0.796	0.844
110[W]×1	0.455	0.545	0.69	0.73
110[W]×2	0.555	0.665	0.84	0.89

[해설]
① 기구 설치, 결선, 지지류 설치, 장내 소운반 및 잔재 정리 포함
② 매입 또는 반매입 등구의 천장 구멍 뚫기 및 후에 설치 별도 가산
③ 광전형 방식은 직부등 적용
④ 철거 30[%], 재사용 50[%]
⑤ 방폭형 200[%]
⑥ Pole Light 등 취부는 직부등 적용
⑦ 형광등 안정기 교환은 대당 등기구 신설품의 110[%] 적용. 다만, 펜던트형은 직부형 등에 준함
⑧ 아크릴 간판등(형광등)의 안정기 교환은 매입 커버형 신설등의 110[%] 적용

[표2] 후강전선관 신설

관의 호칭	내단면적의 32[%] [mm²]	내단면적의 48[%] [mm²]	관의 호칭	내단면적의 32[%] [mm²]	내단면적의 48[%] [mm²]
16	67	101	54	732	1,098
22	120	180	70	1,216	1,825
28	201	301	82	1,701	2,552
36	342	513	92	2,205	3,308
42	460	690	104	2,843	4,265

[표3] 잡기기 신설 (대당)

종별	내선 전공
전열기 3[kW] 이하	0.40
전열기 4[kW] 이하	0.60
전열기 10[kW] 이하	1.00
전열기 10[kW] 초과	1.40
벨	0.1
부저	0.08
도어폰(무기)	0.11
도어폰(자기)	0.10
가스 배출기	0.20
선풍기 날개 직경 30[cm] 이하(벽면)	0.20
선풍기 날개 직경 30[cm] 이하(천장면)	0.50
환풍기 날개 직경 30[cm] 이하(벽면)	0.48
환풍기 날개 직경 50[cm] 이하(천장면)	0.80
적산 전력계 1φ2W용	0.14
적산 전력계 1φ3W용, 3φ3W	0.21
적산 전력계 3φ4W용	0.32
CT 설치(저고압)	0.4
PT 설치(저고압)	0.4
현수용 MOF 설치(고압·특고압)	3.0
거치용 MOF 설치(고압·특고압)	2.0
계기함 설치	0.30
특수 계기함 설치	0.45

[해설]
① 철거 30[%](재사용 60[%] 단, 실효 계기 교체에 따른 철거 반입품이 수리 가능 품목일 경우에는 재사용 적용)
② 방폭 200[%]
③ 아파트 등 공동 주택 및 이와 유사한 집단 지역의 동일 구내(현 건물내)에서 10호 이상의 직산 전력계 설치 시에는 70[%]
④ 특수 계기함이라 함은 3종 계기함, 농사용 철제 계기함, 집합 계기함 및 저압 변류기용 계기함을 말한다.
⑤ 거치용 MOF를 주상에 설치 시에는 본품의 180[%](설치대 조립품 포함)
⑥ 전극봉 지지기에는 전극봉의 취부 및 조정률 포함. 다만, 보호함의 취급품은 별도 계상하며, 보호함의 취부품은 풀박스 취부품에 준한다.

> **Answer**

(1) 전선의 총 단면적

$$A = \frac{\pi}{4}d^2 \times n = \frac{\pi}{4} \times 10.9^2 \times 6 + \frac{\pi}{4} \times 9.7^2 = 633.78 [\text{mm}^2]$$

54[mm] 후강전선관 선정   답 : 54[mm] 후강전선관

(2) 형광등 : 내선전공 : 20×(0.3+1)×0.375=9.75[인]
   선풍기 : 내선전공 : 4×(0.3+1)×0.5=2.6[인]   답 : 9.75+2.6=12.35[인]

> **Explanation**

(1) 전선의 단면적 $A = \frac{\pi}{4}d^2 \times n = \frac{\pi}{4} \times 10.9^2 \times 6 + \frac{\pi}{4} \times 9.7^2 = 633.78$ 에서

굵기가 다른 전선을 사용하므로 내단면적의 32[%]에서 표를 찾으면

[표2] 후강전선관 신설

관의 호칭	내단면적의 32[%] [mm²]	관의 호칭	내단면적의 32[%] [mm²]
16	67	54	732
22	120	70	1216
28	201	82	1701
36	342	92	2205
42	460	104	2843

(2) 형광등 교체 : 철거 + 신설
• 철거 30[%]

[표1] 형광등 기구 신설(등당 : 내선전공)

종별	직부형	팬던트형	반매입 및 매입형
40[W]×1	0.245	0.365	0.375
40[W]×2	0.305	0.475	0.460
40[W]×3	0.395	–	0.60
40[W]×4	0.515	–	0.78
40[W]×5	0.520		–
40[W]×6	0.525		0.796

선풍기 교체 : 철거 + 신설
• 철거 30[%]

[표3] 잡기의 신설

종별	내선 전공
선풍기 날개 직경 30[cm] 이하(벽면)	0.20
선풍기 날개 직경 30[cm] 이하(천장면)	0.50

12 ★☆☆☆☆ 그림은 Y-△ 기동회로의 일부인데 P010은 모선 접속, P011은 Y기동용이며, 7초 후 P012로 △ 운전되며, 운전 시 타이머 기구는 복구된다. 여기서 BS₁ 기능은 P001이다. 물음에 답하시오.

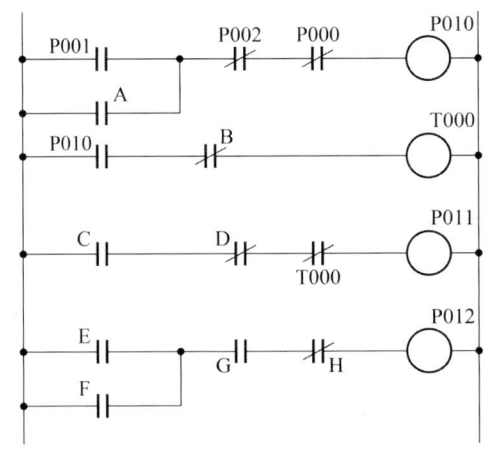

스탭	명령어	번지	스탭	명령어	번지
생략	LOAD	P001	생략	LOAD	C
	가	A		AND NOT	D
	AND NOT	P002		다	T000
	AND NOT	P000		라	P011
	OUT	P010		LOAD	E
생략	나	P010	생략	OR	F
	AND NOT	B		AND	P010
	TMR	T000		AND NOT	P011
	DATA	70		OUT	P012

(1) A~F에 알맞은 번지를 쓰시오.
(2) 가~라에 알맞은 명령어를 쓰시오.
(3) A~H 중 유지 기능으로 사용된 것 1개만 쓰시오.
(4) A~H 중 인터록 기능으로 사용된 것 1개만 쓰시오.
(5) A~H 중 정지 기능으로 사용된 것 1개만 쓰시오.
(6) A~H 중 P001과 같이 기동 기능이 있는 것 1개만 쓰시오.
(7) 회로 전체를 정지시킬 수 있는 기능의 기구를 2개의 번지를 쓰시오.
(8) ─┤╱├─ 과 같은 기능의 릴레이(타이머) 접점을 그리시오.
       T000

Answer

(1) A : P010, B : P012, C : P010, D : P012, E : T000, F : P012
(2) 가 : OR, 나 : LOAD, 다 : AND NOT, 라 : OUT
(3) A(F)
(4) D(H)
(5) B(G)
(6) E
(7) P002, P000
(8)

13 ★★☆☆

그림은 3사람이 퀴즈를 풀기 위한 전등과 버져 장치이다. 버튼 스위치를 먼저 누르는 사람의 전등이 켜지면 다른 사람이 조금 늦게 눌러도 다른 사람의 전등은 점등되지 않는다. 즉, A, B, C 3사람 중 버튼 스위치 $BS_A \sim BS_C$를 먼저 누르는 사람의 해당 번호의 전등이 점등됨과 동시에 버져가 일정 시간(수초 후) 동안 울리고 전등과 버져가 동시에 정지한다. 정지 후 다시 동작시킬 수 있어야 한다. 이 장치의 Sequence도를 설계하시오. 전원이 접속되는 부분에는 반드시 접속점을 표시하시오.

[계통도]

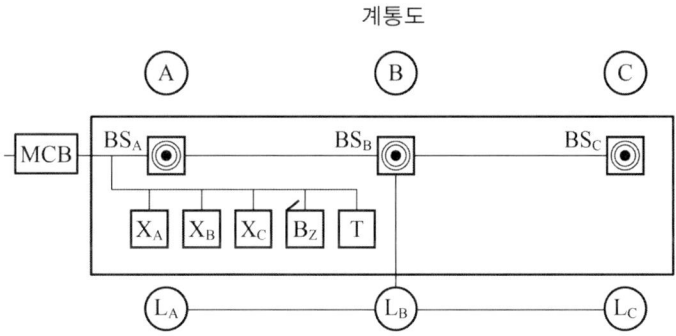

기호	명칭
$BS_A \sim BS_C$	Button Switch
$L_A \sim L_C$	Lamp
$X_A \sim X_C$	보조계전기(relay)
Bz	Buzzer
T	Timer
MCB	배선용 차단기

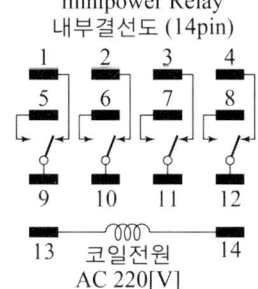

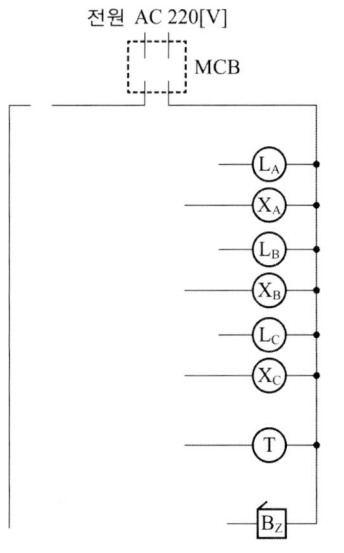

Answer

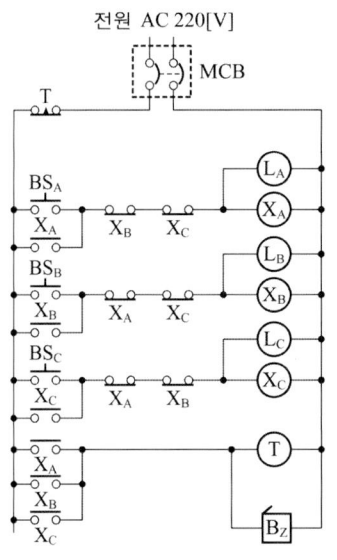

14 그림 중 □ 내의 기기 명칭을 기호로 써 넣으시오.

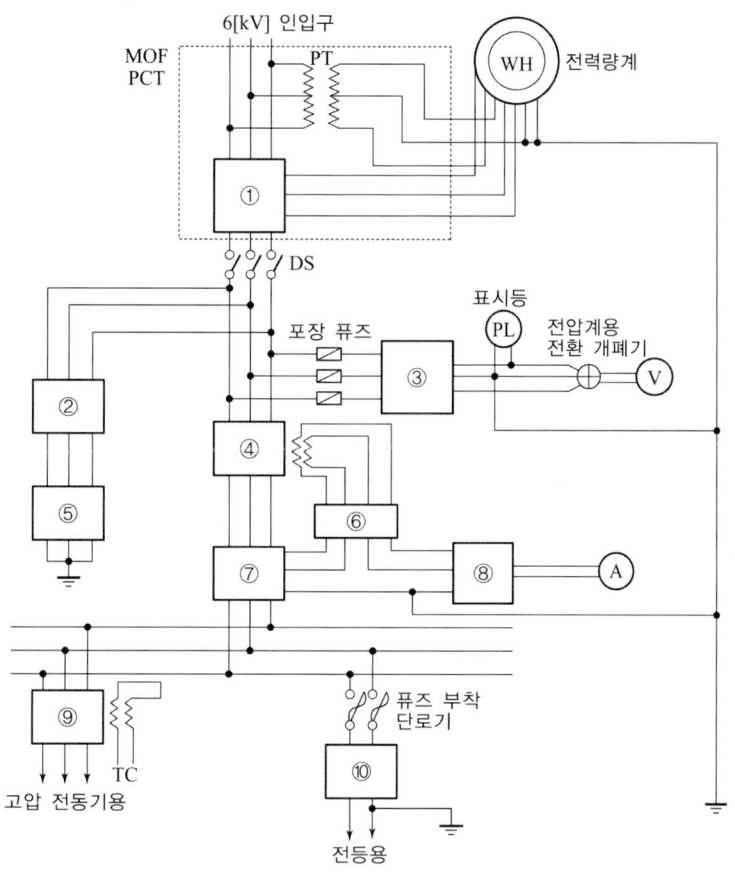

Answer

① CT ② DS ③ PT ④ CB ⑤ LA
⑥ OCR ⑦ CT ⑧ AS ⑨ CB ⑩ TR

Explanation

① CT(변류기) ② DS(단로기)
③ PT(계기용 변압기) ④ CB(차단기)
⑤ LA(피뢰기) ⑥ OCR(과전류 계전기)
⑦ CT(변류기) ⑧ AS(전류계용 전환개폐기)
⑨ CB(차단기) ⑩ TR(변압기)

2002년 전기공사산업기사 실기

01 폴리머 애자 설치에 관한 그림이다. 각 기호의 ①, ②, ③, ④ 명칭을 쓰시오.

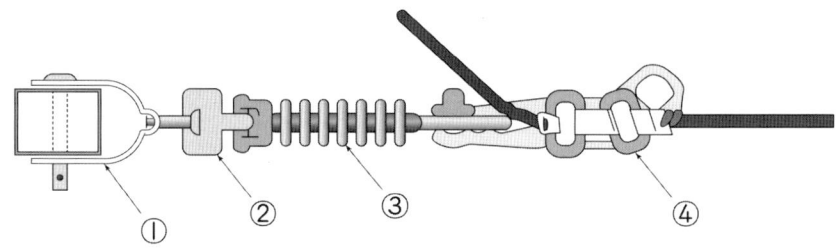

Answer

① 볼 쇄클
② 소켓 아이
③ 폴리머 애자
④ 데드 엔드 클램프

BEST 02 그림 기호는 콘센트 종류를 표시한 것이다. 어떤 종류를 표시한 것인가 답하시오.

(1) ⊙LK (2) ⊙T (3) ⊙E
(4) ⊙ET (5) ⊙EL

Answer

(1) ⊙LK : 빠짐방지형
(2) ⊙T : 걸림형
(3) ⊙E : 접지극붙이
(4) ⊙ET : 접지단자붙이
(5) ⊙T : 누전차단기붙이

Explanation

(KS C 0301) 옥내배선용 그림기호 콘센트

명칭	그림기호	적요
콘센트	◐	① 천장에 부착하는 경우는 다음과 같다. ② 바닥에 부착하는 경우는 다음과 같다. ③ 용량의 표시방법은 다음과 같다. 　a. 15[A]는 방기하지 않는다. 　b. 20[A] 이상은 암페어 수를 표기한다. 　[보기] ◐20A ④ 2구 이상인 경우는 구수를 표기한다. 　[보기] ◐2 ⑤ 3극 이상인 것은 극수를 표기한다. 　[보기] ◐3P ⑥ 종류를 표시하는 경우는 다음과 같다. 　빠짐방지형　　　◐LK 　걸림형　　　　　◐T 　접지극붙이　　　◐E 　접지단자붙이　　◐ET 　누전차단기붙이　◐EL ⑦ 방수형은 WP를 표기한다.　◐WP ⑧ 방폭형은 EX를 표기한다.　◐EX ⑨ 의료용은 H를 표기한다.　◐H

03 ★★☆☆☆
피뢰기의 구비 조건을 아는 대로 쓰시오.

Answer

① 충격 방전 개시 전압이 낮을 것
② 상용주파 방전 개시 전압이 높을 것
③ 방전내량이 크면서 제한전압이 낮을 것
④ 속류차단 능력이 클 것

Explanation

피뢰기 : 이상전압으로부터 전력설비의 기기를 보호

피뢰기의 구비 조건
• 상용주파 방전 개시 전압이 높을 것
• 충격 방전 개시 전압이 낮을 것
• 제한 전압이 낮을 것
• 속류 차단 능력이 우수할 것
• 내구성이 우수할 것

04 접지공사 기준에서 접지시공에 대한 다음 물음에 답하시오.

(1) 접지지선의 접지극은 지표면 하 몇 [m] 이상의 깊이에 매설하여야 하는가?
(2) 가공전선로에 가공 약전류 전선 또는 가공 광섬유케이블을 공용설치하는 경우에는 가공전선로의 접지극과 가공 약전류 전선 또는 가공 광섬유케이블의 접지극과는 몇 [m] 이상 이격하여 시설하여야 하는가?
(3) 접지극을 지표면으로부터 깊이 매설할수록 효과적이므로 가급적 직렬로 연결할 때는 접지봉을 몇 개 이상 매설하는 것이 좋은가?
(4) 접지도체는 전주의 어떤 측에 시설함을 원칙으로 하는가?
(5) 접지도체와 접지극 리드선과의 접속은 스리브 등에 의한 압축접속 또는 어떤 접속 방법으로 접속하는가?
(6) 접지 장소의 토질 또는 현장 여건으로 인하여 규정된 접지저항치를 얻기 어려운 곳에서는 심타 접지공법과 어떤 접지공법을 적용하여야 하는가?

Answer

(1) 0.75[m] 이상
(2) 1[m] 이상
(3) 2개 이상
(4) 내측
(5) 동선과 동선을 감아서 사용
(6) 다극 접지 공법

Explanation

접지시공 방법
- 접지봉은 전주에서 0.5[m] 이상 이격시켜 매설한다.
- 접지봉을 2개 이상 병렬로 매설할 때는 상호 간격을 2[m] 정도 이격시킨다.
- 접지봉은 지하 75[cm] 이상 깊이로 매설한다.
- 접지봉을 2개 이상 매설할 때는 가급적 직렬로 연결하고 접지봉은 심타법으로 시공한다.
- 접지도체는 중간 접속을 하지 않는다.
- 접지도체와 접지봉 리드단자의 연결은 접지슬리브 또는 이와 동등한 방법으로 접속한다.
- 접지도체는 내부로 설치하는 것을 원칙으로 한다.

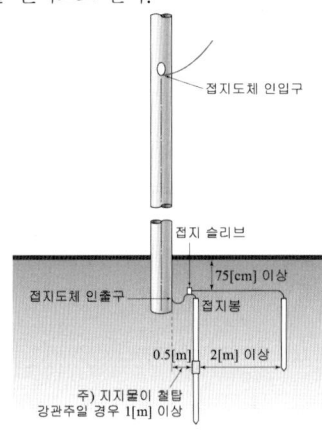

05. 변전실의 위치 선정 조건을 아는 대로 5가지만 쓰시오.

Answer

① 부하 중심에 가까울 것
② 인입선의 인입이 쉽고 보수 유지 및 점검이 용이한 곳
③ 간선 처리 및 증설이 용이한 곳
④ 기기 반출입에 지장이 없을 것
⑤ 침수 기타 재해 발생의 우려가 적은 곳

Explanation

그 외에도,
⑥ 화재, 폭발 위험성이 작을 것
⑦ 습기, 먼지가 적은 곳
⑧ 열해, 유독가스의 발생이 적을 것
⑨ 발전기·축전지실이 가급적 인접한 곳
⑩ 장래 부하 증설에 대비한 면적 확보가 용이한 곳
⑪ 기기 높이에 대하여 천장 높이가 충분한 곳
⑫ 채광 및 통풍이 잘되는 곳

06. 한 개의 전등을 3개소에서 점멸하고자 할 때 소요되는 3로 스위치의 수는?

Answer

4개

Explanation

3개소에서 점멸하도록 회로를 구성할 때
① 3로 스위치 2개와 4로 스위치 1개를 사용한 경우  ② 3로 스위치 4개를 사용한 경우

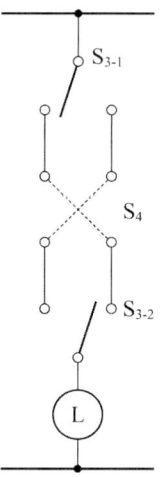 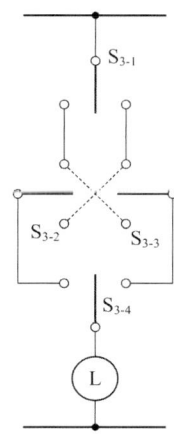

07 이 문제는 변경된 KEC 적용으로 인하여 삭제하고, 아래 예상문제로 대체되었습니다.

다음 주어진 조건을 이용하여 간선의 최소 허용 전류를 구하시오.

[조건] 전동기 정격전류 : 20[A]
      전열기 정격전류 : 6[A]×2개
      전등 정격전류 : 3[A]

Answer

계산 : 전동기 전류 $I_M = 20[A]$
      전등 및 전열 $I_H = 6 \times 2 + 3 = 15[A]$
      회로의 설계 전류 $I_B = 20 + 15 = 35[A]$
      $I_B \leq I_n \leq I_Z$ 에서 $I_Z \geq 35[A]$

답 : 35[A]

Explanation

과부하전류에 대한 보호
① 도체와 과부하 보호장치 사이의 협조
   과부하에 대해 케이블(전선)을 보호하는 장치의 동작 특성
   • $I_B \leq I_n \leq I_Z$
   • $I_2 \leq 1.45 \times I_Z$

   여기서, I_B : 회로의 설계전류
          I_Z : 케이블의 허용전류
          I_n : 보호장치의 정격전류
          I_2 : 보호장치가 규약시간 이내에 유효하게 동작하는 것을 보장하는 전류

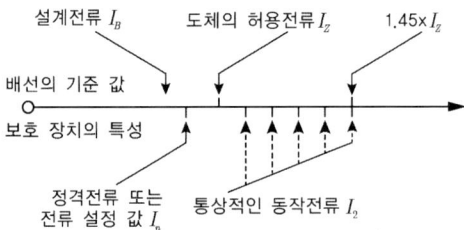

08 이 문제는 변경된 KEC 적용으로 인하여 삭제하고, 아래 예상문제로 대체되었습니다.

한국전기설비규정에 의거하여 다음 전선의 색상을 적으시오.

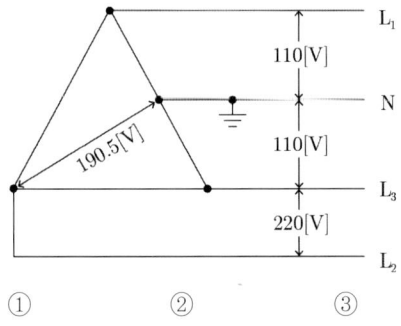

상(문자)	색상
L1	①
L2	②
L3	③
N	④
보호도체	⑤

① ② ③ ④ ⑤

Answer

① 갈색　　② 흑색　　③ 회색　　④ 청색　　⑤ 녹색-노란색

Explanation

(KEC 121.2조) 전선의 상별 색상
1. 전선의 색상은 표에 따른다.

상(문자)	색상
L1	갈색
L2	흑색
L3	회색
N	청색
보호도체	녹색-노란색

2. 색상 식별이 종단 및 연결 지점에서만 이루어지는 나도체 등은 전선 종단부에 색상이 반영구적으로 유지될 수 있는 도색, 밴드, 색 테이프 등의 방법으로 표시해야 한다.
3. 제1 및 제2를 제외한 전선의 식별은 KS C IEC 60445(인간과 기계 간 인터페이스, 표시 식별의 기본 및 안전원칙-장비단자, 도체단자 및 도체의 식별)에 적합하여야 한다.

09 버스 덕트의 종류 5가지를 쓰시오.

Answer

① 피더 버스 덕트　　② 익스팬션 버스 덕트
③ 탭붙이 버스덕트　　④ 트랜스포지션 버스 덕트
⑤ 플러그인 버스 덕트

Explanation

(내선규정 2,245-3) 버스 덕트의 종류 및 정격

명칭	형식	설명
피더 버스 덕트	옥내용	도중에 부하를 접속하지 아니한 것
	옥외용	
익스팬션 버스 덕트	옥내용	열 신축에 따른 변화량을 흡수하는 구조인 것
탭붙이 버스 덕트		종단 및 중간에서 기기 또는 전선 등과 접속시키기 위한 탭을 가진 버스 덕트
트랜스포지션 버스덕트		각 상의 임피던스를 평균시키기 위해서 도체 상호의 위치를 관로 내에서 교체 시키도록 만든 버스 덕트
플러그 인 버스 덕트	옥내용	도중에 부하 접속용으로 꽂음 플러그를 만든 것

※ 트롤리 버스 덕트 : 도중에 이동 부하를 접속할 수 있도록 트롤리 접촉식 구조로 한 것

• 피더 버스 덕트 : 도중에 부하를 접속하지 아니한 것
• 플러그인 버스 덕트 : 덕트 도중에 부하 접속용으로 꽂음 플러그를 시설한 것
• 트롤리 버스 덕트 : 도중에 이동 부하를 접속할 수 있도록 트롤리 접촉식 구조로 한 것

10 ★★★☆☆
수변전 설비에서 CT와 PT에 대하여 물음에 답하시오.

(1) PT의 1차 측과 2차 측에 퓨즈를 접속해야 하는 이유를 간단히 설명하시오.
(2) CT의 1차 측에 퓨즈를 접속할 수 없는 이유는?

Answer

(1) 부하측 및 PT에 고장이 발생하였을 경우 이를 고압회로로부터 분리함으로써 PT 보호 및 사고 확대를 방지하기 위하여
(2) CT 1차 측에 퓨즈를 넣으면 과전류가 흐를 때 단선되어 후단에 설치되어 있는 과전류 계전기가 동작되지 않아 차단기를 동작시킬 수 없게 된다.

Explanation

- 계기용 변압기 1차 측에는 과전압에 대한 보호를 위해 고압의 경우 퓨즈를, 특고압의 경우 COS(PF)를 사용하여 보호
- 2차 측에는 계기용 변압기 2차 측에 설치할 수 있는 부하의 한도를 정격부담[VA]이라 하며 따라서, 계기용 변압기 2차 측에 설치되는 부하의 단락이나 과부하시 보호를 위하여 퓨즈를 설치

11 ★☆☆☆☆
다음 물음에 답하시오.

(1) 조명 기구의 특성 3가지를 쓰시오.
(2) down light 조명 방식이란?
(3) EL 방전등(Electro luminescent Lamp)의 용도는?

Answer

(1) 배광 특성, 휘도 특성, 기구효율 특성
(2) 천장 면에 작은 구멍을 많이 뚫어 그 속에 여러 형태의 등기구를 매입하는 조명방식
(3) 표시용, 장식용

Explanation

(1) 조명 기구의 특성 : 배광 특성, 휘도 특성, 기구 효율 특성
(2) 다운라이트(down light) 조명
천장면에 작은 구멍을 많이 뚫어 그 속에 여러 형태의 하면개방형, 하면루버형, 하면확산형, 반사형 전구 등의 등기구를 매입하는 조명 방식
(3) EL 램프(Electro luminescent Lamp)
투명 전극과 금속 전극 사이에 교류전압을 인가하면 형광체에 강한 교번자계가 인가되어 형광체가 발광하고 유리판을 통하여 외부로 빛이 방사, 면광원 램프
- 용도 : 표시용, 장식용

12 ★★☆☆☆ ACSR 38[mm²] 전선으로 전력을 공급하는 긍장 1[km]인 3상 2회선의 배전선로를 포설하기 위한 직접 인건비계는 얼마인가? 단, 노임 단가, 배전전공은 35,000원, 보통 인부는 25,000원이다.

[표] 배전선 가선 100[m]당

규격		배전전공	보통 인부
나동선	14[mm²] 이하	0.20	0.10
	22[mm²] 이하	0.32	0.16
	30[mm²] 이하	0.40	0.20
	38[mm²] 이하	0.52	0.26
	60[mm²] 이하	0.76	0.38
	100[mm²] 이하	0.08	0.54
	150[mm²] 이하	0.32	0.66
	200[mm²] 이하	1.44	0.72
	200[mm²] 초과	1.52	0.76
ACSR, ASC	38[mm²] 이하	0.60	0.30
	58[mm²] 이하	0.88	0.44
	95[mm²] 이하	1.28	0.64
	160[mm²] 이하	1.56	0.78
	240[mm²] 이하	1.8	0.9

[해설]
① 이품은 1선당 수작업으로 연선, 긴선, 이도 조정품 포함
② 애자에 묶는 품 포함
③ 피복선 120[%]
④ 기설선로 상부 가설 120[%]
⑤ 장력조정만 할 때 120[%]
⑥ 철거 50[%], 재사용 철거 80[%]
⑦ 가공지선 80[%]
⑧ 재사용 전선 110[%]
⑨ [m]당으로 환산 시는 본 품을 100으로 나누어 산출
⑩ 22[kV], 66[kV], HDCC 송전선 1회선 가선품은 본 품의 300[%]
⑪ 66[kV], HDCC 송전선 가선은 송전전공이 시공한다.
⑫ 배전선을 가로수 또는 수목과 접촉하여 설치 작업 시는 수목으로 인한 장애를 감안하여 이품의 120[%] 적용

Answer

- 선로 신설 : 배전공 : $\dfrac{0.6}{100} \times 1{,}000 \times 3 \times 2 = 36$[인]

  보통 인부 : $\dfrac{0.3}{100} \times 1{,}000 \times 3 \times 2 = 18$[인]

- 직접 노무비 : 배전공 : 36×35,000=1,260,000[원]
  보통 인부 : 18×25,000=450,000[원]
- 계 : 1,260,000+450,000=1,710,000[원]

답 : 1,710,000[원]

Explanation

견적 표에서의 해설 적용 방법
[m]당으로 환산 시에는 본 품을 100으로 나누어 산출

규격		배전전공	보통 인부
ACSR, ASC	38[mm²] 이하	0.60	0.30
	58[mm²] 이하	0.88	0.44
	95[mm²] 이하	1.28	0.64
	160[mm²] 이하	1.56	0.78
	240[mm²] 이하	1.8	0.9

13 ★★☆☆☆ 출력 릴레이 X가 접점 A, B, C의 함수로서 $X = (A+B)(C+\overline{B}\,\overline{C})$일 때 다음 물음에 답하시오.

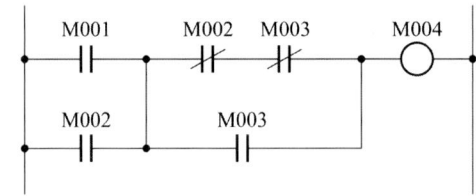

(1) PLC 시퀀스가 그림과 같을 때 PLC 프로그램의 ①~④를 완성하시오. 여기서 명령어는 LOAD, AND, NOT, OR, OUT를 AND LOAD를 사용한다.

스텝	명령	번지
0000	LOAD	M001
0001	(①)	M002
0002	(②)	M002
0003	(③)	M003
0004	OR	M003
0005	AND LOAD	–
0006	OUT	(④)

(2) 논리식의 릴레이 시퀀스를 완성하시오. (접점 기호, 문자 기호 표시)
(3) 2입력 AND, 2입력 OR, NOT 기호를 사용하여 논리회로를 완성하시오.

Answer

(1) ① OR, ② LOAD NOT, ③ AND NOT, ④ M004

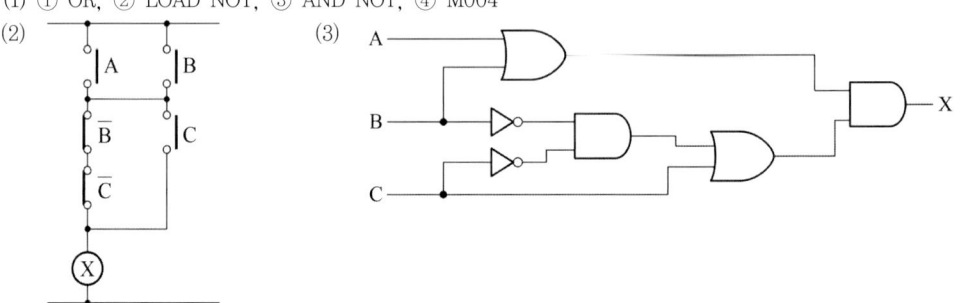

Explanation

논리기호
M001 : A
M002 : B
M003 : C
M004 : X

래더 다이어그램

스텝	명령	번지
0000	LOAD	M001
0001	OR	M002
0002	LOAD NOT	M002
0003	AND NOT	M003
0004	OR	M003
0005	AND LOAD	–
0006	OUT	M004

14 ★★★☆☆
가로등용 기초를 설치하기 위하여 아래 그림과 같이 굴착을 해야 한다. 이때의 터파기량은 몇 [m³]인가? 단, 소수 3째 자리에서 반올림 할 것

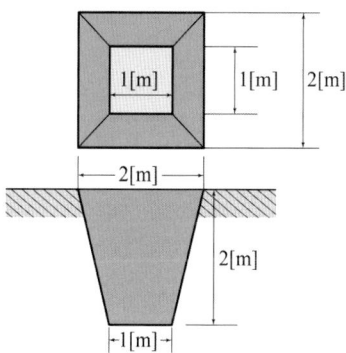

Answer

계산 : 터파기량 $= \dfrac{2}{3}(1 + \sqrt{1 \times 4} + 4) = 4.67 [\text{m}^3]$

답 : 4.67[m³]

Explanation

가로등용 기초 터파기량
$$V_0 = \dfrac{H}{3}(A_1 + \sqrt{A_1 A_2} + A_2)$$
여기서, $A_1 = 1 \times 1 = 1 [\text{m}^2]$
$A_2 = 2 \times 2 = 4 [\text{m}^2]$

15 ★★☆☆☆

다음에서 제시한 배관 배치도와 동작 설명을 읽고 시퀀스도로 작성하고 실제 배관 배치도에 배선을 그려 넣으시오.

[동작 설명]
- 배선은 전선관 안쪽으로 배선하고 전선 접속은 Junction Box 안에서 하고 시퀀스도 및 실체도 작성 시 전선이 접속되는 부분은 반드시 접속점을 표시하시오.
- Junction Box에서 접속점은 필요 이상 만들지 마시오.
- 전원을 투입하고 3로 스위치 S_3을 자동쪽(A)으로 전환하면 전등 Ln이, 밤이 되면 조광 스위치(Sun Switch, S.Sw)에 의해서 자동으로 점등되고 동시에 전등 Lp는 점멸한다.
- 전원이 투입된 상태에서 3로 스위치 S_3를 수동쪽(M)으로 전환하면 전등 Ln이 점등되고, 동시에 전등 Lp는 점멸한다.

[조광 스위치의 기본 결선도]

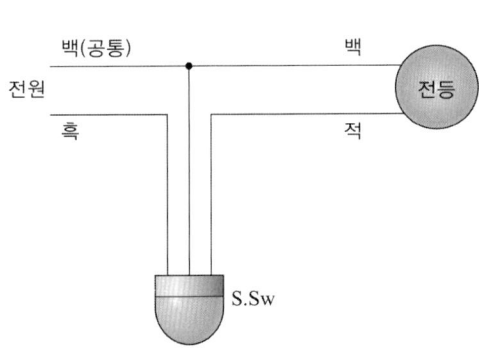

[Flicker relay의 내부 결선도]

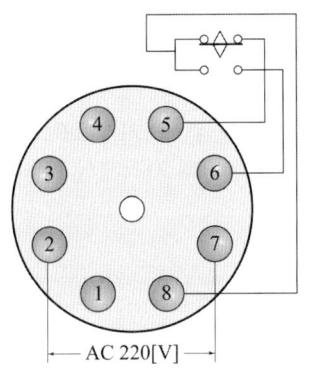

[배관 및 기구 배치도]

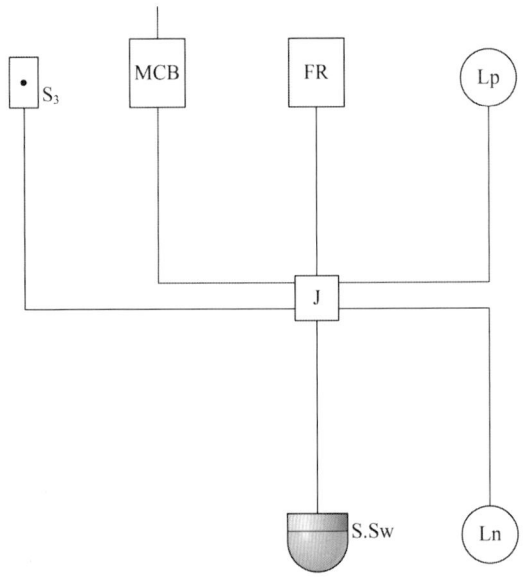

(1) 시퀀스도

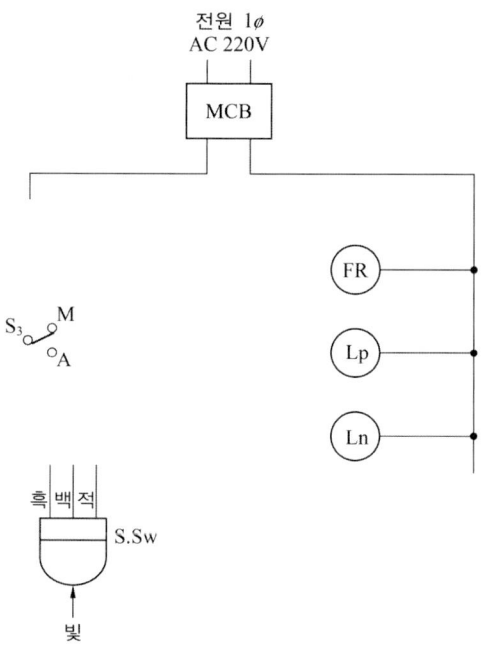

(2) 실체 배선도

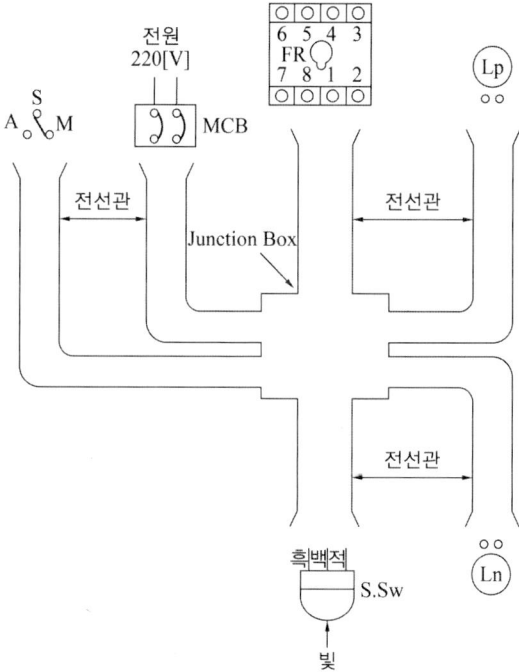

Answer

(1) 시퀀스도

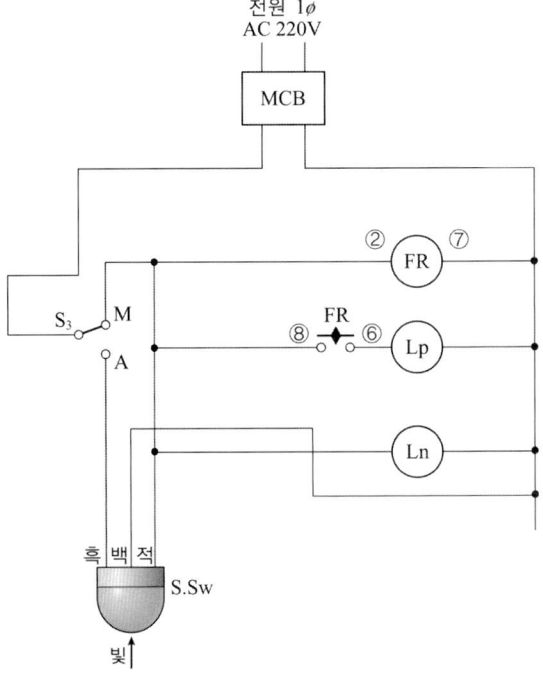

(2) 실체 배선도

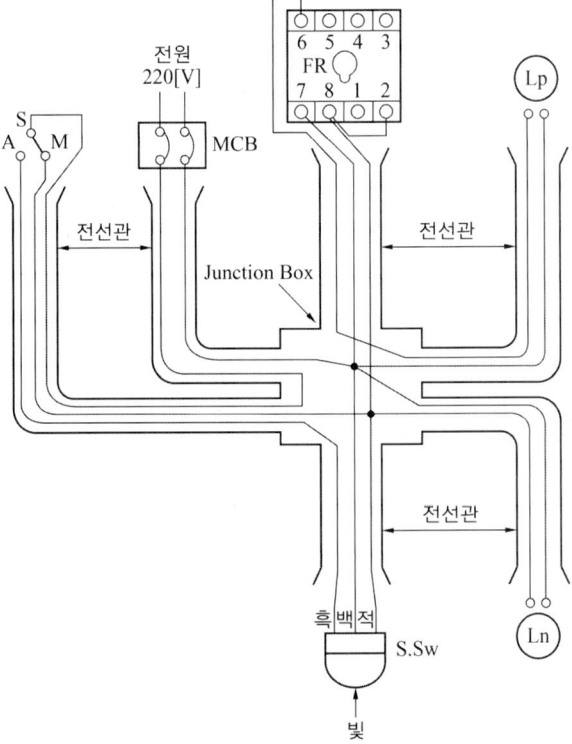

전기공사산업기사 실기

과년도 기출문제

2003

- 2003년 제 01회
- 2003년 제 02회
- 2003년 제 04회

2003년 과년도 기출문제에 대한 출제 빈도 분석 차트입니다.
각 회차별로 별의 개수를 확인하고 학습에 참고하기 바랍니다.

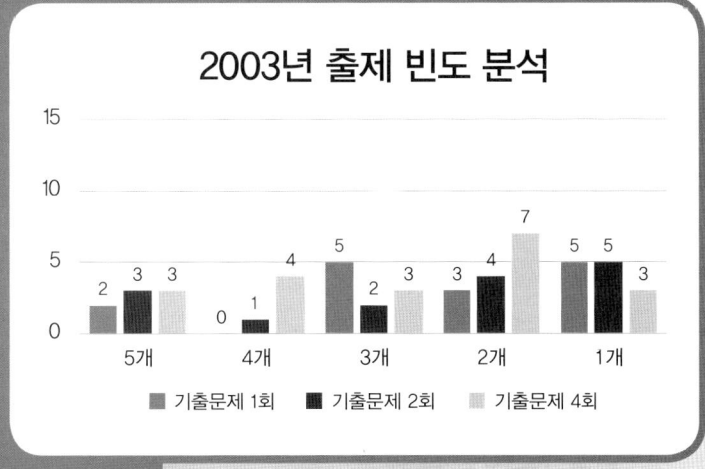

2003년 전기공사산업기사 실기

01 이 문제는 변경된 KEC 적용으로 인하여 삭제하고, 아래 예상문제로 대체되었습니다.

다음의 빈칸에 알맞은 값을 적으시오.

> 접지도체의 굵기는 고장 시 흐르는 전류를 안전하게 통할 수 있는 것으로서 다음에 의한다.
> 가. 특고압·고압 전기설비용 접지도체는 단면적 (①)[mm²] 이상의 연동선 또는 동등 이상의 단면적 및 강도를 가져야 한다.
> 나. 중성점 접지용 접지도체는 공칭단면적 (②)[mm²]이상의 연동선 또는 동등 이상의 단면적 및 세기를 가져야 한다. 다만, 다음의 경우에는 공칭단면적 (③)[mm²] 이상의 연동선 또는 동등 이상의 단면적 및 강도를 가져야 한다.
> (1) 7[kV] 이하의 전로
> (2) 사용전압이 25[kV] 이하인 특고압 가공전선로. 다만, 중성선 다중접지 방식의 것으로서 전로에 지락이 생겼을 때 2초 이내에 자동적으로 이를 전로로부터 차단하는 장치가 되어 있는 것.

① ② ③

Answer

① 6   ② 16   ③ 6

Explanation

(KEC 142.3조) 접지도체
접지도체의 굵기는 고장 시 흐르는 전류를 안전하게 통할 수 있는 것으로서 다음에 의한다.
가. 특고압·고압 전기설비용 접지도체는 단면적 6[mm²] 이상의 연동선 또는 동등 이상 의 단면적 및 강도를 가져야 한다.
나. 중성점 접지용 접지도체는 공칭단면적 16[mm²] 이상의 연동선 또는 동등 이상의 단면적 및 세기를 가져야 한다. 다만, 다음의 경우에는 공칭단면적 6[mm²] 이상의 연동선 또는 동등 이상의 단면적 및 강도를 가져야 한다.
  (1) 7[kV] 이하의 전로
  (2) 사용전압이 25[kV] 이하인 특고압 가공전선로. 다만, 중성선 다중접지 방식의 것으로서 전로에 지락이 생겼을 때 2초 이내에 자동적으로 이를 전로로부터 차단하는 장치가 되어 있는 것.

BEST 02 ★★★★★
공사원가라 함은 공사시공 과정에서 발생한 무엇의 합계액을 말하는가?

Answer

재료비, 노무비, 경비

Explanation

• 순 공사원가 : 재료비, 노무비, 경비
• 총 공사원가 : 재료비, 노무비, 경비, 일반관리비, 이윤
여기서, 공사원가는 순 공사원가를 말하는 것임

03 주상변압기 설치 전 점검 사항 4가지를 쓰시오.

Answer

① 절연저항
② 절연유 상태(유량, 누유 상태)
③ 외관 상태(부싱의 손상 유무), 핸드홀 커버 조임 상태
④ Tap changer의 위치(1차와 2차의 전압비)

Explanation

주상변압기 설치 전 필수 점검 사항
① 절연저항
② 절연유 상태(유량, 누유 상태)
③ 외관 상태(부싱의 손상 유무), 핸드홀 커버 조임 상태
④ Tap changer의 위치(1차와 2차의 전압비)
⑤ 변압기 명판 확인

주상변압기 설치 후 점검 사항
① 2차 전압 측정
② 상측정
③ 변압기 이상 유무 확인
④ 점검 및 측정 결과 기록

04 후강전선관에서 굵기가 16[mm]보다는 크고, 28[mm]보다는 적은 것은 어느 크기로 선정되는가?

Answer

22[mm]

Explanation

(내선규정 2,225) 금속관의 종류

종류	관의 호칭
후강 전선관(근사내경, 짝수, G)	16 22 28 36 42 54 70 82 92 104
박강 전선관(근사외경, 홀수, C)	19 25 31 39 51 63 75
나사 없는 전선관(E)	박강 전선관과 치수가 같다.

05 축전지의 용량 산출에 필요한 조건 6가지를 쓰시오.

Answer

① 부하의 크기와 성질
② 예상 정전 시간
③ 순시 최대 방전전류의 세기
④ 제어 케이블에 의한 전압강하
⑤ 경년에 의한 용량의 감소
⑥ 온도 변화에 의한 용량 보정

Explanation

⑦ 방전 시간
⑧ 허용 최저 전압
⑨ 셀 수의 선정
⑩ 보수율

06 ★★☆☆☆

그림과 같이 단상 2선식 200[V]의 전원이 공급되는 전동기가 누전으로 인해 외함에 전기가 흐를 때 사람이 접촉하였다. 접촉한 사람에게 위험을 줄 대지전압 V_0은 얼마인가? 단, 변압기 2차 측 접지저항은 10[Ω], 전동기 외함 접지저항은 100[Ω]이라 하고 변압기 및 선로의 임피던스는 무시한다.

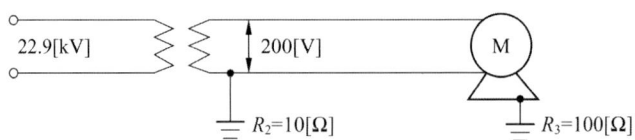

Answer

계산 : $V_0 = \dfrac{200}{100+10} \times 100 = 181.82[V]$ 　　　　답 : 181.82[V]

Explanation

등가회로로 나타내면

지락전류 $I_g = \dfrac{V}{R_2 + R_3}$

접촉전압 $V_0 = \dfrac{V}{R_2 + R_3} \times R_3$

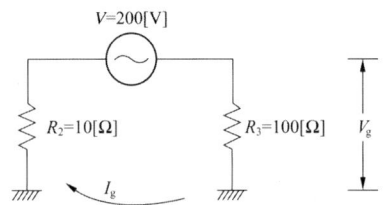

07 ★☆☆☆☆

장주공사에서 ㄱ형 완금에는 어떤 규격이 있는지 5가지를 쓰시오.

Answer

900[mm], 1,400[mm], 1,800[mm], 2,400[mm], 2,600[mm]

Explanation

- 배전용 : 900, 1,400, 1,800, 2,400, 2,600[mm] 5종
- 송전용 : 3,200, 3,400, 5,400[mm] 3종

08 ★★☆☆☆

접지시공 방법에 대하여 물음에 답하시오.

① 접지봉은 전주에서 몇 [m] 이상 이격시켜 매설하여야 하는가?
② 접지봉을 2개 이상 병렬로 매설할 때는 상호 간격은 몇 [m] 정도 이격시키는가?
③ 접지봉은 지하 몇 [cm] 이상 깊이로 매설하는가?
④ 접지봉을 2개 이상 매설할 때는 가급적 직렬로 연결하고 접지봉은 무슨 법으로 시공하는가?

Answer

(1) 0.5[m] 이상
(2) 2[m] 이상
(3) 75[cm] 이상
(4) 심타법

Explanation

접지시공 방법
- 접지봉은 전주에서 0.5[m] 이상 이격시켜 매설한다.
- 접지봉을 2개 이상 병렬로 매설할 때는 상호 간격을 2[m] 정도 이격시킨다.
- 접지봉은 지하 75[cm] 이상 깊이로 매설한다.
- 접지봉을 2개 이상 매설할 때는 가급적 직렬로 연결하고 접지봉은 심타법으로 시공한다.
- 접지도체는 중간 접속을 하지 않는다.
- 접지도체와 접지봉 리드단자의 연결은 접지슬리브 또는 이와 동등한 방법으로 접속한다.
- 접지도체는 내부로 설치하는 것을 원칙으로 한다.

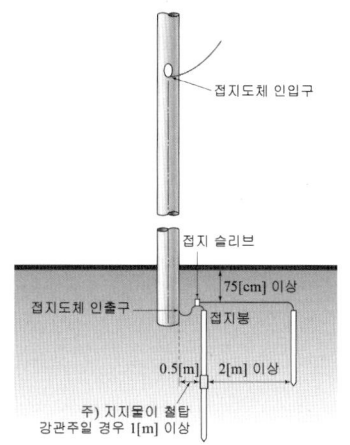

09 다음 전기 심볼의 명칭을 답하시오.

(1)   (2)   (3)    (4)   (5) B

Answer

(1) 손잡이 누름버튼   (2) 누전차단기   (3) 목주
(4) 점멸기   (5) 배선용 차단기

Explanation

 : 손잡이 누름버튼   E : 누전차단기   —○— : 목주   ● : 점멸기   B : 배선용 차단기

10 클리퍼, 플라이어, 프레셔 툴 중에서 전선을 솔더리스 터미널에 압착하고 접속하여 사용하는 공구는?

Answer

프레셔투울

Explanation

프레셔 툴(pressure tool)
솔더리스(solderless) 커넥터 또는 솔더리스 터미널을 압착하는 것(압착 펜치)

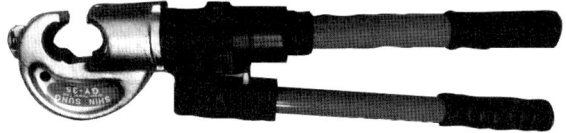

11 바닥 면적이 12[m²]인 방에 40[W] 형광등 2등(1등당 전광속은 3,000[lm])을 점등하였을 때 바닥면에서의 광속의 이용도(조명률)를 60[%]라 하면 바닥면의 평균 조도는 몇 [lx]인가?

Answer

계산 : $E = \dfrac{FUN}{SD} = \dfrac{3,000 \times 0.6 \times 2}{12 \times 1} = 300[\text{lx}]$

답 : 300[lx]

Explanation

조명 계산
$FUN = ESD$
여기서, $F[\text{lm}]$: 광속
$U[\%]$: 조명률
$N[\text{등}]$: 등수
$E[\text{lx}]$: 조도
$S[\text{m}^2]$: 면적
$D = \dfrac{1}{M}$: 감광 보상률 = $\dfrac{1}{\text{보수율}}$

등수 $N = \dfrac{ESD}{FU}$ 이며 등수 계산에서 소수점은 무조건 절상한다.

12 Rotary Converter의 용도는?

Answer

교류전력을 직류전력으로 바꾸는 회전기로서 직류 전기철도나 전기 화학공장의 전원으로 사용

Explanation

회전 변류기(Rotary Converter)
교류전력을 직류전력으로 바꾸는 회전기로서 전원은 동기전동기로 교류를 공급하고 직류 발전기를 붙여서 부하에 직류전력을 공급

13 ★★★☆☆ 그림에서 S는 인입구 개폐기이다. F는 어떤 개폐기인가?

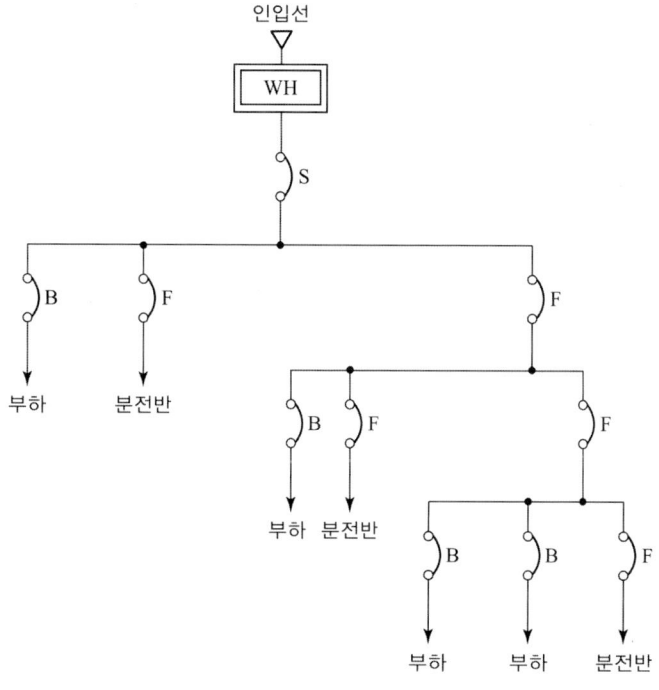

Answer

간선 개폐기

14 ★☆☆☆☆

그림은 신호회로를 조합한 시퀀스 회로이다. 누름버튼 스위치(PB)는 20초 동안 누르고, 접점 F는 전원 투입 3초 후 동작하여 10초 동안 유지하며 설정시간 T_1은 7초, T_2는 5초이고 기타의 시간 늦음은 없다. 다음 물음에 답하시오.

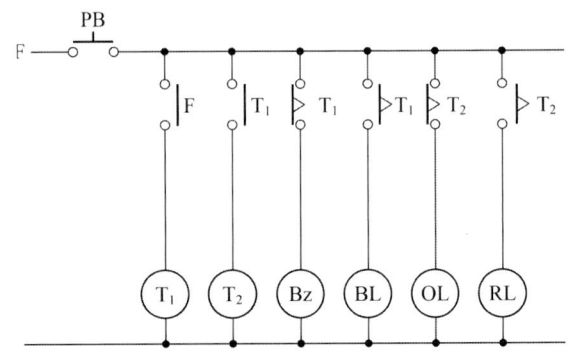

(1) 답란에 주어진 타임차트를 그리시오

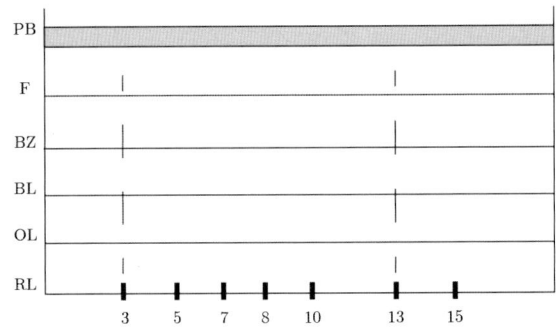

(2) 답란에 주어진 회로를 그리고 논리식을 써라.

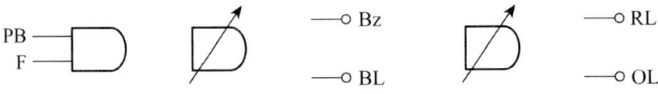

Answer

(1)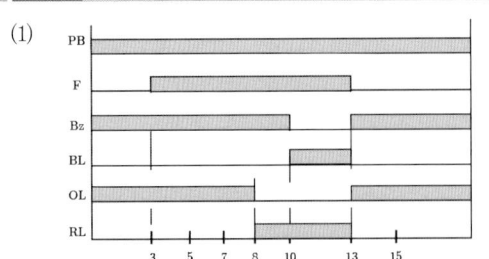

(2)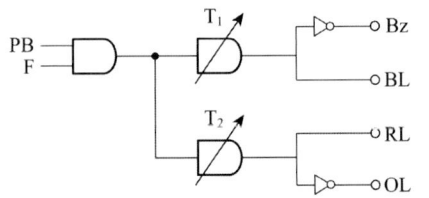

$T_1 = PB \cdot F$
$T_2 = T_1(여자) = PB \cdot F$
$Bz = \overline{T_1},\ BL = T_1$
$RL = T_2,\ OL = \overline{T_2}$

15 ★☆☆☆☆

전력 퓨즈와 고압 개폐기를 조합한 고압수전 변전소의 배치도이다. 그림을 보고 점선 이하의 배치도를 단선도로 그리시오

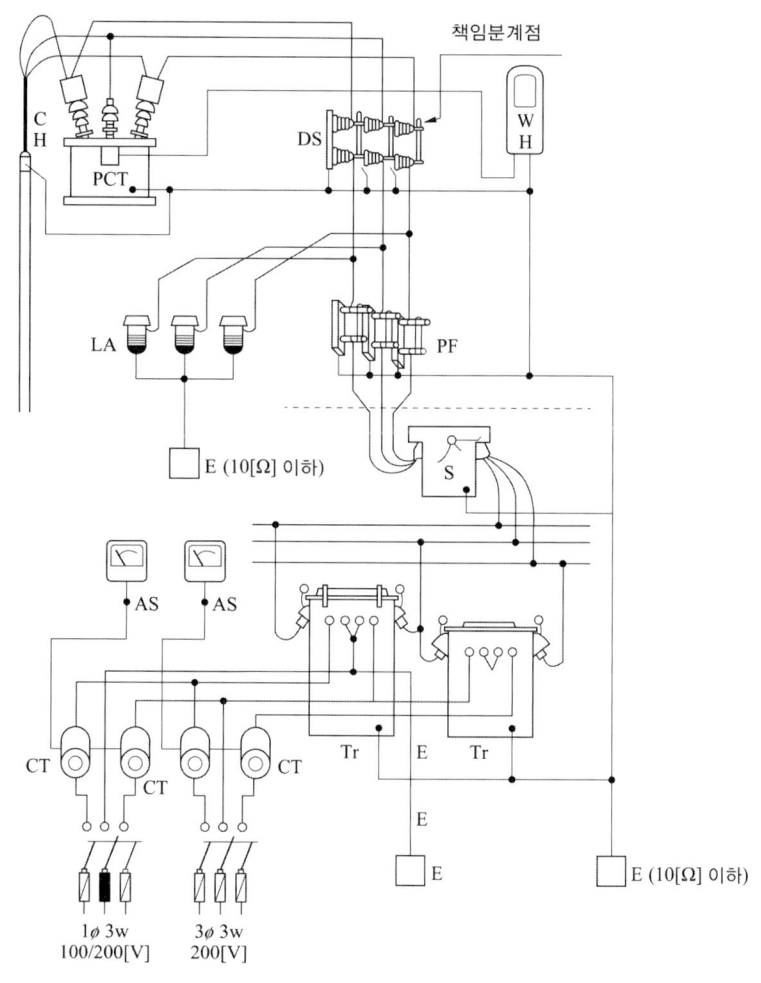

Answer

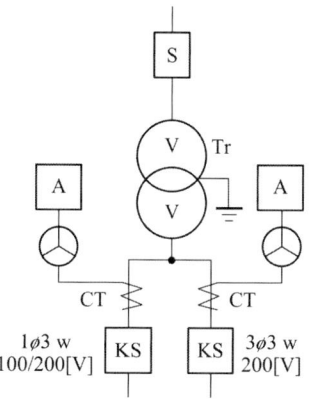

16 그림은 피뢰기 설치에서 개폐기 보호용 피뢰기 리드선 접속이다. 그림을 보고 물음에 답하시오. 단, 배전 계통의 피뢰기 접지방식이다.

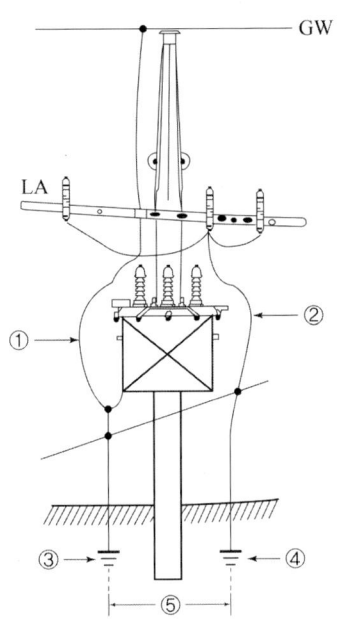

(1) ①은 어떤 접지도체인가?
(2) ②는 어떤 접지도체인가?
(3) ③의 접지는 몇 [Ω]인가?
(4) ④의 접지는 몇 [Ω]인가?
(5) ⑤의 간격은 몇 [m]인가?

Answer

(1) 완금 접지도체 (2) 피뢰기 접지도체 (3) 25[Ω] 이하
(4) 25[Ω] 이하 (5) 1[m] 이상

Explanation

피뢰기 접지의 접지저항
- 발·변전소, 케이블, 기타 중요한 기기에 설치하는 접지저항 값은 10[Ω] 이하로 한다.
- 접지계통의 선로에 시설하는 피뢰기의 접지도체는 중성선에 연결하고 그 전주에서 접지한다. 이 때 접지점의 접지저항 값은 아래 표의 값 이하로 한다.

구분	피뢰기	가공지선
선로 보호용	25[Ω]	50[Ω]
주상기기 보호용	25[Ω]	25[Ω]
입상케이블 보호용	10[Ω]	25[Ω]

[주1] 접지극을 공동 시공하되, 접지저항 값은 접지대상 설비 중 낮은 값 적용
[주2] 비접지방식은 개별 접지, 다중접지방식은 공동접지 시행

2003년 전기공사산업기사 실기

01 이 문제는 변경된 KEC 적용으로 인하여 삭제하고, 아래 예상문제로 대체되었습니다.

변압기의 고압·특고압측 전로 또는 사용전압이 35[kV] 이하의 특고압전로가 저압측 전로와 혼촉하고 저압전로의 대지전압이 150[V]이하인 경우 1선 지락전류가 10[A]이라면 변압기 중성점 접지저항 값은 얼마인가?

• 계산 :
• 답 :

Answer

계산 : $R = \dfrac{150}{I_1} = \dfrac{150}{10} = 15\,[\Omega]$

답 : $15\,[\Omega]$

Explanation

(KEC 142.5조) 변압기 중성점 접지
① 변압기의 중성점접지 저항 값(변압기의 고압·특고압측)

가. 일반적 : $\dfrac{150}{I_1}$ 이하 여기서, I_1은 전로의 1선 지락전류

나. 변압기의 고압·특고압측 전로 또는 사용전압이 35[kV] 이하의 특고압전로가 저압측 전로와 혼촉하고 저압전로의 대지전압이 150[V]를 초과하는 경우

  • 1초 초과 2초 이내에 자동으로 차단하는 장치를 설치 : $\dfrac{300}{I_1}$ 이하

  • 1초 이내에 자동으로 차단하는 장치를 설치 : $\dfrac{600}{I_1}$ 이하

② 전로의 1선 지락전류 : 실측값 사용(단, 실측이 곤란한 경우 선로정수 등으로 계산한 값)

02 그림과 같은 철탑을 무슨 철탑이라 하는가?

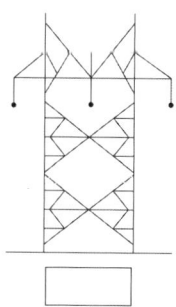

Answer

방형 철탑

> **Explanation**

철탑의 형태에 의한 종류
- 사각 철탑 : 4면이 동일한 모양과 강도를 가진 철탑으로 2회선용으로 사용할 수 있으며 현재 가장 많이 사용되고 있다.
- 방형 철탑 : 마주 보는 2면이 각각 동일한 모양과 강도를 가진 철탑으로 1회선용으로 사용된다.
- 우두형 철탑 : 중간부 이상이 특히 넓은 형의 철탑으로 외국의 경우 초고압 송전선이나 눈이 많은 지역에 사용된다.
- 문형 철탑(Gantry Tower) : 전차선로나 수로, 도로상에 송전선을 시설할 때 많이 사용된다.
- 회전형 철탑 : 철탑의 중앙부 이상과 이하가 45°회전형의 철탑으로 철탑부재의 강도를 가장 유용하게 이용한 철탑이다.
- MC 철탑 : 스위스의 Motor Columbus사가 개발한 철탑으로 콘크리트를 채운 강관형 철탑으로 철강재가 적어 경량화가 가능하며 운반 조립이 쉬운 철탑이다.

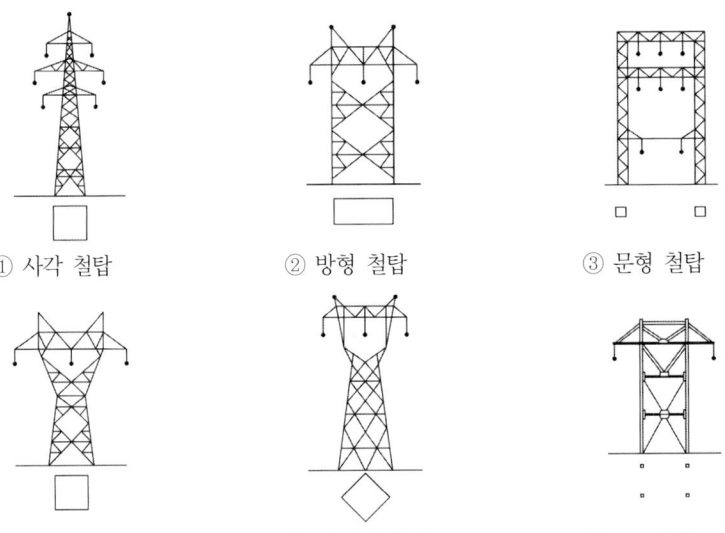

① 사각 철탑　② 방형 철탑　③ 문형 철탑
④ 우두형 철탑　⑤ 회전형 철탑　⑥ MC 철탑

03 ★☆☆☆☆
부가가치세는 무엇의 10[%]인가?

> **Answer**

총 공사원가

> **Explanation**

- 총 공사원가 = 재료비+노무비+경비+일반관리비+이윤
- 부가가치세 : 총 공사원가의 10[%]
- 예정 가격 = 총 원가+부가가치세(10[%])

04 ★☆☆☆☆
가공지선이 있는 지지물 표준접지 시공에 관한 그림이다. 그림을 참고로 하여 답란의 물음을 간단하게 쓰시오.

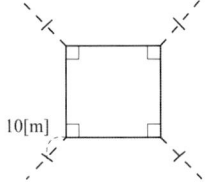

분포접지 - - - - - - - -
집중접지 ─────

(1) 분포접지란?
(2) 집중접지란?

Answer

- 분포접지 : 탑각에서 방사형으로 매설 지선을 포설하여 접지하는 방식
- 집중접지 : 탑각에서 10[m] 떨어진 지점에서 분포접지에 직각 방향으로 접지하는 방식

05 ★★☆☆☆
단선 결선도의 흐름도이다. 흐름도를 보고 고압 수전반에 해당하는 계량장치 종류를 (   ) 안에 5가지만 쓰시오.

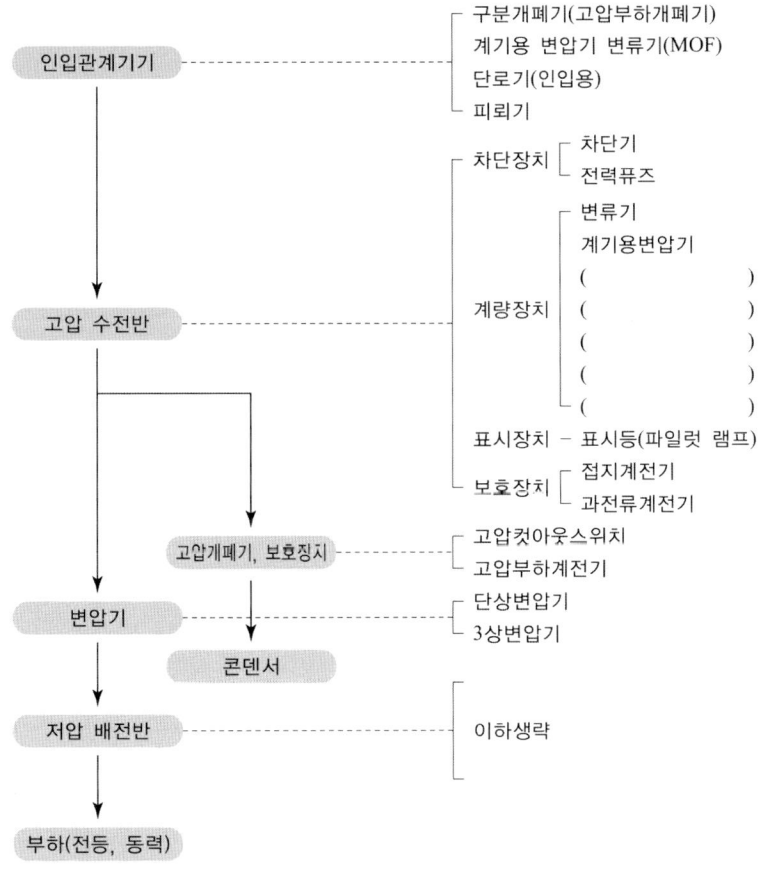

Answer

영상 변류기, 전력계, 역률계, 전압계, 전류계

Explanation

- 고압용 계량 장치 : 계측 장치 + 검출 장치
- 계측 장치 : 전압계, 전류계, 전력계, 무효전력량계, 유효전력계, 역률계, 영상전압계 등
- 검출 장치 : 변류기, 계기용 변압기, 영상변류기, 접지형 계기용 변압기 등

> 이 문제는 변경된 KEC 적용으로 인하여 삭제하고, 아래 예상문제로 대체되었습니다.

06 보호도체와 계통도체를 겸용하는 겸용도체는 고정된 전기설비에서만 사용할 수 있으며, 다음에 의한다. 다음의 괄호 안에 알맞은 말은?

(1) 단면적은 구리 (①)[mm²] 또는 알루미늄 (②)[mm²] 이상이어야 한다.
(2) 중성선과 보호도체의 겸용도체는 전기설비의 (③)으로 시설하여서는 안 된다.

① ② ③

Answer

① 10   ② 16   ③ 부하측

Explanation

(KEC 142.3.4조) 보호도체와 계통도체 겸용
겸용도체는 고정된 전기설비에서만 사용할 수 있으며 다음에 의한다.
- 단면적은 구리 10[mm²] 또는 알루미늄 16[mm²] 이상
- 중성선과 보호도체의 겸용도체는 전기설비의 부하 측으로 시설 불가
- 폭발성 분위기 장소는 보호도체를 전용으로 할 것

07 ★★★★☆ 단상 변압기 병렬 운전 조건 4가지를 기술하고, 이들 조건이 맞지 않은 경우에 어떤 현상이 나타나는지 간단히 서술하시오.

Answer

병렬운전 조건	조건이 맞지 않는 경우
① 1, 2차 정격 전압 및 권수비가 같을 것	순환전류가 흘러 권선이 가열
② 극성이 일치 할 것	큰 순환 전류가 흘러 권선이 소손
③ %임피던스 강하(임피던스 전압)가 같을 것	부하의 분담이 용량의 비가 되지 않아 부하의 부담이 균형을 이룰 수 없다.
④ 내부 저항과 누설 리액턴스의 비가 같을 것	각 변압기의 전류 간에 위상차가 생겨 동손이 증가

Explanation

변압기 병렬 운전 조건
- 극성 및 권수비가 같을 것
- 1, 2차 정격 전압이 같을 것(용량, 출력 무관)
- % 강하가 같을 것
- 변압기 내부저항과 리액턴스의 비가 같을 것
- 상회전 방향과 각 변위가 같을 것(3상 변압기)

08 ★★★☆☆ 경간 200[m]인 가공전선로가 있다. 사용전선의 길이는 경간보다 몇 [m] 더 길게 하면 되는가? 단, 사용전선의 1[m]당 무게는 2.0[kg], 인장하중은 4,000[kg]이고 전선의 안전율을 2로 하고 풍압하중은 무시한다.

Answer

계산 : 이도 $D = \dfrac{WS^2}{8T} = \dfrac{2 \times 200^2}{8 \times \dfrac{4,000}{2}} = 5$

실제 길이 $L = S + \dfrac{8D^2}{3S} = 200 + \dfrac{8 \times 5^2}{3 \times 200} = 200.33$[m]

실제 더 필요한 길이 : 200.33−200=0.33[m]   답 : 0.33[m]

Explanation

- 이도 : $D = \dfrac{WS^2}{8T} = \dfrac{WS^2}{8 \times \dfrac{\text{인장하중}}{\text{안전율}}}$ [m]

- 실제 길이 : $L = S + \dfrac{8D^2}{3S}$ [m] (여기서, L : 전선의 실제 길이[m], D : 이도[m], S : 경간[m])

09 ★★☆☆☆ ⓣ$_F$ 그림기호의 명칭은?

Answer

형광등용 안정기

Explanation

(KS C 0301) 옥내배선용 그림기호 기기

명칭	그림기호	적요
소형 변압기	ⓣ	① 필요에 따라 용량, 2차 전압을 표기한다. ② 필요에 따라 벨 변압기는 B, 리모콘 변압기는 R, 네온변압기는 N, 형광등용 안정기는 F, HID등(고효율 방전등)용 안정기는 H를 표기한다. 　ⓣ$_B$　ⓣ$_R$　ⓣ$_N$　ⓣ$_F$　ⓣ$_H$ ③ 형광등용 안정기 및 HID등용 안정기로서 기구에 넣는 것은 표시하지 않는다.

BEST

10 ★★★★★ 금속관 공사에 이용되는 부품 중 유니버설 엘보(Universal elbow)는 어디에 사용하는 것인지 답하시오.

Answer

노출 배관공사에 관을 직각으로 굽혀야 할 곳의 관 상호 접속 또는 관을 분기해야 할 곳에 사용

Explanation

금속관 공사용 부품

명칭	사용 용도

로크너트 (lock nut)	관과 박스를 접속하는 경우 파이프 나사를 죄어 고정시키는 데 사용	
부싱 (bushing)	전선 관단에 끼우고 전선을 넣거나 빼는 데 있어서 전선의 피복을 보호하여 전선이 손상되지 않게 하는 것	
커플링 (coupling)	• 금속관 상호 접속 또는 관과 노멀 밴드와의 접속에 사용 • 관의 양측을 돌려서 접속할 수 없는 경우 : 유니온 커플링	
새들 (saddle)	노출 배관에서 금속관을 조영재에 고정시키는 데 사용	
노멀 밴드 (normal bend)	배관의 직각 굴곡에 사용	
링 리듀서	금속을 아웃트렛 박스의 로크 아웃에 취부할 때 로크아웃의 구멍이 관의 구멍보다 클 때 사용	
스위치 박스 (switch box)	매입형의 스위치나 콘센트를 고정하는 데 사용	
아웃트렛 박스 (outlet box)	전선관 공사에 있어 전등기구나 점멸기 또는 콘센트의 고정, 접속함으로 사용	
콘크리트 박스 (concrete box)	콘크리트에 매입 배선용으로 아웃트렛 박스와 같은 목적으로 사용	
플로어 박스	바닥 밑으로 매입 배선할 때 사용 및 바닥 밑에 콘센트를 접속할 때 사용	
유니버설 엘보우 (elbow)	• 노출 배관공사에 관을 직각으로 굽혀야 할 곳의 관 상호 접속 또는 관을 분기해야 할 곳에 사용 • 3방향으로 분기하는 T형, 4방향으로 분기하는 크로스 엘보우	

11 ★★☆☆☆

가로 12[m], 세로 18[m], 천장 높이 3.65[m], 작업면 높이 0.85[m]인 사무실의 천장에 직부형광등 F40W×2를 설치하고자 한다. 다음 물음에 답하시오.

(1) 이 사무실의 실지수는 얼마인가?
  • 계산 :   • 답 :

(2) 형광등 F40W×2의 심벌을 그리시오.

(3) 이 사무실 작업면의 조도를 300[lx], 40[W], 형광등 1등의 광속 3,150[lm], 보수율 70[%], 조명률 60[%]로 한다면 이 사무실에 필요한 소요 등수는 몇 [등]인가?
  단, 천장 반사율 70[%], 벽 반사율 50[%], 바닥 반사율 10[%]에 대한 U=0.6이다.
  • 계산 :
  • 답 :

Answer

(1) 계산 : $K = \dfrac{XY}{H(X+Y)} = \dfrac{12 \times 18}{(3.65-0.85)(12+18)} = 2.57$ 답 : 2.5

(2) ▭─◯─▭
    F40×2

(3) 계산 : $N = \dfrac{ESD}{FU} = \dfrac{300 \times 12 \times 18 \times \dfrac{1}{0.7}}{3{,}150 \times 2 \times 0.6} = 24.49$ 답 : 25등

Explanation

- 실지수(방지수) = $\dfrac{XY}{H(X+Y)}$

  여기서, H : 등의 높이-작업면 높이[m], X : 방의 가로[m], Y : 방의 세로[m]

- 조명 계산

  $FUN = ESD$

  여기서, F[lm] : 광속, U[%] : 조명률, N[등] : 등수, E[lx] : 조도

  S[m²] : 면적, $D = \dfrac{1}{M}$: 감광 보상률 = $\dfrac{1}{보수율}$

  등수 $N = \dfrac{ESD}{FU}$ 이며 등수 계산에서 소수점은 무조건 절상한다.

12 ★☆☆☆☆

아래 회로는 압력 스위치(PS)를 이용한 경보 회로로 압력 스위치가 닫히면 부저(BZ)가 울리고 타이머에 의하여 부저가 정지한다. 다음 물음에 답하여라.

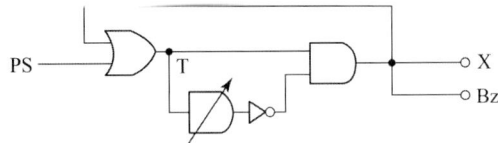

(1) 주어진 회로를 완성하시오

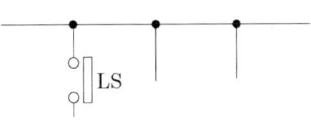

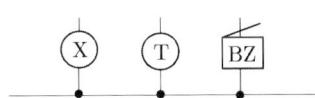

(2) 주어진 식을 쓰시오.
  ① X = ㅤㅤㅤㅤㅤ·T̄
  ② T =
  ③ Bz =

Answer

(1)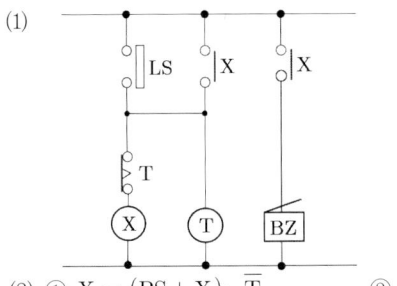

(2) ① X = (PS + X)·T̄ㅤㅤㅤ② T = (PS + X)ㅤㅤㅤ③ Bz = X

13 ★☆☆☆☆
전원이 단상 2선식 220[V] 주택 배선공사의 도면이다. 동작 사항과 도면을 보고 다음 물음에 답하시오.

[동작 사항]
① S_{3-1}과 S_{3-2}에 의해서 R_1, R_2를 병렬로 2개소 점멸한다.
② PB를 누르면 타이머 T가 작동하여 R_3가 점등되었다가 t초 후 R_3와 타이머가 모두 점멸한다.

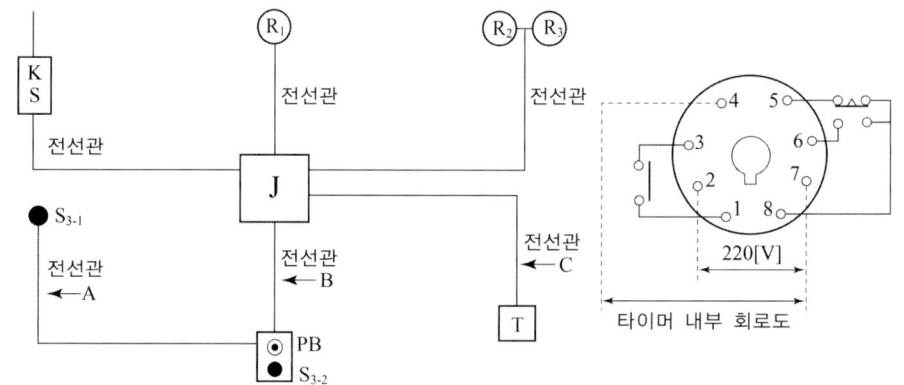

(1) 동작 사항과 도면을 보고 Sequence도를 완성하시오.

　　전압선 ─────────────────────

　　접지도체 ─────────────────────

(2) 도면에 표시된 A전선관에는 최소 몇 가닥이 들어가는가?
(3) 도면에 표시된 B전선관에는 최소 몇 가닥이 들어가는가?
(4) 도면에 표시된 C전선관에는 최소 몇 가닥이 들어가는가?

Answer

(1)
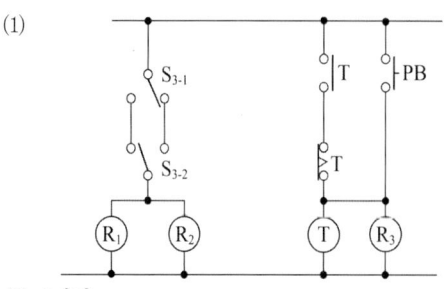

(2) 3가닥
(3) 3가닥
(4) 3가닥

14 도면은 어느 수용가의 옥외 간이 수전설비이다. 다음 물음에 답하시오.

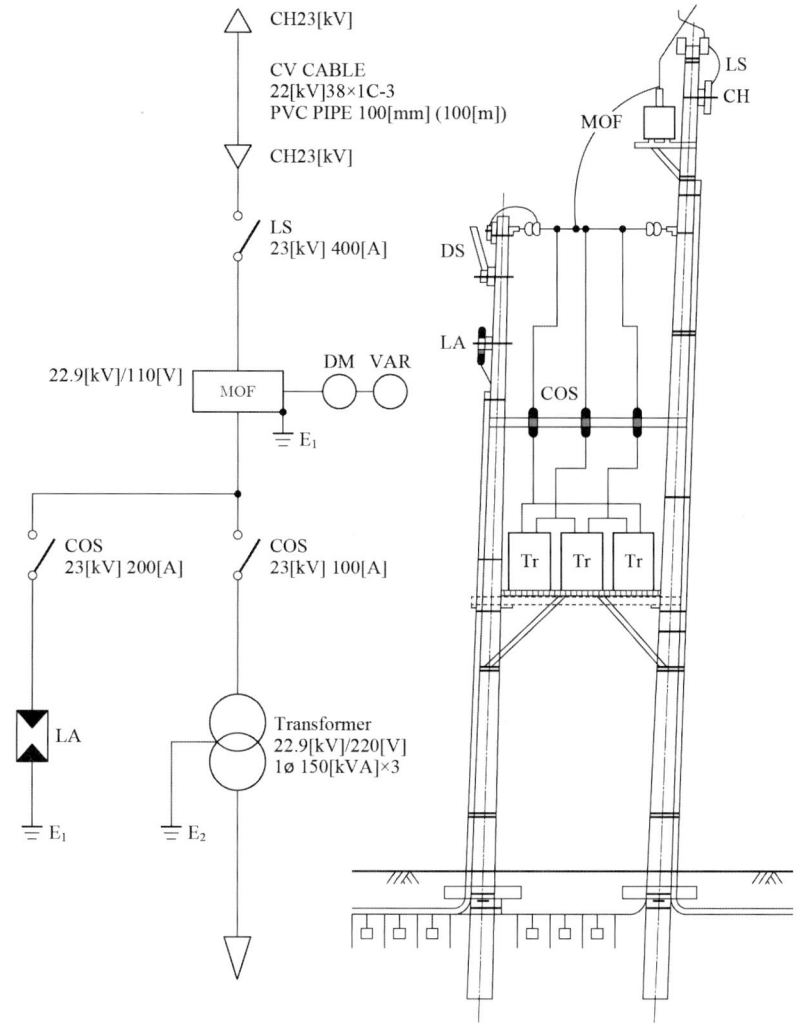

(1) MOF에서 부하용량에 적당한 CT비를 산출하시오. 단, CT 1차측 전류의 여유율은 1.25배로 한다.

(2) LA의 정격전압은 얼마인가?

(3) 도면에서 DM, VAR는 무엇인지 쓰시오.

Answer

(1) 계산 : $I = \dfrac{150 \times 3 \times 10^3}{\sqrt{3} \times 22,900} \times 1.25 = 14.19[A]$

　　15[A]로 선정　　　　　　　　　　　　　　　　　　　　　　　　　　　답 : 15/5

(2) 18[kV]

(3) • DM : 최대 수요 전력량계
　　• VAR : 무효 전력계

Explanation

(1) 보통의 경우 CT비 : 1차 전류×(1.25~1.5)
　　CT 1차 전류 : 10, 15, 20, 30, 40, 50, 75, 100, 150, 200, 300, 400, 500[A]

(2) (내선규정 3,250-1) 피뢰기의 정격 전압

전력계통		피뢰기 정격 전압[kV]	
전압[kV]	중성점 접지방식	변전소	배전선로
345	유효접지	288	-
154	유효접지	144	-
66	PC 접지 또는 비접지	72	-
22	PC 접지 또는 비접지	24	-
22.9	3상 4선 다중접지	21	18

[주] 전압 22.9[kV] 이하의 배전선로에서 수전하는 설비의 피뢰기 정격 전압[kV]은 배전선로용을 적용한다.

(3) • D/M : 최대 수요 전력량계
　　• VAR : 무효 전력계

15. ★★☆☆
천장의 높이가 10[m]인 창고 건물에 노출형 차동식 열감지기 40개, P형 1급 (15회로) 수신기를 설치한 후 시험까지 시행하기 위하여 필요한 인공을 참고표를 이용하여 구하시오.

(1) 감지기 설치
   내선전공 계산 :
(2) 수신기 설치
   내선전공 계산 :
(3) 시험
   계산 :

공종	단위	내선전공	비고
SPOT형 감지기 (차동식, 정온식, 보상식) 노출형	개	0.13	① 천장 높이 4[m] 기준 1[m] 증가 시마다 5[%] 증 ② 매입형 또는 특수구조의 것은 조건에 따라 선정할 것
시험기(공기관 포함)	개	0.15	① 상동 ② 상동
분포형의 공기관 (열전대선 감지선)	m	0.025	① 상동 ② 상동
검출기 공기관식의 Booster 발신기 P-1 발신기 P-2 발신기 P-3	개	0.30 0.10 0.30 0.30 0.20	 1급(방수형) 2급(보통형) 3급(푸시버튼만으로 응답 확인 없는 것)
회로시험기 수신기 P-1(기본공수) (회선수공산수출가산요)	개 대	0.10 6.0	회선수에 대한 산정 매1회선에 대해서
수신기 P-2(기본공수) (회선수공산수출가산요)	대	4.0	형식 \ 직종 / P-1 / P-2 / R형 내선전공: 0.3 / 0.2 / 0.2
부수신기(기본공수)	대	3.0	참고 : 산정예(P-1의 10회분) 기본공수는 6인 회선당 할증수는 (10×0.3)=3 ∴ 6+3=9인
소화전기등릴레이	대	1.5	수신기 내장되지 않은 것으로 별개로 취부할 경우에 적용
전령(電鈴)	개	0.15	
표시등	개	0.20	
표시판	개	0.15	

[해설]
1. 시험 공량은 총 산출품의 10[%]로 하되 최소치를 3인으로 함
2. 취부상 목대를 필요로 하는 현장은 목대 매 개당 0.02인을 가산할 것
3. 공기관의 길이는 [덱시]붙인 평면 천장의 5[%] 증으로 하되 보돌림과 시험기에로 인하되는 수량을 가산할 것

Answer

(1) 감지기 설치
    내선전공 계산 : 0.13×40×(1+6×0.05)=6.76[인]
(2) 수신기 설치
    내선전공 계산 : 6.0+(15×0.3)=10.5[인]
(3) 시험
    계산 : (6.76+10.5)×0.1=1.726[인]이지만 최소 3[인]

Explanation

• 감지기 설치

공종	단위	내선전공	비고
SPOT형 감지기 (차동식, 정온식, 보상식) 노출형	개	0.13	① 천장 높이 4[m] 기준 ② 매입형 또는 특수구조의 것은 조건에 따라 산정할 것

- 천장의 높이가 10[m]이므로
- 공기관의 길이는 [덱스] 붙인 평면 천장의 5[%] 증
내선전공 계산 : 0.13×40×(1+6×0.05)=6.76[인]

• 수신기 설치

공종	단위	내선전공	비고		
회로시험기 수신기 P-1(기본공수) (회선수공산수출가산요)	개 대	0.10 6.0	회선수에 대한 산정 매1회선에 대하여		
수신기 P-2(기본공수) (회선수공산수출가산요)	대	4.0	형식	직종	내선전공
			P-1		0.3
			P-2		0.2
			R형		0.2
부수신기(기본공수)	대	3.0	참고 : 산정예(P-1의 10회분) 기본공수는 6인 회선당 할증수는 (10×0.3)=3 ∴ 6+3=9인		

내선전공 계산 : 6.0+(15×0.3)=10.5[인]

• 시험
시험 공량은 총 산출품의 10[%]로 하되 최소치를 3인으로 함
계산 : (6.76+10.5)×0.1=1.726[인]이지만 최소 3[인]

2003년 전기공사산업기사 실기

01 ★★☆☆☆
건물의 종류에 대응한 표준 부하[VA/m²] 값을 답하시오.
(1) 연회장
(2) 호텔
(3) 극장
(4) 이발소
(5) 대중목욕탕

Answer

(1) $10[VA/m^2]$
(2) $20[VA/m^2]$
(3) $10[VA/m^2]$
(4) $30[VA/m^2]$
(5) $20[VA/m^2]$

Explanation

부하상정 및 분기회로
1. 표준 부하
1) 건축물의 종류에 따른 표준 부하

건축물의 종류	표준 부하[VA/m²]
공장, 공회당, 사원, 교회, 극장, 영화관, 연회장 등	10
기숙사, 여관, 호텔, 병원, 학교, 음식점, 다방, 대중 목욕탕	20
사무실, 은행, 상점, 이발소, 미장원	30
주택, 아파트	40

2) 건축물 중 별도 계산할 부분의 표준 부하(주택, 아파트는 제외)

건축물의 부분	표준 부하[VA/m²]
복도, 계단, 세면장, 창고, 다락	5
강당, 관람석	10

3) 표준 부하에 따라 산출한 수치에 가산하여야 할 [VA] 수
① 주택, 아파트(1세대마다)에 대하여는 500~1,000[VA]
② 상점의 진열장에 대하여는 진열장 폭 1[m]에 대하여 300[VA]
③ 옥외의 광고등, 전광사인, 네온사인 등의 [VA] 수
④ 극장, 댄스홀 등의 무대조명, 영화관 등의 특수전등부하의 [VA] 수

02 ★★★☆☆

그림과 같은 3상 3선식 3,300[V] 배전선로에서 단상 및 3상 변압기에 전력을 공급하고자 한다. 선로의 불평형률은 몇 [%]인가 ? 단, 소수점 1자리까지 적으시오.

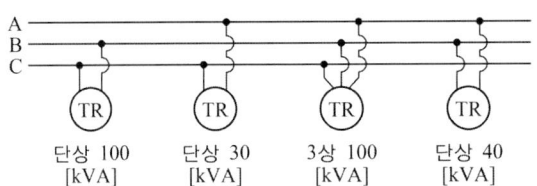

Answer

계산 : 설비 불평형률 = $\dfrac{100-30}{\dfrac{1}{3}\times(100+30+100+40)}\times 100 ≒ 77.8[\%]$ 　　　답 : 77.8[%]

Explanation

(내선규정 1,410-1) 설비 부하평형 시설

저압, 고압 및 특별고압 수전의 3상 3선식 또는 3상 4선식에서 불평형 부하의 한도는 단상 접속부하로 계산하여 설비 불평형률을 30[%] 이하로 하는 것을 원칙으로 한다.

다만, 다음 각 호의 경우는 이 제한에 따르지 않을 수 있다.
① 저압 수전에서 전용변압기로 수전하는 경우
② 고압 및 특고압 수전에서 100[kVA](kW) 이하인 경우
③ 고압 및 특고압 수전에서 단상 부하용량의 최대와 최소의 차가 100[kVA](kW) 이하인 경우
④ 특고압 수전에서 100[kVA](kW) 이하의 단상 변압기 2대로 역(逆)V결선하는 경우
　[주] 이 경우의 설비 불평형률이란 각 선간에 접속되는 단상부하 총 설비용량[VA]의 최대와 최소의 차와 총 부하 설비용량[VA] 평균값의 비[%]를 말하며 다음의 식으로 나타낸다.

설비 불평형률 = $\dfrac{\text{각 선간에 접속되는 단상부하 총 설비용량[kVA]의 최대와 최소의 차}}{\text{총 부하 설비용량의 1/3}}\times 100[\%]$

여기서, A-B 선간 부하 : 40[kVA]
　　　　B-C 선간 부하 : 100[kVA](최대)
　　　　C-A 선간 부하 : 30[kVA](최소)

BEST 03 ★★★★★

'공사원가'라 함은 공사 시공 과정에서 발생한 무엇의 합계액을 말하는가?

Answer

재료비, 노무비, 경비

Explanation

• 순 공사원가 : 재료비, 노무비, 경비
• 총 공사원가 : 재료비, 노무비, 경비, 일반관리비, 이윤
여기서, 공사원가는 순 공사원가를 말하는 것임

BEST 04 ★★★★★

변전실의 위치 선정 조건을 아는 대로 5가지만 쓰시오.

Answer

① 부하 중심에 가까울 것
② 인입선의 인입이 쉽고 보수 유지 및 점검이 용이한 곳
③ 간선 처리 및 증설이 용이한 곳
④ 기기 반출입에 지장이 없을 것
⑤ 침수 기타 재해 발생의 우려가 적은 곳

Explanation

⑥ 화재, 폭발 위험성이 적을 것
⑦ 습기, 먼지가 적은 곳
⑧ 열해, 유독가스의 발생이 적을 것
⑨ 발전기·축전지실이 가급적 인접한 곳
⑩ 장래 부하 증설에 대비한 면적 확보가 용이한 곳
⑪ 기기 높이에 대하여 천장 높이가 충분한 곳
⑫ 채광 및 통풍이 잘되는 곳

05 ★★☆☆☆

다음 설명을 잘 이해한 후 어떤 결선 방식인가 답하고, 결선도를 그리시오.

- 2차 권선의 전압이 선간 전압의 $\dfrac{1}{\sqrt{3}}$ 이고 승압용에 적당하다.
- △-△ 결선과 Y-Y 결선의 장점을 갖고 있다.
- 30°의 위상 변위가 있어서 1대가 고장이 나면 전원 공급이 불가능한 결선이다.

Answer

(가) 결선방식 : △-Y 결선
(나) 결선도 :

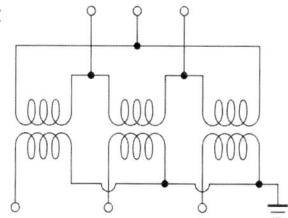

Explanation

△-Y 결선의 특징

- 2차 권선의 전압이 선간 전압의 $\dfrac{1}{\sqrt{3}}$ 이고 승압용에 적당하다.
- △-△결선과 Y-Y결선의 장점을 갖고 있다.
- 30°의 위상 변위가 있어서 1대가 고장이 나면 전원 공급이 불가능한 결선이다.

06　PBD 그림기호의 명칭은?

Answer

플러그인 버스 덕트

Explanation

(KS C 0301) 옥내배선용 그림 기호

명칭	그림기호	적요
버스 덕트		① 필요에 따라 다음 사항을 표시한다. 　• 피드 버스 덕트　　　　FBD 　　플러그인 버스 덕트　　PBD 　　트롤리 버스 덕트　　　TBD 　• 방수형인 경우는 WP 　• 전기방식, 정격전압, 정격전류 　　보기 :　 　　　　FBD3ϕ　3W　300V　600A ② 익스팬션을 표시하는 경우는 다음과 같다. ③ 옵셋을 표시하는 경우는 다음과 같다. ④ 탭붙이를 표시하는 경우는 다음과 같다. ⑤ 상승, 인하를 경우는 다음과 같다. 　상승　　　　　　　인하 ⑥ 필요에 따라 정격전류에 의해 나비를 바꾸어 표시하여도 좋다.

07　명시 조명의 요건 중에서 아는 대로 5가지만 답하시오.

Answer

① 광속 발산도 분포 균일
② 광색이 좋고 방사열이 적을 것
③ 눈부심을 제거
④ 심리적 안정을 줄 것
⑤ 경제적일 것

Explanation

조명 목적에 의한 분류
• 명시 조명(실리조명) : 대상물을 정확하게 보고 쾌적하게 보는 것이 목적
• 분위기 조명(장식조명) : 인간의 심리를 움직이는 조명

BEST

08 ★★★★★

단로기와 차단기가 직렬로 연결되어 있다. 급전 시와 정전 시 조작 순서는?

Answer

급전 시 : 단로기를 투입한 후 차단기 투입
정전 시 : 차단기를 개로한 후 단로기 개로

Explanation

인터록(Interlock) : 차단기가 열려 있어야만 단로기 조작 가능
- 급전 시 : DS → CB
- 정전 시 : CB → DS

09 ★★☆☆☆

다음 그림은 심야 전력기기의 인입구 장치 부근의 배선을 나타낸 것이다. 이 그림은 어떤 경우의 시설을 나타낸 것인가?

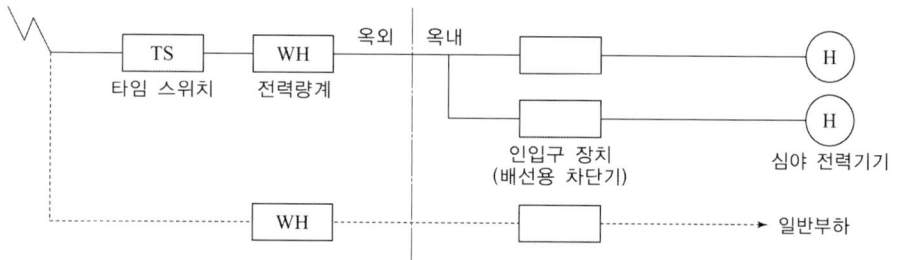

Answer

종량제

Explanation

(내선규정 4,145) 심야전력기기
① 심야전력기기의 배선은 기기마다 전용의 분기회로를 시설할 것
② 배선은 합성수지관공사, 금속관공사, 금속제 가요전선관공사, 케이블공사에 의할 것

- 배선방법

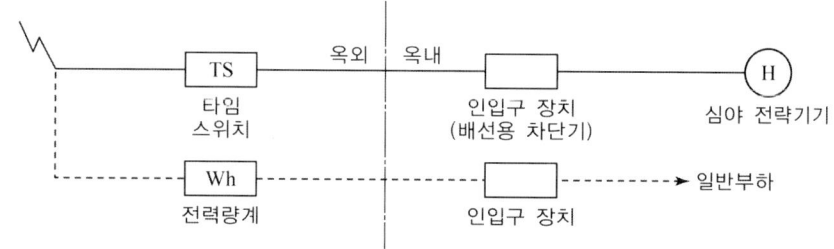

정액제인 경우의 시설(예)

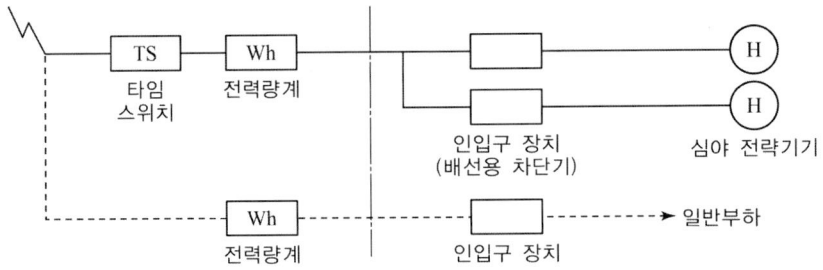

종량제인 경우의 시설(예)

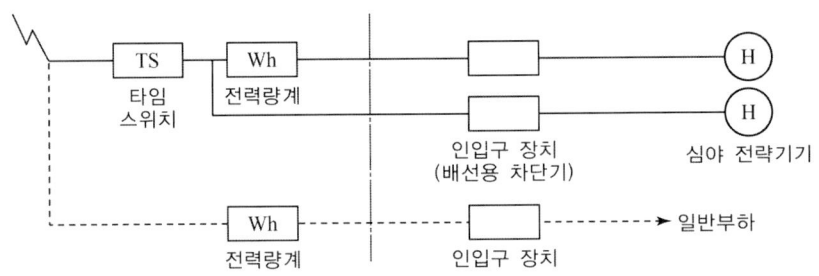

정액제·종량제 병용인 경우의 시설(예)

10 ★★☆☆☆
굴곡 개소가 많고 금속관 공사를 하기 어려운 경우, 전동기와 옥내배선을 결합하는 경우 기타 시설의 건조물에 배선하는 경우 등에 사용하는 배관 재료를 다음 물음에 답하시오.

(1) 전선관과 박스와의 접속에 사용

(2) 가요 전선관을 결합하는 곳에 사용

(3) 돌려서 접속할 수 없는 경우의 가요 전선관과 금속관을 결합하는 곳에 사용

(4) 직각으로 박스에 붙일 때 사용

(5) 가요 전선관과 상호를 결합하는 곳에 사용

Answer

(1) 스트레이트 박스 커넥터
(2) 컴비네이션 커플링
(3) 컴비네이션 유니온 커플링
(4) 앵글박스 커넥터
(5) 스플릿 커플링

11 예비 전원으로 시설하는 저압 발전기에서 부하에 이르는 전로에는 발전기에 가까운 곳에서 쉽게 개폐 및 점검을 할 수 있는 곳에 (   ), (   ), (   ), (   )를 시설하여야 하는가?

Answer

개폐기, 과전류 차단기, 전류계, 전압계

Explanation

(내선규정 4,168-3) 예비전원 고압 발전기
예비전원으로 시설하는 고압 발전기에서 부하에 이르는 전로에는 발전기에 가까운 곳에 개폐기, 과전류 차단기, 전압계 및 전류계를 다음 각 호에 의해 시설하여야 한다.
- 각 극에 개폐기 및 과전류 차단기를 시설할 것
- 전압계는 각 상의 전압을 읽을 수 있도록 시설할 것
- 전류계는 각 선(중성선 제외)의 전류를 읽을 수 있도록 시설할 것

12 변압기의 명판에 있는 정격은 어떠한 값들이 있는지 5가지를 나열하시오.

Answer

① 변압기 명칭
② 적용 규격
③ 상수
④ 정격 용량
⑤ 정격 주파수

Explanation

그 외
⑥ 정격 전압 1차, 2차 전압
⑦ 정격 전류 1차, 2차 전류
⑧ 절연계급
⑨ 기준충격 절연강도
⑩ %임피던스
⑪ 각 변위
⑫ 총 중량
⑬ 제작일련번호
⑭ 제작일
⑮ 제조사명

13 ★☆☆☆☆ 단선 결선도 흐름도이다. 흐름도를 보고 저압 배전반에 해당하는 계량장치 종류를 ( ) 안에 3가지를 쓰시오.

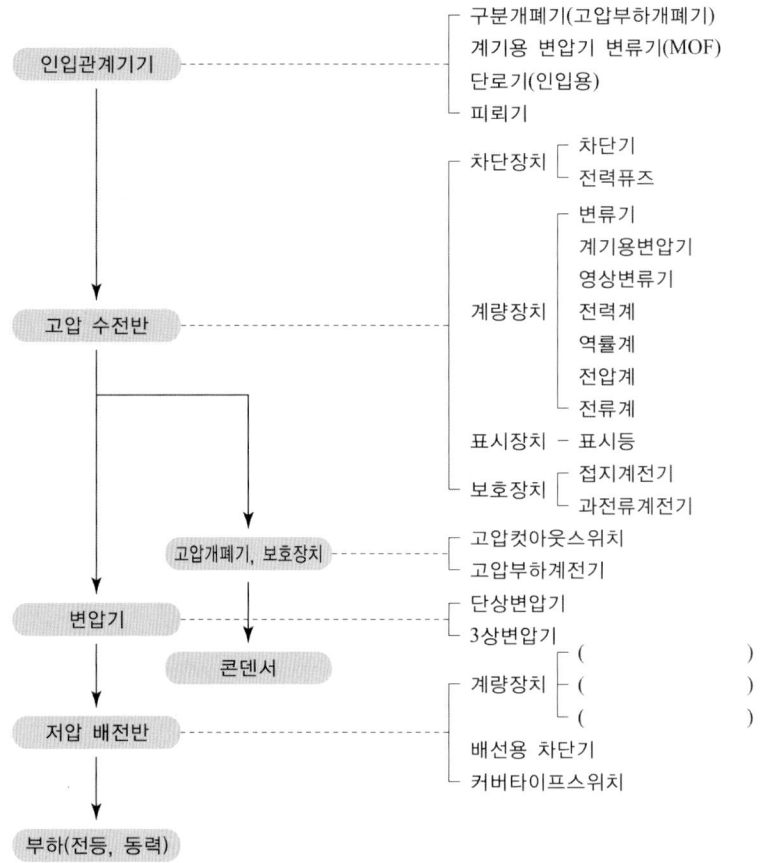

Answer

변류기, 전압계, 전류계

Explanation

- 저압용 계량 장치 : 계측 장치 + 검출 장치
- 계측 장치 : 전압계, 전류계 등
- 검출 장치 : 변류기 등

14 어느 빌딩의 수전설비를 계획하려고 한다. 이 빌딩에 예측되는 부하밀도는 조명전용 20[VA/m^2], 일반 동력 35[VA/m^2], 냉방 동력 40[VA/m^2]이다. 이 빌딩의 건평이 60,000[m^2]일 경우 부하설비의 용량은 몇 [kVA]인가?

Answer

조명설비=20×60,000×10^{-3}=1,200[kVA]
일반 동력설비=35×60,000×10^{-3}=2,100[kVA]
냉방설비=40×60,000×10^{-3}=2,400[kVA]
총 부하설비=1,200+2,100+2,400=5,700[kVA]

답 : 5,700[kVA]

Explanation

부하상정 및 분기회로
부하의 상정
부하설비 용량= $PA+QB+C$
여기서, P : 건축물의 바닥 면적[m^2] (Q 부분 면적 제외)
Q : 별도 계산할 부분의 바닥면적[m^2]
A : P 부분의 표준 부하[VA/m^2]
B : Q 부분의 표준 부하[VA/m^2]
C : 가산해야 할 부하[VA]

15 접지 저감제의 시공 방법에서 유입법 4가지를 답하시오.

Answer

① 타입법
② 보링법
③ 수반법
④ 구법

Explanation

접지 저감제 시공법
• 수반법 : 접지전극 부근의 대지에 저감제를 뿌리는 방법
• 구법 : 접지전극 주위에 고리 모양으로 홈을 파서 그 속에 저감제를 유입시키는 방법
• 보링법 : 믹대 모양의 전극 내신에 선 모양, 띠 모양 전극을 포설하여 그 속에 저감제를 유입시키는 방법
• 타입법 : 막대 모양의 전극에 타입할 구멍에 저감제를 유입하는 방법
• 체류조법 : 저감제를 접지전극 위에 얇게 도포하는 방법

16 최근에 대용량 초고압 송전선이나 지중 송전선(cable)의 확장에 따라 전력 계통에 분로 리액터(shunt reactor)를 설치하고 있다. 설치 목적은?

Answer

페란티 현상을 방지

Explanation

페란티 현상
선로의 경부하(무부하) 시 정전용량에 의해서 송전단 전압보다 수전단 전압이 높아지는 현상으로 장거리 선로와 지중 케이블 선로에서는 정전용량이 크기 때문에 특히 무부하 충전 시 문제가 발생되며 부하역률은 지상역률로 중부하시에는 전류가 전압보다 위상이 뒤지지만 지중전선로의 경부하나 가공전선로의 무부하 충전 시 진상전류가 흐르게 되는 현상으로 분로리액터를 대책으로 한다.

분로 리액터(Shunt Reactor)
분로 리액터는 페란티 현상을 방지하기 위하여 주요 변전소에 설치되며 지상전력 공급을 통하여 무효분을 조정한다.

17 ★★☆☆☆
옥내배선 아웃렛 박스 등의 접속함 내에서의 가는 전선의 접속 방법은?

Answer

쥐꼬리 접속

18 ★★★★☆
아날로그 멀티 테스터기로 교류(AC) 전압을 측정하려면 부하설비와 어떻게 연결하여 측정하는가?

Answer

병렬로 연결하여 측정

Explanation

- 전류 측정 : 부하설비와 테스터기를 직렬로 연결
- 전압 측정 : 부하설비와 테스터기를 병렬로 연결

19 ★☆☆☆☆
그림은 Y-△ 기동회로의 일부이다. BS_1을 주면 MC_1으로 Y결선 기동하고 t초 후 MC_2로 △ 결선 운전된다. $BS_2(Thr)$을 주면 전동기는 정지한다. BS_1, BS_2, Thr이 L(접지) 입력형일 때 (   )에 알맞은 회로는? 단, SMV는 단안정 타이머 소자이고 FF는 $\overline{RS}$ – latch이다.

[예]

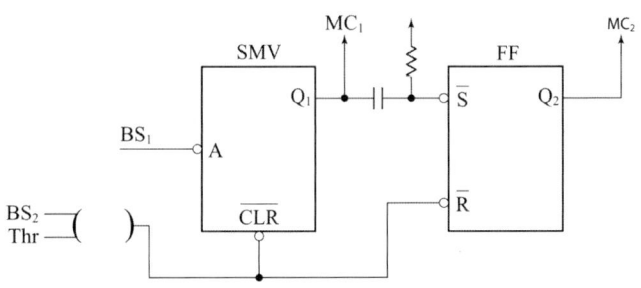

Answer

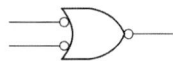

Explanation

NAND 게이트로 된 R-S 래치
- NAND 게이트로 된 기본 플립플롭 회로에서, 두 입력이 모두 1이면 플립플롭의 상태는 전 상태를 그대로 유지하게 된다.
- 순간적으로 S 입력에 0을 가하면 Q는 1로, Q'는 0으로 바뀐다.
- S를 1로 바꾼 뒤에 R 입력을 0을 가하면 플립플롭은 클리어 상태가 된다.
- 두 입력이 동시에 0으로 될 때는 두 출력이 모두 1이 되기 때문에 정상적인 플립플롭 작동에서는 피해야 한다.

IC 타이머 SMV
- 단안정 멀티 바이브레이터(one shot)의 원리를 이용한 IC 타이머 소자인데 A, B 입력 중 입력은 고정하고 한 입력으로 트리거(trigger)하면 단안정 특성이 얻어진다(SMV, MM, MMV).

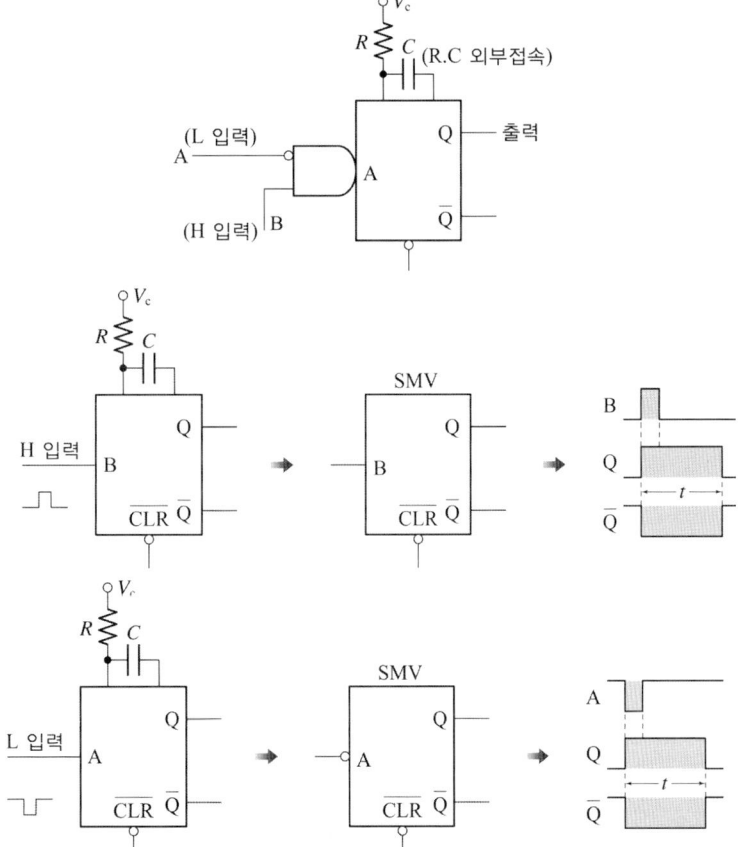

20 ★★★☆☆ 다음 동작 설명을 참고하여 시퀀스 제어도 및 결선도를 그리시오.

[동작 설명]
1. 3로 스위치 S_{3-1}을 ON, S_{3-2}를 ON했을 시 R_1, R_2가 직렬 점등되고, S_{3-1}을 OFF, S_{3-2}를 OFF 했을 시 R_1, R_2가 병렬 점등한다.
2. 푸시버튼 스위치 PB를 누르면 R_3와 B가 병렬로 동작한다.

(1) 시퀀스 제어도
(2) 결선도(모든 결선은 4각 박스를 경유하여야 한다.)

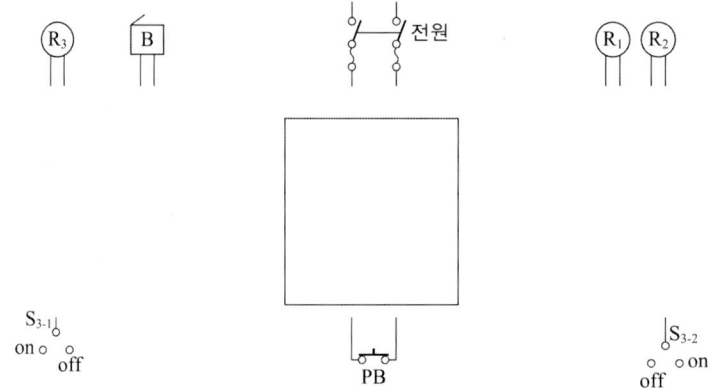

Answer

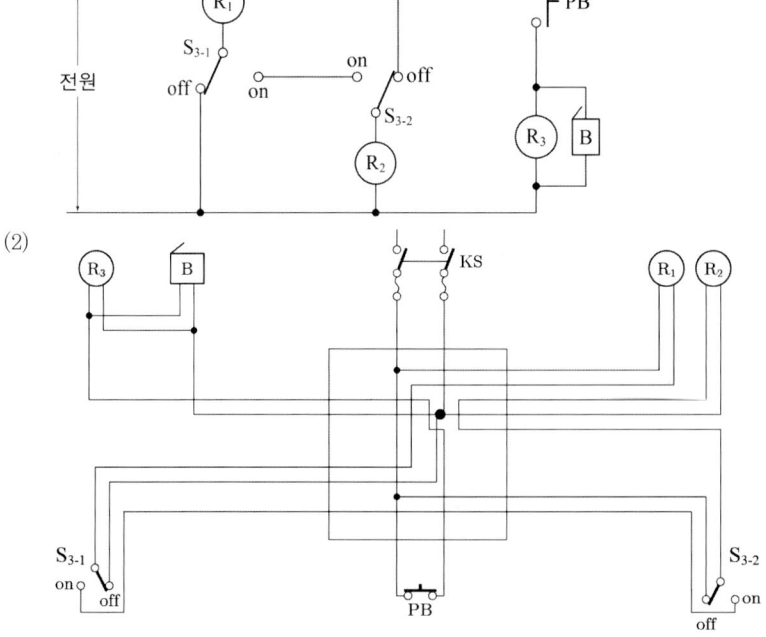

전기공사산업기사 실기

과년도 기출문제

2004

- 2004년 제 01회
- 2004년 제 02회
- 2004년 제 04회

2004년 과년도 기출문제에 대한 출제 빈도 분석 차트입니다.
각 회차별로 별의 개수를 확인하고 학습에 참고하기 바랍니다.

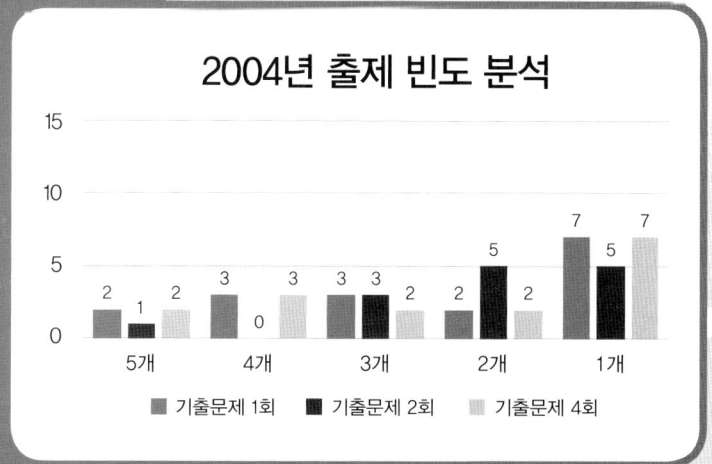

2004년 전기공사산업기사 실기

BEST 01 ★★★★★

피뢰 방식의 종류 3가지를 답하시오.

Answer

① 돌침 방식
② 용마루위 도체 방식
③ 케이지 방식

Explanation

피뢰침 설비에서 피뢰 방식
- 돌침 방식 : 돌침(突針)을 건축물에 직접 설치하는 방식과 건축물과 이격하여 설치하는 독립피뢰침 방식이 있다.
- 수평도체 방식 : 건축물의 옥상에 거의 수평 되게 피뢰 도체를 설치하여 이 도체에서 낙뢰를 흡수하는 방식 수평도체 방식은 설치하는 방법에 따라 도체를 건축물에 직접 설치하는 방식과 격리해서 설치하는 독립 가공지선 방식이 있다.
- 케이지 방식 : 건축물의 주위를 피뢰 도선으로 새장(cage)처럼 감싸는 방식, 완전피뢰 방식
- 이온 방사형 피뢰 방식 : 돌침부에서 전하 또는 펄스를 발생시켜 뇌운의 전하와 작용토록 하여 멀리 있는 뇌운의 방전을 유도하여 보호 범위를 넓게 하는 방식

02 ★★★★☆

사용전압이 220[V]인 옥내배선에서 소비전력 40[W], 역률 60[%]인 형광등 30개와 소비전력 100[W]인 백열등 50개를 설치한다고 할 때 최소 분기 회로수는 몇 회로인가?

Answer

계산 : $N = \dfrac{\dfrac{40}{0.6} \times 30 + 100 \times 50}{220 \times 16} = 1.99$

답 : 16[A] 분기 2회로

Explanation

부하상정 및 분기회로
부하의 상정

부하 설비 용량 $= PA + QB + C$
여기서, P : 건축물의 바닥 면적[m^2] (Q 부분 면적 제외)
Q : 별도 계산할 부분의 바닥 면적[m^2]
A : P 부분의 표준 부하[VA/m^2]
B : Q 부분의 표준 부하[VA/m^2]
C : 가산해야 할 부하[VA]

분기회로 수

$$\text{분기회로 수} = \frac{\text{표준 부하 밀도}[\text{VA/m}^2] \times \text{바닥 면적}[\text{m}^2]}{\text{전압}[\text{V}] \times \text{분기회로의 전류}[\text{A}]}$$

[주1] 계산결과에 소수가 발생하면 절상한다.
[주2] 220[V]에서 3[kW] (110[V] 때는 1.5[kW])를 초과하는 냉방기기, 취사용 기기 등 대형 전기 기계기구를 사용하는 경우에는 단독분기회로를 사용하여야 한다.
※ 분기회로 전류는 보통 문제에서 주어지지 않으면 16[A] 분기회로임

03 표준 품셈에서 Cable(옥외)의 할증률은 몇 [%]인가?

Answer

3[%]

Explanation

전기재료 할증

종류	할증률[%]
옥외전선	5
옥내전선	10
Cable(옥외)	3
Cable(옥내)	5
전선관(옥외)	5
전선관(옥내)	10
Trolley선	1
동대, 동봉	3

04 굵은 전선(22[mm²] 이상) 또는 철선을 절단할 때 사용하는 공구는?

Answer

글리버

Explanation

클리퍼
굵은 전선 또는 철선을 절단할 때 사용하는 공구

05 전선로에서 애자가 갖추어야 할 구비조건 4가지를 쓰시오.

Answer

① 절연 내력이 클 것 ② 충분한 기계적 강도를 가질 것
③ 절연저항이 클 것 ④ 정전용량이 적을 것

Explanation

애자의 구비 조건
- 절연 내력이 클 것
- 기계적 강도가 클 것
- 절연저항이 클 것(누설 전류가 적을 것)
- 정전용량이 작을 것
- 경제적일 것

06 예비 전원 설비로 이용되는 축전지에 대한 물음에 답하시오.

(1) 축전지와 부하를 충전기에 병렬로 접속하여 사용하는 충전방식은?
(2) 비상용 조명부하 200[V]용 50[W] 80등, 30[W] 70등이 있다. 방전 시간은 30분이고, 축전지는 HS형 110[cell]이며, 허용 최저 전압은 190[V], 최저 축전지 온도는 5[℃]일 때 축전지 용량은 몇 [Ah]이겠는가? 단, 보수율은 0.8, 용량 환산 시간은 1.2이다.
- 계산 : • 답 :

Answer

(1) 부동 충전 방식
(2) 계산 : 축전지 용량 $C = \dfrac{1}{L}KI = \dfrac{1}{0.8} \times 1.2 \times \left(\dfrac{50 \times 80 + 30 \times 70}{200}\right) = 45.75[Ah]$ 답 : 45.75[Ah]

Explanation

- 부동충전
  축전지의 자기 방전을 보충하는 동시에 상용 부하에 대한 전력 공급은 충전기가 부담하고 충전기가 부담하기 어려운 일시적인 대전류 부하는 축전지가 부담하도록 하는 방식

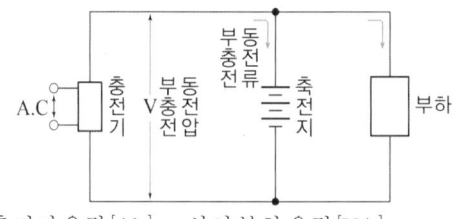

충전기 2차 전류[A] = $\dfrac{축전지 용량[Ah]}{정격 방전율[h]} + \dfrac{상시 부하 용량[VA]}{표준전압[V]}$

- 전류 $I = \dfrac{P}{V} = \dfrac{50 \times 80 + 30 \times 70}{100} = 30.5[A]$

- 축전지 용량 $C = \dfrac{1}{L}KI\,[Ah]$ 여기서, C : 축전지의 용량 [Ah] L : 보수율(경년용량 저하율)
  K : 용량환산 시간 계수 I : 방전 전류[A]

07 다음과 같은 사항은 어떤 등의 특징을 나타낸 것이다. 어떤 등인가?

- 연색성이 우수하다.
- 인체에 이상적인 주광색 빛을 발산한다.
- 수은등이나 백열등보다 전력 소모가 적다.
- 수명이 길다.
- 시동 시에는 5~8분이 소요된다.

Answer

메탈헬라이드 램프

Explanation

메탈헬라이드 램프(Metal halide lamp)
고압 수은램프의 연색성과 효율을 개선하기 위하여 고압 수은등에 금속(탈륨 Tl, 나트륨 Na, 인듐 In, 토륨 Th)과 금속할로겐 화합물(옥화물, 취화물)을 첨가하여 발광 스펙트럼이 중첩되어 연색성과 효율을 개선한 방전등

특징
- 연색성이 우수하다.
- 인체에 이상적인 주광색 빛을 발산한다.
- 수은등이나 백열등보다 전력 소모가 적다.
- 수명이 길다.
- 시동 시에는 5~8분이 소요된다.

BEST 08 다음 물음에 답하시오.

(1) 설비의 불평형률을 구하시오.
  - 계산 :   • 답
(2) 기준에 따른 적정, 부적정 여부를 판단하시오.

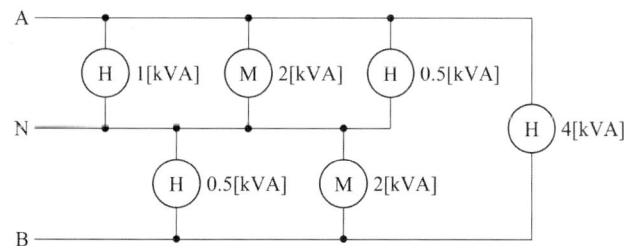

Answer

(1) 계산 : 설비 불평형률 $= \dfrac{(1+2+0.5)-(0.5+2)}{\dfrac{1}{2}(1+2+0.5+0.5+2+4)} \times 100 = 20[\%]$ 답 : 20[%]

(2) 설비 불평형률이 40[%] 이하이므로 적정

> **Explanation**

단상 3선식 설비불평형률

설비 불평형률 = $\dfrac{\text{중성선과 각 전압측 선간에 접속되는 부하설비용량[kVA]의 차}}{\text{총 부하설비용량[kVA]의 1/2}} \times 100[\%]$

여기서, 불평형률은 40[%] 이하이어야 한다.

09 ★★★☆

공구손료는 일반 공구 및 시험 검사용 일반 계측 기구류의 손료로서 공사 중 상시 일반적으로 사용하는 것을 말하며 직접 노무비(제수당 상여금 또는 퇴직 급여 충당금을 제외)의 몇 [%]를 계상할 수 있는가?

> **Answer**

3[%]

> **Explanation**

공구손료
- 일반 공구 및 시험용 계측 기구류의 손료로서 공사 중 상시 일반적으로 사용하는 것
- 직접 노무비(노임할증 제외)의 3[%]까지 계상

10 ★★★★☆

 그림 기호의 정확한 명칭은?

> **Answer**

피더 버스덕트

> **Explanation**

(KS C 0301) 옥내배선용 그림 기호

명칭	그림기호	적요
버스 덕트	▬▬▬	① 필요에 따라 다음 사항을 표시한다. • 피드 버스 덕트　　　　FBD 　플러그인 버스 덕트　　PBD 　트롤리 버스 덕트　　　TBD • 방수형인 경우는 WP • 전기방식, 정격전압, 정격전류 　보기 : ▬▬▬▬▬▬▬▬ 　　　　　FBD3φ　3W　300V　600A ② 익스팬션을 표시하는 경우는 다음과 같다. ③ 옵셋을 표시하는 경우는 다음과 같다. ④ 탭붙이를 표시하는 경우는 다음과 같다. ⑤ 상승, 인하를 경우는 다음과 같다. 　상승　　　　　　　인하 ⑥ 필요에 따라 정격전류에 의해 나비를 바꾸어 표시하여도 좋다.

11 우리나라 배전선로의 주된 배전전압과 배전 방식에 대하여 정확히 쓰시오.

Answer

배전전압 : 22.9[kV]
배전방식 : 3상 4선식(Y결선) 중성선 다중 접지방식

Explanation

- 송전 : 3상 3선식 154[kV], 345[kV], 765[kV] 직접 접지방식
- 배전 : 3상 4선식 22.9[kV] 중성선 다중 접지방식

12 공칭단면적 200[mm²], 전선 무게 1.838[kg/m], 전선의 바깥지름 18.5[mm]인 경동연선을 경간 200[m]로 가설하는 경우 이도(Dip)와 전선의 실제 거리는? 단, 경동연선의 인장하중은 7,910[kg], 빙설하중은 0.416[kg/m], 풍압하중은 1.525[kg/m]이고 안전율은 2.2라 한다.

Answer

(1) 계산 : 이도 $D = \dfrac{\sqrt{(1.838+0.416)^2 + 1.525^2} \times 200^2}{8 \times \dfrac{7,910}{2.2}} = 3.78[\text{m}]$ 답 : 3.78[m]

(2) 계산 : 전선의 실제 길이 $L = 200 + \dfrac{8 \times 3.78^2}{3 \times 200} = 200.19[\text{m}]$ 답 : 200.19[m]

Explanation

- 전선로에 가해지는 합성하중 $W = \sqrt{(W_i + W_c)^2 + W_w^2}$
  여기서, 풍압하중(W_w)
  　　　　전선자중(W_c)
  　　　　빙설하중(W_i)

- 이도 : $D = \dfrac{WS^2}{8T} = \dfrac{WS^2}{8 \times \dfrac{\text{인장하중}}{\text{안전율}}}$ [m]

- 실제 길이 : $L = S + \dfrac{8D^2}{3S}$ [m]
  여기서, L : 전선의 실제 길이[m]
  　　　　D : 이도[m]
  　　　　S : 경간[m]

13 ★★★☆☆
피뢰기의 구성 요소 2가지를 쓰고 그 역할을 설명하시오.

Answer

① 직렬갭 : 뇌 전류를 대지로 방전시키고 속류를 차단한다.
② 특성요소 : 뇌 전류 방전 시 피뢰기 자신의 전위 상승을 억제하여 자신의 절연파괴 방지

Explanation

피뢰기의 구성
① 직렬갭
- 이상전압 내습 시 뇌전압을 방전하고 그 속류를 차단
- 상시에는 누설전류 방지
② 특성요소
뇌 전류 방전 시 피뢰기 자신의 전위 상승을 억제하여 자신의 절연파괴 방지
- 갭형 피뢰기 : 탄화규소(SiC)
- 갭리스형 피뢰기 : 산화아연(ZnO)
③ 쉴드링 : 전·자기적인 충격 완화
④ 아크가이드 : 방전 개시 시간 지연 방지

14 ★☆☆☆☆
철탑에 매설 지선 설치 후 접지저항을 측정하는 측정기는?

Answer

접지저항 측정기

15 ★★☆☆☆ 그림은 직류 전동기의 기동회로도이다. 다음 물음에 답하시오.

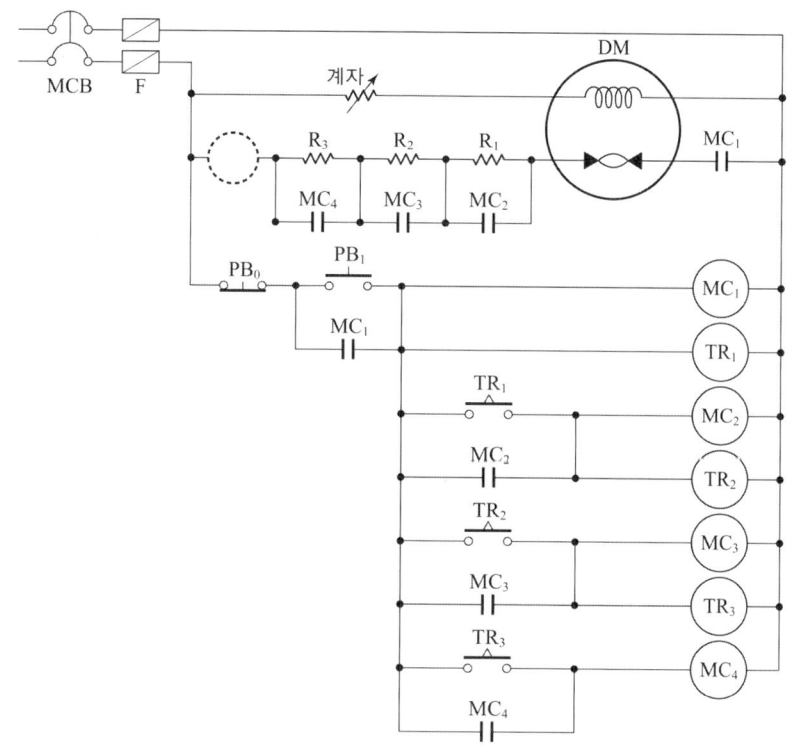

(1) 그림에서 ◯으로 표시한 곳에 올바른 도면이 되도록 접점을 그리고 기호를 쓰시오.
  (예 : ─┤╊─ MC₄   ─┤├─ MC₃)

(2) 답란의 타임차트에서 미완성 부분을 완성하시오.

Answer

(1) ─┤├─ MC₁

(2)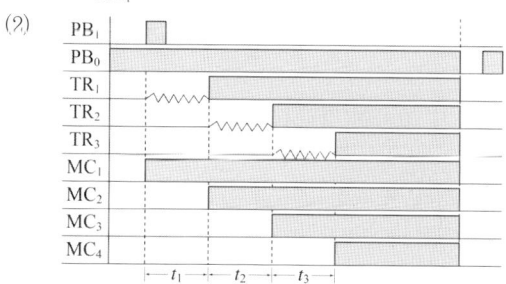

Explanation

직류 전동기의 기동 회로
전기자의 직렬 저항 $(R_1 + R_2 + R_3)$을 3단계로 줄이면서 기동하고 운전 중에는 전부 단락 상태가 된다.

16 다음은 22.9[kV] 수변전설비 결선도이다. 물음에 답하시오.

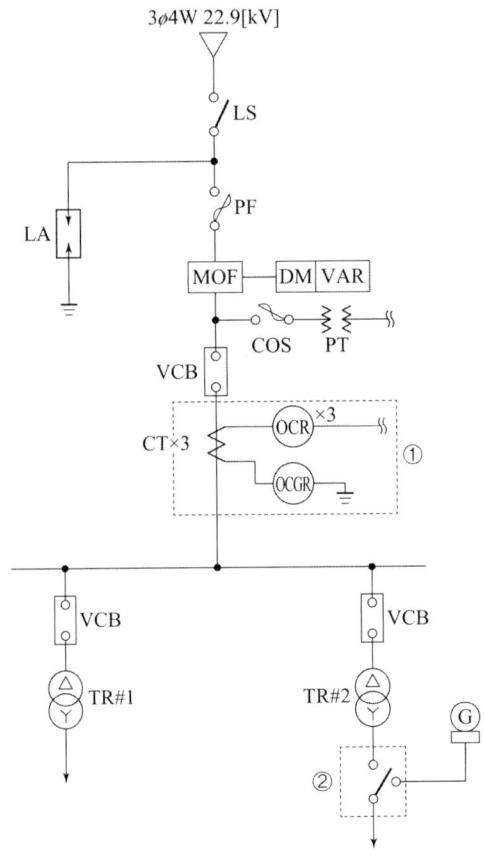

(1) 피뢰기 전압값을 계산에 의하여 구하고, 최종 답은 정격 전압값을 쓰시오.
   - 계산 :
   - 답 :

(2) PT의 전압비는?

(3) 점선 ①의 3선 결선도를 그리시오.

(4) 변압기 #1에 부하용량이 300[kW]이고 역률 및 효율이 각각 0.8일 때 변압기 용량[kVA]를 선정하시오. 단, 수용률은 0.6으로 한다.
   - 계산 :
   - 답 :

(5) 점선 ②의 명칭은? 단, 정전 시 자동으로 절체 되도록 한다.

> Answer

(1) 계산 : $E_R = \alpha\beta\dfrac{V_m}{\sqrt{3}} = 1.1 \times 1.15 \times \dfrac{1.2}{1.1} \times \dfrac{22.9}{\sqrt{3}} = 18.25[\text{kV}]$ 답 : 18[kV]

(2) $\dfrac{22,900}{\sqrt{3}} \Big/ \dfrac{190}{\sqrt{3}}$ (13,200/110)

(3)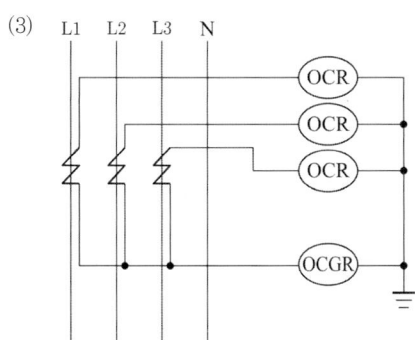

(4) 계산 : 변압기 용량[kVA] $= \dfrac{300 \times 0.6}{0.8 \times 0.8} = 281.25[\text{kVA}]$ 답 : 300[kVA] 선정

(5) 자동 전환 개폐기

> Explanation

(1) 피뢰기의 정격 전압 계산
  $V = \alpha\beta V_m$
  여기서, V : 피뢰기 정격 전압
    α : 접지계수(1.1~1.3)
    β : 여유도
    V_m : 계통의 최고 선간 전압

(2) 22,900[V]의 PT비 : $\dfrac{22,900}{\sqrt{3}} \Big/ \dfrac{190}{\sqrt{3}}$ (13,200/110)

(3) 변압기 용량[kVA] $\geq \dfrac{\text{설비용량[kVA]} \times \text{수용률}}{\text{부등률} \times \text{효율}} = \dfrac{\text{설비용량[kW]} \times \text{수용률}}{\text{부등률} \times \text{역률} \times \text{효율}}$
  • 부등률이 주어지지 않으면 부등률을 1로 적용

(4) ATS(Automatic Transfer Switch) : 자동 전환 개폐기

17 배치도 및 동작 설명과 시퀀스를 보고 실체도를 그리시오. 단, 모든 결선은 정션 박스를 경유하여야 한다.

[동작 설명]
① S_{3-1}에 의해 R_1, S_{3-2}에 의해 R_2, S_{3-3}에 의해 R_3 점등된다.
② S_{3-1}, S_{3-2}, S_{3-3}가 OFF 상태일 때, S_1에 의해서 R_1, R_2, R_3가 병렬 점등된다.

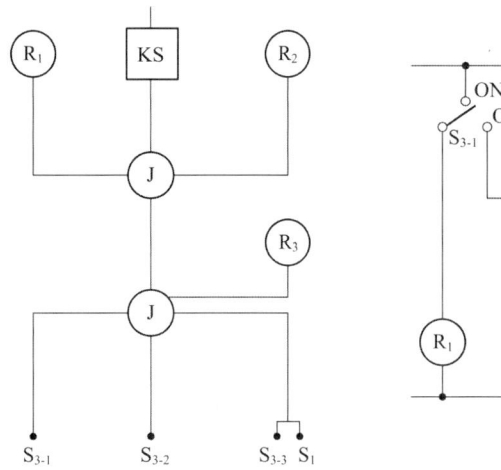
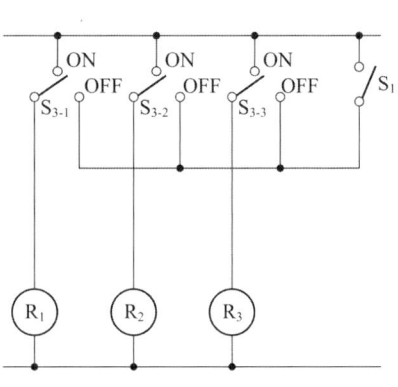

Answer

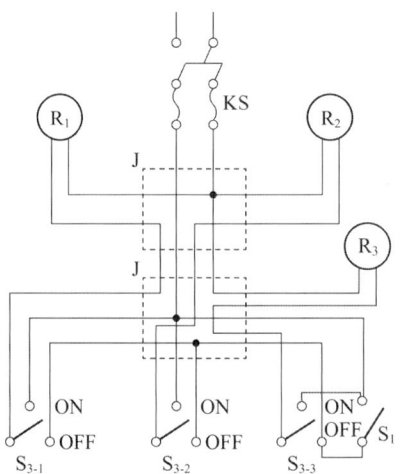

2004년 전기공사산업기사 실기

01 ★★☆☆☆
지표상 8[m]의 점에 400[kg]의 수평 장력을 받는 경사진 전주가 있다. 그림과 같은 지선을 시설할 경우 지선이 받는 장력 T[kg]는 얼마인가? 기타는 무시한다.

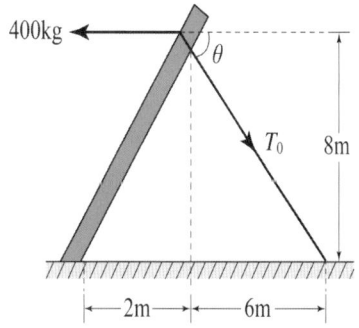

Answer

계산 : 경사진 전주에서의 지선이 받는 장력
$$T_0 = \frac{\sqrt{b^2+H^2}}{a+b} \times T = \frac{\sqrt{6^2+8^2}}{2+6} \times 400 = 500 [\text{kg}]$$

답 : 500[kg]

Explanation

지선장력
$$T_0 = \frac{T}{\cos\theta}$$

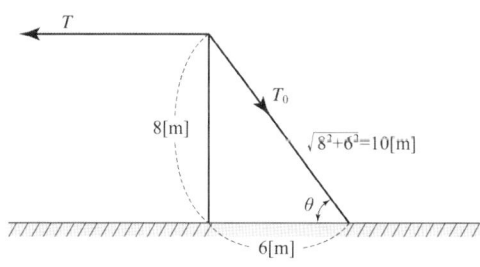

02

배전용 전주가 15[m] 넘는 것은 건주할 때 표준 근입(지하에 묻히는 길이)은 몇 [m] 이상인가? 단, 설계하중이 6.8[kN]이다.

Answer

2.5[m]

Explanation

(KEC 331.7조) 가공 전선로 지지물의 기초의 안전율
강관을 주체로 하는 철주(이하"강관주"라 한다.) 또는 철근 콘크리트주로서 그 전체 길이가 16[m] 이하, 설계하중이 6.8[kN] 이하인 것 또는 목주를 다음에 의하여 시설하는 경우
• 전체의 길이가 15[m] 이하인 경우는 땅에 묻히는 깊이를 전체 길이의 6분의 1 이상으로 할 것
• 전체의 길이가 15[m]를 초과하는 경우는 땅에 묻히는 깊이를 2.5[m] 이상으로 할 것
• 논이나 그 밖의 지반이 연약한 곳에서는 견고한 근가(根架)를 시설할 것

03

전기계기 오차의 원인 6가지를 쓰시오.

Answer

① 영점의 이상
② 계기의 자세
③ 자기가열
④ 주위 온도
⑤ 외부 자기장
⑥ 외부 정전기장

Explanation

⑦ 주파수 및 파형
⑧ 가동 부분의 마찰
⑨ 스프링탄소의 피로 등의 영향이 있다.

04

가공 전선공사에서 강심알루미늄(ACSR)의 용도는? 단 규격은 32, 58, 95, 160[mm²] 등이다.

Answer

• 큰 인장하중을 필요로 하는 가공전선 및 특고압 중성선에 사용
• 코로나 방지가 필요한 초고압 송·배전선에 사용

Explanation

강심 알루미늄 연선의 용도
① 큰 인장하중을 필요로 하는 가공전선 및 특고압 중성선에 사용
② 코로나 방지가 필요한 초고압 송·배전선로에 사용

KSC 3113 강심 알루미늄 연선(ACSR) 규격
19, 32, 58, 80, 96, 120, 160, 200, 240, 330, 410, 520, 610[mm²]

05 ★★★☆☆

$\boxed{S}$ 는 자동화재 경보설비의 옥내배선용 심벌이다. 이것의 명칭은 무엇인가?

Answer

연기 감지기

Explanation

(KS C 0301) 옥내배선용 그림기호 자동 화재 검지 설비

명칭	그림기호	적요
정온식 스폿형 감지기	⌒	(1) 필요에 따라 종별을 표기한다. (2) 방수인 것은 ▽ 로 한다. (3) 내산인 것은 ▽ 로 한다. (4) 내알칼리인 것은 ▽ 로 한다. (5) 방폭인 것은 EX를 표기한다.
연기 감지기	$\boxed{S}$	(1) 필요에 따라 종별을 표기한다. (2) 점검 박스붙이인 경우는 $\boxed{S}$ 로 한다. (3) 매입인 것은 $\boxed{S}$ 로 한다.
감지선	—⊙—	(1) 필요에 따라 종별을 표기한다. (2) 감지선과 전선의 접속점은 —●— 로 한다. (3) 가건물 및 천장 안에 시설할 경우는 --⊙-- 로 한다. (4) 관통 위치는 —○— 로 한다.

06 ★★☆☆☆

전원이 인가된 상태에서 아날로그 멀티테스터기를 사용하여 전기회로의 저항값을 측정할 수 있는가?

Answer

측정 불가

Explanation

전원인가 시 측정불가 : 저항

07 변전소에 설치되는 각종 기기의 접지 방법을 답하시오.

(예) 전력용 콘덴서 : 개별 그룹별 중성점을 한데 묶어 1선으로 접지망에 짧게 연결한다.

대상 기기	접지 방법
피뢰기	
주변압기	
분로 리액터	
차폐 케이블	
소내변압기	

Answer

대상 기기	접지 방법
피뢰기	접지망 교점 위치에 설치하고 접지도체는 최단거리로 (굴곡 없이) 접지망에 연결한다.
주변압기	탱크를 접지한다.
분로 리액터	탱크를 접지한다.
차폐 케이블	차폐층의 양단을 접지한다.
소내변압기	탱크 및 2차 측의 1단을 접지한다.

Explanation

변전소 각 기기의 접지

대상 기기	접지 방법
피뢰기	접지망 교점 위치에 설치될 수 있도록 하고 접지도체는 최단거리로 접지망에 연결한다.
옥외철구	각 주(Post)마다 접지한다.
단로기의 조작함 및 핸들 가대	조작함 및 핸들 가대를 접지한다.
차단기	탱크와 설치 가대를 접지한다.
주변압기	탱크를 접지한다.
계기용 변성기	단자함과 가대를 접지한다.
전력용 콘덴서	개별 그룹별 중성점을 한데 묶어 1선으로 접지망에 짧게 연결한다.
분로 리액터	탱크를 접지한다.
배전반	프레임(Frame)을 접지한다.
큐비클 및 옥내 파이프, 프레임	큐비클 내의 접지모선을 접지한다. 옥내 파이프 및 프레임은 각 주마다 접지한다.
차폐 케이블	차폐층의 양단을 접지한다.
계기용 변성기 2차 측	중성점을 배전반 접지모선에 1점만 접지한다.
소내변압기	탱크 및 2차 측의 1단을 접지한다.
통신선	보호용 피뢰기의 접지 측을 접지한다.
울타리	울타리 내의 모든 철재류는 접지한다.

08 배전 변전소 또는 발전소로부터 배전간선에 이르기까지의 도중에 부하가 접속되어 있지 않은 선로를 무엇이라 하는가?

Answer

Feeder(급전선)

Explanation

급전선(Feeder)
배전 변전소 또는 발전소로부터 배전간선에 이르기까지의 도중에 부하가 접속되어 있지 않은 선로

09 분기회로 보호장치를 설치하려 한다. 전원 측에서 분기점사이에 다른 분기회로 또는 콘센트의 접속이 없고, 단락의 위험과 화재 및 인체에 대한 위험성이 최소화 되도록 시설된 경우, 분기회로의 보호장치(P_2)는 분기회로의 분기점으로부터 몇 [m]까지 이동하여 설치할 수 있는가?

• 답 :

Answer

3[m]

Explanation

(KEC 212.4.2조) 과부하 보호장치의 설치 위치
분기회로(S_2)의 분기점(O)에서 3[m] 이내에 설치된 과부하 보호장치(P_2)
분기회로(S_2)의 보호장치(P_2)는 (P_2)의 전원 측에서 분기점(O) 사이에 다른 분기회로 또는 콘센트의 접속이 없고, 단락의 위험과 화재 및 인체에 대한 위험성이 최소화 되도록 시설된 경우, 분기회로의 보호장치(P_2)는 분기회로의 분기점(O)으로부터 3[m]까지 이동하여 설치할 수 있다.

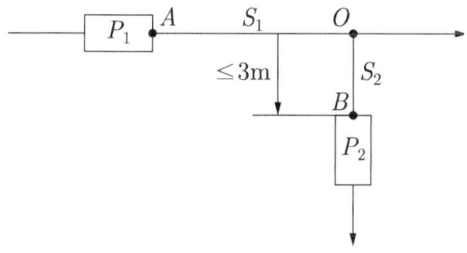

BEST 10 ★★★★★
공사원가라 함은 무엇인가 답하시오.

Answer

노무비, 경비, 재료비의 합계액

Explanation

- 순 공사원가 : 재료비, 노무비, 경비
- 총 공사원가 : 재료비, 노무비, 경비, 일반관리비, 이윤

여기서, 공사원가는 순 공사원가를 말하는 것임

11 ★★☆☆☆
배전 지역 간선도로변에 도표와 같은 부하설비의 건물을 신축하고자 한다. 변압기의 시설용량은 몇 [kVA]가 적절한가? 단, 부하 상호간의 부등률은 1.15로 하고 변압기는 표준 용량인 것으로 한다.

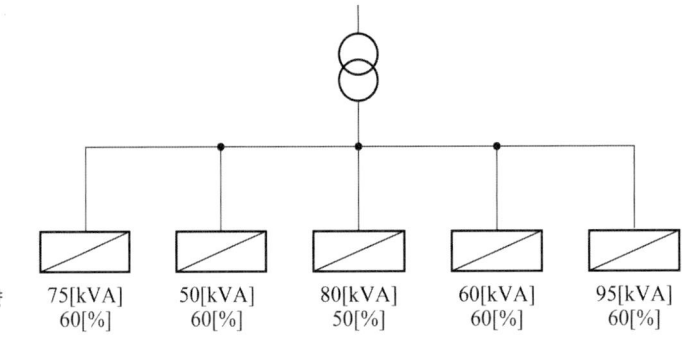

시설용량	75[kVA]	50[kVA]	80[kVA]	60[kVA]	95[kVA]
수용률	60[%]	60[%]	50[%]	60[%]	60[%]

Answer

계산 : 변압기 용량 $[kVA] = \dfrac{75 \times 0.6 + 50 \times 0.6 + 80 \times 0.5 + 60 \times 0.6 + 95 \times 0.6}{1.15} = 180.87 [kVA]$

답 : 200[kVA]

Explanation

- 변압기 용량[kVA] $= \dfrac{\text{설비용량}[kW] \times \text{수용률}}{\text{부등률} \times \text{역률}} = \dfrac{\text{설비용량}[kW] \times \text{수용률}}{\text{부등률} \times \text{역률} \times \text{효율}}$
- 전력용 3상 변압기 표준 용량[kVA]

	15	150	1,500	15,000	(120,000) 150,000
	20	200	2,000	20,000	(180,000) 200,000
3	30	300	3,000	30,000	250,000
			4,500	45,000	300,000
5	50	500		(50,000)	
			6,000	60,000	
7.5	75	750	7,500		
				90,000	
10	100	1,000	10,000	100,000	

12 그림은 램프 회로의 일부로서 서로 등가이다.

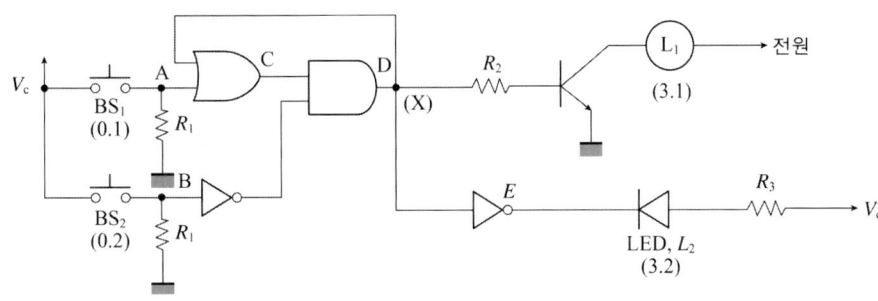

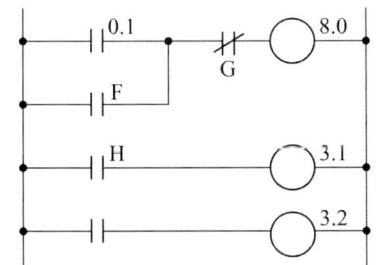

스텝	명령	번지	스텝	명령	번지
0	R	0.1	5	W	3.1
1	(가)	(나)	6	R	(사)
2	(다)	(라)	7	(아)	3.2
3	W	8.0			
4	(마)	(바)			

(1) X의 논리식을 찾으시오.
   ① BC   ② $(A+D)\overline{B}$
   ③ B+C   ④ $AD+\overline{B}$

(2) PLC 프로그램을 완성하시오. 단, 명령은 입력 시작(R), 출력(W), AND(A), OR(O), NOT(N)이다.

(3) 전원을 넣은 상태(정지 상태)에서 A~E 중 H레벨인 점을 찾으시오.

(4) 램프 L_1, L_2가 점등 상태에서 A~E 중 H레벨인 점을 찾으시오.

(5) PLC 시퀀스에서 F, G, H의 번지를 차례로 적으시오.

(6) BS_1을 눌렀다 놓으면 램프 L_1, L_2가 점등한다.
   ① C점의 레벨은   ② E점의 레벨은

(7) L_1, L_2가 점등 중 BS_2를 눌렀다 놓았다. 이후 C, E, D점의 레벨 상태를 차례로 표시하시오. (예 HLH 등) 단, 전압 상태를 H레벨, 접지 상태를 L레벨로 표시할 때 H, L등의 형태로 답하시오.

Answer

(1) ②
(2) (가) O (나) 8.0 (다) AN (라) 0.2 (마) R (바) 8.0 (사) 8.0 (아) W
(3) E
(4) C 또는 D
(5) 8.0, 0.2, 8.0
(6) ① H ② L
(7) L, H, L

13 ★★☆☆ 특고압 22.9[kV-Y]로 수전하는 경우의 단선결선도이다. 물음에 답하시오.

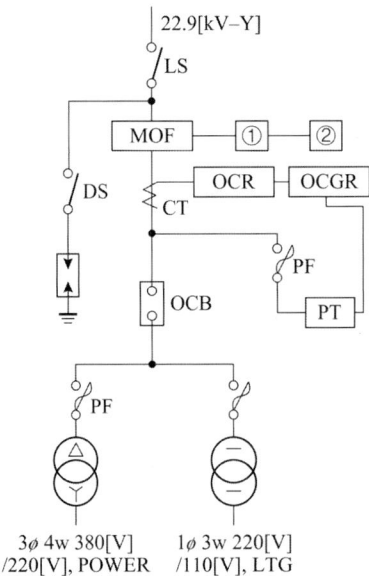

(1) 그림에 표시된 ①과 ②의 부분에는 어떤 기기가 필요한가?
(2) 변압기 2차 측의 3상 결선용 변압기의 중성점을 접지하는 것이 좋은가 아니면 않는 것이 좋은가 판별하시오.
(3) 그림에서 △-Y의 단선도를 복선도용으로 그리시오.
(4) OCR의 명칭은?

Answer

(1) ① 최대 수요 전력량계 ② 무효 전력량계
(2) 접지하는 것이 좋다.
(3)

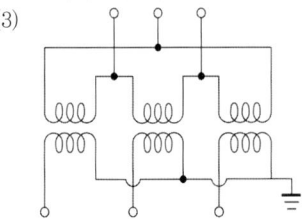

(4) 과전류 계전기

Explanation

MOF 후단에 설치계기
- 전력량계
- 최대 수요 전력량계(DM), 무효 전력량계(VARH)

3상 변압기의 2차 측 접지
2차 측이 Y결선인 경우는 반드시 접지한다.

14 도면은 단상 220[V] 금속관 공사로 내선공사를 하려고 한다. 도면과 타임차트를 정확히 이해하고 다음 물음에 답하시오. 단, SW는 OFF 상태임

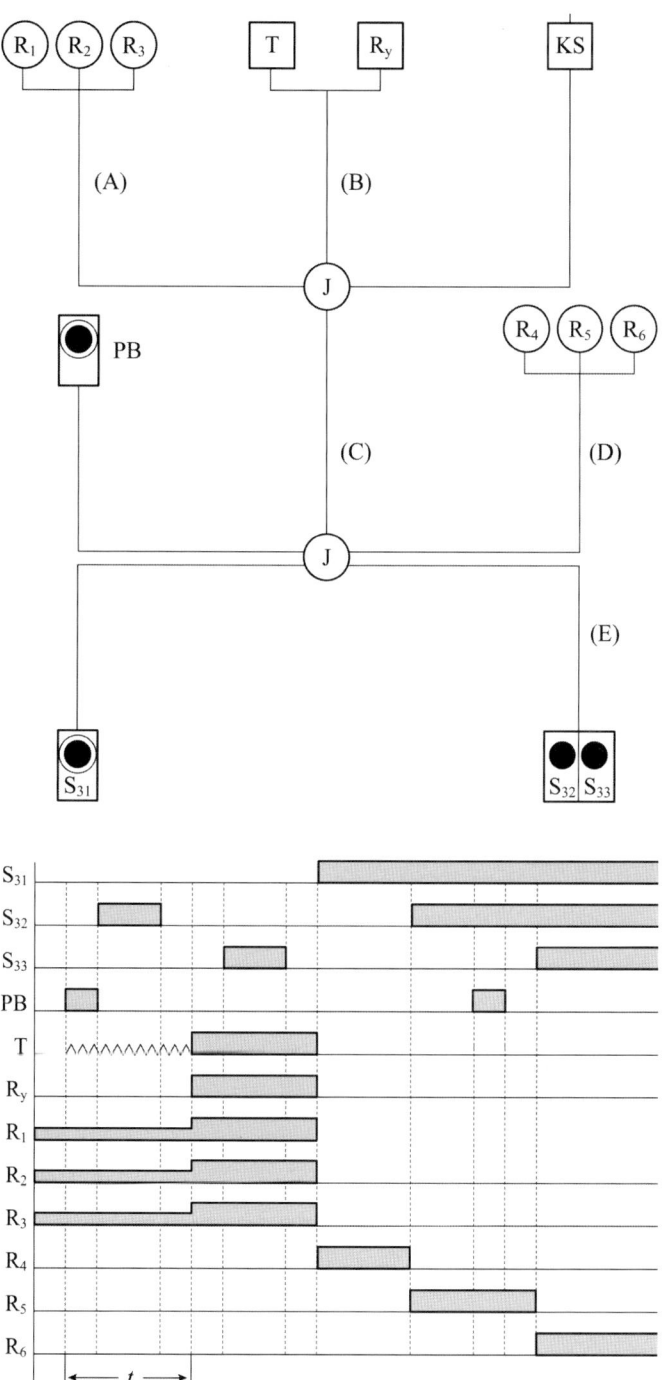

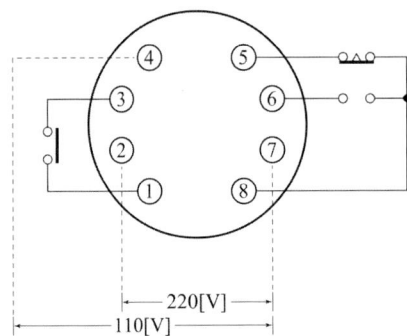
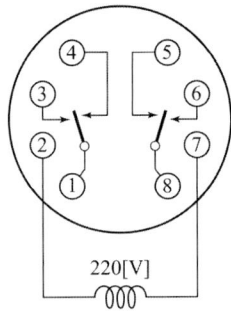

(1) 미완성된 회로도를 타임차트와 같이 동작되도록 회로도를 완성하시오.

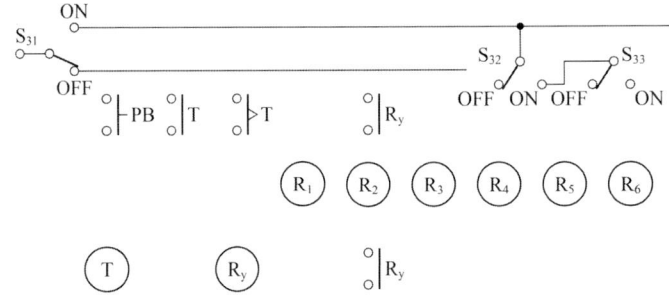

(2) 도면에서 A로 표시된 전선관에 최소 몇 가닥 들어가는가?
(3) 도면에서 B로 표시된 전선관에 최소 몇 가닥 들어가는가?
(4) 도면에서 C로 표시된 전선관에 최소 몇 가닥 들어가는가?
(5) 도면에서 D로 표시된 전선관에 최소 몇 가닥 들어가는가?
(6) 도면에서 E로 표시된 전선관에 최소 몇 가닥 들어가는가?

Answer

(1)
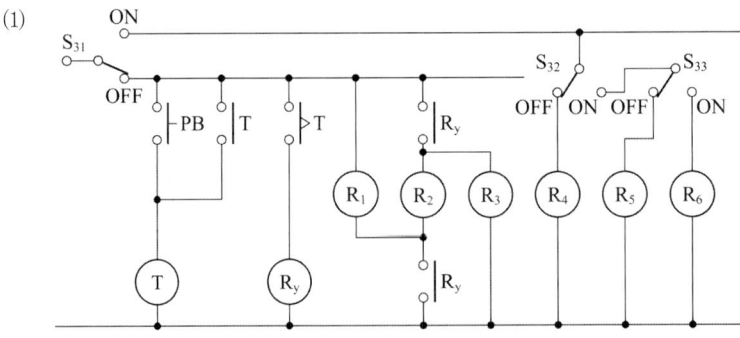

(2) 4가닥
(3) 5가닥
(4) 4가닥
(5) 4가닥
(6) 4가닥

2004년 전기공사산업기사 실기

01 이 문제는 변경된 KEC 적용으로 인하여 삭제하고, 아래 예상문제로 대체되었습니다.

변압기의 고압·특고압측 전로 또는 사용전압이 35[kV] 이하의 특고압전로가 저압측 전로와 혼촉하고 저압전로의 대지전압이 150[V] 초과하는 경우 1초를 넘고 2초 이내에 자동으로 차단하는 장치를 설치한 경우 지락전류가 10[A]이라면 변압기 중성점 접지저항 값은 얼마인가?

• 계산 :   • 답 :

Answer

계산 : $R = \dfrac{300}{I_1} = \dfrac{300}{10} = 30\,[\Omega]$ 답 : 30[Ω]

Explanation

(KEC 142.5조) 변압기 중성점 접지
① 변압기의 중성점접지 저항 값(변압기의 고압·특고압측)

가. 일반적 : $\dfrac{150}{I_1}$ 이하   여기서, I_1은 전로의 1선 지락전류

나. 변압기의 고압·특고압측 전로 또는 사용전압이 35[kV] 이하의 특고압전로가 저압측 전로와 혼촉하고 저압전로의 대지전압이 150[V]를 초과하는 경우

• 1초 초과 2초 이내에 자동으로 차단하는 장치를 설치 : $\dfrac{300}{I_1}$ 이하

• 1초 이내에 자동으로 차단하는 장치를 설치 : $\dfrac{600}{I_1}$ 이하

② 전로의 1선 지락전류 : 실측값 사용(단, 실측이 곤란한 경우 선로정수 등으로 계산한 값)

02 ★★★☆☆
과전류에 대한 보호 장치로써 주상 변압기의 1차 측과 2차 측에 설치하는 것은?

• 1차 측(고압 측)
• 2차 측(저압 측)

Answer

• 1차 측(고압 측) : COS(컷 아웃 스위치)
• 2차 측(저압 측) : 캐치 홀더

Explanation

주상 변압기의 과전류에 대한 보호 장치
• 1차 측 보호설비 : 컷 아웃 스위치(Cut Out Switch)
  프라이머리 컷 아웃 스위치(Primary Cut Out Switch)
• 2차 측 보호설비 : 캐치 홀더(Catch Holder)

03 금속전선관과 아웃레트 박스와의 접속은 무엇으로 몇 개 사용하는가?

Answer

로크너트 2개

Explanation

전선관 1개를 박스(Box)에 시설할 때 소요 자재
- 부싱 : 1개
- 로크너트 : 2개

04 그림기호는 어떤 배관을 의미하는 그림기호인가?

$$\underline{\quad\quad /\!/ \quad\quad}$$
$$2.5^{\square}(PF16)$$

Answer

합성수지제 가요관

Explanation

(내선규정 100-5) 배선, 배관 기호
- 강제 전선관은 별도의 표기 없음
- VE : 경질 비닐 전선관
- F_2 : 2종 금속제 가요 전선관
- PF : 합성수지제 가요관

05 그림과 같은 건물의 표준부하는 몇 [VA]인가?
단, 주택에 대한 가산부하는 내선규정에 의한 최고치로 한다.

- 주택표준 부하는 40[VA/m²]
- 점포표준 부하는 30[VA/m²]
- 창고 표준 부하는 5[VA/m²]
- 진열장은 1[m]에 300[VA] 가산

Answer

계산 : 표준 부하=120×40+3×300+50×30+10×5+1,000=8,250[VA]   답 : 8,250[VA]

Explanation

부하상정 및 분기회로
1. 표준 부하
 1) 건축물의 종류에 따른 표준 부하

건축물의 종류	표준 부하[VA/m²]
공장, 공회당, 사원, 교회, 극장, 영화관, 연회장 등	10
기숙사, 여관, 호텔, 병원, 학교, 음식점, 다방, 대중 목욕탕	20
사무실, 은행, 상점, 이발소, 미장원	30
주택, 아파트	40

 2) 건축물 중 별도 계산할 부분의 표준 부하 (주택, 아파트는 제외)

건축물의 부분	표준 부하[VA/m²]
복도, 계단, 세면장, 창고, 다락	5
강당, 관람석	10

 3) 표준 부하에 따라 산출한 수치에 가산하여야 할 [VA] 수
  ① 주택, 아파트(1세대마다)에 대하여는 500~1,000[VA]
  ② 상점의 진열장에 대하여는 진열창 폭 1[m]에 대하여 300[VA]
  ③ 옥외의 광고등, 전광사인, 네온사인 등의 [VA] 수
  ④ 극장, 댄스홀 등의 무대조명, 영화관 등의 특수전등부하의 [VA] 수

2. 부하 설비 용량 = $PA + QB + C$
 여기서, P : 건축물의 바닥 면적[m²] (Q 부분 면적 제외)
  Q : 별도 계산할 부분의 바닥 면적[m²]
  A : P 부분의 표준 부하[VA/m²]
  B : Q 부분의 표준 부하[VA/m²]
  C : 가산해야 할 부하[VA]

BEST 06 ★★★★★
전선로를 보강하기 위하여 세워지며 직선 철탑이 다수 연속될 경우에는 약 10기마다 1기의 비율로 설치하며, 또는 서로 인접하는 경간의 길이가 크게 달라 지나친 불평형 장력이 가해지는 경우 등에 사용하는 철탑은?

Answer

내장형 철탑

Explanation

사용목적에 의한 분류(표준형 철탑)
• 직선형 : 선로의 직선 또는 수평각도 3°이내의 장소에 사용, A형 철탑
• 각도형 : 선로의 수평각도 3°이상으로 20°이하에 설치되는 철탑, 경각도 철탑은 B형, 선로의 수평각도 3°이상으로 30°이하에 설치되는 중각도 철탑은 C형
• 인류형 : 가공선로의 전체 가섭선을 인류하는 개소(주로 변전소)에 사용되는 철탑, D형 철탑
• 내장형 : 전선로를 보강하기 위하여 세워지는 철탑
 직선 철탑 10기마다 1기를 시설, 장경간 개소에 시설, E형 철탑
• 보강형 : 전선로의 직선 부분에 보강을 위해 사용하는 철탑

07
★★★★☆
300[mm²]인 ACSR선이 경간 400[m]에서 이도가 7.3[m]이었다 하면 전체의 실제 길이는 몇 [m]인가?

• 계산 : • 답 :

Answer

계산 : $L = S + \dfrac{8D^2}{3S} = 400 + \dfrac{8 \times 7.3^2}{3 \times 400} = 400.36$ 답 : 400.36[m]

Explanation

• 이도 : $D = \dfrac{WS^2}{8T} = \dfrac{WS^2}{8 \times \dfrac{인장하중}{안전율}}$ [m]

• 실제 길이 : $L = S + \dfrac{8D^2}{3S}$ [m] (여기서, L : 전선의 실제 길이[m], D : 이도[m], S : 경간[m])

08
★★☆☆☆
변압기의 기름이 공기와 접촉되어 열화하여 불용성 침전물이 생기는 것을 방지하기 위한 장치는?

Answer

콘서베이터

Explanation

변압기 절연유의 절연열화(aging)
변압기 절연유의 절연열화(aging)의 원인은 외기의 온도 변화, 부하의 변화에 따라 내부 기름의 온도가 변화하여 기름과 대기압 사이에 차가 생겨 공기가 출입하는 작용으로 호흡작용이라 한다. 이에 따라 변압기의 호흡작용으로 절연유의 절연내력이 저하하고 냉각 효과가 감소하는 현상을 절연열화(aging)라 한다.

절연열화 방지대책
① 콘서베이터(conservator) 설치
② 질소 봉입 방식
② 흡착제 방식

09
★★☆☆☆
연축전지의 전해액이 변색되며, 충전하지 않고 방전된 상태에서도 다량으로 가스가 발생되고 있다. 어떤 원인의 고장으로 예측되는가?

Answer

전해액 불순물의 혼입

Explanation

현상	원인
전해액의 변색, 충전하지 않고 방치 중에도 다량으로 가스가 발생함	전해액 불순물의 혼입

10 공사원가 구성에 관하여 아래의 답안에 적당한 비목을 완성하시오.

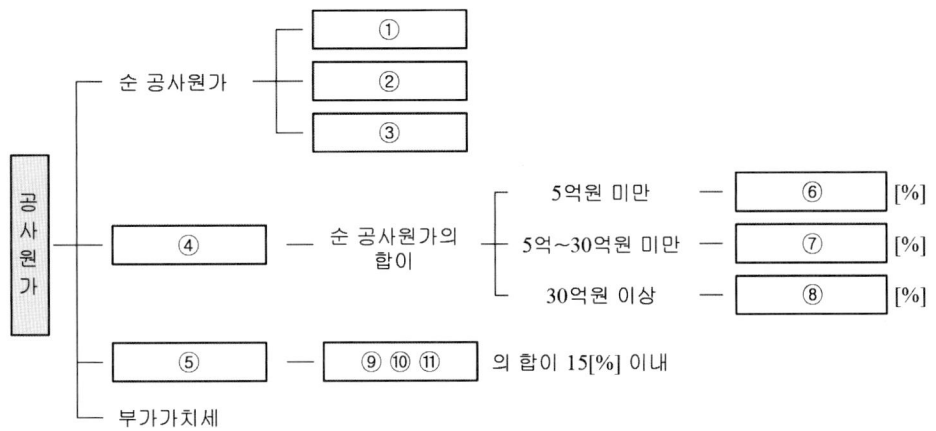

Answer

① 재료비　② 노무비　③ 경비　④ 일반관리비　⑤ 이윤　⑥ 6
⑦ 5.5　⑧ 5　⑨ 노무비　⑩ 경비　⑪ 일반관리비

Explanation

- 순 공사원가 : 재료비, 노무비, 경비
- 총 공사원가 : 재료비, 노무비, 경비, 일반관리비, 이윤
- 일반 관리 비율

종합공사		전문·전기·정보통신·소방 및 기타공사	
공사원가	일반관리비율[%]	공사원가	일반관리비율[%]
50억 미만	6.0	5억원 미만	6.0
50억원~300억원 미만	5.5	5억원~30억원 미만	5.5
300억원 이상	5.0	30억원 이상	5.0

11 비상콘센트 설비의 상용 전원회로의 배선은 다음의 경우에 어디에서 분기하여 전용 배선으로 하는지 설명하시오.

(1) 저압 수전인 경우

(2) 특고압 수전 또는 고압 수전인 경우

Answer

(1) 인입개폐기의 직후에서 분기
(2) 전력용 변압기 2차 측의 주차단기 1차 측 또는 2차 측에서 분기

Explanation

NFSC 504 비상콘센트 설비
- 상용 전원회로의 전용배선의 분기
① 저압 수전인 경우 : 인입개폐기의 직후
② 특고압 수전 또는 고압 수전인 경우 : 전력용 변압기 2차 측의 주차단기 1차 측 또는 2차 측

> 이 문제는 변경된 KEC 적용으로 인하여 삭제하고, 아래 예상문제로 대체되었습니다.

12 전로의 중성점에 접지를 하는 목적을 3가지만 적으시오.

Answer

① 전로의 보호장치의 확실한 동작의 확보
② 이상 전압의 억제
③ 대지전압의 저하

Explanation

(KEC 322.5조) 전로의 중성점의 접지
전로의 보호장치의 확실한 동작의 확보, 이상 전압의 억제 및 대지전압의 저하를 위하여 특히 필요한 경우에 전로의 중성점에 접지공사를 할 경우에는 다음에 따라야 한다.
가. 접지극은 고장 시 그 근처의 대지 사이에 생기는 전위차에 의하여 사람이나 가축 또는 다른 시설물에 위험을 줄 우려가 없도록 시설할 것.
나. 접지도체는 공칭단면적 16[㎟] 이상의 연동선 또는 이와 동등 이상의 세기 및 굵기의 쉽게 부식하지 아니하는 금속선(저압 전로의 중성점에 시설하는 것은 공칭단면적 6[㎟] 이상의 연동선 또는 이와 동등 이상의 세기 및 굵기의 쉽게 부식하지 않는 금속선)으로서 고장 시 흐르는 전류가 안전하게 통할 수 있는 것을 사용하고 또한 손상을 받을 우려가 없도록 시설할 것.
다. 접지도체에 접속하는 저항기·리액터 등은 고장 시 흐르는 전류를 안전하게 통할수 있는 것을 사용할 것.
라. 접지도체·저항기·리액터 등은 취급자 이외의 자가 출입하지 아니하도록 설비한 곳에 시설하는 경우 이외에는 사람이 접촉할 우려가 없도록 시설할 것.

13 ★☆☆☆☆
그림은 LED 점등회로이다. 물음에 답하시오. 단, 여기서 H는 5[V] 레벨, L은 0[V] 레벨이다.

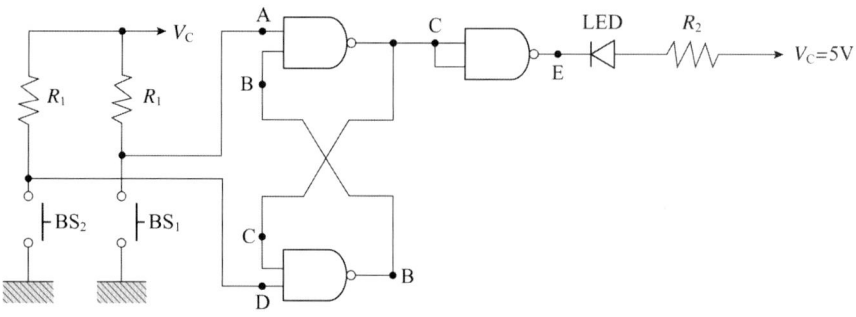

(1) 전원(V_c)를 연결한 상태에서 LED는 소등 상태이다. A~E 중 "L" 레벨인 점을 1곳만 쓰시오.

(2) BS_1을 눌렀다. 이때 LED가 점등했다. A~E 중 "L" 레벨인 점 2곳을 쓰시오.

Answer

(1) C
(2) E, B

14 다음 그림은 어느 생산 공장의 수전설비 계통도이다. 이 계통도를 보고 다음 물음에 답하시오.

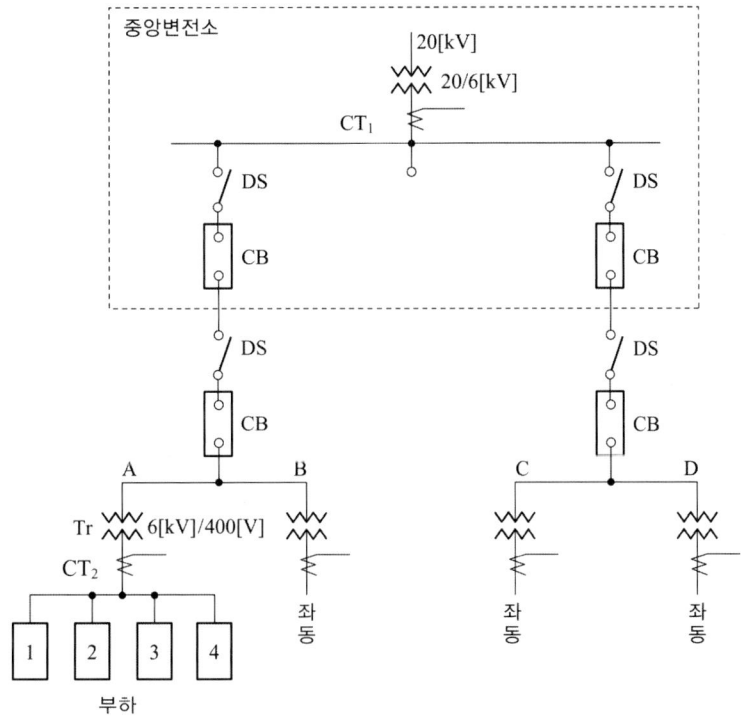

뱅크의 부하 용량표

피더	부하 설비 용량[kW]	수용률[%]
1	125	80
2	125	80
3	500	70
4	600	84

변류기 규격표

항목	변류기
정격 1차 전류[A]	5, 10, 15, 20, 30, 40 50, 75, 100, 150, 200 300, 400, 500, 600, 750 1,000, 1,500, 2,000, 2,500
정격 2차 전류[A]	5

(1) A, B, C, D 뱅크에 같은 부하가 걸려 있으며, 각 뱅크의 부등률은 1.1이고 전부하 합성 역률은 0.8이다. 중앙 변전소의 변압기 용량을 표준 규격으로 답하시오.

(2) 변류기 CT_1, CT_2의 변류비를 구하시오. 단, 1차 수전전압은 20,000/6,000[V], 2차 수전전압은 6,000/400[V]이며 변류비는 표준 규격으로 답하고 전류비 값의 1.25배로 결정한다.

(1) 계산 :

A 뱅크의 최대 수요전력 = $\dfrac{125 \times 0.8 + 125 \times 0.8 + 500 \times 0.7 + 600 \times 0.84}{1.1 \times 0.8} = 1{,}197.73[\text{kVA}]$

A, B, C, D 각 뱅크 간의 부등률은 없으므로

중앙 변전소 변압기 용량 = $1{,}197.73 \times 4 = 4{,}790.92[\text{kVA}]$ 　　　　　답 : 표준 용량 5,000[kVA]

(2) ① CT_1의 변류비

$I_1 = \dfrac{4{,}790.92 \times 10^3}{\sqrt{3} \times 6{,}000} \times 1.25 = 576.26[\text{A}]$

표에서 600/5 선정 　　　　　　　　　　　　　　　　　　　　　　　　답 : 600/5

② CT_2의 변류비

$I_1 = \dfrac{1{,}197.73 \times 10^3}{\sqrt{3} \times 400} \times 1.25 = 2{,}160.97[\text{A}]$

표에서 2,000/5 선정 　　　　　　　　　　　　　　　　　　　　　　　답 : 2,000/5

Explanation

(1) 변압기 용량[kVA] = $\dfrac{\text{설비용량}[\text{kW}] \times \text{수용률}}{\text{부등률} \times \text{역률}}[\text{kVA}]$

문제에서는 변압기 용량을 구하라고 했으므로 정격으로 답해야 한다.

(2) 보통의 경우 CT 비 : 1차 전류×(1.25~1.5)

① CT_1의 위치가 중앙 변전소 변압기 2차 측에 있으므로 전압은 6,000[V]를 기준으로 계산

② CT_2의 위치가 부하 A 변압기 2차 측에 있으므로 전압은 400[V]를 기준으로 계산

여기서, CT2의 1차 전류가 2,160.97[A]이므로 2,500[A]로 할 수 있으나 이 경우 실제 부하전류와의 차이가 너무 크므로 2,000[A]로 선정

15 ★★★☆☆

다음 그림은 옥내 전등 배선도의 일부를 표시한 것이다. ① ~ ④까지의 전선(가닥) 수를 기입하시오. 단, 접지도체는 제외하고 최소 가닥 수를 기입하시오.

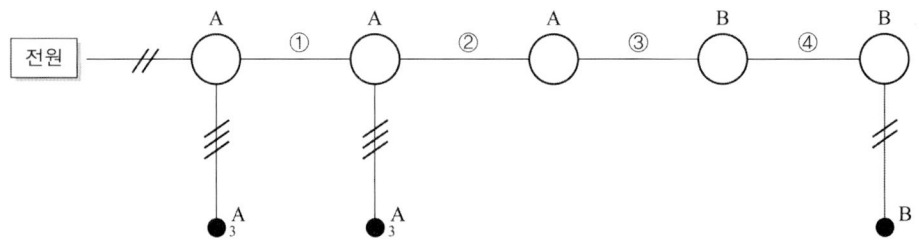

Answer

① 5　　② 3　　③ 2　　④ 3

Explanation

배선 실체도

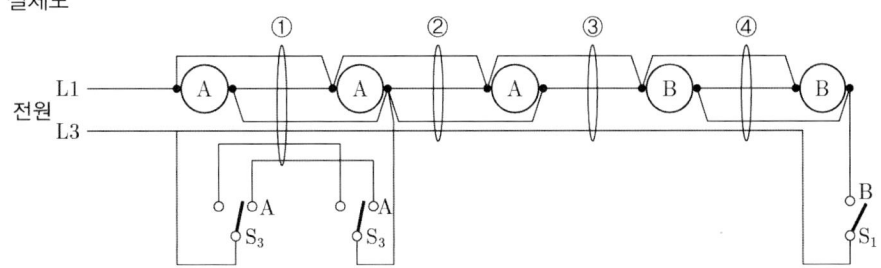

16 다음 그림은 3상 유도 전동기의 운전 및 촌동제어 회로의 미완성 도면이다. 운전과 촌동이 확실하도록 도면을 완성하시오.

- 푸시버튼 스위치와 계전기 접점은 보기에서 제시한 것을 적합하게 사용하시오.
- 기동 푸시버튼과 촌동 푸시버튼이 동시에 조작되지 않는 것으로 한다.
- 과부하가 되었을 때 열동 계전기에 의하여 전동기가 정지되도록 한다.
- 푸시버튼과 계전기 접점은 반드시 문자 기호를 표하시오.
- 전선이 접속되는 접속점에는 반드시 접속점 표시를 하시오.

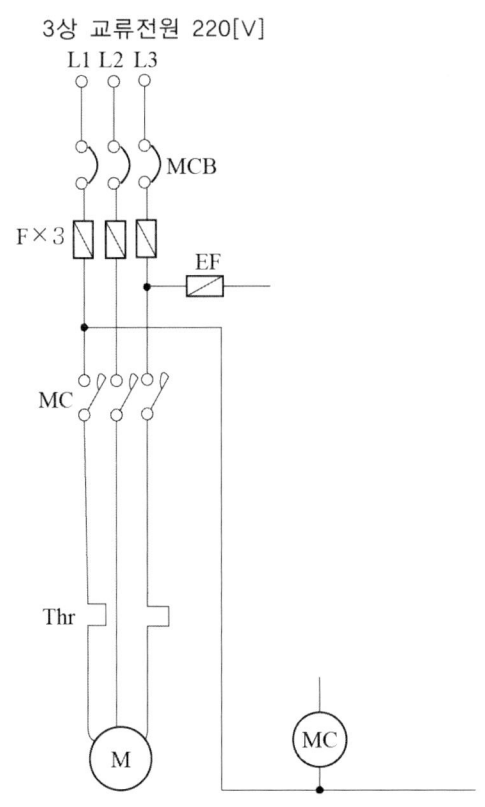

Answer

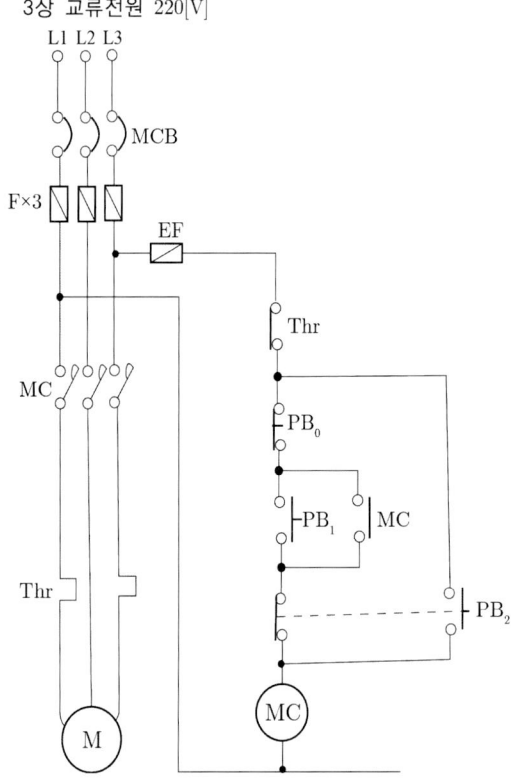

Explanation

유도 전동기 촌동 운전회로
유도 전동기를 운전하는 데 기동용 스위치를 눌러 전동기를 자기 유지하여 계속 운전하다 정지시키는 것이 아니고 별도의 촌동 스위치를 두어 이 스위치를 누르고 있는 동안만 유도 전동기가 운전되는 회로

과년도 기출문제

전기공사산업기사 실기

2005

- 2005년 제 01회
- 2005년 제 02회
- 2005년 제 04회

2005년 과년도 기출문제에 대한 출제 빈도 분석 차트입니다.
각 회차별로 별의 개수를 확인하고 학습에 참고하기 바랍니다.

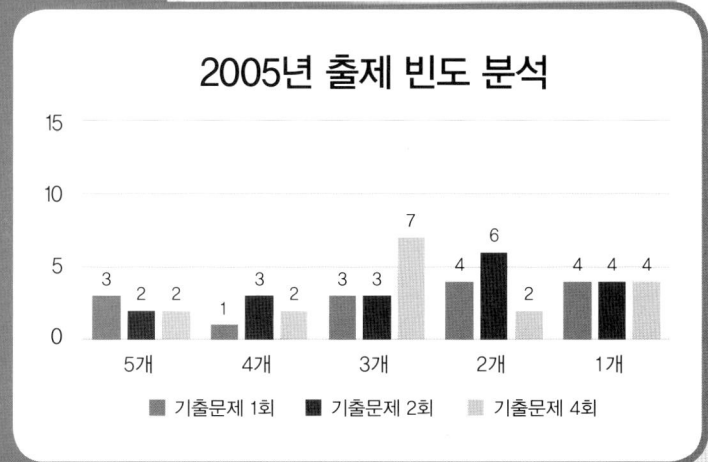

2005년 전기공사산업기사 실기

01 ★☆☆☆☆
35[mm²] NR전선 6본과 25[mm²] 1본을 같은 후강전선관에 수용 시공할 때 전선관의 굵기는? 단, 공칭 외장직경(절연체 포함) 35[mm²]는 10.9[mm]이고, 25[mm²]은 9.7[mm]임. 전선관 내단면적의 32[%] 수용한다.

• 계산 : • 답 :

Answer

계산 : 전선의 총 단면적 $A = \dfrac{\pi}{4}d^2 \times n = \dfrac{\pi}{4} \times 10.9^2 \times 6 + \dfrac{\pi}{4} \times 9.7^2 \times 1 = 633.78 [\text{mm}^2]$

전선관의 직경

$0.32 \times \pi \times \left(\dfrac{D}{2}\right)^2 = 633.78[\text{mm}^2]$ 에서 $D = \sqrt{\dfrac{633.78 \times 4}{0.32 \times \pi}} = 50.22[\text{mm}]$ 답 : 54[mm]

Explanation

• 전선의 단면적 $A = \dfrac{\pi}{4}d^2 \times n = \dfrac{\pi}{4} \times 10.9^2 \times 6 + \dfrac{\pi}{4} \times 9.7^2 \times 1 = 633.78 [\text{mm}^2]$

• 전선관 내단면적의 32[%] 수용하므로

전선관의 직경은 $A = 0.32 \times \pi \times \left(\dfrac{D}{2}\right)^2$ 에서 $D = \sqrt{\dfrac{4 \times A}{0.32 \times \pi}}$

(내선규정 2,225) 금속관의 종류

종류	관의 호칭
후강 전선관(근사내경, 짝수, G)	16 22 28 36 42 54 70 82 92 104
박강 전선관(근사외경, 홀수, C)	19 25 31 39 51 63 75
나사 없는 전선관(E)	박강 전선관과 치수가 같다.

02 ★☆☆☆☆
배선 심벌은 2.5[mm²] NR 전선 2가닥으로 천장 은폐 배선한 방식이다. 어떤 배관으로 시공되었는지 표시하시오.

2.5°(19)

Answer

19[호] 박강전선관

Explanation

(내선규정 100-5) 배선, 배관 기호
• 강제 전선관은 별도의 표기 없음
• VE : 경질 비닐 전선관, F_2 : 2종 금속제 가요 전선관, PF : 합성수지제 가요관

(내선규정 2,225) 금속관의 종류

종류	관의 호칭
후강 전선관(근사내경, 짝수, G)	16 22 28 36 42 54 70 82 92 104
박강 전선관(근사외경, 홀수, C)	19 25 31 39 51 63 75
나사 없는 전선관(E)	박강 전선관과 치수가 같다.

03 ★☆☆☆☆
20층짜리 현대식 빌딩의 옥내 조명기구로 형광등을 사용하고자 한다. 천장은 2중 천장(Suspension Ceiling)이며, 형광등 배치 위치 결정 시 고려하여야 할 천장에 부착되는 건축설비의 종류를 5가지 열거하시오.

Answer

공기조화 설비, 자동 화재탐지 설비, 냉난방 설비, 급·배수 설비, 오수 설비

Explanation

(내선규정 3,320-2) 조명기구 등을 직부 또는 매입하여 시설하는 경우의 시설 방법
2중 천장 내에서 옥내배선으로부터 분기하여 조명기구에 접속하는 배선은 케이블공사 또는 금속제 가요 전선관 공사(점검할 수 없는 장소에는 2종 금속제 가요 전선관에 한한다)으로 하는 것을 원칙으로 한다.

BEST 04 ★★★★★
가공 배전선로로 가선할 때의 전선 가선 시 실 소요량은 일반적으로 선로가 평탄할 때 어떻게 산출하는가?

Answer

선로 긍장 × 전선 조수 × 1.02

Explanation

전선 가선 시 소요량
- 고저차가 심한 경우 : 선로 긍장 × 전선 조수 × 1.03
- 고저차가 없는 경우 : 선로 긍장 × 전선 조수 × 1.02

05 ★★★☆☆
전선 약호 중 OW의 명칭을 답하시오.

Answer

옥외용 비닐절연전선

Explanation

(내선규정 100-2) 전선 약호

약호	명칭
ACSR	강심 알루미늄 연선
ACSR-OC 전선	옥외용 강심 알루미늄도체 가교 폴리에틸렌 절연전선
ACSR-OE 전선	옥외용 강심 알루미늄도체 폴리에틸렌 절연전선

AL-OC 전선	옥외용 알루미늄도체 가교 폴리에틸렌 절연전선
AL-OE 전선	옥외용 알루미늄도체 폴리에틸렌 절연전선
AL-OW 전선	옥외용 알루미늄도체 비닐절연전선
DV 전선	인입용 비닐 절연전선
FL 전선	형광 방전등용 비닐 전선
HR(0.5) 전선	500[V] 내열성 고무 절연전선(110[℃])
HR(0.75) 전선	750[V] 내열성 고무 절연전선(110[℃])
NR 전선	450/750[V] 일반용 단심 비닐절연전선
NRI(70) 전선	300/500[V] 기기 배선용 단심 비닐절연전선(70[℃])
NRI(90) 전선	300/500[V] 기기 배선용 단심 비닐절연전선(90[℃])
OC 전선	옥외용 가교 폴리에틸렌 절연전선
OE 전선	옥외용 폴리에틸렌 절연전선
OW 전선	옥외용 비닐절연전선

06 ★★☆☆☆
지시 전기계기의 동작 원리에 의한 분류를 나타낸 것으로 번호 (1), (2), (3), (4)의 빈칸에 적당한 계기의 종류 및 사용용도를 기입하시오.

계기의 종류	기호	사용 용도(교·직류)
가동 Coil형		직류
(1)		(3)
(2)		(4)

Answer

(1) 전류력계형   (2) 유도형   (3) 직류, 교류   (4) 교류

Explanation

지시 계기의 종류
① 가동 코일형 : 가동 코일에 흐르는 전류와 고정된 영구자석의 자계 사이에서의 힘에 의해 동작하는 계기, 직류 측정
② 전류력계형 : 가동 코일과 고정 코일의 각각 전류 사이에 작용하는 힘에 의해서 동작하는 계기, 직류·교류 측정
③ 유도형 : 고정 권선에 의해서 발생하는 자속과 선사유도에 의해서 가동부의 도체 내에 발생한 전류 사이의 힘에 의해서 동작하는 계기, 교류 측정

07 ★★☆☆☆
발변전소에 설치되는 변류기의 표준 극성은?

Answer

감극성

> **Explanation**
>
> • 변류기의 극성 : 가극성과 감극성
>   우리나라 : 감극성을 표준

08 ★★★☆☆
계전기별 고유번호에서 59가 OVR(교류 과전압 계전기)이면, 51과 27은 무엇인지 영문 약자로 답하시오.

Answer

51 : OCR   27 : UVR

> **Explanation**
>
> 계전기 고유번호
> • 51 : 과전류 계전기(OCR)
> • 59 : 과전압 계전기(OVR)
> • 27 : 부족 전압 계전기(UVR)
> • 51G : 지락 과전류 계전기(OCGR)
> • 64 : 지락 과전압 계전기(OVGR)

> 이 문제는 변경된 KEC 적용으로 인하여 삭제하고, 아래 예상문제로 대체되었습니다.

09 한국전기설비규정에 의거하여 다음 전선의 색상을 적으시오.

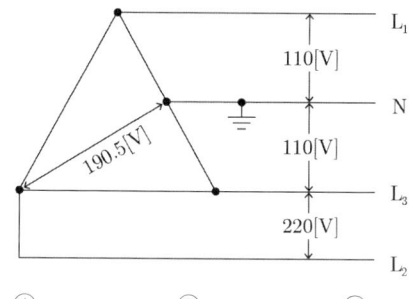

상(문자)	색상
L1	①
L2	②
L3	③
N	④
보호도체	⑤

①   ②   ③   ④   ⑤

Answer

① 갈색   ② 흑색   ③ 회색   ④ 청색   ⑤ 녹색-노란색

> **Explanation**
>
> (KEC 121.2조) 전선의 상별 색상
> 1. 전선의 색상은 표에 따른다.
>
> | 상(문자) | 색상 |
> |---|---|
> | L1 | 갈색 |
> | L2 | 흑색 |
> | L3 | 회색 |
> | N | 청색 |
> | 보호도체 | 녹색-노란색 |
>
> 2. 색상 식별이 종단 및 연결 지점에서만 이루어지는 나도체 등은 전선 종단부에 색상이 반영구적으로 유지될 수 있는 도색, 밴드, 색 테이프 등의 방법으로 표시해야 한다.

3. 제1 및 제2를 제외한 전선의 식별은 KS C IEC 60445(인간과 기계 간 인터페이스, 표시 식별의 기본 및 안전원칙-장비단자, 도체단자 및 도체의 식별)에 적합하여야 한다.

10 ★★★★☆
다음은 금속관 공사에 필요한 재료들이다. 정확한 답안을 찾아 물음에 답하여라.
(1) 저압 가공 인입구에 사용하는 재료는?
(2) 배관을 직각으로 굽히는 곳에 관 상호간에 접속하는 재료는?
(3) 노출 배관 공사 시 관을 직각으로 굽히는 곳에 사용하는 재료는?
(4) 전선관 선로의 접속용으로 쓰이는데 관이 고정되어 있을 때 또는 관 자체를 돌릴 수 없을 때 사용하는 재료의 명칭은?

Answer
(1) 엔트런스 캡　　(2) 노멀 밴드　　(3) 유니버설 엘보　　(4) 유니온 커플링

Explanation

금속관 공사용 부품

명칭	사용 용도
로크너트 (lock nut)	관과 박스를 접속하는 경우 파이프 나사를 죄어 고정시키는데 사용
부싱 (bushing)	전선 관단에 끼우고 전선을 넣거나 빼는 데 있어서 전선의 피복을 보호하여 전선이 손상되지 않게 하는 것
커플링 (coupling)	• 금속관 상호 접속 또는 관과 노멀 밴드와의 접속에 사용 • 관의 양측을 돌려서 접속할 수 없는 경우 : 유니온 커플링
새들 (saddle)	노출 배관에서 금속관을 조영재에 고정시키는 데 사용
노멀 밴드 (normal bend)	배관의 직각 굴곡에 사용
링 리듀서	금속을 아웃렛 박스의 로크 아웃에 취부할 때 로크아웃의 구멍이 관의 구멍보다 클 때 사용
유니버설 엘보우 (elbow)	• 노출 배관공사에 관을 직각으로 굽혀야 할 곳의 관 상호 접속 또는 관을 분기해야 할 곳에 사용 • 3방향으로 분기하는 T형 엘보우, 4방향으로 분기하는 크로스 엘보우
터미널 캡 (terminal cap)	전동기에 접속하는 장소나 애자 사용 공사로 옮기는 장소의 관단에 사용
엔트런스 캡(우에사 캡) (entrance cap)	인입구, 인출구의 관단에 설치하여 금속관에 접속하여 옥외의 빗물을 막는 데 사용
픽스쳐 스터드와 히키 (fixture stud & hickey)	아웃렛 박스에 조명 기구를 부착시킬 때 기구 중량의 장력을 보강하기 위하여 사용
블랭크 와셔 (blank washer)	플로어 덕트의 정션 박스에 덕트를 접속하지 않는 곳을 막기 위하여 사용
유니버설 피팅	노출 배관 시 L형 또는 T형으로 구부러지는 장소에 사용

11

아래에 나열된 것들은 송전선로 공사에 대한 작업의 내용이다. 올바른 순서로 나열하시오.

① 연선　② 타설　③ 굴착　④ 각입　⑤ 긴선　⑥ 조립

Answer

③ - ④ - ② - ⑥ - ① - ⑤

Explanation

송전선로 공사
굴착 - 각입 - 타설 - 조립 - 연선 - 긴선

12

주어진 물가 자료에 의거 다음 물음에 답하시오.

(1) 경동선 2.0[mm], 2[km]와 연동선 2.0[mm], 2[km]의 구입비(원)는 얼마인가?

(2) AC 440[V] 3상 3선식 동력 배선에 3C 22[mm²] 케이블 150[m]를 구입하려고 한다. PE 절연 비닐시스 케이블(EV)과 가교 PE 절연 비닐시스 케이블(CV) 중 어떤 케이블을 사용하면 구입비는 얼마나 경감하는가?

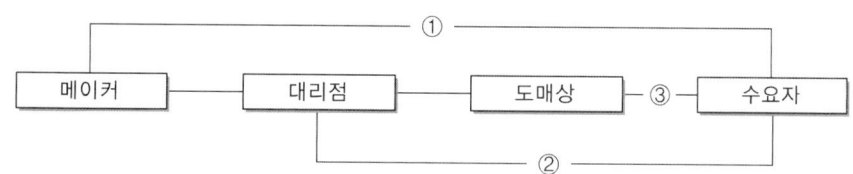

(1) 전기용 나동선(Bare Copper Wire for Electrical Purpose)　　(단위 : [m])

품명	단면적	중량	최대 면적	가격
■경동선[mm]	[mm²]	[kg/km]	[Ω/km]	
1.0	0.785	6.98	22.87	27
1.2	1.131	10.05	15.88	41
1.6	2.011	17.88	8.931	76
2.0	3.142	27.93	5.657	116
2.3	4.155	36.94	4.278	142
■연동선				
1.0	0.785	6.98	21.95	27
1.2	1.131	10.05	15.21	41
1.6	2.011	17.88	8.753	76
2.0	3.142	27.93	5.487	116
2.3	4.155	36.94	4.149	142

(2) PE 절연비닐시스 전력 케이블(EV)　　　　　(단위 : [m])

품명	소선수/소선직경	중량	가격
■600[V]		[kg/km]	
3심 2.0[mm^2]	7/0.6	170	565
3.5	7/0.8	240	791
5.5	7/1.0	320	1,121
8.0	7/1.2	415	1,465
14	7/1.6	640	2,120
22	7/2.0	955	3,173
30	7/2.3	1,200	4,006

(3) 가교 PE 절연비닐시스 케이블(CV)　　　　　(단위 : [m])

품명	소선수/소선직경	중량	가격
■600[V]		[kg/km]	
3심 2.0[mm^2]	7/0.6	155	595
3.5	7/0.8	215	832
5.5	7/1.0	295	1,211
8.0	7/1.2	385	1,625
14	7/1.6	595	2,352
22	7/2.0	880	3,322
30	7/2.3	–	4,208

Answer

(1) (116+116)×2,000=464,000[원]

(2) EV : 3,173×150=475,950[원]
　　CV : 3,332×150=499,800[원]
　　가격차 : 499,800-475,950=23,850[원]
　　EV가 23,850[원] 경감

Explanation

(1) 경동선 2.0[mm], 2[km]와 연동선 2.0[mm], 2[km]의 구입비
　　전기용 나동선(Bare Copper Wire for Electrical Purpose)　　　　(단위 : [m])

품명	단면적	중량	최대 면적	가격
■경동선[mm]	[mm^2]	[kg/km]	[Ω/km]	
2.0	3.142	27.93	5.657	116
2.3	4.155	36.94	4.278	142
■연동선[mm]				
2.0	3.142	27.93	5.487	116
2.3	4.155	36.94	4.149	142

(2) PE 절연 비닐시스 케이블(EV)

품명	소선수/소선직경	중량 [kg/km]	가격
■600[V]			
3심 2.0[mm^2]	7/0.6	170	565
22	7/2.0	955	3,173
30	7/2.3	1,00	4,006

(3) 가교 PE 절연 비닐시스 케이블(CV)

품명	소선수/소선직경	중량 [kg/km]	가격
■600[V]			
3심 2.0[mm^2]	7/0.6	155	595
22	7/2.0	880	3,322
30	7/2.3	–	4,208

13 다음 그림은 고압 수전설비 결선도이다. 물음에 답하시오.

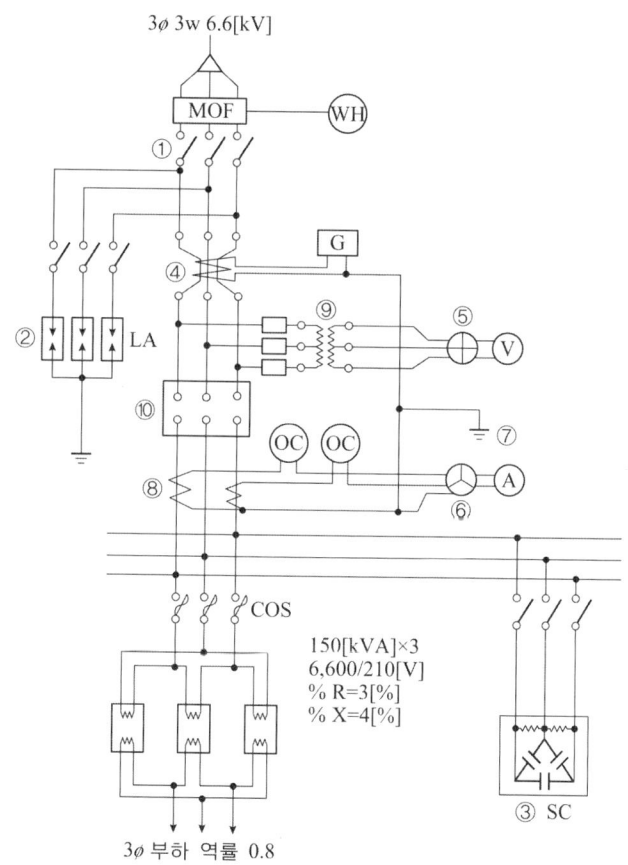

(1) ①의 기기 명칭은?
(2) ②의 기기 명칭은?
(3) ③의 SC는 무엇을 말하는가?
(4) ④의 기기 명칭은?
(5) ⑤의 기기 명칭은?
(6) ⑥의 기기 명칭은?
(7) ⑧의 기기 명칭은?
(8) ⑨의 기기 명칭은?
(9) ⑩의 기기 명칭은?

Answer

(1) 단로기 (2) 피뢰기
(3) 전력용 콘덴서 (4) 영상 변류기
(5) 전압계용 전환개폐기 (6) 전류계용 전환개폐기
(7) 변류기 (8) 계기용 변압기
(9) 차단기

Explanation

고압 수전설비(정식 수전설비)

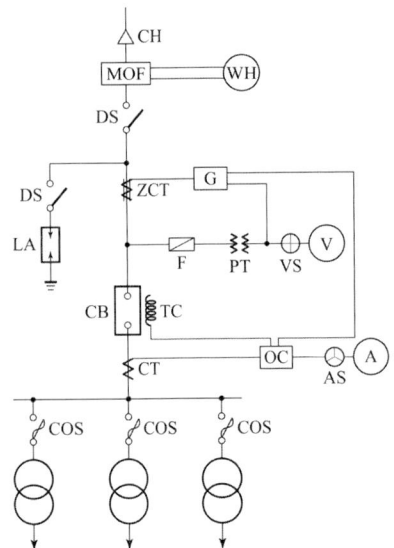

약호와 명칭

약호	명칭
DS	단로기
LA	피뢰기
CT	변류기
CB	차단기
TC	트립 코일
OCR	과전류 계전기
GR	지락 계전기
MOF	전력 수급용 계기용 변성기
COS	컷 아웃 스위치
PF	전력 퓨즈
PT	계기용 변압기
AS	전류계용 전환 개폐기
VS	전압계용 전환 개폐기

14 도면은 리액터 기동회로의 일부를 그린 것이다. 물음에 답하시오.

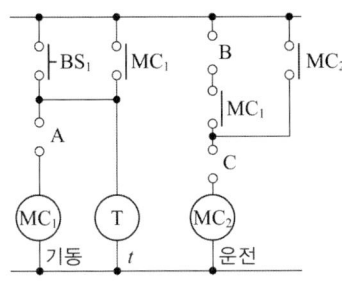
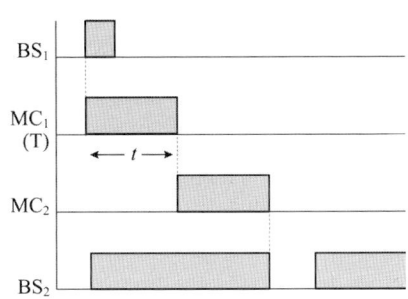

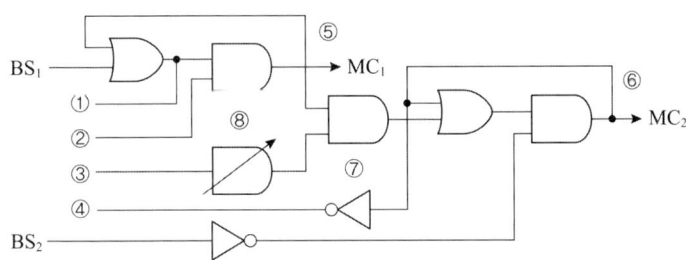

(1) 릴레이 회로의 A, B, C를 각각의 접점기구를 그리고 이름을 쓰시오.

(2) 로직회로의 ①~④ 중에서 서로 연결하여 회로를 완성하시오.

(3) 로직회로의 ⑤~⑧과 같은 기능을 릴레이 회로에서 찾아 접점 이름(예:$MC_{1(a)}$, A)를 각각 쓰시오.

(4) 릴레이 회로의 접점기구는 7개이다. 여기서 기동 기능은 (가), (나) 정지 기능은 (다), (라) 유지기능은 (마), (바) 기동준비 기능은 (사)이다. ( ) 안에 각각 접점 이름을 쓰시오.
(예: $MC_{1(a)}$, A)

Answer

(1) A: 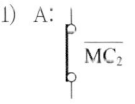　　B: 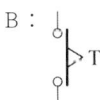　　C: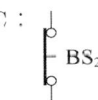

(2) ①-③, ②-④
(3) ⑤ $MC_{1(a)}$　　⑥ $MC_{2(a)}$
　　⑦ $MC_{2(b)}$　　⑧ $T_{(a)}$
(4) (가) BS_1
　　(나) B
　　(다) A
　　(라) C
　　(마) $MC_{1(a)}$
　　(바) $MC_{2(a)}$
　　(사) $MC_{1(a)}$

Explanation

리액터 기동
기동 시 기동전압을 낮추어 감전압 기동하기 위하여 리액터를 이용하여 기동하고 설정 시간 후에는 정상적인 3상 운전이 되도록 한 기동법이다.

논리식으로 표현하면
$MC_1 = (BS_1 + MC_1) \cdot \overline{MC_2}$
$T = (BS_1 + MC_1)$
$MC_2 = (T_{(a)} \cdot MC_1 + MC_2) \cdot \overline{BS_2}$

- 기동 기능 : BS_1, $T_{(a)}$
- 정지 기능 : $MC_{2(b)}$, BS_2
- 유지 기능 : $MC_{1(a)}$, $MC_{2(b)}$
- 기동 준비 기능 : $MC_{1(a)}$

> 이 문제는 변경된 KEC 적용으로 인하여 삭제하고, 아래 예상문제로 대체되었습니다.

15 한국전기설비규정에 의하여 의료장소 내의 접지설비 의료장소마다 그 내부 또는 근처에 등전위본딩 바를 설치하여야 한다. 의료장소와의 바닥 면적 합계가 얼마 이하인 경우에는 등전위본딩 바를 공용할 수 있는가?

Answer

$50[m^2]$

Explanation

(KEC 242.10조) 의료장소 내의 접지설비
의료장소와 의료장소 내의 전기설비 및 의료용 전기기기의 노출도전부, 그리고 계통외도전부에 대하여 접지설비를 시설하여야 한다.
접지설비는 의료장소마다 그 내부 또는 근처에 등전위본딩 바를 설치할 것. 다만, 인접하는 의료장소와의 바닥 면적 합계가 $50[m^2]$ 이하인 경우에는 등전위본딩 바를 공용할 수 있다.

2005년 전기공사산업기사 실기

01 아날로그 멀티 테스터기로 교류(AC) 전압을 측정하려면 부하설비와 어떻게 연결하여 측정하는가?

Answer

병렬로 연결

Explanation

- 전류 측정 : 부하설비와 테스터기를 직렬로 연결
- 전압 측정 : 부하설비와 테스터기를 병렬로 연결

02 이 문제는 변경된 KEC 적용으로 인하여 삭제하고, 아래 예상문제로 대체되었습니다.

한국전기설비규정에 의하여 고압 및 특고압 전로에 시설하는 피뢰기는 접지공사를 하여야 한다. 다음에 알맞은 말을 넣으시오.

> 고압 및 특고압의 전로에 시설하는 피뢰기 접지저항 값은 (①)[Ω] 이하로 하여야 한다. 다만, 고압가공전선로에 시설하는 피뢰기는 규정에 의하여 접지공사를 한 변압기에 근접하여 시설하는 경우로서, 고압가공전선로에 시설하는 피뢰기의 접지도체가 그 접지공사 전용의 것인 경우에 그 접지공사의 접지저항 값이 (②)[Ω] 이하인 때에는 그 피뢰기의 접지저항 값이 (①)[Ω] 이하가 아니어도 된다.

Answer

① 10   ② 30

BEST 03 단상 2선식 저압 배전선의 길이 100[m], 부하전류 10[A]인 경우 선간 전압강하를 1[V]로 유지하기 위해 필요한 전선 단면적을 선정하시오.

- 계산 :
- 답 :

Answer

계산 : 전선의 단면적 $A = \dfrac{35.6LI}{1,000e} = \dfrac{35.6 \times 100 \times 10}{1,000 \times 1} = 35.6 [mm^2]$ 따라서, 50[mm²] 선정

답 : 50[mm²]

Explanation

전압 강하 및 전선의 단면적 계산

전기 방식	전압 강하		전선 단면적	대상 전압강하
단상 3선식 직류 3선식 3상 4선식	IR	$e = \dfrac{17.8LI}{1,000A}$	$A = \dfrac{17.8LI}{1,000e}$	대지와 선간

단상 2선식 직류 2선식	$2IR$	$e = \dfrac{35.6LI}{1,000A}$	$A = \dfrac{35.6LI}{1,000e}$	선간
3상 3선식	$\sqrt{3}\,IR$	$e = \dfrac{30.8LI}{1,000A}$	$A = \dfrac{30.8LI}{1,000e}$	선간

여기서, e : 전압강하 [V], A : 사용전선의 단면적 [mm^2],
L : 선로의 길이 [m], C : 전선의 도전율(97[%])

KSC-IEC 전선 규격

전선의 공칭단면적 [mm^2]			
1.5	16	95	300
2.5	25	120	400
4	35	150	500
6	50	185	630
10	70	240	

04 ★★☆☆☆

피뢰기를 설치하여야 할 개소 중 IKL(Isokeraunic-level)이 11일 이상인 지역에서는 전선로 매 500[m] 이내마다 LA를 설치하고 있다. 여기서 IKL이란?

Answer

연간 뇌우 발생 일수

Explanation

피뢰기의 설치 장소
피뢰기를 설치하여야 할 개소 중 IKL(연간 뇌우 발생 일수)이 11일 이상인 지역에서는 전선로 매 500[m] 이내마다 피뢰기를 설치하고 있다.

05 ★★★☆☆

다음 설명에 맞는 배전자재의 명칭을 쓰시오.

(1) 주상 변압기를 전주에 설치하기 위해 사용되는 밴드는?
(2) 전주에 암타이 및 랙을 설치하기 위하여 사용되는 밴드는?
(3) 가공 배전선로 및 인입선 공사에서 인류애자를 설치하기 위해 사용되는 금구는?
(4) 현수애자를 설치한 가공 ACSR 배전선의 인류 및 내장개소에 ACSR 전선을 현수애자에 설치하기 위해 사용하는 금구는?

Answer

(1) 행거 밴드
(2) 암타이 밴드
(3) 랙
(4) 데드 엔드 클램프

Explanation

(1)~(2) 밴드의 종류
- 행거 밴드 : 주상변압기를 전주에 설치하기 위해 사용되는 밴드
- 암타이 밴드 : 전주에 각 암타이를 설치하기 위하여 사용되는 밴드
- 랙밴드 : 전주에 랙을 설치하기 위하여 사용되는 밴드

- 지선밴드 : 지선을 설치하기 위한 밴드
(3) 랙(Rack) : 저압 선로용으로 지면에 대하여 저압 배전선로를 수직으로 배열하는 데 사용
  - 1선용 : 특별고압 중성선(인류애자 사용)
  - 2선용 : 단상 2선 저압 선로의 전선
  - 4선용 : 3상 4선식 저압 선로의 전선
(4) 데드 엔드 클램프 : 현수 애자를 설치한 가공 ACSR 배전선의 인류 및 내장개소에 ACSR 전선을 현수 애자에 설치하기 위해 사용하는 금구

06 개폐 장치 중에서 리클로저는 고장전류의 차단 능력이 있는가 없는가?

Answer

차단 능력이 있다.

Explanation

리클로저(Recloser)
- 차단기와 재폐로 기구를 하나의 탱크 내에 내장한 것
- 22.9[kV] 배전선로에 고장이 발생하였을 때 고속 차단하고 자동 재폐로 동작을 수행하여 고장 구간을 분리하거나 또는 재송전하는 기능

07 단상 변압기 병렬 운전 조건 4가지를 기술하고, 이들 조건이 맞지 않은 경우에 어떤 현상이 나타나는지 간단히 서술하시오.

Answer

병렬운전 조건	조건이 맞지 않는 경우
① 1, 2차 정격 전압 및 권수비가 같을 것	순환전류가 흘러 권선이 가열
② 극성이 일치 할 것	큰 순환 전류가 흘러 권선이 소손
③ %임피던스 강하(임피던스 전압)가 같을 것	부하의 분담이 용량의 비가 되지 않아 부하의 부담이 균형을 이룰 수 없다.
④ 내부 저항과 누설 리액턴스의 비가 같을 것	각 변압기의 전류 간에 위상차가 생겨 동손이 증가

Explanation

변압기 병렬 운전 조건
- 극성 및 권수비가 같을 것
- 1, 2차 정격전압이 같을 것(용량, 출력 무관)
- %강하가 같을 것
- 변압기 내부저항과 리액턴스의 비가 같을 것
- 상회전 방향과 각 변위가 같을 것(3상 변압기)

08 그림기호는 배관의 심벌이다. 어떤 전선관인 경우인가?

$$\underline{/\!/}$$
$$2.5^\square(VE16)$$

> **Answer**

경질 비닐 전선관

> **Explanation**

(내선규정 100-5) 배선, 배관 기호
- 강제 전선관은 별도의 표기 없음
- VE : 경질 비닐 전선관, F_2 : 2종 금속제 가요 전선관, PF : 합성수지제 가요관

09 ★★☆☆☆ 산업 설비 시설에서 옥외조명으로 많이 사용되는 방전램프 5가지를 쓰시오.

> **Answer**

(1) 저압 나트륨등　　(2) 고압 나트륨등　　(3) 메탈헬라이드등
(4) 고압수은등　　(5) 초고압 수은등

> **Explanation**

방전등(Discharge Lamp)의 종류
- 수은등
- 메탈헬라이드등
- 나트륨등
- 형광방전등
- 크세논등
- EL램프

10 ★☆☆☆☆ 근가용 U볼트 용도는?

> **Answer**

전주에 근가를 취부할 때 근가를 고정시켜 주는 볼트

11 ★★★☆☆ 합성수지몰드공사는 옥내의 건조한 2개의 장소에 한하여 시설할 수 있다. 어떤 장소인가?

> **Answer**

(1) 전개된 장소　　(2) 점검할 수 있는 은폐 장소

> **Explanation**

(KEC 232.21조) 합성수지몰드공사
① 전선은 절연전선 (옥외용 비닐절연전선을 제외한다) 또는 케이블을 사용하여야 한다. 다만, 절연전선은 합성수지몰드가 IP4X 또는 IPXXD급의 보호를 제공하고 도구를 사용하거나 의도적인 행동을 통하여 덮개를 제거할 수 있는 경우에만 사용할 수 있다.
② 전선의 단면적 10[㎟](알루미늄은 16[㎟])를 초과하는 경우에는 연선을 사용해야 한다.
③ 합성수지몰드 안에서는 전선의 접속점이 없도록 할 것.
④ 합성수지몰드공사는 옥내의 건조한 장소로 전개된 장소 또는 점검할 수 있는 은폐된 장소에 사용할 수 있다.
⑤ 합성수지몰드공사를 적용하는 경우 사용전압은 400[V] 이하이어야 한다.

12 공구 손료는 일반 공구 및 시험 검사용 일반 계측 기구류의 손료로서 공사 중 상시 일반적으로 사용하는 것을 말하며 직접 노무비(제수당 상여금 또는 퇴직 급여 충당금을 제외)의 몇 [%]를 계상할 수 있는가?

Answer

3[%]

Explanation

공구손료
- 일반 공구 및 시험용 계측 기구류의 손료로서 공사 중 상시 일반적으로 사용하는 것
- 직접 노무비(노임할증 제외)의 3[%]까지 계상

13 피뢰기 공사의 시공 흐름도이다. (1), (2), (3), (4) 번호의 빈 공간에 흐름도가 옳도록 완성하시오.

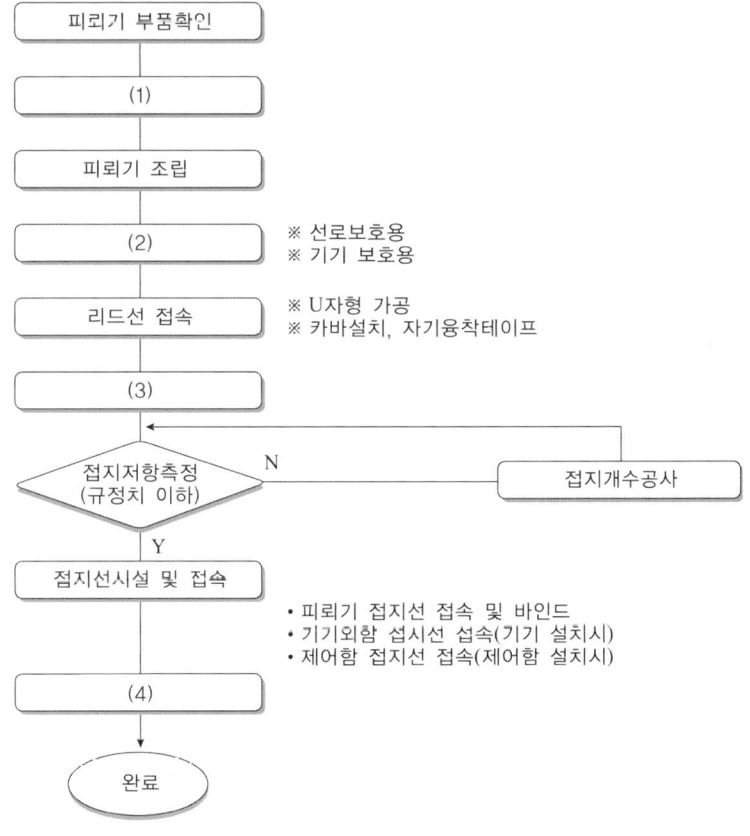

Answer

(1) 피뢰기 점검
(2) 피뢰기 설치
(3) 접지극 시설
(4) 작업장 정리, 정돈

Explanation

피뢰기 공사 시공 흐름도

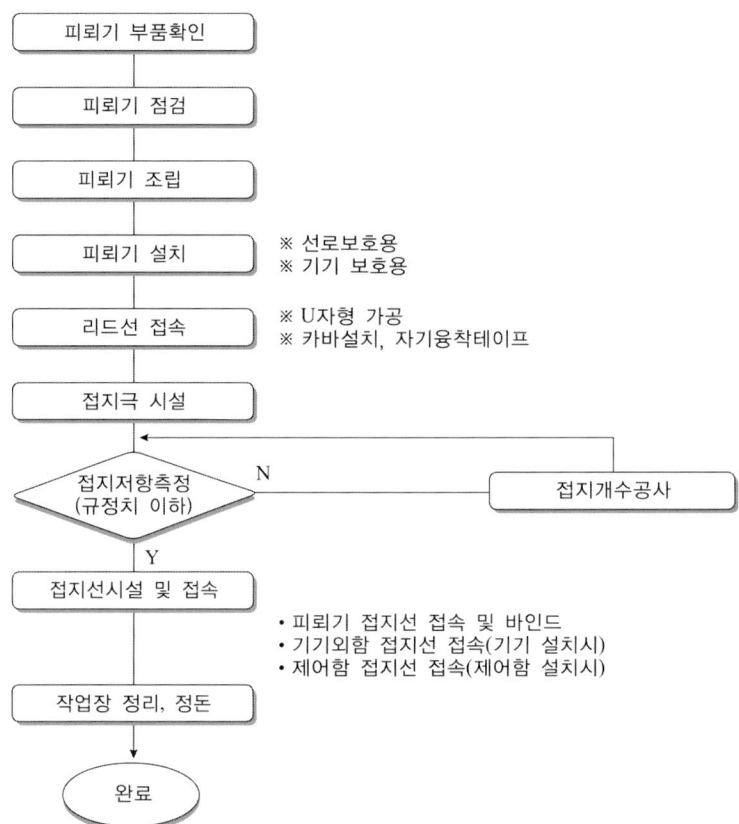

14. 금속관 배관에서 전선을 병렬로 사용하는 경우의 그림이다. A, B, C 중 잘못된 그림은?

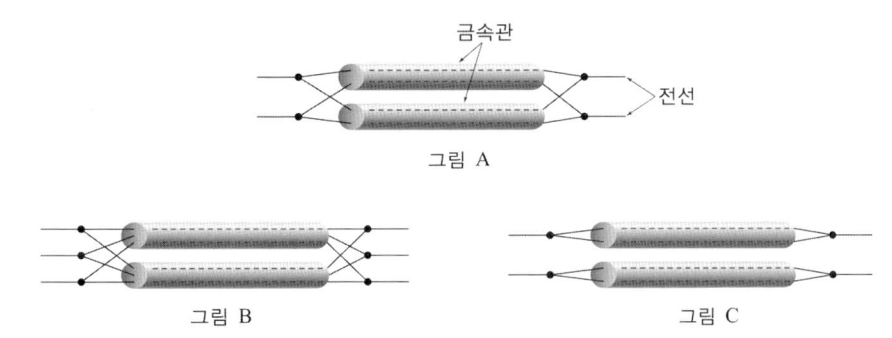

Answer

C

(KEC 123조) 전선의 접속 중 병렬 사용
① 전선의 굵기는 동 50[mm²] 이상 또는 알루미늄 70[mm²] 이상으로 하고, 전선은 같은 도체, 같은 재료, 같은 길이 및 같은 굵기의 것을 사용할 것
② 같은 극의 각 전선은 동일한 터미널러그에 완전히 접속할 것
③ 같은 극인 각 전선의 터미널러그는 동일한 도체에 2개 이상의 리벳 또는 2개 이상의 나사로 접속할 것
④ 병렬로 사용하는 전선에는 각각에 퓨즈를 설치하지 말 것
⑤ 교류회로에서 병렬로 사용하는 전선은 금속관 안에 전자적 불평형이 생기지 않도록 시설할 것

전선을 병렬로 사용하는 경우

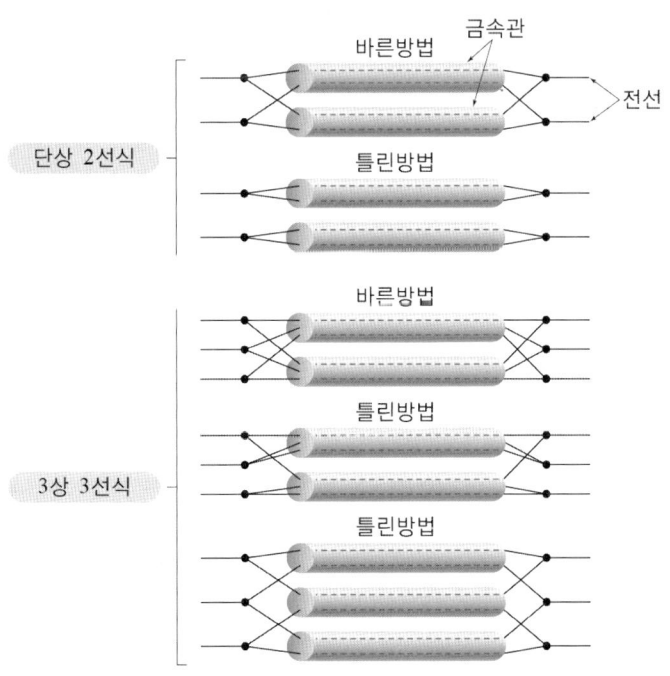

15 HID 등기구 조명 기구의 그림기호에 다음과 같이 방기되어 있다. 그 의미를 쓰시오.

Answer

400[W] 수은등

Explanation

(KS C 0301) 옥내배선용 그림기호(조명기구)

명칭	그림기호	적요
일반용 조명 백열등 HID등	○	① 벽 붙이는 벽 옆을 칠한다. ● ② 옥외등은 ⊗ 로 하여도 좋다. ③ 샹들리에 (CH) ④ 팬턴트 ⊖ ⑤ 실링·직접부착 (CL) ⑥ 매입기구 (DL) ⑦ HID등의 종류를 표시하는 경우는 용량 앞에 다음기호를 붙인다. 　수은등　　　　　　　　H 　메탈 헬라이드등　　　　M 　나트륨등　　　　　　　N [보기] H400　400[W] 수은등

16 그림과 같은 철탑 기초의 굴착량을 산출하려고 한다. 철탑의 굴착량 식은?

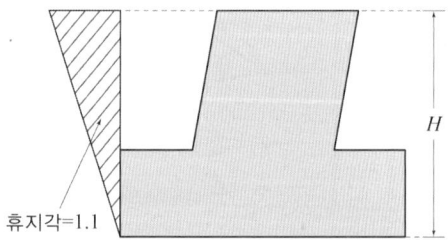

Answer

터파기량 = 가로 × 세로 × H × 1.21[m^3]

Explanation

터파기량 계산
- 줄기초 파기 : 전선관 매설

$$터파기량[m^3] = \left(\frac{a+b}{2}\right) \times h \times 줄기초\ 길이\,[m]$$

- 철탑의 굴착량 : 터파기량[m^3] = 가로 × 세로 × H × 1.21
　　　　　　　휴지각=1.1×1.2=1.21

17 다음의 옥내 조명 배선도를 보고 물음에 답하시오.

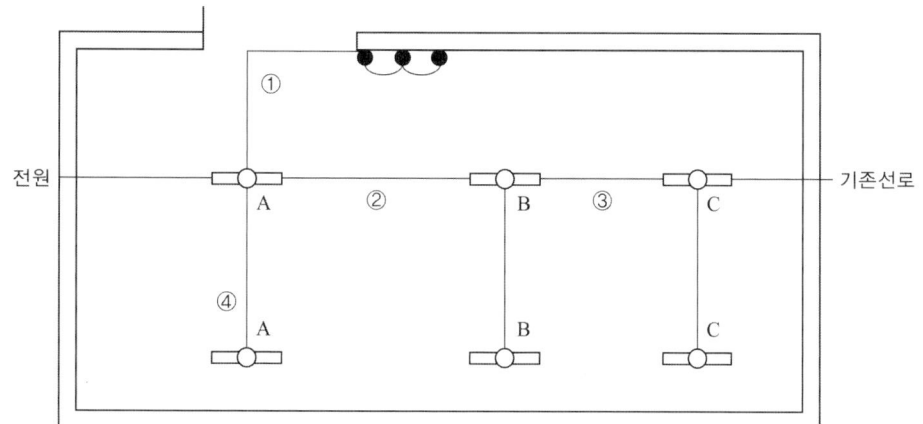

(1) 심벌(◯, ●●●, ────)의 명칭을 순서대로 쓰시오.

(2) 배선 ①, ②, ③, ④의 가닥수를 순서대로 쓰시오. 단, 접지도체는 제외한다.

Answer

(1) 형광등, 단극 스위치, 천장 은폐배선
(2) ① 4가닥
   ② 4가닥
   ③ 3가닥
   ④ 2가닥

Explanation

 단극 스위치 또는 1로 3구 스위치

18 ★☆☆☆☆

다음 그림은 콘베어 회로의 일부이다. 부품이 조립 위치에 도달하면 LS에 의해 정지 되었다가 조립 시간(1시간) 후 콘베어에 의해 이동된다. 다시 부품이 콘베어에 의해서 조립 위치에 도달하면 위와 같은 동작이 반복된다. 다음 타임차트를 참고하여 미완성 sequence diagram을 완성하시오.

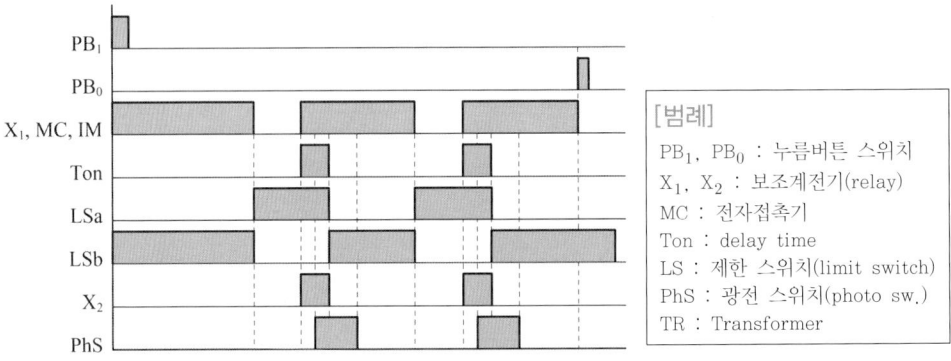

[범례]
PB_1, PB_0 : 누름버튼 스위치
X_1, X_2 : 보조계전기(relay)
MC : 전자접촉기
Ton : delay time
LS : 제한 스위치(limit switch)
PhS : 광전 스위치(photo sw.)
TR : Transformer

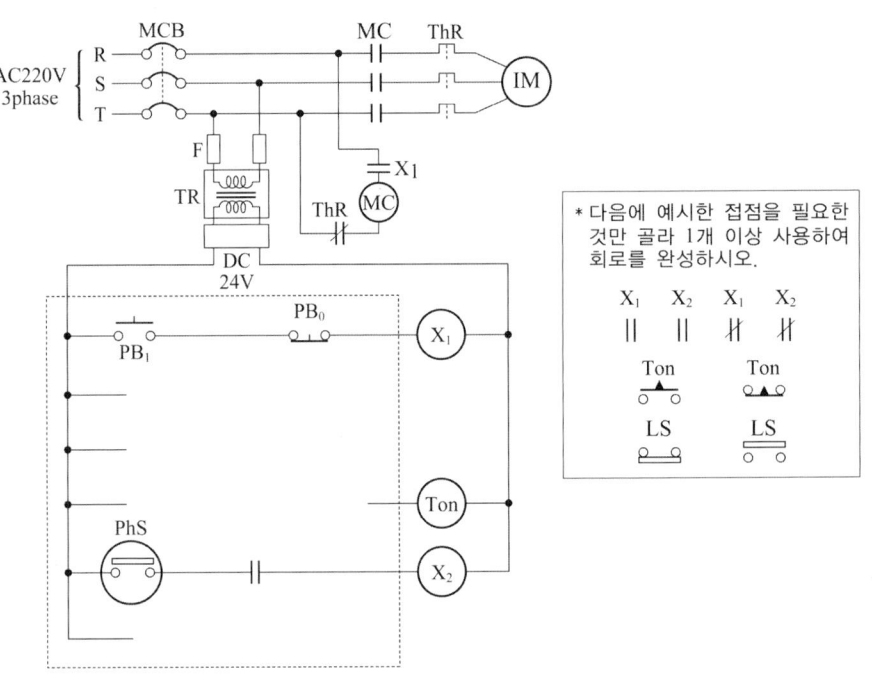

* 다음에 예시한 접점을 필요한 것만 골라 1개 이상 사용하여 회로를 완성하시오.

[콘베어 계통도]

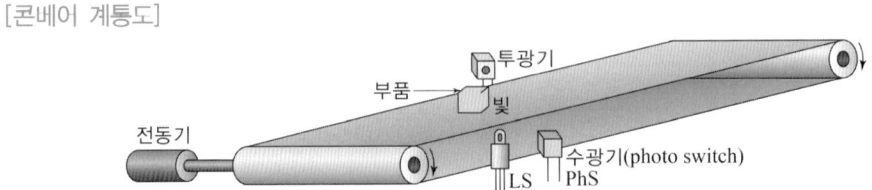

Answer

2005년 전기공사산업기사 실기

01 ★☆☆☆☆
축전지실의 점검 또는 보수할 때 유의점 5가지를 쓰시오.

Answer

① 충분한 환기
② 보호장구의 착용
③ 외부 손상 여부 점검
④ 균일 여부 점검
⑤ 누액 여부 점검

Explanation

그 외, ⑥ 화기 엄금 ⑦ 정전기 제거

02 ★★★★☆
활선 클램프란 무엇인지 설명하시오.

Answer

가공 배전선로의 장력이 걸리지 않는 장소에서 분기고리와 기기 리드선을 결선하는 데 사용

Explanation

활선 클램프(Live-Wire Clamps)
가공 배전선로의 장력이 걸리지 않는 장소에서 분기고리와 기기 리드선을 결선하는 데 사용

03 ★☆☆☆☆
강심 알루미늄선을 접속시키는 데 사용하는 자재는?

Answer

알루미늄선용 압축 슬리브

Explanation

품명	적용 개소
알루미늄선용 압축 슬리브	장력이 실리는 직선 개소의 ACSR 전선 접속
알루미늄선용 보수 슬리브	장력이 걸리는 직선 개소의 ACSR 전선의 전소선 중 10[%] 미만 손상 시 전선의 강도 보강용
알루미늄선용 분기 슬리브	장력이 걸리지 않는 개소의 Al-Al, Al-Cu 접속
압축형 이질금속 슬리브	장력이 걸리지 않는 개소의 Al-Cu 접속
분기접속용 동 슬리브	장력이 걸리지 않는 개소의 Cu 상호간 접속
분기 고리	COS 1차 리드선의 Al 본선과의 접속
활선 클램프	분기고리와 COS 1차 리드선 접속

04 다음 심벌의 명칭을 쓰시오.

Answer

VVF용 조인트 박스

Explanation

(KS C 0301) 옥내배선용 그림기호 일반 배선

VVF용 조인트 박스		단자 붙이임을 표시하는 경우에는 t를 표기한다.

BEST 05 피뢰 방식의 종류 4가지를 답하시오.

Answer

(1) 돌침 방식
(2) 용마루 위 도체 방식
(3) 케이지 방식
(4) 이온방사형 피뢰 방식

Explanation

피뢰침 설비에서 피뢰 방식
- 돌침 방식 : 돌침(突針)을 건축물에 직접 설치하는 방식과 건축물과 이격하여 설치하는 독립 피뢰침 방식이 있다.
- 수평도체 방식 : 건축물의 옥상에 거의 수평 되게 피뢰 도체를 설치하여 이 도체에서 낙뢰를 흡수하는 방식 수평도체 방식은 설치하는 방법에 따라 도체를 건축물에 직접 설치하는 방식과 격리해서 설치하는 독립 가공지선 방식이 있다.
- 케이지 방식 : 건축물의 주위를 피뢰 도선으로 새장(cage)처럼 감싸는 방식, 완전피뢰방식
- 이온 방사형 피뢰 방식 : 돌침부에서 전하 또는 펄스를 발생시켜 뇌운의 전하와 작용토록 하여 멀리 있는 뇌운의 방전을 유도하여 보호 범위를 넓게 하는 방식

06 설계서의 작성 순서에서 변경설계를 하려고 한다. 괄호 안에 알맞은 말은?

> 표지 - 목차 - ( ) - 일반시방서 - 특별시방서 - 예정공정표 - 동원인원 계획표 - 내역서 - 이하 생략

Answer

변경이유서

Explanation

설계 변경 절차
표지 - 목차 - 변경이유서 - 일반시방서 - 특별시방서 - 예정공정표 - 동원인원 계획표 - 내역서 - 일위대가표 - 자재표 - 중기사용료 및 잡비계산서 - 수량계산서 - 설계도면 - 이하 생략

07 접지도체의 굵기의 산정 기초에서 접지도체의 굵기를 결정하기 위한 계산 조건을 다음 물음에 답하시오.

(1) 접지도체에 흐르는 고장전류의 값은 전원 측 과전류 차단기 정격전류의 몇 배로 하는가?
(2) 과전류 차단기는 정격전류 20배의 전류에서 몇 초 이하에서 끊어지는 것으로 하는가?
(3) 고장전류가 흐르기 전의 접지도체 온도는 몇 도로 하는가?
(4) 고장전류가 흘렀을 때의 접지도체의 허용 온도는 몇 도로 하는가?

Answer

(1) 20배
(2) 0.1초
(3) 30[℃]
(4) 150[℃]

Explanation

(내선규정 100-11) 접지도체 굵기의 산정 기초
① 접지도체에 흐르는 고장전류의 값은 전원 측 과전류 차단기 정격전류의 20배로 한다.
② 과전류 차단기는 정격전류 20배의 전류에서는 0.1초 이하에서 끊어지는 것으로 한다.
③ 고장전류가 흐르기 전의 접지도체 온도는 30[℃]로 한다.
④ 고장전류가 흘렀을 때의 접지도체의 허용 온도는 160[℃]로 한다(따라서 허용 온도상승은 130[℃]가 된다).
접지도체의 굵기 : $A = 0.0496 I_n [\text{mm}^2]$ (여기서, I_n : 과전류 차단기의 정격전류)

08 용어의 정의에서 방전등기구란?

Answer

방전에 의한 발광을 이용하는 방전램프를 주광원으로 하는 조명 기구

> 이 문제는 변경된 KEC 적용으로 인하여 삭제하고, 아래 예상문제로 대체되었습니다.

09 한국전기설비규정에 의한 보호도체가 케이블의 일부가 아니거나 선도체와 동일 외함에 설치되지 않으면 단면적은 다음의 굵기 이상으로 하여야 한다. 빈 칸에 알맞은 수치를 적으시오.

(1) 기계적 손상에 대해 보호가 되는 경우
  구리 (①)[mm²], 알루미늄 (②)[mm²] 이상
(2) 기계적 손상에 대해 보호가 되지 않는 경우
  구리 (③)[mm²], 알루미늄 (④)[mm²] 이상

Answer

① 2.5   ② 16
③ 4   ④ 16

Explanation

(KEC 142.3.2조) 보호도체
보호도체가 케이블의 일부가 아니거나 선도체와 동일 외함에 설치되지 않으면 단면적은 다음의 굵기 이상으로 하여야 한다.

(1) 기계적 손상에 대해 보호가 되는 경우는 구리 2.5[mm²], 알루미늄 16[mm²] 이상
(2) 기계적 손상에 대해 보호가 되지 않는 경우는 구리 4[mm²], 알루미늄 16[mm²] 이상
(3) 케이블의 일부가 아니라도 전선관 및 트렁킹 내부에 설치되거나, 이와 유사한 방법으로 보호되는 경우 기계적으로 보호되는 것으로 간주한다.

10
★☆☆☆☆
35[mm²] 전선을 우산형 전선 접속을 하면서 소선 2가닥이 절단되었다. 어떻게 하여야 하는가?

Answer

인장 강도를 유지하기 위하여 접속하려던 소선을 모두 잘라내고 다시 접속한다.

11
★★☆☆☆
전선 접속 시 압축 단자를 사용하여 접속하는 압축 공구의 명칭은?

Answer

프레셔 툴

Explanation

프레셔 툴(pressure tool)
솔러리스(solderless)커넥터 또는 솔더리스 터미널을 압착하는 것(압착 펜치)

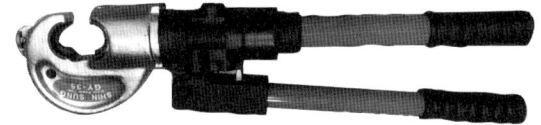

12 ★☆☆☆☆
애자는 사용전압에 따라 원칙적으로 하는 색채가 있다. 주어진 답안지의 사용전압을 보고 답안지에 색채를 답하시오.

애자 종류	색별
고압 및 특고압	(1)
저압(접지 측 전선을 지지하는 것을 제외)	(2)
저압(접지 측 전선을 지지하는 것)	(3)

Answer

(1) 갈색
(2) 백색
(3) 청색

Explanation

애자의 색상

애자 종류	색별
고압 및 특고압	갈색
저압(접지 측 전선을 지지하는 것을 제외)	백색
저압(접지 측 전선을 지지하는 것)	청색

13 ★★★☆☆
대형 부표준기 계기의 급별은 0.2급으로 표기할 때 휴대용 계기(정밀급) 및 배전반용 소형계기의 급별을 각각 쓰시오.

Answer

- 휴대용 계기(정밀급) : 0.5급
- 배전반용 소형계기 : 2.5급

Explanation

계기 등급(grade of meter)

등급별	허용차	용도
0.2급	±0.2[%]	부표준기(실험실용) 등
0.5급	±0.5[%]	정밀 측정용(휴대용 계기)
1.0급	±1.0[%]	소형 성밀용(소형 휴대용) 계기
1.5급	±1.5[%]	배전반용 계기(공업용 부통측정)
2.5급	±2.5[%]	정확함을 중시하지 않는 소형 계기

14 그림 중 □ 내의 기기 명칭을 기호로 써 넣으시오.

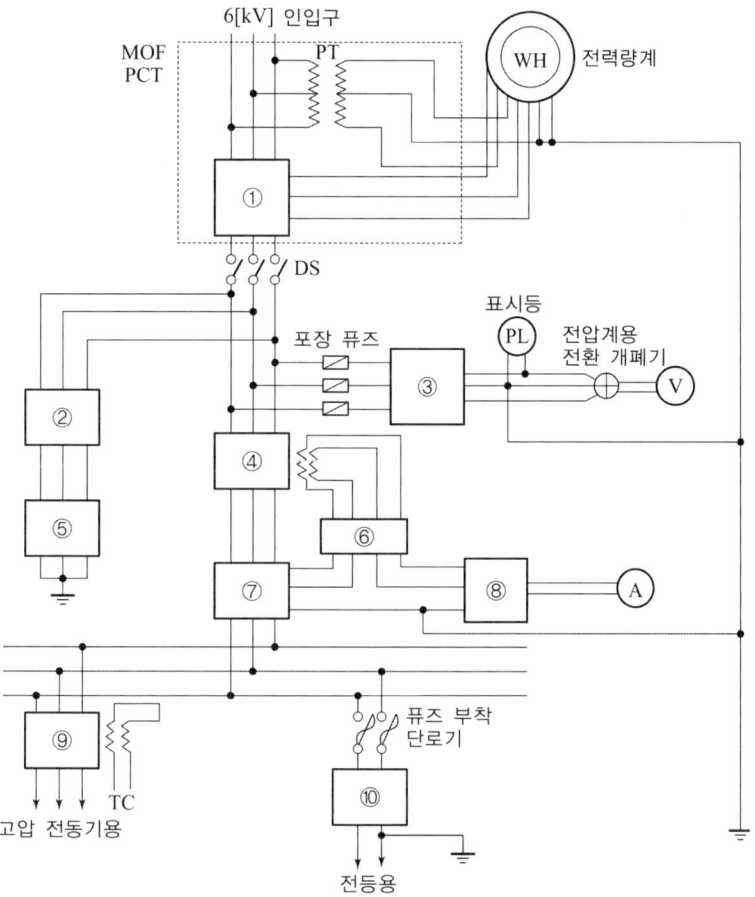

Answer

① CT　　② DS　　③ PT
④ CB　　⑤ LA　　⑥ OCR
⑦ CT　　⑧ AS　　⑨ CB
⑩ TR

Explanation

① CT(변류기)　　　　　　② DS(단로기)
③ PT(계기용 변압기)　　　④ CB(차단기)
⑤ LA(피뢰기)　　　　　　⑥ OCR(과전류 계전기)
⑦ CT(변류기)　　　　　　⑧ AS(전류계용 전환개폐기)
⑨ CB(차단기)　　　　　　⑩ TR(변압기)

15 도면은 154[kV]를 수전하는 어느 공장의 수전설비에 대한 단선도이다. 이 단선도를 보고 다음 각 물음에 답하시오.

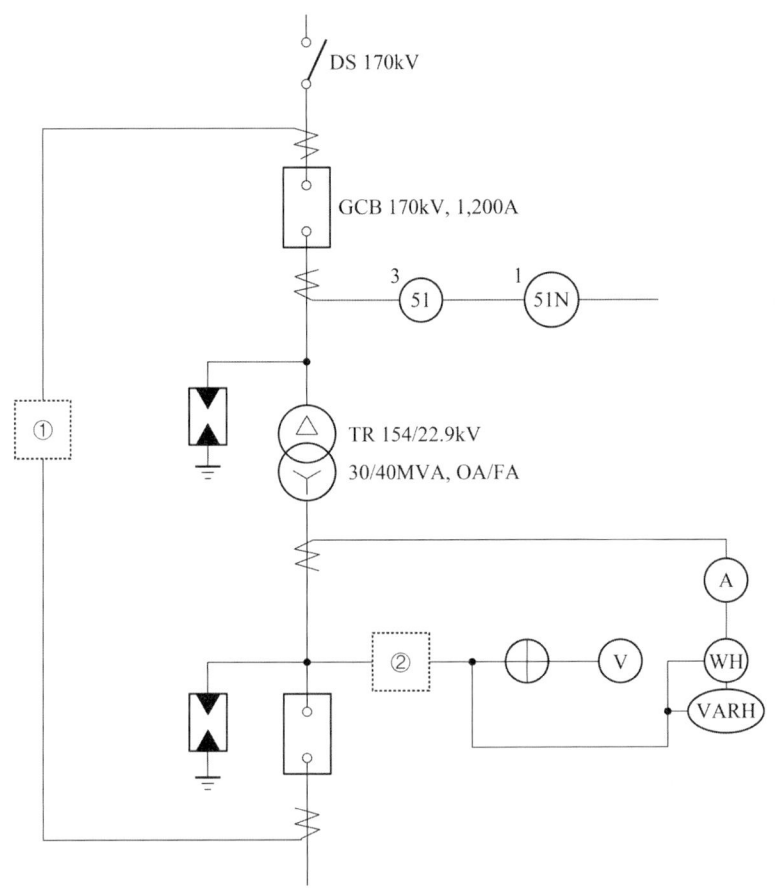

(1) ①에 설치되어야 할 기기의 심벌을 그리고, 그 명칭을 쓰시오.
(2) ②에 설치되어야 할 기기의 심벌을 그리고, 그 명칭을 쓰시오.
(3) 51, 51N의 기구 번호의 명칭은?
(4) GCB, VARH의 용어는?

Answer

(1) 심벌 : (87T)
    명칭 : 주변압기 차동계전기
(2) 심벌 : ⧘⧘⧘
    명칭 : 계기용 변압기
(3) 51 : 과전류 계전기
    51N : 중성점 과전류 계전기
(4) GCB : 가스차단기
    VARH : 무효전력량계

Explanation

(1) 계전기 고유번호

- 87 : 전류 차동계전기(비율 차동계전기)
- 87B : 모선 보호 차동계전기
- 87G : 발전기용 차동계전기
- 87T : 주변압기 차동계전기

(3)
- 51 : 교류 과전류 계전기
- 51G : 지락 과전류 계전기
- 51H : 고정정 OCR
- 51L : 저정정 OCR
- 51N : 중성점 OCR
- 51P : MTr 1차 OCR
- 51S : MTr 2차 OCR
- 51V : 전압억제부 OCR

(4) 차단기 종류

명칭	약호	소호매질
유입 차단기	OCB	절연유
기중 차단기	ACB	대기(공기)
자기 차단기	MBB	자계의 전자력
공기 차단기	ABB	압축공기
진공 차단기	VCB	진공
가스 차단기	GCB	SF_6

16 ★★★☆ 그림의 로직 회로는 지하철역의 무인 개찰 회로의 일부이다. ( ) 안에 알맞은 것을 보기에서 골라 답하시오.

[보기] MC, MM, OR, AND, FF_1, FF_2, A, NOT(중복도 가함)

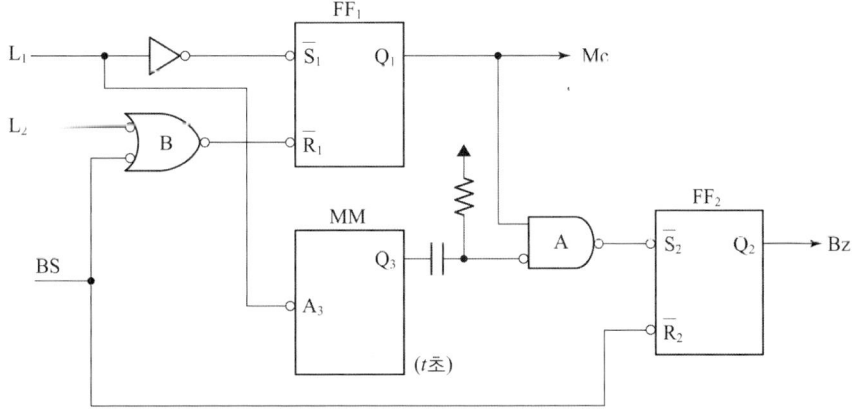

(1) 차표를 넣으면 L_1이 검출하여 (①)가 세트되고 (②)가 동작하여 차표 투입구를 닫는다. t초 후 차표가 배출구로 나오면 L_2가 검출하여 (③)가 리셋되고 (④)가 복귀하여 투입구를 연다.

(2) 차표를 넣은 후 T초(T > t)가 되어도 차표가 나오지 않으면 (⑤)의 출력과 미분회로에 의하여 (⑥)가 동작되므로 (⑦)가 세트되어 부저가 울린다. 이때 BS를 누르면 모두 복귀한다. 여기서, MM은 단안정 IC소자이다.

Answer

(1) ① FF_1 ② MC   ③ FF_1 ④ MC
(2) ⑤ FF_1 ⑥ A   ⑦ FF_2

Explanation

NAND 게이트로 된 R-S 래치
- NAND 게이트로 된 기본 플립플롭 회로에서, 두 입력이 모두 1이면 플립플롭의 상태는 전 상태를 그대로 유지하게 된다.
- 순간적으로 S 입력에 0을 가하면 Q는 1로, Q'는 0으로 바뀐다.
- S를 1로 바꾼 뒤에 R 입력을 0을 가하면 플립플롭은 클리어 상태가 된다.
- 두 입력이 동시에 0으로 될 때는 두 출력이 모두 1이 되기 때문에 정상적인 플립플롭 작동에서는 피해야 한다.

IC 타이머 SMV
- 단안정 멀티 바이브레이터(one shot)의 원리를 이용한 IC 타이머 소자인데 A, B 입력 중 입력은 고정하고 한 입력으로 트리거(trigger)하면 단안정 특성이 얻어진다(SMV, MM, MMV).

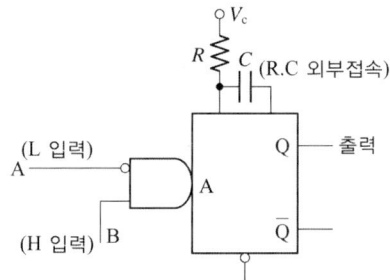

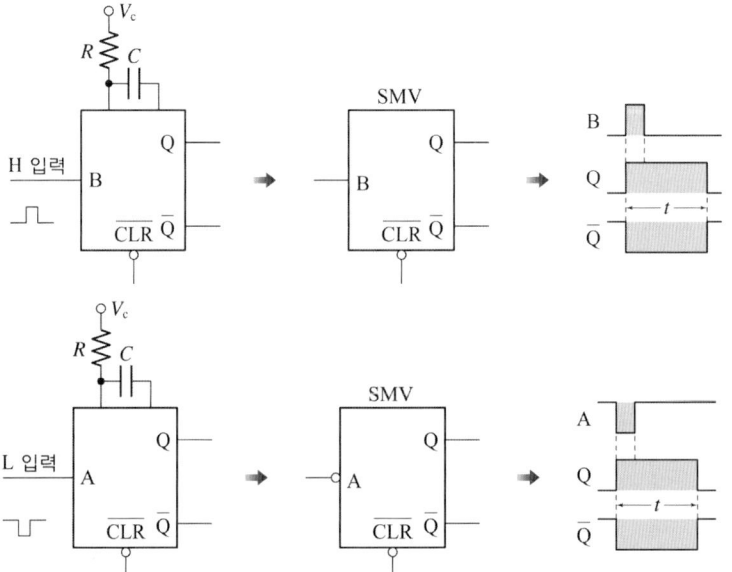

17 ★★★☆☆
다음 조건을 만족하는 회로를 구성하여 미완성 도면을 완성하시오.

[조건]
① Button Switch B_1 또는 B_2를 누르면(눌렀다 놓으면) 해당 번호의 전등 L_1 또는 L_2가 점등되고 동시에 Buzzer BZ가 일정 시간 동작하고 Timer T의 설정시간 후 L_1 또는 L_2와 BZ는 동시에 정지한다. L_1이 점등되고 있을 때 B_2를 눌러도 L_2는 점등되지 않는다. L_2가 점등되고 있을 때에도 B_1을 눌러도 L_1은 점등되지 않는다.
② 정지한 후 다시 B_1 또는 B_2를 누르면(눌렀다 놓으면) 해당 번호의 전등 L_1 또는 L_2가 점등되고 동시에 Buzzer BZ가 일정 시간 동작하고 Timer T의 설정시간 후 L_1 또는 L_2와 BZ는 동시에 정지한다.
③ 다음 Time Chart를 참고하시오.

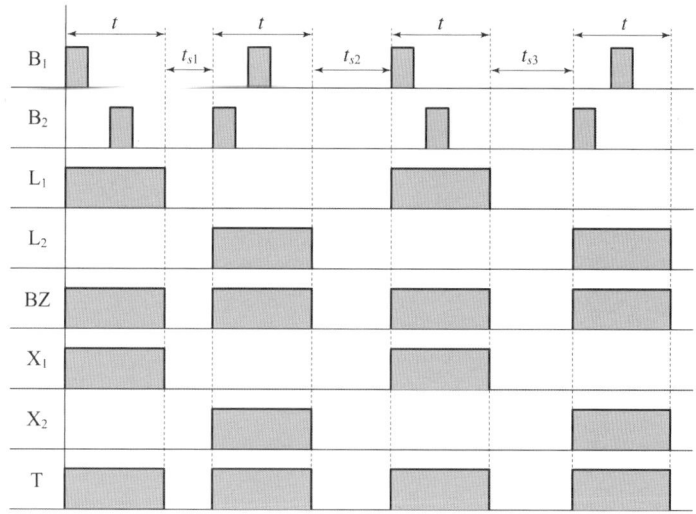

- t는 T의 설정시간
- t_{s1}, t_{s2}, t_{s3}는 L_1, L_2 및 Buzzer가 동작하지 않고 정지하고 있는 시간(문제와는 상관이 없으며 참고로 표시한 것임)

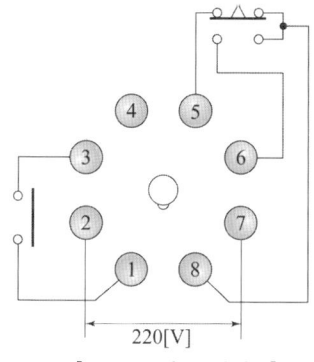

[TIMER 내부 결선도]

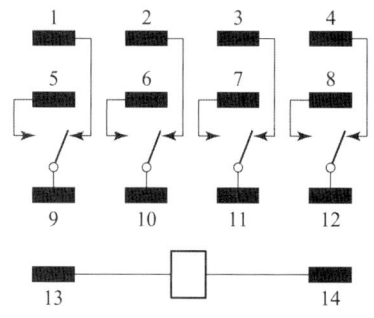

[Minipower Relay 내부 결선도(14pin)]

④ 미완성 도면

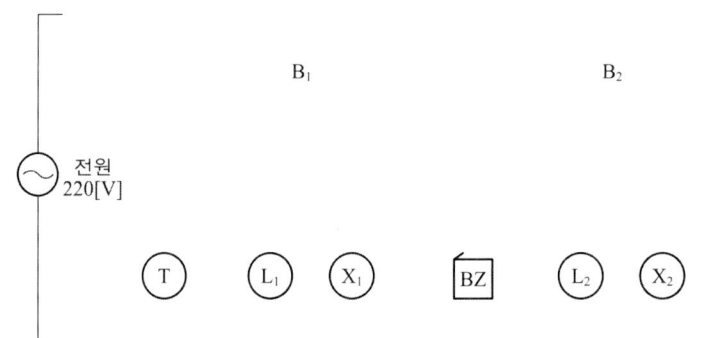

[범례]
- X_1, X_2 : Minipower Relay 내부 결선도(14pin)
- T : TIMER(8pin)

Answer

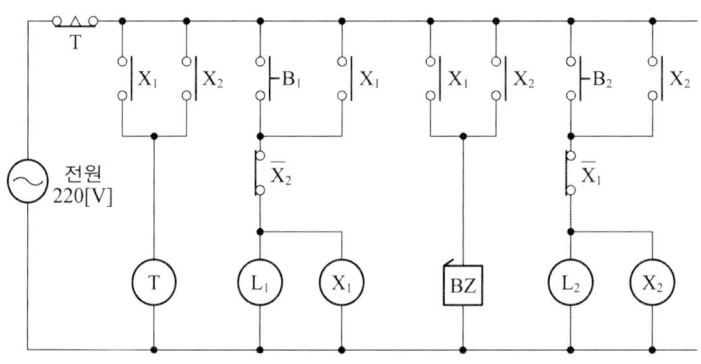

전기공사산업기사 실기

2006

과년도 기출문제

- 2006년 제 01회
- 2006년 제 02회
- 2006년 제 04회

2006년 과년도 기출문제에 대한 출제 빈도 분석 차트입니다.
각 회차별로 별의 개수를 확인하고 학습에 참고하기 바랍니다.

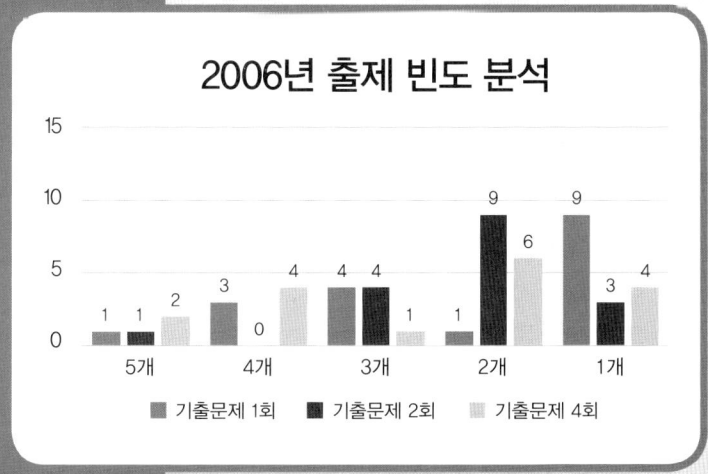

2006년 전기공사산업기사 실기

01 ★☆☆☆☆
변전소에 설치되는 전력수급용 계기용 변성기의 접지는 어느 곳에 하여야 하는가?

Answer

외함과 2차측 전로

Explanation

변전소 각 기기의 접지

대상 기기	접지 방법
피뢰기	접지망 교점 위치에 설치될 수 있도록 하고 접지도체는 최단거리로 접지망에 연결한다.
옥외철구	각 주(Post)마다 접지한다.
단로기의 조작함 및 핸들 가대	조작함 및 핸들 가대를 접지한다.
차단기	탱크와 설치 가대를 접지한다.
주변압기	탱크를 접지한다.
계기용변성기	단자함과 가대를 접지한다.
전력용 콘덴서	개별 그룹별 중성점을 한데 묶어 1선으로 접지망에 짧게 연결한다.
분로 리액터	탱크를 접지한다.
배전반	프레임(Frame)을 접지한다.
큐비클 및 옥내 파이프, 프레임	큐비클 내의 접지모선을 접지한다. 옥내 파이프 및 프레임은 각 주마다 접지한다.
차폐 케이블	차폐층의 양단을 접지한다.
계기용 변성기 2차 측	중성점을 배전반 접지모선에 1점만 접지한다.
소내변압기	탱크 및 2차 측의 1단을 접지한다.
통신선	보호용 피뢰기의 접지 측을 접지한다.
울타리	울타리 내의 모든 철재류는 접지한다.

02 ★☆☆☆☆
버스 덕트(Bus-Duct)의 종류 중 중간에 부하를 접속하지 아니하는 구조의 덕트를 무엇이라 하는가?

Answer

피더 버스 덕트

Explanation

(내선규정 2,245-3) 버스 덕트의 종류 및 정격

명칭	형식	설명
피더 버스 덕트	옥내용	도중에 부하를 접속하지 아니한 것
	옥외용	
익스팬션 버스 덕트	옥내용	열 신축에 따른 변화량을 흡수하는 구조인 것
탭붙이 버스 덕트		종단 및 중간에서 기기 또는 전선 등과 접속시키기 위한 탭을 가진 버스 덕트
트랜스포지션 버스덕트		각 상의 임피던스를 평균시키기 위해서 도체 상호의 위치를 관로 내에서 교체 시키도록 만든 버스 덕트
플러그 인 버스 덕트	옥내용	도중에 부하 접속용으로 꽂음 플러그를 만든 것

※ 트롤리 버스 덕트 : 도중에 이동 부하를 접속할 수 있도록 트롤리 접촉식 구조로 한 것

- 피더 버스 덕트 : 도중에 부하를 접속하지 아니한 것
- 플러그인 버스 덕트 : 덕트 도중에 부하 접속용으로 꽂음 플러그를 시설한 것
- 트롤리 버스 덕트 : 도중에 이동 부하를 접속할 수 있도록 트롤리 접촉식 구조로 한 것

03 ★☆☆☆☆
아날로그 멀티 테스터기로 직류전압을 측정하려고 한다. 흑색 리드선을 어느 단자에 연결하여야 하는가?

Answer

(-)단자

Explanation

멀티 테스터기
- (+)단자 : 적색 리드선을 연결
- (-)단자 또는 COM단자 : 흑색 리드선을 연결

04 ★★★☆☆
장선기(시메라)는 어떤 용도로 사용되는 공구인가?

Answer

이도 조정 및 지선의 장력 조정

Explanation

장선기(시메라) : 전선 가선 시 적정 이도까지 전선을 당겨주는 공구

05 ★★★☆☆
다음 설명과 같은 조명 방식의 명칭을 쓰시오.

[다음]
- 조명 방식 : 벽면을 밝은 광원으로 조명하는 방식으로 숨겨진 램프의 직접광이 아래쪽 벽, 커튼, 위쪽 천장면에 쪼이도록 조명하는 방식이다.
- 특징 : 실내면을 황색으로 마감하고, 밸런스 판으로 목재, 금속판 등 투과율이 낮은 재료를 사용하고 램프로는 형광램프가 적정하다.
- 용도 : 분위기 조명에 이용된다.

Answer

밸런스 조명(valance light)

Explanation

건축화 조명
- 루버 천장 조명
  - 천장면에 루버판을 부착하고 천장 내부에 광원을 배치하여 조명하는 방식
  - 낮은 휘도, 밝은 직사광을 얻고 싶은 경우 훌륭한 조명 효과
- 다운라이트 조명
  천장면에 작은 구멍을 많이 뚫어 그 속에 여러 형태의 하면개방형, 하면루버형, 하면확산형, 반사형 전구 등의 등기구를 매입하는 조명 방식
- 코퍼 조명
  - 천장면을 여러 형태의 사각, 동그라미 등으로 오려내고 다양한 형태의 매입기구를 취부하여 실내의 단조로움을 피하는 조명 방식
  - 고천장의 은행 영업실, 1층홀, 백화점 1층 등에 사용
- 밸런스 조명
  벽면을 밝은 광원으로 조명하는 방식으로 숨겨진 램프의 직접광이 아래쪽 벽, 커튼, 위쪽 천장면에 쪼이도록 조명하는 방식으로 분위기 조명
- 코브 조명
  - 램프를 감추고 코브의 벽, 천장 면에 플라스틱, 목재 등을 이용하여 간접 조명으로 만들어 그 반사광으로 채광하는 조명 방식
  - 천장과 벽이 2차 광원이 되므로 반사율과 확산성이 높아야 한다.
- 코너 조명
  - 천장과 벽면의 경계 구석에 등기구를 배치하여 조명하는 방식
  - 천장과 벽면을 동시에 투사하는 실내 조명 방식으로 지하도용에 이용
- 코니스 조명
  - 코너 조명과 같이 천장과 벽면 경계에 건축적으로 둘레턱을 만들어 내부에 등기구를 배치하여 조명하는 방식
  - 아래 방향의 벽면을 조명하는 방식
- 광량 조명
  연속열 등기구를 천장에 매입하거나 들보에 설치하는 조명 방식
- 광천장 조명
  천장면에 확산투과재인 메탈 아크릴 수지판을 붙이고 천장 내부에 광원 설치하는 조명 방식
- 건축화 조명의 종류

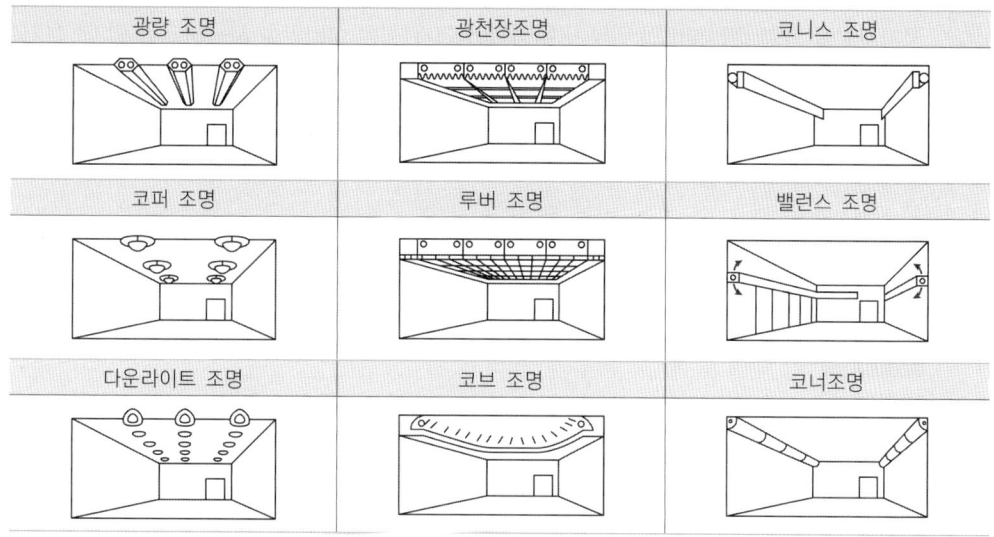

06 ★☆☆☆☆
다음과 같은 옥내배선용 그림기호의 명칭은 무엇인가?

 WP

Answer

방수형 스위치

Explanation

(KS C 0301) 옥내배선용 그림기호 스위치

명칭	그림 기호	적요
점멸기 (Switch)	●	① 용량의 표시 방법은 다음과 같다. 10[A]는 방기하지 않는다. 15[A] 이상은 전류값을 표기한다. [보기] ●15A ② 극수의 표시 방법은 다음과 같다. 단극은 방기하지 않는다. 2극 또는 3로, 4로는 각각 2P 또는 3, 4의 숫자를 표기한다. [보기] ●2P ●3 ③ 파일럿 램프를 내장하는 것은 L을 표기한다. ●L ④ 방수형은 WP를 표기한다. ●WP ⑤ 방폭형은 EX를 표기한다. ●EX ⑥ 타이머 붙이는 T를 표기한다. ●T

07 ★☆☆☆☆

공사계획에 의한 수전설비의 일부가 완성되어 그 완성된 설비만을 사용하고자 할 때 전기설비 검사 항목 처리 지침서에 의한 검사 항목을 5가지만 쓰시오.

Answer

① 외관 검사
② 접지저항 측정
③ 계측 장치 설치 상태 및 동작 상태 검사
④ 보호 장치 설치 및 동작 상태 검사
⑤ 절연유 내압 및 산기측정

Explanation

• 공사계획에 의한 수전설비의 일부가 완성되어 그 완성된 설비만을 사용하는 경우

전기설비 검사 항목 처리 지침서에 의한 검사 항목
① 외관 검사
② 접지저항 측정
③ 계측 장치 설치 상태 및 동작 상태 검사
④ 보호 장치 설치 및 동작 상태
⑤ 절연유 내압 및 산기측정
⑥ 절연 내력 시험
⑦ 절연저항 측정

BEST 08 ★★★★★

연축전지의 정격용량은 250[Ah]이고, 상시 부하가 8[kW]이며, 표준 전압이 100[V]인 부동충전방식의 충전전류는 몇 [A]인가? 단, 연축전지의 방전율은 10시간율로 계산한다.

• 계산 :   • 답 :

Answer

계산 : $I = \dfrac{250}{10} + \dfrac{8,000}{100} = 105[A]$ 답 : 105[A]

Explanation

부동충전
축전지의 자기 방전을 보충하는 동시에 상용 부하에 대한 전력 공급은 충전기가 부담하고 충전기가 부담하기 어려운 일시적인 대전류 부하는 축전지가 부담하도록 하는 방식

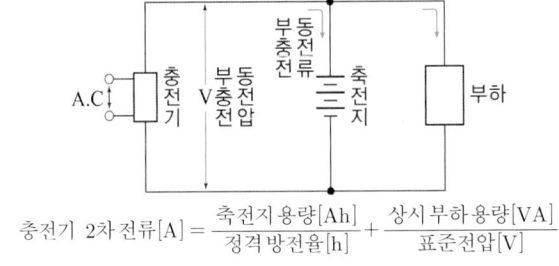

충전기 2차 전류[A] = $\dfrac{축전지 용량[Ah]}{정격 방전율[h]} + \dfrac{상시 부하용량[VA]}{표준전압[V]}$

09 금속관 공사에 사용하는 금속관의 단구(端口)에는 전선의 인입 또는 교체 시에 전선의 피복이 손상되지 아니하도록 시설장소에 따라 다음 각 호에 의하여 시설하여야 한다. 괄호 안(①~⑦)에 알맞은 부품을 써 넣으시오.

- 관단(管端)에는 (①)을(를) 사용하여야 한다. 다만, 금속관에서 애자공사로 바뀌는 개소에는 (②), (③), (④) 등을 사용하여야 한다.
- 우선 외(雨線外)에서 수직 배관의 상단에는 (⑤)을(를) 사용하여야 한다.
- 우선 외(雨線外)에서 수평 배관의 말단에는 (⑥) 또는 (⑦)을(를) 사용해야 한다.

Answer

① 부싱 ② 절연부싱 ③ 터미널 캡 ④ 엔드 ⑤ 엔트런스 캡 ⑥ 터미널 캡 ⑦ 엔트런스 캡

Explanation

(내선규정 2,225-11) 관의 단면에서 전선의 보호
1. 금속관 공사에 사용하는 금속관의 단면은 매끈하게 하고 전선의 피복이 손상될 우려가 없도록 하여야 한다.
2. 금속관 공사에 사용하는 금속관의 단면은 전선의 인입 또는 교체 시에 전선의 피복이 손상되지 아니하도록 시설장소에 따라 다음 각 호에 의하여 시설하여야 한다.
   ① 관의 단면은 부싱을 사용하여야 한다. 다만, 금속관에서 애자사용 배선으로 바뀌는 개소에는 절연부싱, 터미널 캡, 엔드 등을 사용하여야 한다.
   ② 우선 외(雨線 外)에서 수직 배관의 상단에는 엔트런스 캡을 사용할 것
   ③ 우선 외에서 수평 배관의 말단에는 터미널 캡 또는 엔트런스 캡을 사용할 것

10 피뢰기의 설치공사를 하기 전에 피뢰기의 이상 유무 등을 점검하려고 한다. 반드시 점검하여야 할 사항을 3가지만 쓰시오.

Answer

① 피뢰기 애자 부분의 손상 여부를 점검
② 피뢰기 1, 2차 측 단자 및 단자볼트 이상 유무를 점검
③ 피뢰기의 절연저항을 측정

11 다음 전선의 표시 약호에 대한 우리말 명칭을 쓰시오.

- RIF 전선 :
- NR 전선 :
- OE 전선 :
- DV 전선 :
- OW 전선 :

Answer

- RIF 전선 : 300/300[V] 유연성 고무절연 고무시스 코드
- DV 전선 : 인입용 비닐절연전선
- NR 전선 : 450/750[V] 일반용 단심 비닐절연전선
- OW 전선 : 옥외용 비닐절연전선
- OE 전선 : 옥외용 폴리에틸렌 절연전선

Explanation

(내선규정 100-2) 전선 약호

약호	명칭
ACSR	강심 알루미늄 연선
ACSR-OC 전선	옥외용 강심 알루미늄도체 가교 폴리에틸렌 절연전선
ACSR-OE 전선	옥외용 강심 알루미늄도체 폴리에틸렌 절연전선
AL-OC 전선	옥외용 알루미늄도체 가교 폴리에틸렌 절연전선
AL-OE 전선	옥외용 알루미늄도체 폴리에틸렌 절연전선
AL-OW 전선	옥외용 알루미늄도체 비닐 절연전선
DV 전선	인입용 비닐 절연 전선
FL 전선	형광 방전등용 비닐 전선
HR(0.5) 전선	500[V] 내열성 고무 절연전선(110[℃])
HR(0.75) 전선	750[V] 내열성 고무 절연전선(110[℃])
NR 전선	450/750[V] 일반용 단심 비닐 절연 전선
NRI(70) 전선	300/500[V] 기기 배선용 단심 비닐절연전선(70[℃])
NRI(90) 전선	300/500[V] 기기 배선용 단심 비닐절연전선(90[℃])
OC 전선	옥외용 가교 폴리에틸렌 절연전선
OE 전선	옥외용 폴리에틸렌 절연전선
OW 전선	옥외용 비닐 절연 전선
RIF 전선	300/300[V] 유연성 고무절연 고무 시스 코드
RICLF 전선	300/300[V] 유연성 고무절연 가교폴리에틸렌 비닐 시스 코드
RL 전선	300/500[V] 유연성 고무 시스 리프트 케이블

12 후강전선관은 공장 등의 배관에서 특히 강도를 필요로 하는 경우 또는 폭발성 가스나 부식성 가스가 있는 장소에 사용하며, 관의 굵기의 종류에는 10종류가 있다. 그 종류를 모두 나열할 때 괄호 안에 들어갈 규격을 쓰시오.

"( ), 22, 28, ( ), 42, ( ), 70, ( ), ( ), ( )"

Answer

16, 36, 54, 82, 92, 104

Explanation

(내선규정 2,225) 금속관의 종류

종류	관의 호칭
후강 전선관(근사내경, 짝수, G)	16 22 28 36 42 54 70 82 92 104
박강 전선관(근사외경, 홀수, C)	19 25 31 39 51 63 75
나사 없는 전선관(E)	박강 전선관과 치수가 같다.

13 공사원가 구성에 관하여 아래의 답안에 적당한 비목을 완성하시오.

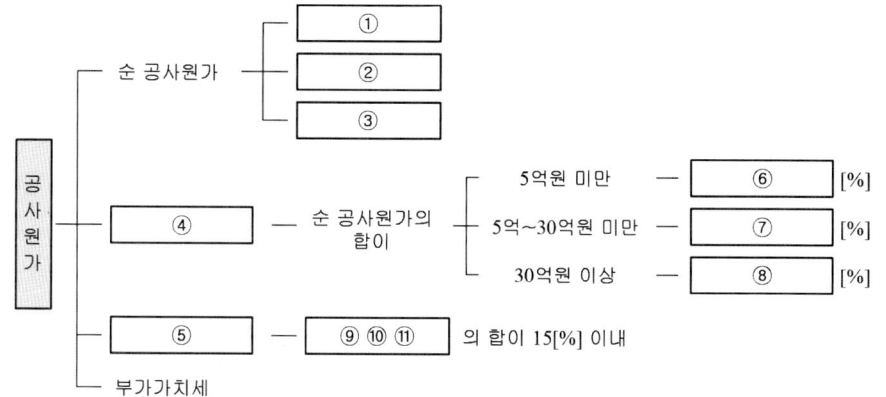

Answer

① 재료비 ② 노무비 ③ 경비
④ 일반 관리비 ⑤ 이윤 ⑥ 6
⑦ 5.5 ⑧ 5 ⑨ 노무비
⑩ 경비 ⑪ 일반 관리비

Explanation

- 순 공사원가 : 재료비, 노무비, 경비
- 총 공사원가 : 재료비, 노무비, 경비, 일반 관리비, 이윤
- 일반 관리 비율

종합공사		전문·전기·정보통신·소방 및 기타공사	
공사원가	일반관리비율[%]	공사원가	일반관리비율[%]
50억 미만	6.0	5억원 미만	6.0
50억원~300억원 미만	5.5	5억원~30억원 미만	5.5
300억원 이상	5.0	30억원 이상	5.0

BEST

14 그림과 같이 외등용 전선관을 지중에 매설하려고 한다. 터파기(흙파기)량은 얼마인가? 단, 매설 기리는 70[m]이고, 전선관의 변석은 무시한다.

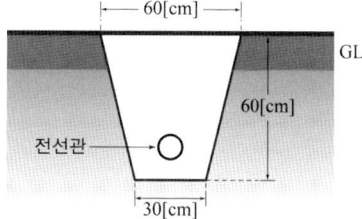

Answer

계산 : 줄기초 파기이므로 $V_o = \dfrac{0.6+0.3}{2} \times 0.6 \times 70 = 18.9[\text{m}^3]$ 답 : $18.9[\text{m}^3]$

Explanation

터파기량 계산
- 줄기초 파기 : 전선관 매설

$$터파기량[m^3] = \left(\frac{a+b}{2}\right) \times h \times 줄기초\ 길이$$

15 ★★★★☆
폴리머 애자 설치에 관한 그림이다. 각 기호의 ①, ②, ③, ④ 명칭을 쓰시오.

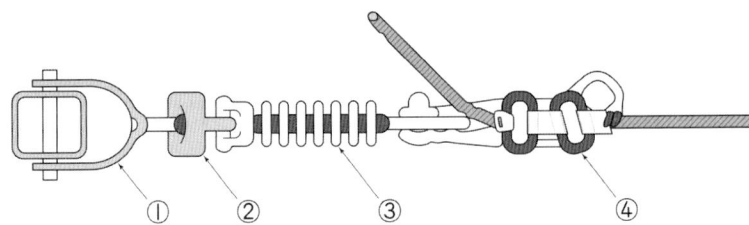

Answer

① 볼 쇄클   ② 소켓 아이   ③ 폴리머 애자   ④ 데드 엔드 클램프

16 ★☆☆☆☆
전선의 굵기를 나타내는 방법으로 연선과 단선은 어떻게 표시하는가?

Answer

단선 : 도체의 지름[mm]
연선 : 도체의 공칭단면적[mm^2]

Explanation

- 단선 : 소선수가 하나인 전선
  전선의 굵기는 도체의 직경인 [mm]로 사용
- 연선 : 여러 개의 소선이 하나의 전선을 이루고 있는 전선
  전선의 굵기는 도체의 공칭단면적인 [mm^2]로 사용

17 도면은 옥내배선의 배치도이다. 동작 설명을 이해하고 미완성 결선도(시퀀스)를 완성하시오. 단, KS는 단투 커버 나이프 스위치, J는 정션박스이다.

[동작 설명]
- 스위치 S를 ON하고 누름 버튼스위치 PB_1을 누르면 릴레이 Ry_1이 여자되고 부저 B가 울림과 동시에 전등 R_1, R_2가 직렬로 점등된다. 다음 누름 버튼스위치 PB_2를 누르면 릴레이 Ry_2가 여자되고 부저 B가 정지함과 동시에 릴레이 Ry_1이 소자되어 전등 R_1, R_2가 병렬 점등된다.
- 스위치 S를 OFF하면 모든 동작이 정지된다.

[도면]

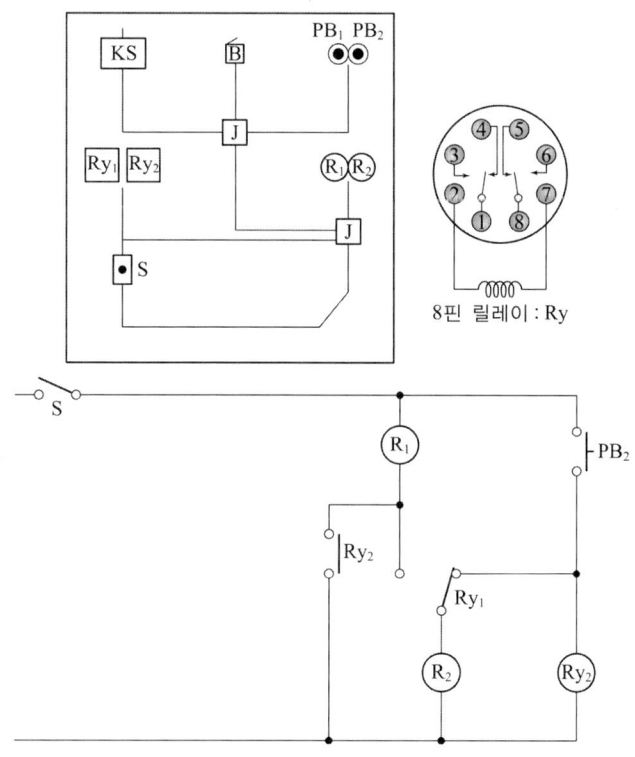

Answer

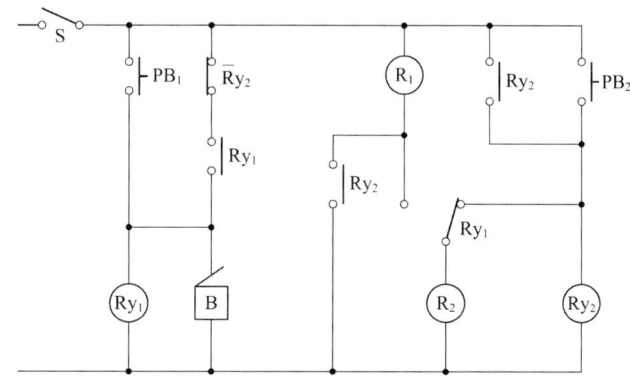

18 전기공사의 배치도 및 시퀀스도와 동작 설명을 보고 공사를 시행하기 위한 실체 배선도를 그리시오.

[배치도]

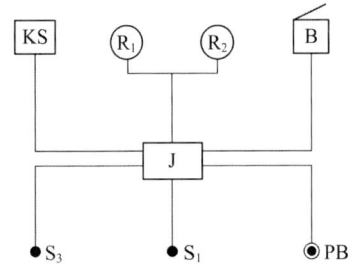

[시퀀스도]

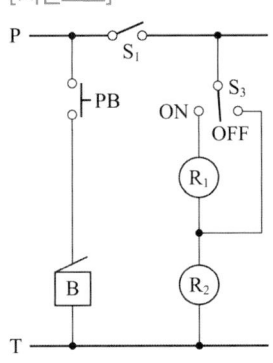

[동작 설명]

① 나이프스위치 KS에 의해서 회로가 개폐된다.

② 스위치 S_1을 ON하고 스위치 S_3를 ON하면 램프가 직렬 점등하고, 스위치 S_3를 OFF하면 R_2 만 점등한다.

③ 누름 버튼스위치 PB를 ON하고 있는 동안에 부저 B가 울린다.

Answer

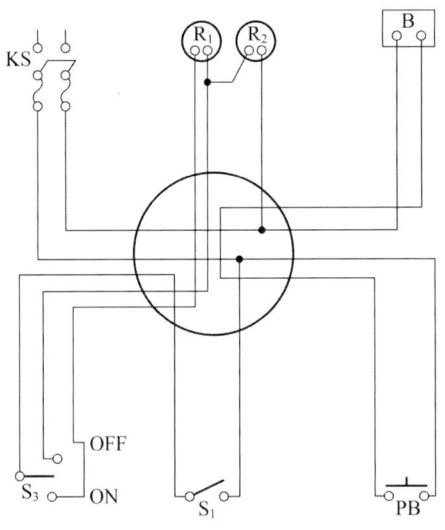

2006년 전기공사산업기사 실기

01 다음의 보기에서 OLTC의 구성 요소가 아닌 것을 모두 골라 쓰시오.

[보기] 부하전류 개폐기, 탭 선택기, 탭 확장기, 변류기, 차단기

Answer

변류기, 차단기

Explanation

OLTC : 부하 시 탭절환 장치(On Load Tap Changer)
OLTC의 구성기기
① 탭 선택기(Tap Selector), 탭 확장기
② 절환개폐기
③ 한류 저항기 또는 한류 리액터
④ 구동장치
⑤ 자동제어장치 및 보호장치

02 애자공사에 사용되는 애자에 대한 다음 ( ) 안에 알맞은 말을 써 넣으시오.

"애자공사에 사용하는 애자는 (   ), (   ) 및 (   )이 있는 것이어야 한다."

Answer

절연성, 난연성, 내수성

Explanation

(KEC 232.26.2) 애자의 선정
애자공사에 사용하는 애자는 절연성, 난연성 및 내수성이 있는 것이어야 한다.

03 접지도체를 사용하여 접지를 하여야 할 개소를 6개소만 쓰시오.

Answer

① 일반기기 및 제어반의 외함
② 피뢰기의 접지단자
③ 계기용 변성기의 2차 측
④ 다선식 전로의 중성선 또는 1단자
⑤ 케이블의 차폐선
⑥ 옥외 철구

Explanation

⑦ 금속제의 전선관, 덕트
⑧ 케이블의 금속 피복

04 ★★★☆☆ 견적 순서를 발주자 및 수주자 입장에서 작성해 보면 다음의 흐름도와 같다. 빈칸 ①~⑤에 알맞은 답을 써 넣으시오.

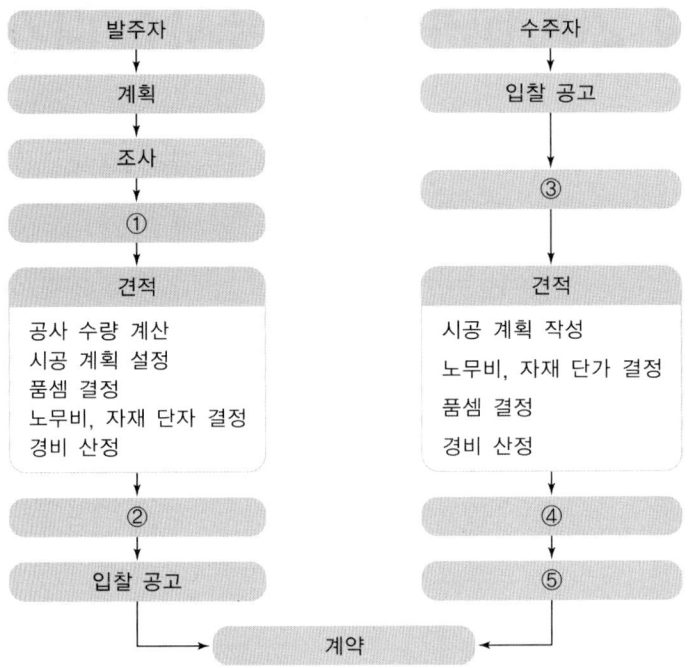

Answer

① 설계   ② 예정가격 결정   ③ 현장 설명   ④ 견적가 결정   ⑤ 입찰

Explanation

견적 순서

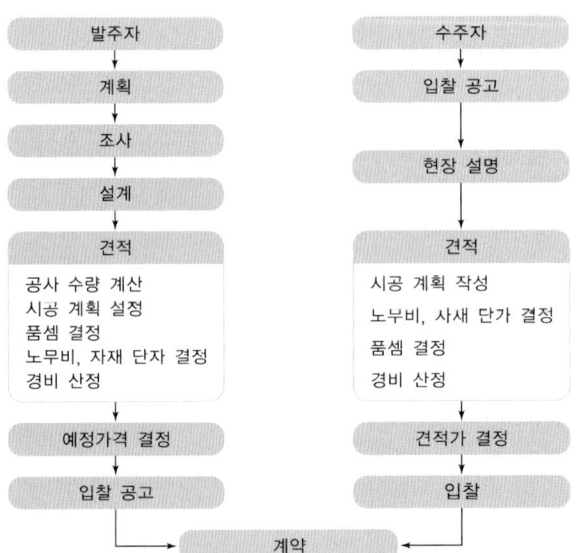

05 ★★☆☆☆
화재안전기준에 의해 비상콘센트 설비의 전원회로(비상콘센트에 전력을 공급하는 회로를 말한다)를 하려고 한다. 다음 ( ) 안의 ①~④에 알맞은 수 값을 써넣으시오.

> "비상콘센트 설비의 전원회로는 3상 교류 (①)[V]인 것과 단상교류 (②)[V]인 것으로, 그 공급 용량은 3상 교류의 경우 (③)[kVA] 이상인 것과 단상 교류의 경우 (④)[kVA] 이상인 것으로 할 것"

Answer

① 380   ② 220   ③ 3   ④ 1.5

Explanation

NFSC 504 비상콘센트 설비
① 비상콘센트 설비의 전원회로는 3상 교류 380[V]인 것과 단상교류 220[V]인 것으로서, 그 공급용량은 3상 교류의 경우 3[kVA] 이상인 것과 단상교류의 경우 1.5[kVA] 이상인 것으로 할 것
② 비상콘센트의 플러그 접속기는 3상 교류 380[V]의 것에 있어서는 접지형 3극 플러그접속기를 단상교류 220[V]의 것에 있어서는 접지형 2극 플러그 접속기를 사용하여야 한다.

06 ★★☆☆☆
수전을 지중 인입선으로 시설하는 경우 22.9[kV-Y] 계통에서는 주로 어떤 케이블을 사용하는지 그 명칭을 쓰시오.

Answer

동심중성선 수밀형 전력케이블(CNCV-W)

Explanation

특고압 간이 수전 설비 표준 결선도(22.9[kV-Y] 1,000[kVA] 이하를 시설하는 경우)

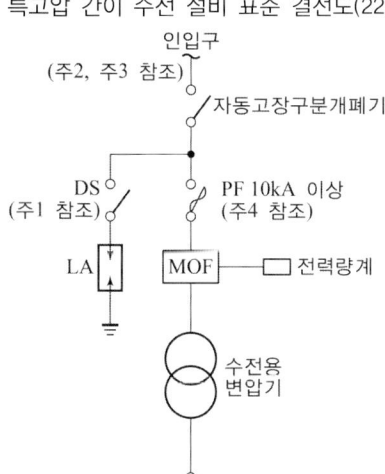

약호	명칭
DS	단로기
ASS	자동고장 구분 개폐기
LA	피뢰기
MOF	전력 수급용 계기용 변성기
COS	컷아웃 스위치
PF	전력 퓨즈

[주1] LA용 DS는 생략할 수 있으며 22.9[kV-Y]용의 LA는 Disconnector(또는 Isolator) 붙임형을 사용하여야 한다.
[주2] 인입선을 지중선으로 시설하는 경우로서 공동주택 등 사고 시 정전 피해가 큰 수전 설비인입선은 예비선을 포함하여 2회선으로 시설하는 것이 바람직하다.
[주3] 지중 인입선의 경우에 22.9[kV-Y] 계통은 CNCV-W 케이블(수밀형) 또는 TR CNCV-W(트리억제형)을 사용하여야 한다. 다만, 전력구, 공동구, 덕트, 건물구내 등 화재의 우려가 있는 장소에서는 FR CNCO-W(난연) 케이블을 사용하는 것이 바람직하다.
[주4] 300[kVA] 이하인 경우는 PF 대신 COS(비대칭 차단전류 10[kA] 이상의 것)을 사용할 수 있다.
[주5] 특별고압 간이 수전설비는 PF의 용단 등의 결상사고에 대한 대책이 없으므로 변압기 2차측에 설치되는 주차단기에는 결상계전기 등을 설치하여 결상사고에 대한 보호능력이 있도록 함이 바람직하다.

07 표준품셈에서 옥외 전선의 할증률은 몇 [%] 이내로 하여야 하는가?

Answer

5[%]

Explanation

전기재료 할증

종류	할증률[%]
옥외전선	5
옥내전선	10
Cable(옥외)	3
Cable(옥내)	5
전선관(옥외)	5
전선관(옥내)	10
Trolley선	1
동대, 동봉	3

08 전선을 접속할 때의 주의사항을 3가지만 쓰시오.

Answer

① 전선의 세기를 20[%] 이상 감소시키지 아니할 것
② 전선의 접속 부분은 접속관 기타의 기구를 사용할 것
③ 접속 부분의 절연전선에 절연물과 동등 이상의 절연효력이 있는 접속기를 사용할 것

Explanation

(KEC 123조) 전선의 접속
① 전선의 세기를 20[%] 이상 감소시키지 아니할 것
② 접속 부분은 접속관 기타의 기구를 사용할 것
③ 절연전선 상호·절연전선과 코드, 캡타이어 케이블 또는 케이블과를 접속하는 경우에는 접속 부분의 절연전선에 절연물과 동등 이상의 절연효력이 있는 접속기를 사용할 것
④ 코드 상호, 캡타이어 케이블 상호, 케이블 상호 또는 이들 상호를 접속하는 경우에는 코드 접속기, 접속함 기타의 기구를 사용할 것
⑤ 전기 화학적 성질이 다른 도체를 접속하는 경우에는 접속 부분에 전기적 부식(電氣的腐蝕)이 생기지 아니하도록 할 것

09 지중 케이블의 고장 개소를 찾는 방법 5가지를 쓰시오.

Answer

① 머레이 루프법
② 펄스 레이더법
③ 정전용량법
④ 수색코일법
⑤ 음향에 의한 방법

Explanation

지중전선로 고장점 탐색법
① 머레이 루프법
   휘스톤 브리지의 원리를 이용하는 방식

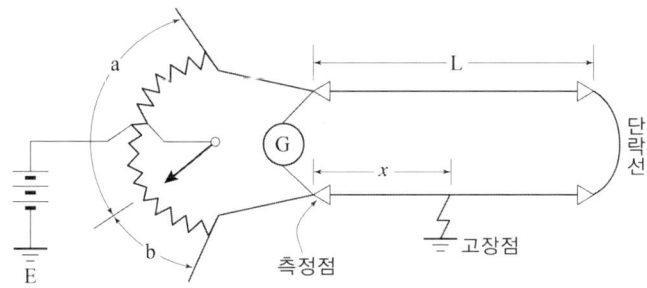

검류계에 전류가 흐르지 않으면 평형 상태이므로
$a \cdot x = b \cdot (2L - x)$
$\therefore \ x = \dfrac{b}{a+b} \times 2L \, [m]$

여기서, L : 선로의 전체 길이[m]
　　　　x : 측정점에서 고장점까지의 거리[m]

② 수색코일법
   케이블의 한쪽에서 600[Hz] 정도의 단속전류를 흘리고 지상에서는 수색코일에 증폭기와 수화기를 연결하여 케이블을 따라 고장점 탐색하는 방법

③ 정전용량법
   구조가 같은 케이블은 정전용량이 길이에 비례하는 것을 이용하여 고장점을 탐색하는 방법
   $L = 선로 긍장 \times \dfrac{C_x}{C_o}$

   여기서, C_x : 사고 상의 사고점까지의 정전용량 측정치
   　　　　C_o : 건전상의 정전용량 측정치

④ 펄스 레이더법
   케이블의 한쪽에서 펄스를 입사하면 케이블의 서지 임피던스가 급변하므로 입사파 일부는 고장점에서 되돌아오는 시간을 측정하여 고장점 탐색하는 방법

⑤ 음향법
   고장케이블에 고전압의 펄스를 보내어 고장점에서 발생하는 방전음을 이용하여 고장점을 탐색하는 방법

10 그림은 피뢰기 설치에서 개폐기 보호용 피뢰기 리드선 접속이다. 그림을 보고 물음에 답하시오.
단, 배전 계통의 피뢰기 접지방식이다.

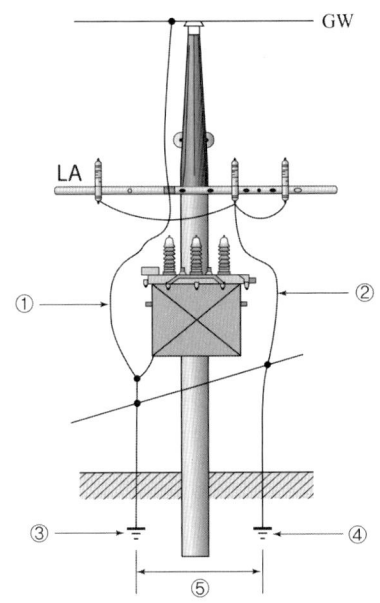

(1) ①은 어떤 접지도체인가?
(2) ②는 어떤 접지도체인가?
(3) ③의 접지는 몇 [Ω]인가?
(4) ④의 접지는 몇 [Ω]인가?
(5) ⑤의 간격은 몇 [m]인가?

Answer

(1) 완금 접지도체　　　(2) 피뢰기 접지도체
(3) 25[Ω] 이하　　　　(4) 25[Ω] 이하
(5) 1[m] 이상

Explanation

피뢰기 접지의 접지저항
- 발·변전소, 케이블, 기타 중요한 기기에 설치하는 접지저항 값은 10[Ω] 이하로 한다.
- 접지계통의 선로에 시설하는 피뢰기의 접지도체는 중성선에 연결하고 그 전주에서 접지한다. 이 때 접지점의 접지저항 값은 아래 표의 값 이하로 한다.

구분	피뢰기	가공지선
선로 보호용	25[Ω]	50[Ω]
주상기기 보호용	25[Ω]	25[Ω]
입상케이블 보호용	10[Ω]	25[Ω]

[주1] 접지극을 공동 시공하되, 접지저항 값은 접지대상 설비 중 낮은 값 적용
[주2] 비접지방식은 개별 접지, 다중접지방식은 공동접지 시행

11 축전지를 충전하려고 할 때 충전이 잘 되지 않고 있다. 그 원인으로 볼 수 있는 사항을 3가지만 쓰시오.

Answer

① 충전 장치의 이상
② 축전지의 이상
③ 충전기와 축전지 사이의 배선 이상

Explanation

④ 극판에 설페이션 현상이 발생하였을 때
⑤ 축전지를 장기간 방치하여 회복 불능의 상태일 때
⑥ 충전회로가 접지되었을 때

12 유도등 설비에 대한 다음 ( ) 안에 알맞은 말을 써넣으시오.

> "건축전기설비나 소방설비에서 유도등 설비는 화재 등 비상시에 사람의 피난을 용이하게 하기 위한 피난구의 표시 또는 방향을 지시하는 조명설비로 설치 장소에 따라 ( )유도등, ( )유도등, ( )유도등으로 분류된다."

Answer

피난구, 통로, 객석

Explanation

(NFSC 303) 유도등
건축전기설비나 소방설비에서 유도등 설비는 화재 등 비상시에 사람의 피난을 용이하게 하기 위한 피난구의 표시 또는 방향을 지시하는 조명설비로 설치 장소에 따라 피난구유도등, 통로유도등, 객석유도등으로 분류된다.

13 노출배관공사 시 관을 직각으로 굽히는 곳에 사용하는 재료의 명칭을 쓰시오.

Answer

유니버설 엘보우(Universal elbow)

Explanation

금속관 공사용 부품

명칭	사용 용도
로크너트(lock nut)	관과 박스를 접속하는 경우 파이프 나사를 죄어 고정시키는 데 사용
부싱(bushing)	전선 관단에 끼우고 전선을 넣거나 빼는 데 있어서 전선의 피복을 보호하여 전선이 손상되지 않게 하는 것
커플링(coupling)	• 금속관 상호 접속 또는 관과 노멀 밴드와의 접속에 사용 • 관의 양측을 돌려서 접속할 수 없는 경우 : 유니온 커플링
새들(saddle)	노출 배관에서 금속관을 조영재에 고정시키는 데 사용

노멀 밴드(normal bend)	배관의 직각 굴곡에 사용
링 리듀서	금속을 아웃렛 박스의 로크 아웃에 취부할 때 로크아웃의 구멍이 관의 구멍보다 클 때 사용
유니버설 엘보우 (elbow)	• 노출 배관공사에 관을 직각으로 굽혀야 할 곳의 관 상호 접속 또는 관을 분기해야 할 곳에 사용 • 3방향으로 분기하는 T형 엘보우, 4방향으로 분기하는 크로스 엘보우

14 배선에 필요한 다음 각 물음에 답하시오.

(1) 천장 은폐 배선의 그림기호를 도시하시오.
(2) VVF용 조인트 박스의 그림기호를 도시하시오.

Answer

(1) ───────── (2) ⊘

Answer

(KS C 0301) 옥내배선용 그림기호 일반 배선

(1)

명칭	그림기호	적요
천장 은폐 배선	───────	① 천장 은폐 배선 중 천장 속의 배선을 구별하는 경우는 천장 속의 배선에 ─·─·─를 사용하여도 좋다. ② 노출 배선 중 바닥면 노출 배선을 구별하는 경우는 바닥면 노출 배선에 ─·─·─를 사용하여도 좋다. ③ 전선의 종류를 표시할 필요가 있는 경우는 기호를 기입한다. [보기] • 600[V] 비닐 절연 전선 : IV • 600[V] 2종 비닐 절연 전선 : HIV • 가교 폴리에틸렌 절연 비닐 시스 케이블 : CV • 600[V] 비닐 절연 비닐 시스 케이블(평형) : VVF ④ 절연 전선의 굵기 및 전선 수는 다음과 같이 기입한다. 단위가 명백한 경우는 단위를 생략하여도 좋다. [보기] ╫ ╫ ╫ ╫ 1.6 2 2[mm²] 8 숫자 방기의 보기 : 1.6 × 5 5.5 × 1
바닥 은폐 배선	─ ─ ─ ─	
노출 배선	············	

(2)

VVF용 조인트 박스	⊘	단자 붙이임을 표시하는 경우에는 t를 표기한다. 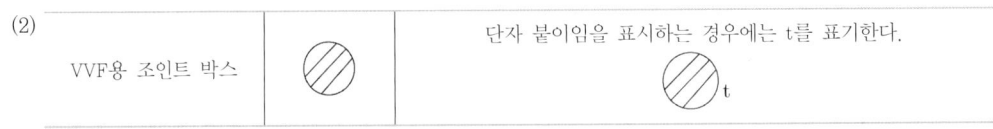

15 ★★☆☆☆ 그림은 어떤 보안장치 회로의 일부분이다. 주어진 동작 조건에 의하면 도면의 (1)~(9)에는 어떤 계전기의 접점이 기록되어야 하는지 접점 기호 X_1, X_2, X_3로 답하시오.

[동작 조건]
누름 버튼스위치를 PB_3 - PB_1 - PB_2 - PB_4의 순서로 눌러야 Door Lock(DL)이 열리도록 하고자 한다. 이 순서가 바뀌면 DL은 열리지 않으며, DL이 열리면 Limit Switch가 open되어 전원이 차단된다.

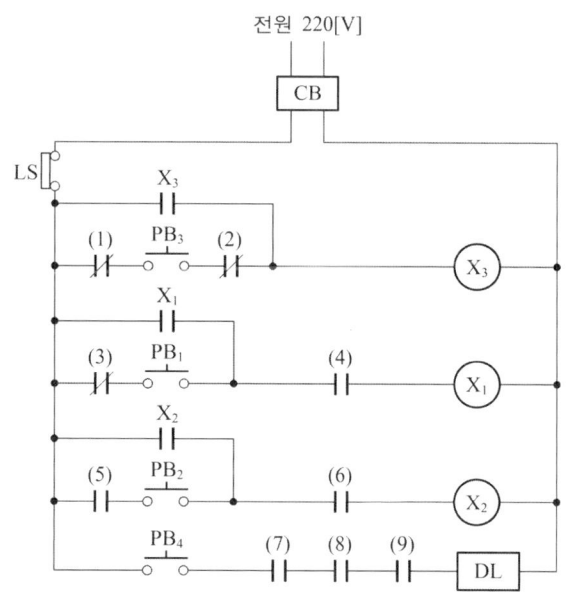

(1) (2)
(3) (4)
(5) (6)
(7) (8)
(9)

Answer

(1) X_1 (2) X_2 (3) X_2
(4) X_3 (5) X_3 (6) X_1
(7) X_1 (8) X_2 (9) X_3

16 다음의 논리식을 모두 포함한 유접점 회로도를 그리시오.

- $X_1 = A \cdot \overline{B} + (\overline{A} + B) \cdot \overline{C}$
- $X_2 = \overline{A} \cdot B + A \cdot \overline{B} + C$
- $X_3 = A \cdot B \cdot C$
- $X_4 = \overline{A} + \overline{B} + \overline{C}$

Answer

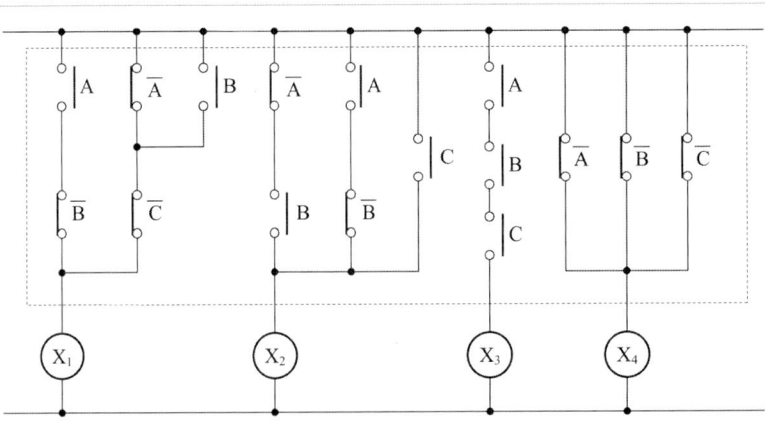

17 ★★☆☆☆

그림은 BS를 눌렀다 놓으면 t_1초 후에 MC가 작동하고 T_1이 복구하며 t_2초 후에 MC와 T_2가 복구한다. A ~ C에 보기에서 알맞은 논리 기호를 찾아 그리시오.

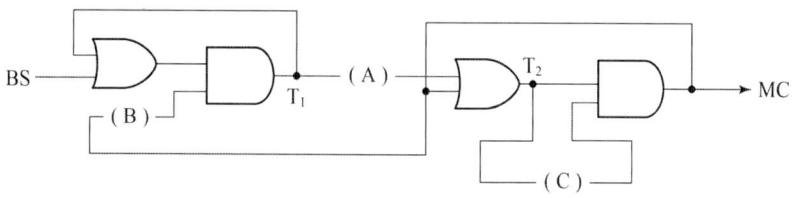

[보기]

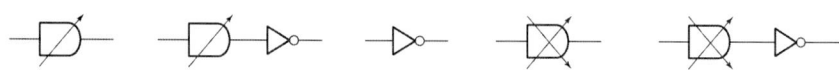

Answer

(A)    (B) 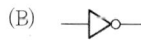   (C)

Explanation

논리식으로 표현하면

$T_1 = (BS + T_1) \cdot \overline{MC}$

$T_2 = MC + T_1 - a$

$MC = (MC + T_1 - a) \cdot \overline{T_2 - b}$

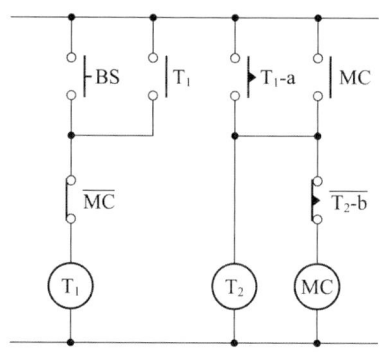

2006년 전기공사산업기사 실기

01 버스 덕트(Bus Duct)의 종류 3가지를 쓰고 각각의 사용 용도에 대하여 설명하시오.

Answer

(1) 피더 버스 덕트 : 도중에 부하를 접속하지 아니하는 구조의 것
(2) 플러그인 버스 덕트 : 도중에 부하 접속용으로 꽂음 플러그를 만든 것
(3) 트롤리 버스 덕트 : 도중에 이동 부하를 접속할 수 있도록 트롤리 접촉식 구조로 한 것

Explanation

(내선규정 2,245-3) 버스 덕트의 종류 및 정격

명칭	형식	설명
피더 버스 덕트	옥내용	도중에 부하를 접속하지 아니한 것
	옥외용	
익스팬션 버스 덕트	옥내용	열 신축에 따른 변화량을 흡수하는 구조인 것
탭붙이 버스 덕트		종단 및 중간에서 기기 또는 전선 등과 접속시키기 위한 탭을 가진 버스 덕트
트랜스포지션 버스덕트		각 상의 임피던스를 평균시키기 위해서 도체 상호의 위치를 관로 내에서 교체 시키도록 만든 버스 덕트
플러그 인 버스 덕트	옥내용	도중에 부하 접속용으로 꽂음 플러그를 만든 것

※ 트롤리 버스 덕트 : 도중에 이동 부하를 접속할 수 있도록 트롤리 접촉식 구조로 한 것

- 피더 버스 덕트 : 도중에 부하를 접속하지 아니한 것
- 플러그인 버스 덕트 : 덕트 도중에 부하 접속용으로 꽂음 플러그를 시설한 것
- 트롤리 버스 덕트 : 도중에 이동 부하를 접속할 수 있도록 트롤리 접촉식 구조로 한 것

BEST 02 "이웃 연결 인입선"의 정의를 설명하시오.

Answer

한 수용장소 인입구 접속점에서 분기하여 다른 지지물을 거치지 아니하고 다른 수용장소 인입구에 이르는 전선을 말한다.

Explanation

(기술기준 3조) 정의
"이웃 연결 인입선"이라 함은 한 수용장소의 인입선에서 분기하여 지지물을 거치지 아니하고 다른 수용 장소의 인입구에 이르는 부분의 전선을 말한다.

03 ★★★★☆
절연전선으로 가선된 배전선로가 활선 상태인 경우 전선의 피복을 벗기는 것은 매우 곤란한 작업이다. 이와 같은 활선 상태에서 전선의 피복을 벗기는 공구로는 무엇을 사용하는지 그 공구의 명칭을 쓰시오.

Answer

활선 피박기

Explanation

활선 피박기
- 활선 상태에서 전선의 피복을 벗길 때 사용하는 장구
- 본체와 전선바이스 및 절단칼날과 3개의 회전용 핸들링과 조정볼트로 구성

04 ★☆☆☆☆
심선의 색별에서 4심은 어떤 색깔로 구성되어 있는지 그 구성 색깔을 모두 쓰시오.

Answer

흑색, 백색, 적색, 녹색

Explanation

케이블의 심선별 색상
- 1심(단심, 1C) : 흑
- 2심(2C) : 흑, 백
- 3심(3C) : 흑, 백, 적
- 4심(4C) : 흑, 백, 적, 녹
- 5심(5C) : 흑, 백, 적, 녹, 황

05 ★★☆☆☆
누전경보기의 변류기를 시험하려고 한다. 어떤 종류의 시험을 하여야 하는지 그 종류를 5가지만 쓰시오.

Answer

① 절연저항 시험   ② 절연내력 시험   ③ 충격파내전압 시험
④ 단락전류 시험   ⑤ 노화 시험

Explanation

누전경보기 변류기 기능 검사
① 절연저항 시험   ② 절연내력 시험
③ 충격파내전압 시험   ④ 단락전류 시험
⑤ 노화 시험   ⑥ 온도특성 시험
⑦ 진동 시험   ⑧ 충격 시험
⑨ 전로개폐 시험   ⑩ 과누전 시험
⑪ 방수 시험   ⑫ 전압강하 방지 시험

06 과전류에 대한 보호 장치로써 주상변압기의 1차 측과 2차 측에 설치하는 것은?

(1) 1차 측(고압 측)
(2) 2차 측(저압 측)

Answer

- 1차 측(고압 측) : COS(컷 아웃 스위치)
- 2차 측(저압 측) : 캐치 홀더

Explanation

주상변압기의 과전류에 대한 보호 장치
- 1차 측 보호설비 : 컷 아웃 스위치(Cut Out Switch)
  프라이머리 컷 아웃 스위치(Primary Cut Out Switch)
- 2차 측 보호설비 : 캐치 홀더(Catch Holder)

07 엔트런스 캡, 링 리듀서, 유니온 커플링, 새들, 방출원형 노출박스 등의 재료를 필요로 하는 전기공사는 어떤 배관의 공사 방법인가?

Answer

금속관 공사

08 국내의 건설기술관리법에서 정하는 시방서의 종류 3가지를 쓰시오.

Answer

표준시방서, 전문시방서, 공사시방서

Explanation

건설기술관리법 시행규칙 제14조의 2 제1항 시방서
- 표준시방서 : 시설물의 안전 및 공사시행의 적정성과 품질 확보 등을 위하여 시설별로 정한 표준적인 시공기준으로서 발주청 또는 설계 등 용역업자가 공사시방서를 작성하는 경우에 활용하기 위한 시공 기준을 말한다.
- 전문시방서 : 시설물별 표준시방서를 기본으로 모든 공종을 대상으로 하여 특정한 공사의 시공 또는 공사시방서의 작성에 활용하기 위한 종합적인 시공 기준을 말한다.
- 공사시방서 : 공사별로 건설공사 수행을 위한 기준으로서 계약문서의 일부가 되며, 설계도면에 표시하기 곤란하거나 불편한 내용과 당해 공사의 수행을 위한 재료, 공법, 품질시험 및 검사 등 품질관리, 안전관리 계획 등에 관한 사항을 기술하고, 당해 공사의 특수성, 지역 여건, 공사방법 등을 고려하여 공사별, 공종별로 정하여 시행하는 시공 기준을 말한다.

> 이 문제는 변경된 KEC 적용으로 인하여 삭제하고, 아래 예상문제로 대체되었습니다.

09 다음의 빈칸에 알맞은 값을 적으시오.

```
접지도체의 선정
가. 접지도체의 단면적은 큰 고장전류가 접지도체를 통하여 흐르지 않을 경우 접지도체의 최소
    단면적은 다음과 같다.
    (1) 구리는 ( ① )[㎟] 이상
    (2) 철제는 ( ② )[㎟] 이상
나. 접지도체에 피뢰시스템이 접속되는 경우, 접지도체의 단면적은 구리 ( ③ )[㎟] 또는 철
    ( ④ )[㎟] 이상으로 하여야 한다.
```

①   ②   ③   ④

Answer

① 6   ② 50   ③ 16   ④ 50

Explanation

(KEC 142.3조) 접지도체
접지도체의 선정
가. 접지도체의 단면적은 142.3.2의 1에 의하며 큰 고장전류가 접지도체를 통하여 흐르지 않을 경우 접지도체의 최소 단면적은 다음과 같다.
  (1) 구리는 6[㎟] 이상
  (2) 철제는 50[㎟] 이상
나. 접지도체에 피뢰시스템이 접속되는 경우, 접지도체의 단면적은 구리 16[㎟] 또는 철 50[㎟] 이상으로 하여야 한다.

10 ★★☆☆☆ 변압기의 명판에는 어떠한 요소들이 표시되어 있는지 그 요소를 5가지만 쓰시오.

Answer

① 변압기 명칭   ② 적용 규격
③ 상수   ④ 정격용량
⑤ 정격주파수

Explanation

그 외에도,
⑥ 정격전압 1차, 2차 전압
⑦ 정격전류 1차, 2차 전류
⑧ 절연계급
⑨ 기준충격절연강도
⑩ %임피던스
⑪ 각 변위
⑫ 총 중량
⑬ 제작일련번호
⑭ 제작일
⑮ 제조사명

11 조명설비에 대한 다음 각 물음에 답하시오.

(1) 어떤 전기공사 도면에서 ◯N400으로 표시되어 있다. 이것은 무엇을 뜻하는지 쓰시오.
(2) 비상용 조명을 건축법에 따른 형광등으로 하고자 할 때 그 그림기호를 표현하시오.
(3) 평면이 15[m]×10[m]인 사무실에 40[W] 형광등 전광속 2,500[lm]인 형광등을 사용하여 평균 조도를 300[lx]로 유지하도록 하려고 한다. 이 사무실에 필요한 형광등 수를 산정하시오. 단, 조명률은 0.6이고, 감광보상률은 1.3이다.

Answer

(1) 400[W] 나트륨등
(2)
(3) 계산 : $N = \dfrac{ESD}{FU} = \dfrac{300 \times 15 \times 10 \times 1.3}{2,500 \times 0.6} = 39[\text{등}]$ 답 : 39[등]

Explanation

(1) 고휘도 방전램프(HID Lamp)
 • H400 : 400[W] 수은등
 • M400 : 400[W] 메탈헬라이드등
 • N400 : 400[W] 나트륨등

(2) ▭◯▭ : 형광등

  ▬◯▬ : 비상용 형광등

(3) 조명 계산
 $FUN = ESD$
 여기서, $F[\text{lm}]$: 광속
  $U[\%]$: 조명률
  $N[\text{등}]$: 등수
  $E[\text{lx}]$: 조도
  $S[\text{m}^2]$: 면적
  $D = \dfrac{1}{M}$: 감광보상률 $= \dfrac{1}{\text{보수율}}$

등수 $N = \dfrac{ESD}{FU}$ 이며 등수 계산에서 소수점은 무조건 절상한다.

12 피뢰기 성능상 반드시 필요한 구비 조건 4가지를 쓰시오.

Answer

① 충격 방전 개시 전압이 낮을 것
② 상용주파 방전 개시 전압이 높을 것
③ 제한전압이 낮을 것
④ 속류 차단 능력이 클 것

> **Explanation**

피뢰기 : 이상전압 내습 시 대지로 방전하고 그 속류를 차단

피뢰기의 구비 조건
• 상용주파 방전 개시 전압이 높을 것
• 충격 방전 개시 전압이 낮을 것
• 제한전압이 낮을 것
• 속류 차단 능력이 우수할 것
• 내구성이 우수할 것

BEST 13 ★★★★★
축전지 설비의 구성요소 4가지를 쓰시오.

> **Answer**

① 축전지 ② 충전 장치
③ 보안 장치 ④ 제어 장치

> **Explanation**

축전지 설비
축전지, 보안 장치, 제어 장치, 충전 장치

14 ★☆☆☆☆
그림은 22.9[kV] 특고압 선로의 기본 장주도이다. 이 장주에 표시된 (1), (2), (3), (4)의 종류별 명칭을 구체적으로 쓰시오.

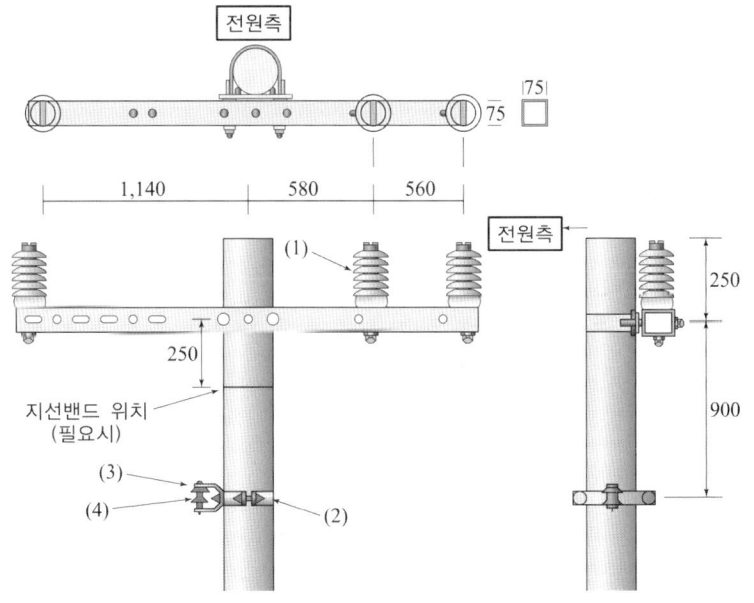

> **Answer**

(1) 라인 포스트 애자 (2) 랙 밴드
(3) 랙 (4) 저압 인류 애자

15 다음 그림은 어느 생산 공장의 수전설비 계통도이다. 이 계통도를 보고 다음 물음에 답하시오.

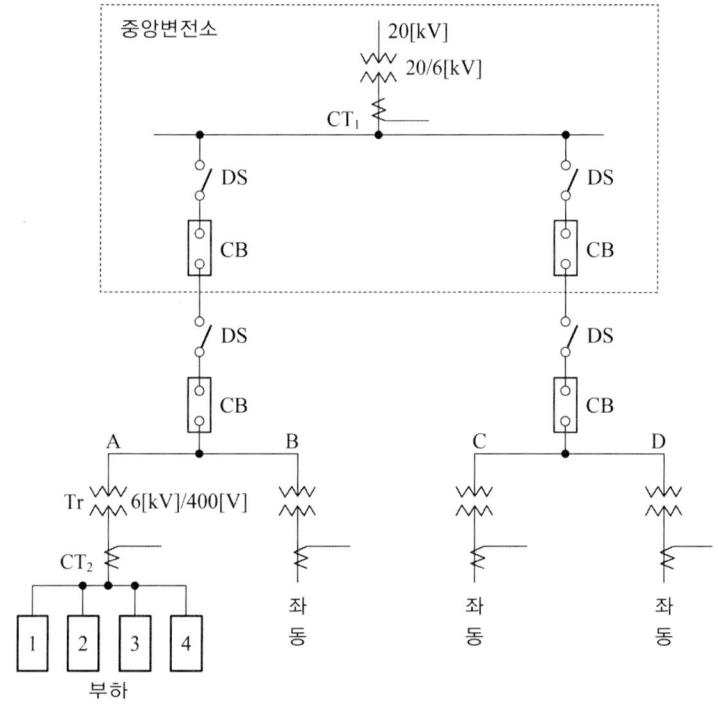

[뱅크의 부하 용량표]

피더	부하 설비 용량[kW]	수용률[%]
1	125	80
2	125	80
3	500	70
4	600	84

[변류기 규격표]

구분	항목	변류기
변류기	정격 1차 전류[A]	5, 15, 20, 30, 40 50, 75, 100, 150, 200 300, 400, 500, 600, 750 1,000, 1,500, 2,000, 2,500
	정격 2차 전류[A]	5

(1) A, B, C, D 뱅크에 같은 부하가 걸려 있으며, 각 뱅크의 부등률은 1.1이고 전부하 합성 역률은 0.8이다. 중앙 변전소의 변압기 용량을 표준 규격으로 답하시오.

(2) 변류기 CT_1, CT_2의 변류비를 구하시오. 단, 1차 수전전압은 20,000/6,000[V], 2차 수전전압은 6,000/400[V]이며 변류비는 표준 규격으로 답하고 전류비 값의 1.25배로 결정한다.

Answer

(1) 계산 :

A 뱅크의 최대 수요 전력 = $\dfrac{125 \times 0.8 + 125 \times 0.8 + 500 \times 0.7 + 600 \times 0.84}{1.1 \times 0.8}$ = 1,197.73[kVA]

A, B, C, D 각 뱅크 간의 부등률은 없으므로

중앙 변전소 변압기 용량 = 1,197.73 × 4 = 4,790.92[kVA] 답 : 표준 용량 5,000[kVA]

(2) ① CT_1의 변류비

$I_1 = \dfrac{4,790.92 \times 10^3}{\sqrt{3} \times 6,000} \times 1.25 = 576.26[A]$

표에서 600/5 선정 답 : 600/5

② CT_2의 변류비

$I_1 = \dfrac{1,197.73 \times 10^3}{\sqrt{3} \times 400} \times 1.25 = 2,160.97[A]$

표에서 2,000/5 선정 답 : 2,000/5

Explanation

(1) 변압기 용량[kVA] = $\dfrac{설비용량[kW] \times 수용률}{부등률 \times 역률}$ [kVA]

문제에서는 변압기 용량을 구하라고 했으므로 정격으로 답해야 한다.

(2) 보통의 경우 CT 비 : 1차 전류 × (1.25~1.5)
① CT_1의 위치가 중앙 변전소 변압기 2차 측에 있으므로 전압은 6,000[V]를 기준으로 계산
② CT_2의 위치가 부하 A 변압기 2차 측에 있으므로 전압은 400[V]를 기준으로 계산

여기서, CT2의 1차 전류가 2,160.97[A]이므로 2,500[A]으로 할 수 있으나 이 경우 실제 부하전류와의 차이가 너무 크므로 2,000[A]로 선정

16 다음의 조건과 옥내배선 도면을 보고 실제 결선도를 그리시오. 단, 전원은 단상 2선식 220[V]로 한다.

[조건]
- 나이프 스위치 KS를 ON하면 콘센트 C에 전원이 공급된다.
- KS를 ON한 상태에서 3로 스위치 S_{3-1}과 S_{3-2}에 의하여 전등 L을 2개소에서 점멸할 수 있다.
- 결선은 정크션 박스를 경유하도록 한다.

[도면]

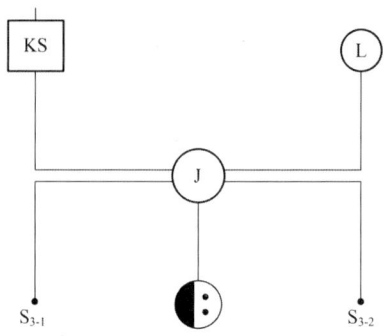

Answer

실제 결선도

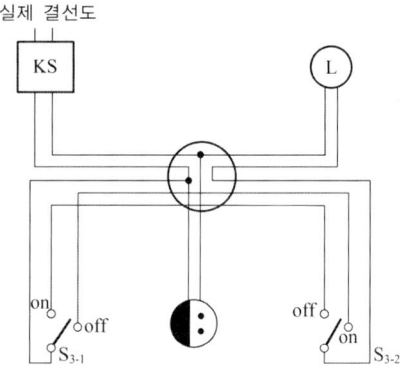

17 ★★★★☆
다음 동작 설명과 같이 동작이 될 수 있는 시퀀스 제어도를 그리시오.

[동작 설명]
1. 3로 스위치 S_{3-1}을 ON, S_{3-2}를 ON했을 시 R_1, R_2가 직렬 점등되고, S_{3-1}을 OFF, S_{3-2}를 OFF 했을 시 R_1, R_2가 병렬 점등한다.
2. 푸시 버튼스위치 PB를 누르면 R_3와 B가 병렬로 동작한다.

Answer

시퀀스 제어도

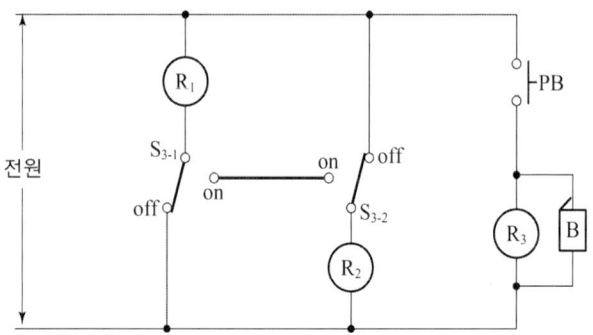

전기공사산업기사 실기

과년도 기출문제

2007

- 2007년 제 01회
- 2007년 제 02회
- 2007년 제 04회

2007년 과년도 기출문제에 대한 출제 빈도 분석 차트입니다.
각 회차별로 별의 개수를 확인하고 학습에 참고하기 바랍니다.

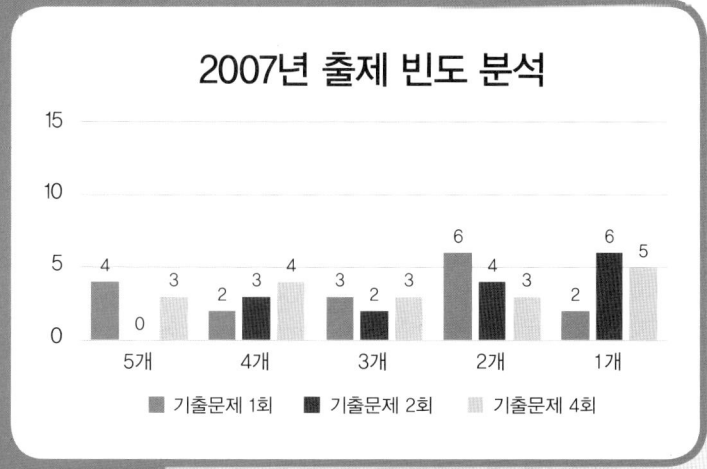

2007년 전기공사산업기사 실기

BEST 01 ★★★★★
가공전선의 구비 조건을 간단하게 6가지만 나열하시오.

Answer

① 도전율이 높을 것
② 기계적인 강도가 클 것
③ 내식성이 있을 것
④ 비중이 작을 것
⑤ 가선작업이 용이할 것
⑥ 경제적일 것

Explanation

가공전선의 구비 조건
- 도전율이 클 것
- 기계적 강도가 클 것
- 비중(밀도)이 작을 것
- 가선공사(접속)가 쉬울 것
- 부식성이 작을 것
- 유연성(가공성)이 좋을 것
- 경제적일 것

02 ★★☆☆☆
ⓣ$_F$ 그림기호의 명칭은?

Answer

형광등용 안정기

Explanation

(KS C 0301) 옥내배선용 그림기호 기기

명칭	그림기호	적요
소형 변압기	ⓣ	① 필요에 따라 용량, 2차 전압을 표기한다. ② 필요에 따라 벨 변압기는 B, 리모콘 변압기는 R, 네온변압기는 N, 형광등용 안정기는 F, HID등(고효율 방전등)용 안정기는 H를 표기한다. ⓣ$_B$ ⓣ$_R$ ⓣ$_N$ ⓣ$_F$ ⓣ$_H$ ③ 형광등용 안정기 및 HID등용 안정기로서 기구에 넣는 것은 표시하지 않는다.

BEST
03. 공사원가의 비목 5가지를 쓰시오.

Answer

① 직접 재료비   ② 간접 재료비   ③ 직접 노무비
④ 간접 노무비   ⑤ 경비

Explanation

- 순 공사원가 : 재료비, 노무비, 경비
- 총 공사원가 : 재료비, 노무비, 경비, 일반관리비, 이윤
  여기서, 공사원가는 순공사원가를 말하는 것임
- 순 공사원가
  ① 재료비 : 직접재료비, 간접재료비
  ② 노무비 : 직접노무비, 간접노무비
  ③ 경비

04. N-EV는 네온관용 전선 기호이다. 여기서, V는 무엇인가?

Answer

비닐

Explanation

전선 약호
- N : 네온전선
- V : 비닐
- E : 폴리에틸렌
- R : 고무
- C : 클로로프렌

05. 피뢰기 공사의 시공 흐름도이다. (1), (2), (3), (4) 번호의 빈 공간에 흐름도가 옳도록 완성하시오.

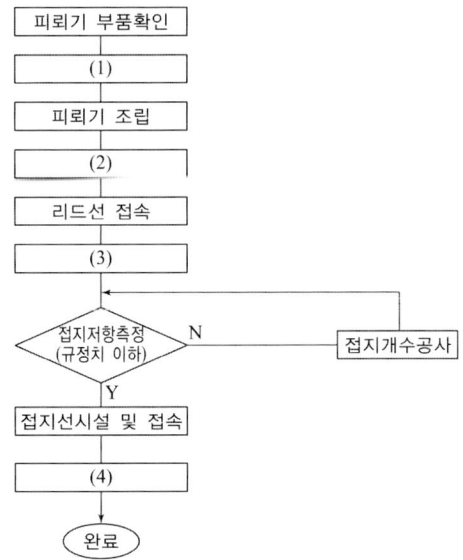

Answer

(1) 피뢰기 점검 (2) 피뢰기 설치
(3) 접지극 시설 (4) 작업장 정리, 정돈

Explanation

피뢰기 공사 시공 흐름도

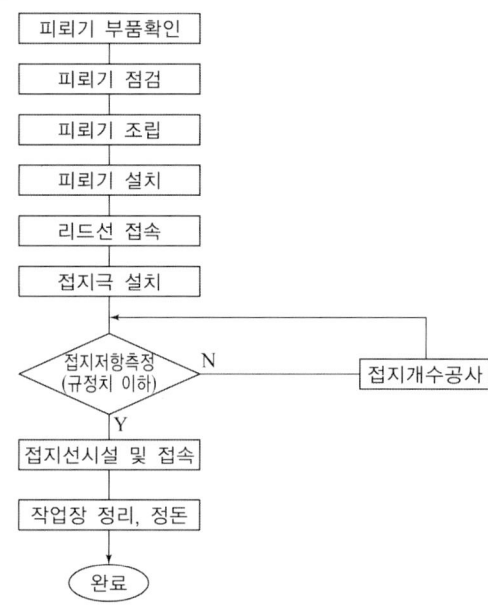

이 문제는 변경된 KEC 적용으로 인하여 삭제하고, 아래 예상문제로 대체되었습니다.

06 다음의 빈칸에 알맞은 값을 적으시오.

접지도체의 굵기는 고장 시 흐르는 전류를 안전하게 통할 수 있는 것으로서 다음에 의한다.
가. 특고압·고압 전기설비용 접지도체는 단면적 (①)[mm²] 이상의 연동선 또는 동등 이상의 단면적 및 강도를 가져야 한다.
나. 중성점 접지용 접지도체는 공칭단면적 (②)[mm²]이상의 연동선 또는 동등 이상의 단면적 및 세기를 가져야 한다. 다만, 다음의 경우에는 공칭단면적 (③)[mm²] 이상의 연동선 또는 동등 이상의 단면적 및 강도를 가져야 한다.
(1) 7[kV] 이하의 전로
(2) 사용전압이 25[kV] 이하인 특고압 가공전선로. 다만, 중성선 다중접지 방식의 것으로서 전로에 지락이 생겼을 때 2초 이내에 자동적으로 이를 전로로부터 차단하는 장치가 되어 있는 것.

①   ②   ③

Answer

① 6   ② 16   ③ 6

Explanation

(KEC 142.3조) 접지도체
접지도체의 굵기는 고장 시 흐르는 전류를 안전하게 통할 수 있는 것으로서 다음에 의한다.
가. 특고압·고압 전기설비용 접지도체는 단면적 6[mm²] 이상의 연동선 또는 동등 이상 의 단면적 및 강도를 가져야 한다.
나. 중성점 접지용 접지도체는 공칭단면적 16[mm²] 이상의 연동선 또는 동등 이상의 단면적 및 세기를 가져야 한다. 다만, 다음의 경우에는 공칭단면적 6[mm²] 이상의 연동선 또는 동등 이상의 단면적 및 강도를 가져야 한다.
(1) 7[kV] 이하의 전로
(2) 사용전압이 25[kV] 이하인 특고압 가공전선로. 다만, 중성선 다중접지 방식의 것으로서 전로에 지락이 생겼을 때 2초 이내에 자동적으로 이를 전로로부터 차단하는 장치가 되어 있는 것.

07 ★★★☆☆
배전 변전소 또는 발전소로부터 배전간선에 이르기까지의 도중에 부하가 접속되어 있지 않은 선로를 무엇이라 하는가?

Answer

Feeder(급전선)

Explanation

급전선(Feeder)
배전 변전소 또는 발전소로부터 배전간선에 이르기까지의 도중에 부하가 접속되어 있지 않은 선로

08 ★★★★☆
아날로그 멀티 테스터기로 교류(AC) 전압을 측정하려면 부하설비와 어떻게 연결하여 측정하는가?

Answer

병렬로 연결

Explanation

• 전류 측정 : 부하설비와 테스터기를 직렬로 연결
• 전압 측정 : 부하설비와 테스터기를 병렬로 연결

09 ★★★☆☆
용어의 정의에서 방전등기구란?

Answer

방전에 의한 발광을 이용하는 방전램프를 주광원으로 하는 조명 기구

10 경간 200[m]인 가공 송전선로가 있다. 전선 1[m]당 무게는 2.0[kg]이고 풍압 하중이 없다고 한다. 인장강도 4,000[kg]의 전선을 사용할 때 딥과 전선의 실제 길이를 구하시오. 단, 안전율은 2.2로 한다.

Answer

① 딥(Dip)

계산 : $D = \dfrac{WS^2}{8T} = \dfrac{2.0 \times 200^2}{8 \times \dfrac{4,000}{2.2}} = 5.5\,[\text{m}]$ 답 : 5.5[m]

② 전선의 실제 길이

계산 : $L = S + \dfrac{8D^2}{3S} = 200 + \dfrac{8 \times 5.5^2}{3 \times 200} = 200.4\,[\text{m}]$ 답 : 200.4[m]

Explanation

- 이도 : $D = \dfrac{WS^2}{8T} = \dfrac{WS^2}{8 \times \dfrac{\text{인장하중}}{\text{안전율}}}$

- 실제 길이 : $L = S + \dfrac{8D^2}{3S}$ 여기서, L : 전선의 실제 길이[m], D : 이도[m], S : 경간[m]

BEST 11 다음 물음에 답하시오.

(1) 설비의 불평형률을 구하시오.

(2) 기준에 따른 적정, 부적정 여부를 판단하시오.

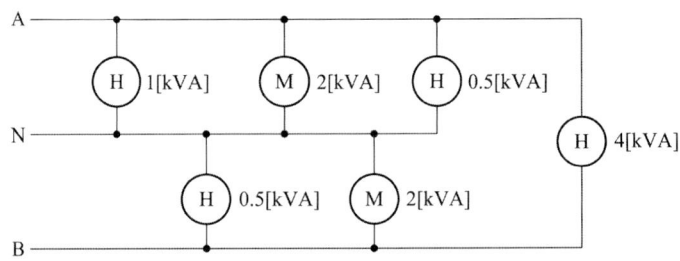

Answer

(1) 계산 : 설비 불평형률 $= \dfrac{(1+2+0.5) - (0.5+2)}{\dfrac{1}{2}(1+2+0.5+0.5+2+4)} \times 100 = 20\,[\%]$ 답 : 20[%]

(2) 설비 불평형률이 40[%] 이하이므로 적정

Explanation

단상 3선식 설비 불평형률

설비 불평형률 $= \dfrac{\text{중성선과 각 전압측 선간에 접속되는 부하설비용량[kVA]의 차}}{\text{총 부하설비용량[kVA]의 1/2}} \times 100\,[\%]$

여기서, 불평형률은 40[%] 이하이어야 한다.

12 15~20[m] 천장에 설치되는 감지기 종류 3가지를 쓰시오.

Answer

- 이온화식 1종
- 광전식(스포트형, 분리형, 공기흡입형) 1종
- 연기복합형

Explanation

부착 높이에 따른 감지기 종류

부착 높이	감지기의 종류
4[m] 미만	• 차동식(스포트형, 분포형) • 보상식 스포트형 • 정온식(스포트형, 감지선형) • 열복합형 • 이온화식 또는 광전식(스포트형, 분리형, 공기흡입형) • 연기복합형 • 열연기복합형 • 불꽃감지기
4[m] 이상 8[m] 미만	• 차동식(스포트형, 분포형) • 보상식 스포트형 • 정온식(스포트형, 감지선형) 특종 또는 1종 • 이온화식 1종 또는 2종 • 광전식(스포트형, 분리형, 공기흡입형) 1종 또는 2종 열복합형 • 연기복합형 • 열연기복합형 • 불꽃감지기
8[m] 이상 15[m] 미만	• 차동식 분포형 • 이온화식 1종 또는 2종 • 광전식(스포트형, 분리형, 공기흡입형) 1종 또는 2종 열복합형 • 불꽃감지기
15[m] 이상 20[m] 미만	• 이온화식 1종 • 광전식(스포트형, 분리형, 공기흡입형) 1종 • 연기복합형 • 불꽃감지기
20[m] 이상	• 불꽃감지기 • 광전식(분리형, 공기흡입형) 중 아날로그 방식

13 UPS 설비 블록 다이어그램 중 물음에 답하시오.

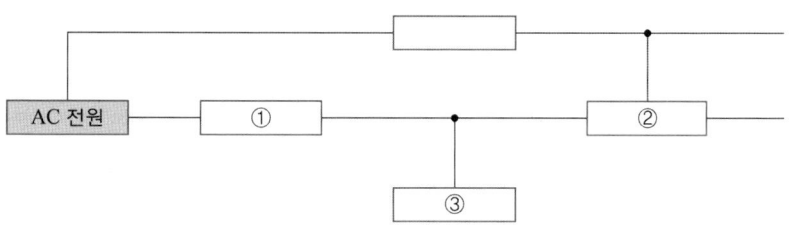

(1) ①, ②, ③ 안에 들어갈 기구는 무엇인가?
(2) ①, ②에 대한 역할을 쓰시오.

Answer

(1) ① 컨버터　　　　② 인버터　　　　③ 축전지
(2) ① 교류를 직류로 변환
　　② 직류를 상용 주파수의 교류로 변환

Explanation

무정전 전원 공급 장치(UPS : Uninterruptible Power Supply)
- 구성 : 축전지, 정류 장치(Converter), 역변환 장치(Inverter)
- 선로의 정전이나 입력 전원에 이상 상태가 발생하였을 경우에도 정상적으로 전력을 부하 측에 공급하는 설비
- UPS의 구성도

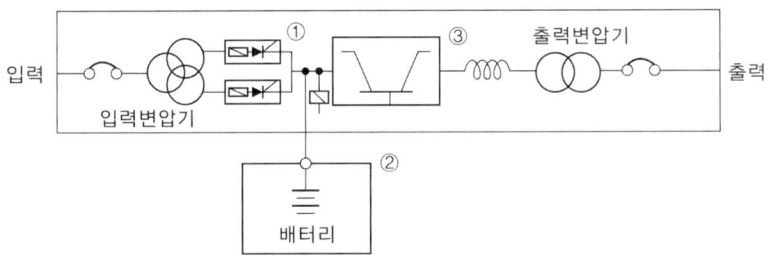

- UPS 구성 장치
  ① 순변환(정류) 장치(Converter) : 교류를 직류로 변환
  ② 축전지 : 정류 장치에 의해 변환된 직류전력을 저장
  ③ 역변환 장치(Inverter) : 직류를 상용 주파수의 교류전압으로 변환

14 현장에서 전기 부하설비를 가동 상태에서 부하전류를 측정하려면 어떤 계측기를 사용하는가?

Answer

후크온메타

Explanation

후크온메타 : 활선 상태에서 부하전류 측정

15 그림은 3사람이 퀴즈를 풀기 위한 진등과 버저 장치이다. 버튼스위치를 먼저 누르는 사람이 전등이 켜지면 다른 사람이 조금 늦게 눌러도 다른 사람의 전등은 점등되지 않는다. 즉, A, B, C 3사람 중 버튼스위치 $BS_A \sim BS_C$를 먼저 누르는 사람의 해당 번호의 전등이 점등됨과 동시에 버저가 일정 시간(수초 후) 동안 울리고 전등과 버저가 동시에 정지한다. 정지 후 다시 동작시킬 수 있어야 한다. 이 장치의 Sequence도를 설계하시오. 전원이 접속되는 부분에는 반드시 접속점을 표시하시오.

[계통도]

계통도

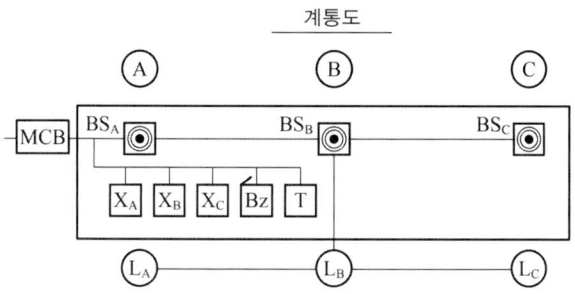

기호	명칭
$BS_A \sim BS_C$	Button Switch
$L_A \sim L_C$	Lamp
$X_A \sim X_C$	보조계전기(relay)
Bz	Buzzer
T	Timer
MCB	배선용 차단기

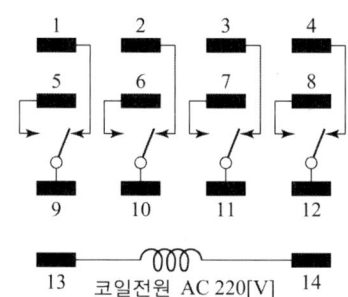

[MINIPOWER RELAY 내부결선도(14pin)]

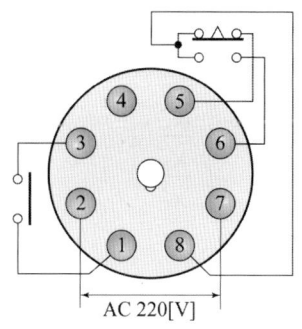

[타이머 내부결선도]

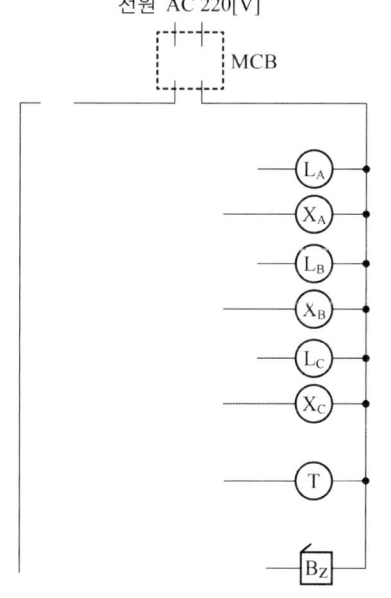

※ Button Switch가 기호와 기구의 접점 기호는 다음 중에서 옳은 것을 골라 필요한 수만큼 사용하시오.

Answer

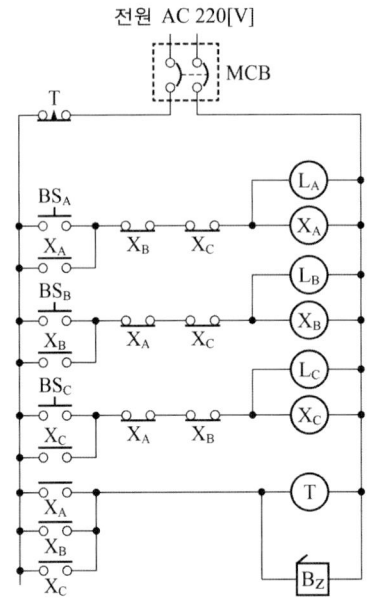

16 다음 그림은 변전설비의 단선 결선도이다. 물음에 답하시오.

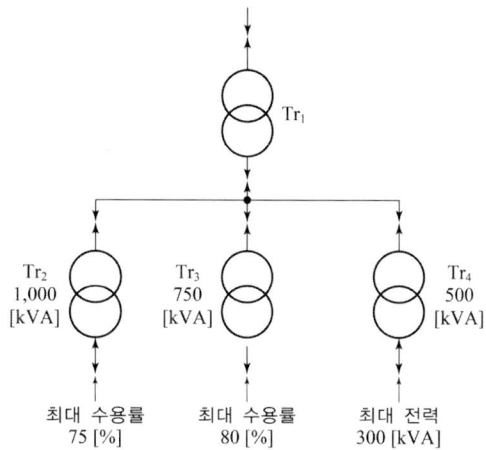

(1) 부등률이란? (식으로 나타내시오.)

(2) 부등률 적용 변압기는?

(3) Tr_1의 부등률은 얼마인가? 단, 최대 합성 전력은 1,320[kVA]
- 계산 :   • 답 :

(4) Tr_1의 표준 용량은 몇 [kVA]인가?

Answer

(1) 부등률 = $\dfrac{\text{각 개별 수용가 최대 수용 전력의 합}}{\text{합성 최대 수용 전력}}$

(2) Tr_1

(3) 계산 : 부등률 = $\dfrac{1{,}000 \times 0.75 + 750 \times 0.8 + 300}{1{,}320} = 1.25$ 답 : 1.25

(4) 최대 전력이 1,320[kVA]이므로 1,500[kVA]로 선정   답 : 1,500[kVA]

Explanation

(1) 부등률 = $\dfrac{\text{각 개별 수용가 최대 수용 전력의 합}}{\text{합성 최대 수용 전력}} \geq 1$

(2) 2단 강압방식에서 부등률은 주변압기에만 적용

(3) 합성최대수용전력 = $\dfrac{\text{각 개별 수용가 최대 수용 전력의 합}}{\text{부등률}}$

(4) 변압기 용량[kVA] = $\dfrac{\text{설비용량[kVA]} \times \text{수용률}}{\text{부등률}}$

변압기 용량은 최대 전력을 기준으로 선정

17 출력 릴레이 X가 접점 A, B, C의 함수로서 $X = (A+B)(C+\overline{B}\,\overline{C})$일 때 다음 물음에 답하시오.

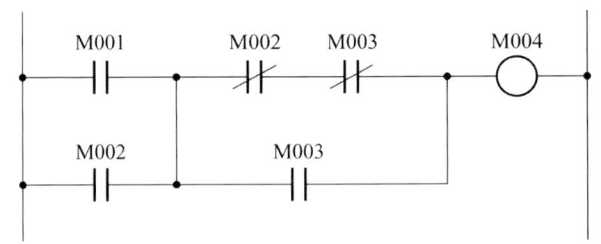

(1) PLC 시퀀스가 그림과 같을 때 PLC 프로그램의 ①~④를 완성하시오. 여기서 명령어는 LOAD, AND, NOT, OR, OUT를 AND LOAD를 사용한다.

스텝	명령	번지
0000	LOAD	M001
0001	(①)	M002
0002	(②)	M002
0003	(③)	M003
0004	OR	M003
0005	AND LOAD	–
0006	OUT	(④)

(2) 논리식의 릴레이 시퀀스를 완성하시오. (접점 기호, 문자 기호 표시)
(3) 2입력 AND, 2입력 OR, NOT 기호를 사용하여 논리회로를 완성하시오.

Answer

(1) ① OR, ② LOAD NOT, ③ AND NOT, ④ M004

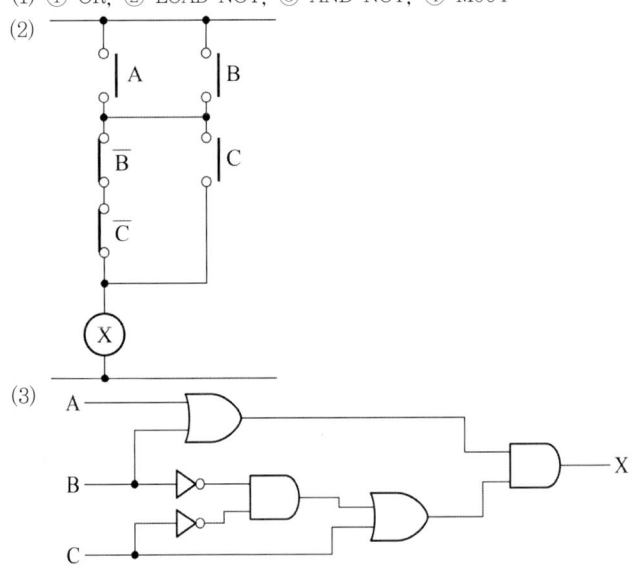

Explanation

논리 기호
M001 : A
M002 : B
M003 : C
M004 : X

래더 다이어그램

스텝	명령	번지
0000	LOAD	M001
0001	OR	M002
0002	LOAD NOT	M002
0003	AND NOT	M003
0004	OR	M003
0005	AND LOAD	–
0006	OUT	M004

2007년 전기공사산업기사 실기

01 ★★☆☆☆
금속관 공사에 사용하는 금속관의 단면은 전선의 인입 또는 교체 시에 전선의 피복이 손상되지 않도록 시설 장소에 따라 다음 각 호에 의하여 시설하여야 한다. 괄호 안 (① ~ ⑦)에 알맞은 부품을 써 넣으시오.

(1) 관의 단면은 (①)을(를) 사용하여야 한다. 다만, 금속관에서 애자공사로 바뀌는 개소에는 (②), (③), (④) 등을 사용하여야 한다.

(2) 우선 외(雨線 外)에서 수직 배관의 상단은 (⑤)을(를) 사용하여야 한다.

(3) 우선 외(雨線 外)에서 수평 배관의 말단에는 (⑥) 또는 (⑦)을(를) 사용하여야 한다.

Answer

(1) ① 부싱
   ② 절연부싱
   ③ 터미널 캡
   ④ 엔드
(2) ⑤ 엔트런스 캡
(3) ⑥ 터미널 캡
   ⑦ 엔트런스 캡

Explanation

(내선규정 2,225-11) 관의 단면에서 전선의 보호
1. 금속관 공사에 사용하는 금속관의 단면은 매끈하게 하고 전선의 피복이 손상될 우려가 없도록 하여야 한다.
2. 금속관 공사에 사용하는 금속관의 단면은 전선의 인입 또는 교체 시에 전선의 피복이 손상되지 아니하도록 시설 장소에 따라 다음 각 호에 의하여 시설하여야 한다.
   ① 관의 단면은 부싱을 사용하여야 한다. 다만, 금속관에서 애자공사로 바뀌는 개소에는 절연부싱, 터미널 캡, 엔드 등을 사용하여야 한다.
   ② 우선 외(雨線 外)에서 수직 배관의 상단에는 엔트런스 캡을 사용할 것
   ③ 우선 외에서 수평 배관의 말단에는 터미널 캡 또는 엔트런스 캡을 사용할 것

02 그림은 변류기를 영상 접속시켜 그 잔류 회로에 지락 계전기 DG를 삽입시킨 것이다. 선로의 전압은 66[kV], 중성점에 300[Ω]의 저항 접지로 하였고, 변류기의 변류비는 300/5[A]이다. 송전전력이 20,000[kW], 역률이 0.8(지상)일 때 a상에 완전 지락 사고가 발생하였다. 물음에 답하시오. 단, 부하의 정상, 역상 임피던스 기타의 정수는 무시한다.

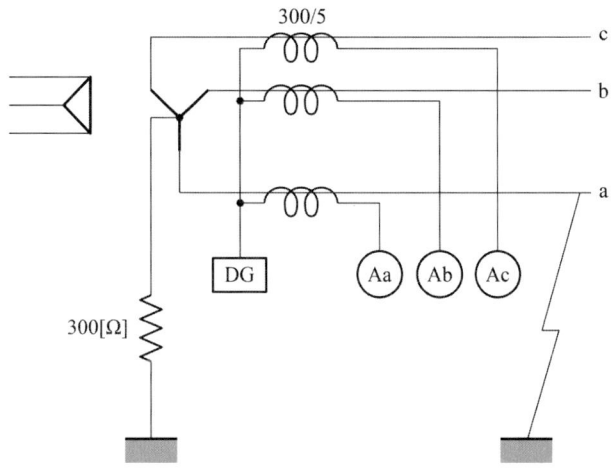

(1) 지락 계전기 DG에 흐르는 전류 [A]값은?
 • 계산 : • 답 :

(2) a상 전류계 Aa에 흐르는 전류 [A]값은?
 • 계산 : • 답 :

(3) b상 전류계 Ab에 흐르는 전류 [A]값은?
 • 계산 : • 답 :

(4) c상 전류계 Ac에 흐르는 전류 [A]의 값은?
 • 계산 : • 답 :

Answer

(1) 계산 : 지락전류 $I_g = \dfrac{V/\sqrt{3}}{R} = \dfrac{66,000/\sqrt{3}}{300} = 127.02$[A]

지락 계전기에 흐르는 전류

$I_{DG} = 127.02 \times \dfrac{5}{300} = 2.12$[A] 답 : 2.12[A]

(2) 계산 : 전류계 A에는 부하전류와 지락전류의 합이 흐르므로

$I_a = \dfrac{20,000}{\sqrt{3} \times 66 \times 0.8} \times (0.8 - j0.6) + \dfrac{66 \times 10^3/\sqrt{3}}{300}$

$= 174.95 - j131.22 + 127.02$

$= 301.97 - j131.22 = \sqrt{301.97^2 + 131.22^2} = 329.25$[A]

전류계 A에 흐르는 전류 $A_a = 329.25 \times \dfrac{5}{300} = 5.49$[A] 답 : 5.49[A]

(3) 계산 : 전류계 B에는 부하전류가 흐르므로

$$I_b = \frac{20,000}{\sqrt{3} \times 66 \times 0.8} = 218.69[A]$$

전류계 B에 흐르는 전류 $A_b = 218.69 \times \frac{5}{300} = 3.64[A]$ 　　　답 : 3.64[A]

(4) 계산 : 전류계 C에도 부하전류가 흐르므로

$$I_c = \frac{20,000}{\sqrt{3} \times 66 \times 0.8} = 218.69[A]$$

전류계 C에 흐르는 전류 $A_c = 218.69 \times \frac{5}{300} = 3.64[A]$ 　　　답 : 3.64[A]

Explanation

지락전류

$$I_g = \frac{E}{R_g} = \frac{\frac{V}{\sqrt{3}}}{R_g} [A]$$

a상 지락사고 시
- a상(지락된 상) : 지락전류+부하전류($I_g + I_L$)
- 건전 상 b, c : 부하전류(I_L)

03 ★☆☆☆☆
자동 탐재설비에서 종단저항을 설치하는 주 목적은?

Answer

감지기 회로의 도통 시험을 용이하게 하기 위해

Explanation

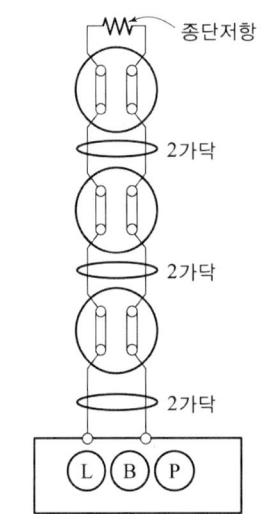

[종단저항이 말단 감지기에 설치된 경우]

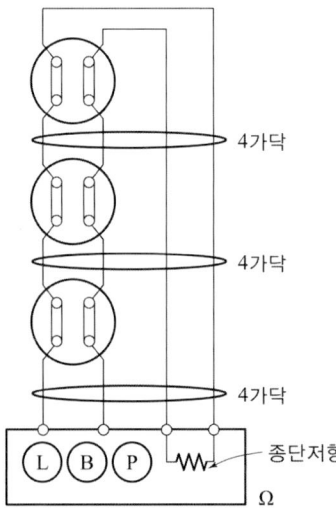

[종단저항이 발신기함 내부에 설치되어 있는 경우]

04 공사원가 구성에 관하여 아래의 답안에 적당한 비목을 완성하시오.

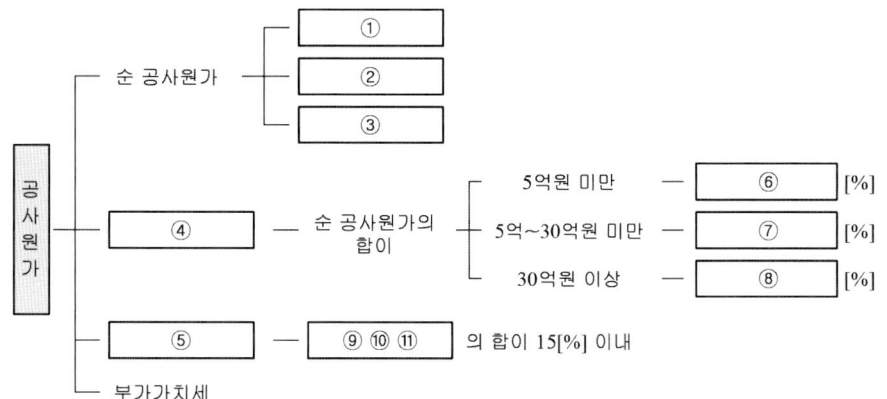

Answer

① 재료비
② 노무비
③ 경비
④ 일반관리비
⑤ 이윤
⑥ 6
⑦ 5.5
⑧ 5
⑨ 노무비
⑩ 경비
⑪ 일반관리비

Explanation

- 순 공사원가 : 재료비, 노무비, 경비
- 총 공사원가 : 재료비, 노무비, 경비, 일반관리비, 이윤
- 일반관리 비율

종합공사		전문·전기·정보통신·소방 및 기타공사	
공사원가	일반관리비율[%]	공사원가	일반관리비율[%]
50억 미만	6.0	5억원 미만	6.0
50억원~300억원 미만	5.5	5억원~30억원 미만	5.5
300억원 이상	5.0	30억원 이상	5.0

05 다음은 네온 방전등을 옥내에 시설하는 경우이다. 물음에 답하시오.

(1) 관등회로의 배선은 어떤 공사로 하는가?

(2) 관등회로의 배선에서 전선 지지점 간의 거리는 몇 [m] 이하인가?

(3) 네온변압기는 어떤 관리법의 적용을 받는가?

Answer

(1) 애자공사
(2) 1[m] 이하
(3) 전기용품 및 생활용품 안전관리법

Explanation

(KEC 234.12) 네온 방전등
1. 관등회로의 배선은 애자공사로 하고 전선은 네온관용 전선을 사용할 것
2. 전선 지지점 간의 거리는 1[m] 이하로 할 것
3. 네온변압기는 다음 각 호에 의하는 외에 사람이 쉽게 접촉할 우려가 없는 장소에 위험하지 않도록 시설하여야 한다.
   ① 네온변압기는 「전기용품 및 생활용품 안전관리법」의 적용을 받을 것
   ② 네온변압기는 2차 측을 직렬 또는 병렬로 접속하여 사용하지 말 것. 다만, 조광장치 부착과 같이 특수한 용도에 사용되는 것은 적용하지 않는다.
4. 네온변압기의 외함, 네온변압기를 넣는 금속함 및 관등을 지지하는 금속제 프레임 등은 접지하여야 한다.

06 공칭단면적 200[mm²], 전선 무게 1.838[kg/m], 전선의 바깥지름 18.5[mm]인 경동연선을 경간 200[m]로 가설하는 경우 이도(Dip)와 전선의 실제 거리는? 단, 경동연선의 인장하중은 7,910[kg], 빙설하중은 0.416[kg/m], 풍압하중은 1.525[kg/m]이고 안전율은 2.2라 한다.

Answer

(1) 계산 : 이도 $D = \dfrac{\sqrt{(1.838+0.416)^2 + 1.525^2} \times 200^2}{8 \times \dfrac{7,910}{2.2}} = 3.78[m]$ 　　　답 : 3.78[m]

(2) 계산 : 전선의 실제 길이 $L = 200 + \dfrac{8 \times 3.78^2}{3 \times 200} = 200.19[m]$ 　　　답 : 200.19[m]

Explanation

- 전선로에 가해지는 합성하중 $W = \sqrt{(W_i + W_c)^2 + W_w^2}$
  여기서, 풍압하중(W_w), 전선자중(W_c), 빙설하중(W_i)

- 이도 : $D = \dfrac{WS^2}{8T} = \dfrac{WS^2}{8 \times \dfrac{\text{인장하중}}{\text{안전율}}} [m]$

- 실제 길이 : $L = S + \dfrac{8D^2}{3S}[m]$ (여기서, L : 전선의 실제 길이[m], D : 이도[m], S : 경간[m])

07 ★★★★☆ 예비 전원 설비로 이용되는 축전지에 대한 물음에 답하시오.

(1) 축전지와 부하를 충전기에 병렬로 접속하여 사용하는 충전 방식은?

(2) 비상용 조명부하 200[V]용 50[W] 80등, 30[W] 70등이 있다. 방전 시간은 30분이고, 축전지는 HS형 110[cell]이며, 허용 최저 전압은 190[V], 최저 축전지 온도는 5[℃]일 때 축전지 용량은 몇 [Ah]이겠는가? 단, 보수율은 0.8, 용량 환산시간은 1.2이다.
  • 계산 :
  • 답 :

Answer

(1) 부동충전 방식

(2) 계산 : 축전지 용량 $C = \dfrac{1}{L} KI = \dfrac{1}{0.8} \times 1.2 \times \left(\dfrac{50 \times 80 + 30 \times 70}{200} \right) = 45.75 [Ah]$

답 : 45.75[Ah]

Explanation

• 부동충전
  축전지의 자기 방전을 보충하는 동시에 상용 부하에 대한 전력 공급은 충전기가 부담하고 충전기가 부담하기 어려운 일시적인 대전류 부하는 축전지가 부담하도록 하는 방식

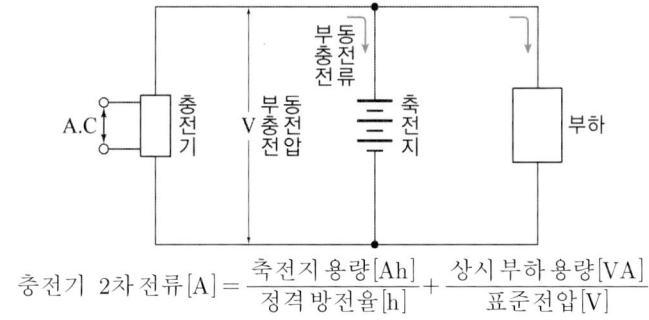

충전기 2차 전류[A] = $\dfrac{\text{축전지 용량[Ah]}}{\text{정격 방전율[h]}} + \dfrac{\text{상시 부하 용량[VA]}}{\text{표준전압[V]}}$

• 전류 $I = \dfrac{P}{V} = \dfrac{50 \times 80 + 30 \times 70}{100} = 30.5 [A]$

• 축전지 용량

  $C = \dfrac{1}{L} KI [Ah]$

  여기서, C : 축전지의 용량 [Ah]
  　　　　L : 보수율(경년용량 저하율)
  　　　　K : 용량환산 시간 계수
  　　　　I : 방전전류 [A]

08 UPS의 운전 상태에서 바이패스(bypass) 전환 회로는 어떤 역할을 하는지 쓰시오.

Answer

UPS나 축전지의 점검 또는 만일의 고장에 대해서도 교류입력 전압과 부하정격 전압의 크기를 같게 하여 중요 부하에 응급적으로 상용교류전력을 공급하기 위한 회로

Explanation

UPS 구성 요소

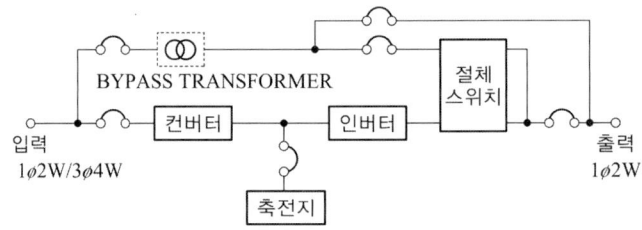

바이패스(bypass) 전환 회로
UPS나 축전지의 점검 또는 만일의 고장에 대해서도 교류입력 전압과 부하정격 전압의 크기를 같게 하여 중요 부하에 응급적으로 상용교류전력을 공급하기 위한 회로

09 활선공법에서 특고압 핀 애자 또는 라인 포스트 애자를 방호할 때 사용하는 절연체는 무엇인가?

Answer

애자 덮개(Insulator Cover)

Explanation

대한전기협회 활선장구의 제작과 관리 공구
애자 덮개(Insulator Cover) : 활선 작업 시 특고압 핀 애자 및 라인 포스트 애자를 절연하여 작업자의 부주의로 접촉되더라도 안전사고가 발생하지 않도록 사용하는 절연 덮개

10 지표상 8[m]의 점에 400[kg]의 수평 장력을 받는 경사진 전주가 있다. 그림과 같은 지선을 시설할 경우 지선이 받는 장력 T_o[kg]는 얼마인가? 기타는 무시한다.

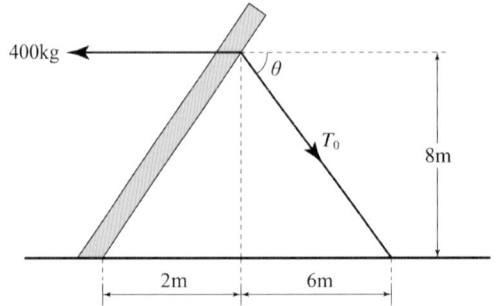

Answer

계산 : 경사진 전주에서의 지선이 받는 장력

$$T_0 = \frac{\sqrt{b^2 + H^2}}{a+b} \times T = \frac{\sqrt{6^2 + 8^2}}{2+6} \times 400 = 500[\text{kg}]$$

답 : 500[kg]

Explanation

지선 장력

$$T_0 = \frac{T}{\cos\theta}$$

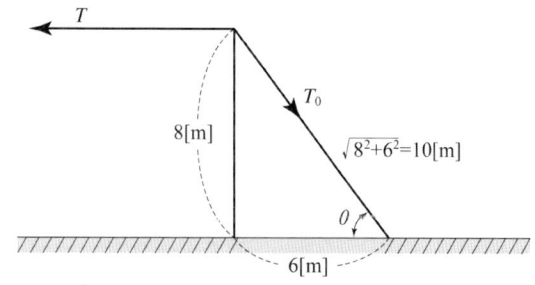

11 고압 개폐기의 종류에서 단로기의 기능, 용도, 기호를 쓰시오.

(1) 기능

(2) 용도

(3) 기호

Answer

(1) 무부하 회로 개폐 장치
(2) 기기를 전로에서 개방하거나 모선의 접속을 변경하는 데 사용
(3)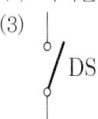

Explanation

단로기(DS : Disconnecting Switch)
- 무부하 회로 개폐 장치
- 기기를 전로에서 개방하거나 모선의 접속을 변경하는 데 사용
 부하 충전전류, 변압기 여자전류는 개폐 가능

12. ★★★★☆

 그림기호의 정확한 명칭은?

Answer

피드 버스 덕트

Explanation

(KS C 0301) 옥내배선용 그림 기호

명칭	그림기호	적요
버스 덕트	■■■■	① 필요에 따라 다음 사항을 표시한다. 　• 피드 버스 덕트　　FBD 　　플러그인 버스 덕트　PBD 　　트롤리 버스 덕트　　TBD 　• 방수형인 경우는 WP 　• 전기방식, 정격전압, 정격전류 　　보기 : 　　　FBD3φ　3W　300V　600A ② 익스팬션을 표시하는 경우는 다음과 같다. ③ 옵셋을 표시하는 경우는 다음과 같다. ④ 탭붙이를 표시하는 경우는 다음과 같다. ⑤ 상승, 인하를 경우는 다음과 같다. 　상승　　　　　　인하 ⑥ 필요에 따라 정격전류에 의해 나비를 바꾸어 표시하여도 좋다.

13. 다음 조건을 만족하는 회로를 구성하여 미완성 도면을 완성하시오.

[조건]

① Button Switch B_1 또는 B_2를 누르면(눌렀다 놓으면) 해당 번호의 전등 L_1 또는 L_2가 점등되고 동시에 Buzzer BZ가 일정 시간 동작하고 Timer T의 설정 시간 후 L_1 또는 L_2와 BZ는 동시에 정지한다. L_1이 점등되고 있을 때 B_2를 눌러도 L_2는 점등되지 않는다. L_2가 점등되고 있을 때에도 B_1을 눌러도 L_1은 점등되지 않는다.

② 정지한 후 다시 B_1 또는 B_2를 누르면(눌렀다 놓으면) 해당 번호의 전등 L_1 또는 L_2가 점등되고 동시에 Buzzer BZ가 일정 시간 동작하고 Timer T의 설정 시간 후 L_1 또는 L_2와 BZ는 동시에 정지한다.

③ 다음 Time Chart를 참고하시오.

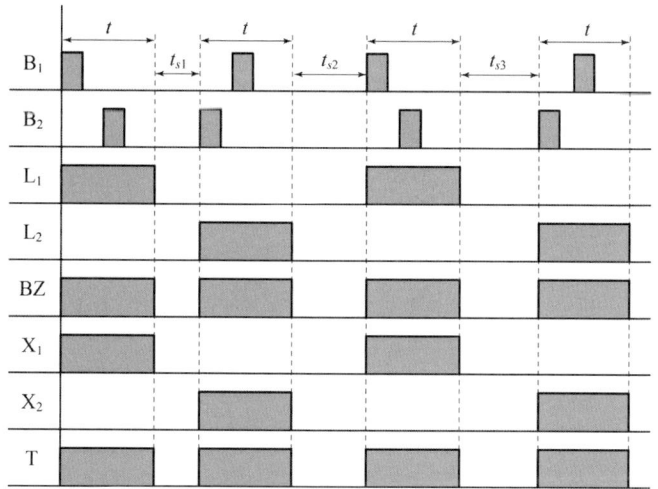

- t는 T의 설정 시간
- t_{s1}, t_{s2}, t_{s3}는 L_1, L_2 및 Buzzer가 동작하지 않고 정지하고 있는 시간(문제와는 상관이 없으며 참고로 표시한 것임)

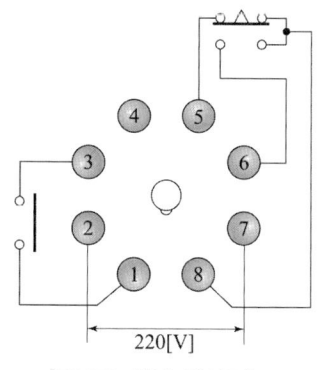

[TIMER 내부 결선도]

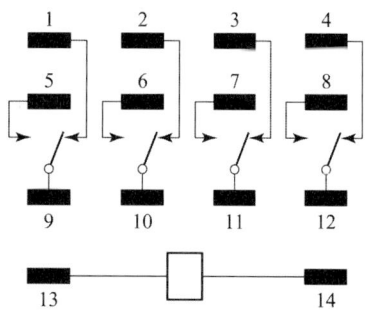

[MINIPOWER RELAY 내부 결선도(14pin)]

④ 미완성 도면

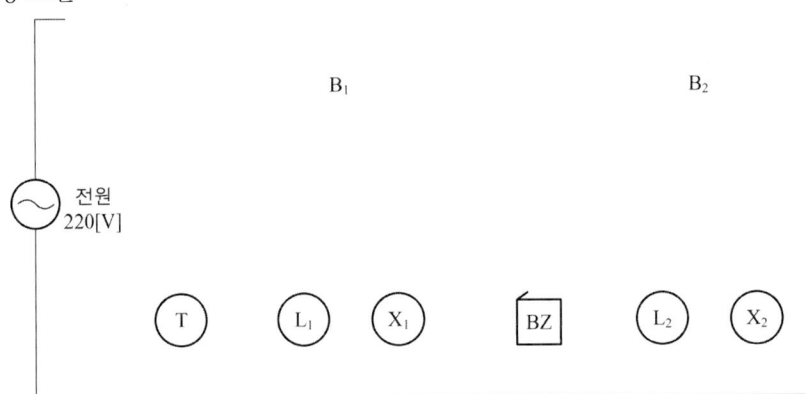

[범례]
- X_1, X_2 : Minipower Relay 내부 결선도(14pin)
- T : TIMER(8pin)

Answer

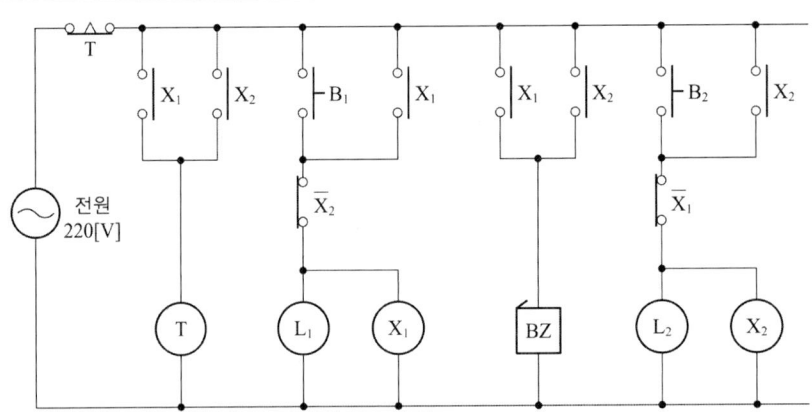

14 ★★☆☆☆ 도면과 같이 구내 각 공장에 케이블을 포설하고자 한다. 도면을 숙독하고 유의사항을 참고하여 총 수량을 주어진 답안지에 계산하여 답하시오.

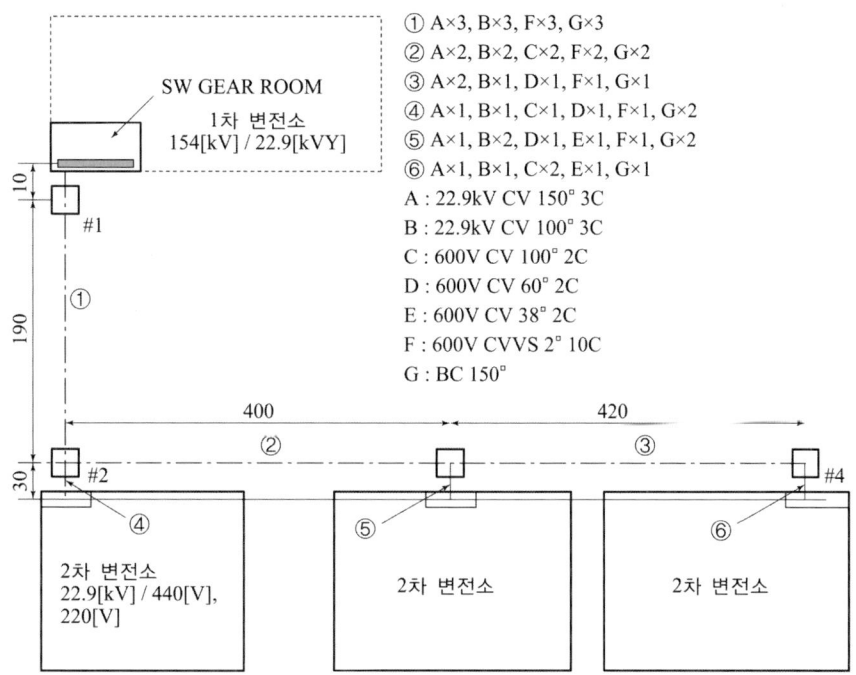

① A×3, B×3, F×3, G×3
② A×2, B×2, C×2, F×2, G×2
③ A×2, B×1, D×1, F×1, G×1
④ A×1, B×1, C×1, D×1, F×1, G×2
⑤ A×1, B×2, D×1, E×1, F×1, G×2
⑥ A×1, B×1, C×2, E×1, G×1

A : 22.9kV CV 150° 3C
B : 22.9kV CV 100° 3C
C : 600V CV 100° 2C
D : 600V CV 60° 2C
E : 600V CV 38° 2C
F : 600V CVVS 2° 10C
G : BC 150°

[유의사항]
① 생략된 도면과 문제지에 나타나 있지 않은 사항은 임의로 생각하지 말고 도면대로 할 것
② MANHOLE과 관로는 완성되어 있다.
③ MANHOLE에서 S.W GEAR ROOM과 2차 변전소 간의 거리는 표시된 숫자만큼만 계산한다.
④ #맨홀 표시
⑤ 케이블 수량을 구한 후 3[%] 할증을 적용하여 소수점 미만은 버리시오.

번호	품명	규격	단위	수량
(1)	케이블	22.9[kV], CV 150° 3C	[m]	2399
(2)	케이블	22.9[kV], CV 100° 3C	[m]	1998
(3)	케이블	600[V], CV 100° 2C	[m]	916
(4)	케이블	600[V], CV 60° 2C	[m]	494
(5)	케이블	600[V], CV 38° 2C	[m]	61
(6)	케이블	600[V], CVVS 2° 10C	[m]	1936
(7)	케이블	B.C. 150° 나연동	[m]	2029

Answer

(1) $(200 \times 3 + 400 \times 2 + 420 \times 2 + 30 \times 3) \times 1.03 = 2{,}330 \times 1.03 = 2{,}399 [m]$

(2) $(200 \times 3 + 400 \times 2 + 420 + 30 \times 4) \times 1.03 = 1{,}940 \times 1.03 = 1{,}998 [m]$

(3) $(400 \times 2 + 30 \times 1 + 60 \times 1) \times 1.03 = 890 \times 1.03 = 916 [m]$

(4) $(420 + 30 \times 2) \times 1.03 = 480 \times 1.03 = 494 [m]$

(5) $(30 \times 2) \times 1.03 = 60 \times 1.03 = 61 [m]$

(6) $(200 \times 3 + 400 \times 2 + 420 + 30 \times 2) \times 1.03 = 1880 \times 1.03 = 1{,}936 [m]$

(7) $(200 \times 3 + 400 \times 2 + 420 + 30 \times 5) \times 1.03 = 1970 \times 1.03 = 2{,}029 [m]$

Explanation

도면의 길이

① 200[m]

② 400[m]

③ 420[m]

④ 30[m]

⑤ 30[m]

⑥ 30[m]

케이블

A : 22.9[kV] CV 150□ 3C
　　①×3+②×2+③×2+④×1+⑤×1+⑥×1

B : 22.9[kV] CV 100□ 3C
　　①×3+②×2+③×1+④×1+⑤×2+⑥×1

C : 600[V] CV 100□ 2C
　　②×2+④×1+⑥×1

D : 600[V] CV 60□ 2C
　　③×1+④×1+⑤×1

E : 600[V] CV 38□ 2C
　　⑤×1+⑥×1

F : 600[V] CVVS 2□ 100C
　　①×3+②×2+③×1+④×1+⑤×1

G : BC 150□ 나연동
　　①×3+②×2+③×2+④×2+⑤×2+⑥×1

15 다음 동작 설명과 타이머 내부 회로도를 참고하여 시퀀스 회로도를 그리시오.

[동작 설명]
① 배선용 차단기를 넣는 순간 콘센트 C_1, C_2에 전압이 걸리도록 한다.
② 3로 스위치 S_3가 OFF 상태에서 푸시 버튼스위치 PB_1, PB_2 중 어느 것을 눌러도 타이머가 동작하여 전등 R_2가 점등된다. 일정 시간이 지나면 타이머 T가 동작 T-b가 떨어진다. 이때 T-b에 의해 타이머 T는 소자되고 전등 R_2는 소등된다.
③ 3로 스위치 S_3을 ON 하면 전등 R_1이 점등된다.

[타이머 내부 회로도]

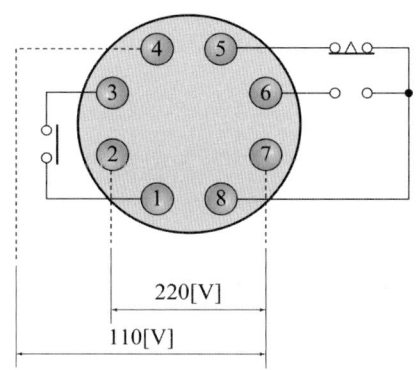

Answer

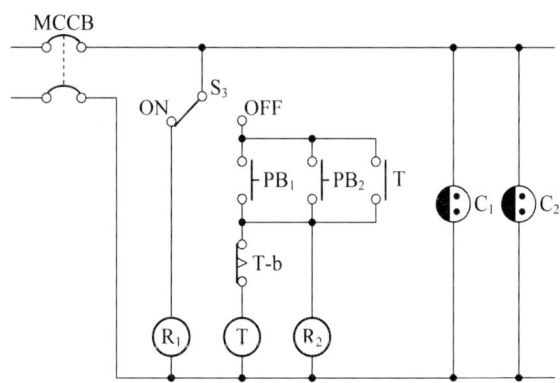

2007년 전기공사산업기사 실기

01 학교, 사무실, 은행 등의 옥내배선의 설계에 있어서 간선의 굵기를 선정할 때 전등 및 소형 전기 기계기구의 용량의 합계가 10[kVA]를 넘는 것에 대한 수용률은 내선규정에서 몇 [%]를 적용하도록 정하고 있는가?

Answer

70[%]

Explanation

간선의 수용률
전등 및 소형 전기 기계기구의 용량 합계가 10[kVA]를 초과하는 것은 그 초과 용량에 대하여 다음의 수용률을 적용할 수 있다.

건축물의 종류	수용률[%]
주택, 기숙사, 여관, 호텔, 병원, 창고	50
학교, 사무실, 은행	70

BEST 02 전기 배선도 도면을 작성할 때 사용하는 방수형 콘센트의 표준 심벌을 그리시오.

Answer

WP

Explanation

(KS C 0301) 옥내배선용 그림기호 콘센트

명칭	그림기호	적요

콘센트		① 천장에 부착하는 경우는 다음과 같다.
		 ② 바닥에 부착하는 경우는 다음과 같다.
		 ③ 용량의 표시방법은 다음과 같다.
		  a. 15[A]는 방기하지 않는다.
		  b. 20[A] 이상은 암페어 수를 표기한다.
		  [보기] 20A
		 ④ 2구 이상인 경우는 구수를 표기한다.
		  [보기] 2
		 ⑤ 3극 이상인 것은 극수를 표기한다.
		  [보기] 3P

		⑥ 종류를 표시하는 경우는 다음과 같다.	
		빠짐방지형	◖LK
		걸림형	◖T
		접지극붙이	◖E
		접지단자붙이	◖ET
		누전차단기붙이	◖EL
		⑦ 방수형은 WP를 표기한다.	◖WP
		⑧ 방폭형은 EX를 표기한다.	◖EX
		⑨ 의료용은 H를 표기한다.	◖H

03 ★★★☆☆ 경제적 송전선의 전선의 굵기를 결정하고자 할 때 적용되는 법칙은 무엇인가?

Answer

켈빈의 법칙

Explanation

경제적인 전선의 굵기 선정 : 켈빈의 법칙(Kelvin's law)
켈빈의 법칙은 "전선의 단위 길이당의 연간 전력손실량의 비용과 건설 시 구입한 전선의 단위 길이당 비용의 이자와 감가상각비를 가산한 연간 경비가 같아지는 전선의 굵기가 가장 경제적인 전선의 굵기가 된다."는 것이다.

켈빈의 법칙을 적용한 경제적인 전선의 굵기 산정
- 허용 전류 : 연속하여 전류가 흐르는 경우 도체의 수명적 관점에서 실용상 안전하게 보낼 수 있는 전류, 연속 허용 온도 90[℃]를 기준
- 기계적 강도
- 전압강하

BEST 04 ★★★★★ 피뢰 방식의 종류 4가지를 답하시오.

Answer

(1) 돌침 방식 (2) 용마루위 도체 방식
(3) 케이지 방식 (4) 이온방사형 피뢰 방식

Explanation

피뢰침 설비에서 피뢰 방식
- 돌침 방식 : 돌침(突針)을 건축물에 직접 설치하는 방식과 건축물과 이격하여 설치하는 독립피뢰침 방식이 있다.
- 수평도체 방식 : 건축물의 옥상에 거의 수평 되게 피뢰 도체를 설치하여 이 도체에서 낙뢰를 흡수하는 방식 수평도체 방식은 설치하는 방법에 따라 도체를 건축물에 직접 설치하는 방식과 격리해서 설치하는 독립 가공지선 방식이 있다.
- 케이지 방식 : 건축물의 주위를 피뢰 도선으로 새장(cage)처럼 감싸는 방식, 완전피뢰 방식
- 이온방사형 피뢰 방식 : 돌침부에서 전하 또는 펄스를 발생시켜 뇌운의 전하와 작용토록 하여 멀리 있는 뇌운의 방전을 유도하여 보호 범위를 넓게 하는 방식

05 ★☆☆☆☆
ZCT와 CT의 결선의 차이점은?

Answer

ZCT : 3상의 3상 모두 일괄해서 ZCT 1개에 관통시킨다.
CT : 3상의 각 상별로 CT에 관통시킨다.

06 ★★★☆☆
장선기(시메라)는 어떤 용도로 쓰이는 공구인가?

Answer

이도 조정 및 지선의 장력 조정

Explanation

장선기(시메라)
전선 가선 시 적정 이도까지 전선을 당겨주는 공구

07 ★★★★☆
변압기의 병렬 운전 조건 4가지를 쓰고, 이들 조건이 맞지 않을 경우에 어떤 현상이 나타나는지 서술하시오.

- 병렬 운전 조건
- 조건이 맞지 않는 변압기를 병렬 운전하였을 경우 변압기에 미치는 영향

Answer

병렬운전 조건	조건이 맞지 않는 경우
① 1, 2차 정격 전압 및 권수비가 같을 것	순환전류가 흘러 권선이 가열
② 극성이 일치 할 것	큰 순환 전류가 흘러 권선이 소손
③ %임피던스 강하(임피던스 전압)가 같을 것	부하의 분담이 용량의 비가 되지 않아 부하의 부담이 균형을 이룰 수 없다.
④ 내부 저항과 누설 리액턴스의 비가 같을 것	각 변압기의 전류 간에 위상차가 생겨 동손이 증가

Explanation

변압기 병렬 운전 조건
- 극성 및 권수비가 같을 것
- 1, 2차 정격 전압이 같을 것(용량, 출력 무관)
- % 강하가 같을 것
- 변압기 내부저항과 리액턴스의 비가 같을 것
- 상회전 방향과 각 변위가 같을 것(3상 변압기)

08

유도등 설비에 대한 다음 ( ) 안에 알맞은 용어를 쓰시오.

"건축전기설비나 소방설비에서 유도등 설비는 화재 등 비상시에 사람의 피난을 용이하게 하기 위한 피난구의 표시 또는 방향을 지시하는 조명설비로, 설치 장소에 따라 (　)유도등, (　)유도등, (　)유도등으로 분류된다."

Answer

피난구, 통로, 객석

Explanation

NFSC 303 유도등
건축전기설비나 소방설비에서 유도등 설비는 화재 등 비상시에 사람의 피난을 용이하게 하기 위한 피난구의 표시 또는 방향을 지시하는 조명설비로 설치 장소에 따라 피난구 유도등, 통로 유도등, 객석 유도등으로 분류된다.

09

절연전선으로 가선된 배전선로에서 활선 상태인 경우 전선의 피복을 벗기는 것은 매우 곤란한 작업이다. 이런 경우 활선 상태에서 전선의 피복을 벗기는 공구로 적합한 것은?

Answer

활선용 피박기

Explanation

활선 피박기
- 활선 상태에서 전선의 피복을 벗길 때 사용하는 장구
- 본체와 전선 바이스 및 절단칼날과 3개의 회전용 핸들링과 조정볼트로 구성

10

자동 화재탐지설비 수신기를 6가지만 쓰시오.

Answer

① P형 수신기
② R형 수신기
③ M형 수신기
④ GP형 수신기
⑤ GR형 수신기
⑥ 간이형 수신기

Explanation

수신기
자동 화재탐지설비에서 감지기 또는 발신기의 신호에 의해 직접 또는 중계기를 거쳐 화재의 발생 장소를 표시하거나 경보하는 장치

11 수변전 설비의 보수 점검에서 변압기의 주요 보수 점검 내용을 6가지만 쓰시오.

Answer

① 본체 외부 점검　　② 소음 및 진동 점검
③ 절연저항 측정　　④ 변압기 절연유의 절연파괴전압 측정
⑤ 절연유 산가측정　　⑥ 과열 및 오손 점검

Explanation

⑦ 부싱 점검
⑧ Tap 전환장치의 내부 점검
⑨ 절연유 내 수분 측정이 있다.

BEST 12 $38[mm^2]$의 경동연선을 사용해서 높이가 같고 경간이 $330[m]$인 철탑에 가선하는 경우 이도는 얼마인가? 단, 이 경동연선의 인장하중은 $1,480[kg]$, 안전율은 2.2이고 전선 자체의 무게는 $0.348[kg/m]$라고 한다.)

Answer

계산 : $D = \dfrac{WS^2}{8T} = \dfrac{0.348 \times 330^2}{8 \times \dfrac{1,480}{2.2}} = 7.04[m]$

답 : $7.04[m]$

Explanation

- 이도 : $D = \dfrac{WS^2}{8T} = \dfrac{WS^2}{8 \times \dfrac{\text{인장하중}}{\text{안전율}}}[m]$

- 실제 길이 : $L = S + \dfrac{8D^2}{3S}[m]$

여기서, L : 전선의 실제 길이$[m]$, D : 이도$[m]$, S : 경간$[m]$

13 다음 각 물음에 답하시오.

(1) 배전선로에서 가장 많이 사용되는 개폐기 4가지를 쓰시오.
(2) 소호 원리에 따른 차단기의 종류에는 OCB 등 여러 종류가 있지만 소호 원리가 대기 중에서 전자력을 이용하여 아크를 소호실 내로 유도해서 냉각 차단하는 차단기 종류는?

Answer

(1) ① 컷 아웃 스위치(C.O.S)
　　② 부하개폐기
　　③ 리클로져(Recloser)
　　④ 섹셔널라이저(Sectionalizer)
(2) 자기 차단기(MBB)

Explanation

차단기 종류

명칭	약호	소호매질
유입 차단기	OCB	절연유
기중 차단기	ACB	대기(공기)
자기 차단기	MBB	자계의 전자력
공기 차단기	ABB	압축공기
진공 차단기	VCB	진공
가스 차단기	GCB	SF_6

14 ★★★☆☆
공구손료는 일반 공구 및 시험용 계측기구류의 손료로서 공사 중 상시 일반적으로 사용하는 것을 말하며 직접 노무비(노임 할증과 작업시간 증가에 의하지 않는 품 할증 제외) 몇 [%]를 계상할 수 있는가?

Answer

3[%]

Explanation

공구손료
- 일반 공구 및 시험용 계측기구류의 손료로서 공사 중 상시 일반적으로 사용하는 것
- 직접 노무비(노임할증 제외)의 3[%]까지 계상

15 ★★☆☆☆
설계서의 작성 순서에서 변경설계를 하려고 한다. 다음 (　) 안에 알맞은 용어는?

표지 - 목차 - (　　) - 일반시방서 - 특별시방서 - (　　) - 동원인원계획표 - 내역서 - 이하 생략

Answer

변경이유서, 예정공정표

Explanation

설계 변경 절차
표지 - 목차 - 변경이유서 - 일반시방서 - 특별시방서 - 예정공정표 - 동원인원 계획표 - 내역서 - 일위대가표 - 자재표 - 중기사용료 및 잡비계산서 - 수량계산서 - 설계도면 - 이하 생략

16 ★★☆☆
다음에 제시한 동작 조건과 Time chart를 이용하여 미완성 회로를 완성하시오.

[동작 조건]
다음 조건들은 모두 CB가 ON된 상태이다.
① L_1, L_2, L_3 모두 소등된 상태에서 누름 버튼스위치 B_1을 누르면(눌렀다 놓으면) 전등 L_1이 점등되었다가 일정 시간(t 시간) 후 소등된다.
② L_1, L_2, L_3 모두 소등된 상태에서 누름 버튼스위치 B_2을 누르면(눌렀다 놓으면) 전등 L_1과 L_2가 동시에 점등되었다가 일정 시간(t 시간) 후 동시에 소등된다.
③ L_1, L_2, L_3 모두 소등된 상태에서 누름 버튼스위치 B_3을 누르면(눌렀다 놓으면) 전등 L_1, L_2, L_3가 동시에 점등되었다가 일정 시간(t 시간) 후 동시에 소등된다.
④ L_1이 점등된 상태에서 B_2를 누르면(눌렀다 놓으면) L_2가 점등($t \sim t_1$ 동안)된다. 이때 B_3를 누르면(눌렀다 놓으면) L_3가 점등($t \sim t_2$ 동안)된다. t시간 후 L_1, L_2, L_3는 동시에 소등된다.
⑤ L_1과 L_2가 점등된 상태에서 B_3를 누르면(눌렀다 놓으면) L_3가 t의 나머지 시간($t \sim t_3$) 동안 점등된다. t시간 후 L_1, L_2, L_3는 동시에 소등된다.
⑥ L_1이 점등된 상태에서 B_3를 누르면(눌렀다 놓으면) L_2, L_3가 동시에 t의 나머지 시간($t \sim t_4$) 동안 점등된다. t시간 후 L_1, L_2, L_3는 동시에 소등된다.

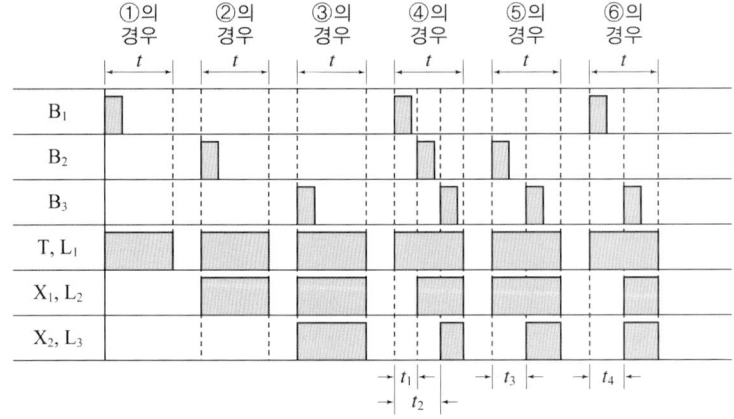

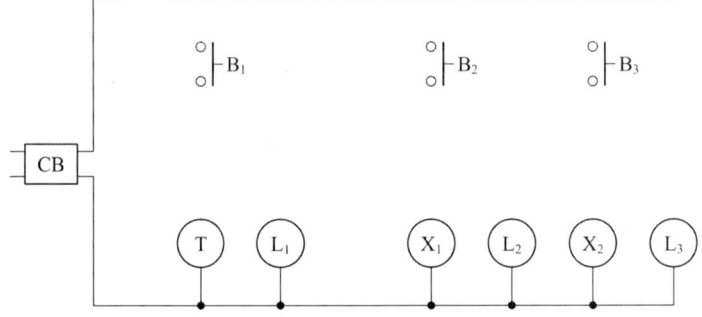

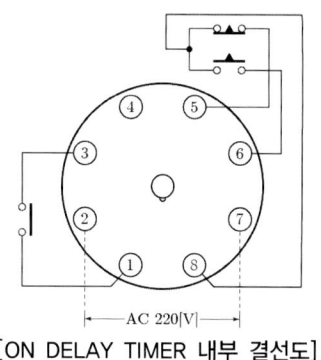

[ON DELAY TIMER 내부 결선도]

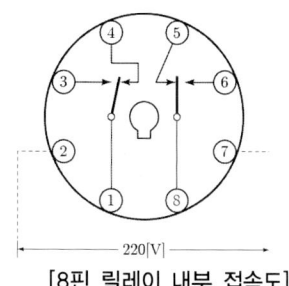

[8핀 릴레이 내부 접속도]

Answer

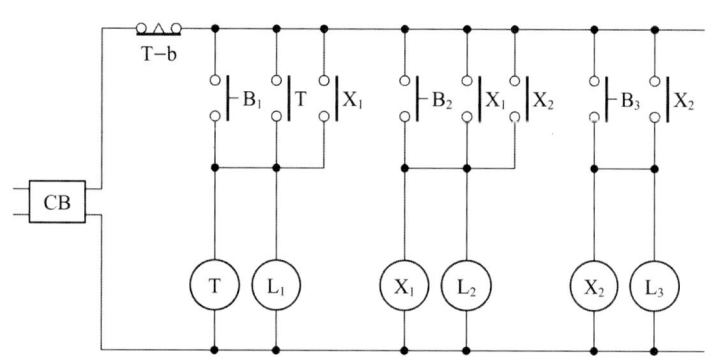

17 ★★★★☆

그림 중 □내의 기기 명칭을 기호로 써 넣으시오.

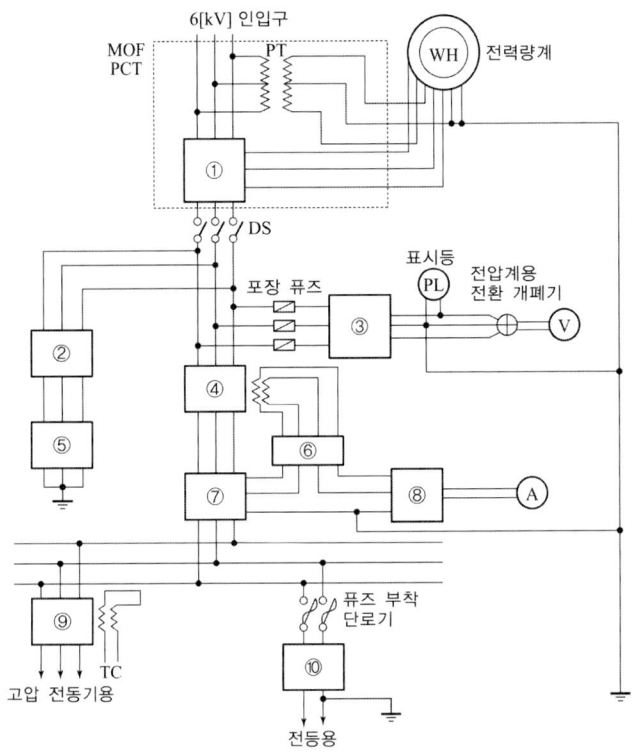

Answer

① CT   ② DS   ③ PT
④ CB   ⑤ LA   ⑥ OCR
⑦ CT   ⑧ AS   ⑨ CB
⑩ TR

Explanation

① CT(변류기)   ② DS(단로기)
③ PT(계기용 변압기)   ④ CB(차단기)
⑤ LA(피뢰기)   ⑥ OCR(과전류 계전기)
⑦ CT(변류기)   ⑧ AS(전류계용 전환개폐기)
⑨ CB(차단기)   ⑩ TR(변압기)

18 ★★★★☆
다음 그림의 릴레이 회로를 보고 물음에 답하시오.

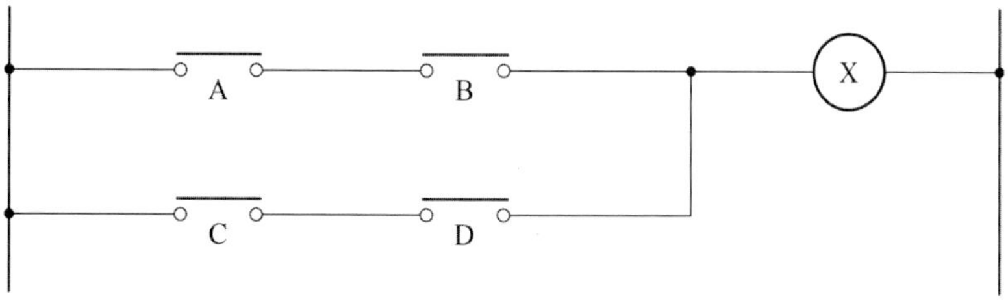

(1) 논리식을 쓰시오.

(2) 2입력 AND 소자, 2입력 OR 소자를 사용하여 로직 회로로 바꾸시오.

(3) 2입력 NAND 소자만으로 회로를 바꾸시오.

Answer

(1) $X = AB + CD$

(2) [A,B를 AND, C,D를 AND한 후 두 출력을 OR하여 X 출력]

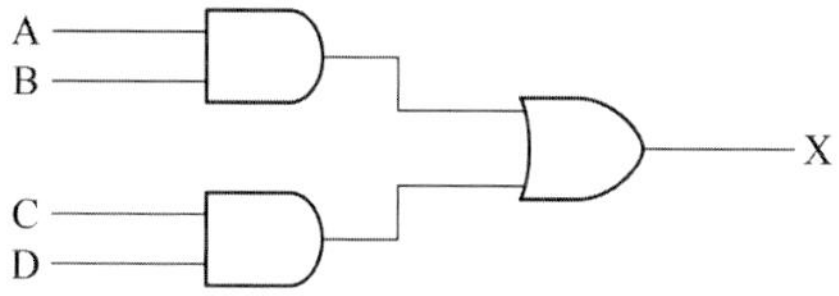

(3) [A,B를 NAND, C,D를 NAND한 후 두 출력을 NAND하여 X 출력]

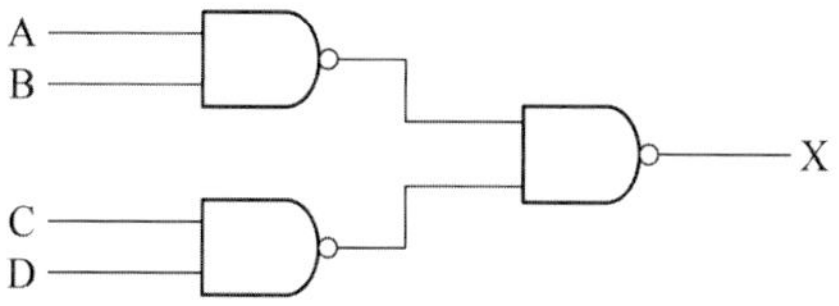

Explanation

2입력 NAND 소자

$X = AB + CD = \overline{\overline{AB + CD}}$ 드모르간의 정리를 이용

$= \overline{\overline{AB} \cdot \overline{CD}}$

MEMO

전기공사산업기사 실기

과년도 기출문제
2008

- 2008년 제 01회
- 2008년 제 02회
- 2008년 제 04회

2008년 과년도 기출문제에 대한 출제 빈도 분석 차트입니다.
각 회차별로 별의 개수를 확인하고 학습에 참고하기 바랍니다.

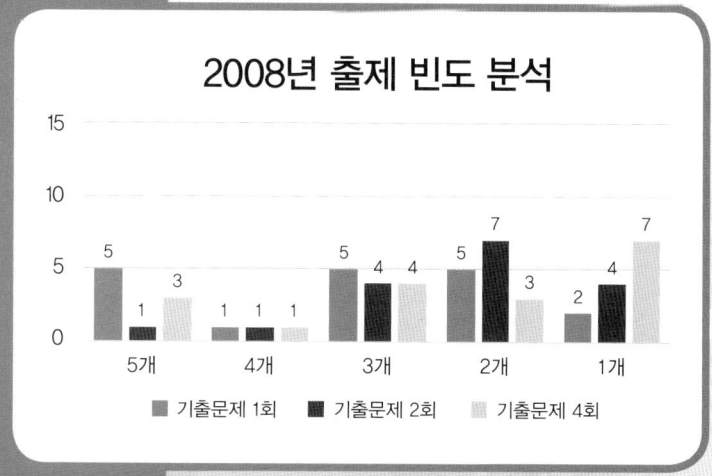

2008년 전기공사산업기사 실기

BEST 01 ★★★★★
가공전선로는 전기의 수송로로서 전기적 성능과 혹독한 자연환경에도 견디는 기계적 성능을 갖추어야 한다. 가공전선로를 구성하는 가장 중요한 요소로 어떤 조건을 구비하여야 하는지 5가지만 쓰시오.

Answer
① 도전율이 높을 것 ② 기계적인 강도가 클 것 ③ 내식성이 있을 것
④ 비중이 작을 것 ⑤ 가선작업이 용이할 것

Explanation
가공전선의 구비 조건
- 도전율이 클 것
- 비중(밀도)이 작을 것
- 부식성이 작을 것
- 기계적 강도가 클 것
- 가선공사(접속)가 쉬울 것
- 유연성(가공성)이 좋을 것

02 ★★★☆☆
엑세스 플로어(Movable Floor 또는 OA Floor)란 무엇인가 용어 설명을 쓰시오.

Answer
컴퓨터실, 통신기계실, 사무실 등에서 배선 기타의 용도를 위한 2중 구조의 바닥을 말한다.

Explanation
(내선규정 1,300-8) 용어
엑세스 플로어(Movable Floor 또는 OA Floor)란 컴퓨터실, 통신기계실, 사무실 등에서 배선 기타의 용도를 위한 2중 구조의 바닥을 말한다.

BEST 03 ★★★★★
전선의 소요량 계산에서 전선 가선 시 선로의 고저가 심할 때 산출하는 식을 쓰시오.

Answer
선로 긍장 × 전선 조수 × 1.03

Explanation
전선 가선 시 소요량
- 고저차가 심한 경우 : 선로 긍장 × 전선 조수 × 1.03
- 고저차가 없는 경우 : 선로 긍장 × 전선 조수 × 1.02

04 철탑에 소호각(Arcing horn)이나 소호환(Arcing ring)을 설치하는 목적을 쓰시오.

Answer

- 애자련에 걸리는 전압 분포 균일
- 섬락 시 애자련 보호

Explanation

섬락 시 애자련을 보호하고 애자련에 걸리는 전압 분포 균일하게 하기 위한 애자련의 보호 장치
아킹혼(arcing horn) : 소호각(초호각), 아킹링(arcing ring) : 소호환(초호환)

05 누전 경보기의 변류기를 시험하려고 한다. 어떤 종류의 시험을 하여야 하는지 그 종류를 6가지만 쓰시오.

Answer

① 절연저항 시험 ② 절연내력 시험 ③ 충격파내전압 시험
④ 단락전류 시험 ⑤ 노화 시험 ⑥ 온도특성 시험

Explanation

누전 경보기 변류기 기능검사
① 절연저항 시험 ② 절연내력 시험 ③ 충격파내전압 시험
④ 단락전류 시험 ⑤ 노화 시험 ⑥ 온도특성 시험
⑦ 진동 시험 ⑧ 충격 시험 ⑨ 전로개폐 시험
⑩ 과누전 시험 ⑪ 방수 시험 ⑫ 전압강하 방지 시험

06 그림에서 S는 인입구 개폐기이다. 개폐기 F의 명칭을 쓰시오.

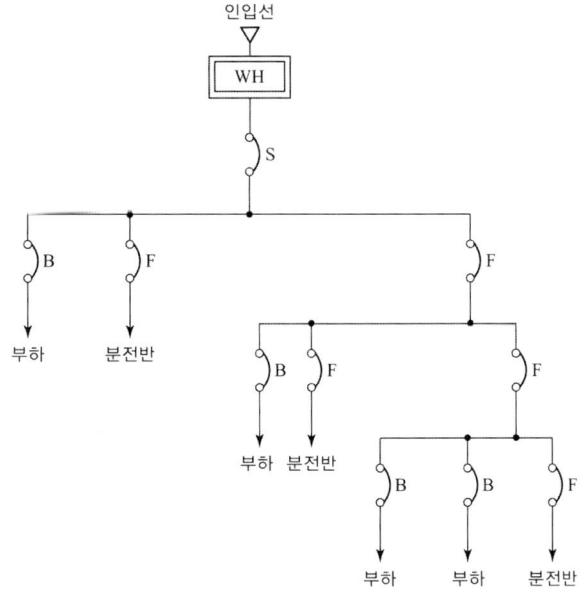

📝 **Answer**

간선 개폐기

🔎 **Explanation**

S : 인입구 개폐기
F : 간선 개폐기

(내선규정 1,465-1) 저압개폐기를 필요로 하는 개요
저압 개폐기는 저압전로 중 다음 각 호의 개소 또는 따로 정하는 개소에 시설하여야 한다(판단기준 37, 169, 176).
① 부하전류를 끊거나 흐르게 할 필요가 있는 개소
② 인입구 기타 고장, 점검, 측정, 수리 등에서 개로할 필요가 있는 개소
③ 퓨즈의 전원측(이 경우 개폐기는 퓨즈에 근접하여 설치할 것) 다만, 분기회로용 관전류차단기 이후의 퓨즈가 플러그퓨즈와 같이 퓨즈교환 시에 충전부에 접촉될 우려가 없을 경우는 이 개폐기를 생략할 수 있다.
[주1] 분전반의 주개폐기(인입구 장치가 되는 것은 제외한다)는 특히 필요할 경우 이외는 시설하지 않아도 된다.

07 ★★☆☆☆
버스 덕트의 종류 5가지를 쓰시오.

📝 **Answer**

① 피더 버스 덕트
② 익스펜션 버스 덕트
③ 탭붙이 버스 덕트
④ 트랜스포지션 버스 덕트
⑤ 플러그인 버스 덕트

🔎 **Explanation**

(내선규정 2,245-3) 버스 덕트의 종류 및 정격

명칭	형식	설명
피더 버스 덕트	옥내용	도중에 부하를 접속하지 아니한 것
	옥외용	
익스펜션 버스 덕트		열 신축에 따른 변화량을 흡수하는 구조인 것
탭붙이 버스 덕트	옥내용	종단 및 중간에서 기기 또는 전선 등과 접속시키기 위한 탭을 가진 버스 덕트
트랜스포지션 버스덕트		각 상의 임피던스를 평균시키기 위해서 도체 상호의 위치를 관로 내에서 교체 시키도록 만든 버스 덕트
플러그 인 버스 덕트	옥내용	도중에 부하 접속용으로 꽂음 플러그를 만든 것

※ 트롤리 버스 덕트 : 도중에 이동 부하를 접속할 수 있도록 트롤리 접촉식 구조로 한 것

• 피더 버스 덕트 : 도중에 부하를 접속하지 아니한 것
• 플러그인 버스 덕트 : 덕트 도중에 부하 접속용으로 꽂음 플러그를 시설한 것
• 트롤리 버스 덕트 : 도중에 이동 부하를 접속할 수 있도록 트롤리 접촉식 구조로 한 것

BEST 08 ★★★★★ 피뢰 방식의 종류 3가지만 쓰시오.

Answer

① 돌침 방식
② 용마루위 도체 방식
③ 케이지 방식

Explanation

피뢰침 설비에서 피뢰 방식
- 돌침 방식 : 돌침(突針)을 건축물에 직접 설치하는 방식과 건축물과 이격하여 설치하는 독립피뢰침 방식이 있음
- 수평도체 방식 : 건축물의 옥상에 거의 수평 되게 피뢰도체를 설치하여 이 도체에서 낙뢰를 흡수하는 방식 수평도체 방식은 설치하는 방법에 따라 도체를 건축물에 직접 설치하는 방식과 격리해서 설치하는 독립 가공지선 방식이 있음
- 케이지 방식 : 건축물의 주위를 피뢰 도선으로 새장(cage)처럼 감싸는 방식, 완전피뢰방식
- 이온방시형 피뢰 방식 : 돌침부에서 선하 또는 펄스를 발생시켜 뇌운의 전하와 작용토록 하여 멀리 있는 뇌운의 방전을 유도하여 보호 범위를 넓게 하는 방식

09 ★★★☆☆ 축전지의 용량 산출에 필요한 조건 5가지만 쓰시오.

Answer

① 부하의 크기와 성질
② 예상 정전 시간
③ 순서 최대 방전전류의 세기
④ 제어 케이블에 의한 전압강하
⑤ 경년에 의한 용량의 감소

Explanation

무정전 전원 공급 장치(UPS : Uninterruptible Power Supply)
- 구성 : 축전지, 정류 장치(Converter), 역변환 장치(Inverter)
- 선로의 정전이나 입력 전원에 이상 상태가 발생하였을 경우에도 정상적으로 전력을 부하 측에 공급하는 설비
- UPS의 구성도

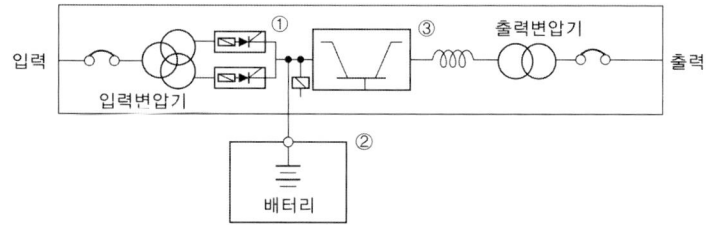

- UPS 구성 장치
  ① 순변환(정류) 장치(Converter) : 교류를 직류로 변환
  ② 축전지 : 정류 장치에 의해 변환된 직류전력을 저장
  ③ 역변환 장치(Inverter) : 직류를 상용 주파수의 교류전압으로 변환

- 축전지 용량 $C = \dfrac{1}{L}KI[\text{Ah}]$

  여기서, C : 축전지의 용량 [Ah]

  L : 보수율(경년용량 저하율)

  K : 용량환산 시간 계수

  I : 방전전류[A]

10. "노이즈 방지용 접지"란 어떤 접지인지 쓰시오.

Answer

어떤 전자 장치의 노이즈 발생 또는 기타 발생 원인으로부터 또 다른 전자 장치의 오동작, 통신장애 기타 다른 기기에 장애를 일으키지 않도록 하기 위한 접지. 즉, 에너지를 대지로 방출하기 위한 접지

11. 변압기의 기름이 공기와 접촉되면 열화하여 불용성 침전물이 생긴다. 이것을 방지하기 위한 장치를 쓰시오.

Answer

콘서베이터

Explanation

변압기 절연유의 절연열화(aging)

변압기 절연유의 절연열화(aging)의 원인은 외기의 온도 변화, 부하의 변화에 따라 내부 기름의 온도가 변화하여 기름과 대기압 사이에 차가 생겨 공기가 출입하는 작용으로 호흡작용이라 한다. 이에 따라 변압기의 호흡작용으로 절연유의 절연내력이 저하하고 냉각 효과가 감소하는 현상을 절연열화(aging)라 한다.

절연열화 방지 대책
① 콘서베이터(conservator) 설치
② 질소 봉입 방식
② 흡착제 방식

12. [BEST] 110/220[V] 단상 3선식 전력을 공급 받는 어느 수용가의 부하 연결이 아래 그림과 같을 경우 불평형률을 계산하시오. 단, 소수점 이하 첫째 자리에서 반올림 할 것

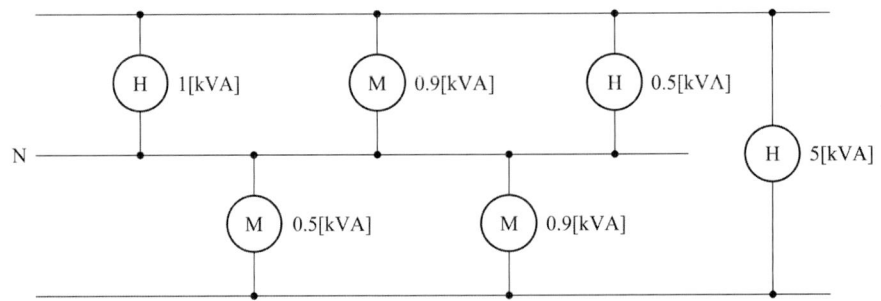

Answer

계산 : 설비 불평형률 = $\dfrac{(1+0.9+0.5)-(0.5+0.9)}{\dfrac{1}{2}\times(1+0.9+0.5+0.5+0.9+5)}\times 100 = 22.73[\%]$ 　　답 : 23[%]

Explanation

단상 3선식 설비 불평형률

설비 불평형률 = $\dfrac{\text{중성선과 각 전압측 선간에 접속되는 부하설비용량[kVA]의 차}}{\text{총 부하설비용량[kVA]의 1/2}} \times 100[\%]$

여기서, 불평형률은 40[%] 이하이어야 한다.

13 다음 심벌의 명칭을 쓰시오.

Answer

VVF용 조인트 박스

Explanation

(KS C 0301) 옥내배선용 그림기호 일반 배선

VVF용 조인트 박스		단자붙이임을 표시하는 경우에는 t를 표기한다.

14 비상 콘센트의 화재안전기준에 의해 비상 콘센트설비의 전원회로(비상 콘센트에 전력을 공급하는 회로를 말함)를 구성하려고 한다. 다음 (   ) 안에 ① ∼ ④에 알맞은 내용을 쓰시오.

"비상 콘센트설비의 전원회로는 3상 교류 (①)[V]인 것과 단상 교류 (②)[V]인 것으로, 그 공급 용량은 3상 교류의 경우 (③)[kVA] 이상인 것과 단상 교류의 경우 (④)[kVA] 이상인 것으로 할 것"

Answer

① 380　　② 220
③ 3　　　④ 1.5

Explanation

NFSC 504 비상 콘센트 설비

① 비상 콘센트설비의 전원회로는 3상 교류 380[V]인 것과 단상 교류 220[V]인 것으로서, 그 공급용량은 3상 교류의 경우 3[kVA] 이상인 것과 단상 교류의 경우 1.5[kVA] 이상인 것으로 할 것
② 비상 콘센트의 플러그 접속기는 3상 교류 380[V]의 것에 있어서는 접지형 3극 플러그접속기를 단상 교류 220[V]의 것에 있어서는 접지형 2극 플러그 접속기를 사용하여야 한다.

15 동작 설명을 참고하여 제어 회로도를 완성하시오.

(1) S_1를 OFF 상태에서 S_{3-1}을 ON하면 R_1이 점등되고 S_{3-2}을 ON 하면 R_2가 점등된다.

(2) S_{3-1}을 OFF하고 S_{3-2}을 OFF한 상태에서 S_1을 ON하면 R_1, R_2가 병렬 점등된다.

(3) PB를 누르면 타이머 T가 동작하여 R_3가 점등되고 일정시간 후 R_3는 소등되며 R_4가 점등된다.

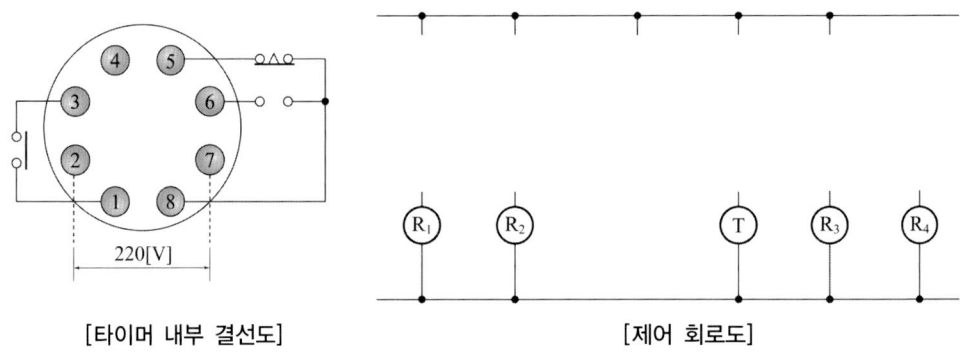

[타이머 내부 결선도]　　　　　　　[제어 회로도]

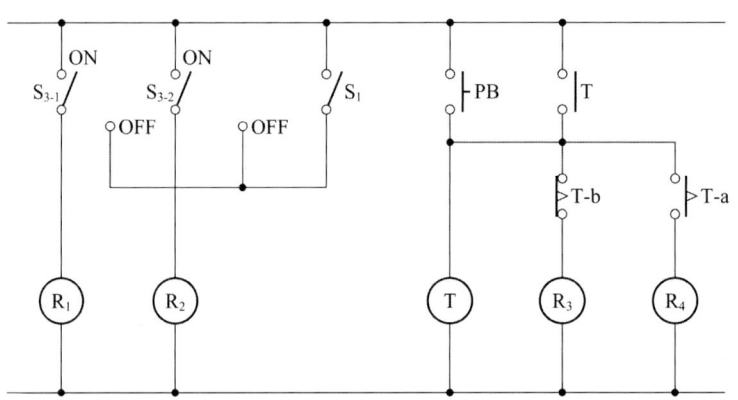

16 그림은 어느 생산공장의 수전설비의 계통도이다. 이 계통도와 뱅크의 부하용량표, 변류기 규격표를 보고 다음 각 물음에 답하시오.

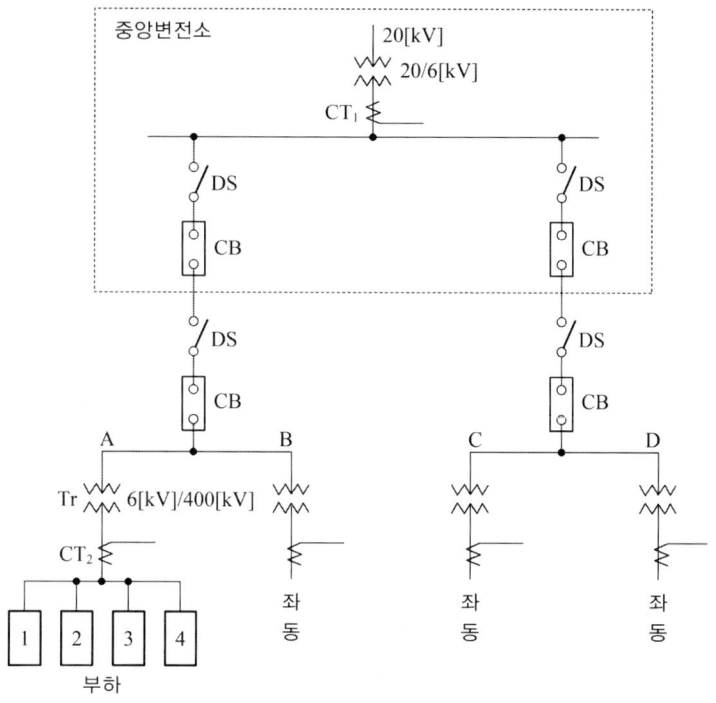

[뱅크의 부하 용량표]

피더	부하 설비 용량[kW]	수용률[%]
1	125	80
2	125	80
3	500	70
4	600	84

[변류기 규격표]

항목	변류기
정격 1차 전류[A]	5, 15, 20, 30, 40 50, 75, 100, 150, 200 300, 400, 500, 600, 750 1,000, 1,500, 2,000, 2,500
정격 2차 전류[A]	5

(1) A, B, C, D 뱅크에 같은 부하가 걸려 있으며, 각 뱅크의 부등률은 1.1이고 전부하 합성 역률은 0.8이다. 중앙 변전소의 변압기 용량을 표준 규격으로 답하시오.

(2) 변류기 CT_1, CT_2의 변류비를 구하시오. 단, 1차 수전전압은 20,000/6,000[V], 2차 수전전압은 6,000/400[V]이며 변류비는 표준 규격으로 답하고 전류비 값의 1.25배로 결정한다.

Answer

(1) 계산 : A 뱅크의 최대 수요 전력 = $\dfrac{125 \times 0.8 + 125 \times 0.8 + 500 \times 0.7 + 600 \times 0.84}{1.1 \times 0.8}$ = 1,197.73[kVA]

A, B, C, D 각 뱅크 간의 부등률은 없으므로
중앙 변전소 변압기 용량 = 1,197.73×4 = 4,790.92[kVA]   답 : 표준 용량 5,000[kVA]

(2) ① CT_1의 변류비

$I_1 = \dfrac{4{,}790.92 \times 10^3}{\sqrt{3} \times 6{,}000} \times 1.25 = 576.26[A]$

표에서 600/5 선정   답 : 600/5

② CT_2의 변류비

$I_1 = \dfrac{1{,}197.73 \times 10^3}{\sqrt{3} \times 400} \times 1.25 = 2{,}160.97[A]$ 답 : 2,000/5

Explanation

(1) 변압기 용량[kVA] = $\dfrac{\text{설비용량[kVA]} \times \text{수용률}}{\text{부등률}}$ = $\dfrac{\text{설비용량[kW]} \times \text{수용률}}{\text{부등률} \times \text{역률}}$ [kVA]

문제에서는 변압기 용량을 구하라고 했으므로 정격으로 답해야 한다.

(2) 보통의 경우 CT 비 : 1차 전류×(1.25~1.5)
① CT_1의 위치가 중앙 변전소 변압기 2차 측에 있으므로
전압은 6,000[V]를 기준으로 계산
② CT_2의 위치가 부하 A 변압기 2차 측에 있으므로
전압은 400[V]를 기준으로 계산

여기서, CT2의 1차 전류가 2,160.97[A]이므로 2,500[A]으로 할 수 있으나 이 경우 실제 부하전류와의 차이가 너무 크므로 2,000[A]로 선정

BEST 17 ★★★★★
전기공사의 공사원가 비목이 다음과 같이 구성되었을 경우 일반관리비와 이윤을 산출하시오.

- 재료비 소계 : 80,000,000원
- 노무비 소계 : 40,000,000원
- 경 비 소계 : 25,000,000원

(1) 일반관리비
  - 계산 :   - 답 :
(2) 이윤
  - 계산 :   - 답 :

Answer

(1) 계산 : 일반관리비 $= (80,000,000 + 40,000,000 + 25,000,000) \times 0.06 = 8,700,000$ [원]

  답 : 8,700,000[원]

(2) 계산 : 이윤 $= (40,000,000 + 25,000,000 + 8,700,000) \times 0.15 = 11,055,000$ [원]

  답 : 11,055,000[원]

Explanation

(1) 일반관리비

종합공사		전문·전기·정보통신·소방 및 기타공사	
공사원가	일반관리비율[%]	공사원가	일반관리비율[%]
50억 미만	6.0	5억원 미만	6.0
50억원~300억원 미만	5.5	5억원~30억원 미만	5.5
300억원 이상	5.0	30억원 이상	5.0

(2) 이윤 =(노무비+경비+일반관리비)×15[%]

18 ★☆☆☆☆
네온 램프의 시험 및 검사 항목 5가지만 쓰시오.

Answer

① 구조 검사
② 수명 시험
③ 진동 시험
④ 충격 시험
⑤ 조기특성 시험

Explanation

이외에도 ⑥ 베이스 접착강도 시험

2008년 전기공사산업기사 실기

01 다음은 소화활동설비 중 비상 콘센트설비에 관한 절연저항 및 절연내력의 기준에 관한 사항이다. ( ) 안에 알맞은 내용을 쓰시오.

- 절연저항은 전원부와 외함 사이를 (①)[V]의 절연저항계로 측정할 때 (②)[MΩ] 이상일 것
- 절연내력은 전원부와 외함 사이에 정격 전압이 150[V] 이하인 경우에는 (③)[V]의 실효전압을, 정격 전압이 150[V] 이상인 경우에는 그 정격 전압에 (④)를 곱하여 (⑤)을 더한 실효전압을 가하는 시험에서 (⑥)분 이상 견디는 것으로 할 것

Answer

① 500 ② 20 ③ 1,000 ④ 2 ⑤ 1,000 ⑥ 1

Explanation

(NFSC 504조) 비상 콘센트설비
비상 콘센트설비의 전원부와 외함 사이의 절연저항 및 절연내력은 다음 각 호의 기준에 적합하여야 한다.
① 절연저항은 전원부와 외함 사이를 500[V] 절연저항계로 측정할 때 20[MΩ] 이상일 것
② 절연내력은 전원부와 외함 사이에 정격 전압이 150[V] 이하인 경우에는 1,000[V]의 실효전압을, 정격 전압이 150[V] 이상인 경우에는 그 정격 전압에 2를 곱하여 1,000을 더한 실효전압을 가하는 시험에서 1분 이상 견디는 것으로 할 것

02 자동 화재탐지설비의 발신기의 설치 기준에 대하여 3가지만 쓰시오.

Answer

① 다수인이 보기 쉽고 조작이 쉬운 장소에 설치할 것
② 스위치는 바닥으로부터 0.8[m] 이상 1.5[m] 이하의 높이에 설치할 것
③ 특정 소방대상물의 층마다 설치하되, 해당 특정 소방대상물의 각 부분으로부터 하나의 발신기까지 거리가 수평거리가 25[m] 이하(터널은 주행 방향의 측벽 길이 50[m] 이내)가 되도록 할 것

Explanation

(NFSC 203조) 자동화재탐지설비 및 시각경보장치의 화재안전기준 중 발신기
① 자동화재탐지설비의 발신기는 다음 각 호의 기준에 따라 설치하여야 한다. 다만, 지하구의 경우에는 발신기를 설치하지 아니할 수 있다.
  - 조작이 쉬운 장소에 설치하고, 스위치는 바닥으로부터 0.8[m] 이상 1.5[m] 이하의 높이에 설치할 것
  - 특정소방대상물의 층마다 설치하되, 해당 특정소방대상물의 각 부분으로부터 하나의 발신기까지의 수평거리가 25[m] 이하가 되도록 할 것. 다만, 복도 또는 별도로 구획된 실로서 보행 거리가 40[m] 이상일 경우에는 추가로 설치하여야 한다. 〈개정 2008.12.15〉
  - 제2호에도 불구하고 제2호의 기준을 초과하는 경우로서 기둥 또는 벽이 설치되지 아니한 대형공간의 경우 발신기는 설치 대상 장소의 가장 가까운 장소의 벽 또는 기둥 등에 설치할 것
② 발신기의 위치를 표시하는 표시등은 함의 상부에 설치하되, 그 불빛은 부착면으로부터 15° 이상의 범위 안에서 부착지점으로부터 10[m] 이내의 어느 곳에서도 쉽게 식별할 수 있는 적색등으로 하여야 한다.

03 ★★★☆☆

"분기회로"란 무엇인가 용어의 정의를 쓰시오.

Answer

간선에서 분기하여 분기 과전류 차단기를 거쳐서 부하에 이르는 사이의 배선

Explanation

(내선규정 1,300) 용어
분기회로(分岐回路)란 간선에서 분기하여 분기 과전류 차단기를 거쳐서 부하에 이르는 사이의 배선을 말한다.

04 ★★☆☆☆

굴곡 개소가 많고 금속관 공사를 하기 어려운 경우, 전동기와 옥내배선을 결합하는 경우 기타 시설의 건조물에 배선하는 경우 등에 사용하는 배관 재료를 다음 물음에 답하시오.

(1) 전선관과 박스와의 접속에 사용하는 것은?
(2) 가요 전선관과 금속관을 결합하는 곳에 사용하는 것은?
(3) 돌려서 접속할 수 없는 경우의 가요 전선관과 금속관을 결합하는 곳에 사용하는 것은?
(4) 직각으로 박스에 붙일 때 사용하는 것은?
(5) 가요 전선관 상호를 결합하는 곳에 사용하는 것은?

Answer

(1) 스트레이트 박스 커넥터
(2) 컴비네이션 커플링
(3) 컴비네이션 유니온 커플링
(4) 앵글 박스 커넥터
(5) 스플릿 커플링

05 ★★☆☆☆

축전지 설비에서 축전지는 장기간 사용하거나 사용 조건 등이 변경되기 때문에 이 용량 변화를 보상하는 보정치로 보통 0.8로 하는 것을 무엇이라 하는가?

Answer

보수율(경년용량 저하율)

Explanation

축전지 용량

$C = \dfrac{1}{L} KI$ [Ah]

여기서, C : 축전지의 용량 [Ah]
　　　　L : 보수율(경년용량 저하율)
　　　　K : 용량환산 시간 계수
　　　　I : 방전전류 [A]

06

조명설비에 대한 다음 각 물음에 답하시오.

(1) 어떤 전기공사 도면에서 ◯M400으로 표시되어 있다. 이것은 무엇을 뜻하는지 쓰시오.
(2) 비상용 조명을 건축법에 따른 형광등으로 하고자 할 때 그 그림기호를 표현하시오.
(3) 평면이 15[m]×10[m]인 사무실에 40[W] 형광등 전광속 2,500[lm]인 형광등을 사용하여 평균 조도를 300[lx]로 유지하도록 하려고 한다. 이 사무실에 필요한 형광등 수를 산정하시오. 단, 조명률은 0.6이고, 감광 보상률은 1.3이다.
 • 계산 :   • 답 :

Answer

(1) 400[W] 메탈헬라이드등
(2) ▬◯▬
(3) 계산 : $N = \dfrac{ESD}{FU} = \dfrac{300 \times 15 \times 10 \times 1.3}{2,500 \times 0.6} = 39$ [등]   답 : 39[등]

Explanation

(1) 고휘도 방전램프(HID Lamp)
  • H400 400[W] 수은등
  • M400 400[W] 메탈헬라이드등
  • N400 400[W] 나트륨등

(2) ▭◯▭ : 형광등

  ▬◯▬ : 비상용 형광등

(3) 조명 계산
  $FUN = ESD$
  여기서, F[lm] : 광속, U[%] : 조명률, N[등] : 등수
  E[lx] : 조도, S[m^2] : 면적, $D = \dfrac{1}{M}$: 감광 보상률 $= \dfrac{1}{보수율}$

  등수 $N = \dfrac{ESD}{FU}$ 이며 등수 계산에서 소수점은 무조건 절상한다.

07

한국전기설비규정(KEC)의 공사방법에 관한 기술지침에서 거의 모든 장소에서 적용 가능한 옥내 배선 방법 5가지를 적으시오.

Answer

① 합성수지관공사
② 금속관공사
③ 가요전선관공사(2종 비닐피복가요전선관)
④ 케이블트레이공사
⑤ 케이블공사

Explanation

합성수지관공사, 금속관공사, 가요전선관공사(2종 비닐피복가요전선관), 케이블트레이공사, 케이블공사

옥내						옥측/옥외	
노출 장소		은폐 장소					
		점검가능		점검 불가능			
건조한 장소	습기가 많은 장소 또는 물기가 있는 장소	건조한 장소	습기가 많은 장소 또는 물기가 있는 장소	건조한 장소	습기가 많은 장소 또는 물기가 있는 장소	우선 내	우선 외
○	○	○	○	○	○	○	○

○ : 시설할 수 있다.
× : 시설할 수 없다.
[비고 1] 점검 가능 장소 예시 : 건물의 빈 공간 등
[비고 2] 점검 불가능가능 장소 예시 : 구조체 매입, 케이블채널, 지중 매설, 창틀 및 처마도리 등

08 주상 변압기 설치가 완료되면 실시하는 측정 및 시험의 종류 6가지를 쓰시오.

Answer

① 절연저항 측정
② 여자 시험
③ 전압비 시험
④ 위상각 시험
⑤ 절연유 내압시험
⑥ 변압기 시험

09 변전소에서 사용하는 전압 조정 장치 중 부하전류가 흐르는 상태에서 전압을 조정할 수 있는 장치로 부하 시 전압 조정 장치(OLTC : On Load Tap Changer)가 있다. 이 전압 조정 장치의 구성 요소를 보기에서 골라 3가지만 쓰시오.

[보기]
차단기, 부하전류 개폐기, 탭 선택기, 탭 확장기, 변류기

Answer

부하전류 개폐기, 탭 선택기, 탭 확장기

Explanation

OLTC : 부하 시 탭 절환 장치(On Load Tap Changer)

OLTC의 구성 기기
① 탭 선택기(Tap Selector), 탭 확장기
② 절환개폐기
③ 한류 저항기 또는 한류 리액터
④ 구동 장치
⑤ 자동제어 장치 및 보호 장치

10 ★★☆☆☆

그림과 같은 심벌은 어떤 전선관인 경우인가?

$$\xrightarrow{\quad // \quad}$$
$$2.5\square(VE16)$$

Answer

경질 비닐 전선관

Explanation

(내선규정 100-5) 배선, 배관 기호
- 강제 전선관은 별도의 표기 없음
- VE : 경질 비닐 전선관
- F_2 : 2종 금속제 가요 전선관
- PF : 합성수지제 가요관

11 ★★☆☆☆

1종 금속 몰드(메탈 몰딩) 공사에 사용하는 부속품 4가지를 쓰시오.

Answer

① 조인트 커플링
② 부싱
③ 플랫 엘보
④ 인터널 엘보

Explanation

1종 금속 몰드 공사
본체는 베이스와 커버로 구성되며, 일반적으로 길이가 1.9[m]로 되어 있다. 부속품에는 조인트용 커플링, 부싱, 엘보 등이 있다.

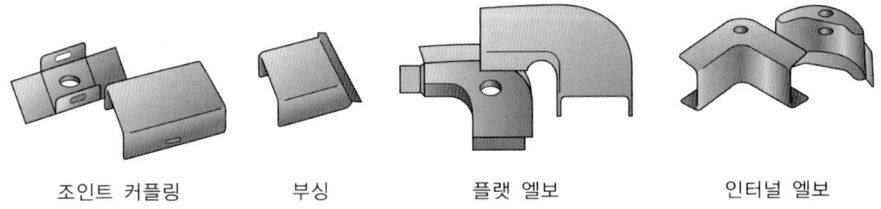

조인트 커플링   부싱   플랫 엘보   인터널 엘보

12 전기설비의 접지 목적에 대하여 3가지만 쓰시오.

Answer

① 감전 방지
② 이상전압의 억제
③ 보호 계전기의 동작 확보

Explanation

① 감전 방지 : 기기의 절연열화나 손상 등으로 누전이 발생하면 전류가 접지도체로 흘러 기기의 대지 전위 상승이 억제되고 인체의 감전 위험이 줄어들게 된다.
② 이상전압의 억제 : 뇌전류 또는 고저압 혼촉 등에 의하여 침입하는 고전압을 접지도체를 통해 대지로 흘려보내 기기의 손상을 방지할 수 있다.
③ 보호 계전기의 동작 확보 : 지락 사고 시에 일정 크기 이상의 지락전류가 쉽게 흐르기 때문에 지락 계전기 등의 동작을 확실하게 할 수 있다.
④ 전로의 대지전압의 저하 : 3상 4선식 전로의 중성점을 접지하면 각 선의 대지전압은 선간전압의 $1/\sqrt{3}$ 로 낮아진다.

13 다음 심벌은 자동 화재탐지설비의 감지기에 대한 옥내배선용 그림기호이다. 그림기호의 명칭은?

S

Answer

연기 감지기

Explanation

(KS C 0301) 옥내배선용 그림기호 자동 화재 검지 설비

명칭	그림기호	적요
정온식 스폿형 감지기	⌒	(1) 필요에 따라 종별을 표기한다. (2) 방수인 것은 ⌒ 로 한다. (3) 내산인 것은 ⌒ 로 한다. (4) 내알칼리인 것은 ⌒ 로 한다. (5) 방폭인 것은 EX를 표기한다.
연기 감지기	S	(1) 필요에 따라 종별을 표기한다. (2) 점검 박스붙이인 경우는 S 로 한다. (3) 매입인 것은 S 로 한다.
감지선	─●─	(1) 필요에 따라 종별을 표기한다. (2) 감지선과 전선의 접속점은 ──●── 로 한다. (3) 가건물 및 천장 안에 시설할 경우는 ─●─ 로 한다. (4) 관통 위치는 ─○─○─ 로 한다.

14 ★★☆☆☆
무정전 공법의 종류 3가지를 쓰시오.

Answer

① 이동용 변압기차 공법
② 바이패스 케이블 공법
③ 공사용 개폐기 공법

Explanation

- 무정전 작업 : 전기설비 작업 시 관련 선로나 부하에 정전이 수반되지 않도록 하는 작업
- 무정전 공법 : 바이패스 케이블 공법
  공사용 개폐기 공법
  이동용 변압기차 공법

15 ★★☆☆☆
그림은 어떤 보안장치 회로의 일부분이다. 주어진 동작 조건에 의하면 도면의 (1)~(9)에는 어떤 계전기의 접점이 기록되어야 하는지 접점 기호 X_1, X_2, X_3로 답하시오.

[동작 조건]
누름 버튼스위치를 PB_3 - PB_1 - PB_2 - PB_4의 순서로 눌러야 Door Lock(DL)이 열리도록 하고자 한다. 이 순서가 바뀌면 DL은 열리지 않으며, DL이 열리면 Limit Switch가 open되어 전원이 차단된다.

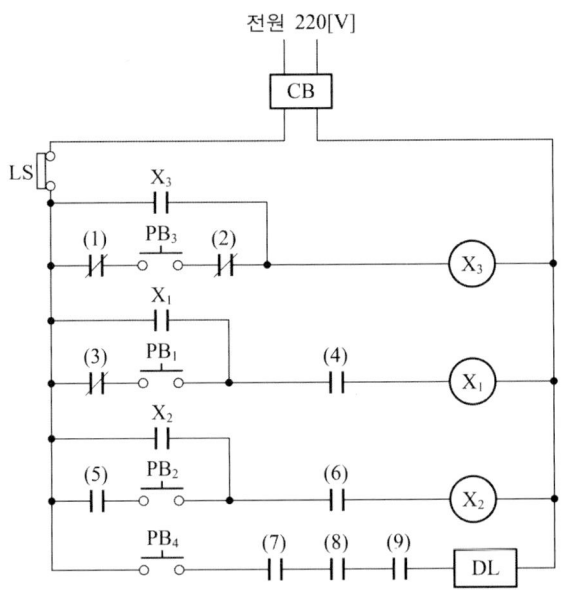

Answer

(1) X_1 (2) X_2 (3) X_2
(4) X_3 (5) X_3 (6) X_1
(7) X_1 (8) X_2 (9) X_3

BEST 16 ★★★★★

그림과 같이 전선관을 지중에 매설하려고 한다. 터파기(흙파기)량은 얼마인가? 단, 매설 거리는 70[m]이고, 전선관의 면적은 무시한다.

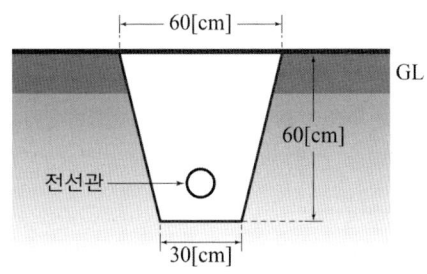

Answer

계산 : 줄기초 파기이므로

$$V_0 = \frac{0.6 + 0.3}{2} \times 0.6 \times 70 = 18.9 [\text{m}^3]$$

답 : $18.9[\text{m}^3]$

Explanation

터파기량 계산
- 줄기초 파기 : 전선관 매설

$$터파기량[\text{m}^3] = \left(\frac{a+b}{2}\right) \times h \times 줄기초\ 길이$$

17 ★★★★☆

주어진 동작 설명과 같이 동작될 수 있는 시퀀스 제어도를 그리시오.

[동작 설명]
- 3로 스위치 S_{3-1}을 ON, S_{3-2}를 ON했을 시 R_1, R_2가 직렬 점등되고, S_{3-1}을 OFF, S_{3-2}를 OFF 했을 시 R_1, R_2가 병렬 점등한다.
- 푸시버튼 스위치 PB를 누르고 있는 동안에는 램프 R_3와 부저 B가 병렬로 동작한다.

Answer

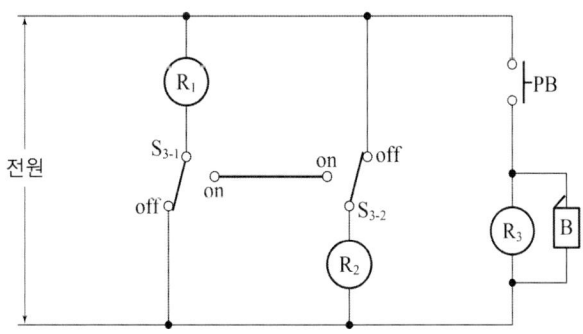

2008년 전기공사산업기사 실기

01 이 문제는 변경된 KEC 적용으로 인하여 삭제하고, 아래 예상문제로 대체되었습니다.

한국전기설비규정에 의거하여 다음 전선의 색상을 적으시오.

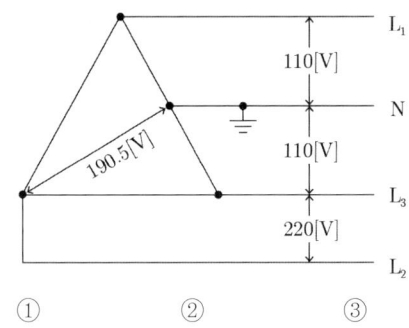

상(문자)	색상
L1	①
L2	②
L3	③
N	④
보호도체	⑤

① ② ③ ④ ⑤

Answer

① 갈색　　② 흑색　　③ 회색　　④ 청색　　⑤ 녹색-노란색

Explanation

(KEC 121.2조) 전선의 상별 색상
1. 전선의 색상은 표에 따른다.

상(문자)	색상
L1	갈색
L2	흑색
L3	회색
N	청색
보호도체	녹색-노란색

2. 색상 식별이 종단 및 연결 지점에서만 이루어지는 나도체 등은 전선 종단부에 색상이 반영구적으로 유지될 수 있는 도색, 밴드, 색 테이프 등의 방법으로 표시해야 한다.
3. 제1 및 제2를 제외한 전선의 식별은 KS C IEC 60445(인간과 기계 간 인터페이스, 표시 식별의 기본 및 안전원칙-장비단자, 도체단자 및 도체의 식별)에 적합하여야 한다.

02 다음 중 교류 전등 공사에서 금속관 내에 전선을 넣어 연결한 방법 중 가장 옳은 것을 선택하고 그 사유를 쓰시오.

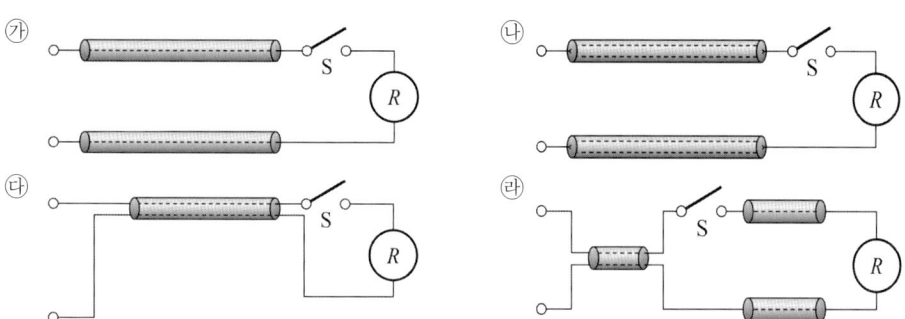

- 연결한 방법 중 옳은 것
- 사유

Answer

- 연결한 방법 중 옳은 것 : ㉢
- 사유 : 전자적 평형 상태 유지

Explanation

(내선규정 2,225-2) 전자적 평형
교류회로는 1회로의 전선 전부를 동일 관내에 넣는 것을 원칙으로 한다. 다만, 동극 왕복선을 동일 관내에 넣는 경우와 같이 전자적 평형 상태로 시설하는 것은 적용하지 않는다.
[주] 1회로의 전선 전부란 단상 2선식 회로는 2선을, 단상 3선식 회로 및 3상 3선식 회로는 3선을, 3상 4선식 회로는 4선을 말한다.

03 전원이 인가된 상태에서 아날로그 멀티 테스터기를 사용하여 전기회로의 저항값을 측정할 수 있는가?

Answer

측정 불가

04 다음 저항을 측정하는 데 가장 적당한 측정 방법은?

(1) 변압기의 절연저항
(2) 검류계의 내부저항
(3) 전해액의 저항
(4) 굵은 나전선의 저항
(5) 접지저항 측정

Answer

(1) 메거(절연저항계) (2) 휘스톤 브리지 (3) 콜라우시 브리지
(4) 켈빈더블 브리지 (5) 접지저항계

> **Explanation**

각종 저항 측정 방법
- 켈빈더블 브리지 : 굵은 나전선의 저항
- 휘스톤 브리지 : 검류계의 내부저항, 고저항 측정
- 콜라우시 브리지 : 전해액의 저항, 접지저항
- 메거(절연저항계) : 절연저항
- 전압강하법 : 백열전구의 필라멘트

05 가연성 가스나 휘발성 가스가 발생할 우려가 있는 장소, 가연성 분체를 취급하는 장소 등의 위험장소에서는 어떤 조명 기구를 사용하여야 하는가?

> **Answer**

방폭형

> **Explanation**

전기기계기구의 방폭(防爆)구조란 가스증기위험장소에서 사용에 적합하도록 특별히 고려한 구조를 말하며, 내압방폭구조(耐壓防爆構造), 내압방폭구조(內壓防爆構造), 유입(流入)방폭구조, 안전증 방폭구조, 본질(本質)안전방폭구조 및 특수방폭구조와 분진위험장소에서 사용에 적합하도록 고려한 분진방폭방진구조로 구별한다.
[주] 가스증기위험장소에 사용하는 전기기계기구는 방폭구조 전기기계기구 검정(檢定)규칙에 의한 검정을 받은 것

06 다음 용어에 대한 설명을 하시오.

(1) UPS(Uninterruptible Power Supply)
(2) 이도(弛度)
(3) 시방서(示方書)
(4) 케이블 트레이(Cable tray)
(5) 조가선(Messanger Wire)

> **Answer**

(1) 무정전 전원 공급 장치
(2) 전선의 지지점을 연결하는 수평선으로부터 전선이 밑으로 내려가 있는 길이
(3) 설계도면으로 나타내기 어려운 사항을 문서로 표시한 서류
(4) 케이블을 지지하기 위하여 사용하는 금속제 또는 불연성 재료로 제작된 유니트 또는 유니트의 집합체
(5) 가공전선로의 케이블 또는 통신 케이블을 지지하기 위한 강철선

07 전기설비에 있어서 감전 예방의 종류 중 직접접촉예방은 전기설비가 정상으로 운영하고 있는 상태에서 전기설비에 사람 또는 동물이 접촉되는 경우를 대비하여 감전 예방을 위한 보호이다. 직접접촉예방을 위한 보호 방법 5가지를 쓰시오.

> **Answer**

① 충전부의 절연에 의한 보호   ② 격벽 또는 외함에 의한 보호

③ 장애물에 의한 보호 ④ 손의 접근한계 외측 시설에 의한 보호
⑤ 누전 차단기에 의한 추가 보호

Explanation

(KEC 113.2조) 감전에 대한 보호
(1) 기본보호
일반적으로 직접접촉을 방지하는 것으로, 전기설비의 충전부에 인축이 접촉하여 일어날 수 있는 위험으로부터 보호
가. 인축의 몸을 통해 전류가 흐르는 것을 방지
   - 충전부에 전기절연
   - 접촉을 방지하기 위한 충분한 거리 확보(격벽 또는 외함, 장애물, 손의 접근 한계 외측 등)
나. 인축의 몸에 흐르는 전류를 위험하지 않는 값 이하로 제한
   - 공급전압을 50[V] 이하로 제한 등(인축의 몸에 흐르는 고장전류의 지속시간을 위험하지 않은 시간까지로 제한하는 것은 절연고 장이 발생하여 전기설비의 노출도전부에 50[V] 이상의 전압이 인가되는 경우에는 인체가 이를 접촉하면 인체저항에 따라서 30[mA] 이상의 위험한 고장전류가 인체를 통해 흐를 수 있으므로)

08 ★★★★☆

 그림기호의 명칭은?

Answer

플러그인 버스 덕트

Explanation

(KS C 0301) 옥내배선용 그림 기호

명칭	그림기호	적요
버스 덕트		① 필요에 따라 다음 사항을 표시한다. 　• 피드 버스 덕트　　　　FBD 　　플러그인 버스 덕트　　PBD 　　트롤리 버스 덕트　　　TBD 　• 방수형인 경우는 WP 　• 전기방식, 정격전압, 정격전류 　　보기 : 　　　FBD3φ　3W　300V　600A ② 익스팬션을 표시하는 경우는 다음과 같다. ③ 옵셋을 표시하는 경우는 다음과 같다. ④ 탭붙이를 표시하는 경우는 다음과 같다. ⑤ 상승, 인하를 경우는 다음과 같다. 　　상승　　　　　　　　인하 ⑥ 필요에 따라 정격전류에 의해 나비를 바꾸어 표시하여도 좋다.

09
비상 콘센트설비에 관한 사항이다. ( ) 안에 알맞은 내용을 쓰시오.

- 지하층을 포함한 층수가 (①)층 이상인 특정 소방배상물의 경우에는 11층 이상의 층에 설치한다.
- 바닥으로부터 높이 (②)[m] 이상 (③)[m] 이하의 위치에 설치한다.
- 당해 층의 각 부분으로부터 하나의 비상 콘센트까지의 수평 거리가 (④)[m] 이하가 되도록 배치한다.
- 하나의 전용회로에 설치하는 비상 콘센트는 (⑤)개 이하로 할 것
- 비상 콘센트용의 풀박스 등은 방청도장을 한 것으로서, 두께 (⑥)[mm] 이상의 철판으로 할 것

Answer
① 11 ② 0.8 ③ 1.5
④ 50 ⑤ 10   ⑥ 1.6

Explanation
(NFSC 504조) 비상 콘센트설비
① 지하층 및 지하층을 포함한 층수가 11층 이상의 특정 소방대상물 11층 이상의 각 층마다 비상 콘센트설비를 시설해야 한다.
② 비상 콘센트설비의 전원회로는 3상 교류 380[V]인 것과 단상 교류 220[V]인 것으로서, 그 공급용량은 3상 교류의 경우 3[kVA] 이상인 것과 단상 교류의 경우 1.5[kVA] 이상인 것으로 할 것
③ 전원회로는 각 층에 있어서 2 이상이 되도록 설치할 것. 다만, 설치하여야 할 층의 비상 콘센트가 1개인 때에는 하나의 회로로 할 수 있다.
④ 하나의 전용회로에 설치하는 비상 콘센트는 10개 이하로 할 것, 이 경우 전선의 용량은 각 비상 콘센트(비상 콘센트가 3개 이상인 경우에는 3개)의 공급용량을 합한 용량 이상의 것으로 하여야 한다.
⑤ 비상 콘센트용의 풀박스 등은 방청도장을 한 것으로서, 두께 1.6[mm] 이상의 철판으로 할 것
⑥ 비상 콘센트는 바닥으로부터 높이 0.8[m] 이상 1.5[m] 이하의 위치에 설치할 것
⑦ 비상 콘센트는 당해 층의 각 부분으로부터 하나의 비상 콘센트까지의 수평 거리는 50[m] 이내 (지하상가 또는 지하층의 바닥 면적의 합계가 3,000[m²] 이상인 것은 수평거리 25[m])가 되도록 할 것

BEST 10
연축전지의 정격용량은 250[Ah]이고, 상시부하가 8[kW]이며, 표준 전압이 100[V]인 부동충전 방식의 충전전류는 몇 [A]인가? 단, 연축전지의 방전율은 10시간율로 계산한다.

- 계산 :
- 답 :

Answer
계산 : $I = \dfrac{250}{10} + \dfrac{8,000}{100} = 105[A]$

답 : 105[A]

Explanation
부동충전
축전지의 자기 방전을 보충하는 동시에 상용 부하에 대한 전력 공급은 충전기가 부담하고 충전기가 부담하기 어려운 일시적인 대전류 부하는 축전지가 부담하도록 하는 방식

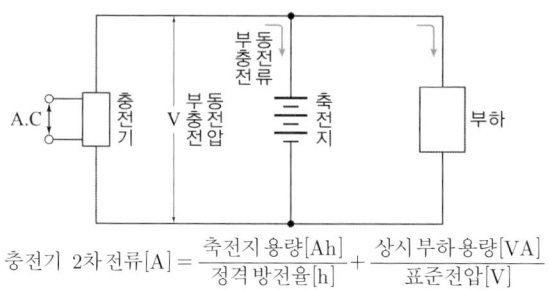

$$\text{충전기 2차 전류}[A] = \frac{\text{축전지 용량}[Ah]}{\text{정격 방전율}[h]} + \frac{\text{상시 부하 용량}[VA]}{\text{표준전압}[V]}$$

11 다음 ( ) 안에 알맞은 내용을 쓰시오.

"애자공사의 전선은 애자로 지지하고 조영재 등에 접촉될 우려가 있는 개소는 전선을 (①) 또는 (②)에 넣어 시설하여야 한다."

Answer

① 애관   ② 합성수지관

Explanation

(KEC 232.56조) 애자공사
애자공사의 전선은 애자로 지지하고 조영재 등에 접촉될 우려가 있는 개소는 전선을 애관 또는 합성수지관에 넣어 시설하여야 한다. 다만, 공사상 부득이한 경우는 두께 1.0[mm] 이상의 연질비닐관 기타 내구성이 있는 절연관을 애관 또는 합성수지관 대용으로 사용할 수 있다.

BEST 12 38[mm²]의 경동연선을 사용해서 높이가 같고 경간이 300[m]인 철탑에 가선하는 경우 이도는 얼마인가? 단, 이 경동연선의 인장하중은 1,480[kgf], 안전율은 2.2이고 전선 자체의 무게는 0.348[kgf/m]라고 한다.

Explanation

계산 : $D = \dfrac{WS^2}{8T} = \dfrac{0.348 \times 300^2}{8 \times \dfrac{1,480}{2.2}} = 5.82[m]$ 답 : 5.82[m]

Answer

- 이도 : $D = \dfrac{WS^2}{8T} = \dfrac{WS^2}{8 \times \dfrac{\text{인장하중}}{\text{안전율}}}[m]$

- 실제 길이 : $L = S + \dfrac{8D^2}{3S}[m]$

  여기서, L : 전선의 실제 길이[m]
  D : 이도[m]
  S : 경간[m]

13 "안전관리 설비"란 건축물에 필수적이며, 사람의 안전 및 환경 또는 다른 물체에 손상을 주지 않게 하기 위한 설비를 말한다. 안전관리 설비 중 비상전원이 필요한 설비 5가지만 쓰시오.

Answer

① 비상조명
② 소화전설비
③ 제연설비
④ 피난설비(유도등, 비상조명등)
⑤ 의료용 기기

Explanation

이외에도 ⑥ 자동화설비

14 전기설비의 시공에 대한 검사는 육안검사 및 시험검사가 있다. 이때 육안검사 항목 중 5가지만 쓰시오.

Answer

① 전기기기의 표시 확인과 손상 유무 점검
② 감전 예방의 종류 확인
③ 허용 전류 및 전압강하에 관한 전선의 선정
④ 보호 장치 및 감시 장치의 선택 및 시설
⑤ 단로 장치 및 개폐 장치의 시설

Explanation

(내선규정 5,500-7) 검사 및 시험 항목

	항목
육안검사	1. 전기기기의 표시 확인과 손상 유무 점검
	2. 감전 예방의 종류 확인
	3. 화재의 파급을 예방하기 위한 방재벽의 존재 및 기타 예방 조치와 기타 열 영향에 대한 보호
	4. 허용 전류 및 전압강하에 관한 전선의 선정
	5. 보호 장치 및 감시 장치의 선택 및 시설
	6. 단로 장치 및 개폐 장치의 시설
	7. 외적 영향에 따른 적절한 기기 및 보호 수단 선정
	8. 중성선 및 보호도체의 식별
	9. 회로, 퓨즈, 개폐기, 단자 등의 식별
	10. 전선 접속의 적정성
	11. 조작 및 보수의 편리성을 위한 접근 가능성
	12. 접지계통 종류의 확인
	13. 접지설비의 시공 확인
시험	1. 시험 순서
	2. 주 및 보조 등전위 접속을 포함하는 보호도체의 연속성
	3. 전기설비의 절연저항
	4. 회로 분리에 의한 보호
	5. 바닥과 벽의 저항
	6. 전원의 자동 차단에 의한 보호조건 검사
	7. 접지극의 저항 측정

	8. 보호도체의 저항 측정
	9. 극성 시험
	10. 과전압에 대한 보호검사

15 ★★☆☆☆
접지도체를 사용하여 접지를 하여야 할 개소를 5개소만 쓰시오.

Answer

① 일반기기 및 제어반의 외함
② 피뢰기의 접지단자
③ 계기용 변성기의 2차 측
④ 다선식 전로의 중성선 또는 1단자
⑤ 케이블의 차폐선

Explanation

그 외에도,
⑥ 옥외 철구
⑦ 금속제의 전선관, 덕트
⑧ 케이블의 금속 피복

16 ★★☆☆☆
다음 타이머 내부 접점 번호와 동작 설명을 참고하여 동작 회로도를 완성하시오.

[동작 설명]
① 배선용 차단기를 투입하고 S_3 OFF시 R_2 점등되고, PB-ON하면 타이머 T여자 T설정 시간 동안 R_3 점등, 설정시간 후 R_3 소등, R_4 점등
② S_3 ON시 T 무여자, R_2, R_4 소등, 부저(BZ) 동작, R_1 점등
단, 전원은 단상 2선식 220[V]이다.

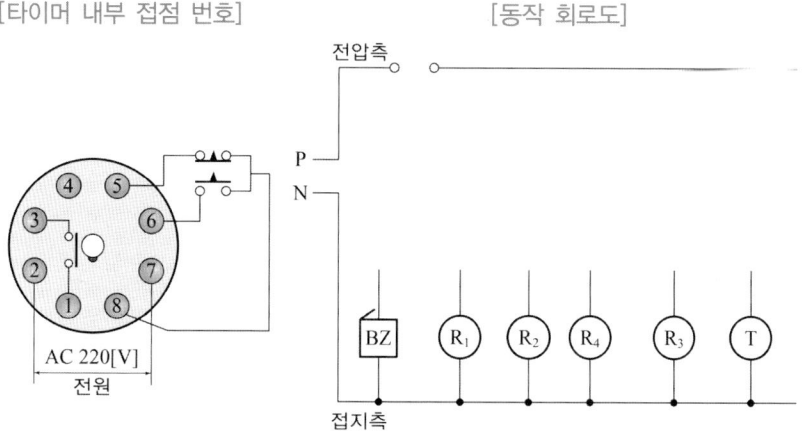

Answer

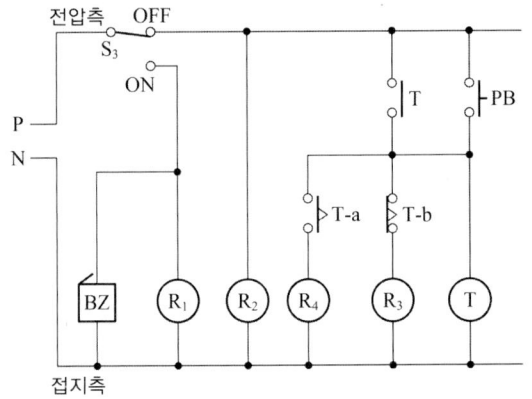

17 ★☆☆☆☆
신호등 회로의 일부를 로직 시퀀스로 그린 회로이다. 다음 물음에 답하시오.

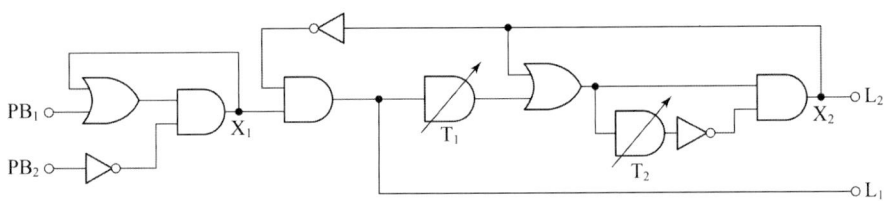

(1) 답란에 주어진 회로도를 완성하시오.

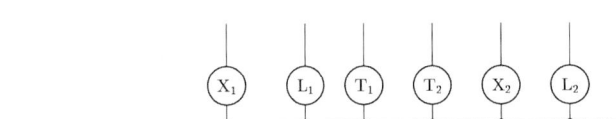

(2) 답란에 주어진 출력식을 쓰시오.
　① $X_1 =$　　　　　　② $X_2 =$
　③ $L_1 =$　　　　　　④ $L_2 =$
　⑤ $T_1 =$　　　　　　⑥ $T_2 =$

Answer

(1)
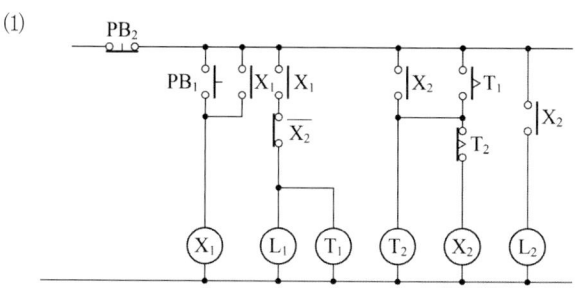

(2) ① $X_1 = (PB_1 + X_1) \cdot \overline{PB_2}$
② $X_2 = (X_2 + T_1) \cdot \overline{T_2} \cdot \overline{PB_2}$
③ $L_1 = X_1 \cdot \overline{X_2} \cdot \overline{PB_2}$
④ $L_2 = X_2 \cdot \overline{PB_2}$
⑤ $T_1 = X_1 \cdot \overline{X_2} \cdot \overline{PB_2}$
⑥ $T_2 = (X_2 + T_1) \cdot \overline{PB_2}$

18 ★★★☆☆
전기공사 금액이 3억 원 미만일 때 일반관리비율은 얼마인가?

Answer

6[%]

Explanation

일반관리 비율

종합공사		전문 · 전기 · 정보통신 · 소방 및 기타공사	
공사원가	일반관리비율[%]	공사원가	일반관리비율[%]
50억 미만	6.0	5억원 미만	6.0
50억원~300억원 미만	5.5	5억원~30억원 미만	5.5
300억원 이상	5.0	30억원 이상	5.0

MEMO

전기공사산업기사 실기

과년도 기출문제

2009

- 2009년 제 01회
- 2009년 제 02회
- 2009년 제 04회

2009년 과년도 기출문제에 대한 출제 빈도 분석 차트입니다.
각 회차별로 별의 개수를 확인하고 학습에 참고하기 바랍니다.

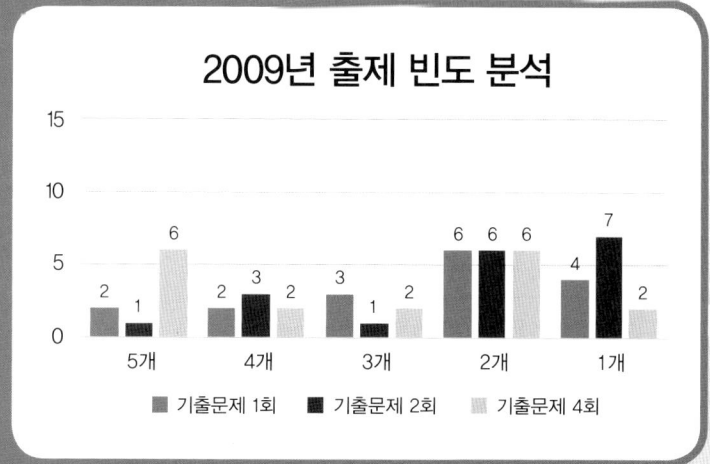

2009년 출제 빈도 분석

2009년 전기공사산업기사 실기

01 폭 20[m]의 도로 중앙의 10[m] 높이에 간격 24[m]마다 200[W] 전구를 설치할 때, 도로면의 평균 조도를 구하시오. 단, 조명률 0.25, 감광 보상률 1.5, 200[W] 전구의 전광속은 3,450[lm]이다.

• 계산 : • 답 :

Answer

계산 : $E = \dfrac{FUN}{SD} = \dfrac{3{,}450 \times 0.25 \times 1}{20 \times 24 \times 1.5} = 1.2[\text{lx}]$

답 : 1.2[lx]

Explanation

• 조명 계산
 $FUN = ESD$
 여기서, F[lm] : 광속, U[%] : 조명률, N[등] : 등수, E[lx] : 조도
 S[m²] : 면적, $D = \dfrac{1}{M}$: 감광 보상률 $= \dfrac{1}{\text{보수율}}$

 등수 $N = \dfrac{ESD}{FU}$ 이며 등수 계산에서 소수점은 무조건 절상한다.

• 도로 조명에서의 면적 계산
 – 중앙 배열, 편측 배열 : $S = a \cdot b$
 – 양쪽 배열, 지그재그식 : $S = \dfrac{a \cdot b}{2}$
 여기서, a : 도로 폭, b : 등 간격

문제에서는 중앙 배열이므로 $S = a \cdot b = 20 \times 24 = 480[\text{m}^2]$

BEST 02 그림과 같이 단상 3선식 220[V]/440[V] 수전인 경우 설비 불평형률을 계산하시오.

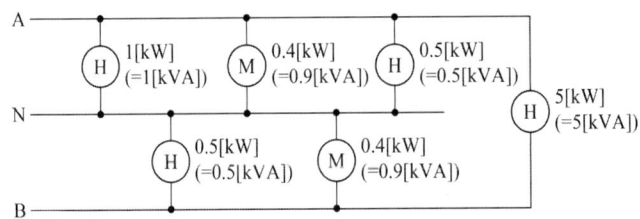

Answer

계산 : 설비 불평형률 $= \dfrac{(1+0.9+0.5)-(0.5+0.9)}{\dfrac{1}{2}(1+0.9+0.5+0.5+0.9+5)} \times 100 = 22.73[\%]$

답 : 22.73[%]

Explanation

단상 3선식 설비 불평형률

설비 불평형률 = $\dfrac{\text{중성선과 각 전압측 선간에 접속되는 부하설비용량[kVA]의 차}}{\text{총 부하설비용량[kVA]의 1/2}} \times 100[\%]$

여기서, 불평형률은 40[%] 이하이어야 한다.

03 공사원가라 함은 공사 시공 과정에서 발생한 무엇의 합계액을 말하는가?

Answer

재료비, 노무비, 경비

Explanation

- 순 공사원가 : 재료비, 노무비, 경비
- 총 공사원가 : 재료비, 노무비, 경비, 일반관리비, 이윤

여기서, 공사원가는 순 공사원가를 말하는 것임

04 축전지실을 점검 또는 보수할 때 유의점 6가지를 쓰시오.

Answer

① 충분한 환기
② 보호장구의 착용
③ 외부 손상 여부 점검
④ 균열 여부 점검
⑤ 누액 여부 점검
⑥ 화기엄금

Explanation

⑦ 정전기 제거

05 가연성분진(소맥분, 전분, 유황 기타 가연성의 먼지로 공중에 떠다니는 상태에서 착화하였을 때에 폭발할 우려가 있는 것을 말하며 폭연성 분진을 제외)에 전기설비가 발화원이 되어 폭발할 우려가 있는 곳에 시설하는 저압옥내 전기설비의 저압옥내배선 공사 종류 3가지를 쓰시오.

Answer

① 금속관공사
② 합성수지관공사
③ 케이블공사

Explanation

(KEC 242.2.2조) 가연성 분진 위험장소

가연성 분진(소맥분·전분·유황 기타 가연성의 먼지로 공중에 떠다니는 상태에서 착화하였을 때에 폭발할 우려가 있는 것을 말하며 폭연성 분진을 제외)에 전기설비가 발화원이 되어 폭발할 우려가 있는 곳에 시설하는 저압 옥내 전기설비의 저압 옥내배선 등은 합성수지관공사(두께 2[mm] 미만의 합성수지 전선관 및 난연성이 없는 콤바인 덕트관을 사용하는 것 제외)·금속관공사 또는 케이블공사에 의한다.

06 ★★★☆☆ 전기설비의 시공에 대한 검사는 육안검사 및 시험에 따른다. 이때 육안검사 항목 5가지만 쓰시오.

Answer

① 전기기기의 표시 확인과 손상 유무 점검
② 감전 예방의 종류 확인
③ 허용 전류 및 전압강하에 관한 전선의 선정
④ 보호 장치 및 감시 장치의 선택 및 시설
⑤ 단로 장치 및 개폐 장치의 시설

Explanation

(내선규정 5,500-7) 검사 및 시험항목

항목	
육안검사	1. 전기기기의 표시 확인과 손상 유무 점검
	2. 감전 예방의 종류 확인
	3. 화재의 파급을 예방하기 위한 방재벽의 존재 및 기타 예방 조치와 기타 열 영향에 대한 보호
	4. 허용 전류 및 전압강하에 관한 전선의 선정
	5. 보호 장치 및 감시 장치의 선택 및 시설
	6. 단로 장치 및 개폐 장치의 시설
	7. 외적 영향에 따른 적절한 기기 및 보호 수단 선정
	8. 중성선 및 보호도체의 식별
	9. 회로, 퓨즈, 개폐기, 단자 등의 식별
	10. 전선 접속의 적정성
	11. 조작 및 보수의 편리성을 위한 접근 가능성
	12. 접지계통 종류의 확인
	13. 접지설비의 시공 확인
시험	1. 시험 순서
	2. 주 및 보조 등전위 접속을 포함하는 보호도체의 연속성
	3. 전기설비의 절연저항
	4. 회로 분리에 의한 보호
	5. 바닥과 벽의 저항
	6. 전원의 자동 차단에 의한 보호조건 검사
	7. 접지극의 저항 측정
	8. 보호도체의 저항 측정
	9. 극성 시험
	10. 과전압에 대한 보호 검사

07 ★★☆☆☆ 교류 단상 3선식 배전방식은 교류 단상 2선식 배전방식에 비하여 전압강하와 효율은 어떻게 되는가?

Answer

단상 3선식은 단상 2선식에 비하여 전압강하는 작고 효율은 높다.

Explanation

단상 3선식
(1) 단상 3선식의 장점
　① 2종의 전원을 얻을 수 있다(110[V], 220[V]).
　② 2종의 전원은 전압이 2배 상승한 것으로 보면
　　• 전압강하가 적다. ($e \propto \dfrac{1}{V} = \dfrac{1}{2}$)
　　• 전력 손실이 적다. ($P_l \propto \dfrac{1}{V^2} = \dfrac{1}{4}$) : 전력 손실이 적으므로 효율이 우수하다.
　　• 전력이 증대된다. ($P \propto V^2 = 4$)
　　• 전선의 단면적이 감소된다. ($A \propto \dfrac{1}{V^2} = \dfrac{1}{4}$)
　③ 1선당 공급 전력비가 크다(단상 2선식의 133[%]).
　④ 전선 소요량이 적다(단상 2선식의 37.5[%]).

(2) 단상 3선식의 단점
　① 부하 불평형으로 전력 손실이 크다.
　② 중성선 단선 시 전압 불평형이 발생된다(경부하 측의 전위 상승이 발생한다).

08 ★☆☆☆☆ 건축설비에 관련된 용어이다. 다음 용어에 대하여 설명하시오.

(1) Ⅱ급기기(Class Ⅱ equipment)란?
(2) 케이블 트레이(Cable tray)란?
(3) TT 계통(TT system)이란?

Answer

(1) Ⅱ급기기란 기본 예방용 및 고장 예방용 조치로 보조절연을 구비 또는 이들 중 기본 예방 및 고장 예방을 강화한 절연으로 갖춘 기기를 말한다.
(2) 케이블 트레이란 전선들을 연속적으로 포설하여, 전선들이 떨어지지 않도록 하는 사이드 레일이 있고 커버가 없는 것을 말한다.
(3) TT 계통이란 전원의 한 점을 직접접지하고 설비의 노출 도전성 부분을 전원 계통의 접지극과는 전기적으로 독립한 접지극에 접지하는 접지계통을 말한다.

Explanation

TT 계통(TT System)
　• 전원의 한 점을 직접 접지하고 설비의 노출도전부는 전원의 접지전극과 전기적으로 독립적인 접지극에 접속
　• 배전계통에서 PE 도체를 추가로 접지 가능

① 설비 전체에서 별도의 중성선과 보호도체가 있는 계통

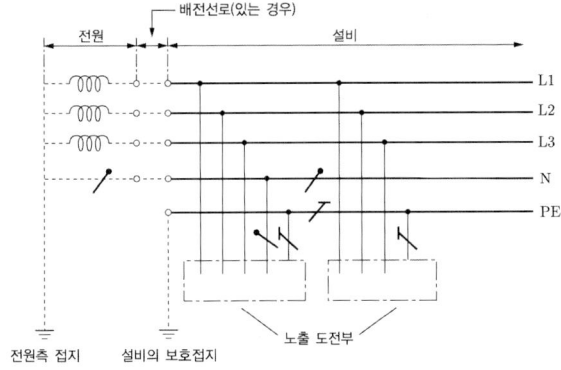

② 설비 전체에서 접지된 보호도체가 있으나 배전용 중성선이 없는 계통

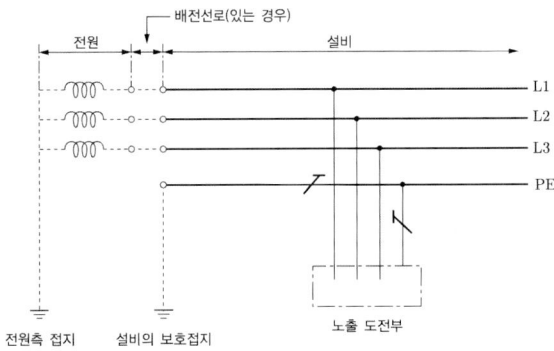

BEST 09 ★★★★★
변전실의 위치를 선정하는 데 고려할 사항 중 7가지만 쓰시오.

Answer

① 부하 중심에 가까울 것, 배전에 편리할 것
② 인입선의 인입이 쉽고 보수 유지 및 점검이 용이한 곳
③ 간선 처리 및 증설이 용이한 곳
④ 기기 반출입에 지장이 없을 것
⑤ 침수 기타 재해 발생의 우려가 적은 곳
⑥ 화재, 폭발 위험성이 적을 것
⑦ 습기, 먼지가 적은 곳

Explanation

그 외에도,
⑧ 열해, 유독가스의 발생이 적을 것
⑨ 발전기·축전지실이 가급적 인접한 곳
⑩ 장래 부하 증설에 대비한 면적 확보가 용이한 곳
⑪ 기기 높이에 대하여 천장 높이가 충분한 곳
⑫ 채광 및 통풍이 잘되는 곳

10 자동 화재탐지설비의 감지기는 부착 높이에 따라 설치하여야 하는 감지기의 종류를 규정하고 있다. 일반적으로 감지기의 부착 높이가 8[m] 이상 15[m] 미만인 경우 어떤 종류의 감지기를 부착하여야 하는지 감지기의 종류 7가지를 쓰시오.

Answer
① 차동식 분포형 감지기
② 이온화식 감지기
③ 불꽃감지기
④ 연기복합형
⑤ 광전식 스포트형
⑥ 광전식 분리형
⑦ 광전식 공기흡입형

Explanation
부착 높이에 따른 감지기 종류

부착 높이	감지기의 종류
4[m] 미만	• 차동식(스포트형, 분포형) • 보상식 스포트형 • 정온식(스포트형, 감지선형) • 열복합형 • 이온화식 또는 광전식(스포트형, 분리형, 공기흡입형) • 연기복합형 • 열연기복합형 • 불꽃감지기
4[m] 이상 8[m] 미만	• 차동식(스포트형, 분포형) • 보상식 스포트형 • 정온식(스포트형, 감지선형) 특종 또는 1종 • 이온화식 1종 또는 2종 • 광전식(스포트형, 분리형, 공기흡입형) 1종 또는 2종 열복합형 • 연기복합형 • 열연기복합형 • 불꽃감지기
8[m] 이상 15[m] 미만	• 차동식 분포형 • 이온화식 1종 또는 2종 • 광전식(스포트형, 분리형, 공기흡입형) 1종 또는 2종 연복합형 • 불꽃감지기 • 연기복합형
15[m] 이상 20[m] 미만	• 이온화식 1종 • 광전식(스포트형, 분리형, 공기흡입형) 1종 • 연기복합형 • 불꽃감지기
20[m] 이상	• 불꽃감지기 • 광전식(분리형, 공기흡입형) 중 아날로그 방식

11 콘센트에 관련된 기호이다. 어디에 부착하는 것인가?

Answer

바닥에 부착하는 경우

Explanation

(KS C 0301) 옥내배선용 그림기호 콘센트

명칭	그림기호	적요
콘센트	◐	① 천장에 부착하는 경우는 다음과 같다. 　◎ ② 바닥에 부착하는 경우는 다음과 같다. 　◐▲ ③ 용량의 표시방법은 다음과 같다. 　a. 15[A]는 방기하지 않는다. 　b. 20[A] 이상은 암페어 수를 표기한다. 　[보기] ◐20A ④ 2구 이상인 경우는 구수를 표기한다. 　[보기] ◐2 ⑤ 3극 이상인 것은 극수를 표기한다. 　[보기] ◐3P ⑥ 종류를 표시하는 경우는 다음과 같다. 　빠짐방지형　　　　　◐LK 　걸림형　　　　　　　◐T 　접지극붙이　　　　　◐E 　접지단자붙이　　　　◐ET 　누전차단기붙이　　　◐EL ⑦ 방수형은 WP를 표기한다.　◐WP ⑧ 방폭형은 EX를 표기한다.　◐EX ⑨ 의료용은 H를 표기한다.　◐H

12 설계하중이 8.82[kN]인 철근 콘크리트주의 길이가 16[m]라 한다. 이 지지물을 지반이 연약한 곳 이외에 시설하는 경우 땅에 묻히는 깊이는 몇 [m] 이상으로 하여야 하는가?

Answer

2.8[m] 이상

Explanation

(KEC 331.7조) 가공 전선로 지지물의 기초의 안전율
① 강관을 주체로 하는 철주(이하 "강관주"라 한다.) 또는 철근 콘크리트주로서 그 전체 길이가 16[m] 이하, 설계하중이 6.8[kN] 이하인 것 또는 목주를 다음에 의하여 시설하는 경우
  • 전체의 길이가 15[m] 이하인 경우는 땅에 묻히는 깊이를 전체 길이의 6분의 1 이상으로 할 것
  • 전체의 길이가 15[m]을 초과하는 경우는 땅에 묻히는 깊이를 2.5[m] 이상으로 할 것
  • 논이나 그 밖의 지반이 연약한 곳에서는 견고한 근가(根架)를 시설할 것
② 철근 콘크리트주로서 그 전체의 길이가 16[m] 초과 20[m] 이하이고, 설계하중이 6.8[kN] 이하의 것을 논이나 그 밖의 지반이 연약한 곳 이외에 그 묻히는 깊이를 2.8[m] 이상으로 시설하는 경우
③ 철근 콘크리트주로서 전체의 길이가 14[m] 이상 20[m] 이하이고, 설계하중이 6.8[kN] 초과 9.8[kN] 이하의 것을 논이나 그 밖의 지반이 연약한 곳 이외에 시설하는 경우 그 묻히는 깊이는 ①의 기준보다 30[cm]를 가산하여 시설하는 경우

13 건축전기설비에서 사용하는 것으로 PEN선, PEM선, PEL선 중 보호도체와 중간선의 기능을 겸한 전선은?

Answer

PEM

Explanation

• PEN선 : 교류회로에서 중성선 겸용 보호도체
• PEM선 : 직류회로에서 중간선 겸용 보호도체
• PEL선 : 직류회로에서 선도체 겸용 보호도체

14 애자공사에 사용되는 애자의 요구사항이다. 다음 ( ) 안에 알맞은 내용을 쓰시오.

"애자공사에 사용하는 애자는 ( ), ( ) 및 ( )이 있는 것이어야 한다."

Answer

절연성, 난연성, 내수성

Explanation

(KEC 232.56.2) 애자의 선정
애자공사에 사용하는 애자는 절연성, 난연성 및 내수성이 있는 것이어야 한다.

15 금속관 배선공사 시 필요한 부속품 종류 10가지를 쓰시오.

Explanation

① 로크너트　　　　② 부싱
③ 엔트런스 캡　　　④ 터미널 캡 또는 서비스 캡
⑤ 스위치박스　　　⑥ 유니온 커플링
⑦ 접지 클램프　　　⑧ 노멀 밴드
⑨ 유니버설 엘보　　⑩ 새들

Answer

금속관 공사용 부품

명칭	사용 용도
로크너트 (lock nut)	관과 박스를 접속하는 경우
부싱 (bushing)	전선 관단에 끼우고 전선을 넣거나 빼는 데 있어서 전선의 피복을 보호하여 전선이 손상되지 않게 하는 것
커플링 (coupling)	• 금속관 상호 접속 또는 관과 노멀 밴드와의 접속에 사용 • 관의 양측을 돌려서 접속할 수 없는 경우 : 유니온 커플링
새들 (saddle)	노출 배관에서 금속관을 조영재에 고정시키는 데 사용
노멀 밴드 (normal bend)	배관의 직각 굴곡에 사용
링 리듀서	금속을 아웃트렛 박스의 로크 아웃에 취부할 때 로크아웃의 구멍이 관의 구멍보다 클 때 사용
스위치 박스 (switch box)	매입형의 스위치나 콘센트를 고정하는 데 사용
아웃트렛 박스 (outlet box)	전선관 공사에 있어 전등기구나 점멸기 또는 콘센트의 고정, 접속함
콘크리트 박스 (concrete box)	콘크리트에 매입 배선용으로 아웃트렛 박스와 같은 목적으로 사용
플로어 박스	바닥 밑으로 매입 배선할 때 사용
유니버설 엘보우 (elbow)	• 노출 배관공사에 관을 직각으로 굽혀야 할 곳의 관 상호 접속 또는 관을 분기해야 할 곳에 사용 • 3방향으로 분기하는 T형, 4방향으로 분기하는 크로스 엘보우
터미널 캡 (terminal cap)	전동기에 접속하는 장소나 애자 사용 공사로 옮기는 장소의 관단에 사용
엔트런스 캡(우에사캡) (entrance cap)	인입구, 인출구의 관단에 설치하여 금속관에 접속하여 옥외의 빗물을 막는 데 사용
픽스쳐 스터드와 히키 (fixture stud & hickey)	아웃트렛 박스에 조명기구를 부착시킬 때 사용, 무거운 기구취부
블랭크 와셔 (blank washer)	플로어 덕트의 정션 박스에 덕트를 접속하지 않는 곳을 막기 위하여 사용
유니버설 피팅	노출 배관시 L형 또는 T형으로 구부러지는 장소에 사용

16 타이머를 사용한 단상 2선식 220[V] 신호 회로이다. 동작 설명과 타이머 내부 접점 번호를 참고하여 동작 회로도를 완성하시오.

[동작 설명]
① 배선용 차단기를 투입하고 S_3 OFF시 R_2가 점등되고, PB-ON하면 타이머 T가 여자, T 설정 시간 동안 R_3 점등, 설정 시간 후 R_3 소등, R_4 점등
② S_3 ON시 T 무여자, R_2, R_4 소등, 부저 동작, R_1 점등

[타이머 내부 접점 번호]

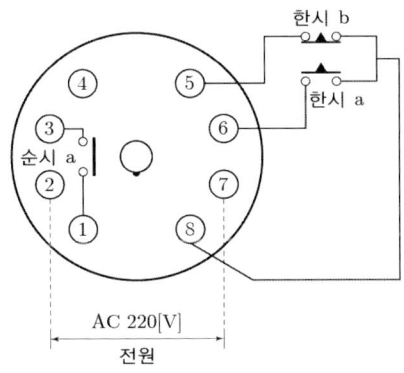

Answer

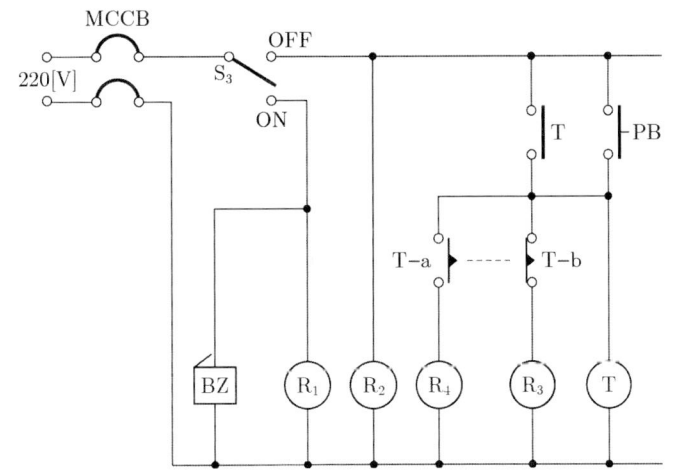

17 ★★☆☆☆
그림은 BS를 눌렀다 놓으면 t_1초 후에 MC가 작동하고 T_1이 복구하며 t_2초 후에 MC와 T_2가 복구한다. A~C에 보기에서 알맞은 논리 기호를 찾아 그리시오.

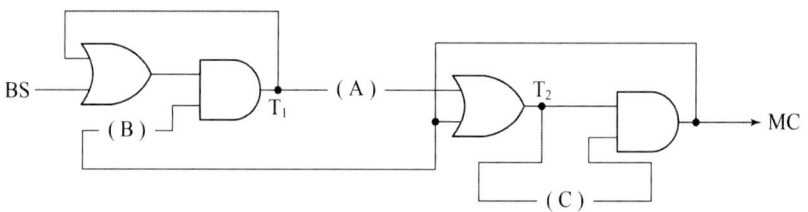

[보기]

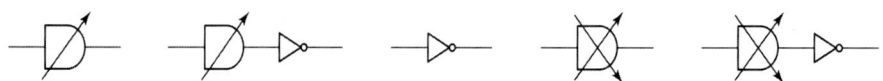

Answer

(1) 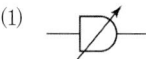   (2) 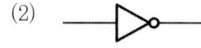   (3)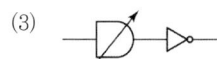

Explanation

논리식으로 표현하면
$T_1 = (BS + T_1) \cdot \overline{MC}$
$T_2 = MC + T_1 - a$
$MC = (MC + T_1 - a) \cdot \overline{T_2 - b}$

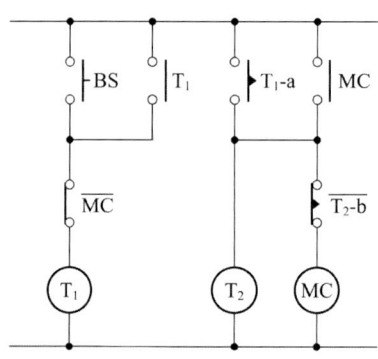

2009년 전기공사산업기사 실기

01 지선에 가해지는 장력이 860[kgf]이라면 3.2[mm]의 철선 몇 가닥을 사용해야 하는가? 단, 철선의 단위 면적당 인장강도는 35[kgf/mm²], 안전율은 2.5로 한다.

• 계산 :   • 답 :

Answer

계산 : 지선의 장력(T_0) = $\dfrac{\text{소선 1가닥의 인장 강도} \times \text{소선수}}{\text{안전율}}$ 에서

소선수 = $\dfrac{\text{지선의 장력} \times \text{안전율}}{\text{소선 1가닥의 인장 강도}} = \dfrac{860 \times 2.5}{35 \times \dfrac{\pi}{4} \times 3.2^2} = 7.64$

답 : 8가닥

Explanation

• 지선의 장력(T_0) = $\dfrac{\text{소선 1가닥의 인장 강도} \times \text{소선수}}{\text{안전율}}$

• 전선의 단면적 $A = \dfrac{\pi}{4} D^2 [\text{mm}^2]$, 여기서 D는 지름[mm]

여기서, 전선의 가닥 수는 무조건 절상

02 가공배전선로에서 전선을 수평으로 배열하기 위한 크로스 완금의 길이[mm]를 표의 빈칸 "① ~ ⑥"에 쓰시오.

[완금의 길이]

전선조수	특고압	고압	저압
2	①	②	③
3	④	⑤	⑥

Answer

① 1,800 ② 1,400 ③ 900 ④ 2,400 ⑤ 1,800 ⑥ 1,400

Explanation

(내선규정 2,155) 특고압(22.9[kV-Y]) 가공전선로
가공전선로의 장주에 사용되는 완금의 표준 길이[mm]

전선조수	특고압	고압	저압
2	1,800	1,400	900
3	2,400	1,800	1,400

여기서, 22.9[kV] 가공전선로에서 3상 4선식은 중성선을 제외하고 완금에는 3조의 전선이 사용된다.

BEST 03 ★★★★★

50[mm²]의 경동연선을 사용해서 높이가 같고 경간이 330[m]인 철탑에 가선하는 경우 이도는 얼마인가? 단, 이 경동연선의 인장하중은 1,430[kgf], 안전율은 2.2이고 전선 자체의 무게는 0.348[kgf/m]라고 한다.

- 계산 :
- 답 :

Answer

계산 : $D = \dfrac{WS^2}{8T} = \dfrac{0.348 \times 330^2}{8 \times \dfrac{1{,}430}{2.2}} = 7.29\,[\text{m}]$

답 : 7.29[m]

Explanation

- 이도 : $D = \dfrac{WS^2}{8T} = \dfrac{WS^2}{8 \times \dfrac{\text{인장하중}}{\text{안전율}}}$

- 실제 길이 : $L = S + \dfrac{8D^2}{3S}$

여기서, L : 전선의 실제 길이[m]
　　　　D : 이도[m]
　　　　S : 경간[m]

04 ★☆☆☆☆

다음 (①), (②)에 알맞은 수치를 쓰시오.

"옥내에서 전선을 병렬로 사용하는 경우에 병렬로 사용하는 각 전선의 굵기는 동 (①)[mm²] 이상 또는 알루미늄 (②)[mm²] 이상이고, 전선은 같은 도체, 같은 재료, 같은 길이 및 같은 굵기의 것을 사용하여야 한다."

Answer

① 50
② 70

Explanation

(KEC 123조) 전선의 접속 중 병렬 사용
① 전선의 굵기는 동 50[mm²] 이상 또는 알루미늄 70[mm²] 이상으로 하고, 전선은 같은 도체, 같은 재료, 같은 길이 및 같은 굵기의 것을 사용할 것
② 같은 극의 각 전선은 동일한 터미널러그에 완전히 접속할 것
③ 같은 극인 각 전선의 터미널러그는 동일한 도체에 2개 이상의 리벳 또는 2개 이상의 나사로 접속할 것
④ 병렬로 사용하는 전선에는 각각에 퓨즈를 설치하지 말 것
⑤ 교류회로에서 병렬로 사용하는 전선은 금속관 안에 전자적 불평형이 생기지 않도록 시설할 것

05 다음 그림기호의 명칭을 쓰시오.

LK

Answer

빠짐방지형

Explanation

(KS C 0301) 옥내배선용 그림기호 콘센트

명칭	그림기호	적요
콘센트		① 천장에 부착하는 경우는 다음과 같다. ② 바닥에 부착하는 경우는 다음과 같다. ③ 용량의 표시방법은 다음과 같다. 　a. 15[A]는 방기하지 않는다. 　b. 20[A] 이상은 암페어 수를 표기한다. 　[보기] 20A ④ 2구 이상인 경우는 구수를 표기한다. 　[보기] 2 ⑤ 3극 이상인 것은 극수를 표기한다. 　[보기] 3P ⑥ 종류를 표시하는 경우는 다음과 같다. 　빠짐방지형　　　LK 　걸림형　　　　　T 　접지극붙이　　　E 　접지단자붙이　　ET 　누전차단기붙이　EL ⑦ 방수형은 WP를 표기한다.　WP ⑧ 방폭형은 EX를 표기한다.　EX ⑨ 의료용은 H를 표기한다.　H

06 다음 각 물음에 답하시오.

(1) 행거 밴드의 용도는?
(2) 배전선로에 보통 사용되는 피뢰기는?
(3) 고압 및 특고압 케이블의 단말 처리재의 명칭은?
(4) 고장전류 특히 단락전류의 값을 제한하기 위하여 변전소에 설치하는 것은?
(5) 케이블선의 절연저항을 측정하는 계측기의 명칭은?

Answer

(1) 주상 변압기를 전주에 설치하기 위해 사용
(2) 갭레스형 피뢰기
(3) 케이블헤드
(4) 한류 리액터
(5) 메거(megger)

07 배전선로 공사 중 규모가 비교적 큰 공사를 추진할 때는 공사 시공품질 향상을 위한 제반사항을 반영하여 시공계획을 수립하여야 한다. 시공계획서 작성 시 현장조건의 검토 사항 중 선로 경과지 주변 또는 관련되는 공사에 대해서는 어떤 사항을 조사하여야 하는지 5가지를 쓰시오.

Answer

① 현장의 지형 및 토양 상태
② 농지, 농원, 공원, 문화재, 천연기념물 지정 구역
③ 설비의 활용성 및 안정성 확보, 재해 요인의 잠재 여부
④ 인가 밀집지역이나 향후 지역발전 여건 등을 감안한 경과지 타당성 여부
⑤ 시공 후 책임 소재 등 이해관계가 야기될 수 있는 문제점 조사

08 그림은 1련 내장애자 장치(역조형)이다. 그림 ① ~ ⑤의 명칭을 쓰시오.

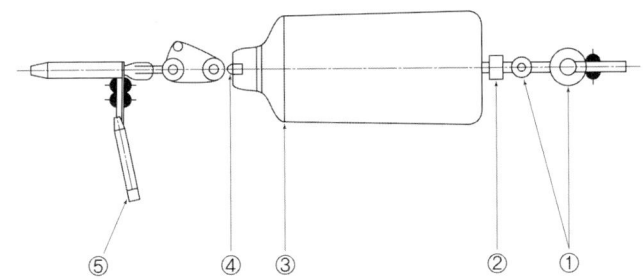

Answer

① 앵커 쇄클   ② 소켓 아이   ③ 현수 애자   ④ 볼 크레비스   ⑤ 점퍼 터미널

09 기계장비의 경비 산정에서 "상각비"란 무엇을 말하는가?

Answer

기계의 사용에 따른 가치의 감가액

Explanation

• 상각비 : 기계의 사용에 따른 가치의 감가액
• 감가상각비 : 기계 및 설비가 노후한 만큼의 가치를 제품생산원가에 포함시킬 목적으로 계산한 비용

10 대형방전 램프(HID)의 종류 5가지를 쓰시오.

Answer

① 고압 나트륨등   ② 메탈헬라이트등
③ 고압 수은등   ④ 초고압 수은등
⑤ 크세논등

11 플렉시블 피팅을 사용한 전동기의 배선 예이다. 그림에서 A로 표시된 것의 명칭은?

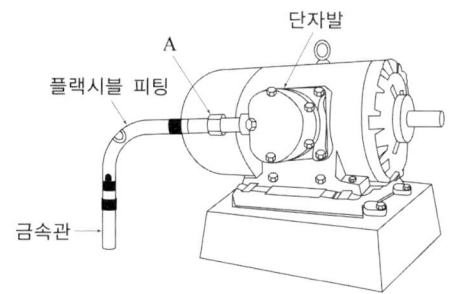

Answer

유니온 커플링

Explanation

유니온 커플링
금속관 상호 접속 또는 관과 노멀 밴드와의 접속에 사용하는 것으로 관의 양측을 돌려서 접속할 수 없는 경우

12 다음은 조명 방식에 관한 설명이다. 조명 방식 및 특징을 읽고 어떤 조명 방식인가 답하시오.

[조명 방식]
코너 조명과 같이 천장과 벽면 경계에 건축적으로 둘레 턱을 만들어 내부에 등기구를 배치하여 조명하는 방식이다.

[특징]
아래 방향의 벽면을 조명하는 방식으로 광원은 형광램프가 적정하다.

Answer

코니스 조명

Explanation

건축화 조명
- 루버 천장 조명
  천장면에 루버판을 부착하고 천장 내부에 광원을 배치하여 조명하는 방식
- 다운라이트 조명
  천장면에 작은 구멍을 많이 뚫어 그 속에 여러 형태의 하면개방형, 하면루버형, 하면확산형, 반사형 전구 등의 등기구를 매입하는 조명 방식
- 코퍼 조명
  - 천장면을 여러 형태의 사각, 동그라미 등으로 오려내고 다양한 형태의 매입기구를 취부하여 실내의 단조로움을 피하는 조명 방식
  - 고천장의 은행 영업실, 1층홀, 백화점 1층 등에 사용
- 밸런스 조명
  벽면을 밝은 광원으로 조명하는 방식으로 숨겨진 램프의 직접광이 아래쪽 벽, 커튼, 위쪽 천장면에 쪼이도록 조명하는 방식으로 분위기 조명

- 코브 조명
  - 램프를 감추고 코브의 벽, 천장 면에 플라스틱, 목재 등을 이용하여 간접 조명으로 만들어 그 반사광으로 채광하는 조명 방식
  - 천장과 벽이 2차 광원이 되므로 반사율과 확산성이 높아야 한다.
- 코너 조명
  - 천장과 벽면의 경계 구석에 등기구를 배치하여 조명하는 방식
  - 천장과 벽면을 동시에 투사하는 실내 조명 방식으로 지하도용에 이용
- 코니스 조명
  - 코너 조명과 같이 천장과 벽면 경계에 건축적으로 둘레 턱을 만들어 내부에 등기구를 배치하여 조명하는 방식으로, 아래 방향의 벽면을 조명하는 방식
- 광량 조명
  연속열 등기구를 천장에 매입하거나 들보에 설치하는 조명 방식
- 광천장 조명
  천장면에 확산투과재인 메탈 아크릴 수지판을 붙이고 천장 내부에 광원 설치하는 조명 방식
- 건축화 조명의 종류

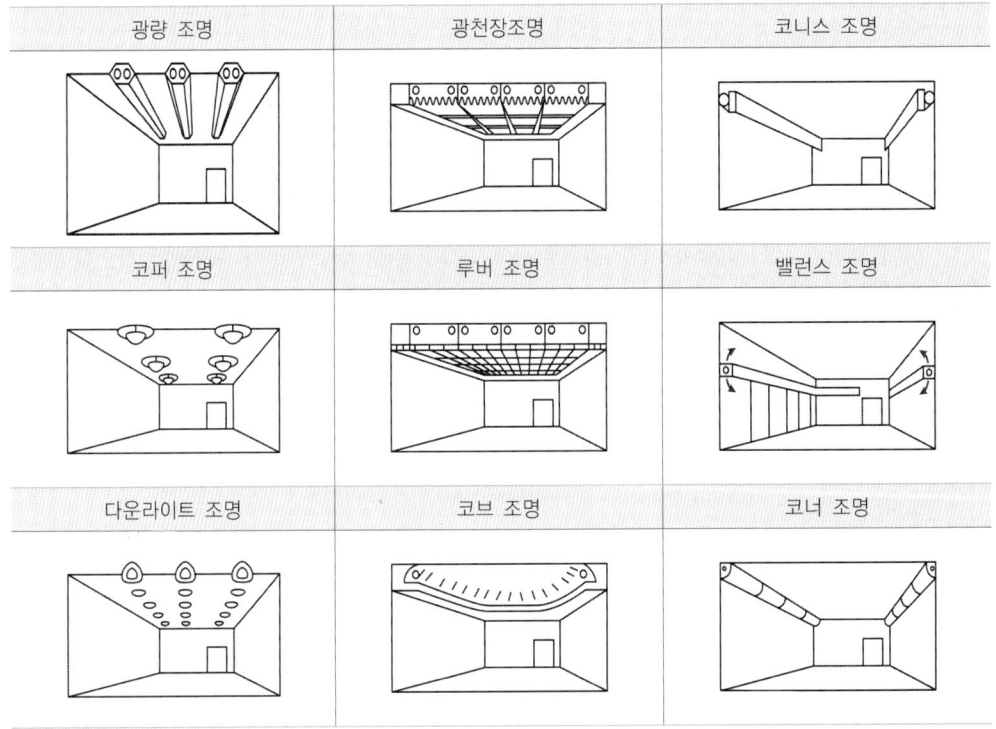

13 배선설계에 있어 부하의 상정에 관한 사항이다. 다음 건축물의 종류에 따른 표준 부하를 표의 빈칸에 쓰시오.

건축물의 종류	표준 부하[VA/m^2]
공장, 공회당, 사원, 교회, 극장, 영화관, 연회장 등	(1)
기숙사, 여관, 호텔, 병원, 학교, 음식점, 다방, 대중목욕탕	(2)
사무실, 은행, 상점, 이발소, 미장원	(3)
주택, 아파트	(4)

Answer

(1) 10 (2) 20 (3) 30 (4) 40

Explanation

부하상정 및 분기회로

1. 표준 부하

1) 건축물의 종류에 따른 표준 부하

건축물의 종류	표준 부하[VA/m^2]
공장, 공회당, 사원, 교회, 극장, 영화관, 연회장 등	10
기숙사, 여관, 호텔, 병원, 학교, 음식점, 다방, 대중 목욕탕	20
사무실, 은행, 상점, 이발소, 미장원	30
주택, 아파트	40

2) 건축물 중 별도 계산할 부분의 표준 부하 (주택, 아파트는 제외)

건축물의 부분	표준 부하[VA/m^2]
복도, 계단, 세면장, 창고, 다락	5
강당, 관람석	10

3) 표준 부하에 따라 산출한 수치에 가산하여야 할 [VA] 수
   ① 주택, 아파트(1세대마다)에 대하여는 500~1,000[VA]
   ② 상점의 신열장에 대하여는 진열장 폭 1[m]에 대하여 300[VA]
   ③ 옥외의 광고등, 전광사인, 네온사인 등외 [VA] 수
   ④ 극장, 댄스홀 등의 무대조명, 영화관 등의 특수전등부하의 [VA] 수

14 다음에 제시한 동작 조건과 Time chart를 이용하여 미완성 회로를 완성하시오.

[동작 조건]

다음 조건들은 모두 CB가 ON된 상태이다.

① L_1, L_2, L_3 모두 소등된 상태에서 누름 버튼스위치 B_1을 누르면(눌렀다 놓으면) 전등 L_1이 점등되었다가 일정 시간(t 시간) 후 소등된다.

② L_1, L_2, L_3 모두 소등된 상태에서 누름 버튼스위치 B_2를 누르면(눌렀다 놓으면) 전등 L_1과 L_2가 동시에 점등되었다가 일정 시간(t 시간) 후 동시에 소등된다.

③ L_1, L_2, L_3 모두 소등된 상태에서 누름 버튼스위치 B_3을 누르면(눌렀다 놓으면) 전등 L_1, L_2, L_3가 동시에 점등되었다가 일정 시간(t 시간) 후 동시에 소등된다.

④ L_1이 점등된 상태에서 B_2를 누르면(눌렀다 놓으면) L_2가 점등($t - t_1$ 동안)된다. 이때 B_3을 누르면(눌렀다 놓으면) L_3가 점등($t - t_2$ 동안)된다. t시간 후 L_1, L_2, L_3는 동시에 소등된다.

⑤ L_1과 L_2가 점등된 상태에서 B_3을 누르면(눌렀다 놓으면) L_3가 t의 나머지 시간($t - t_3$) 동안 점등된다. t시간 후 L_1, L_2, L_3는 동시에 소등된다.

⑥ L_1이 점등된 상태에서 B_3을 누르면(눌렀다 놓으면) L_2, L_3이 동시에 t의 나머지 시간($t - t_4$) 동안 점등된다. t시간 후 L_1, L_2, L_3는 동시에 소등된다.

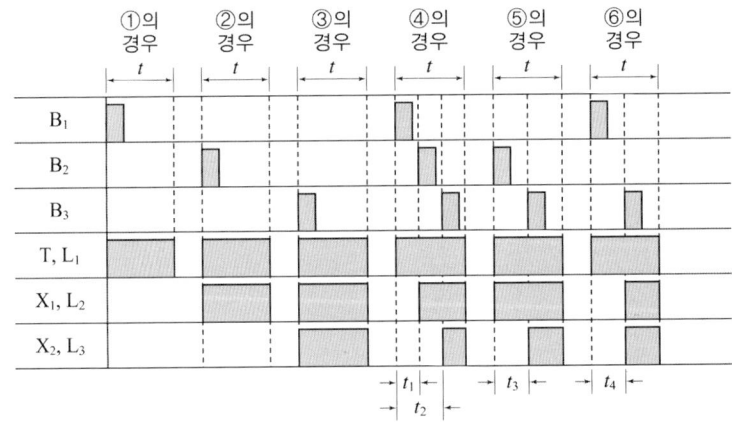

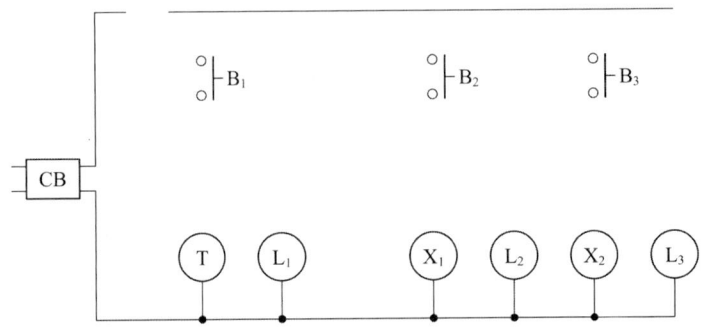

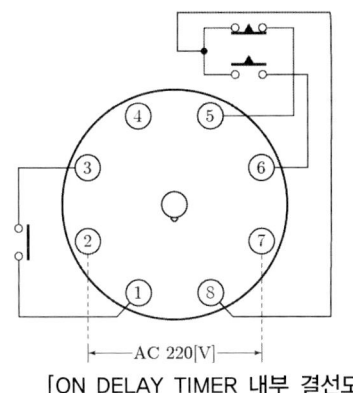

[ON DELAY TIMER 내부 결선도]

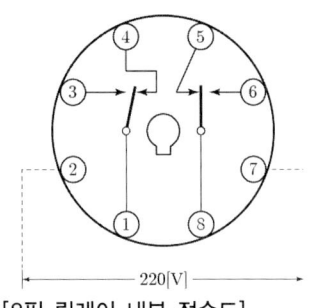

[8핀 릴레이 내부 접속도]

Answer

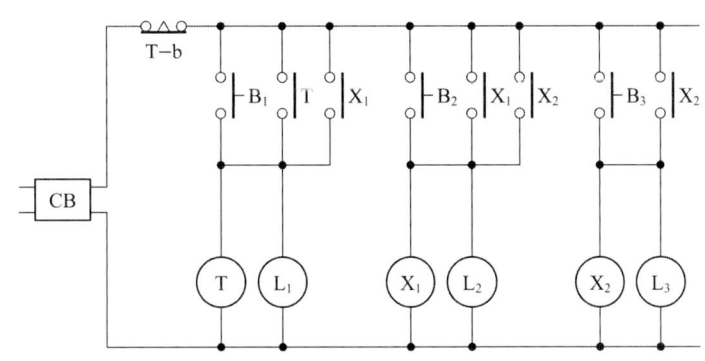

15 ★★☆☆☆

플리커 릴레이를 사용한 신호 회로 공사이다. 동작 설명과 플리커 릴레이 내부 접점 번호를 이용하여 동작 회로를 그리시오.

[동작 설명]
① 배선용 차단기를 투입하고 S_1 스위치 ON하면 FR여자 FR 설정시간 간격으로 R_1, R_2 교대 점멸
② 배선용 차단기를 투입하고 S_3-1, S_3-2 OFF시 PB를 누르고 있는 동안 R_3, R_4 병렬 점등, S_3-1 ON하면 R_3 점등, S_3-2 ON하면 R_4 점등
③ 전원은 단상 2선식 220[V]이다.

[플리커 릴레이 내부 결선도]

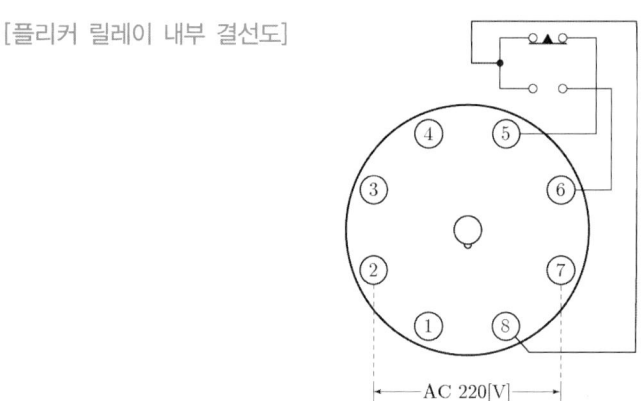

Answer

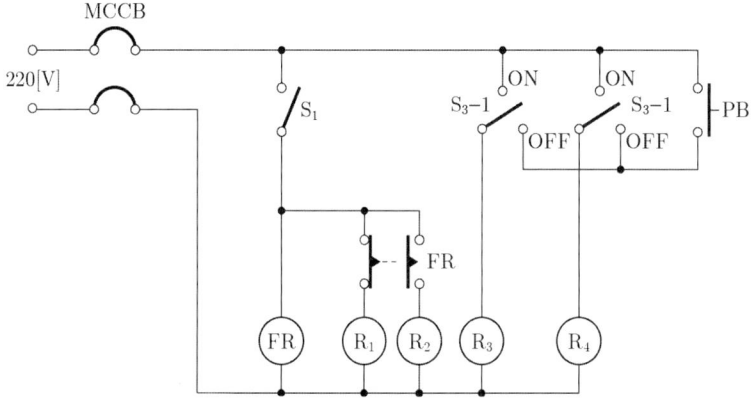

16 회로도는 자동, 수동, 양수 장치에 공회전 방지용 액면 스위치 LS를 접속한 것이다. 이것을 로직 심벌을 이용한 시퀀스도로 그리시오. 단, LH는 고수위용 액면 스위치, LL은 저수위용 액면 스위치이다.

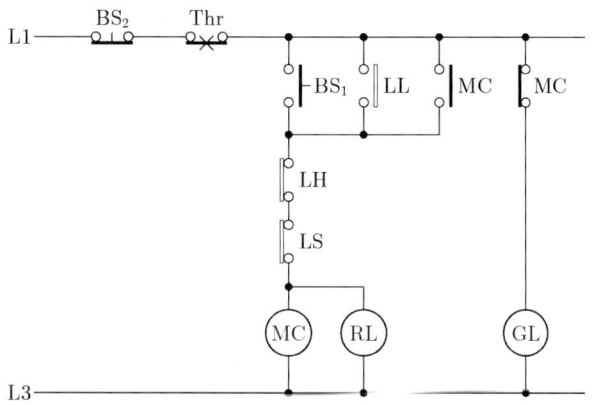

Answer

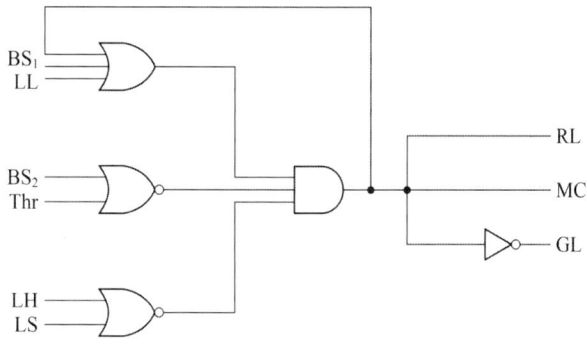

Explanation

논리식으로 표현하면

- $MC = \overline{BS_2} \cdot \overline{Thr} \cdot (BS_1 + LL + MC) \cdot \overline{LH} \cdot \overline{LS}$
  $= \overline{(BS_2 + Thr)} \cdot (BS_1 + LL + MC) \cdot \overline{(LH + LS)}$
- $GL = \overline{MC}$
- $RL = MC$

17 ★★★★☆ 그림은 어느 생산공장의 수전설비의 계통도이다. 이 계통도와 뱅크의 부하용량표, 변류기 규격표를 보고 다음 각 물음에 답하시오.

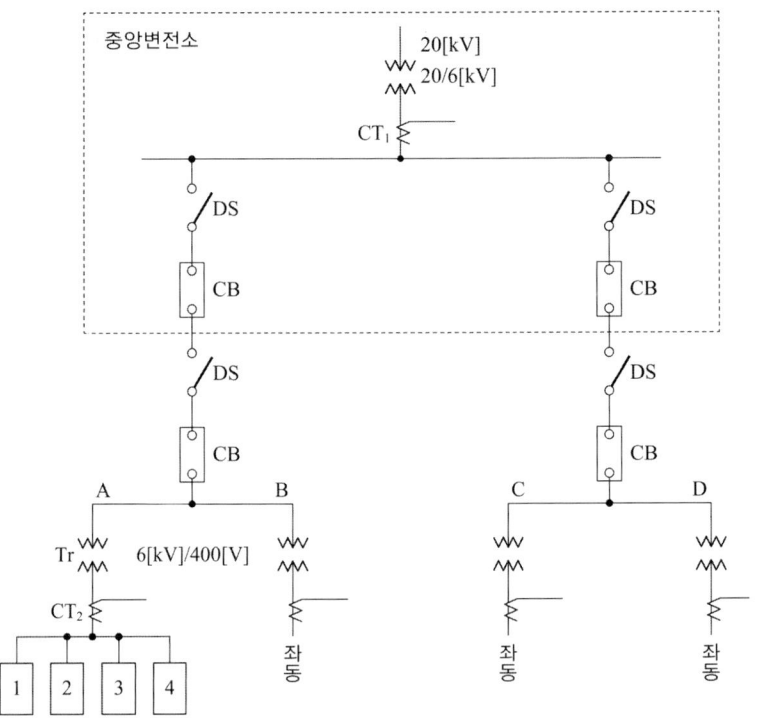

[뱅크의 부하 용량표]

피더	부하 설비 용량[kW]	수용률[%]
1	125	80
2	125	80
3	500	70
4	600	84

[변류기 규격표]

항목	변류기
정격 1차 전류[A]	5, 15, 20, 30, 40 50, 75, 100, 150, 200 300, 400, 500, 600, 750 1,000, 1,500, 2,000, 2,500
정격 2차 전류[A]	5

(1) A, B, C, D 4개의 뱅크에 같은 부하가 걸려 있으며, 각 뱅크의 부등률은 1.1이고 전부하 합성 역률은 0.8이다. 중앙 변전소의 변압기 용량을 표준 규격으로 답하시오.
 • 계산 :
 • 답 :

(2) 변류기 CT_1, CT_2의 변류비를 구하시오. 단, 1차 수전전압은 20,000/6,000[V], 2차 수전전압은 6,000/400[V]이며, 변류비는 표준 규격으로 답하고, 전류비 값의 1.25배로 결정한다.

Answer

(1) 계산 : A 뱅크의 최대 수요 전력 $= \dfrac{125 \times 0.8 + 125 \times 0.8 + 500 \times 0.7 + 600 \times 0.84}{1.1 \times 0.8} = 1,197.73 \text{[kVA]}$

A, B, C, D 각 뱅크 간의 부등률은 없으므로
중앙 변전소 변압기 용량 $= 1,197.73 \times 4 = 4,790.92 \text{[kVA]}$ 　　　답 : 표준 용량 5,000[kVA]

(2) ① CT_1의 변류비

$I_1 = \dfrac{4,790.92 \times 10^3}{\sqrt{3} \times 6,000} \times 1.25 = 576.26 \text{[A]}$

표에서 600/5 선정 　　　답 : 600/5

② CT_2의 변류비

$I_1 = \dfrac{1,197.73 \times 10^3}{\sqrt{3} \times 400} \times 1.25 = 2,160.97 \text{[A]}$ 　　　답 : 2,000/5

Explanation

(1) 변압기 용량[kVA] $= \dfrac{\text{설비용량[kVA]} \times \text{수용률}}{\text{부등률}} = \dfrac{\text{설비용량[kW]} \times \text{수용률}}{\text{부등률} \times \text{역률}}$ [kVA]

문제에서는 변압기 용량을 구하라고 했으므로 정격으로 답해야 한다.

(2) 보통의 경우 CT 비 : 1차 전류 $\times (1.25 \sim 1.5)$
 ① CT_1의 위치가 중앙 변전소 변압기 2차 측에 있으므로 전압은 6,000[V]를 기준으로 계산
 ② CT_2의 위치가 부하 A 변압기 2차 측에 있으므로 전압은 400[V]를 기준으로 계산

여기서, CT_2의 1차 전류가 2,160.97[A]이므로 2,500[A]으로 할 수 있으나 이 경우 실제 부하전류와의 차이가 너무 크므로 2,000[A]로 선정

18 ★★☆☆☆ 그림은 3상 3선식 적산전력량계의 결선도(계기용 변압기 및 변류기)를 나타낸 것이다. 미완성 부분의 결선도를 완성하시오. 단, 접지가 필요한 곳에는 접지 표시를 하도록 한다.

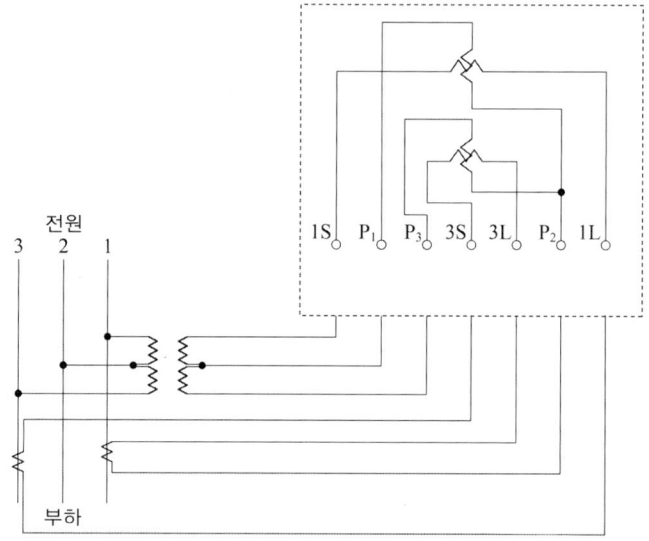

Answer

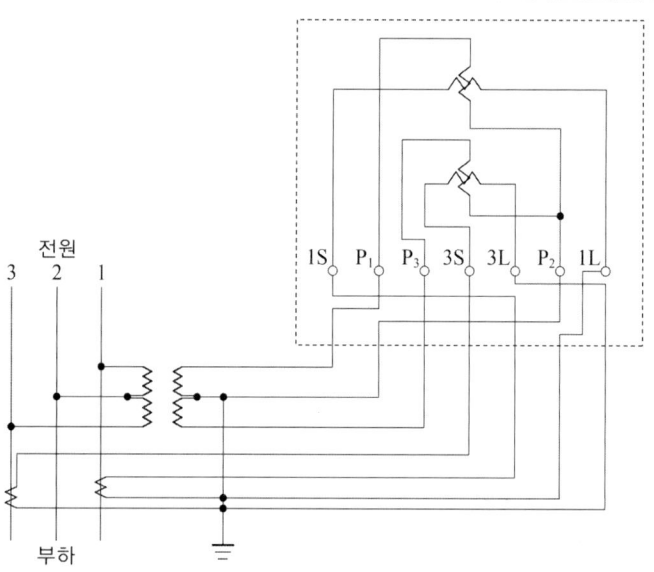

Explanation

전력량계 결선
- PT : P1, P2, P3
- CT : 1S, 3S, 1L, 3L

여기서, 접지는 P2, 1L, 3L에 한다.

2009년 전기공사산업기사 실기

01
그림은 전력 케이블의 시공 설치도이다. 어떤 시공 방법인지 쓰시오.

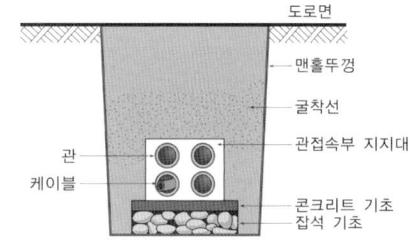

Answer

관로식

Explanation

(KEC 334.1조) 지중전선로의 시설
지중전선로는 전선에 케이블을 사용하고 또한 관로식·암거식(暗渠式) 또는 직접 매설식에 의하여 시설하여야 한다.
관로식
100 ~ 300[m] 간격으로 맨홀을 설치하고 맨홀 내에서 케이블의 인입 및 접속하는 방식으로 케이블의 증설 및 교체가 예상될 때 사용된다.

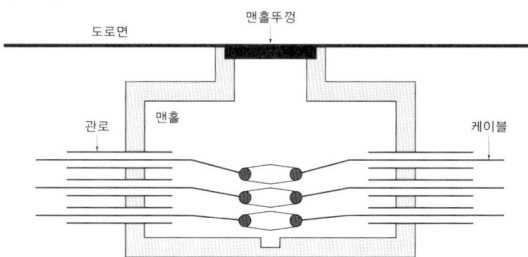

02 그림과 같이 시설하는 지선의 명칭을 ( ) 안에 쓰시오.

(1)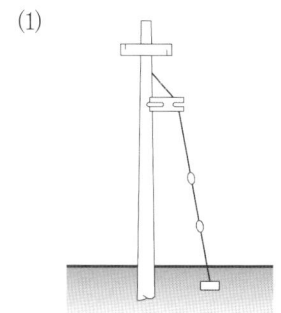

(2)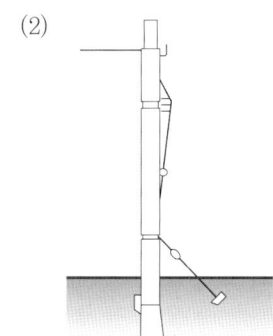

Answer

(1) A형 궁지선　　　　(2) R형 궁지선

Explanation

궁지선
비교적 장력이 적고 타 종류의 지선을 시설할 수 없는 경우에 적용하는 것

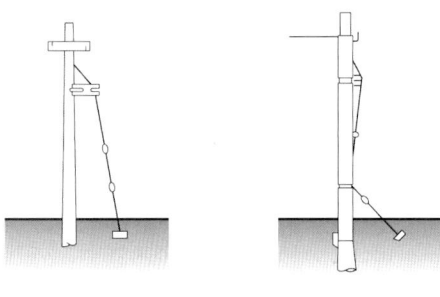

[A형 궁지선]　　　　[R형 궁지선]

03 예비전원으로 저압 발전기 시설 시 고려 사항이다. 다음 (　)에 알맞은 내용을 쓰시오.

> "예비전원으로 시설하는 저압 발전기에서 부하에 이르는 전로에는 발전기에 가까운 곳에서 쉽게 개폐 및 점검을 할 수 있는 곳에 (　), (　), (　), (　)를(을) 시설하여야 한다."

Answer

개폐기, 과전류 차단기, 전압계, 전류계

Explanation

(내선규정 4,168-3) 예비전원 고압 발전기
예비전원으로 시설하는 고압 발전기에서 부하에 이르는 전로에는 발전기에 가까운 곳에 개폐기, 과전류 차단기, 전압계 및 전류계를 다음 각 호에 의해 시설하여야 한다.
- 각 극에 개폐기 및 과전류 차단기를 시설할 것
- 전압계는 각 상의 전압을 읽을 수 있도록 시설할 것
- 전류계는 각 선(중성선 제외)의 전류를 읽을 수 있도록 시설할 것

04 옥내배선 아웃렛 박스 등의 접속함 내의 가는 전선의 접속 방법을 쓰시오.

Answer

쥐꼬리 접속법

BEST 05

자가용 수변전 설비에서 고압전로의 절연저항을 측정할 때 사전 준비로서 정전 조작을 하여야 한다. 정전 조작은 부하로부터 순차적으로 전원을 향해서 개폐기를 개방하는 데, 차단기와 단로기 중 어느 것을 먼저 개로 시켜야 하는지 쓰시오.

Answer

차단기

Explanation

인터록(Interlock) : 차단기가 열려 있어야만 단로기 조작 가능
- 급전 시 : DS → CB
- 정전 시 : CB → DS

> 이 문제는 변경된 KEC 적용으로 인하여 삭제하고, 아래 예상문제로 대체되었습니다.

06

한국전기설비규정에 의거하여 다음 전선의 색상을 적으시오.

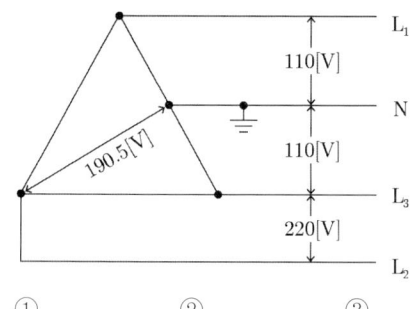

상(문자)	색상
L1	①
L2	②
L3	③
N	④
보호도체	⑤

Answer

① 갈색 ② 흑색 ③ 회색 ④ 청색 ⑤ 녹색-노란색

Explanation

(KEC 121.2조) 전선의 상별 색상

1. 전선의 색상은 표에 따른다.

상(문자)	색상
L1	갈색
L2	흑색
L3	회색
N	청색
보호도체	녹색-노란색

2. 색상 식별이 종단 및 연결 지점에서만 이루어지는 나도체 등은 전선 종단부에 색상이 반영구적으로 유지될 수 있는 도색, 밴드, 색 테이프 등의 방법으로 표시해야 한다.
3. 제1 및 제2를 제외한 전선의 식별은 KS C IEC 60445(인간과 기계 간 인터페이스, 표시 식별의 기본 및 안전원칙-장비단자, 도체단자 및 도체의 식별)에 적합하여야 한다.

07 조명 설계에 필요한 좋은 조명의 요건 5가지를 쓰시오.

Answer

① 광속발산도 분포 균일
② 광색이 좋고 방사열이 적을 것
③ 눈부심을 제거
④ 심리적 안정을 줄 것
⑤ 경제적일 것

Explanation

조명 목적에 의한 분류
- 명시 조명(실리 조명) : 대상물을 정확하게 보고 쾌적하게 보는 것이 목적
- 분위기 조명(장식 조명) : 인간의 심리를 움직이는 조명

08 전선로를 보강하기 위하여 세워지는 철탑으로, 직선 철탑이 다수 연속될 경우에는 약 10기마다 1기의 비율로 설치되며, 서로 인접하는 경간의 길이가 크게 달라 지나친 불평형 장력이 가해지는 경우 등에 설치되는 철탑은 무엇인지 쓰시오.

Answer

내장형 철탑

Explanation

사용 목적에 의한 분류(표준형 철탑)
- 직선형 : 선로의 직선 또는 수평 각도 3°이내의 장소에 사용, A형 철탑
- 각도형 : 선로의 수평 각도 3°이상으로 20°이하에 설치되는 철탑, 경각도 철탑은 B형, 선로의 수평 각도 3°이상으로 30°이하에 설치되는 중각도 철탑은 C형
- 인류형 : 가공선로의 전체 가섭선을 인류하는 개소(주로 변전소)에 사용되는 철탑, D형 철탑
- 내장형 : 전선로를 보강하기 위하여 세워지는 철탑
  직선 철탑 10기마다 1기를 시설, 장경간 개소에 시설, E형 철탑
- 보강형 : 전선로의 직선 부분에 보강을 위해 사용하는 철탑

09 그림의 회로에서 중성선이 X점에서 단선되었다면 부하 A와 부하 B의 단자전압(V_A, V_B)을 계산하시오.

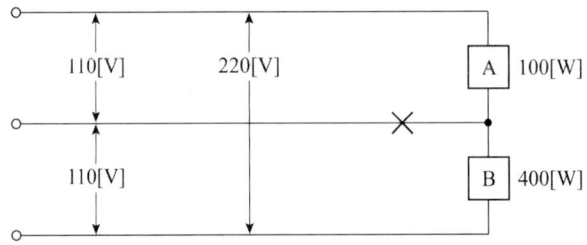

- 계산 :
- 답 :

Answer

계산 : $P = \dfrac{V^2}{R}$ 에서 $R = \dfrac{V^2}{P}$

$R_A = \dfrac{110^2}{100} = 121[\Omega]$, $R_B = \dfrac{110^2}{400} = 30.25[\Omega]$

$\therefore V_A = \dfrac{121}{121+30.25} \times 220 = 176[V]$, $V_B = \dfrac{30.25}{121+30.25} \times 220 = 44[V]$

답 : A점 전압 : 176[V], B점 전압 : 44[V]

Explanation

- 단상 3선식의 단점
  중성선 단선 시 전압 불평형이 발생된다(경부하 측의 전위 상승이 발생한다).
- 부하 $P = \dfrac{V^2}{R}$
- 단자전압 $V_1 = \dfrac{R_1}{R_1 + R_2}$, $V_2 = \dfrac{R_2}{R_1 + R_2}$

BEST 10 ★★★★★
"이웃 연결 인입선"이라 함은 무엇을 뜻하는지 쓰시오.

Answer

한 수용장소 인입구 접속점에서 분기하여 다른 지지물을 거치지 아니하고 다른 수용장소 인입구에 이르는 전선을 말함

Explanation

(기술기준 3조) 정의
"이웃 연결 인입선"이라 함은 한 수용장소의 인입선에서 분기하여 지지물을 거치지 아니하고 다른 수용장소의 인입구에 이르는 부분의 전선을 말한다.

11 ★★★☆☆
경제적 송전선의 전선 굵기를 결정하고자 할 때 적용되는 법칙을 쓰시오.

Answer

켈빈의 법칙

Explanation

경제적인 전선의 굵기 선정 : 켈빈의 법칙(Kelvin's law)
켈빈의 법칙은 "전선의 단위 길이당의 연간 전력손실량의 비용과 건설 시 구입한 전선의 단위 길이당 비용의 이자와 감가상각비를 가산한 연간 경비가 같아지는 전선의 굵기가 가장 경제적인 전선의 굵기가 된다."는 것이다.
켈빈의 법칙을 적용한 경제적인 전선의 굵기 산정
- 허용 전류 : 연속하여 전류가 흐르는 경우 도체의 수명적 관점에서 실용상 안전하게 보낼 수 있는 전류, 연속 허용온도 90[℃]를 기준
- 기계적 강도
- 전압강하

12 케이블 트로프(trough)를 사용하여 지하에 전선을 포설하는 경우 차량 및 중량물의 압력을 받는 장소에서의 매설 깊이는 몇 [m] 이상이어야 하는지 쓰시오.

Answer

1[m]

Explanation

(KEC 334.1조) 지중 전선로의 시설
지중전선로를 직접 매설식에 의해 시설하는 경우의 매설 깊이는 다음과 같다.

시설 장소	매설 깊이[m]
차량 기타 중량물의 압력을 받을 우려가 있는 장소	1 이상
기타 장소	0.6 이상

13 단상 변압기 병렬 운전 조건 중 3가지를 기술하고, 이들 조건이 맞지 않은 경우에 어떤 현상이 나타나는지 1가지만 쓰시오.

(1) 병렬 운전 조건
(2) 현상

Answer

병렬 운전 조건	조건이 맞지 않는 경우
① 정격 전압(권수비)이 같을 것	순환전류가 흘러 권선이 가열
② 극성이 일치할 것	큰 순환전류가 흘러 권선이 소손
③ %강하(임피던스 전압)가 같을 것	부하의 분담이 용량의 비가 되지 않아 부하의 부담이 균형을 이룰 수 없다.
④ 내부 저항과 누설 리액턴스의 비가 같을 것	각 변압기의 전류 간에 위상차가 생겨 동손이 증가

Explanation

변압기 병렬 운전 조건
• 극성 및 권수비가 같을 것
• 1, 2차 정격 전압이 같을 것(용량, 출력 무관)
• % 강하가 같을 것
• 변압기 내부저항과 리액턴스의 비가 같을 것
• 상회전 방향과 각 변위가 같을 것(3상 변압기)

BEST 14
★★★★★
가공전선로에 주로 쓰이는 애자의 종류 4가지를 쓰시오.

Answer

핀애자, 현수애자, 라인포스트애자, 인류애자

Explanation

- 핀애자 : 직선 선로에 사용
- 현수애자 : 인류 및 내장 개소에 사용
- 라인포스트애자 : 연가용 철탑 등에서 점퍼선 지지
- 인류애자 : 인류 개소 및 배전선로의 중성선

BEST 15
★★★★★
110/220[V] 단상 3선식 전력을 공급받는 어느 수용가의 부하 연결이 아래 그림과 같은 경우 설비 불평형률을 계산하시오. 단, 소수점 이하 첫째 자리에서 반올림 할 것

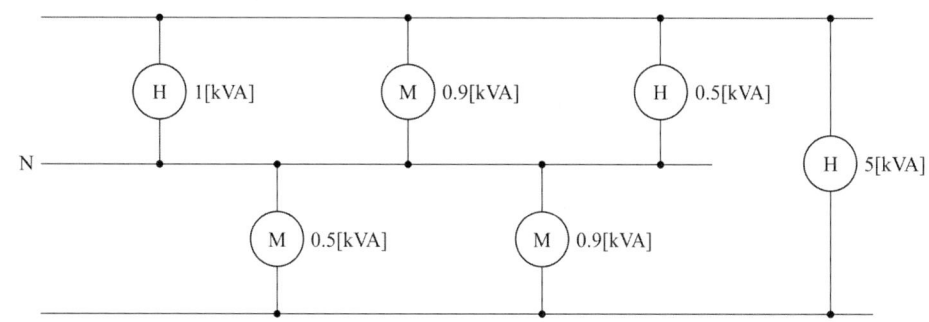

- 계산 :
- 답 :

Answer

계산 : 설비 불평형률 $= \dfrac{(1+0.9+0.5)-(0.5+0.9)}{\dfrac{1}{2}(1+0.9+0.5+0.5+0.9+5)} \times 100 = 22.73[\%]$

답 : 23[%]

Explanation

단상 3선식 설비 불평형률

설비 불평형률 $= \dfrac{\text{중성선과 각 전압측 선간에 접속되는 부하설비용량[kVA]의 차}}{\text{총 부하설비용량[kVA]의 }1/2} \times 100[\%]$

여기서, 불평형률은 40[%] 이하이어야 한다.

16 ★☆☆☆☆

그림은 PLC 시퀀스 회로의 일부를 그린 것이다. 입력 P000을 주면 출력 P011이 동작하고 이어 P012가 동작한다. 5초 후 T000이 동작하여 P012가 정지된다. P001은 정지신호이고, 시간 단위는 0.1초이다. 프로그램의 괄호(가~마)에 알맞은 것을 쓰시오.

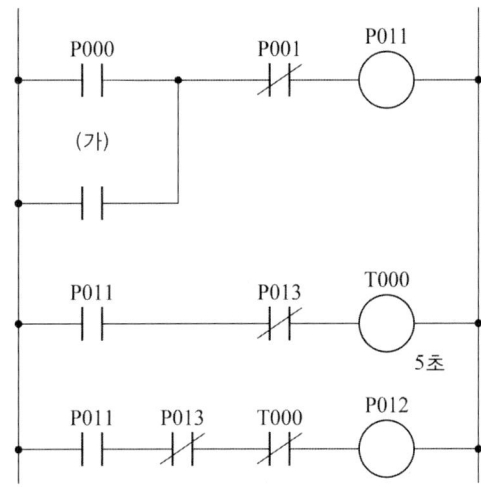

STEP	OP	add	ENT
생략	LOAD	P000	ENT
	OR	(가)	이하 생략
	(나)	P001	
	OUT	P011	
	LOAD	P011	
	AND NOT	P013	
	TMR	T000	
	(DATA)	(다)	
	(라)	P011	
	AND NOT	P013	
	AND NOT	T000	
	(마)	P012	

Answer

(가) P011
(나) AND NOT
(다) 50
(라) LOAD
(마) OUT

Explanation

타이머의 시간은 시간 단위가 0.1초이므로 5초라면 50이 입력값이 된다.

17 다음은 특고압(22.9[kV-Y]) 간이 수전방식의 표준 결선도이다. 그림을 보고 물음에 답하시오.

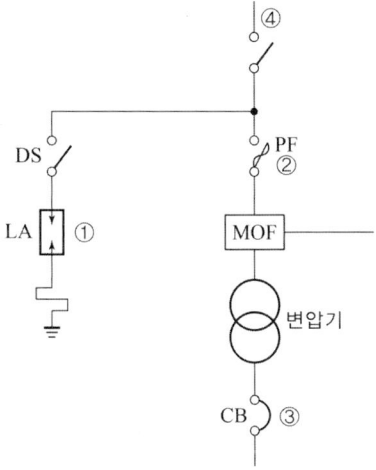

(1) 피뢰기 ①의 정격 전압을 쓰시오.
(2) 수전설비용량 300[kVA] 이하인 경우 ②의 PF 대신 사용 가능한 기기를 쓰시오.
(3) 변압기 2차 측에 설치되는 ③의 주차단기에는 어떤 기기를 설치하여 결상사고에 대한 보호 능력을 갖추어야 하는지 쓰시오.
(4) 지중 인입선의 경우 ④에 사용되는 케이블을 쓰시오.

Answer

(1) 18[kV]
(2) COS(비대칭 차단전류 10[kA] 이상의 것)
(3) 결상계전기
(4) CNCV-W 케이블(수밀형) 또는 TR CNCV-W(트리억제형)

Explanation

특고압 간이 수전 설비 표준 결선도(22.9[kV-Y] 1,000[kVA] 이하를 시설하는 경우)

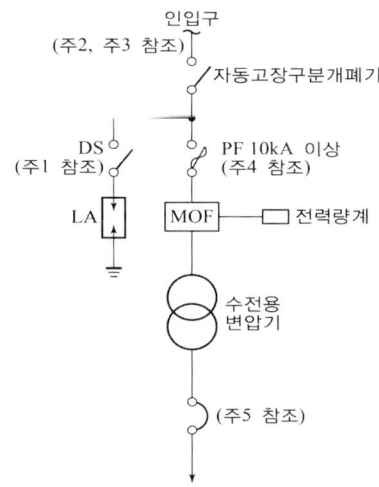

약호	명칭
DS	단로기
ASS	자동고장 구분 개폐기
LA	피뢰기
MOF	전력 수급용 계기용 변성기
COS	컷아웃 스위치
PF	전력 퓨즈

[주1] LA용 DS는 생략할 수 있으며 22.9[kV-Y]용의 LA는 Disconnector(또는 Isolator) 붙임형을 사용하여야 한다.
[주2] 인입선을 지중선으로 시설하는 경우로서 공동주택 등 사고 시 정전 피해가 큰 수전 설비인입선은 예비선을 포함하여 2회선으로 시설하는 것이 바람직하다.
[주3] 지중 인입선의 경우에 22.9[kV-Y] 계통은 CNCV-W 케이블(수밀형) 또는 TR CNCV-W(트리억제형)을 사용하여야 한다. 다만, 전력구, 공동구, 덕트, 건물구내 등 화재의 우려가 있는 장소에서는 FR CNCO-W(난연)케이블을 사용하는 것이 바람직하다.
[주4] 300[kVA] 이하인 경우는 PF 대신 COS(비대칭 차단전류 10[kA] 이상의 것)을 사용할 수 있다.
[주5] 특별고압 간이 수전설비는 PF의 용단 등의 결상사고에 대한 대책이 없으므로 변압기 2차측에 설치되는 주차단기에는 결상계전기 등을 설치하여 결상사고에 대한 보호능력이 있도록 함이 바람직하다.

18 ★★★★☆
그림과 같은 철탑 기초의 굴착량을 산출하려고 한다. 철탑의 굴착량 계산식을 쓰시오.

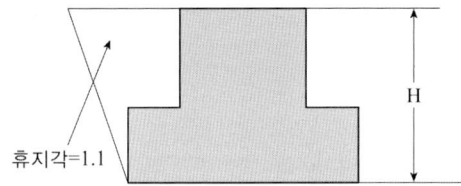

Answer

터파기량 = 가로×세로×H×1.21

Explanation

터파기량 계산
- 줄기초 파기 : 전선관 매설

$$터파기량[m^3] = \left(\frac{a+b}{2}\right) \times h \times 줄기초\ 길이$$

- 철탑의 굴착량 : 터파기량[m^3] = 가로×세로×H×1.21
  휴지각 = 1.1×1.1=1.21

전기공사산업기사 실기

과년도 기출문제
2010

- 2010년 제 01회
- 2010년 제 02회
- 2010년 제 04회

2010년 과년도 기출문제에 대한 출제 빈도 분석 차트입니다.
각 회차별로 별의 개수를 확인하고 학습에 참고하기 바랍니다.

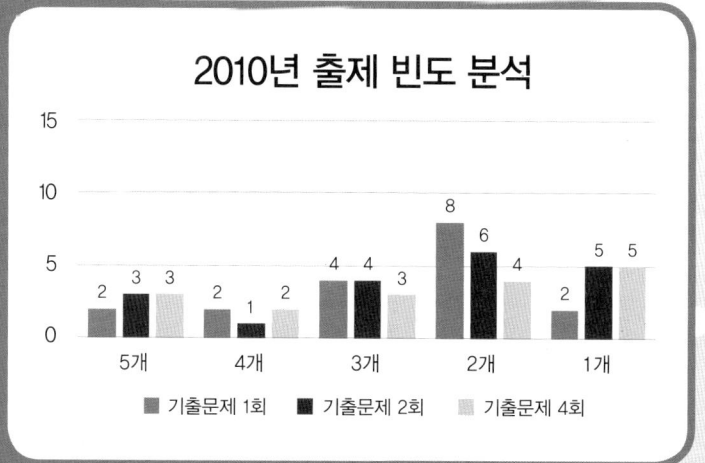

2010년 전기공사산업기사 실기

01 평균 구면 광도 100[cd]의 전구 5개를 직경 10[m]의 원형의 사무실에 점등할 때 조명률 0.4, 감광 보상률을 1.6이라 하면 사무실의 평균 조도[lx]는 얼마인가?

• 계산 :

• 답 :

Answer

계산 : 평균 조도 $E = \dfrac{FUN}{SD} = \dfrac{4\pi \times 100 \times 0.4 \times 5}{\pi \times \left(\dfrac{10}{2}\right)^2 \times 1.6} = 20[\text{lx}]$
　　　　　　　　　　　　　　　　　　　　　　　　　　　답 : 20[lx]

Explanation

• 조명 계산
  $FUN = ESD$
  여기서, $F[\text{lm}]$: 광속, $U[\%]$: 조명률, $N[등]$: 등수
  　　　　$E[\text{lx}]$: 조도, $S[\text{m}^2]$: 면적, $D = \dfrac{1}{M}$: 감광 보상률 $= \dfrac{1}{보수율}$

  등수 $N = \dfrac{ESD}{FU}$ 이며 등수 계산에서 소수점은 무조건 절상한다.

• 광속
  구 광원 : $F = 4\pi I$
  원통 광원 : $F = \pi^2 I$
  평판 광원 : $F = \pi I$

02 라이팅 덕트 공사에 의한 저압 옥내배선은 다음 각 호에 따라 시설하여야 한다.

(1) 덕트는 (　)를 관통하여 시설하지 아니할 것
(2) 덕트를 사람이 용이하게 접촉할 우려가 있는 장소에 시설하는 경우에는 전원 측에 (　)를 시설할 것
(3) 덕트의 사용전압은 (　) 이하일 것
(4) 덕트의 지지점 간의 거리는 (　) 이하로 할 것

Answer

(1) 조영재　　　　　　(2) 누전 차단기
(3) 400[V]　　　　　　(4) 2[m]

> **Explanation**

(KEC 232.71조) 라이팅덕트공사
라이팅덕트공사에 의한 저압 옥내배선은 다음 각 호에 따라 시설하여야 한다.
① 라이팅덕트공사는 사용전압 400[V] 이하의 건조한 장소에만 시설할 수 있다.
② 라이팅덕트는 조영재를 관통하여 시설하여서는 안 된다.
③ 라이팅덕트를 사람이 쉽게 접촉할 우려가 있는 장소에 시설하는 경우에는 전원측에 누전 차단기(정격 감도전류 30[mA] 이하, 동작 시간 0.03초 이내의 것에 한한다)를 시설할 것
④ 라이팅덕트의 금속제 부분은 접지공사를 할 것
⑤ 라이팅덕트의 지지점 간의 거리는 2[m] 이하로 하고 견고하게 부착할 것

03 ★★☆☆☆
UPS(uninterruptible power supply)의 사용 목적은?

> **Answer**

상시 전원의 정전 또는 이상 상태가 발생하여도 부하에 무정전으로 안정된 전력을 공급하기 위하여

> **Explanation**

무정전 전원 공급 장치(UPS : Uninterruptible Power Supply)
- 구성 : 축전지, 정류 장치(Converter), 역변환 장치(Inverter)
- 선로의 정전이나 입력 전원에 이상 상태가 발생하였을 경우에도 정상적으로 전력을 부하 측에 공급하는 설비

UPS의 구성도

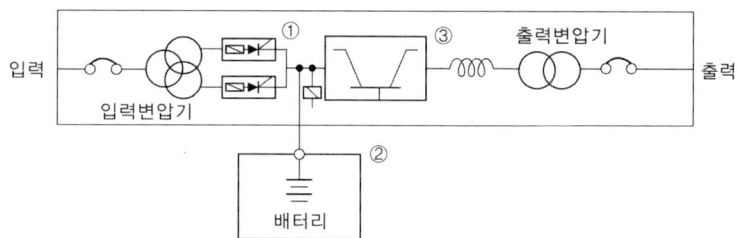

UPS 구성 장치
① 순변환(정류) 장치(Converter) : 교류를 직류로 변환
② 축전지 : 정류 장치에 의해 변환된 직류전력을 저장
③ 역변환 장치(Inverter) : 직류를 상용 주파수의 교류전압으로 변환

BEST 04 ★★★★★

가공 송전선로에 사용되는 전선으로서는 어떤 조건들을 구비하는 것이 바람직한지 아는 대로 6가지만 간략하게 쓰시오.

Answer

① 도전율이 높을 것
② 기계적 강도가 클 것
③ 가공성(유연성)이 클 것
④ 내구성이 있을 것
⑤ 비중이 작을 것
⑥ 전압강하가 작고 코로나 손실이 작을 것

Explanation

가공전선의 구비 조건
- 도전율이 클 것
- 기계적 강도가 클 것
- 비중(밀도)이 작을 것
- 가선공사(접속)가 쉬울 것
- 부식성이 작을 것
- 유연성(가공성)이 좋을 것
- 경제적일 것
- 전압강하가 작고 코로나 손실이 작을 것(송전선로)

05 ★★★☆☆

22.9[kV-Y]로 수전하는 수용가의 수전용량이 750[kVA]이다. 인입구에 시설하는 MOF의 적당한 변류비와 변압비를 표준 규격으로 구하시오. 단, 변류비는 1차 정격 전류의 1.2~1.5배로 한다.

Answer

계산 : $I = \dfrac{750 \times 10^3}{\sqrt{3} \times 22.9 \times 10^3} \times (1.2 \sim 1.5) = 22.69 \sim 28.36[A]$

30/5 선정

답 : 변압비 : $\dfrac{22,900}{\sqrt{3}} / \dfrac{190}{\sqrt{3}}$ (13,200/110)

변류비 : 30/5

Explanation

보통의 경우 CT 비 : 1차 전류×(1.25~1.5)
CT 1차 전류 : 10, 15, 20, 30, 40, 50, 75, 100, 150, 200, 300, 400, 500[A]
문제에서는 CT의 1차 전류가 범위 내에 없으므로 그보다 큰 30/5를 선정하는 것이 일반적이다.

06 발전소의 가공전선 인입구 및 인출구 전로로부터의 이상전압이 발전소 내로 내습하는 것을 방지하기 위해 설치하는 것은 무엇인가?

Answer

피뢰기

Explanation

(KEC 342.13조) 피뢰기의 시설
고압 및 특고압의 전로 중 다음 각 호에 열거하는 곳 또는 이에 근접한 곳에는 피뢰기를 시설하여야 한다.
① 발전소 · 변전소 또는 이에 준하는 장소의 가공전선 인입구 및 인출구
② 특고압 가공전선로에 접속하는 배전용 변압기의 고압 측 및 특고압 측
③ 고압 및 특고압 가공전선로로부터 공급을 받는 수용장소의 인입구
④ 가공전선로와 지중전선로가 접속되는 곳

07 그림의 회로에서 중성선이 X점에서 단선되었다면 부하 A와 부하 B의 단자전압 (V_A, V_B)을 계산하시오.

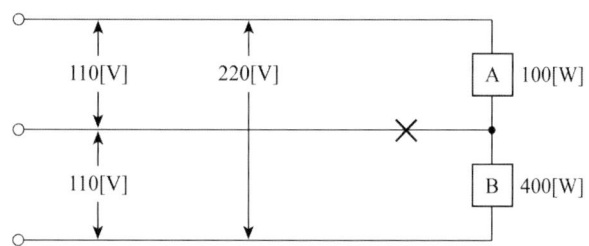

• 계산 :
• 답 :

Answer

계산 : $P = \dfrac{V^2}{R}$ 에서 $R = \dfrac{V^2}{P}$

$R_A = \dfrac{110^2}{100} = 121[\Omega]$, $R_B = \dfrac{110^2}{400} = 30.25[\Omega]$

$\therefore V_A = \dfrac{121}{121 + 30.25} \times 220 = 176[V]$

$V_B = \dfrac{30.25}{121 + 30.25} \times 220 = 44[V]$

답 : $V_A = 176[V]$, $V_B = 44[V]$

Explanation

• 단상 3선식의 단점
  중성선 단선 시 전압 불평형이 발생된다(경부하 측의 전위 상승이 발생한다).
• 부하 $P = \dfrac{V^2}{R}$
• 단자전압 $V_1 = \dfrac{R_1}{R_1 + R_2}$, $V_2 = \dfrac{R_2}{R_1 + R_2}$

08 다음 표를 보고 변압기 표준 용량을 산정하시오. 단, 부등률은 1.1, 역률은 80[%]이다.

	설비용량	수용률[%]
A	20[kW]	50
B	30[kW]	70
C	20[kW]	60

Answer

계산 : $\dfrac{20 \times 0.5 + 30 \times 0.7 + 20 \times 0.6}{1.1 \times 0.8} = 48.86 [\text{kVA}]$ 답 : 50[kVA]

Explanation

- 변압기 용량[kVA] = $\dfrac{\text{설비용량[kW]} \times \text{수용률}}{\text{부등률} \times \text{역률}} = \dfrac{\text{설비용량[kW]} \times \text{수용률}}{\text{부등률} \times \text{역률} \times \text{효율}}$

- 전력용 3상 변압기 표준용량[kVA]

		15	150	1,500	15,000	(120,000) 150,000
		20	200	2,000	20,000	(180,000) 200,000
3		30	300	3,000	30,000	250,000
				4,500	45,000	300,000
5		50	500		(50,000)	
				6,000	60,000	
7.5		75	750	7,500		
					90,000	
10		100	1,000	10,000	100,000	

09 배전용 변전소의 필요 개소에 접지공사를 하였다. 이에 따른 접지 목적을 3가지만 기술하시오.

Answer

① 감전 방지
② 이상전압의 억제
③ 보호 계전기의 동작 확보

Explanation

① 감전 방지 : 기기의 절연열화나 손상 등으로 누전이 발생하면 전류가 접지도체로 흘러 기기의 대지 전위 상승이 억제되고 인체의 감전 위험이 줄어들게 한다.
② 이상전압의 억제 : 뇌전류 또는 고저압 혼촉 등에 의하여 침입하는 고전압을 접지도체를 통해 대지로 흘려보내 기기의 손상을 방지할 수 있다.
③ 보호 계전기의 동작 확보 : 지락 사고 시에 일정 크기 이상의 지락전류가 쉽게 흐르기 때문에 지락 계전기 등의 동작을 확실하게 할 수 있다.

10 최근에 대용량 초고압 송전선이나 지중송전선(cable)의 확장에 따라 전력 계통의 분로 리액터(shunt reactor)를 설치하고 있다. 설치 목적은?

Answer

페란티 현상의 방지

Explanation

페란티 현상
선로의 경부하(무부하) 시 정전용량에 의해서 송전단 전압보다 수전단 전압이 높아지는 현상으로 장거리 선로와 지중케이블 선로에서는 정전용량이 크기 때문에 특히 무부하 충전 시 문제가 발생되며 부하 역률은 지상 역률로 중부하시에는 전류가 전압보다 위상이 뒤지지만 지중전선로의 경부하시나 가공전선로의 무부하 충전 시 진상전류가 흐르게 되는 현상으로 분로 리액터를 대책으로 한다.

분로 리액터(Shunt Reactor)
분로 리액터는 페란티 현상을 방지하기 위하여 주요 변전소에 설치되며 지상전력 공급을 통하여 무효분을 조정한다.

11 22.9[kV-Y] 계통 3상 배전선로의 완금의 길이를 쓰시오.

Answer

2,400[mm]

Explanation

(내선규정 2,155) 특고압(22.9[kV-Y]) 가공전선로
가공전선로의 장주에 사용되는 완금의 표준 길이[mm]

전선의 조수	특고압	고압	저압
2	1,800	1,400	900
3	2,400	1,800	1,400

여기서, 22.9[kV] 가공전선로에서 3상 4선식은 중성선을 제외하고 완금에는 3조의 전선이 사용된다.

BEST 12 그림은 콘센트의 종류를 표시한 옥내배선용 그림기호이다. 각 그림기호는 어떤 의미를 가지고 있는지 설명하시오.

(1) LK (2) ET (3) EL (4) E (5) T

Answer

(1) 빠짐방지형
(2) 접지단자 붙이
(3) 누전 차단기 붙이
(4) 접지극 붙이
(5) 걸림형

> Explanation

(KS C 0301) 옥내배선용 그림기호 콘센트

명칭	그림기호	적요
콘센트	◐	① 천장에 부착하는 경우는 다음과 같다. 　◉ ② 바닥에 부착하는 경우는 다음과 같다. 　◉▲ ③ 용량의 표시방법은 다음과 같다. 　a. 15[A]는 방기하지 않는다. 　b. 20[A] 이상은 암페어 수를 표기한다. 　[보기] ◐20A ④ 2구 이상인 경우는 구수를 표기한다. 　[보기] ◐2 ⑤ 3극 이상인 것은 극수를 표기한다. 　[보기] ◐3P ⑥ 종류를 표시하는 경우는 다음과 같다. 　빠짐방지형　　　　　　◐LK 　걸림형　　　　　　　　◐T 　접지극붙이　　　　　　◐E 　접지단자붙이　　　　　◐ET 　누전차단기붙이　　　　◐EL ⑦ 방수형은 WP를 표기한다.　◐WP ⑧ 방폭형은 EX를 표기한다.　◐EX ⑨ 의료용은 H를 표기한다.　◐H

13 ★★★☆☆
경제적 송전선의 전선의 굵기를 결정하고자 할 때 적용되는 법칙은 무엇인가?

> Answer

켈빈의 법칙

> Explanation

경제적인 전선의 굵기 선정 : 켈빈의 법칙(Kelvin's law)
켈빈의 법칙은 "전선의 단위 길이당의 연간 전력손실량의 비용과 건설 시 구입한 전선의 단위 길이당 비용의 이자와 감가상각비를 가산한 연간 경비가 같아지는 전선의 굵기가 가장 경제적인 전선의 굵기가 된다."는 것이다.

- 켈빈의 법칙을 적용한 경제적인 전선의 굵기 산정
- 허용 전류 : 연속하여 전류가 흐르는 경우 도체의 수명적 관점에서 실용상 안전하게 보낼 수 있는 전류, 연속 허용온도 90[℃]를 기준
- 기계적 강도
- 전압강하

14
공사 종류별에 따른 전기공사의 간접노무비는 직접노무비의 몇 [%]까지 계산할 수 있는가?

Answer

15[%]

Explanation

- 간접노무비율 = $\dfrac{공사종류별[\%] + 공사규모별[\%] + 공사기간별[\%]}{3}$
- 간접노무비 = 직접노무비 × 15(%)

15
220[V]로 인입하는 어느 주택의 총 부하설비용량이 7,050[VA]이다. 16[A] 분기할 경우 최소 분기회로 수를 구하시오.

Answer

계산 : 분기회로 수 $N = \dfrac{7,050}{220 \times 16} = 2.00$

답 : 16[A] 분기 2회로

Explanation

부하상정 및 분기회로

부하 설비 용량 = $PA + QB + C$

여기서, P : 건축물의 바닥 면적[m²] (Q 부분 면적 제외)
Q : 별도 계산할 부분의 바닥 면적[m²]
A : P 부분의 표준 부하[VA/m²]
B : Q 부분의 표준 부하[VA/m²]
C : 가산해야 할 부하[VA]

분기회로 수

분기회로 수 = $\dfrac{표준\ 부하\ 밀도[VA/m^2] \times 바닥\ 면적[m^2]}{전압[V] \times 분기\ 회로의\ 전류[A]}$

[주1] 계산결과에 소수가 발생하면 절상한다.
[주2] 220[V]에서 3[kW] (110[V] 때는 1.5[kW])를 초과하는 냉방기기, 취사용 기기 등 대형 전기 기계기구를 사용하는 경우에는 단독분기회로를 사용하여야 한다.
※ 분기회로 전류는 보통 문제에서 주어지지 않으면 16[A] 분기회로임

16
22.9[kV] 선로의 저압 인입 장주도에서 사용되는 인류스트랍이란 어떤 용도인지 간단히 쓰시오.

Answer

가공 배전선로 및 인입선에서 인류 애자와 데드 엔드 클램프를 연결하기 위한 금구

17 ★★☆☆☆ 다음 그림은 무접점 회로도이다. 그림을 보고 다음 각 물음에 답하시오.

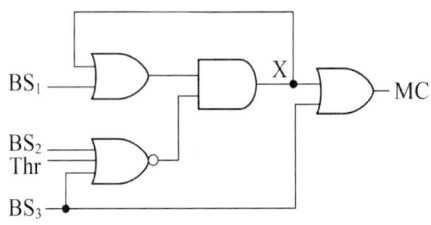

(1) 미완성 유접점 회로도를 완성하시오.

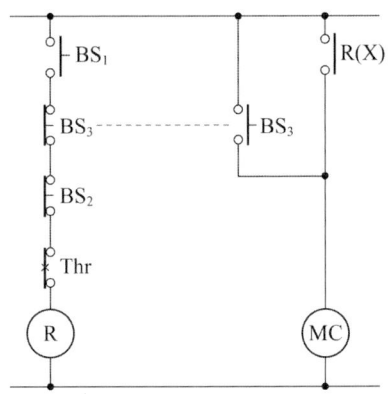

(2) Thr의 접점의 명칭을 쓰시오.
(3) 촌동 운전이란 무엇인지 쓰시오.
(4) $BS_1 \sim BS_3$ 중에서 촌동 운전 스위치는 어느 것인지 쓰시오.

Answer

(1)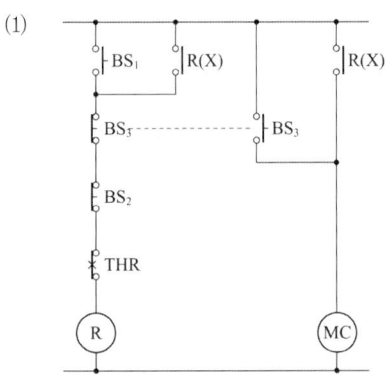

(2) 열동계전기 수동복귀 b접점
(3) 촌동 운전은 기동, 회전 방향 등을 점검하는 것으로 기동 스위치를 누르면 기동하고 놓으면 정지한다.
(4) BS_3

Explanation

전동기 촌동 운전회로

전동기를 운전하는 데 기동용 스위치를 눌러 전동기를 자기 유지하여 계속 운전하다 정지시키는 것이 아니고 별도의 촌동 스위치를 두어 이 스위치를 누르고 있는 동안만 전동기가 운전되는 회로

• 논리식으로 표현하면
$$X = (BS_1 + X) \cdot \overline{BS_2 + Thr + BS_3}$$
$$MC = X + BS_3$$
여기서, $\overline{BS_2 + Thr + BS_3} = \overline{BS_2} \cdot \overline{Thr} \cdot \overline{BS_3}$

18 ★★☆☆☆ 답란에 그림에서 적산 전력계를 결선하여 완성하시오. 단, 접지표시를 할 것.

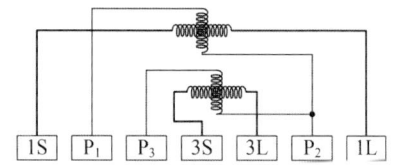

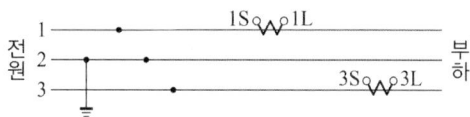

Answer

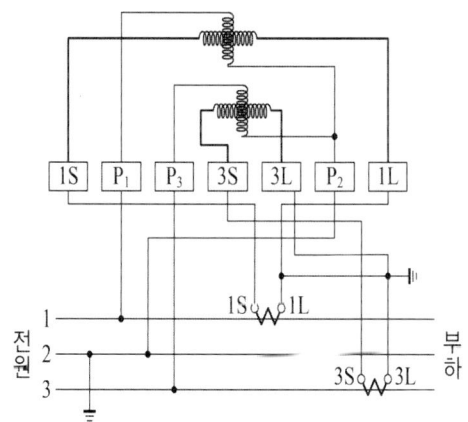

Explanation

전력량계 결선
• PT : P1, P2, P3
• CT : 1S, 3S, 1L, 3L
여기서, 접지는 P2, 1L, 3L에 한다.

2회 2010년 전기공사산업기사 실기

01 ★★☆☆☆
피뢰기를 설치하여야 할 개소 중 IKL(Isokertaunic-Level)이 11일 이상인 지역에서는 전선로 매 500[m] 이내마다 LA를 설치하고 있다. 여기에서 IKL이란 무엇인지 설명하시오.

Answer

연간 뇌우 발생 일수

Explanation

피뢰기의 설치 장소
피뢰기를 설치하여야 할 개소 중 IKL(연간 뇌우 발생 일수)이 11일 이상인 지역에서는 전선로 매 500[m] 이내마다 피뢰기를 설치하고 있다.

02 ★★★☆☆
전력 계통에 일반적으로 사용되는 리액터의 설치 목적을 간단히 쓰시오.

(1) 병렬 리액터 :
(2) 직렬 리액터 :
(3) 소호 리액터 :

Answer

(1) 페란티 현상의 방지
(2) 제5고조파 제거
(3) 지락전류의 제한

Explanation

종류	사용 목적
분로(병렬) 리액터	페란티 현상의 방지
직렬 리액터	제5고조파 제거
소호 리액터	지락전류의 제한
한류 리액터	단락전류의 제한

03 수변전 설비에서 사용하는 특고압 차단기 종류 5가지를 쓰시오.

Answer

① 진공 차단기
② 유입 차단기
③ 가스 차단기
④ 공기 차단기
⑤ 자기 차단기

Explanation

특고압 차단기의 종류

명칭	약호	소호매질
유입 차단기	OCB	절연유
자기 차단기	MBB	자계의 전자력
공기 차단기	ABB	압축공기
진공 차단기	VCB	진공
가스 차단기	GCB	SF_6

BEST 04 다음의 회로와 같은 단상 3선식 220/440[V]로 전열기 및 전동기에 전기를 공급하는 경우 설비의 불평형률을 구하시오.

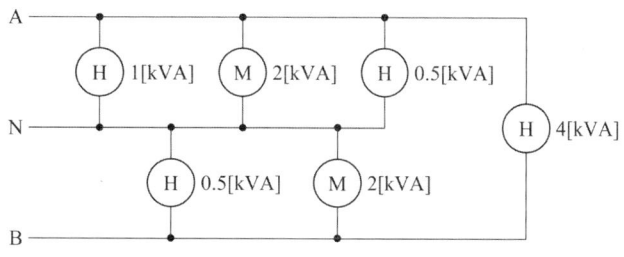

Answer

계산 : 설비 불평형률 $= \dfrac{(1+2+0.5)-(0.5+2)}{\dfrac{1}{2}(1+2+0.5+0.5+2+4)} \times 100 = 20[\%]$

답 : 20[%]

Explanation

단상 3선식 설비 불평형률

설비 불평형률 $= \dfrac{\text{중성선과 각 전압측 선간에 접속되는 부하설비용량}[kVA]\text{의 차}}{\text{총 부하설비용량}[kVA]\text{의 } 1/2} \times 100[\%]$

여기서, 불평형률은 40[%] 이하이어야 한다.

05. 송전선로에 발생하는 코로나 방지 대책 3가지를 쓰시오.

Answer

① 굵은 전선을 사용한다(ACSR, 중공연선 등).
② 복도체 방식을 채택한다.
③ 가선금구를 개량한다.

Explanation

코로나의 영향
- 코로나 손실이 발생(송전손실)된다.
  peek식 : $P_c = \dfrac{241}{\delta}(f+25)\sqrt{\dfrac{d}{2D}}(E-E_0)^2 \times 10^{-5}$[kW/km/Line]
  여기서, E_0 : 코로나 임계 전압, δ : 상대공기밀도
- 통신선에 유도장해(전파 장해)가 발생한다.
- 코로나 잡음이 발생한다.
- 전선의 부식(원인 : 오존(O_3))이 발생된다.
- 진행파의 파고 값은 감소되며 그 이유는 코로나 손실이 발생하므로 진행파(이상전압)의 파고값은 낮아지게 된다.

코로나 방지 대책
- 굵은 전선을 사용한다.
- 복도체, 다도체를 사용한다.
- 가선 금구를 개량한다.

06. 그림과 같이 전선관을 지중에 매설하려고 한다. 터파기(흙파기)량은 몇 [m³]인지 계산하시오. 단, 매설 거리는 80[m]이고, 전선관의 면적은 무시한다.

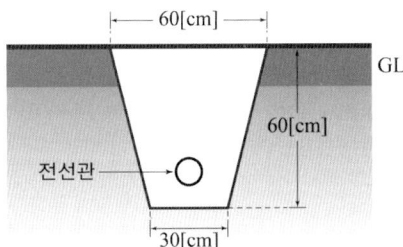

Answer

계산 : $V_o = \dfrac{0.6+0.3}{2} \times 0.6 \times 80 = 21.6$[m³]   답 : 21.6[m³]

Explanation

터파기량 계산
줄기초 파기 : 전선관 매설

$$터파기량[m^3] = \left(\dfrac{a+b}{2}\right) \times h \times 줄기초\ 길이$$

07 지하층을 포함한 층수가 몇 층 이상인 특정 소방대상물의 경우 비상 콘센트설비를 설치하여야 하는지 쓰시오.

Answer

11층 이상의 층

Explanation

(NFSC 504조) 비상 콘센트설비
① 지하층 및 지하층을 포함한 층수가 11층 이상의 특정 소방대상물 11층 이상의 각 층마다 비상 콘센트설비를 시설해야 한다.
② 비상 콘센트설비의 전원회로는 3상 교류 380[V]인 것과 단상 교류 220[V]인 것으로서, 그 공급용량은 3상 교류의 경우 3[kVA] 이상인 것과 단상 교류의 경우 1.5[kVA] 이상인 것으로 할 것
③ 전원회로는 각 층에 있어서 2 이상이 되도록 설치할 것. 다만, 설치하여야 할 층의 비상 콘센트가 1개인 때에는 하나의 회로로 할 수 있다.
④ 하나의 전용회로에 설치하는 비상 콘센트는 10개 이하로 할 것. 이 경우 전선의 용량은 각 비상 콘센트(비상 콘센트기 3개 이상인 경우에는 3개)의 공급용량을 합한 용량 이상의 것으로 하여야 한다.
⑤ 비상 콘센트용의 풀박스 등은 방청도장을 한 것으로서, 두께 1.6[mm] 이상의 철판으로 할 것
⑥ 비상 콘센트는 바닥으로부터 높이 0.8[m] 이상 1.5[m] 이하의 위치에 설치할 것
⑦ 비상 콘센트는 당해 층의 각 부분으로부터 하나의 비상 콘센트까지의 수평 거리는 50[m] 이내(지하상가 또는 지하층의 바닥 면적의 합계가 3,000[m²] 이상인 것은 수평 거리 25[m])가 되도록 할 것

08 견적 순서를 발주자 및 수주자 입장에서 작성해 보면 다음의 흐름도와 같다. 빈칸 ①~⑤에 알맞은 답을 빈칸에 써넣으시오.

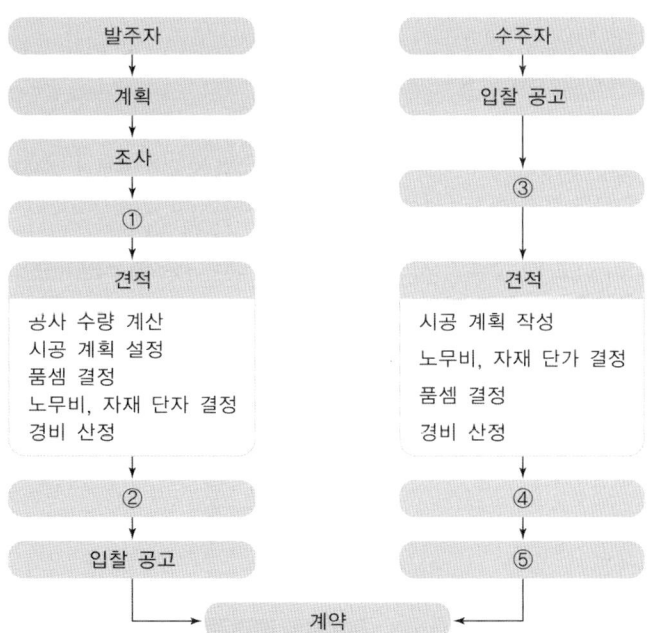

Answer

① 설계 ② 예정가격 결정 ③ 현장 설명 ④ 견적가 결정 ⑤ 입찰

Explanation

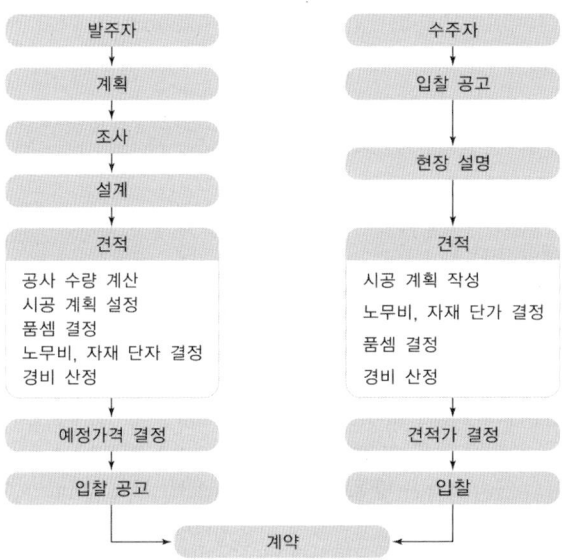

09 ★★★☆☆
배전 변전소 또는 발전소로부터 배전간선에 이르기까지의 도중에 부하가 접속되어 있지 않는 선로를 무엇이라 하는지 쓰시오.

Answer

Feeder(급전선)

Explanation

급전선(Feeder)
배전 변전소 또는 발전소로부터 배전간선에 이르기까지의 도중에 부하가 접속되어 있지 않은 선로

10 ★★☆☆☆
비교적 장력이 작고 타 종류의 지선을 시설할 수 없는 경우에 적용하는 그림과 같이 시설하는 지선의 종류(명칭)는 무엇인지 쓰시오.

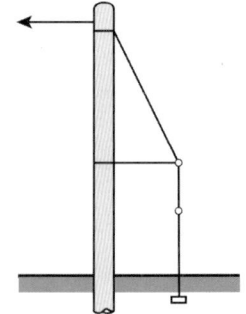

Answer

A형 궁지선

Explanation

궁지선
비교적 장력이 적고 타 종류의 지선을 시설할 수 없는 경우에 적용하는 것

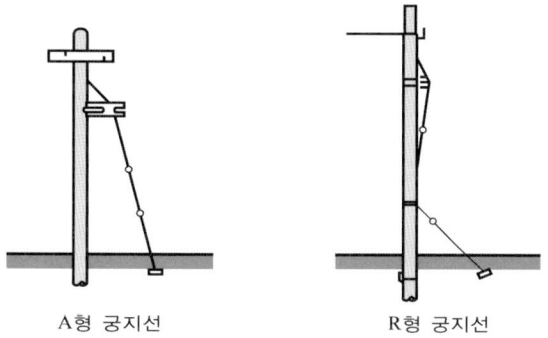

A형 궁지선   R형 궁지선

11 ★★★☆☆ 다음 설명에서 조명 방식의 명칭과 용도를 쓰시오.

[다음]

조명 방식 : 벽면을 밝은 광원으로 조명하는 방식으로 숨겨진 램프의 직접광이 아래쪽 벽, 커튼, 위쪽 천장 면에 쪼이도록 조명하는 방식이다.

특징 : 실내면을 황색으로 마감하고, 밸런스 판으로 목재, 금속판 등 투과율이 낮은 재료를 사용하고 램프로는 형광램프가 적정하다.

(1) 명칭 :
(2) 용도 :

Answer

(1) 밸런스 조명
(2) 분위기 조명

Explanation

건축화 조명
- 루버 천장 조명
  - 천장면에 루버판을 부착하고 천장 내부에 광원을 배치하여 조명하는 방식
  - 낮은 휘도, 밝은 직사광을 얻고 싶은 경우 훌륭한 조명 효과
- 다운라이트 조명
  천장면에 작은 구멍을 많이 뚫어 그 속에 여러 형태의 하면개방형, 하면루버형, 하면확산형, 반사형 전구 등의 등기구를 매입하는 조명 방식
- 코퍼 조명
  - 천장면을 여러 형태의 사각, 동그라미 등으로 오려내고 다양한 형태의 매입기구를 취부하여 실내의 단조로움을 피하는 조명 방식
  - 고천장의 은행 영업실, 1층홀, 백화점 1층 등에 사용

- 밸런스 조명
  벽면을 밝은 광원으로 조명하는 방식으로 숨겨진 램프의 직접광이 아래쪽 벽, 커튼, 위쪽 천장면에 쪼이도록 조명하는 방식으로 분위기 조명
- 코브 조명
  - 램프를 감추고 코브의 벽, 천장 면에 플라스틱, 목재 등을 이용하여 간접 조명으로 만들어 그 반사광으로 채광하는 조명 방식
  - 천장과 벽이 2차 광원이 되므로 반사율과 확산성이 높아야 한다.
- 코너 조명
  - 천장과 벽면의 경계 구석에 등기구를 배치하여 조명하는 방식
  - 천장과 벽면을 동시에 투사하는 실내 조명 방식으로 지하도용에 이용
- 코니스 조명
  - 코너 조명과 같이 천장과 벽면 경계에 건축적으로 둘레턱을 만들어 내부에 등기구를 배치하여 조명하는 방식
  - 아래 방향의 벽면을 조명하는 방식
- 광량 조명
  연속열 등기구를 천장에 매입하거나 들보에 설치하는 조명 방식
- 광천장 조명
  천장면에 확산투과재인 메탈 아크릴 수지판을 붙이고 천장 내부에 광원 설치하는 조명 방식
- 건축화 조명의 종류

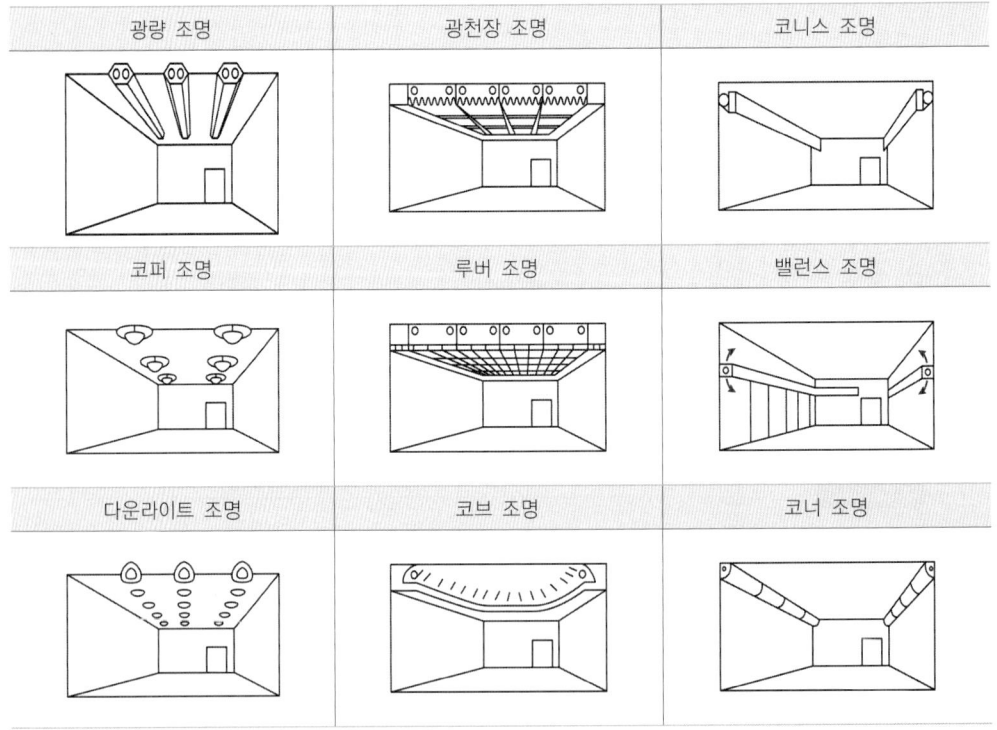

12 이 문제는 변경된 KEC 적용으로 인하여 삭제하고, 아래 예상문제로 대체되었습니다.

주택용으로 사용하는 정격 전류 100[A]인 배선차단기에 정격 전류의 1.45배 전류가 흘렀을 경우, 몇 분 안에 동작 하여야 하는가?

Answer

120분

Explanation

(KEC 212.3.4조) 보호장치의 특성
과전류차단기로 저압전로에 사용하는 주택용 배선차단기는 표에 적합한 것이어야 한다. 다만, 일반인이 접촉할 우려가 있는 장소(세대내 분전반 및 이와 유사한 장소)에는 주택용 배선차단기를 시설하여야 한다.

정격 전류의 구분	시간	정격전류의 배수(모든 극에 통전)	
		부동작 전류	동작 전류
63[A] 이하	60분	1.13배	1.45배
63[A] 초과	120분	1.13배	1.45배

13 ★☆☆☆☆
주상변압기 설치가 완료되면 실시하는 측정 및 시험의 종류 3가지를 쓰시오.

Answer

① 절연저항 측정
② 여자시험
③ 전압비 시험

Explanation

④ 위상각 시험
⑤ 절연유 내압시험

14 ★★★★☆

어느 빌딩의 수전설비를 계획하려고 한다. 이 빌딩에 예측되는 부하밀도는 조명 전용 20[VA/m²], 일반 동력 35[VA/m²], 냉방 40[VA/m²]이다. 이 빌딩의 건평이 60,000[m²]일 경우 부하설비의 용량은 몇 [kVA]인지 계산하시오.

- 계산 :
- 답 :

Answer

계산 : 조명설비 $=20\times60,000\times10^{-3}=1,200$[kVA]
　　　　일반 동력설비 $=35\times60,000\times10^{-3}=2,100$[kVA]
　　　　냉방설비 $=40\times60,000\times10^{-3}=2,400$[kVA]
　　　　총 부하설비 $=1,200+2,100+2,400=5,700$[kVA]

답 : 5,700[kVA]

Explanation

부하상정 및 분기회로
- 부하의 상정
  부하설비용량 $= PA + QB + C$
  여기서, P : 건축물의 바닥 면적 [m²] (Q 부분 면적 제외)
  　　　　Q : 별도 계산할 부분의 바닥 면적 [m²]
  　　　　A : P 부분의 표준 부하 [VA/m²]
  　　　　B : Q 부분의 표준 부하 [VA/m²]
  　　　　C : 가산해야 할 부하 [VA]

15 ★★☆☆☆

표준 품셈에서 옥외전선 및 옥내전선의 할증률은 각각 몇 [%]인지 쓰시오.

Answer

옥내전선 : 10[%]
옥외전선 : 5[%]

Explanation

전기재료 할증

종류	할증률[%]
옥외전선	5
옥내전선	10
Cable(옥외)	3
Cable(옥내)	5
전선관(옥외)	5
전선관(옥내)	10
Trolley선	1
동대, 동봉	3

16 예비전원설비 중 사용 중인 축전지의 충전 방식 3가지만 쓰시오.

Answer

① 부동충전 방식
② 균등충전 방식
③ 급속충전 방식

Explanation

축전지 충전방식의 종류
① 부동충전 : 축전지의 자기 방전을 보충함과 동시에 사용 부하에 대한 전력 공급은 충전기가 부담하도록 하되 충전기가 부담하기 어려운 일시적인 대전류 부하는 축전지로 하여금 부담하게 하는 방식이다.
② 균등충전 : 부동충전 방식에 의하여 사용할 때 각 전해조에서 일어나는 전위차를 보정하기 위하여 1~3개월마다 1회씩 정전압으로 10~12시간 충전하여 각 전해조의 용량을 균일화하기 위한 방식이다.
③ 급속충전 : 비교적 단시간에 보통 전류의 2~3배의 전류로 충전하는 방식이다.
④ 보통충전 : 필요할 때마다 표준 시간율로 소정의 충전을 하는 방식이다.
⑤ 세류충전 : 자기 방전량만을 항시 충진하는 부동충전 방식의 일종이다.

17 다음 도면은 전동기 기동제어 회로이다. 아래 설명의 ( ) 안에 적당한 것을 보기에서 골라 넣으시오. 단, 보기는 중복 사용될 수 있음

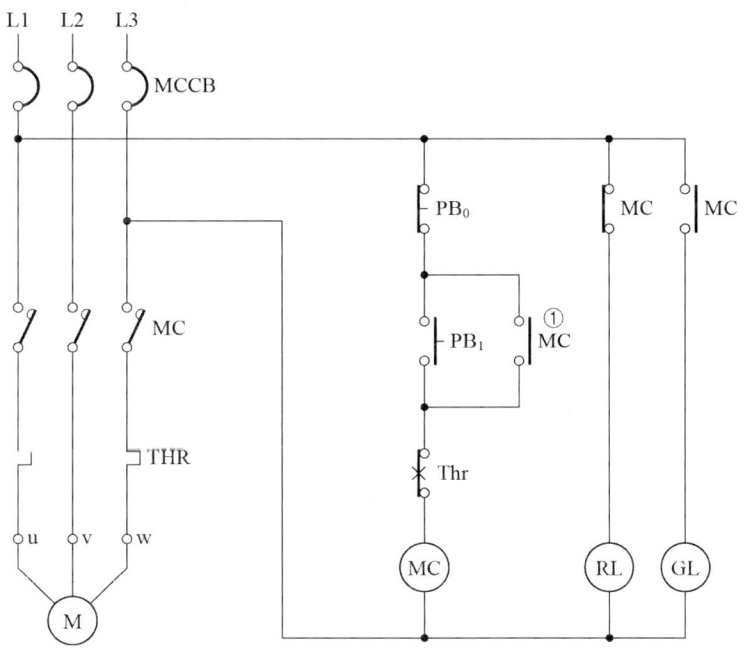

(1) MCCB를 투입하면 램프 (   )이 점등된다.

(2) 스위치 PB₁을 누르면 ⓜⓒ가 (   ) 되어 주접점 (   )가 닫혀 전동기 Ⓜ이 기동한다.

(3) 이때 램프 (   )은 점등되고 (   )은 소등된다.

(4) 전동기 운전 시 PB₀를 누르면 ⓜⓒ가 (   )가 되어 주접점 (   )가 복구하고 전동기 Ⓜ이 정지한다.

(5) 전동기 운전 중 과전류 등의 고장전류가 흐르면 (   )이(가) 트립되어 전동기 Ⓜ이 (   )한다.

(6) 도면에서 접점 ①은 (   ) 기능이다.

(7) THR 접점의 명칭은 (   )이다.

(8) 기동용 스위치는 (   )이다.

(9) 정지용 스위치는 (   )이다.

(10) 도면에서 ⓜⓒ의 명칭은 (   )이다.

[보기]
MC, 여자, 소자, PB₀, PB₁, M, THR, 자기유지, 인터록, 기동, 정지, RL, GL, 점등, 소등, 수동복귀접점, 자동복귀접점, 전자접촉기, 전자계산기, 릴레이

Answer

(1) RL
(2) 여자, MC
(3) GL, RL
(4) 소자, MC
(5) THR, 정지
(6) 자기유지
(7) 수동복귀접점
(8) PB₁
(9) PB₀
(10) 전자접촉기

BEST 18 ★★★★★

전기공사의 공사원가 비목이 다음과 같이 구성되었을 경우 일반관리와 이윤을 산출하시오.

재료비 소계 : 90,000,000원
노무비 소계 : 50,000,000원
경비　 소계 : 25,000,000원

(1) 일반관리비
　• 계산 :　　　　　　　　　　　• 답 :

(2) 이윤
　• 계산 :　　　　　　　　　　　• 답 :

Answer

(1) 일반관리비 = (90,000,000+50,000,000+25,000,000)×0.06=9,900,000[원]
(2) 이윤 = (50,000,000+25,000,000+9,900,000)×0.15=12,735,000[원]

Explanation

(1) 일반관리비

종합공사		전문·전기·정보통신·소방 및 기타공사	
공사원가	일반관리비율[%]	공사원가	일반관리비율[%]
50억 미만	6.0	5억원 미만	6.0
50억원~300억원 미만	5.5	5억원~30억원 미만	5.5
300억원 이상	5.0	30억원 이상	5.0

(2) 이윤 = (노무비+경비+일반관리비)×15[%]

19 ★☆☆☆☆

그림과 같이 계전기 M_1, M_2, M_3, M_4의 a접점 m_1, m_2, m_3, m_4를 입력으로 하고 출력을 램프 L로 한 접점 회로에서, 출력 L의 논리식을 구하시오. 단, 계전기 M_1, M_2, M_3, M_4는 각각 PB_1, PB_2, PB_3, PB_4로 직접 제어되는 것으로 한다.

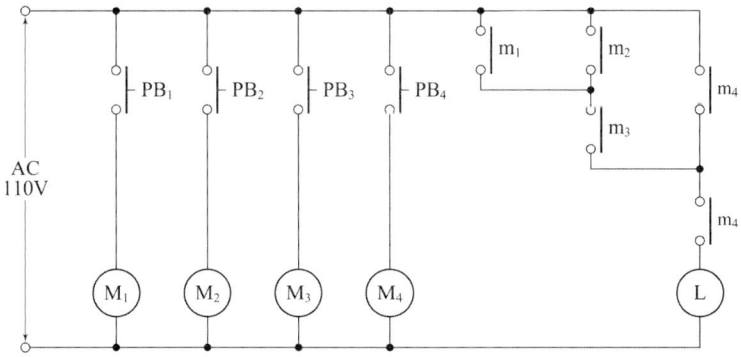

Answer

$L = [((m_1 + m_2) \cdot m_3) + m_4] \cdot m_4$

2010년 전기공사산업기사 실기

01 가로 20[m], 세로 30[m], 광원의 높이 4[m]인 사무실의 실지수를 계산하시오.

• 계산 :   • 답 :

Answer

계산 : $K = \dfrac{XY}{H(X+Y)} = \dfrac{20 \times 30}{4(20+30)} = 3$ 답 : 3

Explanation

실지수(방지수) $= \dfrac{XY}{H(X+Y)}$

여기서, H : 등의 높이-작업면 높이[m], X : 방의 가로[m], Y : 방의 세로[m]

02 합성수지관 접속에 관한 내용이다. ( ) 안에 알맞은 수치를 기입하시오.

> "합성수지관 상호 및 관과 박스는 접속 시에 삽입하는 깊이를 바깥지름의 (①)배 이상으로 접속하여야 하며, 접착제를 사용하는 경우에는 (②)배 이상으로 삽입하여 접속하여야 한다."

Answer

① 1.2배   ② 0.8배

Explanation

(KEC 232.11조) 합성수지관공사
합성수지관 공사에 의한 저압 옥내배선은 다음 각 호에 따르고 또한 중량물의 압력 또는 현저한 기계적 충격을 받을 우려가 없도록 시설하여야 한다.
(1) 전선은 절연전선(옥외용 비닐 절연전선을 제외한다)일 것
(2) 전선은 연선일 것. 다만, 다음의 것은 적용하지 않는다.
　① 짧고 가는 합성수지관에 넣은 것
　② 단면적 10[mm²](알루미늄선은 단면적 16[mm²]) 이하의 것
(3) 전선은 합성수지관 안에서 접속점이 없도록 힐 것
(4) 합성수지관 및 박스 기타의 부속품은 다음 각 호에 따라 시설하여야 한다.
　① 관 상호 간 및 박스와는 관을 삽입하는 깊이를 관의 바깥지름의 1.2배(접착제를 사용하는 경우에는 0.8배) 이상으로 하고 또한 꽂음 접속에 의하여 견고하게 접속할 것
　② 관의 지지점 간의 거리는 1.5[m] 이하로 하고, 또한 그 지지점은 관의 끝·관과 박스의 접속점 및 관 상호 간의 접속점 등에 가까운 곳에 시설할 것
　③ 습기가 많은 장소 또는 물기가 있는 장소에 시설하는 경우에는 방습 장치를 할 것

03

어느 공장의 소비전력이 200[kW], 부하역률이 60[%]이다. 역률을 80[%]로 개선하기 위해서는 전력용 콘덴서 몇 [kVA]를 설치해야 하는지 계산하시오.

• 계산 :   • 답 :

Answer

계산 : $Q_c = 200 \times \left(\dfrac{\sqrt{1-0.6^2}}{0.6} - \dfrac{\sqrt{1-0.8^2}}{0.8} \right) = 116.67 [kVA]$ 답 : 116.67[kVA]

Explanation

역률 개선용 콘덴서

$$Q_c = P(\tan\theta_1 - \tan\theta_2) = P\left(\dfrac{\sin\theta_1}{\cos\theta_1} - \dfrac{\sin\theta_2}{\cos\theta_2} \right) = P\left(\dfrac{\sqrt{1-\cos^2\theta_1}}{\cos\theta_1} - \dfrac{\sqrt{1-\cos^2\theta_2}}{\cos\theta_2} \right) [kVA]$$

04

전기공사 일반관리비의 계산 방법이다. 다른 공사원가에 따른 일반관리비 비율은 각각 얼마인지 쓰시오.

(1) 5억 원 미만 :   [%]
(2) 5억 원 ~ 30억 원 미만 :   [%]
(3) 30억 원 이상 :   [%]

Answer

(1) 6[%]   (2) 5.5[%]   (3) 5[%]

Explanation

일반관리비율

종합공사		전문 · 전기 · 정보통신 · 소방 및 기타공사	
공사원가	일반관리비율[%]	공사원가	일반관리비율[%]
50억 미만	6.0	5억원 미만	6.0
50억원~300억원 미만	5.5	5억원~30억원 미만	5.5
300억원 이상	5.0	30억원 이상	5.0

BEST 05

직선 철탑이 여러 기로 연결될 때에는 10기마다 1기의 비율로 넣는 철탑으로서 선로 보강용으로 사용되는 철탑은 무엇인지 쓰시오.

Answer

내장형 철탑

Explanation

사용 목적에 의한 분류(표준형 철탑)
• 직선형 : 선로의 직선 또는 수평각도 3° 이내의 장소에 사용, A형 철탑
• 각도형 : 선로의 수평각도 3° 이상으로 20° 이하에 설치되는 철탑, 경각도 철탑은 B형, 선로의 수평각도 3° 이상으로 30° 이하에 설치되는 중각도 철탑은 C형
• 인류형 : 가공선로의 전체 가섭선을 인류하는 개소(주로 변전소)에 사용되는 철탑, D형 철탑

- 내장형 : 전선로를 보강하기 위하여 세워지는 철탑
  직선 철탑 10기마다 1기를 시설, 장경간 개소에 시설, E형 철탑
- 보강형 : 전선로의 직선 부분에 보강을 위해 사용하는 철탑

06 전선을 접속할 때의 주의사항을 3가지만 쓰시오.

Answer

① 전선의 세기를 20[%] 이상 감소시키지 아니할 것
② 전선의 접속 부분은 접속관 기타의 기구를 사용할 것
③ 접속 부분의 절연전선에 절연물과 동등 이상의 절연효력이 있는 접속기를 사용할 것

Explanation

(KEC 123조) 전선의 접속
① 전선의 세기를 20[%] 이상 감소시키지 아니할 것
② 접속 부분은 접속관 기타의 기구를 사용할 것
③ 절연전선 상호, 절연전선과 코드, 캡타이어 케이블 또는 케이블과를 접속하는 경우에는 접속 부분의 절연전선에 절연물과 동등 이상의 절연효력이 있는 접속기를 사용할 것
④ 코드 상호, 캡타이어 케이블 상호, 케이블 상호 또는 이들 상호를 접속하는 경우에는 코드 접속기, 접속함 기타의 기구를 사용할 것
⑤ 전기 화학적 성질이 다른 도체를 접속하는 경우에는 접속 부분에 전기적 부식(電氣的腐蝕)이 생기지 아니하도록 할 것

07 활선 클램프란 무엇인지 간단히 설명하시오.

Answer

가공 배전선로의 장력이 걸리지 않는 장소에서 분기고리와 기기 리드선을 결선하는 데 사용한다.

Explanation

활선 클램프(Live-Wire Clamps)
한전표준규격 : ES-5999-0006

08 6,600/110[V] 특고압 선로에 CT 비가 100/5라고 한다면 전력계의 눈금은 몇 [kW]인지 계산하시오.

• 계산 : • 답 :

Answer

계산 : $P = \sqrt{3} \times 6{,}600 \times 100 \times 10^{-3} = 1{,}143.15 [\text{kW}]$ 답 : 1,143.15[kW]

Explanation

전력계 지시값 $= \sqrt{3} \times PT$ 1차 전압 $\times CT$ 1차 전류

09 고압전로와 저압전로를 결합하는 3,300/210[V]의 △ − △ 결선 3상 변압기가 있다. 고압 1선 지락전류가 10[A]일 때 저압전로에 접속하는 기기의 접촉전압(누전 시 외피의 대지전압)을 30[V]로 하려면 접지공사의 접지저항값을 얼마로 하여야 하는지 계산하시오.

• 계산 : • 답 :

Answer

계산 : 접지저항값 $R_2 = \dfrac{150}{10} = 15[\Omega]$

전류 $I = \dfrac{210}{15 + R_3}$

접촉전압 $V_g = \dfrac{210}{15 + R_3} \times R_3 = 30$ ∴ $450 + 30R_3 = 210R_3$

∴ $R_3 = \dfrac{450}{180} = 2.5[\Omega]$ 답 : 2.5[Ω]

Explanation

(KEC 142.5.1조) 중성점 접지 저항 값
(1) 접지공사의 접지저항

접지 저항값
$\dfrac{150}{I_g}[\Omega]$ 이하(여기서, I_g는 1선 지락전류. 이하 같음)
$\dfrac{600}{I_g}[\Omega]$ 자동 차단 설비가 1초 이내 동작시
$\dfrac{300}{I_g}[\Omega]$ 자동 차단 설비가 1초 초과 2초 이내 동작시

(2) 접촉전압

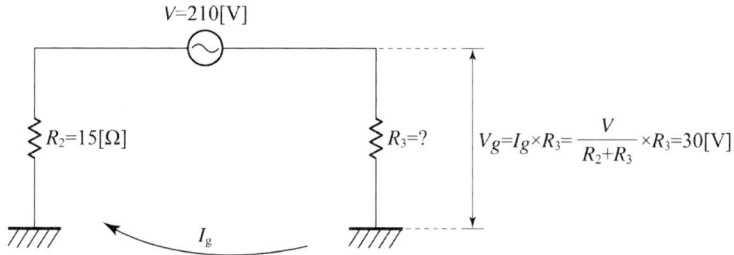

BEST

10 ★★★★★

연축전지의 정격용량 200[Ah], 상시부하 10[kW], 표준 전압 100[V]인 부동충전 방식의 2차 충전 전류 값은 얼마인지 계산하시오. 단, 연축전지의 방전율은 10시간율로 한다.

• 계산 :

• 답 :

Answer

계산 : $I = \dfrac{200}{10} + \dfrac{10,000}{100} = 120[A]$ 답 : 120[A]

Explanation

부동충전
축전지의 자기 방전을 보충하는 동시에 상용 부하에 대한 전력 공급은 충전기가 부담하고 충전기가 부담하기 어려운 일시적인 대전류 부하는 축전지가 부담하도록 하는 방식

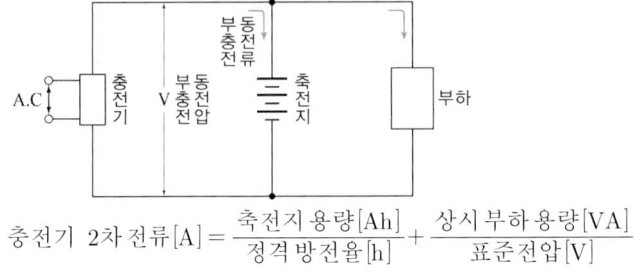

충전기 2차 전류[A] = $\dfrac{축전지 용량[Ah]}{정격 방전율[h]} + \dfrac{상시 부하용량[VA]}{표준전압[V]}$

11 이 문제는 변경된 KEC 적용으로 인하여 삭제하고, 아래 예상문제로 대체되었습니다.

일반용 단심 비닐절연전선 2.5[mm²] 3본, 10[mm²] 3본을 넣을 수 있는 박강전선관의 최소 굵기를 다음 표를 이용하여 선정하시오.

• 계산 :   • 답 :

[표1] 전선(피복절연물을 포함)의 단면적

도체 단면적[mm²]	전선의 단면적[mm²]	비고
1.5	9	
2.5	13	전선의 단면적은 평균 완성 바깥지름의 상한 값을 환산한 값이다.
4	17	
6	21	
10	35	
16	48	

[표2] 절연전선을 금속관 내에 넣을 경우의 보정계수

도체 단면적[mm²]	보정계수
2.5, 4	2.0
6, 10	1.2
16이상	1.0

[표3] 금속관전선의 단면적

후강전선관			박강전선관			나사 없는 전선관		
호칭	내경 [mm]	1/3 [mm²]	호칭	내경 [mm]	1/3 [mm²]	호칭	내경 [mm]	1/3 [mm²]
16	16.4	70	C19	15.9	66	E19	19	72
22	21.9	125	C25	22.2	128	E25	25	138
28	28.3	209	C31	28.6	214	E31	32	220
36	36.9	356	C39	34.9	318	E39	38	326
42	42.8	479	C51	47.6	592	E51	51	602
54	54	763	C63	59.5	926	E63	64	951
70	69.6	1,267	C75	72.2	1,364	E75	76	1,379
82	82.3	1,772						
92	93.7	2,297						
104	106.4	2,962						

Answer

계산 : 보정계수를 고려한 전선의 총단면적 $A = 13 \times 3 \times 2 + 35 \times 3 \times 1.2 = 204 \, [\text{mm}^2]$
관의 내단면적의 1/3을 초과하지 않도록 하여야 하므로 [표3]에서 31호(C31)를 선정

답 : C31 선정

Explanation

[표1] 전선(피복절연물을 포함)의 단면적

도체 단면적[mm²]	전선의 단면적[mm²]	비고
1.5	9	
2.5	13	전선의 단면적은 평균 완성 바깥지름의 상한 값을 환산한 값이다.
4	17	
6	21	
10	35	
16	48	

[표2] 절연전선을 금속관 내에 넣을 경우의 보정계수

도체 단면적[mm²]	보정계수
2.5, 4	2.0
6, 10	1.2
16이상	1.0

[표3] 금속전선관의 단면적

후강전선관			박강전선관			나사 없는 전선관		
호칭	내경 [mm]	1/3 [mm²]	호칭	내경 [mm]	1/3 [mm²]	호칭	내경 [mm]	1/3 [mm²]
16	16.4	70	C19	15.9	66	E19	19	72
22	21.9	125	C25	22.2	128	E25	25	138
28	28.3	209	C31	28.6	214	E31	32	220
36	36.9	356	C39	34.9	318	E39	38	326
42	42.8	479	C51	47.6	592	E51	51	602
54	54	763	C63	59.5	926	E63	64	951

70	69.6	1,267	C75	72.2	1,364	E75	76	1,379
82	82.3	1,772						
92	93.7	2,297						
104	106.4	2,962						

12 ★☆☆☆☆
다음에 해당하는 옥내배선의 그림기호를 그리시오.

(1) 천장은폐 배선

(2) 바닥은폐 배선

(3) 노출 배선

Answer

(1) ─────────

(2) ─ ─ ─ ─

(3) ············

Explanation

(KS C 0301) 옥내배선용 그림기호

명칭	그림기호	적요
천장 은폐 배선	─────	① 천장 은폐 배선 중 천장 속의 배선을 구별하는 경우는 천장 속의 배선에 ─·─·─·─를 사용하여도 좋다. ② 노출 배선 중 바닥면 노출 배선을 구별하는 경우는 바닥면 노출 배선에 ─·─·─·─를 사용하여도 좋다. ③ 전선의 종류를 표시할 필요가 있는 경우는 기호를 기입한다. [보기] • 600[V] 비닐 절연 전선 : IV • 600[V] 2종 비닐 절연 전선 : HIV • 가교 폴리에틸렌 절연 비닐 시스 케이블 : CV • 600[V] 비닐 절연 비닐 시스 케이블(평형) : VVF ④ 절연 전선의 굵기 및 전선 수는 다음과 같이 기입한다. 단위가 명백한 경우는 단위를 생략하여도 좋다. [보기] ⫽⫽⫽ ⫽⫽ ⫽⫽⫽ ⫽⫽⫽⫽ 1.6 2 2[mm²] 8 숫자 방기의 보기 : 1.6 × 5 5.5 × 1
바닥 은폐 배선	─ ─ ─ ─	
노출 배선	············	

13 ★★★★☆
어떤 전기설비에서 6,600[V]의 3상 회로에 변압비 33의 계기용 변압기 2개를 그림과 같이 설치하였다면 그때의 전압계 V_1, V_2, V_3의 지시값은 얼마인지 각각 구하시오.

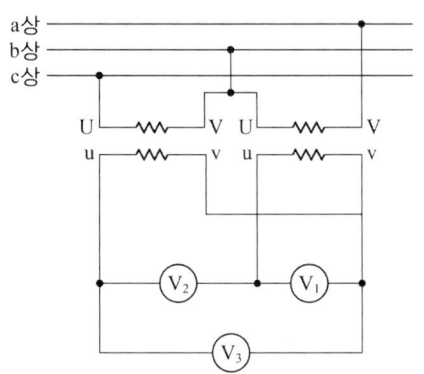

(1) V_1 : • 계산 :
　　　　• 답 :

(2) V_2 : • 계산 :
　　　　• 답 :

(3) V_3 : • 계산 :
　　　　• 답 :

Answer

(1) 계산 : $V_1 = \dfrac{6,600}{33} = 200[V]$　　　　　　　　　　답 : 200[V]

(2) 계산 : $V_2 = \dfrac{6,600}{33} \times \sqrt{3} = 346.41[V]$　　　　답 : 346.41[V]

(3) 계산 : $V_3 = \dfrac{6,600}{33} = 200[V]$　　　　　　　　　　답 : 200[V]

Explanation

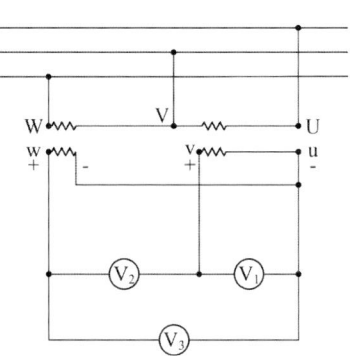

그림에서 V_2는 V_3과 V_1의 Vector 차전압을 지시하며 따라서 $V_2 = V_3 - V_1 = \sqrt{3}\,V_1 = \sqrt{3}\,V_3$

14 다음 도면은 22.9[kV-Y] 1,000[kVA] 이하의 간이 수변전설비에 대한 단선 결선도이다. 다음 물음에 답하시오.

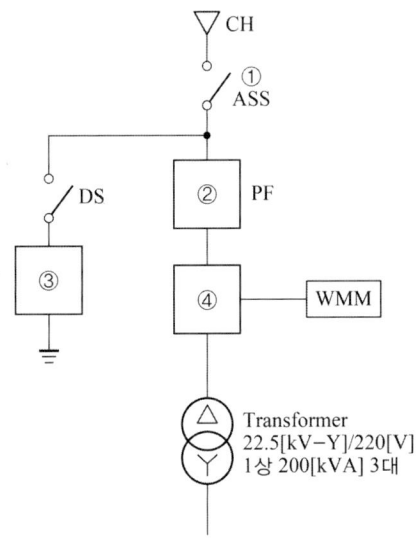

(1) ①번 ASS의 한글 명칭을 쓰시오.

(2) ②번은 전력용 퓨즈(PF)이다. 알맞은 심벌(그림기호)을 그리시오.

(3) ③번에 들어갈 기기의 명칭을 쓰고 심벌(그림기호)을 도시하시오.

(4) ④번에 들어갈 기기의 명칭을 쓰고 심벌(그림기호)을 도시하시오.

Answer

(1) 자동고장 구분 개폐기

(2)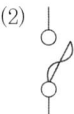

(3) 피뢰기,

(4) 전력수급용 계기용 변성기, | MOF |

Explanation

특고압 간이 수전 설비 표준 결선도(22.9[kV-Y] 1,000[kVA] 이하를 시설하는 경우)

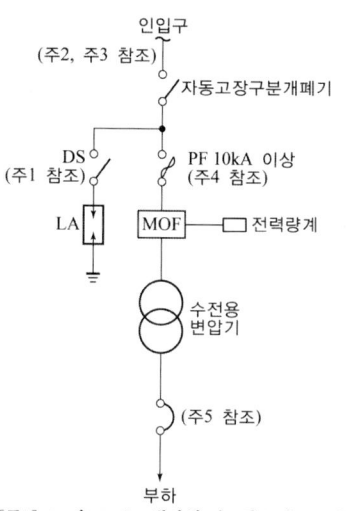

약호	명칭
DS	단로기
ASS	자동고장 구분 개폐기
LA	피뢰기
MOF	전력 수급용 계기용 변성기
COS	컷아웃 스위치
PF	전력 퓨즈

[주1] LA용 DS는 생략할 수 있으며 22.9[kV-Y]용의 LA는 Disconnector(또는 Isolator) 붙임형을 사용하여야 한다.
[주2] 인입선을 지중선으로 시설하는 경우로서 공동주택 등 사고 시 정전 피해가 큰 수전 설비인입선은 예비선을 포함하여 2회선으로 시설하는 것이 바람직하다.
[주3] 지중 인입선의 경우에 22.9[kV-Y] 계통은 CNCV-W 케이블(수밀형) 또는 TR CNCV-W(트리억제형)을 사용하여야 한다. 다만, 전력구, 공동구, 덕트, 건물구내 등 화재의 우려가 있는 장소에서는 FR CNCO-W(난연)케이블을 사용하는 것이 바람직하다.
[주4] 300[kVA] 이하인 경우는 PF 대신 COS(비대칭 차단전류 10[kA] 이상의 것)을 사용할 수 있다.
[주5] 특별고압 간이 수전설비는 PF의 용단 등의 결상사고에 대한 대책이 없으므로 변압기 2차측에 설치되는 주차단기에는 결상계전기 등을 설치하여 결상사고에 대한 보호능력이 있도록 함이 바람직하다.

15 ★★☆☆☆
다음 동작 설명을 참고하여 동작 회로도를 완성하시오. 단, 배선용 차단기를 삽입하고 사용되는 기구들의 기호명과 접점 기호를 명시하시오.

[동작 설명]

① 배선용 차단기를 투입하고 S_3-OFF 시 R_2 점등되고, PBS를 ON하면 타이머(T)가 여자되고(타이머 순시접점에 의한 자기유지) 타이머 설정 시간 동안 R_3 점등, 설정 시간 후 R_3 소등되고 R_4 점등된다.

② S_3-ON시 R_2, R_3, R_4 소등, 부저(BZ) 동작, R_1 점등
단, 전원은 단상 2선식 220[V]이다.

[동작 회로도]

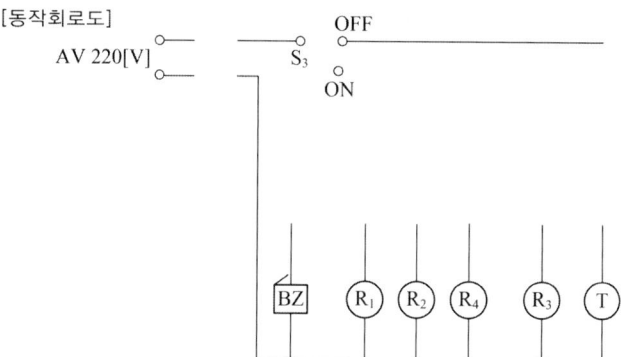

Answer

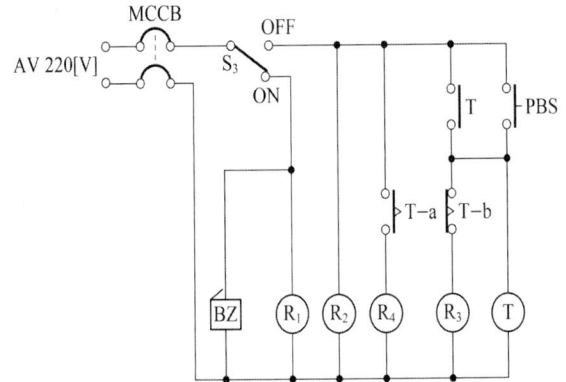

16 ★★☆☆
다음과 같은 논리회로를 NOT, OR 논리기호만을 사용하여 논리회로를 간략화하고 논리식의 변환 과정(간략화 과정)을 쓰시오.

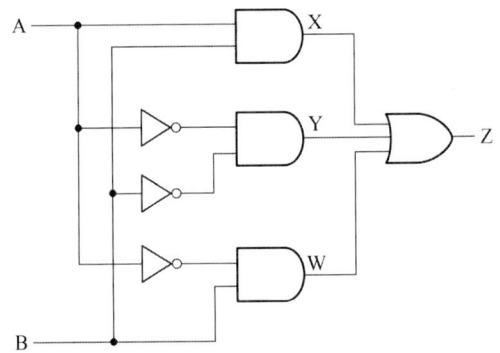

(1) 논리식 변환 과정(간략화 과정)
(2) 논리회로

Answer

(1) $Z = AB + \overline{A}\,\overline{B} + \overline{A}B = \overline{A}(\overline{B}+B) + (A+\overline{A})B = \overline{A} + B$

(2)
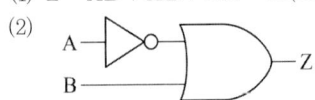

17 아래 도면은 1층에서 2층으로 음식물을 옮기는 리프트 제어 회로도이다. 범례 및 동작 사항을 읽고 다음 물음에 답하시오. (4)~(9)는 회로도에서 찾아 그 기호를 쓰시오.

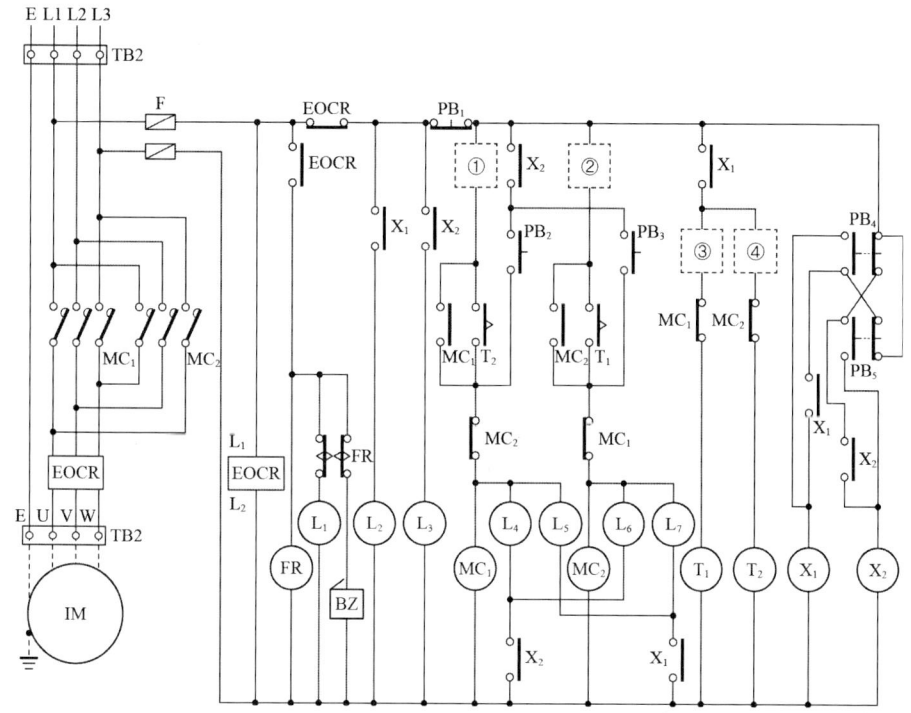

[범례]
EOCR : 전자식 과전류 계전기
LS_1, LS_2 : 리밋스위치
PB_1-PB_5 : 누름 버튼스위치
FR : 플리커계전기
TB_1, TB_2 : 단자대
F : 퓨즈

X_1, X_2 : 보조계전기
MC_1, MC_2 : 전자접촉기
T_1, T_2 : 타이머
L_1-L_7 : 표시등
BZ : 부저

[동작 상황]
1) PB_5를 누르면 수동 상태가 된다.
  ① PB_2를 누르면 전동기는 정방향으로 회전하고, 리프트는 1층에서 2층으로 상승하며 리프트가 2층에 도착하면 2층에 설치한 리밋 스위치 LS_1이 동작하여 전동기는 정지하고 리프트는 2층에서 정지한다.
  ② PB_3을 누르면 전동기는 역방향으로 회전하고, 리프트는 2층에서 1층으로 하강하며 리프트가 1층에 도착하면 1층에 설치한 리밋 스위치 LS_2이 동작하여 전동기는 정지하고 리프트는 1층에서 정지한다.

2) PB₄를 누르면 자동 상태가 된다.
   ① 리프트가 1층에 있으면 T₂ 타이머의 설정 시간(리프트가 1층에 정지하고 있는 시간설정)이 경과하면 전동기는 자동으로 정방향으로 회전하고 리프트는 1층에서 2층으로 상승하며 리프트가 2층에 도착하면 2층에 설치한 리밋 스위치 LS₁이 동작하여 전동기는 정지하고 리프트는 2층에서 정지한다.
   ② 리프트가 2층에 도착하면 T₁ 타이머의 설정 시간(리프트가 1층에 정지하고 있는 시간 설정)이 경과하면 전동기는 자동으로 역방향으로 회전하고 리프트는 2층에서 1층으로 하강하며 리프트가 1층에 도착하면 1층에 설치한 리밋 스위치 LS₂이 동작하여 전동기는 정지하고 리프트는 1층에서 정지한다.
   ③ 위 동작을 반복한다.
3) 동작 중 PB₁를 누르면 모든 동작이 정지된다.
4) 운전 중 과전류 계전기가 동작하면 전동기는 정지한다.

(1) 수동 상태에서 리프트가 상승 중 PB₃을 누르면 MC₂가 여자되는가 또는 여자되지 않는가?
(2) 자동 운전 상태에서 PB₂를 누르면 MC₁이 여자되는가 또는 여자되지 않는가?
(3) ①, ②, ③, ④ 회로의 □ 에는 각각 어떤 접점의 리밋 스위치인지 보기와 같은 방법으로 그림기호를 그리시오.

[보기]

 LS₁  LS₁ 또는  LS₂ LS₂

(4) 수동 운전이 선택된 상태에서 점등되는 표시등은?
(5) 자동 운전이 선택된 상태에서 여자되는 계전기는?
(6) 수동 운전 상태에서 리프트가 상승할 때 점등되는 표시등은?
(7) 자동 운전 상태에서 리프트가 하강할 때 점등되는 표시등은?
(8) 과전류 계전기가 동작되었을 때 여자되는 계전기는?
(9) 리프트가 상승하고 있을 때 여자되는 전자 접촉기는?

Answer

(1) 여자되지 않는다.
(2) 여자되지 않는다.
(3) ① LS₁ ② LS₂ ③ LS₂ ④ LS₁
(4) L₃
(5) X₁
(6) L₄
(7) L₇
(8) FR
(9) MC₁

전기공사산업기사 실기

과년도 기출문제
2011

- 2011년 제01회
- 2011년 제02회
- 2011년 제04회

2011년 과년도 기출문제에 대한 출제 빈도 분석 차트입니다.
각 회차별로 별의 개수를 확인하고 학습에 참고하기 바랍니다.

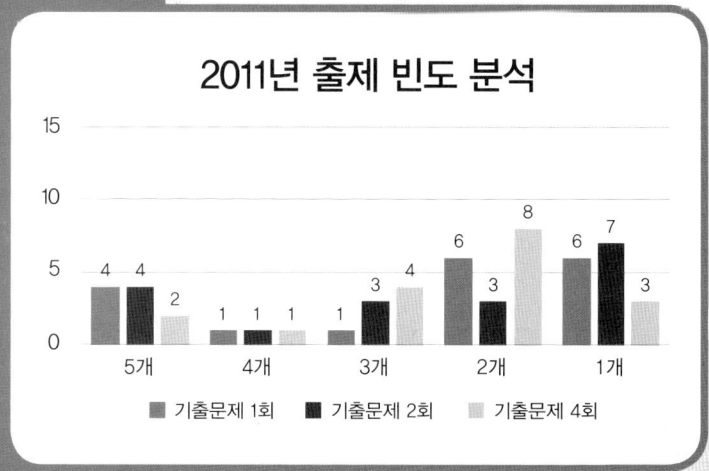

2011년 전기공사산업기사 실기

01 ★★☆☆☆
전송 전력이 100[MW], 송전 거리가 80[km]인 경우의 경제적인 송전전압은 몇 [kV]인가?
• 계산 :   • 답 :

Answer

계산 : Still 식 $= 5.5\sqrt{0.6l + \dfrac{P}{100}} = 5.5\sqrt{0.6 \times 80 + \dfrac{100 \times 10^3}{100}} = 178.05[kV]$ 답 : 178.05[kV]

Explanation

Still의 식 (경제적인 송전전압)
$V_s = 5.5\sqrt{0.6l + \dfrac{P}{100}}$ [kV]
여기서, l : 송전 거리[km]
　　　　P : 송전 용량[kW]

02 ★★☆☆☆
금속제 케이블 트레이의 종류 4가지를 적으시오.

Answer

① 펀칭형
② 사다리형
③ 바닥밀폐형
④ 메시형

Explanation

(KEC 232.41조) 케이블트레이공사
케이블트레이공사는 케이블을 지지하기 위하여 사용하는 금속재 또는 불연성 재료로 제작된 유닛 또는 유닛의 집합체 및 그에 부속하는 부속재 등으로 구성된 견고한 구조물을 말하며 사다리형, 펀칭형, 메시형, 바닥밀폐형 기타 이와 유사한 구조물을 포함하여 적용한다.

(KSC 8,464-4) 케이블 트레이의 분류 및 종류
• 사다리형 : 길이 방향의 양 측면 레일을 각각의 가로 방향 부재로 연결한 조립 금속 구조
• 바닥 밀폐형 : 일체식 또는 분리식 직선 방향 측면 레일에서 바닥 통풍구가 없는 조립 금속 구조
• 펀칭형 : 일체식 또는 분리식 직선 방향 측면 레일에서 바닥에 통풍구가 있는 것으로서 폭이 100[mm]를 초과하는 조립 금속 구조
• 메시형 : 일체식 또는 분리식으로 모든 면에서 통풍구가 있는 그물형의 조립 금속 구조

03 접지 계통의 종류를 3가지 적으시오.

Answer

TN 계통, TT 계통, IT 계통

Explanation

(KEC 203.1조) 계통접지 구성

기호 설명	
—/—	중성선(N), 중간도체(M)
—/—	보호도체(PE)
—/—	중성선과 보호도체겸용(PEN)

【비고】 기호 : TN계통, TT계통, IT계통에 동일 적용

(1) TN 계통(TN System)
- 전원 측의 한 점을 직접접지하고 설비의 노출도전부를 보호도체로 접속시키는 방식
- 중성선 및 보호도체(PE 도체)의 배치 및 접속방식에 따른 분류
① TN-S 계통 : 계통 전체에 대해 별도의 중성선 또는 PE 도체를 사용
배전계통에서 PE 도체를 추가로 접지 가능
- 계통 내에서 별도의 중성선과 보호도체가 있는 계통

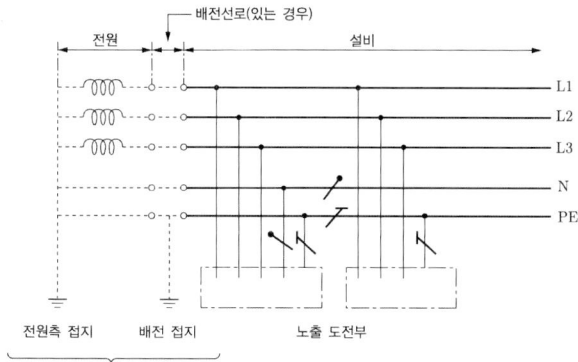

- 계통 내에서 별도의 접지된 선노체와 보호도체가 있는 계통

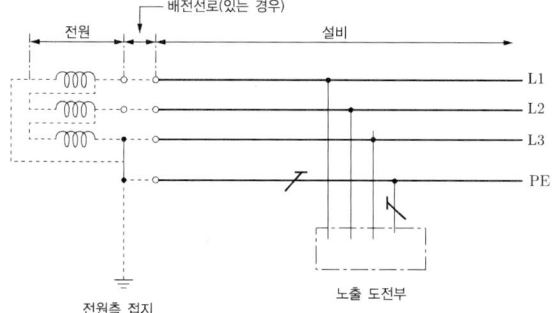

• 계통 내에서 접지된 보호도체는 있으나 중성선의 배선이 없는 계통

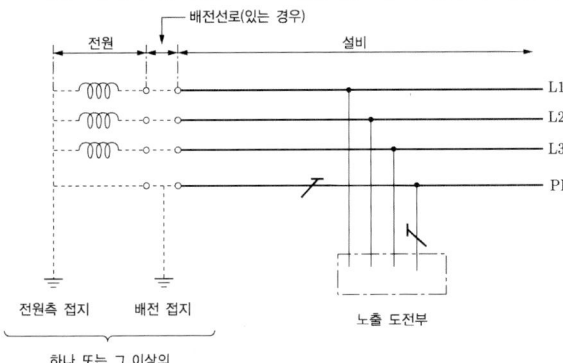

② TN-C 계통 : 계통 전체에 대해 중성선과 보호도체의 기능을 동일도체로 겸용한 PEN 도체를 사용
배전계통에서 PEN 도체를 추가로 접지 가능

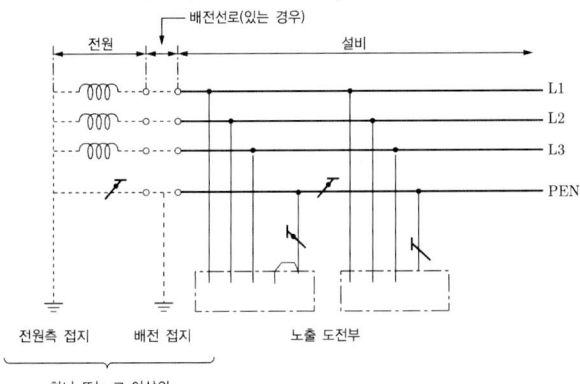

③ TN-C-S계통 : 계통의 일부분에서 PEN 도체를 사용, 중성선과 별도의 PE 도체를 사용
배전계통에서 PEN 도체와 PE 도체를 추가로 접지 가능

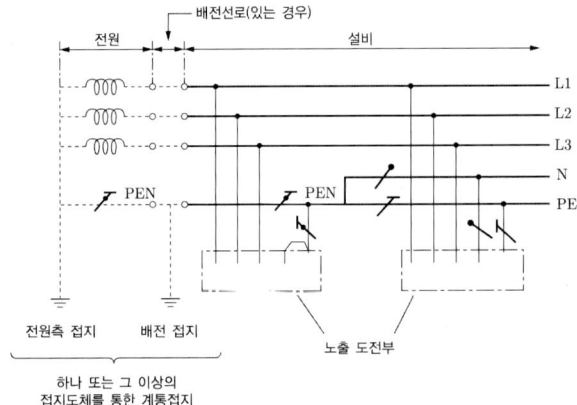

(2) TT 계통(TT System)
 • 전원의 한 점을 직접 접지하고 설비의 노출도전부는 전원의 접지전극과 전기적으로 독립적인 접지극에 접속

- 배전계통에서 PE 도체를 추가로 접지 가능
  ① 설비 전체에서 별도의 중성선과 보호도체가 있는 계통

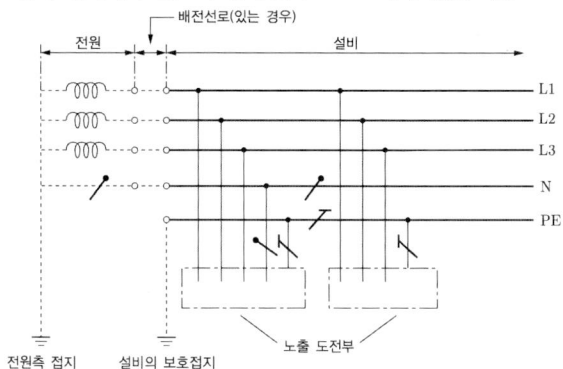

  ② 설비 전체에서 접지된 보호도체가 있으나 배전용 중성선이 없는 계통

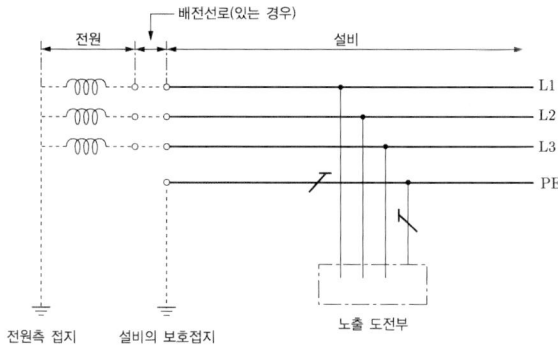

(3) IT계통(IT System)
- 충전부 전체를 대지로부터 절연시키거나, 한 점을 임피던스를 통해 대지에 접속
- 계통은 충분히 높은 임피던스를 통하여 접지
  ① 계통 내의 모든 노출도전부가 보호도체에 의해 접속되어 일괄 접지된 계통

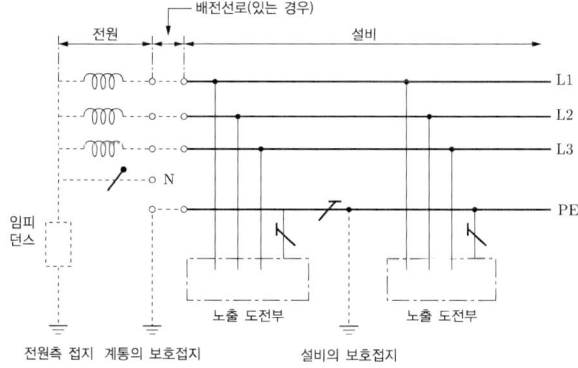

  ② 노출도전부가 조합으로 또는 개별로 접지된 계통

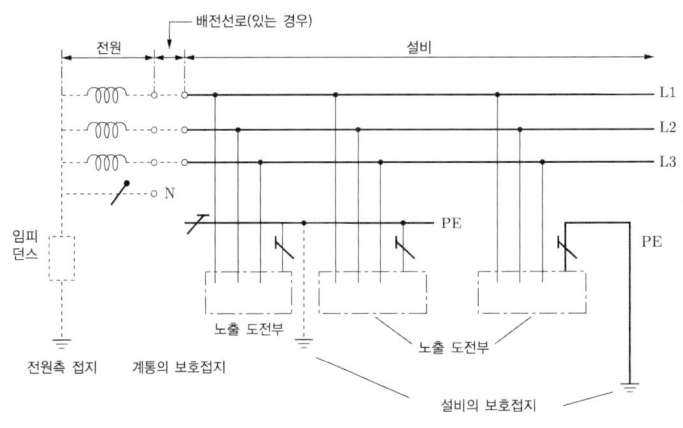

04 다음 변압기 냉각 방식의 명칭은 무엇인가?

[예] AA(AN) : 건식자냉식

① OA (ONAN) :
② FA (ONAF) :
③ OW (ONWF) :
④ FOA (OFAF) :
⑤ FOW (OFWF) :

Answer

① OA (ONAN) : 유입자냉식
② FA (ONAF) : 유입풍냉식
③ OW (ONWF) : 유입수냉식
④ FOA (OFAF) : 송유풍냉식
⑤ FOW (OFWF) : 송유수냉식

Explanation

변압기 냉각 방식
- OA (ONAN) : Oil Natural Air Natural, 유입자냉식
- FA (ONAF) : Oil Natural Air Forced, 유입풍냉식
- OW (ONWF) : Oil Natural Air Water Forced, 유입수냉식
- FOA (OFAF) : Oil Forced Air Forced, 송유풍냉식
- FOW (OFWF) : Oil Forced Water Forced, 송유수냉식

이 문제는 변경된 KEC 적용으로 인하여 삭제하고, 아래 예상문제로 대체되었습니다.

05 한국전기설비규정에 의거하여 다음 전선의 색상을 적으시오.

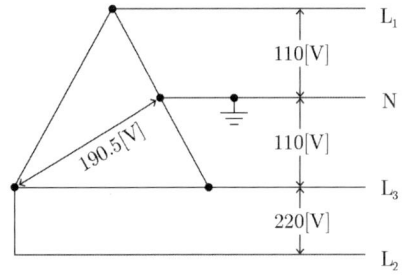

상(문자)	색상
L1	①
L2	②
L3	③
N	④
보호도체	⑤

① ② ③ ④ ⑤

Answer

① 갈색　　② 흑색　　③ 회색　　④ 청색　　⑤ 녹색-노란색

Explanation

(KEC 121.2조) 전선의 상별 색상
1. 전선의 색상은 표에 따른다.

상(문자)	색상
L1	갈색
L2	흑색
L3	회색
N	청색
보호도체	녹색-노란색

2. 색상 식별이 종단 및 연결 지점에서만 이루어지는 나도체 등은 전선 종단부에 색상이 반영구적으로 유지될 수 있는 도색, 밴드, 색 테이프 등의 방법으로 표시해야 한다.
3. 제1 및 제2를 제외한 전선의 식별은 KS C IEC 60445(인간과 기계 간 인터페이스, 표시 식별의 기본 및 안전원칙-장비단자, 도체단자 및 도체의 식별)에 적합하여야 한다.

06 ★★☆☆☆ 그림기호는 배관의 심벌이다. 어떤 전선관인 경우인가?

(1) ────//────　　(2) ────//────
　　2.5□(VE16)　　　　　　2.5□(PF16)

Answer

(1) 경질비닐전선관　　(2) 합성수지제 가요관

Explanation

(내선규정 100-5) 배선, 배관 기호
- 강제 전선관은 별도의 표기 없음
- VE : 경질 비닐 전선관
- F_2 : 2종 금속제 가요 전선관
- PF : 합성수지제 가요관

> 이 문제는 변경된 KEC 적용으로 인하여 삭제하고, 아래 예상문제로 대체되었습니다.

07 전로의 중성점에 접지를 하는 목적을 3가지만 적으시오.

Answer

① 전로의 보호장치의 확실한 동작의 확보
② 이상 전압의 억제
③ 대지전압의 저하

Explanation

(KEC 322.5조) 전로의 중성점의 접지

전로의 보호장치의 확실한 동작의 확보, 이상 전압의 억제 및 대지전압의 저하를 위하여 특히 필요한 경우에 전로의 중성점에 접지공사를 할 경우에는 다음에 따라야 한다.
가. 접지극은 고장 시 그 근처의 대지 사이에 생기는 전위차에 의하여 사람이나 가축 또는 다른 시설물에 위험을 줄 우려가 없도록 시설할 것.
나. 접지도체는 공칭단면적 16[㎟] 이상의 연동선 또는 이와 동등 이상의 세기 및 굵기의 쉽게 부식하지 아니하는 금속선(저압 전로의 중성점에 시설하는 것은 공칭단면적 6[㎟] 이상의 연동선 또는 이와 동등 이상의 세기 및 굵기의 쉽게 부식하지 않는 금속선)으로서 고장 시 흐르는 전류가 안전하게 통할 수 있는 것을 사용하고 또한 손상을 받을 우려가 없도록 시설할 것.
다. 접지도체에 접속하는 저항기·리액터 등은 고장 시 흐르는 전류를 안전하게 통할수 있는 것을 사용할 것.
라. 접지도체·저항기·리액터 등은 취급자 이외의 자가 출입하지 아니하도록 설비한 곳에 시설하는 경우 이외에는 사람이 접촉할 우려가 없도록 시설할 것.

08
저압배선용의 고리 퓨즈 또는 플러그 퓨즈로서 그 특성이 배선용 차단기에 가깝고 그 최소 용단전류(끊어지고 안 끊어지는 한계전류)가 정격 전류의 110[%]와 135[%] 사이에 있는 것은 무엇인가?

Answer

A종 퓨즈

Explanation

(내선규정 1,300) 용어
A종 퓨즈란 저압배선용의 고리 퓨즈 또는 플러그 퓨즈로서 그 특성이 배선용 차단기에 가깝고 그 최소 용단전류(끊어지고 안 끊어지는 한계전류)가 정격 전류의 110[%]와 135[%] 사이에 있는 것을 말한다.

09 BEST
단로기와 차단기가 직렬로 연결되어 있다. 급전 시와 정전 시 조작 순서는?

Answer

① 급전 시 : 단로기를 투입한 후 차단기 투입
② 정전 시 : 차단기를 개로한 후 단로기 개로

Explanation

인터록(Interlock) : 차단기가 열려 있어야만 단로기 조작 가능
- 급전 시 : DS → CB
- 정전 시 : CB → DS

10
단상 2선식의 교류 배전선이 있다. 전선 1줄의 저항은 0.25[Ω], 리액턴스는 0.48[Ω]이다. 부하는 무유도성으로서 220[V], 8.8[kW]일 때 급전점의 전압은 몇 [V]인가?

Answer

계산 : $V_s = V_r + 2I(R\cos\theta + X\sin\theta)$

급전점의 전압 : $V_s = 220 + 2 \times \dfrac{8.8 \times 10^3}{220} \times 0.25 = 240[V]$

답 : 240[V]

> **Explanation**

- 단상 선로의 전압강하(전선 1가닥의 저항이 주어진 경우)
  $e = V_s - V_r = 2I(R\cos\theta + X\sin\theta)$ 에서
  여기서, 무유도성이라면 $\cos\theta = 1$ 이므로
- 급전점 전압(송전단 전압)
  $V_s = V_r + 2I(R\cos\theta + X\sin\theta)$

11 ★★★☆☆
콘덴서나 전력용 변압기의 결선상의 단위를 나타내는 용어는 무엇인가?

> **Answer**

뱅크(Bank)

> **Explanation**

(내선규정 1,300) 용어
뱅크(Bank)란 전로에 접속된 변압기 또는 콘덴서의 결선상 단위(結線上 單位)를 말한다.

12 ★☆☆☆☆
알칼리 축전지의 공칭 전압은 몇 [V/셀]인가?

> **Answer**

1.2[V/cell]

> **Explanation**

- 납(연)축전지 : 2.0[V/cell], 10[Ah]
- 알칼리 축전지 : 1.2[V/cell], 5[Ah]

BEST 13 ★★★★★
어느 공장의 수전설비 공사를 시행하는데 재료비 20,000,000원, 노무비 15,000,000원, 경비 10,000,000원이었다. 이 공사를 공사원가 계산 방법에 의하여 일반관리비와 이윤을 계산하시오. 일반관리비 6[%], 이윤은 15[%]로 보고 계산한다.

> **Answer**

일반관리비 = (20,000,000+15,000,000+10,000,000)×0.06 = 2,700,000[원]
이윤 = (15,000,000+10,000,000+2,700,000)×0.15 = 4,155,000[원]

> **Explanation**

(1) 일반관리비

종합공사		전문·전기·정보통신·소방 및 기타공사	
공사원가	일반관리비율[%]	공사원가	일반관리비율[%]
50억 미만	6.0	5억원 미만	6.0
50억원~300억원 미만	5.5	5억원~30억원 미만	5.5
300억원 이상	5.0	30억원 이상	5.0

(2) 이윤=(노무비+경비+일반관리비)×15[%]

14 그림은 자동 화재검지설비의 감지기에 관한 기호이다. 감지기의 명칭을 쓰시오.

(1) S (2) ⌓ (3) ⌓ (4) ⌓

Answer

(1) 연기 감지기
(2) 정온식 스포트형 감지기
(3) 차동식 스포트형 감지기
(4) 보상식 스포트형 감지기

Explanation

(KS C 0301) 옥내배선용 그림기호 자동 화재검지 설비

명칭	그림기호	적요
정온식 스포트형 감지기	⌓	• 필요에 따라 종별을 표시한다. • 방수형인 것은 ⌓로 한다. • 내산인 것은 ⌓로 한다. • 내알칼리인 것은 ⌓로 한다. • 방폭인 것은 EX를 표기한다.
차동식 스포트형 감지기	⌓	필요에 따라 종별을 표시한다.
보상식 스포트형 감지기	⌓	필요에 따라 종별을 표시한다.

15 내선규정에서 사람이 접촉될 우려가 있는 장소란 저압인 경우에 옥내는 바닥에서 (①)[m] 이상 (②)[m] 이하, 옥외는 지표면에서 2[m] 이상 2.5[m] 이하의 장소를 말한다. 괄호 안에 알맞은 수치를 쓰시오.

Answer

① 1.8   ② 2.3

Explanation

(내선규정 1,300) 용어
사람이 접촉될 우려가 있는 장소란 예를 들어 저압인 경우에 옥내는 바닥에서 1.8[m] 이상 2.3[m] 이하 (고압인 경우는 1.8[m] 이상 2.5[m] 이하), 옥외는 지표면에서 2[m] 이상 2.5[m] 이하의 장소를 말하고 그밖에 계단의 중간, 창 등에서 손을 뻗쳐 닿을 수 있는 범위를 말한다.

16 다음에서 설명하는 금속관 부분의 명칭을 쓰시오.

(1) 바닥 밑으로 매입 배선할 때 사용하는 것은?
(2) 돌려서 접속할 수 없는 경우의 가요 전선관과 금속관을 결합하는 곳에 사용하는 것은?

Answer

(1) 플로어 박스
(2) 컴비네이션 유니온 커플링

Explanation

금속관 공사용 부품

명칭	사용 용도
로크너트(lock nut)	관과 박스를 접속하는 경우
부싱(bushing)	전선 관단에 끼우고 전선을 넣거나 빼는 데 있어서 전선의 피복을 보호하여 전선이 손상되지 않게 하는 것
커플링(coupling)	• 금속관 상호 접속 또는 관과 노멀 밴드와의 접속에 사용 • 유니온 커플링 : 관의 양측을 돌려서 접속할 수 없는 경우 • 컴비네이션 유니온 커플링 : 돌려서 접속할 수 없는 경우의 가요 전선관과 금속관을 결합하는 곳에 사용
새들(saddle)	노출 배관에서 금속관을 조영재에 고정시키는 데 사용
노멀 밴드(normal bend)	배관의 직각 굴곡에 사용
링 리듀서	금속을 아웃렛 박스의 로크 아웃에 취부할 때 로크아웃의 구멍이 관의 구멍보다 클 때 사용
스위치 박스(switch box)	매입형의 스위치나 콘센트를 고정하는 데 사용
아웃렛 박스(outlet box)	전선관 공사에 있어 전등기구나 점멸기 또는 콘센트의 고정, 접속함
콘크리트 박스(concrete box)	콘크리트에 매입 배선용으로 아웃렛 박스와 같은 목적으로 사용
플로어 박스	바닥 밑으로 매입 배선할 때 사용
컴비네이션 유니온 커플링	돌려서 접속할 수 없는 경우의 가요전선관과 금속관을 결합하는 곳에 사용

BEST 17 ★★★★★ 방의 크기가 가로 15[m], 세로 16[m]이다. 전광속 2,500[lm]의 40[W] 형광등을 시설하여 평균 조도 200[lx]로 하자면 설치할 등수는 몇 등인가? 단, 조명률은 50[%], 감광 보상률은 1.25로 하고 기타 사항은 제시하지 않았다.

• 계산 :   • 답 :

Answer

계산 : 등수 $N = \dfrac{ESD}{FU} = \dfrac{200 \times 15 \times 16 \times 1.25}{2,500 \times 0.5} = 48$[등]   답 : 48[등]

Explanation

조명 계산
$FUN = ESD$
여기서, F[lm] : 광속, U[%] : 조명률, N[등] : 등수
E[lx] : 조도, S[m²] : 면적, $D = \dfrac{1}{M}$: 감광 보상률 $= \dfrac{1}{\text{보수율}}$

등수 $N = \dfrac{ESD}{FU}$ 이며 등수 계산에서 소수점은 무조건 절상한다.

18 그림은 전동기 기동 방식의 하나인 Y-△ 기동 회로의 미완성 회로도이다.

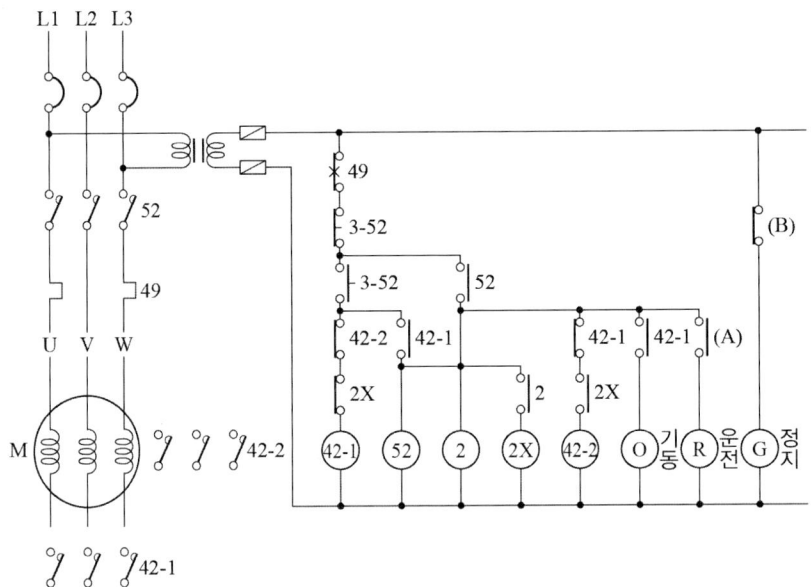

3-52 : 수동 조작 스위치
52 : 전자 접촉기
42-1, 42-2 : 기동용 조작 접촉기(Y, △ 접속)
2, 2X : 시한 계전기 및 동보조 계전기
49 : 과부하 계전기

(1) 미완성 회로 부분을 완성하시오. (주회로 부분)
(2) 기동 완료 시 열려(open) 있는 접촉기는 무엇인가?
(3) 기동 완료 시 닫혀(close) 있는 접촉기는 무엇인가?
(4) (A), (B)에 적당한 계전기 번호를 쓰시오.

Answer

(1)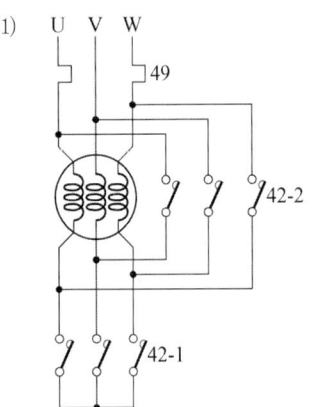

(2) 42-1
(3) 42-2, 52
(4) (A) : 42-2, (B) : 52

Explanation

- Y-△ 기동의 주회로 결선

- Y-△ 기동 시의 기동전류는 전전압 기동 전류의 1/3배이며 전원 투입 후 Y결선으로 기동한 후 타이머의 설정 시간이 되면 △결선으로 운전한다. 이때 Y결선은 정지하며 Y와 △는 동시투입이 되어서 안된다.

- 문제에서의 전자 접촉기
  - 52 : 주전원
  - 42-1 : Y 기동
  - 42-2 : △ 운전

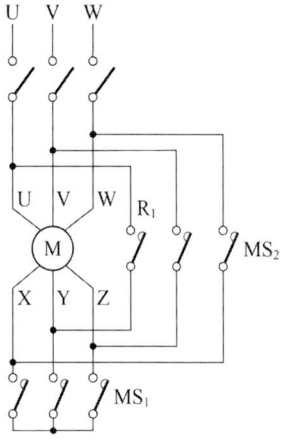

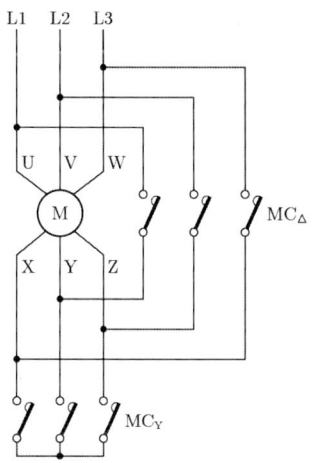

2회 2011년 전기공사산업기사 실기

01 아래 심벌은 무엇을 뜻하는가?

(1) ●B   (2) ●P   (3) ●F   (4) ●LF   (5) TS

Answer

(1) 전자개폐기용 누름버튼 (2) 압력 스위치 (3) 플로트 스위치
(4) 플로트리스 전극 스위치 (5) 타임 스위치

Explanation

(KS C 0301) 옥내배선용 그림기호 스위치류

명칭	그림기호	적요
전자개폐기용 누름버튼	●B	
압력 스위치	●P	
플로트 스위치	●F	
플로트리스 전극 스위치	●LF	전극 수를 표기한다.
타임 스위치	TS	

BEST 02 축전지 설비의 구성 4가지를 쓰시오.

Answer

① 축전지 ② 충전 장치 ③ 보안 장치 ④ 제어 장치

Explanation

축전지 설비 : 축전지, 보안 장치, 제어 장치, 충전 장치

BEST 03 공급점에서 30[m]의 지점에서 80[A], 35[m]의 지점에서 60[A], 70[m] 지점에 50[A]의 부하가 걸려 있을 때 부하 중심까지의 거리는 몇 [m]인가? 답은 소수점 둘째 자리에서 반올림하여 계산할 것

• 계산 :   • 답 :

Answer

계산 : 직선 부하에서의 부하 중심까지의 거리

$$L = \frac{L_1 I_1 + L_2 I_2 + L_3 I_3}{I_1 + I_2 + I_3} = \frac{30 \times 80 + 35 \times 60 + 70 \times 50}{80 + 60 + 50} = 42.11 [\text{m}]$$

답 : 42.11[m]

Explanation

직선 부하의 부하 중심점까지의 거리 $L = \dfrac{L_1 I_1 + L_2 I_2 + L_3 I_3 + \cdots}{I_1 + I_2 + I_3 + \cdots}$

04 전로의 선간이 임피던스가 적은 상태로 접촉되었을 경우에 그 부분을 통하여 흐르는 큰 전류를 무슨 전류라고 하는가?

Answer

단락전류

Explanation

(내선규정 1,300) 용어
- 과부하전류(過負荷電流)란 기기에 대하여 그 정격 전류, 전선에 대하여는 그 허용 전류를 어느 정도 초과하여 그 계속되는 시간을 합하여 생각하였을 때, 기기 또는 전선의 손상 방지상 자동차단을 필요로 하는 전류를 말한다.
- 단락전류(短絡電流)란 전로의 선간이 임피던스가 적은 상태로 접촉되었을 경우에 그 부분을 통하여 흐르는 큰 전류를 말한다.

05 배선용 차단기의 차단협조방식 3가지를 쓰시오.

Answer

① 선택차단방식
② 케스케이드 차단방식
③ 전용량(전 정격) 차단방식

Explanation

배선용 차단기의 차단협조방식
① 선택차단방식 : 고장회로에 직접 관계하는 보호장치만 동작하고 다른 건전한 회로는 그대로 전원 공급이 가능하게 하는 회로 방식
② 케스케이드 차단방식 : 주차단기의 차단용량이 예상 단락전류보다 큰 차단용량을 가지며, 직렬로 연결된 분기 차단기는 예상 단락전류보다 적은 차단용량을 가진 차단기로 보호하는 회로 방식
③ 전용량(전 정격) 차단방식 : 모든 보호기기는 이것을 설치하는 점에 흐르는 추정단락 전류 이상의 차단기로 보호하는 회로 방식

BEST 06 전선로를 보강하기 위하여 세워지는 철탑으로, 직선 철탑이 다수 연속될 경우에는 약 10기마다 1기의 비율로 설치되며, 서로 인접하는 경간의 길이가 크게 달라 지나친 불평형 장력이 가해지는 경우 등에 설치되는 철탑은 무엇인지 쓰시오.

Answer

내장형 철탑

Explanation

사용목적에 의한 분류(표준형 철탑)
- 직선형 : 선로의 직선 또는 수평 각도 3°이내의 장소에 사용, A형 철탑
- 각도형 : 선로의 수평 각도 3°이상으로 20°이하에 설치되는 철탑, 경각도 철탑은 B형, 선로의 수평 각도 3°이상으로 30°이하에 설치되는 중각도 철탑은 C형
- 인류형 : 가공선로의 전체 가섭선을 인류하는 개소(주로 변전소)에 사용되는 철탑, D형 철탑
- 내장형 : 전선로를 보강하기 위하여 세워지는 철탑
  직선 철탑 10기마다 1기를 시설, 장경간 개소에 시설, E형 철탑
- 보강형 : 전선로의 직선 부분에 보강을 위해 사용하는 철탑

07 계기용 변성기의 종류 5가지를 영문 약호로 쓰시오.

Answer

PT, CT, MOF, ZCT, GPT

Explanation

- PT(계기용 변압기) : 고전압을 저전압으로 변성하여 계측기나 계전기에 전원 공급
- CT(변류기) : 대전류를 소전류로 변성하여 계측기나 계전기에 전원 공급
- MOF(전력수급용 계기용 변성기) : 전력량계를 위한 CT와 PT를 한 탱크 내에 수용한 것
- ZCT(영상변류기) : 지락사고 시 영상전류(지락전류)를 검출
- GPT(접지형 계기용 변압기) : 지락 사고 시 영상전압 검출

08 교류송전방식의 장점 3가지만 쓰시오.

Answer

① 변압이 용이하다.
② 회전자계를 쉽게 얻을 수 있다.
③ 계통을 일관되게 운용할 수 있다.

Explanation

교류 송전 방식의 특징
① 변압이 용이하다.
   : 송배전의 적절한 전압을 변압기를 통하여 쉽게 승압, 강압이 가능하다.
② 회전자계를 쉽게 얻을 수 있다.
   : 구조가 간단한 유도전동기의 사용이 가능하다.
③ 계통을 일관되게 운용할 수 있다.
   : 발전에서 부하에 이르는 전 계통이 교류이므로 통일된 방식으로 운용이 가능하다.

09
지중배전선로 시공 방법 중 관로식에서 사용하는 맨홀의 종류 5가지를 쓰시오.

Answer

직선형, 직각형, 각도형, 짧은 다리 T형, 긴다리형

Explanation

맨홀의 종류

기호	A형	B형	C형	D형	E형	X형	SA형
형태	직선형	직각형	각도형	짧은 다리 T형	긴다리형	사방형	특수형

10
취급자 이외의 자가 출입할 수 없도록 설비한 곳에서 금속 덕트 및 버스 덕트를 수직으로 붙이는 경우 덕트 지지점 간의 거리는 몇 [m] 이하로 하여야 하는가?

Answer

6[m]

Explanation

(KEC 232.31조) 금속덕트공사
① 전선은 절연전선을 사용하여야 한다(OW 제외).
② 금속덕트공사는 옥내에 건조한 장소로서 노출장소 또는 점검할 수 있는 은폐장소에만 시설할 수 있다.
③ 덕트는 접지공사를 한다.
④ 금속덕트공사가 마루 또는 벽을 관통하는 경우에는 금속덕트를 관통 부분에서 접속해서는 안 된다.
⑤ 금속덕트의 안쪽 면은 전선의 피복을 손상할 돌기(突起)가 없는 것
⑥ 금속덕트공사를 수직 또는 경사지에 시설하는 경우에는 전선의 이동을 막기 위하여 전선을 적당하게 지지하여야 한다.
⑦ 금속덕트에 넣은 전선의 단면적(절연피복의 단면적 포함)의 합계는 덕트 내부 단면적의 20[%](전광표시장치 기타 이와 유사한 장치 또는 제어회로 등의 배선만을 넣는 경우는 50[%]) 이하일 것
⑧ 금속덕트는 폭이 40[mm] 이상 두께가 1.2[mm] 이상인 철판 또는 동등 이상의 세기를 갖는 금속제의 것
⑨ 덕트는 3[m](취급자 이외의 자가 출입할 수 없도록 설비한 장소로 수직으로 설치하는 경우는 6[m]) 이하의 간격으로 견고하게 지지할 것

(KEC 232.61소) 버스덕트공사
① 덕트는 3[m](취급자 이외의 자가 출입할 수 없도록 설비한 장소로 수직으로 설치하는 경우는 6[m]) 이하의 간격으로 견고하게 지지할 것
② 도체는 단면적 20[mm²] 이상의 띠 모양, 지름 5[mm] 이상의 관모양이나 둥글고 긴 막대 모양의 동 또는 단면적 30[mm²] 이상의 띠 모양의 알루미늄을 사용한 것일 것
③ 덕트는 접지공사를 할 것

11
다음 저항을 측정하는 데 가장 적당한 계측기 또는 적당한 방법은?

(1) 변압기의 절연저항
(2) 검류계의 내부저항
(3) 전해액의 저항
(4) 굵은 나전선의 저항
(5) 접지저항 측정

Answer

(1) 메거(절연저항계)　　(2) 휘스톤 브리지　　(3) 콜라우시 브리지
(4) 켈빈 더블 브리지　　(5) 콜라우시 브리지(접지저항계)

Explanation

각종 저항 측정 방법
- 캘빈더블 브리지 : 굵은 나전선의 저항
- 휘스톤 브리지 : 검류계의 내부저항, 고저항 측정
- 콜라우시 브리지 : 전해액의 저항, 접지저항
- 메거(절연저항계) : 절연저항
- 전압강하법 : 백열전구의 필라멘트(백열 상태)

12 ★★☆☆☆

3상 3선, 380[V] 회로에 그림과 같이 부하가 연결되어 있다. 간선의 허용 전류[A]를 구하시오. 단, 전동기의 평균 역률은 90[%]이다.

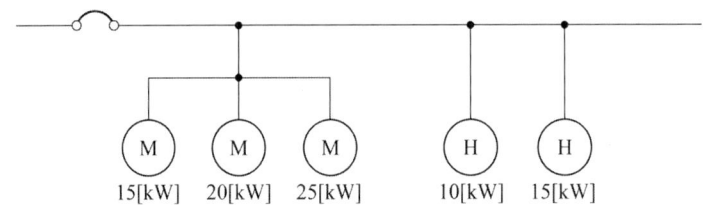

- 계산 :　　　　　　　　　　　　　　・답 :

Answer

계산 : 전동기 정격 전류의 합 $\sum I_M = \dfrac{(15+20+25)\times 10^3}{\sqrt{3}\times 380 \times 0.9} = 101.29[A]$

전동기의 유효전류 $I_r = 101.29 \times 0.9 = 91.16[A]$

전동기의 무효전류 $I_q = 101.29 \times \sqrt{1-0.9^2} = 44.15[A]$

전열기 정격 전류의 합 $\sum I_H = \dfrac{(10+15)\times 10^3}{\sqrt{3}\times 380 \times 1.0} = 37.98[A]$

전열기는 역률이 1이므로 유효분 전류만 있으며

회로의 설계전류 $I_B = \sqrt{(91.16+37.98)^2 + 44.15^2} = 136.48[A]$

간선의 허용전류 $I_B \le I_n \le I_Z$에서 $I_Z \ge 136.48[A]$

답 : 136.48[A]

Explanation

과부하전류에 대한 보호

① 도체와 과부하 보호장치 사이의 협조

　과부하에 대해 케이블(전선)을 보호하는 장치의 동작 특성
- $I_B \le I_n \le I_Z$
- $I_2 \le 1.45 \times I_Z$

여기서, I_B : 회로의 설계전류, I_Z : 케이블의 허용전류, I_n : 보호장치의 정격전류
I_2 : 보호장치가 규약시간 이내에 유효하게 동작하는 것을 보장하는 전류

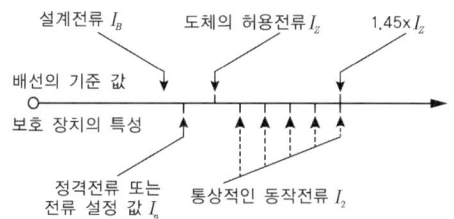

13. 가로 20[m], 세로 30[m], 천장 높이 4.5[m]인 사무실에 그림과 같이 전등 설비를 하고자 한다. 실지수를 구하여라.

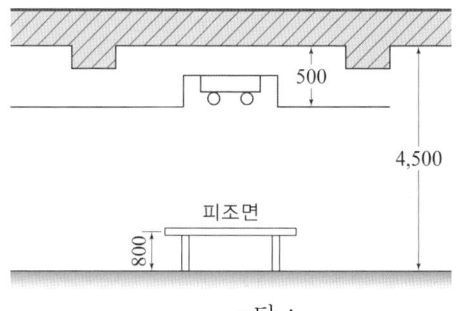

• 계산 :   • 답 :

Answer

계산 : 실지수 $= \dfrac{X \cdot Y}{H(X+Y)} = \dfrac{20 \times 30}{(4.5-0.5-0.8) \times (20+30)} = 3.75$ 답 : 4.0

Explanation

• 실지수(방지수) $= \dfrac{XY}{H(X+Y)}$

여기서, H : 등의 높이-작업면 높이[m], X : 방의 가로[m], Y : 방의 세로[m]
여기서, 등 높이 $H = 4.5 - 0.5 - 0.8$[m]

14. 단상 2선식 220[V] 옥내 배선에서 접지저항이 30[Ω]인 금속관 안의 임의의 개소에서 전선이 절연 파괴되어 도체가 직접 금속관 내면에 접촉되었다면 대지전압은 몇 [V]가 되겠는가? 단, 이 전로에 공급하는 변압기 저압 측의 한 단자에 접지공사가 되어 있고 그 접지저항은 20[Ω]이라고 한다.

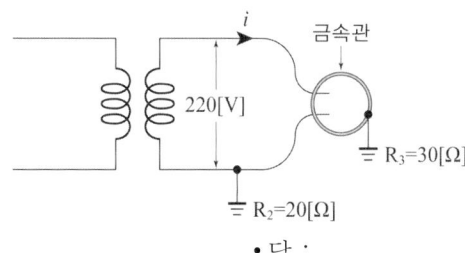

• 계산 :   • 답 :

Answer

계산 : $V_g = \dfrac{R_3}{R_2+R_3} \times V = \dfrac{30}{20+30} \times 220 = 132[\text{V}]$ 답 : 132[V]

Explanation

대지전압

$V_g = \dfrac{R_3}{R_2+R_3} \times V$

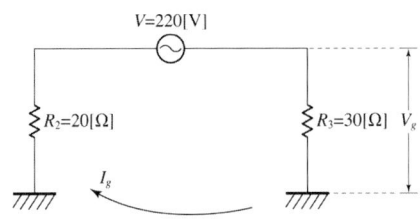

이 문제는 변경된 KEC 적용으로 인하여 삭제하고, 아래 예상문제로 대체되었습니다.

15 다음의 회로에서 보호도체의 굵기를 산정하시오.

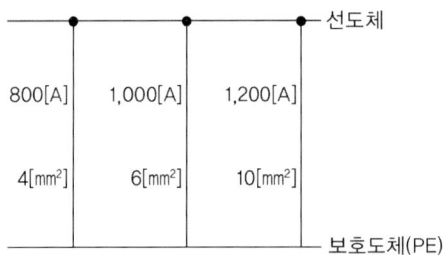

[조건]
- 구리도체
- $k = 143$
- 자동차단을 위한 보호장치 동작 시간 : 0.5[초]
- 최대 지락전류 : 1,200[A]

(1) 보호도체 굵기 산정식을 이용하여 구하는 경우
- 계산 :   • 답 :

(2) 보호도체 선정표를 적용하여 구하는 경우
- 답 :

Answer

(1) 계산 : $S = \dfrac{\sqrt{I^2 t}}{k} = \dfrac{\sqrt{1,200^2 \times 0.5}}{143} = 5.93[\text{mm}^2]$ 답 : 6[mm²] 선정

(2) 10[mm²]

Explanation

(KEC 142.3.2조) 보호도체
보호도체가 두 개 이상의 회로에 공통으로 사용되면 단면적은 다음과 같이 선정하여야 한다.
① 회로 중 가장 부담이 큰 것으로 예상되는 고장전류 및 동작시간을 고려하여 보호도체의 굵기 산정식에 따라 선정한다.

$$S = \frac{\sqrt{I^2 t}}{k} [\text{mm}^2] = \frac{\sqrt{1,200^2 \times 0.5}}{143} = 5.93 [\text{mm}^2]$$

∴ 6[mm²] 선정

② 회로 중 가장 큰 선도체의 단면적을 기준으로 표에 따라 선정한다.

선도체의 단면적 S(mm², 구리)	보호도체의 최소 단면적(mm², 구리)
	보호도체의 재질이 선도체와 같은 경우
16[mm²] 이하	S
16[mm²] 초과 35[mm²] 이하	16
35[mm²] 초과	S/2

16 ★★★☆☆
전등 및 소형 전기기계기구의 부하용량을 상정하여 분기회로 수를 결정하고자 한다. 주택은 240[m²], 상점은 50[m²], 창고는 10[m²]이고 룸 에어콘은 2[kW]일 때, 표준 부하를 이용하여 최대 부하용량을 상정하고 최소 분기회로 수를 결정하시오.

(1) 최대 부하용량
  • 계산 :   • 답 :
(2) 분기회로
  • 계산 :   • 답 :

[조건]
• 분기회로는 16[A] 분기회로이며 배전전압은 220[V]를 기준하고, 적용 가능한 부하는 최댓값으로 상정할 것
• 룸 에어콘은 단독 분기회로로 할 것
• 설비 부하용량은 "①" 및 "②"에 표시하는 건물의 종류 및 그 부분에 해당하는 표준 부하에 바닥면적을 곱한 값과 "③"에 표시하는 건물 등에 대응하는 표준 부하[VA]를 합한 값으로 할 것

① 건물의 종류에 대응한 표준 부하

건축물의 종류	표준 부하[VA/m²]
공장, 공회당, 사원, 교회, 극장, 영화관, 연회장 등	10
기숙사, 여관, 호텔, 병원, 학교, 음식점, 다방, 대중 목욕탕	20
사무실, 은행, 상점, 이발소, 미장원	30
주택, 아파트	40

[비고] 건물이 음식과 주택 부분의 2 종류로 될 때에는 각각 그에 따른 표준 부하를 사용할 것
[비고] 학교와 같이 건물의 일부분이 사용되는 경우에는 그 부분만을 적용한다.

② 건물(주택, 아파트를 제외) 중 별도 계산할 부분의 부분적인 표준 부하

건축물의 부분	표준 부하[VA/m²]
복도, 계단, 세면장, 창고, 다락	5
강당, 관람석	10

③ 표준 부하에 따라 산출한 수치에 가산하여야 할 [VA] 수
- 주택, 아파트(1세대마다)에 대하여는 1,000~500[VA]
- 상점의 진열장에 대하여는 진열장의 폭 1[m]에 대하여 300[VA]
- 옥외의 광고등, 전광사인, 네온사인 등의 [VA] 수
- 극장, 댄스홀 등의 무대조명, 영화관 등의 특수 전등부하의 [VA] 수

④ 예상이 곤란한 콘센트, 틀어 끼우는 접소기, 소켓 등이 있을 경우에라도 이를 상정하지 않는다.

Answer

(1) 최대 부하용량(P)

계산 : P=바닥 면적×표준 부하+가산부하+룸에어컨

$\quad\quad\quad =(240\times40)+(50\times30)+(10\times5)+1,000+2,000 = 14,150$[VA]

답 : 14,150[VA]

(2) 분기회로 수

계산 : ① 룸 에어컨을 제외한 분기회로 수

$$N=\frac{14,150-2,000}{16\times220}=3.45 \rightarrow 4\text{회로}$$

② 룸 에어컨 전용 1회로

답 : 16[A] 분기 4회로, 룸 에어컨 전용 16[A] 분기 1회로

Explanation

부하 상정 및 분기회로

1. 표준 부하

1) 건축물의 종류에 따른 표준 부하

건축물의 종류	표준 부하[VA/m²]
공장, 공회당, 사원, 교회, 극장, 영화관, 연회장 등	10
기숙사, 여관, 호텔, 병원, 학교, 음식점, 다방, 대중 목욕탕	20
사무실, 은행, 상점, 이발소, 미장원	30
주택, 아파트	40

2) 건축물 중 별도 계산할 부분의 표준 부하 (주택, 아파트는 제외)

건축물의 부분	표준 부하[VA/m²]
복도, 계단, 세면장, 창고, 다락	5
강당, 관람석	10

3) 표준 부하에 따라 산출한 수치에 가산하여야 할 [VA] 수
① 주택, 아파트(1세대마다)에 대하여는 500~1,000[VA]
② 상점의 진열장에 대히어는 진열장 폭 1[m]에 대하여 300[VA]
③ 옥외의 광고등, 전광사인, 네온사인 등의 [VA] 수
④ 극장, 댄스홀 등의 무대조명, 영화관 등의 특수전등부하의 [VA] 수

4) 예상이 곤란한 콘센트, 접속기, 소켓 등의 예상부하 값 계산

수구의 종류	예상 부하[VA/개]
소형 전등수구, 콘센트	150
대형 전등수구	300

【비고 1】 콘센트는 1구이든 2구이든 몇 개의 구로 되어 있더라도 1개로 본다.
【비고 2】 전등수구의 종류는 다음과 같다.
　　소형 : 공칭지름이 26[mm] 베이스인 것
　　대형 : 공칭지름이 39[mm] 베이스인 것

2. 부하의 상정

　부하 설비 용량 $= PA + QB + C$
　여기서, P : 건축물의 바닥 면적[m²] (Q 부분 면적 제외)
　　　　Q : 별도 계산할 부분의 바닥 면적[m²]
　　　　A : P 부분의 표준 부하[VA/m²]
　　　　B : Q 부분의 표준 부하[VA/m²]
　　　　C : 가산해야 할 부하[VA]

3. 분기회로 수

$$\text{분기회로 수} = \frac{\text{표준 부하 밀도}[VA/m^2] \times \text{바닥 면적}[m^2]}{\text{전압}[V] \times \text{분기 회로의 전류}[A]}$$

[주1] 계산결과에 소수가 발생하면 절상한다.
[주2] 220[V]에서 3[kW] (110[V] 때는 1.5[kW])를 초과하는 냉방기기, 취사용 기기 등 대형 전기 기계기구를 사용하는 경우에는 단독분기회로를 사용하여야 한다.
※ 분기회로 전류는 보통 문제에서 주어지지 않으면 16[A] 분기회로임

문제에서는 "룸 에어콘은 단독 분기회로로 할 것"이라는 조항이 있으므로 에어콘은 별도 분기회로로 구성한다.

17 ★★☆☆☆
고압 및 특고압 가공전선로에서 피뢰기를 시설하고 접지공사가 의무화된 장소 3곳을 쓰시오.

Answer

① 가공지선의 시단과 말단
② 절연전선과 나전선의 접속 개소
③ 분기주, 말단주, 내장주 및 인류주

Explanation

고압 및 특고압 가공전선로에서 피뢰기를 시설하고 접지공사가 의무화된 장소
① 가공지선의 시단과 말단
② 절연전선과 나전선의 접속 개소
③ 분기주, 말단주, 내장주 및 인류주
④ IKL(연간 뇌우 발생 일수) 11일 지역의 전선로 매 500[m] 이내마다 설치

18 ★★☆☆☆ 다음 도면은 특고압 수전설비 표준 결선도이다. 약호, 명칭을 쓰고 용도 또는 역할에 대하여 간단히 설명하시오.

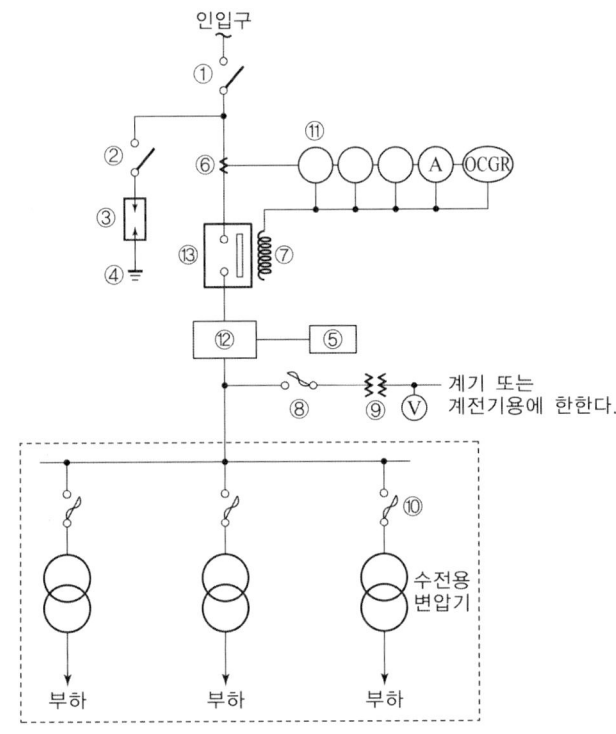

(1) 그림에서 ①의 명칭을 우리말로 쓰시오.

(2) 그림에서 ②의 용도는?

(3) 그림에서 ③의 명칭을 우리말로 쓰시오.

(4) 그림에서 ⑤의 명칭을 우리말로 쓰시오.

(5) 그림에서 ⑥의 명칭을 우리말로 쓰시오.

(6) 그림에서 ⑦의 명칭을 우리말로 쓰시오.

(7) 그림에서 ⑧의 약호를 쓰시오.

(8) 그림에서 ⑨의 명칭을 우리말로 쓰시오.

(9) 그림에서 ⑩의 약호를 쓰시오.

(10) 그림에서 ⑪의 명칭을 우리말로 쓰시오.

(11) 그림에서 ⑫의 명칭을 우리말로 쓰시오.

(12) 그림에서 ⑬의 용도는?

Answer

① 단로기
② 피뢰기 점검 및 교체 시 피뢰기를 계통으로 분리하기 위하여 사용
③ 피뢰기
④ 전력량계
⑤ 변류기
⑥ 트립 코일
⑦ PF 또는 COS
⑧ 계기용 변압기
⑨ PF, COS 또는 CB
⑩ 과전류 계전기
⑪ 전력수급용 계기용 변성기
⑫ 부하전류 개폐 및 고장전류 차단

Explanation

특고압 수전설비 표준결선도(CB 1차 측에 CT를, CB 2차 측에 PT를 시설하는 경우)

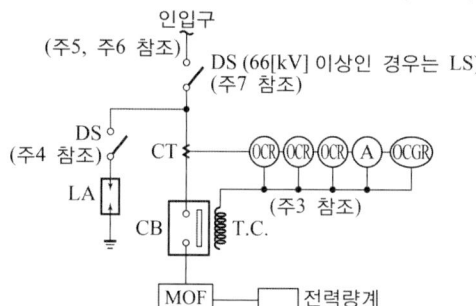

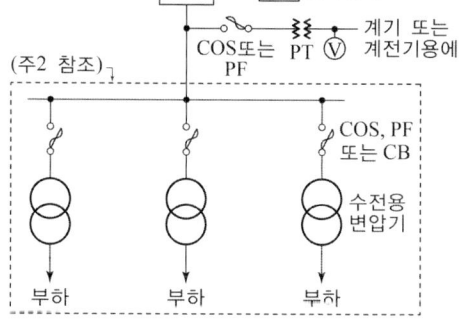

약호	명칭
DS	단로기
LA	피뢰기
CT	변류기
CB	차단기
TC	트립코일
OCR	과전류 계전기
GR	지락 계전기
MOF	전력 수급용 계기용 변성기
COS	컷아웃 스위치
PF	전력 퓨즈
PT	계기용 변압기

[주1] 22.9[kV-Y] 1,000[kVA] 이하인 경우에는 간이 수전설비 결선도에 의할 수 있다.
[주2] 결선도 중 점선 내의 부분은 참고용 예시이다.
[주3] 차단기의 트립 전원은 직류(DC) 또는 콘덴서 방식(CTD)이 바람직하며 66[kV] 이상의 수전 설비에는 직류(DC)이어야 한다.
[주4] LA용 DS는 생략할 수 있으며 22.9[kV-Y]용의 LA는 Disconnector(또는 Isolator) 붙임형을 사용하여야 한다.
[주5] 인입선을 지중선으로 시설하는 경우로서 공동 주택 등 사고시 정전 피해가 큰 수전 설비 인입선은 예비선을 포함하여 2회선으로 시설하는 것이 바람직하다.
[주6] 지중인입선의 경우에 22.9[kV-Y] 계통은 CNCV-W 케이블(수밀형) 또는 TR CNCV-W(트리억제형)을 사용하여야 한다. 다만, 전력구·공동구·덕트·건물 구내 등 화재의 우려가 있는 장소에서는 FR-CNCO-W(난연)케이블을 사용하는 것이 바람직하다.
[주7] DS 대신 자동고장구분 개폐기(7,000[kVA] 초과 시에는 Sectionalizer)를 사용할 수 있으며 66[kV] 이상의 경우는 LS를 사용하여야 한다.

4회 2011년 전기공사산업기사 실기

01 ★★☆☆☆

지시전기계기의 동작원리에 의한 분류를 나타낸 것으로 번호 (1). (2), (3), (4)의 빈칸에 적당한 계기의 종류 및 사용 용도를 기입하시오.

계기의 종류	기호	사용 용도(교·직류)
가동 Coil형		직류
(1)		(3)
(2)		(4)

Answer

(1) 전류력계형
(2) 유도형
(3) 직류, 교류
(4) 교류

Explanation

지시 계기의 종류
① 가동코일형 : 가동 코일에 흐르는 전류와 고정된 영구자석의 자계 사이에서의 힘에 의해 동작하는 계기, 직류 측정
② 전류력계형 : 가동 코일과 고정 코일의 각각 전류 사이에 작용하는 힘에 의해서 동작하는 계기, 직류, 교류측정
③ 유도형 : 고정 권선에 의해서 발생하는 자속과 전자유도에 의해서 가동부의 도체 내에 발생한 전류 사이의 힘에 의해서 동작하는 계기, 교류 측정

BEST 02 ★★★★★
가공전선로에 주로 쓰이는 애자의 종류 4가지를 쓰시오.

Answer

핀 애자, 현수 애자, 라인 포스트 애자, 인류 애자

Explanation

- 핀 애자 : 직선 선로에 사용
- 현수애자 : 인류 및 내장 개소에 사용
- 라인 포스트 애자 : 연가용 철탑 등에서 점퍼선 지지
- 인류 애자 : 인류 개소 및 배전선로의 중성선

03 ★★☆☆☆
버스 덕트의 종류 3가지를 쓰고 간단히 설명하시오.

Answer

① 피더 버스 덕트 : 도중에 부하를 접속하지 아니한 것
② 트롤리 버스 덕트 : 도중에 이동 부하를 접속할 수 있도록 트롤리 접촉식 구조로 한 것
③ 플러그인 버스 덕트 : 도중에 부하 접속용으로 꽂음 플러그를 만든 것

Explanation

(내선규정 2,245-3) 버스 덕트의 종류 및 정격

명칭	형식	설명
피더 버스 덕트	옥내용	도중에 부하를 접속하지 아니한 것
	옥외용	
익스팬션 버스 덕트	옥내용	열 신축에 따른 변화량을 흡수하는 구조인 것
탭붙이 버스 덕트		종단 및 중간에서 기기 또는 전선 등과 접속시키기 위한 탭을 가진 버스 덕트
트랜스포지션 버스덕트		각 상의 임피던스를 평균시키기 위해서 도체 상호의 위치를 관로 내에서 교체 시키도록 만든 버스 덕트
플러그 인 버스 덕트	옥내용	도중에 부하 접속용으로 꽂음 플러그를 만든 것

※ 트롤리 버스 덕트 : 도중에 이동 부하를 접속할 수 있도록 트롤리 접촉식 구조로 한 것

- 피더 버스 덕트 : 도중에 부하를 접속하지 아니한 것
- 플러그인 버스 덕트 : 덕트 도중에 부하 접속용으로 꽂음 플러그를 시설한 것
- 트롤리 버스 덕트 : 도중에 이동 부하를 접속할 수 있도록 트롤리 접촉시 구조로 한 것

04 그림에서 S는 인입구 개폐기이다. F는 어떤 개폐기인가?

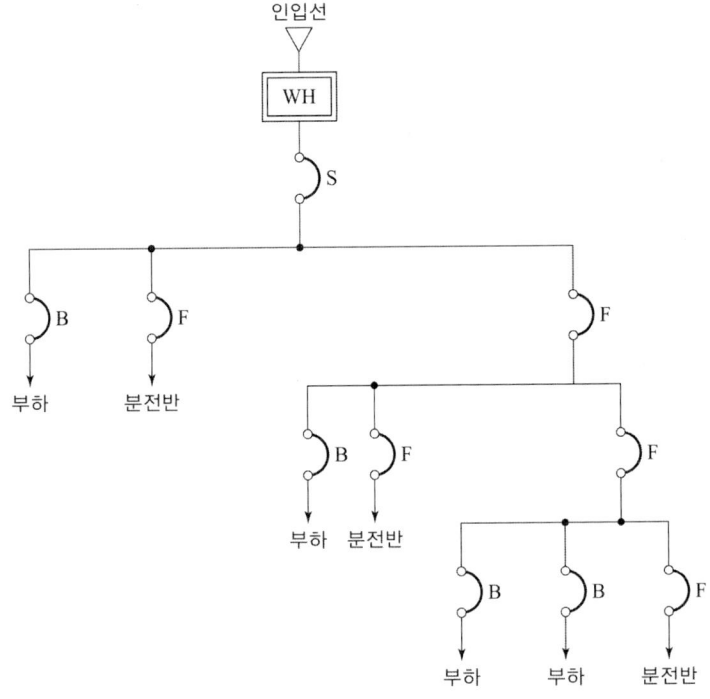

Answer

간선 개폐기

Explanation

S : 인입 개폐기
F : 간선 개폐기

(내선규정 1,465-1) 저압개폐기를 필요로 하는 개요
저압 개폐기는 저압전로 중 다음 각 호의 개소 또는 따로 정하는 개소에 시설하여야 한다(판단기준 37, 169, 176).
① 부하전류를 끊거나 흐르게 할 필요가 있는 개소
② 인입구 기타 고장, 점검, 측정, 수리 등에서 개로할 필요가 있는 개소
③ 퓨즈의 전원측(이 경우 개폐기는 퓨즈에 근접하여 설치할 것) 다만, 분기회로용 관전류차단기 이후의 퓨즈가 플러그퓨즈와 같이 퓨즈교환 시에 충전부에 접촉될 우려가 없을 경우는 이 개폐기를 생략할 수 있다.
[주1] 분전반의 주개폐기(인입구 장치가 되는 것은 제외한다)는 특히 필요한 경우 이외는 시설하지 않아도 된다.

05 지중배전선로 시공 방법 중 관로식의 맨홀 시공에 사용되는 부속설비 5가지를 쓰시오.

Answer

맨홀 뚜껑, 발판 볼트, 사다리, 관로구 및 방수 장치, 훅크

Explanation

그 외, 서포터 및 앵카 볼트, 물받이, 접지장치가 있다.

06 간선에서 분기하여 분기과전류 차단기를 거쳐서 부하에 이르는 배선을 무슨 회로라 하는가?

Answer

분기회로

Explanation

(내선규정 1,300) 용어
분기회로(分岐回路)란 간선에서 분기하여 분기과전류 차단기를 거쳐서 부하에 이르는 사이의 배선을 말한다.

BEST 07 피뢰 방식의 종류 3가지를 답하시오.

Answer

① 돌침 방식
② 용마루위 도체 방식
③ 케이지 방식

Explanation

피뢰침 설비에서 피뢰 방식
- 돌침 방식 : 돌침(突針)을 건축물에 직접 설치하는 방식과 건축물과 이격하여 설치하는 독립피뢰침 방식이 있다.
- 수평 도체 방식 : 건축물의 옥상에 거의 수평되게 피뢰 도체를 설치하여 이 도체에서 낙뢰를 흡수하는 방식수평 도체 방식은 설치하는 방법에 따라 도체를 건축물에 직접 설치하는 방식과 격리해서 설치하는 독립 가공지선 방식이 있다.
- 케이지 방식 : 건축물의 주위를 피뢰 도선으로 새장(cage)처럼 감싸는 방식, 완전피뢰 방식
- 이온 방사형 피뢰 방식 : 돌침부에서 전하 또는 펄스를 발생시켜 뇌운의 전하와 작용토록 하여 멀리 있는 뇌운의 방전을 유도하여 보호 범위를 넓게 하는 방식

08 다음 심벌에 대한 명칭을 쓰시오.

(1) ⬜S (2) ⬜B (3) ⬜E (4) ⬜TS (5) ⬜CT

Answer

(1) 개폐기
(2) 배선용 차단기
(3) 누전 차단기
(4) 타임 스위치
(5) 변류기(상자들이)

Explanation

(KS C 0301) 옥내배선용 그림기호

명칭	그림기호
개폐기	⬜S
배선용 차단기	⬜B
누전 차단기	⬜E
타임 스위치	⬜TS
변류기(상자들이)	⬜CT

09 MOF의 명칭을 쓰고 누산 시간이란 무엇인지 쓰시오.

Answer

① 명칭 : 전력수급용 계기용 변성기
② 누산 시간 : 일정 시간 동안의 평균 전력의 최대치를 기준하여 최대 수요전력을 결정하는 데 사용되는 시간으로, 현재 15분을 기준으로 하고 있다.

10 자가용전기설비의 검사업무 처리 규정에 의한 사용 전 검사 항목 5가지만 쓰시오.

Answer
① 외관 검사
② 접지저항 측정 검사
③ 절연저항 측정 검사
④ 절연내력 시험 검사
⑤ 절연유 시험 및 측정

Explanation
그 외 ⑥ 보호장치 시험 검사
⑦ 계측장치 설치 상태 검사
⑧ 제어회로 동작 및 기기조작 시험
⑨ 전선로 검사(전압 5만[V] 이상)

11 어떤 콘덴서 3개를 선간전압 3,300[V], 주파수 60[Hz]의 선로에 △로 접속하여 60[kVA]가 되도록 하려면 콘덴서 1개의 정전용량[μF]은 약 얼마로 하여야 하는가?

• 계산 :   • 답 :

Answer

계산 : $Q = 3EI_c = 3 \times 2\pi f C E^2 = 3 \times 2\pi f C V^2$

정전용량 $C = \dfrac{Q}{6\pi f V^2} = \dfrac{60 \times 10^3}{6\pi \times 60 \times 3{,}300^2} \times 10^6 = 4.87\,[\mu F]$

답 : $4.87\,[\mu F]$

Explanation

3상 콘덴서의 충전용량

$Q = 3EI_c = 3E\dfrac{E}{X_c} = 3\omega C E^2 = 3 \times 2\pi f C E^2 = 3 \times 2\pi f C V^2\,[kVA]$ (△결선 $V = E$)

12 사용전압이 105[V] 최대 공급 전류가 50[A]인 단상 2선식 가공전선로에서 2선을 합한 것과 대지 간의 절연저항은 얼마인가?

• 계산 :
• 답 :

Answer

계산 : 누설전류 $I_g = 50 \times \dfrac{1}{1{,}000} = 0.05\,[A]$

절연저항 $R = \dfrac{E}{I_g} = \dfrac{105}{0.05} = 2{,}100\,[\Omega]$

답 : $2{,}100\,[\Omega]$

> **Explanation**

(기술기준 제27조) 전로의 절연
- 저압전선로 중 절연 부분의 전선과 대지 간 및 전선의 심선 상호간의 절연저항은 사용전압에 대한 누설 전류가 최대 공급전류의 $\frac{1}{2,000}$을 넘지 않도록 하여야 한다.
- 단상 2선석의 경우 전선을 일괄한 것과 대지 사이의 절연저항은 사용전압에 대한 누설전류가 최대 공급 전류의 $\frac{1}{1,000}$ 이하가 되도록 하여야 한다.

13 저압배선용의 고리 퓨즈, 또는 플러그 퓨즈로서 최소 용단전류가 정격 전류의 130[%]와 160[%] 사이에 있는 것은 무엇인가?

> **Answer**

B종 퓨즈

> **Explanation**

(내선규정 1,300) 용어
B종 퓨즈란 저압배선용의 고리 퓨즈, 또는 플러그 퓨즈로서 최소 용단전류가 정격 전류의 130[%]와 160[%] 사이에 있는 것을 말한다.

14 바닥 면적이 200[m²]인 방에 전광속 2,500[lm]의 40[W] 형광등을 60등 시설하면 평균 조도는 얼마나 되는가? 단, 조명률 50[%], 유지율 0.8로 계산한다.

- 계산 :
- 답 :

> **Answer**

계산 : $E = \dfrac{FUN}{SD} = \dfrac{2,500 \times 0.5 \times 60}{200 \times \dfrac{1}{0.8}} = 300[\mathrm{lx}]$ 답 : 300[lx]

> **Explanation**

조명 계산
$FUN = ESD$
여기서, $F[\mathrm{lm}]$: 광속, $U[\%]$: 조명률, $N[$등$]$: 등수
$E[\mathrm{lx}]$: 조도, $S[\mathrm{m}^2]$: 면적, $D = \dfrac{1}{M}$: 감광 보상률 = $\dfrac{1}{\text{보수율(유지율)}}$

등수 $N = \dfrac{ESD}{FU}$ 이며 등수 계산에서 소수점은 무조건 절상한다.

15 배전 계통에서의 역률 개선 효과 5가지를 쓰시오.

Answer

① 변압기와 배전선의 전력 손실 경감
② 전압강하의 감소
③ 설비용량의 여유 증가
④ 전기 요금의 감소
⑤ 전선의 굵기가 감소

Explanation

역률 개선
- 전력용 콘덴서는 진상 무효분을 공급하여 부하의 역률 개선을 위하여 사용
- 부하의 역률 저하 원인 : 유도 전동기의 경부하 운전 및 형광 방전등의 안정기 등

전력용 콘덴서 용량

$$Q_c = P(\tan\theta_1 - \tan\theta_2) = P\left(\frac{\sin\theta_1}{\cos\theta_1} - \frac{\sin\theta_2}{\cos\theta_2}\right)$$
$$= P\left(\frac{\sqrt{1-\cos^2\theta_1}}{\cos\theta_1} - \frac{\sqrt{1-\cos^2\theta_2}}{\cos\theta_2}\right)[kVA]$$

여기서, $\cos\theta_1$: 개선 전 역률, $\cos\theta_2$: 개선 후 역률

역률 개선의 효과
- 전압강하가 감소
- 전력 손실이 감소
- 설비용량의 여유분 증가
- 전기요금 절감
- 전선의 굵기가 감소(전압강하가 적어지고 전력 손실이 적어지므로)

16 역률 개선용 콘덴서와 직렬로 연결하여 사용하는 직렬 리액터의 사용 목적 4가지를 쓰시오.

Answer

① 제5고조파에 의한 전압 파형의 찌그러짐 방지
② 콘덴서 투입 시 돌입전류 방지
③ 개폐 시 계통의 과전압 억제
④ 고조파 전류에 의한 계전기 오동작 방지

17 ★★☆☆ 다음 타이머 내부 접점 번호와 동작 설명을 참고하여 동작 회로도를 완성하시오.

[동작 설명]
① 배선용 차단기를 투입하고 S_3 OFF 시 R_2 점등되고, PB-ON하면 타이머 T여자 T설정 시간 동안 R_3 점등, 설정 시간 후 R_3 소등, R_4 점등
② S_3 ON 시 T 무여자 R_2, R_4 소등, 부저(BZ) 동작, R_1점등
단, 전원은 단상 2선식 220[V]이다.

[타이머 내부 접점 번호]   [동작 회로도]

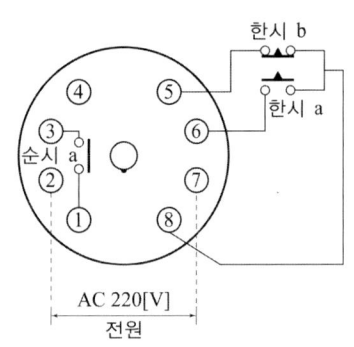
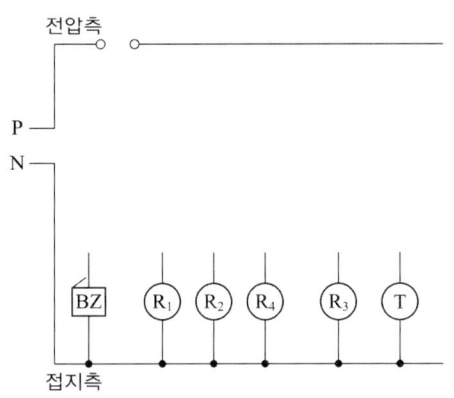

Answer

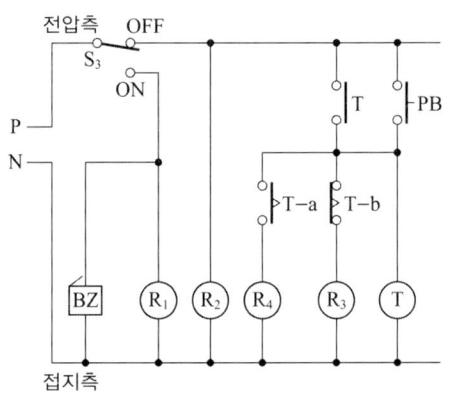

18 도면과 같은 고압 또는 특고압 수전설비의 진상콘덴서 접속 뱅크 결선도를 보고 다음 각 물음에 답하시오.

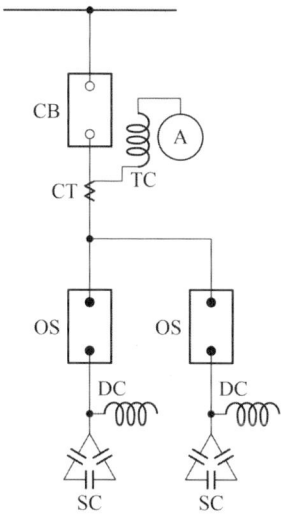

(1) 콘덴서 용량이 몇 [kVA] 초과 몇 [kVA] 이하인 경우인가?
(2) 콘덴서 용량이 100[kVA] 이하인 경우 CB 대신 사용 가능한 개폐기는?
(3) 콘덴서 용량이 50[kVA] 미만인 경우 사용 가능한 개폐기는?

Answer

(1) 300[kVA] 초과, 600[kVA] 이하
(2) OS(또는 인터럽트 스위치)
(3) COS(직결로 함)

Explanation

콘덴서 총 용량이 300[kVA] 이하의
경우 전류계를 생략할 때

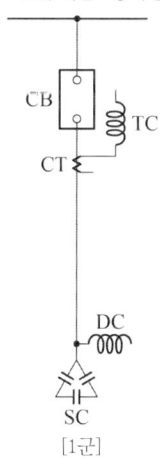
[1군]

콘덴서 총 용량이 300[kVA] 초과
600[kVA] 이하의 경우

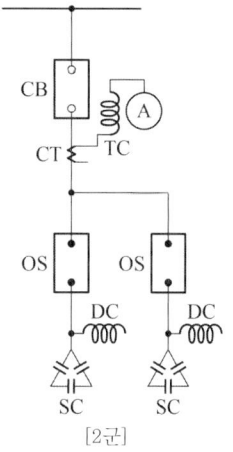
[2군]

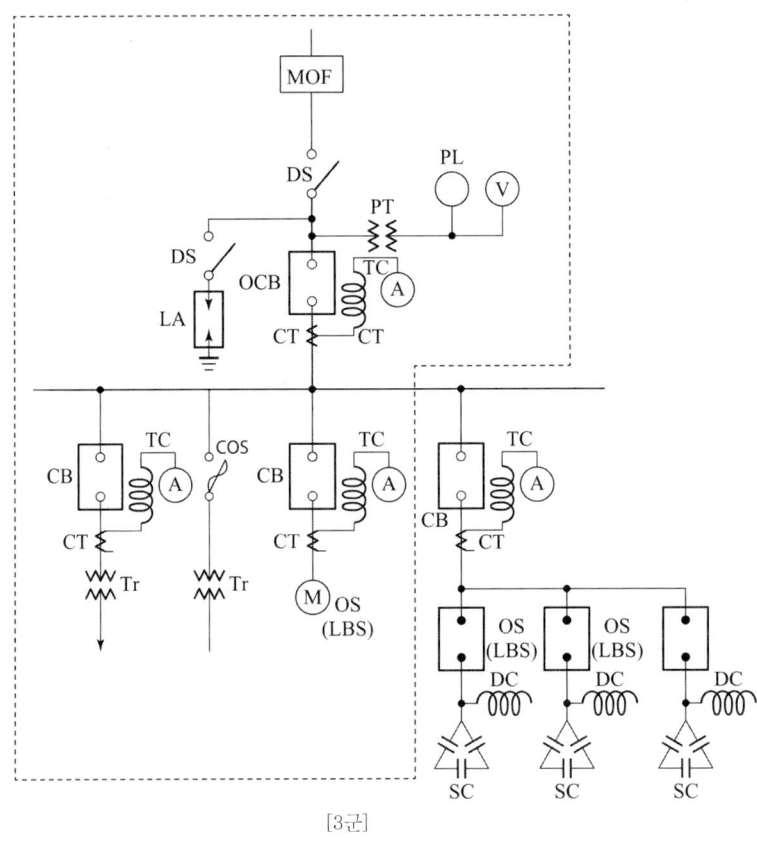

[3군]

[주] 콘덴서의 용량이 100[kVA] 이하인 경우에는 CB 대신 OS 또는 유사한 것(인터럽터 스위치 등)을 50[kVA] 미만의 경우에는 COS(직결로 함)를 사용할 수 있다.

전기공사산업기사 실기

과년도 기출문제
2012

- 2012년 제 01 회
- 2012년 제 02 회
- 2012년 제 04 회

2012년 과년도 기출문제에 대한 출제 빈도 분석 차트입니다.
각 회차별로 별의 개수를 확인하고 학습에 참고하기 바랍니다.

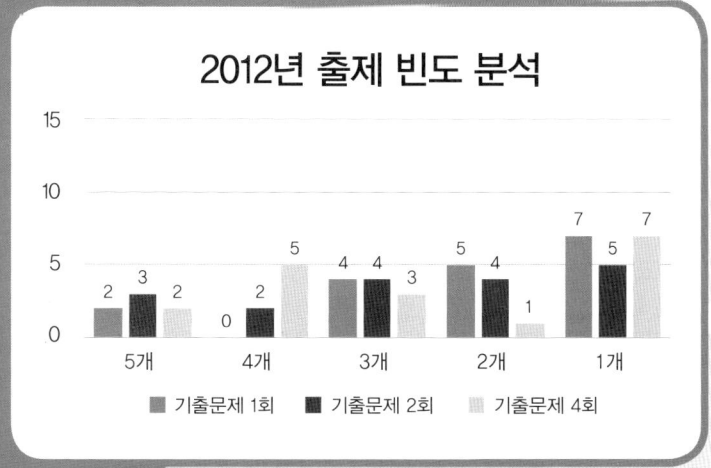

2012년 전기공사산업기사 실기

01 소세력회로란 원격 제어, 신호 등의 회로로서 최대 사용전압 몇 [V] 이하의 것을 말하는 것인가?

Answer

60[V]

Explanation

(내선규정 1,300) 용어
소세력회로(梳洗力回路)란 원격 제어, 신호 등의 회로로서 최대 사용전압이 60[V] 이하의 것이며, 또한 최대 사용전압이 60[V]를 초과하고 대지전압이 300[V] 이하의 강전류 전송에 사용하는 회로와 변압기로 결합된 회로를 말한다.
[주] 전신·전화용회로·화재경보설비의 회로·라디오·텔레비전 등의 시청회로는 소세력회로가 아니다.

02 그림과 같은 3상 송전계통에서 송전전압은 22.9[kV]이다. 지금 1점 P에서 3상 단락하였을 때에 발전기에 흐르는 단락전류는 몇 [A]인가?

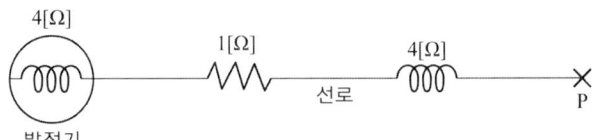

• 계산 :   • 답 :

Answer

계산 : 단락전류 $I_s = \dfrac{E}{Z} = \dfrac{\dfrac{V}{\sqrt{3}}}{\sqrt{R^2+X^2}} = \dfrac{\dfrac{22,900}{\sqrt{3}}}{\sqrt{1^2+(4+4)^2}} = 1,639.9[A]$ 답 : 1,639.9[A]

Explanation

단락전류 $I_s = \dfrac{E}{Z} = \dfrac{\dfrac{V}{\sqrt{3}}}{\sqrt{R^2+X^2}}$ 여기서, 발전기 및 선로의 코일 모양은 리액턴스

> 이 문제는 변경된 KEC 적용으로 인하여 삭제하고, 아래 예상문제로 대체되었습니다.

03 변압기의 고압·특고압측 전로 또는 사용전압이 35[kV] 이하의 특고압전로가 저압측 전로와 혼촉하고 저압전로의 대지전압이 150[V]를 초과하는 경우 1초 이내에 자동으로 차단하는 장치를 설치한 경우 지락전류가 25[A]라면 변압기 중성점 접지저항 값은 얼마인가?

• 계산 :   • 답 :

Answer

계산 : $R = \dfrac{600}{I_1} = \dfrac{600}{25} = 24[\Omega]$

답 : 24[Ω]

Explanation

(KEC 142.5조) 변압기 중성점 접지
① 변압기의 중성점접지 저항 값(변압기의 고압·특고압측)

가. 일반적 : $\dfrac{150}{I_1}$ 이하   여기서, I_1은 전로의 1선 지락전류

나. 변압기의 고압·특고압측 전로 또는 사용전압이 35[kV] 이하의 특고압전로가 저압측 전로와 혼촉하고 저압전로의 대지전압이 150[V]를 초과하는 경우

- 1초 초과 2초 이내에 자동으로 차단하는 장치를 설치 : $\dfrac{300}{I_1}$ 이하
- 1초 이내에 자동으로 차단하는 장치를 설치 : $\dfrac{600}{I_1}$ 이하

② 전로의 1선 지락전류 : 실측값 사용(단, 실측이 곤란한 경우 선로정수 등으로 계산한 값)

---

04 어떤 심벌의 명칭인지 정확하게 답하시오.

(1)    (2) 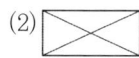   (3)    (4)

Answer

(1) 분전반 (2) 배전반
(3) 제어반 (4) 벽붙이 콘센트

Explanation

(KS C 0301) 옥내배선용 그림기호 배전반, 분전반, 제어반

명칭	그림 기호	적요
배전반 분전반 및 제어반		① 종류를 구별하는 경우는 다음과 같다. 　배전반　▨ 　분전반　▨ 　제어반　▨ ② 직류용은 그 뜻을 표기한다. ③ 재해 방지 전원 회로용 배전반 등인 경우는 2중 틀로 하고 필요에 따라 종별을 표기한다. 　[보기] ▨ 1종　▨ 2종

---

05 교류 송전 방식에 대한 직류 송전 방식의 장점 5가지를 쓰시오.

Answer

① 선로의 리액턴스가 없으므로 안정도가 높다.

② 교류 방식에 비해 절연 레벨이 낮다.
③ 비동기 연계가 가능하다.
④ 충전전류와 유전체손을 고려하지 않아도 된다.
⑤ 코로나 손 및 전력 손실이 적다.

Explanation

직류 송전 방식은 발전과 배전은 교류로 하며 송전만 직류 공급하는 방식으로 그림에서와 같이 발전기에서 발전한 교류전력을 송전단에서 순변환장치(Converter)를 이용하여 직류로 변환하여 송전하고 수전단에서 역변환장치(Inverter)를 이용하여 교류로 전송하는 방식이다.

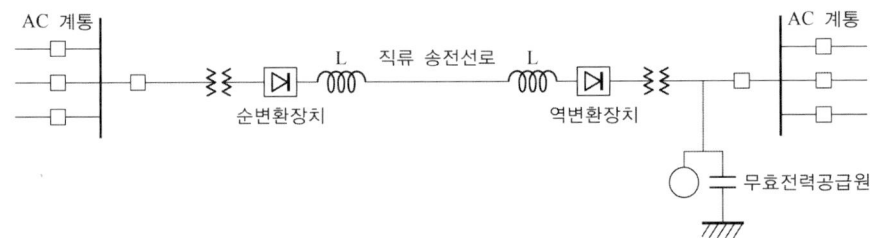

① 직류 송전 방식의 장점은 다음과 같다.
 • 선로의 리액턴스가 없으므로 안정도가 높다.
 • 비동기연계가 가능하다(주파수가 다른 선로의 연계 가능).
 • 도체의 표피 효과가 없다(표피 효과에 의한 손실이 없다).
 • 충전전류와 유전체손을 고려하지 않아도 된다.
 • 교류 방식에 비해 절연 레벨이 낮다.
② 직류 송전 방식 단점은 다음과 같다.
 • 변압이 어렵다.
 • 직류용 차단기가 개발되어 있지 않다.
 • 고조파 억제 대책이 필요하다.
 • 직류 · 교류 변환 장치가 필요하다.

06 ★★★☆☆

접지도체의 굵기를 결정하기 위한 계산 조건을 다음 물음에 답하시오.

(1) 접지도체에 흐르는 고장전류의 값은 전원 측 과전류 차단기에 정격 전류의 몇 배로 하는가?
(2) 과전류 차단기는 정격 전류 20배의 전류에서 몇 초 이하에서 끊어지는 것으로 하는가?

Answer

(1) 20배
(2) 0.1초

Explanation

(내선규정 100-11) 접지도체 굵기의 산정 기초
① 접지도체에 흐르는 고장전류의 값은 전원 측 과전류 차단기 정격 전류의 20배로 한다.
② 과전류 차단기는 정격 전류 20배의 전류에서는 0.1초 이하에서 끊어지는 것으로 한다.
③ 고장전류가 흐르기 전의 접지도체 온도는 30[℃]로 한다.
④ 고장전류가 흘렀을 때의 접지도체의 허용온도는 160[℃]로 한다(따라서, 허용온도 상승은 130[℃]가 된다).
  접지도체의 굵기 : $A = 0.0496 I_n [\text{mm}^2]$
    여기서, I_n : 과전류 차단기의 정격 전류

07 사람이 접촉될 우려가 있는 장소란 저압인 경우에 옥내는 바닥에서 (①)[m] 이상 (②)[m] 이하의 장소를 말한다.

Answer

① 1.8   ② 2.3

Explanation

(내선규정 1,300) 용어
사람이 접촉될 우려가 있는 장소란 예를 들어 저압인 경우에 옥내는 바닥에서 1.8[m] 이상 2.3[m] 이하 (고압인 경우는 1.8[m] 이상 2.5[m] 이하), 옥외는 지표면에서 2[m] 이상 2.5[m] 이하의 장소를 말하고 그밖에 계단의 중간, 창 등에서 손을 뻗쳐 닿을 수 있는 범위를 말한다.

08 수전설비에서 저압회로의 단락보호 장치의 종류를 3가지 쓰시오.

Answer

① 기중 차단기   ② 배선용 차단기   ③ 한류 퓨즈

BEST 09 방의 가로 3[m], 세로 7[m], 광원의 높이는 작업면까지 3[m]인 경우 조명률을 알기 위한 실지수 K를 구하시오

• 계산 :   • 답 :

Answer

계산 : $K = \dfrac{X \cdot Y}{H(X+Y)} = \dfrac{3 \times 7}{3 \times (3+7)} = 0.7$ 답 : 0.6

Explanation

실지수(방지수) = $\dfrac{XY}{H(X+Y)}$

여기서, H : 등의 높이-작업면 높이[m], X : 방의 가로[m], Y : 방의 세로[m]
실지수표에서 0.7 이하는 0.6임

• 실지수표

기호	A	B	C	D	E	F	G	H	I	J
실지수	5.0	4.0	3.0	2.5	2.0	1.5	1.25	1.0	0.8	0.6
범위	4.5 이상	4.5~3.5	3.5~2.75	2.75~2.25	2.25~1.75	1.75~1.38	1.38~1.12	1.12~0.9	0.9~0.7	0.7 이하

10 조명설비에서 전력을 절약하는 효율적인 방법에 대하여 5가지만 기재하시오.

Answer

① 고효율 등기구 채용
② 고조도 저휘도 반사갓 채용
③ 적절한 조광제어 실시
④ 고역률 등기구 채용
⑤ 등기구의 적절한 보수 및 유지 관리

Explanation

⑥ 슬림라인 형광등 및 전구식 형광등 채용
⑦ 창 측 조명 기구 개별 점등
⑧ 재실감지기 및 카드키 채용
⑨ 전반조명과 국부조명의 적절한 병용(TAL조명)
⑩ 등기구의 격등제어 회로 구성

11 ★★★☆☆
그림과 같이 수평 장력이 800[kg]이라면 4.0[mm]의 철선 몇 가닥을 사용해야 하는가? 단, 철선의 단위 면적당 인장강도는 44[kg/mm²], 안전율은 2.5로 한다.

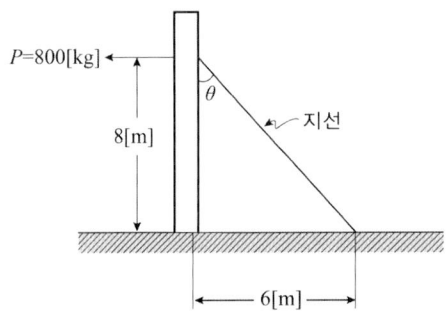

• 계산 :   • 답 :

Answer

계산 : $\sin\theta = \dfrac{6}{\sqrt{8^2 + 6^2}} = \dfrac{6}{10}$

$T_0 = \dfrac{800}{\frac{6}{10}} = \dfrac{10}{6} \times 800 = 1,333.33[\text{kg}] = \dfrac{44 \times \frac{\pi}{4} \times 4^2 \times n}{2.5}$

∴ 소선수 $n = \dfrac{1,333.33 \times 2.5}{44 \times 4\pi} = 6.03$

답 : 7가닥

Explanation

• 지선에 걸리는 장력 $T_0 = \dfrac{T}{\cos\theta}$ [kg]

  여기서, T_0는 지선에 걸리는 장력
  　　　　T 는 전선의 수평장력

• 지선의 장력(T_o) = $\dfrac{\text{소선 1가닥의 인장 강도} \times \text{소선수}(n)}{\text{안전율}}$

12 다음 물음에 답하시오.

(1) 합성수지관 공사에서 관 상호 및 관과 박스와는 관을 삽입하는 깊이를 관의 외경의 1.2배 이상으로 하고 관의 지지점 간의 거리는 (   )[m] 이하로 한다.
(2) 애자사용 공사의 지지점 간의 거리는 전선을 조영재면을 따라 붙이는 경우 (   )[m] 이하로 한다.
(3) 버스 덕트를 조영재에 붙이는 경우에는 덕트의 지지점 간의 거리를 (   )[m] 이하로 견고하게 지지하여야 한다.

Answer

(1) 1.5
(2) 2
(3) 3

Explanation

(KEC 232.11.3조) 합성수지관 및 부속품의 시설
합성수지관공사에서 관 상호 및 관과 박스와는 관을 삽입하는 깊이를 관의 외경의 1.2배(접착제를 사용하는 경우는 0.8배) 이상으로 하고 관의 지지점 간의 거리는 1.5[m] 이하로 한다.

(KEC 232.56조) 애자공사
애자공사의 지지점 간의 거리는 전선을 조영재 윗면 또는 옆면을 따라 붙이는 경우 2[m] 이하로 한다.

(KEC 232.61조) 버스덕트공사
버스 덕트를 조영재에 붙이는 경우에는 덕트의 지지점 간의 거리를 3[m](취급자 이외의 자가 출입할 수 없도록 설비한 장소로 수직으로 설치하는 경우는 6[m]) 이하로 견고하게 지지하여야 한다.

13 ASS는 무엇인지 그 명칭과 설치 사유를 쓰시오.

• 명칭 :
• 설치 사유 :

Answer

• 명칭 : 자동 고장 구분 개폐기
• 설치 사유 : 고장 구간을 자동 개방하여 파급 사고 방지

Explanation

ASS(Automatic Section Switch) : 자동 고장 구분 개폐기
22.9[kV-y] 전기사업자 배전계통에서 부하용량 4,000[kVA] 이하의 분기점 또는 7,000[kVA] 이하의 수전실 인입구에 설치하여 과부하 또는 고장전류 발생 시 전기사업자 측 공급선로의 타 보호기기(Recloser, CB 등)와 협조하여 고장 구간을 자동 개방하여 파급 사고 방지

14 ★☆☆☆☆

그림은 제1공장과 제2공장의 2개의 공장에 대한 어느 날의 일부하 곡선이다. 이 그림을 이용하여 다음 각 물음에 답하시오.

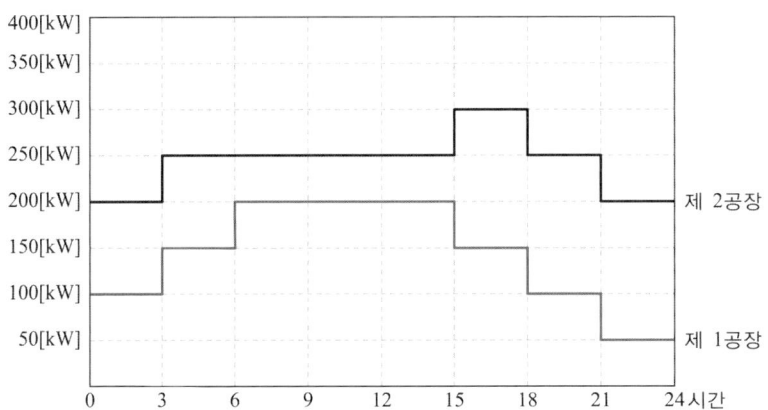

(1) 제1공장의 일부하율은 몇 [%]인가?
(2) 제1공장과 제2공장 상호간의 부등률은 얼마인가?

Answer

(1) 일부하율 = $\dfrac{평균\ 전력}{최대\ 전력} \times 100\,[\%]$

$= \dfrac{100 \times 3 + 150 \times 3 + 200 \times 9 + 150 \times 3 + 100 \times 3 + 50 \times 3}{24 \times 200} \times 100 = 71.88\,[\%]$

(2) 부등률 = $\dfrac{개개의\ 최대\ 전력의\ 합계}{합성\ 최대\ 전력} = \dfrac{200 + 300}{450} = 1.11$

Explanation

부등률 = $\dfrac{개별\ 부하의\ 최대\ 수요\ 전력의\ 합}{합성\ 최대\ 전력} \geq 1$

- 전력 소비기기를 동시에 사용하는 정도
- 각 수용가에서의 최대 수용 전력의 발생 시각은 시간적으로 차이가 있다.
- 배전 변압기 또는 간선에서의 합성 최대 수용전력은 각 수용가에서의 최대 수용 전력의 합보다 적게 되는데 이 비를 부등률이라 함

부하율 = $\dfrac{평균\ 수용\ 전력[kW]}{합성\ 최대\ 수용\ 전력[kW]} \times 100\,[\%] = \dfrac{사용전력량[kWh]/사용시간}{합성\ 최대\ 수용\ 전력[kW]} \times 100\,[\%]$

합성 최대 전력
15~18시 사이에 발생하여 이때 제1공장 : 150[kW]
제2공장 : 300[kW]
따라서 합성 최대 전력은 150 + 300 = 450[kW]

15 ★★★☆☆ 240[mm²] ACSR 전선을 200[m]의 경간에 가설하려고 하는데 이도는 계산상 8[m]였지만 가설 후의 실측 결과는 6[m]이어서 2[m] 증가시키려고 한다. 이때 전선을 경간에 몇 [m]만큼 밀어 넣어야 하는가?

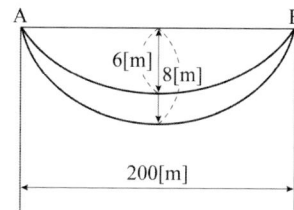

- 계산 :
- 답 :

Answer

계산 : 이도 6[m]일 때 전선의 길이 $L_1 = 200 + \dfrac{8 \times 6^2}{3 \times 200} = 200.48[\text{m}]$

이도 8[m]일 때 전선의 길이 $L_2 = 200 + \dfrac{8 \times 8^2}{3 \times 200} = 200.85[\text{m}]$

∴ $L_2 - L_1 = 200.85 - 200.48 = 0.37[\text{m}]$

답 : 0.37[m]

Explanation

- 이도 : $D = \dfrac{WS^2}{8T} = \dfrac{WS^2}{8 \times \dfrac{\text{인장하중}}{\text{안전율}}}$

- 실제 길이 : $L = S + \dfrac{8D^2}{3S}$

여기서, L : 전선의 실제 길이[m]
D : 이도[m]
S : 경간[m]

16. 지중관로 케이블 포설 공사 시 포설 전 유의사항 3가지를 쓰시오.

Answer

① 맨홀 내의 가스 검출, 산소 측정 및 환기
② 맨홀 내의 배수 및 청소
③ 드럼 측과 윈치 측의 연락 체계 확인

Explanation

이외에도
④ 기자재의 정리정돈
⑤ 맨홀 내의 로라, 활차 등의 고정 상태 확인 및 외상 방지 대책
⑥ 와이어의 강도, 소선단선, 킹크 여부 확인

17. 공사원가 계산(총 원가) 시 원가 계산의 비목(구성)을 쓰시오. (5가지)

Answer

① 재료비
② 노무비
③ 경비
④ 일반관리비
⑤ 이윤

Explanation

- 순 공사원가 : 재료비, 노무비, 경비
- 총 공사원가 : 재료비, 노무비, 경비, 일반관리비, 이윤

18 도면은 단상 220[V] 금속관 공사로 내선공사를 하려고 한다. 도면과 타임차트를 정확히 이해하고 답란에 다음 물음에 답하시오. 단, SW는 OFF 상태임

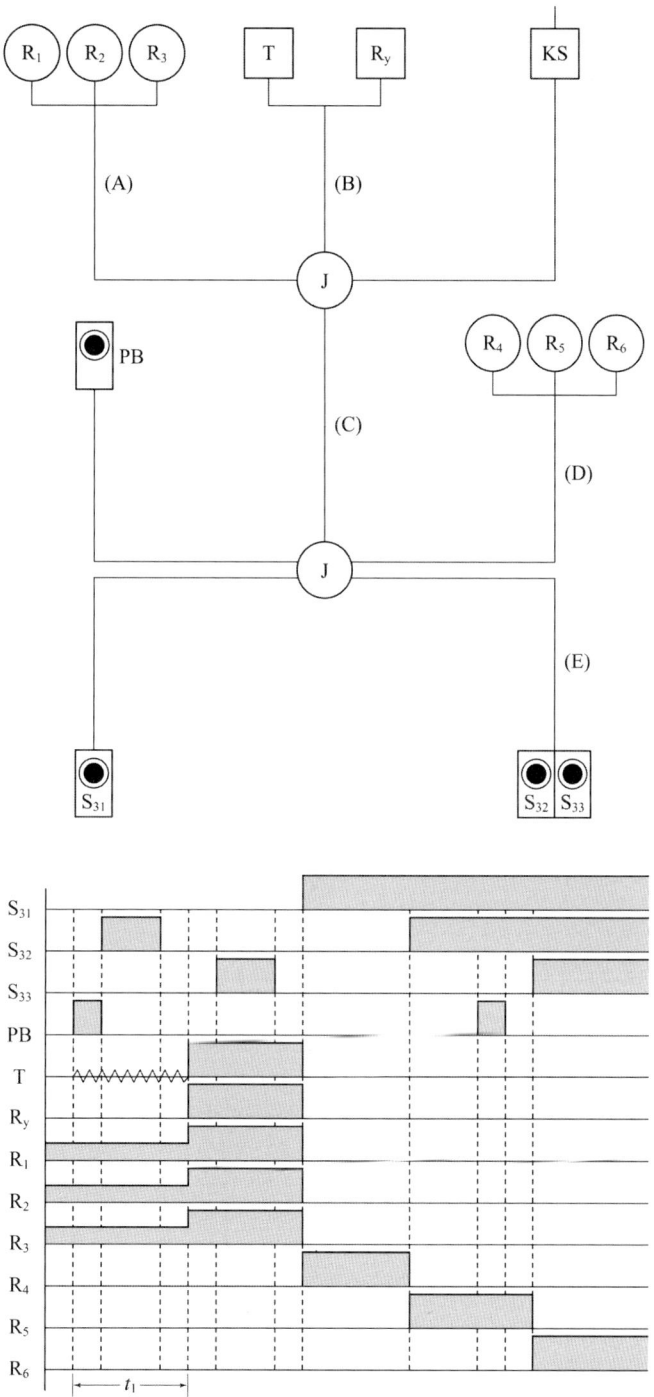

[타이머 내부 회로도] [릴레이 내부 결선도]

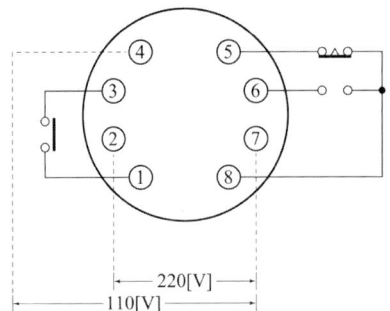 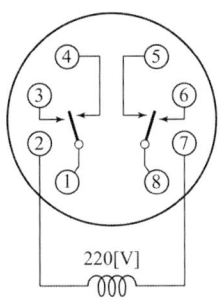

(1) 답란의 미완성된 회로도를 타임차트와 같이 동작되도록 회로도를 완성하시오.

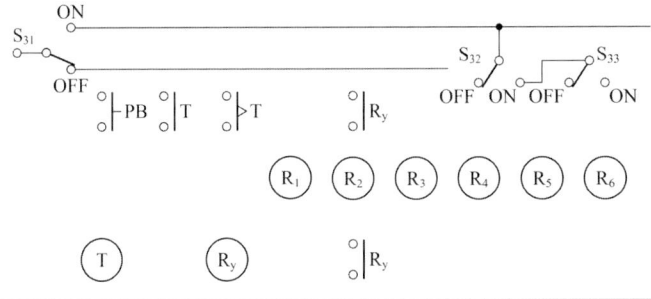

(2) 도면에서 A로 표시된 전선관에 최소 몇 가닥 들어가는가?
(3) 도면에서 B로 표시된 전선관에 최소 몇 가닥 들어가는가?
(4) 도면에서 C로 표시된 전선관에 최소 몇 가닥 들어가는가?
(5) 도면에서 D로 표시된 전선관에 최소 몇 가닥 들어가는가?
(6) 도면에서 E로 표시된 전선관에 최소 몇 가닥 들어가는가?

Answer

(1)

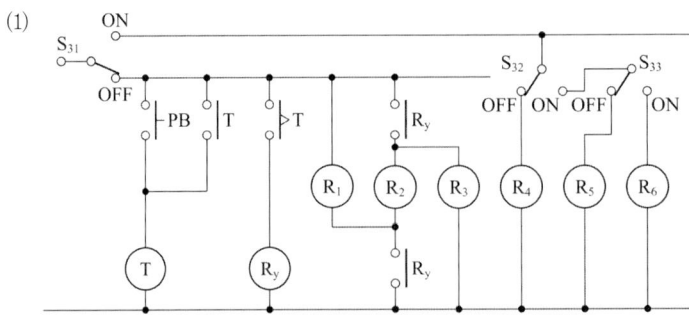

(2) 4가닥
(3) 5가닥
(4) 4가닥
(5) 4가닥
(6) 4가닥

2012년 전기공사산업기사 실기

01 ★★★☆☆
"노이즈 방지용 접지"란 어떤 접지인지 쓰시오.

Answer

어떤 전자장치의 노이즈 발생 또는 기타 발생 원인으로부터 또 다른 전자장치의 오동작, 통신장애 기타 다른 기기에 장애를 일으키지 않도록 하기 위한 접지

02 ★☆☆☆☆
그림을 보고 (1) 단상 유도 전압조정기 (2) 3상 유도 전압조정기의 복선도용 심벌을 그리시오.

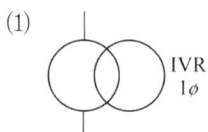

Answer

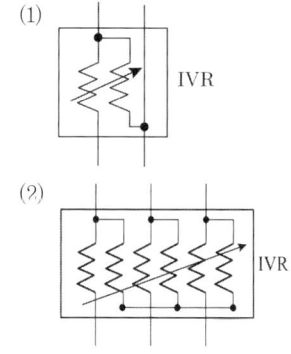

03 다음은 건물의 지상층 층수별 할증이다. 각각 몇 [%]를 적용하는지 쓰시오.

(1) 2층 ~ 5층
(2) 10층 이하
(3) 20층 이하
(4) 30층 이하
(5) 32층 이하

Answer

(1) 1[%] (2) 3[%] (3) 5[%] (4) 7[%] (5) 8[%]

Explanation

건물의 층수별 할증
- 지상층 : 2층~ 5층 이하 1[%]
  　　　　10층 이하 3[%]
  　　　　15층 이하 4[%]
  　　　　20층 이하 5[%]
  　　　　25층 이하 6[%]
  　　　　30층 이하 7[%]
  　　　　30층 초과에 대하여는 매 5층 이내 증가마다 1.0[%] 가산
- 지하층 : 지하 1층 1[%]
  　　　　지하 2 ~ 5층 2[%]
  　　　　지하 6층 이하는 매 1개 층 증가마다 0.2[%] 가산

04 다음 설명을 잘 이해한 후 어떤 결선 방식인가 답하고 결선도를 그리시오.

- 2차 권선의 전압이 선간전압의 $\frac{1}{\sqrt{3}}$ 이고 승압용에 적당하다.
- 즉, △－△ 결선과 Y-Y 결선의 장점을 갖고 있다.
- 30° 위상변위가 있어서 한 대가 고장이 나면 전원 공급이 불가능한 결선이다.

Answer

△－Y 결선

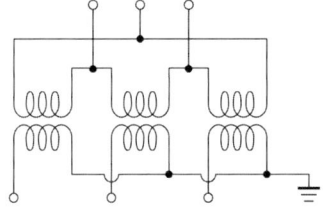

Explanation

△-Y 결선의 특징
- 2차 권선의 전압이 선간전압 $\frac{1}{\sqrt{3}}$ 이고 승압용에 적당하다.
- △-△ 결선과 Y-Y 결선의 장점을 갖고 있다.
- 30°의 위상 변위가 있어서 1대가 고장이 나면 전원 공급이 불가능한 결선이다.

BEST 05 그림은 콘센트의 종류를 표시한 옥내배선용 그림기호이다. 각 그림기호는 어떤 의미를 가지고 있는지 설명하시오.

(1) ⏾WP   (2) ⏾EL   (3) ⏾2   (4) ⊙   (5) ⏾ET

Answer

(1) 방수형   (2) 누전 차단기   (3) 2구
(4) 천장 붙이   (5) 접지단자붙이

Explanation

(KS C 0301) 옥내배선용 그림기호 콘센트

명칭	그림기호	적요
콘센트	⏾	① 천장에 부착하는 경우는 다음과 같다. ⊙ ② 바닥에 부착하는 경우는 다음과 같다. ③ 용량의 표시방법은 다음과 같다. 　a. 15[A]는 방기하지 않는다. 　b. 20[A] 이상은 암페어 수를 표기한다. 　[보기] ⏾20A ④ 2구 이상인 경우는 구수를 표기한다. 　[보기] ⏾2 ⑤ 3극 이상인 것은 극수를 표기한다. 　[보기] ⏾3P ⑥ 종류를 표시하는 경우는 다음과 같다. 　빠짐방지형　　　　⏾LK 　걸림형　　　　　　⏾T 　접지극붙이　　　　⏾E 　접지단자붙이　　　⏾ET 　누전차단기붙이　　⏾EL ⑦ 방수형은 WP를 표기한다. ⏾WP ⑧ 방폭형은 EX를 표기한다. ⏾EX ⑨ 의료용은 H를 표기한다. ⏾H

06 다음 표의 전로의 사용전압의 구분에 따른 절연저항 값은 몇 [MΩ] 이상이어야 하는지 그 값을 표에 써 넣으시오.

전로의 사용전압[V]	DC 시험전압[V]	절연저항[MΩ]
SELV 및 PELV	250	①
FELV, 500[V] 이하	500	②
500[V] 초과	1,000	③

Answer

① 0.5[MΩ]　　　　② 1.0[MΩ]　　　　③ 1.0[MΩ]

Explanation

(기술기준 제52조) 저압전로의 절연저항

전기사용 장소의 사용전압이 저압인 전로의 전선 상호간 및 전로와 대지 사이의 절연저항은 개폐기 또는 과전류차단기로 구분할 수 있는 전로마다 다음 표에서 정한 값 이상이어야 한다. 다만, 전선 상호간의 절연저항은 기계기구를 쉽게 분리가 곤란한 분기회로의 경우 기기 접속 전에 측정할 수 있다.

또한, 측정 시 영향을 주거나 손상을 받을 수 있는 SPD 또는 기타 기기 등은 측정 전에 분리시켜야 하고, 부득이하게 분리가 어려운 경우에는 시험전압을 250[V] DC로 낮추어 측정할 수 있지만 절연저항 값은 1[MΩ] 이상이어야 한다.

전로의 사용전압[V]	DC 시험전압[V]	절연저항[MΩ]
SELV 및 PELV	250	0.5
FELV, 500[V] 이하	500	1.0
500[V] 초과	1,000	1.0

> 이 문제는 변경된 KEC 적용으로 인하여 삭제하고, 아래 예상문제로 대체되었습니다.

07 한국전기설비규정에 의하여 고압 및 특고압 전로에 시설하는 피뢰기는 접지공사를 하여야 한다. 다음에 알맞은 말을 넣으시오.

> 고압 및 특고압의 전로에 시설하는 피뢰기 접지저항 값은 (①)[Ω] 이하로 하여야 한다. 다만, 고압가공전선로에 시설하는 피뢰기는 규정에 의하여 접지공사를 한 변압기에 근접하여 시설하는 경우로서, 고압가공전선로에 시설하는 피뢰기의 접지도체가 그 접지공사 전용의 것인 경우에 그 접지공사의 접지저항 값이 (②)[Ω] 이하인 때에는 그 피뢰기의 접지저항 값이 (①)[Ω] 이하가 아니어도 된다.

Answer

① 10　　　　② 30

Explanation

(KEC 341.14조) 피뢰기의 접지

고압 및 특고압의 전로에 시설하는 피뢰기 접지저항 값은 10[Ω] 이하로 하여야 한다. 다만, 고압가공전선로에 시설하는 피뢰기를 규정에 의하여 접지공사를 한 변압기에 근접하여 시설하는 경우로서, 고압가공전선로에 시설하는 피뢰기의 접지도체가 그 접지공사 전용의 것인 경우에 그 접지공사의 접지저항 값이 30[Ω] 이하인 때에는 그 피뢰기의 접지저항 값이 10[Ω] 이하가 아니어도 된다.

08 금속제 전선관의 치수에서 후강전선관의 호칭은 다음과 같다. ( ) 안에 관의 호칭을 쓰시오.

> 16, 22, ( ), ( ), 42, ( ), 70, ( ), 92, ( )

Answer

28, 36, 54, 82, 104

Explanation

(내선규정 2,225) 금속관의 종류

종류	관의 호칭
후강 전선관(근사내경, 짝수, G)	16 22 28 36 42 54 70 82 92 104
박강 전선관(근사외경, 홀수, C)	19 25 31 39 51 63 75
나사 없는 전선관(E)	박강 전선관과 치수가 같다.

09 다음의 작업 구분에 맞는 직종명을 쓰시오.

(1) 특고압 케이블 설비의 시공 및 보수
(2) 철탑 및 송전설비의 시공 및 보수
(3) 발전설비 및 중공업 설비의 시공 및 보수

Answer

(1) 특고압 케이블전공
(2) 송전전공
(3) 플랜트전공

Explanation

(1) 특고압 케이블전공 : 특별고압 케이블 설비의 시공 및 보수에 종사하는 사람
(2) 송전전공 : 발전소와 변전소 사이의 송전선의 철탑 및 송전설비의 시공 및 보수에 종사하는 사람
(3) 플랜트전공 : 발전소 중공업설비·플랜트설비의 시공 및 보수에 종사하는 사람
(4) 변전전공 : 변전소 설비의 시공 및 보수에 종사하는 사람
(5) 계장전공 : 기계, 급배수, 전기, 가스, 위생, 냉난방 및 기타 공사에 있어서 계기(공업제어 장치, 공업 계측 및 컴퓨터, 자동제어 장치)를 전문으로 설치, 부착 및 점검하는 사람

10 평면이 200[m²]인 사무실에 40[W] 형광등 전광속 2,500[lm]인 형광등을 사용하여 평균 조도를 150[lx]로 유지하도록 하려고 한다. 이 사무실에 필요한 형광등 수를 산정하시오. 단, 조명률은 0.5이고, 감광 보상률은 1.25이다.

- 계산 :
- 답 :

Answer

계산 : $N = \dfrac{ESD}{FU} = \dfrac{150 \times 200 \times 1.25}{2,500 \times 0.5} = 30$[등]   답 : 30[등]

Explanation

조명 계산
$FUN = ESD$
여기서, F[lm] : 광속, U[%] : 조명률, N[등] : 등수
E[lx] : 조도, S[m²] : 면적, $D = \dfrac{1}{M}$: 감광 보상률 $= \dfrac{1}{보수율}$

등수 $N = \dfrac{ESD}{FU}$ 이며 등수 계산에서 소수점은 무조건 절상한다.

11 다음 용어 설명에 대한 명칭을 쓰시오.

(1) 소켓, 리셉터클, 콘센트 등의 총칭을 말한다.
(2) 전로에 접속된 변압기 또는 콘덴서의 결선상 단위를 말한다.
(3) 전로에 지락이 생겼을 경우에 이를 검출하여 신속하게 차단하기 위한 장치를 말한다.
(4) 마루 밑에 매입하는 배선용의 홈통으로 마루 위로 전선 인출을 목적으로 하는 것을 말한다.
(5) 벨, 부저, 신호등 등의 신호를 발생하는 장치에 전기를 공급하는 회로를 말한다.

Answer

(1) 수구
(2) 뱅크
(3) 지락차단 장치
(4) 플로어 덕트
(5) 신호 회로

Explanation

(내선규정 1,300) 용어
① 수구(受口)란 소켓, 리셉터클, 콘센트 등의 총칭을 말한다.
② 뱅크(Bank)란 전로에 접속된 변압기 또는 콘덴서의 결선상 단위(結線上 單位)를 말한다.
③ 지락차단 장치(地絡遮斷裝置)란 전로에 지락이 생겼을 경우에 이를 검출하여 신속하게 차단하기 위한 장치를 말한다.
④ 플로어(Floor) 덕트란 마루 밑에 매입하는 배선용의 홈통으로 마루 위로의 전선 인출을 목적으로 하는 것을 말한다.
⑤ 신호회로(信號回路)란 벨, 부저, 신호등 등의 신호를 발생하는 장치에 전기를 공급하는 회로를 말한다.

12 발열량 5,500[kcal/kg]의 석탄 1[ton]을 연소하여 2,400[kWh]의 전력을 발생하는 화력 발전소의 열효율은 약 몇[%]인가?

• 계산 :   • 답 :

Answer

계산 : $\eta = \dfrac{860Pt}{MH} \times 100 = \dfrac{860 \times 2,400}{1 \times 10^3 \times 5,500} \times 100 = 37.53[\%]$ 답 : $37.53[\%]$

Explanation

화력 발전소의 효율

$\eta = \dfrac{전기}{열} \times 100[\%]$

$\eta_G = \dfrac{860Pt}{MH} \times 100 \ [\%]$

여기서, H : 발열량[kcal/kg], M : 연료량[kg], $W(=Pt)$: 전력량[kWh]

13 다음의 중성점 접지방식에 대하여 어떻게 접지하는지 설명하시오.

(1) 직접접지 방식
(2) 저항접지 방식
(3) 비접지 방식

Answer

(1) 중성점을 금속선으로 직접접지하는 방식
(2) 중성점을 저항으로 접지하는 방식이며, 이때 저항값의 크기에 따라 저저항접지 방식과 고저항접지 방식으로 나누어진다.
(3) 중성점을 접지하지 않는 방식

Explanation

중성점 접지의 종류

① 비접지 방식($Z_n = \infty$) : 사용전압 : 20 ~ 30[kV]의 저전압 단거리
② 직접접지 방식($Z_n = 0$) : 직접접지 방식은 우리나라 송전선로의 대부분을 차지하며 154[kV], 345[kV], 765[kV] 등에 사용되며 또한, 지락 사고 시에 건전상의 전위 상승이 정상 시 상(Y)전압의 1.3배를 넘지 않도록 접지 임피던스를 조정하는 방식을 유효접지 방식이라 한다.
③ 저항접지 방식($Z_n = R$)
④ 소호 리액터 접지 방식($Z_n = jX_L$)

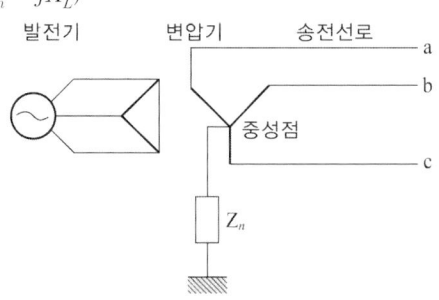

14 전등 설비 200[kW], 전열 설비 300[kW], 전동기 설비 400[kW]인 수용가가 있다. 이 수용가의 최대 수용 전력이 780[kW]이라면 수용률은 얼마인가?

- 계산 :
- 답 :

Answer

계산 : 수용률 = $\dfrac{\text{최대 수용 전력}}{\text{부하 설비용량}} \times 100[\%] = \dfrac{780}{200+300+400} \times 100 = 86.67[\%]$ 답 : 86.67[%]

Explanation

수용률
최대 전력과 부하설비 용량과의 비
최대 전력은 수용가의 계약용량과 수전용 변압기의 용량을 결정하는 중요한 계수

수용률 = $\dfrac{\text{최대수용전력}}{\text{부하 설비용량}} \times 100[\%]$

최대 수용전력 = 부하 설비용량 × 수용률
수용률이 커지면 최대 전력이 증가되므로 변압기 용량이 커져서 경제적으로 불리

15 변압비가 50이고 2차 전부하 전압이 220[V], 전압변동률이 4[%]인 변압기 1차 측 무부하 전압은 몇 [V]인가?

- 계산 :
- 답 :

Answer

계산 : $\epsilon = \dfrac{V_{20} - V_{2n}}{V_{2n}} \times 100 = \left(\dfrac{V_{20}}{V_{2n}} - 1\right) \times 100 = 4[\%]$

$V_{20} = \left(1 + \dfrac{4}{100}\right) \times 220 = 228.8[V]$

∴ $V_{10} = a V_{20} = 50 \times 228.8 = 11,440[V]$ 답 : 11,440[V]

Explanation

$\epsilon = \dfrac{V_{20} - V_{2n}}{V_{2n}} \times 100 = \left(\dfrac{V_{20}}{V_{2n}} - 1\right) \times 100[\%]$

여기서, ϵ : 전압변동률
V_{20} : 무부하 전압
V_{2n} : 정격 전압

무부하 1차 전압 $V_{10} = a V_{20}$

16 다음 그림은 고압수전설비 결선도이다. 물음에 답하시오.

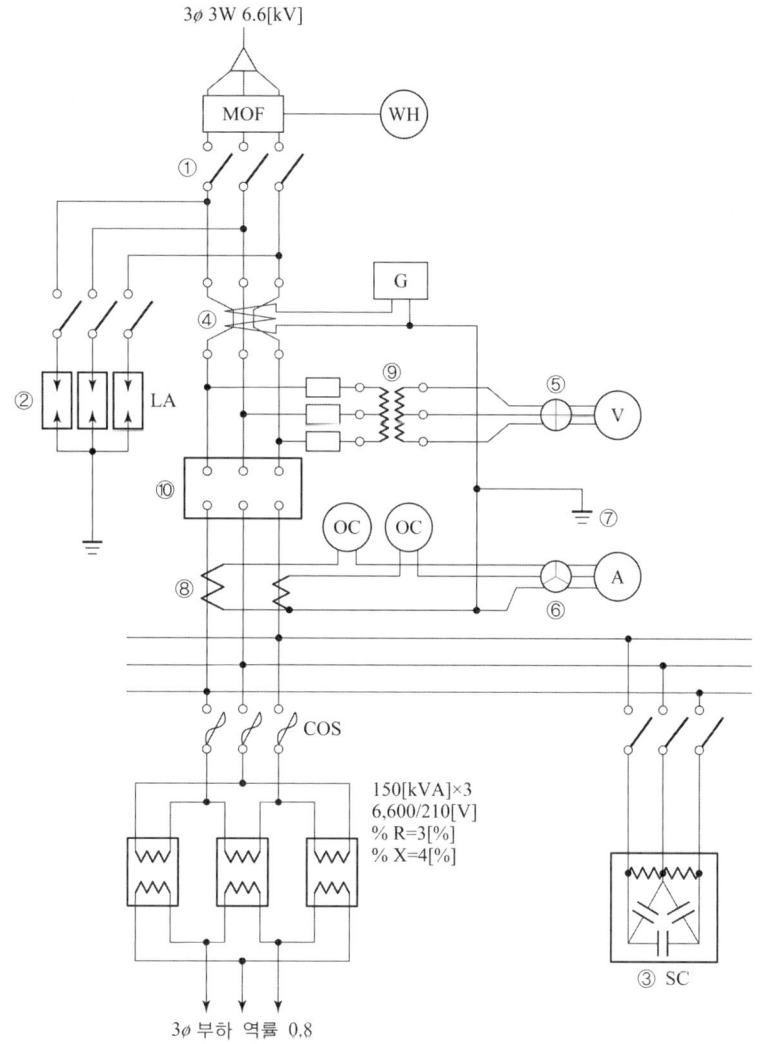

(1) ①의 기기 명칭은?
(2) ②의 기기 명칭은?
(3) ③의 SC는 무엇을 말하는가?
(4) ④의 기기 명칭은?
(5) ⑤의 기기 명칭은?
(6) ⑥의 기기 명칭은?
(7) ⑧의 기기 명칭은?
(8) ⑨의 기기 명칭은?
(9) ⑩의 기기 명칭은?

Answer

(1) 단로기
(2) 피뢰기
(3) 전력용 콘덴서
(4) 영상 변류기
(5) 전압계용 전환개폐기
(6) 전류계용 전환개폐기
(7) 변류기
(8) 계기용 변압기
(9) 차단기

Explanation

고압 수전설비(정식수전설비)

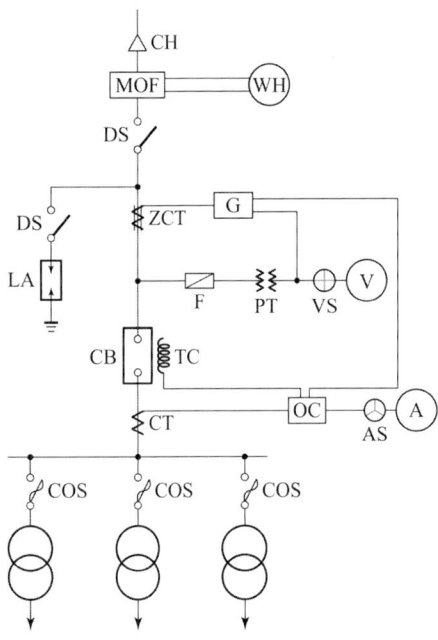

약호와 명칭

약호	명칭
DS	단로기
LA	피뢰기
CT	변류기
CB	차단기
TC	트립 코일
OCR	과전류 계전기
GR	지락 계전기
MOF	전력 수급용 계기용 변성기
COS	컷 아웃 스위치
PF	전력 퓨즈
PT	계기용 변압기
AS	전류계용 전환 개폐기
VS	전압계용 전환 개폐기

17 아래 회로도를 보고 물음에 답하시오.

(1) 답안지의 시퀀스 회로도를 완성하시오.

(2) 답란의 출력식을 쓰시오.

Answer

(1)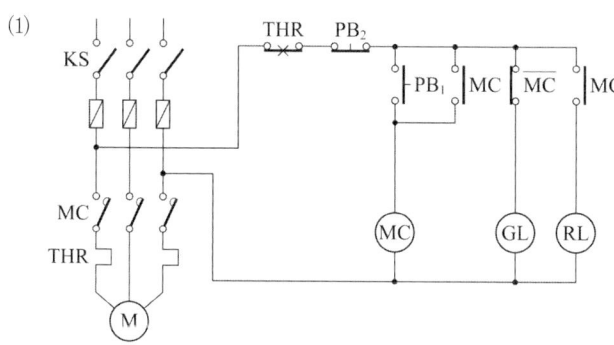

(2) $MC = (PB_1 + MC) \cdot \overline{PB_2} \cdot \overline{THR}$
　　$GL = \overline{MC}$
　　$RL = MC$

18 다음 물음에 답하시오.

(1) 사용전압이 22.9[kV]라고 할 때 차단기의 트립 전원은 (①) 또는 (②) 방식이 바람직하며 66[kV] 이상의 수전설비에는 (③)이어야 한다.
(2) 지중 인입선의 경우에 22.9[kV-Y] 계통은 (①) 또는 (②) 케이블을 사용하여야 한다.

Answer

(1) ① 직류(DC)
    ② 콘덴서(CTD)
    ③ 직류(DC)
(2) ① CNCV-W 케이블(수밀형)
    ② TR CNCV-W(트리억제형)

Explanation

특고압 수전설비 표준결선도(CB 1차 측에 CT를, CB 2차 측에 PT를 시설하는 경우)

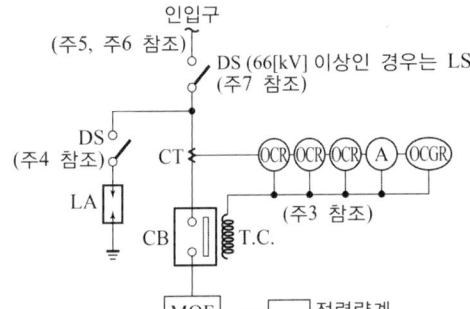

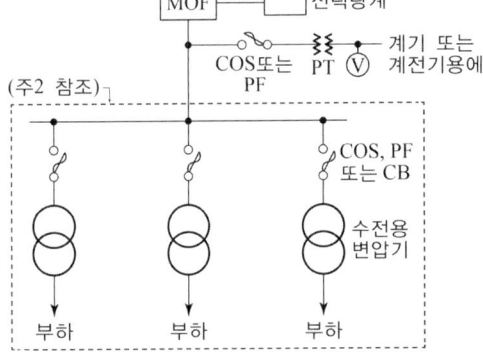

약호	명칭
DS	단로기
LA	피뢰기
CT	변류기
CB	차단기
TC	트립코일
OCR	과전류 계전기
GR	지락 계전기
MOF	전력 수급용 계기용 변성기
COS	컷아웃 스위치
PF	전력 퓨즈
PT	계기용 변압기

[주1] 22.9[kV-Y] 1,000[kVA] 이하인 경우에는 특고압 간이 수전설비 결선도에 의할 수 있다.
[주2] 결선도 중 점선 내의 부분은 참고용 예시이다.
[주3] 차단기의 트립 전원은 직류(DC) 또는 콘덴서 방식(CTD)이 바람직하며 66[kV] 이상의 수전설비에는 직류(DC)이어야 한다.
[주4] LA용 DS는 생략할 수 있으며 22.9[kV-Y]용의 LA는 Disconnector(또는 Isolator) 붙임형을 사용하여야 한다.
[주5] 인입선을 지중선으로 시설하는 경우로서 공동 주택 등 사고시 정전 피해가 큰 수전설비 인입선은 예비선을 포함하여 2회선으로 시설하는 것이 바람직하다.
[주6] 지중인입선의 경우에 22.9[kV-Y] 계통은 CNCV-W 케이블(수밀형) 또는 TR CNCV-W(트리억제형)을 사용하여야 한다. 다만, 전력구·공동구·덕트·건물 구내 등 화재의 우려가 있는 장소에서는 FR-CNCO-W(난연) 케이블을 사용하는 것이 바람직하다.
[주7] DS 대신 자동고장구분 개폐기(7,000[kVA] 초과 시에는 Sectionalizer)를 사용할 수 있으며 66[kV] 이상의 경우는 LS를 사용하여야 한다.

2012년 전기공사산업기사 실기

01 ★★★★☆
그림과 같은 철탑 기초의 굴착량을 산출하려고 한다. 철탑의 굴착량 식은?

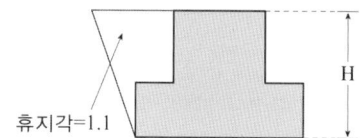

Answer

터파기량=가로×세로×H×1.21

Explanation

터파기량 계산
- 줄기초 파기 : 전선관 매설

$$터파기량[m^3] = \left(\frac{a+b}{2}\right) \times h \times 줄기초\ 길이$$

- 철탑의 굴착량 : 터파기량$[m^3]$ = 가로×세로×H×1.21
  휴지각 = 1.1×1.1 = 1.21

02 ★★★★☆
어느 빌딩의 수전설비를 계획하려고 한다. 이 빌딩에 예측되는 부하밀도는 조명전용 30[VA/m^2], 일반 동력 30[VA/m^2], 냉방 40[VA/m^2]이다. 이 빌딩의 건평이 20,000[m^2]일 경우 부하설비의 용량은 몇 [kVA]인지 계산하시오.

- 계산 :
- 답 :

Answer

계산 : 조명설비 = $30 \times 20,000 \times 10^{-3}$ = 600[kVA]
일반 동력설비 = $30 \times 20,000 \times 10^{-3}$ = 600[kVA]
냉방 설비 = $40 \times 20,000 \times 10^{-3}$ = 800[kVA]
총 부하설비 = 600+600+800 = 2,000[kVA]

답 : 2,000[kVA]

Explanation

부하상정 및 분기회로
- 부하의 상정
  부하설비 용량= $PA + QB + C$
  여기서, P : 건축물의 바닥 면적[m^2] (Q 부분 면적 제외)
  Q : 별도 계산할 부분의 바닥 면적[m^2]
  A : P 부분의 표준 부하[VA/m^2]
  B : Q 부분의 표준 부하[VA/m^2]
  C : 가산해야 할 부하[VA]

03 축전지의 용량 산출에 필요한 조건 6가지를 쓰시오.

Answer

① 부하의 크기와 성질
② 예상 정전 시간
③ 순시 최대 방전전류의 세기
④ 제어 케이블에 의한 전압강하
⑤ 경년에 의한 용량의 감소
⑥ 온도 변화에 의한 용량 보정

Explanation

무정전 전원 공급 장치(UPS : Uninterruptible Power Supply)
- 구성 : 축전지, 정류 장치(Converter), 역변환 장치(Inverter)
- 선로의 정전이나 입력 전원에 이상 상태가 발생하였을 경우에도 정상적으로 전력을 부하 측에 공급하는 설비

UPS의 구성도

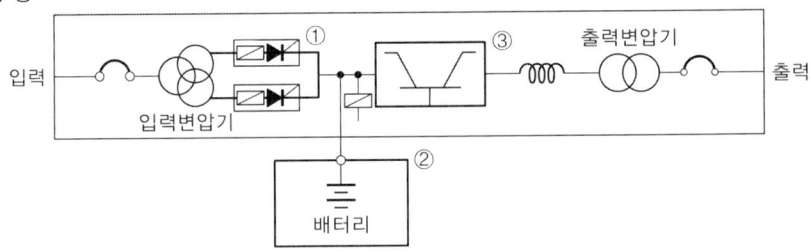

UPS 구성 장치
① 순변환(정류) 장치(Converter) : 교류를 직류로 변환
② 축전지 : 정류 장치에 의해 변환된 직류전력을 저장
③ 역변환 장치(Inverter) : 직류를 상용 주파수의 교류전압으로 변환

축전지 용량

$C = \dfrac{1}{L} KI [\text{Ah}]$

여기서, C : 축전지의 용량 [Ah]
L : 보수율(경년용량 저하율)
K : 용량환산 시간 계수
I : 방전전류[A]

04 태양전지의 모듈이란?

Answer

태양전지의 최소 단위를 셀(cell)이라고 하는데, 이 셀을 다수 개 조합한 것을 모듈이라고 한다.

05 단상 변압기 10[kVA] 3대로 △ 결선하여 급전하고 있는데 변압기 1대가 고장으로 제거되었다고 한다. 이때의 부하가 27.8[kVA]라면 나머지 2대의 변압기는 몇 [%]의 과부하율로 운전되는가?

• 계산 :

• 답 :

Answer

계산 : V결선 출력 $P = \sqrt{3}\,VI = \sqrt{3} \times 10\,[kVA]$

과부하율 $= \dfrac{27.8}{\sqrt{3} \times 10} \times 100 = 160.5\,[\%]$

답 : 160.5[%]

Explanation

V결선 : 단상 변압기 2대로 결선하여 3상 공급

V결선의 용량은 변압기 1대 용량을 K라 하면 $P_V = \sqrt{3}\,K$이며

이용률 $= \dfrac{\sqrt{3}\,K}{2K} = \dfrac{\sqrt{3}}{2} = 0.866$

출력비 $= \dfrac{\sqrt{3}\,K}{3K} = \dfrac{\sqrt{3}}{3} = 0.5774$

과부하율 $= \dfrac{\text{부하용량}}{V\text{결선 공급량}} \times 100$

06 저압전로의 지락보호 방식의 종류 4가지를 쓰시오.

Answer

① 접지보호 방식
② 지락 과전류보호 방식
③ 누전검출 방식
④ 누전경보 방식

Explanation

저압전로의 지락보호 방식 : 저압전로의 지락으로 인한 화재, 인축에의 감전을 방지
• 접지보호 방식
• 지락 과전류보호 방식
• 누전검출 방식
• 누전경보 방식
• 절연변압기 방식
• 기타 방식

07 그림과 같이 수전단 전압이 210[V], 부하전류 60[A], 역률은 1일 때, ab에 걸리는 전압은 몇 [V]인가? 단, 1선당 저항값은 0.06[Ω]이고, 리액턴스는 무시한다.

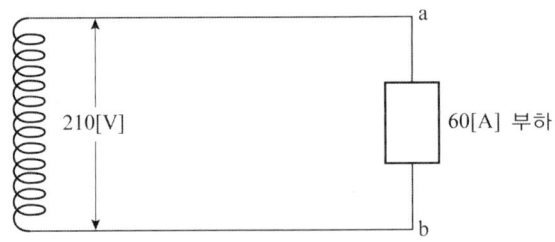

• 계산 :

• 답 :

Answer

계산 : $V_{ab} = 210 - 2 \times 60 \times 0.06 = 202.8[V]$ 답 : 202.8[V]

Explanation

단자전압(부하에 걸리는 전압)
$V' = V - IR$ 여기서, V는 전원전압
문제에서는 1선당 저항 값이 주어져 있으므로 $V' = V - 2IR$

08 다음 표의 전로의 사용전압의 구분에 따른 절연저항 값은 몇 [MΩ] 이상이어야 하는지 그 값을 표에 써 넣으시오.

전로의 사용전압[V]	DC 시험전압[V]	절연저항[MΩ]
SELV 및 PELV	250	①
FELV, 500[V] 이하	500	②
500[V] 초과	1,000	③

Answer

① 0.5[MΩ]
② 1.0[MΩ]
③ 1.0[MΩ]

Explanation

(기술기준 제52조) 저압전로의 절연저항
전기사용 장소의 사용전압이 저압인 전로의 전선 상호간 및 전로와 대지 사이의 절연저항은 개폐기 또는 과전류차단기로 구분할 수 있는 전로마다 다음 표에서 정한 값 이상이어야 한다. 다만, 전선 상호간의 절연저항은 기계기구를 쉽게 분리가 곤란한 분기회로의 경우 기기 접속 전에 측정할 수 있다.
또한, 측정 시 영향을 주거나 손상을 받을 수 있는 SPD 또는 기타 기기 등은 측정 전에 분리시켜야 하고, 부득이하게 분리가 어려운 경우에는 시험전압을 250[V] DC로 낮추어 측정할 수 있지만 절연저항 값은 1[MΩ] 이상이어야 한다.

전로의 사용전압[V]	DC 시험전압[V]	절연저항[MΩ]
SELV 및 PELV	250	0.5
FELV, 500[V] 이하	500	1.0
500[V] 초과	1,000	1.0

09 ★☆☆☆☆ 다음은 송전선로의 코로나 손실을 나타내는 Peek 식이다. (1)~(3)의 의미를 쓰시오.

$$\text{Peek식} \quad P = \frac{241}{\delta}(f+25)\sqrt{\frac{d}{2D}}(E-E_0)^2 \times 10^{-5} [\text{kW/km/선}]$$

(1) δ
(2) E
(3) E_o

Answer

(1) 상대공기밀도
(2) 전선의 대지전압
(3) 코로나 임계 전압

Explanation

- 코로나 임계 전압

$$E_0 = 24.3 m_0 m_1 \delta d \log_{10} \frac{D}{r} [\text{kV}]$$

여기서, m_0 : 전선 표면 계수
m_1 : 천후 계수(맑은 날 1.0, 우천 시 : 0.8)
δ : 상대공기밀도
d : 전선의 직경[cm]
r : 전선의 반지름[cm]
D : 전선의 등가 선간거리[cm]

- 코로나 손실(Peek 식)

$$P = \frac{241}{\delta}(f+25)\sqrt{\frac{d}{2D}}(E-E_0)^2 \times 10^{-5} [\text{kW/km/선}]$$

여기서, E : 전선의 대지전압[kV], E_o : 코로나 임계 전압[kV]
f : 주파수[Hz], d : 선선의 지름[cm]
D : 선간거리[cm], δ : 상대공기밀도

10 저압 전선로 중 절연 부분의 전선과 대지 간의 절연저항은 사용전압에 대한 누설전류는 최대 공급 전류의 얼마를 넘어서는 안 되는가?

Answer

$\dfrac{1}{2,000}$

Explanation

(기술기준 제27조) 전로의 절연
저압 전선로 중 절연 부분의 전선과 대지 간 및 전선의 심선 상호 간의 절연저항은 사용전압에 대한 누설전류가 최대 공급전류의 $\dfrac{1}{2,000}$을 넘지 않도록 하여야 한다.

11 수전전압 22[kV], 수전용량이 3ϕ, 800[kW], 역률 90[%]로 수전할 때에 수전 회로에 시설하는 변류기의 변류비는 얼마인가? 단, 1.25배의 여유를 준다.

- 계산 :
- 답 :

Answer

계산 : $I_1 = \dfrac{800}{\sqrt{3} \times 22 \times 0.9} \times 1.25 = 29.16[\text{A}]$ 답 : 변류비 30/5

Explanation

보통의 경우 CT 비 : 1차 전류×(1.25~1.5)
CT 1차 전류 : 10, 15, 20, 30, 40, 50, 75, 100, 150, 200, 300, 400, 500[A]
문제에서는 CT의 1차 전류가 정격 값에 없으므로 그보다 큰 30/5를 선정하는 것이 일반적이다.

BEST 12 ★★★★★

그림은 콘센트의 종류를 표시한 옥내배선용 그림기호이다. 각 그림기호는 어떤 의미를 갖고 있는지 설명하시오.

(1) ⏾LK (2) ⏾ET (3) ⏾EL (4) ⏾E (5) ⏾T

Answer

(1) ⏾LK : 빠짐방지형
(2) ⏾ET : 접지단자붙이
(3) ⏾EL : 누전차단기붙이
(4) ⏾E : 접지극붙이
(5) ⏾T : 걸림형

Explanation

(KS C 0301) 옥내배선용 그림기호 콘센트

명칭	그림기호	적요
콘센트	⏾	① 천장에 부착하는 경우는 다음과 같다. ② 바닥에 부착하는 경우는 다음과 같다. ③ 용량의 표시방법은 다음과 같다. 　a. 15[A]는 방기하지 않는다. 　b. 20[A] 이상은 암페어 수를 표기한다. 　[보기] ⏾20A ④ 2구 이상인 경우는 구수를 표기한다. 　[보기] ⏾2 ⑤ 3극 이상인 것은 극수를 표기한다. 　[보기] ⏾3P ⑥ 종류를 표시하는 경우는 다음과 같다. 　빠짐방지형　⏾LK 　걸림형　⏾T 　접지극붙이　⏾E 　접지단자붙이　⏾ET 　누전차단기붙이　⏾EL ⑦ 방수형은 WP를 표기한다. ⏾WP ⑧ 방폭형은 EX를 표기한다. ⏾EX ⑨ 의료용은 H를 표기한다. ⏾H

13 330[mm²]인 ACSR선이 경간 500[m]에서 이도가 8.6[m]이었다고 하면 전체의 실제 길이는 몇 [m]인가?

- 계산 :
- 답 :

Answer

계산 : $L = S + \dfrac{8D^2}{3S} = 500 + \dfrac{8 \times 8.6^2}{3 \times 500} = 500.39[m]$ 답 : $500.39[m]$

Explanation

- 이도 : $D = \dfrac{WS^2}{8T} = \dfrac{WS^2}{8 \times \dfrac{\text{인장하중}}{\text{안전율}}}$

- 실제 길이 : $L = S + \dfrac{8D^2}{3S}$

  여기서, L : 전선의 실제 길이[m]
  D : 이도[m]
  S : 경간[m]

BEST 14 3상 3선식 220[V]로 수전하는 수용가의 부하 전력이 95[kW], 부하 역률이 85[%], 구내 배전선의 길이는 150[m]이며, 배선에서 전압강하를 6[V]까지 허용하는 경우 구내 배선의 굵기를 구하시오. 단, 이때 배선의 굵기는 전선의 공칭단면적으로 표시하시오.

- 계산 :
- 답 :

Answer

계산 : $A = \dfrac{30.8 \cdot LI}{1{,}000 \cdot e} = \dfrac{30.8 \times 150 \times \dfrac{95 \times 10^3}{\sqrt{3} \times 220 \times 0.85}}{1{,}000 \times 6} = 225.85[\text{mm}^2]$ 답 : $240[\text{mm}^2]$

Explanation

전압 강하 및 전선의 단면적 계산

전기 방식	전압 강하		전선 단면적	대상 전압강하
단상 3선식 직류 3선식 3상 4선식	IR	$e = \dfrac{17.8LI}{1{,}000A}$	$A = \dfrac{17.8LI}{1{,}000e}$	대지와 선간
단상 2선식 직류 2선식	$2IR$	$e = \dfrac{35.6LI}{1{,}000A}$	$A = \dfrac{35.6LI}{1{,}000e}$	선간
3상 3선식	$\sqrt{3}\,IR$	$e = \dfrac{30.8LI}{1{,}000A}$	$A = \dfrac{30.8LI}{1{,}000e}$	선간

여기서, e : 전압강하[V], A : 사용전선의 단면적[mm²]
L : 선로의 길이[m], C : 전선의 도전율(97[%])

KSC-IEC 전선 규격

전선의 공칭단면적 [mm²]			
1.5	16	95	300
2.5	25	120	400
4	35	150	500
6	50	185	630
10	70	240	

15 ★★★★☆

가로 20[m], 세로 30[m], 천장 높이 4.5[m]인 사무실에 그림과 같이 전등 설비를 하고자 한다. 실지수를 구하여라.

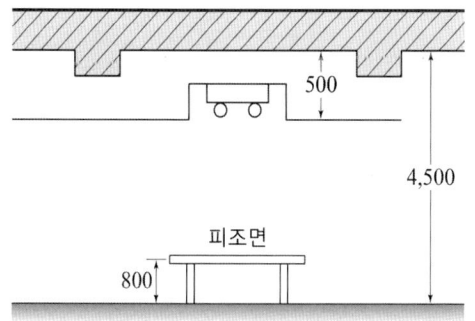

- 계산 :
- 답 :

Answer

계산 : 실지수 $(R \cdot I) = \dfrac{XY}{H(X+Y)} = \dfrac{20 \times 30}{(4.5-0.5-0.8) \times (20+30)} = 3.75$

답 : 4.0

Explanation

- 실지수(방지수) $= \dfrac{XY}{H(X+Y)}$

  여기서, H : 등의 높이 - 작업면 높이[m]
  X : 방의 가로[m]
  Y : 방의 세로[m]

  여기서, 등 높이 $H = 4.5 - 0.5 - 0.8$ [m]

- 실지수표

기호	A	B	C	D	E	F	G	H	I	J
실지수	5.0	4.0	3.0	2.5	2.0	1.5	1.25	1.0	0.8	0.6
범위	4.5 이상	4.5~3.5	3.5~2.75	2.75~2.25	2.25~1.75	1.75~1.38	1.38~1.12	1.12~0.9	0.9~0.7	0.7 이하

16 그림 중 ☐ 내의 기기 명칭을 기호로 써 넣으시오.

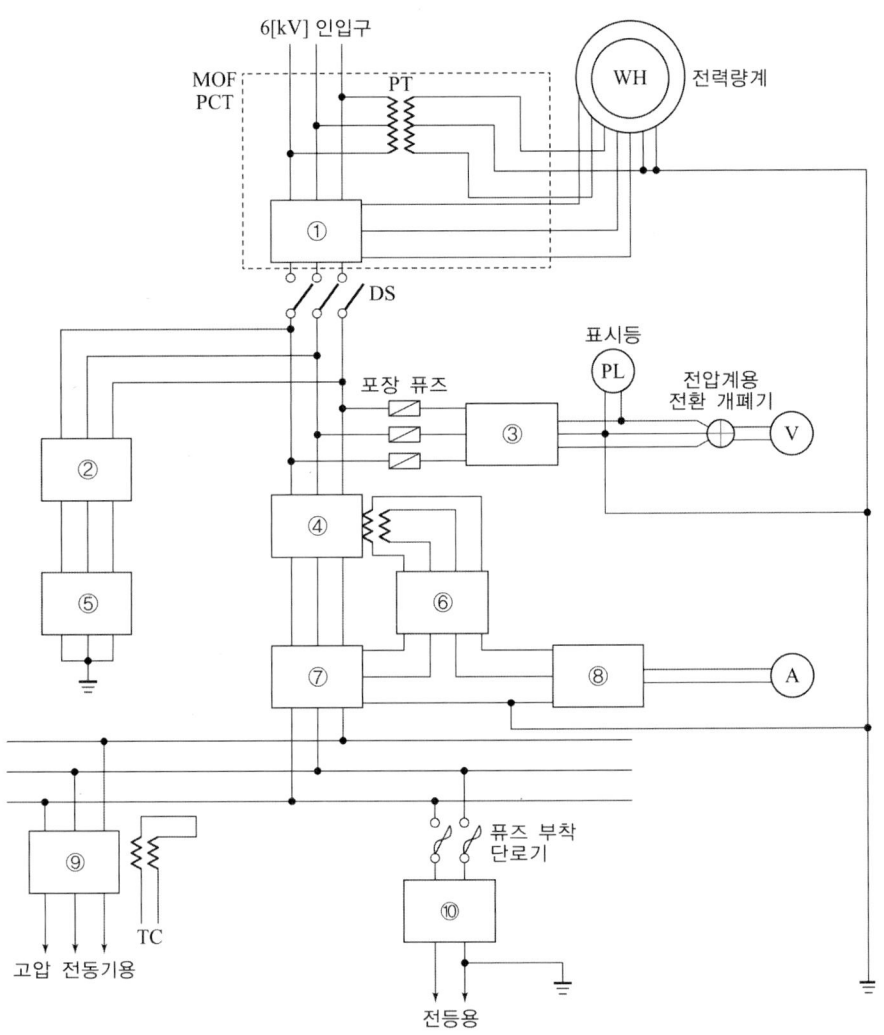

Answer

① CT   ② DS   ③ PT
④ CB   ⑤ LA   ⑥ OCR
⑦ CT   ⑧ AS   ⑨ CB
⑩ TR

Explanation

① CT(변류기)   ② DS(단로기)
③ PT(계기용 변압기)   ④ CB(차단기)
⑤ LA(피뢰기)   ⑥ OCR(과전류 계전기)
⑦ CT(변류기)   ⑧ AS(전류계용 전환개폐기)
⑨ CB(차단기)   ⑩ TR(변압기)

17 그림은 직류 전동기의 기동 회로도이다. 다음 물음에 답하시오.

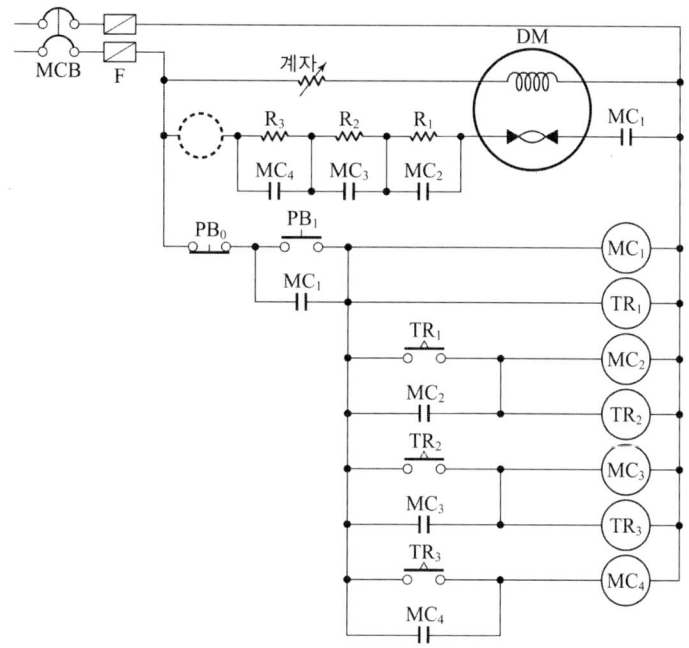

(1) 그림에서 ◯으로 표시한 곳에 올바른 도면이 되도록 접점을 그리고 기호를 쓰시오.

　(예 : ─┤├─ MC₄　　─┤├─ MC₃)

(2) 답란의 타임 차트에서 미완성 부분을 완성하시오.

Answer

(1) ─┤├─
　　　MC₁

(2)
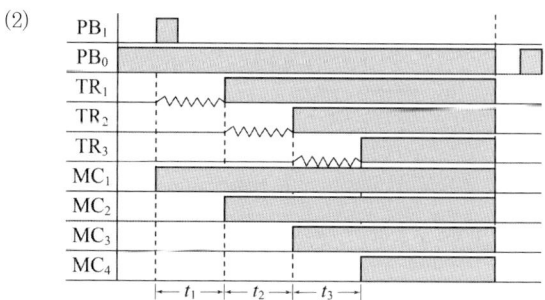

Explanation

직류 전동기의 기동 회로
전기자의 직렬 저항 $(R_1 + R_2 + R_3)$을 3단계로 줄이면서 기동하고 운전 중에는 전부 단락 상태가 된다.

18 두 그림에서 출력 Q_1, Q_2의 동작 시간을 예와 같이 쓰시오. 단, FF는 $\overline{RS}-\text{latch}$ 이고, 555는 IC 타이머 소자이다. (예 : $t_1 \sim t_2$)

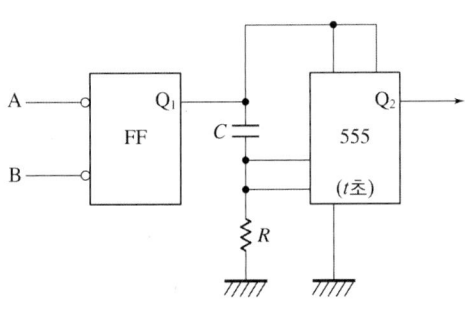
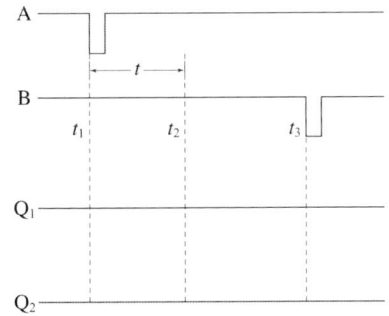

Answer

Q_1 : $t_1 \sim t_3$
Q_2 : $t_2 \sim t_3$

Explanation

A로 t_1초에 FF가 세트되면 t초로 (설정 시간 $t_2 \sim t_1$)에 555가 세트된다. B로 t_3초에 FF가 리셋되면 555로 리셋된다.

타이머 소자 IC-555
8핀 IC 소자로서 접속방법에 따라 단안정(a), 비안정(b), 시간지연(c)와 (d)가 얻어지며 설정시간 $t = kRC = 1.1RC$[초]이다.

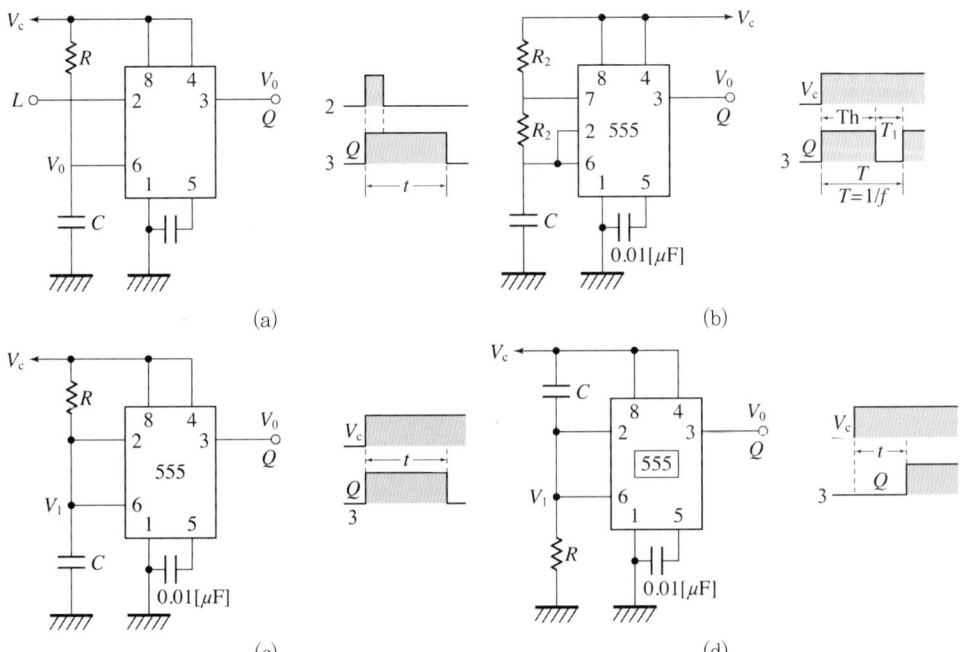

과년도 기출문제

2013

전기공사산업기사 실기

- 2013년 제 01회
- 2013년 제 02회
- 2013년 제 04회

2013년 과년도 기출문제에 대한 출제 빈도 분석 차트입니다.
각 회차별로 별의 개수를 확인하고 학습에 참고하기 바랍니다.

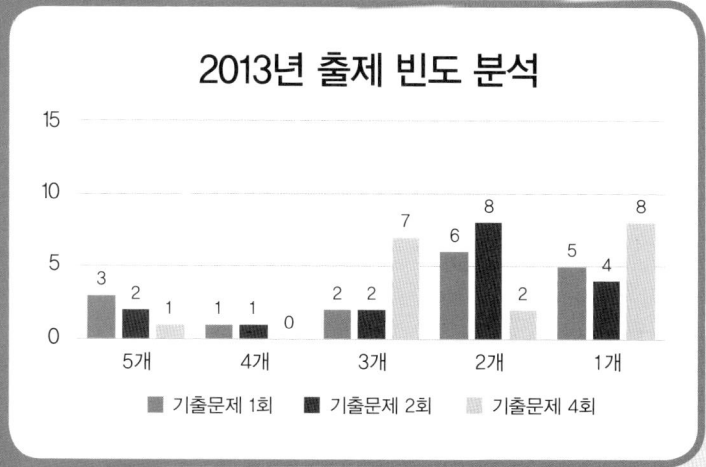

2013년 전기공사산업기사 실기

01 ★★★★☆
단상 2선식 100[V]의 옥내배선에서 소비전력 40[W], 역률 75[%]의 형광등 100등을 설치하고자 한다. 이때의 분기회로를 16[A] 분기회로로 할 때 분기회로의 최소 수는 몇 회선인가? 단, 1개 회로의 부하전류는 분기회로 용량의 90[%]로 하고 수용률은 100[%]로 한다.

• 계산 :   • 답 :

Answer

계산 : 분기회로 수 $N = \dfrac{\dfrac{40}{0.75} \times 100}{100 \times 16 \times 0.9} = 3.70$

답 : 16[A] 분기 4회로

Explanation

부하상정 및 분기회로
부하의 상정
부하설비용량 $= PA + QB + C$
여기서, P : 건축물의 바닥 면적[m^2] (Q 부분 면적 제외)
Q : 별도 계산할 부분의 바닥 면적[m^2]
A : P 부분의 표준 부하[VA/m^2]
B : Q 부분의 표준 부하[VA/m^2]
C : 가산해야 할 부하[VA]

분기회로 수

분기회로 수 $= \dfrac{\text{표준 부하 밀도[VA/m}^2\text{]} \times \text{바닥 면적[m}^2\text{]}}{\text{전압[V]} \times \text{분기회로의 전류[A]}}$

[주1] 계산결과에 소수가 발생하면 절상한다.
[주2] 220[V]에서 3[kW] (110[V] 때는 1.5[kW])를 초과하는 냉방기기, 취사용 기기 등 대형 전기 기계기구를 사용하는 경우에는 단독분기회로를 사용하여야 한다.
※ 분기회로 전류는 보통 문제에서 주어지지 않으면 16[A] 분기회로임

02 ★☆☆☆☆
다음 용어에 대하여 설명하시오.
(1) 한류 퓨즈
(2) 풀 박스

Answer

(1) 단락전류를 신속히 차단하며 또한 흐르는 단락전류의 값을 제한하는 성질을 가지는 퓨즈로서 이 성질에 관하여 일정한 규격에 적합한 것을 말한다.
(2) 전선의 통과를 쉽게 하기 위하여 배관의 도중에 설치하는 박스를 말하며, 대형인 것은 특별히 제작되나 소형인 것은 보통의 아웃렛 박스를 대용하기도 한다.

> **Explanation**

(내선규정 1,300-5) 용어
- 한류 퓨즈란 단락전류를 신속히 차단하며 또한 흐르는 단락전류의 값을 제한하는 성질을 가지는 퓨즈로서 이 성질에 관하여 일정한 규격에 적합한 것을 말한다.
- 풀 박스란 전선의 통과를 쉽게 하기 위하여 배관의 도중에 설치하는 박스를 말하며, 대형인 것은 특별히 제작되나 소형인 것은 보통의 아웃렛 박스를 대용하기도 한다.

03 ★★☆☆☆
알칼리 축전지 종류에 대한 각각의 형식명을 쓰시오.

(1) 포켓식   (2) 소결식

> **Answer**

(1) AL형, AM형, AMH형, AH-P형   (2) AH-S형, AHH형

> **Explanation**

알칼리 축전지

포켓식
- AL형 : 완 방전형(일반 설치용)
- AM형 : 표준형(표준 방전용)
- AMH형 : 급 방전형(준고율 방전용)
- AH-P형 : 초급 방전형(고율 방전용)

소결식
- AH-S형 : 초급 방전형(고율 방전용)
- AHH형 : 초초급 방전형(초고율 방전용)

04 ★☆☆☆☆
사용전압 400[V] 이하의 습기 또는 물기가 있는 노출 장소에서 적용 가능한 옥내 배선 방법 5가지를 쓰시오.

> **Answer**

① 애자공사   ② 금속관공사   ③ 합성수지관공사
④ 케이블트레이공사   ⑤ 케이블공사

> **Explanation**

* 합성수지관공사, 금속관공사, 가요전선관공사(2종 비닐피복가요전선관), 케이블트레이공사, 케이블공사

옥내						옥측/옥외	
노출 장소		은폐 장소					
		점검가능		점검 불가능			
건조한 장소	습기가 많은 장소 또는 물기가 있는 장소	건조한 장소	습기가 많은 장소 또는 물기가 있는 장소	건조한 장소	습기가 많은 장소 또는 물기가 있는 장소	우선 내	우선 외
○	○	○	○	○	○	○	○

○ : 시설할 수 있다.
× : 시설할 수 없다.
[비고 1] 점검 가능 장소 예시 : 건물의 빈 공간 등
[비고 2] 점검 불가능가능 장소 예시 : 구조체 매입, 케이블채널, 지중 매설, 창틀 및 처마도리 등

* 애자공사

옥내						옥측/옥외	
노출 장소		은폐 장소					
		점검가능		점검 불가능			
건조한 장소	습기가 많은 장소 또는 물기가 있는 장소	건조한 장소	습기가 많은 장소 또는 물기가 있는 장소	건조한 장소	습기가 많은 장소 또는 물기가 있는 장소	우선 내	우선 외
○	○	○	○	×	×	비고3	비고3

○ : 시설할 수 있다.
× : 시설할 수 없다.
[비고 1] 점검 가능 장소 예시 : 건물의 빈 공간 등
[비고 2] 점검 불가능가능 장소 예시 : 구조체 매입, 케이블채널, 지중 매설, 창틀 및 처마도리 등
[비고 3] 노출장소 및 점검 가능 은폐장소에 한하여 시설할 수 있다.

05 피뢰기에 대한 다음 각 물음에 답하시오.

(1) 현재 사용되고 있는 교류용 피뢰기의 구조는 무엇과 무엇으로 구성되어 있는가?
(2) 피뢰기의 정격 전압은 어떤 전압을 말하는가?
(3) 피뢰기의 제한 전압은 어떤 전압을 말하는가?

Answer

(1) 직렬갭과 특성 요소
(2) 속류를 차단할 수 있는 교류 최고 전압
(3) 피뢰기 방전 중 피뢰기 단자에 남게 되는 충격전압

Explanation

(1) 피뢰기의 구성
 • 직렬갭 : 이상전압 내습 시 뇌전압을 방전하고 그 속류를 차단
        상시에는 누설전류 방지
 • 특성 요소 : 뇌전류 방전 시 피뢰기 자신의 전위상승을 억제하여 자신의 절연파괴를 방지한다.
        – 갭형 피뢰기 : 탄화규소(SiC)
        – 갭리스형 피뢰기 : 산화아연(ZnO)

(2) 피뢰기의 정격 전압
 • 속류가 차단(제거)이 되는 교류의 최고 전압
 • 상용 주파 허용 단자진압(상용 주파의 방전개시전압으로 피뢰기 정격 전압의 1.5배 이상이 되도록 잡고 있다.)
 • 정격 전압 $V = \alpha\beta V_m[\text{V}]$
    여기서, α : 접지계수(1선 지락 시 건전상의 전위 상승)
        β : 여유도 1.15
        V_m : 계통의 최고 허용전압()
 • 피뢰기의 정격 전압

전력 계통		피뢰기 정격 전압[kV]	
공칭 전압[kV]	중성점 접지 방식	변전소	배전 선로
345	유효접지	288	–
154	유효접지	144	–
66	PC접지 또는 비접지	72	–
22	PC접지 또는 비접지	24	–
22.9	3상 4선 다중접지	21	18

[주] 전압 22.9[kV-Y] 이하의 배전선로에서 수전하는 설비의 피뢰기 정격 전압[kV]은 배전선로용을 적용한다.

(3) 피뢰기의 제한전압
- 방전되어 저하된 단자전압
- 피뢰기 동작 중 단자 저압의 파고치
- 충격파 전류가 흐르고 있을 때의 피뢰기 단자전압

06 송전선로에 발생하는 코로나 현상에 대한 영향 5가지와 방지 대책 3가지를 쓰시오.

Answer

(1) 영향
  ① 코로나 손실 발생 및 송전 효율의 저하
  ② 코로나 잡음
  ③ 통신선 유도장해
  ④ 소호 리액터의 소호 능력 저하
  ⑤ 전선의 부식 촉진
(2) 방지 대책
  ① 굵은 전선을 사용한다(ACSR, 중공연선 등).
  ② 복도체(다도체) 방식을 채택한다.
  ③ 가선금구를 개량한다.

Explanation

코로나의 영향
- 코로나 손실이 발생(송전손실)된다.

  peek식 : $P_c = \dfrac{241}{\delta}(f+25)\sqrt{\dfrac{d}{2D}}(E-F_0)^2 \times 10^{-5}$ [kW/km/Line]

  여기서, E_0 : 코로나 임계 전압, δ : 상대공기밀도
- 통신선에 유도장해(전파장해)가 발생한다.
- 코로나 잡음이 발생한다.
- 전선의 부식(원인 : 오존(O_3)이 발생된다.
- 진행파의 파고 값은 감소되며 그 이유는 코로나 손실이 발생하므로 진행파(이상전압)의 파고값은 낮아지게 된다.

코로나 방지 대책
- 굵은 전선을 사용한다.
- 복도체, 다도체 사용한다.
- 가선 금구를 개량한다.

07

> 이 문제는 변경된 KEC 적용으로 인하여 삭제하고, 아래 예상문제로 대체되었습니다.

분기회로 보호장치를 설치하려 한다. 전원 측에서 분기점 사이에 다른 분기회로 또는 콘센트의 접속이 없고, 단락의 위험과 화재 및 인체에 대한 위험성이 최소화 되도록 시설된 경우, 분기회로의 보호장치(P_2)는 분기회로의 분기점으로부터 몇 [m]까지 이동하여 설치할 수 있는가?

Answer

3[m]

Explanation

(KEC 212.4.2조) 과부하 보호장치의 설치 위치

분기회로(S_2)의 분기점(O)에서 3[m] 이내에 설치된 과부하 보호장치(P_2)

분기회로(S_2)의 보호장치(P_2)는 (P_2)의 전원 측에서 분기점 (O) 사이에 다른 분기회로 또는 콘센트의 접속이 없고, 단락의 위험과 화재 및 인체에 대한 위험성이 최소화 되도록 시설된 경우, 분기회로의 보호장치(P_2)는 분기회로의 분기점(O) 으로부터 3[m]까지 이동하여 설치할 수 있다.

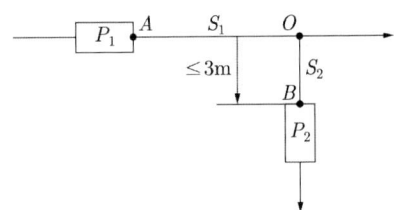

BEST 08 ★★★★★

배전 설계의 긍장이 50[m] 부하의 최대 사용 전류는 150[A], 배전 설계의 전압강하는 6[V]이다. 이때, 3상 3선식 저압회로의 공칭 단면적을 구하시오. 단, 공칭 단면적은 35[mm^2], 50[mm^2], 70[mm^2], 95[mm^2] 등이 있다.

- 계산 :
- 답 :

Answer

계산 : 3상 3선식 회로에서의 전선의 단면적은 $A = \dfrac{30.8LI}{1,000e} = \dfrac{30.8 \times 50 \times 150}{1,000 \times 6} = 38.5[\text{mm}^2]$

답 : 50[mm^2]

Explanation

전압 강하 및 전선의 단면적 계산

전기 방식		전압 강하	전선 단면적	대상 전압강하
단상 3선식 직류 3선식 3상 4선식	IR	$e = \dfrac{17.8LI}{1,000A}$	$A = \dfrac{17.8LI}{1,000e}$	대지와 선간
단상 2선식 직류 2선식	$2IR$	$e = \dfrac{35.6LI}{1,000A}$	$A = \dfrac{35.6LI}{1,000e}$	선간
3상 3선식	$\sqrt{3}\,IR$	$e = \dfrac{30.8LI}{1,000A}$	$A = \dfrac{30.8LI}{1,000e}$	선간

여기서, e : 전압강하 [V], A : 사용전선의 단면적 [mm^2]
L : 선로의 길이 [m], C : 전선의 도전율(97[%])

KSC-IEC 전선 규격

전선의 공칭단면적 [mm²]			
1.5	16	95	300
2.5	25	120	400
4	35	150	500
6	50	185	630
10	70	240	

09 부하개폐기(LBS)의 특징 2가지를 쓰시오.

①
②

Answer

① 부하전류를 개폐할 수 있는 단로기로 3상 연동으로 투입, 개방토록 되어 있다.
② 고장전류를 차단할 수 없으므로 고장전류를 차단할 수 있는 한류 퓨즈와 직렬로 조합하여 사용한다.

Explanation

(내선규정 3,220-7) 특고압 수전설비 기기 및 명칭과 일반적인 특성
LBS(Load Breaker Switch) 부하개폐기
• 부하전류는 개폐할 수 있으나 고장전류는 차단할 수 없음
• LBS(PF부)는 단로기(또는 개폐기) 기능과 차단기로의 PF 성능을 만족시키는 국가공인 기관의 시험 성적이 있는 경우에 한하여 사용 가능

이 문제는 변경된 KEC 적용으로 인하여 삭제하고, 아래 예상문제로 대체되었습니다.

10 변압기의 고압·특고압측 전로 또는 사용전압이 35[kV] 이하의 특고압전로가 저압측 전로와 혼촉하고 저압전로의 대지전압이 150[V] 이하인 경우 1선 지락전류가 10[A]라면 변압기 중성점 접지저항 값은 얼마인가?

• 계산 :   • 답 :

계산 : $R = \dfrac{150}{I_1} = \dfrac{150}{10} = 15[\Omega]$ 답 : 15[Ω]

Explanation

(KEC 142.5조) 변압기 중성점 접지
① 변압기의 중성점접지 저항 값(변압기의 고압·특고압측)
　가. 일반적 : $\dfrac{150}{I_1}$ 이하   여기서, I_1은 전로의 1선 지락전류
　나. 변압기의 고압·특고압측 전로 또는 사용전압이 35[kV] 이하의 특고압전로가 저압측 전로와 혼촉하고 저압전로의 대지전압이 150[V]를 초과하는 경우

- 1초 초과 2초 이내에 자동으로 차단하는 장치를 설치 : $\dfrac{300}{I_1}$ 이하

- 1초 이내에 자동으로 차단하는 장치를 설치 : $\dfrac{600}{I_1}$ 이하

② 전로의 1선 지락전류 : 실측값 사용(단, 실측이 곤란한 경우 선로정수 등으로 계산한 값)

11 ★★☆☆☆
6,600[V] 3상 3선식 배전선로에서 완전 1선 지락 고장이 발생하였을 때 GPT 2차에 나타나는 전압의 크기는 몇 [V]인가? 단, GPT는 변압기 3대로 구성되어 있으며, 변압기의 변압비는 6,600/110[V]이다.

- 계산 :
- 답 :

Answer

계산 : $V_2 = $ GPT 1차측 전압 $\times \dfrac{1}{변압비} \times 3$

$= \dfrac{6{,}600}{\sqrt{3}} \times \dfrac{110}{6{,}600} \times 3 = \dfrac{110}{\sqrt{3}} \times 3 = 110\sqrt{3} = 190.53[V]$

답 : 190.53[V]

Explanation

접지형 계기용 변압기(GPT : Ground Potential Transformer)
(1) 결선 조건
 - 1차 측 : Y결선하여 접지
 - 2차 측 : 개방 △결선

(2) 평상 시 : $V_a + V_b + V_c = 0$
 1선 지락 고장 시 : $V_a + V_b + V_c = 3V_0$

(3) 지락된 상 : 0[V]
 지락되지 않은 상 : $\sqrt{3}$ 배 전위 상승

12 ★★☆☆☆ 조명 시설을 하기 위한 공간의 폭이 12[m], 길이가 18[m], 천장 높이가 3.85[m]인 사무실에 형광등 20등을 시설하려고 한다. 이때 다음 각 물음에 답하시오. 단, 사용되는 형광등 기구 40[W] 2등용 광속은 5,600[lm]이며, 바닥에서 책상 면까지의 높이는 0.85[m]이고, 조명률은 50[%], 보수율은 80[%]라고 한다.

(1) 작업면 상의 평균 조도는 몇인가?
- 계산 :
- 답 :

(2) 이 조명 시설 공간의 실지수는 얼마인가?
- 계산 :
- 답 :

Answer

(1) 계산 : $E = \dfrac{FUN}{SD} = \dfrac{5,600 \times 0.5 \times 20}{12 \times 18 \times \dfrac{1}{0.8}} = 207.41\,[\text{lx}]$ 답 : 207.41[lx]

(2) 계산 : 실지수$(R \cdot I) = \dfrac{XY}{H(X+Y)} = \dfrac{12 \times 18}{(3.85 - 0.85)(12 + 18)} = 2.4$ 답 : 2.5

Explanation

- 실지수(방지수) = $\dfrac{XY}{H(X+Y)}$

  여기서, H : 등의 높이 − 작업면 높이[m]
  X : 방의 가로[m]
  Y : 방의 세로[m]

- 조명 계산
  $FUN = ESD$

  여기서, F[lm] : 광속
  U[%] : 조명률
  N[등] : 등수
  E[lx] : 조도
  S[m^2] : 면적
  $D = \dfrac{1}{M}$: 감광 보상률 = $\dfrac{1}{\text{보수율}}$

  등수 $N = \dfrac{ESD}{FU}$ 이며 등수 계산에서 소수점은 무조건 절상한다.

- 실지수표

기호	A	B	C	D	E	F	G	H	I	J
실지수	5.0	4.0	3.0	2.5	2.0	1.5	1.25	1.0	0.8	0.6
범위	4.5 이상	4.5~3.5	3.5~2.75	2.75~2.25	2.25~1.75	1.75~1.38	1.38~1.12	1.12~0.9	0.9~0.7	0.7 이하

13 다음 그림은 전자식 접지저항계를 사용하여 접지극의 접지저항을 측정하기 위한 배치도이다. 물음에 답하시오.

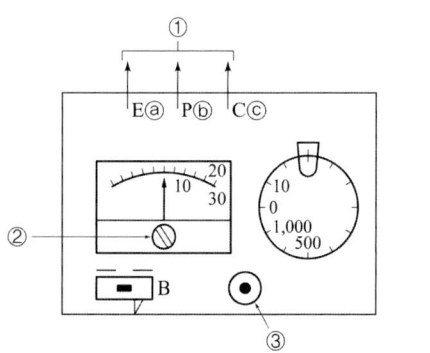
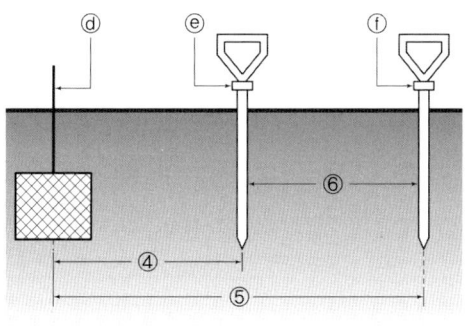

(1) 그림에서 ①의 측정 단자의 각 접지극의 접속은?
(2) 그림에서 ②의 명칭은?
(3) 그림에서 ③의 명칭은?
(4) 그림에서 ④의 거리는 몇 [m] 이상인가?
(5) 그림에서 ⑤의 거리는 몇 [m] 이상인가?
(6) 그림에서 ⑥의 명칭은?

Answer

(1) ⓐ → ⓓ, ⓑ → ⓔ, ⓒ → ⓕ
(2) 영점 조정 단자
(3) 누름 버튼
(4) 10[m]
(5) 20[m]
(6) 보조 접지극

Explanation

접지저항 측정
어스테스터(접지저항계), 콜라우시 브리지법

14 그림과 같이 외등용 전선관을 지중에 매설하려고 한다. 터파기(흙파기)량은 얼마인가? 단, 매설 거리는 70[m]이고, 전선관의 면적은 무시한다.

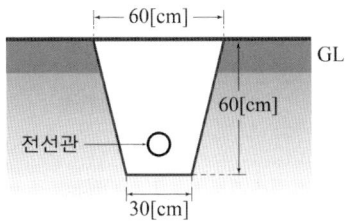

Answer

계산 : $V_o = \dfrac{0.6+0.3}{2} \times 0.6 \times 70 = 18.9[\text{m}^3]$ 　　　　　답 : $18.9[\text{m}^3]$

Explanation

터파기량 계산
줄기초 파기 : 전선관 매설

$$\text{터파기량}[\text{m}^3] = \left(\dfrac{a+b}{2}\right) \times h \times \text{줄기초 길이}$$

15 다음 조건을 만족하는 회로를 구성하여 미완성 도면을 완성하시오.

[조건]

① Button Switch B_1 또는 B_2를 누르면(눌렀다 놓으면) 해당 번호의 전등 L_1 또는 L_2가 점등되고 동시에 Buzzer BZ가 일정 시간 동작하고 Timer T의 설정 시간 후 L_1 또는 L_2와 BZ는 동시에 정지한다. L_1이 점등되고 있을 때 B_2를 눌러도 L_2는 점등되지 않는다. L_2가 점등되고 있을 때에도 B_1을 눌러도 L_1은 점등되지 않는다.

② 정지한 후 다시 B_1 또는 B_2를 누르면(눌렀다 놓으면) 해당 번호의 전등 L_1 또는 L_2가 점등되고 동시에 Buzzer BZ가 일정 시간 동작하고 Timer T의 설정 시간 후 L_1 또는 L_2와 BZ는 동시에 정지한다.

③ 다음 Time Chart를 참고하시오.

- t는 T의 설정 시간
- t_{s1}, t_{s2}, t_{s3}는 L_1, L_2 및 Buzzer가 동작하지 않고 정지하고 있는 시간
(문제와는 상관이 없으며 참고로 표시한 것임)

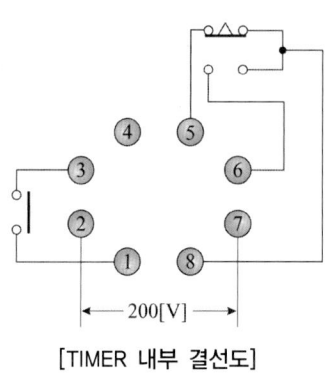

[TIMER 내부 결선도]

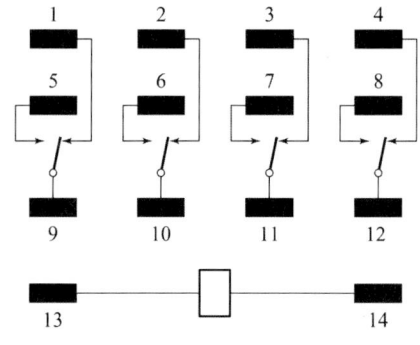

[Minipower Relay 내부 결선도(14pin)]

④ 미완성 도면

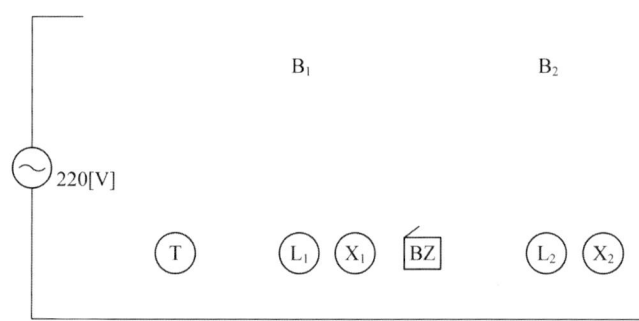

[범례]
- X_1, X_2 : Minipower 내부 결선도(14 pin)
- T : TIMER(8 pin)

Answer

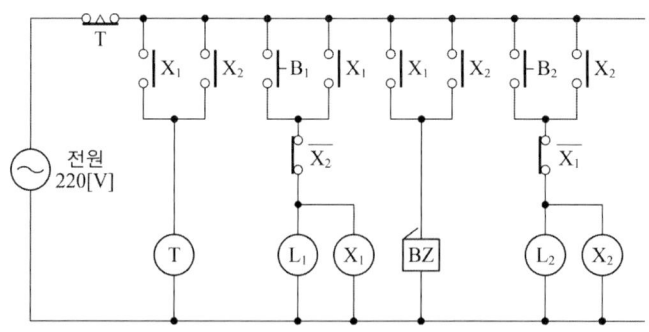

16 도면을 보고 다음 물음에 답하시오.

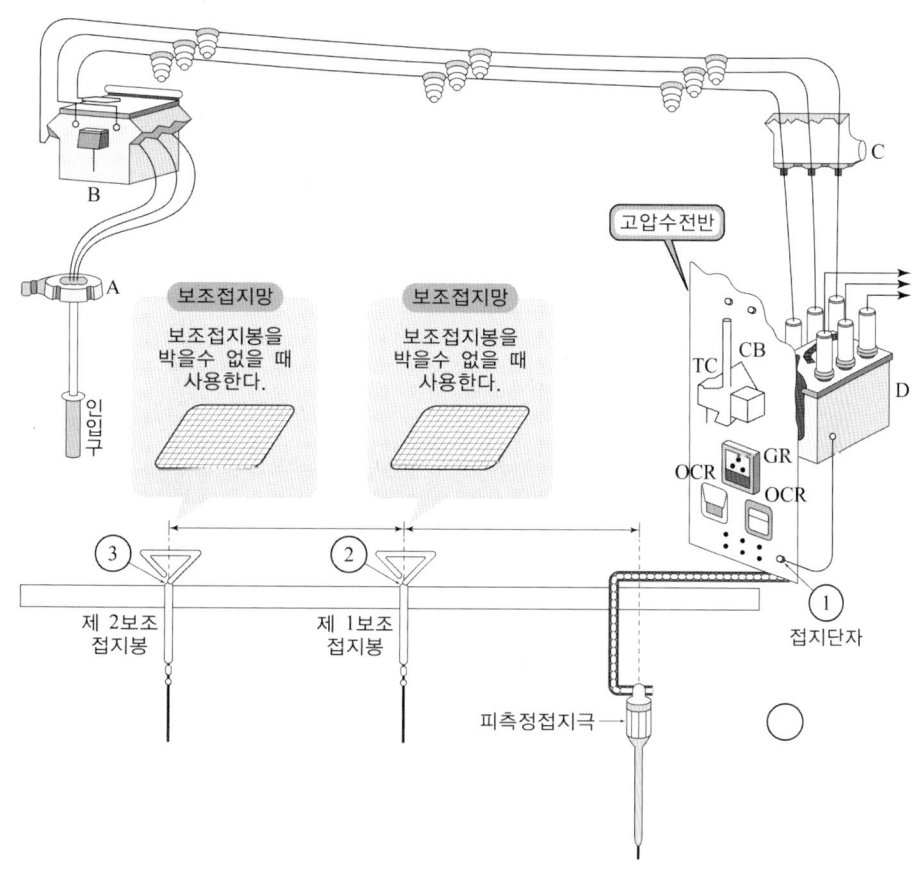

(1) 도면에 표시된 A의 명칭은?

(2) 도면에 표시된 B의 명칭은?

(3) 도면에 표시된 C의 명칭은?

(4) 도면에 표시된 D의 명칭은?

Answer

(1) 영상변류기
(2) 계기용 변성기
(3) 단로기
(4) 차단기

17 천장 높이가 10[m]인 창고 건물에 노출형 차동식 열감지기 40개와 P형 1급(15회로) 수신기를 설치한 후 시험까지 시행하기 위하여 필요한 인공을 참고표를 이용하여 구하시오.

공종	단위	내선전공	비고
SPOT형 감지기 (차동식, 정온식, 보상식) 노출형	개	0.13	① 천장 높이 4[m] 기준 　1[m] 증가 시마다 5[%] 증 ② 매입형 또는 특수구조의 것은 조건에 따라 산정할 것
시험기(공기관 포함)	개	0.15	① 상동 ② 상동
분포형의 공기관 (열전대선 감지선)	m	0.025	① 상동 ② 상동
검출기 공기관식의 Booster 발신기 P-1 발신기 P-2 발신기 P-3	개	0.30 0.10 0.30 0.30 0.20	1급(방수형) 2급(보통형) 3급(푸시버튼만으로 응답 확인 없는 것)
회로시험기 수신기 P-1(기본공수) (회선수공산수출가산요)	개 대	0.10 6.0	회선수에 대한 산정 매1회선에 대하여
수신기 P-2(기본공수) (회선수공산수출가산요)	대	4.0	형식 / 직종 / 내선전공 P-1 / 0.3 P-2 / 0.2 R형 / 0.2
부수신기(기본공수)	대	3.0	참고 : 산정예(P-1의 10회분) 기본공수는 6인 회선당 할증수는 (10×0.3)=3 ∴ 6+3=9인
소화전기등리레이	대	1.5	수신기 내장되지 않은 것으로 별개로 취부할 경우에 적용
전령(電鈴)	개	0.15	
표시등	개	0.20	
표시판	개	0.15	

[해설]
1. 시험 공량은 총 산출품의 10[%]로 하되 최소치를 3인으로 함
2. 취부상 목대를 필요로 하는 현장은 목대 매 개당 0.02일을 가산할 것
3. 공기관의 길이는 [텍스]붙인 평면 천장의 5[%] 증으로 하되 보돌림과 시험기에로 인하되는 수량을 가산할 것

Answer

감지기 : 내선전공 : $0.13 \times 40 \times (1 + 6 \times 0.05) = 6.76$[인]
수신기 : 내선전공 : $6.0 + (15 \times 0.3) = 10.5$[인]
시험 시 공량 : $(6.76 + 10.5) \times 0.1 = 1.726$[인]이지만 최소 3[인]
∴ 계 : $6.76 + 10.5 + 3 = 20.26$[인]

답 : 20.26[인]

Explanation

• 감지기 설치

공종	단위	내선전공	비고
SPOT형 감지기 (차동식, 정온식, 보상식) 노출형	개	0.13	① 천장 높이 4[m] 기준 ② 매입형 또는 특수구조의 것은 조건에 따라 산정할 것

- 천장의 높이가 10[m]이므로
- 공기관의 길이는 [텍스] 붙인 평면 천장의 5[%] 증

내선전공 계산 : $0.13 \times 40 \times (1+6 \times 0.05) = 6.76$[인]

• 수신기 설치

공종	단위	내선전공	비고
회로시험기	개	0.10	회선수에 대한 산정
수신기 P-1(기본공수) (회선수공산수출가산요)	대	6.0	매1회선에 대하여

			형식 \ 직종	내선전공
수신기 P-2(기본공수) (회선수공산수출가산요)	대	4.0	P-1	0.3
			P-2	0.2
			R형	0.2
부수신기(기본공수)	대	3.0	참고 : 산정예(P-1의 10회분) 기본공수는 6인 회선당 할증수는 $(10 \times 0.3)=3$ ∴ 6+3=9인

내선전공 계산 : $6.0+(15 \times 0.3)=10.5$[인]

• 시험

시험 공량은 총 산출품의 10[%]로 하되 최소치를 3인으로 함
계산 : $(6.76+10.5) \times 0.1 = 1.726$[인]이지만 최소 3[인]

2회 2013년 전기공사산업기사 실기

01 ★★☆☆☆
단선 결선도의 흐름도이다. 흐름도를 보고 고압 수전반에 해당하는 계량장치 종류를 ( ) 안에 5가지만 쓰시오.

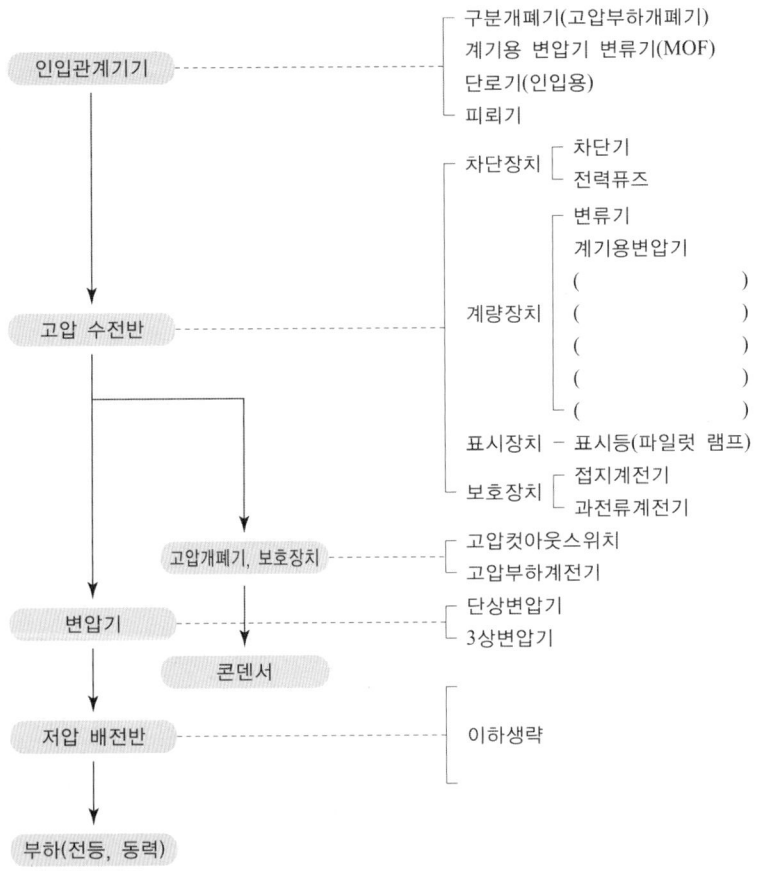

Answer

영상 변류기, 전력계, 역률계, 전압계, 전류계

Explanation

- 고압용 계량 장치 : 계측 장치 + 검출 장치
- 계측 장치 : 전압계, 전류계, 전력계, 무효전력량계, 유효전력계, 역률계, 영상전압계 등
- 검출 장치 : 변류기, 계기용 변압기, 영상변류기, 접지형 계기용 변압기 등

02 ★★★☆☆

주어진 물가 자료에 의거 다음 물음에 답하시오.

(1) 경동선 2.0[mm], 2[km]와 연동선 2.0[mm], 2[km]의 구입비(원)는 얼마인가?

(2) AC 440[V] 3상 3선식 동력 배선에 3C 22[mm²] 케이블 150[m]를 구입하려고 한다. PE절연 비닐시스 케이블(EV)과 가교 PE절연 비닐시스 케이블(CV) 중 어떤 케이블을 사용하면 구입비는 얼마나 경감하는가?

〈조사단계〉

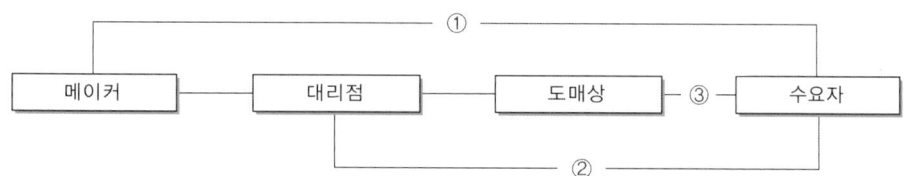

(1) 전기용 나동선(Bare Copper Wire for Electrical Purpose)   (단위 : [m])

품명	단면적 [mm²]	중량 [kg/km]	최대 면적 [Ω/km]	가격②
■경동선[mm]				
1.0	0.785	6.98	22.87	27
1.2	1.131	10.05	15.88	41
1.6	2.011	17.88	8.931	76
2.0	3.142	27.93	5.657	116
2.3	4.155	36.94	4.278	142
■연동선				
1.0	0.785	6.98	21.95	27
1.2	1.131	10.05	15.21	41
1.6	2.011	17.88	8.753	76
2.0	3.142	27.93	5.487	116
2.3	4.155	36.94	4.149	142

(2) PE 절연비닐시스 전력 케이블(EV)   (단위 : [m])

품명	소선수/소선경	중량 [kg/km]	가격②
■600[V]			
3심 2.0[mm²]	7/0.6	170	565
3.5	7/0.8	240	791
5.5	7/1.0	320	1,121
8.0	7/1.2	415	1,465
14	7/1.6	640	2,120
22	7/2.0	955	3,173
30	7/2.3	1,200	4,006

(3) 가교 PE 절연비닐시스 케이블(CV) (단위 : [m])

품명	소선수/소선경	중량	가격②
■600[V][CV]		[kg/km]	
3심 2.0[mm²]	7/0.6	155	595
3.5	7/0.8	215	832
5.5	7/1.0	295	1,211
8.0	7/1.2	385	1,625
14	7/1.6	595	2,352
22	7/2.0	880	3,332
30	7/2.3	–	4,208

Answer

(1) (116+116)×2,000=464,000[원]   답 : 464,000[원]

(2) EV : 3,173×150=475,950[원]
CV : 3,332×150=499,800[원]
가격차 : 499,800−475,950=23,850[원]   답 : EV가 23,850[원] 경감

Explanation

(1) 경동선 2.0[mm], 2[km]와 연동선 2.0[mm], 2[km]의 구입비
전기용 나동선(Bare Copper Wire for Electrical Purpose) (단위 : [m])

품명	단면적	중량	최대 면적	가격②
■경동선	[mm²]	[kg/km]	[Ω/km]	
2.0[mm]	3.142	27.93	5.657	116
2.3	4.155	36.94	4.278	142
■연동선				
2.0[mm]	3.142	27.93	5.487	116
2.3	4.155	36.94	4.149	142

(2) PE 절연 비닐시스 케이블(EV) (단위 : [m])

품명	소선수/소선경	중량	가격②
■600[V]		[kg/km]	
3심 2.0[mm²]	7/0.6	170	565
22	7/2.0	955	3,173
30	7/2.3	1,200	4,006

(3) 가교 PE 절연 비닐시스 케이블(CV) (단위 : [m])

품명	소선수/소선경	중량	가격②
■600[V][CV]		[kg/km]	
3심 2.0[mm²]	7/0.6	155	595
22	7/2.0	880	3,332
30	7/2.3	–	4,208

03 용량 10[kVA], 6,000/600[V]의 단상 변압기를 단권변압기로 결선해서 6,000/6,600[V]의 승압기로 사용할 때 그 부하용량 [kVA]는?

- 계산 :
- 답 :

Answer

계산 : 부하용량 = 자기용량 $\times \left(\dfrac{V_h}{e_2}\right) = 10 \times \dfrac{6,600}{600} = 110[\text{kVA}]$ 답 : 110[kVA]

Explanation

단권변압기(승압용)

- 전압비 : $\dfrac{V_h}{V_l} = \dfrac{n_1 + n_2}{n_1} = \left(1 + \dfrac{n_2}{n_1}\right) = \left(1 + \dfrac{1}{a}\right)$

 여기서, V_l : 승압 전 전압[V]
 V_h : 승압된 전압[V]

- 승압 전압 : $V_h = \left(1 + \dfrac{n_2}{n_1}\right)V_l = \left(1 + \dfrac{1}{a}\right)V_l = \left(1 + \dfrac{600}{6,000}\right) \times 6,000 = 6,600[\text{V}]$

- 부하용량(선로용량) : $W = V_h I_2$
 자기용량(승압기용량) : $w = e_2 I_2 ≒ (V_h - V_l)I_2$

- $\dfrac{\text{자기용량}}{\text{부하용량}} = \dfrac{e_2 I_2}{V_h I_2} = \dfrac{e_2}{V_h} ≒ \dfrac{V_h - V_l}{V_h}$

04 다음 ( ) 안에 알맞은 답을 쓰시오.

(1) 애자공사에서 전선과 조영재와의 이격거리는 400[V] 이하인 경우에는 ( )[cm] 이상이어야 한다.
(2) 합성수지 몰드 공사에서 합성수지 몰드는 홈의 폭 및 깊이가 3.5[cm] 이하, 두께가 1.2[mm] 이상인 것일 것, 다만, 사람이 쉽게 접촉할 우려가 없도록 시설하는 경우에는 폭이 ( )[cm] 이하이어야 한다.
(3) 라이팅 덕트 공사에서 덕트의 지지점 간의 거리는 ( )[m] 이하로 하여야 한다.
(4) 고압 가공전선로의 경간에서 철탑은 경간이 ( )[m] 이하여야 한다.
(5) 소세력 회로의 시설에서 전자 개폐기의 조작 회로 또는 초인벨, 경보벨 등에 접속하는 전로로써 최대 사용전압이 ( )[V] 이하인 것을 사용하여야 한다.
(6) 특고압 가공전선이 삭도와 제2차 접근 상태로 시설할 경우에 특고압 가공전선로는 ( ) 보안 공사를 하여야 한다.

Answer

(1) 2.5 (2) 5 (3) 2
(4) 600 (5) 60 (6) 10

Explanation

(KEC 232.56조) 애자공사
전선과 조영재 사이의 이격거리는 사용전압이 400[V] 이하인 경우에는 25[mm] 이상, 400[V] 초과인 경우에는 45[mm](건조한 장소에 시설하는 경우에는 25[mm]) 이상일 것

(KEC 232.21조) 합성수지몰드공사
합성수지 몰드는 홈의 폭 및 깊이가 35[mm] 이하, 두께 2[mm] 이상의 것일 것. 다만, 사람이 쉽게 접촉할 우려가 없도록 시설하는 경우에는 폭이 50[mm] 이하, 두께 1[mm] 이상의 것을 사용할 수 있다.

(KEC 232.71조) 라이팅덕트공사
덕트의 지지점 간의 거리는 2[m] 이하로 할 것

(KEC 332.9조) 고압 가공전선로 경간의 제한

지지물의 종류	경간
목주·A종 철주 또는 A종 철근 콘크리트주	150[m]
B종 철주 또는 B종 철근 콘크리트주	250[m]
철탑	600[m]

(내선규정 1,300) 용어
소세력회로(梳洗力回路)란 원격 제어, 신호 등의 회로로서 최대 사용전압이 60[V] 이하의 것이며, 또한 최대 사용전압이 60[V]를 초과하고 대지전압이 300[V] 이하의 강전류 전송에 사용하는 회로와 변압기로 결합된 회로를 말한다.

05 ★★★☆
그림과 같이 330[mm²]의 ACSR을 300[m]의 경간에 가설하려 한다. 이 전선의 이도는 계산으로는 10[m]였지만, 가설 후 실측해 보니 9[m]였기 때문에 1[m] 증가시켜 주어야 하는데, 전선을 경간에 얼마 [m]만큼 밀어 넣어 주어야 하는가?

• 계산 :   • 답 :

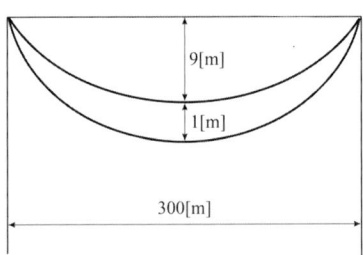

Answer

계산 : 이도 10[m]일 때 전선의 길이 $L_1 = 300 + \dfrac{8 \times 10^2}{3 \times 300} = 300.89$ [m]

이도 9[m]일 때 전선의 길이 $L_2 = 300 + \dfrac{8 \times 9^2}{3 \times 300} = 300.72$ [m]

∴ $L_1 - L_2 = 0.17$ [m]   답 : 0.17[m]

Explanation

- 이도 : $D = \dfrac{WS^2}{8T} = \dfrac{WS^2}{8 \times \dfrac{\text{인장하중}}{\text{안전율}}}$

- 실제 길이 : $L = S + \dfrac{8D^2}{3S}$

  여기서, L : 전선의 실제 길이[m], D : 이도[m], S : 경간[m]

06 ★★☆☆☆ 서지 흡수기(Surge Absorbor)의 기능을 쓰시오.

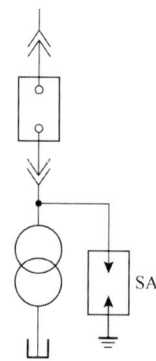

Answer

구내선로에서 발생할 수 있는 개폐서지, 순간과도전압 등으로 2차 기기에 악영향을 주는 것을 방지

Explanation

(내선규정 3,260) 서지 흡수기
- 구내선로에서 발생할 수 있는 개폐서지, 순간과도전압 등으로 2차 기기에 악영향을 주는 것을 막기 위해 서지 흡수기를 설치하는 것이 바람직하다.
- 설치 위치 : 서지 흡수기는 보호하려는 기기 전단으로 개폐서지를 발생하는 차단기 후단과 부하 측 사이에 설치 운용한다.

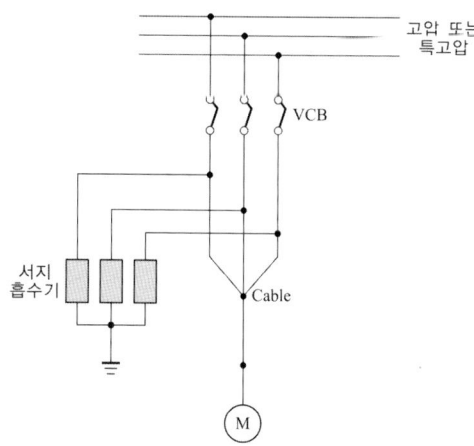

07 다음 그림과 같이 4개의 전극을 일직선상에 동일한 간격으로 설치하여 C_1, C_2에 교류전류를 공급하고 P_1, P_2간의 전압을 측정하는 대지고유저항 측정법을 쓰시오.(3점)

Answer

위너의 4전극법
측정하고자 하는 대지에 4개의 전극을 일렬로 일정 간격(a), 일정 깊이(d)로 매설하고, C_1, C_2 전극에 교류전류를 인가하여 그 전류치(I)를 측정하고, P_1, P_2 전극에서 측정되는 전압(V)을 측정하여 저항(R)을 구하여 다음의 공식에 의해 계산한다.

대지 고유저항 $\rho = 2\pi aR = 40\pi dR [\Omega \cdot m]$
여기서, ρ : 흙의 저항율[$\Omega \cdot m$]
a : 전극 간의 거리 (단, $a = 20d$)
R : 저항 값 (V/I : 측정치)
d : 전극의 매설 깊이

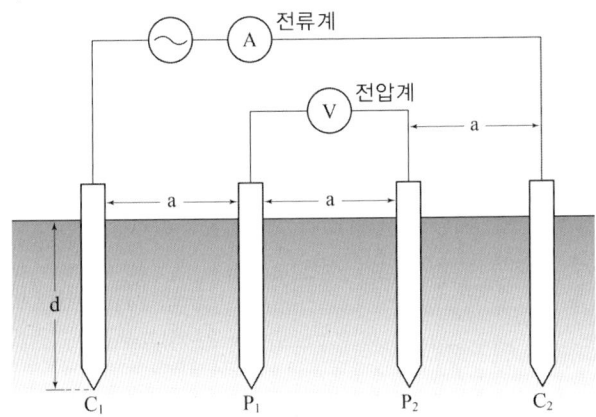

BEST 08 6.6[kV], 3상 3선식 가공 배전선로 50[km], 2회선을 선로가 평탄한 도서 지역에 가선하려고 한다. 이때 필요한 전선의 실 소요량은?

• 계산 :

• 답 :

Answer

계산 : 전선 실 소요량= 50×3×2×1.02=306[km]   답 : 306[km]

Explanation

전선 가선 시 소요량
• 고저차가 심한 경우 : 선로 긍장 × 전선 조수 × 1.03
• 고저차가 없는 경우 : 선로 긍장 × 전선 조수 × 1.02

09
5[kVA]의 단상 변압기 2대를 V결선하여 3상 3선식 부하에 공급할 때 이 변압기의 총 출력은 몇 [kVA]인가?

- 계산 :
- 답 :

Answer

계산 : $P_V = \sqrt{3}\,P_1 = \sqrt{3} \times 5 = 8.66\,[\text{kVA}]$ 답 : 8.66[kVA]

Explanation

V결선 : 단상 변압기 2대로 결선하여 3상 공급

V결선의 용량은 변압기 1대 용량을 K라 하면 $P_V = \sqrt{3}\,K$ 이며

이용률 $= \dfrac{\sqrt{3}\,K}{2K} = \dfrac{\sqrt{3}}{2} = 0.866$

출력비 $= \dfrac{\sqrt{3}\,K}{3K} = \dfrac{\sqrt{3}}{3} = 0.5774$

10
금속관 공사 때 사용하는 부속품이다. 번호에 해당하는 부품의 명칭을 쓰시오.

명칭	용도
①	금속관 배관 공사에서 복스에 금속관을 고정할 때 사용되며, 6각형과 톱니형이 있음
②	금속관 상호 접속용으로 관이 고정되어 있을 때 사용
③	노출 배관에서 금속관을 조영재에 고정시키는 데 사용되며 합성수지관, 가요관, 케이블 공사에도 사용
④	바닥 밑으로 매입 배선할 때 사용
⑤	무거운 조명 기구를 파이프로 매달 때 사용
⑥	노출 배관 공사에서 관을 직각으로 굽히는 곳에 사용
⑦	저압 가공 인입선에서 금속관 공사로 옮겨지는 곳 또는 금속관으로부터 전선을 뽑아 전동기 단자 부분에 접속할 때 사용. A형, B형이 있음
⑧	인입구, 인출구의 금속관 끝단에 설치하여 옥외의 빗물을 막는 데 사용

Answer

① 로크너트
② 유니온 커플링
③ 새들
④ 플로어 박스
⑤ 픽스쳐스터드와 히키
⑥ 유니버설 엘보
⑦ 터미널 캡(서비스 캡)
⑧ 엔트런스 캡

Explanation

금속관 공사용 부품

명칭	사용 용도
로크너트(lock nut)	관과 박스를 접속하는 경우
부싱(bushing)	전선 관단에 끼우고 전선을 넣거나 빼는 데 있어서 전선의 피복을 보호하여 전선이 손상되지 않게 하는 것
커플링(coupling)	• 금속관 상호 접속 또는 관과 노멀 밴드와의 접속에 사용 • 관의 양측을 돌려서 접속할 수 없는 경우 : 유니온 커플링
새들(saddle)	노출 배관에서 금속관을 조영재에 고정시키는 데 사용
노멀 밴드(normal bend)	배관의 직각 굴곡에 사용
링 리듀서	금속을 아웃트렛 박스의 로크 아웃에 취부할 때 로크아웃의 구멍이 관의 구멍보다 클 때 사용
스위치 박스(switch box)	매입형의 스위치나 콘센트를 고정하는 데 사용
아웃트렛 박스(outlet box)	전선관 공사에 있어 전등기구나 점멸기 또는 콘센트의 고정, 접속함
콘크리트 박스(concrete box)	콘크리트에 매입 배선용으로 아웃트렛 박스와 같은 목적으로 사용
플로어 박스	바닥 밑으로 매입 배선할 때 사용
유니버설 엘보우(elbow)	• 노출 배관공사에 관을 직각으로 굽혀야 할 곳의 관 상호 접속 또는 관을 분기해야 할 곳에 사용 • 3방향으로 분기하는 T형, 4방향으로 분기하는 크로스 엘보우
터미널 캡(terminal cap)	전동기에 접속하는 장소나 애자 사용 공사로 옮기는 장소의 관단에 사용
엔트런스 캡(우에사캡)(entrance cap)	인입구, 인출구의 관단에 설치하여 금속관에 접속하여 옥외의 빗물을 막는 데 사용
픽스쳐 스터드와 히키(fixture stud & hickey)	아웃트렛 박스에 조명기구를 부착시킬 때 사용, 무거운 기구취부
블랭크 와셔(blank washer)	플로어 덕트의 정션 박스에 덕트를 접속하지 않는 곳을 막기 위하여 사용
유니버설 피팅	노출 배관 시 L형 또는 T형으로 구부러지는 장소에 사용

11 그림과 같은 전동기 ⓜ과 전열기 ⓗ에 공급하는 저압 옥내 간선을 보호하는 과전류 차단기의 정격 전류 최댓값은 몇 [A]인가? 단, 간선의 허용 전류는 49[A], 수용률은 100[%]이며 기동 계급은 표시가 없다고 본다.

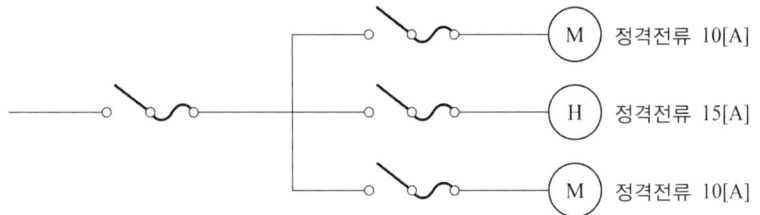

- 계산 :
- 답 :

Answer

계산 : 전열기 $\sum I_H = 15[\text{A}]$

전동기 $\sum I_M = 10 + 10 = 20[\text{A}]$

회로의 설계전류 $I_B = 15 + 20 = 35[\text{A}]$

과전류 차단기의 정격전류

$I_B \leq I_n \leq I_Z$ 에서

$35 \leq I_n \leq 49[\text{A}]$ 이므로

답 : 과전류 차단기 정격 40[A]

Explanation

과부하전류에 대한 보호

① 도체와 과부하 보호장치 사이의 협조

과부하에 대해 케이블(전선)을 보호하는 장치의 동작 특성

- $I_B \leq I_n \leq I_Z$
- $I_2 \leq 1.45 \times I_Z$

여기서, I_B : 회로의 설계전류

I_Z : 케이블의 허용전류

I_n : 보호장치의 정격전류

I_2 : 보호장치가 규약시간 이내에 유효하게 동작하는 것을 보장하는 전류

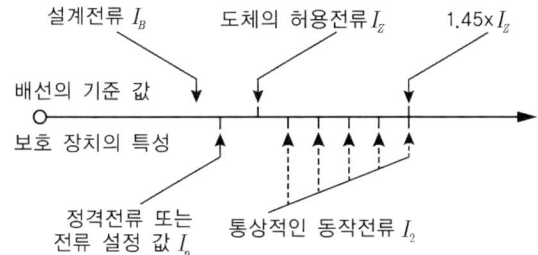

12 ★☆☆☆☆
다음은 형광등 심벌이다. 각각에 대한 용도를 쓰시오.

(1) 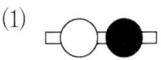   (2) 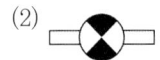   (3)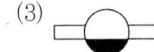

(4)    (5)

Answer

(1) 일반용 조명 형광등에 비상용 조명등으로 백열등을 조립한 등
(2) 유도등(소방법에 따르는 것으로서 형광등을 사용)
(3) 벽붙이 형광등(가로 붙이)
(4) 비상용 조명(건축기준법에 따르는 것으로서 형광등을 사용)으로 계단에 설치하는 통로 유도등과 겸용인 등
(5) 비상용 조명(건축기준법에 따르는 것으로서 형광등을 사용)

BEST 13 ★★★★★

다음 그림과 같이 단상 2선식 배전선로의 공급점에서 30[m] 지점에 80[A], 45[m] 지점에 50[A], 60[m] 지점에 30[A]의 부하가 걸려 있을 때 부하 중심점의 거리를 산출하여 전압강하를 고려한 전선의 굵기를 산정하려고 한다. 부하 중심점 (즉, 집중부하라고 가정한 경우)의 거리는 공급점에서 약 몇 [m]인가? 단, 소수점 첫째 자리까지만 계산할 것

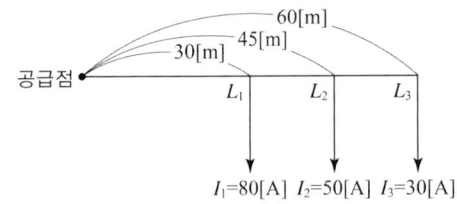

- 계산 :
- 답 :

Answer

계산 : 직선 부하에서의 부하 중심점까지의 거리

$$L = \frac{L_1 I_1 + L_2 I_2 + L_3 I_3}{I_1 + I_2 + I_3} = \frac{30 \times 80 + 45 \times 50 + 60 \times 30}{80 + 50 + 30} = 40.3 \text{[m]}$$

답 : 40.3[m]

Explanation

직선 부하의 부하 중심점까지의 거리

$$L = \frac{L_1 I_1 + L_2 I_2 + L_3 I_3 + \cdots}{I_1 + I_2 + I_3 + \cdots}$$

14 15[m] 전주에 설치된 도면을 보고 다음 물음에 답하시오.

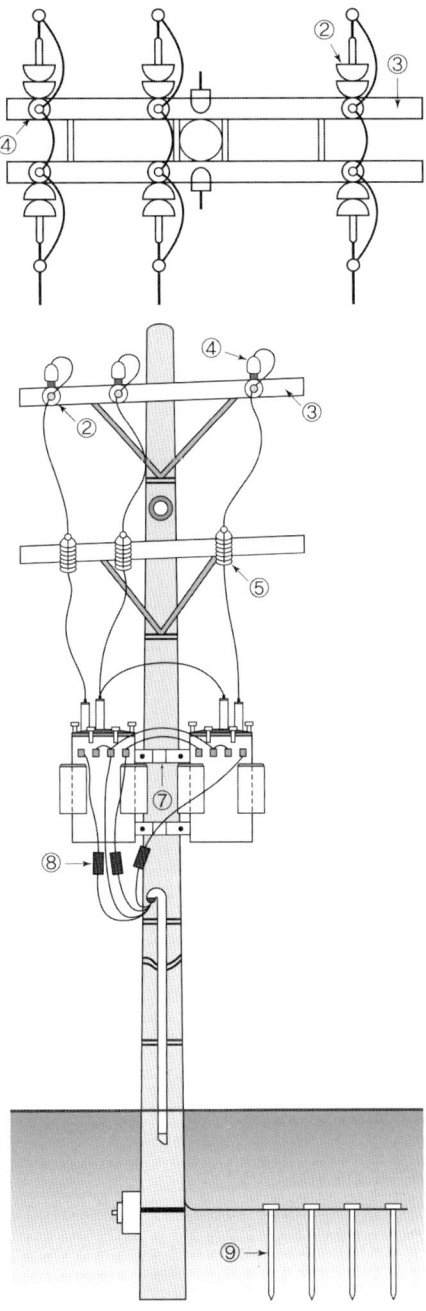

(1) 도면에 표시된 ④의 규격이 23[kV] 56-2호이다. 특고압 핀 애자는 몇 개인가?

(2) 도면에 표시된 ⑤의 품명은 무엇인가?

(3) 도면에 표시된 ⑦의 품명은 정확히 무엇인가?

(4) 도면에 표시된 ⑧의 품명은 무엇이며, 수량은 몇 개인가?

(5) 그림에 표시된 ⑨의 명칭은?

Answer

(1) 6개
(2) COS
(3) 행거 밴드
(4) 품명 : 캐치 홀더, 수량 : 3개
(5) 접지봉

15 다음 그림을 보고 각 물음에 답하시오.

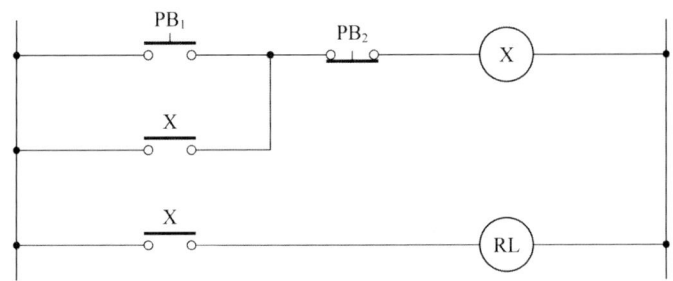

(1) 그림과 같은 회로를 무슨 회로라 하는가?

(2) 그림을 논리식으로 나타내고 또 타임차트를 완성하시오.

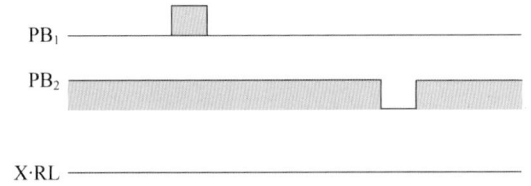

(3) AND, OR, NOT의 기본 논리 회로를 이용하여 무접점 논리 회로로 그리시오.

Answer

(1) 자기유지회로

(2) $X = (PB_1 + X) \cdot \overline{PB_2}$, $RL = X$

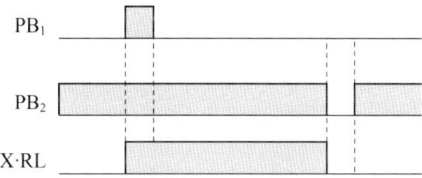

(3)

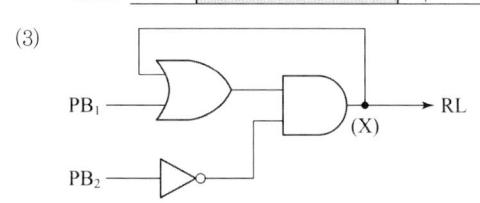

16 ★★☆☆☆ 다음 표준 심벌(symbol)의 명칭을 쓰고 이의 복선도를 표시하시오. 단, 전기방식은 3상 3선식이다.

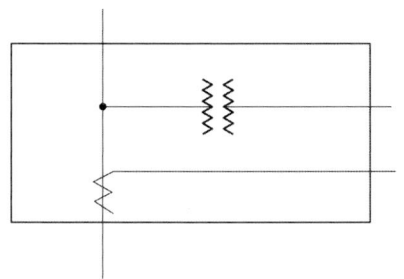

Answer

명칭 : 전력수급용 계기용 변성기
복선도 :

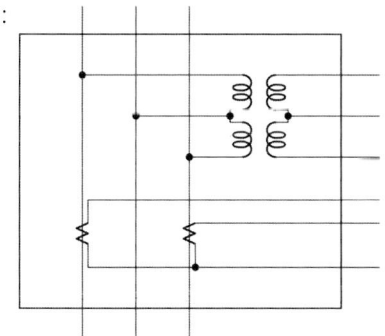

Explanation

- 전력수급용 계기용 변성기(MOF : Metering Out Fit)
  전력량계를 위한 PT와 CT를 한 탱크 안에 넣은 것
- 결선 : 3상 3선식(V결선, PT와 CT 각 2대)
  3상 4선식(Y결선, PT와 CT 각 3대)

17 ★☆☆☆☆
도면을 잘 숙지한 다음 물음에 답하시오.

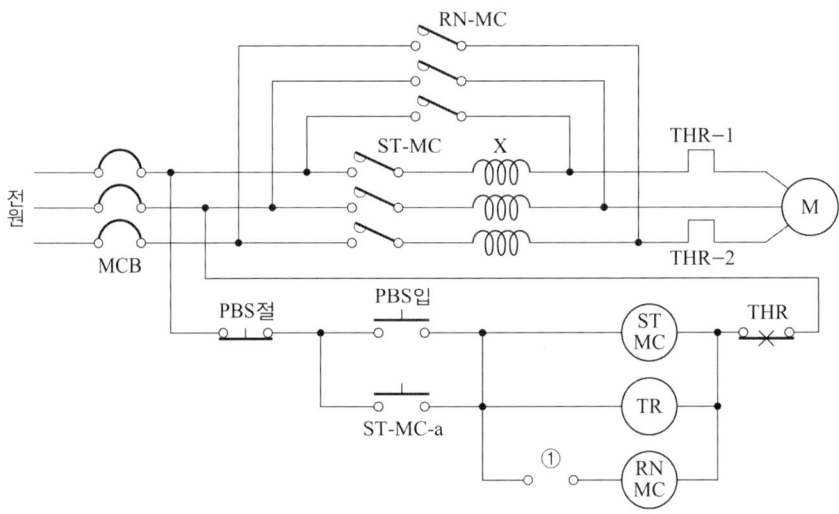

(1) 리액터 시동 제어회로에 대하여 설명하시오.
(2) 도면에서 ①로 표시된 곳에 알맞은 접점은?

Answer

(1) 리액터 기동은 기동 시 기동전압을 낮추어 감전압 기동하기 위하여 리액터를 이용하여 기동하고 설정 시간 후에는 정상적인 3상 운전이 되도록 한 기동법이다.

(2) ┤ ├ TR-a

Explanation

리액터 기동의 주회로 결선

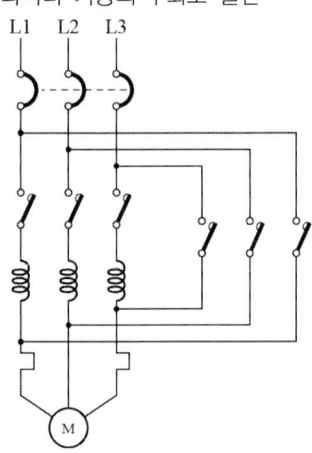

리액터 기동
기동 시 기동전압을 낮추어 감전압 기동하기 위하여 리액터를 이용하여 기동하고 설정 시간 후에는 정상적인 3상 운전이 되도록 한 기동법이다.

2013년 전기공사산업기사 실기

01 다음 설명에 맞는 보호 계전기는?

(1) 병행 2회선 송전선로에서 한 쪽의 1회선에 지락 고장이 일어났을 경우 이것을 검출해서 고장 회선만을 선택 차단할 수 있게끔 선택 단락 계전기의 동작 전류를 특별히 작게 한 계전기는?

(2) 보호 구간에 유입하는 전류와 유출하는 전류의 벡터 차와 출입하는 전류의 관계비로 동작하는 것으로 발전기 또는 변압기의 내부고장 보호에 사용한다.

Answer

(1) 선택 지락 계전기
(2) 비율 차동계전기

Explanation

- 선택지락계전기(S.G.R) : 병행 2회선 이상의 선로의 선택 차단
- 비율 차동 계전기 (RDfR) : 발·변압기 층간, 단락 보호

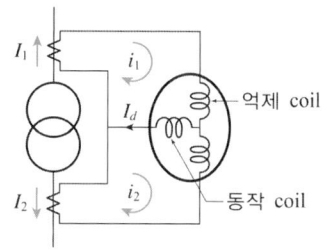

02 송전 계통의 변압기 중성점 접지방식 4종류를 쓰시오.

Answer

① 비접지 방식
② 직접접지 방식
③ 저항접지 방식
④ 소호 리액터 접지 방식

Explanation

중성점 접지의 종류
① 비접지 방식($Z_n = \infty$) : 사용전압 : 20 ~ 30[kV]의 저전압 단거리
② 직접접지 방식($Z_n = 0$) : 직접접지 방식은 우리나라 송전선로의 대부분을 차지하며 154[kV], 345[kV], 765[kV] 등에 사용되며 또한, 지락 사고 시의 건전상의 전위 상승이 정상 시 상(Y)전압의 1.3배를 넘지 않도록 접지 임피던스를 조정하는 방식을 유효접지 방식이라 한다.

③ 저항접지 방식($Z_n = R$)
④ 소호 리액터 접지 방식($Z_n = jX_L$)

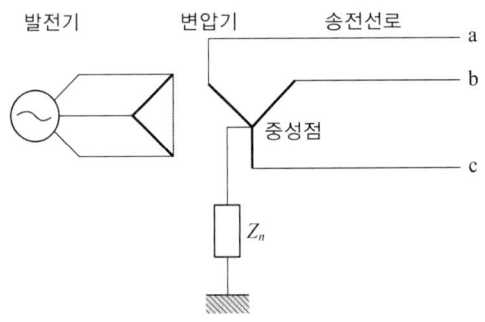

03 ★☆☆☆☆
그림과 같은 전선로의 전선 길이[m]는 얼마인가? 단, 장력 T : 3,300[kg]이고 하중 W : 1,000[kg/km]이다.

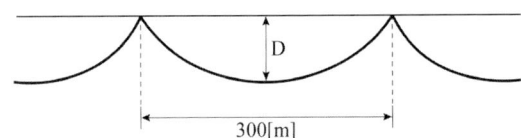

• 계산 :

• 답 :

Answer

계산 : 이도 $D = \dfrac{WS^2}{8T} = \dfrac{(\dfrac{1,000}{1,000}) \times 300^2}{8 \times 3,300} = 3.41\,[\text{m}]$

전선의 실제 길이 $L = S + \dfrac{8D^2}{3S} = 300 + \dfrac{8 \times 3.41^2}{3 \times 300} = 300.1\,[\text{m}]$

답 : 300.1[m]

Explanation

• 이도 : $D = \dfrac{WS^2}{8T} = \dfrac{WS^2}{8 \times \dfrac{\text{인장하중}}{\text{안전율}}}\,[\text{m}]$

• 실제 길이 : $L = S + \dfrac{8D^2}{3S}\,[\text{m}]$

여기서, W : 전선 1[m]당 하중
L : 전선의 실제 길이[m]
D : 이도[m]
S : 경간[m]

04 100[kVA], 역률 60[%](뒤짐)의 부하에 전력을 공급하고 있는 변전소에 콘덴서를 설치하여 변전소에 있어서의 역률을 90[%]로 향상시키는 데 필요한 콘덴서 용량[kVar]은?

- 계산 :
- 답 :

Answer

계산 : $Q = P(\tan\theta_1 - \tan\theta_2)$ [kVA]에서 유효전력 $W = 100 \times 0.6 = 60$ [kW]이므로

콘덴서 용량 $Q_c = 60 \times \left(\dfrac{\sqrt{1-0.6^2}}{0.6} - \dfrac{\sqrt{1-0.9^2}}{0.9} \right) = 50.94$ [kVA] 답 : 50.94[kVA]

Explanation

- 역률개선
  - 전력용 콘덴서는 진상 무효분을 공급하여 부하의 역률개선을 위하여 사용
  - 부하의 역률 저하 원인 : 유도 전동기의 경부하 운전 및 형광방전등의 안정기 등

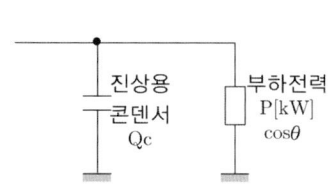
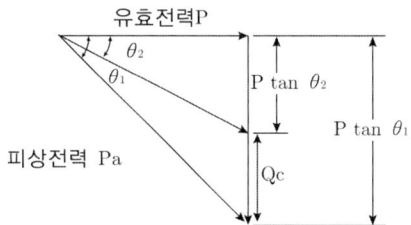

- 전력용 콘덴서 용량

$$Q_c = P(\tan\theta_1 - \tan\theta_2) = P\left(\dfrac{\sin\theta_1}{\cos\theta_1} - \dfrac{\sin\theta_2}{\cos\theta_2}\right)$$
$$= P\left(\dfrac{\sqrt{1-\cos^2\theta_1}}{\cos\theta_1} - \dfrac{\sqrt{1-\cos^2\theta_2}}{\cos\theta_2}\right) \text{[kVA]}$$

여기서, $\cos\theta_1$: 개선 전 역률
$\cos\theta_2$: 개선 후 역률

- 역률개선의 효과
  - 전압강하가 감소
  - 전력손실이 감소
  - 설비용량의 여유분 증가
  - 전기요금 절감

05 ★★★☆☆
수변전 설비에서 CT와 PT에 대하여 물음에 답하시오.

(1) PT의 1차 측과 2차 측에 퓨즈를 접속해야 하는 이유를 간단히 설명하시오.
(2) CT의 1차 측에 퓨즈를 접속할 수 없는 이유는?

Answer

(1) 계기용 변압기 1차 측에는 과전압에 대한 보호를 위해 부착하며 계기용 변압기 2차 측에는 부하의 단락 및 과부하 또는 계기용 변압기 단락 시 사고가 확대되는 것을 방지하기 위하여 부착
(2) CT 1차 측에 퓨즈를 넣으면 과전류가 흐를 때 단선되어 후단에 설치되어 있는 과전류 계전기가 동작되지 않아 차단기를 동작시킬 수 없게 된다.

Explanation

- 계기용 변압기 1차 측에는 과전압에 대한 보호를 위해 고압의 경우 퓨즈를 특고압의 경우 COS(PF)를 사용하여 보호
- 2차 측에는 계기용 변압기 2차 측에 설치할 수 있는 부하의 한도를 정격부담[VA]이라 하며 따라서, 계기용 변압기 2차 측에 설치되는 부하의 단락이나 과부하 시 보호를 위하여 퓨즈를 설치

06 ★☆☆☆☆
다음과 같은 조건일 때 3상 4선식의 전압강하 근사값을 쓰시오.

[조건]
- 교류의 경우 역률 $\cos\theta = 1$
- 각 상 부하는 평형 상태
- 전선의 도전율은 97[%]

Answer

$$e = IR = I \times \rho \frac{L}{A} = I \times \frac{1}{58} \times \frac{100}{C} \times \frac{L}{A} = I \times \frac{1}{58} \times \frac{100}{97} \times \frac{L}{A} = 0.0178 \times \frac{LI}{A} = \frac{17.8LI}{1,000A}$$

Explanation

전압강하 및 전선의 단면적 계산

전기 방식	전압 강하		전선 단면적	대상 전압강하
단상 3선식 직류 3선식 3상 4선식	IR	$e = \dfrac{17.8LI}{1,000A}$	$A = \dfrac{17.8LI}{1,000e}$	대지와 선간
단상 2선식 직류 2선식	$2IR$	$e = \dfrac{35.6LI}{1,000A}$	$A = \dfrac{35.6LI}{1,000e}$	선간
3상 3선식	$\sqrt{3}\,IR$	$e = \dfrac{30.8LI}{1,000A}$	$A = \dfrac{30.8LI}{1,000e}$	선간

여기서, e : 전압강하[V], A : 사용전선의 단면적[mm^2]
L : 선로의 길이[m], C : 전선의 도전율(97[%])

07 그림과 같이 전위강하법에서 접지전극 E와 전위전극 P와의 간격이 EC 간 거리 X의 몇 [%]일 때 정확한 값을 얻을 수 있겠는가?

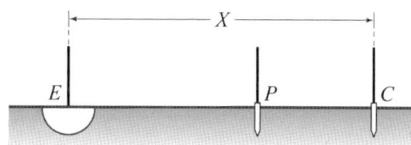

Answer

61.8[%]

Explanation

전압강하법에 의한 접지저항 측정
저 저항값 측정에 사용되며 접지극과 보조 접지극 간에 전류회로를 설치하여 전압계를 접지극과 대지 간에 접속하여 전압값을 구하여 사용

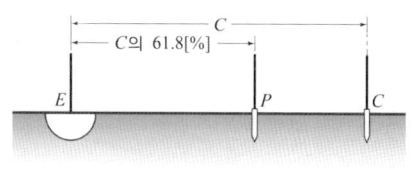

[61.8[%]의 법칙]

08 다음 배선설비에 대한 물음에 답하시오.

(1) 셀룰러 덕트 공사의 사용전압은 (①) 이하이어야 한다.

(2) 절연전선을 동일 셀룰러덕트 내에 넣을 경우 셀룰러 덕트의 크기는 전선의 피복절연물을 포함한 단면적의 총 합계가 셀룰러 덕트 단면적의 (③) 이하가 되도록 선정하여야 한다.

(3) 금속 덕트는 (④) 이하의 간격으로 견고하게 지지할 것

(4) 금속관을 구부릴 때 금속관의 단면이 심하게 변형되지 않도록 구부려야 하며, 그 안측의 반지름은 관 안지름의 (⑤) 이상이 되어야 한다.

Answer

(1) 400[V]   (2) 20[%]   (3) 3[m]   (4) 6배

Explanation

(KEC 232.33조) 셀룰러덕트공사
① 셀룰러덕트공사의 사용전압은 400[V] 이하이어야 한다.
② 절연전선을 동일한 셀룰러덕트 내에 넣을 경우 셀룰러덕트의 크기는 전선의 피복절연물을 포함한 단면적의 총 합계가 셀룰러덕트 단면적의 20[%] 이하가 되도록 선정하여야 한다.
(KEC 232.31조) 금속덕트공사
① 금속덕트를 조영재에 붙이는 경우에는 덕트의 지지점 간의 거리를 3[m](취급자 이외의 자가 출입할 수 없도록 설비한 곳에서 수직으로 붙이는 경우에는 6[m]) 이하로 하고 견고하게 붙여 시설할 것
(KEC 232.12조) 금속관공사
① 금속관을 구부릴 때 금속관의 단면이 심하게 변형되지 않도록 구부려야 하며, 그 안측의 반지름은 관 안지름의 6배 이상이 되어야 한다.

09 다음과 같이 관로에 케이블을 포설할 경우 인입 방법을 쓰시오.

(1) 지표에 고저차가 있는 경우

(2) 굴곡이 있는 경우

(3) 짧은 맨홀과 긴 맨홀이 있는 경우

Answer

(1) 높은 쪽에서 낮은 쪽으로 인입한다.
(2) 굴곡이 있는 곳의 가까운 곳에서부터 인입한다.
(3) 짧은 맨홀 쪽에서 긴 맨홀 쪽으로 인입한다.

Explanation

케이블의 인입 방향
(1) 지표에 고저차가 있는 경우에는 높은 쪽에서 낮은 쪽으로 인입한다.
(2) 포설 구간에 굴곡이 있을 때에는 굴곡이 있는 곳의 가까운 곳에서부터 인입한다.

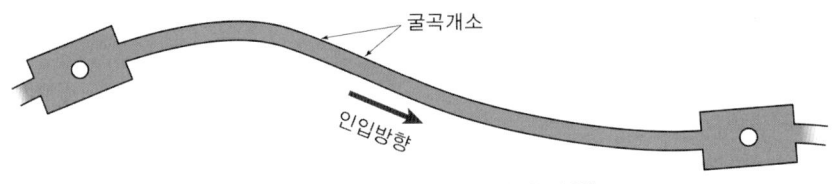

[굴곡 개소의 경우 케이블 인입 방향]

(3) 맨홀 내의 케이블 인입 방향은 맨홀 길이가 짧은 쪽에서 긴 쪽으로 인입한다.

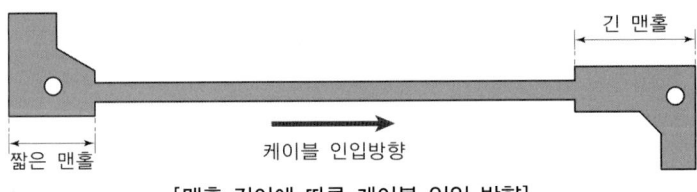

[맨홀 길이에 따른 케이블 인입 방향]

10 다음 표의 전로의 사용전압의 구분에 따른 절연저항 값은 몇 [MΩ] 이상이어야 하는지 그 값을 표에 써 넣으시오.

전로의 사용전압[V]	DC 시험전압[V]	절연저항[MΩ]
SELV 및 PELV	250	①
FELV, 500[V] 이하	500	②
500[V] 초과	1,000	③

Answer

① 0.5[MΩ]
② 1.0[MΩ]
③ 1.0[MΩ]

Explanation

(기술기준 제52조) 저압전로의 절연저항
전기사용 장소의 사용전압이 저압인 전로의 전선 상호간 및 전로와 대지 사이의 절연저항은 개폐기 또는 과전류차단기로 구분할 수 있는 전로마다 다음 표에서 정한 값 이상이어야 한다. 다만, 전선 상호간의 절연저항은 기계기구를 쉽게 분리가 곤란한 분기회로의 경우 기기 접속 전에 측정할 수 있다.
또한, 측정 시 영향을 주거나 손상을 받을 수 있는 SPD 또는 기타 기기 등은 측정 전에 분리시켜야 하고, 부득이하게 분리가 어려운 경우에는 시험전압을 250[V] DC로 낮추어 측정할 수 있지만 절연저항 값은 1[MΩ] 이상이어야 한다.

전로의 사용전압[V]	DC 시험전압[V]	절연저항[MΩ]
SELV 및 PELV	250	0.5
FELV, 500[V] 이하	500	1.0
500[V] 초과	1,000	1.0

11 다음 저항을 측정하는 데 가장 적당한 측정 방법은?

(1) 변압기의 절연저항

(2) 검류계의 내부저항

(3) 전해액의 저항

(4) 굵은 나전선의 저항

(5) 접지저항 측정

Answer

(1) 메거(절연저항계)
(2) 휘스톤 브리지
(3) 콜라우시 브리지
(4) 캘빈더블 브리지
(5) 콜라우시 브리지(접지저항계)

Explanation

각종 저항 측정 방법
• 캘빈더블 브리지 : 굵은 나전선의 저항
• 휘스톤 브리지 : 검류계의 내부저항, 고저항 측정
• 콜라우시 브리지 : 전해액의 저항, 접지저항
• 메거(절연저항계) : 절연저항
• 전압강하법 : 백열전구의 필라멘트(백열 상태)

BEST 12 ★★★★★

그림은 콘센트의 종류를 표시한 옥내배선용 그림기호이다. 각 그림기호는 어떤 의미를 가지고 있는지 설명하시오.

(1)  ⏺20A (2)  ⏺WP (3)  ⏺EX (4)  ⏺H

Answer

(1) 20[A] 콘센트
(2) 방수형 콘센트
(3) 방폭형 콘센트
(4) 의료용 콘센트

Explanation

옥내배선의 그림기호 콘센트

명칭	그림기호	적요
콘센트	 ⏺	① 천장에 부착하는 경우는 다음과 같다.  ② 바닥에 부착하는 경우는 다음과 같다.  ③ 용량의 표시방법은 다음과 같다. 　a. 15[A]는 방기하지 않는다. 　b. 20[A] 이상은 암페어 수를 표기한다. 　[보기] ⏺20A ④ 2구 이상인 경우는 구수를 표기한다. 　[보기] ⏺2 ⑤ 3극 이상인 것은 극수를 표기한다. 　[보기] ⏺3P ⑥ 종류를 표시하는 경우는 다음과 같다. 　빠짐방지형　　　⏺LK 　걸림형　　　　　⏺T 　접지극붙이　　　⏺E 　접지단자붙이　　⏺ET 　누전차단기붙이　⏺EL ⑦ 방수형은 WP를 표기한다.　⏺WP ⑧ 방폭형은 EX를 표기한다.　⏺EX ⑨ 의료용은 H를 표기한다.　⏺H

13 ★★★☆☆
평균 구면 광도 100[cd]의 전구 5개를 직경 10[m]의 원형의 사무실에 점등할 때 조명률 0.4, 감광 보상률을 1.6이라 하면 사무실의 평균 조도[lx]는 얼마인가?

• 계산 :

• 답 :

Answer

계산 : 평균 조도 $E = \dfrac{FUN}{SD} = \dfrac{4\pi \times 100 \times 0.4 \times 5}{\pi \times \left(\dfrac{10}{2}\right)^2 \times 1.6} = 20[\text{lx}]$ 답 : 20[lx]

Explanation

조명 계산
$FUN = ESD$
여기서, $F[\text{lm}]$: 광속
$U[\%]$: 조명률
$N[\text{등}]$: 등수
$E[\text{lx}]$: 조도
$S[\text{m}^2]$: 면적
$D = \dfrac{1}{M}$: 감광 보상률 $= \dfrac{1}{\text{보수율}}$

등수 $N = \dfrac{ESD}{FU}$ 이며 등수 계산에서 소수점은 무조건 절상한다.

광속
구광원 : $F = 4\pi I$
원통광원 : $F = \pi^2 I$
평판광원 : $F = \pi I$

14 ★★★☆☆
그림 (a)의 릴레이 시퀀스가 있다. A, B, C, D는 보조 릴레이 접점이고, X는 릴레이, L은 부하이다. 다음 물음에 답하시오.

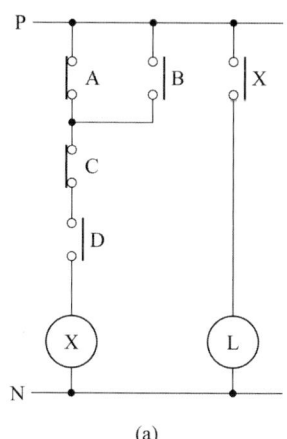

(a)

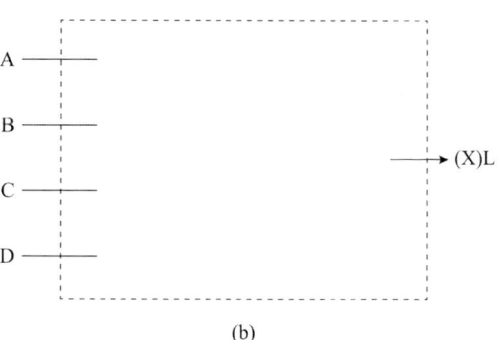

(b)

(1) 그림 (a)에서 X의 논리식을 쓰시오.

(2) 답안지의 그림 (b)란에 논리회로(2입력, AND, OR, NOT 기호 사용)를 그려 넣으시오.

Answer

(1) X=($\overline{A}$+B)·$\overline{C}$·D

(2)

15 ★★☆☆☆
다음과 같은 논리회로를 NOT, OR 논리기호만을 사용하여 논리회로를 간략화 하고 논리식의 변환 과정(간략화 과정)을 쓰시오.

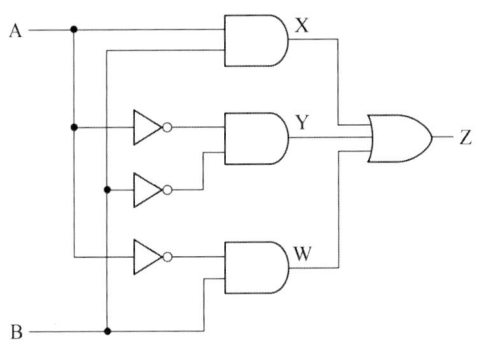

(1) 논리식 변환 과정(간략화 과정)
(2) 논리회로

Answer

(1) $Z = AB + \overline{A}\overline{B} + \overline{A}B = \overline{A}(\overline{B}+B) + (A+\overline{A})B = \overline{A}+B$

(2)

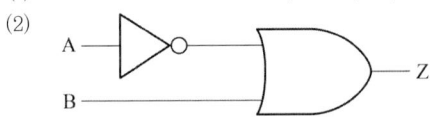

16 PLC의 프로그램을 보고 물음에 답하시오.

프로그램 번지 (어드레스)	명령어	데이터	비고	프로그램 번지 (어드레스)	명령어	데이터	비고
01	STR	001	W	07	ANDN	002	W
02	STR	003	W	08	OR	003	W
03	ANDN	002	W	09	OUT	200	W
04	OB		W	10	END		W
05	OUT	100	W				
06	STR	001	W				

단, ① STR : 입력 a접점(신호)
② STRN : 입력 b접점(신호)
③ AND : AND a접점
④ ANDN : AND b접점
⑤ OR : OR a접점
⑥ ORN : OR b접점
⑦ OB : 병렬 접속점
⑧ OUT : 출력
⑨ END : 끝
⑩ W : 각 번지끝

(1) PLC의 프로그램에 맞는 접점 회로도를 답안지에 완성하시오.
(2) 001, 002, 003의 각각 1개의 접점만을 사용하여 답안지의 회로도를 완성하시오. 단, 접점의 양방향 신호의 흐름을 인정한다.
(3) 답안지의 무접점 회로를 완성하시오.

Answer

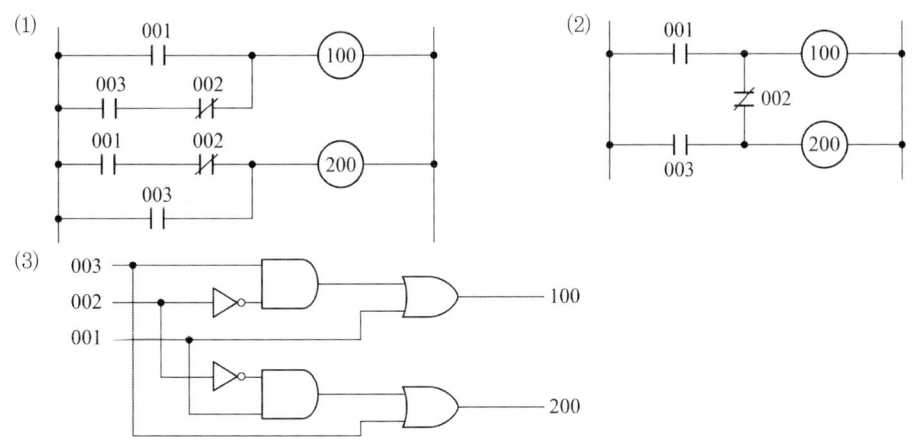

17 ★★☆☆☆
계기용 변압기와 변류기를 부속하는 3상 3선식 전력량계를 결선하시오. 단, 1, 2, 3은 상순을 표시하고, P1, P2, P3은 계기용 변압기에 1S, 1L, 3S, 3L은 변류기에 접속하는 단자이다.

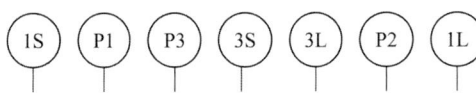

1 _____
2 _____
3 _____

Answer

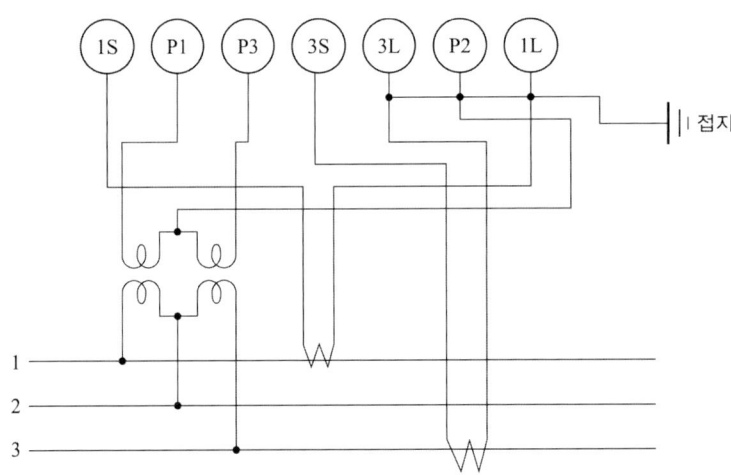

Explanation

전력량계 결선
- PT : P1, P2, P3
- CT : 1S, 3S, 1L, 3L

여기서, 접지는 P2, 1L, 3L에 한다.

18 ★★★☆☆ 22.9[kV] 배전선로이다. 그림과 참고표를 이용하여 물음에 답하시오.

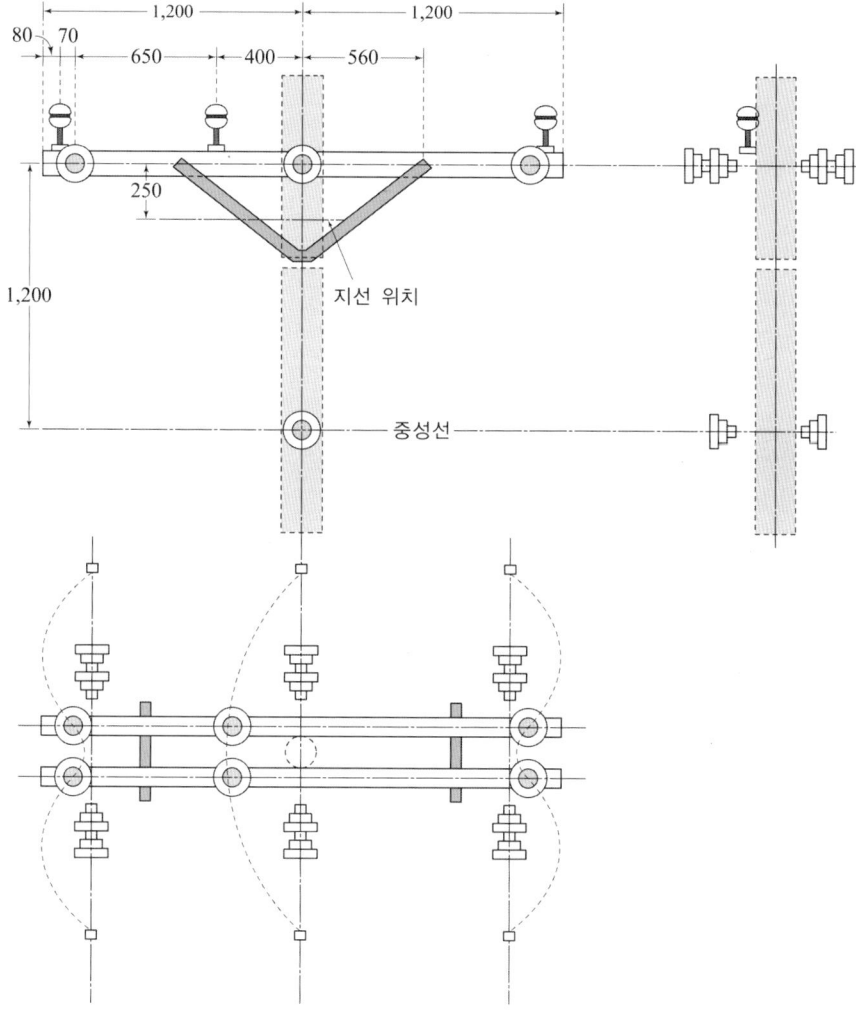

[물음]
그림의 애자를 노후로 인하여 교체하는 경우 총 인건비(직접 노무비 포함)는 얼마인가?
단, • 간접 노무비를 15[%](가정)로 계산한다.
• 노임 단가는 배전전공 15,860원, 보통 인부 6,520원이다. (가정)
• 인공을 산출한 후 이를 합계하여 노임단가를 적용하여 원까지만 구하고 소수점 이하는 버린다.
• 애자 노후로 인하여 교체되어야 할 애자 종류 및 수량은 다음과 같다.
① 특고압용 현수 애자 : 14개
② 특고압용 핀 애자 : 6개

배전용 애자 설치 (개당)

종별	배전 전공	보통 인부
라인 포스트 애자	0.046	0.046
현수 애자	0.032	0.032
내오손 결합 애자	0.025	0.025
저압용 인류 애자	0.020	-

[해설]
① 애자 교체 150[%]
② 애자 닦기
　(가) 주상(탑상) 손 닦기 : 애자품의 50[%]
　(나) 주상(탑상) 기계 닦기 : 기계손료만 계산(인건비 포함)
　(다) 발췌 손 닦기는 애자품의 170[%]
③ 특고압 핀 애자는 라인 포스트 애자에 준함
④ 철거 50[%], 재사용 철거 80[%]
⑤ 동일 장소에 추가 1개마다 기본품의 45[%] 적용

Answer

배전전공 : $0.032 \times (1+13 \times 0.45) \times 1.5 + 0.046 \times (1+5 \times 0.45) \times 1.5 = 0.55305$ [인]
보통 인부 : $0.032 \times (1+13 \times 0.45) \times 1.5 + 0.046 \times (1+5 \times 0.45) \times 1.5 = 0.55305$ [인]
배전전공 노임 : $0.55305 \times 15,860 = 8,771$ [원]
보통 인부 노임 : $0.55305 \times 6,520 = 3,605$ [원]
직접 노무비 = $8,771 + 3,605 = 12,376$ [원]
간접 노무비 = $12,376 \times 0.15 = 1,856$ [원]
노무비계 = $12,376 + 1,856 = 14,232$ [원]

답 : 14,232[원]

Explanation

- 교체 : 철거 + 신설
  애자 철거 50[%] + 신설 100[%] = 150[%]
- 동일 장소에 추가 1개마다 기본품의 45[%] 적용
  - 특고압용 현수 애자 : 14개
    계산 방법 : $1 + 13 \times 0.45$
  - 특고압용 핀 애자 : 6개
    계산 방법 : $1 + 5 \times 0.45$

- 특고압 핀 애자는 라인 포스트 애사로 대체하여도 기능

종별	배전 전공	보통 인부
라인 포스트 애자	0.046	0.046
현수 애자	0.032	0.032
내오손 결합 애자	0.025	0.025
저압용 인류 애자	0.020	-

전기공사산업기사 실기

과년도 기출문제

2014

- 2014년 제 01회
- 2014년 제 02회
- 2014년 제 04회

2014년 과년도 기출문제에 대한 출제 빈도 분석 차트입니다.
각 회차별로 별의 개수를 확인하고 학습에 참고하기 바랍니다.

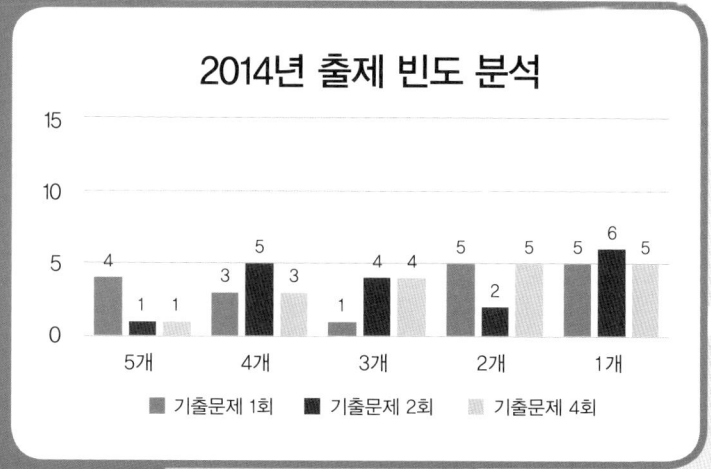

1회 2014년 전기공사산업기사 실기

BEST 01 ★★★★★

콘센트의 그림기호를 보고 각각의 용도를 쓰시오.

(1) ⏺H   (2) ⏺LK   (3) ⏺ET   (4) ⏺EX   (5) ⏺WP

Answer

(1) 의료용
(2) 빠짐 방지형
(3) 접지단자붙이
(4) 방폭형
(5) 방수형

Explanation

(KS C 0301) 옥내배선의 그림기호 콘센트

명칭	그림기호	적요
콘센트	⏺	① 천장에 부착하는 경우는 다음과 같다. ② 바닥에 부착하는 경우는 다음과 같다. ③ 용량의 표시방법은 다음과 같다. 　a. 15[A]는 방기하지 않는다. 　b. 20[A] 이상은 암페어 수를 표기한다. 　[보기] ⏺20A ④ 2구 이상인 경우는 구수를 표기한다. 　[보기] ⏺2 ⑤ 3극 이상인 것은 극수를 표기한다. 　[보기] ⏺3P ⑥ 종류를 표시하는 경우는 다음과 같다. 　빠짐방지형　　　⏺LK 　걸림형　　　　　⏺T 　접지극붙이　　　⏺E 　접지단자붙이　　⏺ET 　누전차단기붙이　⏺EL ⑦ 방수형은 WP를 표기한다. ⏺WP ⑧ 방폭형은 EX를 표기한다. ⏺EX ⑨ 의료용은 H를 표기한다. ⏺H

02 3φ3W Line에 WHM을 접속하여 전력량을 적산하기 위한 결선도이다. 다음 물음에 주어진 답안지에 계산식과 답을 쓰시오.

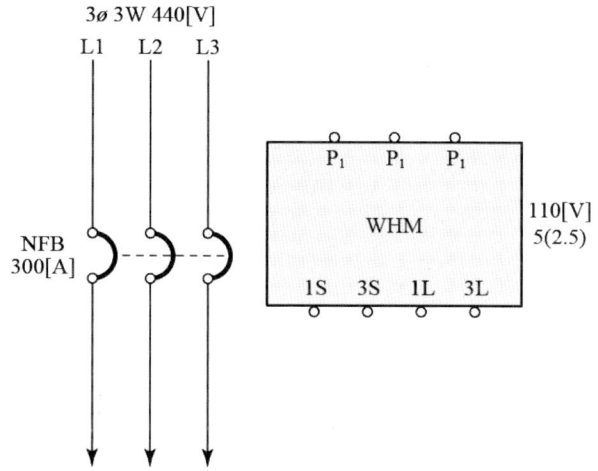

① 계산 중 발생되는 소수점 둘째 자리 이하는 버릴 것
② [rpm]= 계기 정수×전력

(1) WHM가 정상적으로 적산이 가능하도록 변성기를 추가하여 결선도를 완성하시오.
(2) WHM 형식 표기 중 정격 전류 5(2.5)[A]는 무엇을 의미하는가?
(3) 이 WHM의 계기정수는 1,600[Rev/kWh]이다. 지금 부하전류가 100[A]에서 변동 없이 지속되고 있다면 원판의 1분간 회전수는? 단, CT비 : 200/5[A], $\cos\theta = 1$
(4) WHM의 승률은? 단, CT비는 200/5로 한다.

Answer

(1)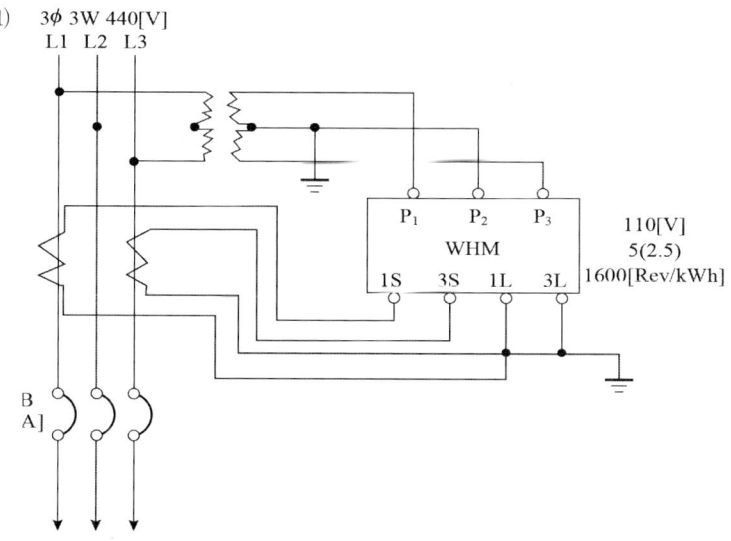

(2) Ⅱ형 계기로서 정격 전류 5[A]에 대하여 $\frac{1}{20}$까지 그 정밀도를 보장한다는 것

(3) 1분 간의 회전수 : $n[\text{rpm}]$=계기 정수×전력

$$= 1,600 \times \frac{\sqrt{3} \times 110 \times (100 \times \frac{5}{200}) \times 10^{-3}}{60} = 12.7[\text{회}]$$

답 : 12.7[회]

(4) 승률(=배율) : $m = \text{CT비} \times \text{PT비} = \frac{200}{5} \times \frac{440}{110} = 160[\text{배}]$

답 : 160[배]

Explanation

- 적산전력계의 측정값

$P = \frac{3,600 \cdot n}{t \cdot k}[\text{kW}]$

여기서, n : 회전수[회], t : 시간[sec], k : 계기정수[Rev/kWh]

문제에서의 전력 $P = \sqrt{3}\,VI\cos\theta \times 10^{-3}[\text{kW}]$

회전 수 $n = \frac{P\,t\,k}{3,600}$ 에서

1분간 회전 수 $n = \frac{\sqrt{3}\,VI\cos\theta \times 10^{-3} \cdot t \cdot k}{3,600} = \frac{\sqrt{3} \times 110 \times 2.5 \times 1,600 \times 10^{-3}}{60} = 12.7(\text{회})$

- 승률 = PT비 × CT비
- 적산전력계 결선(3상 3선식)
  - PT : P_1, P_2, P_3
  - CT : $1S$, $1L$, $3S$, $3L$

여기서, PT, CT 2차 측은 접지하며
PT P_2와 CT $1L$, $3L$을 접지한다.

BEST 03 ★★★★★ 배관 및 배선 공사를 하기 위한 터파기 수량 산출을 하고자 한다. 그림과 같은 줄기초 파기의 굴착량식은?

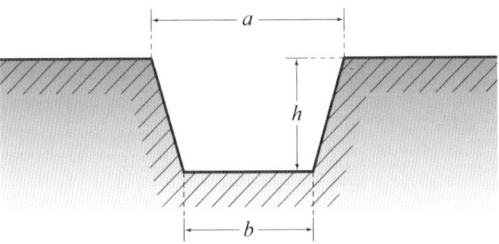

Answer

굴착량 $= \frac{(a+b)}{2} \times h \times$ 줄기초길이 $[\text{m}^3]$

Explanation

터파기량 계산
- 줄기초 파기 : 전선관 매설

$$\text{터파기량}[\text{m}^3] = \left(\frac{a+b}{2}\right) \times h \times \text{줄기초 길이}$$

04

합성수지 파형 전선관을 100[mm] 2열, 175[mm] 6열, 200[mm] 4열을 층계별로 100[m]를 동시에 포설할 때 배전전공과 보통 인부의 공량은 얼마인가?

(1) 배전전공
(2) 보통 인부

[참고자료] 합성수지 파형 전선관   [m]당

구분	배전전공	보통 인부
50[mm] 이하	0.012	0.029
80[mm] 이하	0.015	0.035
100[mm] 이하	0.018	0.057
125[mm] 이하	0.025	0.077
150[mm] 이하	0.030	0.097
175[mm] 이하	0.036	0.117
200[mm] 이하	0.041	0.129

[해설]
① 이 품은 터파기, 되메우기 및 잔토 처리 제외
② 접합품이 포함되어 있으며, 접합부의 콘크리트 타설품 및 자세별 할증은 별도 계상
③ 철거 50[%], 재사용 철거 30[%]
④ 2열 동시 180[%], 3열 260[%], 4열 340[%], 6열 420[%], 8열 500[%], 10열 580[%], 12열 660[%], 14열 740[%], 16열 820[%]
⑤ 이 품은 30~60[m] Roll식으로 감겨 있는 합성수지 파형전선관의 지중 포설 기준임
⑥ 동시배열이란 동일 장소에서 공 당의 파형관을 열로 형성하여 층계별로 포설하는 것을 말하며, 100[mm] 2열, 175[mm] 6열, 200[mm] 4열을 층계별로 동시 포설 시 산출은 다음과 같다. 이는 12공을 층계별로 동시 배열하는 것으로써 동시 적용률은 660[%]로, 따라서 합산품은 (100[mm] 기본품×2열+175[mm] 기본품×6열, 200[mm] 기본품×4열)×660[%]÷12이다. (열은 관로의 공수를 뜻함)
⑦ 100[mm] 이상 이종관 접속 시는 동시배열(공수)에 관계없이 접속 개당 배전전공 0.1인 보통 인부 0.1인 적용
⑧ Spacer를 설치할 경우 파상형 전선관 열, 층에 관계없이 Spacer Point 10개 설치당 배전전공 0.0077인, 보통 인부 0.0154인 적용

Answer

(1) 배전전공 : $\dfrac{(0.018 \times 2 + 0.036 \times 6 + 0.041 \times 4) \times 6.6}{12} \times 100 = 22.88[\text{인}]$

(2) 보통 인부 : $\dfrac{(0.057 \times 2 + 0.117 \times 6 + 0.129 \times 4) \times 6.6}{12} \times 100 = 73.26[\text{인}]$

Explanation

합성수지 파형 전선관 [m]당

구분	배전전공	보통 인부
50[mm] 이하	0.012	0.029
80[mm] 이하	0.015	0.035
100[mm] 이하	0.018	0.057
125[mm] 이하	0.025	0.077
150[mm] 이하	0.030	0.097
175[mm] 이하	0.036	0.117
200[mm] 이하	0.041	0.129

- 해설의 ⑥을 적용한다.
  동시배열이란 동일 장소에서 공 당의 파형관을 열로 형성하여 층계별로 포설하는 것을 말하며, 100[mm] 2열, 175[mm] 6열, 200[mm] 4열을 층계별로 동시 포설 시 산출은 다음과 같다. 이는 12공을 층계별로 동시배열하는 것으로써 동시 적용률은 660[%]로, 따라서 합산품은(100[mm] 기본품×2열 +175[mm] 기본품×6열, 200[mm] 기본품×4열)×660[%]÷12이다. (열은 관로의 공수를 뜻함)

05 그림은 22.9[kV-Y] 1,000[kVA] 이하인 특고압 수전설비의 표준 결선도이다. 결선도를 보고 물음에 답하시오.

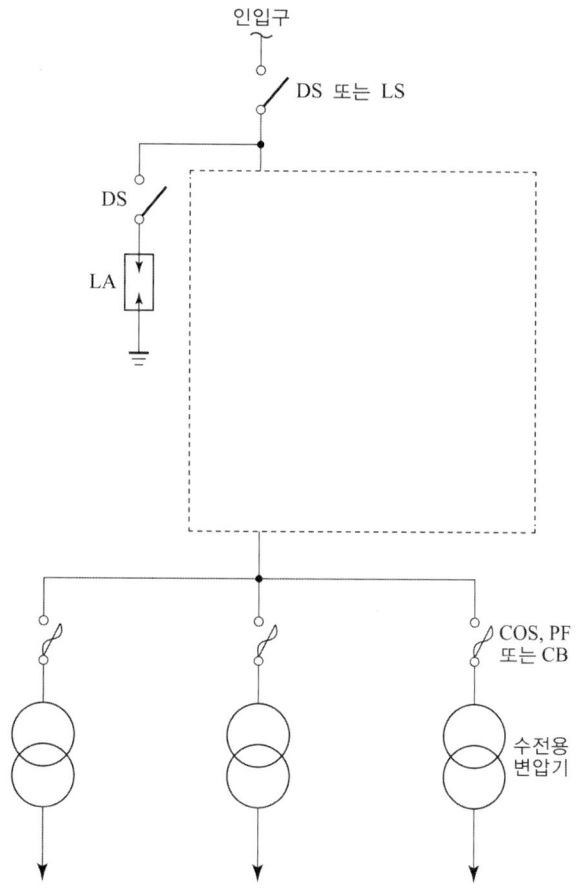

(1) 점선으로 표시된 미완성 부분의 결선도를 완성하시오.
   ([참고] MOF, CB, OC, OCGR, PT, CT, OCR, COS 또는 PF 등을 이용할 것)
(2) 인입구 직하이 DS 또는 LS에서 인입구 전압이 몇 [kV] 이상인 경우에 LS를 사용하는가?
(3) 차단기의 트립 전원 방식은 어떤 방식을 이용하는 것이 바람직한가? 2가지를 쓰시오.
(4) 인입선을 지중선으로 시설하는 경우로서 공동주택 등 사고 시 정전 피해가 큰 수전설비 인입선은 몇 회선으로 시설하는 것이 바람직한가?
(5) "(4)"항의 문제에서 22.9[kV-Y] 계통에서는 어떤 종류의 케이블을 사용하여야 하는가?
(6) LA의 명칭은 무엇인가?
(7) MOF 및 OCB의 명칭은 무엇인가?

Answer

(1)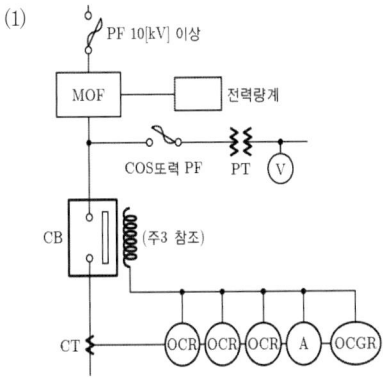

(2) 66[kV]
(3) ① 직류(DC) 방식 ② 콘덴서(CTD) 방식
(4) 2회선
(5) CNCV-W 케이블(수밀형) 또는 TR CNCV-W(트리억제형)
(6) 피뢰기
(7) MOF : 전력 수급용 계기용 변성기
    OCB : 유입차단기

Explanation

CB 1차 측에 PT를 CB 2차 측에 CT를 시설하는 경우

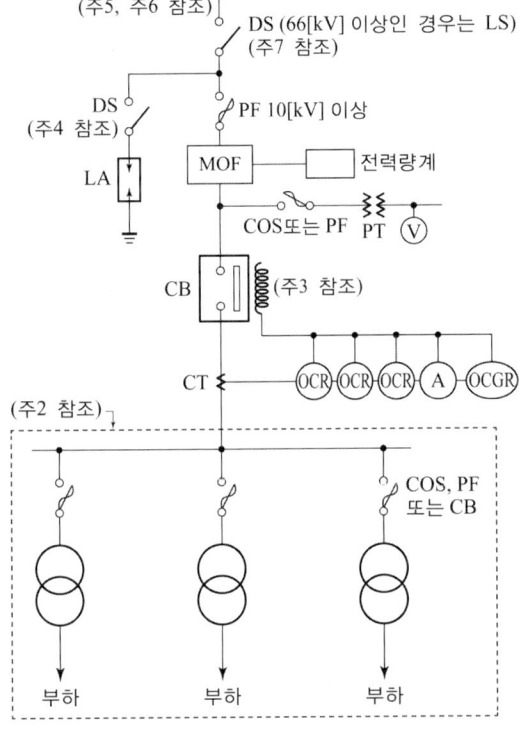

약호	명칭
DS	단로기
LA	피뢰기
CT	변류기
CB	차단기
TC	트립코일
OCR	과전류 계전기
GR	지락 계전기
MOF	전력 수급용 계기용 변성기
COS	컷아웃 스위치
PF	전력 퓨즈
PT	계기용 변압기

[주1] 22.9[kV-Y] 1,000[kVA] 이하인 경우에는 특고압 간이 수전설비 결선도에 의할 수 있다.
[주2] 결선도 중 점선 내의 부분은 참고용 예시이다.
[주3] 차단기의 트립 전원은 직류(DC)또는 콘덴서 방식(CTD)이 바람직하며 66[kV] 이상의 수전 설비에는 직류(DC)이어야 한다.
[주4] LA용 DS는 생략할 수 있으며 22.9[kV-Y]용의 LA는 Disconnector(또는 Isolator) 붙임형을 사용하여야 한다.
[주5] 인입선을 지중선으로 시설하는 경우로서 공동 주택 등 사고시 정전 피해가 큰 수전 설비 인입선은 예비선을 포함하여 2회선으로 시설하는 것이 바람직하다.
[주6] 지중인입선의 경우에 22.9[kV-Y] 계통은 CNCV-W 케이블(수밀형) 또는 TR CNCV-W(트리억제형)을 사용하여야 한다. 다만, 전력구·공동구·덕트·건물 구내 등 화재의 우려가 있는 장소에서는 FRCNCO-W(난연) 케이블을 사용하는 것이 바람직하다.
[주7] DS 대신 자동고장구분 개폐기(7,000[kVA] 초과 시에는 Sectionalizer)를 사용할 수 있으며 66[kV] 이상의 경우는 LS를 사용하여야 한다.

06 ★★☆☆☆

어느 자가용 전기설비의 고장전류가 7.5[kA]이고 CT비가 75/5[A]일 때 MOF의 과전류 강도(표준)는 얼마인지 쓰시오. 단, 사고 발생 후 0.2초 이내에 한전 차단기가 동작하는 것으로 한다.

• 계산 :

• 답 :

Answer

계산 : 단시간 과전류 값 $I_P = I_m \times \sqrt{t} = 7.5 \times 10^3 \times \sqrt{0.2} = 3,354.1[A]$

CT 과전류강도 계산 $S_n = \dfrac{I_P}{\text{CT 정격 1차 전류}} = \dfrac{3,354.1}{75} = 44.72$배

따라서 보증하는 과전류가 CT 1차 전류의 44.72배이므로 75가 된다. 답 : 75

Explanation

(내선규정 300-16) 전력수급용 계기용 변성기(MOF) 과전류강도

1. 과전류강도 적용 기준
   ① MOF의 과전류강도는 기기 설치점에서 단락전류에 의하여 계산 적용하되 22.9[kV]급으로서 60[A] 이하의 MOF 최소 과전류강도는 한전 규격에 의해 75배로 하고, 계산 값이 75배 이상인 경우는 150배를 적용한다.
   ② MOF 전단에 한류형 전력퓨즈를 설치하였을 때는 그 퓨즈로 제한되는 단락전류로 과전류강도를 계산하여 적용한다.
   ③ 다만, 수요자 또는 설계자의 요구에 의하여 MOF 또는 CT 과전류강도를 150배 이상 요구한 경우는 그 값을 적용한다.
2. CT의 과전류강도는 기기 설치점에서의 단락전류에 의하여 계산 적용한다.
3. 단락전류 계산
   ① 대칭 단락전류(실효치)를 구한다.
   $I_s = \dfrac{100}{\%Z} \times I_n$
   • %Z= 전원 측 %Z+전선로 %Z+CT 및 기타 기기 %Z
   • I_n = 수전점의 기준용량(변압기)의 정격 전류
   ② 최대 비대칭 단락전류(실효치)를 구한다.
   $I_m \times I_s \times$ 비대칭계수($\dfrac{X}{R}$ 값)

③ 단시간 과전류값 계산

$I_P = I_m \times \sqrt{t}$ 여기서, t : 최대 비대칭 단락전류값을 기준하여 PF 동작시간

4. CT 과전류강도 계산 $S_n = \dfrac{I_P}{CT\ 정격\ 1차\ 전류}$

5. 변류기의 정격과전류 강도

정격과전류 강도(*)	보증하는 과전류
40	정격 1차 전류의 40배
75	정격 1차 전류의 75배
150	정격 1차 전류의 150배
300	정격 1차 전류의 300배

[주] 정격 과전류강도가 300을 초과하는 경우는 특수 품으로 한다.

07 고조도 반사갓 설치 효과를 2가지만 간단히 쓰시오.

Answer

① 조도의 향상   ② 조명전력의 절감에 의한 에너지 절감

Explanation

고조도 반사갓 설치 효과
① 조도의 향상
② 조명전력 절감에 의한 에너지 절감
③ 램프 수 감소
④ 전기요금 절감 효과
⑤ 유지 관리 용이 및 경비 절감
⑥ 시력 보호

BEST 08 연축전지의 정격 용량은 250[Ah]이고, 상시부하가 8[kW]이며, 표준 전압이 100[V]인 부동충전 방식의 충전전류는 몇 [A]인가? 단, 연축전지의 방전율은 10시간율로 계산한다.

• 계산 :   • 답 :

Answer

계산 : $I = \dfrac{250}{10} + \dfrac{8,000}{100} = 105[A]$ 답 : 105[A]

Explanation

부동충전
축전지의 자기방전을 보충하는 동시에 상용 부하에 대한 전력 공급은 충전기가 부담하고 충전기가 부담하기 어려운 일시적인 대전류 부하는 축전지가 부담하도록 하는 방식

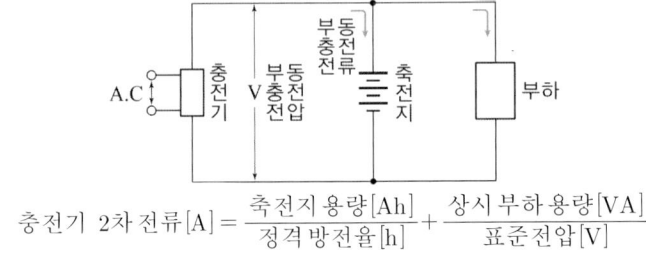

충전기 2차 전류[A] = $\dfrac{축전지\ 용량[Ah]}{정격\ 방전율[h]} + \dfrac{상시\ 부하용량[VA]}{표준전압[V]}$

09 500[m] 거리에 100개의 가로등을 같은 간격으로 배치하였다. 전등 1개의 소요 전류가 0.1[A], 전선의 단면적 38[mm²], 도전율 55[℧]라 한다. 한쪽 끝에서 220[V]로 급전할 때 최종 전등에 가해지는 전압[V]은 얼마인지 구하시오.

- 계산 :
- 답 :

Answer

계산 : 말단에 집중 부하로 생각하여 전압강하를 구하면,

$$e = 2IR = 2I \times \rho \frac{l}{A} = 2 \times 0.1 \times 100 \times \frac{1}{55} \times \frac{500}{38} = 4.78 [V]$$

평등 분포 부하의 전압강하는 말단 집중 부하의 전압강하의 1/2이 되므로

최종 전등 전압 $= 220 - \frac{4.78}{2} = 217.61 [V]$

답 : 217.61[V]

Explanation

- 부하의 종류 : 집중 부하와 분산 부하

구분	전력 손실	전압강하
말단 집중 부하	P_l	e
평등 분포 부하	$\frac{1}{3}P_l$	$\frac{1}{2}e$

BEST 10 공사원가와 순 공사원가에 해당되는 항목으로 산출식(방법)을 쓰시오.

- 공사원가 :
- 순 공사원가 :

Answer

공사원가 : 재료비 + 노무비 + 경비 + 일반관리비 + 이윤
순 공사원가 : 재료비 + 노무비 + 경비

Explanation

- 순 공사원가 : 재료비, 노무비, 경비
- 총 공사원가 : 재료비, 노무비, 경비, 일반관리비, 이윤

11 ★★☆☆☆
산업설비 시설에서 옥외 조명으로 많이 사용하는 방전램프 3가지를 쓰시오. 단, 고압과 저압용으로 구분하지 말고 순수 명칭을 쓸 것

Answer

수은등, 나트륨등, 메탈헬라이드등

Explanation

방전등(Discharge Lamp)의 종류
- 수은등
- 메탈헬라이드등
- 나트륨등
- 형광방전등
- 크세논등
- EL램프

12 ★☆☆☆☆
배전용 변전소에서 접지공사를 하여야 할 중요 5개소를 쓰시오.

Answer

① 피뢰기
② 옥내 또는 지상에 시설하는 특고압 또는 고압기기 외함
③ 주상에 설치하는 3상 4선식 접지계통의 변압기 및 기기 외함
④ 송전선과 교차, 접근할 경우에 시설하는 보호망
⑤ 철주, 철탑, 강관주

Explanation

그 외에도 ⑥ 특고압 콘덴서의 중성점

13 ★★★★☆
네온관용 전선에서 7.5[kV] N-RV의 기호에서 N, R, V는 각각 무엇을 뜻하는지 쓰시오.

Answer

N : 네온전선, R : 고무, V : 비닐

Explanation

전선 약호
- N : 네온전선
- V : 비닐
- E : 폴리에틸렌
- R : 고무
- C : 클로로프렌

14 ★★★★☆

최대 전류 40[A]의 특고압 수전의 변류기가 60/5[A]로 되어 있다. 최대 전류의 1.2배에서 차단기를 동작시키자면 과전류 계전기의 전류 탭을 어느 것에 설정하겠는가? 계산식을 쓰고 택하시오. 단, 과전류 계전기의 전류 탭은 4[A], 5[A], 6[A], 7[A], 8[A], 10[A], 12[A]로 되어 있다.

- 계산 :
- 답 :

Answer

계산 : $I_t = 40 \times \dfrac{5}{60} \times 1.2 = 4[A]$ 답 : 4[A]

Explanation

과전류 계전기의 전류 탭

$$OCR\ tap = 1차\ 전류 \times \dfrac{1}{CT비} \times 탭정정배수$$

15 ★★☆☆☆

그림은 인류스트랍 설치 방법에 관한 그림이다. 각 번호 ①, ②, ③, ④, ⑤의 명칭을 쓰시오.

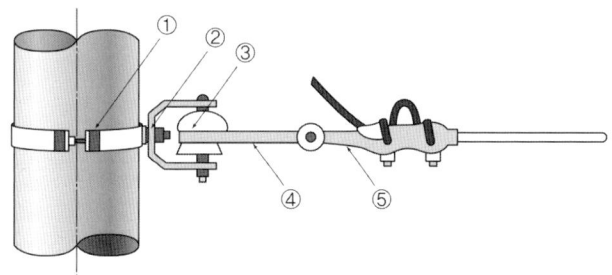

Answer

① 랙밴드
② 랙
③ 저압인류 애자
④ 인류스트랍
⑤ 데드 엔드 클램프

Explanation

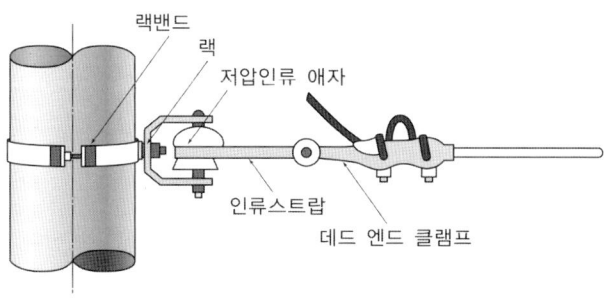

16 ★★★☆☆
다음 그림과 같이 영상 변류기를 당해 케이블의 전원 측에 설치하는 경우의 케이블 차폐층의 접지도체는 어떻게 시설하는 것이 옳은지 접지도체를 그리시오.

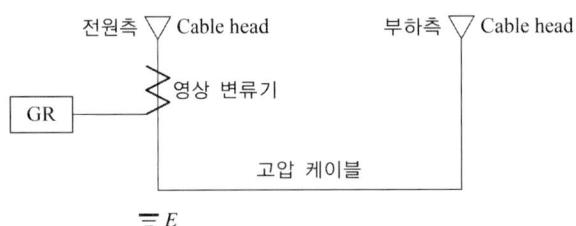

Answer

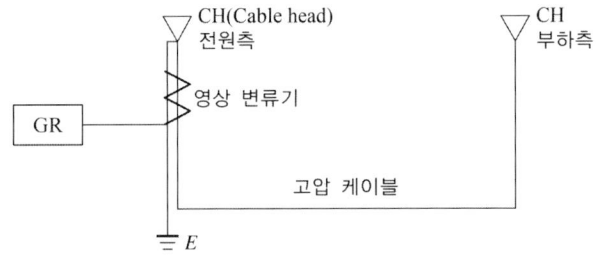

Explanation

케이블 차폐 접지
(1) ZCT를 전원 측에 설치 시 전원 측 케이블 차폐의 접지는 ZCT를 관통시켜 접지한다.

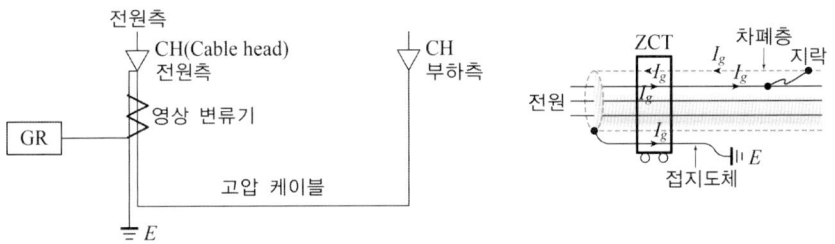

접지도체를 ZCT 내로 관통시켜야만 ZCT는 지락전류 I_g를 검출할 수 있다.
$$I_g - I_g + I_g = I_g$$

(2) ZCT를 부하 측에 설치 시 케이블 차폐의 접지는 ZCT를 관통시키지 않고 접지한다.

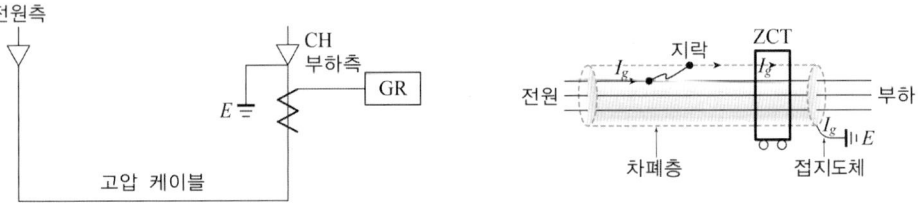

접지도체를 ZCT 내로 관통시키지 않아야 지락전류 I_g를 검출할 수 있다.

17 다음 전선의 약호를 보고 그 명칭을 쓰시오.

(1) ACSR
(2) OW
(3) FL
(4) DV
(5) MI

Answer

(1) 강심 알루미늄 연선
(2) 옥외용 비닐절연전선
(3) 형광 방전등용 비닐 전선
(4) 인입용 비닐절연전선
(5) 미네랄 인슈레이션 케이블

Explanation

(내선규정 100-2) 전선 약호

약호	명칭
ACSR	강심 알루미늄 연선
ACSR-OC 전선	옥외용 강심 알루미늄도체 가교 폴리에틸렌 절연전선
ACSR-OE 전선	옥외용 강심 알루미늄도체 폴리에틸렌 절연전선
AL-OC 전선	옥외용 알루미늄도체 가교 폴리에틸렌 절연전선
AL-OE 전선	옥외용 알루미늄도체 폴리에틸렌 절연전선
AL-OW 전선	옥외용 알루미늄도체 비닐절연전선
DV 전선	인입용 비닐절연전선
FL 전선	형광 방전등용 비닐 전선
HR(0.5) 전선	500[V] 내열성 고무 절연전선(110[℃])
HR(0.75) 전선	750[V] 내열성 고무 절연전선(110[℃])
NR 전선	450/750[V] 일반용 단심 비닐절연전선
NRI(70) 전선	300/500[V] 기기 배선용 단심 비닐절연전선(70[℃])
NRI(90) 전선	300/500[V] 기기 배선용 단심 비닐절연전선(90[℃])
OC 전선	옥외용 가교 폴리에틸렌 절연전선
OE 전선	옥외용 폴리에틸렌 절연전선
OW 전선	옥외용 비닐절연전선
MI 케이블	미네랄 인슈레이션 케이블

18 다음 중 ( )에 알맞은 내용을 쓰시오.

> "송배전 선로의 전기적 특성인 전압강하, 수전전력, 송전 손실, 안정도 등을 계산하는 데에는 저항 R, 인덕턴스 L, 정전용량(커패시턴스) C, 누설 컨덕턴스 G라는 4개의 정수를 알아야 한다. 이러한 선로 정수는 ( ), ( ), ( ) 등에 따라 정해지며, 송전전압, 전류 또는 역률 등에 의하여 아무런 영향을 받지 않는다."

Answer

전선의 종류, 굵기, 전선의 배치 상태

Explanation

선로정수는 그림과 같이 저항(R), 인덕턴스(L), 커패시턴스(C), 누설 컨덕턴스(G)로 구성되며 전선의 종류, 굵기, 전선의 배치 상태에 따라 결정되는 것으로 전압, 전류, 역률 등에는 아무런 영향을 받지 않는다.

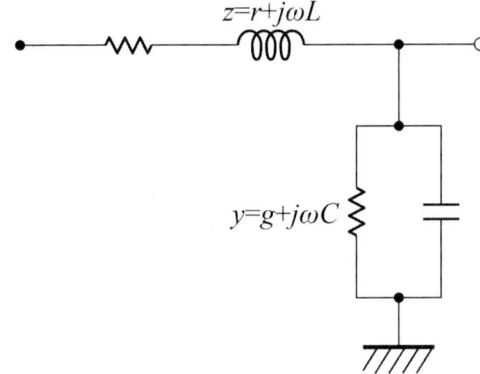

여기서, 임피던스 : $Z = R + j\omega L$
　　　어드미턴스 : $Y = G + j\omega C$

2014년 전기공사산업기사 실기

01 ★★★★☆
페란티 현상에 대해 설명하시오.

Answer

무부하시 선로의 정전용량에 의한 진상전류 때문에 수전단의 전압이 송전단의 전압보다 높아지는 현상

Explanation

페란티 현상
선로의 경부하(무부하) 시 정전용량에 의해서 송전단 전압보다 수전단 전압이 높아지는 현상으로 장거리선로와 지중케이블 선로에서는 성선용량이 크기 때문에 특히 무부하 충전 시 문제가 발생되며 부하역률은 지상역률로 중부하시에는 전류가 전압 보다 위상이 뒤지지만 지중전선로의 경부하나 가공전선로의 무부하 충전 시 진상전류가 흐르게 되는 현상으로 분로 리액터를 대책으로 한다.
분로 리액터(Shunt Reactor)
분로 리액터는 페란티 현상을 방지하기 위하여 주요 변전소에 설치되며 지상전력 공급을 통하여 무효분을 조정한다.

BEST 02 ★★★★★
면적이 50×50[m²], 천장 높이 4[m]인 실내에 조도 150[lx]를 얻기 위한 등기구 수를 구하시오. 단, 광속 20,000[lm], 이용률 0.6, 감광 보상률 1.3인 경우이다.
• 계산 :
• 답 :

Answer

계산 : $FUN = ESD$에서

등기구 수 $N = \dfrac{ESD}{FU} = \dfrac{150 \times 50 \times 50 \times 1.3}{20,000 \times 0.6} = 40.63$[등]

답 : 41[등]

Explanation

조명 계산
$FUN = ESD$
여기서, F[lm] : 광속, U[%] : 조명률, N[등] : 등수
E[lx] : 조도, S[m²] : 면적, $D = \dfrac{1}{M}$: 감광 보상률 $= \dfrac{1}{\text{보수율}}$

등수 $N = \dfrac{ESD}{FU}$ 이며 등수 계산에서 소수점은 무조건 절상한다.

03 다음 그림은 무접점 회로도이다. 그림을 보고 다음 각 물음에 답하시오.

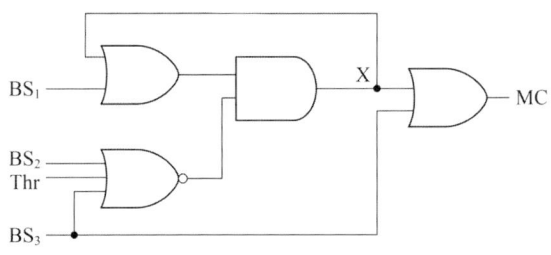

(1) 미완성된 유접점 회로도를 완성하시오.

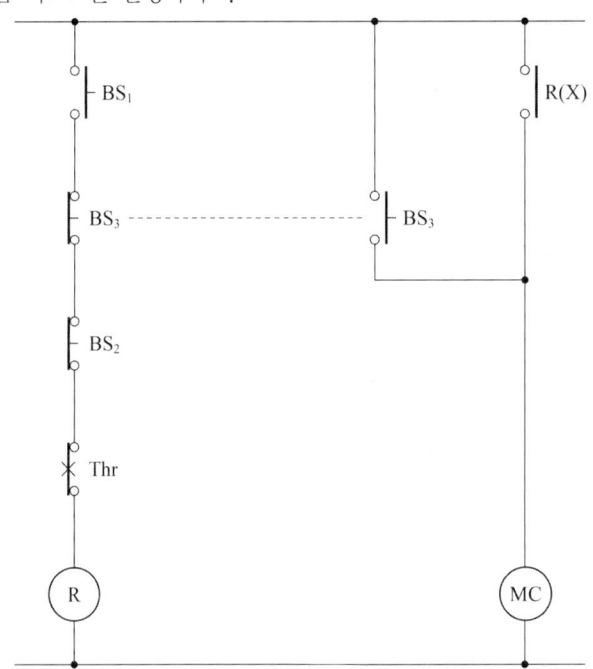

(2) Thr의 접점의 명칭을 쓰시오.

(3) 촌동운전이란 무엇인지 쓰시오.

(4) $BS_1 \sim BS_3$ 중에서 촌동운전 스위치는 어느 것인지 쓰시오.

Answer

(1)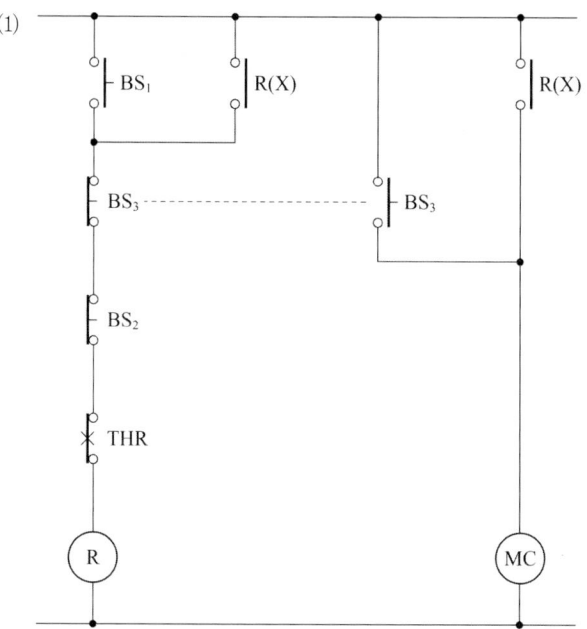

(2) 열동계전기 수동복귀 b접점
(3) 촌동운전은 운전버튼을 누르고 있는 동안만 운전되고, 손을 놓으면 정지하는 운전방식
(4) BS_3

Explanation

전동기 촌동 운전회로
전동기를 운전하는데 기동용 스위치를 눌러 전동기를 자기 유지하여 계속 운전하다 정지시키는 것이 아니고 별도의 촌동 스위치를 두어 이 스위치를 누르고 있는 동안만 전동기가 운전되는 회로

논리식으로 표현하면
$X = (BS_1 + X) \cdot \overline{BS_2 + Thr + BS_3}$
$MC = X + BS_3$
여기서, $\overline{BS_2 + Thr + BS_3} = \overline{BS_2} \cdot \overline{Thr} \cdot \overline{BS_3}$

04 피뢰기의 구성 요소 2가지를 쓰고 그 역할을 설명하시오.

Answer

① 직렬 갭 : 뇌 전류를 대지로 방전시키고 속류를 차단
② 특성 요소 : 뇌 전류 방전 시 피뢰기 자신의 전위 상승을 억제하여 자신의 절연파괴 방지

Explanation

피뢰기의 구성

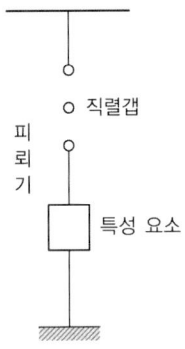

① 직렬 갭 : 이상전압 내습 시 뇌전압을 방전하고 그 속류를 차단
  상시에는 누설전류 방지
② 특성 요소 : 뇌 전류 방전 시 피뢰기 자신의 전위 상승을 억제하여 자신의 절연파괴 방지
  • 갭형 피뢰기 : 탄화규소(SiC)
  • 갭레스형 피뢰기 : 산화아연(ZnO)

05 어느 건물 내의 접지공사용 공량이 다음과 같다. 이때 직접노무비 소계, 간접노무비, 공구손료, 계를 구하시오. 단, 공구손료는 3[%], 간접노무비 15[%]로 보고 계산한다. 노임단가 내선 전공은 12,410원, 보통 인부 6,520원이다. 인공을 산출한 후 이를 합계하여 노임단가를 적용하여 소수점 이하는 버린다.

[접지공사용 용량]
• 접지봉(2[m]), 15개(1개소에 1개씩 설치)
• 접지도체 매설 60□, 300[m]
• 후강 전선관 28ϕ, 250[m](콘크리트 매입)

[접지공사]

구분	단위	전공	보통 인부
접지봉(지하 0.75[m] 기준)			
길이 1~2[m]×1본	개소	0.20	0.10
×2본 연결		0.30	0.15
×3본 연결		0.45	0.23
동판 매설(지하 1.5[m] 기준)			
0.3[m]×0.3[m]	매	0.30	0.30
1.0[m]×1.5[m]	〃	0.50	0.50
1.0[m]×2.5[m]	〃	0.80	0.80
접지 동판 가공	〃	0.16	
접지도체 부설 600[V] 비닐 전선	개소	0.05	0.025
완금 접지 2.9(11.4[kV-Y]) D/L	〃	0.05	
접지도체 매설			
14[mm^2] 이하	m	0.010	
38[mm^2] 이하	〃	0.012	
80[mm^2] 이하	〃	0.015	
150[mm^2] 이하	〃	0.020	
200[mm^2] 이상	〃	0.025	
접속 및 단자 설치			
압축	개	0.15	
압축 평행	〃	0.13	
납땜 또는 용접	〃	0.19	
압축 단자	〃	0.03	
체부형	〃	0.05	

박강 및 PVC 전선관			후강전선관	
규격		내선전공	규격	내선전공
박강	PVC			
	14[mm]	0.01		
15[mm]	16[mm]	0.05	16[mm](1/2″)	0.08
19[mm]	22[mm]	0.06	22[mm](3/4″)	0.11
25[mm]	28[mm]	0.08	28[mm](1″)	0.14
31[mm]	36[mm]	0.10	36[mm](1 1/4″)	0.20
39[mm]	42[mm]	0.13	42[mm](1 1/2″)	0.25
51[mm]	51[mm]	0.19	54[mm](2″)	0.31
63[mm]	70[mm]	0.28	70[mm](2 1/2″)	0.41
75[mm]	82[mm]	0.37	82[mm](3″)	0.51
	100[mm]	0.45	90[mm](3 1/2″)	0.60
	104[mm]	0.46	104[mm](1″)	0.71

[해설]
① 콘크리트 매입 기준임
② 철근 콘크리트 노출 및 블록 칸막이 경매는 12[%], 목조 건물은 121[%], 철강조 노출은 120[%]

③ 기설 콘크리트 노출 공사 시 앵커 볼트 매입 깊이가 10[cm] 이상인 경우는 앵커 볼트 매입품을 별도 계상하고 전선관 설치품은 매입품으로 계상한다.
④ 천장 속 마루 밑 공사 130[%]

Answer

① 직접 노무비
내선전공 : $(0.2 \times 15) + (0.015 \times 300) + (0.14 \times 250) = 42.5$[인]
인건비 = $42.5 \times 12,410 = 527,425$[원]
보통 인부 : $0.1 \times 15 = 1.5$[인]
인건비 = $1.5 \times 6,520 = 9,780$[원]
∴ 직접노무비 = 내선전공+보통인부 = 527,425+9,780 = 537,205[원]

② 간접노무비 = 직접노무비×15[%] = 537,205×0.15 = 80,580[원]
③ 공구 손료 = 직접노무비×3[%] = 537,205×0.03 = 16,116[원]
④ 계 = 537,205+80,580+16,116 = 633,901[원]

답 : 직접노무비 : 537,205[원]
간접노무비 : 80,580[원]
공구 손료 : 16,116[원]
계 : 633,901[원]

Explanation

구분	단위	전공	보통 인부
접지봉(지하 0.75[m] 기준)			
길이 1~2[m]×1본	개소	0.20	0.10
2본 연결		0.30	0.15
3본 연결		0.45	0.23
접지도체 매설			
14[mm^2] 이하	m	0.010	
38[mm^2] 이하	〃	0.012	
80[mm^2] 이하	〃	0.015	
150[mm^2] 이하	〃	0.020	
200[mm^2] 이상	〃	0.025	

박강 및 PVC 전선관			후강전선관	
규격		내선전공	규격	내선전공
박강	PVC			
	14[mm]	0.01		
15[mm]	16[mm]	0.05	16[mm](1/2″)	0.08
19[mm]	22[mm]	0.06	22[mm](3/4″)	0.11
25[mm]	28[mm]	0.08	28[mm](1″)	0.14
31[mm]	36[mm]	0.10	36[mm](1 1/4″)	0.20
39[mm]	42[mm]	0.13	42[mm](1 1/2″)	0.25
51[mm]	51[mm]	0.19	54[mm](2″)	0.31
63[mm]	70[mm]	0.28	70[mm](2 1/2″)	0.41
75[mm]	82[mm]	0.37	82[mm](3″)	0.51
	100[mm]	0.45	90[mm](3 1/2″)	0.60
	104[mm]	0.46	104[mm](1″)	0.71

06 ★★★☆☆ 송전 방식에는 교류송전 방식과 직류송전 방식이 있다. 직류송전 방식의 장점을 3가지만 쓰시오.

Answer

① 선로의 리액턴스가 없으므로 안정도가 높다.
② 교류방식에 비해 절연 레벨이 낮다.
③ 비동기 연계가 가능하다.

Explanation

직류송전 방식은 발전과 배전은 교류로 하며 송전만 직류 공급하는 방식으로 그림에서와 같이 발전기에서 발전한 교류전력을 송전단에서 순변환장치(Converter)를 이용하여 직류로 변환하여 송전하고 수전단에서 역변환장치(Inverter)를 이용하여 교류로 전송하는 방식이다.

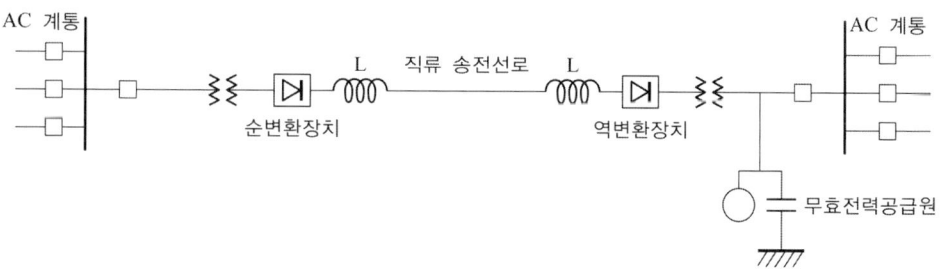

① 직류송전 방식의 장점은 다음과 같다.
  • 선로의 리액턴스가 없으므로 안정도가 높다.
  • 비동기연계가 가능하다(주파수가 다른 선로의 연계 가능).
  • 도체의 표피 효과가 없다(표피 효과에 의한 손실이 없다).
  • 충전전류와 유전체손을 고려하지 않아도 된다.
  • 교류 방식에 비해 절연 레벨이 낮다.
② 직류송전 방식 단점은 다음과 같다.
  • 변압이 어렵다.
  • 직류용 차단기가 개발되어 있지 않다.
  • 고조파 억제 대책이 필요하다.
  • 직류·교류 변환장치가 필요하다.

07 다음은 어떤 조명 방식인지 각 물음에 답하시오.

(1) 조명 기구를 일정한 높이 및 간격으로 배치하여 방 전체의 조도를 균일하게 조명하는 방식
(2) 희망하는 곳에 희망하는 방향으로부터 충분한 조도를 얻을 수 있는 방식

Answer

(1) 전반조명방식
(2) 국부조명방식

Explanation

조명기구 배치에 따른 분류
(1) 전반조명 : 작업대의 위치가 변하여도 등기구의 배치를 변경시킬 필요가 없으며, 조도가 균일하고 그림자가 부드럽다.
(2) 국부조명 : 원하는 곳에서 원하는 방향으로 조도를 줄 수 있으며, 불필요한 장소는 소등할 수 있어 필요한 만큼의 조도를 가장 경제적으로 얻을 수 있다.

08 어느 수용가가 당초 역률(지상) 80[%]로 60[kW]의 부하를 사용하고 있었는데 새로 역률(지상) 60[%] 40[kW]의 부하를 증가하여 사용하게 되었다. 이때 콘덴서로 합성 역률을 90[%]로 개선하는 데 필요한 용량은 몇 [kVA]인가?

Answer

계산 : 합성 유효전력 $P = 60 + 40 = 100 [\text{kW}]$

합성 무효전력 $Q = 60 \times \dfrac{0.6}{0.8} + 40 \times \dfrac{0.8}{0.6} = 98.33 [\text{kVar}]$

합성역률 $\cos\theta = \dfrac{P}{\sqrt{P^2 + Q^2}} = \dfrac{100}{\sqrt{100^2 + 98.33^2}} = 0.713$

$\therefore Q_c = P(\tan\theta_1 - \tan\theta_2) = 100 \times \left(\dfrac{\sqrt{1 - 0.713^2}}{0.713} - \dfrac{\sqrt{1 - 0.9^2}}{0.9} \right) = 49.91 [\text{kVA}]$

답 : 49.91[kVA]

Explanation

불평형 부하 계산
1대의 주상 변압기에 역률(뒤짐) $\cos\theta_1$, 유효전력 P_1 [kW]의 부하와 역률(뒤짐) $\cos\theta_2$, 유효전력 P_2 [kW]의 부하가 병렬로 접속되어 있을 경우의 계산은 다음과 같다.
(1) 합성 유효전력 : $P = P_1 + P_2 [\text{kW}]$
(2) 합성 무효전력 : $Q = P_1 \tan\theta_1 + P_2 \tan\theta_2 [\text{kVar}]$
(3) 피상전력 : $P_a = \sqrt{P^2 + Q^2} = \sqrt{(P_1 + P_2)^2 + (P_1 \tan\theta_1 + P_2 \tan\theta_2)^2}$ [kVA]
(4) 역률 $\cos\theta = \dfrac{P}{P_a} = \dfrac{P_1 + P_2}{\sqrt{(P_1 + P_2)^2 + (P_1 \tan\theta_1 + P_2 \tan\theta_2)^2}}$

09 다음 전선의 약호를 쓰시오.

(1) 폴리에틸렌 절연 비닐 시스 케이블
(2) 옥외용 비닐절연전선
(3) 미네랄 인슈레이션 케이블
(4) 인입용 비닐절연전선
(5) 경동선

Answer

(1) EV
(2) OW
(3) MI
(4) DV
(5) H

Explanation

(내선규정 100-2) 전선 및 케이블 약호

약호	명칭
ACSR	강심 알루미늄 연선
ACSR-OC 전선	옥외용 강심 알루미늄도체 가교 폴리에틸렌 절연전선
ACSR-OE 전선	옥외용 강심 알루미늄도체 폴리에틸렌 절연전선
AL-OC 전선	옥외용 알루미늄도체 가교 폴리에틸렌 절연전선
AL-OE 전선	옥외용 알루미늄도체 폴리에틸렌 절연전선
AL-OW 전선	옥외용 알루미늄도체 비닐절연전선
DV 전선	인입용 비닐 절연전선
FL 전선	형광 방전등용 비닐 전선
HR(0.5) 전선	500[V] 내열성 고무 절연전선(110[℃])
HR(0.75) 전선	750[V] 내열성 고무 절연전선(110[℃])
NR 전선	450/750[V] 일반용 단심 비닐절연전선
NRI(70) 전선	300/500[V] 기기 배선용 단심 비닐절연전선(70[℃])
NRI(90) 전선	300/500[V] 기기 배선용 단심 비닐절연전선(90[℃])
OC 전선	옥외용 가교 폴리에틸렌 절연전선
OE 전선	옥외용 폴리에틸렌 절연전선
OW 전선	옥외용 비닐절연전선
MI 케이블	미네랄 인슈레이션 케이블
EV 케이블	폴리에틸렌 절연 비닐 시스 케이블
H	경동선

10 ★★★★☆

다음에서 설명하는 금속관 부품의 명칭을 쓰시오.

(1) 매입형 스위치를 수용하거나 리셉터클의 아웃렛을 고정하기 위한 금속함은?
(2) 바닥 밑으로 매입 배선할 때 사용하는 것은?
(3) 배관 공사에서 박스에 금속관을 고정할 때 주로 사용하는 것은?
(4) 돌려서 접속할 수 없는 경우의 가요 전선관과 금속관을 결합하는 곳에 사용하는 것은?
(5) 인입구, 인출구 수직배관의 상부에 사용되어 비의 침입을 막는 데 사용되는 것은?

Answer

(1) 스위치 박스　　　(2) 플로어 박스　　　(3) 로크너트
(4) 컴비네이션 유니온 커플링　(5) 엔트렌스 캡

Explanation

금속관 공사용 부품

명칭	사용 용도
로크너트(lock nut)	관과 박스를 접속하는 경우
부싱(bushing)	전선 관단에 끼우고 전선을 넣거나 빼는 데 있어서 전선의 피복을 보호하여 전선이 손상되지 않게 하는 것
커플링(coupling)	• 금속관 상호 접속 또는 관과 노멀 밴드와의 접속에 사용 • 관의 양측을 돌려서 접속할 수 없는 경우 : 유니온 커플링 • 돌려서 접속할 수 없는 경우 가요전선관과 금속관 결합 : 컴비네이션 유니온 커플링
새들(saddle)	노출 배관에서 금속관을 조영재에 고정시키는 데 사용
노멀 밴드(normal bend)	배관의 직각 굴곡에 사용
링 리듀서	금속을 아웃트렛 박스의 로크 아웃에 취부할 때 로크아웃의 구멍이 관의 구멍보다 클 때 사용
스위치 박스 (switch box)	매입형의 스위치나 콘센트를 고정하는 데 사용
아웃트렛 박스 (outlet box)	전선관 공사에 있어 전등기구나 점멸기 또는 콘센트의 고정, 접속함
콘크리트 박스 (concrete box)	콘크리트에 매입 배선용으로 아웃트렛 박스와 같은 목적으로 사용
플로어 박스	바닥 밑으로 매입 배선할 때 사용
유니버설 엘보우 (elbow)	• 노출 배관공사에 관을 직각으로 굽혀야 할 곳의 관 상호 접속 또는 관을 분기해야 할 곳에 사용 • 3방향으로 분기하는 T형, 4방향으로 분기하는 크로스 엘보우
터미널 캡 (terminal cap)	전동기에 접속하는 장소나 애자 사용 공사로 옮기는 장소의 관단에 사용
엔트런스 캡(우에사캡) (entrance cap)	인입구, 인출구의 관단에 설치하여 금속관에 접속하여 옥외의 빗물을 막는 데 사용
픽스쳐 스터드와 히키 (fixture stud & hickey)	아웃트렛 박스에 조명기구를 부착시킬 때 사용, 무거운 기구취부
블랭크 와셔 (blank washer)	플로어 덕트의 정션 박스에 덕트를 접속하지 않는 곳을 막기 위하여 사용
유니버설 피팅	노출 배관 시 L형 또는 T형으로 구부러지는 장소에 사용

11 간접 노무비와 간접 노무비율을 구하는 계산식을 쓰시오.

Answer

(1) 간접 노무비 = 직접 노무비×간접 노무 비율(15[%] 이하)
(2) 간접 노무비율 =
$$\frac{공사종류별\ 간접노무비율 + 공사규모별\ 간접노무비율 + 공사기간별\ 간접노무비율}{3}$$

Explanation

- 간접 노무비율 = $\dfrac{공사 종류별[\%] + 공사규모별[\%] + 공사기간별[\%]}{3}$
- 간접 노무비 = 직접노무비×간접노무비율(15[%])

12 G형 단위 폐쇄 배전반에서 구비해야 할 조건 중 5가지만 쓰시오.

Answer

① 단위 회로마다 장치가 일괄해서 접지 금속함내에 수납되어 있을 것
② 주회로와 감시 제어반측과를 접지 금속의 격벽에 의하여 격할 것
③ 차단기가 폐로된 상태에서는 단로기를 조작할 수 없도록 인터록을 설치할 것
④ 차단기는 반출할 수 있는 구조일 것
⑤ 차단기는 그 주회로와 제어회로에 자동 연결부가 있는 추출형일 것

Explanation

그 외에도
⑥ 주회로의 중요한 기기는 상호간에 접지 금속 벽으로부터 절연벽에 의하여 격리되어 있을 것
⑦ 주회로의 도전부(모선, 접속선, 접속부 등)는 충분히 절연할 것

13 그림과 같은 저압기기의 지락사고 시 기기에 접촉된 사람의 인체에 흐르는 전류를 구하시오. 단, 변압기 2차측 접지저항값 $R_2 = 50[\Omega]$, 저압기기의 접지저항값 $R_3 = 100[\Omega]$, 인체에 접지저항 및 접촉저항 값 $R_m = 1,000[\Omega]$이다.

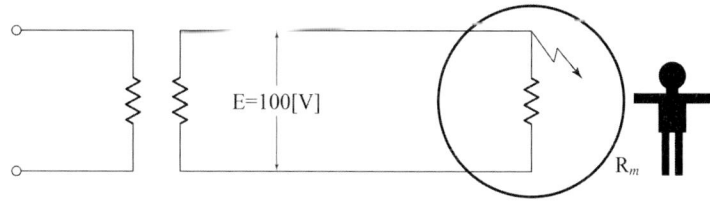

Answer

계산 : $I_m = \dfrac{100}{50 + \dfrac{100 \times 1,000}{100 + 1,000}} \times \dfrac{100}{100 + 1,000} \times 10^3 = 64.52[\text{mA}]$

답 : 64.52[mA]

Explanation

- 회로를 등가회로로 전환하면 다음과 같다.

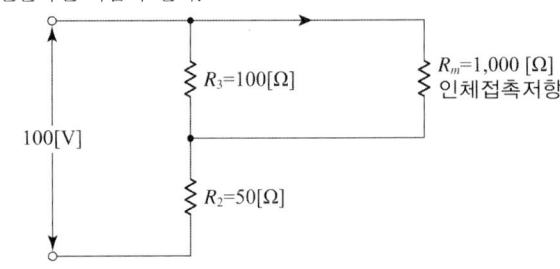

- 전체 저항 $R_T = 50 + \dfrac{100 \times 1,000}{100 + 1,000} [\Omega]$

- 전체 전류 $I_T = \dfrac{V}{R_T} = \dfrac{100}{50 + \dfrac{100 \times 1,000}{100 + 1,000}} [A]$

- 따라서 인체에 흐르는 전류 $I_g = \dfrac{100}{50 + \dfrac{100 \times 1,000}{100 + 1,000}} \times \dfrac{100}{100 + 1,000} \times 10^3 [A]$

14 ★★★☆☆ 송전선로에서 매설 지선의 설치 목적은?

Answer

매설 지선은 철탑의 탑각 접지저항을 감소시켜 역섬락을 방지한다.

Explanation

매설 지선은 철탑의 접지저항을 낮추기 위하여 아연도금 절연선을 지면 30[cm] 깊이에 30~50[m]의 길이로 방사상으로 매설하는 것으로 역섬락 방지용으로 사용된다.
역섬락은 철탑의 접지저항이 큰 경우 뇌격 시 철탑의 전위가 상승하여 철탑으로부터 송전선로 방향으로 섬락이 발생하는 것을 말한다.
이러한 역섬락을 방지하기 위하여
- 철탑의 접지저항을 작게 하고
- 매설지선 사용

15 ★★★☆☆ 배전용 전주를 건주할 때 표준 근입(지하에 묻히는 길이)은 몇 [m] 이상인가? 단, 설계하중이 6.8[kN]이다.

(1) 15[m] 이하 :
(2) 16[m] 초과 20[m] 이하 :

Answer

(1) 전장 $\times \dfrac{1}{6}$ [m] 이상

(2) 2.8[m] 이상

> **Explanation**

(KEC 331.7조) 가공 전선로 지지물의 기초의 안전율

강관을 주체로 하는 철주(이하 "강관주"라 한다.) 또는 철근 콘크리트주로서 그 전체길이가 16[m] 이하, 설계하중이 6.8[kN] 이하인 것 또는 목주를 다음에 의하여 시설하는 경우
- 전체의 길이가 15[m] 이하인 경우는 땅에 묻히는 깊이를 전체 길이의 6분의 1 이상으로 할 것
- 전체의 길이가 15[m]를 초과하는 경우는 땅에 묻히는 깊이를 2.5[m] 이상으로 할 것
- 논이나 그 밖의 지반이 연약한 곳에서는 견고한 근가(根架)를 시설할 것
- 철근 콘크리트주로서 그 전체의 길이가 16[m] 초과 20[m] 이하이고, 설계하중이 6.8[kN] 이하의 것을 논이나 그 밖의 지반이 연약한 곳 이외에 그 묻히는 깊이를 2.8[m] 이상으로 시설하는 경우

16 ★★★★☆
가공 배전선로에서 전선을 수평으로 배열하기 위한 크로스 완금의 길이[mm]를 표의 빈칸 "① ~ ②"에 쓰시오.

[완금의 길이]

전선 조수	특고압	고압	저압
2	①	1,400	900
3	②	1,800	1,400

> **Answer**

① 1,800   ② 2,400

> **Explanation**

(내선규정 2,155) 특고압(22.9[kV-Y]) 가공전선로
가공전선로의 장주에 사용되는 완금의 표준 길이[mm]

전선 조수	특고압	고압	저압
2	1,800	1,400	900
3	2,400	1,800	1,400

여기서, 22.9[kV] 가공전선로에서 3상 4선식은 중성선을 제외하고 완금에는 3조의 전선이 사용된다.

17 ★☆☆☆☆
셀룰라 덕트 공사에 대한 다음 물음에 답하시오.
(1) 셀룰라 덕트의 판 두께는 셀룰라 덕트의 최대 폭이 150[mm] 이하일 때 몇 [mm] 이상이어야 하는가?
(2) 절연전선을 동일한 셀룰라 덕트 내에 넣을 경우 셀룰라 덕트의 크기는 전선의 피복 절연물을 포함한 단면적의 총 합계가 셀룰라 덕트 단면적의 몇 [%] 이하가 되도록 선정하여야 하는가?

> **Answer**

(1) 1.2
(2) 20

Explanation

(KEC 232.33조) 셀룰러덕트공사
① 셀룰러덕트공사의 사용전압은 400[V] 이하여야 한다.
② 덕트는 접지공사를 하여야 한다.
③ 절연전선을 동일한 셀룰러덕트 내에 넣을 경우 셀룰러덕트의 크기는 전선의 피복절연물을 포함한 단면적의 총 합계가 셀룰러덕트 단면적의 20[%] 이하가 되도록 선정해야 한다.
④ 셀룰러덕트의 판 두께

덕트의 최대 폭[mm]	덕트의 판 두께[mm]
150 이하	1.2 이상
150 초과 200 이하	1.4 이상
200 초과	1.6 이상

18 ★★☆☆☆
가공전선을 애자에 바인드 하는 방법은 어떤 바인드법이 있는지 3가지를 쓰시오.

Answer

① 인류 바인드법
② 측부 바인드법
③ 두부 바인드법

Explanation

(내선규정 2,270-4) 절연전선의 바인드
절연전선의 바인드는 다음 각 호에 의하여야 한다.
1. 바인드선은 동 또는 철의 심선에 피복을 입힌 것을 사용할 것
2. 바인드선과 전선의 굵기는 다음 표와 같다.

바인드선의 굵기	동 전선의 굵기[mm^2]
0.9[mm]	16 이하
1.2[mm](또는 0.9[mm]×2)	50 이하
1.6[mm](또는 1.2[mm]×2)	50 초과

3. 바인드법은 인류 바인드법, 측부 바인드법, 두부 바인드법으로 한다.

2014년 전기공사산업기사 실기

01 수중조명등에 전기를 공급하기 위해 사용되는 절연변압기의 사용전압을 쓰시오. 단, 미만, 이하 등을 정확하게 표시하시오.

(1) 절연변압기의 1차 측 전로의 사용전압 :
(2) 절연변압기의 2차 측 전로의 사용전압 :

Answer

(1) 400[V] 이하일 것
(2) 150[V] 이하일 것

Explanation

(KEC 234.14.1조) 수중조명등 사용전압
수영장 기타 이와 유사한 장소에 사용하는 조명등에 전기를 공급하기 위해서는 절연변압기를 사용하고, 그 사용전압은 다음 각 호에 의하여야 한다.
① 절연변압기의 1차 측 전로의 사용전압은 400[V] 이하일 것
② 절연변압기의 2차 측 전로의 사용전압은 150[V] 이하일 것

02 가공전선로에 쓰이는 애자의 명칭을 쓰시오.

(1) 애자 한 개로 전선을 지지하게 되므로 전압 계급에 따라서 자기의 크기, 층 수, 절연층의 두께 등이 달라지며, 기계적 강도와 경년열화 등의 이유로 일반적으로 33[kV] 이하의 전선로에만 주로 사용되고 있는 애자는?
(2) 66[kV] 이상의 모든 선로에는 대부분 이 애자를 사용하고 있으며, 클레비스형과 볼소켓형 등이 있는 애자는?
(3) 많은 갓을 가지고 있는 원통형의 긴 애자로 경년열화가 적고 누설 거리가 비교적 길어서 염분에 의한 애자오손이 적고 내무애자로서 적당한 애자는?
(4) 발·변전소나 개폐소의 모선, 단로기 기타의 기기를 지지하거나 연가용 철탑 등에서 점퍼선을 지지하기 위해서 쓰이고 있으며, 라인 포스트 애자가 대표적인 애자는?

Answer

(1) 핀 애자
(2) 현수 애자
(3) 장간 애자
(4) 지지 애자

03 ★★☆☆☆ 다음의 옥내배선 그림기호에 대한 명칭을 쓰시오.

(1)   (2)   (3)   (4)   (5)   (6)

Answer

(1) 리모콘 스위치
(2) 개폐기
(3) 셀렉터 스위치
(4) 리모콘 릴레이
(5) 조광기
(6) 배선용 차단기

Explanation

(1) ●R : 리모콘 스위치   (2) S : 개폐기   (3) ⊗ : 셀렉터 스위치
(4) ▲ : 리모콘 릴레이   (5) ↗ : 조광기   (6) B : 배선용 차단기

04 ★★★★☆ 다음 그림의 릴레이 회로를 보고 물음에 답하시오.

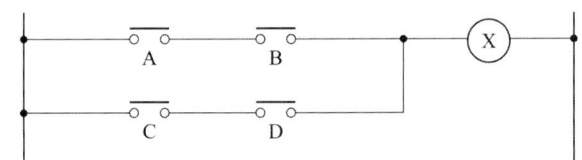

(1) 논리식을 쓰시오.
(2) 2입력 AND 소자, 2입력 OR 소자를 사용하여 로직 회로로 바꾸시오.
(3) 2입력 NAND 소자만으로 회로를 바꾸시오.

Answer

(1) $X = AB + CD$

(2)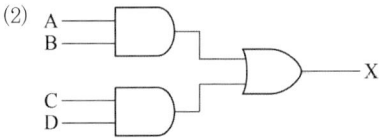

(3)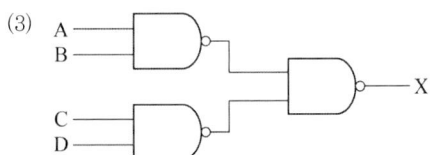

Explanation

2입력 NAND 소자

$X = AB + CD = \overline{\overline{AB + CD}}$ 드모르간의 정리를 이용
$= \overline{\overline{AB} \cdot \overline{CD}}$

05 ★★☆☆☆

용량 800[W]의 전열기에서 전열선의 길이를 5[%] 작게 하면 소비 전력은 몇 [W]인지 구하시오.

• 계산 :

• 답 :

Answer

계산 : $P' = \left(\dfrac{l}{l'}\right)P = \left(\dfrac{l}{0.95l}\right)P = \dfrac{1}{0.95} \times 800 = 842.11\,[\text{W}]$ 답 : 842.11[W]

Explanation

전력

$$P = \dfrac{V^2}{R} = \dfrac{V^2}{\rho\dfrac{l}{A}} = \dfrac{AV^2}{\rho l} \propto \dfrac{1}{l}$$

전력은 길이에 반비례한다.

06 ★★★★☆

어떤 전기설비에서 3,300[V]의 3상 회로에 변압비 33의 계기용 변압기 2대를 그림과 같이 설치하였다면, 그때의 전압계 V_1, V_2, V_3의 지시값은 얼마인지 각각 구하시오.

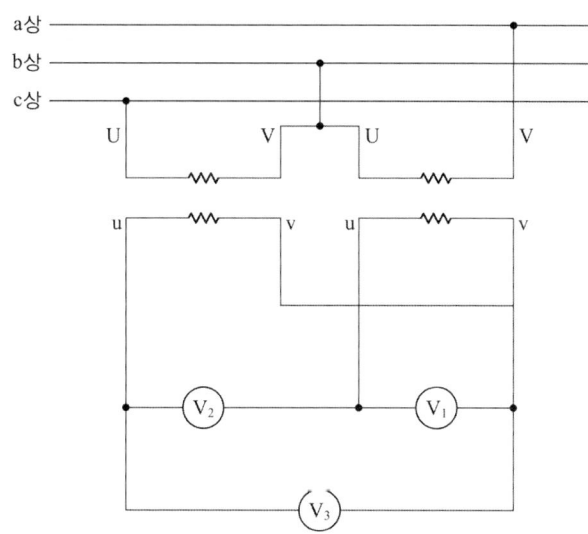

(1) V_1 : 계산 : 답 :

(2) V_2 : 계산 : 답 :

(3) V_3 : 계산 : 답 :

Answer

(1) 계산 : $V_1 = \dfrac{3,300}{33} = 100[\text{V}]$ 답 : $100[\text{V}]$

(2) 계산 : $V_2 = \dfrac{3,300}{33} \times \sqrt{3} = 173.21[\text{V}]$ 답 : $173.2[\text{V}]$

(3) 계산 : $V_3 = \dfrac{3,300}{33} = 100[\text{V}]$ 답 : $100[\text{V}]$

Explanation

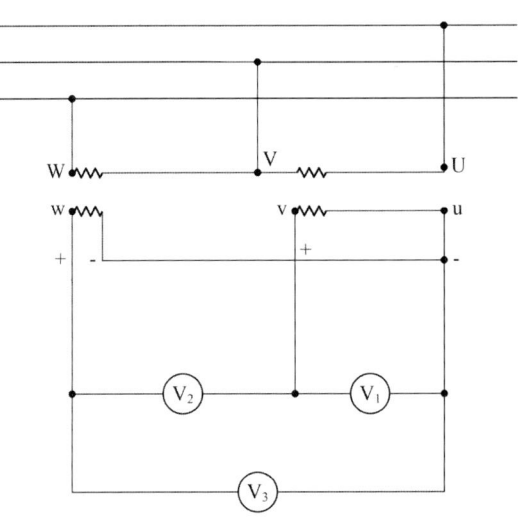

그림에서 V_2는 V_3과 V_1의 Vector 차전압을 지시하며 따라서 $V_2 = V_3 - V_1 = \sqrt{3}\, V_1 = \sqrt{3}\, V_3$

07 ★★☆☆☆ 연건평 30,000[m²]인 아파트의 부하밀도는 50[VA/m²]이고 수용률은 40[%], 부등률은 1.25이다. 이 아파트의 수전설비 용량을 구하시오.

• 계산 :
• 답 :

Answer

계산 : 부하용량 = $50 \times 30,000 \times 10^{-3} = 1,500[\text{kVA}]$

수전설비용량 $P = \dfrac{1,500 \times 0.4}{1.25} = 480[\text{kVA}]$ 답 : $480[\text{kVA}]$

Explanation

• 수전설비 용량 ≥ 합성최대수용전력 = $\dfrac{\text{설비용량}[\text{kVA}] \times \text{수용률}}{\text{부등률}}$

= $\dfrac{\text{설비용량}[\text{kW}] \times \text{수용률}}{\text{부등률} \times \text{역률}}[\text{kVA}]$

08 그림의 제어회로는 절환스위치(COS)에 의한 촌동과 상시를 절환하여 3상 유도전동기를 정·역전 제어하는 회로이다. 각각의 물음에 답하시오.

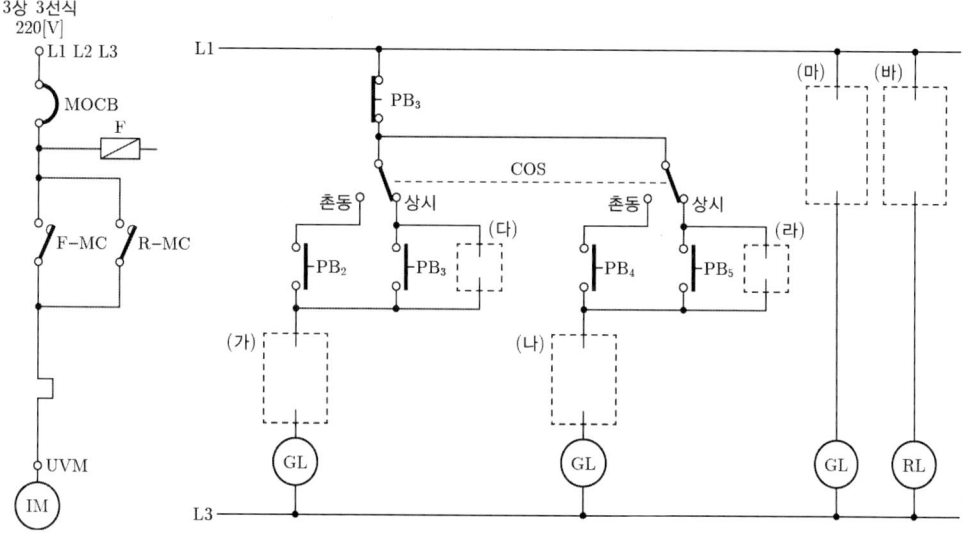

(1) 제어회로도의 빈칸((가) ~(바))에 알맞은 접점과 기호를 넣으시오. 단, 정회전(F) 시에는 GL, 역회전(R) 시에는 RL이 점등될 것
(2) 주회로의 단선 접속도를 복선 접속도로 그리시오.

Answer

(1) (가) R-MC (나) F-MC (다) F-MC (라) R-MC (마) F-MC (바) R-MC

(2)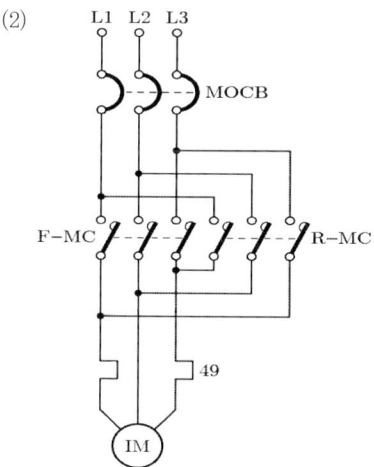

09 도면은 154[kV]를 수전하는 어느 공장의 수전설비에 대한 단선도이다. 이 단선도를 보고 다음 각 물음에 답하시오.

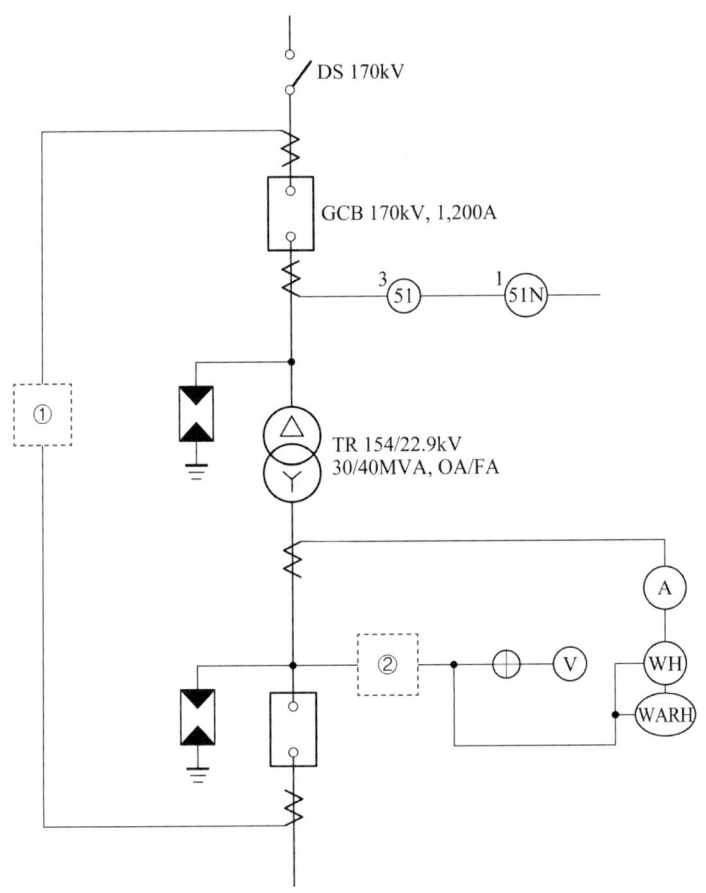

(1) ①에 설치되어야 할 기기의 심벌을 그리고, 그 명칭을 쓰시오.
(2) ②에 설치되어야 할 기기의 심벌을 그리고, 그 명칭을 쓰시오.
(3) 51, 51N의 기구 번호의 명칭은?
(4) GCB, VARH의 용어는?

Answer

(1) 심벌 : (87T)
    명칭 : 주변압기 차동 계전기
(2) 심벌 : ⌇⌇
    명칭 : 계기용 변압기
(3) 51 : 과전류계전기, 51N : 중성점 과전류계전기
(4) GCB : 가스차단기, VARH : 무효전력량계

Explanation

(1) 계전기 고유 번호
- 87 : 전류차동계전기(비율차동 계전기)
- 87B : 모선보호 차동계전기
- 87G : 발전기용 차동계전기
- 87T : 주변압기 차동계전기

(3) • 51 : 과전류 계전기
- 51G : 지락 과전류 계전기
- 51H : 고정정 OCR
- 51L : 저정정 OCR
- 51N : 중성점 OCR
- 51P : MTr 1차 OCR
- 51S : MTr 2차 OCR
- 51V : 전압억제부 OCR

(4) 차단기 종류

명칭	약호	소호매질
유입 차단기	OCB	절연유
기중 차단기	ACB	대기(공기)
자기 차단기	MBB	자계의 전자력
공기 차단기	ABB	압축공기
진공 차단기	VCB	진공
가스 차단기	GCB	SF_6

10 다음의 작업 구분에 맞는 각각의 직종명을 쓰시오. (예, 내선전공)

(1) 발전설비 및 중공업설비의 시공 및 보수

(2) 변전설비의 시공 및 보수

(3) 철탑 및 송전설비의 시공 및 보수

(4) 플랜트 프로세스의 자동제어장치, 공업제어장치 등의 시공 및 보수

Answer

(1) 플랜트전공   (2) 변전전공   (3) 송전전공   (4) 계장전공

Explanation

(1) 특고압 케이블전공 : 특별고압 케이블 설비의 시공 및 보수에 종사하는 사람
(2) 송전전공 : 발전소와 변전소 사이의 송전선의 철탑 및 송전설비의 시공 및 보수에 종사하는 사람
(3) 플랜트전공 : 발전소 중공업설비·플랜트설비의 시공 및 보수에 종사하는 사람
(4) 변전전공 : 변전소 설비의 시공 및 보수에 종사하는 사람
(5) 계장전공 : 기계, 급배수, 전기, 가스, 위생, 냉난방 및 기타 공사에 있어서 계기(공업제어 장치, 공업계측 및 컴퓨터, 자동제어 장치)를 전문으로 설치, 부착 및 점검하는 사람

11. 지중 케이블의 고장 개소를 찾는 방법 5가지를 쓰시오.

Answer

① 머레이 루프법
② 펄스 레이더법
③ 정전용량법
④ 수색코일법
⑤ 음향에 의한 방법

Explanation

지중전선로 고장점 탐색법

① 머레이 루프법
  휘스톤 브리지의 원리 이용하는 방식

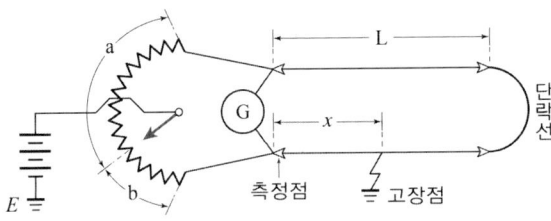

검류계에 전류가 흐르지 않으면 평형 상태이므로
$a \cdot x = b \cdot (2L - x)$
$\therefore x = \dfrac{b}{a+b} \times 2L \, [m]$

여기서, L : 선로의 전체 길이[m]
  x : 측정점에서 고장점까지의 거리[m]

② 수색 코일법
  케이블의 한쪽에서 600[Hz] 정도의 단속전류를 흘리고 지상에서는 수색코일에 증폭기와 수화기를 연결하여 케이블을 따라 고장점 탐색하는 방법

③ 정전용량법
  구조가 같은 케이블은 정전용량이 길이에 비례하는 것을 이용하여 고장점을 탐색하는 방법
$L = 선로긍장 \times \dfrac{C_x}{C_o}$

여기서, C_x : 사고 상의 사고점까지의 정전용량 측정치
  C_o : 건전상의 정전용량 측정

④ 펄스 레이더법
  케이블의 한쪽에서 펄스를 입사하면 케이블의 서지 임피던스가 급변하므로 입사파 일부는 고장점에서 되돌아오는 시간을 측정하여 고장점 탐색하는 방법

⑤ 음향법
  고장케이블에 고전압의 펄스를 보내어 고장점에서 발생하는 방전음을 이용하여 고장점 탐색하는 방법

12 저압배선용의 고리 퓨즈 또는 플러그퓨즈로서 각각의 설명에 맞는 퓨즈를 쓰시오.

(1) 최소 용단전류가 정격 전류의 130[%]와 160[%] 사이에 있는 퓨즈 :

(2) 최소 용단전류가 정격 전류의 110[%]와 135[%] 사이에 있는 퓨즈 :

(3) 방출형 퓨즈를 포함한 포장 퓨즈 이외의 퓨즈 :

Answer

(1) B종 퓨즈
(2) A종 퓨즈
(3) 비포장 퓨즈

Explanation

(내선규정 1,300) 용어

① B종 퓨즈란 저압배선용의 고리 퓨즈, 또는 플러그 퓨즈로서 최소 용단전류가 정격 전류의 130[%]와 160[%] 사이에 있는 것을 말한다.
② A종 퓨즈란 저압배선용의 고리 퓨즈 또는 플러그 퓨즈로서 그 특성이 배선용차단기에 가깝고 그 최소 용단전류(끊어지고 안 끊어지는 한계전류)가 정격 전류의 110[%]와 135[%] 사이에 있는 것을 말한다.
③ 비포장 퓨즈란 포장 퓨즈 이외의 퓨즈를 말하고 방출형 퓨즈를 포함한다.

13 어떤 콘덴서 3개를 선간전압 3,300[V], 주파수 60[Hz]의 선로에 △로 접속하여 60[kVA]가 되도록 하려면 콘덴서 1개의 정전용량[μF]은 약 얼마로 하여야 하는가?

• 계산 :

• 답 :

Answer

계산 : $Q = 3EI_c = 3 \times 2\pi f CE^2 = 3 \times 2\pi f CV^2$

정전용량 $C = \dfrac{Q}{6\pi f V^2} = \dfrac{60 \times 10^3}{6\pi \times 60 \times 3,300^2} \times 10^6 = 4.87[\mu F]$

답 : $4.87[\mu F]$

Explanation

3상 콘덴서의 충전용량

$Q = 3EI_c = 3E\dfrac{E}{X_c} = 3\omega CE^2 = 3 \times 2\pi f CE^2 = 3 \times 2\pi f CV^2$ [kVA] (△ 결선 시 $E = V$)

14 극판형식에 의한 축전지의 분류표이다. 빈칸에 알맞은 내용을 쓰시오.

종별	연축전지	알칼리 축전지	니켈수소전지
형식명	크래드식(PS) 패이스트식(HS)	포켓식 소결식	GMH형
기전력	2.05 ~ 2.08	( )	1.34
공칭 전압	( )	( )	( )

Answer

종별	연축전지	알칼리 축전지	니켈수소전지
형식명	크래드식(PS) 패이스트식(HS)	포켓식 소결식	GMH형
기전력	2.05 ~ 2.08	1.33	1.34
공칭 전압	2.0	1.2	1.2

Explanation

구분	납축전지	알칼리 축전지
공칭용량	10[Ah]	5[Ah]
공칭전압	2.0[V/cell]	1.2[V/cell]
장점	• 효율이 우수하다. • 단시간에 대전류 공급이 가능하다.	• 수명이 길다. • 운반진동에 강하다. • 급충·방전에 잘 견딘다.

15 고압 옥내배선 시설 공사법 3가지를 쓰시오.

Answer

애자사용공사, 케이블공사, 케이블트레이공사

Explanation

(KEC 342.1) 고압 옥내배선 등의 시설
고압 옥내배선은 다음 각 호에 의하여 시설하여야 한다.
① 애자사용공사(건조한 노출장소에 한한다.)
② 케이블공사
③ 케이블트레이공사

16 건축물 전기설비에서 간선의 굵기를 산정하는 데 고려하여야 할 4가지 요소를 쓰시오.

Answer

① 허용 전류
② 전압강하
③ 기계적 강도
④ 수용률 및 향후 증설부하

Explanation

간선의 굵기 선정
- 허용 전류
- 전압 강하
- 기계적 강도
- 수용률 및 향후 증설부하

17 수·변전설비용 기기인 차단기의 차단기 트립(trip) 방식 4가지를 쓰시오.

Answer

① 직류 전압 트립 방식
② 과전류 트립 방식
③ 콘덴서 트립 방식
④ 부족 전압 트립 방식

Explanation

① 직류 전압 트립 방식 : 직류 전원의 전압을 트립 코일에 인가하여 트립하는 방식
② 콘덴서 트립 방식 : PT 1차 측에 정류기를 부설하여 콘덴서를 충전하고 이를 트립 코일을 통하여 방전하여 차단기가 트립되는 방식
③ CT 트립 방식 : CT 2차 전류가 정해진 값보다 초과되었을 때 트립 동작하는 방식
④ 부족 전압 트립 방식 : PT 2차 전압을 항상 트립 코일에 인가해 두고 1차 측 전압이 정해진 값 이하로 떨어졌을 때 트립하는 방식

18 바닥 면적 200[m²]의 사무실에 전광속 2,500[lm]의 36[W] 형광등을 시설하여 평균 조도를 150[lx]로 하자면 설치할 등수는 몇 등인가? 단, 조명률은 50[%], 감광 보상률은 1.25이다.

- 계산 :
- 답 :

Answer

계산 : 전등수 $N = \dfrac{ESD}{FU} = \dfrac{150 \times 200 \times 1.25}{2,500 \times 0.5} = 30$[등]

답 : 30[등]

Explanation

조명계산
$FUN = ESD$
여기서, F[lm] : 광속, U[%] : 조명률, N[등] : 등수, E[lx] : 조도, S[m²] : 면적
$D = \dfrac{1}{M}$: 감광보상률 $= \dfrac{1}{보수율}$
등수 $N = \dfrac{ESD}{FU}$ 이며 등수계산은 소수점은 무조건 절상한다.

MEMO

전기공사산업기사 실기

과년도 기출문제
2015

- 2015년 제 01회
- 2015년 제 02회
- 2015년 제 04회

2015년 과년도 기출문제에 대한 출제 빈도 분석 차트입니다.
각 회차별로 별의 개수를 확인하고 학습에 참고하기 바랍니다.

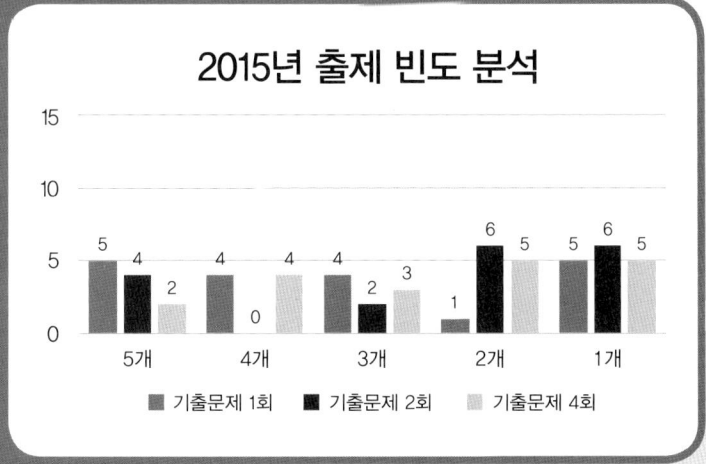

2015년 전기공사산업기사 실기

01 그림과 같이 3상 3선식 200[V] 수전인 경우 설비 불평형률을 계산하여라. 단, H는 전열기, M은 전동기, 전동기 역률은 80[%]로 한다.

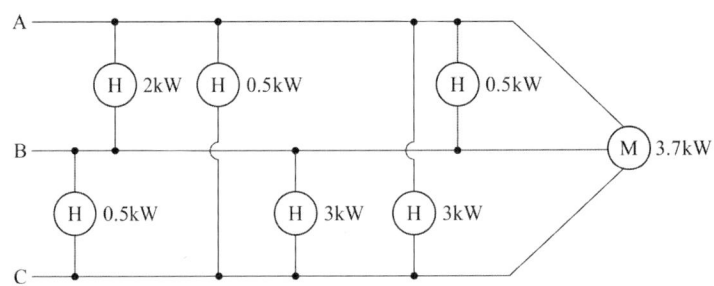

Answer

계산 : 불평형률 $= \dfrac{(3+0.5)-(2+0.5)}{(2+0.5+0.5+3+0.5+3+\frac{3.7}{0.8})\times\frac{1}{3}} \times 100 = 21.24[\%]$ 답 : 21.24[%]

Explanation

(내선규정 제1,410-1) 설비 부하평형 시설
저압, 고압 및 특별 고압 수전의 3상 3선식 또는 3상 4선식에서 불평형 부하의 한도는 단상 접속부하로 계산하여 설비불평형률을 30[%] 이하로 하는 것을 원칙으로 한다.
다만, 다음 각 호의 경우는 이 제한에 따르지 않을 수 있다.
① 저압 수전에서 전용변압기로 수전하는 경우
② 고압 및 특고압수전에서 100[kVA](kW) 이하인 경우
③ 고압 및 특고압수전에서 단상부하용량의 최대와 최소의 차가 100[kVA](kW) 이하인 경우
④ 특고압수전에서 100[kVA](kW) 이하의 단상 변압기 2대로 역(逆)V결선하는 경우
　[주] 이 경우의 설비불평형률이란 각 선간에 접속되는 단상부하 총 설비용량[VA]의 최대와 최소의 차와 총 부하설비용량[VA] 평균값의 비[%]를 말하며 다음의 식으로 나타낸다.

설비불평형률 $= \dfrac{\text{각 선간에 접속되는 단상부하 총 설비용량[kVA]의 최대와 최소의 차}}{\text{총 부하 설비용량의 }1/3} \times 100[\%]$

여기서, A-B 선간 부하 : 2+0.5=2.5[kVA](최소)
　　　　B-C 선간 부하 : 0.5+3=3.5[kVA](최대)
　　　　C-A 선간 부하 : 0.5+3=3.5[kVA]

02 ★★★★☆

거리가 1,000[m]인 배전선로 공사에 있어서 단면적 22[mm²]의 알루미늄선으로 계산된 것을 저항이 같은 경동선으로 대치하려고 한다면 그 전선의 단면적은 얼마로 하여야 하는지 계산하여라.

[조건]

알루미늄의 저항률 : $\dfrac{1}{35}[\Omega \cdot mm^2/m]$

경동선의 저항률 : $\dfrac{1}{55}[\Omega \cdot mm^2/m]$

Answer

계산 : 전압강하 $e = IR = I\rho\dfrac{l}{A}$

$$I \times \dfrac{1}{35} \times \dfrac{1,000}{22} = I \times \dfrac{1}{55} \times \dfrac{1,000}{A}$$

$A = 14[mm^2]$ 따라서 16[mm²] 선정

답 : 16[mm²]

Explanation

- 전기저항 $R = \rho\dfrac{l}{A}[\Omega]$

  여기서, ρ : 저항률[$\Omega \cdot mm^2/m$]
  l : 전선의 길이[m]
  A : 전선의 단면적[mm²]

- 전선의 단면적을 바꾸어도 전류와 전압강하가 같도록 하려면

  $I \times \dfrac{1}{35} \times \dfrac{1,000}{22}$ (알루미늄선의 전압강하) $= I \times \dfrac{1}{55} \times \dfrac{1,000}{A}$ (경동선의 전압강하)

KSC-IEC 전선 규격

전선의 공칭단면적 [mm²]			
1.5	16	95	300
2.5	25	120	400
4	35	150	500
6	50	185	630
10	70	240	

03 전기설비의 시공에 대한 검사는 육안검사 및 시험에 따른다. 이때 육안검사 항목 5가지를 적어라.

Answer

① 전기기기의 표시 확인과 손상 유무 점검
② 감전 예방의 종류 확인
③ 허용 전류 및 전압강하에 관한 전선의 선정
④ 보호장치 및 감시장치의 선택 및 시설
⑤ 단로장치 및 개폐장치의 시설

Explanation

(내선규정 5,500-7) 검사 및 시험항목

	항목
육안검사	1. 전기기기의 표시 확인과 손상 유무 점검
	2. 감전 예방의 종류 확인
	3. 화재의 파급을 예방하기 위한 방재벽의 존재 및 기타 예방 조치와 기타 열 영향에 대한 보호
	4. 허용 전류 및 전압강하에 관한 전선의 선정
	5. 보호 장치 및 감시 장치의 선택 및 시설
	6. 단로 장치 및 개폐 장치의 시설
	7. 외적 영향에 따른 적절한 기기 및 보호 수단 선정
	8. 중성선 및 보호선의 식별
	9. 회로, 퓨즈, 개폐기, 단자 등의 식별
	10. 전선 접속의 적정성
	11. 조작 및 보수의 편리성을 위한 접근 가능성
	12. 접지계통 종류의 확인
	13. 접지설비의 시공 확인
시험	1. 시험 순서
	2. 주 및 보조 등전위 접속을 포함하는 보호선의 연속성
	3. 전기설비의 절연저항
	4. 회로 분리에 의한 보호
	5. 바닥과 벽의 저항
	6. 전원의 자동 차단에 의한 보호조건 검사
	7. 접지극의 저항 측정
	8. 보호선의 저항 측정
	9. 극성 시험
	10. 과전압에 대한 보호검사

BEST 04 ★★★★★ 공사 원가라 함은 공사 시공 과정에서 발생한 무엇의 합계액을 말하는 것인지 써라.

Answer

재료비, 노무비, 경비

Explanation

- 순 공사원가 : 재료비, 노무비, 경비
- 총 공사원가 : 재료비, 노무비, 경비, 일반관리비, 이윤

여기서, 공사원가는 순 공사원가를 말하는 것임

05 ★★★☆☆ 다음 설명과 같은 조명 방식의 명칭과 용도를 적어라.

- 조명 방식 : 벽면을 밝은 광원으로 조명하는 방식으로 숨겨진 램프의 직접광이 아래쪽 벽, 커튼, 위쪽 천장면에 쪼이도록 조명하는 방식이다.
- 특징 : 실내면을 황색으로 마감하고 밸런스 판으로 목재, 금속판 등 투과율이 낮은 재료를 사용하고 램프로는 형광램프가 적정하다.

Answer

- 명칭 : 밸런스 조명
- 용도 : 분위기 조명

Explanation

건축화 조명

- 루버 천장 조명
  - 천장면에 루버판을 부착하고 천장 내부에 광원을 배치하여 조명하는 방식
  - 낮은 휘도, 밝은 직사광을 얻고 싶은 경우 훌륭한 조명 효과
- 다운라이트 조명
  천장면에 작은 구멍을 많이 뚫어 그 속에 여러 형태의 하면개방형, 하면루버형, 하면확산형, 반사형 전구 등의 등기구를 매입하는 조명 방식
- 코퍼 조명
  - 천장면을 여러 형태의 사각, 동그라미 등으로 오려내고 다양한 형태의 매입기구를 취부하여 실내의 단조로움을 피하는 조명 방식
  - 고천장의 은행 영업실, 1층홀, 백화점 1층 등에 사용
- 밸런스 조명
  벽면을 밝은 광원으로 조명하는 방식으로 숨겨진 램프의 직접광이 아래쪽 벽, 커튼, 위쪽 천장면에 쪼이도록 조명하는 방식으로 분위기 조명
- 코브 조명
  - 램프를 감추고 코브의 벽, 천장 면에 플라스틱, 목재 등을 이용하여 간접 조명으로 만들어 그 반사광으로 채광하는 조명 방식
  - 천장과 벽이 2차 광원이 되므로 반사율과 확산성이 높아야 한다.
- 코너 조명
  - 천장과 벽면의 경계 구석에 등기구를 배치하여 조명하는 방식
  - 천장과 벽면을 동시에 투사하는 실내 조명 방식으로 지하도용에 이용

- 코니스 조명
  - 코너 조명과 같이 천장과 벽면 경계에 건축적으로 둘레턱을 만들어 내부에 등기구를 배치하여 조명하는 방식으로, 아래 방향의 벽면을 조명하는 방식
- 광량 조명
  연속열 등기구를 천장에 매입하거나 들보에 설치하는 조명 방식
- 광천장 조명
  천장면에 확산투과재인 메탈 아크릴 수지판을 붙이고 천장 내부에 광원 설치하는 조명 방식
- 건축화 조명의 종류

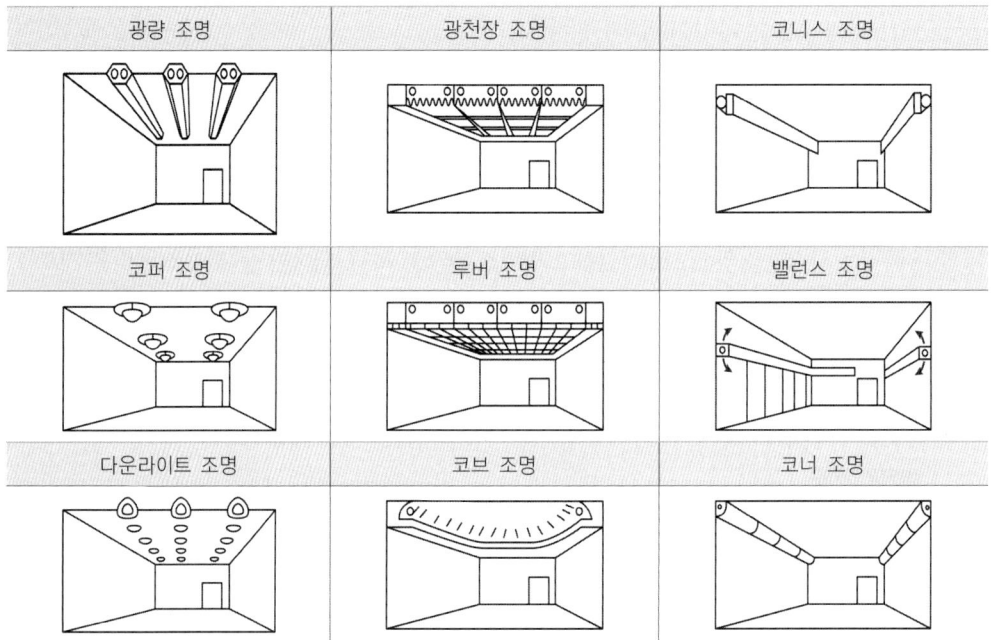

06
염해를 받을 우려가 있는 장소에서 저압 옥외 전기설비의 내염공사 시 시설원칙에 대하여 서술하여라.

Answer

① 바인드선은 철제의 것을 사용하지 말 것
② 계량기함 등은 금속제의 것을 피할 것
③ 철제류는 아연도금 또는 방청도장을 실시할 것
④ 나사못류는 동합금(놋쇠)제의 것 또는 아연도금한 것을 사용할 것

Explanation

(내선규정 4,245-2) 저압 옥외 전기설비의 내염(耐鹽)공사
저압 옥외 전기설비(옥측의 것을 포함한다)의 시설은 원칙적으로 다음 각 호에 의하여야 한다.
① 바인드선은 철제의 것을 사용하지 말 것
② 계량기함 등은 금속제의 것을 피할 것
③ 철제류는 아연도금 또는 방청도장을 실시할 것
④ 나사못류는 동합금(놋쇠)제의 것 또는 아연도금한 것을 사용할 것

07 ★★★★☆ 가로 20[m], 세로 30[m], 층고 2.5[m]인 실내의 조도를 계산하기 위한 실지수를 구하여라. 단, 작업면의 높이는 1[m]이다.

Answer

계산 : $R.I = \dfrac{X \cdot Y}{H(X+Y)} = \dfrac{20 \times 30}{(2.5-1) \times (20+30)} = 8$ 답 : 5.0

Explanation

- 실지수(방지수) $= \dfrac{XY}{H(X+Y)}$

  여기서, H : 등의 높이−작업면 높이[m]

  X : 방의 가로[m]

  Y : 방의 세로[m]

  실지수표에서 4.5이상은 5.0

- 실지수표

기호	A	B	C	D	E	F	G	H	I	J
실지수	5.0	4.0	3.0	2.5	2.0	1.5	1.25	1.0	0.8	0.6
범위	4.5 이상	4.5~3.5	3.5~2.75	2.75~2.25	2.25~1.75	1.75~1.38	1.38~1.12	1.12~0.9	0.9~0.7	0.7 이하

08 ★★★★☆ 폭 20[m]의 가로 양쪽에 간격 20[m]를 두고 맞보기 배열로 가로등이 점등되어 있다. 한 등당 전광속이 15,000[lm]이고, 조명률 30[%], 감광 보상률이 1.4라면 이 도로의 평균 조도[lx]는 얼마인지 계산하여라.

Answer

계산 : $E = \dfrac{FUN}{SD} = \dfrac{15,000 \times 0.3 \times 1}{\dfrac{20 \times 20}{2} \times 1.4} = 16.07\,[\text{lx}]$ 답 : 16.07[lx]

Explanation

- 조명계산

  $FUN = ESD$

  여기서, F[lm] : 광속

  U[%] : 조명률

  N[등] : 등수

  E[lx] : 조도

  S[m²] : 면적

  $D = \dfrac{1}{M}$: 감광보상률 $= \dfrac{1}{\text{보수율}}$

  등수 $N = \dfrac{ESD}{FU}$ 이며 등수계산에서 소수점은 무조건 절상한다.

- 도로 조명에서의 면적 계산
  - 중앙배열, 편측배열 : $S = a \cdot b$
  - 양쪽배열, 지그재그식 : $S = \dfrac{a \cdot b}{2}$ 여기서, a : 도로 폭, b : 등 간격

문제에서는 양쪽(맞보기)배열이므로 $S = \dfrac{ab}{2} = \dfrac{20 \times 20}{2} = 200\,[\text{m}^2]$

> 이 문제는 변경된 KEC 적용으로 인하여 삭제하고, 아래 예상문제로 대체되었습니다.

09 다음의 빈칸에 알맞은 값을 적으시오.

> 접지도체의 굵기는 고장 시 흐르는 전류를 안전하게 통할 수 있는 것으로서 다음에 의한다.
> 가. 특고압·고압 전기설비용 접지도체는 단면적 (①)[mm²] 이상의 연동선 또는 동등 이상의 단면적 및 강도를 가져야 한다.
> 나. 중성점 접지용 접지도체는 공칭단면적 (②)[mm²]이상의 연동선 또는 동등 이상의 단면적 및 세기를 가져야 한다. 다만, 다음의 경우에는 공칭단면적 (③)[mm²] 이상의 연동선 또는 동등 이상의 단면적 및 강도를 가져야 한다.
> (1) 7[kV] 이하의 전로
> (2) 사용전압이 25[kV] 이하인 특고압 가공전선로. 다만, 중성선 다중접지 방식의 것으로서 전로에 지락이 생겼을 때 2초 이내에 자동적으로 이를 전로로부터 차단하는 장치가 되어 있는 것.

①   ②   ③

Answer

① 6   ② 16   ③ 6

Explanation

(KEC 142.3조) 접지도체
접지도체의 굵기는 고장 시 흐르는 전류를 안전하게 통할 수 있는 것으로서 다음에 의한다.
가. 특고압·고압 전기설비용 접지도체는 단면적 6[mm²] 이상의 연동선 또는 동등 이상의 단면적 및 강도를 가져야 한다.
나. 중성점 접지용 접지도체는 공칭단면적 16[mm²] 이상의 연동선 또는 동등 이상의 단면적 및 세기를 가져야 한다. 다만, 다음의 경우에는 공칭단면적 6[mm²] 이상의 연동선 또는 동등 이상의 단면적 및 강도를 가져야 한다.
  (1) 7[kV] 이하의 전로
  (2) 사용전압이 25[kV] 이하인 특고압 가공전선로. 다만, 중성선 다중접지 방식의 것으로서 전로에 지락이 생겼을 때 2초 이내에 자동적으로 이를 전로로부터 차단하는 장치가 되어 있는 것.

BEST 10 ★★★★★ 전원 공급점에서 40[m]의 지점에 60[A], 45[m]의 지점에 50[A], 60[m]의 지점에 30[A]의 부하가 걸려 있을 때 부하 중심까지의 거리는 몇 [m]인지 계산하여라.

Answer

계산 : 직선 부하에서의 부하 중심점까지의 거리

$$L = \dfrac{L_1 I_1 + L_2 I_2 + L_3 I_3}{I_1 + I_2 + I_3} = \dfrac{40 \times 60 + 45 \times 50 + 60 \times 30}{60 + 50 + 30} = 46.07\,[\text{m}]$$

답 : 46.07[m]

> **Explanation**
>
> 직선부하의 부하 중심점까지의 거리
> $$L = \frac{L_1 I_1 + L_2 I_2 + L_3 I_3 + \cdots}{I_1 + I_2 + I_3 + \cdots}$$

11 다음 ( ) 안에 알맞은 내용을 적어라.

> ( ) 램프는 전자유도법칙에 의해 외부에서 내부가스를 방전시켜 발광시키는 것으로 주파수가 수 MHz보다 높은 주파수 영역에서 교류전계에 의한 전자의 왕복운동과 충돌전리를 이용해 방전시키는 램프이다.

Answer

무전극

> **Explanation**
>
> 무전극 램프
> 전자유도법칙에 의해 외부에서 내부가스를 방전시켜 발광시키는 것으로 주파수가 수 MHz보다 높은 주파수 영역에서 교류전계에 의한 전자의 왕복운동과 충돌전리를 이용해 방전시키는 램프

12 역률 80[%]인 형광등 40[W] 5개와 역률이 60[%]인 형광등 20[W] 3개, 역률이 1인 백열등 60[W] 4개인 분기회로가 있다. 이 분기회로의 설비부하용량[VA]을 계산하여 구하여라.

Answer

계산 : ① 40[W] 형광등
- 유효분 : $40 \times 5 = 200[\text{W}]$
- 무효분 : $40 \times \dfrac{\sqrt{1-0.8^2}}{0.8} \times 5 = 150[\text{Var}]$

② 20[W] 형광등
- 유효분 : $20 \times 3 = 60[\text{W}]$
- 무효분 : $20 \times \dfrac{\sqrt{1-0.6^2}}{0.6} \times 3 = 80[\text{Var}]$

③ 60[W] 백열등
- 유효분 : $60 \times 4 = 240[\text{W}]$
- 무효분 : $0[\text{Var}]$

∴ 설비부하용량 $= \sqrt{(200+60+240)^2 + (150+80+0)^2} = 550.36[\text{VA}]$ 답 : 550.36[VA]

> **Explanation**
>
> 역률이 다른 경우 유효분과 무효분을 각각 나누어 계산한다.

13 ★★★★☆

13,200/22,900[V] 3상 4선식으로 수전하며 수전 용량이 750[kVA]라 할 때 이 인입구에 MOF를 시설하는 경우 MOF의 변류비를 산출하여 표준 규격을 계산하여 결정하여라. 단, 변류비는 정격 1차 전류를 구하여 1.5배의 값으로 변류비를 적용한다.

Answer

계산 : $I = \dfrac{750 \times 10^3}{\sqrt{3} \times 22.9 \times 10^3} \times 1.5 = 28.36[A]$

30/5 선정

답 : 30/5

Explanation

보통의 경우 CT 비 : 1차 전류×(1.25~1.5)

CT 1차 전류 : 10, 15, 20, 30, 40, 50, 75, 100, 150, 200, 300, 400, 500 [A]

문제에서는 CT의 1차 전류가 정격에 없으므로 그보다 큰 30/5를 선정하는 것이 일반적이다.

14 ★☆☆☆☆

다음과 같은 케이블의 명칭을 우리말로 적어라.

(1) CNCV-W

(2) TR CNCV-W

Answer

(1) CNCV-W : 동심 중성선 수밀형 전력 케이블
(2) TR CNCV-W : 동심 중성선 트리억제형 전력 케이블

Explanation

(내선규정 100-2) 옥내배선의 기호 케이블의 약호와 명칭

약호	명칭
BL 케이블	300/500[V] 편조 리프트 케이블
BRC 코드	300/300[V] 편조 고무코드
CV1 케이블	0.6/1[kV] 가교 폴리에틸렌 절연 비닐 시스 케이블
CV10 케이블	6/10[kV] 가교 폴리에틸렌 절연 비닐 시스 케이블
CVV 전선	0.6/1[kV] 비닐절연 비닐시스 제어케이블
CN-CV 케이블	동심중성선 차수형 전력케이블
CN-CV-W 케이블	동심중성선 수밀형 전력케이블
CE1 케이블	0.6/1[kV] 가교 폴리에틸렌 절연 폴리에틸렌 시스케이블
CE10 케이블	6/10[kV] 가교 폴리에틸렌 절연 폴리에틸렌 시스케이블
EE 케이블	폴리에틸렌 절연 폴리에틸렌 시스 케이블
EV 케이블	폴리에틸렌 절연 비닐 시스 케이블
FR CNCO-W	동심중성선 수밀형 저독성 난연 전력케이블
MI 케이블	미네랄 인슈레이션 케이블
PNCT 케이블	0.6/1[kV] EP 고무 절연 클로로프렌 캡타이어 케이블
PV	0.6/1[kV] EP 고무 절연 비닐 시스 케이블
VCT 케이블	0.6/1[kV] 비닐 절연 비닐캡타이어 케이블
VV 케이블	0.6/1[kV] 비닐 절연 비닐 시스 케이블

15 분전반에서 40[m] 떨어진 회로의 끝에서 단상 2선식 220[V], 전열기 8,800[W] 2대 사용 시, 450/750[V] 일반용 단심 비닐절연전선의 굵기를 계산하여라. 단, 전압강하는 2[%] 이내로 하고, 전류 감소 계수는 없는 것으로 하고 최종 답은 공칭단면적 값을 적으시오.

Answer

계산 : 전선의 단면적 $A = \dfrac{35.6LI}{1,000e} = \dfrac{35.6 \times 40 \times \dfrac{8,800 \times 2}{220}}{1,000 \times 220 \times 0.02} = 25.89 [mm^2]$

따라서, 35[mm²] 선정

답 : 35[mm²]

Explanation

전압 강하 및 전선의 단면적 계산

전기 방식	전압 강하	전압 강하	전선 단면적	대상 전압강하
단상 3선식 직류 3선식 3상 4선식	IR	$e = \dfrac{17.8LI}{1,000A}$	$A = \dfrac{17.8LI}{1,000e}$	대지와 선간
단상 2선식 직류 2선식	$2IR$	$e = \dfrac{35.6LI}{1,000A}$	$A = \dfrac{35.6LI}{1,000e}$	선간
3상 3선식	$\sqrt{3}IR$	$e = \dfrac{30.8LI}{1,000A}$	$A = \dfrac{30.8LI}{1,000e}$	선간

여기서, e : 전압강하[V]
　　　　A : 사용전선의 단면적[mm²]
　　　　L : 선로의 길이 [m]
　　　　C : 전선의 도전율(97[%])

KSC-IEC 전선 규격

전선의 공칭단면적 [mm²]			
1.5	16	95	300
2.5	25	120	400
4	35	150	500
6	50	185	630
10	70	240	

16 다음은 용어에 관한 설명이다. (　) 안에 알맞은 용어를 적어라.

(1) (　　　　)이라 함은 가공전선로의 지지물에서 다른 지지물을 거치지 아니하고 수용장소의 인입선 접속점에 이르는 가공전선을 말한다.

(2) (　　　　)이라 함은 지중전선로의 배전함 또는 가공전선로의 지지물에서 직접 수용장소에 이르는 지중전선로를 말한다.

(3) (　　　　)이라 함은 하나의 수용장소의 인입선 접속점에서 분기하여 지지물을 거치지 아니하고 다른 수용장소의 인입선 접속점에 이르는 전선을 말한다.

Answer

(1) 가공인입선
(2) 지중인입선
(3) 이웃 연결 인입선

Explanation

(판단기준 제2조) 정의
- 가공인입선이라 함은 가공전선로의 지지물에서 다른 지지물을 거치지 아니하고 수용장소의 인입선 접속점에 이르는 가공전선을 말한다.
- 지중인입선이라 함은 지중전선로의 배전함 또는 가공전선로의 지지물에서 직접 수용장소에 이르는 지중전선로를 말한다.
- 이웃 연결 인입선이라 함은 하나의 수용장소의 인입선 접속점에서 분기하여 지지물을 거치지 아니하고 다른 수용장소의 인입선 접속점에 이르는 전선을 말한다.

17 ★★★☆☆
도면은 지하철역의 무인개찰 회로의 일부이다. 도면을 이해하고 다음 동작과정의 ( ) 안에 알맞은 것을 보기에서 골라 적어 넣어라.

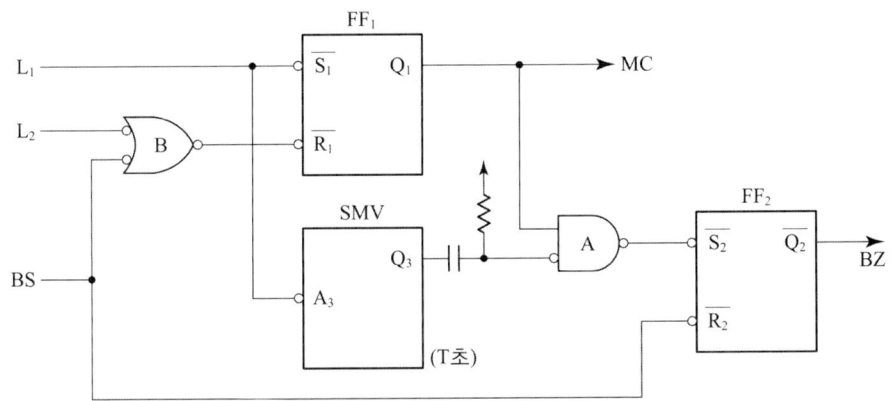

[보기] OR, AND, FF₁, FF₂, A, MC (중복도 가함)

(1) 차표를 넣으면 L₁이 검출하여 (①)가(이) 셋 되고 (②)가(이) 동작하여 차표 투입구를 닫는다. t초 후 차표가 배출구로 나오면 L₂가 검출하여 (③)가(이) 리셋 되고 (④)가(이) 복귀하여 투입구를 연다. 단, 입력은 L레벨형이고, FF은 $\overline{R}.\overline{S}$-latch이다.

(2) 차표를 넣은 후 T초(T > t)가 되어도 차표가 나오지 않으면 (⑤)의 출력과 미분회로에 의하여 (⑥)가 동작되므로 (⑦)가 셋 되어 부저가 울린다. 이때 BS를 누르면 모두 복귀한다.

Answer

(1) ① FF₁ ② MC ③ FF₁ ④ MC
(2) ⑤ FF₁ ⑥ A ⑦ FF₂

Explanation

NAND 게이트로 된 R-S 래치
- NAND 게이트로 된 기본 플립플롭 회로에서, 두 입력이 모두 1이면 플립플롭의 상태는 전 상태를 그대로 유지하게 된다.
- 순간적으로 S 입력에 0을 가하면 Q는 1로, Q'는 0으로 바뀐다.
- S를 1로 바꾼 뒤에 R 입력을 0을 가하면 플립플롭은 클리어 상태가 된다.
- 두 입력이 동시에 0으로 될 때는 두 출력이 모두 1이 되기 때문에 정상적인 플립플롭 작동에서는 피해야 한다.

IC 타이머 SMV
- 단안정 멀티 바이브레이터(one shot)의 원리를 이용한 IC 타이머 소자인데 A, B 입력 중 입력은 고정하고 한 입력으로 트리거(trigger)하면 단안정 특성이 얻어진다(SMV, MM, MMV).

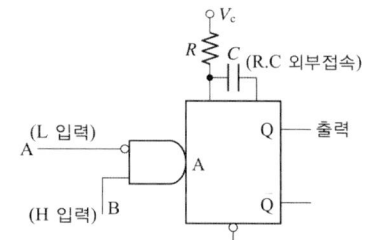

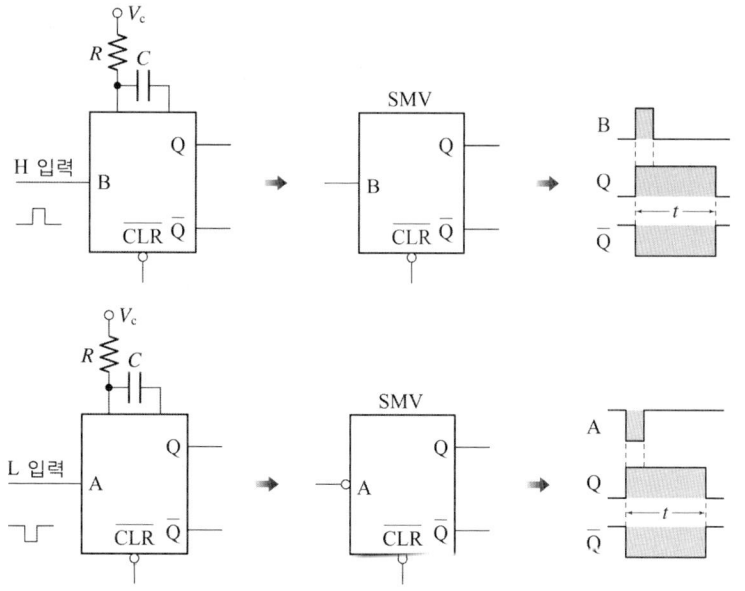

18 다음은 전선의 접속에 관한 내용이다. (　) 안에 알맞은 내용을 적어라.

> 전선을 접속할 경우 처음 전선의 세기를 (　　)[%] 이상 감소시켜서는 안 된다.

Answer

20

Explanation

(KEC 123조) 전선의 접속
① 전선의 세기를 20[%] 이상 감소시키지 아니할 것
② 접속 부분은 접속관 기타의 기구를 사용할 것
③ 절연전선 상호, 절연전선과 코드, 캡타이어 케이블 또는 케이블과를 접속하는 경우에는 접속 부분의 절연전선에 절연물과 동등 이상의 절연효력이 있는 접속기를 사용할 것
④ 코드 상호, 캡타이어 케이블 상호, 케이블 상호 또는 이들 상호를 접속하는 경우에는 코드 접속기, 접속함 기타의 기구를 사용할 것
⑤ 전기 화학적 성질이 다른 도체를 접속하는 경우에는 접속 부분에 전기적 부식(電氣的腐蝕)이 생기지 아니하도록 할 것

> 이 문제는 변경된 KEC 적용으로 인하여 삭제하고, 아래 예상문제로 대체되었습니다.

19 변압기의 고압·특고압측 전로 또는 사용전압이 35[kV] 이하의 특고압전로가 저압측 전로와 혼촉하고 저압전로의 대지전압이 150[V]를 초과하는 경우 1초를 넘고 2초 이내에 자동으로 차단하는 장치를 설치한 경우 지락전류가 25[A]라면 변압기 중성점 접지저항 값은 얼마인가?

Answer

계산 : $R = \dfrac{300}{I_1} = \dfrac{300}{25} = 12[\Omega]$　　　　답 : 12[Ω]

Explanation

(KEC 142.5조) 변압기 중성점 접지
① 변압기의 중성점접지 저항 값(변압기의 고압·특고압측)

　가. 일반적 : $\dfrac{150}{I_1}$ 이하　여기서, I_1은 전로의 1선 지락전류

　나. 변압기의 고압·특고압측 전로 또는 사용전압이 35[kV] 이하의 특고압전로가 저압측 전로와 혼촉하고 저압전로의 대지전압이 150[V]를 초과하는 경우

　　• 1초 초과 2초 이내에 자동으로 차단하는 장치를 설치 : $\dfrac{300}{I_1}$ 이하

　　• 1초 이내에 자동으로 차단하는 장치를 설치 : $\dfrac{600}{I_1}$ 이하

② 전로의 1선 지락전류 : 실측값 사용(단, 실측이 곤란한 경우 선로정수 등으로 계산한 값)

2015년 전기공사산업기사 실기

01 ★★★☆☆
그림은 옥내전등 배선도의 일부를 표시한 것이다. 백열등 L_1, L_2, L_3은 3로 스위치로 점멸하고 백열등 L_4, L_5는 단로 스위치로 점멸할 수 있도록 ① ~ ④까지의 전선(가닥) 수를 답란에 적어라. 단, 접지도체는 제외하고 최소 가닥수를 기입하여라.

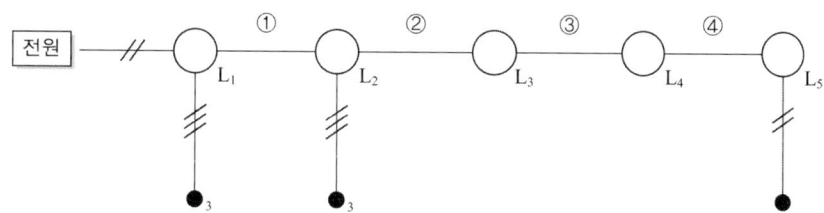

Answer

① 5
② 3
③ 2
④ 3

Explanation

배선실체도

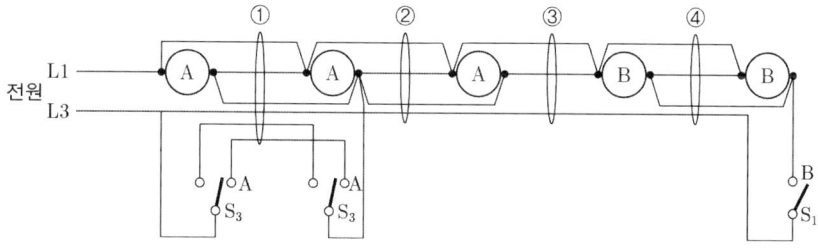

BEST 02 ★★★★★

작업장의 크기가 가로 8[m], 세로 10[m], 바닥에서 천장까지 4[m]인 작업장에 조명기구를 설치한다면 실지수를 계산하여 구하여라. 단, 모든 작업대는 바닥에서 0.75[m] 높이에 설치한다.

Answer

계산 : $R \cdot I = \dfrac{X \cdot Y}{H(X+Y)} = \dfrac{8 \times 10}{(4-0.75) \times (8+10)} = 1.37$ 답 : 1.25

Explanation

실지수(방지수) $= \dfrac{XY}{H(X+Y)}$

여기서, H : 등의 높이-작업면 높이[m], X : 방의 가로[m], Y : 방의 세로[m]

• 실지수표

기호	A	B	C	D	E	F	G	H	I	J
실지수	5.0	4.0	3.0	2.5	2.0	1.5	1.25	1.0	0.8	0.6
범위	4.5 이상	4.5~3.5	3.5~2.75	2.75~2.25	2.25~1.75	1.75~1.38	1.38~1.12	1.12~0.9	0.9~0.7	0.7 이하

03 ★★★☆☆

가로등용 기초를 설치하기 위하여 아래 그림과 같이 굴착을 해야 한다. 이때의 터파기량은 몇 [m³]인지 계산하여 구하여라.

• 계산 :

• 답 :

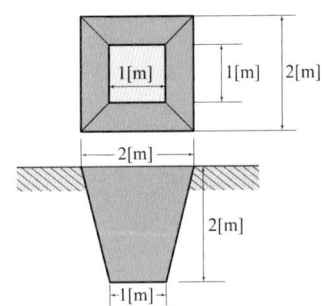

Answer

계산 : 터파기량 $= \dfrac{2}{3}(1 + \sqrt{1 \times 4} + 4) = 4.67 [\text{m}^3]$ 답 : 4.67[m³]

Explanation

가로등용 터파기량

$V_0 = \dfrac{H}{3}(A_1 + \sqrt{A_1 A_2} + A_2)$ 여기서, $A_1 = 1 \times 1 = 1 [\text{m}^2]$, $A_2 = 2 \times 2 = 4 [\text{m}^2]$

> 이 문제는 변경된 KEC 적용으로 인하여 삭제하고, 아래 예상문제로 대체되었습니다.

04

한국전기설비규정에 의한 접지극 시설방법을 3가지만 적으시오.

Answer

① 콘크리트에 매입된 기초 접지극
② 토양에 매설된 기초 접지극
③ 토양에 수직 또는 수평으로 직접 매설된 금속전극

Explanation

(KEC 142.2조) 접지극의 시설 및 접지저항
접지극은 다음의 방법 중 하나 또는 복합하여 시설하여야 한다.
가. 콘크리트에 매입된 기초 접지극
나. 토양에 매설된 기초 접지극
다. 토양에 수직 또는 수평으로 직접 매설된 금속전극(봉, 전선, 테이프, 배관, 판 등)
라. 케이블의 금속외장 및 그밖의 금속피복
마. 지중 금속구조물(배관 등)
바. 대지에 매설된 철근콘크리트의 용접된 금속 보강재. 다만, 강화콘크리트는 제외한다.

BEST 05 ★★★★★

특고압 가공 수전선로를 3상 4선식(22.9[kV-Y])으로 공급받는 건물 내 변전소의 인입구에 설치하는 피뢰기의 정격 전압을 적어라.

Answer

18[kV]

Explanation

(내선규정 3,250-1) 피뢰기의 정격 전압

전력계통		피뢰기 정격 전압[kV]	
전압 [kV]	중성점 접지방식	변전소	배전선로
345	유효접지	288	-
154	유효접지	144	-
66	PC 접지 또는 비접지	72	-
22	PC 접지 또는 비접지	24	-
22.9	3상 4선 다중접지	21	18

[주] 전압 22.9[kV] 이하의 배전선로에서 수전하는 설비의 피뢰기 정격 전압[kV]은 배전선로용을 적용한다.

BEST 06 ★★★★★

그림과 같은 단상 3선식 110/220[V]의 공급 선로에서의 설비불평형률[%]을 구하여라.

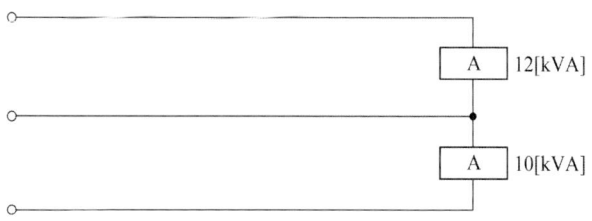

Answer

계산 : 설비 불평형률 = $\dfrac{12-10}{\dfrac{1}{2} \times (12+10)} \times 100 = 18.18[\%]$ 답 : 18.18[%]

Explanation

단상 3선식 설비불평형률

설비불평형률 = $\dfrac{\text{중성선과 각 전압측 선간에 접속되는 부하설비용량[kVA]의 차}}{\text{총 부하설비용량[kVA]의 1/2}} \times 100[\%]$

여기서, 불평형률은 40[%] 이하이어야 한다.

07 ★☆☆☆☆
다음 참고자료를 활용하여 각 질문의 계산과정과 답을 적어라.

(1) DV 5.5[mm^2]×2C 가공인입 3조를 시설할 때 1경간의 소요 인공을 계산하여라.
  • 배전전공 :

(2) PVC 전선관 36[mm], 150[m] 콘크리트 매입 시공하고 후강전선관 36[mm], 250[m] 철강조 노출로 시공할 때의 소요 인공을 계산하고 계를 구하여라.
  • PVC 전선관 :
  • 후강전선관 :
  • 인공계 :

(3) 주택가에서 배전선로 공사를 할 때 지세별 할증률은 몇 [%]를 적용하는지 적어라.

(4) NR 전선 25[mm^2]가 바닥면에 1,200[m], 천장에 2,400[m], 벽면에 400[m] 시설된다. 전체 소요 전선의 수량을 계산하여 구하여라.
  • 계산 :
  • 답 :

(5) 35[mm^2] NR전선 6본과 25[mm^2] 1본을 같은 후강전선관에 수용 시공할 때 전선관의 굵기를 계산하여 구하여라. 단, 절연체 두께를 포함한 전선의 바깥지름은 35[mm^2]는 10.9[mm]이고, 25[mm^2]은 9.7[mm]임, 전선관 내 단면적의 32[%] 수용이고, 표 이외의 사항은 무시한다.
  • 계산 :
  • 답 :

(6) 콘크리트주 12[m] 12본과 지선 St 7/2.8 4본을 교체하는 데 필요한 소요 인공을 계산하고 계를 각각 구하여라.
  ① 콘크리트주
    배전전공 :
    보통인부 :
  ② 지선
    배전전공 :
    보통인부 :
  ③ 계
    배전전공계 :
    보통인부계 :

[자료1] 전선관 배관
[m]당

박강 및 PVC 전선관			후강전선관	
규격		내선전공	규격	내선전공
박강	PVC			
	14[mm]	0.04	16[mm](1/2[mm])	0.08
15[mm]	16[mm]	0.05	22[mm](3/4[mm])	0.11
19[mm]	22[mm]	0.06	28[mm](1[mm])	0.14
25[mm]	28[mm]	0.08	36[mm](11/4[mm])	0.20
31[mm]	36[mm]	0.10	42[mm](11/2[mm])	0.25
39[mm]	42[mm]	0.13	54[mm](1/2[mm])	0.34
51[mm]	54[mm]	0.19	70[mm](2[mm])	0.44
63[mm]	70[mm]	0.28	82[mm](2 1/2[mm])	0.54
75[mm]	82[mm]	0.37	90[mm](3[mm])	0.60
	100[mm]	0.45	104[mm](4[mm])	0.71
	104[mm]	0.46		

[해설] ① 콘크리트 설비 기준임
② 철근 콘크리트 노출 및 부력칸막이 벽내는 120[%], 목조 건물은 110[%], 철강조 노출은 125[%]
③ 기설 콘크리트 노출 공사 시 앵카볼트 매입 깊이가 10[cm] 이상인 경우는 앵카볼트 매입품을 별도 계상하고 전 설치품은 매입 품으로 계상한다.
④ 천장 속, 마루 밑 공사 130[%]

[자료2] 건주공사
(본당)

규격	주입 목주		콘크리트주	
	배전전공	보통인부	배전전공	보통인부
6[m] 이하	0.64	0.72	0.72	0.81
7[m] 이하	0.68	0.77	1.23	1.40
8[m] 이하	0.83	0.94	1.66	1.88
9[m] 이하	0.93	1.03	1.68	2.13
10[m] 이하	1.03	1.12	2.01	2.55
11[m] 이하	1.24	1.31	2.50	2.63
12[m] 이하	1.44	1.50	2.86	3.00
14[m] 이하	1.82	2.12	3.60	4.24
16[m] 이하	2.50	2.60	5.10	5.20
17[m] 이하	3.15	3.37	6.50	6.74

[해설] ① 단굴토, 매토품 포함, 완목, 완철 설치품 불포함, 암반터파기는 별도 가산
② 틀 1본 포함, 1본 추가마다 10[%] 가산
③ 지주공사는 건주공사품을 적용
④ 불주입주 이품의 80[%]
⑤ 묻음은 길이의 1/6 이상임
⑥ 철거 : 콘크리트주 50[%](재사용 가능품 80[%]), 목주 50[%], 목주 잘라냄 35[%]

[자료3] 지선신설

규격	배전전공	보통인부
4.0[mm] 철선		
깊이 (1.2[m]) 4조 이하	0.45	0.34
(1.5[m]) 6조 이하	0.57	0.43
(〃) 8조 이하	0.75	0.56
(1.7[m]) 10조 이하	1.11	0.83
(〃) 12조 이하	1.54	1.16
(〃) 15조 이하	1.90	1.43
(1.8[m]) 18조 이하	2.35	1.73
연선		
7/2.3[mm] 이하	0.35	0.26
7/2.6 ~ 7/2.9 〃	0.50	0.38
7/3.2 〃	0.70	0.45
7/4.0 〃	0.70	0.45
7/4.5 〃	0.70	0.45
7/5.0 〃	0.73	0.45
7/5.5 〃	0.73	0.46
7/6.5 〃	0.73	0.47

[해설] ① 틀 포함(길이 1.2[m] 이상)
② 터파기, 되메우기 및 틀 매설품 포함
③ 애자 삽입 시는 배전전공 0.08인 가산
④ 장력 조정은 이품의 10[%]
⑤ 절단 철거는 이품의 10[%]
⑥ 철거는 이품의 30[%]
⑦ 수평지선, 공동지선은 이품의 160[%]
⑧ Y 지선은 이품의 120[%]
⑨ 2단 지선은 이품의 150[%]
⑩ 이설은 이품의 130[%]
⑪ 수평지선의 지주 설치는 지주품에 준함

[자료4] 인입선 배선   (경간당)

구분	배전전공
OW 8[mm^2] 이하 × 2C	0.25
14 〃	0.32
22 〃	0.42
30 〃	0.51
38 〃	0.65
60 〃	0.85
100 〃	1.15
200 〃	2.00

[해설] ① 철거는 50[%] 교체 150[%]
② DV선 80[%]
③ 가공인입선 3조일 때는 130[%], 가공인입선 4조일 때는 150[%]

[자료5] 후강전선관 내단면적의 32[%] 및 48[%]

전선관의 굵기 [mm]	내단면적의 32[%][mm²]	내단면적의 48[%][mm²]	전선관의 굵기 [mm]	내단면적의 32[%][mm²]	내단면적의 48[%][mm²]
16	67	101	54	732	1,098
22	120	180	70	1,216	1,825
28	201	301	82	1,701	2,552
36	342	513	92	2,205	3,308
42	460	690	104	2,843	4,265

Answer

(1) 배전전공 : $0.25 \times 0.8 \times 1.3 = 0.26$[인]

(2) PVC 전선관 : $0.1 \times 150 = 15$[인]
 후강전선관 : $0.2 \times 250 \times 1.25 = 62.5$[인]
 인공계 : $15 + 62.5 = 77.5$[인]

(3) 10[%]

(4) 계산 : $(1,200 + 2,400 + 400) \times 1.1 = 4,400$[m] 답 : 4,400[m]

(5) 계산 : $A = \frac{\pi}{4} d^2 \times n = \frac{\pi}{4} \times 10.9^2 \times 6 + \frac{\pi}{4} \times 9.7^2 \times 1 = 633.78 \,[\text{mm}^2]$
 표에서 54[mm] 답 : 54[mm] 후강전선관

(6) ① 콘크리트주
 배전전공 : $2.86 \times 1.5 \times 12 = 51.48$[인]
 보통인부 : $3 \times 1.5 \times 12 = 54$[인]
 ② 지선
 배전전공 : $0.5 \times 4 \times 1.3 = 2.6$[인]
 보통인부 : $0.38 \times 4 \times 1.3 = 1.976$[인]
 ③ 계
 배전전공계 : $51.48 + 2.6 = 54.08$[인]
 보통인부계 : $54 + 1.976 = 55.976$[인]

Explanation

(1) [자료4] 인입선 배선 (경간당)

구분	배전전공
OW 8[mm²] 이하 × 2C	0.25
14 ″	0.32
22 ″	0.42
30 ″	0.51
38 ″	0.65
60 ″	0.85
100 ″	1.15
200 ″	2.00

[해설] ① 철거는 50[%] 교체 150[%]
 ② DV선 80[%]
 ③ 가공인입선 3조일 때는 130[%], 가공인입선 4조일 때는 150[%]

(2) [자료1] 전선관 배관 (m당)

박강 및 PVC 전선관			후강전선관	
규격		내선전공	규격	내선전공
박강	PVC			
	14[mm]	0.04	16[mm](1/2[mm])	0.08
15[mm]	16[mm]	0.05	22[mm](3/4[mm])	0.11
19[mm]	22[mm]	0.06	28[mm](1[mm])	0.14
25[mm]	28[mm]	0.08	36[mm](11/4[mm])	0.20
31[mm]	36[mm]	0.10	42[mm](11/2[mm])	0.25
39[mm]	42[mm]	0.13	54[mm](1/2[mm])	0.34
51[mm]	54[mm]	0.19	70[mm](2[mm])	0.44
63[mm]	70[mm]	0.28	82[mm](2 1/2[mm])	0.54
75[mm]	82[mm]	0.37	90[mm](3[mm])	0.60
	100[mm]	0.45	104[mm](4[mm])	0.71
	104[mm]	0.46		

[해설] ① 콘크리트 설비 기준임
② 철근 콘크리트 노출 및 부력칸막이 벽내는 120[%], 목조 건물은 110[%], 철강조 노출은 125[%]

(3) 지세별 할증률
- 평탄지 : 0[%]
- 야산지 : 25[%]
- 산악지 : 50[%]
- 주택가 : 10[%]

(4) 전기재료 할증

종류	할증률[%]
옥외전선	5
옥내전선	10
Cable(옥외)	3
Cable(옥내)	5
전선관(옥외)	5
전선관(옥내)	10
Trolley선	1
동대, 동봉	3

(5) [자료5] 후강전선관 내단면적의 32[%] 및 48[%]

전선관의 굵기 [mm]	내단면적의 32[%][mm^2]	전선관의 굵기 [mm]	내단면적의 32[%][mm^2]
16	67	54	732
22	120	70	1,216
28	201	82	1,701
36	342	92	2,205
42	460	104	2,843

(6) [자료2] 건주공사 (본당)

규격	주입 목주		콘크리트주	
	배전전공	보통인부	배전전공	보통인부
6[m] 이하	0.64	0.72	0.72	0.81
7[m] 이하	0.68	0.77	1.23	1.40
8[m] 이하	0.83	0.94	1.66	1.88
9[m] 이하	0.93	1.03	1.68	2.13
10[m] 이하	1.03	1.12	2.01	2.55
11[m] 이하	1.24	1.31	2.50	2.63
12[m] 이하	1.44	1.50	2.86	3.00
14[m] 이하	1.82	2.12	3.60	4.24
16[m] 이하	2.50	2.60	5.10	5.20
17[m] 이하	3.15	3.37	6.50	6.74

[해설] ① 단굴토, 매토품 포함, 완목, 완철 설치품 불포함, 임반터파기는 별도 가산
② 틀 1본 포함, 1본 추가마다 10[%] 가산
③ 지주공사는 건주공사품을 적용
④ 불주입주 이품의 80[%]
⑤ 묻음은 길이의 1/6 이상임
⑥ 철거 : 콘크리트주 50[%](재사용 가능품 80[%]), 목주 50[%], 목주 잘라냄 35[%]

[자료3] 지선신설

규격	배전전공	보통인부
4.0[mm] 철선		
깊이 (1.2[m]) 4조 이하	0.45	0.34
(1.5[m]) 6조 이하	0.57	0.43
(〃) 8조 이하	0.75	0.56
(1.7[m]) 10조 이하	1.11	0.83
(〃) 12조 이하	1.54	1.16
(〃) 15조 이하	1.90	1.43
(1.8[m]) 18조 이하	2.35	1.73
연선		
7/2.3[mm] 이하	0.35	0.26
7/2.6 ~ 7/2.9 〃	0.50	0.38
7/3.2 〃	0.70	0.45
7/4.0 〃	0.70	0.45
7/4.5 〃	0.70	0.45
7/5.0 〃	0.73	0.45
7/5.5 〃	0.73	0.46
7/6.5 〃	0.73	0.47

[해설] ① 틀 포함(길이 1.2[m] 이상)
② 터파기, 되메우기 및 틀 메설품 포함
③ 애자 삽입 시는 배전전공 0.08인 가산
④ 장력 조정은 이품의 10[%]
⑤ 절단 철거는 이품의 10[%]
⑥ 철거는 이품의 30[%]
⑦ 수평지선, 공동지선은 이품의 160[%]
⑧ Y 지선은 이품의 120[%]
⑨ 2단 지선은 이품의 150[%]
⑩ 이설은 이품의 130[%]
⑪ 수평지선의 지주 설치는 지주품에 준함
문제에서의 교체는 철거+신설

08 ★☆☆☆☆
그림과 같은 단상 2선식 배전선의 a, b 선간에 부하가 접속되어 있다. 전선의 저항이 2선 모두 0.06[Ω]으로 동일할 때, 부하에 공급되는 a-b 간의 전압은 몇 [V]인지 계산하여 구하여라. 단, 부하의 역률은 1이고, 또 선로의 리액턴스는 무시한다.

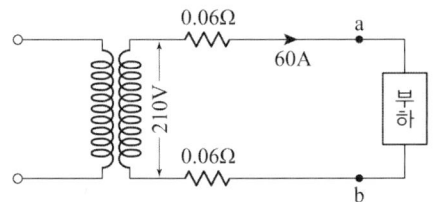

Answer

계산 : 부하단 전압(수전단 전압)
$V_r = V_s - 2I(R\cos\theta + X\sin\theta) = 210 - 2 \times 60 \times 0.06 = 202.8[V]$

답 : 202.8[V]

Explanation

- 단상 선로의 전압강하(전선 1가닥의 저항이 주어진 경우)
  $e = V_s - V_r = 2I(R\cos\theta + X\sin\theta)$에서 리액턴스를 무시하면 $\cos\theta = 1$이므로 $e = 2IR[V]$

- 부하단 전압(수전단 전압)
  $V_r = V_s - 2I(R\cos\theta + X\sin\theta) = V_s - 2IR[V]$

09 ★☆☆☆☆
교류에서 적용되는 TN 접지계통의 종류에 따른 표시방법 3가지를 적어라.

Answer

TN-S 계통, TN-C-S 계통 및 TN-C 계통

Explanation

(KEC 203.1조) 계통접지 구성

기호	설명
─/─	중성선(N), 중간도체(M)
─/─	보호도체(PE)
─/─	중성선과 보호도체겸용(PEN)

【비고】 기호 : TN계통, TT계통, IT계통에 동일 적용

(1) TN 계통(TN System)
- 전원 측의 한 점을 직접접지하고 설비의 노출도전부를 보호도체로 접속시키는 방식
- 중성선 및 보호도체(PE 도체)의 배치 및 접속방식에 따른 분류
  ① TN-S 계통 : 계통 전체에 대해 별도의 중성선 또는 PE 도체를 사용
     배전계통에서 PE 도체를 추가로 접지 가능
     - 계통 내에서 별도의 중성선과 보호도체가 있는 계통

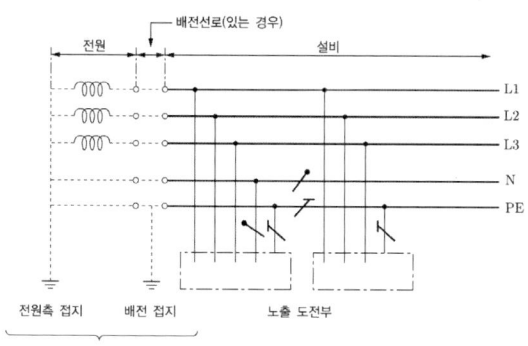

- 계통 내에서 별도의 접지된 선도체와 보호도체가 있는 계통

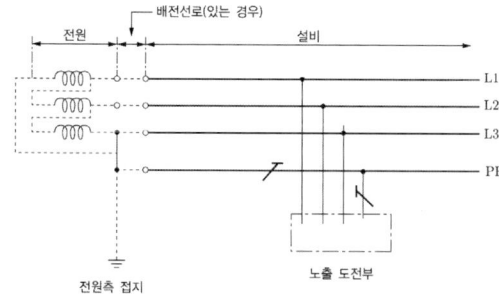

- 계통 내에서 접지된 보호도체는 있으나 중성선의 배선이 없는 계통

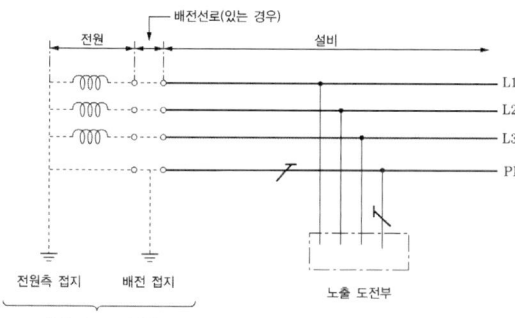

② TN-C 계통 : 계통 전체에 대해 중성선과 보호도체의 기능을 동일도체로 겸용한 PEN 도체를 사용 배전계통에서 PEN 도체를 추가로 접지 가능

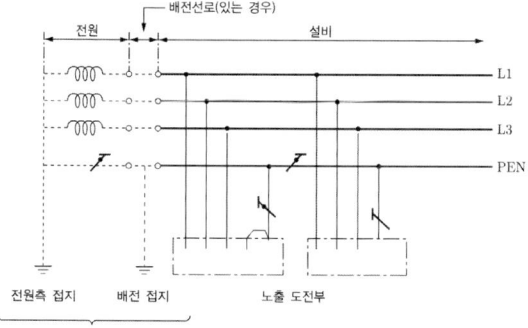

③ TN-C-S계통 : 계통의 일부분에서 PEN 도체를 사용, 중성선과 별도의 PE 도체를 사용
배전계통에서 PEN 도체와 PE 도체를 추가로 접지 가능

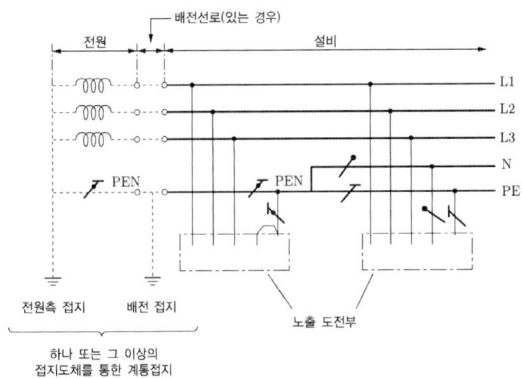

10 그림과 같은 분기회로 전선의 단면적을 산출하여 굵기를 산정하여라.
단, - 배전방식은 단상 2선식 교류 100[V]로 한다.
 - 사용전선은 450/750[V] 일반용 단심 비닐 절연전선이다.
 - 전선관은 후강전선관이며, 전압강하는 최원단에서 2[%]로 한다.

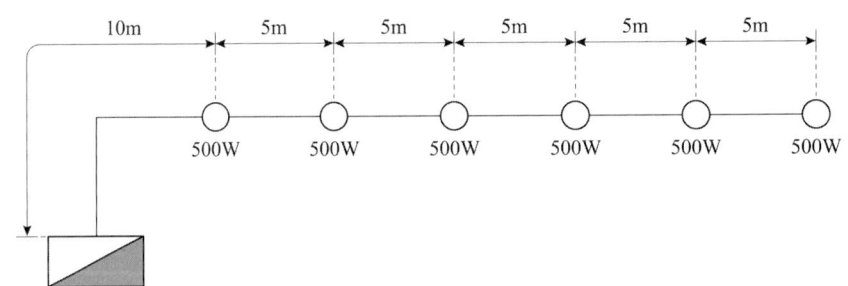

Answer

계산 : 부하중심점의 거리 $L = \dfrac{5 \times 10 + 5 \times 15 + 5 \times 20 + 5 \times 25 + 5 \times 30 + 5 \times 35}{5+5+5+5+5+5} = 22.5[\mathrm{m}]$

전선의 굵기 $A = \dfrac{35.6LI}{1,000e} = \dfrac{35.6 \times 22.5 \times 5 \times 6}{1,000 \times 100 \times 0.02} = 12.02[\mathrm{mm}^2]$ 따라서, 16[mm²] 선정

답 : 16[mm²]

Explanation

- 직선부하의 부하 중심점까지의 거리
 $L = \dfrac{L_1 I_1 + L_2 I_2 + L_3 I_3 + \cdots}{I_1 + I_2 + I_3 + \cdots}$
- 부하 1개의 전류 $I = \dfrac{P}{V} = \dfrac{500}{100} = 5[\mathrm{A}]$

전압 강하 및 전선의 단면적 계산

전기 방식	전압 강하		전선 단면적	대상 전압강하
단상 3선식 직류 3선식 3상 4선식	IR	$e = \dfrac{17.8LI}{1,000A}$	$A = \dfrac{17.8LI}{1,000e}$	대지와 선간
단상 2선식 직류 2선식	$2IR$	$e = \dfrac{35.6LI}{1,000A}$	$A = \dfrac{35.6LI}{1,000e}$	선간
3상 3선식	$\sqrt{3}\,IR$	$e = \dfrac{30.8LI}{1,000A}$	$A = \dfrac{30.8LI}{1,000e}$	선간

여기서, e : 전압강하[V], A : 사용전선의 단면적[mm²]
L : 선로의 길이[m], C : 전선의 도전율(97[%])

KSC-IEC 전선 규격

전선의 공칭단면적[mm²]			
1.5	16	95	300
2.5	25	120	400
4	35	150	500
6	50	185	630
10	70	240	

11 ★★☆☆☆
사용전압이 220[V]의 3상 3선식 전선로의 최대 공급 전류 400[A]의 1선과 대지 간에 필요한 절연저항 값의 최솟값을 구하여라. 단, 누설전류는 최대 공급전류의 1/2,000을 넘지 않도록 유지하여야 한다.

Answer

계산 : 누설전류 $I_g = 400 \times \dfrac{1}{2,000} = 0.2[\text{A}]$

절연저항 $R = \dfrac{E}{I_g} = \dfrac{220}{0.2} = 1,100[\Omega]$

답 : 1,100[Ω]

Explanation

(기술기준 제27조) 선로의 절연
저압전선로 중 절연 부분의 전선과 대지 간 및 전선의 심선 상호간의 절연저항은 사용전압에 대한 누설전류가 최대 공급전류의 $\dfrac{1}{2,000}$을 넘지 않도록 하여야 한다.

12 ★★☆☆☆

HID등 조명기구의 그림기호에 다음과 같이 표시되어 있다. 정확한 의미를 적어라.

○M400

Answer

400[W] 메탈 헬라이드등

Explanation

(KS C 0301) 옥내배선용 그림기호(조명기구)

명칭	그림 기호	적요
일반용 조명 백열등 HID등	○	① 벽 붙이는 벽 옆을 칠한다. ◐ ② 옥외등은 ⊘ 로 하여도 좋다. ③ 샹들리에 (CH) ④ 팬턴트 ⊖ ⑤ 실링 · 직접부착 (CL) ⑥ 매입기구 (DL) ⑦ HID등의 종류를 표시하는 경우는 용량 앞에 다음기호를 붙인다. 　수은등　　　　　　　○H 　메탈 헬라이드등　　　○M 　나트륨등　　　　　　○N [보기] H400　400[W] 수은등

13 ★☆☆☆☆

폭연성 분진이 있는 위험 장소에 개폐기, 과전류 차단기, 제어기, 계전기, 배전반, 분전반 등을 시설하여 사용하는 경우, 어떤 구조의 것을 시설하여야 하는지 명칭을 적어라.

Answer

분진 방폭, 특수 방폭 구조

Answer

(KEC 242.2.1조) 폭연성 분진 위험장소
폭연성 분진 위험 장소에 시설하는 전기기계기구(개폐기, 과전류 차단기, 제어기, 계전기, 배전반, 분전반 등)는 분진방폭, 특수방폭구조의 규격에 적합한 것으로 할 것
분진 폭발 위험장소는 다음과 같이 분류한다.
(1) 20종 장소 : 공기 중에 가연성 분진의 형태가 연속적으로 장기간 존재하거나, 단기간 내에 폭발성 분진 분위기가 자주 존재하는 장소
(2) 21종 장소 : 공기 중에 가연성 분진의 형태가 정상 작동 중 빈번하게 폭발성 분진 분위기를 형성할 수 있는 장소
(3) 22종 장소 : 공기 중에 가연성 분진의 형태가 정상 작동 중 폭발성 분진 분위기를 거의 형성하지 않고, 발생한다 하더라도 단기간만 지속되는 장소

14 ①~②에 알맞은 내용을 답란에 적어라.

> 저압회로에서 기계적(수동)으로 전원을 개폐하며 과전류를 차단하는 기기는 (①)이며, 전자적(자동)으로 부하를 개폐하는 것은 (②)이다.

Answer

① 배선용 차단기
② 전자 접촉기

Explanation

① 배선용 차단기(配電用 遮斷器, molded-case circuit breaker) : 과부하 및 단락보호를 겸한 차단기로, 모듈 케이스 안에 수용된 것. 과부하에 대하여서는 지연 트립하고, 또 단락에 대하여서는 순시 트립특성을 가지고 있다. 지연 트립은 열동형, 전자기형 모두 있지만 순시 트립은 전자기형이다. 노퓨즈 브레이커라고도 한다.

② 전자 접촉기(電磁接觸器, electro magnetic contactor) : 전자식으로 제어되는 개폐기로, 대전류를 개폐하는 경우가 많기 때문에 소호장치를 갖춘 것이 많다. 개폐 빈도와 전기적·기계적인 수명에 따라 여러 가지 종류가 있다. 전동기 회로의 개폐 등에 쓰인다.

15 특별 고압 수용가에서 15분 단위로 전력 사용량을 측정하는 계기를 적어라.

Answer

최대수요전력계부 전력량계

Explanation

형식에 따른 분류

전력거래에 사용되는 전력량계의 종류에는 정밀도에 따라 보통전력량계, 정밀전력량계 및 특별정밀전력량계의 세 종류로 분류된다. 또한, 최대수요 조절을 목적으로 사용하는 최대수요전력계부 전력량계와 시간대 구분 전력량계가 있다.

전기공급약관 시행체측 제25조(전기계기 정밀등급)

계약전력	계량방식	전기계기	조합변성기
계약전력 500kV미만 고객	단독전력량계	2.0급(보통전력량계)	0.5급
	최대수요 전력계부 전력량계	1.0급(정밀전력량계)	0.5급
계약전력 500[kW] 이상 10,000[kW] 미만 고객		0.5급(특별정밀전력량세)	0.5급
계약전력 10,000[kW] 이상 고객		0.5급(특별정밀전력량계)	0.5급

16 가스 터빈 발전설비가 필요한 경우를 5가지만 적어라.

Answer

① 기동 시간이 짧은 첨두부하용
② 물처리 시설이 필요 없고 냉각수 소요 용량이 적은 곳
③ 설치 장소를 비교적 자유롭게 선정 가능
④ 건설 시간이 짧고 증설, 이설이 쉬운 곳
⑤ 운전 조작이 간단하고 운전에 대한 신뢰도가 높은 경우

Explanation

- 가스 터빈 발전은 공기와 연료가스의 혼합 기체를 연소실 내에서 연소시켜 얻은 고온가스를 직접 러너에 작용시킴으로써 회전력을 얻는 발전 방식

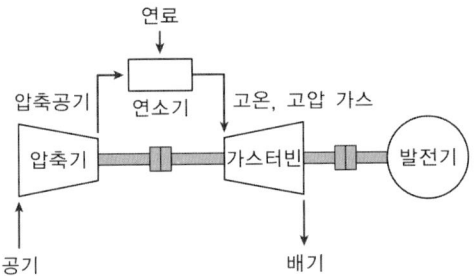

- 운전, 조작이 간단
- 구조가 간단하여 신뢰도 우수
- 기동 시간이 짧아 첨두부하용으로 사용
- 열효율은 기력발전보다 낮다.

17 피뢰기에서 방전 현상이 실질적으로 끝난 후 계속하여 전력 계통에서 공급되어 피뢰기를 통해 대지로 흐르는 전류를 (　　　)라고 한다.

Answer

속류

Explanation

속류(기류)
피뢰기에서 방전 현상이 실질적으로 끝난 후 계속하여 전력 계통에서 공급되어 피뢰기를 통해 대지로 흐르는 전류

18 ★★☆☆☆ 지선에 가해지는 장력이 860[kgf]이라면 3.2[mm]의 철선 몇 가닥을 사용해야 하는지 계산하여 구하여라. 단, 철선의 단위 면적당 인장강도는 35[kgf/mm²], 안전율은 2.5로 한다.

Answer

계산 : 지선의 장력$(T_0) = \dfrac{\text{소선 1가닥의 인장 강도} \times \text{소선수}}{\text{안전율}}$ 에서

소선수 $= \dfrac{\text{지선의 장력} \times \text{안전율}}{\text{소선 1가닥의 인장강도}} = \dfrac{860 \times 2.5}{35 \times \dfrac{\pi}{4} \times 3.2^2} = 7.64$

답 : 8가닥

Explanation

- 지선의 장력$(T_0) = \dfrac{\text{소선 1가닥의 인장 강도} \times \text{소선수}}{\text{안전율}}$

- 전선의 단면적 $A = \dfrac{\pi}{4} D^2 [\text{mm}^2]$, 여기서 D는 지름[mm]

여기서, 전선의 가닥 수는 무조건 절상

2015년 전기공사산업기사 실기

01 이 문제는 변경된 KEC 적용으로 인하여 삭제하고, 아래 예상문제로 대체되었습니다.

변압기의 고압·특고압측 전로 또는 사용전압이 35[kV] 이하의 특고압전로가 저압측 전로와 혼촉하고 저압전로의 대지전압이 150[V] 이하인 경우 지락전류가 10[A]라면 변압기 중성점 접지저항 값은 얼마인가?

Answer

계산 : $R = \dfrac{150}{I_1} = \dfrac{150}{10} = 15[\Omega]$

답 : 15[Ω]

Explanation

(KEC 142.5조) 변압기 중성점 접지
① 변압기의 중성점접지 저항 값(변압기의 고압·특고압측)
  가. 일반적 : $\dfrac{150}{I_1}$ 이하   여기서, I_1은 전로의 1선 지락전류
  나. 변압기의 고압·특고압측 전로 또는 사용전압이 35[kV] 이하의 특고압전로가 저압측 전로와 혼촉하고 저압전로의 대지전압이 150[V]를 초과하는 경우
   • 1초 초과 2초 이내에 자동으로 차단하는 장치를 설치 : $\dfrac{300}{I_1}$ 이하
   • 1초 이내에 자동으로 차단하는 장치를 설치 : $\dfrac{600}{I_1}$ 이하
② 전로의 1선 지락전류 : 실측값 사용(단, 실측이 곤란한 경우 선로정수 등으로 계산한 값)

02 배전반, 분전반 등의 배관을 변경하거나 이미 설치되어 있는 캐비닛에 구멍을 뚫을 때 필요한 공구의 명칭을 적으시오.

Answer

호울 소우

Explanation

호울 소우(hole saw)
배전반, 분전반 등의 배관을 변경하거나 이미 설치되어 있는 캐비닛에 구멍을 뚫을 때 필요한 공구

03 "액세스 플로어(Movable Floor 또는 OA Floor)"란 무엇인지 용어 설명을 적으시오.

Answer

컴퓨터실, 통신기계실, 사무실 등에서 배선 기타의 용도를 위한 2중 구조의 바닥을 말한다.

> **Explanation**

(내선규정 1,300-8) 용어
액세스 플로어(Movable Floor 또는 OA Floor)란 컴퓨터실, 통신기계실, 사무실 등에서 배선 기타의 용도를 위한 2중 구조의 바닥을 말한다.

04 ★★☆☆☆
Static UPS와 Motor/Generator를 조합한 것을 무엇이라 하는지 적으시오.

✎ **Answer**

Dynamic UPS

> **Explanation**

Dynamic UPS
- Static UPS와 Motor/Generator를 조합한 형태로 구성
- 정상상태에서 Motor와 Generator에 의해 양질의 전원 공급

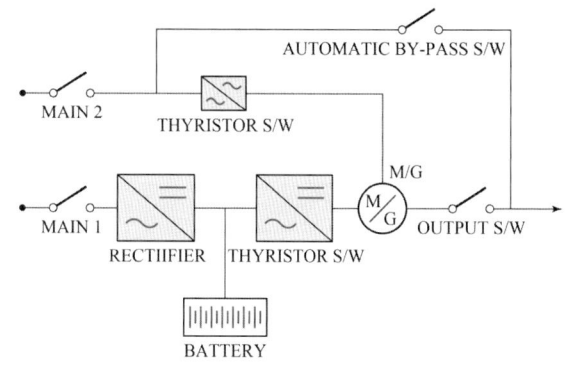

05 ★★☆☆☆
대형방전 램프(HID) 종류 5가지를 적으시오.

✎ **Answer**

① 고압 나트륨등　　② 메탈 헬라이드등　　③ 고압 수은등
④ 초고압 수은등　　⑤ 크세논등

06 ★★★★☆
가로 20[m], 세로 30[m], 천장 높이 4.5[m]인 사무실에 전등설비를 하고자 한다. 사무실의 실지수를 계산하여 구하시오.

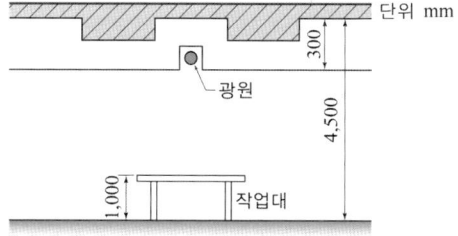

• 계산 :   • 답 :

Answer

계산 : 실지수 $(R \cdot I) = \dfrac{XY}{H(X+Y)} = \dfrac{20 \times 30}{(4.5-0.3-1) \times (20+30)} = 3.75$ 답 : 4.0

Explanation

- 실지수(방지수) $= \dfrac{XY}{H(X+Y)}$

  여기서, H : 등의 높이-작업면 높이[m], X : 방의 가로[m], Y : 방의 세로[m]

- 문제에서 등 높이 $H = 4.5 - 0.3 - 1$ [m]
- 실지수표

기호	A	B	C	D	E	F	G	H	I	J
실지수	5.0	4.0	3.0	2.5	2.0	1.5	1.25	1.0	0.8	0.6
범위	4.5 이상	4.5~3.5	3.5~2.75	2.75~2.25	2.25~1.75	1.75~1.38	1.38~1.12	1.12~0.9	0.9~0.7	0.7 이하

07 ★☆☆☆☆
다음의 심벌 명칭은 무엇인지 적으시오.

$$\boxed{\text{RM}}$$

Answer

원격조작기

Explanation

(KS C 0301) 옥내배선용 그림기호

$\boxed{\text{RM}}$: 원격조작기(소방용 설비 등에 사용하는 것은 필요에 따라 F를 표기한다.)

08 ★★☆☆☆
각각의 약호의 의미를 정확히 적으시오.

(1) OCB :   (2) MBB :   (3) ACB :   (4) GCB :
(5) ABB :   (6) MCCB :   (7) VCB :   (8) ELB :
(9) BCT :   (10) ZCT :

Answer

(1) OCB : 유입 차단기   (2) MBB : 자기 차단기
(3) ACB : 기중 차단기   (4) GCB : 가스 차단기
(5) ABB : 공기 차단기   (6) MCCB : 배선용 차단기
(7) VCB : 진공 차단기   (8) ELB : 누전 차단기
(9) BCT : 부싱형 변류기   (10) ZCT : 영상 변류기

Explanation

(1) 유입차단기 : OCB(Oil Circuit Breaker)
(2) 자기차단기 : MBB(Magnetic-Blast Circuit Breaker)
(3) 기중차단기 : ACB(Air Circuit Breaker)
(4) 가스차단기 : GCB(Gas Circuit Breaker)
(5) 공기차단기 : ABB(Air Blast Circuit Breaker)
(6) 배선용 차단기 : MCCB(Molded Case Circuit Breaker)
(7) 진공차단기 : VCB(Vacuum Circuit Breaker)
(8) 누전 차단기 : ELB(Earth Leakage Circuit Breaker)
(9) 부싱형 변류기 : BCT(Bushing-type CT)
(10) 영상 변류기 : ZCT(Zero-Phase CT)

09

전등설비 200[W], 전열설비 400[W], 전동기설비 300[W] 수용가가 있다. 이 수용가의 최대 수용전력이 780[W]일 때의 수용률을 계산하시오.

Answer

계산 : 수용률 $= \dfrac{\text{최대수용전력}}{\text{부하설비용량}} \times 100[\%] = \dfrac{780}{200+300+400} \times 100 = 86.67[\%]$ 답 : 86.67[%]

Explanation

수용률
최대 전력과 부하설비용량과의 비
최대 전력은 수용가의 계약용량과 수전용 변압기의 용량을 결정하는 중요한 계수

수용률 $= \dfrac{\text{최대수용전력}}{\text{부하설비용량}} \times 100[\%]$

최대 수용전력 = 부하 설비용량 × 수용률

수용률이 커지면 최대 전력이 증가되므로 변압기 용량이 커져서 경제적으로 불리

10

전기기계기구의 상시 운전 중에 불꽃, 아크 또는 과열이 발생되면 안 되는 부분에 이들이 발생되는 것을 방지하도록 구조상 또는 온도 상승에 대하여 특히 안전도를 증가시킨 방폭구조를 적으시오.

Answer

안전증 방폭구조

Explanation

안전증 방폭구조(기호 : e)
전기기계기구의 상시 운전 중에 불꽃, 아크 또는 과열이 발생되면 안 되는 부분에 이들이 발생되는 것을 방지하도록 구조상 또는 온도 상승에 대하여 특히 안전도를 증가시킨 방폭구조

11 단상 2선식의 교류 배전선에서 전선 1가닥의 저항이 0.25[Ω], 리액턴스가 0.35[Ω]이다. 부하가 220[V], 8.8[kW] 무유도 부하일 경우 급전점의 전압은 약 몇 [V]인지 계산하여 구하시오.

Answer

계산 : 급전점의 전압 $V_s = V_r + 2I(R\cos\theta + X\sin\theta)$
$$= 220 + 2 \times \frac{8.8 \times 10^3}{220} \times 0.25 = 240[V]$$

답 : 240[V]

Explanation

단상 선로의 전압강하(전선 1가닥의 저항이 주어진 경우)
$e = V_s - V_r = 2I(R\cos\theta + X\sin\theta)$ 에서
여기서, 무유도성이라면 $\cos\theta = 1$이므로
급전점 전압(송전단 전압)
$V_s = V_r + 2IR$

12 가선공사에서 밧줄의 중간에 재료나 공기구 등을 묶을 경우에 사용되는 그림과 같은 결박법의 명칭을 적으시오.

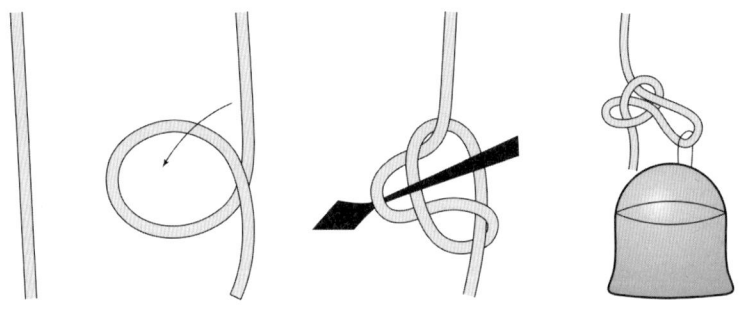

Answer

걸이 고리법

13 계장공사에서 잡음(노이즈) 방지를 위해 접지공사를 하는데 이것을 무엇이라 하는지 적으시오.

Answer

노이즈 방지용 접지

Explanation

노이즈 방지용 접지
어떤 전자장치의 노이즈 발생 또는 기타 발생 원인으로부터 또 다른 전자장치의 오동작, 통신장애 기타 다른 기기에 장애를 일으키지 않도록 하기 위한 접지

14 수전전압 22.9[kV], 설비용량 4,000[kVA], 수용가의 수전단에 설치한 CT의 변류비는 100/5[A]이다. 이때 CT에서 검출된 2차 전류가 과부하 계전기로 흐르도록 하였다. 120[%] 부하에서 차단기를 동작시키고자 할 때 트립(Trip) 전류값은 얼마로 선정해야 하는지 계산하여 산정하시오.

- 계산 :
- 답 :

Answer

계산 : 정격 전류 $I_n = \dfrac{P}{\sqrt{3}\,V_n} = \dfrac{4,000}{\sqrt{3}\times 22.9} = 100.85[A]$

과부하 계전기 트립전류 $= 100.85 \times \dfrac{5}{100} \times 1.2 = 6.05[A]$

답 : 6[A] 선정

Explanation

- 과전류 계전기 Tap 전류 = 1차 전류 $\times \dfrac{1}{\text{CT비}} \times$ 정정배수
- 과전류 계전기의 정정 Tap 전류 : 4, 5, 6, 7, 8, 10, 12[A]

15 지중매설 금속체의 방식(防蝕)대책 3가지만 적으시오.

Answer

① 유전양극법
② 외부전원법
③ 선택배류법

Explanation

지중매설 금속체의 방식(防蝕) 대책
① 유전양극법 : 흙의 전해성질을 이용하여 피방식 구조물보다 이온화 경향이 큰 금속을 양극에 설치하여 관로 측에 방식전류를 공급하는 방식
② 외부전원법 : 양극의 전위를 외부에서 공급하는 방식
③ 선택배류법 : 전철 레일 전위보다 높은 양극 지점에서 매설관과 접속하여 매설관의 전기 부식을 방지
④ 강제배류법 : 선택배류법과 외부전원법의 합성

16 한류저항기(CLR)의 설치 목적을 3가지만 적으시오.

Answer

① 비접지 방식에서 GPT를 사용하고 SGR을 동작시키는 데 필요한 유효전류를 발생
② open delta 결선의 각 상의 제3고조파 전압 발생을 방지
③ 중성점 이상 전위 진동 및 중성점 불안정 현상 등의 이상현상을 제거

17 NR 전선 2.5[mm²] 3본, 10[mm²] 3본을 넣을 수 있는 후강전선관의 최소 굵기는 몇 [mm]를 사용하는 것이 적당한지 계산하여 구하시오.

• 계산 :   • 답 :

[표1] 전선(피복 절연물을 포함)의 단면적

도체 단면적[mm²]	절연체 두께[mm]	평균 완성 바깥지름[mm]	전선의 단면적[mm²]
1.5	0.7	3.3	9
2.5	0.8	4.0	13
4	0.8	4.6	17
6	0.8	5.2	21
10	1.0	6.7	35
16	1.0	7.8	48
25	1.2	9.7	74
35	1.2	10.9	93
50	1.4	12.8	128
70	1.4	14.6	167
95	1.6	17.1	230
120	1.6	18.8	277
150	1.8	20.9	343
185	2.0	23.3	426
240	2.2	26.6	555
300	2.4	29.6	688
400	2.6	33.2	865

[비고1] 전선의 단면적은 평균 완성 바깥지름의 상한 값을 환산한 값이다.
[비고2] KSC IEC 60227-3의 450/750[V] 일반용 단심 비닐절연전선(연선)을 기준한 것이다.

[표2] 절연전선을 금속관 내에 넣을 경우의 보정계수

도체 단면적[mm²]	보정계수
2.5, 4	2.0
6, 10	1.2
16 이상	1.0

[표3] 후강전선관의 내단면적의 32[%] 및 48[%]

전선관의 굵기 [mm]	내단면적의 32[%][mm²]	내단면적의 48[%][mm²]	전선관의 굵기 [mm]	내단면적의 32[%][mm²]	내단면적의 48[%][mm²]
16	67	101	54	732	1,098
22	120	180	70	1,216	1,825
28	201	301	82	1,701	2,552
36	342	513	92	2,205	3,308
42	460	690	104	2,843	4,265

보정계수를 고려한 전선의 총 단면적 $A = 13 \times 3 \times 2 + 35 \times 3 \times 1.2 = 204 [\text{mm}^2]$

전선의 굵기가 서로 다르므로 표 1에서 내단면적의 32[%]가 204[mm²]를 넘는 342[mm²]인 36[mm] 선정

답 : 36[mm] 후강전선관

Explanation

(내선규정 2,225-5) 관의 굵기 선정
- 절연전선의 굵기 : 전선의 단면적(피복절연물 포함)×보정계수
- 전선관 선정
  동일 굵기의 절연전선을 동일 관내에 넣을 경우 : 전선의 피복 절연물 포함한 단면적의 총 합계가 관내 단면적의 48[%] 이하
  굵기가 다른 절연전선을 동일 관내에 넣은 경우 : 전선의 피복 절연물 포함한 단면적의 총 합계가 관내 단면적의 32[%] 이하

[표1] 전선(피복 절연물을 포함)의 단면적

도체 단면적[mm²]	절연체 두께[mm]	평균 완성 바깥지름[mm]	전선의 단면적[mm²]
1.5	0.7	3.3	9
2.5	0.8	4.0	13
4	0.8	4.6	17
6	0.8	5.2	21
10	1.0	6.7	35
16	1.0	7.8	48
25	1.2	9.7	74

[표2] 절연전선을 금속관 내에 넣을 경우의 보정계수

도체 단면적[mm²]	보정계수
2.5, 4	2.0
6, 10	1.2
16 이상	1.0

[표3] 후강전선관의 내단면적의 32[%] 및 48[%]

전선관의 굵기[mm]	내단면적의 32[%][mm²]	전선관의 굵기[mm]	내단면적의 32[%][mm²]
16	67	54	732
22	120	70	1,216
28	201	82	1,701
36	342	92	2,205
42	460	104	2,843

18 110/220[V] 단상 3선식 전력을 공급받는 어느 수용가의 부하 연결이 다음 그림과 같은 경우 설비 불평형률을 계산하여 구하시오. 단, 소수점 이하 첫째자리에서 반올림할 것

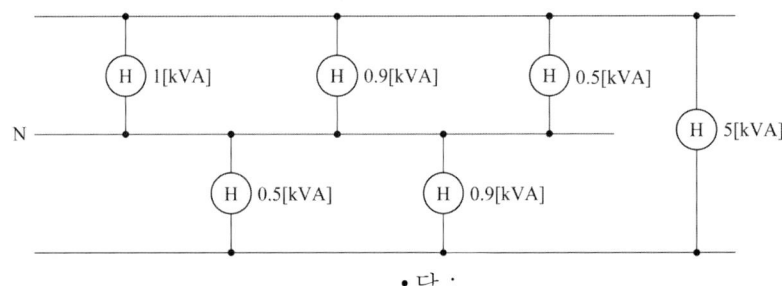

• 계산 :   • 답 :

Answer

계산 : 설비불평형률 $= \dfrac{(1+0.9+0.5)-(0.5+0.9)}{(1+0.9+0.5+0.5+0.9+5) \times \dfrac{1}{2}} \times 100 = 22.73[\%]$ 답 : 23[%]

Explanation

단상 3선식 설비불평형률

설비불평형률 $= \dfrac{중성선과\ 각\ 전압측\ 선간에\ 접속되는\ 부하설비용량[kVA]의\ 차}{총\ 부하설비용량[kVA]의\ 1/2} \times 100[\%]$

여기서, 불평형률은 40[%] 이하이어야 한다.

19 다음 그림은 콘크리트 매입배관에서 박스에 파이프를 부착하는 접지시설에 관한 방법이다. 질문에 답하시오.

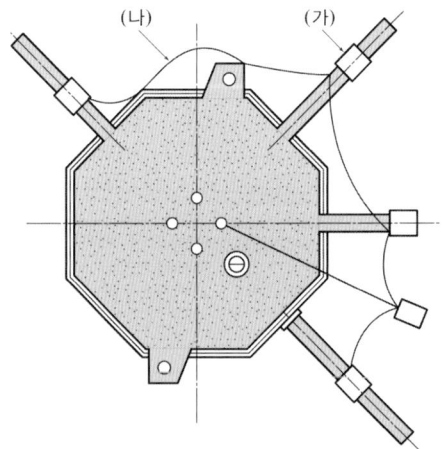

(1) 그림에 표시된 (가)의 재료 명칭은 무엇인가?
(2) 그림에 표시된 (나)의 전선은 무슨 선인지 적으시오.

Answer

(1) 접지 클램프   (2) 본딩선(접지도체)

전기공사산업기사 실기

과년도 기출문제

2016

- 2016년 제 01회
- 2016년 제 02회
- 2016년 제 04회

2016년 과년도 기출문제에 대한 출제 빈도 분석 차트입니다.
각 회차별로 별의 개수를 확인하고 학습에 참고하기 바랍니다.

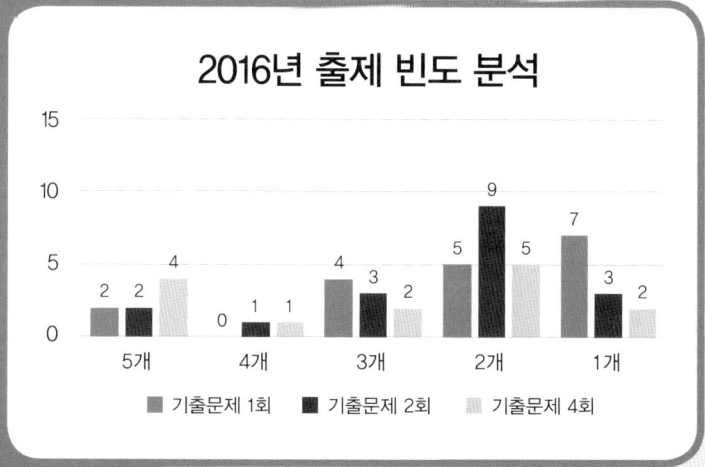

2016년 전기공사산업기사 실기

01 ★★★☆☆

경간 200[m]인 가공 송전선로가 있다. 전선 1[m]당 무게는 2.0[kg]이고 풍압하중은 없다고 한다. 인장강도 4,000[kg]의 전선을 사용할 때 이도(D)와 전선의 실제 길이(L)를 구하시오. 단, 안전율은 2.2로 한다.

(1) 이도
- 계산 :
- 답 :

(2) 전선의 실제 길이
- 계산 :
- 답 :

Answer

(1) 이도

계산 : $D = \dfrac{WS^2}{8T} = \dfrac{2 \times 200^2}{8 \times \dfrac{4,000}{2.2}} = 5.5[\text{m}]$ 답 : 5.5[m]

(2) 전선의 실제 길이

계산 : $L = S + \dfrac{8D^2}{3S} = 200 + \dfrac{8 \times 5.5^2}{3 \times 200} = 200.4[\text{m}]$ 답 : 200.4[m]

Explanation

- 이도 : $D = \dfrac{WS^2}{8T} = \dfrac{WS^2}{8 \times \dfrac{\text{인장하중}}{\text{안전율}}}$

- 실제 길이 : $L = S + \dfrac{8D^2}{3S}$

  여기서, L : 전선의 실제 길이[m], D : 이도[m], S : 경간[m]

02 ★★☆☆☆

변압기의 냉각 방식 기호 중 AF의 명칭을 쓰고 설명하시오.
- 명칭 :
- 설명 :

Answer

- 명칭 : 건식풍냉식
- 설명 : 건식변압기의 송풍기로 강제통풍을 행하는 방식

Explanation

변압기 냉각 방식 및 규격별 표시 기호

냉각 방식		규격별 기호 표시		권선, 철심의 냉각매체		주위 냉각매체	
		JEC 2200 IEC 76	ANSI C 57.12	종류	순환방식	종류	순환방식
유입 변압기	유입 자냉식	ONAN	OA	기름	자연	공기	자연
	유입 풍냉식	ONAF	FA	기름	자연	공기	강제
	유입 수냉식	ONWF	OW	기름	자연	물	강제
	송유 자냉식	OFAN	–	기름	강제	공기	자연
	송유 풍냉식	OFAF	FOA	기름	강제	공기	강제
	송유 수냉식	OFWF	FOW	기름	강제	물	강제
몰드 변압기	건식 자냉식	AN	AA	공기	자연	–	–
	건식 풍냉식	AF	AFA	공기	강제	–	–
	건식밀폐자냉식	ANAN	GA	공기	자연	공기	자연
	건식밀폐풍냉식	ANAF	–	공기	강제	공기	강제

◇ BS 171은 JEC 2200 또는 IEC 76과 동일함
◇ 유입 자냉식을 유입 풍냉식으로 대체하면 20~30[%]의 용량 증가를 기대할 수 있다.
◇ 건식 자냉식을 건식 풍냉식으로 대체하면 33[%] 이상의 용량 증가를 기대할 수 있다.

【참고】 주요 약어 설명

AN : Air natural   AF : Air Forced   /   ONAN(OA) : Oil Natural Air Natural
ONAF(FA) : Oil Natural Air Forced   /   OFAN : Oil Forced Air Natural
OFAF(FOA) : Oil Forced Air Forced   /   ONWF(OW) : Oil Natural Water Forced
OFWF(FOW) : Oil Forced Water Forced
※ 출처 : 주식회사 효성

03 ★☆☆☆☆ 전력감시 제어 설비 도입 시 효과를 3가지만 쓰시오.

Answer

① 운영 및 관리비용의 감소
② 전력품질 향상
③ 신뢰성 향상

Explanation

SCADA(Supervisory Control And Data Acquisition) : 전력감시제어설비
전력설비를 한곳에서 효과적으로 감시, 제어, 측정하여 이러한 자료들을 분석·처리함으로써 전력 계통을 합리적·효율적·종합적으로 관리하기 위한 시스템

SCADA의 효과
① 운영 및 관리비용의 감소
② 설비 증설시기 조정
③ 신뢰성 향상
④ 신규 소비자 서비스
⑤ 전력품질 향상

04 ★☆☆☆☆
주택 등 저압수용장소에서 TN-C-S 접지방식으로 접지공사를 하는 경우 중성선 겸용 보호도체 (PEN) 단면적은 몇 [mm²] 이상 시설하여야 하는지 쓰시오.

Answer

- 구리 : 10[mm²]
- 알루미늄 : 16[mm²]

Explanation

(KEC 142.3.4조) 보호도체와 계통도체 겸용
보호도체와 계통도체를 겸용하는 겸용도체(중성선과 겸용, 선도체와 겸용, 중간도체와 겸용 등)는 해당하는 계통의 기능에 대한 조건을 만족하여야 한다.
- 겸용도체는 고정 전기설비에만 사용할 수 있고, 단면적은 구리는 10[mm²] 이상, 알루미늄은 16[mm²] 이상이어야 한다.

05 ★★☆☆☆
6,600/100[V] 특고압 선로에 CT 비가 100/5라고 한다면 전력계의 눈금은 몇 [kW]인지 계산하시오.

- 계산 :   • 답 :

Answer

계산 : $P = \sqrt{3} \times 6{,}600 \times 100 \times 10^{-3} = 1{,}143.15\,[\text{kW}]$ 답 : 1,143.15[kW]

Explanation

문제에서 특고압이라고 했으므로, 3상으로 계산한다.

06 ★☆☆☆☆
에이징된 전구를 점등하면 시간의 경과와 함께 광속, 전류, 효율, 전력이 약간씩 변화한다. 이런 변화과정을 곡선으로 나타낸 것을 무엇이라 하는지 쓰시오.

Answer

동정곡선

Explanation

전구의 시험 곡선
- 동정곡선 : 점등시간에 따른 전압, 전류, 전력 및 효율 등의 관계를 광속으로 표현하는 곡선
- 초특성시험 : 초특성(광속, 광효율) 시험은 100시간 에이징 뒤 정격전압, 정격전류에서 광속을 측정해 종류별(상관색온도)로 표시

에이징(aging)
에이징은 제작을 마친 새 전구를 처음으로 점등하면 필라멘트의 결정구조가 안정될 때까지 처음 수십 분 동안은 광속, 전류 등의 변화가 심하므로 제작을 마친 다음 약간 높은 전압으로 1시간 정도 점등하여 특성을 안정시키는 조작을 말한다.

BEST 07 ★★★★★

그림과 같이 전선관을 지중에 매설하려고 한다. 터파기(흙파기)량은 몇 [m³]인지 계산하시오. 단, 매설거리는 80[m]이고, 전선관의 면적은 무시한다.

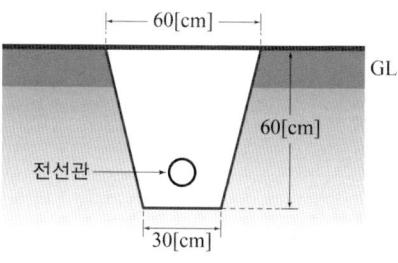

- 계산 :
- 답 :

Answer

계산 : $V_o = \dfrac{0.6+0.3}{2} \times 0.6 \times 80 = 21.6 [\text{m}^3]$ 답 : $21.6[\text{m}^3]$

Explanation

터파기량 계산
줄기초 파기 : 전선관 매설

$$\text{터파기량}[\text{m}^3] = \left(\dfrac{a+b}{2}\right) \times h \times \text{줄기초길이}$$

---

08 ★☆☆☆☆

금속관 공사 시 저압 인입선의 인입용으로 수직배관 할 경우 비의 침입을 막는 재료를 쓰시오.

Answer

엔트런스캡(우에사캡)

Explanation

금속관 공사용 부품

명칭	사용 용도
로크너트(lock nut)	관과 박스를 접속하는 경우 파이프나사를 죄어 공정시키는데 사용
부싱(bushing)	전선 관단에 끼우고 전선을 넣거나 빼는 데 있어서 전선의 피복을 보호하여 전선이 손상되지 않게 하는 것
커플링(coupling)	• 금속관 상호 접속 또는 관과 노멀 밴드와의 접속에 사용 • 관의 양측을 돌려서 접속할 수 없는 경우 : 유니온 커플링
새들(saddle)	노출 배관에서 금속관을 조영재에 고정시키는데 사용
노멀 밴드 (normal bend)	배관의 직각 굴곡에 사용
링 리듀서	금속을 아웃트렛 박스의 로크 아웃에 취부할 때 로크아웃의 구멍이 관의 구멍보다 클 때 사용
스위치 박스(switch box)	매입형의 스위치나 콘센트를 고정하는데 사용
아웃트렛 박스(outlet box)	전선관 공사에 있어 전등기구나 점멸기 또는 콘센트의 고정, 접속함으로 사용
콘크리트 박스 (concrete box)	콘크리트에 매입 배선용으로 아웃트렛 박스와 같은 목적으로 사용
플로어 박스	바닥 밑으로 매입 배선할 때 사용 및 바닥 밑에 콘센트를 접속할 때 사용
유니버설 엘보우 (elbow)	• 노출 배관공사에 관을 직각으로 굽혀야 할 곳의 관 상호 접속 또는 관을 분기해야 할 곳에 사용 • 3방향으로 분기하는 T형 엘보우, 4방향으로 분기하는 크로스 엘보우
터미널 캡(terminal cap)	전동기에 접속하는 장소나 애자 사용 공사로 옮기는 장소의 관단에 사용
엔트런스 캡(우에사캡) (entrance cap)	인입구, 인출구의 관단에 설치하여 금속관에 접속하여 옥외의 빗물을 막는 데 사용
픽스쳐 스터드와 히키 (fixture stud & hickey)	아웃렛 박스에 조명기구를 부착시킬 때 기구 중량의 장력을 보강하기 위하여 사용
블랭크 와셔 (blank washer)	플로어 덕트의 정선 박스에 덕트를 접속하지 않는 곳을 막기 위하여 사용
유니버설 피팅	노출 배관시 L형 또는 T형으로 구부러지는 장소에 사용

BEST 09 공사원가라 함은 공사시공 과정에서 발생한 무엇의 합계액을 말하는지 쓰시오.

Answer

재료비+노무비+경비

Explanation

• 순공사원가 : 재료비, 노무비, 경비
• 총공사원가 : 재료비, 노무비, 경비, 일반관리비, 이윤
여기서, 공사원가는 순공사원가를 말하는 것임

10 ★★☆☆☆ 접지판 X와 보조접지극 상호간의 저항을 측정한 값이 그림과 같다면 G_a, G_b, G_c의 접지저항 값은 각각 몇 [Ω]인지 계산하시오.

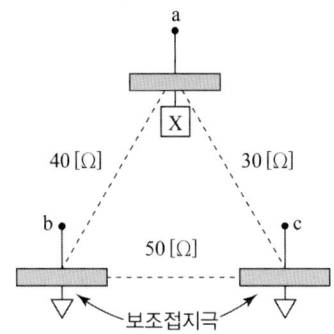

(1) G_a

• 계산 :   • 답 :

(2) G_b

• 계산 :   • 답 :

(3) G_c

• 계산 :   • 답 :

Answer

(1) G_a

계산 : $G_a + G_b = G_{ab} = 40[\Omega]$ ········ ①
$G_b + G_c = G_{bc} = 50[\Omega]$ ········ ②
$G_c + G_a = G_{ca} = 30[\Omega]$ ········ ③
여기서, ①+②+③
$2(G_a + G_b + G_c) = G_{ab} + G_{bc} + G_{ca} = 40 + 50 + 30 = 120[\Omega]$
$G_a + G_b + G_c = 60[\Omega]$
$G_a = 60 - (G_b + G_c) = 60 - G_{bc} = 60 - 50 = 10[\Omega]$ 답 : 10[Ω]

(2) G_b

계산 : $G_b = 60 - (G_a + G_c) = 60 - G_{ca} = 60 - 30 = 30[\Omega]$ 답 : 30[Ω]

(3) G_c

계산 : $G_c = 60 - (G_a + G_b) = 60 - G_{ab} = 60 - 40 = 20[\Omega]$ 답 : 20[Ω]

Explanation

콜라우시 브리지법을 이용하면 문제에서

• $G_a + G_b = G_{ab} = 40$ ······①
• $G_b + G_c = G_{bc} = 50$ ······②
• $G_c + G_a = G_{ca} = 30$ ······③

여기서, ①+②+③

$2(G_a + G_b + G_c) = G_{ab} + G_{bc} + G_{ca} = 40 + 50 + 30 = 120[\Omega]$

$G_a + G_b + G_c = 60$

- $G_a = 60 - (G_b + G_c) = 60 - G_{bc} = 60 - 50 = 10[\Omega]$
- $G_b = 60 - (G_a + G_c) = 60 - G_{ca} = 60 - 30 = 30[\Omega]$
- $G_c = 60 - (G_a + G_b) = 60 - G_{ab} = 60 - 40 = 20[\Omega]$

11 ★★☆☆☆

콘크리트 전주(14[m]) 설치에 지형상 소운반(인력운반)이 필요하여 관련 사항을 산출하고자 한다. 아래 조건을 참고하여 다음 물음에 답하시오.

【조건】
- 소운반 거리 : 950[m]
- 운반도로 : 도로상태 불량
- 전주무게 : 1,500[kg]
- 1일 실작업 시간(목도) : 360분
- 목도공 노임은 10,350원이고 목도공은 1일 6시간 기준으로 한다.

인력운반 및 적상하 시간 기준

인부(지게)운반과 장대물, 중량물 등 목도 운반비 산출 공식

(1) 기본 공식

$$운반비 = \frac{A}{T} \times M \times (\frac{60 \times 2 \times L}{V} + t)$$

여기에서

A : 목도공의 노임[인부(지게) 운반일 경우 보통인부의 노임]

M : 필요한 목도공의 수($M = \dfrac{총\ 운반량[kg]}{1인당\ 1회\ 운반량[kg]}$) 단, 1회 운반량은 50[kg/인]

L : 운반 거리[km], V : 왕복 평균 속도[km/hr],

T : 1일 실작업 시간[분], t : 준비 작업 시간[2분]

(2) 왕복 평균 속도

구분	장대물, 중량물등 목도 운반 왕복 평균 속도[km/hr]	인부(지게)운반 왕복 평균 속도[km/hr]
도로 상태 양호	2	3
도로 상태 보통	1.5	2.5
도로 상태 불량	1.0	2.0
물논, 도로가 없는 산림지 및 숲이 우거진 지역	0.5	1.5

(1) 필요한 운반 인원수(인)를 구하시오.
- 계산 :   • 답 :
(2) 전주운반에 따른 총 인력운반비(원)를 구하시오.
- 계산 :   • 답 :
(3) 아몰퍼스 변압기의 특징에 대해서 장점 및 단점을 3가지씩 쓰시오.

Answer

(1) 계산 : $M = \dfrac{\text{총 운반량[kg]}}{\text{1인당 1회 운반량[kg]}} = \dfrac{1{,}500}{50} = 30[\text{인}]$ 답 : 30[인]

(2) 계산 : 운반비 $= \dfrac{A}{T} \times M \times \left(\dfrac{60 \times 2 \times L}{V} + t\right)$

$= \dfrac{10{,}350}{360} \times 30 \times \left(\dfrac{60 \times 2 \times 0.95}{1} + 2\right) = 100{,}050[\text{원}]$ 답 : 100,050[원]

(3) 장점
  ① 철손과 여자 전류가 매우 적다.
  ② 전기저항이 높다.
  ③ 결정 자기이방성이 없다.
  단점
  ① 포화자속 밀도가 낮다.
  ② 점적률이 나쁘다.
  ③ 압축 응력이 가해지면 특성이 저하된다.

Explanation

왕복 평균 속도

구분	장대물, 중량물등 목도 운반 왕복 평균 속도[km/hr]	인부(지게)운반 왕복 평균 속도[km/hr]
도로 상태 양호	2	3
도로 상태 보통	1.5	2.5
도로 상태 불량	1.0	2.0
물논, 도로가 없는 산림지 및 숲이 우거진 지역	0.5	1.5

아몰퍼스 변압기
① 장점
  - 철손과 여자 전류가 매우 적다.
  - 전기저항이 높다.
  - 결정 자기이방성이 없다.
  - 판 두께가 매우 얇다.
  - 자벽 이동을 방지하는 구조상의 결함이 없다.
② 단점
  - 포화자속 밀도가 낮다.
  - 점적률이 나쁘다.
  - 압축 응력이 가해지면 특성이 저하된다.
  - 자장 풀림이 필요하다.

12 다음 그림은 형광등 결선도이다. 미완성된 부분을 완성하여 전원 투입 시 점등될 수 있게 하시오.

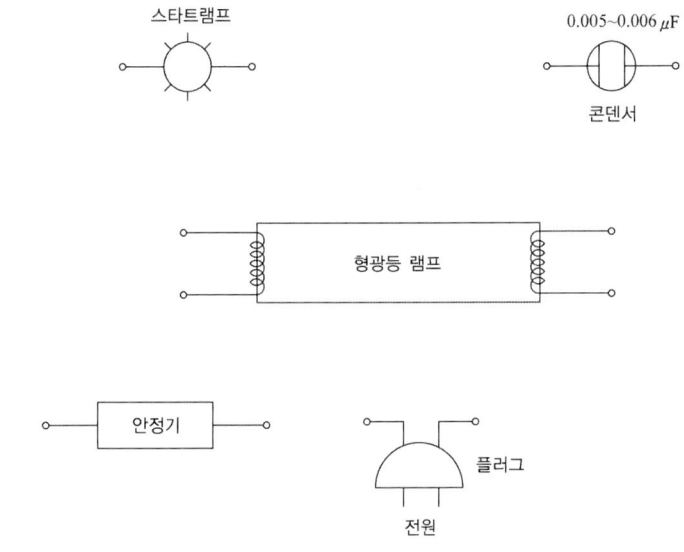

Answer

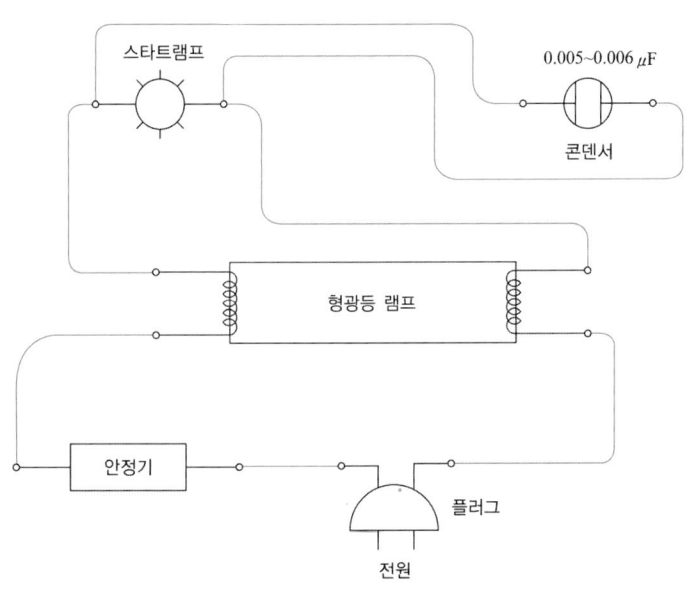

13 ★★★☆☆
다음의 시퀀스회로에서 A, B, C, D는 보조 릴레이 접점이고, X는 릴레이, L은 부하이다. 다음 물음에 답하시오.

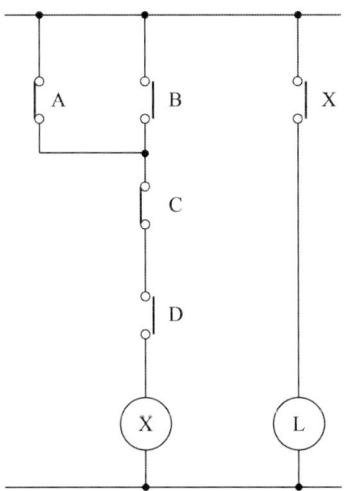

(1) 출력 X의 논리식을 쓰시오.
(2) 2입력 AND, OR, NOT 기호를 사용하여 그림의 회로를 무접점 논리회로로 그리시오.

Answer

(1) $X = (\overline{A} + B) \cdot \overline{C} \cdot D$
(2)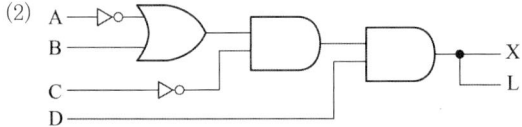

Explanation

- 직렬회로 : AND회로, (•)로 표기
- 병렬회로 : OR회로, (+)로 표기

14 ★☆☆☆☆
다음은 3상변압기를 나타낸다. 변압비는 100:1이며, 1차 측에 22,900[V]가 공급된다면 2차 측 저항부하에 걸리는 전압은 몇 [V]인지 구하시오.

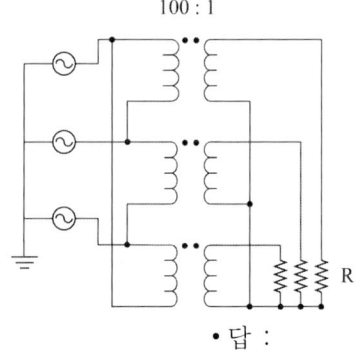

- 계산 :
- 답 :

Answer

계산 : $V_2 = \dfrac{V_1}{a} = \dfrac{22,900}{100} = 229[V]$

답 : 229[V]

Explanation

△결선의 경우 $V_l = V_p$

$V_{1p} = 22,900[V]$

$V_{2p} = \dfrac{V_{1p}}{a} = \dfrac{22,900}{100} = 229[V]$

2차 측 저항부하에는 상전압이 인가되므로 $V_{2p} = 229[V]$

---

15 ★★☆☆☆
선로의 전압과 역률이 일정할 때 선로의 전력손실이 2배로 증가되면, 기존 대비 전력은 몇 [%] 증가하여야 하는지 구하시오. 단, 전압 : V, 선로의 전력손실 P_1, 선로의 전력손실이 2배일 때 P_2, 저항을 R라 표시한다.

- 계산 :
- 답 :

Answer

계산 : 전력손실 $P_l \propto P^2$이므로

전력 손실을 두 배 한 후의 전력 $P' = \sqrt{2}\,P$

전력 증가율 $= \dfrac{\sqrt{2}\,P - P}{P} \times 100 = \dfrac{\sqrt{2}-1}{1} \times 100 = 41.42[\%]$

답 : 41.42[%]

Explanation

전력손실

$$P_\ell = 3I^2R = 3\left(\frac{P}{\sqrt{3}\,V\cos\theta}\right)^2 R$$
$$= 3\frac{P^2R}{3V^2\cos^2\theta} = \frac{P^2R}{V^2\cos^2\theta} \propto P^2$$

16 ★☆☆☆☆
3상 4선식 380/220[V] 구내배선 긍장이 200[m], 부하의 최대 전류는 100[A]인 배선에서 전압강하를 3[V]로 하고자 하는 경우에 사용하는 전선의 공칭 단면적[mm²]을 구하시오.

- 계산 :
- 답 :

Answer

계산 : 단면적 $A = \dfrac{17.8LI}{1{,}000e} = \dfrac{17.8 \times 200 \times 100}{1{,}000 \times 3} = 118.67[\text{mm}^2]$ 답 : 120[mm²]

Explanation

전압 강하 및 전선 단면적을 구하는 공식

전기 방식	전압 강하	전선 단면적	대상 전압강하
단상 3선식 직류 3선식 3상 4선식	IR	$e = \dfrac{17.8LI}{1{,}000A}$	$A = \dfrac{17.8LI}{1{,}000e}$	대지와 선간
단상 2선식 직류 2선식	$2IR$	$e = \dfrac{35.6LI}{1{,}000A}$	$A = \dfrac{35.6LI}{1{,}000e}$	선간
3상 3선식	$\sqrt{3}\,IR$	$e = \dfrac{30.8LI}{1{,}000A}$	$A = \dfrac{30.8LI}{1{,}000e}$	선간

단, e : 각 선간의 전압 강하[V]
 e' : 외측선 또는 각 상의 1선과 중성선 사이의 전압 강하[V]
 A : 전선의 단면적[mm²], L : 전선의 1본의 길이[m], I : 전류[A]

KSC-IEC 전선 규격

전선의 공칭단면적 [mm²]			
1.5	16	95	300
2.5	25	120	400
4	35	150	500
6	50	185	630
10	70	240	

17 ★★★☆

154[kV] 3상 3선식 전선로에서 각 선의 정전용량이 각각 $C_a = 0.031[\mu F]$, $C_b = 0.030[\mu F]$, $C_c = 0.032[\mu F]$일 때 변압기의 중성점 잔류전압은 몇 [V]인지 계산하시오.

- 계산 :
- 답 :

Answer

계산 : $E_n = \dfrac{\sqrt{C_a(C_a - C_b) + C_b(C_b - C_c) + C_c(C_c - C_a)}}{C_a + C_b + C_c} E$

$= \dfrac{\sqrt{0.031(0.031 - 0.030) + 0.030(0.030 - 0.032) + 0.032(0.032 - 0.031)}}{0.031 + 0.030 + 0.032} \times \dfrac{154,000}{\sqrt{3}}$

$= 1,655.91 [V]$

답 : 1,655.91[V]

Explanation

중성점의 잔류 전압

중성점 잔류전압은 보통의 운전 상태에서 중성점을 접지하지 않은 경우의 중성점과 대지간의 전압을 말한다. 이러한 잔류전압은 연가가 불충분한 경우가 가장 주된 원인으로 완전한 연가에 의해 0이 될 수 있다. 잔류전압의 계산은 다음과 같다.

① 3상 전류는 $I_a + I_b + I_c = 0$이므로

② 전류 $I = \dfrac{E}{X_c} = \dfrac{E}{\dfrac{1}{j\omega C}} = j\omega C E$에서

- a상 전류 : $I_a = j\omega C_a (E_a + E_n)$
- b상 전류 : $I_b = j\omega C_b (E_b + E_n)$
- c상 전류 : $I_c = j\omega C_c (E_c + E_n)$

③ 잔류전압은 다음과 같다.

$I_a + I_b + I_c = 0$에서

$j\omega C_a(E_a + E_n) + j\omega C_b(E_b + E_n) + j\omega C_c(E_c + E_n) = 0$

$j\omega(C_a E_a + C_b E_b + C_c E_c) + j\omega E_n(C_a + C_b + C_c) = 0$

여기서, 잔류전압 $|E_n| = \dfrac{C_a E_a + C_b E_b + C_c E_c}{C_a + C_b + C_c}$ 이며

$E_a = E$, $E_b = a^2 E = \left(-\dfrac{1}{2} - j\dfrac{\sqrt{3}}{2}\right)E$, $E_c = aE = \left(-\dfrac{1}{2} + j\dfrac{\sqrt{3}}{2}\right)E$ 을 대입하면

잔류전압은 $E_n = \dfrac{\sqrt{C_a(C_a - C_b) + C_b(C_b - C_c) + C_c(C_c - C_a)}}{C_a + C_b + C_c} E$

$= \dfrac{\sqrt{C_a(C_a - C_b) + C_b(C_b - C_c) + C_c(C_c - C_a)}}{C_a + C_b + C_c} \times \dfrac{V}{\sqrt{3}} [V]$

만약에 연가가 되어 있다면 $C_a = C_b = C_c$이므로 잔류전압 $E_n = 0$이 된다.

18 ★★★☆☆ 그림과 같은 단상 2선식 회로에서 인입구 A점의 전압이 220[V]일 때의 D점 전압을 구하시오. 단, 선로에 표기된 저항값은 2선값이다.

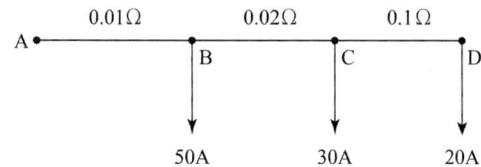

• 계산 :

• 답 :

Answer

계산 : $V_B = V_A - R_{AB}(I_B + I_C + I_D) = 220 - 0.01 \times (50 + 30 + 20) = 219[V]$

$V_C = V_B - R_{BC}(I_C + I_D) = 219 - 0.02 \times (30 + 20) = 218[V]$

$V_D = V_C - R_{CD}I_D = 218 - 0.1 \times 20 = 216[V]$

답 : 216[V]

Explanation

전압강하

$e = 2IR$ 여기서, R은 1선당 저항값

$e = IR$ 여기서, R은 2선당 저항값

2회 2016년 전기공사산업기사 실기

01 ★★★☆☆

그림과 같이 지선을 가설하여 전주에 가해진 수평 장력 800[kg]을 지지하고자 한다. 4[mm] 철선을 지선으로 사용한다면 몇 가닥으로 하면 되는지 구하시오. 단, 4[mm] 철선 1가닥의 인장 하중은 440[kg]으로 하고 안전율은 2.5이다.

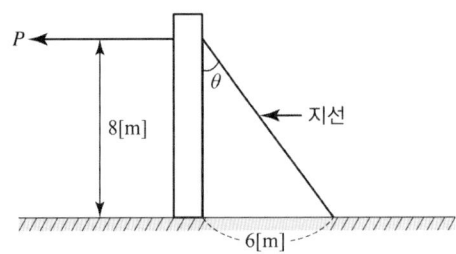

- 계산 :
- 답 :

Answer

계산 : $\sin\theta = \dfrac{6}{\sqrt{8^2+6^2}} = \dfrac{6}{10}$

$T_0 = \dfrac{800}{\dfrac{6}{10}} = \dfrac{10}{6} \times 800 = 1,333.33 [\text{kg}] = \dfrac{440 \times n}{2.5}$

$\therefore\ n = \dfrac{1,333.33 \times 2.5}{440} = 7.58$

답 : 8가닥

Explanation

- 지선의 장력$(T_0) = \dfrac{T}{\cos\theta} = \dfrac{\text{소선 1가닥의 인장 강도} \times \text{소선수}}{\text{안전율}}$

  여기서, T는 수평장력

  문제에서 $\sin\theta = \dfrac{6}{\sqrt{8^2+6^2}} = 0.6$이며 θ의 위치 때문에 sin으로 구한 것임

  여기서, 전선의 가닥수는 무조건 절상

02 권수비 50인 단상 변압기의 전부하 2차 전압 220[V], 전압변동률 4[%]일 때, 무부하시 1차 단자 전압은 몇 [V]인지 구하시오.

- 계산 :
- 답 :

Answer

계산 : 전압변동률 $\epsilon = \dfrac{V_{20} - V_{2n}}{V_{2n}} \times 100[\%]$

권수비 $a = \dfrac{V_{10}}{V_{20}}$ 이므로

무부하 1차 전압
$V_{10} = V_{1n}(1+\epsilon) = a V_{2n}(1+\epsilon) = 50 \times 220 \times (1+0.04) = 11,440[V]$

답 : 11,440[V]

Explanation

전압변동률 $\epsilon = \dfrac{V_{20} - V_{2n}}{V_{2n}} \times 100[\%]$

$V_{20} = (1+\epsilon) V_{2n}$ 이며

권수비 $a = \dfrac{V_{10}}{V_{20}}$ 이므로

무부하 1차 전압 $V_{10} = V_{1n}(1+\epsilon) = a V_{2n}(1+\epsilon)[V]$

---

03 3상 3선식 380[V] 회로에 그림과 같이 2.2[kW], 7.5[kW], 50[kW]의 전동기와 5[kW]의 전열기가 접속되어 있다. 간선의 소요 허용전류[A]를 구하시오. 단, 전동기의 평균역률은 75[%]이다.

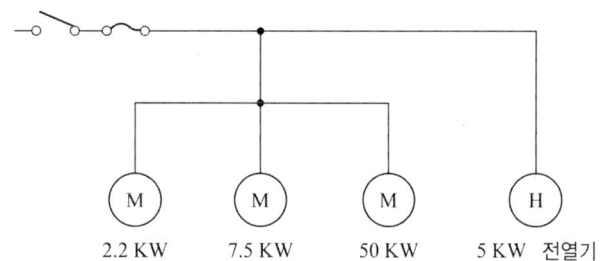

- 계산 :
- 답 :

Answer

계산 : 전동기 정격 전류의 합 $\sum I_M = \dfrac{(2.2+7.5+50) \times 10^3}{\sqrt{3} \times 380 \times 0.75} = 120.94[A]$

전동기의 유효 전류 $I_r = 120.94 \times 0.75 = 90.71[A]$

전동기의 무효 전류 $I_q = 120.94 \times \sqrt{1-0.75^2} = 79.99[\text{A}]$

전열기 정격 전류의 합 $\sum I_H = \dfrac{5 \times 10^3}{\sqrt{3} \times 380 \times 1} = 7.6[\text{A}]$

전열기는 역률이 1이므로 유효분 전류만 있으며

회로의 설계전류 $I_B = \sqrt{(90.71+7.6)^2 + 79.99^2} = 126.74[\text{A}]$

간선의 허용전류 $I_B \leq I_n \leq I_Z$에서 $I_Z \geq 126.74[\text{A}]$

답 : 126.74[A]

Explanation

과부하전류에 대한 보호
① 도체와 과부하 보호장치 사이의 협조
과부하에 대해 케이블(전선)을 보호하는 장치의 동작 특성
- $I_B \leq I_n \leq I_Z$
- $I_2 \leq 1.45 \times I_Z$

여기서, I_B : 회로의 설계전류
I_Z : 케이블의 허용전류
I_n : 보호장치의 정격전류
I_2 : 보호장치가 규약시간 이내에 유효하게 동작하는 것을 보장하는 전류

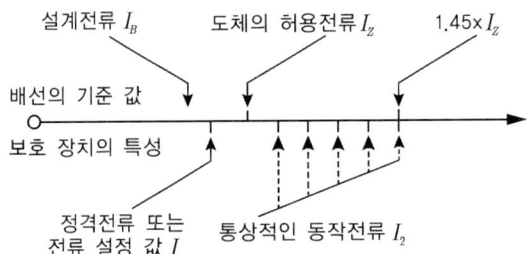

04 ★★☆☆☆ 교류 단상 3선식 배전방식은 교류 단상 2선식 배전방식에 비하여 전압강하와 효율은 어떻게 되는지 쓰시오.

Answer

- 전압강하 감소
- 효율 증가

Explanation

단상 3선식의 장점
① 2종의 전원을 얻을 수 있다.(110[V], 220[V])
② 2종의 전원은 전압이 2배 상승한 것으로 보면
- 전압 강하가 적다. ($e \propto \dfrac{1}{V} = \dfrac{1}{2}$)
- 전력 손실이 적다. ($P_l \propto \dfrac{1}{V^2} = \dfrac{1}{4}$) : 전력손실이 적으므로 효율이 우수하다.
- 전력이 증대된다. ($P \propto V^2 = 4$)

- 전선의 단면적이 감소된다. ($A \propto \dfrac{1}{V^2} = \dfrac{1}{4}$)

③ 1선당 공급 전력비가 크다.(단상 2선식의 133[%])

$$\dfrac{단상\,3선식}{단상\,2선식} = \dfrac{0.67\,VI}{0.5\,VI} = 1.33$$

④ 전선 소요량이 적다.(단상 2선식의 37.5[%])

$$중량비 = \dfrac{단상\,3선식}{단상\,2선식} = \dfrac{3}{8} = 0.375$$

05 ★★☆☆☆ 전등을 3개소에서 동시에 점멸하는 복도 조명의 배선도이다. 다음 물음에 답하시오.

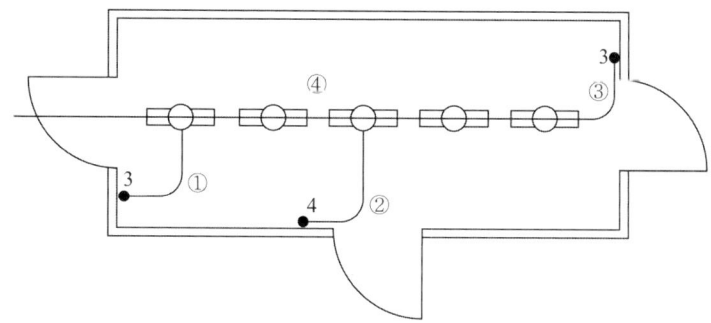

(1) ①, ②, ③, ④의 최소 배선 수는 몇 가닥인지 쓰시오. 단, 접지도체는 제외한다.
(2) 배선도에 사용된 그림기호의 명칭을 쓰시오.

기호	명칭
⎓○⎓	
●3	
───	

Answer

(1) ① 3가닥 ② 4가닥
　　③ 3가닥 ④ 4가닥

(2)

기호	명칭
⎓○⎓	형광등
●3	3로 스위치
───	천장 은폐배선

Explanation

명칭	그림기호	적요
형광등	▭○▭	① 그림기호 ▭○▭ 는 ▭○▭ 로 표시하여도 좋다. ② 벽붙이는 벽 옆을 칠한다. 　• 가로붙이인 경우 ▭○▭ 　• 세로붙이인 경우 ○ ③ 기구종류를 표시하는 경우는 안이나 또는 표기로 글자명, 숫자 등의 문자기호를 기입하고 도면의 비고 등에 표시한다. [보기] ④○N ①○1 □○A 같은 방에 기구를 여러 개 시설하는 경우는 통합하여 문자기호와 기구수를 기입하여도 좋다. 또한, 여기에 다루기 어려운 경우는 일반용 조명 백열등, HID 등의 적요③을 준용한다.
점멸기 (Switch)	●	① 용량의 표시 방법은 다음과 같다. 　• 10[A]는 방기하지 않는다. 　• 15[A] 이상은 전류값을 표기한다. [보기] ●₁₅ₐ ② 극수의 표시 방법은 다음과 같다. 　• 단극은 방기하지 않는다. 　• 2극 또는 3로, 4로는 각각 2P 또는 3, 4의 숫자를 표기한다. [보기] ●₂ₚ ●₃ ③ 파일럿 램프를 내장하는 것은 L을 표기한다.　●ₗ ④ 방수형은 WP를 표기한다.　●ᴡᴘ ⑤ 방폭형은 EX를 표기한다.　●ᴇₓ ⑥ 타이머 붙이는 T를 표기한다.　●ᴛ
천장 은폐 배선 바닥 은폐 배선 노출 배선	──── — — — — ‥‥‥‥‥	① 천장 은폐 배선 중 천장 속의 배선을 구별하는 경우는 천장 속의 배선에 ─··─ 를 사용하여도 좋다. ② 노출 배선 중 바닥면 노출 배선을 구별하는 경우는 바닥면 노출 배선에 ─··─ 를 사용하여도 좋다. ③ 전선의 종류를 표시할 필요가 있는 경우는 기호를 기입한다.

06 ★★★☆☆ 전기설비의 감전예방방법 중 직접접촉예방은 전기설비가 정상으로 운전하고 있는 상태에서 전기설비에 사람 또는 동물이 접촉되는 경우를 대비하여 감전예방을 위한 보호이다. 직접접촉예방을 위한 보호방법 5가지를 쓰시오.

Answer

① 충전부의 절연에 의한 보호
② 격벽 또는 외함에 의한 보호
③ 장애물에 의한 보호
④ 손의 접근 한계 외측 시설에 의한 보호
⑤ 누전차단기에 의한 추가 보호

Explanation

(KEC 113.2조) 감전에 대한 보호
(1) 기본보호
일반적으로 직접접촉을 방지하는 것으로, 전기설비의 충전부에 인축이 접촉하여 일어날 수 있는 위험으로부터 보호
가. 인축의 몸을 통해 전류가 흐르는 것을 방지
   - 충전부에 전기절연
   - 접촉을 방지하기 위한 충분한 거리 확보(격벽 또는 외함, 장애물, 손의 접근 한계 외측 등)
나. 인축의 몸에 흐르는 전류를 위험하지 않은 값 이하로 제한
   - 공급전압을 50[V] 이하로 제한 등(인축의 몸에 흐르는 고장전류의 지속시간을 위험하지 않은 시간까지로 제한하는 것은, 절연고장이 발생해 전기설비의 노출도전부에 50[V] 이상의 전압이 인가되는 경우에는 인체가 이를 접촉하면 인체저항에 따라서 30[mA] 이상의 위험한 고장전류가 인체를 통해 흐를 수 있으므로)

07 ★★☆☆☆ 수·변전설비 공사에서 차단기의 정격차단 용량식과 차단기 종류를 4가지만 쓰시오.

Answer

(1) 차단기 용량 식 : $P_s = \sqrt{3} \times 정격전압 \times 정격차단전류 \times 10^{-6}$[MVA]
(2) 차단기 종류 : 유입차단기, 진공차단기, 공기차단기, 가스차단기

Explanation

차단기(Circuit Breaker) : 정상적인 부하 전류 개폐뿐만 아니라 고장 전류 차단
① 차단기 용량
   정격차단용량 $= \sqrt{3} \times 정격전압 \times 정격차단전류 \times 10^{-6}$[MVA]
   (상계수 × 회복전압 × 차단전류)
② 차단기의 종류
   • 유입차단기(OCB, Oil Circuit Breaker)
     - 소호매질 : 절연유
     - 방음설비, 소호장치가 필요 없다.
     - 화재우려가 있다.(옥내에 사용 금지)
   • 진공차단기(VCB, Vacuum Circuit Breaker)
     - 소호매질 : 진공
     - 소형, 경량
     - 주파수의 영향을 받지 않는다.
     - 25[kV] 이하 급에서 많이 사용
   • 공기차단기(ABB, Air Blast Circuit Breaker)
     - 소호매질 : 압축공기(임펄스차단기)
     - 압축공기의 압력 : 10 ~ 20[kg/cm²]

- 차단 시 소음이 크다.
- 예전 154, 345[kV] 선로에 사용
• 가스차단기(GCB, Gas Circuit Breaker)
  - 소호매질 : SF_6
  - 밀폐구조로 소음이 적고 신뢰성이 우수
  - 절연내력이 우수하여 차단기 소형화 가능
  - 현재 154, 345[kV] 선로에 사용
• 자기차단기(MBB, Magnetic Blast Circuit Breaker)
  - 소호매질 : 자계의 전자력
  - 전류 절단이 우수
  - 주파수의 영향을 받지 않는다.
• 기중 차단기(ACB, Air Circuit Breaker)
  - 소호매질 : 공기(대기)
  - 저압용 차단기

08 ★★☆☆☆
6.6[kV] 325[mm^2] 3C 가교 폴리에틸렌 케이블 100[m]를 구내(옥외)의 기존 전선관 내에 포설하려고 한다. 케이블에 대한 재료비와 인공과 공구손료를 구하시오. 단, 케이블의 재료비는 52,540[원/m]이고, 해당되는 노임단가는 50,000원이다.

[m]당

P.V.C 및 고무절연 시스 케이블	케이블전공
600[V] 16[mm^2] 이하 × 1C	0.023
600[V] 25[mm^2] 이하 × 1C	0.030
600[V] 38[mm^2] 이하 × 1C	0.036
600[V] 50[mm^2] 이하 × 1C	0.043
600[V] 60[mm^2] 이하 × 1C	0.049
600[V] 70[mm^2] 이하 × 1C	0.057
600[V] 80[mm^2] 이하 × 1C	0.060
600[V] 100[mm^2] 이하 × 1C	0.071
600[V] 125[mm^2] 이하 × 1C	0.084
600[V] 150[mm^2] 이하 × 1C	0.097
600[V] 185[mm^2] 이하 × 1C	0.108
600[V] 200[mm^2] 이하 × 1C	0.117
600[V] 240[mm^2] 이하 × 1C	0.136
600[V] 250[mm^2] 이하 × 1C	0.142
600[V] 300[mm^2] 이하 × 1C	0.159
600[V] 325[mm^2] 이하 × 1C	0.172
600[V] 400[mm^2] 이하 × 1C	0.205
600[V] 500[mm^2] 이하 × 1C	0.240
600[V] 630[mm^2] 이하 × 1C	0.285
600[V] 1,000[mm^2] 이하 × 1C	0.415

【해설】

① 부하에 직접 공급하는 변압기 2차 측에 포설되는 케이블로서 전선관, Rack, Duct, 케이블트레이, Pit, 공동구, Saddle 부설기준, Cu, Al 도체 공용
② 600[V] 10[mm^2] 이하는 제어용케이블 설치 준용
③ 직매시 80[%]
④ 2심은 140[%], 3심은 200[%], 4심은 260[%]
⑤ 연피벨트지 케이블 120[%], 강대개장 케이블은 150[%]
⑥ 가요성금속피(알루미늄, 스틸) 케이블은 150[%]
⑦ 관내포설시 도입선 넣기 포함
⑧ 2열 동시 180[%], 3열 260[%], 4열 340[%], 4열 초과 시 초과 1열당 80[%] 가산
⑨ 전압에 대한 할증율
   3.3 ~ 6.6[kV]   15[%] 가산
   22.9[kV] 이하   30[%] 가산
⑩ 철거 50[%], 재사용 철거는 드럼감기 품 포함 90[%]
⑪ 8자 포설은 본 품의 120[%] 적용

(1) 재료비
   • 계산 :   • 답 :
(2) 인공
   • 계산 :   • 답 :
(3) 공구손료
   • 계산 :   • 답 :

Answer

(1) 계산 : $100 \times 52,540 \times 1.03 = 5,411,620$[원]   답 : 5,411,620[원]
(2) 계산 : $0.172 \times 2 \times 1.15 \times 100 = 39.56$[인]   답 : 39.56[인]
(3) 계산 : $39.56 \times 50,000 \times 0.03 = 59,340$[원]   답 : 59,340[원]

Explanation

재료비 계산(전기재료 할증)

종류	할증률[%]
옥외전선	5
옥내전선	10
Cable(옥외)	3
Cable(옥내)	5
전선관(옥외)	5
전선관(옥내)	10
Trolley선	1
동대, 동봉	3

케이블 길이 100[m], 케이블 재료비 52,540[원/m], 할증률 3[%] 적용
인공 계산

$0.172 \times 2 \times 1.15 \times 100 = 39.56$[인]

여기서,

P.V.C 및 고무절연 시스 케이블	케이블전공
600[V] 300[mm^2] 이하 × 1C	0.159
600[V] 325[mm^2] 이하 × 1C	0.172
600[V] 400[mm^2] 이하 × 1C	0.205

④ 3심은 200[%]
⑨ 전압에 대한 할증율 3.3 ~ 6.6[kV]   15[%] 가산

공구 손료
- 일반 공구 및 시험용 계측 기구류의 손료
- 직접 노무비(노임할증 제외)의 3[%]까지 계상

BEST 09

가공 전선로에 사용되는 전선의 구비조건 6가지를 쓰시오.

Answer

① 도전율이 클 것
② 기계적 강도가 클 것
③ 비중(밀도)이 작을 것
④ 가선공사(접속)가 쉬울 것
⑤ 부식성이 작을 것
⑥ 유연성(가공성)이 좋을 것

Explanation

전선의 구비조건
- 도전율이 클 것
- 기계적 강도가 클 것
- 비중(밀도)이 작을 것
- 가선공사(접속)가 쉬울 것
- 부식성이 작을 것
- 유연성(가공성)이 좋을 것
- 경제적일 것

경제적인 전선의 굵기 선정 : 켈빈의 법칙(Kelvin's law)
- 허용전류 : 연속하여 전류가 흐르는 경우 도체의 수명적 관점에서 실용상 안전하게 보낼 수 있는 전류, 연속허용온도 90[℃]를 기준
- 기계적 강도
- 전압 강하

13 ★☆☆☆☆

다음은 전선에 대한 약호이다. 정확한 명칭을 우리말로 쓰시오.

- ACSR :
- VCT :
- MI :

Answer

- ACSR : 강심 알루미늄 연선
- VCT : 0.6/1 [kV] 비닐 절연 비닐캡타이어 케이블
- MI : 미네랄 인슈레이션 케이블

Explanation

(내선규정 100-2) 전선 및 케이블 약호

약호	명칭
ACSR	강심 알루미늄 연선
ACSR-OC 전선	옥외용 강심 알루미늄도체 가교 폴리에틸렌 절연전선
ACSR-OE 전선	옥외용 강심 알루미늄도체 폴리에틸렌 절연전선
AL-OC 전선	옥외용 알루미늄도체 가교 폴리에틸렌 절연전선
AL-OE 전선	옥외용 알루미늄도체 폴리에틸렌 절연전선
AL-OW 전선	옥외용 알루미늄도체 비닐 절연전선
DV 전선	인입용 비닐 절연 전선
HR(0.5) 전선	500 [V] 내열성 고무 절연전선(110[℃])
FL 전선	형광 방전등용 비닐 전선
HR(0.75) 전선	750 [V] 내열성 고무 절연전선(110[℃])
NR 전선	450/750 [V] 일반용 단심 비닐 절연 전선
NRI(70) 전선	300/500 [V] 기기 배선용 단심 비닐절연전선(70[℃])
NRI(90) 전선	300/500 [V] 기기 배선용 단심 비닐절연전선 (90[℃])
OC 전선	옥외용 가교 폴리에틸렌 절연전선
OE 전선	옥외용 폴리에틸렌 절연전선
OW 전선	옥외용 비닐 절연 전선
PDC 전선	0.6/1 [kV] 고압 인하용 가교 폴리에틸렌 절연 전선
CV1 케이블	0.6/1 [kV] 가교 폴리에틸렌 절연 비닐 시스 케이블
CV10 케이블	6/10 [kV] 가교 폴리에틸렌 절연 비닐 시스 케이블
CVV 케이블	0.6/1 [kV] 비닐절연 비닐시스 제어케이블
CN-CV 케이블	동심중성선 차수형 전력케이블
CN-CV-W 케이블	동심중성선 수밀형 전력케이블
CE1 케이블	0.6/1 [kV] 가교 폴리에틸렌 절연 폴리에틸렌 시스케이블
CE10 케이블	6/10 [kV] 가교 폴리에틸렌 절연 폴리에틸렌 시스케이블
EE 케이블	폴리에틸렌 절연 폴리에틸렌 시스 케이블
EV 케이블	폴리에틸렌 절연 비닐 시스 케이블
FR CNCO-W	동심중성선 수밀형 저독성 난연 전력케이블
MI 케이블	미네랄 인슈레이션 케이블
PNCT 케이블	0.6/1 [kV] EP 고무 절연 클로로프렌 캡타이어 케이블
PV 케이블	0.6/1 [kV] EP 고무 절연 비닐 시스 케이블
VCT 케이블	0.6/1 [kV] 비닐 절연 비닐캡타이어 케이블
VV 케이블	0.6/1 [kV] 비닐 절연 비닐 시스 케이블

14

6,600[V], 3상 3선식 비접지 배전 선로의 a상이 완전 지락 고장이 발생하였을 때, GPT 2차에 나타나는 영상전압 V_2[V]를 구하시오. 단, GPT 변압기 3대로 구성되어 있으며 변압기의 변압비는 6,600/100[V]이다.

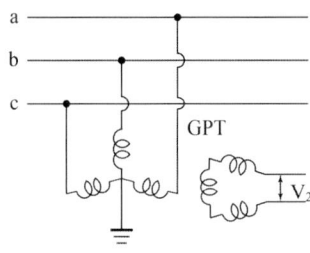

- 계산 :
- 답 :

Answer

계산 : $V_2 = $ GPT 1차 측 전압 $\times \dfrac{1}{\text{변압비}} \times 3$

$= \dfrac{6{,}600}{\sqrt{3}} \times \dfrac{100}{6{,}600} \times 3 = \dfrac{100}{\sqrt{3}} \times 3 = 173.21[\text{V}]$

답 : 173.21[V]

Explanation

접지형 계기용 변압기(GPT : Ground Potential Transformer)
① 결선 조건
  - 1차 측 : Y결선하여 접지
  - 2차 측 : 개방 △결선
② 평상시 : $V_a + V_b + V_c = 0$
  1선 지락고장 시 : $V_a + V_b + V_c = 3V_0$
③ 지락 된 상 : 0[V]
  지락 되지 않은 상 : $\sqrt{3}$ 배 전위상승

15

1종 금속 몰드(메탈 몰딩) 공사에서 사용하는 부속품 4가지를 쓰시오.

Answer

① 조인트 커플링
② 부싱
③ 플랫 엘보
④ 인터널 엘보

Explanation

1종 금속 몰드 공사
본체는 베이스와 커버로 구성되며, 일반적으로 길이가 1.9[m]로 되어 있다. 부속품에는 조인트용 커플링, 부싱, 엘보 등이 있다.

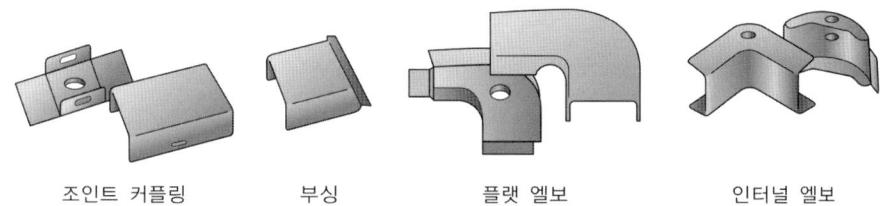

조인트 커플링   부싱   플랫 엘보   인터널 엘보

16 그림은 A, B 2개 공장의 전력부하곡선이다. A, B공장 상호간의 부등률을 구하시오.

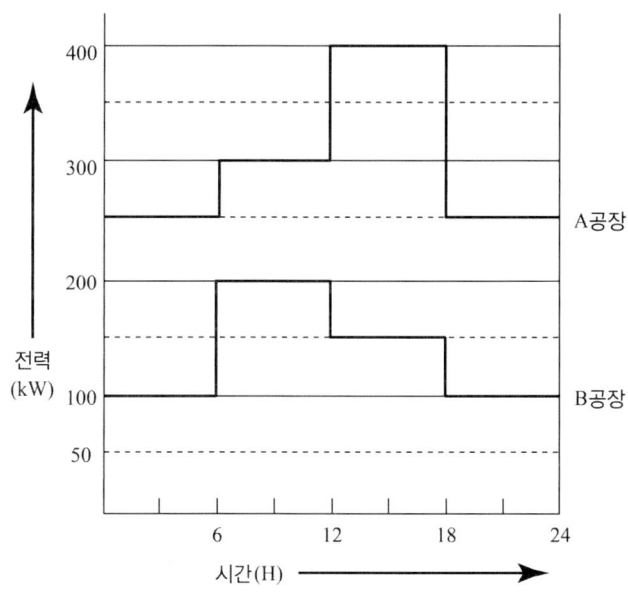

• 계산 : • 답 :

Answer

계산 : 부등률 $= \dfrac{400+200}{550} = 1.09$

답 : 1.09

Explanation

부등률 $= \dfrac{\text{각 개별 수용가 최대 수용 전력의 합}}{\text{합성 최대 수용 전력}} \geq 1$

문제에서의 합성최대전력은 12시~18시에 발생

17 활선 클램프란 무엇인지 간단히 설명하시오.

Answer

가공배전선로의 장력이 걸리지 않는 장소에서 분기고리와 기기 리드선을 결선하는데 사용한다.

Explanation

활선 클램프(Live-Wire-Clamps)
한전표준규격 : ES-5999-0006

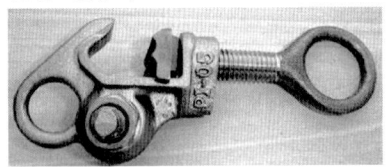

18 송전계통의 중성점 접지방식에서 유효접지(effective grounding)를 설명하고, 유효접지의 가장 대표적인 접지방식을 한 가지만 쓰시오.

- 설명 :
- 접지방식 :

Answer

설명 : 지락 사고 시의 건전상의 전위 상승이 정상 시 상(Y)전압의 1.3배를 넘지 않도록 접지임피던스를 조정하는 방식
접지방식 : 직접 접지 방식

Explanation

직접접지 방식(유효접지 방식)
직접접지 방식은 우리나라 송전선로의 대부분을 차지하며 154[kV], 345[kV], 765[kV] 등에 사용되며 또한, 지락 사고 시의 건전상의 전위 상승이 정상 시 상(Y)전압의 1.3배를 넘지 않도록 접지임피던스를 조정하는 방식을 유효접지 방식으로 다음의 조건을 만족한다.

① 유효접지 조건식 : $\dfrac{R_0}{X_1} \leq 1$, $0 \leq \dfrac{X_0}{X_1} \leq 3$

② 직접접지의 장점
- 1선 지락 시 건전상의 대지 전위 상승이 낮다(전로나 기기의 절연레벨 경감).
- 중성점을 0전위로 유지 가능하므로 단절연이 가능하다.
- 보호계전기의 신속동작(고속도 차단)이 가능하다.
- 정격이 낮은 피뢰기 사용할 수 있다.

③ 직접접지의 단점
- 지락전류가 크다.
- 통신 유도장해가 크다(최대).
- 과도 안정도가 낮다.
- 지락전류가 저역률의 대전류이므로 기기의 충격이 크다.
- 송전선로의 사고의 대부분이 1선 지락 사고이므로 차단기의 빈번한 동작으로 차단기 수명이 경감된다.

2016년 전기공사산업기사 실기

01 전기설비의 접지 목적에 대하여 3가지만 쓰시오.

Answer
① 감전방지
② 이상전압의 억제
③ 보호계전기의 동작 보호

Explanation
① 감전방지 : 기기의 절연 열화나 손상 등으로 누전이 발생하면 전류가 접지도체로 흘러 기기의 대지 전위 상승이 억제 되고 인체의 감전 위험이 줄어들게 된다.
② 이상전압의 억제 : 뇌전류 또는 고 저압 혼촉 등에 의하여 침입하는 고전압을 접지도체를 통해 대지로 흘려 보내 기기의 손상을 방지할 수 있다.
③ 보호계전기의 동작 보호 : 지락 사고 시에 일정 크기 이상의 지락 전류가 쉽게 흐르기 때문에 지락 계전기 등의 동작을 확실하게 할 수 있다.
④ 전로의 대지전압의 저하 : 3상 4선식 전로의 중성점을 접지하면 각 선의 대지전압은 선간전압의 $1/\sqrt{3}$로 낮아진다.

BEST 02 가공전선로에 적용하는 애자의 종류 4가지만 쓰시오.

Answer
핀애자, 현수애자, 라인포스트 애자, 인류애자

Explanation
- 핀 애자 : 직선 선로에 사용
- 현수애자 : 인류 및 내장 개소에 사용
- 라인포스트 애자 : 연가용 철탑 등에서 점퍼선 지지
- 인류 애자 : 인류 개소 및 배전선로의 중성선

03 현장에 포설된 CN-CV 케이블이 받는 여러 가지의 외적요인 중 케이블을 열화시키는 요인으로는 전기적 요인, 열적 요인, 화학적 요인, 기계적 요인, 생물학적 요인으로 분류가 된다. 이중 전기적 열화의 종류 3가지만 쓰시오.

Answer

① 부분 방전
② 전기트리
③ 수트리

Explanation

① 전기적 요인 : 상시 운전전압 자체가 열화를 일으키는 요인이 되는 것 이외에 고장 시 발생하는 지속적인 과전압, 개폐서지, 뇌서지 등 이상전압 등에 의해서 발생하며 종류는 부분방전, 전기트리, 수트리 등이 있다.
② 열적 요인 : 허용전류 내에서 온도상승에 따른 열적열화는 문제가 없어도 과도적인 고온에서의 사용은 케이블의 변형을 일으키거나 열적열화 촉진
③ 환경적 요인 : 포설되어 있는 케이블에 침입하는 것으로서 물, 화학약품류가 있으며 단말에는 자외선, 오존, 염분 등의 영향이 있다. 생물(개미, 쥐 등)에 의해 시스가 손상을 입는 경우도 있다.
④ 기계적 요인 : 케이블 포설 시 또는 포설 후에 가해지는 굴곡, 충격하중 및 외상이 있다.
⑤ 기타 요인 : 케이블의 단말 또는 접속부 등의 시공불량에 의해 공극이 발생한다던지 물이 침입함으로서 부분방전이나 수트리 열화가 발생

04 송전계통의 변압기 중성점 접지방식 4가지만 쓰시오.

Answer

비접지방식, 직접접지방식, 저항접지방식, 소호리액터접지 방식

Explanation

중성점 접지의 종류
① 비접지 방식($Z_n = \infty$) : 사용전압 : 20 ~ 30[kV]의 저전압 단거리
② 직접 접지 방식($Z_n = 0$) : 직접접지 방식은 우리나라 송전선로의 대부분을 차지하며 154[kV], 345[kV], 765[kV] 등에 사용
③ 저항 접지 방식($Z_n = R$)
④ 소호리액터 접지 방식($Z_n = jX_L$)

BEST 05 "이웃 연결 인입선"의 정의를 설명하시오.

Answer

하나의 수용장소의 인입선 접속점에서 분기하여 지지물을 거치지 아니하고 다른 수용장소의 인입선 접속점에 이르는 전선

Explanation

(기술기준 제3조) 정의
• 이웃 연결 인입선이라 함은 하나의 수용장소의 인입선 접속점에서 분기하여 지지물을 거치지 아니하고 다른 수용장소의 인입선 접속점에 이르는 전선을 말한다.

BEST 06

그림은 옥내 배선용 콘센트 심벌(그림기호)이다. 각 콘센트를 구분하여 명칭을 쓰시오.

① ⦿T :
② ⦿H :
③ ⦿WP :
④ ⦿EX :

Answer

① ⦿T : 걸림형
② ⦿H : 의료용
③ ⦿WP : 방수형
④ ⦿EX : 방폭형

Explanation

(KS C 0301) 옥내배선용 그림기호 콘센트

명칭	그림기호	적요
콘센트	⦿	① 천장에 부착하는 경우는 다음과 같다. ② 바닥에 부착하는 경우는 다음과 같다. ③ 용량의 표시방법은 다음과 같다. 　a. 15[A]는 방기하지 않는다. 　b. 20[A] 이상은 암페어 수를 표기한다. 　[보기] ⦿20A ④ 2구 이상인 경우는 구수를 표기한다. 　[보기] ⦿2 ⑤ 3극 이상인 것은 극수를 표기한다. 　[보기] ⦿3P ⑥ 종류를 표시하는 경우는 다음과 같다. 　빠짐방지형　　⦿LK 　걸림형　　　　⦿T 　접지극붙이　　⦿E 　접지단자붙이　⦿ET 　누전차단기붙이　⦿EL ⑦ 방수형은 WP를 표기한다.　⦿WP ⑧ 방폭형은 EX를 표기한다.　⦿EX ⑨ 의료용은 H를 표기한다.　⦿H

07 저압뱅킹 배전방식에서 캐스캐이딩(Cascading) 현상이란 무엇인지 간단하게 쓰시오.

Answer

저압선(측)의 고장으로 건전한 변압기 일부 또는 전부가 차단되는 현상

Explanation

저압 뱅킹방식

고압배전선로에 접속되어 있는 2대 이상의 배전용 변압기의 저압 측을 병렬접속하는 방식으로 주로 부하가 밀집된 시가지에 사용

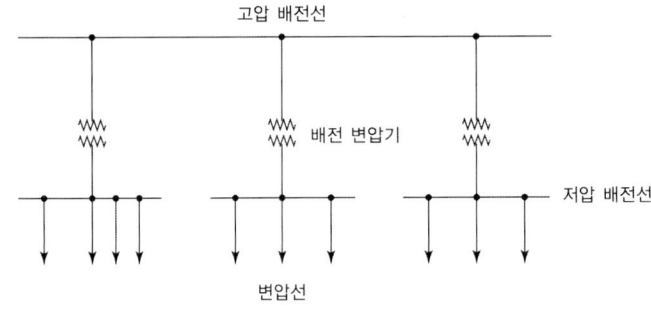

[직선 뱅킹 방식]

① 장점
- 전압 강하가 작다
- 플리커 현상이 적다.
- 전력 손실이 작다.
- 전압변동이 적다.
- 저압선의 동량이 절감되고 변압기의 용량이 저감된다.
- 부하 증가에 대한 공급탄력성이 있다.

② 단점
- 캐스케이딩(Cascading) 현상 : 저압선(측)의 고장으로 건전한 변압기 일부 또는 전부가 차단되는 현상으로 뱅킹퓨즈나 구분퓨즈를 사용하여 방지한다.

08 연(납)축전지와 알칼리 축전지의 공칭 전압은 몇 [V]인지 쓰시오.

- 연(납)축전지 :
- 알칼리 축전지 :

Answer

- 연(납)축전지 : 2.0[V/cell]
- 알칼리 축전지 : 1.2[V/cell]

Explanation

	납축전지	알칼리 축전지
충전용량	10[Ah]	5[Ah]
공칭전압	2.0[V/cell]	1.2[V/cell]
장점	효율이 우수 단시간에 대전류 공급이 가능	수명이 길고 운반진동에 강하며 급충·방전에 잘 견딘다.

09 그림과 같은 전동기 ⓜ과 전열기 ⓗ에 공급하는 저압 옥내간선을 보호하는 과전류 차단기인 저압 퓨즈의 정격전류 최대값은 몇 [A]인지 계산하시오. 단, 간선의 허용전류는 49[A]이고, 수용률은 100[%]이다.

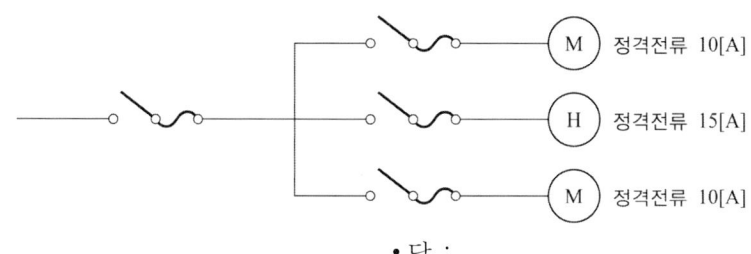

• 계산 :   • 답 :

Answer

계산 : 전열기 $\sum I_H = 15[A]$

전동기 $\sum I_M = 10 + 10 = 20[A]$

회로의 설계전류 $I_B = 15 + 20 = 35[A]$

과전류 차단기의 정격전류 $I_B \leq I_n \leq I_Z$에서 $35 \leq I_n \leq 49[A]$이므로

답 : 과전류 차단기 정격 40[A]

Explanation

과부하전류에 대한 보호

① 도체와 과부하 보호장치 사이의 협조

과부하에 대해 케이블(전선)을 보호하는 장치의 동작 특성

- $I_B \leq I_n \leq I_Z$
- $I_2 \leq 1.45 \times I_Z$

여기서, I_B : 회로의 설계전류

I_Z : 케이블의 허용전류

I_n : 보호장치의 정격전류

I_2 : 보호장치가 규약시간 이내에 유효하게 동작하는 것을 보장하는 전류

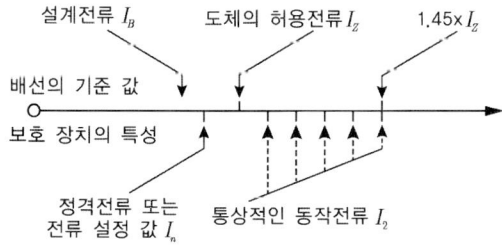

과전류 보호장치의 정격

구 분		과전류 보호장치의 정격
퓨즈	정격전류[A]	2, 4, 6, 8, 10, 12, 16, 20, 25, 32, 40, 50, 63, 80, 100, 125, 160, 200, 250, 315, 400, 500, 630, 800, 1,000, 1,250
	정격 차단전류[kA]	− 최소정격차단전류(산업용) : 교류 50[kA], 직류 25[kA] − 최소정격차단전류(주택용) : 교류 50[kA], 직류 8[kA]

10 ★★☆☆☆

다음의 설명에 맞는 배전자재의 명칭을 쓰시오.

(1) 주상변압기를 전주에 설치하기 위해 사용하는 밴드는?
(2) 전주에 암타이 또는 랙크를 설치하기 위한 것으로 1방, 2방, 소형 1방, 소형 2방이 사용되는 밴드는?
(3) 저압선로 ACSR 사용 시 접지 측 중성선 인류개소에 랙크와 클램프 연결 시 사용하는 금구는?

Answer

(1) 행거밴드　　　　(2) 암타이 및 랙밴드　　　　(3) 인류스트랍

Explanation

밴드의 종류
- 행거밴드 : 주상변압기를 전주에 설치하기 위해 사용되는 밴드
- 암타이 밴드 : 전주에 각암타이를 설치하기 위하여 사용되는 밴드
- 랙밴드 : 전주에 랙을 설치하기 위하여 사용되는 밴드
- 인류스트랍 : 저압인류애자와 조합하여 다중접지계통의 Al 중성선(인류 및 내장개소)에 사용

11 ★★☆☆☆

발전소에서 가공전선의 인입구 및 인출구에 설비하는 기기로서 전로로부터의 이상 전압이 발전소 내로 내습하는 것을 방지하기 위해 설치하는 것은 무엇인지 쓰시오.

Answer

피뢰기

Explanation

(KEC 341.13조) 피뢰기의 시설
고압 및 특고압의 전로 중 다음 각 호에 열거하는 곳 또는 이에 근접한 곳에는 피뢰기를 시설하여야 한다.
① 발전소·변전소 또는 이에 준하는 장소의 가공전선 인입구 및 인출구
② 특고압 가공전선로에 접속하는 배전용 변압기의 고압 측 및 특고압 측
③ 고압 및 특고압 가공전선로로부터 공급을 받는 수용장소의 인입구
④ 가공전선로와 지중전선로가 접속되는 곳

12 ★★☆☆☆

단락전류를 신속히 차단하며, 또한 흐르는 단락전류의 값을 제한하는 성질을 가지는 퓨즈를 쓰시오.

Answer

한류 퓨즈

Explanation

(내선규정 1,300-14) 용어
한류(限流)퓨즈란 단락전류를 신속히 차단하며 또한 흐르는 단락전류의 값을 제한하는 성질을 가지는 퓨즈로서 이 성질에 관하여 일정한 규격에 적합한 것을 말한다.
　【주】한류퓨즈는 상기한 성질이 있기 때문에 이것으로 보호하는 전기기기 및 전선에 단락전류에 의한 전자력(電磁力)을 경감하며 또 줄(Jule)열에 의한 발열을 억제하는 작용이 있다.

이 문제는 변경된 KEC 적용으로 인하여 삭제하고, 아래 예상문제로 대체되었습니다.

13 22,900/380-220[V], 30[kVA]변압기에서 공급되는 전선로가 있다. 다음 각 물음에 답하시오.

(1) 허용 누설전류의 최대값은 몇 [A]인가?
- 계산 :
- 답 :

(2) 이 경우 절연 저항의 최소값은 몇 [Ω]인가?
- 계산 :
- 답 :

Answer

(1) 계산 : 최대 공급 전류 $I = \dfrac{P}{V} = \dfrac{30 \times 10^3}{220} = 136.36[A]$

누설전류 = 최대 공급 전류 $\times \dfrac{1}{2,000} = 136.36 \times \dfrac{1}{2,000} \times 10^3 = 0.068[A]$

답 : 0.068[A]

(2) 계산 : 절연저항 = $\dfrac{\text{전압}}{\text{누설전류}} = \dfrac{220}{0.068} = 3,235.29[\Omega]$

답 : 3,235.29[Ω]

Explanation

(기술기준 제27조) 전선로의 전선 및 절연 성능
저압 전선로 중 절연 부분의 전선과 대지 간 및 전선의 심선 상호 간의 절연저항은 사용전압에 대한 누설전류가 최대 공급 전류의 1/2,000을 넘지 않도록 하여야 한다.

14 ★☆☆☆☆
아래 조건을 참고하여 물음에 답하시오.

【조건】
1. 실내의 바닥에서 광원까지의 높이는 3[m]이다.
2. 조명률 0.5, 유지율 0.67이다.
3. 32[W] 형광등의 광속 : 2,500[lm]
4. 설계 시 등기구 표시는 KS 심벌을 사용하고 F32W 2등용 사용한다.
5. 전기설비기술기준 및 판단기준, 내선규정, 전기설비설계 기준에 의한다.
6. 주어진 품셈에 의하여 산출한다.
7. 전선관은 합성수지전선관을 사용한다.
8. 등기구는 직부등으로 한다.
9. 분전반 설치는 상부를 기준으로 지상 1.5[m] 설치한다.
10. 기준조도는 100[lx]이다.

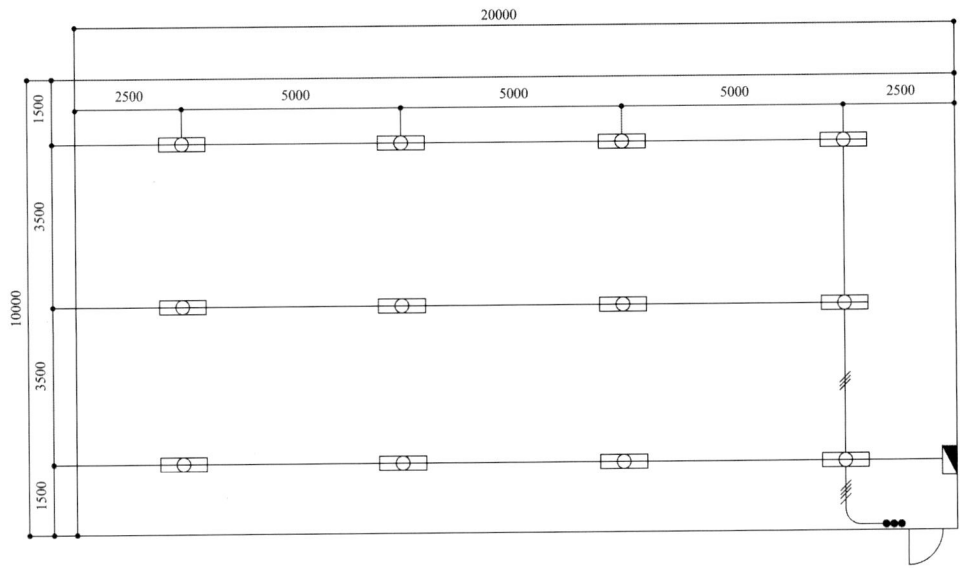

가. 필요한 자재 수량과 합계금액을 산출하시오.

번호	품명	규격	단위	수량	단가	금액
1	등기구	32W×2	EA	(1)	30,000	
2	스위치	3로용	EA	(2)	10,000	
3	전선	HFIX 2.5[mm^2]	m	195	2,000	
4	배관	HI-PVC 16C	m	62	3,000	
5	아웃렛박스	8각 BOX	EA	12	1,000	
6	스위치박스	1개용	EA	1	1,000	
	합계					(3)

(1) 답 :

(2) 답 :

(3) 계산 :   답 :

나. 표준품셈에 의거 인력품과 합계금액을 산출하시오.

번호	품명	수량	적용직종	품	단가	금액
1	등기구		내선전공	(4)		
2	스위치		내선전공	(5)		
3	전선	195	내선전공	(6)		
4	배관	62	내선전공	(7)		
5	아웃렛박스	12	내선전공	0.2		
6	스위치박스	1	내선전공	0.2		
	합계					(8)

※ 내선전공 : 150,000원, 배전전공 : 250,000원, 보통인부 : 86,000원, 저압케이블공 : 190,000원

(4) 답 :

(5) 답 :

(6) 답 :

(7) 답 :

(8) 계산 :   답 :

다. 원가계산서를 작성하시오.

비목			금액	비고
순공사비	재료비	직접재료비	959,000	
		간접재료비	–	
	노무비	직접노무비	1,658,850	
		간접노무비	(9)	소수점 이하 절사
	경비	기타경비	(10)	소수점 이하 절사
순공사비 합계			(11)	소수점 이하 절사
일반관리비			(12)	소수점 이하 절사
이윤			(13)	소수점 이하 절사
부가가치세			(14)	소수점 이하 절사
총공사비			(15)	소수점 이하 절사

주1) 간접노무비는 직접노무비의 9[%]를 적용한다.
2) 기타경비는 (재료비+노무비)의 5[%]를 적용한다.
3) 일반관리비는 순공사비의 6[%]를 적용한다.
4) 이윤은 (노무비+기타경비+일반관리비)의 10[%]를 적용한다.
5) 부가가치세는 (순공사비+일반관리비+이윤)의 10[%]를 적용한다.
6) 간접재료비는 적용하지 않는다.

(9) 계산 :   답 :
(10) 계산 :   답 :
(11) 계산 :   답 :
(12) 계산 :   답 :
(13) 계산 :   답 :
(14) 계산 :   답 :
(15) 계산 :   답 :

【표1】 전선관 배관   (단위 : m)

합성수지 전선관		후강 전선관		금속가요 전선관	
규격[mm]	내선전공	규격[mm]	내선전공	규격[mm]	내선전공
14[mm] 이하	0.04	–	–	–	–
16[mm] 이하	0.05	16[mm] 이하	0.08	16[mm] 이하	0.044
22[mm] 이하	0.06	22[mm] 이하	0.11	22[mm] 이하	0.059
28[mm] 이하	0.08	28[mm] 이하	0.14	28[mm] 이하	0.072
36[mm] 이하	0.10	36[mm] 이하	0.20	36[mm] 이하	0.087
42[mm] 이하	0.13	42[mm] 이하	0.25	42[mm] 이하	0.104
54[mm] 이하	0.19	54[mm] 이하	0.34	54[mm] 이하	0.136
70[mm] 이하	0.28	70[mm] 이하	0.44	70[mm] 이하	0.156
82[mm] 이하	0.37	82[mm] 이하	0.54	–	–
92[mm] 이하	0.45	92[mm] 이하	0.60	–	–
104[mm] 이하	0.46	104[mm] 이하	0.71	–	–
125[mm] 이하	0.51	–	–	–	–

① 콘크리트 매입 기준
② 블록벽체 및 철근콘크리트 노출은 120[%], 목조건물은 110[%], 철강조노출은 125[%], 조적 후 배관 및 건축방음재(150[mm] 이상)내 배관 시 130[%]

③ 기설콘크리트 노출 공사 시 앵커볼트를 매입할 경우 앵커 볼트 설치품은 5-29 옥내 잡공사에 의하여 별도 계상하고 전선관 설치품은 매입품으로 계상
④ 천정속, 마루밑 공사 130[%]
⑤ 관의 절단, 나사내기, 구부리기, 나사조임, 관내청소, 관통시험 포함
⑥ 계장 배관공사도 이 품에 준함

【표2】 박스(BOX) 설치

종별	내선전공
Concrete Box	0.12
Outlet Box	0.20
Switch Box(2개용 이하)	0.20
Switch Box(3개용 이상)	0.25
노출형 Box(콘크리트 노출기준)	0.29
플로어 박스	0.20
연결용 박스	0.04

① 콘크리트 매입 기준
② Box위치의 먹줄치기, 첨부커버 포함
③ 블록벽체 및 철근콘크리트 노출은 120[%], 목조건물은 110[%], 철강조 노출은 125[%], 조적 후 배관 및 건축방음재(150[mm] 이상)내 배관 시 130[%]
④ 방폭형 및 방수형 300[%]
⑤ 천정속, 마루밑은 130[%]
⑥ 공동주택 및 교실 등과 같이 동일 반복공정으로 비교적 쉬운 공사의 경우는 90[%]
⑦ 접지도체 연결(Earth Bonding)은 나동선 1.6[mm]~2.0[mm]를 감아서 연결하는 것을 기준으로, 전선관 70[mm] 이하는 개소 당 내선 전공 0.01인, 70[mm] 초과는 개소당 내선전공 0.02인 계상하며, 접지클램프 사용 시는 "3-38 접지공사"의 접지클램프 품 적용
⑧ 기타 할증은 전선관 배관 준용
⑨ 철거 30[%]

【표3】 옥내배선

(단위 : m, 직종 : 내선전공)

규격	관내배선
6[mm^2] 이하	0.010
16[mm^2] 이하	0.023
38[mm^2] 이하	0.031
50[mm^2] 이하	0.043
60[mm^2] 이하	0.052
70[mm^2] 이하	0.061
100[mm^2] 이하	0.064
120[mm^2] 이하	0.077
150[mm^2] 이하	0.088
200[mm^2] 이하	0.107
250[mm^2] 이하	0.130
300[mm^2] 이하	0.148
325[mm^2] 이하	0.160
400[mm^2] 이하	0.197

① 관내배선 기준. 애자공사 은폐공사는 150[%], 노출 및 그리드애자공사는 200[%], 직선 및 분기접속 포함
② 관내배선 바닥공사는 80[%]
③ 관내배선 품에는 도입선 넣기 품 포함, 천정 금속덕트 내 공사는 200[%], 바닥붙임 덕트 내 공사는 150[%], 금속 및 pvc 몰딩 공사는 130[%]
④ 옥내케이블 관내배선은 5-11 전력케이블 구내설치 준용
⑤ 철거 30[%]

【표4】 배선기구 설치
(가) 콘센트류

종별	2P	3P	4P
콘센트 15[A]	0.065	0.095	0.10
콘센트(접지극부) 15[A]	0.08	-	-
콘센트(접지극부) 20[A]	0.085	-	-
콘센트(접지극부) 30[A]	0.11	0.145	0.15
플로어 콘센트 15[A]	0.096	-	-
플로어 콘센트 20[A]	0.096	-	-
하이텐슌(로우텐슌)	0.096	-	-

① 매입 설치기준, 노출설치 120[%]
② 방폭형 200[%]
③ System Box내에 설치되는 콘센트는 하이텐슌(로우텐슌) 적용
④ 철거 30[%], 재사용 철거 50[%]

(나) 스위치류
(단위 : 개)

종류	내선전공
텀플러 스위치 단로용	0.085
텀플러 스위치 3로용	0.085
텀플러 스위치 4로용	0.10
풀스위치	0.10
푸시버튼	0.065
리모콘 스위치	0.07
리모콘 셀렉터 스위치 (6L) 이하	0.33
리모콘 셀렉터 스위치 (12L) 이하	0.59
리모콘 셀렉터 스위치 (18L) 이하	0.97
리모콘 릴레이(1P)	0.12
리모콘 릴레이(2P)	0.16
리모콘 트랜스	0.20
표시등	0.10
자동점멸기(광전식)	0.19
자동점멸기(컴퓨터식)	0.21
조광스위치(IL용 400[W])	0.11
조광스위치(IL용 800[W])	0.13
조광스위치(IL용 1,500[W])	0.15
조광스위치(FL용 8[A])	0.13
조광스위치(FL용 15[A])	0.15
타임스위치	0.20
타임스위치(현관 등의 소등지연용)	0.065

① 매입설치 기준, 노출설치 시 120[%]
② 방폭 200[%]
③ 철거 30[%], 재사용 철거 50[%]

【표5】 형광등기구 설치 (단위 : 등, 적용직종 : 내선전공)

종별	직부형	펜던트형	매입 및 반매입형
10[W] 이하 × 1	0.123	0.150	0.182
20[W] 이하 × 1	0.141	0.168	0.214
20[W] 이하 × 2	0.177	0.2145	0.273
20[W] 이하 × 3	0.223	-	0.335
20[W] 이하 × 4	0.323	-	0.489
30[W] 이하 × 1	0.150	0.177	0.227
30[W] 이하 × 2	0.189	-	0.310
40[W] 이하 × 1	0.223	0.268	0.340
40[W] 이하 × 2	0.277	0.332	0.418
40[W] 이하 × 3	0.359	0.432	0.545
40[W] 이하 × 4	0.468	-	0.710
110[W] 이하 × 1	0.414	0.495	0.627
110[W] 이하 × 1	0.505	0.601	0.764

① 하면 개방형 기준임. 루버 또는 아크릴 커버형일 경우 해당등기구 설치 품의 110[%]
② 등기구 조립·설치, 결선, 지지금구류 설치, 장내 소운반 및 잔재 정리 포함
③ 매입 또는 반매입 등기구의 천정 구멍뚫기 및 취부테 설치 별도 가산
④ 매입 및 반매입 등기구에 등기구 보강대를 별도로 설치할 경우 이 품의 20[%] 별도 계상
⑤ 광천정 방식은 직부형 품 적용
⑥ 방폭형 200[%]
⑦ 높이 1.5[m] 이하의 Pole형 등기구는 직부형 품의 150[%] 적용(기초내 설치 별도)
⑧ 형광등 안정기 교환은 해당 등기구 신설품의 110[%]. 다만, 펜던트형은 90[%]
⑨ 아크릴간판의 형광등 안정기 교환은 매입형 등기구 설치 품의 120[%]
⑩ 공동주택 및 교실 등과 같이 동일 반복공정으로 비교적 쉬운 공사의 경우는 90[%]

Answer

가.
(1) 답 : 12
(2) 답 : 1
(3) 계산 : $12 \times 30,000 + 1 \times 10,000 + 195 \times 2,000 + 62 \times 3,000 + 12 \times 1,000 + 1 \times 1,000$
   $= 959,000[원]$　　　　　　　　　　　　　　　　　　　답 : 959,000[원]

나.
(4) 0.277[인]
(5) 0.085[인]
(6) 0.010[인]
(7) 0.05[인]
(8) 계산 : $(12 \times 0.277 + 1 \times 0.085 + 195 \times 0.010 + 62 \times 0.05 + 12 \times 0.2 + 1 \times 0.2) \times 150,000$
   $= 1,658,850[원]$　　　　　　　　　　　　　　　　　답 : 1,658,850[원]

다.
(9) 계산 : $1,658,850 \times 0.09 = 149,296.5[원]$　　　　　답 : 149,296[원]

(10) 계산 : $(959{,}000 + 1{,}658{,}850 + 149{,}296) \times 0.05 = 138{,}357.33$[원]   답 : 138,357[원]
(11) 계산 : $959{,}000 + 1{,}658{,}850 + 149{,}296 + 138{,}357 = 2{,}905{,}503$[원]   답 : 2,905,503[원]
(12) 계산 : $2{,}905{,}503 \times 0.06 = 174{,}330.18$[원]   답 : 174,330[원]
(13) 계산 : $(1{,}658{,}850 + 149{,}296 + 138{,}357 + 174{,}330) \times 0.1 = 212{,}083.3$[원]   답 : 212,083[원]
(14) 계산 : $(2{,}905{,}503 + 174{,}330 + 212{,}083) \times 0.1 = 329{,}191.6$[원]   답 : 329,191[원]
(15) 계산 : $2{,}905{,}503 + 174{,}330 + 212{,}083 + 329{,}191 = 3{,}621{,}107$[원]   답 : 3,621,107[원]

Explanation

나. (4)

【표5】 형광등기구 설치   (단위 : 등, 적용직종 : 내선전공)

종별	직부형	펜단트형	매입 및 반매입형
10[W] 이하 × 1	0.123	0.150	0.182
20[W] 이하 × 1	0.141	0.168	0.214
20[W] 이하 × 2	0.177	0.2145	0.273
20[W] 이하 × 3	0.223	–	0.335
20[W] 이하 × 4	0.323	–	0.489
30[W] 이하 × 1	0.150	0.177	0.227
30[W] 이하 × 2	0.189	–	0.310
40[W] 이하 × 1	0.223	0.268	0.340
40[W] 이하 × 2	0.277	0.332	0.418
40[W] 이하 × 3	0.359	0.432	0.545
40[W] 이하 × 4	0.468	–	0.710
110[W] 이하 × 1	0.414	0.495	0.627
110[W] 이하 × 1	0.505	0.601	0.764

(5)

【표4】 배선기구 설치

(가) 콘센트류

종별	2P	3P	4P
콘센트 15[A]	0.065	0.095	0.10
콘센트(접지극부) 15[A]	0.08	–	–
콘센트(접지극부) 20[A]	0.085	–	–
콘센트(접지극부) 30[A]	0.11	0.145	0.15
플로어 콘센트 15[A]	0.096	–	–
플로어 콘센트 20[A]	0.096	–	–
하이텐숀(로우텐숀)	0.096	–	–

① 내입 설치기준, 노출설치 120[%]
② 방쏙형 200[%]
③ System Box내에 설치되는 콘센트는 하이텐숀(로우텐숀) 적용
④ 철거 30[%], 재사용 철거 50[%]

(나) 스위치류   (단위 : 개)

종류	내선전공
텀플러 스위치 단로용	0.085
텀플러 스위치 3로용	0.085
텀플러 스위치 4로용	0.10
풀스위치	0.10
푸시버튼	0.065
리모콘 스위치	0.07

리모콘 셀렉터 스위치 (6L) 이하	0.33
리모콘 셀렉터 스위치 (12L) 이하	0.59
리모콘 셀렉터 스위치 (18L) 이하	0.97
리모콘 릴레이(1P)	0.12
리모콘 릴레이(2P)	0.16
리모콘 트랜스	0.20
표시등	0.10
자동점멸기(광전식)	0.19
자동점멸기(컴퓨터식)	0.21
조광스위치(IL용 400[W])	0.11
조광스위치(IL용 800[W])	0.13
조광스위치(IL용 1,500[W])	0.15
조광스위치(FL용 8[A])	0.13
조광스위치(FL용 15[A])	0.15
타임스위치	0.20
타임스위치(현관 등의 소등지연용)	0.065

(6)

【표3】 옥내배선　　　　　　　　　　　　　　　　　　　(단위 : m, 직종 : 내선전공)

규격	관내배선
6[mm^2] 이하	0.010
16[mm^2] 이하	0.023
38[mm^2] 이하	0.031
50[mm^2] 이하	0.043
60[mm^2] 이하	0.052
70[mm^2] 이하	0.061
100[mm^2] 이하	0.064
120[mm^2] 이하	0.077
150[mm^2] 이하	0.088
200[mm^2] 이하	0.107
250[mm^2] 이하	0.130
300[mm^2] 이하	0.148
325[mm^2] 이하	0.160
400[mm^2] 이하	0.197

(7)

【표1】 전선관 배관　　　　　　　　　　　　　　　　　　　　　　　　　(단위 : m)

합성수지 전선관		후강 전선관		금속가요 전선관	
규격[mm]	내선전공	규격[mm]	내선전공	규격[mm]	내선전공
14[mm] 이하	0.04	–	–	–	–
16[mm] 이하	0.05	16[mm] 이하	0.08	16[mm] 이하	0.044
22[mm] 이하	0.06	22[mm] 이하	0.11	22[mm] 이하	0.059
28[mm] 이하	0.08	28[mm] 이하	0.14	28[mm] 이하	0.072
36[mm] 이하	0.10	36[mm] 이하	0.20	36[mm] 이하	0.087
42[mm] 이하	0.13	42[mm] 이하	0.25	42[mm] 이하	0.104
54[mm] 이하	0.19	54[mm] 이하	0.34	54[mm] 이하	0.136
70[mm] 이하	0.28	70[mm] 이하	0.44	70[mm] 이하	0.156
82[mm] 이하	0.37	82[mm] 이하	0.54	–	–
92[mm] 이하	0.45	92[mm] 이하	0.60	–	–
104[mm] 이하	0.46	104[mm] 이하	0.71	–	–
125[mm] 이하	0.51	–	–	–	–

전기공사산업기사 실기

과년도 기출문제

2017

- 2017년 제 01회
- 2017년 제 02회
- 2017년 제 04회

2017년 과년도 기출문제에 대한 출제 빈도 분석 차트입니다.
각 회차별로 별의 개수를 확인하고 학습에 참고하기 바랍니다.

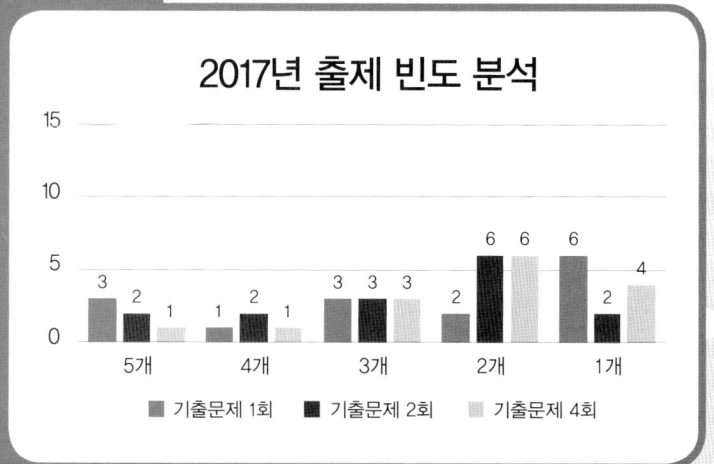

2017년 전기공사산업기사 실기

BEST 01 ★★★★★ (5점)
변전실의 위치 선정 조건을 5가지만 적으시오.

Answer
① 부하 중심에 가까울 것
② 인입선의 인입이 쉽고 보수유지 및 점검이 용이한 곳
③ 간선 처리 및 증설이 용이한 곳
④ 기기 반·출입에 지장이 없을 것
⑤ 침수, 기타 재해 발생의 우려가 적은 곳

Explanation
- 화재, 폭발 위험성이 적을 것
- 습기, 먼지가 적은 곳
- 열해, 유독가스의 발생이 적을 것
- 발전기, 축전지실이 가급적 인접한 곳
- 장래부하 증설에 대비한 면적 확보가 용이한 곳
- 기기 높이에 대하여 천장 높이가 충분한 곳
- 채광 및 통풍이 잘되는 곳

02 ★★★☆☆ (4점)
그림과 같이 영상 변류기를 당해 케이블의 전원 측에 설치하는 경우, 케이블 차폐층의 접지도체는 어떻게 시설하는 것이 옳은지 접지도체를 그리시오. 단, 케이블의 거리는 100[m]이다.

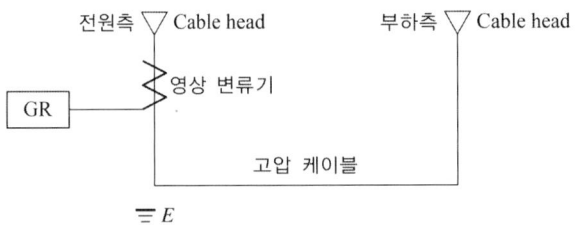

Answer

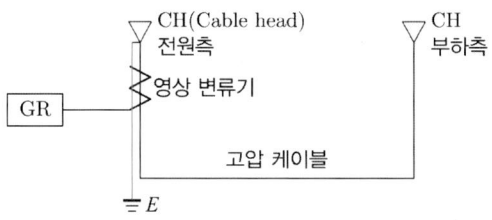

Explanation

케이블 차폐 접지

(1) ZCT를 전원측에 설치 시 전원측 케이블 차폐의 접지는 ZCT를 관통시켜 접지한다.

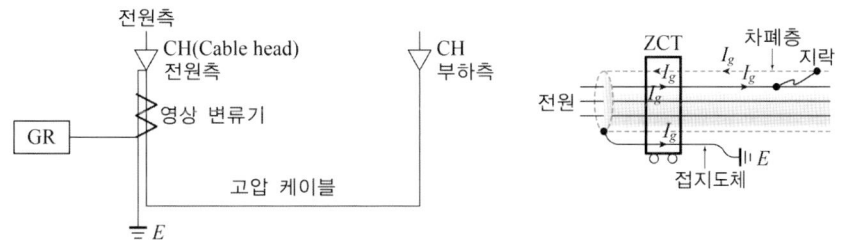

접지도체를 ZCT 내로 관통시켜야만 ZCT는 지락전류 I_g를 검출할 수 있다.

$I_g - I_g + I_g = I_g$

(2) ZCT를 부하측에 설치 시 케이블 차폐의 접지는 ZCT를 관통시키지 않고 접지한다.

접지도체를 ZCT 내로 관통시키지 않아야 지락전류 I_g를 검출할 수 있다.

03 ★★☆☆☆ (5점)
예비전원설비로 사용중인 축전지의 충전방식 3가지만 적으시오.

Answer

① 부동충전 방식
② 균등충전 방식
③ 급속충전 방식

> **Explanation**

축전지 충전방식의 종류

① 부동충전 : 축전지의 자기 방전을 보충함과 동시에 사용 부하에 대한 전력 공급은 충전기가 부담하도록 하되 충전기가 부담하기 어려운 일시적인 대전류 부하는 축전지로 하여금 부담하게 하는 방식이다.
② 균등충전 : 부동충전 방식에 의하여 사용할 때 각 전해조에서 일어나는 전위차를 보정하기 위하여 1~3개월마다 1회씩 정전압으로 10~12시간 충전하여 각 전해조의 용량을 균일화하기 위한 방식이다.
③ 급속충전 : 비교적 단시간에 보통 전류의 2~3배의 전류로 충전하는 방식이다.
④ 보통충전 : 필요할 때마다 표준 시간율로 소정의 충전을 하는 방식이다.
⑤ 세류충전 : 자기 방전량만을 항시 충전하는 부동충전 방식의 일종이다.

04 ★★★★☆ (4점)

최대 전류 40[A]의 특고압 수전의 변류기가 60/5[A]로 되어 있다. 최대 전류의 1.2배에서 차단기가 동작되는 경우 과전류 계전기의 전류를 구하고 전류 탭을 선정하시오. 단, 과전류 계전기의 전류 탭은 4[A], 5[A], 6[A], 7[A], 8[A], 10[A], 12[A]로 되어 있다.

• 계산 :
• 답 :

> **Answer**

계산 : $I_t = 40 \times \dfrac{5}{60} \times 1.2 = 4[\text{A}]$

답 : 4[A]

> **Explanation**

과전류 계전기의 전류탭

OCR tap = 1차 전류 $\times \dfrac{1}{CT\text{비}} \times$ 탭 정정배수

BEST 05 ★★★★★ (5점)

분전반에서 40[m]의 거리에 3[kW]의 교류 단상 220[V](2선식) 전열기를 설치하여 전압강하를 2[%] 이내가 되도록 하기 위한 전선의 굵기를 계산하고 선정하시오.

• 계산 :
• 답 :

> **Answer**

계산 : $A = \dfrac{35.6 LI}{1,000 \cdot e} = \dfrac{35.6 \times 40 \times \dfrac{3,000}{220}}{1,000 \times 220 \times 0.02} = 4.41[\text{mm}^2]$

답 : 6[mm²]

Explanation

전압강하 및 전선의 단면적 계산

전기 방식	전압 강하		전선 단면적	대상 전압강하
단상 3선식 직류 3선식 3상 4선식	IR	$e = \dfrac{17.8LI}{1,000A}$	$A = \dfrac{17.8LI}{1,000e}$	대지와 선간
단상 2선식 직류 2선식	$2IR$	$e = \dfrac{35.6LI}{1,000A}$	$A = \dfrac{35.6LI}{1,000e}$	선간
3상 3선식	$\sqrt{3}\,IR$	$e = \dfrac{30.8LI}{1,000A}$	$A = \dfrac{30.8LI}{1,000e}$	선간

여기서, e : 전압강하 [V], A : 사용전선의 단면적 [mm^2]
L : 선로의 길이 [m], C : 전선의 도전율(97 [%])

KSC-IEC 전선 규격

전선의 공칭단면적 [mm^2]			
1.5	16	95	300
2.5	25	120	400
4	35	150	500
6	50	185	630
10	70	240	

06 아래 그림은 어느 건축물 옥외의 수변전설비 단선결선도이다. 수변전설비를 신설하고자 할 경우 질문에 답하시오. (30점)

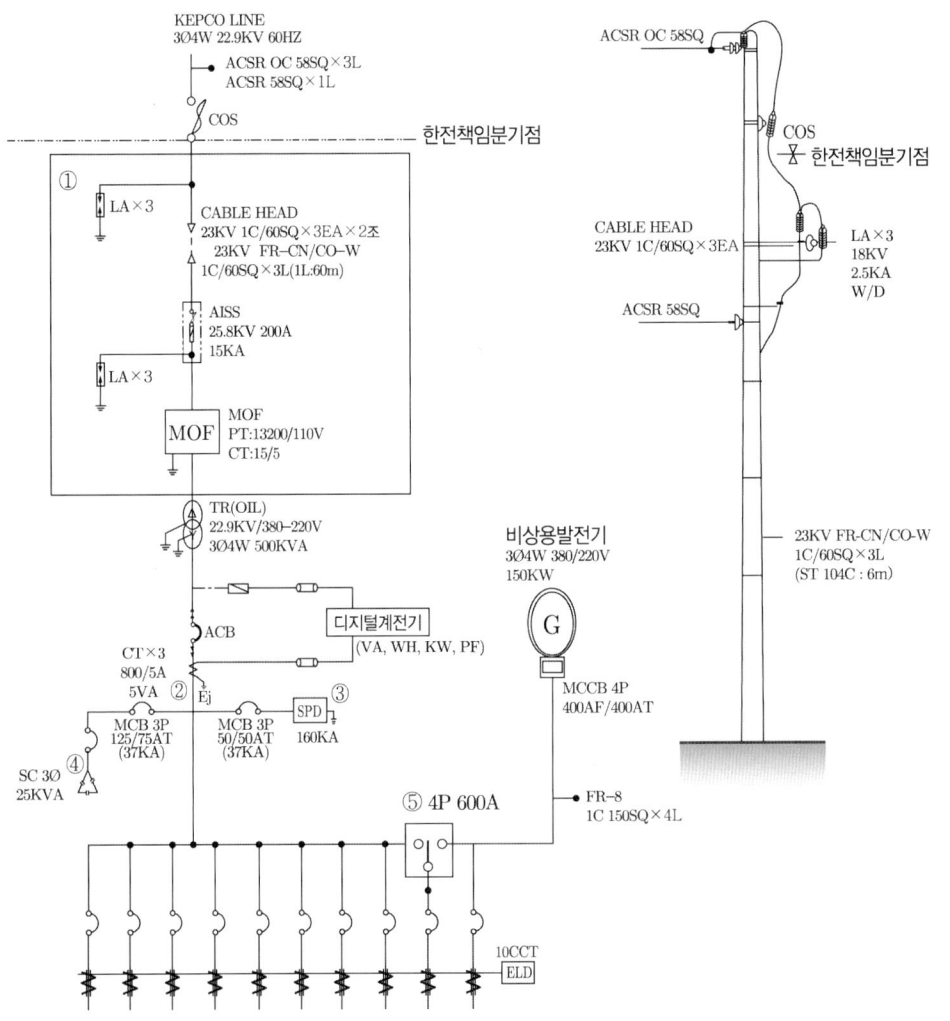

【유의사항】
1. 참고자료가 필요할 경우 참고 자료를 이용하시오.
2. 공량산출에는 할증을 적용하지 않는다.
3. 질문 외의 것은 모두 무시하시오.

【표1】전력케이블의 설치 (단위 : [km])

PVC 고무절연 외장케이블류		케이블전공	보통인부
저압 6[mm^2] 이하 단심		4.62	4.62
10	〃	4.84	4.84
16	〃	5.28	5.28
25	〃	6.09	6.09
35	〃	6.58	6.58
50	〃	7.32	7.32
70	〃	8.46	8.46
120	〃	11.58	11.58
185	〃	15.33	15.33
240	〃	18.50	18.50
300	〃	21.55	21.55

[해설]
① 600[V] 케이블 기준, 드럼 다시감기 소운반품 포함
② 지하관내 부설기준, Cu, Al 도체 공용
③ 트라프 내 설치 110[%], 2심 140[%], 3심 200[%], 4심 260[%], 직매(장애물이 없을 때) 80[%]
④ 가공케이블(조가선 및 Hanger품 불포함) 130[%], 가로수 또는 수목과 접촉하여 설치 시 120[%]
⑤ 단말처리, 직선접속 및 접지공사 불포함(600[V] 10[mm^2] 이하의 단말처리 및 직선 접속 포함)
⑥ 관내 기설케이블 정리가 필요할 때는 10[%] 가산
⑦ 8자 포설은 본 품의 115[%] 적용
⑧ 케이블만의 임시부설 30[%] 적용
⑨ 터파기, 되메우기, 트라프관 설치는 별도 계상
⑩ 2열 동시 180[%], 3열 260[%], 4열 340[%], 4열 초과 시 1열당 80[%] 가산, 수저부설 200[%] 가가 적용
⑪ 관로식에서 단심케이블을 동일 공내에서 2조 이상 포설 시 1조 추가마다 80[%] 가산
⑫ 배전전력케이블 포설 시 구내부설부문 전력케이블은 150[%]
⑬ 적용 전압에 대한 가산율
   3.3[kV] ~ 6.6[kV]   15[%] 가산
   22.9[kV] 이하   30[%] 가산
   66[kV] 이하   80[%] 가산
⑭ 사용케이블의 공칭전압에 따라 케이블전공 직종을 구분 적용
⑮ 철거 50[%], 재사용 드럼감기 철거 100[%]

【표2】전력케이블의 단말처리 (단위 : 개소, 적용직종 : 케이블전공)

규격	600[V] 이하			700[V] 이하			25,000[V] 이하		66[kV] 이하	
	1C	2C	3C	1C	2C	3C	1C	3C	1C	3C
10[mm²] 이하	–	–	–	0.35	0.47	0.58	–	–	–	–
16[mm²] 이하	0.27	0.36	0.45	0.39	0.53	0.65	–	–	–	–
25[mm²] 이하	0.33	0.46	0.56	0.48	0.65	0.81	–	–	–	–
35[mm²] 이하	0.36	0.48	0.60	0.55	0.73	0.91	0.67	1.12	–	–
50[mm²] 이하	0.40	0.53	0.67	0.61	0.85	10.7	0.76	1.26	–	–
70[mm²] 이하	0.47	0.61	0.76	0.71	0.98	1.22	0.86	1.43	3.13	5.25
95[mm²] 이하	0.50	0.67	0.84	0.76	–	1.27	0.93	1.55	–	–
120[mm²] 이하	0.57	0.76	0.95	0.83	–	1.38	1.00	1.68	–	–
185[mm²] 이하	0.68	0.91	1.13	1.06	–	1.76	1.21	1.90	–	–

[해설]
① 케이블 헤드를 포함한 단말처리 기준
② 압착단자만으로 단말처리 시는 30[%]
③ 제어, 신호용 케이블의 단말처리는 제외
④ 4C는 3C의 120[%]
⑤ 케이블 재사용 해체 철거 70[%]
⑥ 구내 설치 시 20[%] 가산

【표3】전기재료의 할증률 및 철거손실률

종류	할증률[%]	철거손실률[%]
옥외전선	5	2.5
옥내전선	10	–
cable(옥외)	3	1.5
cable(옥내)	5	–
전선관(옥외)	5	–
전선관(옥내)	10	–

[해설]
철거손실률이란 전기설비공사에서 철거작업 시 발생하는 폐자재를 환입할 때 재료의 파손, 손실, 망실 및 일부 부식 등에 의한 손실률을 말함

(1) 도면에서 ①의 물량 및 공량을 산출하시오.

품명	규격	단위	자재소계	할증량	자재총계	특고압 케이블공		내선전공	
						단위공량	공량계	단위공량	공량계
강제전선관	아연도(ST) 104C	[m]	Ⓐ						
22.9[kV] 동심중성선 수밀형 저독성 난연 전력케이블	FR-CN/CO-W 1C 60[mm²]	[m]	Ⓑ	Ⓒ	Ⓓ	Ⓔ	Ⓕ		
케이블단말처리제	23[kV] 1/C 60[mm²]	[EA]	Ⓖ			Ⓗ	Ⓘ		
LA(W/DISCONN.)	18[kV] 2.5[kA]	[EA]	Ⓙ						

(2) 도면에서 ②의 변류기이다. 변류기의 사양에서 5[VA]는 무엇인지 쓰시오.
(3) 도면에서 ③의 영어 약호는 SPD(Surge Protective Device)이다. 명칭을 우리나라 말로 석으시오.
(4) 도면에서 ④의 전력용 콘덴서의 설치 목적은 무엇이지 적으시오.
(5) 도면에서 ⑤의 영어 약호와 역할을 쓰시오.
- 약호 :
- 역할 :

Answer

(1)
Ⓐ	6	Ⓑ	180	Ⓒ	5.4	Ⓓ	185.4
Ⓔ	8.46	Ⓕ	1.98	Ⓖ	6	Ⓗ	0.86
Ⓘ	5.16	Ⓙ	6				

(2) 정격부담으로 변류기 2차 측에 시설할 수 있는 부하의 한도[VA]
(3) 서지보호장치
(4) 부하의 역률 개선
(5) • 약호 : ATS(전환개폐기)
  • 역할 : 상시전원 정전 시 상시전원에서 예비전원으로 전환하는 경우에 사용되는 개폐기

Explanation

(1) ① 강제전선관 : 아연도(ST)104C
그림에서 6[m]

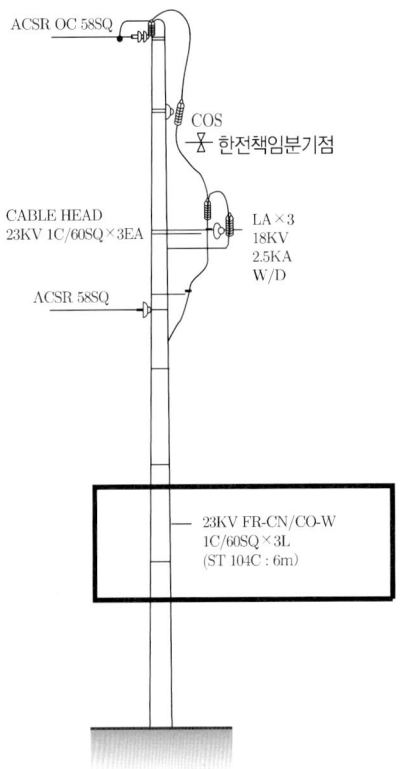

② 22.9[kV] 동심중성선 수밀형 저독성 난연 전력케이블(FR-CN/CO-W 1C 60[mm^2])
- 자재 공량
  전선량 : 60[m]×3＝180[m]
  전선 할증량 : 180×0.03＝5.4[m]
  전선 총량 : 180＋5.4＝185.4
- 인공(케이블공 공량)
  특고압케이블공 : $8.46 \times \dfrac{180}{1,000} \times 1.3 = 1.98$

【표3】 전기재료의 할증률 및 철거손실률

종류	할증률[%]	철거손실률[%]
옥외전선	5	2.5
옥내전선	10	-
cable(옥외)	3	1.5
cable(옥내)	5	-
전선관(옥외)	5	-
전선관(옥내)	10	-

【표1】 전력케이블의 설치   (단위 : [km])

PVC 고무절연 외장케이블류	케이블전공	보통인부
저압 6[mm²] 이하 단심	4.62	4.62
10 〃	4.84	4.84
16 〃	5.28	5.28
25 〃	6.09	6.09
35 〃	6.58	6.58
50 〃	7.32	7.32
70 〃	8.46	8.46

적용 전압에 대한 가산율
3.3[kV]~6.6[kV] 15[%] 가산
22.9[kV] 이하   30[%] 가산
66[kV] 이하   80[%] 가산

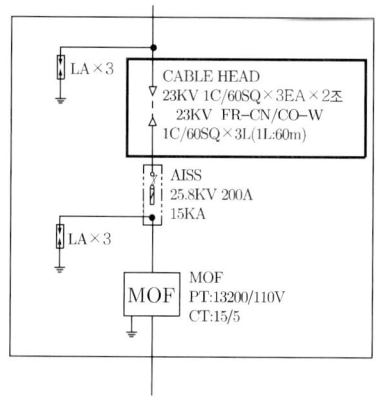

③ 케이블단말처리제(23[kV] 1/C 60[mm²])
자재 : 1C×3×2=6[EA]

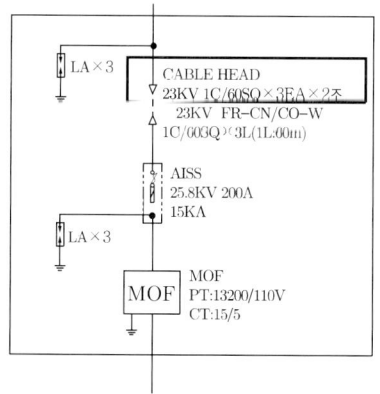

특고압 케이블공 : 0.86×6=5.16

【표2】 전력케이블의 단말처리   (단위 : 개소, 적용직종 : 케이블전공)

규격	600[V] 이하			700[V] 이하			25,000[V] 이하	
	1C	2C	3C	1C	2C	3C	1C	3C
10[mm²] 이하	–	–	–	0.35	0.47	0.58	–	–
16[mm²] 이하	0.27	0.36	0.45	0.39	0.53	0.65	–	–
25[mm²] 이하	0.33	0.46	0.56	0.48	0.65	0.81	–	–
35[mm²] 이하	0.36	0.48	0.60	0.55	0.73	0.91	0.67	1.12
50[mm²] 이하	0.40	0.53	0.67	0.61	0.85	10.7	0.76	1.26
70[mm²] 이하	0.47	0.61	0.76	0.71	0.98	1.22	0.86	1.43

④ LA(W/DISCONN.) 18[kV] 2.5[kA] : 6[EA]

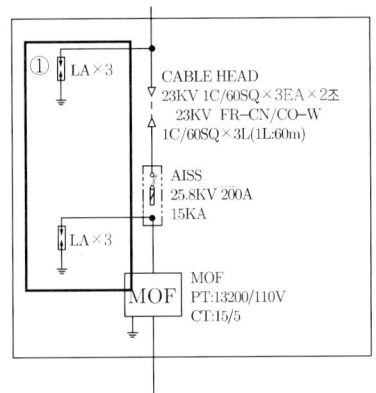

(2) 정격부담[VA] : 변류기 2차 측에 설치할 수 있는 부하의 한도
(3) (내선규정 4.168-7) 전환개폐기의 설치
   상시전원이 정전 시에는 상시전원에서 예비전원으로 전환하는 경우에 그 접속하는 부하 및 배선이 동일한 경우는 양전원의 접속점에 전환개폐기를 사용하여야 한다.
   전환개폐기는 예비전원에서 공급하는 전력이 상시 선로에 송전되지 않도록 시설하여야 한다.

BEST 07 ★★★★★ (6점)
피뢰설비 방식을 3가지만 적으시오.

Answer

① 돌침 방식
② 케이지 방식
③ 수평도체 방식

Explanation

피뢰 방식의 기술
① 돌침방식 : 일반건축물 60° 이하 또는 위험물을 취급하는 건물 45° 이하 공중에 돌출하게 한 봉상(棒狀)금속체를 수뢰부로 하는 것

② 용마루위 도체 방식 : 일반건축물 60° 이하 또는 도체에서 수평거리 10[m] 이내 부분
③ 케이지(Cage)방식 : 건조물 주위를 피뢰도선으로 감싸는 방식으로 완전 보호되는 방식
④ 독립피뢰침
⑤ 독립 가공지선

08 다음 그림은 옥내 전등배선도의 일부를 표시한 것이다. ①~④까지의 전선수를 기입하시오. 단, 3로 스위치에 의해 L1, 단로 스위치에 의해 L2가 점멸되도록 하고 접지도체는 제외하고 최소 전선수만 기입한다. (4점)

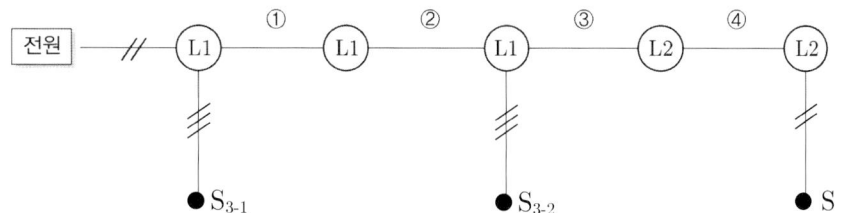

Answer

① 5
② 5
③ 2
④ 3

Explanation

배선실체도

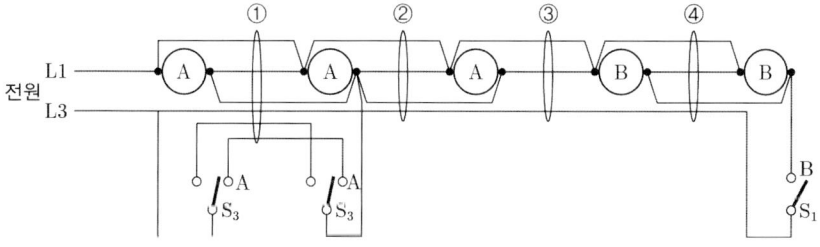

09 케이블 고장점 탐지법 중 전기적 사고점 탐지법의 하나로서 휘스톤 브리지의 원리를 이용하여 선로상의 고장점(1선 지락사고, 선간 지락사고)을 검출하는 방법은 무엇인지 적으시오.

(5점)

Answer

머레이루프법

Explanation

지중전선로 고장점 탐색법
① 머레이 루프법
  휘스톤 브리지의 원리 이용하는 방식

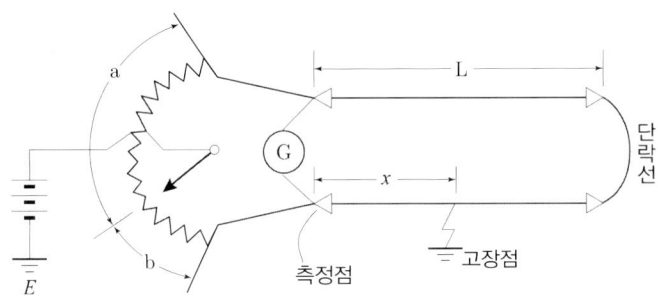

검류계에 전류가 흐르지 않으면 평형 상태이므로
$a \cdot x = b \cdot (2L - x)$
$\therefore x = \dfrac{b}{a+b} \times 2L \, [\text{m}]$

여기서, L : 선로의 전체 길이[m]
    x : 측정점에서 고장점까지의 거리[m]

② 수색코일법
  케이블의 한쪽에서 600[Hz] 정도의 단속 전류를 흘리고 지상에서는 수색코일에 증폭기와 수화기를 연결하여 케이블을 따라 고장점 탐색하는 방법

③ 정전용량법
  구조가 같은 케이블은 정전용량이 길이에 비례하는 것을 이용하여 고장점을 탐색하는 방법
  $L = 선로 긍장 \times \dfrac{C_x}{C_o}$

  여기서, C_x : 사고상의 사고점까지의 정전용량 측정치
      C_o : 건전상의 정전용량 측정

④ 펄스 레이더법
  케이블의 한쪽에서 펄스를 입사하면 케이블의 서지 임피던스가 급변하므로 입사파 일부는 고장점에서 되돌아오는 시간을 측정하여 고장점 탐색하는 방법

⑤ 음향법
  고장케이블에 고전압의 펄스를 보내어 고장점에서 발생하는 방전음을 이용하여 고장점 탐색하는 방법

10 매입 방법에 따른 건축화 조명 방식의 종류를 5가지만 쓰시오. (5점)

Answer

① 매입 형광등
② 다운 라이트
③ 핀홀(pin hole) 라이트
④ 코퍼(coffer) 라이트
⑤ 라인(line) 라이트

Explanation

매입 방법에 따른 건축화 조명 방식
① 매입 형광등
　하면 개방형, 하면 확산판 설치형, 반매입형 등
② 다운라이트(down light)
　천장면에 작은 구멍을 뚫어 조명기구를 매입하여 빛의 빔 방향을 아래로 유효하게 조명하는 방식
③ 핀홀(pin hole) 라이트
　다운라이트의 일종으로 아래로 조사되는 구멍을 적게 하거나 렌즈를 달아 복도에 집중 조사하는 방식
④ 코퍼(coffer) 라이트
　대형의 다운라이트라고도 볼 수 있으며 천장면을 둥글게 또는 사각으로 파내어 조명기구를 배치하여 조명하는 방법
⑤ 라인(line) 라이트
　매입 형광등 방식의 일종으로 형광등을 연속으로 배치하여 조명하는 방식

11 송전선로에서 3상 단락전류 계산방법을 3가지만 적으시오. (5점)

Answer

① 옴법
② 백분율법
③ 단위법

Explanation

3상 단락전류 계산법

① 옴법 : $I_s = \dfrac{E}{Z}$을 이용하여 단락전류 계산

② 백분율법 : $I_s = \dfrac{100}{\%Z} I_n$을 이용하여 단락전류 계산

③ 단위법 : $Z[\text{PU}] = \dfrac{I_n Z}{E}$을 이용하여 단락전류 계산

12 호텔의 부하밀도가 전등 30[VA/m²], 일반동력 40[VA/m²], 냉방 30[VA/m²]이고 면적이 20,000[m²]일 때 부하설비 용량[kVA]을 구하시오. (5점)

Answer

계산 : $P = (30 \times 20,000 + 40 \times 20,000 + 30 \times 20,000) \times 10^{-3}$
         $= 2,000 [\text{kVA}]$

답 : 2,000[kVA]

Explanation

부하상정 및 분기회로
부하의 상정
부하 설비 용량 $= PA + QB + C$
여기서, P : 건축물의 바닥 면적 [m²] (Q 부분 면적 제외)
       Q : 별도 계산할 부분의 바닥 면적 [m²]
       A : P 부분의 표준 부하 [VA/m²]
       B : Q 부분의 표준 부하 [VA/m²]
       C : 가산해야 할 부하 [VA]

13 폐쇄형 수·배전반(Metal Clad)의 구비 조건을 5가지만 쓰시오. (5점)

Answer

① 단위회로 구분마다 장치는 일괄하여 접지한 금속제 상자 내에 수납되어 있을 것
② 감시제어반을 열었을 때 주회로 충전부에 잘못해서 접촉될 수 있는 위험성이 없도록 고려할 것
③ 감시제어반 이면 및 인입단자대 등 보수를 필요로 하는 저압제어 회로를 안전하게 점검할 수 있을 것
④ 주회로의 주요 기기는 서로 접지한 금속 격벽 또는 절연격벽에 의해서 분리할 것
⑤ 주회로측과 감시제어반측과는 접지 금속 격벽에 의하여 각각 격리할 것
⑥ 주회로의 모선 접속선 및 접속부는 절연할 것

Explanation

폐쇄형 수·배전반(Metal Clad)
접지된 금속제 격벽에 의해 각각 구분된 Compartment 내에 각 기기가 배치된 금속 폐쇄형 Switchgear

14 대형 부표준기 계기의 등급을 0.2급이라 한다면, 휴대용계기(정밀급) 및 배전반용 소형계기의 등급을 적으시오. (4점)

(1) 휴대용계기(정밀급) :
(2) 배전반용 소형계기 :

Answer

(1) 휴대용계기(정밀급) : 0.5급
(2) 배전반용 소형계기 : 2.5급

Explanation

계기 등급(grade of meter)

등급별	허용차	용도
0.2급	±0.2[%]	부표준기(실험실용) 등
0.5급	±0.5[%]	정밀 측정용(휴대용 계기)
1.0급	±1.0[%]	소형 정밀용(소형 휴대용) 계기
1.5급	±1.5[%]	배전반용 계기(공업용 보통측정)
2.5급	±2.5[%]	정확함을 중시하지 않는 소형 계기(배전반 소형계기)

15 내선규정에서 규정하는 도로용 발열장치 설계 시 시설장소에 따른 설비 용량[W/m²]의 표준 범위를 적으시오. (8점)

시설장소	설비 용량[W/m²]
일반보도	①
차도	②
계단	③
보도연석	④

Answer

① 200 ~ 300
② 250 ~ 350
③ 300 ~ 350
④ 250 ~ 350

Explanation

(내선규정 4140-2) 도로용 발열장치에 관한 사항
1. 도로용 발열장치의 설계
   ① 소요전력의 용량
   단위 면적당의 소요전력은 기온·강설량·풍속·통전시간 등에 따라 다르나 다음의 값을 표준으로 하는 것이 적당하다

시설장소	설비 용량[W/m²]
일반보도	200 ~ 300
차도	250 ~ 350
계단	300 ~ 350
보도연석	250 ~ 350

【비고】 실제로는 기온의 차를 고려하여 적당한 값을 선정할 것

2017년 전기공사산업기사 실기

01 (5점)
건축전기설비에서 사용하는 것으로 PEN 선, PEM 선, PEL 선 중 보호도체와 중간선의 기능을 겸한 전선을 적으시오.

Answer

PEM 도체

Explanation

- PEN 도체 : 교류회로에서 중성선 겸용 보호도체
- PEM 도체 : 직류회로에서 중간선 겸용 보호도체
- PEL 도체 : 직류회로에서 선도체 겸용 보호도체

02 (3점)
네온관용 전선의 기호가 7.5[kV] N-RV일 경우 N, R, V는 각각 무엇을 의미하는지 적으시오.

- N :
- R :
- V :

Answer

- N : 네온전선
- R : 고무
- V : 비닐

Explanation

전선 약호
- N : 네온전선
- V : 비닐
- E : 폴리에틸렌
- R : 고무
- C : 클로로프렌

03 다음 그림은 고압 수전설비 진상콘덴서 접속 뱅크 결선도이다. 질문에 답하시오. (6점)

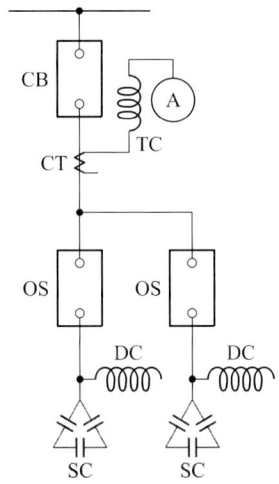

(1) 콘덴서 용량이 100[kVA] 이하인 경우 CB 대신 사용 가능한 개폐기를 적으시오.
(2) 콘덴서 용량이 50[kVA] 미만인 경우 OS 대신 사용 가능한 개폐기를 적으시오.

Answer

(1) OS(또는 인터럽트 스위치)
(2) COS(직결로 함)

Explanation

콘덴서 총 용량이 300[kVA] 이하의 경우 전류계를 생략할 때

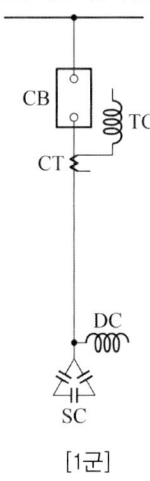

[1군]

콘덴서 총 용량이 300[kVA] 초과, 600[kVA] 이하의 경우

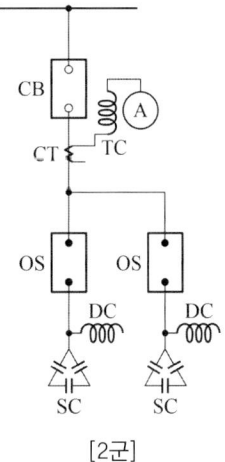

[2군]

콘덴서 총 용량이 600[kVA] 초과의 경우

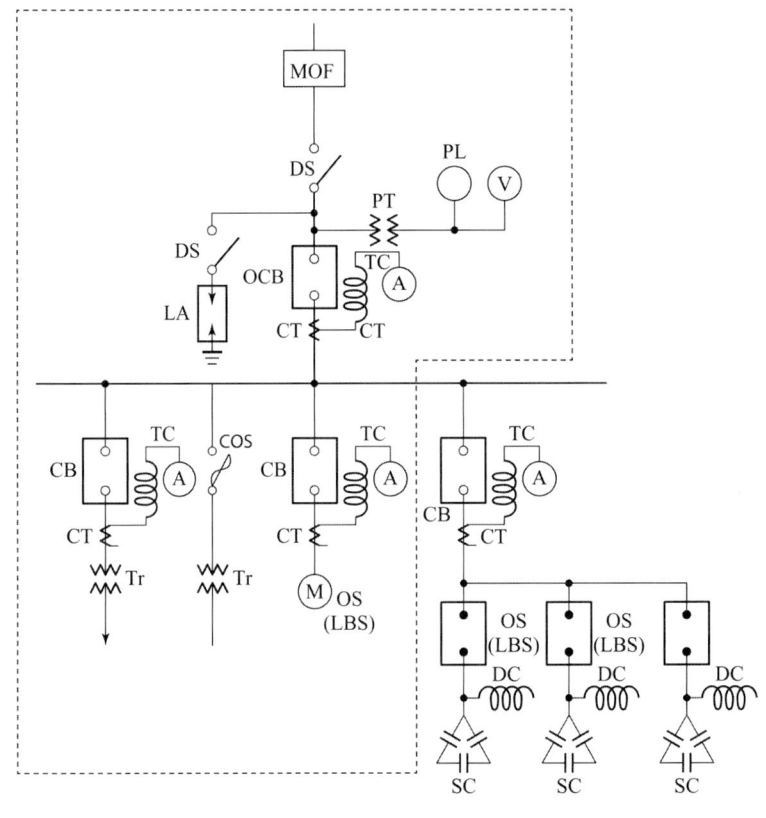

[3군]

【주】 콘덴서의 용량이 100[kVA] 이하인 경우에는 CB 대신 OS 또는 유사한 것(인터럽터 스위치 등)을 50[kVA] 미만의 경우에는 COS(직결로 함)를 사용할 수 있다.

04 접지극으로 사용할 수 있는 것을 3가지만 적으시오. (3점)

Answer

① 동판
② 동봉
③ 철봉

Explanation

(내선규정 1,445-7) 접지극

1. 매설 또는 타입(打込)식 접지극은 동판, 동봉, 철관, 철봉, 동복강판(銅覆鋼板), 탄소피복강봉, 탄소접지모듈 등을 사용하고 이들은 가급적 물기가 있는 장소와 가스, 산(酸) 등으로 인하여 부식될 우려가 없는 장소를 선정하여 지중에 매설하거나 타입하여야 한다.

2. 접지극은 다음 각 호를 원칙으로 한다.
   ① 동판을 사용하는 경우는 두께 0.7[mm] 이상 면적 900[cm^2] 편면(片面)이상의 것
   ② 동봉, 동피복강봉을 사용하는 경우는 지름 8[mm] 이상, 길이 0.9[m] 이상의 것
   ③ 철봉을 사용하는 경우는 지름 12[mm] 이상, 길이 0.9[m] 이상의 아연도금을 한 것
   ④ 철관을 사용하는 경우는 외경 25[mm] 이상, 길이 0.9[m] 이상의 아연도금가스철관 또는 후강(厚鋼)전선관일 것
   ⑤ 동복강판을 사용하는 경우는 두께 1.6[mm] 이상, 길이 0.9[m] 이상, 면적 250[cm^2](편면) 이상일 것
   ⑥ 탄소피복강봉을 사용하는 경우는 지름 8[mm] 이상의 강심이고 길이 0.9[m] 이상의 것
3. 접지도체와 접지극은 은납땜 기타 확실한 방법에 의해 접속하여야 한다.

05 전력계통에 일반적으로 사용되는 리액터의 설치 목적을 간단히 적으시오. (6점)

- 병렬 리액터 :
- 직렬 리액터 :
- 소호 리액터 :

Answer

- 병렬 리액터 : 페란티 현상의 방지
- 직렬 리액터 : 제5고조파 제거
- 소호 리액터 : 지락전류의 제한

Explanation

종류	사용 목적
분로(병렬) 리액터	페란티 현상의 방지
직렬 리액터	제5고조파 제거
소호 리액터	지락전류의 제한
한류 리액터	단락전류의 제한

BEST 06 축전지 설비의 구성요소를 4가지만 적으시오. (4점)

Answer

축전지, 충전 장치, 보안 장치, 제어 장치

Explanation

축전지 설비 : 축전지, 보안 장치, 제어 장치, 충전 장치

07 ★★☆☆☆ (3점)

송전 계통에 발생한 고장 때문에 일부 계통의 위상각이 커져서 동기를 벗어나려고 할 때 이것을 검출하고 그 계통을 분리하기 위해서 차단하지 않으면 안 될 경우에 사용하는 계전기를 적으시오.

Answer

탈조 보호 계전기

Explanation

탈조 보호 계전기(Out of step protective Relay)
송전 계통에 발생한 고장 때문에 일부 계통의 위상각이 커져서 동기를 벗어나려고 할 때 이것을 검출하고 그 계통을 분리하기 위해서 차단하기 위한 보호 계전기

08 ★★☆☆☆ (30점)

다음과 같은 전열 콘센트 평면도를 보고 질문에 답하시오.

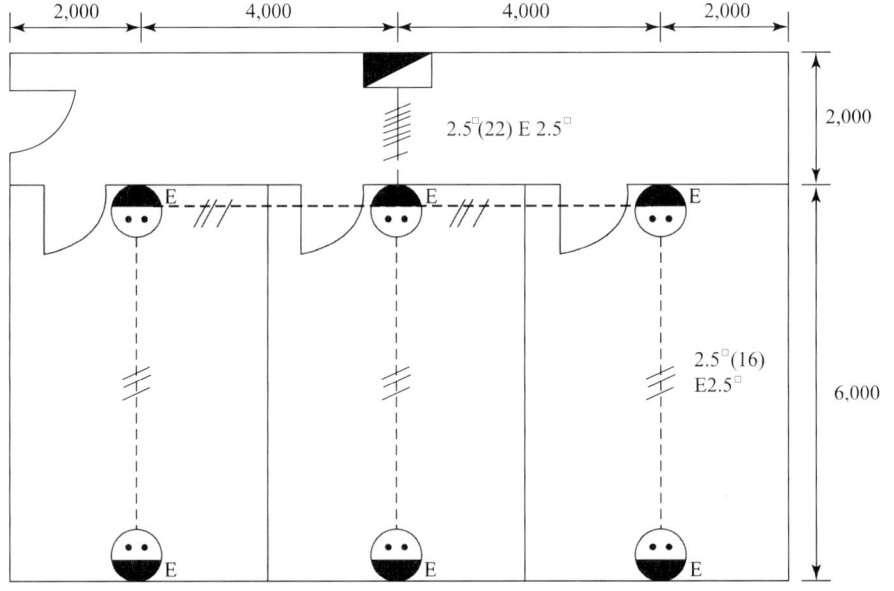

【조건】

1. 콘센트(15[A], 2구용)는 콘크리트에 매입하며, 높이는 바닥에서 30[cm]이다.
2. 분전반의 크기는 가로×세로×높이=300×600×100[mm]이며, 분전반 설치는 상단 1,800[mm]로 한다.
3. 선에 표시된 사선은 가닥수(접지도체 포함)를 표시한 것이다.
4. PVC 박스 내 전선의 여장은 10[cm]로 하며, 분전반의 여장은 30[cm]로 한다.
5. 전선관은 합성수지전선관을 적용한다.
6. 전선의 규격은 HFIX 2.5[mm^2]를 적용한다.
7. 도면에서 위첨자 '□'은 단위 [mm^2]를 표시한 것이다.
8. 전선 및 전선관의 재료할증률은 5[%]를 적용한다.
9. 제시된 자료 이외에는 고려하지 않는다.
10. 간접 노무비는 직접 노무비의 10[%]를 적용한다.
11. 재료의 할증에 대해서는 공량을 적용하지 않는다.
12. 계산은 소수점 셋째자리에서 반올림하여 둘째자리까지 산출한다.

5-1 전선관 배관

(단위 : [m])

합성수지 전선관		후강 전선관		금속가요 전선관	
규격	내선전공	규격	내선전공	규격	내선전공
14[mm] 이하	0.04	–	–	–	–
16[mm] 이하	0.05	16[mm] 이하	0.08	16[mm] 이하	0.044
22[mm] 이하	0.06	22[mm] 이하	0.11	22[mm] 이하	0.059
28[mm] 이하	0.08	28[mm] 이하	0.14	28[mm] 이하	0.072

5-3 박스(BOX) 설치 및 5-23 배선기구 설치(콘센트류)

(단위 : 개)

종별	내선전공
Concrete Box	0.12
Outlet Box	0.20
Switch Box(2개용 이하)	0.20
콘센트 2P 15[A]	0.065
콘센트(접지극부) 2P 15[A]	0.080

5-10 옥내배선(관내배선)

(단위 : [m])

규격	내선전공
6[mm^2] 이하	0.010
16[mm^2] 이하	0.023
38[mm^2] 이하	0.031
50[mm^2] 이하	0.043
60[mm^2] 이하	0.052

건설업 임금실태 조사 보고서 (단위 : 원)

연번	직종명	개별직종 노임 단가
1	내선전공	169,000
2	특고압케이블전공	264,903
3	고압케이블전공	235,207
4	저압케이블전공	199,868
5	송전전공	351,506

(1) 전열 콘센트 배치 평면도를 보고 질문에 답하시오.
  ① 배선으로 볼 때 전열 콘센트의 분기회로 수는 몇 회로인지 구하시오.
  ② 전열 콘센트의 배선 방법을 적으시오.
  ③ 적용된 콘센트의 명칭은 무엇인지 적으시오.
(2) 전열 콘센트를 시설하기 위한 배관의 수량, 공량 및 노무비를 산출하시오.
  ① 배관 수량(22C)
    • 계산 :
    • 답 :
  ② 배관 수량(16C)
    • 계산 :
    • 답 :
  ③ 직종 및 배관 공량
    • 계산 :
    • 답 :
  ④ 배관 노무비(소수점 이하는 절사) 산출
    • 계산 :
    • 답 :
(3) 전열 콘센트를 시설하기 위한 배선(전선)의 수량, 공량 및 노무비를 산출하시오.
  ① 배선 수량
    • 계산 :
    • 답 :
  ② 직종 및 배선 공량
    • 계산 :
    • 답 :
  ③ 배선 노무비(소수점 이하는 절사) 산출
    • 계산 :
    • 답 :

(4) 전열 콘센트를 시설하기 위한 기구의 수량, 공량 및 노무비를 산출하시오.
   ① 기구 수량 및 공량 산출

기구	수량	공량	공량계
Outlet Box			
Switch Box			
콘센트			
합계			

   ② 기구 설치 노무비(소수점 이하는 절사) 산출
   • 계산 :
   • 답 :

Answer

(1) ① 3회로
   ② 바닥은폐배선
   ③ 접지극붙이 콘센트

(2) ① 배관 수량(22C)
      계산 : 수량 : 2+(1.8−0.6)+0.3=3.5[m]
            할증 : 3.5×1.05=3.68[m]
      답 : 3.68[m]

   ② 배관 수량(16C)
      계산 : 수량 : (6×3)+(4×2)+(0.3×10)=29[m]
            할증 : 29×1.05=30.45[m]
      답 : 30.45[m]

   ③ 직종 및 배관 공량
      계산 : 내선전공=3.5×0.06+29×0.05=1.66(인)
      답 : 1.66(인)

   ④ 배관 노무비(소수점 이하는 절사) 산출
      계산 : 직접노무비 : 1.66×169,000=280,540(원)
            간접노무비 : 280,540×0.1=28,054
      답 : 280,540+28,054=308,594(원)

(3) ① 배선 수량
      계산
      − 3가닥 수량 : [(6×3)+(4×2)+(0.1×10)+(0.3×10)]×3=90[m]
      − 7가닥 : [2+1.2+0.1+0.3+0.3]×7=27.3[m]
      − 전체 수량 할증 : (90+27.3)×1.05=123.17[m]
      답 : 123.17[m]

   ② 직종 및 배선 공량
      계산 : 내선전공=90×0.010+27.3×0.010=1.17(인)
      답 : 1.17(인)

   ③ 배선 노무비(소수점 이하는 절사) 산출
      계산 : 직접노무비 : 1.17×169,000=197,730(원)
            간접노무비 : 197,730×0.1=19,773
      답 : 197,730+19,773=217,503(원)

(4) ① 기구 수량 및 공량 산출

기구	수량	공량	공량계
Outlet Box	3	0.20	0.6
Switch Box	3	0.20	0.6
콘센트	6	0.080	0.48
합계			1.68

② 기구 설치 노무비(소수점 이하는 절사) 산출
계산 : 직접노무비 : $1.68 \times 169,000 = 283,920$(원)
간접노무비 : $283,920 \times 0.1 = 28,392$(원)

답 : $283,920 + 28,392 = 312,312$(원)

Explanation

1) 배관 수량(22C) : $2 + (1.8 - 0.6) + 0.3 = 3.5$[m]
   2[m] + (분전반 높이 - 분전함 세로 길이) + 분전반의 여장(0.3[m])
2) 배관 수량(16C) : $(6 \times 3) + (4 \times 2) + (0.3 \times 10) = 29$[m]
   6[m] × 3, 4[m] × 2,
   콘센트는 30[cm]이나 연결되는 콘센트 중 들어왔다가 나가는 것을 고려 : 0.3[m] × 10
3) 인공 계산 시에는 할증된 수량이 아니라 도면에 있는 수량만을 고려하여 계산한다.

5-1 전선관 배관
(단위 [m])

합성수지 전선관		후강 전선관	
규격	내선전공	규격	내선전공
14[mm] 이하	0.04	–	–
16[mm] 이하	0.05	16[mm] 이하	0.08
22[mm] 이하	0.06	22[mm] 이하	0.11
28[mm] 이하	0.08	28[mm] 이하	0.14

건설업 임금실태 조사 보고서
(단위 : 원)

연번	직종명	개별직종 노임 단가
1	내선전공	169,000
2	특고압케이블전공	264,903

5-10 옥내배선(관내배선)
(단위 : [m])

규격	내선전공
6[mm^2] 이하	0.010
16[mm^2] 이하	0.023

5-3 박스(BOX) 설치 및 5-23 배선기구 설치(콘센트류)
(단위 : 개)

종별	내선전공
Concrete Box	0.12
Outlet Box	0.20
Switch Box(2개용 이하)	0.20
콘센트 2P 15[A]	0.065
콘센트(접지극부) 2P 15[A]	0.080

09

바닥면적 200[m²]의 사무실에 전 광속 2,500[lm]의 36[W] 형광등을 시설하여 평균 조도를 150[lx]로 하고자 한다. 설치할 등수를 계산하시오. 단, 조명률 50[%], 감광보상률 1.25이다. (5점)

Answer

계산 : 등수 $N = \dfrac{ESD}{FU} = \dfrac{150 \times 200 \times 1.25}{2,500 \times 0.5} = 30[\text{등}]$

답 : 30[등]

Explanation

조명 계산

$FUN = ESD$

여기서, $F[\text{lm}]$: 광속, U : 조명률, N : 등수

$E[\text{lx}]$: 조도, $S[\text{m}^2]$: 면적, $D = \dfrac{1}{M}$: 감광보상률 $= \dfrac{1}{\text{보수율}}$

등수 $N = \dfrac{ESD}{FU}$ 이며, 등수 계산에서 소수점은 무조건 절상한다.

10

내선규정에서 정의하는 배전반 및 분전반의 시설 장소를 3가지만 적으시오. (5점)

Answer

① 전기회로를 쉽게 조작할 수 있는 장소
② 개폐기를 쉽게 조작할 수 있는 장소
③ 노출된 장소

Explanation

(내선규정 1,455-1) 배전반 및 분전반 설치장소

1. 배전반 및 분전반은 다음 각 호와 같은 장소에 시설하여야 한다.
   ① 전기회로를 쉽게 조작할 수 있는 장소
   ② 개폐기를 쉽게 조작할 수 있는 장소
   ③ 노출된 장소[보조적인 분전반은 제외한다.]
   ④ 안정된 장소

   【주】 벽상 내부(배전반 및 분전반으로 전용의 공간이 확보되어 있는 것은 제외한다.), 화장실의 내부, 욕실 내 등은 분전반으로서 쉽게 개폐할 수 있는 장소로는 보지 않는다.

11

220[V]로 인입하는 어느 주택의 총 부하 설비용량이 7,050[VA]이다. 최소 분기회로 수는 몇 회로로 하여야 하는지 계산하시오. 단, 가산부하는 없음 (5점)

Answer

계산 : 분기회로수 $N = \dfrac{7,050}{220 \times 16} = 2.00$

답 : 16[A]분기 2회로

Explanation

부하상정 및 분기회로

부하의 상정

부하 설비 용량 = $PA + QB + C$

여기서, P : 건축물의 바닥 면적 $[m^2]$ (Q 부분 면적 제외)
Q : 별도 계산할 부분의 바닥 면적 $[m^2]$
A : P 부분의 표준 부하 $[VA/m^2]$
B : Q 부분의 표준 부하 $[VA/m^2]$
C : 가산해야 할 부하 $[VA]$

분기 회로수 = $\dfrac{\text{표준 부하 밀도}[VA/m^2] \times \text{바닥 면적}[m^2]}{\text{전압}[V] \times \text{분기 회로의 전류}[A]}$

【주1】 계산결과에 소수가 발생하면 절상한다.
【주2】 220[V]에서 3[kW] (110[V] 때는 1.5[kW])를 초과하는 냉방기기, 취사용 기기 등 대형 전기 기계 기구를 사용하는 경우에는 단독분기회로를 사용하여야 한다.

※ 분기회로 전류는 보통 문제에서 주어지지 않으면 16[A] 분기회로임

12 (5점) ★★★☆☆

경간 200[m]인 가공 전선로가 있다. 사용전선의 길이는 경간보다 몇 [m] 더 길게 하면 되는지 계산하시오. 단, 사용전선의 1[m]당 무게는 2.0[kg], 인장하중은 4,000[kg]이고 전선의 안전율은 2로 하고 풍압하중은 무시한다.

Answer

계산 : 이도 $D = \dfrac{WS^2}{8T} = \dfrac{2 \times 200^2}{8 \times \dfrac{4,000}{2}} = 5$

실제 길이 $L = s + \dfrac{8D^2}{3S} = 200 + \dfrac{8 \times 5^2}{3 \times 200} = 200.33[m]$

실제 더 필요한 길이 : $200.33 - 200 = 0.33[m]$

답 : 0.33[m]

Explanation

- 이도 : $D = \dfrac{WS^2}{8T} = \dfrac{WS^2}{8 \times \dfrac{\text{인장하중}}{\text{안전율}}}$

- 실제 길이 : $L = S + \dfrac{8D^2}{3S}$

여기서, L : 전선의 실제 길이[m], D : 이도[m], S : 경간[m]

13 (9점) ★☆☆☆☆

다음 공구의 명칭에 따른 용도에 대하여 서술하시오.

(1) 오스터(oster) :

(2) 리머(reamer) :

(3) 녹아웃 펀치(knock out punch) :

Answer

(1) 오스터(oster) : 금속관에 나사를 내기 위한 공구
(2) 리머(reamer) : 드릴로 뚫은 구멍을 정확한 치수로 넓히거나 다듬질하는 데 사용하는 공구
(3) 녹아웃 펀치(knock out punch) : 철판에 구멍을 뚫는 공구

14 일반적으로 전력용 변압기의 절연유에 요구되는 성질을 5가지만 적으시오. (5점)

Answer

① 절연내력이 클 것
② 점도가 낮고, 냉각 효과가 클 것
③ 인화점은 높을 것
④ 응고점은 낮을 것
⑤ 고온에서 산화하지 않고, 석출물이 생기지 않을 것

Explanation

• 절연유
 변압기에 사용하는 광유는 공기에 비해 절연내력이 우수하고 비열이 공기에 비해 커서 냉각 효과가 우수하므로 변압기의 절연 및 냉각재로 많이 사용된다.
• 절연유의 구비조건
 ① 절연내력이 클 것
 ② 점도가 낮고, 냉각 효과가 클 것
 ③ 인화점은 높고, 응고점은 낮을 것
 ④ 고온에서 산화하지 않고, 석출물이 생기지 않을 것

15 지중관로 케이블포설 공사 시 포설 전 유의사항을 3가지만 적으시오. (6점)

Answer

① 맨홀 내의 가스 검출, 산소 측정 및 환기
② 맨홀 내의 배수 및 청소
③ 드럼측과 윈치측이 연락체계 확인

Explanation

지중관로 케이블포설 공사 시 포설 전 유의사항
① 맨홀 내의 가스 검출, 산소 측정 및 환기
② 맨홀 내의 배수 및 청소
③ 드럼측과 윈치측의 연락체계 확인
④ 기자재의 정리정돈
⑤ 맨홀 내의 로라, 활차 등의 고정상태 확인 및 외상방지대책
⑥ 와이어의 강도, 소선단선, 킹크 여부 확인

2017년 전기공사산업기사 실기

01 (5점)
Still의 식은 송전선로에서 무엇을 구하기 위한 실험식인지 적으시오.

Answer

경제적인 송전전압 결정

Explanation

경제적인 송전전압 결정 식(still의 식)

$V_s = 5.5\sqrt{0.6l + \dfrac{P}{100}}\,[\text{kV}]$

여기서, l : 송전거리[km], P : 송전용량[kW]

02 (5점)
전기설비의 접지계통과 건축물의 피뢰설비 및 통신설비 등의 접지극을 공용하는 접지방법을 적으시오.

Answer

통합접지

Explanation

(내선규정 1,445-17) 공통접지 등의 시설

전기설비의 접지계통과 건축물의 피뢰설비 및 통신설비 등의 접지극을 공용하는 통합접지 공사를 할 수 있다.
이 경우 낙뢰 등의 이상 과전압으로부터 전기설비를 보호하기 위해 서지보호장치(SPD)를 설치하여야 한다.

03 (5점)
축전지설비에서 축전지는 장기간 사용하거나 사용조건 등이 변경되기 때문에 이 용량 변화를 보상하는 보정값을 무엇이라 하는지 적으시오.

Answer

보수율(경년용량 저하율)

Explanation

축전지 용량

$C = \dfrac{1}{L}KI\,[\text{Ah}]$ 여기서, C : 축전지의 용량 [Ah], L : 보수율(경년용량 저하율)
K : 용량환산 시간 계수, I : 방전 전류[A]

04 철탑에 가공지선이 연결된 상태에서 접지저항을 측정하는 측정기를 적으시오. (5점)

Answer

접지 저항 측정기

05 가연성 분진(소맥분·전분·유황 기타 가연성의 먼지로 공중에 떠다니는 상태에서 착화하였을 때에 폭발할 우려가 있는 것을 말하며 폭연성 분진을 제외)에 전기설비가 발화원이 되어 폭발할 우려가 있는 곳에 시설하는 저압 옥내 전기설비의 저압 옥내배선 공사 종류 3가지만 적으시오. (6점)

Answer

금속관공사, 합성수지관공사, 케이블공사

Explanation

(KEC 242.2.2조) 가연성 분진 위험장소

가연성 분진(소맥분·전분·유황 기타 가연성의 먼지로 공중에 떠다니는 상태에서 착화하였을 때에 폭발할 우려가 있는 것을 말하며 폭연성 분진을 제외한다)에 전기설비가 발화원이 되어 폭발할 우려가 있는 곳에 시설하는 저압 옥내 전기설비는 합성수지관공사, 금속관공사, 케이블공사에 의하여 시설하여야 한다.

06 옥내에 시설하는 공사에서 지지점 간의 거리는 얼마인지 각각의 질문에 답하시오. (6점)

(1) 합성수지관 공사에서 관의 지지점 간의 최대 거리
(2) 애자공사에서 전선의 지지점 간의 최대 거리(단, 전선을 조영재의 윗면에 따라 붙이는 경우)
(3) 버스 덕트 공사에서 덕트의 지지점 간의 최대 거리(단, 덕트를 조영재에 붙이는 경우)

Answer

(1) 1.5[m]   (2) 2[m]   (3) 3[m]

Explanation

(KEC 232.11조) 합성수지관공사

관의 지지점 간의 거리는 1.5[m] 이하로 하고, 또한 그 지지점은 관의 끝·관과 박스의 접속점 및 관 상호 간의 접속점 등에 가까운 곳에 시설할 것

(KEC 232.56조) 애자공사

전선의 지지점 간의 거리는 전선을 조영재의 윗면 또는 옆면에 따라 붙일 경우에는 2[m] 이하일 것

(KEC 232.61조) 버스덕트공사

버스덕트는 3[m](취급자 이외의 자가 출입할 수 없도록 설비한 장소로 수직으로 설치하는 경우는 6[m]) 이하의 간격으로 견고하게 지지할 것

> 이 문제는 변경된 KEC 적용으로 인하여 삭제하고, 아래 예상문제로 대체되었습니다.

07 변압기의 고압·특고압측 전로 또는 사용전압이 35[kV] 이하의 특고압전로가 저압측 전로와 혼촉하고 저압전로의 대지전압이 150[V]를 초과하는 경우 1초 이내에 자동으로 차단하는 장치를 설치한 경우 지락전류가 25[A]라면 변압기 중성점 접지저항 값은 얼마인가?

Answer

계산 : $R = \dfrac{600}{I_1} = \dfrac{600}{25} = 24[\Omega]$

답 : $24[\Omega]$

Explanation

(KEC 142.5조) 변압기 중성점 접지

① 변압기의 중성점접지 저항 값(변압기의 고압·특고압측)

가. 일반적 : $\dfrac{150}{I_1}$ 이하   여기서, I_1은 전로의 1선 지락전류

나. 변압기의 고압·특고압측 전로 또는 사용전압이 35[kV] 이하의 특고압전로가 저압측 전로와 혼촉하고 저압전로의 대지전압이 150[V]를 초과하는 경우

  • 1초 초과 2초 이내에 자동으로 차단하는 장치를 설치 : $\dfrac{300}{I_1}$ 이하

  • 1초 이내에 자동으로 차단하는 장치를 설치 : $\dfrac{600}{I_1}$ 이하

② 전로의 1선 지락전류 : 실측값 사용(단, 실측이 곤란한 경우 선로정수 등으로 계산한 값)

08 ★☆☆☆☆ (30점)

다음 그림과 같이 인류장주를 설치하고자 한다. 질문에 답하시오.

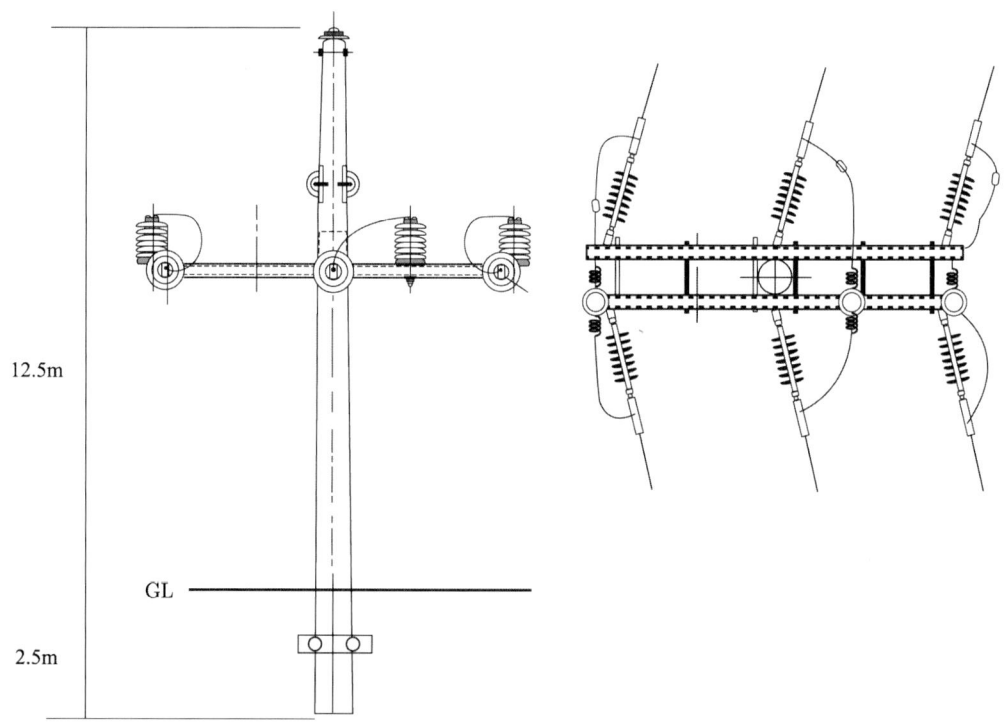

【유의사항】
1. 필요할 경우 참고 자료를 이용하시오.
2. 전주의 근가는 2개로 한다.
3. 지질은 보통토로 하며 잔토의 처리는 무시한다.
4. 교통이 많은 곳이므로 현장 교통정리가 필요하고 인공이 필요할 경우 전주 공량계에 포함시킨다.
5. 배전전공 인건비 300,000원, 보통인부 인건비 100,000원을 적용한다.
6. 간접노무비는 직접노무비의 9[%]를 계상한다.
7. 작업은 동일 장소, 동일 조건으로 본다.
8. 전주는 장비를 사용하여 설치하고 장비 사용시간, 장비 대여료는 무시한다.
9. 폴리머 현수애자는 내오손결합애자로 본다.
10. 소수점 넷째자리에서 반올림하여 셋째자리까지 산출한다.
11. 유의사항과 질문 이외의 것은 모두 무시한다.

4-2 콘크리트전주 기계 건주 (단위 : 본)

규격	배전전공	보통인부	장비 사용시간 Tc값(분) (F=1.0)
8[m] 이하	0.30	0.10	0.59
10[m] 이하	0.34	0.12	0.64
12[m] 이하	0.36	0.13	0.69
14[m] 이하	0.41	0.14	0.72
16[m] 이하	0.47	0.16	0.79

[해설]
① 건주차로 굴착, 인상, 건주, 다음 작업 장소 이동 및 도착 기준
② 동일 조건에서 기계시공 3본을 기준한 1본에 대한 품으로 2본 이하 시 1본 180[%], 2본 240[%]
③ 전주 길이의 1/6을 묻는 깊이 기준이며 지질은 보통토 및 자갈 섞인 토사 기준
④ 터파기 및 되메우기, 발판볼트 취부, 장내운반, 잔재정리 포함
⑤ 현장조건에 따라 제1장(기계화 시공) 작업계수를 증감 적용
⑥ 콘크리트 및 아스팔트 부수기는 [m³]당 특별인부 각 1.47인 및 1.24인 별도 계상하며, 포장 복구비(재료 포함)도 별도 계상
⑦ 현장 외로 잔토 반출시 적상·적하비용 및 운반비 별도 계상
⑧ 현장교통정리 필요시 보통인부(0.17인/본) 별도 계상
⑨ 지하매설물 조사 필요 시 굴착을 위한 보통인부(0.36인/m) 별도 계상
⑩ 근가 불포함, 근가 1본마다 전공 0.13인, 보통인부 0.26인 별도 계상
⑪ 전주를 철거 후 되메우기에 따른 토사를 외부에서 반입 시 토사비용과 적상·적하비용 및 운반비 별도 계상
⑫ 기계장비의 경비(기계손료, 운전경비, 수송비)는 별도 계상
⑬ 단순히 기계로 전주(굴착 불포함)만을 들어올려 건주할 경우 85[%]

4-6 ㄱ형 완철 및 가공지선 지지대 주상설치 (단위 : 개)

규격	배전전공	보통인부
ㄱ형 완철 1[m] 이하	0.05	0.05
ㄱ형 완철 2[m] 이하	0.06	0.06
ㄱ형 완철 3[m] 이하	0.07	0.07
ㄱ형 완철 3[m] 초과	0.09	0.09
가공지선 지지대(내장용 및 직선용)	0.10	0.05

[해설]
① ㄱ형 완철 설치 기준, 경완철 80[%]
② Arm Tie 설치 포함
③ 편출공사 120[%]
④ 지상조립 75[%](공가 과다 개소, 수목 접촉 개소, 공간 협소 개소 등 지장물에 의해 지상조립이 불가능한 경우 제외)
⑤ 가공지선 지지대 철거 50[%], 재사용 철거 80[%]
⑥ 철거 30[%], 재사용 철거 50[%]
⑦ 단일형 내장완철의 경우 ㄱ형 완철에 준함

4-7 배전용 애자 설치 (단위 : 개)

종별	배전전공	보통인부
라인포스트애자	0.046	0.046
현수애자	0.032	0.032
내오손결합애자	0.025	0.025
저압용인류애자	0.020	-

[해설]
① 애자 교체 150[%]
② 애자 닦기
  • 주상(탑상) 손 닦기 : 애자품의 50[%]
  • 주상(탑상) 기계 닦기 : 기계손료만 계상(인건비 포함)
  • 발췌 손 닦기는 애자품의 170[%]
③ 특고압핀애자는 라인포스트애자에 준함
④ 철거 50[%], 재사용 철거 80[%]
⑤ 동일 장소에 추가 1개마다 기본품의 45[%] 적용

4-12 절연커버 설치 (단위 : 개)

공종	배전전공	보통인부
절연커버 설치	0.018	0.018

[해설]
① 가공배전선로에 안전사고 및 조류사고 방지용으로 설치하는 Deadend Clamp커버, 분기슬리브커버, 분기고리커버, 완철절연커버, 라인호스 등 설치 기준
② 동일 장소에서 1개 추가 시마다 30[%] 가산
③ 철거 50[%], 재사용 철거 80[%]

(1) 자재 총계, 단위공량을 산출하여 공량 산출서를 작성하시오.

품명	규격	단위	자재 총계	배전전공 단위공량	배전전공 공량계	보통인부 단위공량	보통인부 공량계
경완금(경완철)	75*75*2.3[t]*2,400[mm]	개		①	②		②
라인포스트애자	23[kV] 152*304[mm]	개			③		③
폴리머 현수애자	510[mm]	개			④		④
절연커버	데드앤드클램프용	개			⑤		⑤
전주		본			⑥		⑦
근가	1.2[m]	개			⑧		⑨
공량계					⑩		⑪

(2) 노무비를 작성하시오.

노무비	직접 노무비	배선전공	①
		보통인부	②
	간접 노무비		③
	합계		④

Answer

(1) ① 0.07, ② 0.112, ③ 0.087, ④ 0.081, ⑤ 0.045, ⑥ 0.47,
   ⑦ 0.33, ⑧ 0.26, ⑨ 0.52, ⑩ 1.055, ⑪ 1.175

(2)

노무비	직접 노무비	배선전공	① 1.055×300,000=316,500
		보통인부	② 1.175×100,000=117,500
	간접 노무비		③ (316,500+117,500)×0.09=39,060
	합계		④ 316,500+117,500+39,060=473,060

Explanation

1) 경완금(75*75*2.3[t]*2,400[mm])의 수량 : 2개

4-6 ㄱ형 완철 및 가공지선 지지대 주상설치   (단위 : 개)

규격	배전전공	보통인부
ㄱ형 완철 1[m] 이하	0.05	0.05
ㄱ형 완철 2[m] 이하	0.06	0.06
ㄱ형 완철 3[m] 이하	0.07	0.07
ㄱ형 완철 3[m] 초과	0.09	0.09
가공지선 지지대(내장용 및 직선용)	0.10	0.05

[해설]
① ㄱ형 완철 설치 기준, 경완철 80[%]
② Arm Tie 설치 포함
③ 편출공사 120[%]

2) 라인포스트 애자(23[kV] 152*304[mm])의 수량 : 3개

4-7 배전용 애자 설치 (단위 : 개)

종별	배전전공	보통인부
라인포스트애자	0.046	0.046
현수애자	0.032	0.032
내오손결합애자	0.025	0.025
저압용인류애자	0.020	-

3) 폴리머 현수애자(510[mm]) : 6개

4-7 배전용 애자 설치 (단위 : 개)

종별	배전전공	보통인부
라인포스트애자	0.046	0.046
현수애자	0.032	0.032
내오손결합애자	0.025	0.025
저압용인류애자	0.020	-

4) 절연커버의 수량 : 6개

4-12 절연커버 설치 (단위 : 본)

공종	배전전공	보통인부
절연커버 설치	0.018	0.018

5) 전주(12.5+2.5=15[m]) 설치 수량 : 1본
  전주근가 2개

4-2 콘크리트전주 기계 건주 (단위 : 본)

규격	배전전공	보통인부
8[m] 이하	0.30	0.10
10[m] 이하	0.34	0.12
12[m] 이하	0.36	0.13
14[m] 이하	0.41	0.14
16[m] 이하	0.47	0.16

[해설]
⑩ 근가 불포함, 근가 1본마다 배전전공 0.13인, 보통인부 0.26인 별도 계상
⑪ 전주를 철거 후 되메우기에 따른 토사를 외부에서 반입 시 토사비용과 적상·적하비용 및 운반비 별도 계상
⑫ 기계장비의 경비(기계손료, 운전경비, 수송비)는 별도 계상
⑬ 단순히 기계로 전주(굴착 불포함)만을 들어올려 건주할 경우 85[%]

09 용어의 정의에서 방전등 기구에 대하여 설명하시오. (5점)

Answer

기체 또는 증기 중의 방전을 이용하여 발광되는 램프를 광원으로 사용하는 등기구

Explanation

방전등의 종류 : 형광등, 수은등, 나트륨등, 메탈할라이드등

---

10 22,900[V] 3상 4선식으로 수전하며 수전 용량이 750[kVA]라 할 때 이 인입구에 MOF를 시설하는 경우 MOF의 변류비를 산출하여 표준 규격을 결정하시오. 단, 변류비는 정격 1차 전류를 구하여 1.5배의 값으로 변류비를 적용한다. (5점)

Answer

계산 : $I = \dfrac{750 \times 10^3}{\sqrt{3} \times 22.9 \times 10^3} \times 1.5 = 28.36[A]$

30/5 선정

답 : 변류비 : 30/5

Explanation

보통의 경우 CT 비 : 1차 전류×(1.25~1.5)
CT 1차 전류 : 10, 15, 20, 30, 40, 50, 75, 100, 150, 200, 300, 400, 500[A]
문제에서는 CT의 1차 전류가 정격에 없으므로 그 보다 큰 30/5를 선정하는 것이 일반적이다.

---

11 피뢰기를 시설해야 하는 곳을 3개소만 적으시오. (6점)

Answer

① 발전소·변전소 또는 이에 준하는 장소의 가공전선 인입구 및 인출구
② 가공전선로에 접속하는 배전용 변압기의 고압측 및 특고압측
③ 고압 및 특고압 가공전선로로부터 공급을 받는 수용장소의 인입구

Explanation

(KEC 341.13조) 피뢰기의 시설
고압 및 특고압의 전로 중 다음 각 호에 열거하는 곳 또는 이에 근접한 곳에는 피뢰기를 시설하여야 한다.
① 발전소·변전소 또는 이에 준하는 장소의 가공전선 인입구 및 인출구
② 특고압 가공전선로에 접속하는 배전용 변압기의 고압측 및 특고압측
③ 고압 및 특고압 가공전선로로부터 공급을 받는 수용장소의 인입구
④ 가공전선로와 지중전선로가 접속되는 곳

12 ★★☆☆☆ (4점)

그림과 같이 3상 3선식 200[V] 수전인 경우 설비 불평형률을 계산하시오. 단, H는 전열기, M은 전동기, 전동기 역률은 80[%]로 한다.

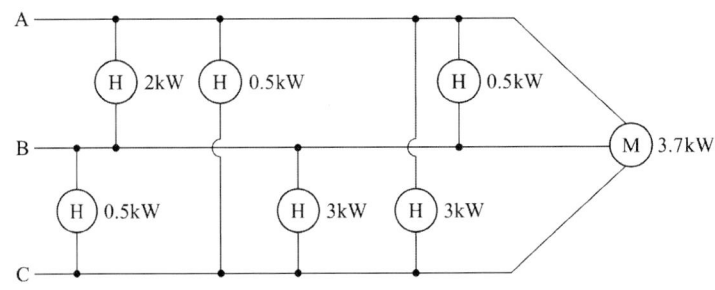

• 계산 :   • 답 :

Answer

계산 : 불평형률 = $\dfrac{(3+0.5)-(2+0.5)}{(2+0.5+0.5+3+0.5+3+\dfrac{3.7}{0.8})\times\dfrac{1}{3}}\times 100 = 21.24[\%]$ 답 : 21.24[%]

Explanation

(내선규정 1,410-1) 설비 부하평형 시설

저압, 고압 및 특별고압 수전의 3상 3선식 또는 3상 4선식에서 불평형 부하의 한도는 단상 접속부하로 계산하여 설비불평형률을 30[%] 이하로 하는 것을 원칙으로 한다.
다만, 다음 각 호의 경우는 이 제한에 따르지 않을 수 있다.
① 저압 수전에서 전용변압기로 수전하는 경우
② 고압 및 특고압수전에서 100[kVA](kW) 이하인 경우
③ 고압 및 특고압수전에서 단상부하용량의 최대와 최소의 차가 100[kVA](kW) 이하인 경우
④ 특고압수전에서 100[kVA](kW) 이하의 단상 변압기 2대로 역(逆)V결선하는 경우

[주] 이 경우의 설비불평형률이란 각 선간에 접속되는 단상부하 총 설비용량[VA]의 최대와 최소의 차와 총 부하설비용량[VA] 평균값의 비[%]를 말하며 다음의 식으로 나타낸다.

설비불평형률 = $\dfrac{\text{각 선간에 접속되는 단상부하 총 설비용량[kVA]의 최대와 최소의 차}}{\text{총 부하 설비용량의 1/3}} \times 100[\%]$

여기서, A-B 선간 부하 : 2+0.5=2.5[kVA](최소)
B-C 선간 부하 : 0.5+3=3.5[kVA](최대)
C-A 선간 부하 : 0.5+3=3.5[kVA]

13 ★★★☆☆ (4점)

한 개의 전등을 3개소에서 점멸하고자 할 때 소요되는 3로 스위치의 수를 적으시오.

Answer

4개

Explanation

3개소에서 점멸하도록 회로를 구성할 때

① 3로 스위치 2개와 4로 스위치 1개를 사용한 경우 ② 3로 스위치 4개를 사용한 경우

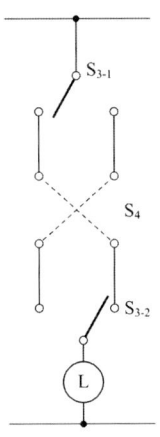
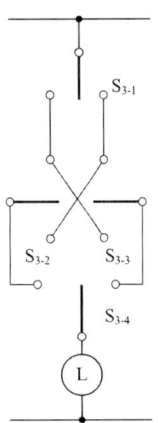

> 이 문제는 변경된 KEC 적용으로 인하여 삭제하고, 아래 예상문제로 대체되었습니다.

14 한국전기설비규정에 의거하여 다음 전선의 색상을 적으시오.

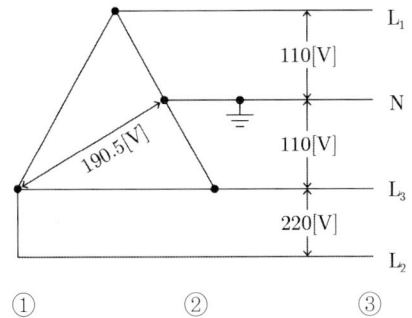

상(문자)	색상
L1	①
L2	②
L3	③
N	④
보호도체	⑤

① ② ③ ④ ⑤

Answer

① 갈색 ② 흑색 ③ 회색 ④ 청색 ⑤ 녹색-노란색

Explanation

(KEC 121.2조) 전선의 상별 색상
1. 전선의 색상은 표에 따른다.

상(문자)	색상
L1	갈색
L2	흑색
L3	회색
N	청색
보호도체	녹색-노란색

2. 색상 식별이 종단 및 연결 지점에서만 이루어지는 나도체 등은 전선 종단부에 색상이 반영구적으로 유지될 수 있는 도색, 밴드, 색 테이프 등의 방법으로 표시해야 한다.
3. 제1 및 제2를 제외한 전선의 식별은 KS C IEC 60445(인간과 기계 간 인터페이스, 표시 식별의 기본 및 안전원칙 – 장비단자, 도체단자 및 도체의 식별)에 적합하여야 한다.

15 ★★★☆☆ (5점)
그림과 같은 철탑의 명칭을 적으시오.

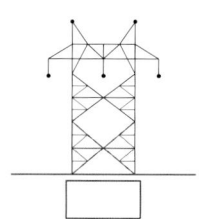

Answer
방형철탑

Explanation
철탑의 형태에 의한 종류
- 사각철탑 : 4면이 동일한 모양과 강도를 가진 철탑으로 2회선용으로 사용할 수 있으며 현재 가장 많이 사용되고 있다.
- 방형철탑 : 마주보는 2면이 각각 동일한 모양과 강도를 가진 철탑으로 1회선용으로 사용된다.
- 우두형 철탑 : 중간부 이상이 특히 넓은 형의 철탑으로 외국의 경우 초고압 송전선이나 눈이 많은 지역에 사용된다.
- 문형철탑(Gantry Tower) : 전차선로나 수로, 도로상에 송전선을 시설할 때 많이 사용된다.
- 회전형 철탑 : 철탑의 중앙부 이상과 이하가 45° 회전형의 철탑으로 철탑부재의 강도를 가장 유용하게 이용한 철탑이다.
- MC 철탑 : 스위스의 Motor Columbus사가 개발한 철탑으로 콘크리트를 채운 강관형 철탑으로 철강재가 적어 경량화가 가능하며 운반조립이 쉬운 철탑이다.

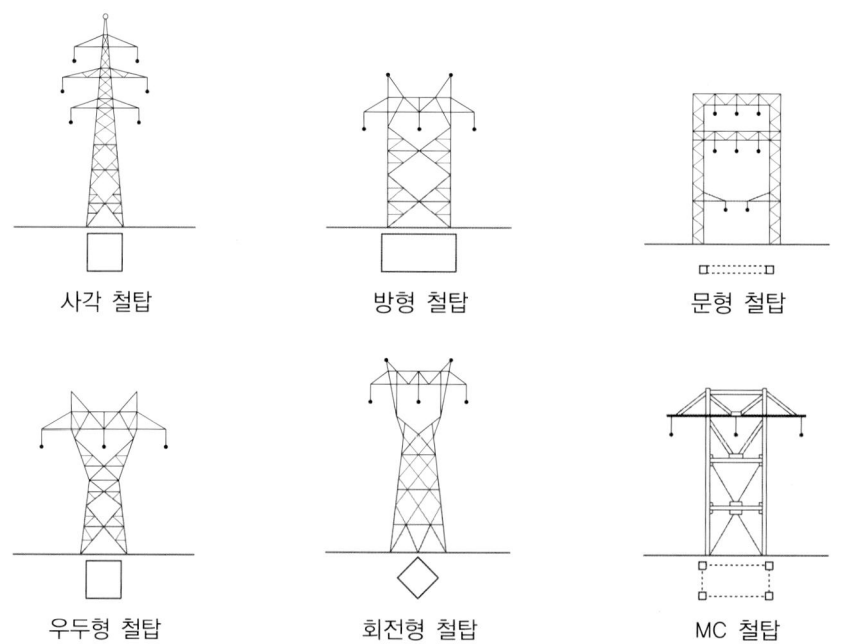

전기공사산업기사 실기

과년도 기출문제
2018

- 2018년 제 01회
- 2018년 제 02회
- 2018년 제 04회

2018년 과년도 기출문제에 대한 출제 빈도 분석 차트입니다.
각 회차별로 별의 개수를 확인하고 학습에 참고하기 바랍니다.

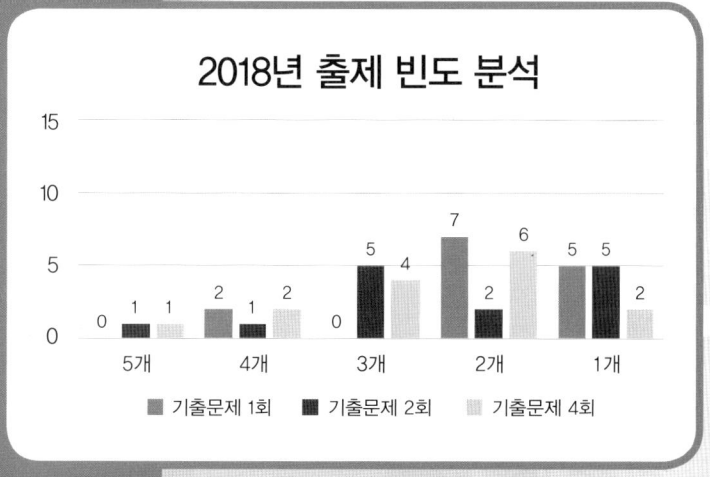

1회 2018년 전기공사산업기사 실기

01 ★★★★☆ (5점)

그림과 같은 저압기기의 지락사고 시에 기기에 접촉된 사람의 인체에 흐르는 전류[mA]를 구하시오. 단, 변압기 2차측 접지저항 값 $R_2 = 50[\Omega]$, 저압기기 외함의 접지저항 값 $R_3 = 100[\Omega]$, 인체의 접지저항 및 접촉저항 값 $R_m = 1,000[\Omega]$이다.

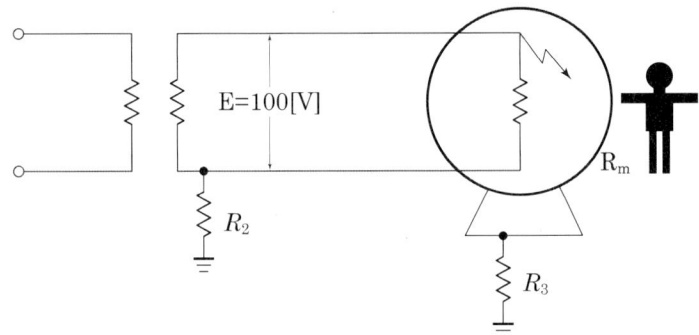

- 계산 :
- 답 :

Answer

계산 : $I_g = \dfrac{100}{50 + \dfrac{100 \times 1,000}{100 + 1,000}} \times \dfrac{100}{100 + 1,000} \times 10^3 = 64.52[\text{mA}]$

답 : 64.52[mA]

Explanation

회로를 등가회로로 전환하면 다음과 같다.

- 전체저항 $R_T = 50 + \dfrac{100 \times 1,000}{100 + 1,000}$
- 전체전류 $I_T = \dfrac{V}{R_T} = \dfrac{100}{50 + \dfrac{100 \times 1,000}{100 + 1,000}}$

따라서 인체에 흐르는 전류

$I_g = \dfrac{100}{50 + \dfrac{100 \times 1,000}{100 + 1,000}} \times \dfrac{100}{100 + 1,000} \times 10^3 [\text{mA}]$

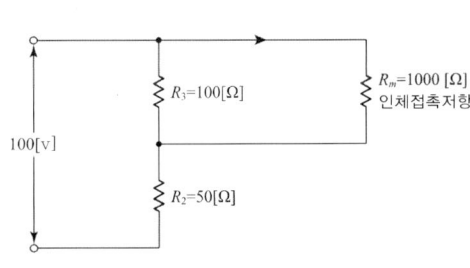

02 ★★☆☆☆ (5점)
건축물 전기설비에서 저압 간선 케이블의 굵기를 산정하는 데 고려하여야 할 요소를 3가지만 쓰시오.

Answer

① 허용전류
② 전압강하
③ 기계적 강도

Explanation

케이블의 굵기를 산정하는 데 고려
① 허용전류
② 전압강하
③ 기계적 강도
④ 수용률 및 향후 증설부하

03 ★☆☆☆☆ (4점)
직선철탑은 전선로의 직선부분 또는 수평각도가 최대 몇 도 이내의 곳에 사용되는지 쓰시오.

Answer

3도

Explanation

사용목적에 의한 분류(표준형 철탑)
- 직선형 : 선로의 직선 또는 수평각도 3° 이내의 장소에 사용, A형 철탑
- 각도형 : 선로의 수평각도 3° 이상으로 20° 이하에 설치되는 철탑, 경각도 철탑은 B형, 선로의 수평각도 3° 이상으로 30° 이하에 설치되는 중각도 철탑은 C형
- 인류형 : 가공선로의 전체 가섭선을 인류하는 개소(주로 변전소)에 사용되는 철탑, D형 철탑
- 내장형 : 전선로를 보강하기 위하여 세워지는 철탑, 직선철탑 10기마다 1기를 시설, 장경간 개소에 시설, E형 철탑
- 보강형 : 전선로의 직선부분에 보강을 위해 사용하는 철탑

04 ★☆☆☆☆ (4점)
원칙적으로 배전반에 전압계, 전류계를 부착해야 하는 부하의 합계용량(변압기 용량)은 최소 몇 [kVA] 초과인지 쓰시오.

Answer

300[kVA]

Explanation

(내선규정 3,320-8) 수전설비 배전반
고압 또는 특고압 배전반은 다음 각 호에 의하여 시설하여야 한다.

① 배전반 등에 설치하는 기구 및 전선은 점검이 가능하도록 시설할 것.
② 고압 또는 특고압 배전반은 취급자에게 위험이 미치지 않도록 적당한 방호장치 또는 통로를 시설하여야 하며 기기조작에 필요한 공간을 확보하여야 한다.
③ 부하의 합계용량이 300[kVA]를 초과하는 배전반은 전류계·전압계를 부착하는 것을 원칙으로 한다.
【주】 부하의 합계용량이란 변압기 용량을 말한다.

05 서지흡수기(Surge Absorber)의 기능을 쓰시오. (5점)

Answer

구내선로에서 발생할 수 있는 개폐서지, 순간과도전압 등으로 2차기기에 악영향을 주는 것을 방지

Explanation

(내선규정 제3,360조) 서지흡수기
- 구내선로에서 발생할 수 있는 개폐서지, 순간과도전압 등으로 2차기기에 악영향을 주는 것을 막기 위해 서지흡수기를 설치하는 것이 바람직하다.
- 설치위치 : 서지흡수기는 보호하려는 기기전단으로 개폐서지를 발생하는 차단기 후단과 부하 측 사이에 설치 운용한다.

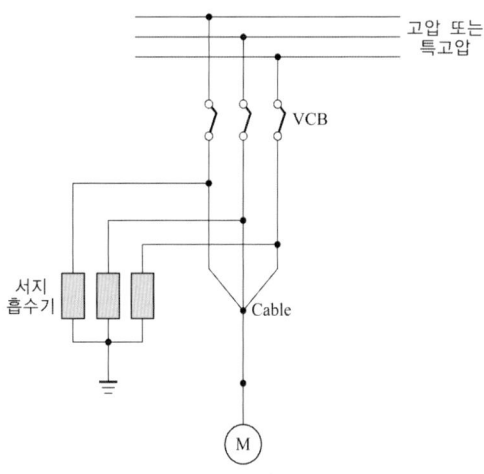

06 변전소에 설치해야 하는 계측장치 3가지만 쓰시오. (6점)

Answer

주요 변압기의 전압 및 전류 또는 전력

Explanation

(KEC 351.6조) 계측 장치
변전소 또는 이에 준하는 곳에는 다음 각 호의 사항을 계측하는 장치를 시설하여야 한다. 다만, 전기철도용 변전소는 주요 변압기의 전압을 계측하는 장치를 시설하지 아니할 수 있다.

- 주요 변압기의 전압 및 전류 또는 전력
- 특고압용 변압기의 온도

07 ★★☆☆☆ (5점)
전기설비기술기준의 한국전기설비규정의 용어 정의에서 계통연계란 무엇인지 쓰시오.

Answer

둘 이상의 전력계통 사이를 전력이 상호 융통될 수 있도록 선로를 통하여 연결하는 것으로 전력계통 상호간을 송전선, 변압기 또는 직류-교류변환설비 등에 연결하는 것

Explanation

(KEC 112조) 용어 정의
"계통연계"란 둘 이상의 전력계통 사이를 전력이 상호 융통될 수 있도록 선로를 통하여 연결하는 것으로 전력계통 상호간을 송전선, 변압기 또는 직류-교류변환설비 등에 연결하는 것을 말한다. 계통연락이라고도 한다.

08 ★★☆☆☆ (10점)
전기설비기술기준의 한국전기설비규정에 의거하여 다음 (   ) 안에 알맞은 내용을 쓰시오.

(1) 애자공사에서 사용전압이 400[V] 이하인 경우 전선과 조영재 사이의 이격거리는 (   )[cm] 이상이어야 한다.
(2) 합성수지 몰드 공사에서 합성수지 몰드는 홈의 폭 및 깊이가 3.5[cm] 이하의 것일 것. 다만, 사람이 쉽게 접촉할 우려가 없도록 시설하는 경우에는 폭이 (   )[cm] 이하의 것을 사용할 수 있다.
(3) 라이팅 덕트 공사에서 덕트의 지지점 간의 거리는 (   )[m] 이하로 하여야 한다.
(4) 고압 가공전선로의 경간에서 철탑은 경간이 (   )[m] 이하이어야 한다.
(5) 소세력 회로의 시설에서 소세력 회로는 전자개폐기의 조작회로 또는 초인벨, 경보벨 등에 접속하는 전로로서 최대 사용전압이 (   )[V] 이하인 것을 사용하여야 한다.
(6) 특고압 가공전선이 삭도와 제2차 접근상태로 시설되는 경우 특고압 가공전선로는 (   ) 특고압 보안공사를 하여야 한다.

Answer

(1) 2.5
(2) 5
(3) 2
(4) 600
(5) 60
(6) 제2종

Explanation

(KEC 232.56조) 애자공사
전선과 조영재 사이의 이격거리는 사용전압이 400[V] 이하인 경우에는 25[mm] 이상, 400[V] 초과인 경우에는 45[mm](건조한 장소에 시설하는 경우에는 25[mm]) 이상일 것
(KEC 232.21조) 합성수지몰드공사
합성수지 몰드는 홈의 폭 및 깊이가 35[mm] 이하의 것일 것. 다만, 사람이 쉽게 접촉할 우려가 없도록

시설하는 경우에는 폭이 50[mm] 이하의 것을 사용할 수 있다.

(KEC 232.71조) 라이팅덕트공사
덕트의 지지점 간의 거리는 2[m] 이하로 할 것
(KEC 332.9조) 고압 가공전선로 경간의 제한
고압 가공전선로의 경간은 표에서 정한 값 이하이어야 한다.

지지물의 종류	경간
목주·A종 철주 또는 A종 철근 콘크리트주	150[m]
B종 철주 또는 B종 철근 콘크리트주	250[m]
철탑	600[m]

(KEC 241.14조) 소세력 회로
전자 개폐기의 조작회로 또는 초인벨·경보벨 등에 접속하는 전로로서 최대 사용전압이 60[V] 이하인 것으로 한다.
(KEC 333.25조) 특고압 가공전선과 삭도의 접근 또는 교차
특고압 가공전선이 삭도와 제2차 접근상태로 시설되는 경우에는 특고압 가공전선로는 제2종 특고압 보안공사에 의할 것

09 ★☆☆☆☆ (4점)
삼각법이라고도 하며 전극을 정삼각형으로 배치하고 극간 저항 값에 의해 대지저항(률)을 측정하는 측정법을 쓰시오.

Answer
콜라우시 브리지법

Explanation
콜라우시 브리지법을 이용
- $R_a + R_b = R_{ab}$
- $R_b + R_c = R_{bc}$
- $R_c + R_a = R_{ca}$

여기서, $2(R_a + R_b + R_c) = R_{ab} + R_{bc} + R_{ca}$

$$R_a = \frac{1}{2}(R_{ab} + R_{ca} - R_{bc})$$

10 부하가 유도전동기이며, 기동용량이 1,800[kVA]이고, 기동 시 전압강하는 23[%]이며, 발전기의 과도리액턴스는 25[%]이다. 자가발전기의 정격용량[kVA]을 구하시오. (5점)

- 계산 :
- 답 :

Answer

계산 : $P[\text{kVA}] > \left(\dfrac{1}{허용\ 전압\ 강하} - 1\right) \times X_d \times 기동[\text{kVA}]$

$P = \left(\dfrac{1}{0.23} - 1\right) \times 0.25 \times 1,800 = 1,506.52[\text{kVA}]$

답 : 1,506.52[kVA]

Explanation

비상용 자가 발전기 출력

기동용량이 큰 부하가 있을 경우(전동기 시동에 대처하는 용량)

자가 발전 설비에서 전동기를 기동할 때에는 큰 부하가 발전기에 갑자기 걸리게 되므로 발전기의 단자 전압이 순간적으로 저하하여 개폐기의 개방 또는 엔진의 정지 등이 야기되는 수가 있다. 이런 경우를 방지하기 위한 발전기의 정격 출력[kVA]은

$P[\text{kVA}] > \left(\dfrac{1}{허용\ 전압\ 강하} - 1\right) \times X_d \times 기동[\text{kVA}]$

여기서, X_d : 발전기의 과도 리액턴스(보통 25~30[%])

허용 전압 강하 : 20~30[%]

11 수·변전설비용 기기인 차단기의 트립(trip) 방식을 3가지만 쓰시오. (6점)

Answer

① 직류 전압 트립 방식
② CT 트립 방식
③ 콘덴서 트립 방식

Explanation

- 직류 전압 트립 방식 : 직류 전원의 전압을 트립 코일에 인가하여 트립하는 방식
- 콘덴서 트립 방식 : PT 1차 측에 정류기를 부설하여 콘덴서를 충전하고 이를 트립 코일을 통하여 방전하여 차단기가 트립되는 방식
- CT 트립 방식 : CT 2차 전류가 정해진 값보다 초과되었을 때 트립동작하는 방식
- 부족 전압 트립 방식 : PT 2차 전압을 항상 트립 코일에 인가해 두고 1차 측 전압이 정해진 값 이하로 떨어졌을 때 트립하는 방식

12 다음 물음에 답하시오. (6점)

(1) 주상변압기 1차 측(고압 측)의 과전류에 대한 보호장치를 쓰시오.
(2) 특고압 간이수전설비에서 변압기 2차 측에 설치되는 주차단기에 설치하여야 하는 계전기를 쓰시오.

Answer

(1) 컷 아웃 스위치
(2) 결상계전기

Explanation

- 주상 변압기의 과전류에 대한 보호 장치
  - 1차 측 보호설비 : 컷 아웃 스위치(Cut Out Switch), 프라이머리 컷 아웃 스위치(primary cut out Switch)
  - 2차 측 보호설비 : 캐치 홀더(catch holder)
- 특고압 간이 수전 설비 표준 결선도(22.9[kV-Y] 1,000[kVA] 이하를 시설하는 경우)

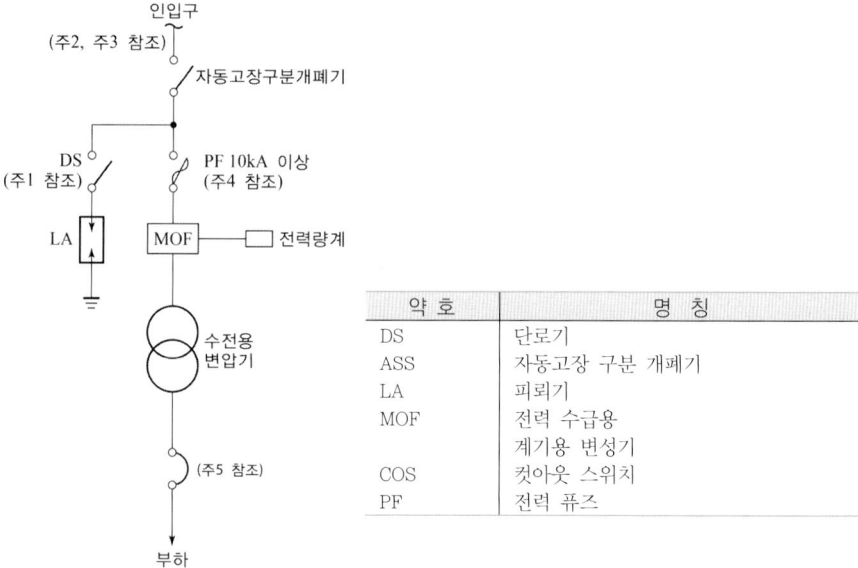

약 호	명 칭
DS	단로기
ASS	자동고장 구분 개폐기
LA	피뢰기
MOF	전력 수급용 계기용 변성기
COS	컷아웃 스위치
PF	전력 퓨즈

[주1] LA용 DS는 생략할 수 있으며 22.9[kV-Y]용의 LA는 Disconnector(또는 Isolator) 붙임형을 사용하여야 한다.
[주2] 인입선을 지중선으로 시설하는 경우로서 공동주택 등 사고 시 정전 피해가 큰 수전 설비인입선은 예비선을 포함하여 2회선으로 시설하는 것이 바람직하다.
[주3] 지중 인입선의 경우에 22.9[kV-Y] 계통은 CNCV-W 케이블(수밀형) 또는 TR CNCV-W(트리억제형)을 사용하여야 한다. 다만, 전력구, 공동구, 덕트, 건물구내 등 화재의 우려가 있는 장소에서는 FR CNCO-W(난연)케이블을 사용하는 것이 바람직하다.
[주4] 300[kVA] 이하인 경우는 PF대신 COS(비대칭 차단전류 10[kA] 이상의 것)을 사용할 수 있다.
[주5] 특별고압 간이 수전설비는 PF의 용단 등의 결상사고에 대한 대책이 없으므로 변압기 2차 측에 설치되는 주차단기에는 결상계전기 등을 설치하여 결상사고에 대한 보호능력이 있도록 함이 바람직하다.

13 다음 도면을 보고 물음에 답하시오. (30점)

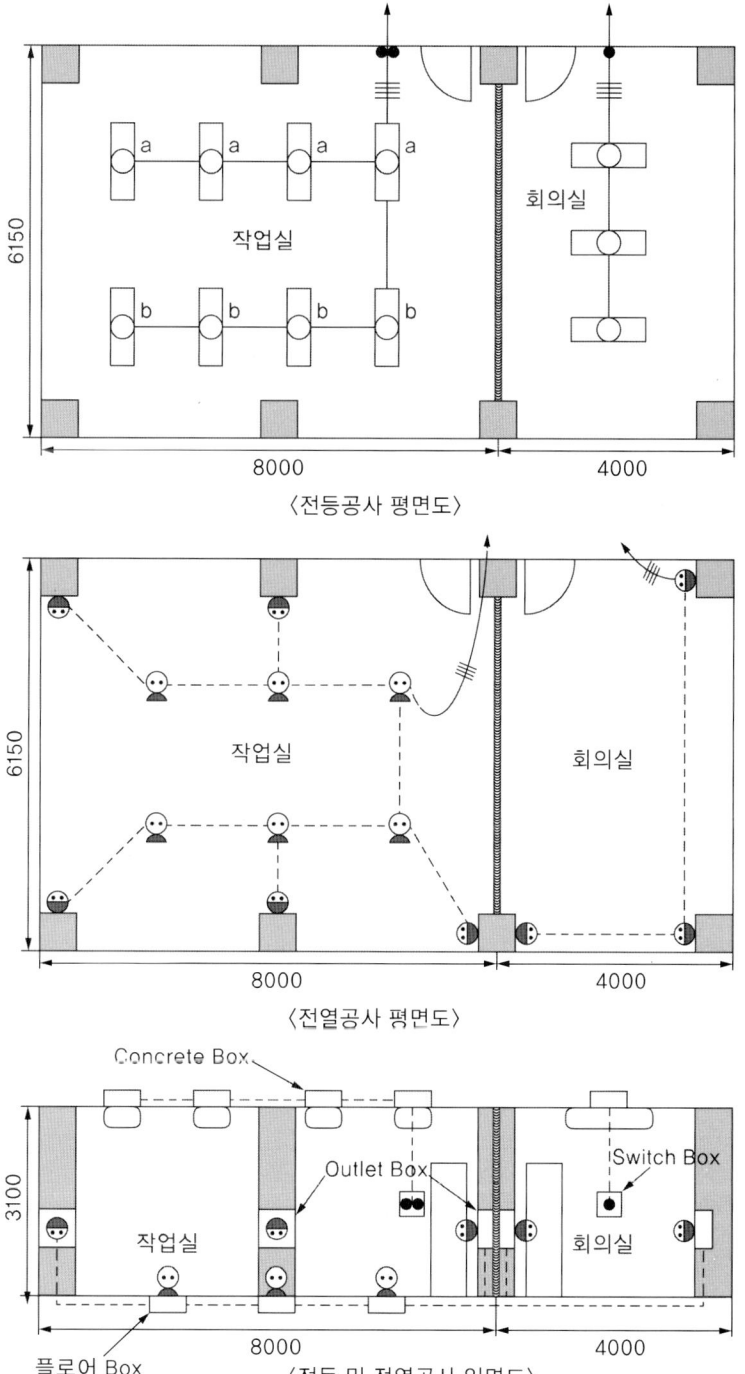

〈전등공사 평면도〉

〈전열공사 평면도〉

〈전등 및 전열공사 입면도〉

【재료비 산정 시】
① 배관 및 배선(접지도체 포함)은 HI PVC 22C 및 HFIX 4.0[mm^2]로 한다.
② 콘센트 및 스위치류는 모두 신규 매입 설치 기준으로 한다.
③ 내역서의 배관 및 배선수량은 할증을 반영한 수량이다.
④ 재료의 할증 : 옥내전선 10[%], Cable(옥내) 5[%], 전선관배관 10[%]
⑤ 소수점은 첫째자리에서 반올림한다.
⑥ 도면의 치수 단위는 [mm]이다.

【내선전공 산정 시】
① 재료의 할증은 제외한다.
② 개별재료의 인공을 소수점 끝자리까지 구한다.

【노무비 산정 시】
① 공구손료는 노무비의 3[%]로 한다.
② 내선전공의 인건비는 180,000원으로 한다.
③ 내선전공은 합산하여 소수점 이하는 버린다.
④ 노무비는 직접노무비만 산출한다.

【표준품셈】

5-1 전선관배관

합성수지전선관		비고
규격	내선전공	
22[mm] 이하	0.06	단위 : m
28[mm] 이하	0.08	
36[mm] 이하	0.10	

5-2 전선관 부속품률

품명	부속품률
박강전선관, 후강전선관, 합성수지전선관(PVC), 가요전선관	15[%]

(1) 전선관 부속품에는 커플링, 부싱, 커넥터, 록너트를 포함

5-10 옥내배선

규격	관내배선	비고
6[mm^2] 이하	0.010	단위 : m, 직종 : 내선전공

5-23 배선기구 설치

(1) 콘센트류

종별	2P	3P	4P	비고
콘센트 15[A]	0.065	0.095	0.10	단위 : 개, 직종 : 내선전공
플로어 콘센트 15[A]	0.096	–	–	

(2) 스위치류

종류	내선전공	비고
텀블러 스위치 단로용	0.085	단위 : 개

5-25-3 LED 등기구 설치

종별	직부등	펜던트	다운라이트	비고
35[W] 이하	0.163	0.213	0.208	단위 : 개, 직종 : 내선전공
45[W] 이하	0.221	0.249	–	

(1) 등기구 일체형 기준
(2) 등기구 조립·설치, 결선, 지지금구류 설치, 장내 소운반 및 잔재정리, 기준점 측정 포함

5-3 박스(BOX) 설치

종별	내선전공	비고
Concrete Box	0.12	
Outlet Box	0.20	단위 : 개
Switch Box(2개용 이하)	0.20	
플로어 박스	0.20	

(1) 콘크리트 매입 기준

(1) 아래표의 재료비를 구하시오.

품명	규격	단위	수량	재료비 단가	재료비 금액
전선관	HI PVC 22C	m	77	1,000	77,000
지독싱 가교 폴리 올레핀질연진신	HFIX 4.0[mm²]	m	242	900	217,800
Concrete Box	전등용	개		1,500	①
Outlet Box	벽부콘센트용	개		1,400	②
Switch Box	스위치용	개		1,300	③
플로어 박스	플로어 콘센트용	개		3,000	④
LED등기구(직부형)	LED 40[W], 일체형	개		140,000	⑤
스위치 1구	텀블러 단로 1구 커버	개		2,500	⑥
스위치 2구	텀블러 단로 2구 커버	개		4,000	⑦
콘센트	매입접지 2구 15[A]	개		2,500	⑧
플로어 콘센트	플로어접지 2구 15[A]	개		4,000	⑨
배관부속자재비	전선관의 15[%]	식	1		⑩
잡자재비	전선, 전선관의 2[%]	식	1		⑪

(2) 아래표의 내선전공을 구하시오.

품명	규격	단위	수량	내선전공
전선관	HI PVC 22C	m	77	①
저독성 가교 폴리 올레핀절연전선	HFIX 4.0[mm^2]	m	242	②
Concrete Box	전등용	개		③
Outlet Box	벽부콘센트용	개		④
Switch Box	스위치용	개		⑤
플로어 박스	플로어 콘센트용	개		⑥
LED등기구(직부형)	LED 40[W], 일체형	개		⑦
스위치 1구	텀블러 단로 1구 커버	개		⑧
스위치 2구	텀블러 단로 2구 커버	개		⑨
콘센트	매입접지 2구 15[A]	개		⑩
플로어 콘센트	플로어접지 2구 15[A]	개		⑪

(3) 내선전공 노무비, 공구손료, 노무비 합계를 산출하시오.
   ① 내선전공 노무비
      • 계산 :
      • 답 :
   ② 공구손료
      • 계산 :
      • 답 :
   ③ 노무비 합계
      • 계산 :
      • 답 :

Answer

(1) ① 16,500 ② 11,200 ③ 2,600 ④ 18,000
    ⑤ 1,540,000 ⑥ 2,500 ⑦ 4,000 ⑧ 20,000
    ⑨ 24,000 ⑩ 11,550 ⑪ 5,896

(2) ① $70 \times 0.06 = 4.2$ ② $220 \times 0.01 = 2.2$ ③ $11 \times 0.12 = 1.32$ ④ $8 \times 0.20 = 1.6$
    ⑤ $2 \times 0.20 = 0.4$ ⑥ $6 \times 0.20 = 1.2$ ⑦ $11 \times 0.221 = 2.431$ ⑧ $1 \times 0.085 = 0.085$
    ⑨ $1 \times 0.085 = 0.085$ ⑩ $8 \times 0.065 = 0.52$ ⑪ $6 \times 0.096 = 0.576$

(3) ① 내선전공 노무비
      계산 : $14 \times 180,000 = 2,520,000$
      답 : 2,520,000[원]

   ② 공구손료
      계산 : $2,520,000 \times 0.03 = 75,600$
      답 : 75,600[원]

   ③ 노무비 합계
      계산 : $2,520,000 + 75,600 = 2,595,600$
      답 : 2,595,600[원]

Explanation

5-1 전선관배관

합성수지전선관		비고
규격	내선전공	
22[mm] 이하	0.06	단위 : m
28[mm] 이하	0.08	
36[mm] 이하	0.10	

5-10 옥내배선

규격	관내배선	비고
6[mm^2] 이하	0.010	단위 : m, 직종 : 내선전공

5-3 박스(BOX) 설치

종별	내선전공	비고
Concrete Box	0.12	
Outlet Box	0.20	단위 : 개
Switch Box(2개용 이하)	0.20	
플로어 박스	0.20	

(1) 콘크리트 매입 기준

5-25-3 LED 등기구 설치

종별	직부등	펜던트	다운라이트	비고
35[W] 이하	0.163	0.213	0.208	단위 : 개, 직종 : 내선전공
45[W] 이하	0.221	0.249	-	

(1) 등기구 일체형 기준
(2) 등기구 조립·설치, 결선, 지지금구류 설치, 장내 소운반 및 잔재정리, 기준점 측정 포함

5-23 배선기구 설치

(1) 콘센트류

종별	2P	3P	4P	비고
콘센트 15[A]	0.065	0.095	0.10	단위 : 개, 직종 : 내선전공
플로어 콘센트 15[A]	0.096	-	-	

(2) 스위치류

종류	내선전공	비고
텀블러 스위치 단로용	0.085	단위 : 개

내선전공 : $4.2 + 2.2 + 1.32 + 1.6 + 0.4 + 1.2 + 2.431 + 0.085 + 0.085 + 0.52 + 0.576 = 14.617$[인]

① $70 \times 0.06 = 4.2$ ② $220 \times 0.01 = 2.2$ ③ $11 \times 0.12 = 1.32$
④ $8 \times 0.20 = 1.6$ ⑤ $2 \times 0.20 = 0.4$ ⑥ $6 \times 0.20 = 1.2$
⑦ $11 \times 0.221 = 2.431$ ⑧ $1 \times 0.085 = 0.085$ ⑨ $1 \times 0.085 = 0.085$
⑩ $8 \times 0.065 = 0.52$ ⑪ $6 \times 0.096 = 0.576$

14 ★★★★☆ (5점)

거리가 1,000[m]인 배전선로 공사에 있어서 단면적 22[mm²]의 알루미늄 선으로 계산된 것을 저항이 같은 경동선으로 교체하려고 한다면 그 전선의 단면적[mm²]은 얼마로 하여야 하는지 구하시오.

【조건】
- 알루미늄의 저항률 : $\frac{1}{35}[\Omega \cdot mm^2/m]$
- 경동선의 저항률 : $\frac{1}{55}[\Omega \cdot mm^2/m]$

- 계산 :
- 답 :

Answer

계산 : 같은 길이 같은 저항이므로 저항 $R = \rho \frac{l}{A}$ 이며

$$R = \frac{1}{35} \times \frac{1,000}{22} = \frac{1}{55} \times \frac{1,000}{A}$$

단면적 $A = \frac{35 \times 22}{55} = 14[mm^2]$

답 : 공칭단면적 16[mm²]

Explanation

- 전기저항 $R = \rho \frac{l}{A} [\Omega]$

  여기서, ρ : 저항률[$\Omega \cdot mm^2/m$], l : 전선의 길이[m], A : 전선의 단면적[mm²]

- 전선의 단면적을 바꾸어도 전류와, 전압강하가 같도록 하려면

  $I \times \frac{1}{35} \times \frac{1,000}{22}$ (알루미늄선의 전압강하) $= I \times \frac{1}{55} \times \frac{1,000}{A}$ (경동선의 전압강하)

- KSC-IEC 전선 규격

전선의 공칭단면적[mm²]			
1.5	16	95	300
2.5	25	120	400
4	35	150	500
6	50	185	630
10	70	240	

2018년 전기공사산업기사 실기

01 다음은 전기설비의 방폭구조에 대한 기호이다. 기호에 맞는 방폭구조의 명칭을 쓰시오. (6점)

기호	방폭구조의 명칭
d	
o	
p	
e	
i	
s	

Answer

기호	방폭구조의 명칭
d	내압 방폭구조
o	유입 방폭구조
p	압력 방폭구조
e	안전증 방폭구조
i	본질안전 방폭구조
s	특수 방폭구조

Explanation

방폭구조의 기호

방폭구조	정의	기호
내압 방폭구조	용기 내 폭발 시 용기가 폭발압력을 견디며, 접합면, 개구부를 통해 외부에 인화될 우려가 없는 구조	Ex d
압력 방폭구조	용기 내에 보호가스를 압입시켜 폭발성 가스나 증기가 용기 내부에 유입되지 않도록 된 구조	Ex p
안전증 방폭구조	정상 운전 중에 점화원 발생 방지를 위해 기계적, 전기적 구조상 혹은 온도 상승에 대해 안전도를 증가한 구조	Ex e
유입 방폭구조	전기 불꽃, 아크, 고온 발생 부분을 기름으로 채워 폭발성 가스 또는 증기에 인화되지 않도록 한 구조	Ex o
본질안전 방폭구조	정상 시 및 사고 시(단선, 단락, 지락)에 폭발 점화원 (전기 불꽃, 아크, 고온)의 발생이 방지된 구조	Ex ia Ex ib

02 ★★★☆ (4점)
설계 하중이 8.82[kN]인 철근 콘크리트주의 길이가 16[m]라 한다. 이 지지물을 지반이 연약한 곳 이외에 시설하는 경우 땅에 묻히는 깊이는 최소 몇 [m] 이상으로 하여야 하는지 쓰시오.

> **Answer**

2.8[m] 이상

> **Explanation**

(KEC 331.7조) 가공 전선로 지지물의 기초의 안전율
① 강관을 주체로 하는 철주(이하 "강관주"라 한다.) 또는 철근 콘크리트주로서 그 전체길이가 16[m] 이하, 설계하중이 6.8[kN] 이하인 것 또는 목주를 다음에 의하여 시설하는 경우
  • 전체의 길이가 15[m] 이하인 경우는 땅에 묻히는 깊이를 전체길이의 6분의 1 이상으로 할 것
  • 전체의 길이가 15[m]를 초과하는 경우는 땅에 묻히는 깊이를 2.5[m] 이상으로 할 것
  • 논이나 그 밖의 지반이 연약한 곳에서는 견고한 근가(根架)를 시설할 것
② 철근 콘크리트주로서 그 전체의 길이가 16[m] 초과 20[m] 이하이고, 설계하중이 6.8[kN] 이하의 것을 논이나 그 밖의 지반이 연약한 곳 이외에 그 묻히는 깊이를 2.8[m] 이상으로 시설하는 경우
③ 철근 콘크리트주로서 전체의 길이가 14[m] 이상 20[m] 이하이고, 설계하중이 6.8[kN] 초과 9.8[kN] 이하의 것을 논이나 그 밖의 지반이 연약한 곳 이외에 시설하는 경우 그 묻히는 깊이는 ①의 기준보다 30[cm]를 가산하여 시설하는 경우

03 ★★☆☆ (5점)
배전선로에 설치된 피뢰기의 공칭방전전류는 몇 [A]이며, 공칭방전전류의 의미는 무엇인지 쓰시오.

• 공칭방전전류 :   [A]
• 의미 :

> **Answer**

• 공칭방전전류 : 2,500[A]
• 의미 : 피뢰기에 흐르는 전류의 크기 피뢰기의 보호성능 및 회복성능을 표현하기 위해 사용

> **Explanation**

피뢰기의 정격전압

전력 계통		피뢰기 정격 전압[kV]	
공칭전압[kV]	중성점 접지 방식	변전소	배전 선로
345	유효접지	288	–
154	유효접지	144	–
66	PC접지 또는 비접지	72	–
22	PC접지 또는 비접지	24	–
22.9	3상 4선 다중접지	21	18

【주】 전압 22.9[kV-Y] 이하의 배전선로에서 수전하는 설비의 피뢰기 정격전압[kV]은 배전선로용을 적용한다.

설치장소별 피뢰기의 공칭 방전전류

공칭 방전 전류	설치 장소	적용 조건
10,000[A]	변전소	1. 154[kV] 이상 계통 2. 66[kV] 및 그 이하 계통에서 Bank 용량이 3,000[kVA]를 초과하거나 특히 중요한 곳 3. 장거리 송전선 케이블(배전선로 인출용 단거리 케이블 제외) 및 정전 축전기 Bank를 개폐하는 곳 4. 배전선로 인출 측(배전 간선 인출용 장거리 케이블은 제외)
5,000[A]	변전소	66[kV] 및 그 이하 계통에서 Bank 용량이 3,000[kVA] 이하인 곳
2,500[A]	선로	배전 선로

【주】전압 22.9[kV-Y] 이하(22[kV] 비접지 제외)의 배전선로에서 수전하는 설비의 피뢰기 공칭방전전류는 일반적으로 2,500[A]의 것을 적용한다.

04 ★★★☆☆ (6점)

수·변전설비에서 CT와 PT에 대하여 각각의 물음에 답하시오.

(1) PT의 1차 측과 2차 측에 퓨즈를 접속해야 하는 이유를 설명하시오.
(2) CT의 2차 측에 퓨즈를 접속할 수 없는 이유를 설명하시오.

Answer

(1) 계기용변압기 및 부하 측에 사고 발생 시 이를 고압회로로부터 분리함으로써 PT 보호 및 사고 확대를 방지
(2) 사용 중의 변류기 2차 측에 퓨즈 접속 시 퓨즈가 용단되면 변류기 1차 측 부하 전류가 모두 여자 전류가 되어 변류기 2차 측에 고전압을 유기하여 변류기의 절연을 파괴할 수 있다.

Explanation

계기용변압기의 퓨즈 설치
- 계기용변압기 1차 측에는 과전압에 대한 보호를 위해 부착
- 계기용변압기 2차 측에는 부하의 단락 및 과부하 또는 계기용변압기 단락 시 사고가 확대되는 것을 방지하기 위하여 퓨즈 부착

변류기 2차 측에 퓨즈 접속할 수 없는 이유
- 2차 측 퓨즈 용단 시 2차 측 과전압 유기
- 변류기 점검 시 : 2차 측 단락(2차 측 절연 보호)

05 ★★★★☆ (4점)

가공전선로에서 전선 지지점에 고저차가 없을 경우 330[mm²] ACSR선이 경간 500[m]에서 이도가 8.6[m]이다. 전선의 실제길이는 약 몇 [m]인지 구하시오.

- 계산 :
- 답 :

Answer

계산 : $L = S + \dfrac{8D^2}{3S} = 500 + \dfrac{8 \times 8.6^2}{3 \times 500} = 500.39$

답 : 500.39[m]

Explanation

- 이도 : $D = \dfrac{WS^2}{8T} = \dfrac{WS^2}{8 \times \dfrac{인장하중}{안전율}}$

- 실제길이 : $L = S + \dfrac{8D^2}{3S}$

여기서, L : 전선의 실제 길이[m], D : 이도[m], S : 경간[m]

---

06 ★★★☆☆ (5점)

송전선로에 매설지선을 설치하는 주된 목적을 쓰시오.

Answer

매설지선은 철탑의 탑각 접지저항을 감소시켜 역섬락을 방지한다.

Explanation

매설지선은 철탑의 접지저항을 낮추기 위하여 아연도금 절연선을 지면 30[cm] 깊이에 30~50[m]의 길이로 방사상으로 매설하는 것으로 역섬락 방지용으로 사용된다.

역섬락은 철탑의 접지저항이 큰 경우 뇌격 시 철탑의 전위가 상승하여 철탑으로부터 송전선로 방향으로 섬락이 발생하는 것을 말한다.

이러한 역섬락을 방지하기 위하여
- 철탑의 접지저항을 작게 하고
- 매설지선 사용

07 다음 도면은 콘크리트 구조인 어느 사무실의 단상 2선식 220[V] 전등 설비 및 전열 설비 평면도이다. 주어진 조건을 참고하여 답란을 작성하시오. (30점)

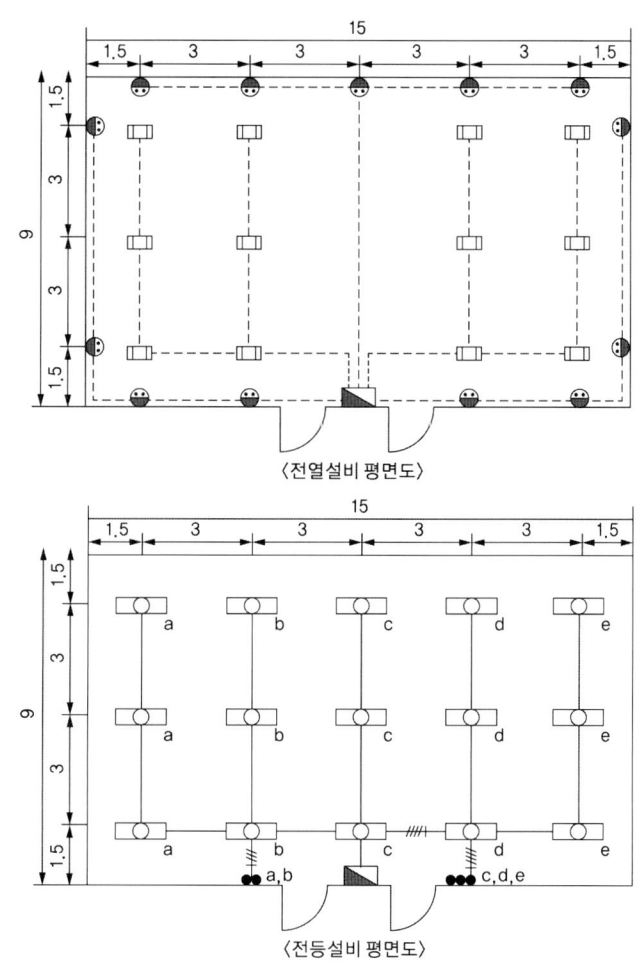

【조건】
① 도면의 수치 단위는 [m]이다.
② 전선은 450/750[V] HFIX 절연전선 2.5[mm^2]를 사용한다.
③ 전선관은 합성수지전선관(HI-PVC)를 사용한다.
④ 콘센트의 Box는 Outlet Box를 사용한다.
⑤ 전등의 매입 Box는 Concrete Box를 사용한다.
⑥ 전등은 반자에 매입 설치하고 등기구 보강은 하지 않는다.
⑦ 콘센트 설치 높이는 바닥에서 콘센트 중심까지 0.3[m]이다.
⑧ 스위치 설치 높이는 바닥에서 스위치 중심까지 1.2[m]이다.
⑨ 분전반에서 배선의 여유는 전선 1본당 0.5[m]로 하고 나머지는 무시한다.
⑩ 분전반의 설치 높이는 바닥에서 하단까지 0.5[m], 바닥에서 상단까지 1.8[m]로 한다.
⑪ 층고는 3[m]이다.
⑫ 반자는 M-bar type으로 바닥에서 2.5[m]이다.
⑬ 슬라브 콘크리트 박스에서 전등까지의 배관은 금속 가요전선관을 사용하고 천장 속 작업으로 한다.
⑭ 배관 및 배선의 자재 할증은 10[%], 배관 및 배선 이외의 자재는 할증을 적용하지 않는다.
⑮ 전선의 물량 산출에서 전등 설비는 제외하고 전열 설비만 구한다.
⑯ 재료의 할증에는 공량을 적용하지 않는다.
⑰ 공량은 소수점 넷째자리에서 반올림하여 셋째자리까지 적용한다.
⑱ 조건 이외의 것은 모두 무시한다.

(1) 전선관 배관 (단위 : m)

합성수지 전선관		후강 전선관		금속가요전선관	
규격	내선전공	규격	내선전공	규격	내선전공
14[mm] 이하	0.04	–	–	–	–
16[mm] 이하	0.05	16[mm] 이하	0.08	16[mm] 이하	0.044
22[mm] 이하	0.06	22[mm] 이하	0.11	22[mm] 이하	0.059

(해설)
- 콘크리트 매입 기준
- 천장 속, 마루 밑 공사 130[%]

(2) 박스(BOX) 설치 (단위 : 개)

종별	내선전공
Concrete Box	0.12
Outlet Box	0.20
Switch Box(2개용 이하)	0.20
Switch Box(3개용 이하)	0.25
노출형 Box(콘크리트 노출기준)	0.29
플로어 박스	0.20

(해설)
- 콘크리트 매입 기준
- 천장 속, 마루 밑은 130[%]

(3) LED 등기구 설치   (단위 : 등, 적용 직종 : 내선전공)

종별	다운라이트	T-BAR Type	M-BAR Type
15[W]	0.155	–	–
22[W]	0.182	–	–
52[W]	–	0.289	0.306

(4) 시스템 박스(System Box) 설치

품명	규격(폼×높이)	단위	내선전공
해드덕트	150×40	m	0.30
해드덕트	200×40	m	0.40
해드덕트	300×40	m	0.54
시스템 박스	콘크리트매입 전선관용	개	0.63
시스템 박스	콘크리트매입 데크플레이트용	개	0.41
시스템 박스	액서스 플로어용	개	0.25

(5) 옥내배선   (단위 : 개, 적용직종 : 내선전공)

규격	관내배선
6[mm²] 이하	0.010
16[mm²] 이하	0.023

(해설)
- 관내배선 바닥 공사는 80[%]

(6) 콘센트   (단위 : 개, 적용직종 : 내선전공)

종별	2P	3P	4P
콘센트 15[A]	0.065	0.095	0.10
콘센트(접지극부) 15[A]	0.08	–	–
콘센트(접지극부) 20[A]	0.085	–	–
콘센트(접지극부) 30[A]	0.11	0.145	0.15
플로어 콘센트 15[A]	0.096	–	–
플로어 콘센트 20[A]	0.096	–	–
하이텐션(로우텐션)	0.096	–	–

(해설)
- 매입 설치기준, 노출설치 120[%]
- System Box 내에 설치되는 콘센트는 하이텐션(로우텐션) 적용

(1) 도면을 보고 물량 산출서를 작성하시오.

품명	규격	단위	산출량	할증량	물량계
합성수지전선관	16[mm]	m	①	②	
합성수지전선관	22[mm]	m	③	④	
금속가요전선관	16[mm]	m	⑤	⑥	
HFIX 절연전선	2.5[mm^2]	m	⑦	⑧	
매입콘센트	250[V] 15[A] 접지형 2구용	개		−	⑨
매입콘센트(시스템박스용)	250[V] 15[A] 접지형 2구용	개		−	⑩
Outlet Box	45[mm]	개		−	⑪
Concrete Box	45[mm]	개		−	⑫
Switch Box	2구용	개		−	⑬
Switch Box	3구용	개		−	⑭
시스템박스	250[V] 15[A] 접지형 2구용	개		−	⑮
LED 형광등	52[W]	개			⑯

(2) 각 자재별 인공수를 구하시오.

품명	규격	단위	산출량	할증량	물량계
합성수지전선관	16[mm]	m			①
합성수지전선관	22[mm]	m			②
금속가요전선관	16[mm]	m			③
HFIX 절연전선	2.5[mm^2]	m			④
매입콘센트	250[V] 15[A] 접지형 2구용	개			⑤
매입콘센트(시스템박스용)	250[V] 15[A] 접지형 2구용	개		⑥	⑦
Outlet Box	45[mm]	개			⑧
Concrete Box	45[mm]	개			⑨
Switch Box	2구용	개			⑩
Switch Box	3구용	개			⑪
시스템박스	250[V] 15[A] 접지형 2구용	개			⑫
LED 형광등	52[W]	개			⑬
합계					⑭

Answer

(1) ① 전등 : $(3 \times 30) + (0.5 \times 5) + (0.3 \times 23) = 99.4$
전열 : $\{(3 \times 13) + 1.5 + 1.2 + 0.5\} + (1.5 + 1.8) = 45.5$
$99.4 + 45.5 = 144.9$

② 14.49
③ $1.5 + 1.8 = 3.3$
④ 0.33
⑤ $15 \times 0.5 = 7.5$
⑥ 0.75
⑦ $(99.4 \times 3) + (0.5 \times 5 \times 3) = 305.7$

⑧ 30.57
⑨ 13
⑩ 12
⑪ 13
⑫ 15
⑬ 1
⑭ 1
⑮ 12
⑯ 15

(2) ① $144.9 \times 0.05 = 7.245$
② $3.3 \times 0.06 = 0.198$
③ $7.5 \times 0.044 \times 1.3 = 0.429$
④ $305.7 \times 0.01 = 3.057$
⑤ $13 \times 0.08 = 1.04$
⑥ 0.096
⑦ $12 \times 0.096 = 1.152$
⑧ $13 \times 0.2 = 2.6$
⑨ $15 \times 0.12 = 1.8$
⑩ $1 \times 0.2 = 0.2$
⑪ $1 \times 0.2 = 0.2$
⑫ $12 \times 0.63 = 7.56$
⑬ $15 \times 0.306 = 4.59$
⑭ $7.245 + 0.198 + 0.429 + 3.057 + 1.04 + 1.152 + 2.6 + 1.8 + 0.2 + 0.2 + 7.56 + 4.59 = 30.071$

Explanation

(1) 전선관 배관 (단위 : m)

합성수지 전선관		후강 전선관		금속가요전선관	
규격	내선전공	규격	내선전공	규격	내선전공
14[mm] 이하	0.04	–	–	–	–
16[mm] 이하	0.05	16[mm] 이하	0.08	16[mm] 이하	0.044
22[mm] 이하	0.06	22[mm] 이하	0.11	22[mm] 이하	0.059

(해설)
- 콘크리트 매입 기준
- 천장 속, 마루 밑 공사 130[%]

(5) 옥내배선 (단위 : 개, 적용직종 : 내선전공)

규격	관내배선
6[mm²] 이하	0.010
16[mm²] 이하	0.023

(해설)
- 관내배선 바닥 공사는 80[%]

(6) 콘센트 (단위 : 개, 적용직종 : 내선전공)

종별	2P	3P	4P
콘센트 15[A]	0.065	0.095	0.10
콘센트(접지극부) 15[A]	0.08	-	-
콘센트(접지극부) 20[A]	0.085	-	-
콘센트(접지극부) 30[A]	0.11	0.145	0.15
플로어 콘센트 15[A]	0.096	-	-
플로어 콘센트 20[A]	0.096	-	-
하이텐션(로우텐션)	0.096	-	-

(해설)
- 매입 설치기준, 노출설치 120[%]
- System Box 내에 설치되는 콘센트는 하이텐션(로우텐션) 적용

(2) 박스(BOX) 설치 (단위 : 개)

종별	내선전공
Concrete Box	0.12
Outlet Box	0.20
Switch Box(2개용 이하)	0.20
Switch Box(3개용 이하)	0.25
노출형 Box(콘크리트 노출기준)	0.29
플로어 박스	0.20

(해설)
- 콘크리트 매입 기준
- 천장 속, 마루 밑은 130[%]

(4) 시스템 박스(System Box) 설치

품명	규격(폼×높이)	단위	내선전공
헤드덕트	150×40	m	0.30
헤드덕트	200×40	m	0.40
헤드덕트	300×40	m	0.54
시스템 박스	콘크리트매입 전선관용	개	0.63
시스템 박스	콘크리트매입 데크플레이트용	개	0.41
시스템 박스	액서스 플로어용	개	0.25

(3) LED 등기구 설치 (단위 : 등, 적용 직종 : 내선전공)

종별	다운라이트	T-BAR Type	M-BAR Type
15[W]	0.155	-	-
22[W]	0.182	-	-
52[W]	-	0.289	0.306

08 (8점)

다음 ( ) 안에 알맞은 내용을 쓰시오.

(1) 지중전선로는 전선에 (①)을 사용하고 또한 (②)·(③) 또는 (④)에 의하여 시설하여야 한다.
(2) 상용전원이 정전되었을 때 사용하는 비상용 예비전원(수용 장소에 시설하는 것만 해당한다.)은 (⑤) 측의 수용 장소에 시설하는 전로 이외의 전로와 (⑥)이 전기적으로 접속되지 않도록 시설하여야 한다.
(3) 전로의 필요한 곳에는 과전류에 의한 과열소손으로부터 (⑦) 및 (⑧)를 보호하고 화재의 발생을 방지할 수 있도록 과전류로부터 보호하는 차단 장치를 시설하여야 한다.

Answer

(1) ① 케이블　② 관로식　③ 암거식　④ 직접 매설식
(2) ⑤ 상용전원　⑥ 비상용 예비전원
(3) ⑦ 전선　⑧ 기계기구

Explanation

(KEC 334.1조) 지중 전선로의 시설
지중 전선로는 전선에 케이블을 사용하고 또한 관로식·암거식(暗渠式) 또는 직접 매설식에 의하여 시설하여야 한다.

(전기설비기술기준 제72조) 비상용 예비전원의 시설
① 수용장소에 시설하는 비상용 예비전원은 상용전원이 정전되었을 때 수용장소 이외의 전로에 전력이 공급되지 않도록 시설하여야 한다.
② 비상용 예비전원으로 발전기 또는 이차전지 등을 이용한 전기저장장치를 시설하는 공간에는 환기 등 필요한 시설을 갖추어야 한다.

(내선규정 제1,470-1조) 과전류차단기
전선 및 기계기구를 보호하기 위한 목적으로 전로 중 필요한 개소는 과전류차단기를 시설하여야 한다.
【주 1】 "필요한 개소"란 인입구, 간선의 전원 측, 분기점 등의 보호상 또는 보안상 필요가 있는 개소를 말한다.
【주 2】 개폐기와 과전류차단기를 겸하는 배선용차단기를 시설하는 경우는 절연저항을 쉽게 측정할 수 있도록 시설할 것. 다만, 배선용차단기의 구조는 측정구멍을 설치하는 등 절연저항을 쉽게 측정할 수 있도록 되어 있는 경우는 적용하지 않는다.

09 (6점)

변압기 결선방식 중 △-△결선의 특성을 3가지만 쓰시오.

Answer

① 제3고조파의 전류가 △ 결선 내를 순환하므로 인가전압이 정현파이면 유도 전압도 정현파가 된다.
② 1상분이 고장이 나면 나머지 2대로서 V결선 운전이 가능하다.
③ 각 변압기의 상전류가 선전류의 $\dfrac{1}{\sqrt{3}}$이 되어 저전압 대전류 계통에 적당하다.
④ 중성점을 접지할 수 없으므로 지락사고의 보호계전기 시스템 구성이 복잡하다.
⑤ 정격 용량이 다른 것을 결선하면 순환전류가 흐른다.

Explanation

△-△ 결선

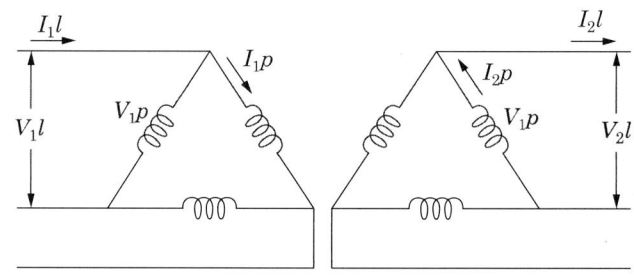

① 선전류가 상전류보다 크기가 $\sqrt{3}$이며 위상은 30°뒤진다.
  $I_l = \sqrt{3}\,I_p \angle -30°$
  여기서, I_p : 상전류[A], I_l : 선전류[A]

② 상전압와 선간전압는 크기가 같고 위상은 동상이다.
  $V_l = V_p$
  여기서, V_p : 상전압[V], V_l : 선간전압[V]

③ 3상 출력 $P_\triangle = 3V_pI_p = 3K$
  여기서, K : 변압기 1대 용량

④ △-△결선의 특징
  • 1대 고장 시 V-V 결선으로 3상 전력 공급이 가능하다
  • 제3고조파 전류가 △결선 내를 순환하므로 정현파 교류전압을 유기하여 기전력의 파형이 왜곡되지 않는다.
  • 각 변압기의 상전류가 선전류의 $\dfrac{1}{\sqrt{3}}$이 되어 저전압 대전류 계통에 적당하다.
  • 중성점을 접지할 수 없으므로 이상전압에 의한 전압 상승이 크며 지락사고 검출이 곤란하다.
  • 권수가 다른 변압기를 결선하면 순환전류가 흐른다.
  • 각 상의 임피던스가 다를 경우 3상 부하가 평형이 되어도 변압기의 부하전류는 불평형이 된다.

10 ★★★☆☆ (5점)

"분기회로"란 무엇인지 용어의 정의를 쓰시오.

Answer

간선에서 분기하여 분기과전류차단기를 거쳐서 부하에 이르는 사이의 배선

Explanation

(내선규정 1300) 용어

분기회로(分岐回路)란 간선에서 분기하여 분기과전류차단기를 거쳐서 부하에 이르는 사이의 배선을 말한다.

BEST 11 ★★★★★ (5점)

가공전선로에 사용되는 전선의 구비 조건을 5가지만 쓰시오.

Answer

① 도전율이 높을 것
② 기계적인 강도가 클 것
③ 내구성이 있을 것
④ 비중이 작을 것
⑤ 가선작업이 용이할 것

Explanation

가공전선의 구비조건
- 도전율이 클 것
- 기계적 강도가 클 것
- 비중(밀도)이 작을 것
- 가선공사(접속)가 쉬울 것
- 부식성이 작을 것
- 유연성(가공성)이 좋을 것
- 경제적일 것

12 ★☆☆☆☆ (6점)

금속제 케이블 트레이에 사용할 수 있는 전선의 종류 3가지만 쓰시오.

Answer

- 난연성케이블
- 기타 케이블(적당한 간격으로 연소(延燒)방지 조치를 하여야 한다.)
- 금속관 혹은 합성수지관 등에 넣은 절연전선

Explanation

(KEC 232.41) 케이블트레이공사

전선은 연피 케이블, 알루미늄피 케이블 등 난연성 케이블, 기타 케이블(적당한 간격으로 연소(延燒)방지 조치를 하여야 한다) 또는 금속관 혹은 합성수지관 등에 넣은 절연전선을 사용하여야 한다.

13 ★☆☆☆☆ (6점)

단도체와 비교하여 복도체가 가지는 특징 3가지만 쓰시오.

Answer

- 복도체(다도체)는 코로나 임계 전압을 상승시켜 코로나 방지에 효과가 있다.
- 복도체(다도체)는 인덕턴스는 감소하고 정전 용량은 증가하므로 송전 용량의 증대되고 안정도 증가한다.
- 복도체(다도체)는 같은 단면적의 단도체에 비해 전류 용량의 증대된다.

> **Explanation**

- 복도체 : 소도체 2개인 경우를 나타내며 소도체가 2개보다 많이 있는 경우에는 다도체라 한다.
- 복도체(다도체)의 특징
  - 복도체(다도체) 방식의 주목적은 코로나 방지에 있으며 복도체(다도체)는 코로나 임계 전압을 상승시켜 코로나 방지에 효과가 있다.
  - 복도체(다도체)는 등가반지름이 증가되므로 인덕턴스는 감소하고 정전 용량은 증가하므로 송전 용량의 증대되고 안정도 증가한다.
  - 복도체(다도체)는 같은 단면적의 단도체에 비해 전류 용량의 증대된다.
  - 복도체(다도체)는 소도체간 흡인력 발생되며 대책으로 스페이서를 설치한다.

14 ★★☆☆☆ (4점)

22.9[kV-Y] 중성점 다중접지 계통의 지중 배전선로에 사용되는 개폐기로서 정전이 발생할 경우 큰 피해가 예상되는 수용가에 서로 다른 변전소에서 2중 전원을 확보하여 A 변전소에서 공급되는 상용전원의 정전이나 기준전압 이하로 떨어진 경우에 B 변전소에서 공급되는 예비전원으로 순간 자동 전환을 하는 그림 (가)의 개폐기 명칭을 쓰시오.

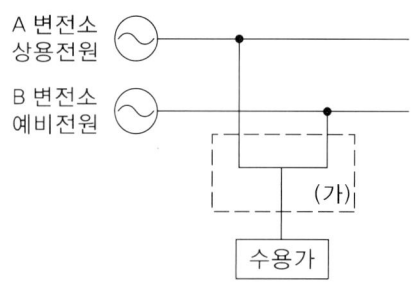

> **Answer**

자동부하전환개폐기

> **Explanation**

자동부하전환개폐기(ALTS : Automatic Load Transfer Switch)
- 22.9[kV-Y] 중성점 다중접지 계통의 지중 배전선로에 사용되는 개폐기로서 정전이 발생할 경우 큰 피해가 예상되는 수용가에 서로 다른 변전소에서 2중 전원을 확보하여 주전원인 상용전원의 정전이나 기준전압 이하로 떨어진 경우에 예비전원으로 순간 자동 전환을 하는 개폐기
- 3상 일괄조작의 개폐기로서 SF6 가스절연방식의 옥내용과 옥외용

2018년 전기공사산업기사 실기

BEST 01 ★★★★★ (5점)

방 면적(9[m]×12[m])의 평균조도를 200[lx]로 하고자 한다. 32[W] 형광등(광속 2,450[lm])은 몇 개를 시설하여야 하는지 구하시오. 단, 감광보상율 1.4, 조명률 70[%]이다.

- 계산 :
- 답 :

계산 : 등수 $N = \dfrac{ESD}{FU} = \dfrac{200 \times 9 \times 12 \times 1.4}{2{,}450 \times 0.7} = 17.63$ [등]

답 : 18[등]

Explanation

조명계산

$FUN = ESD$

여기서, F[lm] : 광속, U : 조명률, N : 등수

E[lx] : 조도, S[m^2] : 면적, $D = \dfrac{1}{M}$: 감광보상율 $= \dfrac{1}{\text{보수율}}$

등수 $N = \dfrac{ESD}{FU}$ 이며 등수계산은 소수점은 무조건 절상한다.

---

02 ★★☆☆☆ (5점)

납(연)축전지의 전해액이 변색되며, 충전하지 않고 정치(靜置) 중에도 다량으로 가스가 발생되고 있다. 어떤 원인의 고장으로 예측되는지 쓰시오.

전해액 불순물의 혼입

Explanation

축전지 고장의 원인과 현상

현상		추정 원인
초기 고장	전체 셀 전압의 불균형이 크고 비중이 낮다.	사용 개시시의 충전 보충 부족
	단전지 전압의 비중 저하, 전압계의 역전	역접속
사용 중 고장	전체 셀 전압의 불균형이 크고 비중이 낮다.	• 부동충전전압이 낮다. • 균등 충전의 부족 • 방전후의 회복충전 부족
	어떤 셀만의 전압, 비중이 극히 낮다.	국부단락
	• 전체 셀의 비중이 높다. • 전압은 정상	• 액면 저하 • 보수시 묽은 황산의 혼입
	• 충전 중 비중이 낮고 전압은 높다. • 방전 중 전압은 낮고 용량이 감퇴한다.	• 방전 상태에서 장기간 방치 • 충전 부족의 상태에서 장기간 사용 • 극판 노출 • 불순물 혼입
	전해액의 변색, 충전하지 않고 방치 중에도 다량으로 가스가 발생한다.	불순물 혼입
	전해액의 감소가 빠르다.	• 충전 전압이 높다. • 실온이 높다.
	축전지의 현저한 온도 상승, 또는 소손	• 충전장치의 고장 • 과충전 • 액면 저하로 인한 극판의 노출 • 교류 전류의 유입이 크다.

03 ★★☆☆☆ (5점)
변압기 냉각방식의 종류를 5가지만 쓰시오.

Answer

① OA(ONAN) : 유입자냉식
② FA(ONAF) : 유입풍냉식
③ OW(ONWF) : 유입수냉식
④ FOA(OFAF) : 송유풍냉식
⑤ FOW(OFWF) : 송유수냉식

Explanation

변압기 냉각방식

- OA(ONAN) : Oil Natural Air Natural, 유입자냉식
- FA(ONAF) : Oil Natural Air Forced, 유입풍랭식
- OW(ONWF) : Oil Natural Air Water Forced, 유입수냉식
- FOA(OFAF) : Oil Forced Air Forced, 송유풍냉식
- FOW(OFWF) : Oil Forced Water Forced, 송유수냉식

04 지중배선 방식 중 관로인입식의 맨홀에 사용되는 부속설비를 5가지만 쓰시오. (5점)

Answer

맨홀 뚜껑, 발판볼트, 사다리, 관로구 및 방수장치, 훅크

Explanation

그 외, 서포터 및 앵카 볼트, 물받이, 접지장치가 있다.

05 그림은 전력케이블의 시공설치도이다. 어떤 시공방법인지 쓰시오. (4점)

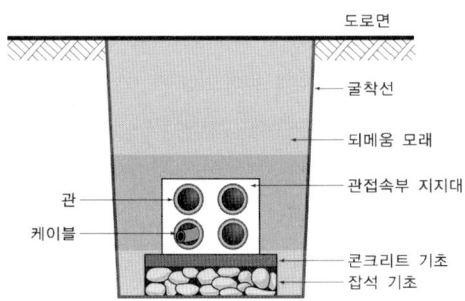

Answer

관로식

Explanation

(KEC 334.1조) 지중 전선로의 시설

지중 전선로는 전선에 케이블을 사용하고 또한 관로식·암거식(暗渠式) 또는 직접 매설식에 의하여 시설하여야 한다.

관로식

100~300[m] 간격으로 맨홀을 설치하고 맨홀 내에서 케이블의 인입 및 접속하는 방식으로 케이블의 증설 및 교체가 예상될 때 사용된다.

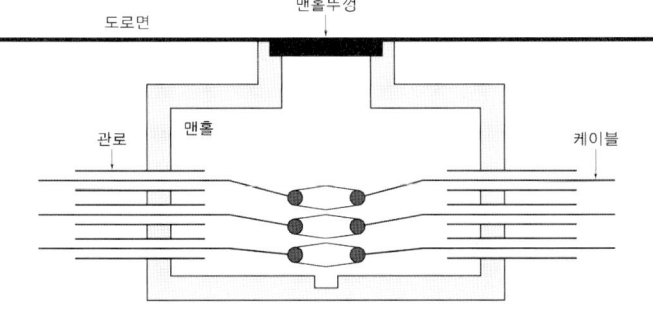

06 눈부심(Glare)에 대하여 다음 물음에 답하시오. (6점)

(1) 눈부심(Glare)의 정의
(2) 눈부심의 종류 3가지

Answer

(1) 눈부심(Glare)의 정의 : 시야 내의 어떤 휘도로 인하여 불쾌, 고통, 눈의 피로 등을 유발시키는 현상
(2) 눈부심의 종류 3가지 : 감능글레어, 불쾌글레어, 직시글레어

Explanation

- 눈부심(Glare) : 시야 내의 어떤 휘도로 인하여 불쾌, 고통, 눈의 피로 등을 유발시키는 현상
- 눈부심(Glare)의 종류 3가지
  - 감능글레어 : 주위의 고휘도원에 의해 시 대상물을 식별하는 능력이 저하
  - 불쾌글레어 : 눈부심에 의해 불쾌감을 느끼게 되는 것
  - 직시글레어 : 휘도가 높은 곳이 시야에 들어오는 것
  - 반사글레어 : 고휘도 광원에서 빛이 물질의 표면에서 반사되어 눈에 들어오는 경우

07 건설현장 등의 애자공사에 의한 임시시설에 전기를 공급하는 전로에 시설하여야 하는 차단기를 쓰시오. (4점)

Answer

누전차단기

Explanation

(내선규정 4186-1~5) 임시시설 애자공사

4186-1 애자공사의 시설제한

애자공사의 임시시설(임시가공전식의 시설을 제외한다. 이하 이 절에서 같다)은 그 공사가 완료된 날로부터 4개월 이상 사용하여서는 안 된다(판단기준 250).

4186-5 누전차단기

건설현장 등의 애자공사에 의한 임시시설에 전기를 공급하는 전로는 누전차단기를 시설하여야 한다.

08 수전단에 부하가 요구하는 무효전력과 원선도상에서 정해지는 무효전력과의 차에 해당하는 무효전력을 별도로 공급해 주기 위하여 사용하는 조상설비의 종류를 3가지만 쓰시오. (5점)

Answer

동기조상기, 분로리액터, 전력용콘덴서

> **Explanation**

조상설비
송전전력을 일정한 전압으로 보내기 위하여 무효전력 공급 및 흡수설비가 필요하며 이를 조상설비라 하며 동기조상기를 비롯하여 분로리액터, 전력용 콘덴서, SVC 등이 있다.

	진 상	지 상	시충전(시송전)	조 정	전력손실	증설
동기 조상기	○	○	○	연속적	크다	불가능
분로 리액터	×	○	×	단계적	작다	가능
전력용 콘덴서	○	×	×	단계적	작다	가능

09 ★★★☆☆ (5점)
극판형식에 의한 축전지의 분류표이다. 빈칸에 알맞은 내용을 쓰시오.

종별	연축전지	알칼리축전지	니켈수소전지
형식명	클래드식(CS) 페이스트식(HS)	포켓식 소결식	GMH형
기전력[V]	2.05 ~ 2.08	( )	1.34
공칭전압[V]	( )	( )	1.2
공칭용량[Ah]	( )	5시간율	( )

> **Answer**

종별	연축전지	알칼리축전지	니켈수소전지
형식명	클래드식(CS) 페이스트식(HS)	포켓식 소결식	GMH형
기전력[V]	2.05 ~ 2.08	(1.32)	1.34
공칭전압[V]	(2.0)	(1.2)	1.2
공칭용량[Ah]	(10시간율)	5시간율	(5시간율)

> **Explanation**

	납축전지	알칼리축전지	니켈수소전지
충전용량	10[Ah]	5[Ah]	
공칭전압	2.0[V/cell]	1.2[V/cell]	1.2[V/cell]

10 부하 100[kVA]에서 역률 60[%]를 90[%]로 개선하는데 필요한 콘덴서 용량[kVA]을 구하시오. (5점)

- 계산 :
- 답 :

Answer

계산 : $Q_c = 100 \times 0.6 \times \left(\dfrac{\sqrt{1-0.6^2}}{0.6} - \dfrac{\sqrt{1-0.9^2}}{0.9} \right) = 50.94 \text{[kVA]}$

답 : 50.94[kVA]

Explanation

역률 개선용 콘덴서

$$Q_c = P(\tan\theta_1 - \tan\theta_2) = P\left(\dfrac{\sin\theta_1}{\cos\theta_1} - \dfrac{\sin\theta_2}{\cos\theta_2}\right)$$
$$= P\left(\dfrac{\sqrt{1-\cos^2\theta_1}}{\cos\theta_1} - \dfrac{\sqrt{1-\cos^2\theta_2}}{\cos\theta_2}\right) \text{[kVA]}$$

11 페란티 현상(Ferranti effect)을 간략하게 설명하고, 페란티 현상을 방지하기 위하여 설치하는 기기를 쓰시오. (6점)

(1) 페란티 현상(Ferranti effect)에 대하여 설명하시오.
(2) 페란티 현상을 방지하기 위한 기기를 쓰시오.

Answer

(1) 무부하시 선로의 정전용량에 의하여 수전단의 전압이 송전단의 전압보다 높아지는 현상
(2) 분로리액터(Sh.R)

Explanation

- 페란티 현상 : 선로의 경부하(무부하) 시 정전용량에 의해서 송전단 전압보다 수전단 전압이 높아지는 현상으로 장거리선로와 지중케이블 선로에서는 정전용량이 크기 때문에 특히 무부하 충전 시 문제가 발생되며 부하역률은 지상역률로 중부하시에는 전류가 전압보다 위상이 뒤지지만 지중전선로의 경부하시나 가공전선로의 무부하 충전 시 진상전류가 흐르게 되는 현상으로 분로리액터를 대책으로 한다.
- 분로리액터(Shunt Reactor) : 페란티 현상을 방지하기 위하여 주요 변전소에 설치되며 지상전력 공급을 통하여 무효분을 조정한다.

12 합성수지몰드공사를 옥내에 시설할 수 있는 장소로 2가지만 쓰시오. 단, 옥내의 건조한 장소에 한한다. (4점)

Answer

- 전개된 장소
- 점검할 수 있는 은폐장소

Explanation

(KEC 232.21조) 합성수지몰드공사

가. 전선은 절연전선 (옥외용 비닐절연전선을 제외한다) 또는 케이블을 사용하여야 한다. 다만, 절연전선은 합성수지몰드가 IP4X 또는 IPXXD급의 보호를 제공하고 도구를 사용하거나 의도적인 행동을 통하여 덮개를 제거할 수 있는 경우에만 사용할 수 있다.
나. 전선의 단면적 10[㎟](알루미늄은 16[㎟])를 초과하는 경우에는 연선을 사용해야 한다.
다. 합성수지몰드 안에서는 전선의 접속점이 없도록 할 것
라. 합성수지몰드공사는 옥내의 건조한 장소로 전개된 장소 또는 점검할 수 있는 은폐된 장소에 사용할 수 있다.
마. 합성수지몰드공사를 적용하는 경우 사용전압은 400[V] 이하이어야 한다.

13. 다음 전선의 약호를 보고 각각의 명칭을 쓰시오. (5점)

(1) ACSR :
(2) OW :
(3) FL :
(4) DV :
(5) MI :

Answer

(1) ACSR : 강심 알루미늄 연선
(2) OW : 옥외용 비닐 절연 전선
(3) FL : 형광 방전등용 비닐 전선
(4) DV : 인입용 비닐 절연 전선
(5) MI : 미네럴 인슐레이션 케이블

Explanation

(내선규정 100-2) 전선 약호

약호	명칭
ACSR	강심 알루미늄 연선
ACSR-OC 전선	옥외용 강심 알루미늄도체 가교 폴리에틸렌 절연전선
ACSR-OE 전선	옥외용 강심 알루미늄도체 폴리에틸렌 절연전선
AL-OC 전선	옥외용 알루미늄도체 가교 폴리에틸렌 절연전선
AL-OE 전선	옥외용 알루미늄도체 폴리에틸렌 절연전선
AL-OW 전선	옥외용 알루미늄도체 비닐 절연전선
DV 전선	인입용 비닐 절연 전선
FL 전선	형광 방전등용 비닐 전선
HR(0.5) 전선	500[V] 내열성 고무 절연전선(110[℃])
HR(0.75) 전선	750[V] 내열성 고무 절연전선(110[℃])
NR 전선	450/750[V] 일반용 단심 비닐 절연 전선

NRI(70) 전선	300/500[V] 기기 배선용 단심 비닐절연전선(70[℃])
NRI(90) 전선	300/500[V] 기기 배선용 단심 비닐절연전선 (90[℃])
OC 전선	옥외용 가교 폴리에틸렌 절연전선
OE 전선	옥외용 폴리에틸렌 절연전선
OW 전선	옥외용 비닐 절연 전선

14. ★☆☆☆☆ (30점)

다음은 업무용빌딩의 지하 전기실 및 자가발전기실의 평면도이다. 주어진 조건을 참조하여 물음에 답하시오.

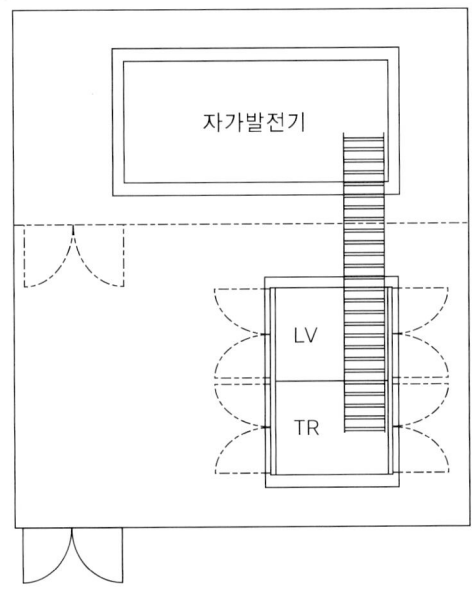

【조건】
① 자가발전기 용량은 $3\phi 4W$, 200[kVA], 380-220[V], 디젤엔진, 라디에이터 방식이다.
② 케이블트레이의 크기는 (W)200[mm]×(H)100[mm], 길이는 30[m], 철제, 통풍형이다.
③ 케이블트레이의 설치 높이는 3[m]이고 케이블트레이 양쪽으로 엘보를 2개소 설치 후 마감한다.
④ 전력케이블은 F-FR-8, 150[mm^2]×1C×4이며, 길이는 40[m]이다.
⑤ TR은 22.9[kV]/380-220[V], 3상 4선식, 200[kVA] 몰드변압기이며, %Z는 6[%]이다.
⑥ 정답은 소수점 셋째자리에서 반올림하며, 주어진 조건 이외에는 무시한다.

3-1 22[kV] 변압기 설치

(단위 : 대)

용량	공종	변전전공	비계공	특별인부	기계설비공	인력운반공
100[kVA] 이하	운반 설치	0.7	0.4	1.0	-	0.6
	OT 처리	0.7	-	1.0	-	-
	점검	0.4	-	0.4	-	-
	계	1.8	0.4	2.4	-	0.6
150[kVA] 이하	운반 설치	0.8	0.4	1.1	-	0.8
	OT 처리	0.8	-	1.1	-	-
	점검	0.5	-	0.5	-	-
	계	2.1	0.4	2.7	-	0.8
200[kVA] 이하	운반 설치	0.9	0.5	1.2	-	0.8
	OT 처리	0.9	-	1.2	-	-
	점검	0.6	-	0.6	-	-
	계	2.4	0.5	3.0	-	0.8
300[kVA] 이하	운반 설치	1.0	0.6	1.4	-	1.0
	OT 처리	1.0	-	1.4	-	-
	점검	0.7	-	0.7	-	-
	계	2.7	0.6	3.5	-	1.0
500[kVA] 이하	운반 설치	1.6	0.7	2.2	-	1.4
	OT 처리	1.6	-	2.2	-	-
	점검	0.8	-	0.8	-	-
	계	4.0	0.7	5.2	-	1.4

(해설)
① 단상기준으로 소운반, 점검, 결선 및 Megger Test 포함
② 옥외, 지상 인력작업 기준
③ 옥내 설치는 120[%], 3상은 130[%]
④ 15,000[kVA]는 10,000[kVA]의 120[%]
⑤ 20,000[kVA]는 10,000[kVA]의 150[%]
⑥ 장비를 사용할 때는 운반설치, 라디에이터 조립, 콘서베이터 조립, 붓싱 조립 및 각 부분품 조립품의 35[%]로 하고 장비의 제경비 별도 가산
⑦ 몰드변압기 및 분로리액터도 이 품을 적용. 다만, 몰드변압기는 OT 처리, 라디에이터, 콘서베이터 조립품 제외
⑧ 3.3 ~ 6.6[kV] 건식 또는 거치형은 해당 공종의 60[%] 적용. 기설변압기 OT 처리품은 이 품 적용
⑨ 구내 이설은 150[%]
⑩ SFRA(Sweep Frequency Response Analysis) 측정 시 시험 및 조정품에 변전전공 1.75인 별도가산(Bank 단위)
⑪ 철거 50[%], 1,000[kVA] 이상의 재사용 철거 80[%](철거 해당분 품에 한함)

5-8 케이블 트레이 및 랙 설치

(단위 : m)

단면적[mm²]	케이블전공	
	철제	알루미늄제
10,000 이하	0.18	0.13
30,000 이하	0.23	0.16
50,000 이하	0.30	0.20
60,000 이하	0.36	0.25
80,000 이하	0.48	0.34
90,000 이하	0.54	0.38

(해설)
① 사다리형 설치 기준, 먹줄, 인서트 및 지지금구류의 취부품 포함. 단, 인서트 대신 세트앙카 사용 시는 별도 계상
② 엘보, 티, 크로스, 레듀서 등 접속재는 개소당 1[m] 품으로 적용
③ 통풍형 및 밀폐형은 120[%]
④ 수평·수직 설치는 공히 동일 품 적용. 다만, 설치높이가 4[m] 이상의 경우는 120[%]
⑤ 장내 소운반 및 잔재 처리 포함
⑥ 접지도체 연결(Earth Bonding) 품 포함
⑦ 세퍼레이터, 커버 설치 시 각각 20[%] 별도 가산
⑧ 공동구 내 설치 및 건축물 내 협소한 장소 또는 굴곡개소가 많은 장소에 설치시는 120[%]
⑨ O/A Floor 내에 설치시는 80[%]
⑩ 철거는 50[%], 재사용 철거 80[%]

5-11 전력케이블 구내설치

(단위 : m)

P.V.C 및 고무절연외장 케이블	케이블전공
600[V] 16[mm²] 이하 × 1C	0.023
600[V] 25[mm²] 이하 × 1C	0.030
600[V] 38[mm²] 이하 × 1C	0.036
600[V] 50[mm²] 이하 × 1C	0.043
600[V] 60[mm²] 이하 × 1C	0.049
600[V] 70[mm²] 이하 × 1C	0.057
600[V] 80[mm²] 이하 × 1C	0.060
600[V] 100[mm²] 이하 × 1C	0.071
600[V] 125[mm²] 이하 × 1C	0.084
600[V] 150[mm²] 이하 × 1C	0.097
600[V] 185[mm²] 이하 × 1C	0.108
600[V] 200[mm²] 이하 × 1C	0.117

(해설)
① 부하에 직접 공급하는 변압기 2차 측에 포설되는 케이블로서 전선관, Rack, Duct, 케이블 트레이, Pit, 공동구, Saddle 부설기준, Cu, Al 도체 공용
② 600[V] 10[mm^2] 이하는 제어용케이블 설치 준용
③ 직매시 80[%]
④ 2심은 140[%], 3심은 200[%], 4심은 260[%]
⑤ 연피벨트지 케이블 120[%], 강대개장 케이블은 150[%]
⑥ 가요성금속피(알루미늄, 스틸) 케이블은 150[%](앵커볼트설치품은 별도 계상)
⑦ 관내포설시 도입선 넣기 포함
⑧ 2열 동시 180[%], 3열 260[%], 4열 340[%], 4열 초과 시 초과 1열당 80[%] 가산
⑨ 전압에 대한 할증률
　　3.3 ~ 6.6[kV] 15[%] 가산
　　22.9[kV] 이하 30[%] 가산
⑩ 철거 50[%], 재사용 철거는 드럼감기 품 포함 90[%]
⑪ 8자 포설은 본 품의 115[%] 적용

5-43 자기발전기 설치　　　　　　　　　　　　　　　　　　　　(단위 : 대)

발전기 용량	설치				시운전 및 조정	
	전기공사기사	플랜트 전공	기계설비공	특별인부	전기공사기사	플랜트 전공
20[kVA]	10.5	6.3	6.3	5.3	3.2	3.2
50[kVA]	15.8	8.4	8.4	6.3	3.2	4.2
75[kVA]	18.9	9.5	9.5	7.4	4.2	4.2
100[kVA]	22.1	10.5	10.5	7.4	4.2	5.3
125[kVA]	25.2	11.6	11.6	7.4	5.3	5.3
150[kVA]	27.3	12.6	12.6	7.4	6.3	5.3
200[kVA]	31.5	13.7	13.7	7.4	6.3	6.3
250[kVA]	34.7	14.7	14.7	8.4	7.4	6.3

(해설)
① 디젤기관 기준, 기초가대 설치, 발전기, 엔진의 반입 및 설치, 실내유조 설치, 송유회로장치 설치, 배기관 설치, 환기 및 냉각장치(환기닥트 포함) 설치, 발전기반 및 직류전원반 설치, 배선 및 결선(케이블닥트 포함), 시운전 및 조정, 바닥정리를 포함
② 자동기동·정시의 경우로 함
③ 20~50[kVA]는 수냉식을 표준으로 하며, 라디에이터 방식의 경우는 기계설비공의 품을 70[%], 플랜트전공의 품은 130[%]
④ 휘발유 기관일 때는 87.5[%]
⑤ 철거 50[%]

(1) 자가발전기 설치 공사비(시운전 및 조정 포함)를 산출하시오. 단, 단가는 전기공사기사 200,000원, 플랜트 전공 220,000원, 기계설비공 200,000원, 특별인부 150,000원이다.
   ① 전기공사기사
      • 계산 :
      • 답 :
   ② 플랜트 전공
      • 계산 :
      • 답 :
   ③ 기계설비공
      • 계산 :
      • 답 :
   ④ 특별인부
      • 계산 :
      • 답 :
   ⑤ 공사비계
      • 계산 :
      • 답 :
(2) 케이블트레이 설치 인공 수를 산출하시오.
   • 계산 :
   • 답 :
(3) 간선케이블 설치 인공 수를 산출하시오.
   • 계산 :
   • 답 :
(4) 22.9[kV]380-220[V], $3\phi 4W$, 200[kVA] 몰드변압기 설치 시 인공 수를 산출하시오.
   ① 변전 전공
      • 계산 :
      • 답 :
   ② 비계공
      • 계산 :
      • 답 :
   ③ 특별인부
      • 계산 :
      • 답 :
   ④ 인력운반공
      • 계산 :
      • 답 :

Answer

(1) ① 전기공사기사
   계산 : $(31.5+6.3) \times 200,000 = 7,560,000$

   답 : 7,560,000원

   ② 플랜트 전공
   계산 : $(13.7+6.3) \times 220,000 = 4,400,000$

   답 : 4,400,000원

   ③ 기계설비공
   계산 : $13.7 \times 200,000 = 2,740,000$

   답 : 2,740,000원

   ④ 특별인부
   계산 : $7.4 \times 150,000 = 1,110,000$

   답 : 1,110,000원

   ⑤ 공사비계
   계산 : $7,560,000 + 4,400,000 + 2,740,000 + 1,110,000 = 15,810,000$

   답 : 15,810,000원

(2) 계산 : $(0.23 \times 30 \times 1.2) + (0.23 \times 2 \times 1.2) = 8.83$

   답 : 8.83[인]

(3) 계산 : $40 \times 0.097 \times 3.4 = 13.19$

   답 : 13.19[인]

(4) ① 변전 전공
   계산 : $(0.9+0.6) \times 1.3 = 1.95$

   답 : 1.95[인]

   ② 비계공
   계산 : $0.5 \times 1.3 = 0.65$

   답 : 0.65[인]

   ③ 특별인부
   계산 : $(1.2+0.6) \times 1.3 = 2.34$

   답 : 2.34[인]

   ④ 인력운반공
   계산 : $0.8 \times 1.3 = 1.04$

   답 : 1.04[인]

15. 전기사업법 상에서 정의하는 전기설비의 종류를 3가지만 쓰시오. (6점)

Answer

전기사업용전기설비, 일반용전기설비, 자가용전기설비

Explanation

전기사업법 제2조 16

"전기설비"란 발전·송전·변전·배전 또는 전기사용을 위하여 설치하는 기계·기구·댐·수로·저수지·전선로·보안통신선로 및 그 밖의 설비(「댐건설 및 주변지역지원 등에 관한 법률」에 따라 건설되는 댐·저수지와 선박·차량 또는 항공기에 설치되는 것과 그 밖에 대통령령으로 정하는 것은 제외한다)로서 다음 각 항목의 것을 말한다.
① 전기사업용전기설비 : 전기설비 중 전기사업자가 전기사업에 사용하는 전기설비
② 일반용전기설비 : 산업통상자원부령으로 정하는 소규모의 전기설비로서 한정된 구역에서 전기를 사용하기 위하여 설치하는 전기설비
③ 자가용전기설비 : 전기사업용전기설비 및 일반용전기설비 외의 전기설비

전기공사산업기사 실기

과년도 기출문제

2019

- 2019년 제 01회
- 2019년 제 02회
- 2019년 제 04회

2019년 과년도 기출문제에 대한 출제 빈도 분석 차트입니다.
각 회치별로 별의 개수를 확인하고 학습에 참고하기 바랍니다.

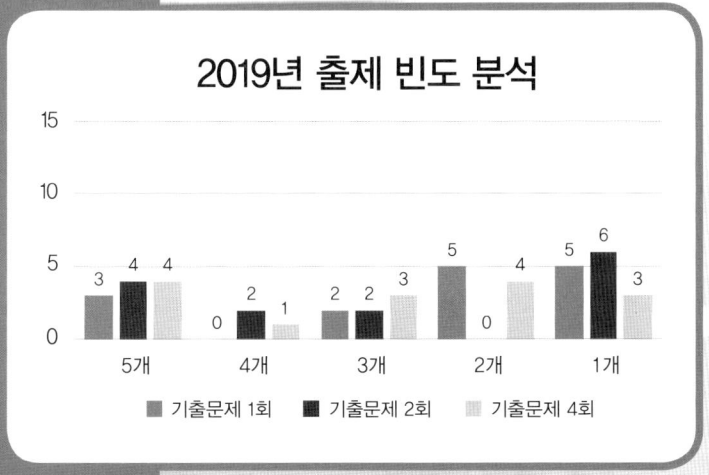

1회 2019년 전기공사산업기사 실기

01 ★★☆☆☆ (5점)
그림에서 적산전력계를 결선하여 완성하시오.(단, 접지표시를 할 것)

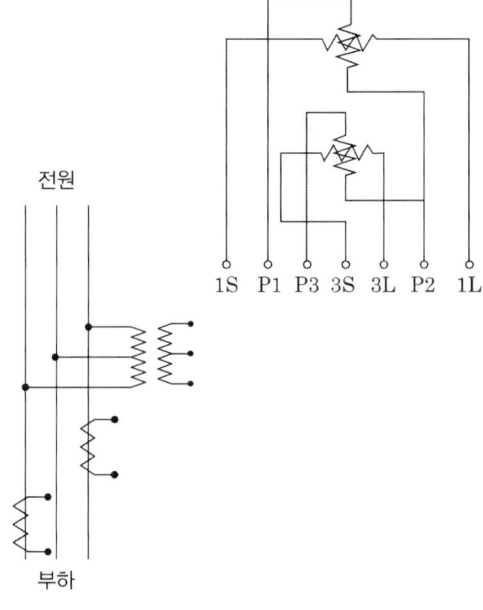

Answer

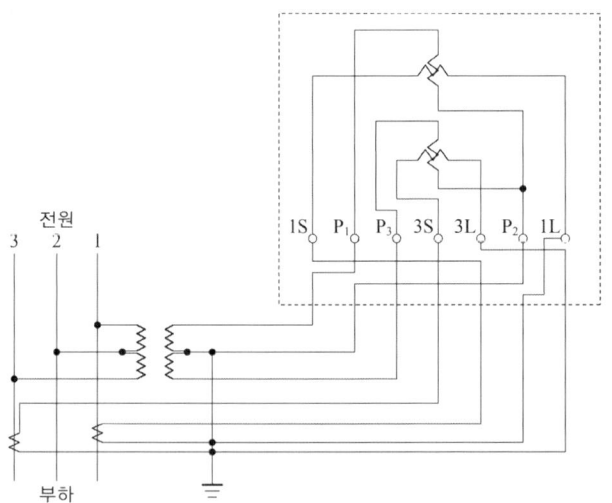

Explanation

전력량계 결선
- PT : P1, P2, P3
- CT : 1S, 3S, 1L, 3L

여기서, 접지는 P2, 1L, 3L에 한다.

---

02 ★★★☆☆ (5점)

엑세스플로어(Movable Floor 또는 OA Floor)란 무엇인지 설명하시오.

Answer

컴퓨터실, 통신기계실, 사무실 등에서 배선, 기타의 용도를 위한 2중 구조의 바닥을 말한다.

Explanation

(내선규정 1,300-8) 용어

엑세스 플로어(Movable Floor 또는 OA Floor)란 컴퓨터실, 통신기계실, 사무실 등에서 배선 기타의 용도를 위한 2중 구조의 바닥을 말한다.

---

03 ★★☆☆☆ (4점)

다음은 저압전로의 절연저항에 관한 표이다. (   )안에 해당하는 알맞은 내용을 적으시오.

전로의 사용전압(V)	DC시험전압(V)	절연저항(MΩ)
SELV 및 PELV	250	(①)
FELV, 500[V] 이하	500	(②)
500[V] 초과	(③)	(④)

【주】특별전압(extra low voltage : 2차 전압이 AC 50[V], DC 120[V] 이하)으로 SELV(비접지회로 구성) 및 PELV(접지회로 구성)은 1차와 2차가 전기적으로 절연된 회로, FELV는 1차와 2차가 전기적으로 절연되지 않은 회로

Answer

① 0.5
② 1.0
③ 1,000
④ 1.0

Explanation

(기술기준 제52조) 저압전로의 절연성능

전기사용 장소의 사용전압이 저압인 전로의 전선 상호간 및 전로와 대지 사이의 절연저항은 개폐기 또는 과전류차단기로 구분할 수 있는 전로마다 다음 표에서 정한 값 이상이어야 한다. 다만, 전선 상호간의 절연저항은 기계기구를 쉽게 분리가 곤란한 분기회로의 경우 기기 접속 전에 측정할 수 있다. 또한, 측정 시 영향을 주거나 손상을 받을 수 있는 SPD 또는 기타 기기 등은 측정 전에 분리시켜야 하고, 부득이하게 분리가 어려운 경우에는 시험전압을 250[V] DC로 낮추어 측정할 수 있지만 절연저항 값은 1[MΩ] 이상이어야 한다.

전로의 사용전압[V]	DC시험전압[V]	절연저항[MΩ]
SELV 및 PELV	250	0.5
FELV, 500[V] 이하	500	1.0
500[V] 초과	1,000	1.0

[주] 특별전압(extra low voltage : 2차 전압이 AC 50V, DC 120V 이하)으로 SELV(비접지회로 구성) 및 PELV(접지회로 구성)은 1차와 2차가 전기적으로 절연된 회로, FELV는 1차와 2차가 전기적으로 절연되지 않은 회로

BEST 04 ★★★★★ (5점)

회로와 같은 단상 3선식 220/440[V]로 전열기 및 전동기에 전기를 공급하는 경우 설비의 불평형률[%]을 구하시오.

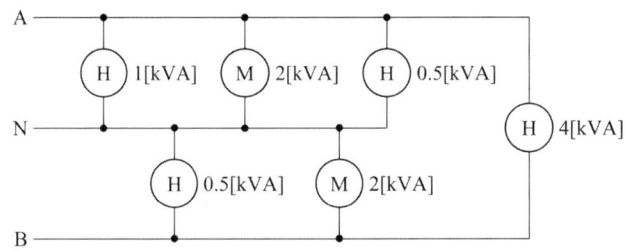

Answer

계산 : 설비 불평형률 $= \dfrac{(1+2+0.5)-(0.5+2)}{\dfrac{1}{2}(1+2+0.5+0.5+2+4)} \times 100 = 20[\%]$

답 : 20[%]

Explanation

단상 3선식 설비 불평형률

설비 불평형률 $= \dfrac{\text{중성선과 각 전압측 선간에 접속되는 부하설비용량[kVA]의 차}}{\text{총 부하설비용량[kVA]의 1/2}} \times 100[\%]$

여기서, 불평형률은 40[%] 이하이어야 한다.

05 ★☆☆☆☆ (6점)

전기설비기술기준의 한국전기설비규정에 의거하여 다음의 물음에 알맞은 답을 적으시오.

(1) 저압 가공전선이 도로 횡단 시 지표상의 높이는 몇 [m] 이상이어야 하는지 적으시오.
(2) 고압 가공전선이 철도를 횡단 시 레일면상 높이는 몇 [m] 이상이어야 하는지 적으시오.
(3) 저압 가공전선에 절연전선을 사용하여 횡단보도교 위에 시설하는 경우에는 저압 가공전선은 그 노면상 몇 [m] 이상이어야 하는지 적으시오.

Answer

(1) 6[m]
(2) 6.5[m]
(3) 3[m]

Explanation

(KEC 222.7조, 332.5조) 저고압 가공전선의 높이
저압 가공전선 또는 고압 가공전선 높이는 다음 각 호에 따라야 한다.
① 도로를 횡단하는 경우에는 지표상 6[m] 이상
② 철도 또는 궤도를 횡단하는 경우에는 레일면상 6.5[m] 이상
③ 횡단보도교의 위에 시설하는 경우에는 저압 가공전선은 그 노면상 3.5[m] [전선이 저압 절연전선·다심형 전선·고압 절연전선·특고압 절연전선 또는 케이블인 경우에는 3[m] 이상, 고압 가공전선은 그 노면상 3.5[m] 이상
④ 제1호부터 제3호까지 이외의 경우에는 지표상 5[m] 이상. 다만, 저압 가공전선을 도로 이외의 곳에 시설하는 경우 또는 절연전선이나 케이블을 사용한 저압 가공전선으로서 옥외 조명용에 공급하는 것으로 교통에 지장이 없도록 시설하는 경우에는 지표상 4[m] 까지로 감할 수 있다.

06 전력 수송방식 중 직류송전 방식의 장점을 3가지만 적으시오. (6점)

Answer

① 선로의 리액턴스가 없으므로 안정도가 높다.
② 교류방식에 비해 절연 레벨이 낮다.
③ 비동기 연계가 가능하다.

Explanation

직류송전 방식은 발전과 배전은 교류로 하며 송전만 직류 공급하는 방식으로 그림에서와 같이 발전기에서 발전한 교류전력을 송전단에서 순변환장치(Converter)를 이용하여 직류로 변환하여 송전하고 수전단에서 역변환장치(Inverter)를 이용하여 교류로 전송하는 방식이다.

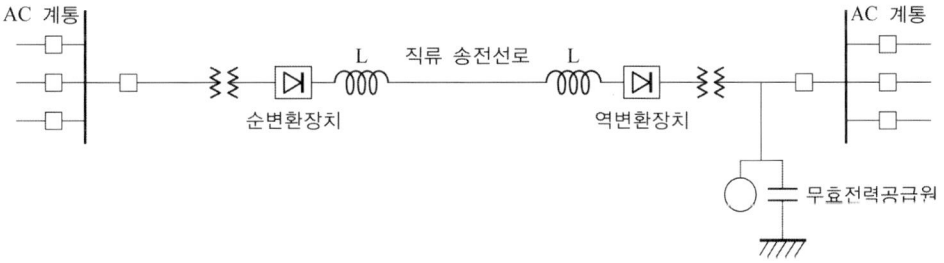

① 직류송전 방식의 장점은 다음과 같다.
 • 선로의 리액턴스가 없으므로 안정도가 높다.
 • 비동기연계가 가능하다(주파수가 다른 선로의 연계 가능).
 • 도체의 표피 효과가 없다(표피 효과에 의한 손실이 없다).
 • 충전전류와 유전체손을 고려하지 않아도 된다.
 • 교류 방식에 비해 절연 레벨이 낮다.
② 직류송전 방식 단점은 다음과 같다.
 • 변압이 어렵다.
 • 직류용 차단기가 개발되어 있지 않다.
 • 고조파 억제 대책이 필요하다.
 • 직류·교류 변환장치가 필요하다.

07 전력용 커패시터 내부에 고장이 생기거나 과전류 또는 과전압 발생 시 자동 차단기를 보호장치로 시설해야 한다. 이 때 뱅크용량은 몇 [kVA] 이상인지 적으시오. (5점)

Answer

15,000[kVA]

Explanation

(KEC 351.5조) 조상설비의 보호장치
조상설비에는 그 내부에 고장이 생긴 경우에 보호하는 장치를 시설하여야 한다.

설비종별	뱅크용량의 구분	자동적으로 전로로부터 차단하는 장치
전력용 커패시터 및 분로리액터	500[kVA] 초과 15,000[kVA] 미만	내부에 고장이 생긴 경우에 동작하는 장치 또는 과전류가 생긴 경우에 동작하는 장치
	15,000[kVA] 이상	내부에 고장이 생긴 경우에 동작하는 장치 및 과전류가 생긴 경우에 동작하는 장치 또는 과전압이 생긴 경우에 동작하는 장치
무효 전력 보상 장치	15,000[kVA] 이상	내부에 고장이 생긴 경우에 동작하는 장치

08 Static UPS와 Motor/Generator를 조합한 것을 무엇이라 하는지 적으시오. (4점)

Answer

Dynamic UPS

Explanation

Dynamic UPS
- Static UPS와 Motor/Generator를 조합한 형태로 구성
- 정상상태에서 Motor와 Generator에 의해 양질의 전원 공급

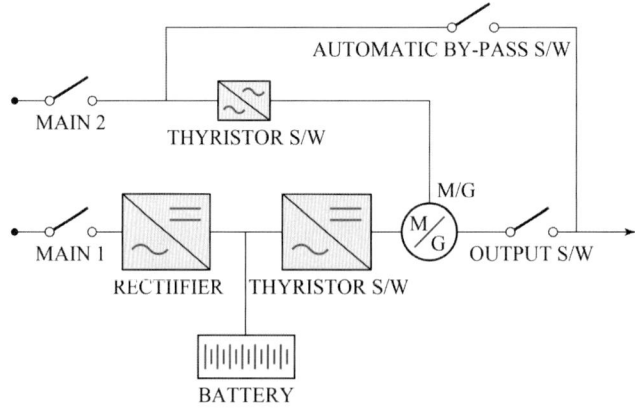

> 이 문제는 변경된 KEC 적용으로 인하여 삭제하고, 아래 예상문제로 대체되었습니다.

09 한국전기설비규정에 의거하여 시설하는 전주외등은 대지전압 300 V 이하의 형광등, 고압방전등, LED등 등을 배전선로의 지지물 등에 시설하는 경우에 적용한다. 이 때 적용할 수 있는 공사방법 3가지를 적으시오.

Answer
① 케이블공사
② 합성수지관공사
③ 금속관공사

Explanation

(KEC 234.10조) 전주외등

전주외등은 대지전압 300 V 이하의 형광등, 고압방전등, LED등 등을 배전선로의 지지물 등에 시설하는 경우에 적용하며 배선은 단면적 2.5[mm²] 이상의 절연전선 또는 이와 동등 이상의 절연성능이 있는 것을 사용하고 다음 공사방법 중에서 시설하여야 한다.
가. 케이블공사
나. 합성수지관공사
다. 금속관공사

10 (5점)
"안전관련 설비"란 건축물에 필수적이며, 사람의 안전 및 환경 또는 다른 물체에 손상을 주지 않게 하기 위한 설비를 말한다. 안전관련 설비 중 비상전원이 필요한 설비 5가지만 적으시오.

Answer
비상조명
제연설비
자동화 설비
소화전 설비
피난설비(유도등, 비상조명등)

Explanation

(내선규정5.110-8) 안전관련 설비
안전관련 설비란 건축물에 필수적이며, 사람이 안전 및 환경 또는 다른 물체에 손상을 주지 않게 하기 위한 설비를 말한다.
【비고】 안전관련 설비란 공공적으로 개방된 구내, 초고층 건축물 및 일정 조건의 산업용 시설에서 관련법령의 영향을 받는 요구사항이다.

안전관련 설비 중 비상전원이 필요한 설비는 다음과 같은 것이 있다.
1) 비상조명
2) 소화전 설비
3) 제연설비
4) 피난설비(유도등, 비상조명등)
5) 자동화 설비
6) 의료용기기

11 ★★☆☆ (5점)
자가용전기설비 수용가의 인입구 개폐기로 사용되는 ASS의 설치 사유를 설명하고, 명칭을 적으시오.

- 설치 사유
- 명칭

Answer
- 설치 사유 : 고장 구간을 자동 개방하여 파급 사고 방지
- 명칭 : 자동고장 구분 개폐기

Explanation
ASS(Automatic Section Switch) : 자동 고장 구분개폐기
22.9[kV-y] 전기사업자 배전계통에서 부하용량 4,000[kVA] 이하의 분기점 또는 7,000[kVA] 이하의 수전실 인입구에 설치하여 과부하 또는 고장전류 발생 시 전기사업자 측 공급선로의 타 보호기기(Recloser, CB 등)와 협조하여 고장 구간을 자동 개방하여 파급 사고 방지

BEST 12 ★★★★★ (5점)
배전 설계의 긍장이 50[m], 부하의 최대 사용 전류 150[A], 배전 설계의 전압강하 6[V]일 때, 3상 3선식 저압회로의 공칭 단면적을 계산하고, 전선규격[mm²]을 선정하시오.(단, 전선규격[mm²]은 16, 25, 35, 50, 70, 95, 120에서 선정)

- 계산 :
- 답 :

Answer
계산 : 3상 3선식 회로에서의 전선의 단면적은 $A = \dfrac{30.8LI}{1,000e} = \dfrac{30.8 \times 50 \times 150}{1,000 \times 6} = 38.5 [\text{mm}^2]$

답 : 50[mm²]

Explanation
전압 강하 및 전선의 단면적 계산

전기 방식	전압 강하		전선 단면적	대상 전압강하
단상 3선식 직류 3선식 3상 4선식	IR	$e = \dfrac{17.8LI}{1,000A}$	$A = \dfrac{17.8LI}{1,000e}$	대지와 선간
단상 2선식 직류 2선식	$2IR$	$e = \dfrac{35.6LI}{1,000A}$	$A = \dfrac{35.6LI}{1,000e}$	선간
3상 3선식	$\sqrt{3}\,IR$	$e = \dfrac{30.8LI}{1,000A}$	$A = \dfrac{30.8LI}{1,000e}$	선간

여기서, e : 전압강하 [V], A : 사용전선의 단면적[mm²]
L : 선로의 길이 [m], C : 전선의 도전율(97[%])

KSC-IEC 전선 규격

전선의 공칭단면적 [mm²]			
1.5	16	95	300
2.5	25	120	400
4	35	150	500
6	50	185	630
10	70	240	

13 전기설비기술기준의 한국전기설비규정에 의해 전기저장장치의 이차전지에 자동적으로 전로로부터 차단하는 장치를 시설하여야하는 경우를 3가지만 적으시오. (5점)

Answer

과전압 또는 과전류가 발생한 경우
제어장치에 이상이 발생한 경우
이차전지 모듈의 내부 온도가 급격히 상승할 경우

Explanation

(KEC 512.2조) 전기저장장치의 제어 및 보호 장치 등
① 전기저장장치를 계통에 연계하는 경우 계통 연계용 보호 장치의 시설에 따라 시설하여야 한다.
② 전기저장장치가 비상용 예비전원 용도를 겸하는 경우에는 다음에 따라 시설하여야 한다.
  가. 상용전원의 정전 시 비상용 부하에 전기를 안정적으로 공급할 수 있는 시설을 갖출 것
  나. 관련 법령에서 정하는 전원유지시간 동안 비상용 부하에 전기를 공급할 수 있는 충전용량을 상시 보존하도록 시설할 것
③ 전기저장장치의 접속점에는 쉽게 개폐할 수 있는 곳에 개방상태를 육안으로 확인할 수 있는 전용의 개폐기를 시설하여야 한다.
④ 전기저장장치의 이차전지에는 다음에 따라 자동적으로 전로로부터 차단하는 장치를 시설하여야 한다.
  가. 과전압 또는 과전류가 발생한 경우
  나. 제어장치에 이상이 발생한 경우
  다. 이차전지 모듈의 내부 온도가 급격히 상승할 경우
⑤ 직류 전로에 과전류차단기를 설치하는 경우 직류 단락전류를 차단하는 능력을 가지는 것이어야 하고 "직류용" 표시를 하여야 한다.
⑥ 직류전로에는 지락이 생겼을 때에 자동적으로 전로를 차단하는 장치를 시설하여야 한다.

14 (5점)

특고압 가공 전선로 중 지지물로서 전선로를 보강하기 위하여 세워지는 철탑으로, 직선 철탑이 다수 연속될 경우에는 약 10기마다 1기의 비율로 설치되며, 서로 인접하는 경간의 길이가 크게 달라 지나친 불평형 장력이 가해지는 경우 등에 설치되는 철탑은 무엇인지 적으시오.

Answer

내장형 철탑

Explanation

사용목적에 의한 분류(표준형 철탑)
- 직선형 : 선로의 직선 또는 수평 각도 3° 이내의 장소에 사용, A형 철탑
- 각도형 : 선로의 수평 각도 3°이상으로 20° 이하에 설치되는 철탑, 경각도 철탑은 B형, 선로의 수평 각도 3° 이상으로 30°이하에 설치되는 중각도 철탑은 C형
- 인류형 : 가공선로의 전체 가섭선을 인류하는 개소(주로 변전소)에 사용되는 철탑, D형 철탑
- 내장형 : 전선로를 보강하기 위하여 세워지는 철탑
  직선 철탑 10기마다 1기를 시설, 장경간 개소에 시설, E형 철탑
- 보강형 : 전선로의 직선 부분에 보강을 위해 사용하는 철탑

15 (30점)

콘크리트 재질의 사무실에 스탠드형 냉난방기를 설치하기 위하여 아래와 같이 전원공사를 노출로 시공하려고 한다. 다음 물음에 답하시오.

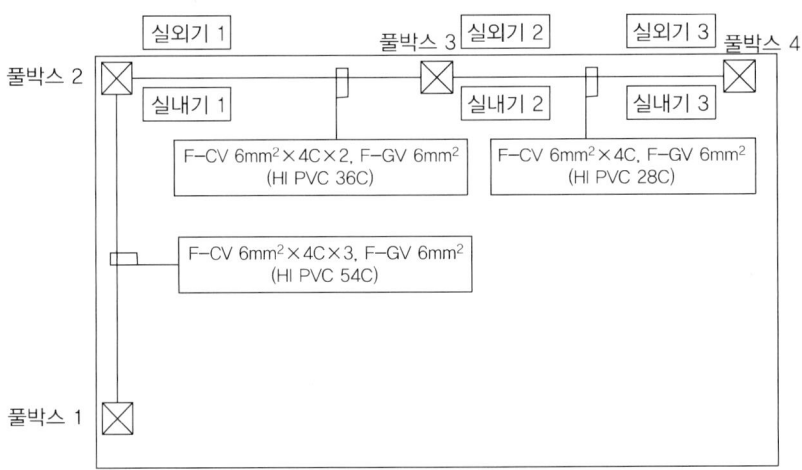

〈스탠드형 냉난방기 설치 전원공사 시공도면(평면도)〉

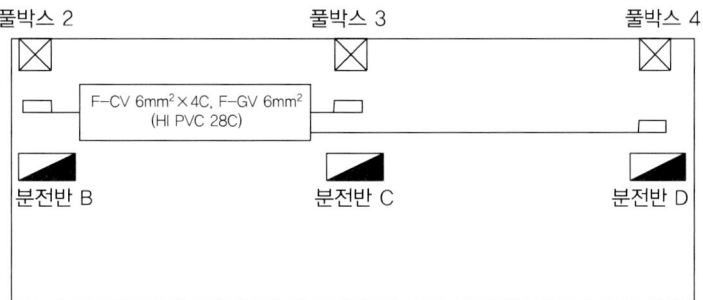

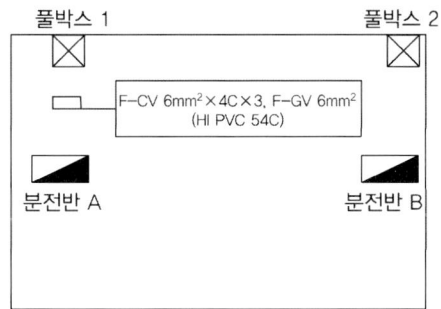

〈스탠드형 냉난방기 설치 전원공사 시공도면(입면도)〉

【일반조건】
(1) 풀박스는 천장면 설치, 분전반은 벽면 노출 설치한다.
(2) 분전반 A의 1차 간선공사는 무시한다.
(3) 앵커볼트 설치 등의 옥내잡공사는 무시한다.
(4) 내역서에 없는 항목(터미널 등) 및 기타 조건은 무시한다.
(5) 풀박스 내에서 배선여유는 무시한다.
(6) 풀박스 내부에서 전원선은 접속 없이 관통한다.
(7) 분전반 B, C, D 실외기 1,2,3 실내기 1,2,3 간의 전원공사는 냉난방기업체 공사분이다.
(8) 분전반 MAIN 차단기는 50[AF] 이하, FEEDER 차단기는 30[AF] 이하로 설치한다.

【배관·배선에 관한 조건】
(1) 풀박스 1에서 풀박스 2까지의 수평거리는 20[m], 풀박스 2에서 풀박스 3까지의 수평거리는 15[m], 풀박스 3에서 풀박스 4까지의 수평거리는 15[m], 풀박스에서 분전반간 수직거리는 1[m]이다.
(2) 분전반 A 내부의 배선 여유는 60[cm], 분전반 B, C, D 내부의 배선여유는 30[cm]이다.
(3) 접지도체는 공통으로 1기닥만 적용한다.

【재료비 산정 시】
(1) 재료의 할증: 옥내전선 10[%], Cable(옥내) 5[%], 전선관배관 10[%]
(2) 소수점은 첫째자리에서 반올림한다.

【내선전공 산정 시】
(1) 재료비 할증은 제외한다.
(2) 개별재료의 인공을 소수점 끝자리까지 구한다.

【노무비 산정 시】
(1) 공구손료는 노무비의 3[%]로 한다.
(2) 내선전공의 인건비는 180,000원으로 한다.
(3) 저압케이블공의 인건비는 200,000원으로 한다.
(4) 내선전공 및 저압케이블공은 합산하여 소수점 이하는 버린다.
(5) 노무비는 직접노무비만 산출한다.

【표준품셈】

5-1 전선관배관

합성수지전선관		비고
규격	내선전공	
28[mm] 이하	0.08	단위 : m
36[mm] 이하	0.10	
54[mm] 이하	0.19	

(1) 콘크리트 매입 기준
(2) 블록벽체 및 철근콘크리트 노출은 120[%]

5-2 전선관 부속품률

품 명	부속품률
박강전선관, 후강전선관, 합성수지전선관(PVC), 가요전선관	15[%]

(1) 전선관 부속품에는 커플링, 부싱, 커넥터, 록너트를 포함

5-4 풀박스 설치

규격	천장면	벽면	비고
100[mm] × 100[mm] × 100[mm] 이하	0.04	0.17	단위 : 개 적용직종 : 내선전공
250[mm] × 250[mm] × 200[mm] 이하	0.22	0.55	

5-10 옥내배선

규격	관내배선	비고
6[mm^2] 이하	0.010	단위 : m 적용직종 : 내선전공

5-13 제어용 케이블 설치(600V 10[mm²] 이하는 제어용 케이블 설치 준용)

선심 수	6[mm²] 이하	비고
1C	0.013	단위 : m
4C	0.034	적용직종 : 저압케이블공

(1) 2열 동시 180[%], 3열 260[%], 4열 340[%], 4열 초과 시 1열 당 80[%] 가산

5-18 분전반 조립 및 설치

용량	배선용차단기			비고
	1P	2P	3P	
30 [AF] 이하	0.34	0.43	0.54	단위 : 개
50 [AF] 이하	0.43	0.58	0.74	적용직종 : 내선전공
100 [AF] 이하	0.58	0.74	1.04	

(1) 차단기 및 스위치가 조립된 완제품 설치시는 65[%]
(2) 분전반 외함이 노출설치인 경우 90[%]
(3) 4P 개폐기는 3P 개폐기의 130[%]
(4) 누전차단기는 배선용차단기 품 적용

(1) 아래의 재료비를 구하시오.

품명	규격	단위	수량	재료비 단가	재료비 금액
전선관	HI PVC 54C	m	①	2,500	②
전선관	HI PVC 36C	m	③	1,600	④
전선관	HI PVC 28C	m	⑤	1,000	⑥
풀박스	200[mm]×200[mm]×200[mm]	개	4	5,000	20,000
접지용 비닐절연전선	F-GV 6[mm²]	m	⑦	1,500	⑧
폴리에틸렌 난연케이블	F-CV 6[mm²] × 4C	m	⑨	6,000	⑩
분전반 A	MAIN	면	1	500,000	500,000
분전반 B, C, D	FEEDER	면	3	100,000	300,000
배관부속자재비	전선관의 15[%]	식	1		⑪
잡자재비	전선, 케이블 및 전선관 자재비의 2[%]	식	1		⑫

(2) 아래표의 내선전공 및 저압케이블공을 구하시오.

품명	규격	단위	수량	내선전공 및 저압케이블공
전선관	HI PVC 54C	m		①
전선관	HI PVC 36C	m		②
전선관	HI PVC 28C	m		③
풀박스	200[mm]×200[mm]×200[mm]	개	4	④
접지용 비닐절연전선	F-GV 6[mm²]	m		⑤
폴리에틸렌 난연케이블	F-CV 6[mm²] × 4C	m		⑥
분전반 A	MAIN	면	1	⑦
분전반 BCD	FEEDER	면	3	⑧

(3) 내선전공 노무비, 저압케이블공 노무비, 공구손료, 노무비 합계를 산출하시오.
 1) 내선전공 노무비
   • 계산
   • 답
 2) 저압케이블공 노무비
   • 계산
   • 답
 3) 공구손료
   • 계산
   • 답

Answer

(1) 재료비
 ① 23[m]　② 57,500원　③ 17[m]　④ 27,200원
 ⑤ 20[m]　⑥ 20,000원　⑦ 61[m]　⑧ 91,500원
 ⑨ 58[m]　⑩ 348,000원　⑪ 15,705원　⑫ 10,884원

(2) 내선전공 및 저압케이블공
 ① 4.788　② 1.8　③ 1.728　④ 0.88
 ⑤ 0.555　⑥ 1.887　⑦ 0.888　⑧ 0.648

(3) 1) 내선전공 노무비
　계산 : 11×180,000=1,980,000
　답 : 1,980,000원

 2) 저압케이블공 노무비
　계산 : 1×200,000=200,000
　답 : 200,000원

 3) 공구손료
　계산 : (1,980,000+200,000)×0.03=65,400
　답 : 65,400원

Explanation

(1) 재료비
 ※ 전선관(HI PVC 54C)
 ① 수량 : 21×1.1=23.1 --------- 23[m]
 ② 재료비 : 23×2,500=57,500원
 ※ 전선관(HI PVC 36C)
 ③ 수량 : 15×1.1=16.5 --------- 17[m]
 ④ 재료비 : 17×1,600=27,200원
 ※ 전선관(HI PVC 28C)
 ⑤ 수량 : 18×1.1=19.8 --------- 20[m]
 ⑥ 재료비 : 20×1,000=20,000원

※ 접지용 비닐절연전선(F-GV 6[mm^2])
⑦ 수량 : (20+15+15+(1×4))+0.6+(0.3×3)=55.5[m]
　재료할증 55.5×1.1=61[m]
⑧ 재료비 : 61×1,500=91,500원
※ 폴리에틸렌 난연케이블(F-CV 6[mm^2]×4C)
⑨ 수량 : (20+15+15+(1×4))+0.6+(0.3×3)=55.5[m]
　재료할증 55.5×1.05=58[m]
⑩ 재료비 : 58×6,000=348,000원
※ 배관부속자재비(전선관의 15[%])
⑪ (57,500+27,200+20,000)×0.15=15,705원
※ 잡자재비(전선, 케이블 및 전선관 자재비의 2[%])
⑫ (104,700+91,500+348,000)×0.02=10,884원

(2) 내선전공 및 저압케이블공
① 전선관(HI PVC 54C)
　내선전공 : 0.19×21×1.2 = 4.788
② 전선관(HI PVC 36C)
　내선전공 : 0.1×15×1.2 = 1.8
③ 전선관(HI PVC 28C)
　내선전공 : 0.08×18×1.2 = 1.728

5-1 전선관배관

합성수지전선관		비고
규격	내선전공	
28[mm] 이하	0.08	단위 : m
36[mm] 이하	0.10	
54[mm] 이하	0.19	

(1) 콘크리트 매입 기준
(2) 블록벽체 및 철근콘크리트 노출은 120[%]

④ 풀박스(200[mm] × 200[mm] × 200[mm])
　내선전공 : 0.22×4 = 0.88

5-7 풀박스 설치

규격	천장면	벽면	비고
100[mm] × 100[mm] × 100[mm] 이하	0.04	0.17	단위 : 개 적용직종 : 내선전공
250[mm] × 250[mm] × 200[mm] 이하	0.22	0.55	

⑤ 접지용 비닐절연전선(F-GV 6[mm^2])
　내선전공 : 55.5×0.010 = 0.555

5-10 옥내배선

규격	관내배선	비고
6[mm^2] 이하	0.010	단위 : m 적용직종 : 내선전공

⑥ 폴리에틸렌 난연케이블(F-CV 6[mm^2] × 4C)
  저압케이블공 : $55.5 \times 0.034 = 1.887$

5-13 제어용 케이블 설치(600[V] 10[mm^2]이하는 제어용 케이블 설치 준용)

선심 수	6[mm^2] 이하	비고
1C	0.013	단위 : m
4C	0.034	적용직종 : 저압케이블공

(1) 2열 동시 180[%], 3열 260[%], 4열 340[%], 4열 초과 시 1열 당 80[%] 가산

※ 분전반
⑦ 분전반 A(Main)
  내선전공 : $0.74 \times (1 + 0.3 - 0.1) = 0.888$
⑧ 분전반 BCD(feeder)
  내선전공 : $0.54 \times (1 + 0.3 - 0.1) = 0.648$

5-18 분전반 조립 및 설치

| 용량 | 배선용차단기 | | | 비고 |
	1P	2P	3P	
30 [AF] 이하	0.34	0.43	0.54	단위 : 개
50 [AF] 이하	0.43	0.58	0.74	적용직종 : 내선전공
100 [AF] 이하	0.58	0.74	1.04	

(1) 차단기 및 스위치가 조립된 완제품 설치시는 65[%]
(2) 분전반 외함이 노출설치인 경우 90[%]
(3) 4P 개폐기는 3P 개폐기의 130[%]
(4) 누전차단기는 배선용차단기 품 적용

(3) 내선전공 노무비, 저압케이블공 노무비, 공구손료
  1) 내선전공 : $4.788 + 1.8 + 1.728 + 0.88 + 0.555 + 0.888 + 0.648 = 11.287$ ---- 11인
  2) 저압케이블공 : 1.887 -------- 1인
  여기서, 인공의 소수점이하 버림

2019년 전기공사산업기사 실기

01 (5점)

단상 2선식의 교류 배전선에서 전선 1가닥의 저항이 0.25[Ω], 리액턴스가 0.35[Ω]이다. 부하가 220[V], 8.8[kW], 역률이 1일 경우 급전점의 전압을 계산하시오.

Answer

계산 : 급전점의 전압 $V_s = V_r + 2IR$ ($\because$ 역률 1)

$$= V_r + 2 \times \frac{P}{V} \times R = 220 + 2 \times \frac{8.8 \times 10^3}{220} \times 0.25 = 240[V]$$

답 : 240[V]

Explanation

단상 선로의 전압강하(전선 1가닥의 저항이 주어진 경우)
$e = V_s - V_r = 2I(R\cos\theta + X\sin\theta)$ 에서 $\cos\theta = 1$ 이므로
급전점 전압 $V_s = V_r + 2IR$

02 (5점)

다음 그림에 나타낸 과전류계전기가 진공차단기를 차단할 수 있도록 결선을 완성하시오.(단, 과전류계전기는 상시 폐로식이며, 접지표시도 함께 하시오)

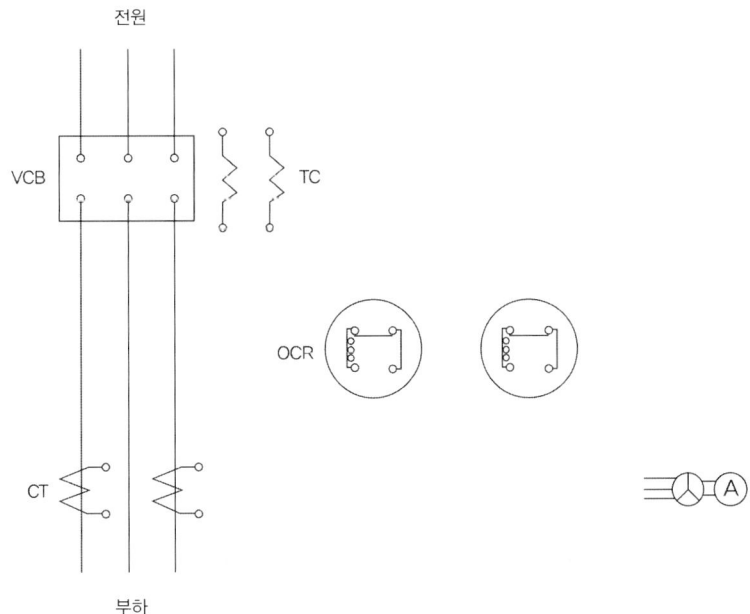

Answer

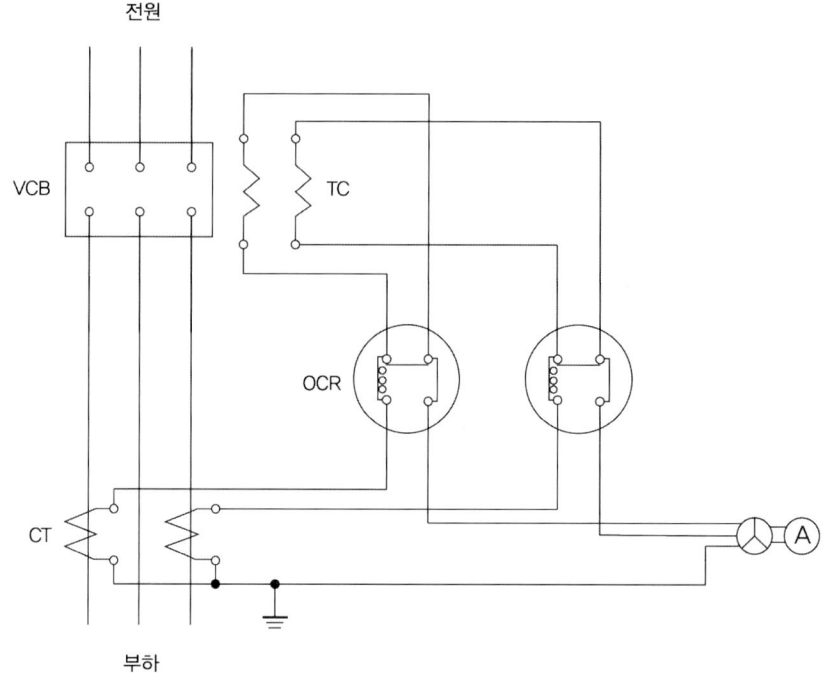

03 다음 작업구분에 맞는 각각의 직종을 적으시오. (6점)

(1) 철탑(배전철탑 포함) 및 송전설비의 시공 및 보수
(2) 전주 및 배전설비의 시공 및 보수
(3) 발전설비 및 중공업설비의 시공 및 보수

Answer

(1) 송전전공
(2) 배전전공
(3) 플랜트 전공

Explanation

(1) 특고압 케이블전공 : 특별고압케이블 설비의 시공 및 보수에 종사하는 사람
(2) 송전전공 : 발전소와 변전소 사이의 송전선의 철탑 및 송전설비의 시공 및 보수에 종사하는 사람
(3) 플랜트전공 : 발전소 중공업설비·플랜트설비의 시공 및 보수에 종사하는 사람
(4) 변전전공 : 변전소 설비의 시공 및 보수에 종사하는 사람
(5) 계장전공 : 기계, 급배수, 전기, 가스, 위생, 냉난방 및 기타공사에 있어서 계기(공업제어장치, 공업계측 및 컴퓨터, 자동제어장치)를 전문으로 설치, 부착 및 점검하는 사람
(6) 배전전공 : 전주 및 배전설비의 시공 및 보수에 종사하는 사람

04 다음 ( )에 들어갈 내용을 답란에 적으시오. (4점)

> 콘크리트 직매용 케이블을 구부릴 때 피복이 손상되지 않도록 그 굴곡부 안쪽의 반경은 케이블 외경의 (①)배 이상, 단심인 경우는 (②)배 이상으로 하여야 한다. 다만, 부득이한 경우는 케이블의 피복에 균열이 생기지 않을 정도로 굴곡시킬 수 있다.

Answer

① : 6
② : 8

Explanation

(내선규정 2,275-3) 케이블의 굴곡
케이블을 구부리는 경우는 피복이 손상되지 않도록 하고 그 굴곡부의 곡률반경은 원칙적으로 케이블완성품 외경의 6배(단심인 것은 8배) 이상으로 하여야 한다. 다만, 옹접실, 침실 등에서 비닐외장케이블의 노출배선이 불가피한 경우는 전선의 피복이 갈라져 터지지 않을 정도로 굴곡 시킬 수 있다.

05 발광 다이오드(LED)는 어떠한 발광원리를 이용한 것인지 적으시오. (4점)

Answer

LED는 양(+)의 전기적 성질을 가진 p형 반도체와 음(-)의 전기적 성질을 지닌 n형 반도체의 이종접합 구조를 가지는데, 순방향으로 전압을 가하면 n층의 전자가 p층으로 이동해 정공과 결합하면서 에너지를 빛의 형태로 발산하게 된다.

Explanation

n층의 전자와 p층의 정공이 결합하면서 전도대와 가전자대 사이의 에너지 준위 차이에 따라 에너지를 발산한다. 이 에너지 준위 차이인 밴드갭 에너지에 따라 빛의 색상이 정해지는데, 에너지의 차이가 크면 단파장인 보라색 계통의 빛이, 에너지 차이가 작으면 장파장인 붉은색 계통의 빛이 나온다.

LED는 방출하는 빛의 종류에 따라 아래와 같이 구분한다.
- 가시광선 LED(VLED) : 가장 보편적으로 사용.
- 적외선 LED(IR LED) : 리모콘, 적외선 통신, CCTV 적외선 카메라 등에 사용
- 자외선 LED(UV LED) : 살균, 피부치료 등 생물·보건 분야와 검사 목적 등으로 사용

06 ★☆☆☆☆ (30점)
다음 도면은 세미나실의 옥내 전등 배선 평면도이다. 주어진 조건을 읽고 물음에 답하시오.

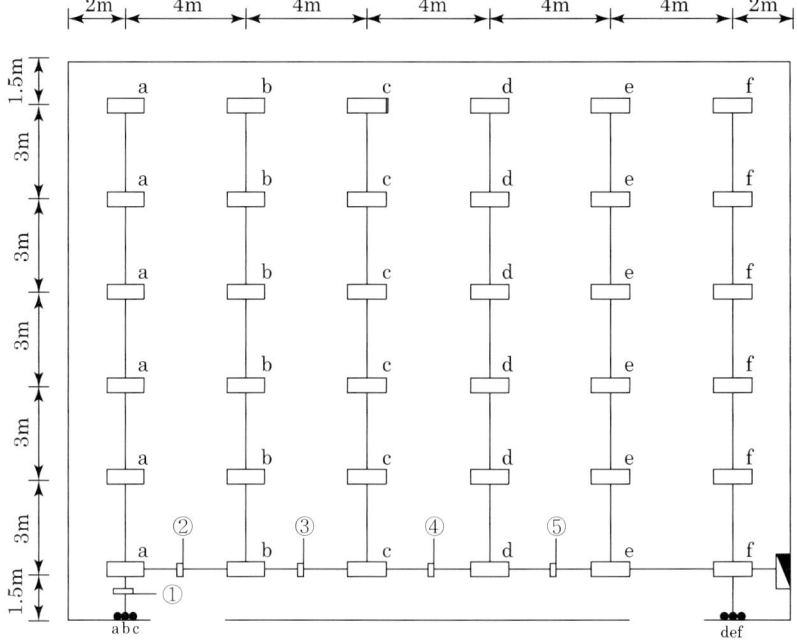

1. 시설조건
   ① 전등용 전선은 HFIX 2.5[mm²]를 사용하며, 접지용 전선은 TFR-GV 2.5[mm²]를 사용하여 스위치 회로를 제외하고 등기구마다 실시하며 전등회로는 1회로로 a, b, c, d, e, f는 3구스위치를 시설
   ② 벽과 등기구간의 간격은 가로 2[m], 세로 1.5[m], 등기구와 등기구 간격은 가로 4[m], 세로 3[m]로 시설
   ③ 전선관은 후강전선관을 사용하고 16[mm] 전선관 내 전선 수는 접지도체를 포함 4가닥까지이며, 5가닥 이상은 22[mm] 전선관을 사용하여 시설
   ④ 4방출 이상의 배관과 접속되는 박스는 4각 박스를 사용
   ⑤ 각각의 등기구마다 1대 1로 아웃트렛 박스를 사용하며, 천장에서 등기구까지는 금속가요 전선관을 이용하여 등기구에 연결한다. 금속가요 전선관 길이는 1[m]로 함
   ⑥ 천장은 이중 천장으로 바닥에서 등기구까지 높이 3[m], 전등배관은 바닥에서 3.5[m]에 후강전선관을 이용하여 시설
   ⑦ 스위치 설치 높이 1.2[m](바닥에서 중심까지)
   ⑧ 분전반 설치 높이 1.8[m](바닥에서 상단까지)
   (단, 바닥에서 하단까지는 0.5[m] 기준)

2. 재료의 산출조건
   ① 분전함 상부를 기준으로 함
   ② 자재 산출 시 산출수량과 할증수량은 소수점 이하로 첫째 자리까지 기록하고(소수점 둘째 자리 반올림) 자재별 총수량(산출수량+할증수량)은 소수점 이하 올림
   ③ 배선 이외의 자재는 할증하지 않는다. 배선 산출시 배관 길이만큼만 계산 후 할증률만 적용(단, 배선의 할증은 10[%])

3. 인건비 산출 조건
   ① 재료의 할증에 대해서는 공량을 적용하지 않음
   ② 소수점 이하 둘째 자리까지 계산(단, 소수점 셋째 자리 반올림)
   ③ 품셈은 다음 표의 품셈을 적용

자재명 및 규격	단위	내선전공
후강전선관 16[mm]	m	0.08
후강전선관 22[mm]	m	0.11
금속가요전선관 16[mm]	m	0.044
관내배선 6[mm^2] 이하	m	0.01
매입스위치 3구	개	0.065
아우트랙 박스 4각, 8각	개	0.2
스위치박스(1, 2개용)	개	0.2

(1) 도면에 표시된 ①, ②, ③, ④, ⑤ 전선관 배관의 전선 가닥수를 순서대로 적으시오.
   ① :
   ② :
   ③ :
   ④ :
   ⑤ :

(2) 아래 물음에 답하시오.
   1) HFIX 전선의 명칭을 우리말로 적으시오.
   2) 아래 표는 HFIX 전선의 공칭 단면적[mm^2]을 나타낸 것이다. ( )에 알맞은 말을 답란에 적으시오.

   규격 : (①) – 2.5 – (②) – (③) –10 – 16 – 25 – 35

(3) 도면을 보고 아래표의 ①~⑭에 들어갈 산출량 및 총수량을 답란에 적으시오.(단, 계산식은 생략한다)

자재명 및 규격	규격	단위	산출수량	할증수량	총수량 (산출수량+할증수량)
후강전선관	16[mm]	m	①		⑥
후강전선관	22[mm]	m	②		⑦
금속가요전선관	16[mm]	m	③		⑧
HFIX 전선	2.5[mm²]	m	④		⑨
TFR-GV 전선	2.5[mm²]	m	⑤		⑩
매입스위치 3구	250[V] 15[A]	개			⑪
아우트랙 박스 4각	54[mm]	개			⑫
아우트랙 박스 8각	54[mm]	개			⑬
스위치박스(1개용)	54[mm]	개			⑭

(4) 아래표의 ①~⑥에 들어갈 내선전공을 답란에 적으시오.(단, 계산식은 생략한다)

자재명 및 규격	규격	단위	수량	인공수 (재료 단위별)	내선전공
후강전선관	16[mm]	m			①
후강전선관	22[mm]	m			②
금속가요전선관	16[mm]	m			③
HFIX 전선	2.5[mm²]	m			④
TFR-GV 전선	2.5[mm²]	m			⑤
매입스위치 3구	250[V] 15[A]	개			⑥
아우트랙 박스 4각	54[mm]	개			
아우트랙 박스 8각	54[mm]	개			
스위치박스(1개용)	54[mm]	개			

Answer

(1) ① 4　　　　　　　　　② 5
　　③ 4　　　　　　　　　④ 3
　　⑤ 4
(2) 1) 저독성 난연 가교폴리올레핀 절연전선
　　2) ① 1.5
　　　　② 4
　　　　③ 6
(3) ① 113.3[m]　　　　　② 8[m]
　　③ 36[m]　　　　　　④ 353.8[m]
　　⑤ 149.7[m]　　　　　⑥ 125[m]
　　⑦ 9[m]　　　　　　　⑧ 40[m]
　　⑨ 390[m]　　　　　　⑩ 165[m]
　　⑪ 2　　　　　　　　　⑫ 1
　　⑬ 35　　　　　　　　⑭ 2

(4) ① 9.7　　　　　　　　　　　　② 0.88
　　③ 1.58　　　　　　　　　　　 ④ 3.54
　　⑤ 1.5　　　　　　　　　　　　⑥ 0.13

Explanation

(3) 산출량 및 총수량
　① 후강전선관 16[mm] 산출수량
　　$(15 \times 6) + (4 \times 3) + 2 + (3.5 - 1.8) + (1.5 \times 2) + (3.5 - 1.2) \times 2 = 113.3[m]$
　　세로 + 가로 + 분전반 + 분전반하향 + (스위치×2) + (스위치하향×2)
　② 후강전선관 22[mm] 산출수량
　　$4 \times 2 = 8[m]$
　③ 금속가요전선관 16[mm] 산출수량 : (등기구수)
　　$6 \times 6 = 36[m]$
　④ HFIX 전선 2.5[mm^2] 산출수량
　　$[(15 \times 6) + 4 + (2 + 1.7) + 36] \times 2 + (4 \times 2) \times 3 + (4 \times 2) \times 4 + (1.5 + 2.3) \times 2 \times 4 = 353.8[m]$
　　　　　(분전반+하향)　　　　　　　　　　　　　　　　(스위치+하향)
　⑤ TFR-GV 전선 2.5[mm^2](스위치 제외) : 산출수량
　　$90 + 20 + 36 + 3.7 = 149.7[m]$
　　세로+가로+등하향+(분전반+하향)
　⑥ 후강전선관 16[mm] 산출수량+할증수량
　　$113.3 \times 1.1 = 124.63[m]$　　　　　　　　　　　　　　　-------- 125[m]
　⑦ 후강전선관 22[mm] 산출수량+할증수량
　　$8 \times 1.1 = 8.8[m]$　　　　　　　　　　　　　　　　　　-------- 9[m]
　⑧ 금속가요전선관 16[mm] 산출수량+할증수량
　　$36 \times 1.1 = 39.6[m]$　　　　　　　　　　　　　　　　　-------- 40[m]
　⑨ HFIX 전선 2.5[mm^2] 산출수량+할증수량
　　$353.8 \times 1.1 = 389.18[m]$　　　　　　　　　　　　　　　-------- 390[m]
　⑩ TFR-GV 전선 2.5[mm^2](스위치 제외) : 산출수량+할증수량
　　$149.7 \times 1.1 = 164.7[m]$　　　　　　　　　　　　　　　 -------- 165[m]
　⑪ 매입스위치 3구 : 2개
　⑫ 아우레트 박스 4각 : 1개(분전반과 연결된 등기구)
　⑬ 아우레트 박스 8각 : 35개(등기구)
　⑭ 스위치박스(1개용) : 2개

(4) 내선전공
　① 후강전선관 16[mm]
　　$113.3 \times 0.08 = 9.06$

자재명 및 규격	단위	내선전공
후강전선관 16[mm]	m	0.08

　② 후강전선관 22[mm]
　　$8 \times 0.11 = 0.88$
　③ 금속가요전선관 16[mm]
　　$36 \times 0.044 = 1.58$

자재명 및 규격	단위	내선전공
금속가요전선관 16[mm]	m	0.044

④ HFIX 전선 2.5[mm^2]

$353.8 \times 0.01 = 3.54$

자재명 및 규격	단위	내선전공
관내배선 6[mm^2] 이하	m	0.01

⑤ TFR-GV 전선 2.5[mm^2]

$149.7 \times 0.01 = 1.50$

자재명 및 규격	단위	내선전공
관내배선 6[mm^2] 이하	m	0.01

⑥ 매입스위치 3구 : 2개

$2 \times 0.065 = 0.13$

자재명 및 규격	단위	내선전공
매입스위치 3구	개	0.065

BEST 07 (5점)

예비전원으로 이용되는 축전지에 대한 물음에 답하시오.

(1) 축전지 설비를 설치할 경우 설비구성을 4가지만 적으시오.
(2) 연축전지의 공칭전압(V/cell)을 적으시오.

Answer

(1) ① 축전지
    ② 보안 장치
    ③ 제어 장치
    ④ 충전 장치
(2) 2[V/cell]

Explanation

- 납(연)축전지 : 2.0[V/cell], 10[Ah]
  알칼리 축전지 : 1.2[V/cell], 5[Ah]
- 축전지 설비 : 축전지, 보안 장치, 제어 장치, 충전 장치

08 (6점)

한류저항기(CLR)의 설치목적 3가지를 적으시오.

Answer

① 비접지 방식에서 GPT를 사용하고 SGR을 동작시키는 데 필요한 유효전류를 발생
② open delta 결선의 각 상의 제3고조파 전압 발생을 방지
③ 중성점 이상 전위 진동 및 중성점 불안정 현상 등의 이상현상을 제거

09

그림과 같은 회로에서 전원을 개폐하고자 한다. 이 경우 단로기와 차단기의 조작 순서를 적으시오. (4점)

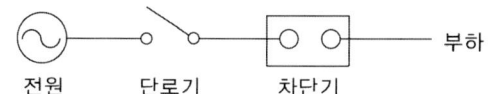

전원　　　단로기　　차단기

전원투입 순서 : 　　　　　→
전원차단 순서 : 　　　　　→

Answer

전원투입 순서 : 단로기 → 차단기
전원차단 순서 : 차단기 → 단로기

Explanation

인터록(Interlock) : 차단기가 열려 있어야만 단로기 조작 가능
- 급전 시 : DS → CB
- 정전 시 : CB → DS

10

다음 ( )안에 들어갈 알맞은 내용을 답란에 적으시오. (5점)

> 공사 원가는 순공사 원가, (①), (②), 부가가치세로 구성되며 이 중 순공사 원가는 (③), (④), (⑤)의 합계이다.

Answer

① : 일반관리비
② : 이윤
③ : 재료비
④ : 노무비
⑤ : 경비

Explanation

- 순공사원가 : 재료비, 노무비, 경비
- 총공사원가 : 재료비, 노무비, 경비, 일반관리비, 이윤, 부가가치세

11

도로 조명기구의 배치방식을 3가지만 적으시오. (5점)

Answer

중앙배열
대칭배열
지그재그식

> **Explanation**

- 조명계산

  $FUN = ESD$

  여기서, F[lm] : 광속, U : 조명률, N : 등수

  E[lx] : 조도, S[m²] : 면적, $D = \dfrac{1}{M}$: 감광보상율 $= \dfrac{1}{보수율}$

  등수 $N = \dfrac{ESD}{FU}$ 이며 등수계산은 소수점은 무조건 절상한다.

- 도로조명에서의 면적 계산
  - 중앙배열, 편측배열 : $S = a \cdot b$
  - 양쪽배열, 지그재그식 : $S = \dfrac{a \cdot b}{2}$

    여기서, a : 도로 폭
    b : 등 간격

BEST 12 ★★★★★ (5점)

분전반에서 40[m] 떨어진 회로의 끝에서 단상 2선식 220[V], 전열기 8,800[W] 2대 사용 시 비닐절연전선의 공칭단면적을 아래 표에서 산정하시오.(단, 전압강하는 2[%] 이내로 하고, 전류감소계수는 없는 것으로 함)

비닐절연전선의 공칭단면적(mm²)						
2.5	6	10	16	25	35	50

- 계산 :
- 답 :

> **Answer**

계산 : $A = \dfrac{35.6LI}{1,000 \cdot e} = \dfrac{35.6 \times 40 \times \dfrac{8,800 \times 2}{220}}{1,000 \times 220 \times 0.02} = 25.89 [\text{mm}^2]$

답 : 35[mm²]

> **Explanation**

전압강하 및 전선의 단면적 계산

전기 방식	전압 강하	전선 단면적	대상 전압강하
단상 3선식 직류 3선식 3상 4선식	IR	$e = \dfrac{17.8LI}{1,000A}$	$A = \dfrac{17.8LI}{1,000e}$	대지와 선간
단상 2선식 직류 2선식	$2IR$	$e = \dfrac{35.6LI}{1,000A}$	$A = \dfrac{35.6LI}{1,000e}$	선간
3상 3선식	$\sqrt{3}IR$	$e = \dfrac{30.8LI}{1,000A}$	$A = \dfrac{30.8LI}{1,000e}$	선간

여기서, e : 전압강하 [V], A : 사용전선의 단면적 [mm²]
L : 선로의 길이 [m], C : 전선의 도전율(97 [%])

KSC-IEC 전선 규격

전선의 공칭단면적 [mm²]			
1.5	16	95	300
2.5	25	120	400
4	35	150	500
6	50	185	630
10	70	240	

13 ★☆☆☆☆ (6점)

사람이 상시 통행하는 터널 내의 배선은 그 사용전압이 저압일 경우 시설하는 배선방법을 3가지만 적으시오.

Answer

금속관공사
합성수지관공사
케이블공사

Explanation

(KEC 242.7.조) 사람이 상시 통행하는 터널 안의 배선의 시설
사람이 상시 통행하는 터널내의 배선은 그 사용전압이 저압에 한하고 또한 각 호에 의해서 시설하여야 한다.
① 배선은 다음에 의할 것
 • 애자공사
 • 금속관공사
 • 합성수지관공사
 • 금속제 가요전선관공사
 • 케이블공사
② 애자공사의 경우는 다음의 규정에 준할 것
 • 전선의 노면 상 높이는 2.5[m] 이상으로 할 것
 • 전선은 단면적 2.5[mm²] 이상의 절연전선(OW, DV 제외)
③ 전로는 터널의 인입구 가까운 곳에 전용의 개폐기를 시설할 것

14 ★★★☆☆ (10점)

특고압 22.9[kV-y]로 수전하는 경우의 단선 결선도이다. 물음에 답하시오.

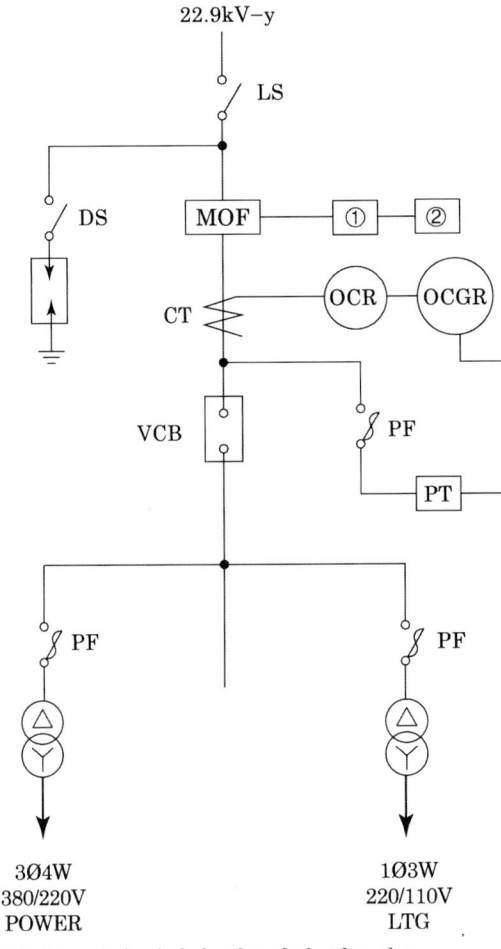

(1) 그림에 표시된 부분에는 어떤 기기가 필요한지 적으시오.
  ① :
  ② :

(2) 그림에서 △-Y 변압기의 단선도를 복선도로 그리시오.

(3) OCR의 명칭을 적으시오.

Answer

(1) ① 최대 수요 전력량계
    ② 무효 전력량계
(2)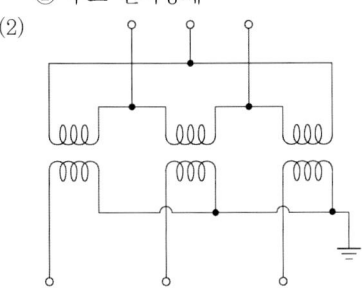
(3) 과전류 계전기

Explanation

- MOF 후단에 설치계기
  - 전력량계
  - 최대수요전력량계(DM), 무효전력량계(VARH)

 2019년 전기공사산업기사 실기

01 ★★☆☆☆ (5점)

단상 변압기 2대를 사용 정격전압 3,000[V]의 유도 전동기의 절연내력 시험을 실시하고자 한다. 결선도 및 표기사항의 틀린 곳을 바르게 고치고 그리시오. (단, 전원 전압은 100[V], T_1, T_2는 3,000[V]/100[V]의 단상 변압기이다)

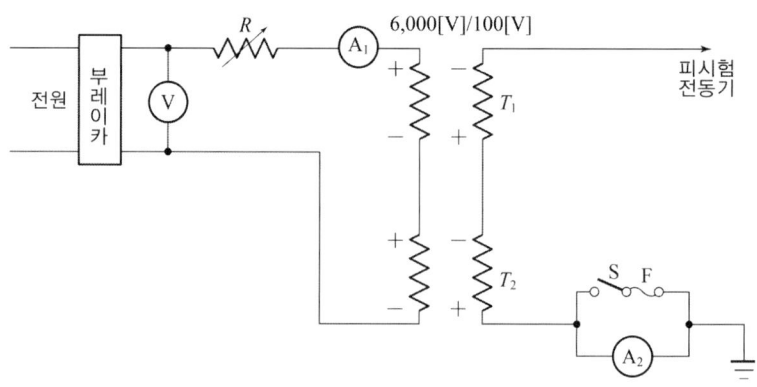

Answer

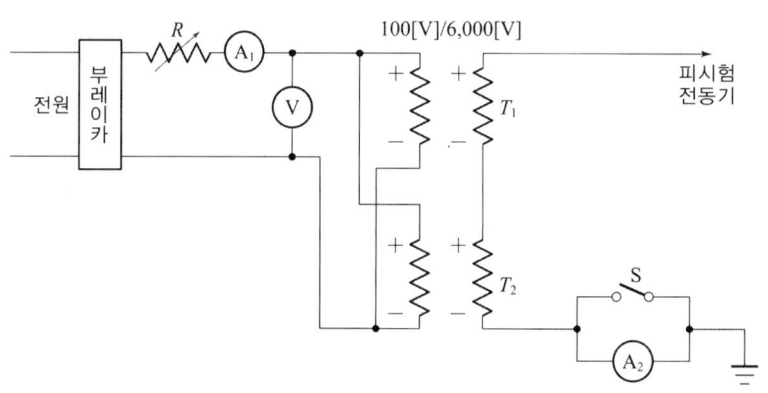

Explanation

수정 사항

① Ⓥ를 변압기 1차에 접속한다.
② 변압기의 1차 측을 병렬로 접속한다.
③ 변압기의 1차, 2차의 극성을 감극성으로 한다.
④ 변압비를 100[V]/6,000[V]로 한다.
⑤ Ⓐ₂의 병렬 스위치에 퓨즈는 불필요하다.

02 ★★★★☆ (5점)

절연전선으로 가선된 배전선로에서 활선 상태인 경우 전선의 피복을 벗기는 것은 매우 곤란한 작업이다. 이런 경우 활선 상태에서 전선의 피복을 벗기는 공구를 적으시오.

Answer

활선 피박기

Explanation

활선 피박기
- 활선 상태에서 전선의 피복을 벗길 때 사용하는 장구
- 본체와 전선 바이스 및 절단칼날과 3개의 회전용 핸들링과 조정볼트로 구성

03 ★★☆☆☆ (6점)

3상 3선식 6.6[kV] 로 수전하는 수용가 수전점에서 50/5[A] CT 2대, 6,600/110[V] PT 2대를 사용하여 CT 및 PT 2차 측에서 측정한 3상 전력이 500[W]일 때, 수전전력[kW]을 구하시오.

Answer

계산

수전전력 $P =$ 측정전력 $\times$ CT비 $\times$ PT비[kW]

$$= 500 \times \frac{6,600}{110} \times \frac{50}{5} \times 10^{-3} = 300[\text{kW}]$$

답 : 300[kW]

Explanation

- 적산전력계의 측정값
$$P = \frac{3,600 \cdot n}{t \cdot k}[\text{kW}]$$
여기서, n : 회전수 [회], t : 시간 [sec], k : 계기정수 [rev/kWh]
- 실제전력
$P =$ 측정전력 $\times$ CT비 $\times$ PT비[kW]
- 승률 = PT비 $\times$ CT비

> 이 문제는 변경된 KEC 적용으로 인하여 삭제하고, 아래 예상문제로 대체되었습니다.

04 3상 3선식 380[V] 회로에 그림과 같이 부하가 연결되어 있다. 간선의 허용전류를 계산하여 구하여라. 단, 전동기의 평균 역률은 80[%]이다.

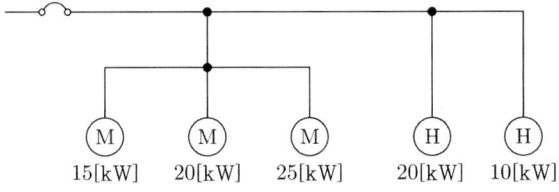

(Ⓜ: 전동기, Ⓗ: 전열기)

Answer

계산 : $\sum I_M = \dfrac{(15+20+25) \times 10^3}{\sqrt{3} \times 380 \times 0.8} = 113.95[\text{A}]$, $\sum I_H = \dfrac{(20+10) \times 10^3}{\sqrt{3} \times 380 \times 1} = 45.58[\text{A}]$

전동기의 유효전류 $I_r = 113.95 \times 0.8 = 91.16[\text{A}]$

전동기의 무효전류 $I_q = 113.95 \times \sqrt{1-0.8^2} = 68.37[\text{A}]$

$I_a = \sqrt{(91.16+45.58)^2 + 68.37^2} = 152.88[\text{A}]$

$I_B \leq I_n \leq I_Z$ 에서 $I_Z \geq 152.88[\text{A}]$ 답 : 152.88[A]

Explanation

과부하전류에 대한 보호

① 도체와 과부하 보호장치 사이의 협조

　과부하에 대해 케이블(전선)을 보호하는 장치의 동작 특성

- $I_B \leq I_n \leq I_Z$
- $I_2 \leq 1.45 \times I_Z$

　　여기서, I_B : 회로의 설계전류, I_Z : 케이블의 허용전류, I_n : 보호장치의 정격전류

　　　　　I_2 : 보호장치가 규약시간 이내에 유효하게 동작하는 것을 보장하는 전류

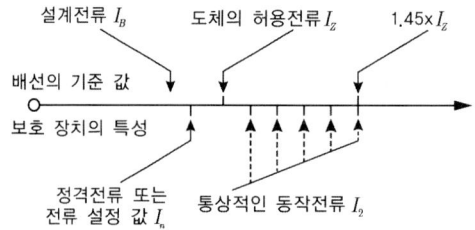

05 ★★☆☆☆ (5점)

6,600/440[V] 단상변압기 3대를 △-△로 결선하시오.(단, 변압기 외함 접지는 제외하며 변압기 2차 측 접지 부분은 표시하시오.)

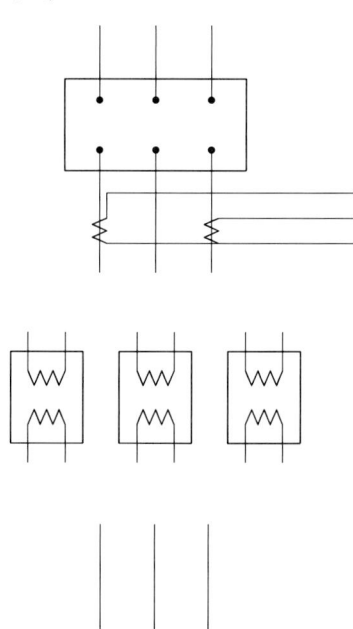

Answer

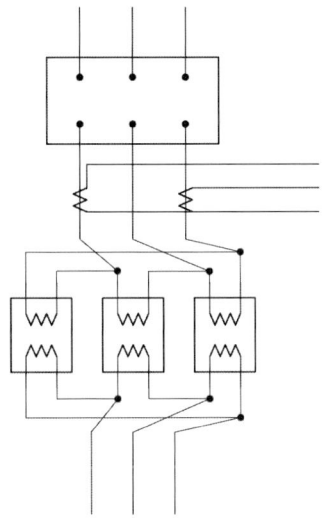

Explanation

※ △-△결선은 비접지 방식이다.

06 ★☆☆☆☆ (5점)

중앙급전 전원과 구분되는 것으로서 전력소비지역 부근에 분산하여 배치 가능한 전원(상용전원의 정전 시에만 사용하는 비상용 예비전원을 제외한다)을 말하며, 신·재생에너지 발전설비, 전기저장장치 등을 포함하는 것을 무엇이라 하는지 적으시오.

Answer

분산형 전원

Explanation

(KEC 112조) 용어 정의
"분산형전원"이란 중앙급전 전원과 구분되는 것으로서 전력소비지역 부근에 분산하여 배치 가능한 전원(상용전원의 정전 시에만 사용하는 비상용 예비전원을 제외한다)을 말하며, 신·재생에너지 발전설비, 전기저장장치 등을 포함한다.

BEST 07 ★★★★★ (4점)

다음 그림과 같이 A지점에 80[A], B지점에 50[A], C지점에 30[A]의 전류가 흐를 때 부하 중심점의 거리를 산출하시오.

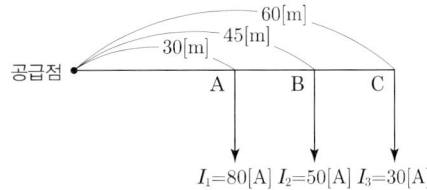

• 계산 :   • 답 :

Answer

계산 : 직선 부하에서의 부하 중심점까지의 거리

$$L = \frac{L_1 I_1 + L_2 I_2 + L_3 I_3}{I_1 + I_2 + I_3} = \frac{30 \times 80 + 45 \times 50 + 60 \times 30}{80 + 50 + 30} = 40.31 [\text{m}]$$

답 : 40.31[m]

Explanation

직선 부하의 부하 중심점까지의 거리 $L = \dfrac{L_1 I_1 + L_2 I_2 + L_3 I_3 + \cdots}{I_1 + I_2 + I_3 + \cdots}$

BEST 08 ★★★★★ (6점)

3상 3선식 220[V]로 수전하는 수용가의 구내배선 긍장이 40[m]이고, 배선에서의 전압강하가 5[V]까지 허용하는 경우 주어진 표에 의한 배선의 최소 굵기[mm²]를 구하시오.(단, 수용가의 부하전력 74[kW], 부하역률 80[%])

전선 공칭면적[mm²]				
25	35	50	70	95

Answer

계산 : 전선의 단면적 $A = \dfrac{30.8 \cdot LI}{1,000 \cdot e} = \dfrac{30.8 \times 40 \times \dfrac{74 \times 10^3}{\sqrt{3} \times 220 \times 0.8}}{1,000 \times 5} = 59.81 [\text{mm}^2]$

답 : 70[mm²]

Explanation

전압 강하 및 전선의 단면적 계산

전기 방식	전압 강하		전선 단면적	대상 전압강하
단상 3선식 직류 3선식 3상 4선식	IR	$e = \dfrac{17.8LI}{1,000A}$	$A = \dfrac{17.8LI}{1,000e}$	대지와 선간
단상 2선식 직류 2선식	$2IR$	$e = \dfrac{35.6LI}{1,000A}$	$A = \dfrac{35.6LI}{1,000e}$	선간
3상 3선식	$\sqrt{3}IR$	$e = \dfrac{30.8LI}{1,000A}$	$A = \dfrac{30.8LI}{1,000e}$	선간

여기서, e : 전압강하[V], A : 사용전선의 단면적[mm²]
    L : 선로의 길이[m], C : 전선의 도전율(97[%])

KSC-IEC 전선 규격

전선의 공칭단면적 [mm²]			
1.5	16	95	300
2.5	25	120	400
4	35	150	500
6	50	185	630
10	70	240	

09 (5점)

다음 설명의 ( ) 안에 알맞은 용어를 적으시오.

> 동기기가 운전 중 부하가 갑자기 변동하면 부하 회전력과 발생 회전력의 평형이 깨져 바로 평형상태로 가지 못하고 진동하게 되는데 이런 현상을 ( )(이)라고 한다.

Answer

난조

Explanation

병렬운전을 하고 있는 발전기에 부하가 갑자기 변하면 동기화력에 의해 새로운 대응하는 속도가 되려고 한다. 그런데, 회전체에는 관성이 있으므로 정지하려는 속도에서 정지하지 않고 새로운 속도를 중심으로 진동하는 현상을 난조(hunting)라고 한다.

10 (4점)

바닥 면적이 200[m²]인 교실에 전광속 2,500[lm]의 40[W] 형광등을 60등 시설하면 평균 조도는 얼마나 되는지 답하시오.(단, 조명률 50[%], 보수율 0.8로 계산)

- 계산 :
- 답 :

Answer

계산 : $E = \dfrac{FUN}{SD} = \dfrac{2{,}500 \times 0.5 \times 60}{200 \times \dfrac{1}{0.8}} = 300[\text{lx}]$

답 : 300[lx]

Explanation

조명 계산

$FUN = ESD$

여기서, $F[\text{lm}]$: 광속, $U[\%]$: 조명률, $N[\text{등}]$: 등수

$E[\text{lx}]$: 조도, $S[\text{m}^2]$: 면적, $D = \dfrac{1}{M}$: 감광 보상률 = $\dfrac{1}{\text{보수율}}$

등수 $N = \dfrac{ESD}{FU}$ 이며 등수 계산에서 소수점은 무조건 절상한다.

11 (4점) [BEST]

가공전선로용 애자의 종류를 4가지만 적으시오.

Answer

핀애자, 현수애자, 라인포스트 애자, 인류애자

Explanation

- 핀 애자 : 직선 선로에 사용
- 현수애자 : 인류 및 내장 개소에 사용
- 라인포스트 애자 : 연가용 철탑 등에서 점퍼선 지지
- 인류 애자 : 인류 개소 및 배전선로의 중성선

12 ★★★☆☆ (6점)

조명설비에 대한 아래 각 물음에 답하시오.

(1) 어떤 전기공사 도면에 M400 으로 표시되어 있다. 이것은 무엇을 뜻하는지 적으시오.
(2) 비상용 조명을 건축법에 따른 형광등으로 하고자 할 때, 건축법에 따른 그림기호를 표현하시오.
(3) 평면이 15[m]×10[m]인 사무실에 40[W] 전광속 2,500[lm]인 형광등을 사용하여 평균 조도를 300[lx]로 유지하도록 하려고 한다. 이 사무실에 필요한 형광등 수를 산정하시오.(단, 조명률은 0.6이고, 감광 보상률은 1.3)
- 계산 :
- 답 :

Answer

(1) 400[W] 메탈헬라이드등
(2) ▮◯▮
(3) 계산 : $N = \dfrac{ESD}{FU} = \dfrac{300 \times 15 \times 10 \times 1.3}{2,500 \times 0.6} = 39$[등]

답 : 39[등]

Explanation

(1) 고휘도 방전램프(HID Lamp)
- H400 400[W] 수은등
- M400 400[W] 메탈헬라이드등
- N400 400[W] 나트륨등

(2) ☐◯☐ : 형광등

▮◯▮ : 비상용 형광등

(3) 조명 계산

$FUN = ESD$

여기서, F[lm] : 광속, U[%] : 조명률, N[등] : 등수

E[lx] : 조도, S[m²] : 면적, $D = \dfrac{1}{M}$: 감광 보상률 $= \dfrac{1}{\text{보수율}}$

등수 $N = \dfrac{ESD}{FU}$ 이며 등수 계산에서 소수점은 무조건 절상한다.

BEST 13 ★★★★★ (5점)

연축전지의 정격 용량은 350[Ah]이고, 상시부하가 8[kW]이며, 표준 전압이 100[V]인 부동충전 방식 충전기의 2차전류는 몇 [A]인지 구하시오.(단, 축전지의 공칭용량은 10시간율로 계산함)

- 계산 :
- 답 :

Answer

계산 : $I = \dfrac{350}{10} + \dfrac{8,000}{100} = 115[A]$

답 : 115[A]

Explanation

부동충전

축전지의 자기방전을 보충하는 동시에 상용 부하에 대한 전력 공급은 충전기가 부담하고 충전기가 부담하기 어려운 일시적인 대전류 부하는 축전지가 부담하도록 하는 방식

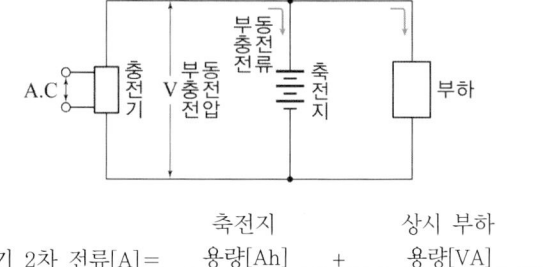

충전기 2차 전류[A] = $\dfrac{축전지 \; 용량[Ah]}{정격 \; 방전율[h]} + \dfrac{상시 \; 부하 \; 용량[VA]}{표준전압[V]}$

14 ★★★☆☆ (5점)

그림과 같은 단상 2선식 회로에서 인입구 A점의 전압이 220[V]일 때의 D점 전압을 구하시오. (단, 선로에 표기된 저항값은 2선값임)

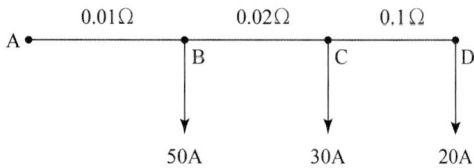

- 계산 :
- 답 :

Answer

계산 : $V_B = V_A - R_{AB}(I_B + I_C + I_D) = 220 - 0.01 \times (50 + 30 + 20) = 219[V]$

$V_C = V_B - R_{BC}(I_C + I_D) = 219 - 0.02 \times (30 + 20) = 218[V]$

$V_D = V_C - R_{CD}I_D = 218 - 0.1 \times 20 = 216[V]$

답 : 216[V]

Explanation

전압강하
$e = 2IR$ 　여기서, R은 1선당 저항값
$e = IR$ 　여기서, R은 2선당 저항값

15 ★☆☆☆☆ (30점)

다음 기숙사 전등 평면도를 보고, 물음에 답하시오.

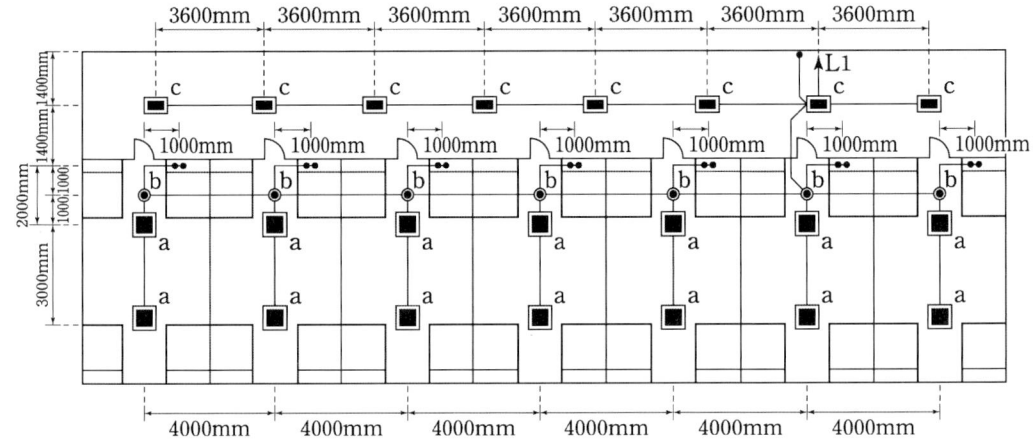

1. 시설조건

   스위치박스는 콘크리트에 매입하며, 높이는 바닥에서 1,200[mm]이다.
   분전반으로 접속되는 L_1은 계산에서 제외한다.
   전등용 전선은 HFIX 2.5[mm²]를 사용하고, 접지용 전선은 계산에서 제외한다.
   전선관은 HI-PVC를 사용하고 16[mm] 전선관 내 전선 수는 4가닥까지이며, 5가닥 이상은 22[mm] 전선관을 사용하여 시설한다.
   재료 산정 시 할증율은 전선 10[%], 배관 5[%]만 적용한다.(단, 가요전선관, 그 외 자재는 할증률을 적용하지 않는다)
   인력품 산정 시 재료 할증은 제외한다.
   4방출 이상의 배관과 접속되는 박스는 4각 박스를 사용하며 천장에서 등기구까지는 금속가요전선관을 이용하여 등기구에 연결한다.
   매입 또는 반매입 등기구의 천장 구멍뚫기 및 취부테 설치의 별도 가산은 무시한다.
   천장은 이중천장으로 바닥에서 등기구까지 높이 3[m], 전등배관은 바닥에서 3.5[m]에 HI-PVC를 이용하여 시설한다.
   제시된 자료 이외에는 고려하지 않는다.
   계산은 소수점 셋째자리에서 반올림하여 둘째자리까지 산출한다.

[표준품셈]
1. LED등기구 설치

(단위 : 개, 적용직종 : 내선전공)

종별	직부등	팬던트	다운 라이트	매입 및 반매입
15[W] 이하	0.117	0.158	0.155	-
25[W] 이하	0.138	0.163	0.182	-
35[W] 이하	0.163	0.213	0.208	0.242
45[W] 이하	0.221	0.249	-	0.263
55[W] 이하	0.254	-	-	0.306

[해설]
등기구 일체형 기준
등기구 조립·설치, 결선, 지지금구류 설치, 장내 소운반 및 잔재정리, 기준점 측정 포함
매입 또는 반매입 등기구의 천장 구멍뚫기 및 취부테 설치 별도 가산
높이 1.5[m] 이하의 Pole형 등기구는 직부등 품의 150[%] 적용하고, 기초 설치는 별도품 적용
철거 30[%], 재사용 철거 50[%]

(1) 필요한 자재 수량을 산출하시오.

분류			세부계산	계	할증	합계
복도	배관	HI-PVC	3.6×7+1.4+2.3	28.9	5%	1.45	30.35
		금속가요전선관	0.5×8	4			4.00
	배선	HFIX					
기숙사방	배관	HI-PVC					①
		금속가요전선관					②
	배선	HFIX					③
합계	배관	HI-PVC					④
		금속가요전선관					⑤
	배선	HFIX					⑥

① 계산 :

　답 :

② 계산 :

　답 :

③ 계산 :

　답 :

④ 계산 :

　답 :

⑤ 계산 :

　답 :

(2) 표준품셈에 의거 인력품과 필요한 자재 수량, 금액을 구하시오.

번호	품명	수량	적용직종	품(인)	단가(원)	금액(원)
1	LED LAMP, 40[W], 매입형	14	내선전공	①		⑦
2	LED LAMP, 20[W], 다운라이트	8	내선전공	②		
3	LED LAMP, 3[W], 다운라이트	7	내선전공	③		⑧
4	아우트렛 박스 4각	④	내선전공	0.05		
5	HFIX	⑤	내선전공	0.01		
6	배관(HI-PVC)	⑥	내선전공	0.04		⑨
	이하생략					

* 내선전공 : 185,000원, 배전전공 : 304,000원, 보통인부 : 102,000원,
  저압케이블공 : 200,000원

① 계산 :

  답 :

② 계산 :

  답 :

③ 계산 :

  답 :

④ 계산 :

  답 :

⑤ 계산 :

  답 :

⑥ 계산 :

  답 :

⑦ 계산 :

  답 :

⑧ 계산 :

  답 :

⑨ 계산 :

  답 :

Answer

(1) ① 계산 : (3×7)+(1+2+2.3)×7+(4×6)+2.4=84.5
      할증적용 : 84.5×1.05=88.73

  답 : 88.73[m]

  ② 계산 : 3×7×0.5=10.5

  답 : 10.5[m]

  ③ 계산 : [(4×7)+(4×6)+2.4]×2+(4.3×7)×3+(3×7×0.5×2)=220.1
      할증적용 : 220.1×1.1=242.11

  답 : 242.11[m]

④ 계산 : 30.35+88.73=119.08

답 : 119.08[m]

⑤ 계산 : 4+10.5=14.5

답 : 14.5[m]

⑥ 계산 : 72.38+242.11=314.49

답 : 314.49[m]

(2) ① 답 : 0.263
　② 답 : 0.182
　③ 답 : 0.155
　④ 답 : 6
　⑤ 계산 : 65.8+220.1=285.9

답 : 285.9[m]

　⑥ 계산 : 28.9+84.5=113.4

답 : 113.4[m]

　⑦ 계산 : 0.263×14×185,000=681,170

답 : 681,170(원)

　⑧ 계산 : 0.155×7×185,000=200,725

답 : 200,725(원)

　⑨ 계산 : (28.9+84.5)×0.04×185,000=839,160

답 : 839,160(원)

Explanation

(1) 필요한 자재 수량을 산출
　1) 복도
　　배관 HI-PVC : (3.6×7)+1.4+2.3=28.9[m]
　　　※ 스위치 : 천장-스위치 높이=3.5-1.2=2.3
　　할증적용 : 28.9×1.05=30.35[m]
　　금속가요전선관 : 0.5×8=4[m]
　　　※ 천장~등기구 : 3.5-3=0.5[m]
　　배선(HFIX) : (28.9+4)×2=65.8[m]
　　할증적용 : 65.8×1.1=72.38[m]
　2) 기숙사방
　　배관 HI-PVC : ((3+1)×7)+(2+2.3)×7+(4×6)+2.4=84.5[m]
　　　　　　　　　　b~a　　스위치~b　　b~b 복도~방
　　할증적용 : 84.5×1.05=88.73[m]
　　금속가요전선관 : 3×7×0.5=10.5[m]
　　배선(HFIX) : [(4×7)+(4×6)+2.4]×2+(4.3×7)×3+(3×7×0.5)×2=220.1[m]
　　할증적용 : 220.1×1.1=242.11[m]
　3) 합계
　　배관 HI-PVC : 30.35+88.73=119.08[m]
　　금속가요전선관 : 4+10.5=14.5[m]
　　배선(HFIX) : 72.38+242.11=314.49[m]
(2) 인력품과 필요한 자재 수량, 금액
　①, ⑦ LED LAMP, 40[W], 매입형
　　내선전공 : 0.263×14×185,000=681,170원
　② LED LAMP, 20[W], 다운라이트
　　내선전공 : 0.182×8×185,000=269,360원

③, ⑧ LED LAMP, 3[W], 다운라이트
　　내선전공 : 0.155×7×185,000=200,725원
④ 아우트렛 박스 4각 : 6개
⑤ HFIX
　　내선전공 : 65.8+220.1=285.9[m]
⑥, ⑨ 배관(HI-PVC)
　　내선전공 : (28.9+84.5)×0.04×185,000=839,160원

[표준품셈]
1. LED등기구 설치

(단위 : 개, 적용직종 : 내선전공)

종별	직부등	팬던트	다운 라이트	매입 및 반매입
15[W] 이하	0.117	0.158	0.155	–
25[W] 이하	0.138	0.163	0.182	–
35[W] 이하	0.163	0.213	0.208	0.242
45[W] 이하	0.221	0.249	–	0.263
55[W] 이하	0.254	–	–	0.306

[해설]
등기구 일체형 기준
등기구 조립·설치, 결선, 지지금구류 설치, 장내 소운반 및 잔재정리, 기준점 측정 포함
매입 또는 반매입 등기구의 천장 구멍뚫기 및 취부테 설치 별도 가산
높이 1.5[m] 이하의 Pole형 등기구는 직부등 품의 150[%] 적용하고 기초 설치는 별도품 적용
철거 30[%], 재사용 철거 50[%]

전기공사산업기사 실기

과년도 기출문제
2020

- 2020년 제01회
- 2020년 제02회
- 2020년 제03회
- 2020년 제04회

2020년 과년도 기출문제에 대한 출제 빈도 분석 차트입니다.
각 회차별로 별의 개수를 확인하고 학습에 참고하기 바랍니다.

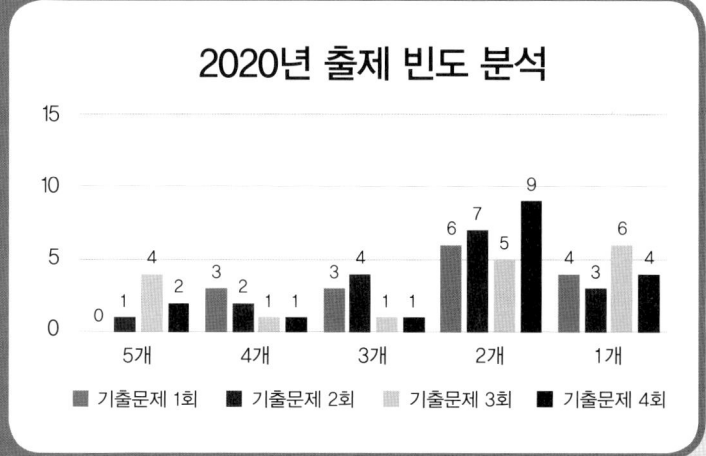

2020년 전기공사산업기사 실기

01 그림과 같이 330[mm²]인 ACSR선을 경간 300[m]에 가설하려 한다. 이 전선의 이도는 계산상으로 9[m], 가설 후 실측 결과 10[m]이었다. 이도가 9[m]일 때 보다 전선이 얼마나 더 사용되었는지를 계산하시오. (5점)

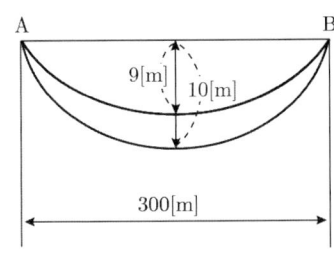

• 계산 :　　　　　　　　　　　　• 답 :

Answer

계산 : 이도 9[m]일 때 전선 길이 $L_1 = S + \dfrac{8D^2}{3S} = 300 + \dfrac{8 \times 9^2}{3 \times 300} = 300.72[m]$

이도 10[m]일 때 전선 길이 $L_2 = S + \dfrac{8D^2}{3S} = 300 + \dfrac{8 \times 10^2}{3 \times 300} = 300.89[m]$

더 사용한 양은 $L_2 - L_1 = 300.89 - 300.72 = 0.17[m]$　　　　답 : 0.17[m]

Explanation

• 이도 : $D = \dfrac{WS^2}{8T} = \dfrac{WS^2}{8 \times \dfrac{인장하중}{안전율}}$

• 실제 길이 : $L = S + \dfrac{8D^2}{3S}$

여기서, L : 전선의 실제 길이[m], D : 이도[m], S : 경간[m]

02 우리나라에서 표준으로 설치되는 변류기의 극성을 적으시오. (5점)

Answer

감극성

Explanation

• 변류기의 극성 : 가극성과 감극성
  우리나라 : 감극성이 표준

03 ★★★☆☆ (5점)

그림과 같은 3상 3선식 3,300[V] 배전선로에서 단상 및 3상 변압기에 전력을 공급하고자 한다. 선로의 불평형률은 몇 [%]인가?

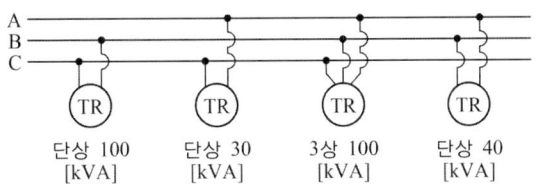

Answer

계산 : 설비 불평형률 = $\dfrac{100-30}{\dfrac{1}{3} \times (100+30+100+40)} \times 100 ≒ 77.78[\%]$

답 : 77.78[%]

Explanation

설비불평형률

저압, 고압 및 특별고압 수전의 3상 3선식 또는 3상 4선식에서 불평형 부하의 한도는 단상 접속부하로 계산하여 설비 불평형률을 30[%] 이하로 하는 것을 원칙으로 한다.

다만, 다음 각 호의 경우는 이 제한에 따르지 않을 수 있다.

① 저압 수전에서 전용변압기로 수전하는 경우
② 고압 및 특고압 수전에서 100[kVA](kW) 이하인 경우
③ 고압 및 특고압 수전에서 단상 부하용량의 최대와 최소의 차가 100[kVA](kW) 이하인 경우
④ 특고압 수전에서 100[kVA](kW) 이하의 단상 변압기 2대로 역(逆)V결선하는 경우

　[주] 이 경우의 설비 불평형률이란 각 선간에 접속되는 단상부하 총 설비용량[VA]의 최대와 최소의 차와 총 부하 설비용량[VA] 평균값의 비[%]를 말하며 다음의 식으로 나타낸다.

설비 불평형률 = $\dfrac{\text{각 선간에 접속되는 단상부하 총 설비용량[kVA]의 최대와 최소의 차}}{\text{총 부하 설비용량의 1/3}} \times 100[\%]$

여기서, A-B 선간 부하 : 40[kVA]
　　　　B-C 선간 부하 : 100[kVA](최대)
　　　　C-A 선간 부하 : 30[kVA](최소)

---

04 ★★☆☆☆ (10점)

3φ3W Line에 WHM을 접속하여 전력량을 적산하기 위한 결선도이다. 다음 물음에 대하여 각각의 답을 적으시오.(단, rpm = 계기정수 × 전력)

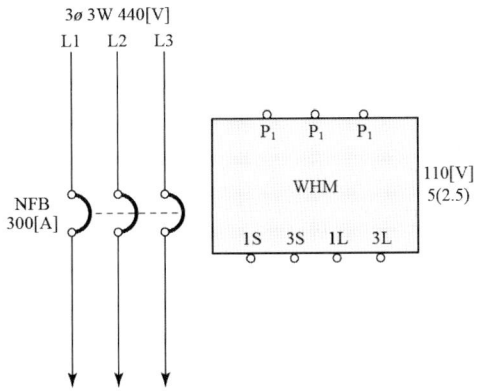

(1) WHM이 정상적으로 적산할 수 있도록 PT와 CT를 추가해서 결선도를 완성하시오.(접지 포함)
(2) WHM 형식 표기 중 정격 전류 5(2.5)[A]는 무엇을 의미하는가?
(3) 이 WHM의 계기정수는 1,600[Rev/kWh]이다. 지금 부하전류가 100[A]에서 변동 없이 지속되고 있다면 원판의 1분간 회전수는? 단, CT비 : 200/5[A], $\cos\theta = 1$
(4) WHM의 승률은? 단, CT비는 200/5로 한다.

Answer

(1)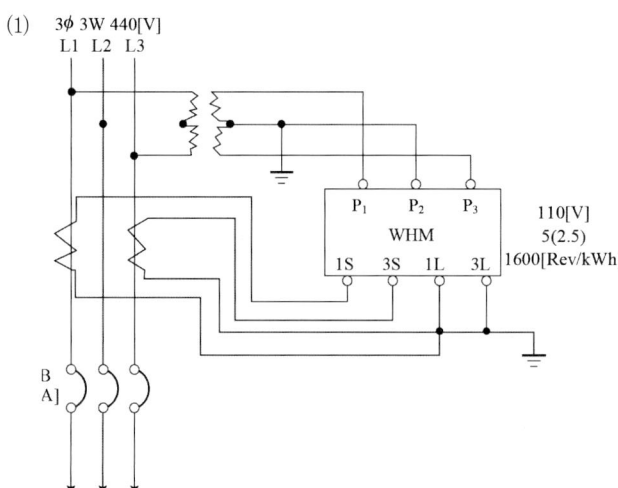

(2) Ⅱ형 계기로서 정격 전류 5[A]에 대하여 $\frac{1}{20}$까지 그 정밀도를 보장한다는 것

(3) 1분 간의 회전수 : $n[\text{rpm}] = $ 계기 정수 $\times$ 전력

$$= 1,600 \times \frac{\sqrt{3} \times 110 \times (100 \times \frac{5}{200}) \times 10^{-3}}{60} = 12.7[\text{회}] \qquad \text{답 : } 12.7[\text{회}]$$

(4) 승률(=배율) : $m = $ CT비$\times$PT비$= \frac{200}{5} \times \frac{440}{110} = 160[\text{배}]$ 　　　　　　답 : 160[배]

Explanation

• 적산전력계의 측정값

$P = \frac{3,600}{t} \cdot \frac{n}{k} [\text{kW}]$

여기서, n : 회전수[회], t : 시간[sec], k : 계기정수[Rev/kWh]

문제에서의 전력 $P = \sqrt{3}\, VI\cos\theta \times 10^{-3}[\text{kW}]$

회전 수 $n = \frac{P\,t\,k}{3,600}$ 에서

1분간 회전 수 $n = \frac{\sqrt{3}\, VI\cos\theta \times 10^{-3} \cdot t \cdot k}{3,600} = \frac{\sqrt{3} \times 110 \times 2.5 \times 1,600 \times 10^{-3}}{60} = 12.7(\text{회})$

• 승률 = PT비 $\times$ CT비
• 적산전력계 결선(3상 3선식)
 - PT : P_1, P_2, P_3
 - CT : $1S, 1L, 3S, 3L$

여기서, PT, CT 2차 측은 접지하며
PT P_2와 CT $1L$, $3L$을 접지한다.

05 ★★☆☆ (5점)

500[m] 거리에 100개의 가로등을 같은 간격으로 배치하였다. 전등 1개의 소요 전류가 0.1[A], 전선의 단면적 38[mm²], 도전율 55[℧/m]라 한다. 한쪽 끝에서 220[V]로 급전할 때 최종 전등에 가해지는 전압[V]은 얼마인지 구하시오.

• 계산 :   • 답 :

Answer

계산 : 말단에 집중 부하로 생각하여 전압강하를 구하면,

$$e = 2IR = 2I \times \rho \frac{l}{A} = 2 \times 0.1 \times 100 \times \frac{1}{55} \times \frac{500}{38} = 4.78[V]$$

평등 분포 부하의 전압강하는 말단 집중 부하의 전압강하의 1/2이 되므로

최종 전등 전압 = $220 - \frac{4.78}{2} = 217.61[V]$

답 : 217.61[V]

Explanation

• 부하의 종류 : 집중 부하와 분산 부하

구분	전력 손실	전압강하
말단 집중 부하	P_l	e
평등 분포 부하	$\frac{1}{3}P_l$	$\frac{1}{2}e$

06 ★★★☆ (5점)

154[kV] 3상 3선식 전선로에서 각 선의 정전용량이 각각 $C_a = 0.031[\mu F]$, $C_b = 0.030[\mu F]$, $C_c = 0.032[\mu F]$일 때 변압기의 중성점 잔류전압은 몇 [V]인지 계산하시오.(단, 소수점 이하는 버림)

• 계산 :   • 답 :

Answer

계산 : $E_n = \dfrac{\sqrt{C_a(C_a - C_b) + C_b(C_b - C_c) + C_c(C_c - C_a)}}{C_a + C_b + C_c} E$

$= \dfrac{\sqrt{0.031(0.031 - 0.030) + 0.030(0.030 - 0.032) + 0.032(0.032 - 0.031)}}{0.031 + 0.030 + 0.032} \times \dfrac{154,000}{\sqrt{3}}$

$= 1,655.91[V]$

답 : 1,655[V]

Explanation

중성점의 잔류 전압

중성점 잔류전압은 보통의 운전 상태에서 중성점을 접지하지 않은 경우의 중성점과 대지간의 전압을 말한다. 이러한 잔류전압은 연가가 불충분한 경우가 가장 주된 원인으로, 완전한 연가에 의해 0이 될 수 있다.

잔류전압의 계산은 다음과 같다.
① 3상 전류는 $I_a + I_b + I_c = 0$ 이므로
② 전류 $I = \dfrac{E}{X_c} = \dfrac{E}{\dfrac{1}{j\omega C}} = j\omega CE$ 에서

- a상 전류 : $I_a = j\omega C_a(E_a + E_n)$
- b상 전류 : $I_b = j\omega C_b(E_b + E_n)$
- c상 전류 : $I_c = j\omega C_c(E_c + E_n)$

③ 잔류전압은 다음과 같다.
$I_a + I_b + I_c = 0$ 에서
$j\omega C_a(E_a + E_n) + j\omega C_b(E_b + E_n) + j\omega C_c(E_c + E_n) = 0$
$j\omega(C_a E_a + C_b E_b + C_c E_c) + j\omega E_n(C_a + C_b + C_c) = 0$

여기서, 잔류전압 $|E_n| = \dfrac{C_a E_a + C_b E_b + C_c E_c}{C_a + C_b + C_c}$ 이며

$E_a = E, \ E_b = a^2 E = \left(-\dfrac{1}{2} - j\dfrac{\sqrt{3}}{2}\right)E, \ E_c = aE = \left(-\dfrac{1}{2} + j\dfrac{\sqrt{3}}{2}\right)E$ 을 대입하면

잔류전압은 $E_n = \dfrac{\sqrt{C_a(C_a - C_b) + C_b(C_b - C_c) + C_c(C_c - C_a)}}{C_a + C_b + C_c} E$

$= \dfrac{\sqrt{C_a(C_a - C_b) + C_b(C_b - C_c) + C_c(C_c - C_a)}}{C_a + C_b + C_c} \times \dfrac{V}{\sqrt{3}}$ [V]

만약에 연가가 되어 있다면 $C_a = C_b = C_c$ 이므로 잔류전압 $E_n = 0$ 이 된다.

07 ★★☆☆ (5점)

금속덕트의 시설에 대한 아래 내용의 ( )안에 알맞은 내용을 채우시오.

(1) 절연전선을 동일 금속덕트 내에 넣을 경우 금속덕트의 크기는 전선의 피복절연물을 포함한 단면적의 총 합계가 금속덕트 내 단면적의 (①)[%] 이하가 되도록 선정하여야 한다.
(2) 금속덕트는 (②)[m] 이하의 간격으로 견고하게 지지하여야 한다.
(3) 취급자 이외의 자가 출입할 수 없도록 설비한 장소에서 수직으로 설치하는 경우는 (③)[m] 이하의 간격으로 견고하게 지지하여야 한다.

Answer

① 20   ② 3   ③ 6

Explanation

(KEC 232.31조) 금속덕트공사
① 전선은 절연전선을 사용하여야 한다(옥외용 비닐절연전선 제외).
② 금속덕트에 넣은 전선의 단면적(절연피복의 단면적을 포함한다)의 합계는 덕트의 내부 단면적의 20[%](전광표시장치 기타 이와 유사한 장치 또는 제어회로 등의 배선만을 넣는 경우에는 50[%]) 이하일 것
③ 금속덕트 안에는 전선에 접속점이 없도록 할 것. 다만, 전선을 분기하는 경우에는 그 접속점을 쉽게 점검할 수 있는 때에는 그러하지 아니하다.
④ 폭이 40[mm] 이상, 두께가 1.2[mm] 이상인 철판 또는 동등 이상의 기계적 강도를 가지는 금속제의 것

일 것
⑤ 덕트 상호 간은 견고하고 또한 전기적으로 완전하게 접속할 것
⑥ 덕트를 조영재에 붙이는 경우에는 덕트의 지지점 간의 거리를 3[m](취급자 이외의 자가 출입할 수 없도록 설비한 곳에서 수직으로 붙이는 경우에는 6[m]) 이하로 하고 또한 견고하게 붙일 것
⑦ 덕트의 끝부분은 막을 것
⑧ 덕트 안에 먼지가 침입하지 않도록 할 것
⑨ 접지공사를 할 것

08 ★★★★☆ (4점)
연(납)축전지와 알칼리 축전지의 공칭 전압[V/cell]을 쓰시오.

(1) 연(납)축전지
(2) 알칼리 축전지

Answer
(1) 연(납)축전지 : 2.0[V/cell]
(2) 알칼리 축전지 : 1.2[V/cell]

Explanation
- 납(연)축전지 : 2.0[V/cell], 10[Ah]
- 알칼리 축전지 : 1.2[V/cell], 5[Ah]

09 ★★★★☆ (5점)
어느 호텔의 부하밀도는 전등 30[VA/m^2], 일반 동력 40[VA/m^2], 냉방 30[VA/m^2]이다. 이 빌딩의 건평이 20,000[m^2]일 경우 부하설비의 용량은 몇 [kVA]인지 계산하시오.

• 계산 :   • 답 :

Answer
계산 : 조명설비 = $30 \times 20,000 \times 10^{-3}$ = 600[kVA]
일반 동력설비 = $40 \times 20,000 \times 10^{-3}$ = 800[kVA]
냉방 설비 = $30 \times 20,000 \times 10^{-3}$ = 600[kVA]
총 부하설비 = 600+800+600=2,000[kVA]   답 : 2,000[kVA]

Explanation
부하상정 및 분기회로
• 부하의 상정
부하설비 용량 = $PA + QB + C$
여기시, P : 건축물의 바닥 면적[m^2] (Q 부분 면석 제외)
Q : 별도 계산할 부분의 바닥 면적[m^2]
A : P 부분의 표준 부하 [VA/m^2]
B : Q 부분의 표준 부하 [VA/m^2]
C : 가산해야 할 부하 [VA]

10 ★★☆☆☆ (5점)

정격전류가 35[A]인 전동기 1대와 기타 전기기계기구의 정격전류의 합계가 20[A]인 것에 공급할 저압옥내 간선의 최소 굵기를 다음 표에서 선정하시오.

동선의 공칭단면적[mm²]	허용전류[A]
6	34
10	46
16	61
25	80
35	99
50	119

• 계산 :   • 답 :

Answer

계산 : 회로의 설계전류 $I_B = 35 + 20 = 55$[A]

$I_B \leq I_n \leq I_Z$에서 허용전류 $I_Z \geq 55$[A]이므로
전선의 단면적은 표에서 16[mm²]이 된다.   답 : 16[mm²]

Explanation

과부하전류에 대한 보호

① 도체와 과부하 보호장치 사이의 협조

  과부하에 대해 케이블(전선)을 보호하는 장치의 동작 특성
  - $I_B \leq I_n \leq I_Z$
  - $I_2 \leq 1.45 \times I_Z$

  여기서, I_B : 회로의 설계전류
         I_Z : 케이블의 허용전류
         I_n : 보호장치의 정격전류
         I_2 : 보호장치가 규약시간 이내에 유효하게 동작하는 것을 보장하는 전류

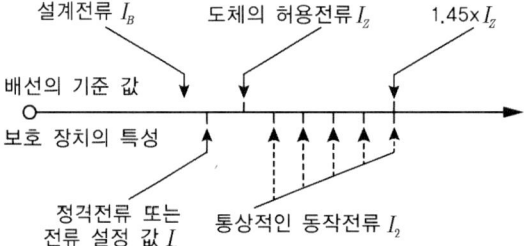

11. 고휘도 방전램프(HID 램프)의 종류를 3가지만 적으시오. (5점)

Answer
- 수은등
- 나트륨등
- 메탈 할라이드등

Explanation

HID(Hing Intensity Discharge Lamp) 의 종류(고휘도 방전램프)
- 수은등
- 나트륨등
- 메탈 할라이드등

12. 가공전선에 가해지는 하중의 종류 3가지를 적으시오. (5점)

Answer

① 전선 자중 ② 풍압 하중 ③ 빙설 하중

Explanation

- 전선로에 가해지는 하중
  - 수직하중 : 전선자중(W_c), 빙설하중(W_i)
  - 수평하중 : 풍압하중(W_w)
- 전선로에 가해지는 합성하중 $W = \sqrt{(W_i + W_c)^2 + W_w^2}$

13. 폴리머 애자 설치에 관한 그림이다. 각 기호의 ①, ②, ③, ④ 명칭을 쓰시오. (4점)

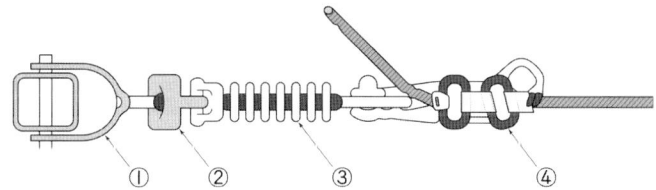

Answer

① 볼 쇄글 ② 소켓 아이 ③ 폴리머 애자 ④ 데드 엔드 클램프

14. 사용전압이 220[V], 최대공급 전류 400[A]인 3상 3선식 전선로의 1선과 대지 간에 필요한 절연저항 값의 최소값을 계산하시오(단, 누설전류는 최대공급전류의 1/2,000을 넘지 않도록 유지해야 한다). (6점)

- 계산 :   • 답 :

Answer

계산 : 누설전류 $I_g = 400 \times \dfrac{1}{2,000} = 0.2[A]$

절연저항 $R = \dfrac{E}{I_g} = \dfrac{220}{0.2} = 1,100[\Omega]$

답 : $1,100[\Omega]$

Explanation

(기술기준 제27조) 전로의 절연
저압전선로 중 절연 부분의 전선과 대지 간 및 전선의 심선 상호간의 절연저항은 사용전압에 대한 누설전류가 최대 공급전류의 $\dfrac{1}{2,000}$ 을 넘지 않도록 하여야 한다.

15 분산형 전원 사업자의 한 사업장에서 설비 용량 합계가 250[kVA] 이상일 경우 시설하여야 하는 장치 3가지만 적으시오. (6점)

Answer

① 송·배전계통과 연계지점의 연결 상태를 감시
② 유효전력, 무효전력 측정
③ 전압 측정

Explanation

(KEC 503조) 분산형전원 계통 연계설비의 시설
분산형전원설비 사업자의 한 사업장의 설비 용량 합계가 250[kVA] 이상일 경우에는 송·배전계통과 연계지점의 연결 상태를 감시 또는 유효전력, 무효전력 및 전압을 측정할 수 있는 장치를 시설할 것

16. 사무실 전등공사를 하려고 한다. 아래 조건을 참고하여 각 물음에 답하시오. (20점)

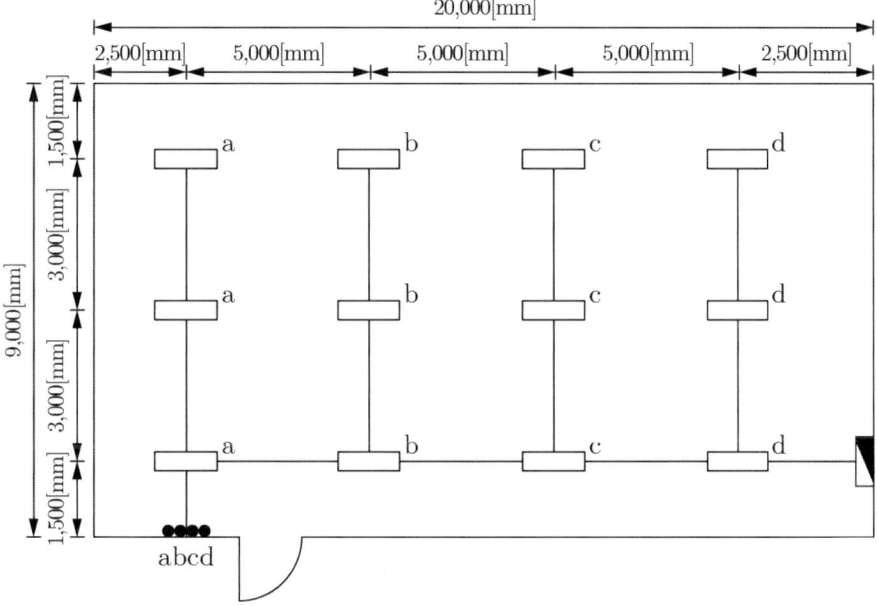

【시설조건】
① 전등은 LED 40[W], 전선은 HFIX 2.5[mm²]를 사용한다.
② 전선관은 합성수지관을 사용하고 별도의 언급이 없는 것은 16[mm]를 사용한다.(콘크리트 매입 기준)
③ 등기구는 직부등으로 한다.
④ 분전함 설치 높이는 1.8[m](바닥에서 상단까지)로 한다.
⑤ 스위치 설치 높이는 1.2[m](바닥에서 중심까지)로 한다.
⑥ 바닥에서 천장 슬라브까지의 높이는 3[m]로 한다.
⑦ 주어진 품셈에 의하여 산출한다.

【재료 산출 조건】
① 분전함 내부에서 배선 여유는 전선 1본당 0.5[m]로 한다.
② 자재 산출 시 산출 수량과 할증 수량은 소수점 이하도 기록하고, 자재별 총수량(산출 수량+할증 수량)의 소수점 이하는 반올림한다.
③ 배관 및 배선 이외의 자재는 할증하지 않는다.(단, 배관 및 배선의 할증은 10[%]로 한다.)
④ 천장 슬라브에서 천장 슬라브 내의 전선 설치 높이까지는 자재 산출에 포함하지 않는다.
⑤ 콘센트용 및 등기구 내 배선 여유는 무시한다.
⑥ 접지용 전선은 자재 산출에 포함하지 않는다.

박스(BOX) 설치

종별	내선전공	비고
Concrete Box	0.12	단위 : 개
Outlet Box	0.20	
Switch Box(2개용 이하)	0.20	
Switch Box(3개용 이상)	0.25	
노출형 박스(콘크리트 노출 기준)	0.29	

[해설]
① 콘크리트 매입 기준
② 박스 위치의 먹줄치기, 첨부커버 포함
③ 방폭형 및 방수형 300[%]
④ 철거 30[%]

LED 등기구 설치

종별	직부등	펜던트	다운라이트	매입 및 반매입
15[W] 이하	0.117	0.158	0.155	-
25[W] 이하	0.138	0.163	0.182	-
35[W] 이하	0.163	0.213	0.208	0.242
45[W] 이하	0.221	0.249	-	0.263
55[W] 이하	0.254	-	-	0.306

[해설]
① 등기구 일체형 기준
② 등기구 조립 및 설치, 결선, 지지금구류 설치, 장내 소운반 및 잔재정리, 기준점 측정 포함
③ 높이 1.5[m] 이하 Pole형 등기구는 직부등 품의 150[%]를 적용하고 기초 설치는 별도품 준용
④ 램프만 교체시 해당 등기구 1등용 설치품의 10[%] 적용
⑤ 철거 30[%], 재사용 철거 50[%]

(1) 다음 표의 ①과 ② 빈 칸을 채우시오.

자재명	규격	단위	산출수량	할증수량	총수량 (산출수량+할증수량)
배관	HI PVC 16[mm]	m			①
전선	HFIX 2.5[mm²]	m			②

(2) 도면에 의거하여 표의 ①~⑥을 채우시오.

자재명	규격	단위	산출수량	할증수량	총수량 (산출수량+할증수량)
등기구	LED 40[W]	개	⑤		①
스위치	단로용	개			②
아웃렛박스	8각 박스	개			③
스위치박스	4개용	개	⑥		④

(3) 아래 각 물음에 답하시오.

① 공구손료는 직접 노무비의 몇 [%]까지 계상 가능한지 적으시오.
  • 답 :
② 재료비, 노무비, 경비의 합계액을 무엇이라 하는지 적으시오.
  • 답 :

Answer

(1) ① 51[m]
    ② 146[m]
(2) ① 12
    ② 1
    ③ 12
    ④ 1
    ⑤ 12
    ⑥ 1
(3) ① 3[%]
    ② 순공사원가

Explanation

(1) ① 배관 산출수량 : (6×4)+(5×3)+2.5+1.2+1.5+1.8=46[m]
      여기서, 천장에서 분전반 3-1.8=1.2[m]
             천장에서 스위치 3-1.2=1.8[m]
    배관할증수량 : 46×0.1=4.6[m]
    배관 총수량 : 46+4.6=50.6이므로 51[m]
   ② 전선 산출수량 : [(5+1.5+1.8)×5]+[5×4]+[5×3]+{[(6×4)+2.5+1.2+0.5]×2}
                 =132.9[m]
      여기서, 천장에서 분전반 3-1.8=1.2[m]
             분전반 여유 0.5[m]
             천장에서 스위치 3-1.2=1.8[m]
    전선할증수량 : 132.9×0.1=13.29[m]
    전선 총수량 : 132.9+13.29=146.19이므로 146[m]

(2)

자재명	규격	단위	산출수량	할증수량	총수량 (산출수량+할증수량)
등기구	LED 40[W]	개	⑤ 12		① 12
스위치	단로용	개			② 1
아웃렛박스	8각 박스	개			③ 12
스위치박스	4개용	개	⑥ 1		④ 1

아울렛박스 : 등기구(12개)
스위치 박스 : 스위치(1개)

(3) ① 공구 손료
    일반공구 및 시험용 계측 기구류의 손료로서 공사 중 상시 일반적으로 사용하는 것을 말하며, 직접 노무비(노임할증 제외)의 3[%]까지 계상한다.
   ② 순공사원가 : 재료비, 노무비, 경비
      총공사원가 : 재료비, 노무비, 경비, 일반관리비, 이윤

2020년 전기공사산업기사 실기

01 ★★★☆☆ (5점)

단상 2선식 110[V]의 옥내 배선에서 소비전력 40[W], 역률 75[%]의 형광등 100등을 설치하고자 한다. 분기회로를 16[A]로 할 때 분기회로의 최소수를 구하시오(단, 한 회선의 부하전류는 분기회로 용량의 90[%]로 하고 수용률은 100[%]로 한다).

• 계산 :   • 답 :

Answer

계산 : 분기회로 수 = $\dfrac{\dfrac{40 \times 100}{0.75}}{110 \times 16 \times 0.9} = 3.37$ 답 : 16[A]분기 4회로 선정

Explanation

부하 상정 및 분기회로

1. 부하의 상정
   부하 설비 용량 = $PA + QB + C$
   여기서, P : 건축물의 바닥 면적[m²] (Q 부분 면적 제외)
   Q : 별도 계산할 부분의 바닥면적[m²], A : P 부분의 표준 부하[VA/m²]
   B : Q 부분의 표준 부하[VA/m²], C : 가산해야 할 부하[VA]

2. 분기회로 수
   분기회로 수 = $\dfrac{\text{표준 부하 밀도[VA/m}^2\text{]} \times \text{바닥 면적[m}^2\text{]}}{\text{전압[V]} \times \text{분기회로의 전류[A]}}$

   【주1】계산결과에 소수가 발생하면 절상한다.
   【주2】220[V]에서 3[kW] (110[V]때는 1.5[kW])를 초과하는 냉방기기, 취사용 기기 등 대형 전기 기계기구를 사용하는 경우에는 단독분기회로를 사용하여야 한다.
   ※ 분기회로 전류는 보통 문제에서 주어지지 않으면 16[A] 분기회로임

02 ★★★★☆ (5점)

예비 전원 설비로 이용되는 축전지에 대한 물음에 답하시오.

(1) 축전지의 자기 방전을 보충하는 동시에 상용 부하에 대한 전력 공급은 충전기가 부담하고 충전기가 부담하기 어려운 일시적인 대전류 부하는 축전지가 부담하도록 하는 방식은 무엇인지 적으시오.

(2) 비상용 조명부하 200[V]용 50[W] 80등, 30[W] 70등이 있다. 방전 시간은 30분이고, 축전지는 HS형 110[cell]이며, 허용 최저 전압은 190[V], 최저 축전지 온도는 5[℃]일 때 축전지 용량은 몇 [Ah]이겠는가? 단, 보수율은 0.8, 용량 환산 시간은 1.2이다.

• 계산 :   • 답 :

Answer

(1) 부동 충전 방식

(2) 계산 : 축전지 용량 $C = \dfrac{1}{L}KI = \dfrac{1}{0.8} \times 1.2 \times \left(\dfrac{50 \times 80 + 30 \times 70}{200}\right) = 45.75[Ah]$

답 : 45.75[Ah]

Explanation

- 부동충전
  축전지의 자기 방전을 보충하는 동시에 상용 부하에 대한 전력 공급은 충전기가 부담하고 충전기가 부담하기 어려운 일시적인 대전류 부하는 축전지가 부담하도록 하는 방식

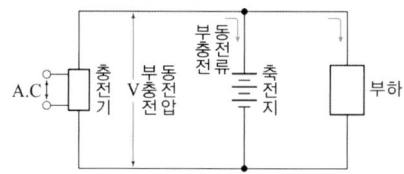

충전기 2차 전류[A] = $\dfrac{축전지 용량[Ah]}{정격 방전율[h]} + \dfrac{상시 부하 용량[VA]}{표준전압[V]}$

- 전류 $I = \dfrac{P}{V} = \dfrac{50 \times 80 + 30 \times 70}{100} = 30.5[A]$

- 축전지 용량 $C = \dfrac{1}{L}KI$ [Ah]   여기서, C : 축전지의 용량 [Ah] L : 보수율(경년용량 저하율)
  K : 용량환산 시간 계수 I : 방전 전류[A]

03 다음 그림과 같은 철탑을 무엇이라 하는지 적으시오. (4점)

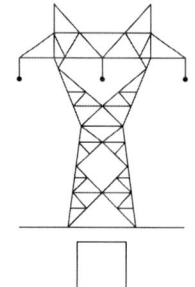

Answer

우두형 철탑

Explanation

철탑의 형태에 의한 종류

- 사각 철탑 : 4면이 동일한 모양과 강도를 가진 철탑으로 2회선용으로 사용할 수 있으며 현재 가장 많이 사용되고 있다.
- 방형 철탑 : 마주 보는 2면이 각각 동일한 모양과 강도를 가진 철탑으로 1회선용으로 사용된다.
- 우두형 철탑 : 중간부 이상이 특히 넓은 형의 철탑으로 외국의 경우 초고압 송전선이나 눈이 많은 지역에 사용된다.
- 문형 철탑(Gantry Tower) : 전차선로나 수로, 도로상에 송전선을 시설할 때 많이 사용된다.

- 회전형 철탑 : 철탑의 중앙부 이상과 이하가 45° 회전형의 철탑으로 철탑부재의 강도를 가장 유용하게 이용한 철탑이다.
- MC 철탑 : 스위스의 Motor Columbus사가 개발한 철탑으로 콘크리트를 채운 강관형 철탑으로 철강재가 적어 경량화가 가능하며 운반 조립이 쉬운 철탑이다.

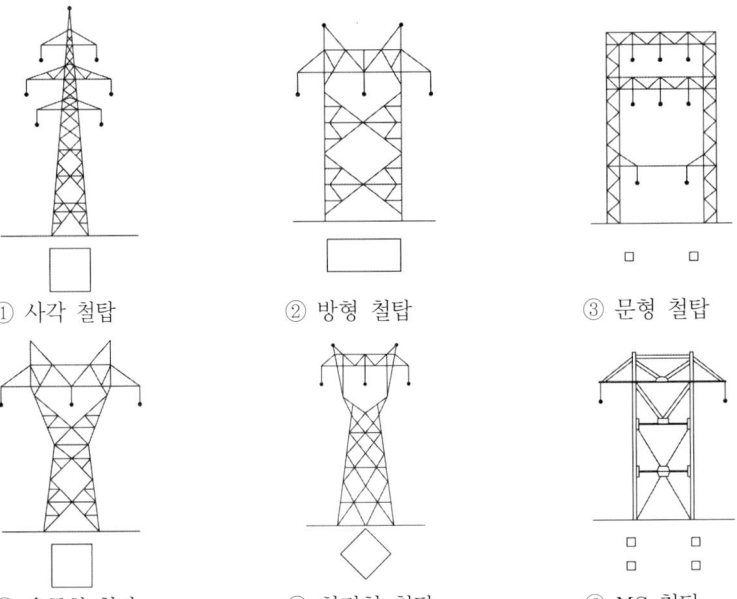

① 사각 철탑　② 방형 철탑　③ 문형 철탑
④ 우두형 철탑　⑤ 회전형 철탑　⑥ MC 철탑

04 아래는 경질 비닐전선관의 호칭에 관한 표이다. 각 ( ) 안에 들어갈 호칭을 적으시오. (3점)

14, 16, (①), (②), (③), 42, 54, 70, 82, 100

Answer

① 22
② 28
③ 36

Explanation

KSC 8431 경질비닐전선관 규격
14, 16, 22, 28, 36, 42, 54, 70, 82, 100[mm]

05 단상 변압기 10[kVA] 3대로 △ 결선하여 급전하고 있는데 변압기 1대가 고장으로 제거되었다고 한다. 이때의 부하가 27.6[kVA]라면 나머지 2대의 변압기는 몇 [%]의 과부하율로 운전되는가? (5점)

• 계산 :　　　　　　　　　　• 답 :

Answer

계산 : V결선 출력 $P = \sqrt{3}\,VI = \sqrt{3} \times 10 [\text{kVA}]$

과부하율 $= \dfrac{27.6}{\sqrt{3} \times 10} \times 100 = 159.35[\%]$

답 : 159.35[%]

Explanation

V결선 : 단상 변압기 2대로 결선하여 3상 공급

V결선의 용량은 변압기 1대 용량을 K라 하면 $P_V = \sqrt{3}\,K$이며

이용률 $= \dfrac{\sqrt{3}\,K}{2K} = \dfrac{\sqrt{3}}{2} = 0.866$

출력비 $= \dfrac{\sqrt{3}\,K}{3K} = \dfrac{\sqrt{3}}{3} = 0.5774$

과부하율 $= \dfrac{\text{부하용량}}{V\text{결선 공급량}} \times 100$

06 ★★☆☆☆ (5점)

아래 그림과 같이 저항 4[Ω]을 Y결선한 부하와 △결선한 부하가 있다. 이 회로에 교류 3상 평형 전압 200[V]를 가했을 때 두 부하에 대한 소비전력[kW]의 합을 계산하시오(단, 배선은 고려하지 않음).

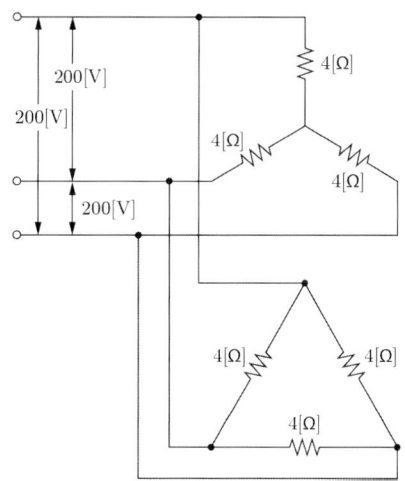

Answer

$P = 3I_p^2 R + 3I_p^2 R = 3 \times \left(\dfrac{\dfrac{200}{\sqrt{3}}}{4}\right)^2 \times 4 + 3 \times \left(\dfrac{200}{4}\right)^2 \times 4 = 40{,}000[\text{W}] = 40{,}000 \times 10^{-3} = 40[\text{kW}]$

Explanation

3상 소비전력

$P = 3I_p^2 R = 3 \times \left(\dfrac{V_p}{R}\right)^2 \times R$ 에서

Y결선한 부하와 △결선한 부하가 병렬로 있으므로 두 소비전력을 합하면

$P = 3I_p^2 R(Y결선) + 3I_p^2 R(\triangle 결선)$

07 ★★☆☆☆ (6점)
변전소에 설치해야 하는 계측장치 3가지만 쓰시오.

Answer

주요 변압기의 전압 및 전류 또는 전력

Explanation

(KEC 351.6조) 계측장치
변전소 또는 이에 준하는 곳에는 다음 각 호의 사항을 계측하는 장치를 시설하여야 한다. 다만, 전기철도용 변전소는 주요 변압기의 전압을 계측하는 장치를 시설하지 아니할 수 있다.
- 주요 변압기의 전압 및 전류 또는 전력
- 특고압용 변압기의 온도

08 ★★★☆☆ (3점)
아래 용어 설명에 대한 명칭을 쓰시오.

> 전로에 접속된 변압기 또는 콘덴서의 결선상 단위를 말한다.

Answer

뱅크

Explanation

(내선규정 1,300) 용어
뱅크(Bank)란 전로에 접속된 변압기 또는 콘덴서의 결선상 단위(結線上 單位)를 말한다.

09 ★★☆☆☆ (3점)
어느 도서 지방에 6.6[kV], 3상 3선식 가공 배전선로 50[km]로 2회선을 가선하려고 한다. 이때 필요한 전선의 실 소요량은?(단, 이도는 무시하고 할증은 반영한다.)

• 계산 :   • 답 :

Answer

계산 : 전선 실 소요량= $50 \times 3 \times 2 \times 1.03 = 309$[km]   답 : 309[km]

Explanation

전선 가선 시 소요량
- 고저차가 심한 경우 : 선로 긍장 × 전선 조수 × 1.03
- 고저차가 없는 경우 : 선로 긍장 × 전선 조수 × 1.02

10 ★★★☆☆ (5점)
전기설비의 감전예방방법 중 직접접촉예방은 전기설비가 정상으로 운전하고 있는 상태에서 전기설비에 사람 또는 동물이 접촉되는 경우를 대비하여 감전예방을 위한 보호이다. 직접접촉예방을 위한 보호방법 5가지를 쓰시오.

Answer

① 충전부의 절연에 의한 보호
③ 장애물에 의한 보호
⑤ 누전차단기에 의한 추가 보호
② 격벽 또는 외함에 의한 보호
④ 손의 접근 한계 외측 시설에 의한 보호

Explanation

(내선규정 5,200-1) 안전보호
직접 접촉예방
전기설비가 정상으로 운영하고 있는 상태에서 전기설비에 사람 또는 동물이 접촉되는 경우를 대비하여 감전예방을 위한 보호
① 충전부의 절연에 의한 보호
② 격벽 또는 외함에 의한 보호
③ 장애물에 의한 보호
④ 손의 접근한계 외측 설치에 따른 보호
⑤ 누전차단기에 의한 추가 보호

11 ★★☆☆☆ (5점)
밴드를 이용한 애자 설치이다. 그림을 보고 ①, ②, ③, ④, ⑤ 명칭을 쓰시오.

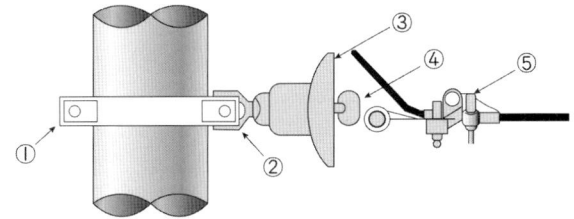

Answer

① 지선 밴드　② 볼 아이　③ 현수 애자
④ 소켓 아이　⑤ 데드 엔드 클램프

BEST
12 ★★★★★ (5점)
110/220[V] 단상 3선식 전력을 공급 받는 어느 수용가의 부하 연결이 아래 그림과 같을 경우 불평형률을 계산하시오(단, 소수점 이하 첫째 자리에서 반올림 할 것).

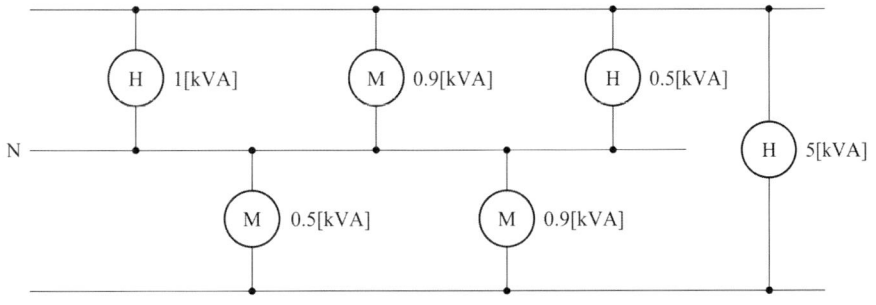

Answer

계산 : 설비 불평형률 $= \dfrac{(1+0.9+0.5)-(0.5+0.9)}{\dfrac{1}{2} \times (1+0.9+0.5+0.5+0.9+5)} \times 100 = 22.73[\%]$ 답 : 23[%]

Explanation

단상 3선식 설비 불평형률

설비 불평형률 $= \dfrac{\text{중성선과 각 전압측 선간에 접속되는 부하설비용량[kVA]의 차}}{\text{총 부하설비용량[kVA]의 }1/2} \times 100[\%]$

여기서, 불평형률은 40[%] 이하이어야 한다.

13 ★☆☆☆☆ (5점)
1차 전압 6,600[V], 2차 전압 220[V]인 단상 주상 변압기 용량이 15[kVA]이다. 이 변압기에서 공급하는 저압전선로 누설전류[mA]의 최대한도를 계산하시오.

• 계산 :   • 답 :

Answer

계산 : $I = \dfrac{P}{V} = \dfrac{15 \times 10^3}{220}$

누설전류 $= \dfrac{15 \times 10^3}{220} \times \dfrac{1}{2{,}000} \times 10^3 = 34[\text{mA}]$ 답 : 34[mA]

Explanation

(기술기준 제27조) 전로의 절연

저압전선로 중 절연 부분의 전선과 대지간 및 전선의 심선 상호간의 절연저항은 사용전압에 대한 누설 전류가 최대 공급전류의 $\dfrac{1}{2{,}000}$ 을 넘지 않도록 하여야한다.

14 ★★☆☆☆ (6점)
3상 3선식 380[V] 회로에 그림과 같이 2.2[kW], 7.5[kW], 50[kW]의 3상 전동기와 5[kW]의 3상 전열기가 접속되어 있다. 간선(I_a)의 허용전류[A]를 구하시오(단, 전동기의 평균역률은 75[%]이고, 소수점 셋째자리에서 반올림하여 둘째자리까지 구하시오).

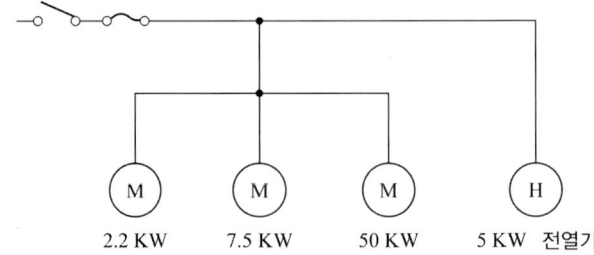

Answer

계산 : 전동기 정격 전류의 합 $\sum I_M = \dfrac{(2.2+7.5+50) \times 10^3}{\sqrt{3} \times 380 \times 0.75} = 120.94[\text{A}]$

전동기의 유효 전류 $I_r = 120.94 \times 0.75 = 90.71[\text{A}]$

전동기의 무효 전류 $I_q = 120.94 \times \sqrt{1-0.75^2} = 79.99[A]$

전열기 정격 전류의 합 $\sum I_H = \dfrac{5 \times 10^3}{\sqrt{3} \times 380 \times 1.0} = 7.6[A]$

전열기는 역률이 1이므로 유효분 전류만 있으며

회로의 설계전류 $I_B = \sqrt{(90.71+7.6)^2 + 79.99^2} = 126.74[A]$

간선의 허용전류 $I_B \leq I_n \leq I_Z$에서 $I_Z \geq 126.74[A]$

답 : 126.74[A]

Explanation

과부하전류에 대한 보호

① 도체와 과부하 보호장치 사이의 협조

과부하에 대해 케이블(전선)을 보호하는 장치의 동작 특성

- $I_B \leq I_n \leq I_Z$
- $I_2 \leq 1.45 \times I_Z$

여기서, I_B : 회로의 설계전류
I_Z : 케이블의 허용전류
I_n : 보호장치의 정격전류
I_2 : 보호장치가 규약시간 이내에 유효하게 동작하는 것을 보장하는 전류

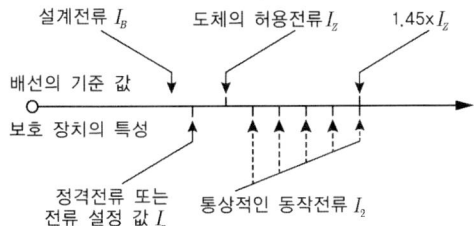

이 문제는 변경된 KEC 적용으로 인하여 삭제하고, 아래 예상문제로 대체되었습니다.

15 변압기의 고압·특고압측 전로 또는 사용전압이 35[kV] 이하의 특고압전로가 저압측 전로와 혼촉하고 저압전로의 대지전압이 150[V]를 초과하는 경우 1초를 넘고 2초 이내에 자동으로 차단하는 장치를 설치한 경우 지락전류가 10[A]이라면 변압기 중성점 접지저항 값은 얼마인가?

Answer

계산 : $R = \dfrac{300}{I_1} = \dfrac{300}{10} = 30[\Omega]$

답 : 30[Ω]

Explanation

(KEC 142.5조) 변압기 중성점 접지

① 변압기의 중성점접지 저항 값(변압기의 고압·특고압측)

가. 일반적 : $\dfrac{150}{I_1}$ 이하   여기서, I_1은 전로의 1선 지락전류

나. 변압기의 고압·특고압측 전로 또는 사용전압이 35[kV] 이하의 특고압전로가 저압측 전로와 혼촉하고 저압전로의 대지전압이 150[V]를 초과하는 경우

- 1초 초과 2초 이내에 자동으로 차단하는 장치를 설치 : $\dfrac{300}{I_1}$ 이하

• 1초 이내에 자동으로 차단하는 장치를 설치 : $\dfrac{600}{I_1}$ 이하

② 전로의 1선 지락전류 : 실측값 사용(단, 실측이 곤란한 경우 선로정수 등으로 계산한 값)

16 아래 ( )에 들어갈 것을 무엇이라 하는지 적으시오. (4점)

> 피뢰기에서 방전 현상이 실질적으로 끝난 후 계속하여 전력 계통에서 공급되어 피뢰기를 통해 대지로 흐르는 전류를 ( )라고 한다.

Answer

속류

Explanation

속류(기류)
피뢰기에서 방전 현상이 실질적으로 끝난 후 계속하여 전력 계통에서 공급되어 피뢰기를 통해 대지로 흐르는 전류

17 최근에 특고압 송전선이나 지중 송전선(cable)의 확장에 따라 전력 계통에 분로 리액터(shunt reactor)를 설치하고 있다. 설치 목적은? (5점)

Answer

페란티 현상 방지

Explanation

페란티 현상
선로의 경부하(무부하) 시 정전용량에 의해서 송전단 전압보다 수전단 전압이 높아지는 현상으로 장거리 선로와 지중 케이블 선로에서는 정전용량이 크기 때문에 특히 무부하 충전 시 문제가 발생되며 부하역률은 지상역률로 중부하시에는 전류가 전압보다 위상이 뒤지지만 지중전선로의 경부하나 가공전선로의 무부하 충전 시 진상전류가 흐르게 되는 현상으로 분로리액터를 대책으로 한다.

분로 리액터(Shunt Reactor)
분로 리액터는 페란티 현상을 방지하기 위하여 주요 변전소에 설치되며 지상전력 공급을 통하여 무효분을 조정한다.

18 ★☆☆☆☆ (20점)

다음 도면은 어느 수용가의 배수지 가압펌프장의 22.9[kV-Y] 전용 배전선로이다. 도면과 주어진 조건을 읽고 답하시오.

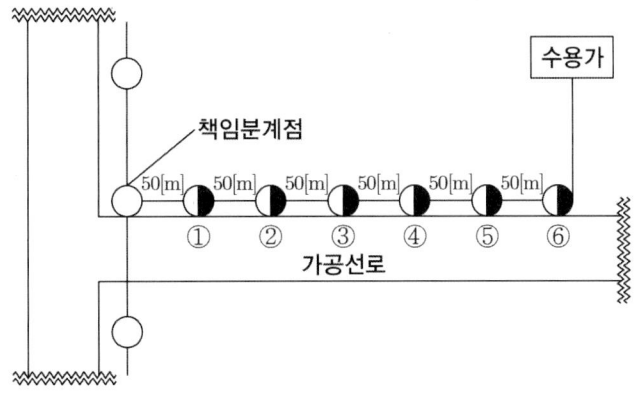

〈가공선로의 평면도〉

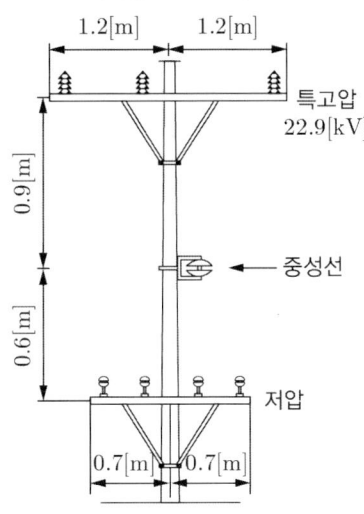

〈특고압 및 저압선 병가〉

【시설조건】
① 도면에 표시된 수치의 단위는 [m]이다.
② 책임분계점 전신주는 제외한다.
③ 전주는 길이 12[m] 콘크리트 전주이며, 전주 1개당 근가 1.2[m] 1개를 설치한다.
④ 애자는 22.9[kV] 핀애자, 저압용 핀애자를 사용한다.
⑤ 지선은 시설하지 않는다.
⑥ 배전선용 케이블은 ACSR 58[mm²] 1C×30이며, 중성선을 포함하지 않는다.

【재료 산출 조건】
① 중성선 케이블은 제외한다.
② 신설되는 배전선로는 책임분계점에서 전주 ⑥번까지 산출한다.
③ 자재 산출 시 자재할증은 없다. 도면의 물량만 계산하고 소수점 이하는 절상 한다.

【공량 산출 조건】
① 재료 할증은 공량 산정 시 적용하지 않는다.
② 계산 시 소수점 이하 모두 계산하고 합계 인공 계산 시 소수점 셋째자리 이하는 절사한다.
③ 주어진 품셈표의 조건으로만 적용한다.

콘크리트 전주 인력 세움 (단위 : 본)

규격	배전 전공	보통 인부
8[m] 이하	0.89	1.01
10[m] 이하	1.10	1.39
12[m] 이하	1.52	1.6
14[m] 이하	1.95	2.29
16[m] 이하	2.70	2.76

[해설]
① 전주 길이의 1/6을 묻는 기준이며, 계단식터파기, 되메우기 포함, 암반터파기는 별도 계상
② 근가 1본 포함, 1본 추가마다 10[%] 가산
③ 지주공사는 전주 세움공사 적용
④ 주입목주는 콘크리트전주의 50[%], 불주입목주는 콘크리트전주의 40[%]
⑤ H주 세움 200[%], A주 세움 160[%]
⑥ 3각주 세움 300[%], 4각주 세움 400[%]
⑦ 불량품 파괴처리 시 규격별 보통인부 품의 60[%](현장 정리품 포함)
⑧ 기존 전주에 전주를 높이는 데 사용되는 계주용 강판주는 본당 배전전공 0.12인, 보통인부 0.12인 계상, 강판주 철거 50[%], 이설 150[%]
⑨ 경사전주 건기 30[%], 이설 180[%], 철거 50[%], 재사용 철거 80[%]

배전용 애자 설치 (단위 : 개)

종별	배전 전공	보통 인부
라인포스트 애자	0.046	0.046
현수 애자	0.032	0.032
내오손 결합 애자	0.025	0.025
저압용 인류 애자	0.02	−

[해설]
① 애자 교체 150[%]
② 애자 닦기

(가) 주상(탑상) 손닦기 : 애자품의 50[%]
(나) 주상(탑상) 기계닦기 : 기계손료만 계상(인건비 포함)
(다) 발췌 손닦기는 애자품의 170[%]
③ 특고압핀애자는 라인포스트애자에 준함
④ 철거 50[%], 재사용 철거 80[%]
⑤ 동일 장소에 추가 1개마다 기본품의 45[%] 적용
⑥ 저압용 한쪽당김애자 지상조립 75[%] (공용설치 과다 개소, 수목접촉 개소, 공간협소 개소 등 지장물 및 안전위해요소로 지상조립이 불가능한 경우 제외)

(1) 다음 수량을 계산하시오(단, 케이블 물량 계산 시 중성선 케이블 제외).

품명	규격	단위	산출수량
배전선용 케이블(ACSR)	ACSR 58[mm²]	m	①
저압 핀애자	–	개	②
완금	90×90×2,400[mm]	개	③
암타이	900[mm]	개	④

(2) 신설되는 전주의 세움공사 인공(배전전공, 보통인부)을 계산하시오.
- 계산 :
- 답 :

(3) 특고압 애자의 인공(배전전공, 보통인부)을 계산하시오(단, 중성선 애자 제외).
- 계산 :
- 답 :

(4) 도면의 전신주에서 발판못의 지표상 최소 높이와 내선규정에 의한 일반장소에서 전신주의 땅에 묻히는 최소 깊이를 적으시오.
- 발판못의 최소 높이 :
- 전신주의 근입 깊이 :

Answer

(1) ① 계산 : $50 \times 6 \times 3 - 900$[m]

　　　　　　　　　　　　　　　　　　　　　　　　답 : 900[m]

② 계산 : $4 \times 6 = 24$[개]

　　　　　　　　　　　　　　　　　　　　　　　　답 : 24[개]

③ 계산 : $1 \times 6 = 6$[개]

　　　　　　　　　　　　　　　　　　　　　　　　답 : 6[개]

④ 계산 : $2 \times 6 = 12$[개]

　　　　　　　　　　　　　　　　　　　　　　　　답 : 12[개]

(2) 계산 : 배전전공 : $1.52 \times 6 = 9.12$[인]

　　　　　　　　　　　　　　　　　　　　　　　　답 : 9.12[인]

　　　　　보통인부 : $1.6 \times 6 = 9.6$[인]

　　　　　　　　　　　　　　　　　　　　　　　　답 : 9.6[인]

(3) 계산 : 배전전공 : $0.046 \times (1 + 0.45 + 0.45) \times 6 = 0.524$[인]

보통인부 : $0.046 \times (1+0.45+0.45) \times 6 = 0.524$[인]

답 : 0.524[인]

답 : 0.524[인]

(4) 발판못의 최소 높이 : 1.8[m]
전신주의 근입 깊이 : 2[m]

Explanation

(1) 자재 수량
※ 자재 산출 시 자재할증은 없는 것으로 도면의 물량만 계산하고 소수점 이하는 절상
① 배전선용 케이블(ACSR) : 50[m]×6×3가닥=900[m]
(배전선용 케이블은 ACSR 58[㎟] 1C×3이며, 중성선을 포함하지 않는다.)
② 저압 핀애자 : 4×6=24[개]
(저압 핀애자는 중성선용 1개 + 각 전주마다 3개)
③ 완금 : 1×6=6[개](완금은 각 전주마다 1개)
④ 암타이 : 2×6=12[개](암타이는 각 전주마다 2개)

(2) 콘크리트 전주 세우기
배전전공 : 1.52×6=9.12[인]
보통인부 : 1.6×6=9.6[인]

콘크리트 전주 인력 세움 (단위 : 본)

규격	배전 전공	보통 인부
8[m] 이하	0.89	1.01
10[m] 이하	1.10	1.39
12[m] 이하	1.52	1.6
14[m] 이하	1.95	2.29
16[m] 이하	2.70	2.76

[해설]
① 전주 길이의 1/6을 묻는 기준이며, 계단식터파기, 되메우기 포함, 암반터파기는 별도 계상
② 근가 1본 포함, 1본 추가마다 10[%] 가산
③ 지주공사는 전주 세움공사 적용
④ 주입목주는 콘크리트전주의 50[%], 불주입목주는 콘크리트전주의 40[%]

(3) 특고압 애자의 인공(중성선 애자 제외, 계산 시 소수점 셋째자리 이하 절사)
배전전공 : $0.046 \times (1+0.45+0.45) \times 6 = 0.524$[인]
보통인부 : $0.046 \times (1+0.45+0.45) \times 6 = 0.524$[인]

배전용 애자 설치 (단위 : 개)

종별	배전 전공	보통 인부
라인포스트 애자	0.046	0.046
현수 애자	0.032	0.032
내오손 결합 애자	0.025	0.025
저압용 인류 애자	0.02	-

[해설]
① 애자 교체 150[%]
② 애자 닦기
  (가) 주상(탑상) 손닦기 : 애자품의 50[%]
  (나) 주상(탑상) 기계닦기 : 기계손료만 계상(인건비 포함)

(다) 발췌 손닦기는 애자품의 170[%]
③ 특고압핀애자는 라인포스트애자에 준함
④ 철거 50[%], 재사용 철거 80[%]
⑤ 동일 장소에 추가 1개마다 기본품의 45[%] 적용

(4) 발판못의 최소 높이와 전신주의 근입 깊이

(KEC 331.4) 가공전선로 지지물의 철탑오름 및 전주오름 방지

가공전선로의 지지물에 취급자가 오르고 내리는 데 사용하는 발판 볼트 등을 지표상 1.8[m] 미만에 시설하여서는 아니 된다.

(KEC 331.7) 가공전선로 지지물의 기초의 안전율

가공전선로의 지지물에 하중이 가하여지는 경우에 그 하중을 받는 지지물의 기초의 안전율은 2(333.14의 1에 규정하는 이상 시 상정하중이 가하여지는 경우의 그 이상 시 상정하중에 대한 철탑의 기초에 대하여는 1.33) 이상이어야 한다. 다만, 다음에 따라 시설하는 경우에는 적용하지 않는다.

가. 강관을 주체로 하는 철주(이하 "강관주" 라 한다.) 또는 철근 콘크리트주로서 그 전체 길이가 16[m] 이하, 설계하중이 6.8[kN] 이하인 것 또는 목주를 다음에 의하여 시설하는 경우
  (1) 전체의 길이가 15[m] 이하인 경우는 땅에 묻히는 깊이를 전체 길이의 6분의 1 이상으로 할 것
  (2) 전체의 길이가 15[m]를 초과하는 경우는 땅에 묻히는 깊이를 2.5 m 이상으로 할 것
  (3) 논이나 그 밖의 지반이 연약한 곳에서는 견고한 근가(根架)를 시설할 것

2020년 전기공사산업기사 실기

BEST 01 ★★★★★ (4점)

가공전선로에 적용하는 애자의 종류 4가지만 쓰시오.

Answer

핀애자, 현수애자, 라인포스트 애자, 인류애자

Explanation

- 핀 애자 : 직선 선로에 사용
- 현수애자 : 인류 및 내장 개소에 사용
- 라인포스트 애자 : 연가용 철탑 등에서 점퍼선 지지
- 인류 애자 : 인류 개소 및 배전선로의 중성선

02 ★★☆☆☆ (6점)

다음의 설명에 맞는 배전자재의 명칭을 쓰시오.

(1) 주상변압기를 전주에 설치하기 위해 사용하는 밴드
(2) 전주에 암타이 또는 랙크를 설치하기 위한 것으로 1방, 2방, 소형 1방, 소형 2방이 사용되는 밴드
(3) 저압선로 ACSR 사용 시 접지 측 중성선 인류개소에 랙크와 클램프 연결 시 사용하는 금구

Answer

(1) 행거밴드
(2) 암타이 및 랙밴드
(3) 인류스트랍

Explanation

밴드의 종류
- 행거밴드 : 주상변압기를 전주에 설치하기 위해 사용되는 밴드
- 암타이 밴드 : 전주에 각암타이를 설치하기 위하여 사용되는 밴드
- 랙밴드 : 전주에 랙을 설치하기 위하여 사용되는 밴드
- 인류스트랍 : 저압인류애자와 조합하여 다중접지계통의 Al 중성선(인류 및 내장개소)에 사용

03 (6점)

접지판 X와 보조접지극 상호간의 저항을 측정한 값이 그림과 같다면 G_a, G_b, G_c의 접지저항값은 각각 몇 [Ω]인지 계산하시오.

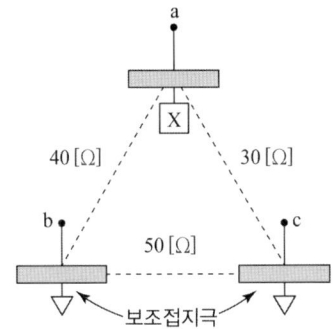

(1) G_a
  • 계산 :   • 답 :
(2) G_b
  • 계산 :   • 답 :
(3) G_c
  • 계산 :   • 답 :

Answer

(1) G_a

계산 : $G_a + G_b = G_{ab} = 40[\Omega]$ ……… ①
$G_b + G_c = G_{bc} = 50[\Omega]$ ……… ②
$G_c + G_a = G_{ca} = 30[\Omega]$ ……… ③
여기서, ①+②+③
$2(G_a + G_b + G_c) = G_{ab} + G_{bc} + G_{ca} = 40 + 50 + 30 = 120[\Omega]$
$G_a + G_b + G_c = 60[\Omega]$
$G_a = 60 - (G_b + G_c) = 60 - G_{bc} = 60 - 50 = 10[\Omega]$ 답 : 10[Ω]

(2) G_b

계산 : $G_b = 60 - (G_a + G_c) = 60 - G_{ca} = 60 - 30 = 30[\Omega]$ 답 : 30[Ω]

(3) G_c

계산 : $G_c = 60 - (G_a + G_b) = 60 - G_{ab} = 60 - 40 = 20[\Omega]$ 답 : 20[Ω]

Explanation

콜라우시 브리지법을 이용하면 문제에서
• $G_a + G_b = G_{ab} = 40$ …… ①
• $G_b + G_c = G_{bc} = 50$ …… ②
• $G_c + G_a = G_{ca} = 30$ …… ③

여기서, ①+②+③

$2(G_a + G_b + G_c) = G_{ab} + G_{bc} + G_{ca} = 40 + 50 + 30 = 120[\Omega]$

$G_a + G_b + G_c = 60$

- $G_a = 60 - (G_b + G_c) = 60 - G_{bc} = 60 - 50 = 10[\Omega]$
- $G_b = 60 - (G_a + G_c) = 60 - G_{ca} = 60 - 30 = 30[\Omega]$
- $G_c = 60 - (G_a + G_b) = 60 - G_{ab} = 60 - 40 = 20[\Omega]$

04 ★★★★☆ (4점)

최대 전류 40[A]의 특고압 수전의 변류기가 60/5[A]로 되어 있다. 최대 전류의 1.2배에서 차단기가 동작되는 경우 과전류 계전기의 전류를 구하고 전류 탭을 선정하시오. 단, 과전류 계전기의 전류 탭은 4[A], 5[A], 6[A], 7[A], 8[A], 10[A], 12[A]로 되어 있다.

- 계산 :
- 답 :

Answer

계산 : $I_t = 40 \times \dfrac{5}{60} \times 1.2 = 4[A]$

답 : 4[A]

Explanation

과전류 계전기의 전류탭

OCR tap = 1차 전류 × $\dfrac{1}{CT비}$ × 탭 정정배수

BEST 05 ★★★★★ (5점)

바닥 면적 200[m²]의 사무실에 전광속 2,500[lm]의 36[W] 형광등을 시설하여 평균 조도를 150[lx]로 하자면 설치할 등수는 몇 등인가? 단, 조명률은 50[%], 감광 보상률은 1.25이다.

- 계산 :   • 답 :

Answer

계산 : 전등수 $N = \dfrac{ESD}{FU} = \dfrac{150 \times 200 \times 1.25}{2,500 \times 0.5} = 30[등]$

답 : 30[등]

Explanation

조명계산

$FUN = ESD$

여기서, F[lm] : 광속, U[%] : 조명률, N[등] : 등수, E[lx] : 조도, S[m²] : 면적

$D = \dfrac{1}{M}$: 감광보상률 = $\dfrac{1}{보수율}$

06 비접지 방식에서 GPT를 사용하여 SGR을 작동시키는 데 필요한 유효전류를 발생키시고, Open Delta 결선의 각 상의 전압에서 제3고조파 전압의 발생을 방지하여 중성점 이상 전위 진동 및 중성점 불안정 현상 등의 이상 현상 제거를 위해 GPT의 Open delta에 부착하는 기기를 적으시오. (5점)

Answer

한류저항기

Explanation

한류저항기(CLR)
① 비접지 방식에서 GPT를 사용하고 SGR을 동작시키는 데 필요한 유효전류를 발생
② open delta 결선의 각 상의 제3고조파 전압 발생을 방지
③ 중성점 이상 전위 진동 및 중성점 불안정 현상 등의 이상현상을 제거

07 견적 순서를 발주자 및 수주자 입장에서 작성해 보면 다음의 흐름도와 같다. 빈간 ①~⑤에 알맞은 답을 써 넣으시오. (10점)

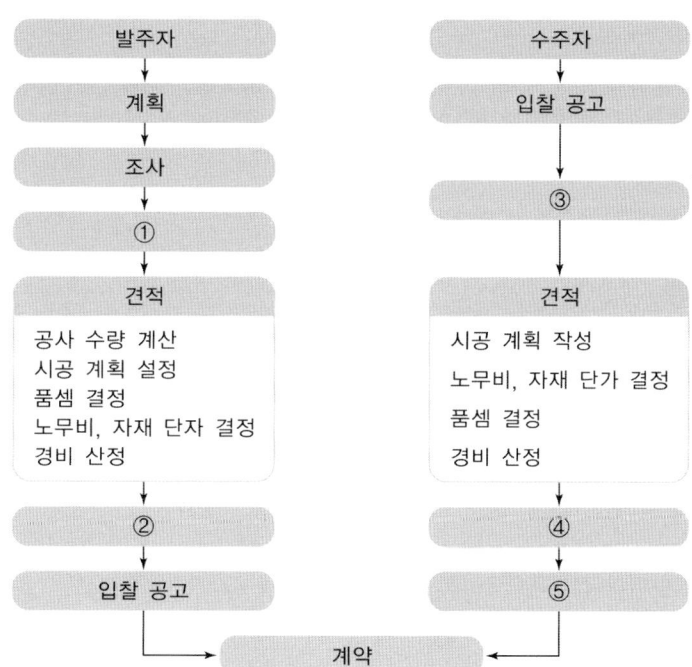

Answer

① 설계   ② 예정가격 결정   ③ 현장 설명   ④ 견적가 결정   ⑤ 입찰

Explanation

견적 순서

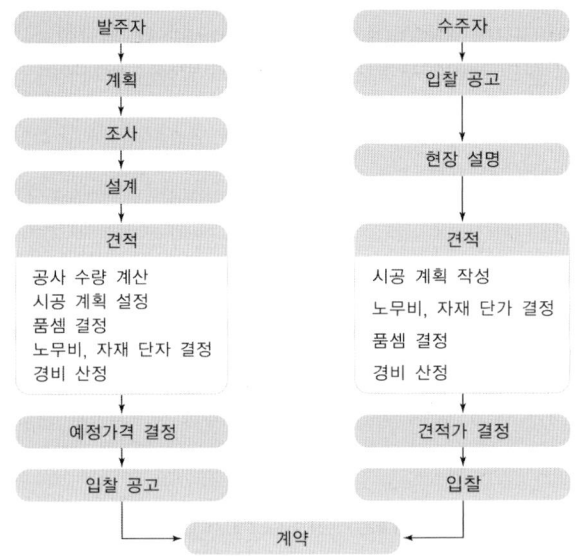

08 (5점)
항공기가 송전 철탑에 충돌하는 것을 방지하기 위해 항공장애등을 설치하여야 한다. 철탑의 높이가 지표 또는 수면으로부터 몇 [m] 이상일 때부터 철탑에 항공장애등을 설치하여야 하는지 적으시오.

Answer

60[m]

Explanation

항공표시구 및 항공장애표시등 취부
가공송전선로의 경우 가선공사가 완료되면 철탑높이 60[m] 이상인 철탑에 대하여 항공법에 의거 항공표시구를 가공지선에 취부하고, 항공장애등은 철탑 높이 및 비행구역에 따라 고광도, 중광도, 저광도 항공장애표시등을 취부 한다. 또한, 항공표시 철탑도장도 항공법에 따라 적색, 백색을 번갈아 철탑전체 또는 철탑 상부만 도장한다.

09 (3점)
내선규정에 따라 접지극으로 사용할 수 있는 것을 3가지만 적으시오

Answer

동판, 동봉, 철관

Explanation

(내선규정 1445-7조) 접지극
매설 또는 타입(打込)식 접지극은 동판, 동봉, 철관, 철봉, 동복강판(銅覆鋼板), 탄소피복강 봉, 탄소 접지모듈 등을 사용하고 이들을 가급적 물기가 있는 장소와 가스, 산(酸) 등으로 인하여 부식될 우려가 없는 장소를 선정하여 지중에 매설하거나 타입하여야 한다.

10 접지의 분류에서 아래 그림과 같은 접지공사방법의 명칭을 적으시오. (4점)

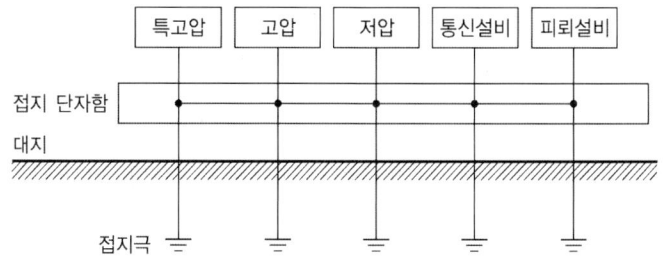

Answer

통합접지

Explanation

(KEC 142.6) 통합접지

전기설비의 접지계통 · 건축물의 피뢰설비 · 전자통신설비 등의 접지극을 공용
낙뢰에 의한 과전압 등으로부터 전기전자기기 등을 보호하기 위해 서지보호장치 설치

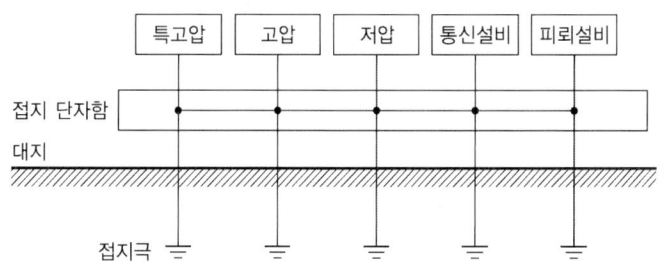

11 다음 빈칸에 들어갈 내용을 적으시오. (3점)

발전소에서 상주 감시를 요하지 않는 경우라도 발전기 용량이 (　　)[kVA]를 넘는 경우에는 발전기의 내부에 고장이 발생했을 때 발전기를 전로에서 자동적으로 차단하는 장치가 필요하다. 단, 발전소는 비상용 예비 전원을 얻을 목적으로 시설한 것이 아니다.

Answer

2,000

Explanation

(KEC 351.8조) 상주 감시를 하지 아니하는 발전소의 시설

비상용 예비 전원을 얻을 목적으로 시설하는 것 이외에는 다음과 같은 경우 발전기를 전로에서 자동적으로 차단하는 장치를 시설해야 한다.
① 원동기 제어용 압유장치의 유압, 압축 공기장치의 공기압 또는 전동 제어 장치의 전원 전압이 현저히 저하한 경우
② 원동기의 회전속도가 현저히 상승한 경우

③ 발전기에 과전류가 생긴 경우
④ 정격 출력 500[kW] 이상의 원동기 또는 그 발전기의 베어링의 온도가 현저히 상승한 경우
⑤ 용량이 2,000[kVA] 이상의 발전기의 내부에 고장이 생긴 경우
⑥ 내연기관의 냉각수 온도가 현저히 상승한 경우 또는 냉각수 공급이 중지된 경우
⑦ 내연기관의 윤활유 압력이 현저히 저하한 경우
⑧ 내연력 발전소의 제어회로 전압이 현저히 저하한 경우
⑨ 시가지 그밖에 인가 밀집지역에 시설하는 정격 출력 10[kW] 이상의 풍차의 베어링 또는 그 부근의 축에서 회전 중에 발생하는 진동의 진폭이 현저히 증대된 경우

12 (3점)

지지물의 형태에 따라 철구형과 철탑형, 수평 배치형과 수직 배치형으로 구분되어지는 것으로 지중 케이블과 가공선로를 연결하거나 지중케이블과 변전소 구내에서 인출되는 송전선로를 연결하기 위한 설비의 명칭을 적으시오.

Answer

케이블 헤드

Explanation

케이블헤드
지중 케이블과 가공선로를 연결하거나 지중케이블과 변전소 구내에서 인출되는 송전선로를 연결
종류 : 철구형, 철탑형, 강관주형, 옥내형

13 (3점)

다음 빈칸에 들어갈 내용을 적으시오.

> 방전등에서 방전은 크게 아크(arc)방전과 비교적 저기압에서 방전 전류가 적은 경우에 발생하는 ( )방전으로 분류할 수 있다.

Answer

글로우 방전

Explanation

방전 특성
일반적인 조명광원에 이용되는 방전형식 : 글로우(glow)방전, 아크방전
글로우(glow) 방전 : 비교적 저기압 중에서 방전전류가 작은 경우에 발생

14 이 문제는 변경된 KEC 적용으로 인하여 삭제하고, 아래 예상문제로 대체되었습니다.

변압기의 고압·특고압측 전로 또는 사용전압이 35[kV] 이하의 특고압전로가 저압측 전로와 혼촉하고 저압전로의 대지전압이 150[V] 이하인 경우 1선 지락전류가 30[A]이라면 변압기 중성점 접지저항 값은 얼마인가?

- 계산 :
- 답 :

Answer

계산 : $R = \dfrac{150}{I_1} = \dfrac{150}{30} = 5[\Omega]$ 답 : 5[Ω]

Explanation

(KEC 142.5조) 변압기 중성점 접지

① 변압기의 중성점접지 저항 값(변압기의 고압·특고압측)

가. 일반적 : $\dfrac{150}{I_1}$ 이하   여기서, I_1은 전로의 1선 지락전류

나. 변압기의 고압·특고압측 전로 또는 사용전압이 35[kV] 이하의 특고압전로가 저압측 전로와 혼촉하고 저압전로의 대지전압이 150[V]를 초과하는 경우

- 1초 초과 2초 이내에 자동으로 차단하는 장치를 설치 : $\dfrac{300}{I_1}$ 이하
- 1초 이내에 자동으로 차단하는 장치를 설치 : $\dfrac{600}{I_1}$ 이하

② 전로의 1선 지락전류 : 실측값 사용(단, 실측이 곤란한 경우 선로정수 등으로 계산한 값)

BEST 15 ★★★★★ (5점)

전원 공급점에서 40[m]의 지점에 60[A], 45[m]의 지점에 50[A], 60[m]의 지점에 30[A]의 부하가 걸려 있을 때 부하 중심까지의 거리는 몇 [m]인지 계산하여라.

- 계산 :
- 답 :

Answer

계산 : 직선 부하에서의 부하 중심점까지의 거리

$$L = \dfrac{L_1I_1 + L_2I_2 + L_3I_3}{I_1 + I_2 + I_3} = \dfrac{40 \times 60 + 45 \times 50 + 60 \times 30}{60 + 50 + 30} = 46.07[\text{m}]$$

답 : 46.07[m]

Explanation

직선부하의 부하 중심점까지의 거리

$$L = \dfrac{L_1I_1 + L_2I_2 + L_3I_3 + \cdots}{I_1 + I_2 + I_3 + \cdots}$$

16 ★★☆☆☆ (4점)

22.9[kV-Y]의 특고압 수전설비 결선도에서 CB 1차측에 CT를, CB 2차측에 PT를 시설하는 경우에 대한 설명이다. 빈칸에 알맞은 용어를 적으시오.

(1) 차단기의 트립 전원은 직류 또는 (①)이(가) 바람직하며, 66[kV] 이상의 수전설비는 (②)이어야 한다.

(2) 지중인입선의 경우에 22.9kV-Y 계통은 (③)케이블 또는 TR CNCV-W(트리억제형)을 사용하여야 한다. 단, 전력구 공동구 덕트 건물구내 등 화재의 우려가 있는 장소에는 (④)케이블을 사용하는 것이 바람직하다.

Answer

① 콘덴서(CTD)   ② 직류(DC)
③ CNCV-W 케이블(수밀형)   ④ FR-CNCO-W(난연) 케이블

Explanation

특고압 수전설비 표준결선도(CB 1차 측에 CT를, CB 2차 측에 PT를 시설하는 경우)

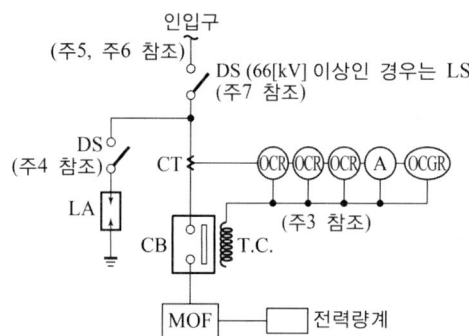
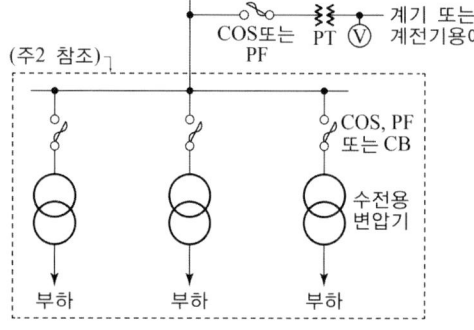

약호	명칭
DS	단로기
LA	피뢰기
CT	변류기
CB	차단기
TC	트립코일
OCR	과전류 계전기
GR	지락 계전기
MOF	전력 수급용 계기용 변성기
COS	컷아웃 스위치
PF	전력 퓨즈
PT	계기용 변압기

[주1] 22.9[kV-Y] 1,000[kVA] 이하인 경우에는 특고압 간이 수전설비 결선도에 의할 수 있다.
[주2] 결선도 중 점선 내의 부분은 참고용 예시이다.
[주3] 차단기의 트립 전원은 직류(DC) 또는 콘덴서 방식(CTD)이 바람직하며 66[kV] 이상의 수전설비에는 직류(DC)이어야 한다.
[주4] LA용 DS는 생략할 수 있으며 22.9[kV-Y]용의 LA는 Disconnector(또는 Isolator) 붙임형을 사용하여야 한다.
[주5] 인입선을 지중선으로 시설하는 경우로서 공동 주택 등 사고시 정전 피해가 큰 수전설비 인입선은 예비선을 포함하여 2회선으로 시설하는 것이 바람직하다.
[주6] 지중인입선의 경우에 22.9[kV-Y] 계통은 CNCV-W 케이블(수밀형) 또는 TR CNCV-W(트리억제형)을 사용하여야 한다. 다만, 전력구·공동구·덕트·건물 구내 등 화재의 우려가 있는 장소에서는 FR-CNCO-W(난연) 케이블을 사용하는 것이 바람직하다.
[주7] DS 대신 자동고장구분 개폐기(7,000[kVA] 초과 시에는 Sectionalizer)를 사용할 수 있으며 66[kV] 이상의 경우는 LS를 사용하여야 한다.

17. 그림 기호는 콘센트 종류를 표시한 것이다. 어떤 종류를 표시한 것인가 답하시오. (5점)

(1) ⏺LK (2) ⏺T (3) ⏺E
(4) ⏺EL (5) ⏺WP

Answer

(1) ⏺LK : 빠짐방지형
(2) ⏺T : 걸림형
(3) ⏺E : 접지극붙이
(4) ⏺EL : 누전차단기붙이
(5) ⏺WP : 방수형

Explanation

(KS C 0301) 옥내배선용 그림기호 콘센트

명칭	그림기호	적요

콘센트	⏺	① 천장에 부착하는 경우는 다음과 같다.
		② 바닥에 부착하는 경우는 다음과 같다.
		③ 용량의 표시방법은 다음과 같다.
		  a. 15[A]는 방기하지 않는다.
		  b. 20[A] 이상은 암페어 수를 표기한다.
		  [보기] ⏺20A
		④ 2구 이상인 경우는 구수를 표기한다.
		  [보기] ⏺2
		⑤ 3극 이상인 것은 극수를 표기한다.
		  [보기] ⏺3P
		⑥ 종류를 표시하는 경우는 다음과 같다.
		  빠짐방지형 ⏺LK
		  걸림형 ⏺T
		  접지극붙이 ⏺E
		  접지단자붙이 ⏺ET
		  누전차단기붙이 ⏺EL
		⑦ 방수형은 WP를 표기한다. ⏺WP
		⑧ 방폭형은 EX를 표기한다. ⏺EX
		⑨ 의료용은 H를 표기한다. ⏺H

18 ★☆☆☆☆ (20점)

아래 도면은 어느 수용가의 22.9[kV-Y] 전용 배선도이다. 주어진 주건을 읽고 답하시오.

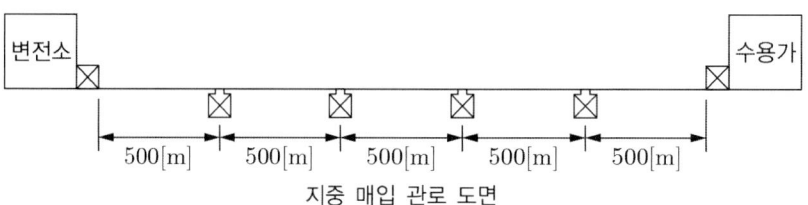

지중 매입 관로 도면

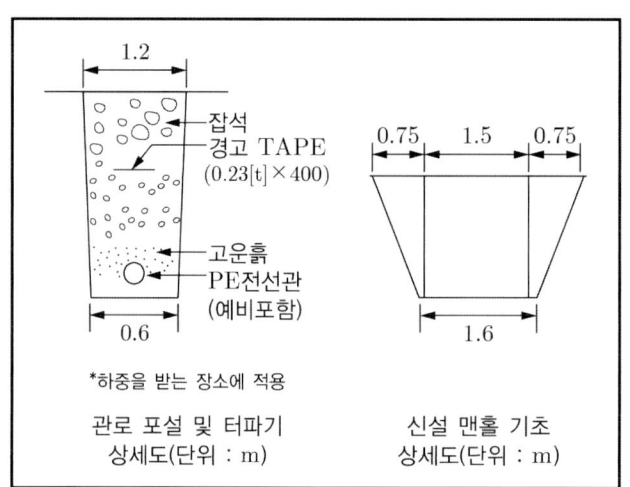

관로 포설 및 터파기
상세도(단위 : m)

신설 맨홀 기초
상세도(단위 : m)

【시설조건】
① 지중 매설은 중량물의 압력을 받는 장소로 파상형 폴리에틸렌 전선관(ELP) 100[mm]에 지중 매입 배관공사를 한다.
② 한전변전소 맨홀에서 수용가 맨홀까지 22.9[kV] 인입관로에 CNCV-W케이블 1심 95[mm²]×3조로 배선한다.
③ 변전소 인출구 맨홀부터 수용가 인입구 맨홀까지 4개의 맨홀을 신설하며 맨홀은 조립식 맨홀(MS Type)이며 크레인 사용 기준이다. 또한, 맨홀의 규격은 1.5[m]×1.5[m]×1.5[m]이다.
④ 줄기초 터파기와 맨홀 터파기 치수는 도면의 치수로 한다.
⑤ 관로 매입공사는 중량물의 압력을 받는 장소로서 시설 시 최소한의 깊이로 시설하며 기타 조건은 무시한다.

【재료 산출 조건】
① 관로는 변전소 인출구 맨홀부터 수용가 인입구 맨홀까지만 산출한다.
② 케이블은 변전소 인출구 맨홀과 수용가 인입구 맨홀 내 수량은 산출하지 않는다.
③ 자재 산출 시 자재할증 없이 도면의 물량만 계산하고 소수점 이하는 절상한다.
④ 터파기는 도면 기준으로 관로 및 맨홀 도면의 물량만 계산하고 소수점 이하는 절상한다.
⑤ 접지도체는 개별 접지방식으로 산출하지 않는다.

【공량 산출 조건】
① 재료 할증은 공량 산정 시 적용하지 않는다.
② 소수점 이하 둘째자리까지 계산한다.
③ 주어진 품셈표의 조건으로만 적용한다.

조립식 맨홀 및 기기 기초대 설치 (단위 : 조당)

종 별	비계공	특별인부	작업반장	줄눈공	장비사용시간[Hr]			
					5톤	10톤	30톤	50톤
기기 기초대, 통신용 핸드홀	0.53	0.80	0.28	0.03	2.33			
핸드홀	0.53	0.80	0.28	0.03		2.28		
맨홀(MS-4, MS-6)	0.64	0.99	0.34	0.05			2.80	
맨홀(MB-6, MC-6, ME-6)	0.93	1.42	0.49	0.07				4.04

[해설]
① 본 품은 바닥 정지, 설치 및 관로구 설치품 포함
② 터파기, 기초 잡석 및 콘크리트 되메우기, 잔토처리 및 접지공사품은 별도 계상
③ 장비는 크레인 사용기준으로 장비사용료 별도 계상

(1) 파상형 폴리에틸렌 전선관 물량을 계산하시오.
  • 계산 :
  • 답 :
(2) 매입관로와 맨홀의 터파기 물량을 각각 계산하시오.
  ① 매입관로
    • 계산 :
    • 답 :
  ② 맨홀
    • 계산 :
    • 답 :
(3) 케이블(CNCV-W) 수량을 계산하시오.
  • 계산 :
  • 답 :
(4) 신설 맨홀 설치 인공을 산출하시오.
  ① 특별인부
    • 계산 :
    • 답 :
  ② 작업반장
    • 계산 :
    • 답 :

Answer

(1) 계산 : 500×5=2,500[m]

답 : 2,500[m]

(2) ① 계산 : $\dfrac{1.2+0.6}{2} \times 1 \times 2,500 = 2,250[\text{m}^3]$

답 : 2,250[m³]

② 계산 : $\dfrac{1.5}{3} \times (2.56 + \sqrt{2.56 \times 9} + 9) \times 4 = 32.72[\text{m}^3]$

답 : 32.72[m³]

(3) 계산 : 500×5×3=7,500[m]

답 : 7,500[m]

(4) ① 계산 : 4×0.99=3.96[인]

답 : 3.96[인]

② 계산 : 4×0.34=1.36[인]

답 : 1.36[인]

Explanation

(1) 파상형 폴리에틸렌 전선관 물량(맨홀간격 500[m]×5)
500×5=2,500[m]

(2) 매입관로와 맨홀의 터파기 물량(중량물의 압력을 받는 장소로서 시설 시 최소한의 깊이로 시설)

(KEC 334.1) 지중전선로의 시설

관로식에 의하여 시설하는 경우에는 매설 깊이를 1.0[m] 이상으로 하되, 매설 깊이가 충분하지 못한 장소에는 견고하고 차량 기타 중량물의 압력에 견디는 것을 사용할 것. 다만 중량물의 압력을 받을 우려가 없는 곳은 0.6[m] 이상으로 한다.

- 가로등용(독립기초파기) 터파기량

$$V_0 = \dfrac{H}{3}(A_1 + \sqrt{A_1 A_2} + A_2)$$

여기서, $A_1 = 1.6 \times 1.6 = 2.56[\text{m}^2]$

$A_2 = 3 \times 3 = 9[\text{m}^2]$

(3) 케이블(CNCV-W) 수량(3조)
500×5×3=7,500[m]

(4) 신설 맨홀 설치 인공
조립식 맨홀 및 기기 기초대 설치

(단위 : 조당)

종별	비계공	특별인부	작업반장	줄눈공	장비사용시간[Hr]			
					5톤	10톤	30톤	50톤
기기 기초대, 통신용 핸드홀	0.53	0.80	0.28	0.03	2.33			
핸드홀	0.53	0.80	0.28	0.03		2.28		
맨홀(MS-4, MS-6)	0.64	0.99	0.34	0.05			2.80	
맨홀(MB-6, MC-6, ME-6)	0.93	1.42	0.49	0.07				4.04

[해설]
① 본 품은 바닥 정지, 설치 및 관로구 설치품 포함
② 터파기, 기초 잡석 및 콘크리트 되메우기, 잔토처리 및 접지공사품은 별도 계상
③ 장비는 크레인 사용기준으로 장비사용료 별도 계상

4회 2020년 전기공사산업기사 실기

01 ★★★☆☆ (5점)

그림과 같이 지선을 가설하여 전주에 가해진 수평 장력 800[kg]을 지지하고자 한다. 4[mm] 철선을 지선으로 사용한다면 몇 가닥으로 하면 되는지 구하시오. 단, 4[mm] 철선 1가닥의 인장 하중은 440[kg]으로 하고 안전율은 2.5이다.

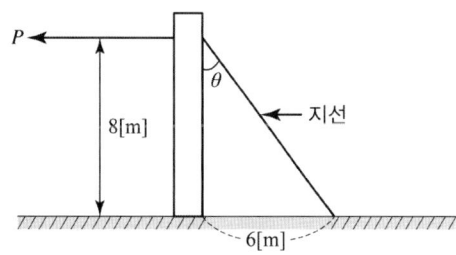

• 계산 : • 답 :

Answer

계산 : $\sin\theta = \dfrac{6}{\sqrt{8^2+6^2}} = \dfrac{6}{10}$

$T_0 = \dfrac{800}{\dfrac{6}{10}} = \dfrac{10}{6} \times 800 = 1,333.33 [\text{kg}] = \dfrac{440 \times n}{2.5}$

$\therefore\ n = \dfrac{1,333.33 \times 2.5}{440} = 7.58$

답 : 8가닥

Explanation

• 지선의 장력(T_0) $= \dfrac{T}{\cos\theta} = \dfrac{\text{소선 1가닥의 인장 강도} \times \text{소선수}}{\text{안전율}}$

 여기서, T는 수평장력

 문제에서 $\sin\theta = \dfrac{6}{\sqrt{8^2+6^2}} = 0.6$이며 θ의 위치 때문에 sin으로 구한 것임

 여기서, 전선의 가닥수는 무조건 절상

02 다음은 배열에 따른 장주의 형태를 나타낸 것이다. 각 장주의 명칭을 적으시오. (5점)

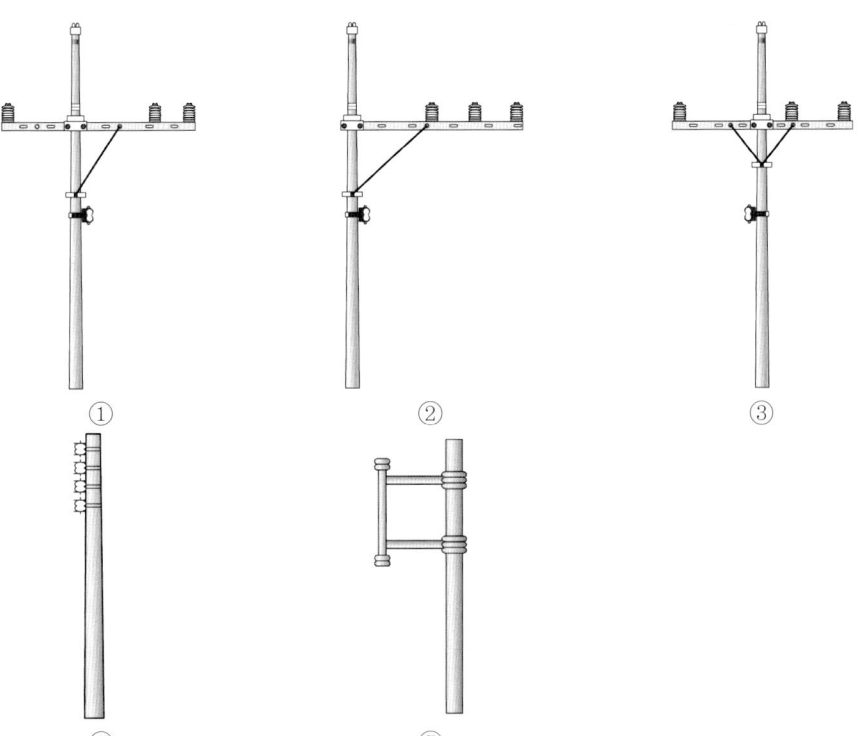

Answer

① 창출장주 ② 편출장주 ③ 보통장주
④ 저압래크장주 ⑤ 편출용 D형 래크장주

Explanation

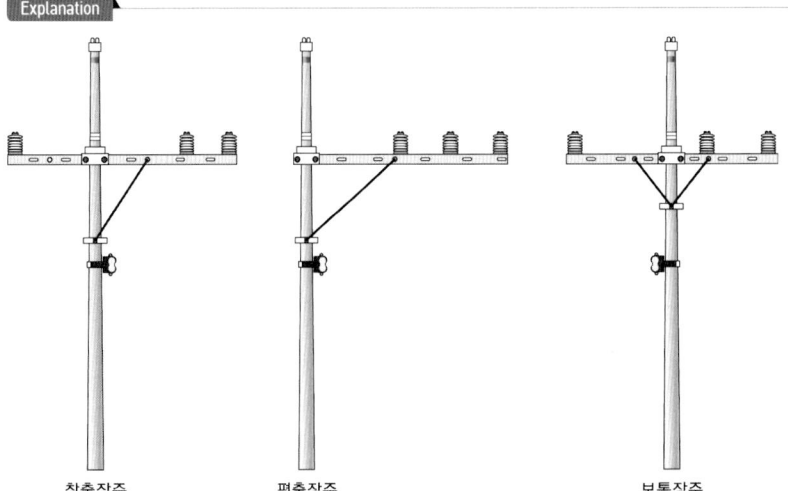

창출장주   편출장주   보통장주

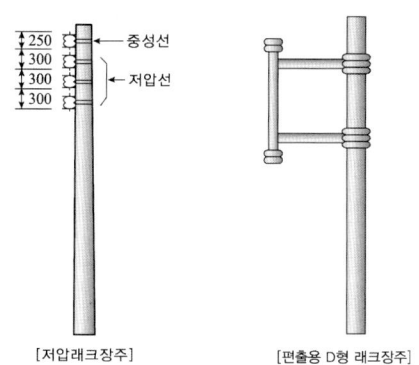

[저압래크장주]   [편출용 D형 래크장주]

03 ★★☆☆☆ (3점)
물체가 보인다는 것은 그 물체가 방사하는 광속이 눈에 들어온다는 것이다. 이와 같이 보이는 물체에서 눈의 방향으로 방사되는 단위 면적당의 광속을 무엇이라 하는지 적으시오.

Answer

광속 발산도

Explanation

광속 발산도
광속 발산도는 어떤 면(1차 광원 또는 빛을 반사하는 면)의 단위 면적으로부터 발산되는 광속으로 정의하며, 발산 광속의 밀도라 한다.

04 ★★☆☆☆ (6점)
고압 및 특고압 가공전선로에서 피뢰기 시설이 의무화된 장소 3곳을 쓰시오.

Answer

① 가공지선의 시단과 말단
② 절연전선과 나전선의 접속 개소
③ 분기주, 말단주, 내장주 및 인류주

Explanation

고압 및 특고압 가공전선로에서 피뢰기 시설이 의무화된 장소
① 가공지선의 시단과 말단
② 절연전선과 나전선의 접속 개소
③ 분기주, 말단주, 내장주 및 인류주
④ IKL(연간 뇌우 발생 일수) 11일 지역의 전선로 매 500[m] 이내마다 설치

05 ★★★★☆ (3점)
터파기에는 독립 기초, 줄 기초, 철탑 기초가 있다. 철탑 기초 파기의 터파기량 산정식을 적으시오.

Answer

터파기량 = 가로 × 세로 × H × 1.21[m^3]

Explanation

터파기량 계산

- 줄기초 파기 : 전선관 매설 터파기량[m³] = $\left(\dfrac{a+b}{2}\right) \times h \times$ 줄기초 길이[m]
- 철탑의 굴착량 : 터파기량[m³] = 가로 × 세로 × H × 1.21
  휴지각 = 1.1 × 1.2 = 1.21

06 이 문제는 변경된 KEC 적용으로 인하여 삭제하고, 아래 예상문제로 대체되었습니다.

그림과 같이 동력부하 및 전열부하를 접속하였을 때 간선 허용전류[A]의 최소값을 구하시오.

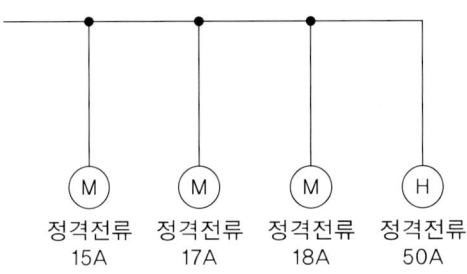

- 계산 :   • 답 :

Answer

계산 : 전동기 전류 $I_M = 15 + 17 + 18 = 50[A]$
전열기 전류 $I_H = 50[A]$
회로의 설계 전류 $I_B = 50 + 50 = 100[A]$
$I_B \leq I_n \leq I_Z$ 에서 $I_Z \geq 100[A]$

답 : 100[A]

Explanation

과부하전류에 대한 보호
① 도체와 과부하 보호장치 사이의 협조
  과부하에 대해 케이블(전선)을 보호하는 장치의 동작 특성
- $I_B \leq I_n \leq I_Z$
- $I_2 \leq 1.45 \times I_Z$

  여기서, I_B : 회로의 설계전류
  I_Z : 케이블의 허용전류
  I_n : 보호장치의 정격전류
  I_2 : 보호장치가 규약시간 이내에 유효하게 동작하는 것을 보장하는 전류

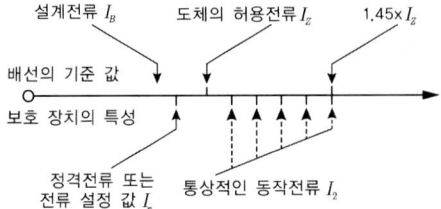

07 ★★☆☆☆ (6점)
사람의 접촉 우려가 있는 장소에서 철주에 절연전선을 사용하여 접지공사를 그림과 같이 노출 시공하고자 한다. 각 물음에 답하시오.

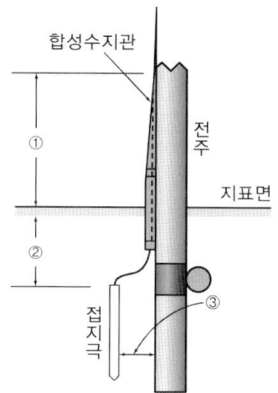

(1) 지표상 합성수지관의 최소 높이(①)는 몇 [m]인지 적으시오.
(2) 접지극의 지하매설 깊이(②)는 몇 [m] 이상인지 적으시오.
(3) 철주와 접지극의 이격거리(③)는 몇 [m] 이상인지 적으시오.

Answer

① 2   ② 0.75   ③ 1

Explanation

(KEC 142.2~3조) 접지극의 시설 및 접지저항, 접지도체
접지극의 매설은 다음에 의한다.
① 접지극은 동결 깊이를 감안하여 시설하되 지표면으로부터 0.75[m] 이상으로 한다.
② 접지도체를 철주 기타의 금속체를 따라서 시설하는 경우에는 접지극을 철주의 밑면(底面)으로부터 0.3[m] 이상의 깊이에 매설하는 경우 이외에는 접지극을 지중에서 그 금속체로부터 1[m] 이상 떼어 매설할 것
③ 접지도체에는 절연전선, 캡타이어 케이블 또는 케이블(통신용 케이블을 제외한다)을 사용할 것
④ 접지도체의 지하 0.75[m]부터 지표상 2[m]까지의 부분은 합성수지관 또는 이와 동등 이상의 절연효력 및 강도를 가지는 몰드로 덮을 것

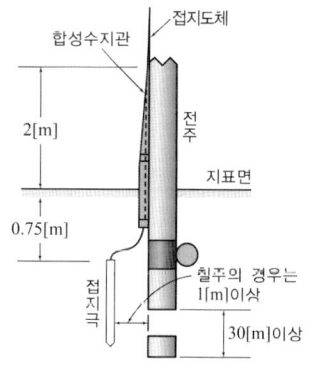

08 ★★☆☆☆ (5점)
가공전선을 애자에 바인드 하는 방법은 어떤 바인드법이 있는지 3가지를 쓰시오.

Answer

① 인류 바인드법   ② 측부 바인드법   ③ 두부 바인드법

Explanation

(내선규정 2,270-4) 절연전선의 바인드
절연전선의 바인드는 다음 각 호에 의하여야 한다.

1. 바인드선은 동 또는 철의 심선에 피복을 입힌 것을 사용할 것
2. 바인드선과 전선의 굵기는 다음 표와 같다.

바인드선의 굵기	동 전선의 굵기[mm²]
0.9[mm]	16 이하
1.2[mm](또는 0.9[mm]×2)	50 이하
1.6[mm](또는 1.2[mm]×2)	50 초과

3. 바인드법은 인류 바인드법, 측부 바인드법, 두부 바인드법으로 한다.

BEST 09 ★★★★★ (4점)
이웃 연결 인입선의 정의를 적으시오.

Answer

하나의 수용장소의 인입선 접속점에서 분기하여 지지물을 거치지 아니하고 다른 수용장소의 인입선 접속점에 이르는 전선

Explanation

(기술기준 제3조) 정의
이웃 연결 인입선이라 함은 하나의 수용장소의 인입선 접속점에서 분기하여 지지물을 거치지 아니하고 다른 수용장소의 인입선 접속점에 이르는 전선을 말한다.

10 ★★☆☆☆ (6점)
고압 및 특고압의 전로에서 피뢰기를 시설하고 접지공사를 해야하는 장소를 3곳만 적으시오.

Answer

① 발전소·변전소 또는 이에 준하는 장소의 가공전선 인입구 및 인출구
② 가공전선로에 접속하는 배전용 변압기의 고압 측 및 특고압 측
③ 고압 및 특고압 가공전선로로부터 공급을 받는 수용장소의 인입구

Explanation

추가로,
④ 가공전선로와 지중 전선로가 접속되는 곳

11 ★★☆☆☆ (4점)
다음 표준 심벌(symbol)의 명칭을 쓰고 이의 복선도를 표시하시오. 단, 전기방식은 3상 3선식이다.

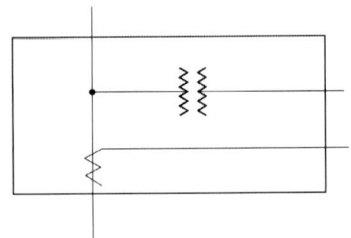

Answer

명칭 : 전력수급용 계기용 변성기
복선도 :

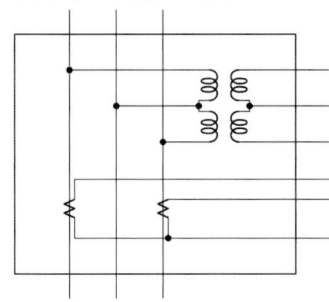

Explanation

- 전력수급용 계기용 변성기(MOF : Metering Out Fit)
  전력량계를 위한 PT와 CT를 한 탱크 안에 넣은 것
- 결선 : 3상 3선식(V결선, PT와 CT 각 2대)
  3상 4선식(Y결선, PT와 CT 각 3대)

12 ★★☆☆☆ (5점)

연건평 30,000[m²]인 아파트의 부하밀도는 50[VA/m²]이고 수용률은 60[%]이다. 이 아파트의 변압기 용량[kVA]을 구하시오(단, 부등률은 고려하지 않는다).

- 계산 :   • 답 :

Answer

계산 : 부하용량 $= 50 \times 30,000 \times 10^{-3} = 1,500$[kVA]

수전설비용량 $P = 1,500 \times 0.6 = 900$[kVA]   답 : 900[kVA]

Explanation

- 수전설비 용량 ≥ 합성 최대 수용전력 $= \dfrac{\text{설비용량[kVA]} \times \text{수용률}}{\text{부등률}}$

  $= \dfrac{\text{설비용량[kW]} \times \text{수용률}}{\text{부등률} \times \text{역률}}$ [kVA]

BEST 13 ★★★★★ (5점)

연축전지의 정격용량 200[Ah], 상시부하 10[kW], 표준 전압 100[V]인 부동충전 방식의 2차 충전 전류 값은 얼마인지 계산하시오. 단, 연축전지의 방전율은 10시간율로 한다.

- 계산 :   • 답 :

Answer

계산 : $I = \dfrac{200}{10} + \dfrac{10,000}{100} = 120$[A]   답 : 120[A]

Explanation

부동충전
축전지의 자기 방전을 보충하는 동시에 상용 부하에 대한 전력 공급은 충전기가 부담하고 충전기가 부담하기 어려운 일시적인 대전류 부하는 축전지가 부담하도록 하는 방식

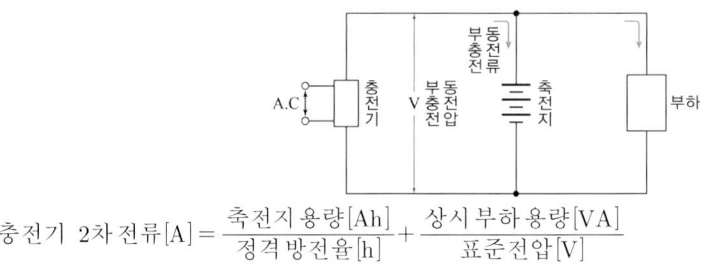

$$\text{충전기 2차 전류[A]} = \frac{\text{축전지 용량[Ah]}}{\text{정격 방전율[h]}} + \frac{\text{상시 부하 용량[VA]}}{\text{표준전압[V]}}$$

14 ★★☆☆☆ (4점)

경간이 60[m]인 전주에 이도를 1[m]로 하여 가공전선을 가설하고자 한다. 무게가 1[kg/m]인 가공전선에 요구되는 수평장력[kg]을 계산하시오(단, 안전율은 1로 한다).

• 계산 : • 답 :

Answer

계산 : 수평장력 $T = \dfrac{WS^2}{8D} = \dfrac{1 \times 60^2}{8 \times 1} = 450[\text{kg}]$ 답 : 450[kg]

Explanation

• 수평장력 : $T = \dfrac{WS^2}{8D}[\text{kg}]$

여기서, W : 전선 1[m]당 하중, D : 이도[m], S : 경간[m]

※ 수평장력 $T = \dfrac{\text{인장강도}}{\text{안전율}} = \dfrac{\text{인장하중}}{\text{안전율}}$

15 ★☆☆☆☆ (4점)

축전지의 용량은 다음의 식에 의해 구할 수 있다. 이 식에서 사용된 문자는 각각 무엇인지 간단히 적으시오.

$$C = \frac{1}{L} KI$$

① C : ② L :
③ K : ④ I :

Answer

① 축전지의 용량[Ah] ② 보수율(경년용량 저하율)
③ 용량환산 시간 계수 ④ 방전전류[A]

Explanation

• 축전지 용량 $C = \dfrac{1}{L}KI[\text{Ah}]$

여기서, C : 축전지의 용량 [Ah], L : 보수율(경년용량 저하율),
K : 용량환산 시간 계수, I : 방전전류[A]

16 다음 ( )에 알맞은 말을 각각 적으시오. (6점)

2대 이상의 발전기를 병렬 운전할 경우 발전기 기전력의 주파수와 (①), (②) 및 (③)이(가) 같아야 한다.

Answer

① 기전력의 크기　　② 기전력의 위상　　③ 기전력의 파형

Explanation

교류 (동기) 발전기의 병렬 운전 조건

병렬운전 조건	문제점
기전력의 크기가 같을 것	무효순환전류(무효횡류)
기전력의 위상이 같을 것	동기화 전류(유효횡류)
기전력의 주파수가 같을 것	난조발생
기전력의 파형이 같을 것	고조파 무효순환전류
상회전 방향이 같을 것	

---

17 권수비 50인 단상 변압기의 전부하 2차 전압 220[V], 전압변동률 4[%]일 때, 무부하시 1차 단자 전압은 몇 [V]인지 구하시오. (5점)

• 계산 :　　　　　　　　　　　　　　• 답 :

Answer

계산 : 전압변동률 $\epsilon = \dfrac{V_{20} - V_{2n}}{V_{2n}} \times 100[\%]$

　　　권수비 $a = \dfrac{V_{10}}{V_{20}}$ 이므로

　　　무부하 1차 전압
　　　$V_{10} = V_{1n}(1+\epsilon) = aV_{2n}(1+\epsilon) = 50 \times 220 \times (1+0.04) = 11,440[V]$

답 : 11,440[V]

Explanation

전압변동률 $\epsilon = \dfrac{V_{20} - V_{2n}}{V_{2n}} \times 100[\%]$

$V_{20} = (1+\epsilon)V_{2n}$ 이며, 권수비 $a = \dfrac{V_{10}}{V_{20}}$ 이므로

무부하 1차 전압 $V_{10} = V_{1n}(1+\epsilon) = aV_{2n}(1+\epsilon)[V]$

18 도면은 사무실의 전등 및 전열 배선 평면도이다. 주어진 조건을 읽고 각 물음에 답하시오. (20점)

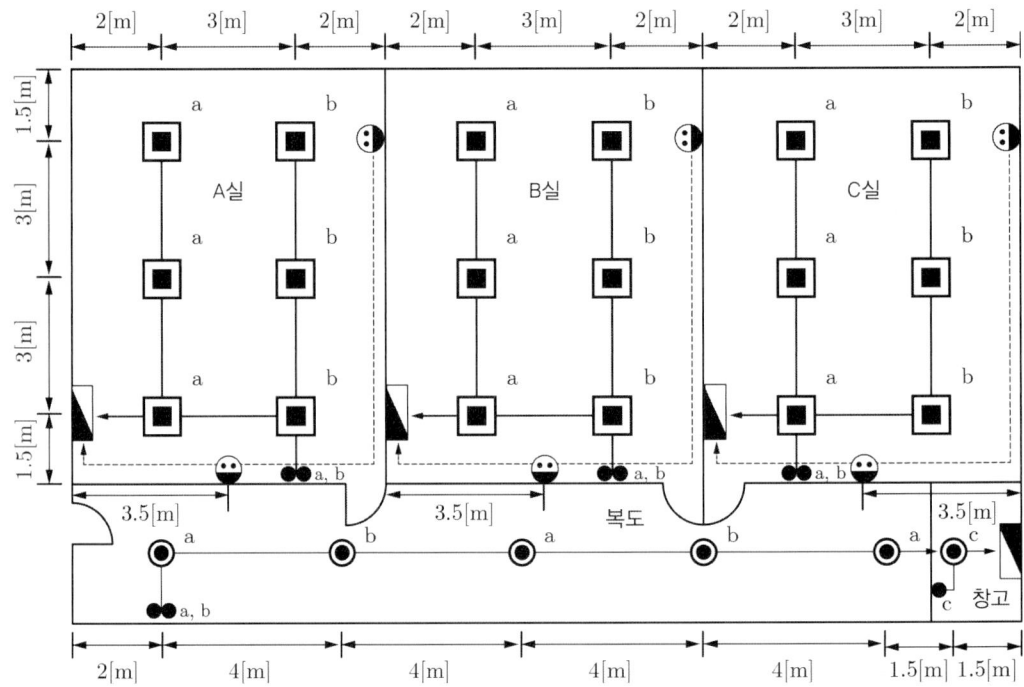

1. 시설조건
   ① 전선은 450/750[V] 일반용 단심 비닐절연 전선 2.5[mm²]를 사용한다.
   ② 전선관은 난연성 CD 전선관을 사용하고 표기가 없는 것은 16[mm]를 사용한다.
   ③ 사무실은 LED 35[W] 1개용, 복도 및 창고는 20[W] 다운라이트를 설치한다.
   ④ 4방출 이상의 배관과 접속되는 박스는 4각 박스를 사용하고, 기타는 8각 박스를 사용한다.
   ⑤ 창고에 설치되는 스위치 박스는 1구, 그 외 기타 장소는 2구를 사용한다.
   ⑥ 사무실 내 분전반 설치 높이는 상단 1.8[m](바닥에서 상단까지)로 한다(단, 바닥에서 하단까지는 1.5[m] 한다).
   ⑦ 창고에 설치된 주분전반 설치 높이는 상단 1.8[m](바닥에서 상단까지)로 한다(단, 바닥에서 하단까지는 1[m] 한다).
   ⑧ 스위치 설치 높이는 1.2[m](바닥에서 중심까지)로 한다.
   ⑨ 콘센트는 콘크리트 매입설치되며 설치 높이는 0.3[m](바닥에서 중심까지)로 한다.
   ⑩ 천장은 이중천장으로 천장에서 등기구까지는 금속제 가요전선관(0.5[m] 시설)을 이용하여 등기구에 연결하며 바닥에서 등기구까지 높이는 3[m], 바닥에서 등기구 전선관(난연성 CD 전선관)까지 높이는 3.5[m]로 한다.

2. 재료의 산출조건
① 분전반(사무실 내, 창고 내 주분전반 포함) 내의 배선여유는 1선당 0.5[m]로 한다.
② 자재 산출 시 자재 할증은 없다. 도면의 물량만 산출하고 소수점 이하는 절상한다.
③ 콘센트용 박스는 4각 박스로 한다.
④ 접지도체는 산출하지 않는다.

3. 공량 산출 조건
① 재료 할증은 공량 산정 시 적용하지 않는다.
② 계산 시 소수점 이하 모두 계산하고 합계 인공 계산 시 세 자리 이하 절사한다.
③ 주어진 품셈표의 조건으로만 적용한다.

품셈표) LED 등기구 설치 (단위: 개, 적용직종 : 내선전공)

종별	직부등	팬던트	다운라이트	매입 및 반매입
15[W] 이하	0.117	0.158	0.155	-
25[W] 이하	0.138	0.163	0.182	-
35[W] 이하	0.163	0.213	0.208	0.242
45[W] 이하	0.221	0.249	-	0.263
55[W] 이하	0.254	-	-	0.306

(해설)
① 등기구 일체형 기준
② 등기구 조립 설치, 결선, 지지금구류 설치, 장내 소운반 및 잔재정리, 기준점 측정 포함
③ 램프만 교체 시 해당 등기구 1등용 설치품의 10[%] 적용
④ 철거 30[%], 재사용 철거 50[%]

(1) B실의 전등배관 물량을 계산하시오.
　① 난연성 CD 전선관
　　• 계산 :
　　• 답 :
　② 금속제 가요전선관
　　• 계산 :
　　• 답 :

(2) A, B, C실의 전열전선 총 물량을 계산하시오.
　• 계산 :
　• 답 :

(3) 다음 자재의 수량을 적으시오.
　① 4각박스 :
　② 8각박스 :
　③ 스위치박스(2구) :

(4) 도면에 설치된 등기구들의 총 설치 인공을 산출하시오.
- 계산 :
- 답 :

Answer

(1) ① 난연성 CD 전선관
계산 : $(3 \times 5) + 2.3 + 1.5 + 2 + 1.7 = 22.5$[m]

답 : 23[m]

② 금속제 가요전선관
계산 : $0.5 \times 6 = 3$[m]

답 : 3[m]

(2) 전열전선 총 물량
계산 : $[\{(1.5+0.5)+1.5+(3.5 \times 2)+(0.3 \times 2)+7.5+0.3\} \times 2] \times 3 = 113.4$[m]

답 : 114[m]

(3) 자재 수량
① 4각박스 : 7[개]
② 8각박스 : 23[개]
③ 스위치박스(2구) : 4[개]

(4) 등기구 총 설치 인공
계산 : $(0.208 \times 18) + (0.182 \times 6) = 4.836$

답 : 4.836[인]

Explanation

(1) B실 전등배관 물량
① 난연성 CD 전선관
$(3 \times 5) + 2.3(3.5-1.2$: 스위치~천장$) + 1.5$(b등~스위치 위 천장$) + 2$(a등~분전반 위 천장$)$
$+ 1.7(3.5-1.8$: 천장~분전반 상단$)$
② 금속제 가요전선관 : 0.5(등~천장$) \times 6 = 3$[m]

(2) 전열전선 총 물량
- 각 실 전열전선(콘센트) : $\{(1.5$(바닥~분전반 하단$)+0.5$(분전반 내 여유$))+1.5+(3.5 \times 2)+(0.3$(바닥~콘센트$) \times 2)+7.5+0.3$(바닥~콘센트$)\} \times 2$(2가닥)

(3) 자재 수량
① 4각박스 : 콘센트 6개 + C실 a등 1개 = 7[개]
② 8각박스 : A실 등 6개 + B실 등 6개 + C실 등 5개 + 복도 5등 + 창고 1등 = 23[개]
③ 스위치박스(2구) : A, B, C실 각 1개 + 복도 1개 = 4[개]

전기공사산업기사 실기

2021 과년도 기출문제

- 2021년 제 01회
- 2021년 제 02회
- 2021년 제 04회

2021년 과년도 기출문제에 대한 출제 빈도 분석 차트입니다.
각 회차별로 별의 개수를 확인하고 학습에 참고하기 바랍니다.

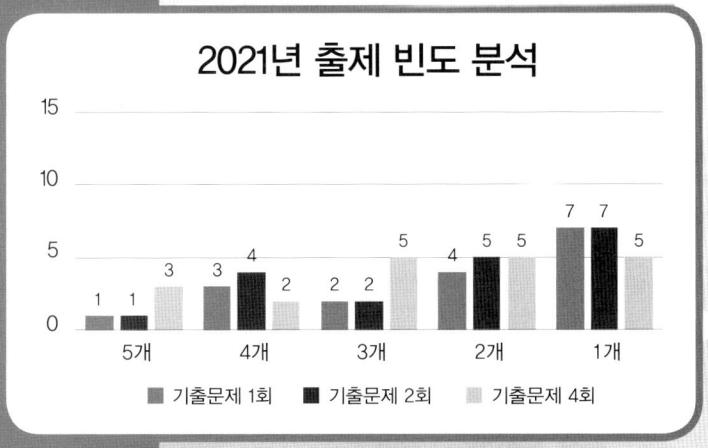

2021년 전기공사산업기사 실기

01 (5점)
전등설비 200[W], 전열설비 400[W], 전동기설비 300[W] 수용가가 있다. 이 수용가의 최대 수용전력이 780[W]일 때의 수용률을 계산하시오.

- 계산 :
- 답 :

Answer

계산 : 수용률 = $\dfrac{\text{최대 수용 전력}}{\text{부하 설비용량}} \times 100[\%] = \dfrac{780}{200+300+400} \times 100 = 86.67[\%]$

답 : 86.67[%]

Explanation

수용률
최대 전력과 부하설비용량과의 비
최대 전력은 수용가의 계약용량과 수전용 변압기의 용량을 결정하는 중요한 계수

수용률 = $\dfrac{\text{최대수용전력}}{\text{부하 설비용량}} \times 100[\%]$

최대 수용전력 = 부하 설비용량 × 수용률

수용률이 커지면 최대 전력이 증가되므로 변압기 용량이 커져서 경제적으로 불리

02 (4점)
자가용 수변전 설비에서 고압전로의 절연저항을 측정할 때 사전 준비로서 정전 조작을 하여야 한다. 정전 조작은 부하로부터 순차적으로 전원을 향해서 개폐기를 개방하는데, 차단기와 단로기 중 어느 것을 먼저 개로 시켜야 하는지 쓰시오.

Answer

차단기

Explanation

인터록(Interlock) : 차단기가 열려 있어야만 단로기 조작 가능
- 급전 시 : DS → CB
- 정전 시 : CB → DS

03 일반적으로 전력용 변압기의 절연유에 요구되는 성질을 5가지만 적으시오. (5점)

Answer

① 절연내력이 클 것
② 점도가 낮고, 냉각 효과가 클 것
③ 인화점은 높을 것
④ 응고점은 낮을 것
⑤ 고온에서 산화하지 않고, 석출물이 생기지 않을 것

Explanation

절연유
변압기에 사용하는 광유는 공기에 비해 절연내력이 우수하고 비열이 공기에 비해 커서 냉각 효과가 우수하므로 변압기의 절연 및 냉각재로 많이 사용된다.
- 절연유의 구비조건
  ① 절연내력이 클 것
  ② 점도가 낮고, 냉각 효과가 클 것
  ③ 인화점은 높고, 응고점은 낮을 것
  ④ 고온에서 산화하지 않고, 석출물이 생기지 않을 것

04 장선기(시메라)는 어떤 용도로 쓰이는 공구인가? (5점)

Answer

이도 조정 및 지선의 장력 조정

Explanation

장선기(시메라)
전선 가선 시 적정 이도까지 전선을 당겨주는 공구

05 표준품셈(전기부문)에 의할 때 다음 각 경우의 할증률을 적으시오. (6점)

(1) 건물 층수별 할증률 중 20층 초과 25층 이하에 대한 할증률 : (   )[%]
(2) 위험 할증률 중 고소작업 지상 5[m] 이상 10[m] 미만에 대한 할증률 : (   )[%]
(3) 전기재료의 할증률 중 옥내전선에 최대로 적용 가능한 할증률 : (   )[%]

Answer

(1) 6[%]   (2) 20[%]   (3) 10[%]

Explanation

(전기품셈 1-11-2) 건물 층수별 할증률
[가] 지상층 할증
2~5층 이하 1[%]
10층   "   3[%]
15층   "   4[%]
20층   "   5[%]
25층   "   6[%]
30층   "   7[%]
30층 초과 : 매 5층 이내 증가마다
  1.0[%] 가산

(전기품셈 1-11-5) 위험 할증률
[나] 고소작업 지상 5[m] 미만 0
     "   5[m] 이상 10[m] 미만 20[%]
     "   10[m] " 15[m] " 30[%]
     "   15[m] " 20[m] " 40[%]
     "   20[m] " 30[m] " 50[%]
     "   30[m] " 40[m] " 60[%]
     "   40[m] " 50[m] " 70[%]
     "   50[m] " 60[m] " 80[%]
고소작업 지상 60[m] 이상 매 10[m] 이내 증가마다
  10[%] 가산
※ 비계틀 없이 시공되는 작업에 적용한다.

(전기품셈 1-6) 전기재료의 할증률 및 철거손실률
옥외전선 5[%]
옥내전선 10[%]

06 ★☆☆☆☆ (4점)
전기부문 표준품셈에 의하면 기계장비를 이용하여 전주세움 작업을 할 때 넓은 지역과 협소한 지역은 무엇인지 도로폭(예: 편도 1차선, 편도 2차선, 편도 3차선 등)을 기준으로 적으시오.

(1) 넓은 지역 : 편도 (   ) 이상
(2) 협소한 지역 : 편도 (   ) 이하

Answer

(1) 3차선   (2) 2차선

Explanation

(전기품셈) 전주세움 작업계수 해설
① 넓은 지역이란 도로폭이 3차로(편도) 이상되는 지역을 말한다.
② 협소한 지역이란 도로폭이 2차로(편도) 이하의 지역을 말하며, 매우 협소한 지역이란 도로폭이 6[m] 이하인 지역을 말한다.

07 ★★★★☆ (5점)
폭 15[m]인 도로의 중앙에 10[m] 높이로 간격 20[m] 마다 200[W] 전구를 설치하는 경우 도로면의 평균 조도[lx]를 구하시오(단, 조명률 0.25, 감광보상률 1.5, 200[W] 전구의 전광속은 3,450[lm]이다).

• 계산 :   • 답 :

Answer

계산 : $E = \dfrac{FUN}{SD} = \dfrac{3,450 \times 0.25 \times 1}{20 \times 15 \times 1.5} = 1.92[\text{lx}]$

답 : 1.92[lx]

> **Explanation**

- 조명계산
  $FUN = ESD$
  여기서, $F[\text{lm}]$: 광속, U : 조명률, N : 등수
  $E[\text{lx}]$: 조도, $S[\text{m}^2]$: 면적, $D = \dfrac{1}{M}$: 감광보상율 $= \dfrac{1}{\text{보수율}}$

  등수 $N = \dfrac{ESD}{FU}$ 이며 등수계산은 소수점은 무조건 절상한다.

- 도로조명에서의 면적 계산
  - 중앙배열, 편측배열 : $S = a \cdot b$
  - 양쪽배열, 지그재그식 : $S = \dfrac{a \cdot b}{2}$

  여기서, a : 도로 폭
  b : 등 간격

문제에서는 중앙배열이므로 $S = a \cdot b = 20 \times 15 = 300[\text{m}^2]$

---

08 ★★☆☆☆ (3점)

용량이 5[kVA]인 변압기 2대를 가지고 V결선하여 3상 평형부하에 몇 [kVA]의 전력을 공급할 수 있는지 구하시오.

- 계산 :
- 답 :

> **Answer**

계산 : V결선 출력 $P = \sqrt{3}\,K = \sqrt{3} \times 5 = 8.66[\text{kVA}]$ 답 : 8.66[kVA]

> **Explanation**

- V결선 : 단상변압기 2대로 결선하여 3상 공급
  V결선의 용량은 변압기 1대 용량을 K라 하면 $P_V = \sqrt{3}\,K$이며

  이용률 $= \dfrac{\sqrt{3}\,K}{2K} \times 100 = 86.6[\%]$

  출력비 $= \dfrac{\sqrt{3}\,K}{3K} \times 100 = 57.74[\%]$

---

09 ★★☆☆☆ (3점)

한국전기설비규정의 전기저장장치 시설에 대한 설명이다. 다음 빈칸에 알맞은 내용을 적으시오.

> 전기저장장치의 이차전지는 다음에 따라 자동으로 전로로부터 차단하는 장치를 시설하여야 한다.
> 1. (①) 또는 (②)가 발생한 경우
> 2. 제어장치에 이상이 발생한 경우
> 3. 이차전지 모듈의 내부 (③)가 급격히 상승할 경우

①   ②   ③

Answer

① 과전압
② 과전류
③ 온도

Explanation

(KEC 512.2.2조) 전기저장장치의 제어 및 보호장치
전기저장장치의 이차전지는 다음에 따라 자동으로 전로로부터 차단하는 장치를 시설하여야 한다.
① 과전압 또는 과전류가 발생한 경우
② 제어장치에 이상이 발생한 경우
③ 이차전지 모듈의 내부 온도가 급격히 상승할 경우

10 (6점)
현장에 포설된 CN-CV 케이블이 받는 여러 가지의 외적요인 중 케이블을 열화시키는 요인으로는 전기적 요인, 열적 요인, 화학적 요인, 생물학적 요인으로 분류가 된다. 이 중 전기적 열화의 종류 3가지만 쓰시오.

Answer

① 고장 시 발생하는 지속적인 과전압   ② 개폐서지   ③ 뇌서지

Explanation

① 전기적 요인
  상시 운전전압 자체가 열화를 일으키는 요인이 되는 것 이외에 고장시 발생하는 지속적인 과전압, 개폐서지, 뇌서지 등 이상전압 등에 의해서 발생
② 열적 요인
  허용전류 내에서 온도상승에 따른 열적열화는 문제가 없어도, 과도적인 고온에서의 사용은 케이블의 변형을 일으키거나 열적열화 촉진
③ 환경적 요인
  포설되어 있는 케이블에 침입하는 것으로서 물, 화학약품류가 있으며 단말에는 자외선, 오존, 염분 등의 영향이 있다. 생물(개미, 쥐 등)에 의해 시스가 손상을 입는 경우도 있다.
④ 기계적 요인
  케이블 포설 시 또는 포설 후에 가해지는 굴곡, 충격하중 및 외상이 있다.
⑤ 기타 요인
  케이블의 단말 또는 접속부 등의 시공불량에 의해 공극이 발생한다던지 물이 침입함으로써 부분방전이나 수트리 열화가 발생

11 (5점)
KS C 0301에 따른 다음 기구들의 그림 기호를 그리시오.

배전반   분전반   제어반

Answer

배전반	분전반	제어반
⊠	◣	⧖

Explanation

(KS C 0301) 옥내배선용 그림 기호 배전반, 분전반, 제어반

명칭	그림 기호	적요
배전반 분전반 및 제어반	▢	① 종류를 구별하는 경우는 다음과 같다. 　배전반 ⊠　분전반 ◣　제어반 ⧖ ② 직류용은 그 뜻을 표기한다. ③ 재해 방지 전원 회로용 배전반 등인 경우는 2중 틀로 하고 필요에 따라 종별을 표기한다. 　[보기] ⊠ 1종　◣ 2종

12 ★★☆☆☆ (5점)

선로의 전압이 V이고 역률이 $\cos\theta$일 때 선로에서의 전력과 전력손실이 각각 P_1, P_{l1}이다. 선로의 전력손실이 2배로 증가됐다면 전송된 전력은 기존 전력 대비 몇 [%] 증가되어야 하는지 구하시오(단, 선로의 전압과 역률은 일정하고, 2배로 증가된 선로의 전력손실은 P_{l2}, 저항을 R이라 표시한다).

• 계산 :
• 답 :

Answer

계산 : 전력 손실을 P_{l1}, 전력을 P라고 하면

전력손실 $P_{l1} = 3I^2R = \dfrac{P^2R}{V^2\cos^2\theta}$

따라서 전력손실은 전력의 제곱에 비례한다($P_{l1} \propto P^2$).

전력 손실이 2배가 되면 전력은 $\sqrt{2}$ 배가 되므로

$\dfrac{\sqrt{2}P - P}{P} \times 100 = \dfrac{\sqrt{2}-1}{1} \times 100 = 41.42[\%]$

답 : 41.42[%]

Explanation

전력손실 $P_l = 3I^2R = 3 \times \left(\dfrac{P}{\sqrt{3}\,V\cos\theta}\right)^2 R = \dfrac{P^2R}{V^2\cos^2\theta} \propto P^2$

따라서 전력손실은 전력의 제곱에 비례

13 ★☆☆☆☆   (20점)
아래 도면은 어느 상점 옥내의 전등 및 콘센트 배선 평면도이다. 주어진 조건을 읽고 다음 물음에 답하시오.

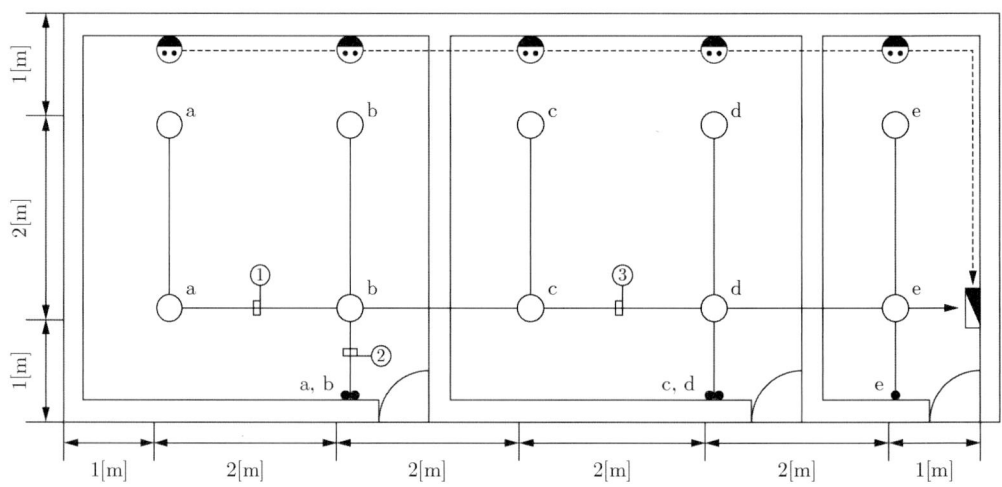

1. 시설조건
   ① 바닥에서 천장 슬라브까지는 3.0[m]이다.
   ② 전선은 HFIX 전선으로 전등, 전열 2.5[mm²]이다(단, 접지도체(2.5[mm²])을 포함하며 스위치 배선은 접지도체를 생략한다).
   ③ 전선관은 합성수지 전선관을 사용하고 특기 없는 것은 16[mm]이다.
   ④ 4조 이상의 배관과 접속하는 박스는 4각 박스를 사용한다.
   ⑤ 스위치의 설치 높이는 1.2[m]이다(바닥에서 중심까지).
   ⑥ 특기 없는 콘센트의 높이는 0.5[m]이다(바닥에서 중심까지).
   ⑦ 분전함의 설치 높이는 1.8[m]이다(바닥에서 중심까지).
      단, 바닥에서 하단까지의 높이는 0.5[m]이다.

2. 재료의 산출
   ① 분전함 내부에서 배선 여유는 전선 1본당 0.5[m]로 한다.
   ② 자재 산출 시 산출 분량과 할증 수량은 소수점 이하도 기록하고, 자재별 수량(산출 수량 +할증 수량)은 소수점 이하는 반올림한다.
   ③ 배관 및 배선 이외의 자재는 할증을 보지 않는다(단, 배관 및 배선의 할증은 10[%]로 한다).
   ④ 콘센트용 박스는 4각 박스로 본다.

3. 인건비 산출 조건
   ① 재료의 할증분에 대해서는 품셈을 적용하지 않는다.
   ② 소수점 이하도 계산한다.
   ③ 품셈은 아래표의 품셈을 적용한다.

자재명 및 규격	단위	내선전공
합성수지 전선관 16[mm]	m	0.05
관내 배선 6[mm²] 이하	m	0.01
매입콘센트 2P 15[A]	개	0.065
아울렛 박스 4각	개	0.2
아울렛 박스 8각	개	0.2

(1) ①, ②, ③ 전선의 최소 가닥수를 적으시오

(2) 다음 표의 빈칸을 채우시오.

자재명	규격	단위	산출 수량	할증 수량	총수량 (산출수량+할증수량)	내선전공 (수량×인공수)
합성수지전선관	16[mm]	m			①	③
HFIX 전선	2.5[mm²]	m			②	④
매입 콘센트	2P 15[A]	개				⑤
아울렛 박스	4각	개				⑥
아울렛 박스	8각	개				⑦

① • 계산 :   • 답 :
② • 계산 :   • 답 :
③ • 계산 :   • 답 :
④ • 계산 :   • 답 :
⑤ • 계산 :   • 답 :
⑥ • 계산 :   • 답 :
⑦ • 계산 :   • 답 :

Answer

(1) ① 3   ② 3   ③ 4

(2)
   ① 계산 : 전열 $(2×4)+4+(0.5×10)=17[m]$
                전등 $(2×5)+(2×4)+(1×4)+\{(3-1.2)×3\}+(3-1.8)=28.6[m]$
                합계 : $17+28.6=45.6[m]$
                할증 : $45.6×1.1=50.16[m]$ 답 : 50[m]

   ② 계산 : 전열 $(17+0.5)×3가닥=52.5[m]$
                전등 $\{1+(3-1.2)\}×2+\{(2×8)+(1×3)+(3-1.2)×2+(3-1.8)\}×3+(2×4)=86.5[m]$
                합계 : $52.5+86.5=139[m]$
                할증 : $139×1.1=152.9[m]$ 답 : 153[m]

   ③ 계산 : $45.6×0.05=2.28[인]$ 답 : 2.28[인]
   ④ 계산 : $139×0.01=1.39[인]$ 답 : 1.39[인]
   ⑤ 계산 : $5×0.065=0.325[인]$ 답 : 0.325[인]
   ⑥ 계산 : $8×0.2=1.6[인]$ 답 : 1.6[인]
   ⑦ 계산 : $10×0.2=2[인]$ 답 : 2[인]

Explanation

가닥수 표시한 도면

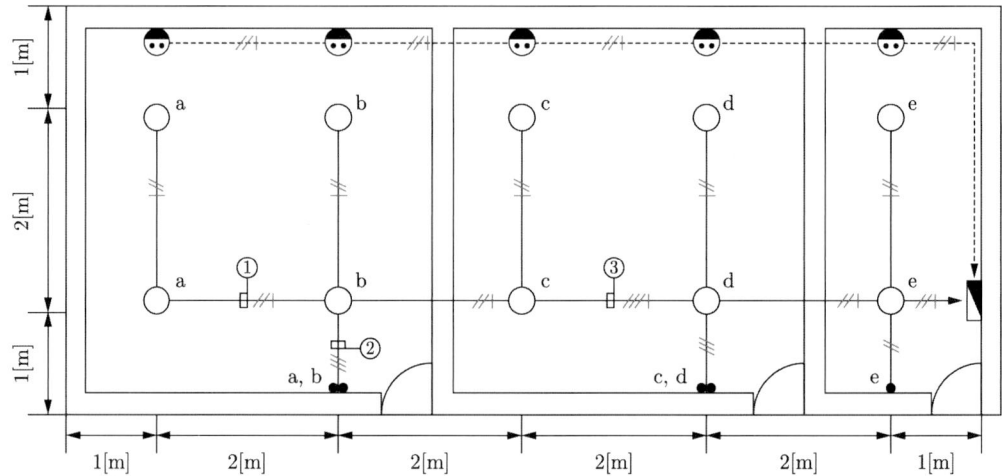

(2) 총수량
① 합성수지전선관
전열 $(2\times4)+4+(0.5\times10)=17[m]$
　　　　　바닥~(콘센트&분전반)
전등 $(2\times5)+(2\times4)+(1\times4)+\{(3-1.2)\times3\}+(3-1.8)=28.6$
　　　세로　　가로　스위치&　　천장~스위치　천장~분전함
　　　　　　　　　분전함
합계 : $17+28.6=45.6$
할증 : $45.6\times1.1=50.16$ → 소수점 이하 반올림　　　　　　　　　　　　　∴ 답 : $50[m]$
② HFIX 전선
전열 $(17\times3가닥)+(0.5\times3가닥)=52.5[m]$
　　　　　　　　　　분전함 내부 배선 여유
전등 : $\{1+(3-1.2)\}\times2+\{(2\times8)+(1\times3)+(3-1.2)\times2+(3-1.8)\}\times3+(2\times4)+(0.5\times3)=86.5[m]$
　　　　스위치e　가닥　　　　　　　스위치 ab,cd　천장~분전함　　③부분　분전함 내부 여유
합계 : $52.5+86.5=139[m]$
할증 : $139\times1.1=152.9[m]$ → 소수점 이하 반올림　　　　　　　　　　　　∴ 답 : $153[m]$
③~⑥ : 조건 3번. 인건비 산출에서는 할증분에 대해서는 적용하지 않으며, 소수점 이하도 계산함
⑦ 문제에서 스위치박스가 주어져 있지 않으므로, 8각박스를 사용하는 것으로 한다.

14 활선 클램프의 적용(사용) 개소를 쓰시오. (4점)

Answer

가공배전선로의 장력이 걸리지 않는 장소에서 분기고리와 기기 리드선을 결선하는 데 사용한다.

15 램프 L을 두 곳에서 점등할 수 있는 회로이다. 다음 물음에 답하시오. (5점)

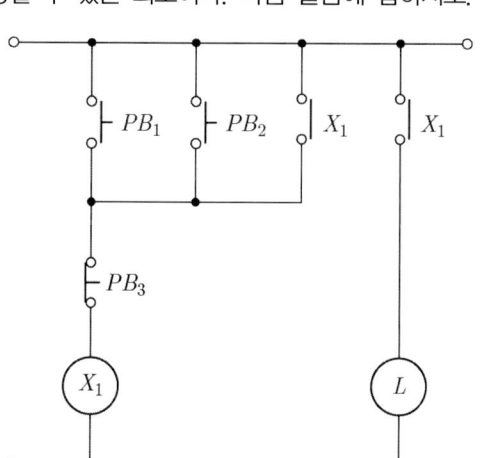

(1) X_1, L의 논리식을 쓰시오.
- X_1 :
- L :

(2) AND, OR, NOT 논리소자를 이용하여 논리회로를 완성하시오.

> **Answer**

(1) • X_1 : $X_1 = (PB_1 + PB_2 + X_1) \cdot \overline{PB_3}$
   • L : $L = X_1$

(2)

```
PB₁ ──┐
      ├─ OR ──┬── AND ──●── X₁
PB₂ ──┘      │         └── L₁
PB₃ ── NOT ──┘
```

16 ★☆☆☆☆ (9점)

수변전 설비 복선도이다. ① ~ ⑨에 해당하는 기기명칭을 기호(예:WH)로 쓰시오.

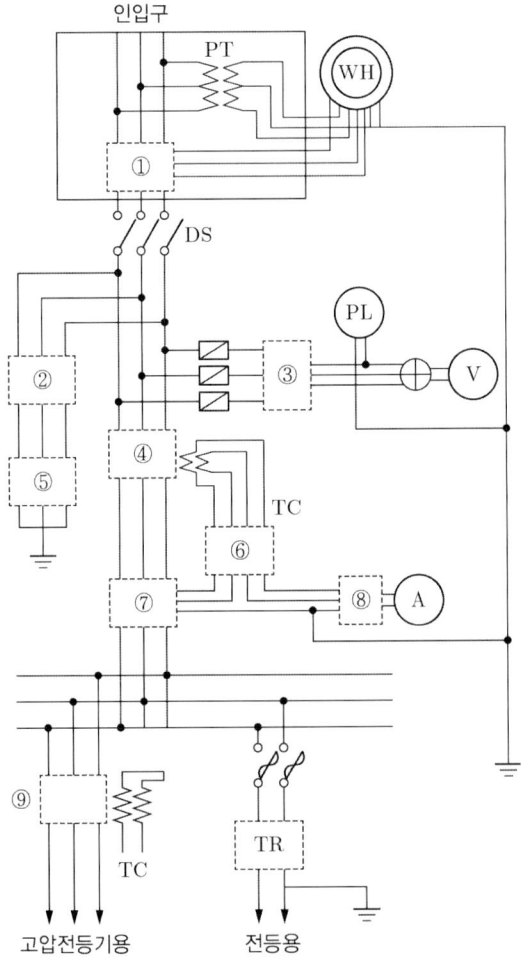

Answer

① CT ② DS ③ PT
④ CB ⑤ LA ⑥ OCR
⑦ CT ⑧ AS ⑨ CB

Explanation

고압수전설비(정식수전설비)

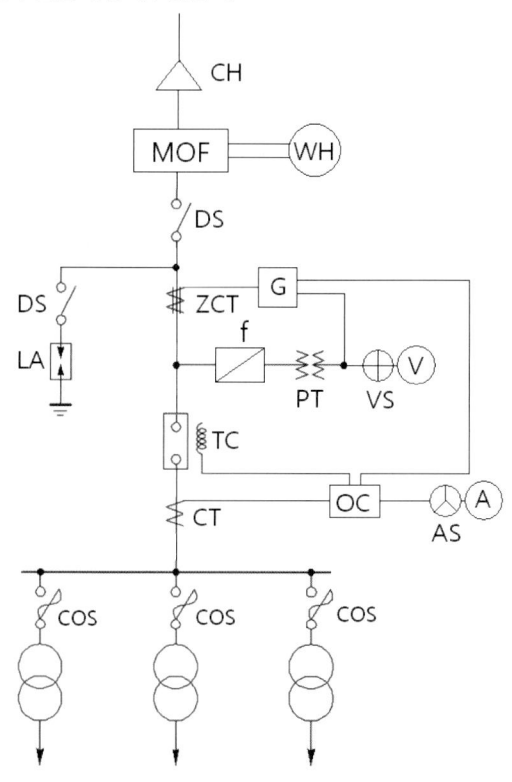

- 약호와 명칭

약호	명칭
DS	단로기
LA	피뢰기
CT	변류기
CB	차단기
TC	트립코일
OCR	과전류 계전기
GR	지락 계전기
MOF	전력 수급용 계기용 변성기
COS	컷아웃 스위치
PF	전력 퓨즈
PT	계기용 변압기
AS	전류계용 전환 개폐기
VS	전압계용 전환 개폐기

17 한국전기설비규정에 따른 접지도체에 대한 설명이다. 다음 빈칸에 알맞은 내용을 쓰시오. (6점)

1. 접지도체의 단면적은 큰 고장전류가 접지도체를 통하여 흐르지 않을 경우 접지도체의 최소 단면적은 다음과 같다.
    1) 구리는 (①) [mm²] 이상
    2) 철제는 (②) [mm²] 이상
2. 접지 도체에 피뢰시스템이 접속되어있는 경우, 접지 도체의 단면적은 구리 (③) [mm²] 또는 철 50[mm²] 이상으로 하여야 한다.

Answer

① 6 ② 50 ③ 16

Explanation

(KEC 142.3.1조) 접지도체의 선정

(1) 접지도체의 단면적은 큰 고장전류가 접지도체를 통하여 흐르지 않을 경우 접지도체의 최소 단면적은 다음과 같다.
 ① 구리는 6[mm²] 이상
 ② 철제는 50[mm²] 이상
(2) 접지도체에 피뢰시스템이 접속되는 경우, 접지도체의 단면적은 구리 16[mm²] 또는 철 50[mm²] 이상으로 하여야 한다.

2회 2021년 전기공사산업기사 실기

01 ★★★★☆ (6점)
어떤 전기설비에서 6,600[V]의 3상 회로에 변압비 33의 계기용 변압기 2개를 그림과 같이 설치하였다면 그때의 전압계 V_1, V_2, V_3의 지시값은 얼마인지 각각 구하시오.

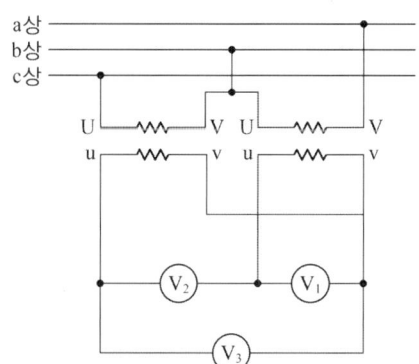

(1) V_1 : • 계산 :
　　　　• 답 :
(2) V_2 : • 계산 :
　　　　• 답 :
(3) V_3 : • 계산 :
　　　　• 답 :

Answer

(1) 계산 : $V_1 = \dfrac{6,600}{33} = 200[\text{V}]$

　　　　　　　　　　　　　　　　　　　　　　　　답 : 200[V]

(2) 계산 : $V_2 = \dfrac{6,600}{33} \times \sqrt{3} = 346.41[\text{V}]$

　　　　　　　　　　　　　　　　　　　　　　　　답 : 346.41[V]

(3) 계산 : $V_3 = \dfrac{6,600}{33} = 200[\text{V}]$

　　　　　　　　　　　　　　　　　　　　　　　　답 : 200[V]

Explanation

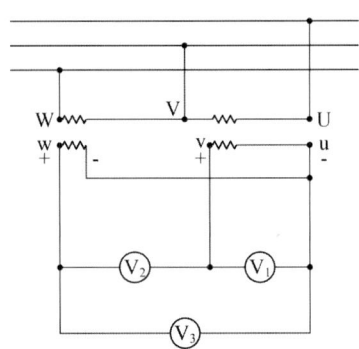

그림에서 V_2는 V_3과 V_1의 Vector 차전압을 지시한다. 따라서 $V_2 = V_3 - V_1 = \sqrt{3}\,V_1 = \sqrt{3}\,V_3$

02 ★★★★☆ (6점)
페란티 현상에 대해 설명하고 페란티 현상을 방지하기 위해 설치하는 기기를 적으시오.

(1) 페란티 현상 :
(2) 페란티 현상을 방지하기 위해 설치하는 기기 :

Answer

(1) 선로의 무부하나 경부하 시에 정전용량에 의한 수전단의 전압이 송전단의 전압보다 높아지는 현상
(2) 분로리액터

Explanation

• 페란티 현상
  선로의 경부하(무부하) 시 정전용량에 의해서 송전단 전압보다 수전단 전압이 높아지는 현상으로서, 장거리선로와 지중케이블 선로에서는 정전용량이 크기 때문에 특히 무부하 충전시 문제가 발생한다. 부하역률은 지상역률로, 중부하시에는 전류가 전압보다 위상이 뒤지지만 지중전선로의 경부하시나 가공전선로의 무부하 충전 시 진상 전류가 흐르게 되는 현상이다.
  분로리액터를 그 대책으로 한다.
• 분로리액터(Shunt Reactor)
  페란티 현상을 방지하기 위하여 주요 변전소에 설치되며 지상전력 공급을 통하여 무효분을 조정한다.

BEST 03 ★★★★★ (5점)
가공 전선로에 사용되는 전선의 구비조건 5가지를 쓰시오.

Answer

① 도전율이 클 것
② 기계적 강도가 클 것
③ 비중(밀도)이 작을 것
④ 가선공사(접속)가 쉬울 것
⑤ 부식성이 작을 것

Explanation

- 전선의 구비조건
  - 도전율이 클 것
  - 기계적 강도가 클 것
  - 비중(밀도)이 작을 것
  - 가선공사(접속)가 쉬울 것
  - 부식성이 작을 것
  - 유연성(가공성)이 좋을 것
  - 경제적일 것

- 경제적인 전선의 굵기 선정 : 켈빈의 법칙(Kelvin's law)
  - 허용전류 : 연속하여 전류가 흐르는 경우 도체의 수명적 관점에서 실용상 안전하게 보낼 수 있는 전류. 연속허용온도 90[℃]를 기준
  - 기계적 강도
  - 전압 강하

04 ★★☆☆☆ (8점)

한국전기설비규정에서 정하는 연료전지설비의 보호장치에 대한 설명이다. 빈칸에 들어갈 말을 적으시오.

> 연료전지는 다음의 경우에 자동적으로 이를 전로에서 차단하고 연료전지에 연료가스 공급을 자동적으로 차단하며 연료전지내의 연료가스를 자동적으로 배기하는 장치를 시설하여야 한다.
> 가. 연료전지에 (①)가 생긴 경우
> 나. 발전요소의 발전전압에 이상이 생겼을 경우 또는 연료가스 출구에서의 (②) 또는 공기 출구에서의 (③) 농도가 현저히 상승한 경우
> 다. 연료전지의 (④)가 현저하게 상승한 경우

Answer

① 과전류   ② 산소농도
③ 연료가스 ④ 온도

Explanation

(KEC 542.2.1조) 연료전지설비의 보호장치
연료전지는 다음의 경우에 자동적으로 이를 전로에서 차단하고 연료전지에 연료가스 공급을 자동적으로 차단하며 연료전지내의 연료가스를 자동적으로 배기하는 장치를 시설하여야 한다.
가. 연료전지에 과전류가 생긴 경우
나. 발전요소(發電要素)의 발전전압에 이상이 생겼을 경우 또는 연료가스 출구에서의 산소농도 또는 공기 출구에서의 연료가스 농도가 현저히 상승한 경우
다. 연료전지의 온도가 현저하게 상승한 경우

05 ★★★★☆ (5점)

거리가 1,000[m]인 배전선로 공사에 있어서 단면적 22[mm²]의 알루미늄 선으로 계산된 것을 저항이 같은 경동선으로 교체하려고 한다면 그 전선의 단면적[mm²]은 얼마로 하여야 하는지 구하시오.

[조건]

- 알루미늄 선의 저항률 : $\frac{1}{35}[\Omega \cdot mm^2/m]$
- 경동선의 저항률 : $\frac{1}{55}[\Omega \cdot mm^2/m]$

Answer

계산 : 같은 길이 같은 저항이므로 저항 $R = \rho\frac{l}{A}$ 이며

$$R = \frac{1}{35} \times \frac{1,000}{22} = \frac{1}{55} \times \frac{1,000}{A}$$

따라서 단면적 $A = \frac{35 \times 22}{55} = 14[mm^2]$

답 : 공칭단면적 16[mm²]

Explanation

- 전기저항 $R = \rho\frac{l}{A}[\Omega]$

  여기서, ρ : 저항률[$\Omega \cdot mm^2/m$]

  l : 전선의 길이[m]

  A : 전선의 단면적[mm²]

- 전선의 단면적을 바꾸어도 전류와 전압강하가 같도록 하려면

  $I \times \frac{1}{35} \times \frac{1,000}{22}$(알루미늄선의 전압강하) $= I \times \frac{1}{55} \times \frac{1,000}{A}$(경동선의 전압강하)

- KSC-IEC 전선 규격

전선의 공칭단면적 [mm²]			
1.5	16	95	300
2.5	25	120	400
4	35	150	500
6	50	185	630
10	70	240	

06 한국전기설비규정에 따라 전주외등을 설치하려고 한다. 가로등, 보안등에 LED 등기구를 사용할 때, LED 등기구의 최소 IP등급은 얼마인가? (3점)

Answer

IP 65 이상

Explanation

(KEC 234.10.1) 전주외등 적용범위
이 규정은 대지전압 300[V] 이하의 형광등, 고압방전등, LED등 등을 배전선로의 지지물 등에 시설하는 경우에 적용한다.

(KEC 234.10.2) 조명기구 및 부착금구
조명기구(이하 "기구"라 한다) 및 부착금구는 다음에 적합하여야 한다.
1. 기구는 「전기용품 및 생활용품 안전관리법」 또는 「산업표준화법」에 적합한 것
2. 기구는 광원의 손상을 방지하기 위하여 원칙적으로 갓 또는 글로브가 붙은 것
3. 기구는 전구를 쉽게 갈아 끼울 수 있는 구조일 것
4. 기구의 인출선은 도체단면적이 0.75[㎟] 이상일 것
5. 기구의 부착밴드 및 부착용 부속금구류는 아연도금하여 방식 처리한 강판제 또는 스테인레스제이고, 또한 쉽게 부착할 수도 있고 뗄 수도 있는 것일 것
6. 가로등, 보안등에 LED 등기구를 사용하는 경우에는 KSC 7658(LED 가로등 및 보안등기구의 안전 및 성능요구사항 : IP 65 이상)에 적합한 것을 시설할 것

07 전기부문 표준 품셈에 따라 전기재료의 할증률 및 철거용 재료의 손실률은 아래 표의 값 이내로 하여야 한다. 다음 빈칸을 채우시오. (3점)

종류	할증률[%]	철거손실률[%]
옥외전선	(①)	(②)
옥내전선	(③)	—

Answer

① 5   ② 2.5   ③ 10

Explanation

(전기품셈 1-6) 전기재료의 할증률 및 철거손실률

종류	할증률[%]	철거손실률[%]
옥외전선	5	2.5
옥내전선	10	—
cable(옥외)	3	1.5
cable(옥내)	5	—

전선관(옥외)	5	-
전선관(옥내)	10	-

※ 철거손실률이란 전기설비공사에서 철거작업 시 발생하는 폐자재를 환입할 때 재료의 파손, 손실, 망실 및 일부 부식 등에 의한 손실률을 말함

08 한국전기설비규정에서 정하는 전선의 식별 색상을 쓰시오. (5점)

상(문자)	색상
L1	(①)
L2	(②)
L3	(③)
N	(④)
보호도체	(⑤)

Answer

① 갈색　　② 흑색　　③ 회색
④ 청색　　⑤ 녹색 – 노란색

Explanation

(KEC 121.2조) 전선의 식별

상(문자)	색상
L1	갈색
L2	흑색
L3	회색
N	청색
보호도체	녹색-노란색

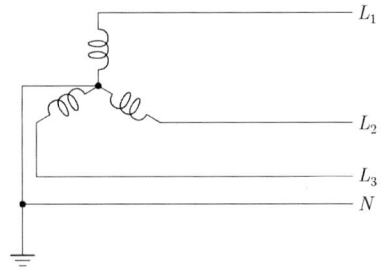

09 다음은 전기설비의 방폭구조에 대한 기호이다. 기호에 맞는 방폭구조의 명칭을 쓰시오. (6점)

기호	방폭구조의 명칭
d	
o	
p	
e	
i	
s	

Answer

기호	방폭구조의 명칭
d	내압 방폭구조
o	유입 방폭구조
p	압력 방폭구조
e	안전증 방폭구조
i	본질안전 방폭구조
s	특수 방폭구조

Explanation

방폭구조 종류와 정의

방폭구조	정의	기호
내압 방폭구조	용기 내 폭발 시 용기가 폭발압력을 견디며, 접합면, 개구부를 통해 외부에 인화될 우려가 없는 구조	Ex d
압력 방폭구조	용기 내에 보호가스를 압입시켜 폭발성 가스나 증기가 용기 내부에 유입되지 않도록 된 구조	Ex p
안전증 방폭구조	정상 운전 중에 점화원 발생 방지를 위해 기계적, 전기적 구조상 혹은 온도 상승에 대해 안전도를 증가한 구조	Ex e
유입 방폭구조	전기 불꽃, 아크, 고온 발생 부분을 기름으로 채워 폭발성 가스 또는 증기에 인화되지 않도록 한 구조	Ex o
본질안전 방폭구조	정상 시 및 사고 시(단선, 단락, 지락)에 폭발 점화원 (전기 불꽃, 아크, 고온)의 발생이 방지된 구조	Ex ia Ex ib

10 ★★★☆☆ (4점)

한국전기설비규정에서 정하는 특고압 22.9[KV] 배전용 철근 콘크리트주의 표준 깊이(지하에 묻히는 길이)은 몇 [m] 이상인가? 단, 설계하중이 6.8[kN] 이하이다.

(1) 전주의 길이가 15[m] 초과 16[m] 이하 :
(2) 전주의 길이가 15[m] 이하인 경우 :

Answer

(1) 2.5[m] 이상
(2) 전장 $\times \dfrac{1}{6}$[m] 이상

Explanation

(KEC 331.7조) 가공전선로 지지물의 기초의 안전율

가공전선로의 지지물에 하중이 가하여지는 경우에 그 하중을 받는 지지물의 기초의 안전율은 2(333.14의 1에 규정하는 이상 시 상정하중이 가하여지는 경우의 그 이상 시 상정하중에 대한 철탑의 기초에 대하여는 1.33) 이상이어야 한다. 다만, 다음에 따라 시설하는 경우에는 적용하지 않는다.

가. 강관을 주체로 하는 철주(이하 "강관주"라 함) 또는 철근 콘크리트주로서 그 전체 길이가 16[m] 이하, 설계하중이 6.8[kN] 이하인 것 또는 목주를 다음에 의하여 시설하는 경우
  (1) 전체의 길이가 15[m] 이하인 경우는 땅에 묻히는 깊이를 전체길이의 6분의 1 이상으로 할 것
  (2) 전체의 길이가 15[m]를 초과하는 경우는 땅에 묻히는 깊이를 2.5[m] 이상으로 할 것
  (3) 논이나 그 밖의 지반이 연약한 곳에서는 견고한 근가(根架)를 시설할 것
나. 철근 콘크리트주로서 그 전체의 길이가 16[m] 초과 20[m] 이하이고, 설계하중이 6.8[kN] 이하의 것을 논이나 그 밖의 지반이 연약한 곳 이외에 그 묻히는 깊이를 2.8[m] 이상으로 시설하는 경우

11 ★☆☆☆☆ (5점)

평균조도 300[lx]의 전반조명으로 시설된 144[m²]의 방이 있다. 소비전력이 50[W]인 LED 조명기구 1대당 4,600[lm], 조명률은 50[%], 감광보상율은 1.25일 때, 이 방에서 10시간 연속점등했을 경우의 소비전력량[kWh]은 얼마인가?

• 계산 :　　　　　　　　　　　　　　• 답 :

Answer

계산 : 등수 $N = \dfrac{ESD}{FU} = \dfrac{300 \times 144 \times 1.25}{4,600 \times 0.5} = 23.48$[등]

따라서 등수는 24[등]이며

소비전력량 $W = Pt \times$ 등수 $= 50 \times 10 \times 24 \times 10^{-3} = 12$[kWh]

답 : 12[kWh]

Explanation

• 조명계산
  $FUN = ESD$
  여기서, F[lm] : 광속, U : 조명률, N : 등수
    E[lx] : 조도, S[m²] : 면적, $D = \dfrac{1}{M}$: 감광보상율 $= \dfrac{1}{보수율}$

등수 $N = \dfrac{ESD}{FU}$ 이며 등수계산은 소수점은 무조건 절상한다.

12. 한국전기설비규정에서 정하는 용어의 정의이다. 빈칸에 알맞은 내용을 적으시오. (5점)

1. (①)란 교류회로에서 중성선 겸용 보호도체를 말한다
2. (②)란 직류회로에서 중간선 겸용 보호도체를 말한다.
3. (③)란 직류회로에서 선도체 겸용 보호도체를 말한다.

Answer

① PEN   ② PEM   ③ PEL

Explanation

(KEC 112조) 용어정의
- PEN 도체 : 교류회로에서 중성선 겸용 보호도체
- PEM 도체 : 직류회로에서 중간선 겸용 보호도체
- PEL 도체 : 직류회로에서 선도체 겸용 보호도체

13. 한국전기설비규정에서 정하는 케이블 트레이의 종류를 3가지만 적으시오. (6점)

Answer

① 사다리형   ② 펀치형   ③ 메시형

Explanation

(KEC 232.41조) 케이블 트레이 공사

케이블트레이공사는 케이블을 지지하기 위하여 사용하는 금속재 또는 불연성 재료로 제작된 유닛 또는 유닛의 집합체 및 그에 부속하는 부속재 등으로 구성된 견고한 구조물을 말하며 사다리형, 펀칭형, 메시형, 바닥밀폐형 기타 이와 유사한 구조물을 포함하여 적용한다.

14. 눈부심(Glare)에 대하여 다음 물음에 답하시오. (6점)

(1) 눈부심(Glare)의 정의
(2) 눈부심의 종류 3가지

Answer

(1) 시야 내의 어떤 휘도로 인하여 불쾌, 고통, 눈의 피로 등을 유발시키는 현상
(2) 감능글레어, 불쾌글레어, 직시글레어

Explanation

- 눈부심(Glare) : 시야 내의 어떤 휘도로 인하여 불쾌, 고통, 눈의 피로 등을 유발시키는 현상
- 눈부심(Glare)의 종류 3가지
  - 감능글레어 : 주위의 고휘도원에 의해 시 대상물을 식별하는 능력이 저하
  - 불쾌글레어 : 눈부심에 의해 불쾌감을 느끼게 되는 것
  - 직시글레어 : 휘도가 높은 곳이 시야에 들어오는 것
  - 반사글레어 : 고휘도 광원에서 빛이 물질의 표면에서 반사되어 눈에 들어오는 경우

15 ★★☆☆☆ (6점)

전기사업법 상에서 정의하는 전기설비의 종류를 3가지만 쓰시오(단, 「댐건설 및 주변지역지원 등에 관한 법률」에 따라 건설되는 댐·저수지와 선박·차량 또는 항공기에 설치되는 것과 그 밖에 대통령령으로 정하는 것은 제외한다).

Answer

① 전기사업용 전기설비   ② 일반용 전기설비   ③ 자가용 전기설비

Explanation

(전기사업법 제2조 16)

"전기설비"란 발전·송전·변전·배전 또는 전기사용을 위하여 설치하는 기계·기구·댐·수로·저수지·전선로·보안통신선로 및 그 밖의 설비(「댐건설 및 주변지역지원 등에 관한 법률」에 따라 건설되는 댐·저수지와 선박·차량 또는 항공기에 설치되는 것과 그 밖에 대통령령으로 정하는 것은 제외한다)로서 다음 각 목의 것을 말한다.

가. 전기사업용 전기설비 : 전기설비 중 전기사업자가 전기사업에 사용하는 전기설비
나. 일반용 전기설비 : 산업통상자원부령으로 정하는 소규모의 전기설비로서 한정된 구역에서 전기를 사용하기 위하여 설치하는 전기설비
다. 자가용 전기설비 : 전기사업용 전기설비 및 일반용 전기설비 외의 전기설비

16 ★★★★☆ (6점)

다음 그림의 릴레이 회로를 보고 물음에 답하시오.

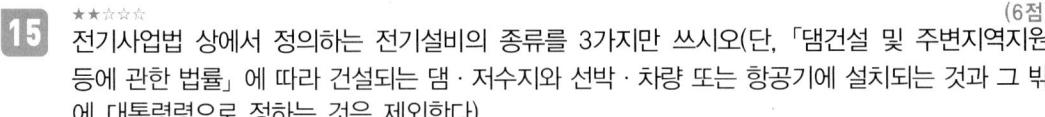

(1) 논리식을 쓰시오.
(2) 2입력 AND소자, 2입력 OR 소자를 사용하여 논리 회로로 바꾸시오.
(3) 2입력 NAND 소자만을 사용하여 논리 회로로 바꾸시오.

Answer

(1) $\text{X} = AB + CD$

(2) 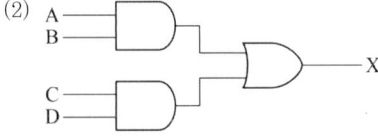   (3)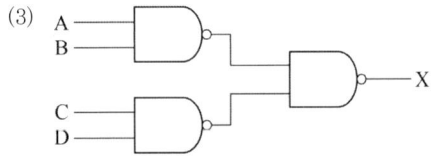

Explanation

2입력 NAND 소자

$X = AB + CD = \overline{\overline{AB + CD}}$ 드모르간의 정리를 이용
$= \overline{\overline{AB} \cdot \overline{CD}}$

17 (5점)

한국전기설비규정에서 정하는 보호도체의 최소 단면적을 선정하고자 한다. 빈칸에 알맞은 내용을 적으시오.

선도체의 단면적 S (mm², 구리)	보호도체의 최소 단면적(mm², 구리) 보호도체의 재질은 선도체와 같다.
$S \leq 16$	(①)
$16 < S \leq 35$	(②)
$S > 35$	(③)

Answer

① S ② 16   ③ $\dfrac{S}{2}$

Explanation

(KEC 142.3.1.6조) 접지도체의 굵기

선도체의 단면적 S (mm², 구리)	보호도체의 최소 단면적(mm², 구리) 보호도체의 재질은 선도체와 같다.
16[mm²] 이하	S
16[mm²] 초과 35[mm²] 이하	16
35[mm²] 초과	S/2

18 (6점)

약호의 명칭을 정확히 쓰시오.

약호	명칭
VCB	①
ACB	②
ABB	③
MCCB	④
RCD	⑤
ZCT	⑥

Answer

① 진공차단기   ② 기중차단기   ③ 공기차단기
④ 배선용차단기   ⑤ 잔류전류장치(누전차단기)   ⑥ 영상변류기

> **Explanation**

(1) 진공차단기 : VCB(Vacuum Circuit Breaker)
(2) 기중차단기 : ACB(Air Circuit Breaker)
(3) 공기차단기 : ABB(Air Blast Circuit Breaker)
(4) 배선용 차단기 : MCCB(Molded Case Circuit Breaker)
(5) 잔류전류장치 : RCD(Residual Current Device)
(6) 영상 변류기 : ZCT(Zero-Phase CT)

19 ★☆☆☆☆ (5점)
전기부문의 표준 품셈에 따른 고소작업에 대한 위험 할증률을 나타낸 것이다. 다음의 빈 칸을 채우시오(단, 비계틀 없이 시공하는 작업임).

고소 작업 높이	할증률[%]
고소작업 지상 5[m] 미만	(①)
고소작업 지상 5[m] 이상 10[m] 미만	(②)
고소작업 지상 10[m] 이상 15[m] 미만	(③)

> **Answer**

① 0   ② 20   ③ 30

> **Explanation**

(전기품셈 1-11-5) 위험 할증률
고소작업 지상 5[m] 미만 0[%]
고소작업 지상 5[m] 이상 10[m] 미만 20[%]
고소작업 지상 10[m] 〃 15[m] 〃 30[%]
고소작업 지상 15[m] 〃 20[m] 〃 40[%]
고소작업 지상 20[m] 〃 30[m] 〃 50[%]
고소작업 지상 30[m] 〃 40[m] 〃 60[%]
고소작업 지상 40[m] 〃 50[m] 〃 70[%]
고소작업 지상 50[m] 〃 60[m] 〃 80[%]
고소작업 지상 60[m] 이상 매 10[m] 이내 증가마다 10[%] 가산
※ 비계틀 없이 시공되는 작업에 적용한다.

고소작업 지상 10[m] 이상 10[%]
고소작업 지상 20[m] 〃 20[%]
고소작업 지상 30[m] 〃 30[%]
고소작업 지상 50[m] 〃 40[%]
※ 비계틀 사용 시 적용한다.

2021년 전기공사산업기사 실기

01 ★☆☆☆☆ (5점)

다음은 태양광발전설비의 태양전지 모듈 검사에서 직류회로 절연저항 측정방법이다. 측정순서를 올바르게 나열하시오.

① 전체 스트링의 차단기 또는 퓨즈 개방
② 단락용 개폐기 개방
③ 주 차단기 개방, SA 또는 SPD가 있는 경우 접지단자 분리
④ 측정회로 스트링의 차단기 또는 퓨즈 투입 후 단락용 개폐기 투입
⑤ 단락용 개폐기의 1차 측 (+) 및 (−)의 클립을 차단기 또는 퓨즈와 역전류 방지 다이오드 사이에 각각 접속
⑥ 측정 후 반드시 단락용 개폐기(직류차단기)를 개방
⑦ 절연저항계 E측을 접지단자에, L측을 단락용 개폐기의 2차 측에 접속하고 절연저항 측정
⑧ 스트링의 클립 제거, SA 또는 SPD 접지단자 복원

• 답 : ③ → ___ → ___ → ___ → ___ → ___ → ___ → ⑧

Answer

③ → ② → ① → ⑤ → ④ → ⑦ → ⑥ → ⑧

Explanation

① 주개폐기를 개방한다. 주개폐기의 입력부에 SA가 설치되어 있는 경우는 접지 단자를 분리시킨다.
② 단락용 개폐기(태양전지의 개방 전압에서 차단 전압이 높고 주개폐기와 동등 이상의 전류 차단 능력을 지닌 전류 개폐기의 2차측을 단락하여 1차측에 각각 클립을 취부한 것)를 개방한다.
③ 전체 스트링의 퓨즈를 개방한다.
④ 단락용 개폐기의 1차측 + 및 −의 클립을 역류방지 다이오드에서도 태양전지측과 퓨즈의 사이에 각각 접속 한다.
  접속 후 대상으로 하는 스트링의 차단기 또는 퓨즈를 투입한다.
  마지막으로 단락용 개폐기를 투입한다.
⑤ 절연 저항계의 E측을 접지단자에, L측을 단락용 개폐기의 2차측에 접속하고 절연 저항계를 투입하여 저항값을 측정한다.
⑥ 측정 종료 후에 반드시 단락용 개폐기를 개방하고, 퓨즈를 개방한 후 마지막에 스트링의 클립을 제거한다.
  이 순서를 반드시 지켜야 한다. 퓨즈에는 단락전류를 차단하는 기능이 없으며 또한 단락상태에서 클립을 제거하면 아크방전이 발생하여 측정자가 화상을 입을 가능성이 있다.
⑦ SA의 접지측 단자를 원상복구하여 대지 전압을 측정해서 잔류전하의 방전상태를 확인한다.

02 (5점)

작업장의 크기가 가로 8[m], 세로 10[m], 바닥에서 천장까지 4[m]이고 광원의 높이가 3.75[m]인 작업장이 있다. 작업장의 모든 작업대는 바닥에서 0.75[m] 높이에 설치할 때 실지수를 구하여 아래표의 기호로 적으시오.

기호	A	B	C	D	E	F	G	H	I	J
실지수	5.0	4.0	3.0	2.5	2.0	1.5	1.25	1.0	0.8	0.6
범위	4.5 이상	4.5~3.5	3.5~2.75	2.75~2.25	2.25~1.75	1.75~1.38	1.38~1.12	1.12~0.9	0.9~0.7	0.7 이하

- 계산 :
- 답 :

Answer

계산 : $R \cdot I = \dfrac{X \cdot Y}{H(X+Y)} = \dfrac{8 \times 10}{(3.75-0.75) \times (8+10)} = 1.48$ 답 : F

Explanation

실지수(방지수) $= \dfrac{XY}{H(X+Y)}$

여기서, H : 등의 높이 - 작업면 높이[m]
  X : 방의 가로[m]
  Y : 방의 세로[m]

- 실지수표

기호	A	B	C	D	E	F	G	H	I	J
실지수	5.0	4.0	3.0	2.5	2.0	1.5	1.25	1.0	0.8	0.6
범위	4.5 이상	4.5~3.5	3.5~2.75	2.75~2.25	2.25~1.75	1.75~1.38	1.38~1.12	1.12~0.9	0.9~0.7	0.7 이하

03 (6점)

한국전기설비규정에 따라 저압 전로에 사용하는 과전류 보호장치의 종류를 3가지만 적으시오(단, 기중차단기는 제외한다).

① :   ② :   ③ :

Answer

① : 배선차단기   ② : 누전차단기   ③ : 퓨즈

Explanation

(KEC 212.3.4조) 보호장치의 특성
과전류 보호장치는 KS C 또는 KS C IEC 관련 표준(배선차단기, 누전차단기, 퓨즈 등의 표준)의 동작 특성에 적합하여야 한다.

04 ★★☆☆☆ (5점)

특고압(22.9[kV]) 수·변전설비 공사에서 변압기 1차 측 차단기의 정격 차단용량을 구하는 식과 차단기 종류를 4가지만 적으시오.

(1) 정격 차단용량 식(단, 3상 교류인 경우)
(2) 차단기 종류
  ① :   ② :
  ③ :   ④ :

Answer

(1) 정격차단용량 = $\sqrt{3} \times$ 정격전압 $\times$ 정격차단전류 $\times 10^{-6}$ [MVA]
(2) ① : 유입차단기   ② : 공기차단기   ③ : 진공차단기   ④ : 가스차단기

Explanation

차단기(Circuit Breaker) : 부하 전류 및 고장 전류 차단

(1) 차단기 용량
  정격차단용량 = $\sqrt{3} \times$ 정격전압 $\times$ 정격차단전류 $\times 10^{-6}$ [MVA]
         (상계수 × 회복전압 × 차단전류)

(2) 차단기의 종류
  ① 유입차단기(OCB, Oil Circuit Breaker)
    – 소호매질 : 절연유
    – 방음설비, 소호장치가 필요 없다.
    – 화재우려가 있다(옥내에 사용 금지).
  ② 진공차단기(VCB, Vacuum Circuit Breaker)
    – 소호매질 : 진공
    – 소형, 경량
    – 주파수의 영향을 받지 않는다.
    – 25[kV] 이하 급에서 많이 사용
  ③ 공기차단기(ABB, Air Blast Circuit Breaker)
    – 소호매질 : 압축공기(임펄스차단기)
    – 압축공기의 압력 : 10 ~ 20[kg/cm²]
    – 차단 시 소음이 크다.
    – 예전 154, 345[kV] 선로에 사용
  ④ 가스차단기(GCB, Gas Circuit Breaker)
    – 소호매질 : SF_6
    – 밀폐구조로 소음이 적고 신뢰성이 우수
    – 절연내력이 우수하여 차단기 소형화 가능
    – 현재 154, 345[kV] 선로에 사용
  ⑤ 자기차단기(MBB, Magnetic Blast Circuit Breaker)
    – 소호매질 : 자계의 전자력
    – 전류 절단이 우수
    – 주파수의 영향을 받지 않는다.
  ⑥ 기중 차단기(ACB, Air Circuit Breaker)
    – 소호매질 : 공기(대기)
    – 저압용 차단기

05 ★★★★☆ (4점)

가공배전선로(22.9[kV])에서 활선 상태인 경우 전선의 피복을 벗기는 것은 매우 곤란한 작업이다. 이런 경우 활선 상태에서 전선의 피복을 벗기는 공구를 적으시오.

Answer

활선 피박기

Explanation

활선 피박기
- 활선 상태에서 전선의 피복을 벗길 때 사용하는 장구
- 본체와 전선 바이스 및 절단칼날과 3개의 회전용 핸들링과 조정볼트로 구성

06 ★☆☆☆☆ (5점)

한 개의 전등을 3개소에서 점멸하고자 할 때 다음 각 경우에 따라 사용할 스위치의 최소 수량을 적으시오.

스위치의 종류	수량
3로 스위치와 4로 스위치를 같이 사용하는 경우	3로 스위치 : (①)개
	4로 스위치 : (②)개
3로 스위치만 사용하는 경우	3로 스위치 : (③)개

Answer

① : 2 　　② : 1 　　③ : 4

Explanation

3개소에서 점멸하도록 회로를 구성할 때

① 3로 스위치 2개와 4로 스위치 1개를 사용한 경우　　② 3로 스위치 4개를 사용한 경우

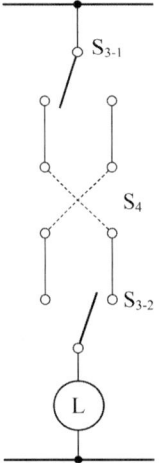 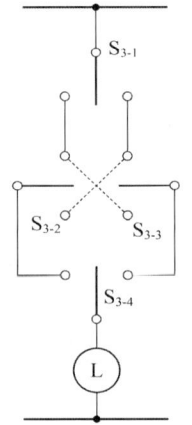

07 역률을 개선하기 위하여 고압 또는 특고압 전력용 커패시터를 설치했을 때 이 커패시터와 함께 고조파 대책용으로 설치하는 것을 적으시오. (4점)

Answer

직렬리액터

Explanation

직렬 리액터(SR : Series Reactor)
① 제5고조파로부터 전력용 콘덴서 보호 및 파형 개선의 목적으로 사용
② 직렬 리액터의 용량
 - 이론적 : 콘덴서 용량 × 4[%]
$$5\omega L = \frac{1}{5\omega C} \quad \therefore \quad \omega L = \frac{1}{25} \times \frac{1}{\omega C} = 0.04 \times \frac{1}{\omega C}$$
 - 실제상 : 콘덴서 용량 × 6[%]
  (이유 : 주파수변동 및 경제적인 부분 고려)

08 지중 케이블의 고장 개소를 찾는 방법 5가지를 쓰시오. (5점)

Answer

① 머레이 루프법
② 펄스 레이더법
③ 정전용량법
④ 수색코일법
⑤ 음향에 의한 방법

Explanation

지중전선로 고장점 탐색법
① 머레이 루프법 : 휘스톤 브리지의 원리를 이용하는 방식

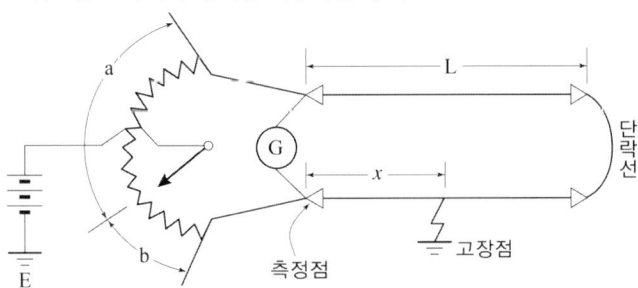

검류계에 전류가 흐르지 않으면 평형 상태이므로
$a \cdot x = b \cdot (2L - x)$
$\therefore \quad x = \frac{b}{a+b} \times 2L [\mathrm{m}]$
여기서, L : 선로의 전체 길이[m], x : 측정점에서 고장점까지의 거리[m]

② 수색코일법
  케이블의 한쪽에서 600[Hz] 정도의 단속전류를 흘리고 지상에서는 수색코일에 증폭기와 수화기를 연결하여 케이블을 따라 고장점 탐색하는 방법
③ 정전용량법
  구조가 같은 케이블은 정전용량이 길이에 비례하는 것을 이용하여 고장점을 탐색하는 방법

$$L = 선로 긍장 \times \frac{C_x}{C_o}$$

  여기서, C_x : 사고 상의 사고점까지의 정전용량 측정치
         C_o : 건전 상의 정전용량 측정치
④ 펄스 레이더법
  케이블의 한쪽에서 펄스를 입사하면 케이블의 서지 임피던스가 급변하므로 입사파 일부는 고장점에서 되돌아오는 시간을 측정하여 고장점 탐색하는 방법
⑤ 음향법
  고장케이블에 고전압의 펄스를 보내어 고장점에서 발생하는 방전음을 이용하여 고장점을 탐색하는 방법

09 (4점)

한국전기설비규정에 따라 고압 및 특고압의 전로는 아래 표에서 정한 시험전압을 전로와 대지 사이(다심케이블은 심선 상호 간 및 심선과 대지 사이)에 연속하여 10분간 가하여 절연내력을 시험하였을 때에 이에 견디어야 한다. 아래 표의 빈칸을 채워 완성하시오(단, 회전기, 정류기, 연료전지 및 태양전지 모듈의 전로, 변압기의 전로, 기구 등의 전로 및 직류식 전기철도용 전차선을 제외하며 기타 예외조건은 고려하지 않는다).

[전로의 종류 및 시험전압]

전로의 종류	시험 전압
최대사용전압 7[kV] 이하인 전로	최대사용전압의 (①)배의 전압
최대사용전압 7[kV] 초과 25[kV] 이하인 중성점 접지식 전로(중성선을 가지는 것으로서 그 중성선을 다중접지하는 것에 한)	최대사용전압의 (②)배의 전압

① :   ② :

Answer

① 1.5   ② 0.92

Explanation

(KEC 132조) 전로의 절연저항 및 절연내력

구분		배율	최저 전압
중성점 직접 접지식이 아닌 경우	7[kV] 이하	1.5	
	7[kV] 초과 ~ 60[kV] 이하	1.25	10.5[kV]
	60[kV] 초과(비접지식)	1.25	
	60[kV] 초과(중성점 접지식)	1.1	75[kV]
중성점 직접 접지식	7[kV] 초과 ~ 25[kV] 이하 (중성점 다중 접지식)	0.92	

	60[kV] 초과 ~ 170[kV]까지	0.72	
	170[kV] 초과	0.64	
	최대사용전압이 60[kV]를 초과하는 정류기에 접속되고 있는 전로	1.1	

10. 차단기의 성능을 타나내는 요소 중 하나인 정격 개극 시간에 대하여 간략히 적으시오. (5점)

Answer

폐로되어 있는 차단기의 트립장치가 여자되어 접촉자가 개리(開離)하기 시작할 때까지의 시간

Explanation

차단기 정격 차단 시간
정격 차단 전류를 모든 정격 및 규정의 회로 조건 하에서 규정의 표준 동작 책무 및 동작 상태에 따라 차단할 때의 차단 시간 한도
개극 시간 + 아크 시간(트립코일 여자에서 소호까지의 시간)

11. 변압기 냉각방식의 종류를 5가지만 적으시오. (5점)

Answer

① OA(ONAN) : 유입자냉식
② FA(ONAF) : 유입풍냉식
③ OW(ONWF) : 유입수냉식
④ FOA(OFAF) : 송유풍냉식
⑤ FOW(OFWF) : 송유수냉식

Explanation

변압기 냉각방식
- OA(ONAN) : Oil Natural Air Natural, 유입자냉식
- FA(ONAF) : Oil Natural Air Forced, 유입풍냉식
- OW(ONWF) : Oil Natural Air Water Forced, 유입수냉식
- FOA(OFAF) : Oil Forced Air Forced, 송유풍냉식
- FOW(OFWF) : Oil Forced Water Forced, 송유수냉식

12 ★★★★★ (5점)

폭 20[m]의 가로 양쪽에 간격 20[m]를 두고 맞보기 배열로 가로등이 점등되어 있다. 한 등당 전광속이 25,000[lm]이고, 조명률 30[%], 감광 보상률이 1.4라면 이 도로의 평균 조도[lx]는 얼마인지 계산하시오.

• 계산 :

• 답 :

Answer

계산 : $E = \dfrac{FUN}{SD} = \dfrac{25{,}000 \times 0.3 \times 1}{\dfrac{20 \times 20}{2} \times 1.4} = 26.79\,[\text{lx}]$ 답 : 26.79[lx]

Explanation

• 조명계산
 $FUN = ESD$
 여기서, F[lm] : 광속
   U[%] : 조명률
   N[등] : 등수
   E[lx] : 조도
   S[m²] : 면적
   $D = \dfrac{1}{M}$: 감광보상률 $= \dfrac{1}{보수율}$

 등수 $N = \dfrac{ESD}{FU}$ 이며 등수계산에서 소수점은 무조건 절상한다.

• 도로 조명에서의 면적 계산
 – 중앙배열, 편측배열 : $S = a \cdot b$
 – 양쪽배열, 지그재그식 : $S = \dfrac{a \cdot b}{2}$
  여기서, a : 도로 폭
    b : 등 간격

문제에서는 양쪽(맞보기)배열이므로 $S = \dfrac{ab}{2} = \dfrac{20 \times 20}{2} = 200\,[\text{m}^2]$

13 (6점)

시퀀스회로 및 릴레이 내부결선도를 참고해서 아래 결선도면의 결선을 완성하시오(단, X1은 릴레이, PB1 및 PB2는 푸시버튼스위치, L은 램프이고 단자 하나에 전선 3가닥 이상을 접속할 수 없다).

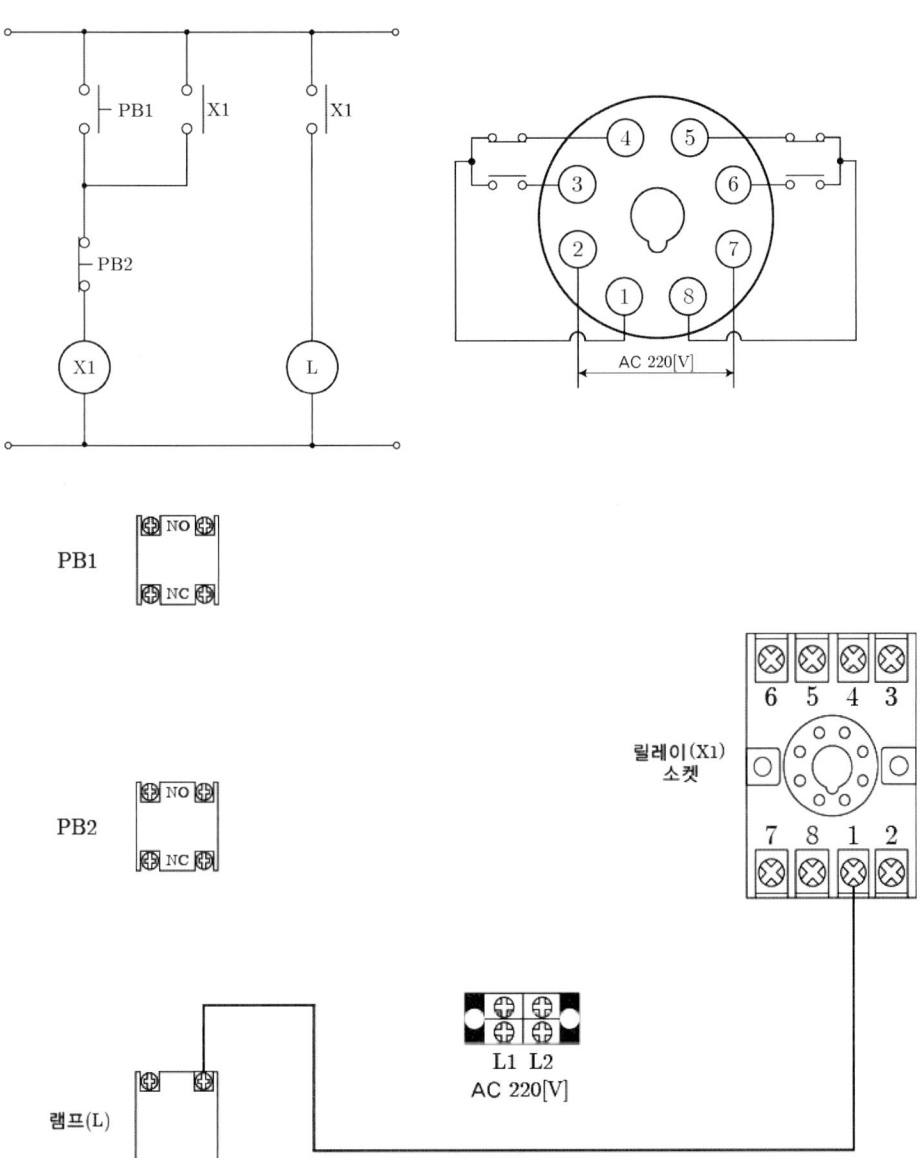

Answer

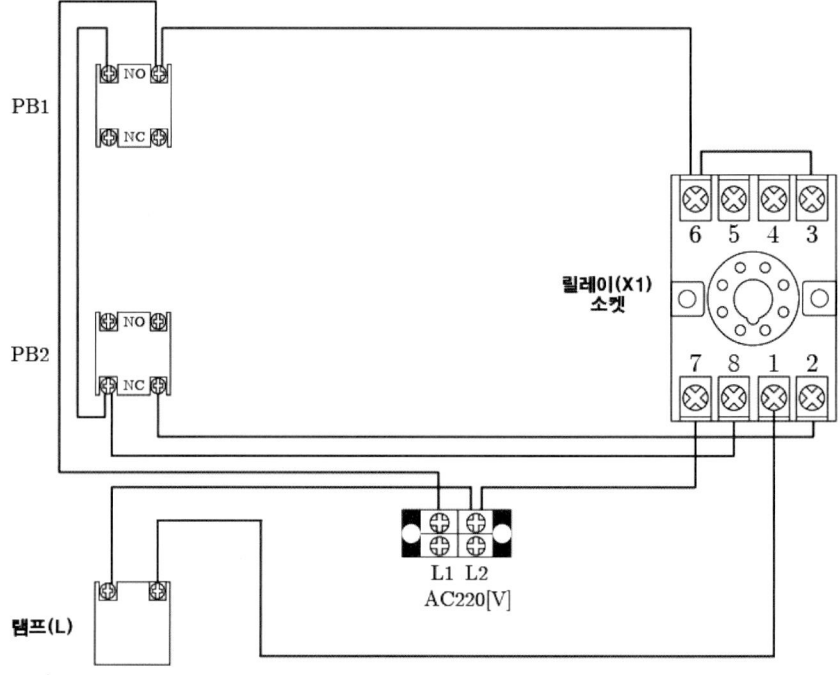

14 ★★★☆☆ (4점)
합성수지몰드공사를 시설할 수 있는 장소를 2가지만 적으시오(단, 옥내이고 400[V] 이하의 건조한 장소에 한한다).

Answer

- 노출 장소
- 점검 가능한 은폐 장소

Explanation

(배선설비의 설계 및 공사방법에 관한 기술지침 3.2.3조) 합성수지몰드공사

노출 장소		옥내(400[V] 이하에 한함)				옥측/옥외	
		은폐 장소					
		점검 가능		점검 불가능			
건조한 장소	습기가 많은 장소 또는 물기가 있는 장소	건조한 장소	습기가 많은 장소 또는 물기가 있는 장소	건조한 장소	습기가 많은 장소 또는 물기가 있는 장소	우선 내	우선 외
○	×	○	×	×	×	×	×

[비고 1] 점검가능장소 예시 : 건물의 빈 공간 등
[비고 2] 점검불가능장소 예시 : 구조체 매입, 케이블채널, 지중매설, 창틀 및 처마도리 등

15 ★★★☆☆ (6점)

저압 옥내 간선에서 분기하여 각 부하에 전력을 공급하는 분기회로에서 다음 조건을 보고 사용전압 220[V], 20[A]인 경우의 부하설비용량과 분기회로의 최소 회로수를 구하시오. 단, 룸 에어컨은 별도회로로 구성한다.

[조건]
- 주택부분의 바닥면적 : 240[m^2]
- 점포부분의 바닥면적 : 50[m^2]
- 창고의 바닥면적 : 10[m^2]
- 주택에 대한 가산 VA : 1,000[VA]
- 룸 에어컨 2[kW]

(1) 부하설비용량
  • 계산 :   • 답 :
(2) 분기회로수
  • 계산 :   • 답 :

Answer

(1) 계산 : P = 바닥면적 × 표준부하 + 가산부하
        = (240×40)+(50×30)+(10×5)+1,000 = 12,150[VA]

답 : 12,150[VA]

(2) 계산 : ① 룸 에어컨을 제외한 분기 회로수 : $N = \dfrac{12,150}{20 \times 220} = 2.76 \rightarrow 3$ 회로
        ② 룸 에어컨 전용 1회로

답 : 20[A] 분기 4회로(룸 에어컨 전용 20[A] 분기 1회로 포함)

Explanation

부하상정 및 분기회로
1. 표준 부하
  1) 건축물의 종류에 따른 표준 부하

건축물의 종류	표준 부하[VA/m²]
공장, 공회당, 사원, 교회, 극장, 영화관, 연회장 등	10
기숙사, 여관, 호텔, 병원, 학교, 음식점, 다방, 대중 목욕탕	20
사무실, 은행, 상점, 이발소, 미장원	30
주택, 아파트	40

2) 건축물 중 별도 계산할 부분의 표준 부하 (주택, 아파트는 제외)

건축물의 부분	표준 부하[VA/m²]
복도, 계단, 세면장, 창고, 다락	5
강당, 관람석	10

3) 표준 부하에 따라 산출한 수치에 가산하여야 할 [VA]수
 ① 주택, 아파트(1세대마다)에 대하여는 500~1,000 [VA]
 ② 상점의 진열창에 대하여는 진열창 폭 1 [m]에 대하여 300 [VA]
 ③ 옥외의 광고등, 전광사인, 네온 사인등의 [VA] 수
 ④ 극장, 댄스홀 등의 무대조명, 영화관 등의 특수전등부하의 [VA] 수

4) 예상이 곤란한 콘센트, 접속기, 소켓 등의 예상부하 값 계산

수구의 종류	예상 부하[VA/개]
소형 전등수구, 콘센트	150
대형 전등수구	300

[비고 1] 콘센트는 1구이든 2구이든 몇 개의 구로 되어 있더라도 1개로 본다.
[비고 2] 전등수구의 종류는 다음과 같다.
    소형 : 공칭지름이 26[mm] 베이스인 것
    대형 : 공칭지름이 39[mm] 베이스인 것

2. 부하의 상정
부하 설비 용량= $PA + QB + C$
여기서, P : 건축물의 바닥 면적 [m²] (Q 부분 면적 제외)
    Q : 별도 계산할 부분의 바닥면적 [m²]
    A : P 부분의 표준 부하 [VA/m²]
    B : Q 부분의 표준 부하 [VA/m²]
    C : 가산해야 할 부하 [VA]

3. 분기 회로수

분기 회로수 = $\dfrac{\text{표준 부하 밀도}[\text{VA/m}^2] \times \text{바닥 면적}[\text{m}^2]}{\text{전압}[\text{V}] \times \text{분기 회로의 전류}[\text{A}]}$

【주1】 계산결과에 소수가 발생하면 절상한다.
【주2】 220 [V]에서 3[kW] (110 [V] 때는 1.5 [kW])를 초과하는 냉방기기, 취사용기기 등 대형 전기 기계 기구를 사용하는 경우에는 단독분기회로를 사용하여야 한다.
※ 분기회로 전류는 보통 문제에서 주어지지 않으면 16[A] 분기회로임

16 ★★★☆☆ (6점)

다음 도면은 어느 공장의 수변전설비에 대한 단선도의 일부이다. 이 단선도를 보고 다음 각 물음에 답하시오.

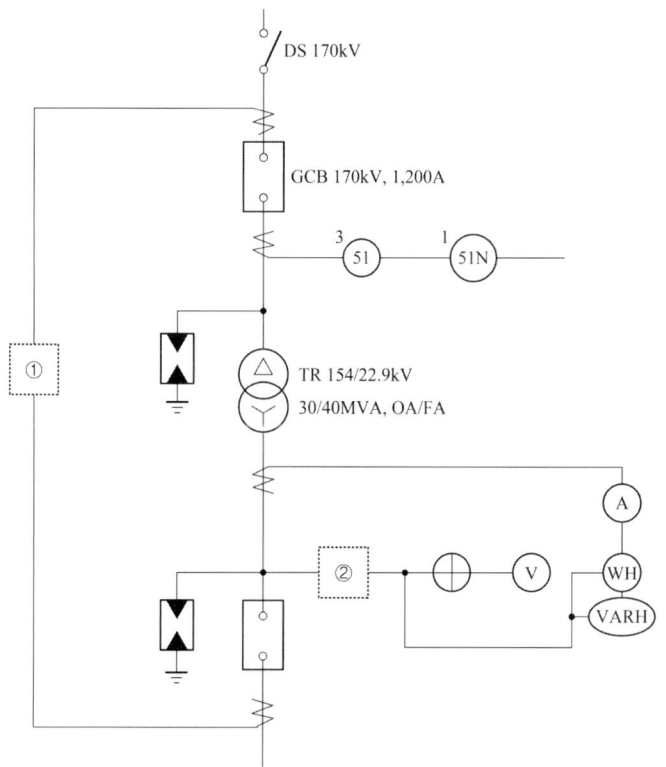

(1) ①에 설치되어야 할 기기의 심벌을 그리고, 그 명칭을 쓰시오.
(2) ②에 설치되어야 할 기기의 심벌을 그리고, 그 명칭을 쓰시오.
(3) 51, 51N의 기구 번호의 명칭은?

Answer

(1) 심벌 : (87T)   (2) 심벌 : ⋛⋛
    명칭 : 주변압기 차동계전기   명칭 : 계기용 변압기
(3) 51 : 과전류 계전기
    51N : 중성점 과전류 계전기

Explanation

(1) 계전기 고유번호
  • 87 : 전류 차동계전기(비율 차동계전기)
  • 87B : 모선 보호 차동계전기
  • 87G : 발전기용 차동계전기
  • 87T : 주변압기 차동계전기

(3) • 51 : 교류 과전류 계전기
• 51G : 지락 과전류 계전기
• 51H : 고정정 OCR
• 51L : 저정정 OCR
• 51N : 중성점 OCR
• 51P : MTr 1차 OCR
• 51S : MTr 2차 OCR
• 51V : 전압억제부 OCR

17 ★★★☆☆ (5점)
그림과 같이 전선 1조마다 50[kg]의 장력을 받는 전선 3조와 인류지선을 시설하고자 한다. 이 경우 지선이 받는 장력[kg]을 구하시오.

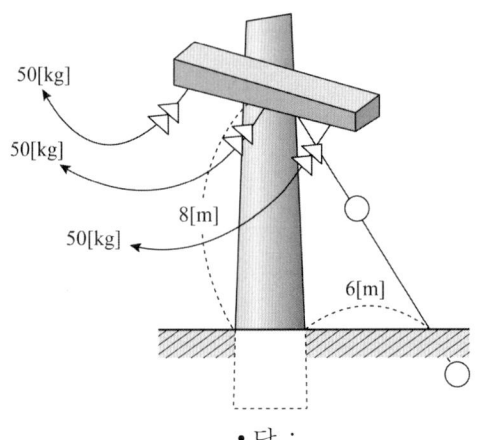

• 계산 : • 답 :

Answer

계산 : 지선장력 $T_0 = \dfrac{T}{\cos\theta} = \dfrac{50 \times 3}{\dfrac{6}{10}} = 250\,[\text{kg}]$ 답 : 250[kg]

Explanation

지선장력
$T_0 = \dfrac{T}{\cos\theta}$

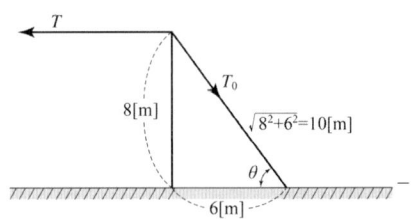

$\cos\theta = \dfrac{T}{T_0} = \dfrac{6}{10}$

∴ $T_0 = \dfrac{10}{6} \times T = \dfrac{10}{6} \times 50 \times 3 = 250\,[\text{kg}]$

18 전기부문 표준품셈에 따른 인력운반비 산출 공식을 아래 조건을 활용하여 적으시오. (5점)

A : 공사특성에 따른 직종 노임

M : 필요한 인력의 수 $M = \dfrac{\text{총운반량[kg]}}{\text{1인당 1회 운반량[kg]}}$

L : 운반거리[km]

V : 왕복 평균속도[km/hr]

T : 1일 실작업시간[분]

t : 준비작업시간[2분](1회 운반량은 25[kg/인])

Answer

운반비 $= \dfrac{A}{T} \times M \times \left(\dfrac{60 \times 2 \times L}{V} + t \right)$

Explanation

(전기부문 표준품셈 1-25) 인력운반 및 적상하 시간기준

1. 인력운반비 산출 공식

    운반비 $= \dfrac{A}{T} \times M \times \left(\dfrac{60 \times 2 \times L}{V} + t \right)$

    여기에서
    A : 공사특성에 따른 직종 노임
    M : 필요한 인력의 수 $M = \dfrac{\text{총운반량[kg]}}{\text{1인당 1회 운반량[kg]}}$
    L : 운반거리[km]
    V : 왕복 평균속도[km/hr]
    T : 1일 실작업시간[분]
    t : 준비작업시간[2분](1회 운반량은 25[kg/인])

BEST 19 그림과 같이 전선관을 지중에 매설하려고 한다. 터파기(흙파기)량은 얼마인가? 단, 매설 거리는 70[m]이고, 전선관의 면적은 무시한다. (5점)

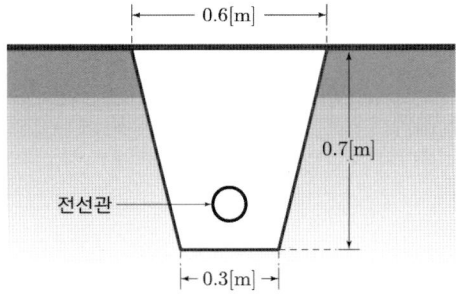

• 계산 :   • 답 :

Answer

계산 : 줄기초 파기이므로 $V_o = \dfrac{0.6+0.3}{2} \times 0.7 \times 70 = 22.05[\text{m}^3]$ 답 : $22.05[\text{m}^3]$

Explanation

터파기량 계산
- 줄기초 파기 : 전선관 매설

$$\text{터파기량}[\text{m}^3] = \left(\dfrac{a+b}{2}\right) \times h \times \text{줄기초 길이}$$

20 전력계통에서 지락보호계전기의 종류를 3가지만 적으시오. (5점)

Answer

지락과전류계전기
방향지락계전기
선택지락계전기

Explanation

지락보호용 계전기
- 지락과전류계전기(OCGR) : 과전류계전기의 동작전류를 지락전류에 맞게 한 것
- 방향지락계전기(DGR) : 지락계전기에 방향성을 부여
- 선택지락계전기(SGR) : 병행 2회선 송전 선로에서 한 쪽의 1회선에 지락 고장이 일어났을 경우 이것을 검출해서 고장 회선만을 선택 차단

전기공사산업기사 실기

과년도 기출문제
2022

- 2022년 제01회
- 2022년 제02회
- 2022년 제04회

2022년 과년도 기출문제에 대한 출제 빈도 분석 차트입니다.
각 회차별로 별의 개수를 확인하고 학습에 참고하기 바랍니다.

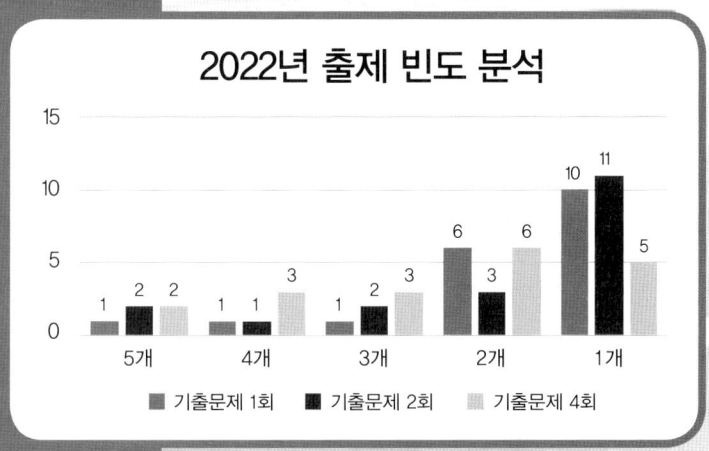

2022년 전기공사산업기사 실기

01 ★☆☆☆☆ (4점)

특고압 배전선로의 지지물에서 내장이나 인류개소에 장력이 걸리는 전선을 고정하는 데 사용하며 폴리머제 애자로 자기제 애자류에 비해 전기적인 특성이 양호하고 신뢰성이 높아 중요지역 및 염진해 지역의 공급선로에 주로 사용되는 것은 무엇인가?

Answer

폴리머 현수애자

Explanation

폴리머 현수애자

품목번호	기호	길이	규격 인장하중	단위중량
106694(131-600)	폴리머현수애자 A호	525±25	7,000	1.72
106695(131-601)	폴리머현수애자 B호	430±20	7,000	1.5

02 ★☆☆☆☆ (4점)

갭레스형 피뢰기의 장·단점을 각각 2가지씩 쓰시오.

(1) 장점
　①
　②
(1) 단점
　①
　②

Answer

(1) 장점
　① 직렬갭(방전갭)이 없으므로 구조가 간단하고 소형 경량화가 가능하다.
　② 속류가 없어 빈번한 작동에 잘 견디며 특성요소의 변화가 적다.
(1) 단점
　① 직렬갭이 없으므로 특성요소 사고 시에 단락사고와 같은 경로로 연결될 수 있다.
　② 항상 회로에 전압이 인가되어 열화가능성이 있으며 열폭주현상이 발생할 수 있다.

Explanation

갭레스(Gapless) 피뢰기
금속산화물(ZnO) 특성요소의 뛰어난 비직선 저항곡선을 이용한 특성요소를 이용하여 직렬갭을 없앤 구조의 피뢰기

장점
(1) 직렬갭(방전갭)이 없으므로 구조가 간단하고 소형 경량화가 가능하다.
(2) 속류가 없어 빈번한 작동에 잘 견디며 특성요소의 변화가 적다.
(3) 소손 위험이 적고 반복되는 서지에 대하여도 뛰어난 성능을 기대할 수 있다.
단점
(1) 직렬갭이 없으므로 특성요소 사고 시에 단락사고와 같은 경로로 연결될 수 있다.
(2) 항상 회로에 전압이 인가되어 열화가능성이 있으며 열폭주현상이 발생할 수 있다.

03 다음의 논리식을 유접점 시퀀스 회로로 작성하시오(단, 회로 작성 시 선의 접속 및 미접속에 대한 예시를 참고하여 작성하시오). (6점)

[선의 접속과 미접속에 대한 예시]	
접속	미접속

(1) $X_1 = \overline{A}B + A\overline{B} + C$

(2) $X_2 = AB + (A + \overline{B}) \cdot \overline{C}$

(3) $X_3 = (A + B) \cdot C$

Answer

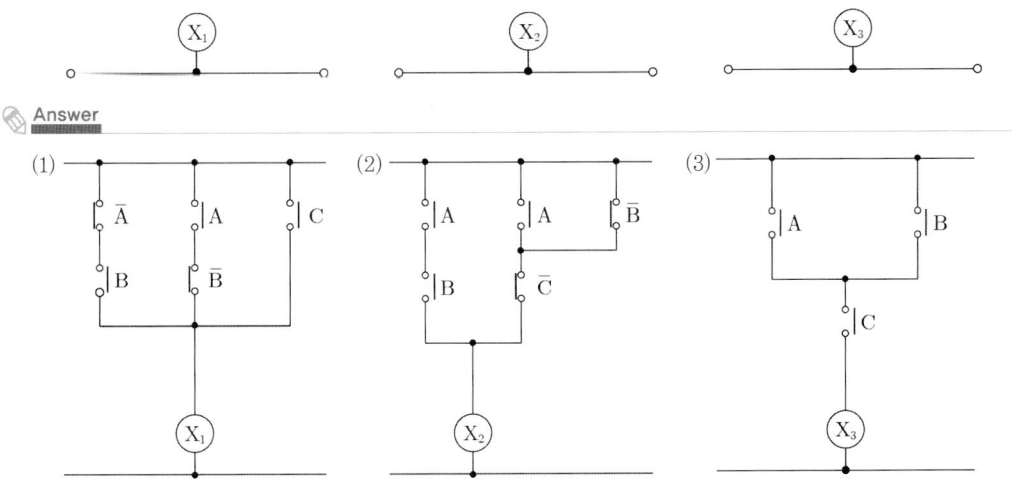

04 (4점)

한국전기설비규정에 따른 등기구 설치에 관한 설명 중 일부이다. 빈칸에 알맞은 내용을 적으시오.

> 가연성 재료로부터 적절한 간격을 유지하여야 하며, 제작자에 의해 다른 정보가 주어지지 않으면, 스포트라이트나 프로젝터는 모든 방향에서 가연성 재료로부터 다음의 최소 거리를 두고 설치하여야 한다.
> (1) 정격용량 100[W] 이하 : (①)[m]
> (2) 정격용량 100[W] 초과 300[W] 이하 : (②)[m]
> (3) 정격용량 300[W] 초과 500[W] 이하 : 1.0[m]
> (4) 정격용량 500[W] 초과 : 1.0[m] 초과

①   ②

Answer

① 0.5   ② 0.8

Explanation

(KEC 234.1.3조) 등기구의 시설 – 열영향에 대한 주변의 보호

가연성 재료로부터 적절한 간격을 유지하여야 하며, 제작자에 의해 다른 정보가 주어지지 않으면, 스포트라이트나 프로젝터는 모든 방향에서 가연성 재료로부터 다음의 최소 거리를 두고 설치하여야 한다.
(1) 정격용량 100[W] 이하 : 0.5[m]
(2) 정격용량 100[W] 초과 300[W] 이하 : 0.8[m]
(3) 정격용량 300[W] 초과 500[W] 이하 : 1.0[m]
(4) 정격용량 500[W] 초과 : 1.0[m] 초과

---

05 (4점)

전기부문 표준품셈에 따른 케이블의 할증률은 일반적으로 다음 표의 값 이내로 한다. 빈칸에 알맞은 내용을 적으시오.

전기재료	할증률[%]
Cable(옥외)	(①)
Cable(옥내)	(②)

Answer

① 3   ② 5

Explanation

전기재료 할증

종류	할증률[%]	종류	할증률[%]
옥외전선	5	전선관(옥외)	5
옥내전선	10	전선관(옥내)	10
Cable(옥외)	3	Trolley선	1
Cable(옥내)	5	동대, 동봉	3

06 ★★☆☆☆ (4점)

22.9[kV-Y] 중성점 다중접지 계통의 지중 배전선로에 사용되는 개폐기로서 정전이 발생할 경우 큰 피해가 예상되는 수용가에 서로 다른 변전소에서 2중 전원을 확보하여 A 변전소에서 공급되는 상용전원의 정전이나 기준전압 이하로 떨어진 경우에 B 변전소에서 공급되는 예비전원으로 순간 자동 전환을 하는 그림 (가)의 개폐기 명칭을 쓰시오.

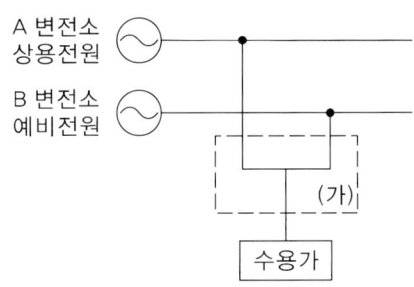

Answer

자동부하전환개폐기

Explanation

자동부하전환개폐기(ALTS : Automatic Load Transfer Switch)
- 22.9[kV-Y] 중성점 다중접지 계통의 지중 배전선로에 사용되는 개폐기로서 정전이 발생할 경우 큰 피해가 예상되는 수용가에 서로 다른 변전소에서 2중 전원을 확보하여 주전원인 상용전원의 정전이나 기준전압 이하로 떨어진 경우에 예비전원으로 순간 자동 전환을 하는 개폐기
- 3상 일괄조작의 개폐기로서 SF_6 가스절연방식의 옥내용과 옥외용

07 ★☆☆☆☆ (5점)

1개의 전등을 한 계통에서 2개소 점멸하기 위해서 3로 스위치 2개를 설치하고자 한다. 다음 미완성 배선도를 완성하시오.

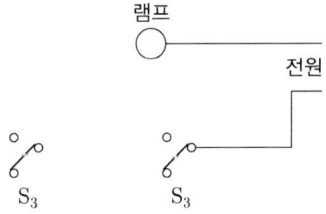

Answer

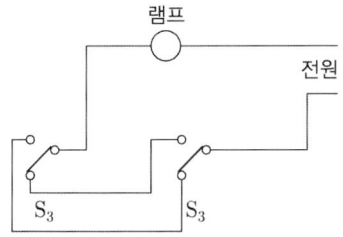

08 다음은 조명방식에 관한 설명이다. 조명방식 및 특징을 읽고 어떤 조명방식인지 적으시오. (5점)

- 조명방식
  코너 조명과 같이 천장과 벽면경계에 건축적으로 둘레턱을 만들어 내부에 등기구를 배치하여 조명 하는 방식이다.
- 특징
  아래 방향의 벽면을 조명하는 방식으로 광원은 형광램프가 적정하다.

Answer

코니스 조명

Explanation

건축화 조명
- 루버 천장 조명
  - 천장면에 루버판을 부착하고 천장 내부에 광원을 배치하여 조명하는 방식
  - 낮은 휘도, 밝은 직사광을 얻고 싶은 경우 훌륭한 조명 효과
- 다운라이트 조명
  천장면에 작은 구멍을 많이 뚫어 그 속에 여러 형태의 하면개방형, 하면루버형, 하면확산형, 반사형 전구 등의 등기구를 매입하는 조명 방식
- 코퍼 조명
  - 천장면을 여러 형태의 사각, 동그라미 등으로 오려내고 다양한 형태의 매입기구를 취부하여 실내의 단조로움을 피하는 조명 방식
  - 고천장의 은행 영업실, 1층홀, 백화점 1층 등에 사용
- 밸런스 조명
  벽면을 밝은 광원으로 조명하는 방식으로 숨겨진 램프의 직접광이 아래쪽 벽, 커튼, 위쪽 천장면에 쪼이도록 조명하는 방식으로 분위기 조명
- 코브 조명
  - 램프를 감추고 코브의 벽, 천장 면에 플라스틱, 목재 등을 이용하여 간접 조명으로 만들어 그 반사광으로 채광하는 조명 방식
  - 천장과 벽이 2차 광원이 되므로 반사율과 확산성이 높아야 한다.
- 코너 조명
  - 천장과 벽면의 경계 구석에 등기구를 배치하여 조명하는 방식
  - 천장과 벽면을 동시에 투사하는 실내 조명 방식으로 지하도용에 이용
- 코니스 조명
  - 코너 조명과 같이 천장과 벽면 경계에 건축적으로 둘레턱을 만들어 내부에 등기구를 배치하여 조명하는 방식
  - 아래 방향의 벽면을 조명하는 방식
- 광량 조명
  연속열 등기구를 천장에 매입하거나 들보에 설치하는 조명 방식
- 광천장 조명
  천장면에 확산투과재인 메탈 아크릴 수지판을 붙이고 천장 내부에 광원 설치하는 조명 방식
- 건축화 조명의 종류

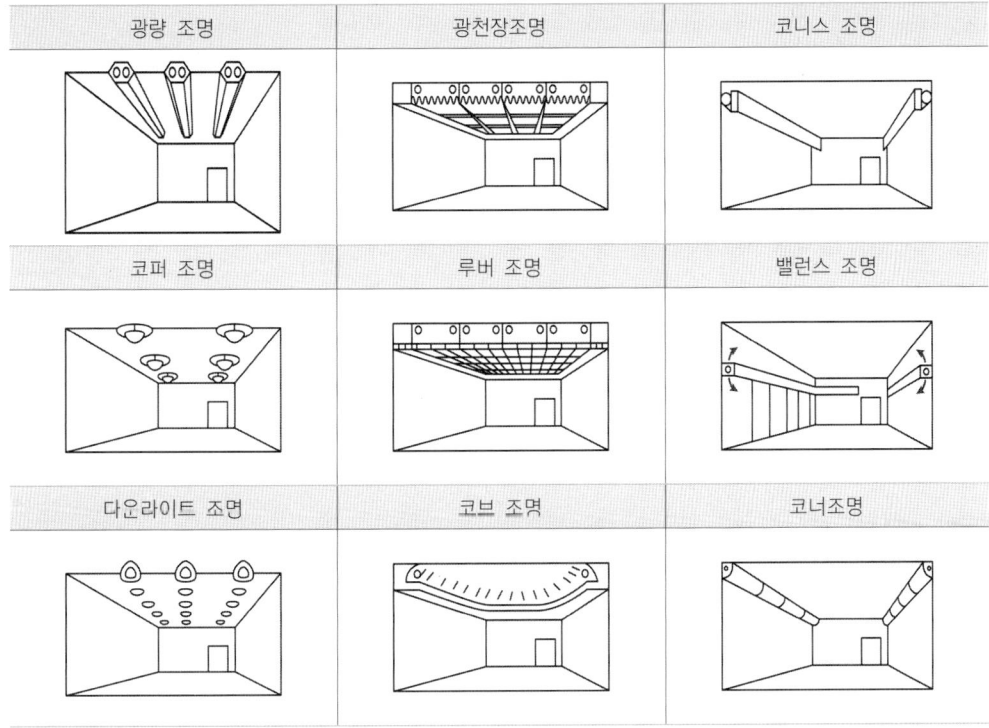

09 ★☆☆☆☆ (5점)
사용전압이 저압인 전로(전기기계기구 안의 전로 제외)의 전선으로 사용하는 케이블을 3가지만 적으시오.

① ②
③

Answer

① 0.6/1[kV] 연피(鉛皮)케이블
② 클로로프렌외장(外裝)케이블
③ 비닐외장케이블

Explanation

(KEC 122.4~5) 전로에 사용하는 케이블의 종류

1. 저압케이블
 - 0.6/1[kV] 연피(鉛皮)케이블
 - 클로로프렌외장(外裝)케이블
 - 비닐외장케이블
 - 폴리에틸렌외장케이블
 - 무기물 절연케이블
 - 금속외장케이블
 - 저독성 난연 폴리올레핀외장케이블

2. 고압케이블
- 연피케이블
- 알루미늄피케이블
- 클로로프렌외장케이블
- 비닐외장케이블
- 폴리에틸렌외장케이블
- 저독성 난연 폴리올레핀외장케이블
- 콤바인 덕트 케이블

3. 특고압케이블
- 파이프형 압력케이블
- 연피케이블
- 알루미늄피케이블

10 ★★★★☆ (5점)

사용전압이 220[V]인 옥내배선에서 소비전력 40[W], 역률 60[%]인 형광등 30개와 소비전력 100[W]인 백열등 50개를 설치한다고 할 때 최소 분기 회로수를 계산하시오(15[A] 분기회로로 하며 수용률은 100[%]이다).

• 계산 :   • 답 :

Answer

계산 : $N = \dfrac{\dfrac{40}{0.6} \times 30 + 100 \times 50}{220 \times 15} = 2.12$

답 : 15[A] 분기 3회로

Explanation

부하상정 및 분기회로
부하의 상정

부하 설비 용량 $= PA + QB + C$

여기서, P : 건축물의 바닥 면적[m^2] (Q 부분 면적 제외)
Q : 별도 계산할 부분의 바닥 면적[m^2]
A : P 부분의 표준 부하[VA/m^2]
B : Q 부분의 표준 부하[VA/m^2]
C : 가산해야 할 부하[VA]

분기회로 수

분기회로 수 $= \dfrac{\text{표준 부하 밀도[VA/m}^2\text{]} \times \text{바닥 면적[m}^2\text{]}}{\text{전압[V]} \times \text{분기회로의 전류[A]}}$

[주1] 계산결과에 소수가 발생하면 절상한다.
[주2] 220[V]에서 3[kW] (110[V] 때는 1.5[kW])를 초과하는 냉방기기, 취사용 기기 등 대형 전기 기계기구를 사용하는 경우에는 단독분기회로를 사용하여야 한다.

※ 현재는 16[A]분기회로가 사용되나 문제에서 15[A]라고 하였으므로 이를 적용하여야 한다.

11 가공전선로의 15[m] 전주에 설치된 도면을 보고 다음 물음에 답하시오.

(10점)

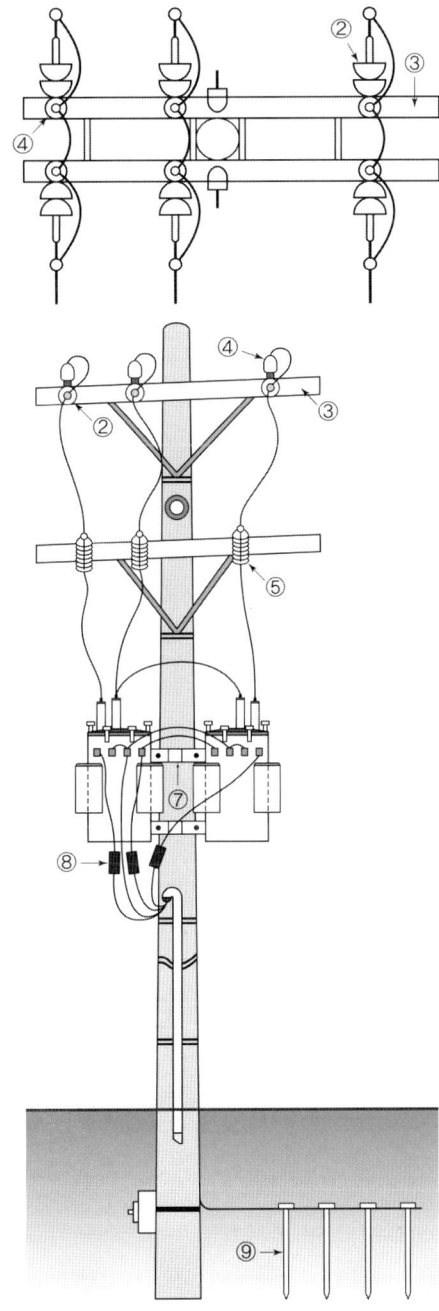

(1) 도면에 표시된 ④의 규격이 23[kV] 56-2호이다. 특고압 핀 애자는 몇 개인가?
(2) 도면에 표시된 ⑤의 품명은 무엇인가?
(3) 도면에 표시된 ⑦의 품명은 정확히 무엇인가?
(4) 도면에 표시된 ⑧의 품명은 무엇이며, 수량은 몇 개인가?
(5) 그림에 표시된 ⑨의 명칭은?

Answer

(1) 6개
(2) COS
(3) 행거 밴드
(4) 품명 : 캐치 홀더, 수량 : 3개
(5) 접지봉

12

(6점)

한국전기설비규정에 따른 연료전지 보호장치에 관한 내용이다. 빈칸에 알맞은 내용을 적으시오.

> 연료전지는 다음의 경우에 자동적으로 이를 전로에서 차단하고 연료전지에 연료가스 공급을 자동적으로 차단하며 연료전지 내의 연료가스를 자동적으로 배기하는 장치를 시설하여야 한다.
> 가. 연료전지에 (①)가 생긴 경우
> 나. 발전요소(發電要素)의 발전전압에 이상이 생겼을 경우 또는 연료가스 출구에서의 (②) 또는 공기 출구에서의 (③) 농도가 현저히 상승한 경우
> 다. 연료전지의 온도가 현저하게 상승한 경우

①   ②   ③

Answer

① 과전류   ② 산소농도   ③ 연료가스

Explanation

(KEC 542.2.1조) 연료전지설비의 보호장치
연료전지는 다음의 경우에 자동적으로 이를 전로에서 차단하고 연료전지에 연료가스 공급을 자동적으로 차단하며 연료전지 내의 연료가스를 자동적으로 배기하는 장치를 시설하여야 한다.
가. 연료전지에 과전류가 생긴 경우
나. 발전요소(發電要素)의 발전전압에 이상이 생겼을 경우 또는 연료가스 출구에서의 산소농도 또는 공기 출구에서의 연료가스 농도가 현저히 상승한 경우
다. 연료전지의 온도가 현저하게 상승한 경우

13 PLC 프로그램의 명령어를 참조하여 다음 각 물음에 답하시오(단, 회로 작성 시 선의 접속 및 미접속에 대한 예시를 참고하여 작성하시오). (9점)

[선의 접속과 미접속에 대한 예시]	
접속	미접속

STEP	명령어	번지
01	STR	001
02	STR	003
03	ANDN	002
04	OB	
05	OUT	100
06	STR	001
07	ANDN	002
08	STR	003
09	OB	
10	OUT	200
11	END	

명령어	내용
STR	입력 a접점(신호)
STRN	입력 b접점(신호)
AND	직렬 a접점
ANDN	직렬 b접점
OR	병렬 a접점
ORN	병렬 b접점
OB	병렬 접속점
OUT	출력
END	끝

(1) PLC 프로그램과 같은 유접점 논리회로를 완성하시오.

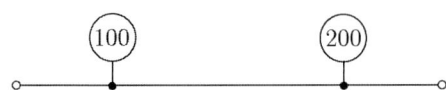

(2) (1)의 회로도에서 001, 002, 003의 접점을 각 1개씩만 사용하여 유접점 회로를 완성하시오.

(3) PLC 프로그램에 대한 무접점 논리회로를 완성하시오.

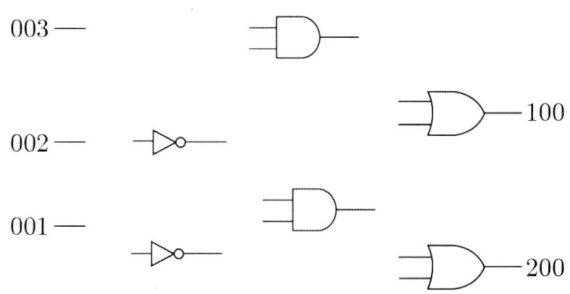

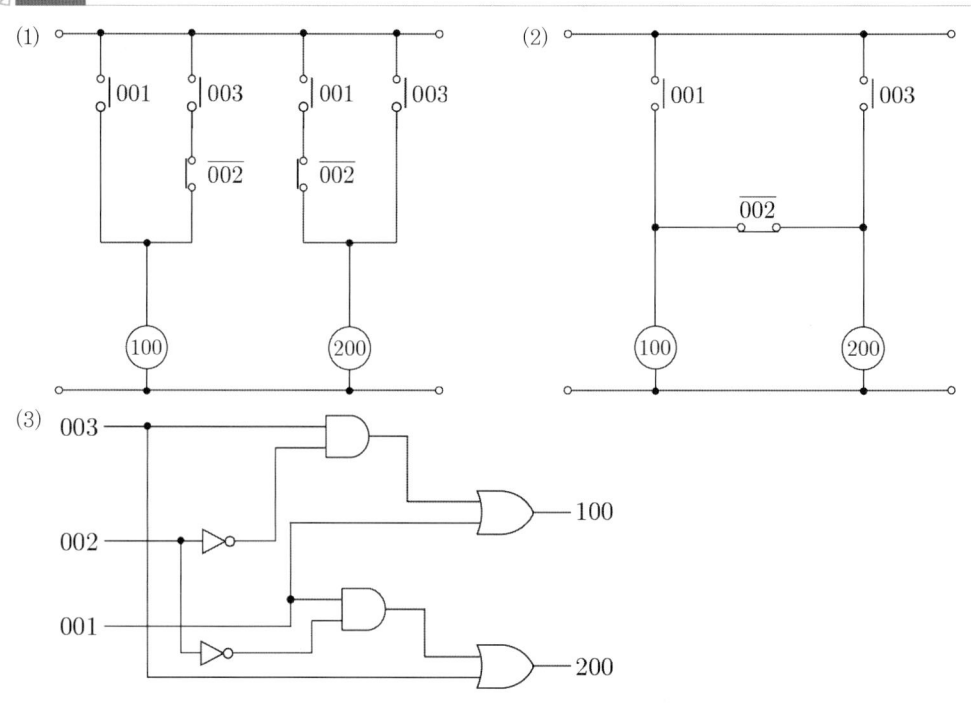

14 ★★☆☆☆ (4점)

어느 자가용 전기설비의 고장전류가 7.5[kA]이고 CT비가 75/5[A]일 때 MOF의 과전류 강도(표준)는 얼마인지 적으시오. 단, 사고 발생 후 0.2초 이내에 한전 차단기가 동작하는 것으로 한다.

• 계산 :
• 답 :

Answer

계산 : 단시간 과전류 값 $I_P = I_m \times \sqrt{t} = 7.5 \times 10^3 \times \sqrt{0.2} = 3,354.1$[A]

CT 과전류강도 계산 $S_n = \dfrac{I_P}{CT\ 정격\ 1차\ 전류} = \dfrac{3,354.1}{75} = 44.72$배

따라서 보증하는 과전류가 CT 1차 전류의 44.72배이므로 75가 된다. 답 : 75

Explanation

(내선규정 300-16) 전력수급용 계기용 변성기(MOF) 과전류강도

1. 과전류강도 적용 기준
    ① MOF의 과전류강도는 기기 설치점에서 단락전류에 의하여 계산 적용하되 22.9[kV]급으로서 60[A] 이하의 MOF 최소 과전류강도는 한전 규격에 의해 75배로 하고, 계산 값이 75배 이상인 경우는 150배를 적용한다.
    ② MOF 전단에 한류형 전력퓨즈를 설치하였을 때는 그 퓨즈로 제한되는 단락전류로 과전류강도를 계산하여 적용한다.
    ③ 다만, 수요자 또는 설계자의 요구에 의하여 MOF 또는 CT 과전류강도를 150배 이상 요구한 경우는 그 값을 적용한다.
2. CT의 과전류강도는 기기 설치점에서의 단락전류에 의하여 계산 적용한다.
3. 단락전류 계산
    ① 대칭 단락전류(실효치)를 구한다.
    $$I_s = \frac{100}{\%Z} \times I_n$$
    - $\%Z$ = 전원 측 $\%Z$ + 전선로 $\%Z$ + CT 및 기타 기기 $\%Z$
    - I_n = 수전점의 기준용량(변압기)의 정격 전류
    ② 최대 비대칭 단락전류(실효치)를 구한다.
    $$I_m \times I_s \times \text{비대칭계수}(\frac{X}{R} \text{값})$$
    ③ 단시간 과전류값 계산
    $$I_P = I_m \times \sqrt{t} \quad \text{여기서, } t : \text{최대 비대칭 단락전류값을 기준하여 PF 동작시간}$$
4. CT 과전류강도 계산 $S_n = \dfrac{I_P}{\text{CT 정격 1차 전류}}$
5. 변류기의 정격과전류 강도

정격과전류 강도(*)	보증하는 과전류
40	정격 1차 전류의 40배
75	정격 1차 전류의 75배
150	정격 1차 전류의 150배
300	정격 1차 전류의 300배

[주] 정격 과전류강도가 300을 초과하는 경우는 특수 품으로 한다.

BEST 15 ★★★★★ (4점)

다음 그림과 같이 A지점에 80[A], B지점에 50[A], C지점에 30[A]의 전류가 흐를 때 부하 중심점의 거리를 산출하시오.

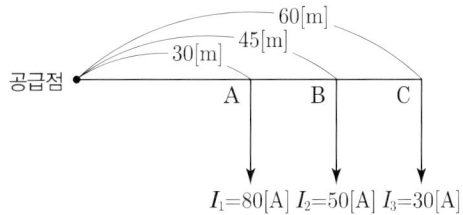

• 계산 :   • 답 :

Answer

계산 : 직선 부하에서의 부하 중심점까지의 거리
$$L = \frac{L_1 I_1 + L_2 I_2 + L_3 I_3}{I_1 + I_2 + I_3} = \frac{30 \times 80 + 45 \times 50 + 60 \times 30}{80 + 50 + 30} = 40.31[m]$$

답 : 40.31[m]

Explanation

직선 부하의 부하 중심점까지의 거리
$$L = \frac{L_1 I_1 + L_2 I_2 + L_3 I_3 + \cdots}{I_1 + I_2 + I_3 + \cdots}$$

16 ★★★☆☆ (6점)
전력계통에 일반적으로 사용되는 리액터의 설치 목적을 간단히 적으시오.

(1) 병렬 리액터 :
(2) 직렬 리액터 :
(3) 소호 리액터 :

Answer

(1) 병렬 리액터 : 페란티 현상의 방지
(2) 직렬 리액터 : 제5고조파 제거
(3) 소호 리액터 : 지락전류의 제한

Explanation

종류	사용 목적
분로(병렬) 리액터	페란티 현상의 방지
직렬 리액터	제5고조파 제거
소호 리액터	지락전류의 제한
한류 리액터	단락전류의 제한

17 ★☆☆☆☆ (4점)
KS C 0301에 따른 옥내배선의 그림기호의 명칭을 쓰시오.

① S ② B ③ E ④ Wh

Answer

① 개폐기
② 배선차단기
③ 누전차단기
④ 전력량계

18
한국전기설비규정에 따른 용어정리의 일부이다. 빈칸에 알맞은 내용을 적으시오. (6점)

(①)이란 인체에 위험을 초래하지 않을 정도의 저압을 말한다. 여기서 (②)는 비접지회로에 해당되며 (③)는 접지회로에 해당한다.

① ② ③

Answer

① 특별저압   ② SELV   ③ PELV

Explanation

(KEC 112조) 용어정리

"특별저압(ELV, Extra Low Voltage)"이란 인체에 위험을 초래하지 않을 정도의 저압을 말한다. 여기서 SELV(Safety Extra Low Voltage)는 비접지회로에 해당되며, PELV(Protective Extra Low Voltage)는 접지회로에 해당된다.

19
지름 3[cm], 길이 1.2[m]인 관형 광원의 직각 방향의 광도가 504[cd]일 때 이 광원 표면의 휘도 [sb]를 구하시오. (5점)

• 계산 :   • 답 :

Answer

계산 : 휘도 $B = \dfrac{I}{S} = \dfrac{I}{2\pi r l} = \dfrac{I}{\pi D l} = \dfrac{504}{\pi \times 3 \times 120} = 0.45\,[\text{sb}]$

답 : 0.45[sb]

Explanation

휘도 $B = \dfrac{I}{S} \times \tau = \dfrac{I}{\pi r^2} \times \tau$

여기서, 1[sb]=1[cd/cm²]

2022년 전기공사산업기사 실기

01 ★☆☆☆☆ (5점)

변압기 2차 단자에서 25[m] 거리에 있는 교류 단상 220[V] 4.4[kW]의 전열기를 설치하여 전압강하를 2[%] 이내가 되도록 하기 위한 공급 전선의 최소 굵기를 계산하고 선정하시오.

허용전류표

도체	전선종별 지름 또는 공칭단면적	VV케이블 3심 이하	허용전류[A] 권선수				
단선 연선별			3 이하	3	5~6	7~15	16~40
단선	1.2[mm]	(13)	(13)	(12)	(10)	(9)	(8)
	1.6[mm]	19	19	17	15	13	12
	2.0[mm]	24	24	22	19	17	15
연선	5.5[mm²]	34	34	31	27	24	21
	8[mm²]	42	42	38	34	30	26
	14[mm²]	61	61	55	49	43	38
	22[mm²]	80	80	72	64	56	49
	30[mm²]	–	97	87	78	68	60
	38[mm²]	113	113	102	90	79	70

• 계산 :

• 답 :

Answer

계산 : $A = \dfrac{35.6LI}{1,000 \cdot e} = \dfrac{35.6 \times 25 \times \dfrac{4,400}{220}}{1,000 \times 220 \times 0.02} = 4.05 \, [\text{mm}^2]$ 답 : 표에서 $5.5[\text{mm}^2]$

Explanation

전압 강하 및 전선의 단면적 계산

전기 방식	전압 강하	전선 단면적	대상 전압강하
단상 3선식 직류 3선식 3상 4선식	IR	$e = \dfrac{17.8LI}{1,000A}$	$A = \dfrac{17.8LI}{1,000e}$	대지와 선간
단상 2선식 직류 2선식	$2IR$	$e = \dfrac{35.6LI}{1,000A}$	$A = \dfrac{35.6LI}{1,000e}$	선간
3상 3선식	$\sqrt{3}IR$	$e = \dfrac{30.8LI}{1,000A}$	$A = \dfrac{30.8LI}{1,000e}$	선간

여기서, e : 전압강하 [V], A : 사용전선의 단면적 [mm²]
L : 선로의 길이 [m], C : 전선의 도전율(97[%])

02 한국전기설비규정에 따른 소세력 회로에 관한 내용이다. 다음 괄호에 공통으로 들어갈 내용을 적으시오. (3점)

> 소세력 회로(少勢力回路)에 전기를 공급하기 위한 변압기는 (　　)일 것
> 소세력 회로에 전기를 공급하기 위한 (　　)의 사용전압은 대지전압 300[V] 이하로 하여야 한다.

Answer

절연변압기

Explanation

(KEC 241.14조) 소세력 회로
전자 개폐기의 조작 회로 또는 초인벨·경보벨 등에 접속하는 전로로서 최대 사용전압이 60[V] 이하인 것으로 대지 전압이 300[V] 이하인 강 전류 전기의 전송에 사용하는 전로와 변압기로 결합되는 것은 다음 각 호에 따라 시설하여야 한다.
① 소세력 회로(少勢力回路)에 전기를 공급하기 위한 변압기는 절연변압기일 것. 소세력 회로에 전기를 공급하기 위한 절연변압기의 사용전압은 대지전압 300[V] 이하로 하여야 한다.
② 절연변압기의 2차 단락전류는 표에서 정한 값 이하의 것일 것

소세력 회로의 최대 사용전압의 구분	2차 단락전류	과전류 차단기의 정격 전류
15[V] 이하	8[A]	5[A]
15[V] 초과 30[V] 이하	5[A]	3[A]
30[V] 초과 60[V] 이하	3[A]	1.5[A]

③ 전선은 케이블인 경우 이외에는 공칭 단면적 1.0[㎟] 이상의 연동선 또는 코드·캡타이어 케이블 또는 케이블일 것

03 그림의 회로에서 (1),(2),(3)을 폐로하고 (4)를 개로하고자 할 때 조작순서를 번호로 쓰시오. (5점)

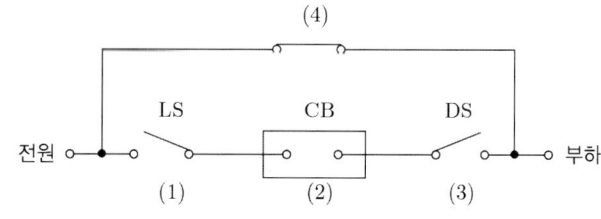

• 답 :　　→　　→　　→

Answer

(3) → (1) → (2) → (4)

Explanation

• 인터록(Interlock) : 차단기가 열려 있어야만 단로기 조작 가능
　- 급전 시 : DS → CB
　- 정전 시 : CB → DS

04 ★★★☆☆ (5점)

수전단에 부하가 요구하는 무효전력과 원선도상에서 정해지는 무효전력과의 차에 해당하는 무효전력을 별도로 공급해 주기 위하여 사용하는 조상설비의 종류를 3가지만 쓰시오.

Answer

동기조상기, 분로리액터, 전력용콘덴서

Explanation

조상설비
송전전력을 일정한 전압으로 보내기 위하여 무효전력 공급 및 흡수설비가 필요하며 이를 조상설비라 한다. 동기조상기를 비롯하여 분로리액터, 전력용 콘덴서, SVC 등이 있다.

	진 상	지 상	시충전(시송전)	조 정	전력손실	증설
동기 조상기	○	○	○	연속적	크다	불가능
분로 리액터	×	○	×	단계적	작다	가능
전력용 콘덴서	○	×	○	단계적	작다	가능

05 ★☆☆☆☆ (5점)

CTTS(Closed Transition Transfer Switch) 폐쇄형 전원 절환 절체개폐기의 장점을 ATS (Automatic Transfer Switch) 자동 전환 개폐기와 비교하여 간단히 설명하여라.

Answer

자동전환개폐기는 수변전설비에서 주전원 정전 시 비상발전기로 절체하여 전원공급하는 개폐기로서 정전이 불가피하다는 단점이 있으며, 폐쇄형 전원 절환 절체개폐기는 미리 비상발전기를 동작시켜 발전기 전원의 주파수 및 전압 동기가 확립되면 100[ms] 이내 동안 병렬운전을 한 후 무정전으로 발전기 측으로 절체되는 스위치이다.

Explanation

ATS (Automatic Transfer Switch) : 자동전환개폐기
수변전설비에서 주전원 정전 시 비상발전기로 절체하여 전원공급하는 개폐기로서 정전이 불가피하다는 단점이 있다.

CTTS (Closed Transition Transfer Switch) : 폐쇄형 전원 절환 절체개폐기
미리 비상발전기를 가동시켜 위상각, 정전압, 정주파수 확립 시 주전원과 발전기 전원의 주파수 및 전압 동기가 확립되면 100[ms] 이내 동안 병렬운전을 한 후 무정전으로 발전기 측으로 절체되는 스위치

06 ★☆☆☆☆ (5점)

푸시 버튼 스위치 PB_1, PB_2, PB_3에 의해서 직접 제어되는 계전기 A, B, C가 있다. 여기서 출력으로는 전등 R, Y, G가 있다. 동작표와 논리식을 보고 미완성 유접점회로를 그리시오.

(1) 출력 램프 R에 대한 논리식 : $R = AC + AB = A(B+C)$

(2) 출력 램프 Y에 대한 논리식 : $Y = \overline{A}BC + A\overline{B}\,\overline{C}$

(3) 출력 램프 G에 대한 논리식 : $G = \overline{A}\,\overline{B} + \overline{A}\,\overline{C} = \overline{A}(\overline{B}+\overline{C})$

동작표					
입력			출력		
A	B	C	R	Y	G
0	0	0	0	0	1
0	0	1	0	0	1
0	1	0	0	0	1
0	1	1	0	1	0
1	0	0	0	1	0
1	0	1	1	0	0
1	1	0	1	0	0
1	1	1	1	0	0

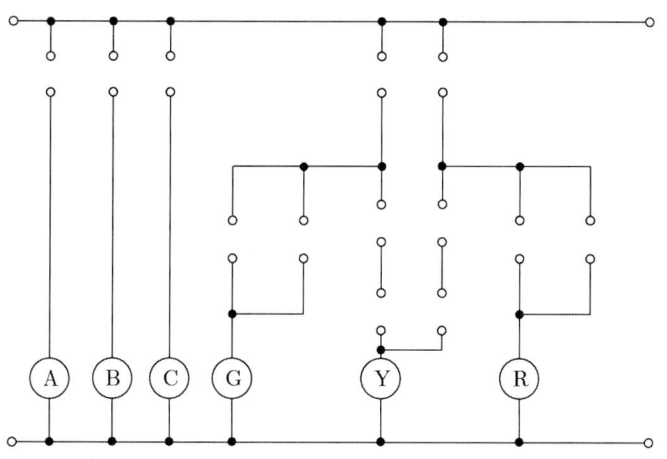

Answer

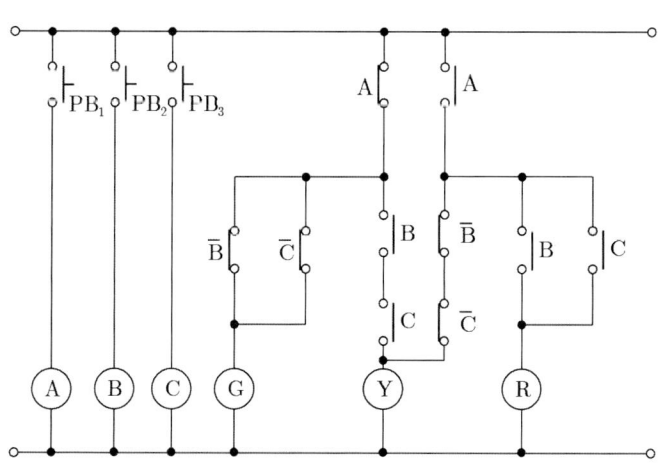

07

★☆☆☆☆ (6점)

다음의 옥내배선 그림기호에 대한 명칭을 쓰시오.

(1) ●R (2) [S] (3) ⊗ (4) ▲ (5) ↗• (6) [B]

Answer

(1) 리모콘 스위치 (2) 개폐기 (3) 셀렉터 스위치
(4) 리모콘 릴레이 (5) 조광기 (6) 배선용 차단기

Explanation

(1) ●R : 리모콘 스위치 (2) [S] : 개폐기 (3) ⊗ : 셀렉터 스위치
(4) ▲ : 리모콘 릴레이 (5) ↗• : 조광기 (6) [B] : 배선용 차단기

08

★☆☆☆☆ (4점)

한국전기설비규정에 따른 과전류차단기로 저압전로에 사용하는 주택용 배선차단기의 과전류트립 및 동작시간 및 특성에 관한 표이다. 빈칸에 알맞은 내용을 쓰시오.

정격전류의 구분	시간	정격전류의 배수(모든 극에 통전)	
		부동작 전류	동작 전류
63[A] 이하	60분	(①)배	(②)배
63[A] 초과	120분	(①)배	(②)배

Answer

① 1.13 ② 1.45

Explanation

(KEC 212.3.4조) 과전류에 대한 보호장치의 종류 및 특성

과전류트립 동작시간 및 특성(주택용 배선차단기)

정격전류의 구분	시간	정격전류의 배수(모든 극에 통전)	
		부동작 전류	동작 전류
63[A] 이하	60분	1.13배	1.45배
63[A] 초과	120분	1.13배	1.45배

- 순시트립에 따른 구분(주택용 배선차단기)

형	순시트립범위
B	$3I_n$ 초과 ~ $5I_n$ 이하
C	$5I_n$ 초과 ~ $10I_n$ 이하
D	$10I_n$ 초과 ~ $20I_n$ 이하

비고 1. B, C, D : 순시트립전류에 따른 차단기 분류
   2. I_n : 차단기 정격전류

09 송전 및 배전계통에서 무정전 공법의 종류를 크게 3가지로 구분하여 적으시오. (6점)

Answer
① 이동용 변압기차 공법
② 바이패스 케이블 공법
③ 공사용 개폐기 공법

Explanation
- 무정전 작업 : 전기설비 작업 시 관련 선로나 부하에 정전이 수반되지 않도록 하는 작업
- 무정전 공법 : 바이패스 케이블 공법
  공사용 개폐기 공법
  이동용 변압기차 공법

10 다음 조건을 참조하여 타임차트와 미완성 도면을 완성하시오. (9점)

1) 푸시버튼스위치 PB_1 또는 PB_2를 누르면 해당 푸시버튼의 전등 L_1 또는 L_2가 점등되고 동시에 BZ(부저)가 일정시간 동안 동작하고 타이머 T의 설정시간 후 L_1 또는 L_2와 BZ가 동시에 정지한다.
L_1이 점등이 되고 있을 때 PB_2를 눌러도 L_2는 점등되지 않는다. L_2가 점등이 되고 있을 때 PB_1를 눌러도 L_1은 점등되지 않는다.
2) 정지한 후 다시 PB_1 또는 PB_2를 누르면 해당 푸시버튼의 전등 L_1 또는 L_2가 점등되고 동시에 BZ(부저)가 일정시간 동안 동작하고 타이머 T의 설정시간 후 L_1 또는 L_2와 BZ가 동시에 정지한다.

(1) 타임차트

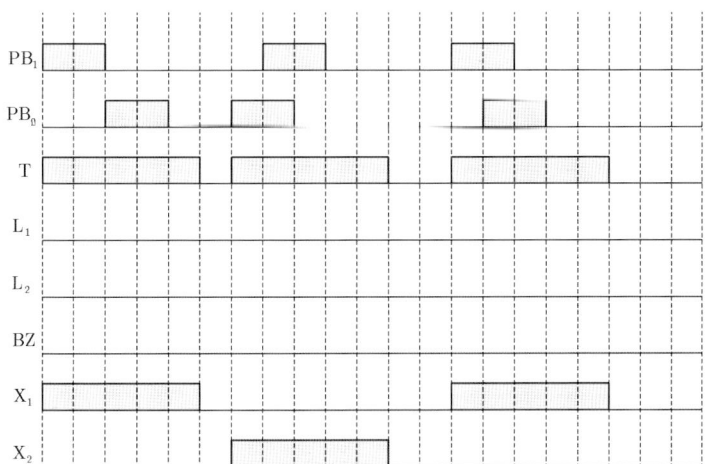

(2) 미완성 도면

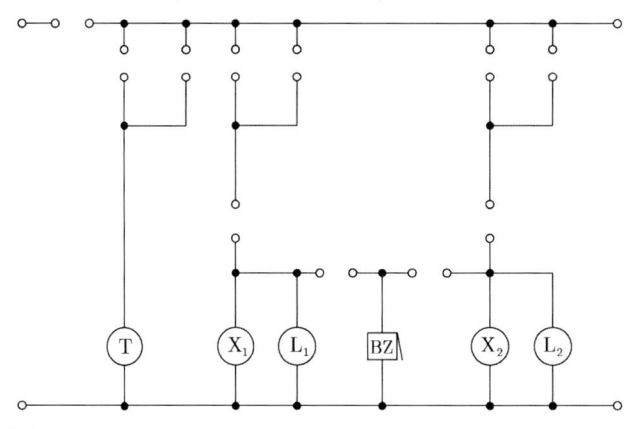

Answer

(1)

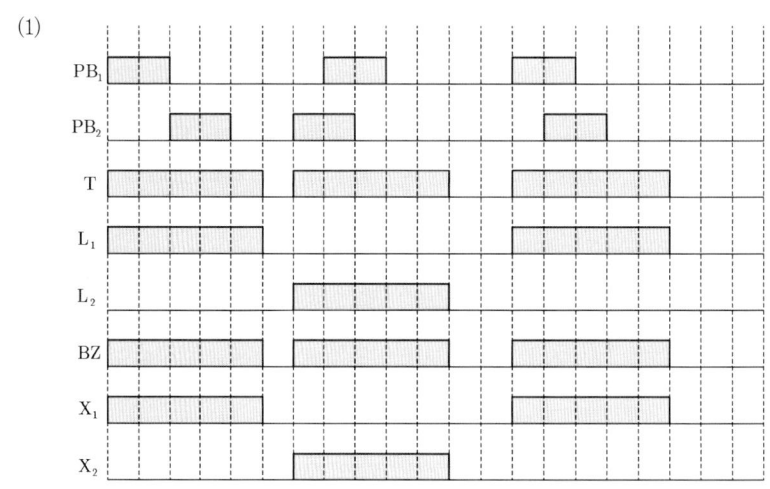

(2)

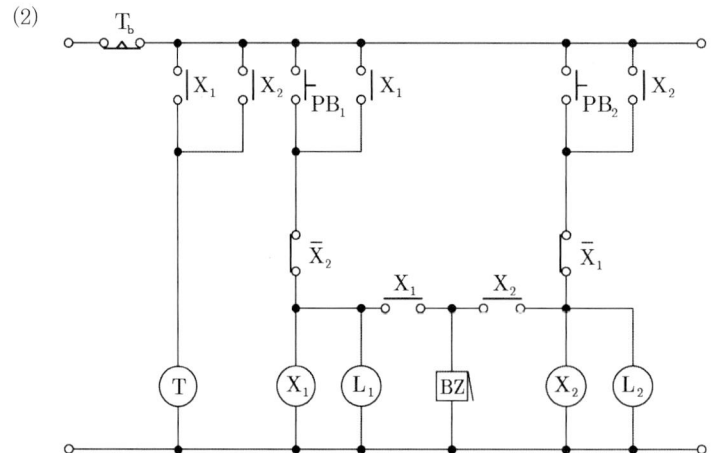

Explanation

$X_1 = \overline{T_b} \cdot (PB_1 + X_1) \cdot \overline{X_2}$

$X_2 = \overline{T_b} \cdot (PB_2 + X_2) \cdot \overline{X_1}$

11

한국전기설비규정에 따른 저압 이웃연결 인입선에 대한 규정이다. 빈칸에 알맞은 내용을 적으시오. (6점)

가. 인입선에서 분기하는 점으로부터 (①)[m]를 초과하는 지역에 미치지 아니할 것.
나. 폭 (②)[m]를 초과하는 도로를 횡단하지 아니할 것.
다. (③)를 통과하지 아니할 것.

Answer

① 100   ② 5   ③ 옥내

Explanation

(KEC 221.1.2조) 이웃 연결 인입선의 시설
저압 이웃 연결 인입선은 다음에 따라 시설하여야 한다.
가. 인입선에서 분기하는 점으로부터 100[m]를 초과하는 지역에 미치지 아니할 것.
나. 폭 5[m]를 초과하는 도로를 횡단하지 아니할 것.
다. 옥내를 통과하지 아니할 것.

12

그림은 3상 유도전동기의 Y-△ 기동을 위한 결선도의 일부이다. 기동 시 및 운전 시의 전자 개폐기의 접점의 ON, OFF 상태 및 접속 상태(Y결선, △ 결선)를 쓰시오. (6점)

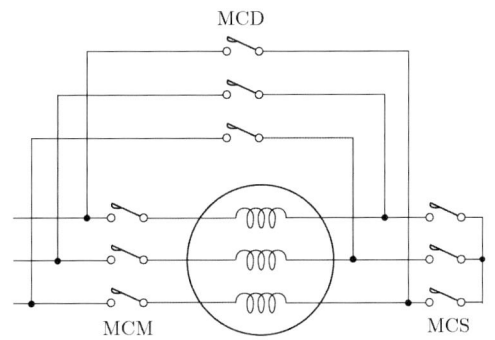

구분	전자 개폐기 접점 상태(ON, OFF)			접속 상태
	MCS	MCD	MCM	
기동 시				
운전 시				

Answer

구분	전자 개폐기 접점 상태(ON, OFF)			접속 상태
	MCS	MCD	MCM	
기동 시	ON	OFF	ON	Y 결선
운전 시	OFF	ON	ON	△ 결선

Explanation

- Y-△ 기동
  - 주전원 : 전자 접촉기(M)
  - Y기동 : 전자 접촉기(S)
  - △운전 : 전자 접촉기(D)

주전원인 전자 접촉기 M은 Y 기동 시나 △ 운전 시에 모두 동작하며 Y 기동인 경우 전자 접촉기 S가 동작하며 D는 동작할 수 없다(인터록). △ 운전인 경우 전자 접촉기 D가 동작하며 S는 동작할 수 없다(인터록).

13 다음과 같은 전등, 전열 콘센트 평면도를 보고 질문에 답하시오. (6점)

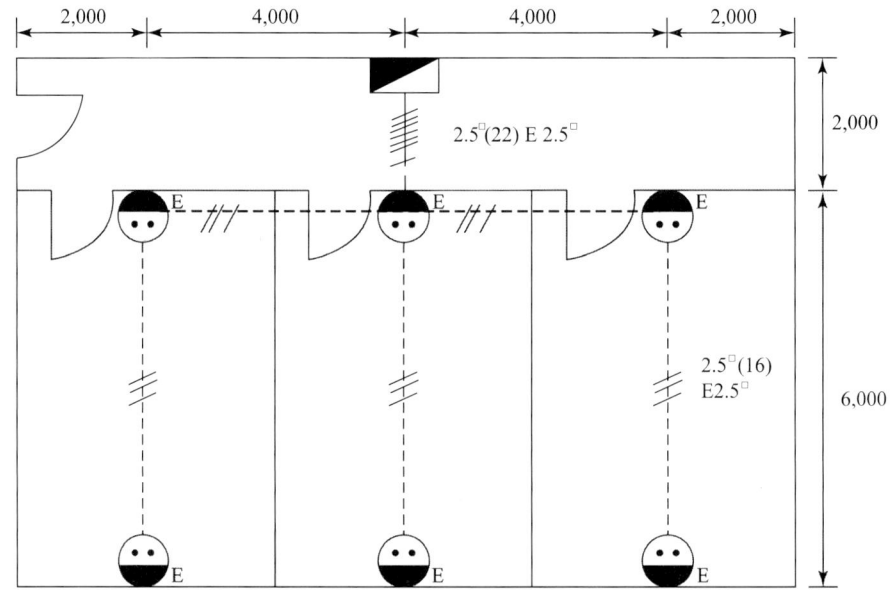

【조건】
1. 콘센트(15[A], 2구용)는 콘크리트에 매입하며, 높이는 바닥에서 50[cm]이다.
2. 분전반의 크기는 가로×세로×높이=300×600×100[mm]이며, 분전반 설치는 상단 1,800[mm]로 한다.
3. 선에 표시된 사선은 가닥수(접지도체 포함)를 표시한 것이다.
4. PVC 박스 내 전선의 여장은 10[cm]로 하며, 분전반의 여장은 50[cm]로 한다.
5. 선선관은 합성수지전선관을 적용한다.
6. 전선의 규격은 HFIX 2.5[mm^2]를 적용한다.
7. 도면에서 위첨자 '□'은 단위 [mm^2]를 표시한 것이다.
8. 전선 및 전선관의 재료할증률은 5[%]를 적용한다.
9. 제시된 자료 이외에는 고려하지 않는다.
10. 계산은 소수점 셋째자리에서 반올림하여 둘째자리까지 산출한다.

(1) 전열 콘센트를 시설하기 위한 배관(22C)의 길이[m]를 산출하시오.
- 계산 :
- 답 :

(2) 전열 콘센트를 시설하기 위한 배관(16C)의 길이[m]를 산출하시오.
- 계산 :
- 답 :

(3) 전열 콘센트를 시설하기 위한 배선의 길이[m]를 산출하시오.
- 계산 :
- 답 :

Answer

(1) 계산 : 수량 : $2+(1.8-0.6)+0.5=3.7[m]$
  할증 : $3.7 \times 1.05 = 3.89[m]$
  답 : 3.89[m]

(2) 계산 : 수량 : $(6 \times 3)+(4 \times 2)+(0.5 \times 10)=31[m]$
  할증 : $31 \times 1.05 = 32.55[m]$
  답 : 32.55[m]

(3) 계산
  - 3가닥 수량 : $[31+(0.1 \times 10)] \times 3 = 96[m]$
  - 7가닥 : $[3.7+0.1+0.5] \times 7 = 30.1[m]$
  - 전체 수량 할증 : $(96+30.1) \times 1.05 = 132.41[m]$
  답 : 132.41[m]

14 (5점)

다음은 3상 3선식 적산전력계의 결선도(계기용 변압기 및 변류기를 시설하는 경우)를 나타낸 것이다. 미완성 부분의 결선도를 완성하시오. 단, 접지가 필요한 곳에는 접지 표시를 한다.

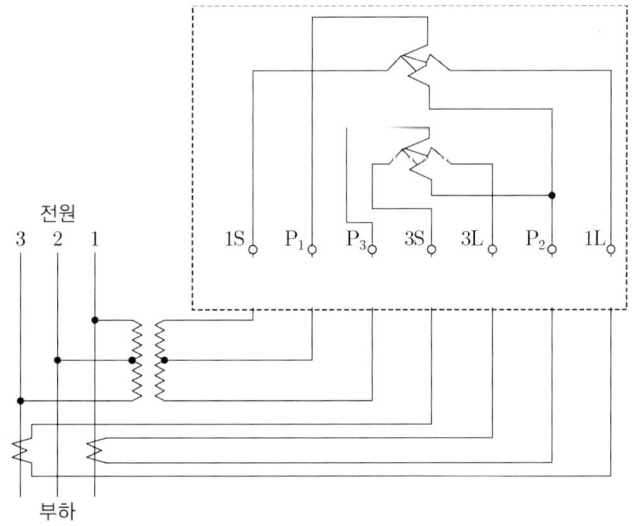

Answer

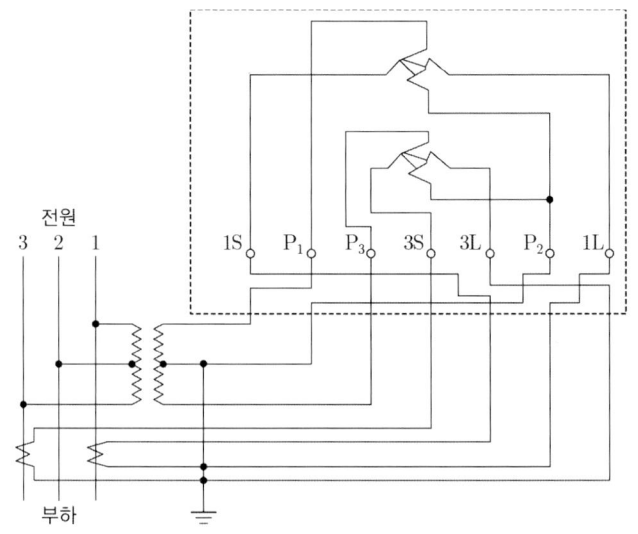

> **Explanation**

적산전력계 결선(3상 3선식)

- PT : P_1, P_2, P_3
- CT : $1S$, $1L$, $3S$, $3L$

여기서, PT, CT 2차 측은 접지하며 PT P_2와 CT $1L$, $3L$을 접지한다.

15 ★★★★☆ (4점)

가공전선로에서 전선 지지점에 고저차가 없을 경우 330[mm²] ACSR선이 경간 500[m]에서 이도가 8.6[m]이다. 전선의 실제길이는 약 몇 [m]인지 구하시오.

- 계산 :
- 답 :

> **Answer**

계산 : $L = S + \dfrac{8D^2}{3S} = 500 + \dfrac{8 \times 8.6^2}{3 \times 500} = 500.39$

답 : 500.39[m]

> **Explanation**

- 이도 : $D = \dfrac{WS^2}{8T} = \dfrac{WS^2}{8 \times \dfrac{인장하중}{안전율}}$

- 실제길이 : $L = S + \dfrac{8D^2}{3S}$

  여기서, L : 전선의 실제 길이[m], D : 이도[m], S : 경간[m]

16 ★★☆☆ (5점)
그림은 인류스트랩 설치 방법에 관한 그림이다. 각 번호 ①, ②, ③, ④, ⑤의 명칭을 쓰시오.

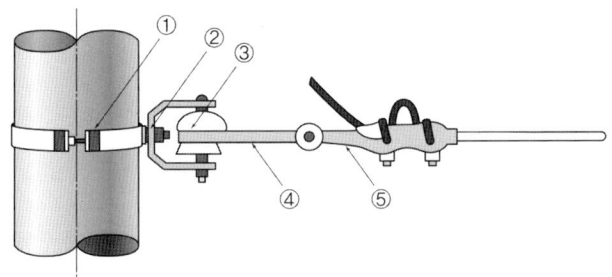

Answer

① 랙밴드
② 랙
③ 저압인류 애자
④ 인류스트랩
⑤ 데드 엔드 클램프

Explanation

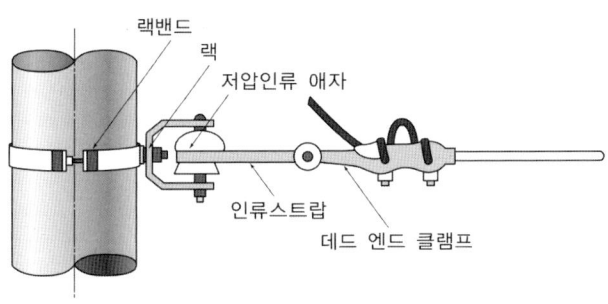

BEST 17 ★★★★★ (5점)
그림과 같은 줄기초 터파기 수량을 산출하고자 한다. 계산식을 적으시오.

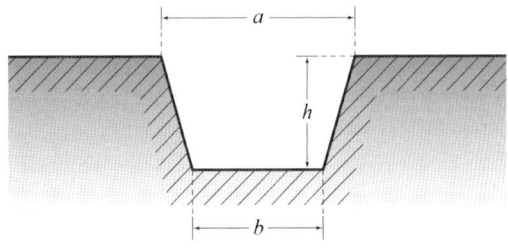

Answer

$$굴착량 = \frac{(a+b)}{2} \times h \times 줄기초길이\,[\mathrm{m}^3]$$

> **Explanation**

터파기량 계산
- 줄기초 파기 : 전선관 매설

$$터파기량[m^3] = \left(\frac{a+b}{2}\right) \times h \times 줄기초\ 길이$$

18 ★★★☆☆ (5점)

다음은 네온방전등을 옥내에 시설하는 경우이다. 다음 각 물음에 답하시오.

(1) 관등회로의 배선은 어떤 공사로 하는지 적으시오.
(2) 관등회로의 배선에서 전선지지점간 최대거리[m]를 적으시오.
(3) 네온방전등에 공급하는 전로의 대지전압은 몇 [V] 이하인가?
(4) 네온변압기는 어떤 관리법의 적용을 받는 것이어야 하는가?
(5) 관등회로의 배선에서 전선상호간의 이격거리[mm]는 얼마인가?

> **Answer**

(1) 애자공사
(2) 1[m]
(3) 300[V]
(4) 전기용품 및 생활용품 안전관리법
(5) 60[mm]

> **Explanation**

(KEC 234.12조) 네온방전등

234.12.1 적용범위
1. 이 규정은 네온방전등을 옥내, 옥측 또는 옥외에 시설할 경우에 적용한다.
2. 네온방전등에 공급하는 전로의 대지전압은 300[V] 이하로 하여야 하며, 다음에 의하여 시설하여야 한다. 다만, 네온방전등에 공급하는 전로의 대지전압이 150[V] 이하인 경우는 적용하지 않는다.
  가. 네온관은 사람이 접촉될 우려가 없도록 시설할 것.
  나. 네온변압기는 옥내배선과 직접 접촉하여 시설할 것.

234.12.2 네온변압기
네온변압기는 다음에 의하는 외에 사람이 쉽게 접촉될 우려가 없는 장소에 위험하지 않도록 시설하여야 한다.
1. 네온변압기는 「전기용품 및 생활용품 안전관리법」의 적용을 받은 것.
2. 네온변압기는 2차측을 직렬 또는 병렬로 접속하여 사용하지 말 것. 다만, 조광장치 부착과 같이 특수한 용도에 사용되는 것은 적용하지 않는다.
3. 네온변압기를 우선 외에 시설할 경우는 옥외형의 것을 사용할 것.

234.12.3 관등회로의 배선
1. 관등회로의 배선은 애자공사로 다음에 따라서 시설하여야 한다.
  가. 전선은 네온관용 전선을 사용할 것.
  나. 배선은 외상을 받을 우려가 없고 사람이 접촉될 우려가 없는 노출장소에 시설할 것.
  다. 전선은 자기 또는 유리제 등의 애자로 견고하게 지지하여 조영재의 아랫면 또는 옆면에 부착하고 또한 다음과 같이 시설할 것. 다만, 전선을 노출장소에 시설할 경우로 공사 여건상 부득이한 경우는 조영재의 윗면에 부착할 수 있다.
(1) 전선 상호간의 이격거리는 60[mm] 이상일 것.
(2) 전선과 조영재 이격거리는 노출장소에서 표에 따를 것.

전압 구분	이격거리
6[kV] 이하	20[mm] 이상
6[kV] 초과 9[kV] 이하	30[mm] 이상
9[kV] 초과	40[mm] 이상

(3) 전선지지점간의 거리는 1[m] 이하로 할 것.
(4) 애자는 절연성·난연성 및 내수성이 있는 것일 것.

BEST 19 ★★★★★ (5점)

바닥면적 200[m²]의 교실에 전광속 2,500[lm]의 40[W] 형광등을 설치하여 평균조도[lx]를 150[lx]로 하고자 한다. 설치해야 할 형광등의 수를 구하시오.(단, 조명률 : 50[%], 감광보상률 : 1.25이다).

Answer

계산 : 등수 $N = \dfrac{ESD}{FU} = \dfrac{150 \times 200 \times 1.25}{2,500 \times 0.5} = 30$[등]

답 : 30[등]

Explanation

- 조명계산
  $FUN = ESD$
  여기서, F[lm] : 광속, U : 조명률, N : 등수
  E[lx] : 조도, S[m²] : 면적, $D = \dfrac{1}{M}$: 감광보상율 $= \dfrac{1}{보수율}$

- 등수 $N = \dfrac{ESD}{FU}$ 이며 등수계산은 소수점은 무조건 절상한다.

2022년 전기공사산업기사 실기

01 다음은 한국전기설비규정에 의한 저압가공전선의 높이에 관한 내용이다. 다음의 물음에 알맞은 답을 쓰시오. (6점)

> 저압 가공전선의 높이는 다음에 따라야 한다
> 가. 도로[농로 기타 교통이 번잡하지 않은 도로 및 횡단보도교(도로 · 철도 · 궤도 등의 위를 횡단하여 시설하는 다리모양의 시설물로서 보행용으로만 사용되는 것을 말한다. 이하 같다)를 제외한다. 이하 같다]를 횡단하는 경우에는 지표상 (①)[m] 이상
> 나. 철도 또는 궤도를 횡단하는 경우에는 레일면상 (②)[m] 이상
> 다. 횡단보도교의 위에 시설하는 경우에는 저압 가공전선은 그 노면상 (③)[m] {전선이 저압 절연전선(인입용 비닐절연전선 · 450/750[V] 비닐절연전선 · 450/750[V] 고무 절연전선 · 옥외용 비닐절연전선을 말한다. 이하 같다) · 다심형 전선 또는 케이블인 경우에는 3[m] } 이상

① ② ③

Answer

① 6 ② 6.5 ③ 3.5

Explanation

(KEC 222.7조) 저압 가공전선의 높이

저압 가공전선의 높이는 다음에 따라야 한다
가. 도로[농로 기타 교통이 번잡하지 않은 도로 및 횡단보도교(도로 · 철도 · 궤도 등의 위를 횡단하여 시설하는 다리모양의 시설물로서 보행용으로만 사용되는 것을 말한다. 이하 같다)를 제외한다. 이하 같다]를 횡단하는 경우에는 지표상 6[m] 이상
나. 철도 또는 궤도를 횡단하는 경우에는 레일면상 6.5[m] 이상
다. 횡단보도교의 위에 시설하는 경우에는 저압 가공전선은 그 노면상 3.5[m] {전선이 저압 절연전선(인입용 비닐절연전선 · 450/750[V] 비닐절연전선 · 450/750[V] 고무 절연전선 · 옥외용 비닐절연전선을 말한다. 이하 같다) · 다심형 전선 또는 케이블인 경우에는 3[m] } 이상
라. "가"부터 "다"까지 이외의 경우에는 지표상 5[m] 이상. 다만, 저압 가공전선을 도로 이외의 곳에 시설하는 경우 또는 절연전선이나 케이블을 사용한 저압 가공전선으로서 옥외 조명용에 공급하는 것으로 교통에 지장이 없도록 시설하는 경우에는 지표상 4[m] 까지로 감할 수 있다.

02 고압 수전설비 진상 콘덴서 접속 뱅크 결선도이다. 물음에 답하시오. (6점)

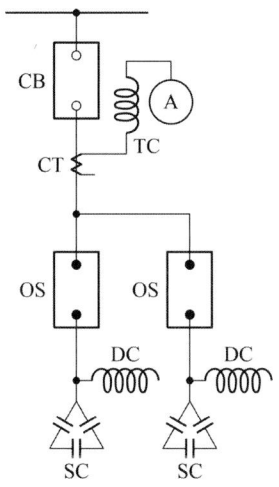

(1) 콘덴서 용량이 100[kVA] 이하인 경우 CB 대신 사용 가능한 개폐기는?
(2) 콘덴서 용량이 50[kVA] 미만인 경우 OS 대신 사용 가능한 개폐기는?

Answer

(1) OS 또는 인터럽트 스위치
(2) COS(직결로 함)

Explanation

콘덴서 총 용량이 300[kVA] 이하의 경우 전류계를 생략할 때

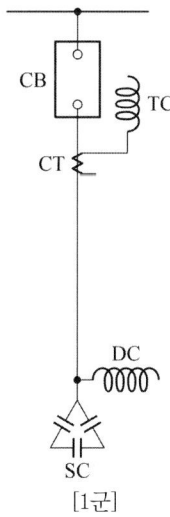

[1군]

콘덴서 총 용량이 300[kVA] 초과 600[kVA] 이하의 경우

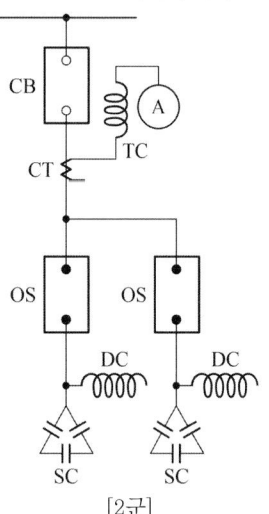

[2군]

콘덴서 총 용량이 600[kVA] 초과의 경우

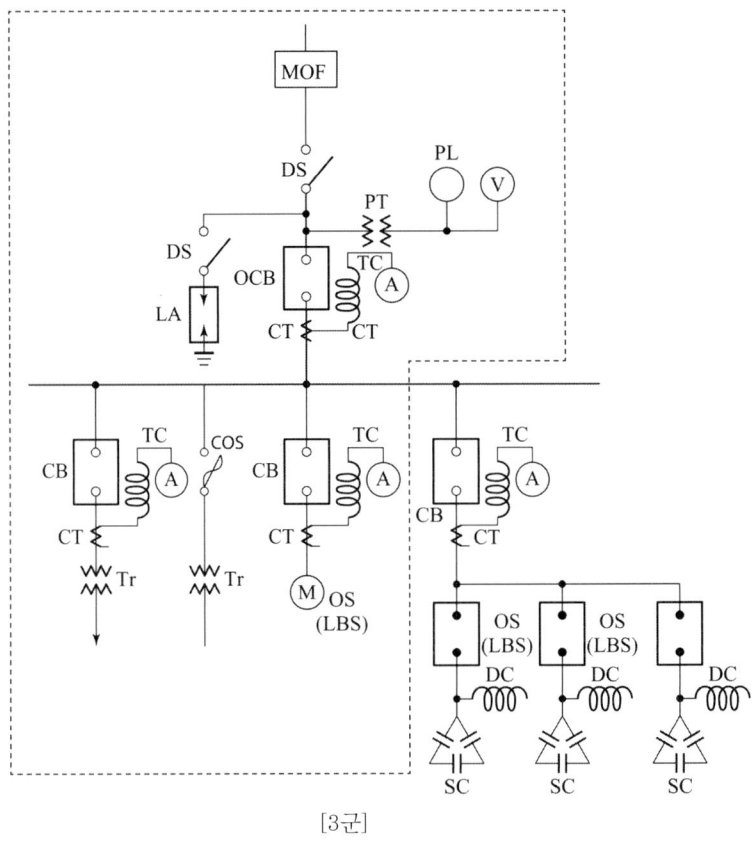

[3군]

[주] 콘덴서의 용량이 100[kVA] 이하인 경우에는 CB 대신 OS 또는 유사한 것(인터럽터 스위치 등)을 50[kVA] 미만의 경우에는 COS(직결로 함)를 사용할 수 있다.

03 ★★☆☆☆ (3점)
어느 도서 지방에 6.6[kV], 3상 3선식 가공 배전선로 50[km]로 2회선을 가선하려고 한다. 이때 필요한 전선의 실 소요량은?(단, 이도는 무시하고 할증은 반영한다)

• 계산 : • 답 :

Answer

계산 : 전선 실 소요량=50×3×2×1.03=309[km]

답 : 309[km]

Explanation

전선 가선 시 소요량
- 고저차가 심한 경우 : 선로 긍장 × 전선 조수 × 1.03
- 고저차가 없는 경우 : 선로 긍장 × 전선 조수 × 1.02

04 다음 타이머 내부 접점 번호와 동작 설명을 참고하여 동작 회로도를 완성하시오. (5점)

[동작 설명]
① 배선용 차단기를 투입하고 S_3 OFF시 R_2 점등되고, PB-ON하면 타이머 T여자 T설정 시간 동안 R_3 점등, 설정시간 후 R_3 소등, R_4 점등
② S_3 ON시 T 무여자, R_2, R_4 소등, 부저(BZ) 동작, R_1 점등
단, 전원은 단상 2선식 220[V]이다.

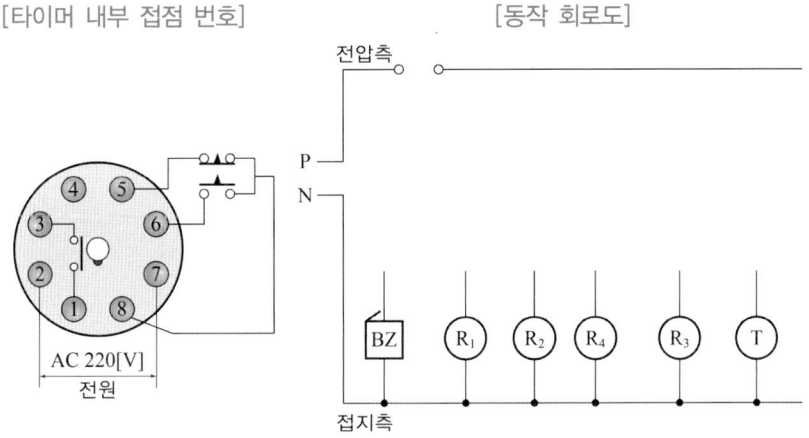

Answer

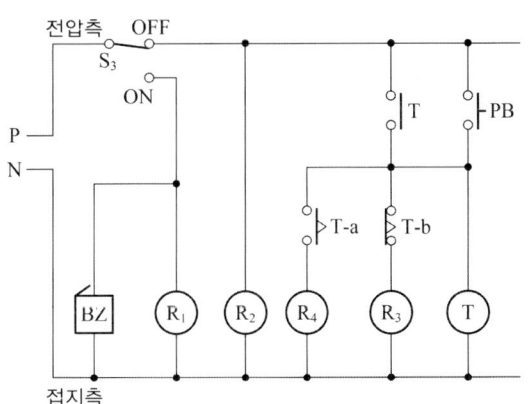

05 송전단 전압이 3,300[V]의 고압 단상 배전선로에서 수전단 전압을 3,150[V]로 유지하기 위한 적당한 경동선의 굵기를 선정하시오. 단, 부하전력은 1,000[kW], 역률 0.8, 배전선길이는 3[km]이며 경동선의 굵기는 150[mm²], 185[mm²], 240[mm²], 300[mm²], 400[mm²]에서 선정한다. (5점)

- 계산 :
- 답 :

Answer

계산 : 전압강하 $e = V_s - V_r = 2I(R\cos\theta + X\sin\theta)$ 에서 리액턴스를 무시하면

전압강하 $e = V_s - V_r = 2IR\cos\theta = 2 \times \dfrac{P}{V_r}R$

선로 저항 $R = \dfrac{V_r \cdot e}{2P} = \dfrac{3{,}150 \times 150}{2 \times 1{,}000 \times 10^3} = 0.236\,[\Omega]$

$R = \rho\dfrac{l}{A} = \dfrac{1}{55} \times \dfrac{3{,}000}{A} = 0.236\,[\Omega]$ 에서

전선의 굵기 $A = \dfrac{3{,}000}{55 \times 0.236} = 231.12\,[\text{mm}^2]$ 　　　　　답 : 240[mm²]

Explanation

1) 선간전압강하 : 단상인 경우

$e = 2I(R\cos\theta + X\sin\theta) = \dfrac{P_r}{V_r}(R + X\tan\theta)\,[\text{V}]$　(여기서, P_r : 수전전력 [W], V_r : 수전단 전압 [V])

※ 전선의 굵기가 주어지거나 구하는 경우는 1선당 값으로 계산한다.

2) 경동선(구리+주석) : 도전율 97[%]

고유저항 $\rho = \dfrac{1}{58} \times \dfrac{100}{95} \fallingdotseq \dfrac{1}{55}\,[\Omega \cdot \text{mm}^2/\text{m}]$

06 ★★☆☆☆　　　　　　　　　　　　　　　　　　　　　　　　　　　　　(5점)

단상변압기 3대를 △-△로 결선하시오(단, 변압기 외함 접지는 제외하며 변압기 2차 측 접지 부분은 표시하시오).

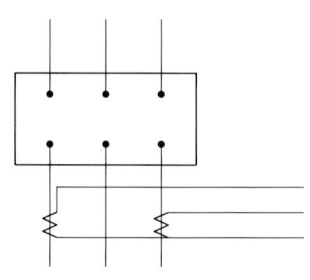

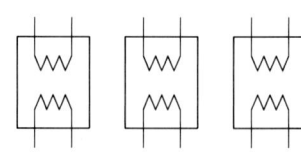

Answer

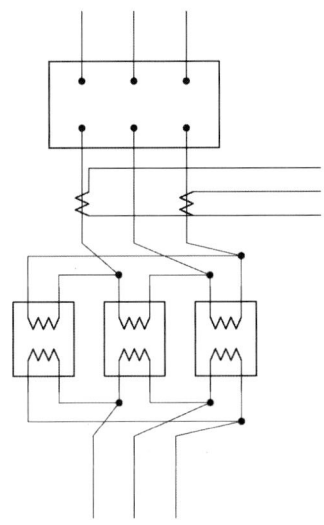

Explanation

※ △-△결선은 비접지 방식이다.

07 ★★★☆☆ (5점)

그림과 같이 330[mm²]인 ACSR선을 경간 300[m]에 가설하려 한다. 이 전선의 이도는 계산상으로 9[m], 가설 후 실측 결과 10[m]이었다. 이도가 9[m]일 때 보다 전선이 얼마나 더 사용되었는지를 계산하시오.

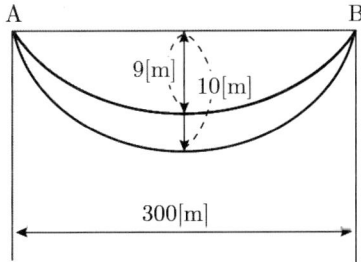

- 계산 :
- 답 :

Answer

계산 : 이도 9[m]일 때 전선 길이 $L_1 = S + \dfrac{8D^2}{3S} = 300 + \dfrac{8 \times 9^2}{3 \times 300} = 300.72[m]$

이도 10[m]일 때 전선 길이 $L_2 = S + \dfrac{8D^2}{3S} = 300 + \dfrac{8 \times 10^2}{3 \times 300} = 300.89[m]$

더 사용한 양은 $L_2 - L_1 = 300.89 - 300.72 = 0.17[m]$

답 : 0.17[m]

Explanation

- 이도 : $D = \dfrac{WS^2}{8T} = \dfrac{WS^2}{8 \times \dfrac{\text{인장하중}}{\text{안전율}}}$

- 실제 길이 : $L = S + \dfrac{8D^2}{3S}$

  여기서, L : 전선의 실제 길이[m]
  D : 이도[m]
  S : 경간[m]

08 ★★★☆☆ (9점)

특고압 22.9[kV-y]로 수전하는 경우의 단선 결선도이다. 물음에 답하시오.

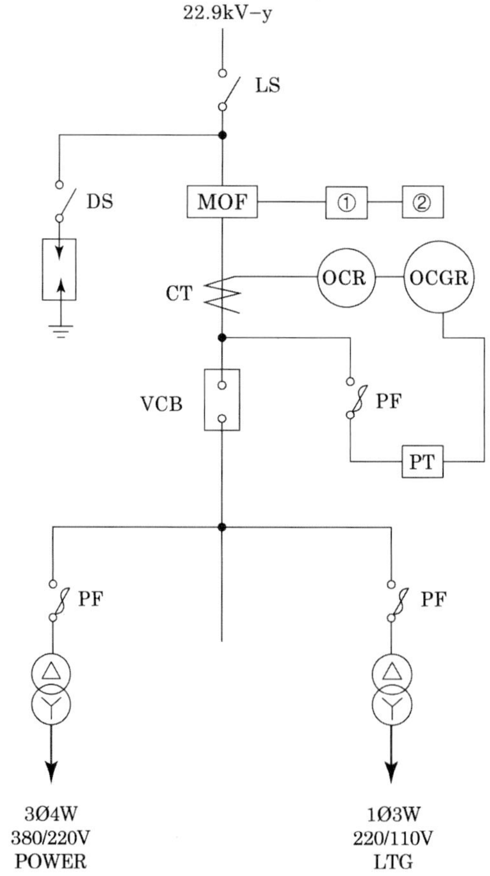

(1) 그림에 표시된 부분에는 어떤 기기가 필요한지 적으시오.

① :

② :

(2) 그림에서 △-Y 변압기의 단선도를 복선도로 그리시오.

(3) OCR의 명칭을 적으시오.

Answer

(1) ① 최대 수요 전력량계
    ② 무효 전력량계
(2)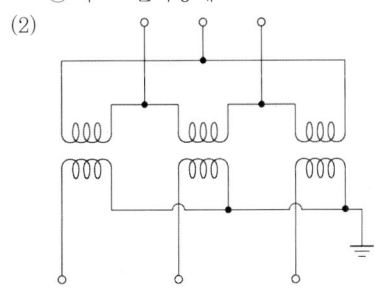

(3) 과전류 계전기

Explanation

• MOF 후단에 설치 계기
  - 전력량계
  - 최대수요전력량계(DM), 무효전력량계(VARH)
• 3상 변압기의 2차측 접지 : 2차 측이 Y결선인 경우는 반드시 접지한다.

BEST 09 ★★★★★ (6점)

어느 공장의 수전설비 공사를 시행하는데 재료비 70,000,000원, 노무비 60,000,000원, 경비 30,000,000원이었다. 이 공사를 공시원가 계산 방법에 의하여 일반관리비와 이윤을 계산하시오.

종합공사		전문·전기·정보통신·소방 및 기타공사	
공사원가	일반관리비율[%]	공사원가	일반관리비율[%]
50억 미만	6.0	5억원 미만	6.0
50억원~300억원 미만	5.5	5억원~30억원 미만	5.5
300억원 이상	5.0	30억원 이상	5.0

Answer

일반관리비 = (70,000,000+60,000,000+30,000,000)×0.06 = 9,600,000[원]
이윤 = (60,000,000+30,000,000+9,600,000)×0.15 = 14,940,000[원]

Explanation

(1) 일반관리비

종합공사		전문·전기·정보통신·소방 및 기타공사	
공사원가	일반관리비율[%]	공사원가	일반관리비율[%]
50억 미만	6.0	5억원 미만	6.0
50억원~300억원 미만	5.5	5억원~30억원 미만	5.5
300억원 이상	5.0	30억원 이상	5.0

(2) 이윤=(노무비+경비+일반관리비)×15[%]

10 다음은 충전방식에 대한 설명이다. 괄호 안에 알맞은 충전방식을 적으시오. (5점)

충전방식	설명
(①)	필요할 때마다 표준 시간율로 소정의 충전을 하는 방식
(②)	비교적 단시간에 보통 충전전류의 2~3배의 전류로 충전하는 방식
(③)	축전지의 자기 방전을 보충함과 동시에 사용 부하에 대한 전력 공급은 충전기가 부담하도록 하되 충전기가 부담하기 어려운 일시적인 대전류 부하는 축전지로 하여금 부담하게 하는 방식
(④)	부동충전방식에 의하여 사용할 때 각 전해조에서 일어나는 전위차를 보정하기 위하여 1~3개월 마다 1회씩 정전압으로 10~12시간 충전하여 각 전해조의 용량을 균일화하기 위한 방식
(⑤)	자기 방전량만을 항시 충전하는 부동 충전 방식의 일종

Answer

① 보통충전   ② 급속충전   ③ 부동충전   ④ 균등충전   ⑤ 세류충전

Explanation

축전지 충전방식의 종류
① 부동충전 : 축전지의 자기 방전을 보충함과 동시에 사용 부하에 대한 전력 공급은 충전기가 부담하도록 하되 충전기가 부담하기 어려운 일시적인 대전류 부하는 축전지로 하여금 부담하게 하는 방식
② 균등충전 : 부동 충전 방식에 의하여 사용할 때 각 전해조에서 일어나는 전위차를 보정하기 위하여 1~3개월 마다 1회씩 정전압으로 10~12시간 충전하여 각 전해조의 용량을 균일화하기 위한 방식
③ 급속충전 : 비교적 단시간에 보통 충전전류의 2~3배의 전류로 충전하는 방식
④ 보통충전 : 필요할 때마다 표준 시간율로 소정의 충전을 하는 방식
⑤ 세류충전 : 자기 방전량만을 항시 충전하는 부동 충전 방식의 일종

BEST 11 방의 가로 3[m], 세로 7[m], 광원의 높이는 작업면까지 3[m]인 경우 조명률을 알기 위한 실지수 K를 구하시오. (6점)

• 계산 :
• 답 :

Answer

계산 : $K = \dfrac{X \cdot Y}{H(X+Y)} = \dfrac{3 \times 7}{3 \times (3+7)} = 0.7$

답 : 0.6

Explanation

실지수(방지수) $= \dfrac{XY}{H(X+Y)}$

여기서, H : 등의 높이-작업면 높이[m]
X : 방의 가로[m]
Y : 방의 세로[m]

실지수표에서 0.7 이하는 0.6임

• 실지수표

기호	A	B	C	D	E	F	G	H	I	J
실지수	5.0	4.0	3.0	2.5	2.0	1.5	1.25	1.0	0.8	0.6
범위	4.5 이상	4.5~3.5	3.5~2.75	2.75~2.25	2.25~1.75	1.75~1.38	1.38~1.12	1.12~0.9	0.9~0.7	0.7 이하

12 ★★★☆☆ (5점)

그림과 같은 3상 3선식 3,300[V] 배전선로에서 단상 및 3상 변압기에 전력을 공급하고자 한다. 선로의 불평형률은 몇 [%]인가?

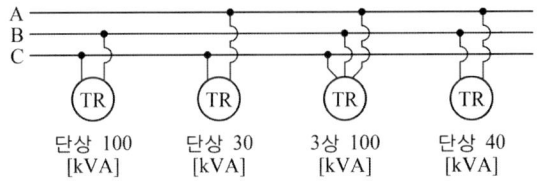

단상 100 [kVA]   단상 30 [kVA]   3상 100 [kVA]   단상 40 [kVA]

Answer

계산 : 설비 불평형률 $= \dfrac{100-30}{\dfrac{1}{3} \times (100+30+100+40)} \times 100 ≒ 77.78[\%]$

답 : 77.78[%]

Explanation

설비불평형률

저압, 고압 및 특별고압 수전의 3상 3선식 또는 3상 4선식에서 불평형 부하의 한도는 단상 접속부하로 계산하여 설비 불평형률을 30[%] 이하로 하는 것을 원칙으로 한다.
다만, 다음 각 호의 경우는 이 제한에 따르지 않을 수 있다.
① 저압 수전에서 전용변압기로 수전하는 경우
② 고압 및 특고압 수전에서 100[kVA](kW) 이하인 경우
③ 고압 및 특고압 수전에서 단상 부하용량의 최대와 최소의 차가 100[kVA](kW) 이하인 경우
④ 특고압 수전에서 100[kVA](kW) 이하의 단상 변압기 2대로 역(逆)V결선하는 경우
　[주] 이 경우의 설비 불평형률이란 각 선간에 접속되는 단상부하 총 설비용량[VA]의 최대와 최소의

차와 총 부하 설비용량[VA] 평균값의 비[%]를 말하며 다음의 식으로 나타낸다.

$$설비\ 불평형률 = \frac{각\ 선간에\ 접속되는\ 단상부하\ 총\ 설비용량[kVA]의\ 최대와\ 최소의\ 차}{총\ 부하\ 설비용량의\ 1/3} \times 100[\%]$$

여기서, A-B 선간 부하 : 40[kVA]
　　　　B-C 선간 부하 : 100[kVA](최대)
　　　　C-A 선간 부하 : 30[kVA](최소)

13 ★★★★☆ (6점)
예비 전원 설비로 이용되는 축전지에 대한 물음에 답하시오.

(1) 축전지의 자기 방전을 보충하는 동시에 상용 부하에 대한 전력 공급은 충전기가 부담하고 충전기가 부담하기 어려운 일시적인 대전류 부하는 축전지가 부담하도록 하는 방식은 무엇인지 적으시오.

(2) 비상용 조명부하 200[V]용 50[W] 80등, 30[W] 70등이 있다. 방전 시간은 30분이고, 축전지는 HS형 110[cell]이며, 허용 최저 전압은 190[V], 최저 축전지 온도는 5[℃]일 때 축전지 용량은 몇 [Ah]이겠는가? 단, 보수율은 0.8, 용량 환산 시간은 1.2이다.
• 계산 :
• 답 :

Answer

(1) 부동 충전 방식

(2) 계산 : 축전지 용량 $C = \frac{1}{L}KI = \frac{1}{0.8} \times 1.2 \times \left(\frac{50 \times 80 + 30 \times 70}{200}\right) = 45.75[Ah]$

답 : 45.75[Ah]

Explanation

• 부동충전
축전지의 자기 방전을 보충하는 동시에 상용 부하에 대한 전력 공급은 충전기가 부담하고 충전기가 부담하기 어려운 일시적인 대전류 부하는 축전지가 부담하도록 하는 방식

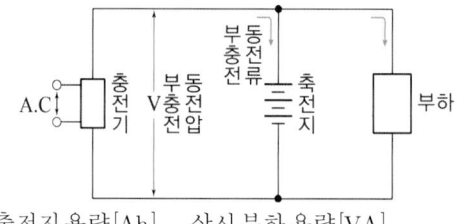

충전기 2차 전류[A] = $\frac{축전지\ 용량[Ah]}{정격\ 방전율[h]} + \frac{상시\ 부하\ 용량[VA]}{표준전압[V]}$

• 전류 $I = \frac{P}{V} = \frac{50 \times 80 + 30 \times 70}{100} = 30.5[A]$

• 축전지 용량 $C = \frac{1}{L}KI\ [Ah]$　여기서, C : 축전지의 용량 [Ah]　L : 보수율(경년용량 저하율)
　　　　　　　　　　　　　　　　　　　　K : 용량환산 시간 계수　I : 방전 전류[A]

14 3상 4선식 접속의 경우에 그림과 같이 전압선의 표시가 L1상, L2상, L3상, N상으로 표시되었다. L1, L2, L3, N의 전선의 색상을 적으시오. (4점)

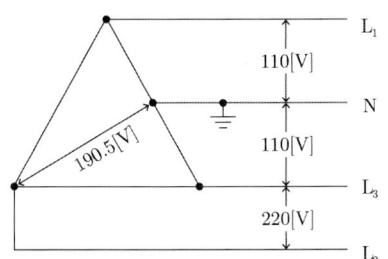

상(문자)	색상
L1	①
L2	②
L3	③
N	④

Answer

상(문자)	색상
L1	갈색
L2	흑색
L3	회색
N	청색

Explanation

(KEC 121.2조) 전선의 식별

1. 전선의 색상은 아래의 표에 따른다.

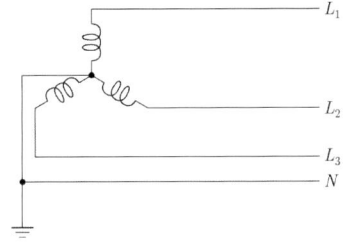

상(문자)	색상
L1	갈색
L2	흑색
L3	회색
N	청색
보호도체	녹색-노란색

2. 색상 식별이 종단 및 연결 지점에서만 이루어지는 나도체 등은 전선 종단부에 색상이 반영구적으로 유지될 수 있는 도색, 밴드, 색 테이프 등의 방법으로 표시해야 한다.

15 그림은 애자의 설치 방법이다. 1, 2, 3, 4, 5의 명칭을 적으시오. (5점)

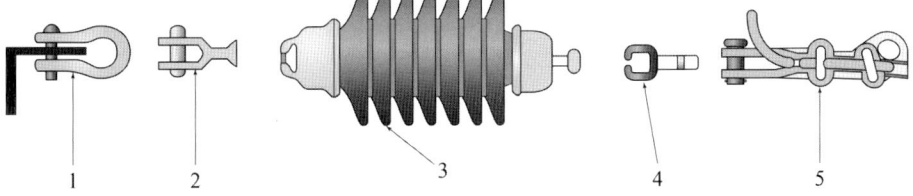

Answer

1. 앵카쉐클
2. 볼크레비스
3. 장간형 현수 애자
4. 소켓아이
5. 데드 엔드 클램프

Explanation

장간형 현수 애자 설치

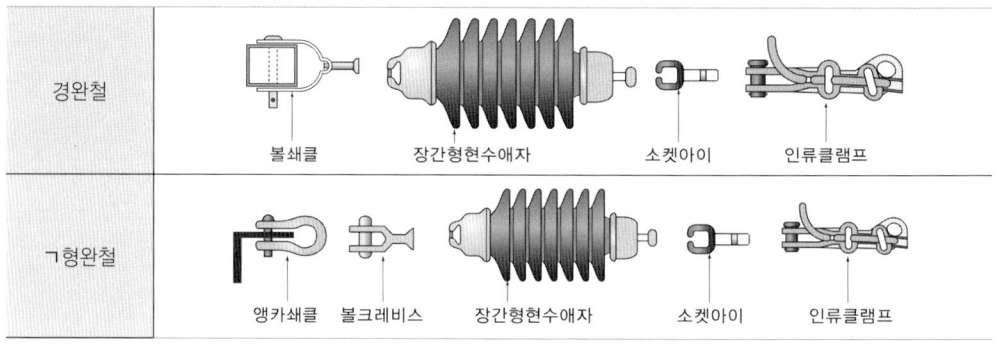

16 ★☆☆☆☆ (4점)
다음의 설명에 맞는 3상 변압기 결선을 아래의 보기에서 선택하여 괄호 안에 알맞은 번호를 적으시오.

[보기]
① △-△결선
② △-Y결선, Y-△ 결선
③ Y-Y결선
④ V-V결선

3상 변압기 결선	결선의 특징
( )	단상 변압기 2대로 3상 전원 공급이 가능하다.
( )	1, 2차 중성점을 접지할 수 있어 이상전압 감소에 유리하다.
( )	기전력의 파형이 왜곡되지 않는다.
( )	1상분이 고장나면 나머지 2대로 3상 공급이 가능하다.

Answer

3상 변압기 결선	결선의 특징
④	단상 변압기 2대로 3상 전원 공급이 가능하다.
③	1, 2차 중성점을 접지할 수 있어 이상전압 감소에 유리하다.
②	기전력의 파형이 왜곡되지 않는다.
①	1상분이 고장나면 나머지 2대로 3상 공급이 가능하다.

17 ★★☆☆☆ (5점)

다음 옥내배선 심벌에 대한 명칭을 쓰시오.

(1) ⬜ S   (2) ⬜ B   (3) ⬜ E   (4) ⬜ TS   (5) ⬜ WH

Answer

(1) 개폐기 (2) 배선용 차단기 (3) 누전 차단기
(4) 타임 스위치 (5) 전력량계(상자들이 또는 후드붙이)

Explanation

(KS C 0301) 옥내배선용 그림기호

명칭	그림기호
개폐기	S
배선용 차단기	B
누전 차단기	E
타임 스위치	TS
전력량계	Wh
전력량계(상자들이 또는 후드붙이)	WH

18 ★☆☆☆☆ (4점)

셀룰러덕트공사에서 셀룰러덕트의 판 두께에 관한 내용이다. 다음의 표에 알맞은 내용을 적으시오.

덕트의 최대 폭	덕트의 최소 판 두께[mm]
150[mm] 이하	①
200[mm] 초과	②

Answer

① 1.2   ② 1.6

Explanation

(KEC 232.33.2조) 셀룰러덕트 및 부속품의 선정

1. 강판으로 제작한 것일 것.
2. 덕트 끝과 안쪽 면은 전선의 피복이 손상하지 아니하도록 매끈한 것일 것.
3. 덕트의 안쪽 면 및 외면은 방청을 위하여 도금 또는 도장을 한 것일 것. 다만, KS D 3602(강제갑판) 중 SDP 3에 적합한 것은 그러하지 아니하다.
4. 셀룰러덕트의 판 두께는 표에서 정한 값 이상일 것.

덕트의 최대 폭	덕트의 최소 판 두께[mm]
150[mm] 이하	1.2[mm]
150[mm] 초과 200[mm] 이하	1.4[mm] {KS D 3602(강제 갑판) 중 SDP2, SDP3 또는 SDP2G에 적합한 것은 1.2[mm] }
200[mm] 초과	1.6[mm]

19 ★★☆☆☆ (6점)

3상 3선식 6.6[kV] 로 수전하는 수용가 수전점에서 50/5[A] CT 2대, 6,600/110[V] PT 2대를 사용하여 CT 및 PT 2차 측에서 측정한 3상 전력이 500[W]일 때, 수전전력[kW]을 구하시오.

Answer

계산
수전전력 $P = $ 측정전력 $\times$ CT비 $\times$ PT비[kW]
$$= 500 \times \frac{6,600}{110} \times \frac{50}{5} \times 10^{-3} = 300 [\text{kW}]$$

답 : 300[kW]

Explanation

- 적산전력계의 측정값
$$P = \frac{3,600}{t} \cdot \frac{n}{k} [\text{kW}]$$
여기서, n : 회전수 [회], t : 시간 [sec], k : 계기정수 [rev/kWh]
- 실제전력
$P = $ 측정전력 $\times$ CT비 $\times$ PT비[kW]
- 승률 $= $ PT비 $\times$ CT비

전기공사산업기사 실기

과년도 기출문제
2023

- 2023년 제 01회
- 2023년 제 02회
- 2023년 제 04회

2023년 과년도 기출문제에 대한 출제 빈도 분석 차트입니다.
각 회차별로 별의 개수를 확인하고 학습에 참고하기 바랍니다.

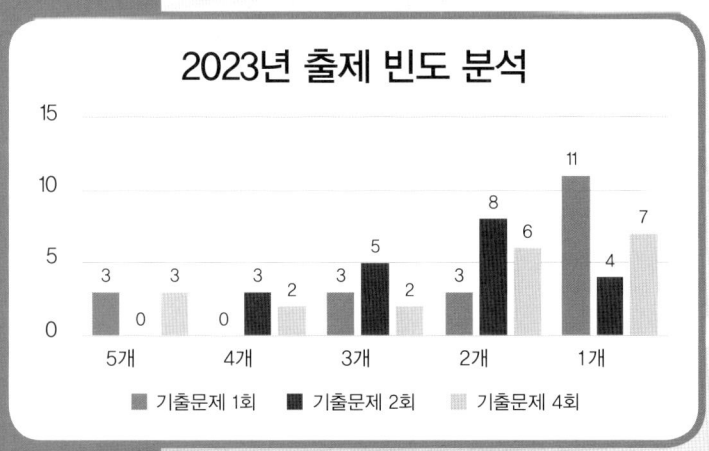

2023년 전기공사산업기사 실기

01 (10점)

그림은 3상 4선식 중성점 다중 접지방식으로 22.9 kV-Y 배전선로에서 수전하기 위한 단선 결선도이다. 단선 결선도를 보고 각 물음에 답하시오.

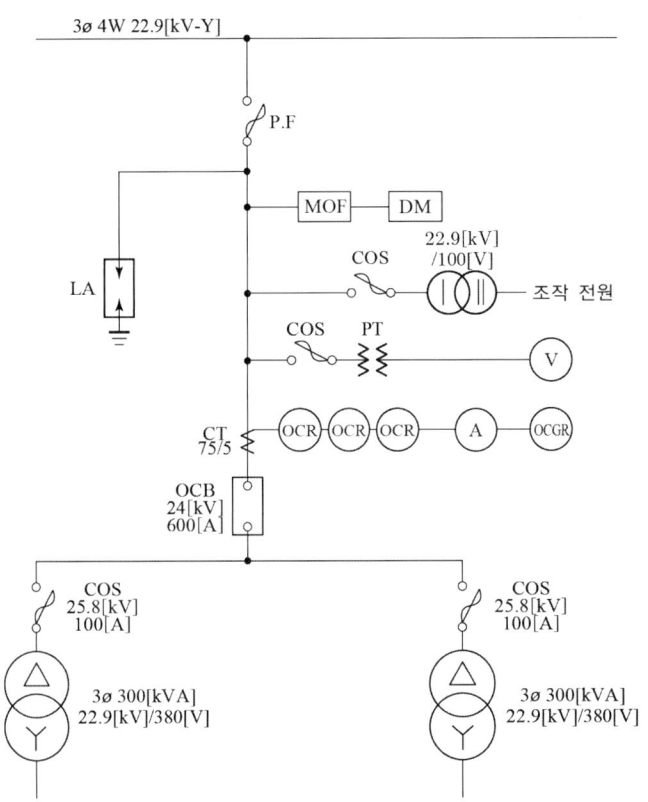

(1) OCGR의 명칭 및 LA의 정격전압[kV]을 적으시오.
  ① OCGR의 명칭 :   ② LA의 정격전압[kV] :

(2) 계기용 변압변류기(MOF)의 변류비를 다음 표를 이용하여 선정하시오(단, 평균역률은 80[%]로 가정하며, 전류의 과전류를 150[%]로 하고 전압변동은 고려하지 않는다).

변류비 1차 정격전류 표[A]					
15	20	30	40	50	75

• 계산 :   • 답 :

(3) 계기용 변압변류기(MOF)의 복선도를 그리시오.

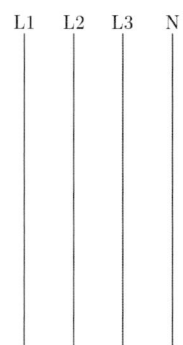

Answer

(1) ① 지락과전류계전기 ② 18[kV]

(2) 계산 : 1차 전류 $I_1 = \dfrac{(300+300)}{\sqrt{3} \times 22.9} \times 1.5 = 22.69[A]$ 따라서 표에서 30/5

답 : 30/5

(3)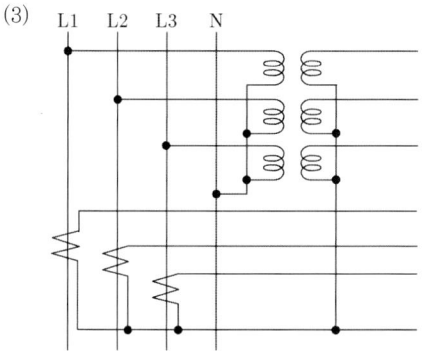

Explanation

(1) 계전기 고유번호
- 51 : 과전류 계전기(OCR)
- 51G : 지락 과전류 계전기(OCGR)
- 59 : 과전압 계전기(OVR)
- 64 : 지락 과전압 계전기(OVGR)
- 27 : 부족 전압 계전기(UVR)

(2) 피뢰기의 정격전압

전력계통		피뢰기 정격 전압[kV]	
전압[kV]	중성점 접지방식	변전소	배전선로
345	유효접지	288	–
154	유효접지	144	–
66	PC 접지 또는 비접지	72	–
22	PC 접지 또는 비접지	24	–
22.9	3상 4선 다중접지	21	18

(3) CT비(변류비) : 1차 전류×(1.25~1.5)

CT 1차 전류 : 10, 15, 20, 30, 40, 50, 75, 100, 150, 200, 300, 400, 500 [A]

문제에서는 CT의 여유를 150[%]로 하였으므로 이를 적용하며 1차 전류가 범위 내에 없으므로 그 보다 큰 30/5를 선정한다.

BEST 02 ★★★★★ (5점)

배전 설계의 긍장이 50[m] 부하의 최대 사용 전류는 150[A], 배전 설계의 전압강하는 6[V]이다. 이때, 3상 3선식 저압회로의 공칭 단면적을 계산하고 다음의 전선규격에서 선정하시오. 단, 전선 규격은 16[mm²], 25[mm²], 35[mm²], 50[mm²], 70[mm²], 95[mm²], 120[mm²]에서 선정한다.

• 계산 :   • 답 :

Answer

계산 : 3상 3선식 회로에서의 전선의 단면적 $A = \dfrac{30.8LI}{1,000e} = \dfrac{30.8 \times 50 \times 150}{1,000 \times 6} = 38.5\,[\text{mm}^2]$

답 : 50[mm²]

Explanation

전압 강하 및 전선의 단면적 계산

전기 방식	전압 강하		전선 단면적	대상 전압강하
단상 3선식 직류 3선식 3상 4선식	IR	$e = \dfrac{17.8LI}{1,000A}$	$A = \dfrac{17.8LI}{1,000e}$	대지와 선간
단상 2선식 직류 2선식	$2IR$	$e = \dfrac{35.6LI}{1,000A}$	$A = \dfrac{35.6LI}{1,000e}$	선간
3상 3선식	$\sqrt{3}\,IR$	$e = \dfrac{30.8LI}{1,000A}$	$A = \dfrac{30.8LI}{1,000e}$	선간

여기서, e : 전압강하 [V], A : 사용전선의 단면적[mm²]
　　　　L : 선로의 길이 [m], C : 전선의 도전율(97[%])

KSC-IEC 전선 규격

전선의 공칭단면적 [mm²]			
1.5	16	95	300
2.5	25	120	400
4	35	150	500
6	50	185	630
10	70	240	

03 ★★★☆☆ (5점)

그림 (a)의 릴레이 시퀀스가 있다. A, B, C, D는 보조 릴레이 접점이고, X는 릴레이, L은 부하이다. 다음 물음에 답하시오.

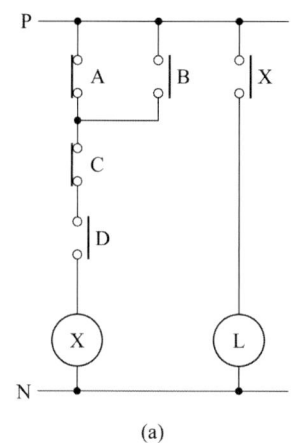

(a)

(b)

(1) 그림 (a)에서 X의 논리식을 쓰시오.
(2) 답안지의 그림 (b)란에 논리회로(2입력, AND, OR, NOT 기호 사용)를 그려 넣으시오.

Answer

(1) $X = (\overline{A} + B) \cdot \overline{C} \cdot D$
(2)
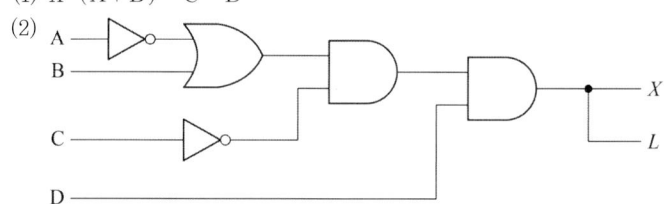

04 ★☆☆☆☆ (5점)

논리식 $X = \overline{A}BC + A\overline{B}C + AB\overline{C}$ 에 대한 논리회로를 그리시오(단, 3입력 OR, 2입력 AND, 1입력 NOT 기호만을 사용한다).

A ———

B ———

C ———

Answer

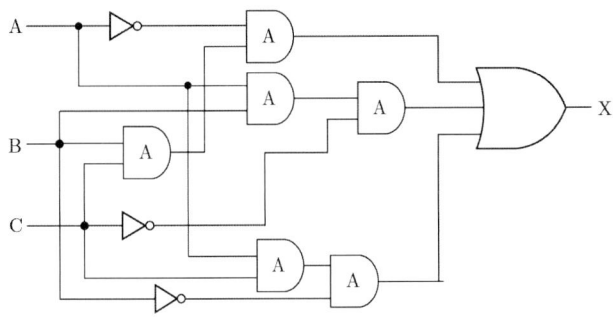

05 (4점)
한국전기설비규정에 따라 금속제 가요전선관공사를 실시하고자 한다. 1종 금속제 가요전선관을 사용할 수 있는 조건을 2가지만 적으시오(단, 옥내배선의 사용전압이 400[V]이하인 경우이다).

Answer

① 전개된 장소
② 점검할 수 있는 은폐된 장소

Explanation

(KEC 232.13조) 금속제 가요전선관 시설조건
1. 전선은 절연전선(옥외용 비닐절연전선을 제외한다)일 것
2. 전선은 연선일 것. 다만, 단면적 10[mm²](알루미늄선은 단면적 16[mm²]) 이하인 것은 그러하지 아니하다.
3. 가요전선관 안에는 전선에 접속점이 없도록 할 것
4. 가요전선관은 2종 금속제 가요전선관일 것. 다만, 전개된 장소 또는 점검할 수 있는 은폐된 장소(옥내배선의 사용전압이 400[V] 초과인 경우에는 전동기에 접속하는 부분으로서 가요성을 필요로 하는 부분에 사용하는 것에 한한다)에는 1종 가요전선관(습기가 많은 장소 또는 물기가 있는 장소에는 비닐 피복 1종 가요전선관에 한한다)을 사용할 수 있다.

06 (5점)
그림과 같은 단상 2선식 회로에서 인입구 A점의 전압이 220[V]일 때 B점에서의 전압을 계산하시오. 단, 선로에 표기된 저항값은 2선값이다.

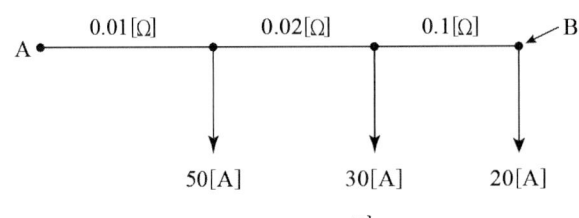

• 계산 :   • 답 :

Answer

계산 : 50[A]점 전압 $V_{50} = 220 - 0.01 \times (50 + 30 + 20) = 219$[V]
　　　30[A]점 전압 $V_{30} = 219 - 0.02 \times (30 + 20) = 218$[V]
　　　20[A]점(B점) 전압 $V_{20} = 218 - 0.1 \times 20 = 216$[V]　　　답 : 216[V]

> **Explanation**

전압강하
$e = 2IR$ 여기서, R은 1선당 저항값
$e = IR$ 여기서, R은 2선당 저항값

07 한국전기설비규정에 따른 태양광설비의 시설 기준 중 태양전지 모듈에 관한 내용이다. ( )안에 알맞은 내용을 답란에 적으시오. (4점)

> 태양광설비에 시설하는 태양전지 모듈(이하 "모듈"이라 한다)은 다음에 따라 시설하여야 한다.
> – 모듈의 각 직렬군은 동일한 단락전류를 가진 모듈로 구성하여야 하며 1대의 인버터(멀티스트링 인버터의 경우 1대의 MPPT 제어기)에 연결된 모듈 직렬군이 (①)이상일 경우에는 각 직렬군의 출력전압 및 (②)가 동일하게 형성되도록 배열할 것

① :   ② :

> **Answer**

① 2병렬   ② 출력전류

> **Explanation**

(KEC 522.2.1조)태양전지 모듈의 시설
태양광설비에 시설하는 태양전지 모듈(이하 "모듈"이라 한다)은 다음에 따라 시설하여야 한다.
1. 모듈은 자중, 적설, 풍압, 지진 및 기타의 진동과 충격에 대하여 탈락하지 아니하도록 지지물에 의하여 견고하게 설치할 것
2. 모듈의 각 직렬군은 동일한 단락전류를 가진 모듈로 구성하여야 하며 1대의 인버터(멀티스트링 인버터의 경우 1대의 MPPT 제어기)에 연결된 모듈 직렬군이 2병렬 이상일 경우에는 각 직렬군의 출력전압 및 출력전류가 동일하게 형성되도록 배열할 것

08 다음 그림과 같이 4개의 전극을 일직선상에 동일한 간격으로 설치하여 C_1, C_2에 교류전류를 공급하고 P_1, P_2간의 전압을 측정하는 대지고유저항 측정법을 적으시오. (3점)

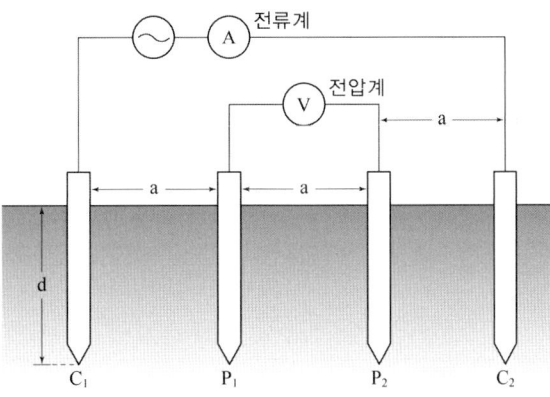

• 대지고유저항 측정법 :

Answer

위너의 4전극법

Explanation

위너의 4전극법

측정하고자 하는 대지에 4개의 전극을 일렬로 일정 간격(a), 일정 깊이(d)로 매설하고, C_1, C_2 전극에 교류전류를 인가하여 그 전류치(I)를 측정하고, P_1, P_2 전극에서 측정되는 전압(V)을 측정하여 저항 (R)을 구하여 다음의 공식에 의해 계산한다.

대지 고유저항 $\rho = 2\pi aR = 40\pi dR [\Omega \cdot m]$
여기서, ρ : 흙의 저항율[$\Omega \cdot m$]
  a : 전극 간의 거리 (단, $a = 20d$)
  R : 저항 값 (V/I : 측정치)
  d : 전극의 매설 깊이

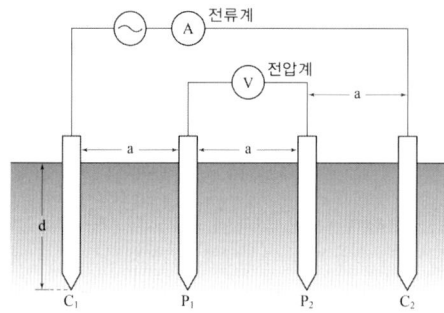

09 (4점)

한국전기설비규정에 따른 저압 전기설비의 도체와 과부하 보호장치 사이의 협조를 위해 충족하여야 하는 "과부하에 대한 전선 또는 케이블을 보호하는 장치의 동작특성 조건식" 2가지는 ①~②와 같다. ( )안에 알맞은 내용을 다음 기호를 이용하여 적으시오.

> I_B : 회로의 설계전류
> I_Z : 케이블의 허용전류
> I_n : 보호장치의 정격전류
> I_2 : 보호장치가 규약시간 이내에 유효하게 동작하는 것을 보장하는 전류

[과부하에 대한 전선 또는 케이블을 보호하는 장치의 동작특성 조건식]

> ① (　) ≤ I_n ≤ (　)
> ② I_2 ≤ (　)

① : 　　　　　　　　　　　　　　　② :

Answer

① I_B, I_Z　　　　② $1.45 \times I_Z$

> **Explanation**

(KEC 212.4) 과부하 전류에 대한 보호
저압 전로에 시설하는 과전류 차단기의 정격전류와 도체의 허용전류
$I_B \le I_n \le I_Z$
$I_2 \le 1.45 \times I_Z$
I_B : 회로의 설계전류
I_Z : 케이블의 허용전류
I_n : 보호장치의 정격전류
I_2 : 보호장치가 규약시간 이내에 유효하게 동작하는 것을 보장하는 전류

10 ★★★☆☆ (5점)
배전용 주상변압기의 보호를 위해 고압 및 저압측에 설치하는 것은?
(1) 1차 측(고압 측) :
(2) 2차 측(저압 측) :

> **Answer**

(1) 1차 측(고압 측) : COS(컷 아웃 스위치)
(2) 2차 측(저압 측) : 캐치 홀더

> **Explanation**

주상변압기의 과전류에 대한 보호 장치
- 1차 측 보호설비 : 컷 아웃 스위치(Cut Out Switch)
  프라이머리 컷 아웃 스위치(Primary Cut Out Switch)
- 2차 측 보호설비 : 캐치 홀더(Catch Holder)

11 ★☆☆☆☆ (6점)
전주외등 배선 시 단면적 2.5[㎟] 이상의 절연전선 또는 이와 동등 이상의 절연성능이 있는 것을 사용하여 시설하여야 한다. 이 때 사용되는 공사방법 3가지를 적으시오(단, 대지전압 300[V]이하의 형광등, 고압방전등, LED등 등을 배전선로의 지지물 등에 시설하는 경우로 한국전기설비규정에 따른 공사방법이다).

> **Answer**

① 케이블공사   ② 합성수지관공사   ③ 금속관공사

> **Explanation**

(KEC 234.10.3조) 전주외등 배선
1. 배선은 단면적 2.5[㎟] 이상의 절연전선 또는 이와 동등 이상의 절연성능이 있는 것을 사용하고 다음 공사방법 중에서 시설하여야 한다.
   가. 케이블공사
   나. 합성수지관공사
   다. 금속관공사
2. 배선이 전주에 연한 부분은 1.5[m] 이내마다 새들(saddle) 또는 밴드로 지지할 것

12 다음 그림과 같은 철탑을 무엇이라 하는지 적으시오. (3점)

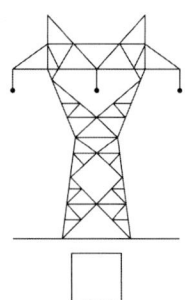

Answer

우두형 철탑

Explanation

철탑의 형태에 의한 종류

- 사각 철탑 : 4면이 동일한 모양과 강도를 가진 철탑으로 2회선용으로 사용할 수 있으며 현재 가장 많이 사용되고 있다.
- 방형 철탑 : 마주 보는 2면이 각각 동일한 모양과 강도를 가진 철탑으로 1회선용으로 사용된다.
- 우두형 철탑 : 중간부 이상이 특히 넓은 형의 철탑으로 외국의 경우 초고압 송전선이나 눈이 많은 지역에 사용된다.
- 문형 철탑(Gantry Tower) : 전차선로나 수로, 도로상에 송전선을 시설할 때 많이 사용된다.
- 회전형 철탑 : 철탑의 중앙부 이상과 이하가 45° 회전형의 철탑으로 철탑부재의 강도를 가장 유용하게 이용한 철탑이다.
- MC 철탑 : 스위스의 Motor Columbus사가 개발한 철탑으로 콘크리트를 채운 강관형 철탑으로 철강재가 적어 경량화가 가능하며 운반 조립이 쉬운 철탑이다.

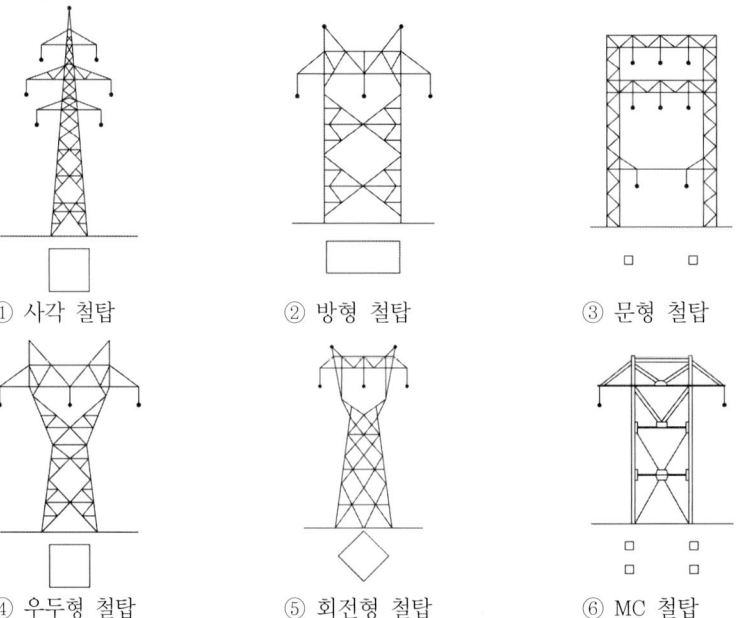

① 사각 철탑　② 방형 철탑　③ 문형 철탑
④ 우두형 철탑　⑤ 회전형 철탑　⑥ MC 철탑

13 자가용 전기설비의 보호계전기에 대한 다음 각 물음에 답하시오. (4점)

(1) 2개 이상의 벡터량의 관계위치에서 동작하며, 전류가 어느 방향으로 흐르고 있는가를 판정하는 계전기를 적으시오.
(2) 보호구간으로 유입하는 전류와 보호구간에서 유출되는 전류의 벡터차와 출입하는 전류와의 관계비로 동작하는 계전기를 적으시오.

Answer

(1) 차동계전기
(2) 비율차동계전기

Explanation

비율 차동 계전기 (RDfR) : 발·변압기 층간, 단락 보호

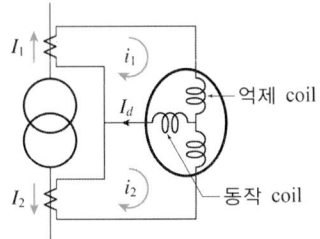

14 형광 램프의 기호 "FL 20 W"의 의미를 적으시오. (6점)

① FL의 의미 :
② 20의 의미 :
③ W의 의미 :

Answer

① 형광등   ② 소비전력 20[W]   ③ 백색

Explanation

형광등 색상 표시
D : 주광색
N : 주백색(주광색과 백색의 중간)
W : 백색

15 가로 20[m], 세로 30[m], 광원의 높이 2.5[m]인 사무실의 실지수를 계산하시오(단, 작업면의 높이는 1[m]이며 실지수의 값은 숫자로 나타낸다). (5점)

• 계산 :   • 답 :

Answer

계산 : $K = \dfrac{XY}{H(X+Y)} = \dfrac{20 \times 30}{(2.5-1)(20+30)} = 8$

답 : 5

Explanation

실지수(방지수) = $\dfrac{XY}{H(X+Y)}$

여기서, H : 등의 높이−작업면 높이[m], X : 방의 가로[m], Y : 방의 세로[m]

범위	실지수	기호
4.5 이상	5.0	A
4.5~3.5	4.0	B
3.5~2.75	3.0	C
2.75~2.25	2.5	D
2.25~1.75	2.0	E
1.75~1.38	1.5	F
1.38~1.12	1.25	G
1.12~0.9	1.0	H
0.9~0.7	0.8	I
0.7 이하	0.6	J

16 조명설비의 배광에 따른 분류이다. 각각의 내용에 맞는 조명방식을 적으시오. (6점)

(1) 발산광속의 90~100[%]가 작업면을 직접 조명하는 방식으로 공장의 일반조명에 널리 사용된다.
(2) 발산 광속 중 하향광속이 60~90[%]가 되므로 하향광속으로 작업면에 직사시키고 상향광속으로 천장, 벽면 등에 반사되고 있는 반사광으로 작업면의 조도를 증가시키는 조명방식이다.
(3) 상향광속과 하향광속이 거의 동일하므로 하향광속으로 직접 작업면에 직사시키고 상향 광속의 반사광으로 작업면의 조도를 증가시키는 조명 방식이다.

Answer

(1) 직접조명   (2) 반직접조명   (3) 전반확산조명

Explanation

※ 조명기구 배광에 의한 분류

조명방식	하향광속 [%]	상향광속 [%]
직접조명	100 ~ 90	0 ~ 10
반 직접조명	90 ~ 60	10 ~ 40
전반 확산조명	60 ~ 40	40 ~ 60
반 간접조명	40 ~ 10	60 ~ 90
간접조명	10 ~ 0	90 ~ 100

17 ★☆☆☆☆ (5점)

전기부분 표준품셈에 따른 구내 입환별 할증률에 관한 표이다. ( ) 안에 알맞은 내용을 보기에서 골라 적으시오.

[보기]

0[%], 5[%], 10[%], 15[%], 20[%], 25[%], 30[%], 35[%]

1, 2, 3, 4, 5, 6, 7, 8, 9, 10[선]

[구내 입환별 할증률]

구 분	할증률	비 고
입환작업이 특히 빈번한 구내	(①)[%]	구내배선이 (②)선 이상
기타 역구내	(③)[%]	구내배선이 5선 이상

① :   ② :   ③ :

Answer

① 20   ② 6   ③ 10

Explanation

(표준품셈 1-11-9) 구내입환별 할증률

구 분	할증률	비 고
입환작업이 특히 빈번한 구내	20[%]	구내배선이 6선 이상
기타 역구내	10[%]	구내배선이 5선 이상

BEST 18 ★★★★★ (4점)

다음 ( )안에 들어갈 알맞은 내용을 답란에 적으시오.

> 공사 원가는 순공사 원가, (①), (②), 부가가치세로 구성되며 이 중 순공사 원가는 (③), (④), (⑤)의 합계이다.

① :   ② :   ③ :
④ :   ⑤ :

Answer

① 일반관리비   ② 이윤   ③ 재료비
④ 노무비   ⑤ 경비

Explanation

- 순공사원가 : 재료비, 노무비, 경비
- 총공사원가 : 재료비, 노무비, 경비, 일반관리비, 이윤, 부가가치세

---

19 ★★☆☆☆ (5점)

아래 보기는 송전선로 공사에 대한 작업의 내용이다. 보기를 작업순서에 맞게 번호로 나열하시오.

> ① 긴선 ② 각입 ③ 타설 ④ 연선 ⑤ 조립 ⑥ 굴착

작업순서 : (   ) → (   ) → (   ) → (   ) → (   ) → (   )

Answer

⑥ → ② → ③ → ⑤ → ④ → ①

Explanation

송전선로 공사
굴착 - 각입 - 타설 - 조립 - 연선 - 긴선

---

20 ★☆☆☆☆ (6점)

배전선로의 배전방식 중 저압네트워크 방식의 장점을 3가지만 적으시오.

Answer

① 무정전 공급이 가능하다(공급신뢰성이 가장 우수).
② 전압변동이 적다.
③ 부하증가에 대한 적응성이 우수하다.

Explanation

저압 네트워크 방식
동일모선으로부터 2회선 이상의 급전선으로 전력을 공급받는 방식으로 2대 이상의 배전용 변압기로부터 저압측을 망상(네트워크)으로 구성한 것으로 각 수용가는 망상 네트워크로부터 분기하여 공급받는 방식으로 주로 부하가 밀집된 시가지에 사용

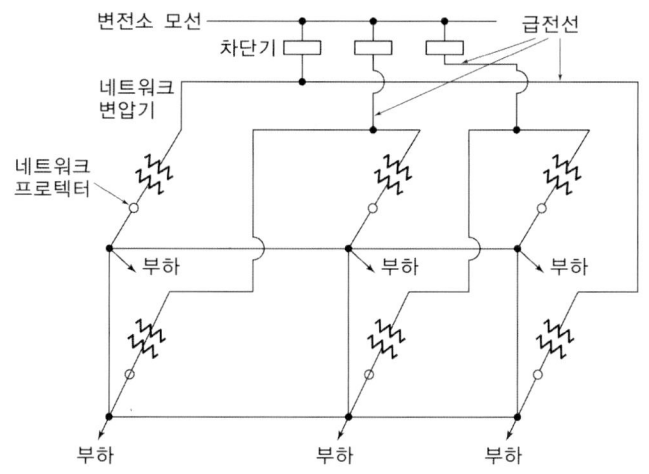

① 장점
- 무정전 공급이 가능하다.(공급신뢰성이 가장 우수)
- 전압 강하가 작다
- 플리커 현상이 적다.
- 전력 손실이 작다.
- 전압변동이 적다.
- 부하증가에 대한 적응성 우수하다.
- 변전소 수의 감소된다.

② 단점
- 인축의 접지 사고 증가한다.
- 고장전류가 역류한다.

2023년 전기공사산업기사 실기

01 ★★★☆☆ (5점)

10[kVA]의 단상 변압기 3대를 △ 결선으로 급전 하던 중 변압기 1대의 고장으로 나머지 2대로 V 결선해서 급전하고 있다. 이 경우 부하가 27.5[kVA]라면 나머지 2대의 변압기는 몇 [%]의 과부하가 되는지 계산하시오(단, 소수점 이하는 버리시오).

• 계산 : • 답 :

Answer

계산 : V결선 출력 $P = \sqrt{3}\, VI = \sqrt{3} \times 10 [kVA]$

과부하율 $= \dfrac{27.5}{\sqrt{3} \times 10} \times 100 = 158.77[\%]$

답 : 158.77[%]

Explanation

V결선 : 단상 변압기 2대로 결선하여 3상 공급

V결선의 용량은 변압기 1대 용량을 K라 하면 $P_V = \sqrt{3}\, K$이며

이용률 $= \dfrac{\sqrt{3}\, K}{2K} = \dfrac{\sqrt{3}}{2} = 0.866$

출력비 $= \dfrac{\sqrt{3}\, K}{3K} = \dfrac{\sqrt{3}}{3} = 0.5774$

과부하율 $= \dfrac{\text{부하용량}}{V\text{결선 공급량}} \times 100$

02 ★★☆☆☆ (5점)

공칭방전전류의 의미를 설명하고, 22.9[kV-y] 이하(22[kV] 비접지 제외)의 배전선로에 수전하는 설비에 설치된 피뢰기의 공칭방전전류[A]를 적으시오.

• 공칭방전전류 :   [A]
• 의미 :

Answer

• 공칭방전전류 : 2,500[A]
• 의미 : 피뢰기에 흐르는 전류의 크기 피뢰기의 보호성능 및 회복성능을 표현하기 위해 사용

Explanation

피뢰기의 정격전압

전력 계통		피뢰기 정격 전압[kV]	
공칭전압[kV]	중성점 접지 방식	변전소	배전 선로
345	유효접지	288	–
154	유효접지	144	–
66	PC접지 또는 비접지	72	–
22	PC접지 또는 비접지	24	–
22.9	3상 4선 다중접지	21	18

【주】 전압 22.9[kV-Y] 이하의 배전선로에서 수전하는 설비의 피뢰기 정격전압[kV]은 배전선로용을 적용한다.

03 ★★★★☆ (3점)

가공전선로에서 특고압선 2조를 수평으로 배열하고자 할 때 완철 사용 표준 길이[mm]를 적으시오.

[완금의 길이]

전선 조수	특고압	고압	저압
2	①	1,400	900
3	②	1,800	1,400

Answer

① 1,800   ② 2,400

Explanation

(내선규정 2,155) 특고압(22.9[kV-Y]) 가공전선로

가공전선로의 장주에 사용되는 완금의 표준 길이[mm]

전선 조수	특고압	고압	저압
2	1,800	1,400	900
3	2,400	1,800	1,400

여기서, 22.9[kV] 가공전선로에서 3상 4선식은 중성선을 제외하고 완금에는 3조의 전선이 사용된다.

04 ★★★☆☆ (5점)

경간 200[m]인 가공 송전선로가 있다. 전선 1[m]당 무게는 2.0[kg]이고 풍압하중은 없다고 한다. 인장강도 4,000[kg]이 전선을 사용할 때 이도(D)와 전선의 실제 길이(L)를 구하시오. 단, 안전율은 2.2로 한다.

(1) 이도
 • 계산 :   • 답 :
(2) 전선의 실제 길이
 • 계산 :   • 답 :

Answer

(1) 이도

계산 : $D = \dfrac{WS^2}{8T} = \dfrac{2 \times 200^2}{8 \times \dfrac{4,000}{2.2}} = 5.5[\text{m}]$

답 : 5.5[m]

(2) 전선의 실제 길이

계산 : $L = S + \dfrac{8D^2}{3S} = 200 + \dfrac{8 \times 5.5^2}{3 \times 200} = 200.4[\text{m}]$

답 : 200.4[m]

Explanation

- 이도 : $D = \dfrac{WS^2}{8T} = \dfrac{WS^2}{8 \times \dfrac{\text{인장하중}}{\text{안전율}}}$

- 실제 길이 : $L = S + \dfrac{8D^2}{3S}$

  여기서, L : 전선의 실제 길이[m], D : 이도[m], S : 경간[m]

05 ★☆☆☆☆ (6점)

다음은 한국전기설비규정에 따른 용어의 정의이다. 각각에 알맞은 용어를 적으시오.

용어	정의
①	가공전선로의 지지물로부터 다른 지지물을 거치지 아니하고 수용장소의 붙임점에 이르는 가공전선
②	지중 전선로·지중 약전류 전선로·지중 광섬유 케이블 선로·지중에 시설하는 수관 및 가스관과 이와 유사한 것 및 이들에 부속하는 지중함 등
③	둘 이상의 전력계통 사이를 전력이 상호 융통될 수 있도록 선로를 통하여 연결하는 것으로 전력계통 상호간을 송전선, 변압기 또는 직류-교류 변환설비 등에 연결하는 것. 계통연락이라고도 함

① :   ② :   ③ :

Answer

① 가공인입선   ② 지중 관로   ③ 계통연계

Explanation

(KEC 112조) 용어 정의

① "가공인입선"이란 가공전선로의 지지물로부터 다른 지지물을 거치지 아니하고 수용장소의 붙임점에 이르는 가공전선을 말한다.
② "계통연계"란 둘 이상의 전력계통 사이를 전력이 상호 융통될 수 있도록 선로를 통하여 연결하는 것으로 전력계통 상호간을 송전선, 변압기 또는 직류-교류변환설비 등에 연결하는 것을 말한다. 계통연락이라고도 한다.
③ "지중 관로"란 지중 전선로·지중 약전류 전선로·지중 광섬유 케이블 선로·지중에 시설하는 수관 및 가스관과 이와 유사한 것 및 이들에 부속하는 지중함 등을 말한다.

06 전등을 3개소에서 동시에 점멸하는 복도 조명의 배선도이다. 다음 물음에 답하시오. (7점)

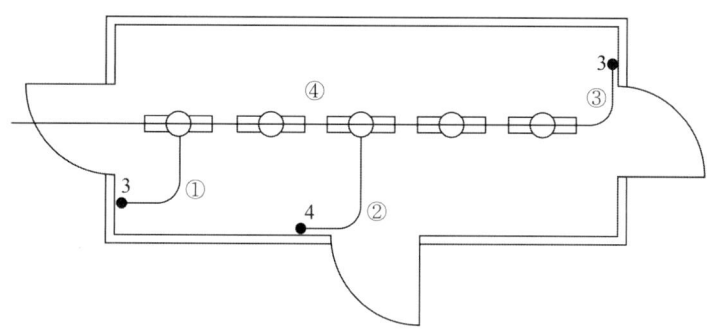

(1) ①, ②, ③, ④의 최소 배선 수는 몇 가닥인지 적으시오. 단, 접지도체는 제외한다.
(2) 배선도에 사용된 그림기호의 명칭을 적으시오.

기호	명칭
◯ (가로형)	
●3	
────	

Answer

(1) ① 3가닥 ② 4가닥
    ③ 3가닥 ④ 4가닥

(2)
기호	명칭
◯ (가로형)	형광등
●3	3로 스위치
────	천장 은폐배선

Explanation

명칭	그림기호	적요

형광등	◯ (가로형)	① 그림기호 ◯ 는 ◯ 로 표시하여도 좋다.
		② 벽붙이는 벽 옆을 칠한다.
		  • 가로붙이인 경우 ◖
		  • 세로붙이인 경우 ◖ (세로)
		③ 기구종류를 표시하는 경우는 ◯ 안이나 또는 표기로 글자명, 숫자 등의 문자기호를 기입하고 도면의 비고 등에 표시한다.
		[보기] ⓝ◯N ①◯1 □◯A
		같은 방에 기구를 여러 개 시설하는 경우는 통합하여 문자기호와 기구수를 기입하여도 좋다. 또한, 여기에 다루기 어려운 경우는 일반용 조명 백열등, HID 등의 적요③을 준용한다.

점멸기 (Switch)	●	① 용량의 표시 방법은 다음과 같다. 　• 10[A]는 방기하지 않는다. 　• 15[A] 이상은 전류값을 표기한다. 　　[보기] ●₁₅ₐ ② 극수의 표시 방법은 다음과 같다. 　• 단극은 방기하지 않는다. 　• 2극 또는 3로, 4로는 각각 2P 또는 3, 4의 숫자를 표기한다. 　　[보기] ●₂ₚ　●₃ ③ 파일럿 램프를 내장하는 것은 L을 표기한다.　●ᴸ ④ 방수형은 WP를 표기한다.　●ᵂᴾ ⑤ 방폭형은 EX를 표기한다.　●ᴱˣ ⑥ 타이머 붙이는 T를 표기한다.　●ᵀ
천장 은폐 배선 바닥 은폐 배선 노출 배선	——— - - - - ··········	① 천장 은폐 배선 중 천장 속의 배선을 구별하는 경우는 천장 속의 배선에 ———·——를 사용하여도 좋다. ② 노출 배선 중 바닥면 노출 배선을 구별하는 경우는 바닥면 노출 배선에 ———·——를 사용하여도 좋다. ③ 전선의 종류를 표시할 필요가 있는 경우는 기호를 기입한다.

07 ★★★★☆ (5점)

다음 동작 설명과 같이 동작이 될 수 있는 시퀀스 제어도를 그리시오(단, 회로 작성 시 선의 접속 및 미접속에 대한 예시를 참고하여 작성하시오).

[동작 설명]
1. 3로 스위치 S_{3-1}을 ON, S_{3-2}를 ON했을 시 R1, R2가 직렬 점등되고, S_{3-1}을 OFF, S_{3-2}를 OFF 했을 시 R1, R2가 병렬 점등한다.
2. 푸시 버튼스위치 PB를 누르고 있는 동안에는 R3와 부저 BZ가 병렬로 동작한다.

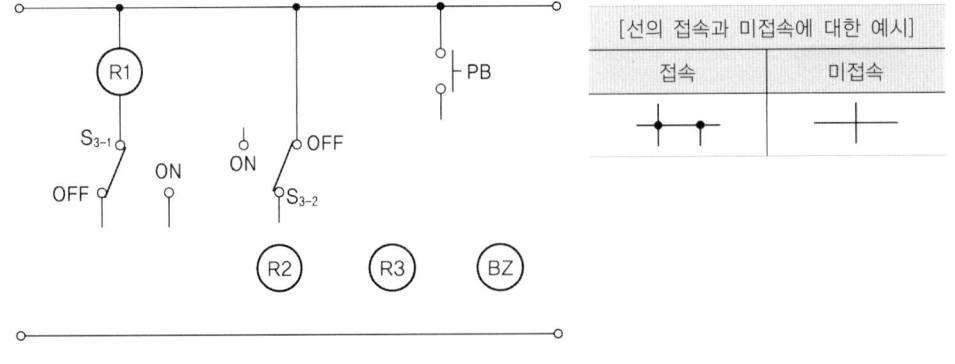

Answer

시퀀스 제어도

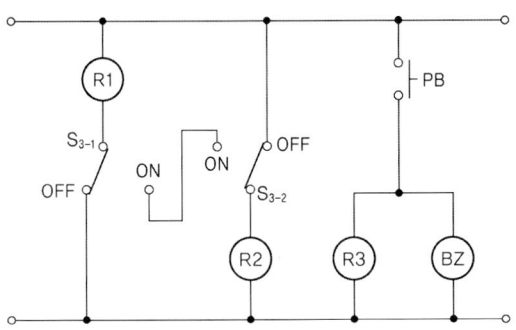

08 ★★★☆☆ (5점)
부하 100[kVA]에서 역률 60[%]를 90[%]로 개선하는 데 필요한 콘덴서 용량[kVA]을 계산하시오.

• 계산 :   • 답 :

 Answer

계산 : $Q_c = 100 \times 0.6 \times \left(\dfrac{\sqrt{1-0.6^2}}{0.6} - \dfrac{\sqrt{1-0.9^2}}{0.9} \right) = 50.94 [\text{kVA}]$

답 : 50.94[kVA]

Explanation

역률 개선용 콘덴서

$Q_c = P(\tan\theta_1 - \tan\theta_2) = P\left(\dfrac{\sin\theta_1}{\cos\theta_1} - \dfrac{\sin\theta_2}{\cos\theta_2} \right)$

$= P\left(\dfrac{\sqrt{1-\cos^2\theta_1}}{\cos\theta_1} - \dfrac{\sqrt{1-\cos^2\theta_2}}{\cos\theta_2} \right) [\text{kVA}]$

09 ★★☆☆☆ (5점)
용량(P)이 800[W]의 전열기에 동일 전압을 인가하고 전열선의 길이를 5[%] 작게 할 경우의 소비전력 P_a[W]를 계산하시오.

• 계산 :   • 답 :

Answer

계산 : $P' = \left(\dfrac{l}{l'} \right) P = \left(\dfrac{l}{0.95l} \right) P = \dfrac{1}{0.95} \times 800 = 842.11 [\text{W}]$

답 : 842.11[W]

Explanation

소비전력 $P = \dfrac{V^2}{R} = \dfrac{V^2}{\rho \dfrac{l}{A}} = \dfrac{AV^2}{\rho l} \propto \dfrac{1}{l}$

전력은 길이에 반비례한다.

10 다음과 같이 단상 변압기 3대가 있다. Y-Y결선, △-△ 결선을 그리시오(단, 회로 작성 시 선의 접속 및 미접속에 대한 예시를 참고하여 작성하시오). (6점)

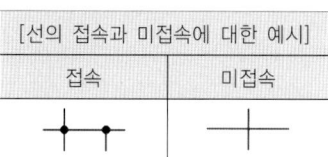

Y-Y 결선	△-△ 결선

Answer

Y-Y결선

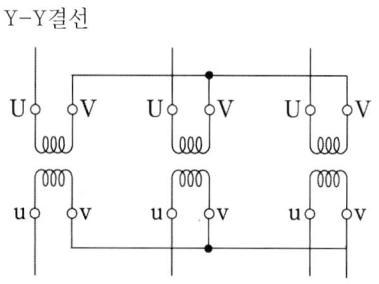

△-△결선

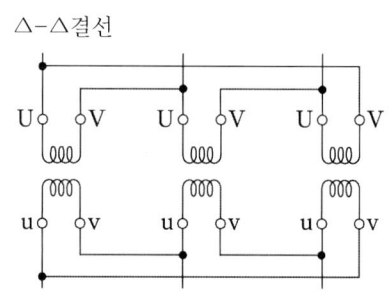

11 KS C 0301(옥내 배선용 그림 기호)에 따른 다음 그림 기호의 명칭을 적으시오. (6점)

기호	⊖G	●P	⊖
명칭	①	②	③

① :　　　　　② :　　　　　③ :

Answer

① 누전 경보기　　② 압력 스위치　　③ 스피커

12 ★★★☆☆ (5점)

가로등용 기초를 설치하기 위하여 아래 그림과 같이 굴착을 해야 한다. 이때의 터파기 양[m³]을 계산하시오.

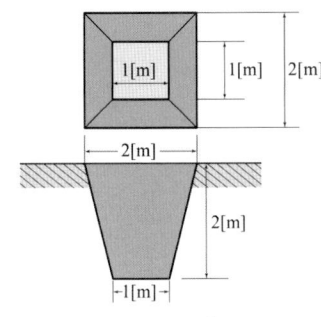

• 계산 :   • 답 :

Answer

계산 : 터파기량 $= \dfrac{2}{3} \times (1 + \sqrt{1 \times 4} + 4) = 4.67 [\text{m}^3]$

답 : $4.67[\text{m}^3]$

Explanation

가로등용 기초 터파기량

$V_0 = \dfrac{H}{3}(A_1 + \sqrt{A_1 A_2} + A_2)$

여기서, $A_1 = 1 \times 1 = 1[\text{m}^2]$
$A_2 = 2 \times 2 = 4[\text{m}^2]$

---

13 ★★☆☆☆ (4점)

어떤 건물에서 22.9[kV]로 수전해서 저압으로 옥내 배선을 하고자 한다. 이 건물의 총 설비용량은 850[kW]이고, 수용률은 70[%]라고 할 때, 이 건물의 변압기 용량을 표준용량에서 선정하시오 (단, 건물의 설비부하의 종합역률은 0.9이며, 표준변압기 용량[kVA]은 500, 750, 1,000, 1,500이다).

• 계산 :   • 답 :

Answer

계산 : $[\text{kVA}] = \dfrac{850 \times 0.7}{0.9} = 661.11 [\text{kVA}]$

답 : 750[kVA]

Explanation

• 변압기 용량[KVA] $= \dfrac{\text{설비용량[kW]} \times \text{수용률}}{\text{부등률} \times \text{역률}}$

$= \dfrac{\text{설비용량[kW]} \times \text{수용률}}{\text{부등률} \times \text{역률} \times \text{효율}}$

14 ★★★☆☆ (6점)
22.9[kV] 배전선로에서 노후로 인하여 애자를 교체하고자 한다. 다음 그림 및 표, 해설, 조건을 이용하여 각 물음에 답하시오.

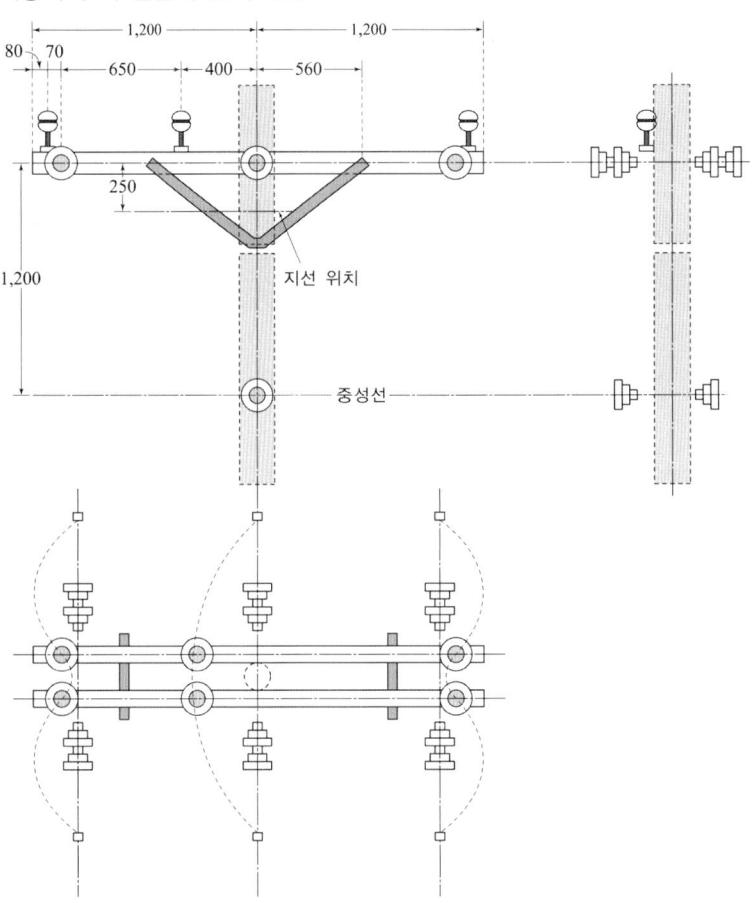

배전용 애자 설치 (개당)

종별	배전 전공	보통 인부
라인 포스트 애자	0.046	0.046
현수 애자	0.032	0.032
내오손 결합 애자	0.025	0.025
저압용 인류 애자	0.020	–

[해설]
① 애자 교체 150[%]
② 특고압 핀 애자는 라인 포스트 애자에 준함
③ 철거 50[%], 재사용 철거 80[%]
④ 동일 장소에 추가 1개마다 기본품의 45[%] 적용
⑤ 기타 할증 없음

[해설]
① 교체 수량 : 현수애자 14개, 특고압용 핀애자 6개
② 간접노무비는 15[%]로 계산한다.
③ 노임단가는 배전전공 361,209원, 보통인부는 141,096원이다.
④ 인공산출 시 소수점 넷째 자리에서 반올림한다.
⑤ 인공에 노임단가를 적용하여 금액 산출 시 원단위 미만의 값은 절사한다.
⑥ 총 인건비 금액 산출 시 원단위 미만의 값은 절사한다.

(1) 배전전공 노임을 계산하시오.
 • 계산 :   • 답 :
(2) 보통인부 노임을 계산하시오.
 • 계산 :   • 답 :
(3) 총 인건비(직집노무비와 간접노무비의 합계)을 계산하시오.
 • 계산 :   • 답 :

Answer

(1) 계산 : $(0.032 \times (1+13 \times 0.45) \times 1.5) + (0.046 \times (1+5 \times 0.45) \times 1.5) = 0.553$[인] $\times 361,209 = 199,748$[원]
   답 : 199,748[원]

(2) 계산 : $(0.032 \times (1+13 \times 0.45) \times 1.5) + (0.046 \times (1+5 \times 0.45) \times 1.5) = 0.553$[인] $\times 141,096 = 78,026$[원]
   답 : 78,026[원]

(2) 계산 : 직접 노무비 = 199748 + 78026 = 277,774[원]
     간접 노무비 = 277,774 × 0.15 = 41,666[원]
     노무비 합계 = 277,774 + 41,666 = 319,440[원]
   답 : 319,440[원]

Explanation

• 교체 : 철거+신설
 애자 철거 50[%] + 신설 100[%] = 150[%]
• 동일 장소에 추가 1개마다 기본품의 45[%] 적용
 – 특고압용 현수 애자 : 14개
  계산 방법 : $1 + 13 \times 0.45$
 – 특고압용 핀 애자 : 6개
  계산 방법 : $1 + 5 \times 0.45$
• 특고압 핀 애자는 라인 포스트 애자로 대체하여도 가능

종별	배전 전공	보통 인부
라인 포스트 애자	0.046	0.046
현수 애자	0.032	0.032
내오손 결합 애자	0.025	0.025
저압용 인류 애자	0.020	–

15 ★☆☆☆☆ (6점)
다음은 KS C IEC 60364-5-54에 관련된 접지설비의 예이다. ①~③의 명칭을 적으시오.

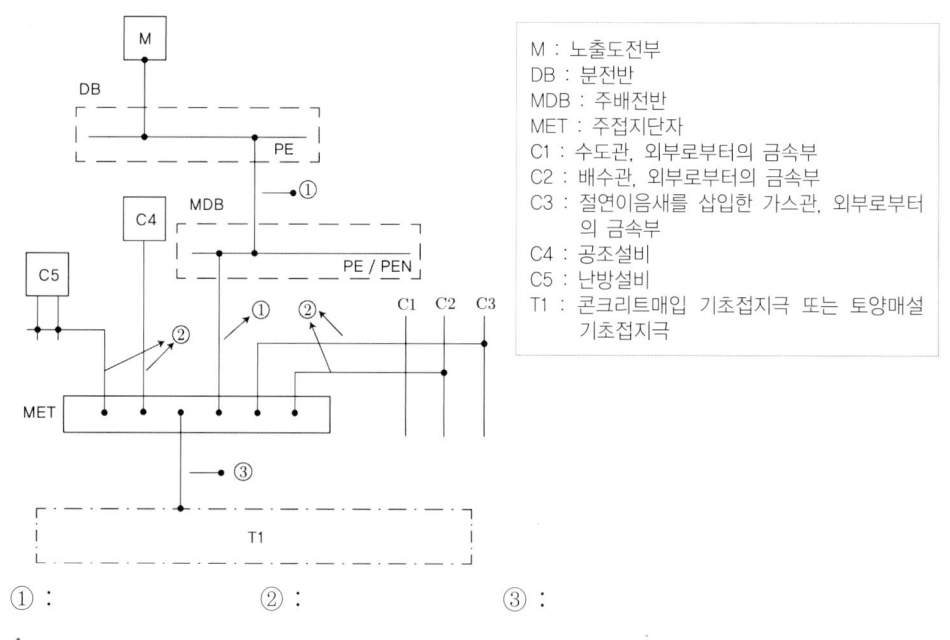

① :　　　　　　② :　　　　　　③ :

Answer

① 보호도체　　② 주 접지단자 접속용 보호본딩도체　　③ 접지도체

Explanation

접지설비 및 보호도체의 예

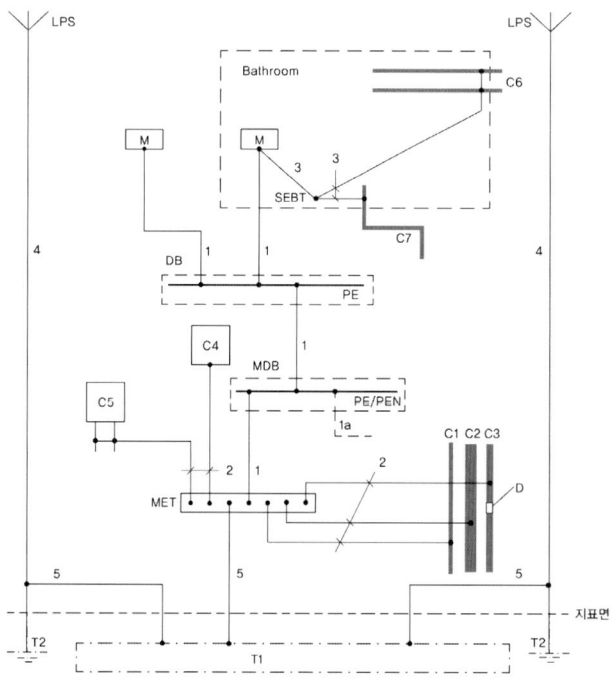

식별 부호

기호	명칭
C	계통외도전부
C1	수도관, 외부로부터의 금속부(또는 지역난방용 배관)
C2	배수관, 외부로부터의 금속부
C3	절연이음새를 삽입한 가스관, 외부로부터의 금속부
C4	공조설비
C5	난방설비
C6	수도관, 예를 들어 욕실 안의 금속부
C7	배수관, 예를 들어 욕실 안의 금속부
D	절연이음새
MDB	주배전반
DB	분전반
MET	주접지단자
SEBT	보조등전위본딩단자
T1	콘크리트 매입 기초접지극 또는 토양매설 기초접지극
T2	필요한 경우 피뢰시스템(LPS)용 접지극
LPS	피뢰시스템(있는 경우)
PE	분전반 안의 PE 단자
PE/PEN	주배전반 안의 PE/PEN 단자
M	노출도전부
1	보호도체(PE)
1a	필요하다면 전력공급망으로부터의 보호도체 또는 PEN 도체
2	주접지단자 접속용 보호본딩도체
3	보조본딩용 보호본딩도체
4	있는 경우 피뢰시스템의 인하도선
5	접지도체

16 자가용 전기설비에서 역률 향상을 위하여 설치하는 전력용(진상용) 콘덴서의 설치효과를 3가지만 적으시오. (6점)

①
②
③

Answer

① 전력손실 감소
② 전압강하(율) 감소
③ 전기요금 감소

Explanation

- 역률개선
  - 전력용 콘덴서는 진상 무효분을 공급하여 부하의 역률개선을 위하여 사용
  - 부하의 역률 저하 원인 : 유도 전동기의 경부하 운전 및 형광방전등의 안정기 등

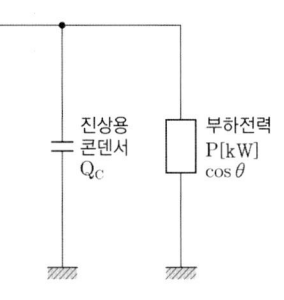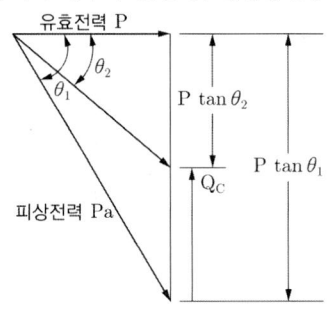

- 전력용 콘덴서 용량

$$Q_c = P(\tan\theta_1 - \tan\theta_2) = P\left(\frac{\sin\theta_1}{\cos\theta_1} - \frac{\sin\theta_2}{\cos\theta_2}\right)$$

$$= P\left(\frac{\sqrt{1-\cos^2\theta_1}}{\cos\theta_1} - \frac{\sqrt{1-\cos^2\theta_2}}{\cos\theta_2}\right) [\text{kVA}]$$

여기서, $\cos\theta_1$: 개선 전 역률, $\cos\theta_2$: 개선 후 역률

- 역률개선의 효과
  - 전압강하 감소
  - 전력손실 감소
  - 설비용량 여유분 증가
  - 전기요금 절감

17 ★★★★☆ (3점)

아날로그 멀티 테스터로 교류(AC) 전압을 측정하려면 부하설비와 어떻게 연결하여 측정해야 하는지 적으시오.

Answer

병렬로 연결

Explanation

- 전류 측정 : 부하설비와 테스터기를 직렬로 연결
- 전압 측정 : 부하설비와 테스터기를 병렬로 연결

18 다음 설명에 알맞은 금속관 공사에 사용되는 부속 재료의 명칭을 적으시오. (5점)

(1) 관과 박스를 접속하는 경우 파이프 나사를 죄어 고정시키는 데 사용하는 재료
(2) 금속관 상호 접속 또는 관과 노멀 밴드와의 접속에 사용하는 재료
(3) 노출 배관에서 금속관을 조영재에 고정시키는 데 사용하는 재료
(4) 전등기구나 점멸기 또는 콘센트의 고정, 접속함으로 사용하는 재료
(5) 아웃렛 박스에 조명기구를 부착시킬 때 기구 중량의 장력을 보강하기 위하여 사용하는 재료

Answer

(1) 로크너트   (2) 커플링   (3) 새들
(4) 아웃렛 박스   (5) 픽스쳐 스터드와 히키

Explanation

금속관 공사용 부품

명칭	사용 용도
로크너트 (lock nut)	관과 박스를 접속하는 경우 파이프 나사를 죄어 고정시키는 데 사용
부싱 (bushing)	전선 관단에 끼우고 전선을 넣거나 빼는 데 있어서 전선의 피복을 보호하여 전선이 손상되지 않게 하는 것
커플링 (coupling)	• 금속관 상호 접속 또는 관과 노멀 밴드와의 접속에 사용 • 관의 양측을 돌려서 접속할 수 없는 경우 : 유니온 커플링
새들 (saddle)	노출 배관에서 금속관을 조영재에 고정시키는 데 사용
노멀 밴드 (normal bend)	배관의 직각 굴곡에 사용
링 리듀서	금속을 아웃렛 박스의 로크 아우트에 취부할 때 로크아웃의 구멍이 관의 구멍보다 클 때 사용
유니버설 엘보우 (elbow)	• 노출 배관공사에 관을 직각으로 굽혀야 할 곳의 관 상호 접속 또는 관을 분기해야 할 곳에 사용 • 3방향으로 분기하는 T형 엘보우, 4방향으로 분기하는 크로스 엘보우
터미널 캡 (terminal cap)	전동기에 접속하는 장소나 애자 사용 공사로 옮기는 장소의 관단에 사용
엔트런스 캡(우에사 캡) (entrance cap)	인입구, 인출구의 관단에 설치하여 금속관에 접속하여 옥외의 빗물을 막는 데 사용
픽스쳐 스터드와 히키 (fixture stud & hickey)	아웃렛 박스에 조명 기구를 부착시킬 때 기구 중량의 장력을 보강하기 위하여 사용
블랭크 와셔 (blank washer)	플로어 덕트의 정션 박스에 덕트를 접속하지 않는 곳을 막기 위하여 사용
유니버설 피팅	노출 배관 시 L형 또는 T형으로 구부러지는 장소에 사용

19 ★★☆☆☆ (4점)

다음은 전기설비기술기준에서 정하는 저압전로에서의 사용전압별 절연저항 값에 대한 표이다. ( ) 안에 알맞은 값을 적으시오(단, 측정 시 영향을 주거나 손상을 받을 수 있는 SPD 또는 기타 기기 등은 측정 전에 분리가 가능한 경우이다).

전로의 사용전압[V]	DC 시험전압[V]	절연저항[MΩ]
SELV 및 PELV	250	(②)
FELV, 500[V] 이하	(①)	(③)
500[V] 초과	1,000	(④)

[주] 특별저압(extra low voltage : 2차 전압이 AC 50V, DC 120V 이하)으로 SELV(비접지회로 구성) 및 PELV(접지회로 구성)은 1차와 2차가 전기적으로 절연된 회로, FELV는 1차와 2차가 전기적으로 절연되지 않은 회로

Answer

① 500 ② 0.5 ③ 1.0 ④ 1.0

Explanation

전로의 사용전압[V]	DC 시험전압[V]	절연저항[MΩ]
SELV 및 PELV	250	0.5
FELV, 500[V] 이하	500	1.0
500[V] 초과	1,000	1.0

[주] 특별저압(extra low voltage : 2차 전압이 AC 50V, DC 120V 이하)으로 SELV(비접지회로 구성) 및 PELV(접지회로 구성)은 1차와 2차가 전기적으로 절연된 회로, FELV는 1차와 2차가 전기적으로 절연되지 않은 회로

20 ★★☆☆☆ (3점)

비교적 장력이 작고 타 종류의 지선을 시설할 수 없는 경우에 적용하는 다음 그림과 같은 형태를 갖는 지선의 명칭을 적으시오.

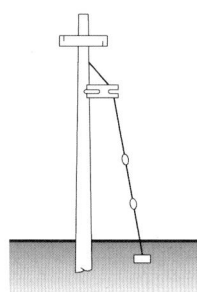

Answer

A형 궁지선

Explanation

궁지선
비교적 장력이 적고 타 종류의 지선을 시설할 수 없는 경우에 적용하는 것

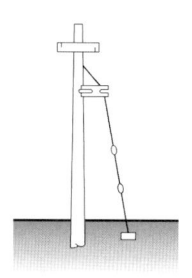 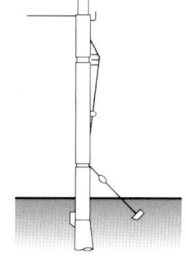

[A형 궁지선]   [R형 궁지선]

2023년 전기공사산업기사 실기

01 ★★★★☆ (4점)
다음의 작업구분에 맞는 각각의 직종명을 적으시오(예 : 내선전공).

(1) 발전설비 및 중공업설비의 시공 및 보수
(2) 변전설비의 시공 및 보수
(3) 철탑(배전철탑 포함) 등 송전설비의 시공 및 보수
(4) 플랜트 프로세스의 자동제어장치, 공업제어장치 등의 시공 및 보수

Answer

(1) 플랜트전공
(2) 변전전공
(3) 송전전공
(4) 계장전공

Explanation

(1) 특고압 케이블전공 : 특별고압케이블 설비의 시공 및 보수에 종사하는 사람
(2) 송전전공 : 발전소와 변전소 사이의 송전선의 철탑 및 송전설비의 시공 및 보수에 종사하는 사람
(3) 플랜트전공 : 발전소 중공업설비·플랜트설비의 시공 및 보수에 종사하는 사람
(4) 변전전공 : 변전소 설비의 시공 및 보수에 종사하는 사람
(5) 계장전공 : 기계, 급배수, 전기, 가스, 위생, 냉난방 및 기타공사에 있어서 계기(공업제어장치, 공업계측 및 컴퓨터, 자동제어장치)를 전문으로 설치, 부착 및 점검하는 사람

02 ★☆☆☆☆ (5점)
다음 전선의 약호를 보고 각각의 명칭을 한글로 적으시오.

전선의 약호	전선의 명칭
ACSR	①
OW	②
HFIX	③
DV	④
MI	⑤

Answer

① 강심 알루미늄 연선
② 옥외용 비닐 절연 전선
③ 450/750[V] 저독성 난연 가교폴리올레핀 절연전선
④ 인입용 비닐 절연 전선
⑤ 미네럴 인슐레이션 케이블

Explanation

(내선규정 100-2) 전선 약호

약호	명칭
ACSR	강심 알루미늄 연선
ACSR-OC 전선	옥외용 강심 알루미늄도체 가교 폴리에틸렌 절연전선
ACSR-OE 전선	옥외용 강심 알루미늄도체 폴리에틸렌 절연전선
AL-OC 전선	옥외용 알루미늄도체 가교 폴리에틸렌 절연전선
AL-OE 전선	옥외용 알루미늄도체 폴리에틸렌 절연전선
AL-OW 전선	옥외용 알루미늄도체 비닐 절연전선
DV 전선	인입용 비닐 절연 전선
FL 전선	형광 방전등용 비닐 전선
HR(0.5) 전선	500 [V] 내열성 고무 절연전선(110[℃])
HR(0.75) 전선	750 [V] 내열성 고무 절연전선(110[℃])
NR 전선	450/750 [V] 일반용 단심 비닐 절연 전선
OC 전선	옥외용 가교 폴리에틸렌 절연전선
OE 전선	옥외용 폴리에틸렌 절연전선
OW 전선	옥외용 비닐 절연 전선
HFIX 전선	450/750 [V] 저독성 난연 가교폴리올레핀 절연전선
HFIO 전선	450/750 [V] 저독성 난연 폴리올레핀 절연전선

03 아래 설명에 알맞은 애자의 명칭을 보기에서 골라 빈칸에 적으시오. (4점)

[보기]

장간 애자, 현수 애자, 지지 애자, 핀 애자, 놉 애자

설 명	번호	애자의 명칭
(1) 고압용은 갓 모양의 자기편 또는 유리편을 여러 층으로 해서 시멘트로 접합하고 철제 베이스로써 자기를 지지한 후 아연 도금한 핀을 박아서 원추형의 주철제 베이스를 통해 완목 위에 고정시켜서 사용 (2) 저압용은 자기편에서 유리편 내측에 핀을 직접 시멘트에 접합하여 사용 (3) 전압 계급에 따라서 자기의 크기, 층수, 절연층의 두께 등이 달라진다.	①	
(1) 원판형의 절연체 상하에 연결 금구를 시멘트로 부착시켜 만든 것으로 전압에 따라 필요 개수만큼 연결해서 사용 (2) 클레비스형과 볼 소켓형이 있다.	②	
(1) 발변전소나 개폐소의 모선, 단로기 기타의 기기를 지지하거나 연가용 철탑 등에서 섬퍼선을 지지하기 위해서 사용 (2) 전선로용으로서는 라인 포스트애자가 대표적인 것이다.	③	
(1) 여러 개의 갓을 가지고 있는 원통형의 긴 애자 (2) 경년 열화가 적고 표면 누설 거리가 비교적 길어서 염분에 의한 애자 오손이 적다.	④	

① :   ② :   ③ :   ④ :

Answer

① 핀애자   ② 현수애자   ③ 지지애자   ④ 장간애자

Explanation

애자의 분류

- 형상별 분류는 다음과 같다.
  - 핀애자 : 갓모양의 자기편 또는 유리편을 2~4층으로 하여 시멘트로 접합하여 60[kV] 이하의 선로나 기존의 22[kV] 선로에만 주로 사용된다.
    현재 배전선로는 기존의 핀애자에서 라인포스트애자(Line Post)로 대체되고 있다.

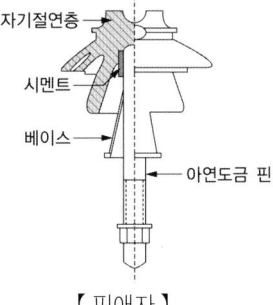

【 핀애자 】

  - 현수애자 : 원판형의 절연체 상하에 연결금구를 시멘트로 부착시켜 제작하며 연결 금구의 모양에 따라 클레비스형과 볼소켓형이 있다. 크기는 주로 250(254)[mm]가 사용된다.

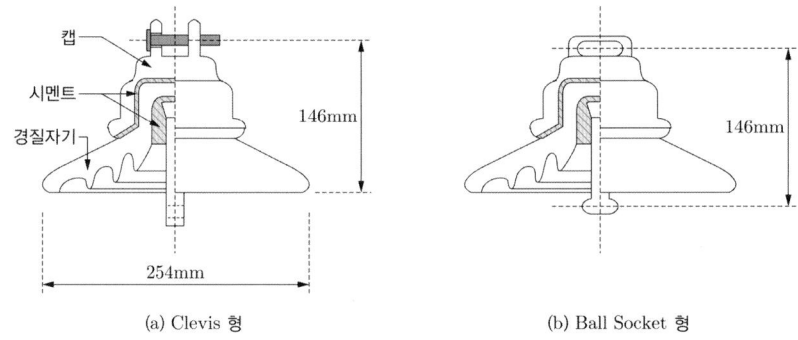

(a) Clevis 형   (b) Ball Socket 형

- 지지애자(Post insulation) : 지지애자는 주로 변전소, 발전소에 사용되는 SP(Station Post)형과 선로용 지지애자로 사용되는 LP(라인포스트, Line Post)형으로 나눈다.
- 장간애자 : 많은 갓을 가지고 있는 원통형의 긴 애자로 구조의 특성상 절연열화가 거의 없고 비에 대한 세척 효과가 우수하다.
- 내무애자 : 현수애자와 같은 모양이나 절연체 밑 부분의 굴곡을 길게 하여 연면거리(누설거리)를 길게 한 애자로서 염해 방지용으로 사용된다.

BEST 04 ★★★★★ (5점)

35[mm²]의 경동연선을 사용해서 경간이 300[m]인 철탑에 가선하는 경우 이도를 계산하시오(단, 이 경동연선의 인장하중은 1,480[kgf], 안전율은 2.2이고 전선 자체의 무게는 0.334[kg/m]라고 한다).

- 계산 :
- 답 :

Answer

계산 : $D = \dfrac{WS^2}{8T} = \dfrac{0.334 \times 300^2}{8 \times \dfrac{1,480}{2.2}} = 5.59[\text{m}]$

답 : 5.59[m]

Explanation

- 이도 : $D = \dfrac{WS^2}{8T} = \dfrac{WS^2}{8 \times \dfrac{인장하중}{안전율}}$

- 실제길이 : $L = S + \dfrac{8D^2}{3S}$

  여기서, L : 전선의 실제 길이[m], D : 이도[m], S : 경간[m]

05 ★★☆☆☆ (5점)

그림과 같이 저항 4[Ω]을 Y결선한 부하와 △결선한 부하가 있다. 이 회로에 교류 3상 평형전압 200[V]를 가했을 때, 양 부하에 대한 소비전력[kW]의 합을 계산하시오(단, 배선은 고려하지 않는다).

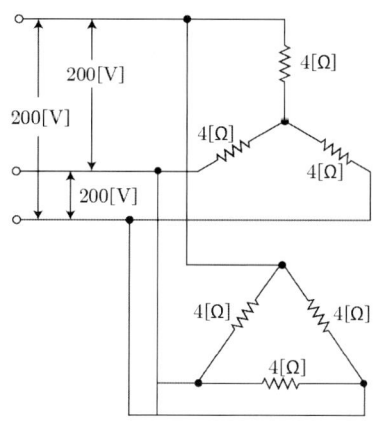

- 계산 :   • 답 :

Answer

계산 : $P = 3I_p^2 R = 3 \times \left(\dfrac{V_p}{R}\right)^2 R = 3 \times \left(\dfrac{\dfrac{200}{\sqrt{3}}}{4}\right)^2 \times 4 + 3 \times \left(\dfrac{200}{4}\right)^2 \times 4$

$= 10,000 + 30,000 = 40,000[\text{W}] = 40[\text{kW}]$

답 : 40[kW]

Explanation

3상 회로 Y, △ 회로

Y 결선 특징	△ 결선 특징
① $V_l = \sqrt{3}\, V_p \angle 30°$	① $V_l = V_p$
② $I_l = I_p$	② $I_l = \sqrt{3}\, I_p \angle -30°$

3상 전력 계산

① 유효전력 : $P = 3V_p I_p \cos\theta = \sqrt{3}\, V_l I_l \cos\theta = 3I_p^2 R$ [W]

② 무효전력 : $P_r = 3V_p I_p \sin\theta = \sqrt{3}\, V_l I_l \sin\theta = 3I_p^2 X$ [Var]

③ 피상전력 : $P_a = 3V_p I_p = \sqrt{3}\, V_l I_l = 3I_p^2 Z$ [VA]

06 극판형식에 의한 축전지의 분류표이다. 빈칸 ①~⑤에 알맞은 내용을 적으시오. (5점)

종별	연축전지	알칼리축전지	니켈수소전지
형식명	클래드식(CS) 페이스트식(HS)	포켓식 소결식	GMH형
기전력[V]	2.05~2.08	①	1.34
공칭전압[V]	②	③	1.2
공칭용량[Ah]	④	5시간율	⑤

①: ②: ③:
④: ⑤:

Answer

① 1.32　② 2　③ 1.2
④ 10시간율　⑤ 5시간율

Explanation

	납축전지	알칼리 축전지	니켈수소전지
충전용량	10[Ah]	5[Ah]	5[Ah]
공칭전압	2.0[V/cell]	1.2[V/cell]	1.2[V/cell]

07 일반적으로 전력용 변압기의 절연유에 요구되는 성질을 5가지만 적으시오. (5점)

Answer

① 절연내력이 클 것
② 점도가 낮고, 냉각효과가 클 것
③ 인화점은 높을 것
④ 응고점은 낮을 것
⑤ 고온에서 산화하지 않고, 석출물이 생기지 않을 것

Explanation

절연유
변압기에 사용하는 광유는 공기에 비해 절연내력이 우수하고 비열이 공기에 비해 커서 냉각효과가 우수하므로 변압기의 절연 및 냉각재로 많이 사용된다.

• 절연유의 구비조건
 ① 절연내력이 클 것
 ② 점도가 낮고, 냉각효과가 클 것
 ③ 인화점은 높고, 응고점은 낮을 것
 ④ 고온에서 산화하지 않고, 석출물이 생기지 않을 것

08 ★★☆☆☆　　　　　　　　　　　　　　　　　　　　　　　　　　　　　　　(5점)

그림과 같은 분기회로에서 주어진 조건을 만족하는 전선의 최소 단면적[mm²]을 규격에서 선정하시오(단, 조건에 있는 내용을 이용해서 선정하시오).

[조건]
(1) 배전방식은 단상 2선식 전압 100[V]
(2) 전선관은 후강전선관이며, 전압강하는 2[%] 이내
(3) 전선은 HFIX, 전선 규격[mm²]은 2.5, 4, 6, 10, 16, 25, 35라 한다.

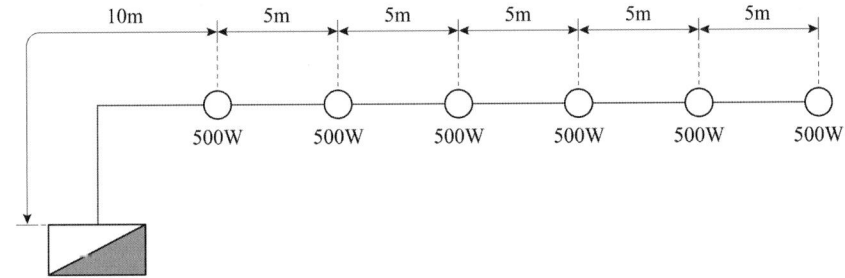

• 계산 :　　　　　　　　　　　　　• 답 :

Answer

계산 : 부하중심점의 거리 $L = \dfrac{5 \times 10 + 5 \times 15 + 5 \times 20 + 5 \times 25 + 5 \times 30 + 5 \times 35}{5+5+5+5+5+5} = 22.5[\text{m}]$

전선의 굵기 $A = \dfrac{35.6 LI}{1,000 e} = \dfrac{35.6 \times 22.5 \times 5 \times 6}{1,000 \times 100 \times 0.02} = 12.02 [\text{mm}^2]$

답 : 16[mm²]

Explanation

• 직선부하의 부하 중심점까지의 거리
$L = \dfrac{L_1 I_1 + L_2 I_2 + L_3 I_3 + \cdots}{I_1 + I_2 + I_3 + \cdots}$

• 부하 1개의 전류 $I = \dfrac{P}{V} = \dfrac{500}{100} = 5[\text{A}]$

• 전압 강하 및 전선의 단면적 계산

전기 방식	전압 강하		전선 단면적	대상 전압강하
단상 3선식 직류 3선식 3상 4선식	IR	$e = \dfrac{17.8 LI}{1,000 A}$	$A = \dfrac{17.8 LI}{1,000 e}$	대지와 선간
단상 2선식 직류 2선식	$2IR$	$e = \dfrac{35.6 LI}{1,000 A}$	$A = \dfrac{35.6 LI}{1,000 e}$	선간
3상 3선식	$\sqrt{3} IR$	$e = \dfrac{30.8 LI}{1,000 A}$	$A = \dfrac{30.8 LI}{1,000 e}$	선간

여기서, e : 전압강하[V], A : 사용전선의 단면적[mm²]
　　　　L : 선로의 길이[m], C : 전선의 도전율(97[%])

09 선로전압 22.9[kV]에서 변전소 및 배전선로의 피뢰기 정격전압[kV]를 적으시오(단, 3상 4선식 다중접지이다). (4점)

• 변전소 :   • 배전선로 :

Answer

• 변전소 : 21[kV]   • 배전선로 : 18[kV]

Explanation

피뢰기의 정격전압
- 속류가 차단(제거)이 되는 교류의 최고 전압
- 상용 주파 허용 단자전압(상용 주파의 방전개시전압으로 피뢰기 정격 전압의 1.5배 이상이 되도록 잡고 있다.)
- 정격 전압 $V = \alpha \beta V_m [V]$
   여기서, α : 접지계수(1선 지락 시 건전상의 전위 상승)
         β : 여유도 1.15
         V_m : 계통의 최고 허용전압( )
- 피뢰기의 정격 전압

전력 계통		피뢰기 정격 전압[kV]	
공칭 전압[kV]	중성점 접지 방식	변전소	배전 선로
345	유효접지	288	–
154	유효접지	144	–
66	PC접지 또는 비접지	72	–
22	PC접지 또는 비접지	24	–
22.9	3상 4선 다중접지	21	18

[주] 전압 22.9[kV-Y] 이하의 배전선로에서 수전하는 설비의 피뢰기 정격 전압[kV]은 배전선로용을 적용한다.

10 한국전기설비규정 배선설비공사 방법에서 케이블덕팅시스템 공사방법을 3가지만 적으시오. (5점)

Answer

① 금속덕트공사   ② 플로어덕트공사   ③ 셀룰러덕트공사

Explanation

(KEC 232.2조) 설치방법에 따른 배선방법

설치방법	공사방법
전선관시스템	합성수지관공사, 금속관공사, 가요전선관공사
케이블트렁킹시스템	합성수지몰드공사, 금속몰드공사, 금속트렁킹공사
케이블덕팅시스템	플로어덕트공사, 셀룰러덕트공사, 금속덕트공사
애자공사	애자공사
케이블트레이시스템(래더, 브래킷 포함)	케이블트레이공사
케이블공사	고정하지 않는 방법, 직접 고정하는 방법, 지지선 방법

11. (6점) ★★☆☆☆

6.6[kV] 300[mm²] 3C 가교 폴리에틸렌 케이블 1[km]를 옥외 기존 전선관 내에 포설하려고 한다. 케이블에 대한 재료비와 인공과 공구손료를 계산하시오(단, 케이블의 재료비는 52,540[원/m]이며 해당되는 노임단가는 50,000원이다).

※ 전기재료의 할증

종류	할증률[%]	종류	할증률[%]
옥외전선	5	cable(옥외)	3
옥내전선	10	cable(옥내)	5

※ 전력케이블 구내설치 품셈(단위 : [km])

PVC 고무절연 외장케이블류		케이블전공
저압 6[mm²] 이하 1C		4.62
10	〃	4.84
16	〃	5.28
25	〃	6.09
35	〃	6.58
50	〃	7.32
70	〃	8.46
120	〃	11.58
185	〃	15.33
240	〃	18.50
300	〃	21.55
400	〃	23.00
500	〃	24.83
630	〃	29.47
800	〃	34.94
1000	〃	41.38

① 부하에 공급하는 변압기 2차 측에 설치되는 케이블로서 전선관, 랙, 덕트, 케이블트레이, Pit, 공동구, 새들(Saddle) 부설 기준, Cu, Al 도체 공용
② 1[kV] 케이블 기준, 드럼 다시감기 소운반품포함
③ 직매 시 80[%]
④ 2심은 140[%], 3심은 200[%], 4심은 260[%]
⑤ 연피벨트지 케이블 120[%], 강대개장 케이블은 150[%]
⑥ 가요성 금속피(알루미늄, 스틸) 케이블은 150[%](앵커볼트설치품은 별도 계상)
⑦ 관내 설치 시 도입선 넣기 포함
⑧ 2열 동시 180[%], 3열 260[%], 4열 340[%], 4열 초과 시 1열당 80[%] 가산
⑨ 전압에 대한 할증률
    3.3[kV] 초과 ~ 6.6[kV] 이하 15[%] 가산
    6.6[kV] 초과 ~ 22.9[kV] 이하 30[%] 가산
⑩ 철거 50[%], 재사용 철거는 드럼감기품 포함 90[%]
⑪ 8자설치는 본 품의 115[%] 적용

(1) 케이블의 재료비(단, 할증한 값을 적용)
　•계산 :　　　　　　　　　　　　　　•답 :
(2) 케이블에 대한 인공(단, 소수점 셋째자리에서 반올림)
　•계산 :　　　　　　　　　　　　　　•답 :
(3) 케이블에 대한 공구손료(단, 공구손료는 최대값을 적용)
　•계산 :　　　　　　　　　　　　　　•답 :

Answer

(1) 계산 : (1,000+30)×52,540원=54,116,200[원]

　　　　　　　　　　　　　　　　　　　　　　　답 : 54,116,200[원]

(2) 계산 : 21.55×1×2×1.5=64.65[인]

　　　　　　　　　　　　　　　　　　　　　　　답 : 64.65[인]

(3) 계산 : 64.65×50,000×0.03=96,975[원]

　　　　　　　　　　　　　　　　　　　　　　　답 : 96,975[원]

Explanation

(1) 케이블 재료비

종류	할증률[%]	종류	할증률[%]
옥외전선	5	cable(옥외)	3
옥내전선	10	cable(옥내)	5

전선량 : 1,000[m]
전선할증량 : 1,000×0.03=30[m]
전선총량 : 1,000+30=1,030[m]
케이블 비용 : 1,030×52,540원=54,116,200[원]

(2) 케이블전공 : 21.55×1×2×1.5=64.65[인]

PVC 고무절연 외장케이블류		케이블전공
저압 6[mm2] 이하 1C		4.62
10	〃	4.84
16	〃	5.28
25	〃	6.09
35	〃	6.58
50	〃	7.32
70	〃	8.46
120	〃	11.58
185	〃	15.33
240	〃	18.50
300	〃	21.55
400	〃	23.00
500	〃	24.83
630	〃	29.47
800	〃	34.94
1000	〃	41.38

㉮ 2심은 140[%], 3심은 200[%], 4심은 260[%]
㉯ 전압에 대한 할증률

3.3[kV] 초과 ~ 6.6[kV] 이하 15[%] 가산
(3) 공구손료 : 64.65×50,000×0.03=96,975[원]
공구손료 : 일반공구 및 시험용 계측기구류의 손료로서 공사 중 상시 일반적으로 사용하는 것
직접 노무비(노임할증과 작업시간 증가에 의하지 않은 품할증 제외)의 3[%]까지 계상

12

(5점)

한국전기설비규정의 용어 정의에서 계통연계에 대한 다음 ( ) 안에 알맞은 내용을 적으시오.

> 계통연계란 둘 이상의 전력계통 사이를 전력이 상호 융통될 수 있도록 선로를 통하여 연결하는 것으로 전력계통 상호간을 (①), (②) 또는 직류-교류변환설비 등에 연결하는 것

Answer

① 송전선 　　　② 변압기

Explanation

(KEC 112조) 용어
"계통연계"란 둘 이상의 전력계통 사이를 전력이 상호 융통될 수 있도록 선로를 통하여 연결하는 것으로 전력계통 상호간을 송전선, 변압기 또는 직류-교류변환설비 등에 연결하는 것을 말한다. 계통연락이라고도 한다.

13

(5점)

변류기 3개를 그림과 같이 접속하여 3상3선식 평형회로의 전류를 측정할 때, 전류계 1개에 흐르는 전류[A]의 크기를 계산하시오(단, CT의 변류비는 50/5이고, 선로 전류는 40[A]이다).

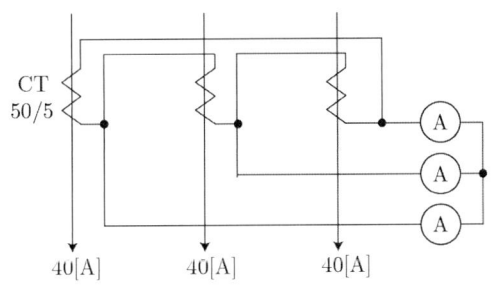

• 계산 : 　　　　　　　　　　　　　　• 답 :

Answer

계산 : 전류계 전류 $= 40 \times \dfrac{5}{50} = 4[A]$

답 : 4[A]

Explanation

전류계 전류 $= 1$차 전류 $\times \dfrac{1}{CT비}$

14 다음 동작사항에 맞는 회로를 보기의 기호만을 이용해서 미완성 도면을 완성하시오(단, 선의 접속과 미 접속에 대한 예시를 참고하여 그리시오). (6점)

[선의 접속과 미접속에 대한 예시]	
접속	미접속

동작사항	보기		
① S_1, S_3를 모두 off할 때 R1, R2가 모두 소등된다. ② S_1을 on, S_3을 off할 때 R1, R2가 병렬 점등된다. ③ S_1을 off, S_3을 on할 때 R1, R2가 직렬 점등된다. ④ S_1을 on, S_3을 on할 때 R2만 점등된다. ⑤ 콘센트(C)에는 항상 전원이 들어온다. ⑥ R1과 R2는 램프이다.	C 콘센트	S_3 3로 스위치	S_1 단로 스위치

- 미완성 도면

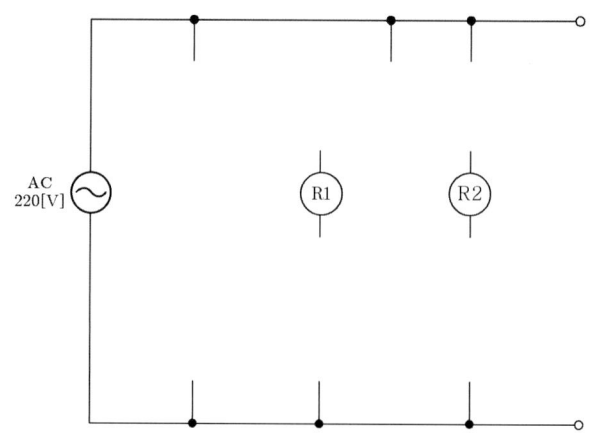

Answer

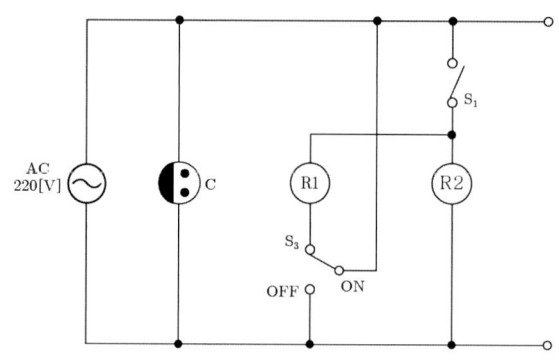

BEST 15 ★★★★★ (5점)

분전반에서 40[m] 떨어진 회로의 끝에서 단상 2선식 220[V], 전열기 10,000[W] 2대 사용 시 HFIX 전선의 최소공칭단면적을 아래에 주어진 공칭단면적 표에서 선정하시오(단, 전압강하는 2[%] 이내로 하고, 전류감소계수는 없는 것으로 한다).

HFIX 전선의 공칭단면적 표[mm²]						
2.5	6	10	16	25	35	50

• 계산 :   • 답 :

Answer

계산 : $A = \dfrac{35.6 LI}{1,000 \cdot e} = \dfrac{35.6 \times 40 \times \dfrac{10,000 \times 2}{220}}{1,000 \times 220 \times 0.02} = 29.42 [\text{mm}^2]$

답 : 35[mm²]

Explanation

전압 강하 및 전선의 단면적 계산

전기 방식	전압 강하		전선 단면적	대상 전압강하
단상 3선식 직류 3선식 3상 4선식	IR	$e = \dfrac{17.8LI}{1,000A}$	$A = \dfrac{17.8LI}{1,000e}$	대지와 선간
단상 2선식 직류 2선식	$2IR$	$e = \dfrac{35.6LI}{1,000A}$	$A = \dfrac{35.6LI}{1,000e}$	선간
3상 3선식	$\sqrt{3}IR$	$e = \dfrac{30.8LI}{1,000A}$	$A = \dfrac{30.8LI}{1,000e}$	선간

여기서, e : 전압강하 [V], A : 사용전선의 단면적[mm²]
       L : 선로의 길이 [m], C : 전선의 도전율(97[%])

16 ★★☆☆☆ (3점)

물체가 보인다는 것은 그 물체가 방사하는 광속이 눈에 들어온다는 것이다. 이와 같이 보이는 물체에서 눈의 방향으로 방사되는 단위 면적당의 광속을 무엇이라 하는지 적으시오.

Answer

광속 발산도

Explanation

광속 발산도
광속 발산도는 어떤 면(1차 광원 또는 빛을 반사하는 면)의 단위 면적으로부터 발산되는 광속으로 정의하며, 발산 광속의 밀도라 한다.

17 ★☆☆☆☆ (4점)
한국전기설비규정에서 정하는 기계기구의 철대 및 외함의 접지에 대한 내용이다. 다음의 ( )에 알맞은 내용을 보기에서 골라 적으시오.

[보기]
60[V], 110[V], 220[V], 150[V], 300[V], 절연대, 단일벽, 이중벽, 피뢰기,
서지보호장치, 1.5[kVA], 3[kVA], 5[kVA], 7.5[kVA], 10[kVA]

전로에 시설하는 기계기구의 철대 및 금속제 외함(외함이 없는 변압기 또는 계기용 변성기는 철심)에는 접지공사를 해야 하나, 다음의 어느 하나에 해당하는 경우에는 규정에 따르지 않을 수 있다.
(1) 사용전압이 직류 (①) 또는 교류 대지전압이 (②) 이하인 기계기구를 건조한 곳에 시설하는 경우
(2) 철대 또는 외함의 주위에 적당한 (③)(을/를) 설치하는 경우
(3) 외함이 없는 계기용변성기가 고무 합성수지 기타의 절연물로 피복한 것일 경우
(4) 저압용 기계기구에 전기를 공급하는 전로의 전원측에 절연변압기(2차 전압이 300[V] 이하이며, 정격용량이 (④) 이하인 것에 한한다)를 시설하고 또한 그 절연변압기의 부하측 전로를 접지하지 않은 경우

Answer
① 300[V]   ② 150[V]   ③ 절연대   ④ 3[kVA]

Explanation
(KEC 142.7조) 기계기구의 철대 및 외함의 접지
1. 전로에 시설하는 기계기구의 철대 및 금속제 외함(외함이 없는 변압기 또는 계기용 변성기는 철심)에는 접지공사를 하여야 한다.
2. 다음의 어느 하나에 해당하는 경우에는 제1의 규정에 따르지 않을 수 있다.
   ① 사용전압이 직류 300[V] 또는 교류 대지전압이 150[V] 이하인 기계기구를 건조한 곳에 시설하는 경우
   ② 저압용의 기계기구를 건조한 목재의 마루 기타 이와 유사한 절연성 물건 위에서 취급하도록 시설하는 경우
   ③ 저압용이나 고압용의 기계기구, 341.2에서 규정하는 특고압 전선로에 접속하는 배전용 변압기나 이에 접속하는 전선에 시설하는 기계기구 특고압 가공전선로의 전로에 시설하는 기계기구를 사람이 쉽게 접촉할 우려가 없도록 목주 기타 이와 유사한 것의 위에 시설하는 경우
   ④ 철대 또는 외함의 주위에 적당한 절연대를 설치하는 경우
   ⑤ 외함이 없는 계기용변성기가 고무·합성수지 기타의 절연물로 피복한 것일 경우
   ⑥ 「전기용품 및 생활용품 안전관리법」의 적용을 받는 이중절연구조로 되어 있는 기계기구를 시설하는 경우
   ⑦ 저압용 기계기구에 전기를 공급하는 전로의 전원측에 절연변압기(2차 전압이 300[V] 이하이며, 정격용량이 3[kVA] 이하인 것에 한한다)를 시설하고 또한 그 절연변압기의 부하측 전로를 접지하지 않은 경우
   ⑧ 물기 있는 장소 이외의 장소에 시설하는 저압용의 개별 기계기구에 전기를 공급하는 전로에 「전기용품 및 생활용품 안전관리법」의 적용을 받는 인체감전보호용 누전차단기(정격감도전류가 30[mA] 이하, 동작시간이 0.03초 이하의 전류동작형에 한한다)를 시설하는 경우
   ⑨ 외함을 충전하여 사용하는 기계기구에 사람이 접촉할 우려가 없도록 시설하거나 절연대를 시설하는 경우

BEST 18

(8점)

KS C 0301에 따른 다음 심벌의 명칭을 빈칸 ①~④에 정확하게 적으시오.

심벌	◐T	◐EL	◐H	⊙⊙
명칭	①	②	③	④

Answer

① 콘센트(걸림형)
② 콘센트(누전차단기붙이)
③ 콘센트(의료용)
④ 비상콘센트

Explanation

(KS C 0301) 옥내배선용 그림기호 콘센트

명칭	그림기호	적요

콘센트	◐	① 천장에 부착하는 경우는 다음과 같다. ⊙⊙
		② 바닥에 부착하는 경우는 다음과 같다. ⊙▲
		③ 용량의 표시방법은 다음과 같다.
		   a. 15[A]는 방기하지 않는다.
		   b. 20[A] 이상은 암페어 수를 표기한다.
		   [보기] ◐20A
		④ 2구 이상인 경우는 구수를 표기한다.
		   [보기] ◐2
		⑤ 3극 이상인 것은 극수를 표기한다.
		   [보기] ◐3P
		⑥ 종류를 표시하는 경우는 다음과 같다.
		   빠짐방지형 ◐LK
		   걸림형 ◐T
		   접지극붙이 ◐E
		   접지단자붙이 ◐ET
		   누전차단기붙이 ◐EL
		⑦ 방수형은 WP를 표기한다. ◐WP
		⑧ 방폭형은 EX를 표기한다. ◐EX
		⑨ 의료용은 H를 표기한다. ◐H

19 ★☆☆☆☆ (6점)

다음 로직 시퀀스를 아래의 시퀀스 도면으로 변환할 때 미완성 도면을 완성하시오(단, 선의 접속과 미 접속에 대한 예시를 참고하고, 보기의 기호만을 이용할 것).

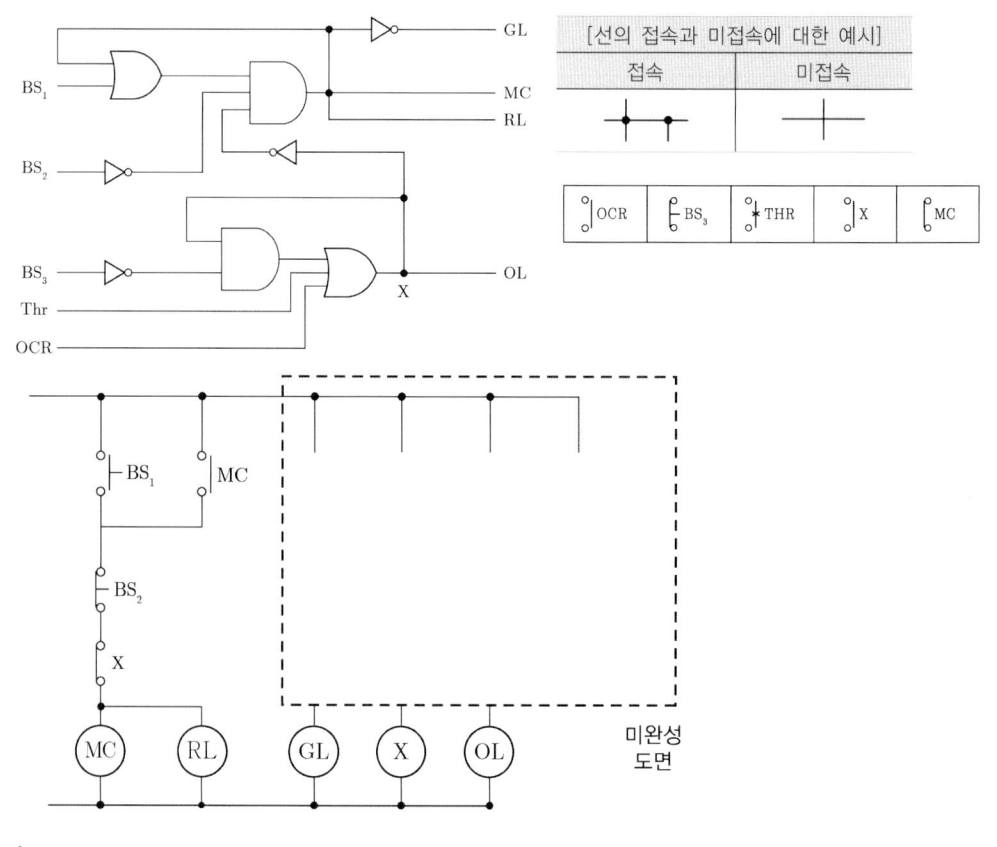

Answer

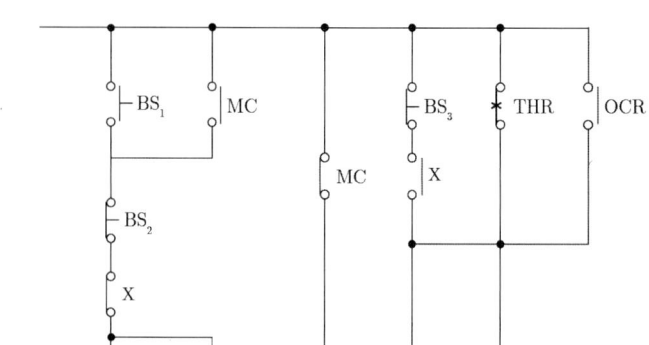

Explanation

논리식
$MC = (BS_1 + MC) \cdot \overline{BS_2} \cdot \overline{X}$
$RL = MC$
$GL = \overline{MC}$
$X = \overline{BS_3} \cdot X + THR + OCR$
$OL = X$

20 ★☆☆☆☆ (5점)
한국전기설비규정에 따른 지중전선로의 시설에 대한 다음 각 물음에 답하시오.

(1) 지중 전선로를 관로식 또는 암거식에 의하여 시설하는 경우에 아래 빈칸에 알맞은 내용을 적으시오.

> • 관로식에 의하여 시설하는 경우에는 매설 깊이를 (①)으로 하되, 매설 깊이가 충족하지 못한 장소에는 견고하고 차량 기타 중량물의 압력에 견디는 것을 사용할 것. 다만, 중량물의 압력을 받을 우려가 없는 곳은 (②)으로 한다.
> • 암거식에 의하여 시설하는 경우에는 견고하고 차량 기타 중량물의 압력에 견디는 것을 사용할 것

(2) 지중전선로에 사용되는 전선을 적으시오.
(3) 지중전선로를 직접 매설식에 의하여 시설하는 경우 매설깊이을 아래 빈칸에 적으시오.

시설 장소	매설 깊이[m]
차량, 기타 중량물의 압력을 받을 우려가 있는 장소	③
기타 장소	④

Answer

(1) ① 1[m] ② 0.6[m]   (2) 케이블
(3) ③ 1 ④ 0.6

Explanation

(KEC 334.1조) 지중전선로의 시설
1. 지중 전선로는 전선에 케이블을 사용하고 또한 관로식·암거식(暗渠式) 또는 직접매설식에 의하여 시설하여야 한다.
2. 지중 전선로를 관로식 또는 암거식에 의하여 시설하는 경우에는 다음에 따라야 한다.
   ① 관로식에 의하여 시설하는 경우에는 매설 깊이를 1.0[m] 이상으로 하되, 매설 깊이가 충분하지 못한 장소에는 견고하고 차량 기타 중량물의 압력에 견디는 것을 사용할 것. 다만 중량물의 압력을 받을 우려가 없는 곳은 0.6[m] 이상으로 한다.
   ② 암거식에 의하여 시설하는 경우에는 견고하고 차량 기타 중량물의 압력에 견디는 것을 사용할 것.
3. 지중 전선을 냉각하기 위하여 케이블을 넣은 관내에 물을 순환시키는 경우에는 지중 전선로는 순환수 압력에 견디고 또한 물이 새지 아니하도록 시설하여야 한다.
4. 지중 전선로를 직접 매설식에 의하여 시설하는 경우에는 매설 깊이를 차량 기타 중량물의 압력을 받을 우려가 있는 장소에는 1.0[m] 이상, 기타 장소에는 0.6[m] 이상으로 하고 또한 지중 전선을 견고한 트라프 기타 방호물에 넣어 시설하여야 한다.

MEMO

과년도 기출문제

2024

전기공사산업기사 실기

- 2024년 제 01회
- 2024년 제 02회
- 2024년 제 04회

2024년 과년도 기출문제에 대한 출제 빈도 분석 차트입니다.
각 회차별로 별의 개수를 확인하고 학습에 참고하기 바랍니다.

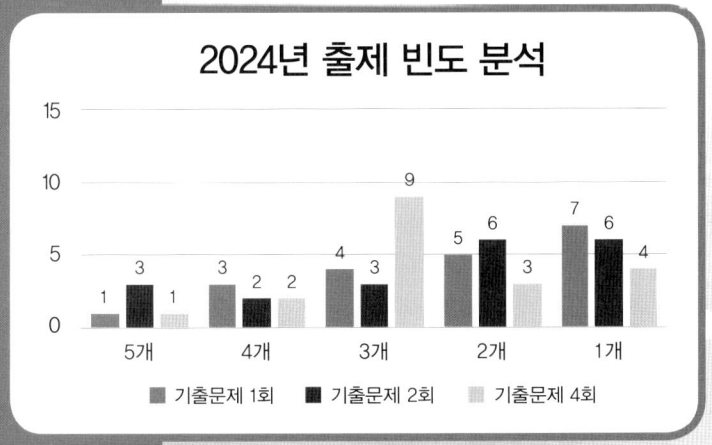

2024년 전기공사산업기사 실기

01 ★★★☆☆ (6점)

아래에 주어진 물가 자료를 참고하여 다음 물음에 답하시오.

[물가자료]
[참고 1] 전기용 나동선

전기용 연동선				전기용 경동선			
지름 [mm]	무게 [kg/km]	전기저항 20℃[Ω/km]	가격 [원/m]	지름 [mm]	무게 [kg/km]	전기저항 20℃[Ω/km]	가격 [원/m]
2.0	27.93	5.487	195	2.0	27.93	5.657	195
4.0	111.7	1.372	226	4.0	111.7	1.414	226
6.0	251.3	0.609	308	6.0	251.3	0.628	308
8.0	246.9	0.343	415	8.0	246.9	0.353	415
10.0	698.2	0.219	505	10.0	698.2	0.226	505

[참고 2] 케이블

가교 폴리에틸렌 절연 비닐시스케이블(단심)				가교 폴리에틸렌 트리플렉스형 케이블(단심)			
공칭단면적 [mm²]	완성품 바깥지름 [mm]	전기저항 20℃[Ω/km]	가격 [원/m]	공칭단면적 [mm²]	완성품 바깥지름 [mm]	전기저항 20℃[Ω/km]	가격 [원/m]
16	20	1.15	985	16	44	1.15	1,005
25	21	0.727	1,012	25	46	0.727	1,112
35	22	0.524	1,222	35	48	0.524	1,758
50	23	0.387	1,980	50	50	0.387	2,005
70	25	0.268	2,054	70	54	0.268	2,405

(1) 전기용 경동선 4.0[mm], 2[km]와 연동선 4.0[mm], 3[km]의 구입비 합계[원]를 구하시오.
  • 계산 :   • 답 :
(2) AC 440[V] 3상 3선식 동력 배선에 25[mm²] 케이블 150[m]를 구입하려고 한다. 가교폴리에틸렌 절연 비닐시스 케이블과 가교 폴리에틸렌 트리플렉스형 케이블의 구입비[원]을 구하시오(단, 두 종류의 케이블 계산 과정과 구입비가 모두 맞아야 정답으로 인정한다).
  ① 가교 폴리에틸렌 절연 비닐시스 케이블
    • 계산 :   • 구입비[원] :
  ② 가교 폴리에틸렌 트리플렉스형 케이블

　　　　• 계산 :　　　　　　　　　　　　• 구입비[원] :

(3) (2)항에서 구한 각 케이블의 구입비를 이용하여 경감액을 구하고 그 결과로 둘 중 더 저렴한 케이블을 선정하시오.
　　　　• 계산 :　　　　　　　　　　　　• 경감액[원] :
　　　　• 선정결과 :

Answer

(1) 계산 : 226×2,000+226×3,000=1,130,000[원]

답 : 1,130,000[원]

(2) ① 계산 : 1,012×150=151,800[원]

구입비 : 151,800[원]

　② 계산 : 1,112×150=166,800[원]

구입비 : 166,800[원]

(3) 계산 : 166,800−151,800=15,000[원]

경감액 : 15,000[원]
선정결과 : 가교 폴리에틸렌 절연 비닐시스 케이블

Explanation

(1) 경동선 4.0[mm], 2[km]와 연동선 4.0[mm], 3[km]의 구입비

[참고 1] 전기용 나동선

전기용 연동선				전기용 경동선			
지름 [mm]	무게 [kg/km]	전기저항 20℃[Ω/km]	가격 [원/m]	지름 [mm]	무게 [kg/km]	전기저항 20℃[Ω/km]	가격 [원/m]
2.0	27.93	5.487	195	2.0	27.93	5.657	195
4.0	111.7	1.372	226	4.0	111.7	1.414	226
6.0	251.3	0.609	308	6.0	251.3	0.628	308
8.0	246.9	0.343	415	8.0	246.9	0.353	415
10.0	698.2	0.219	505	10.0	698.2	0.226	505

[참고 2] 케이블

가교 폴리에틸렌 절연 비닐시스케이블(단심)				가교 폴리에틸렌 트리플렉스형 케이블(단심)			
공칭단면적 [mm²]	완성품 바깥지름 [mm]	전기저항 20℃[Ω/km]	가격 [원/m]	공칭단면적 [mm²]	완성품 바깥지름 [mm]	전기저항 20℃[Ω/km]	가격 [원/m]
16	20	1.15	985	16	44	1.15	1,005
25	21	0.727	1,012	25	46	0.727	1,112
35	22	0.524	1,222	35	48	0.524	1,758
50	23	0.387	1,980	50	50	0.387	2,005
70	25	0.268	2,054	70	54	0.268	2,405

02 ★★☆☆☆ (6점)

송전전력이 100[MW], 송전거리가 80[km]일 때, 가장 경제적인 송전전압은 몇 [kV]인가?

• 계산 :   • 답 :

Answer

계산 : Still의 식 $V_s = 5.5\sqrt{0.6l + \dfrac{P}{100}} = 5.5\sqrt{0.6 \times 80 + \dfrac{100 \times 10^3}{100}} = 178.05[\text{kV}]$

답 : 178.05[kV]

Explanation

Still의 식(경제적인 송전 접안)

$V_s = 5.5\sqrt{0.6l + \dfrac{P}{100}}$ [kV]   여기서, l : 송전 거리[km], P : 송전 용량[kW]

BEST 03 ★★★★★ (3점)

금속관 노출배관공사에서 관을 직각으로 굽히는 곳에 사용하는 재료의 명칭을 적으시오.

Answer

유니버설 엘보

Explanation

금속관 공사용 부품

명칭	사용 용도
로크너트(lock nut)	관과 박스를 접속하는 경우 파이프 나사를 죄어 고정시키는데 사용
부싱(bushing)	전선 관단에 끼우고 전선을 넣거나 빼는 데 있어서 전선의 피복을 보호하여 전선이 손상되지 않게 하는 것
커플링(coupling)	• 금속관 상호 접속 또는 관과 노멀 밴드와의 접속에 사용 • 관의 양측을 돌려서 접속할 수 없는 경우 : 유니온 커플링
새들(saddle)	노출 배관에서 금속관을 조영재에 고정시키는 데 사용
노멀 밴드(normal bend)	배관의 직각 굴곡에 사용
링 리듀서	금속을 아웃렛 박스의 로크 아웃에 취부할 때 로크아웃의 구멍이 관의 구멍보다 클 때 사용
유니버설 엘보우 (elbow)	• 노출 배관공사에 관을 직각으로 굽혀야 할 곳의 관 상호 접속 또는 관을 분기해야 할 곳에 사용 • 3방향으로 분기하는 T형 엘보우, 4방향으로 분기하는 크로스 엘보우
터미널 캡(terminal cap)	전동기에 접속하는 장소나 애자 사용 공사로 옮기는 장소의 관단에 사용
엔트런스 캡(우에사 캡) (entrance cap)	인입구, 인출구의 관단에 설치하여 금속관에 접속하여 옥외의 빗물을 막는 데 사용
픽스쳐 스터드와 히키 (fixture stud & hickey)	아웃렛 박스에 조명 기구를 부착시킬 때 기구 중량의 장력을 보강하기 위하여 사용
블랭크 와셔 (blank washer)	플로어 덕트의 정선 박스에 덕트를 접속하지 않는 곳을 막기 위하여 사용
유니버설 피팅	노출 배관 시 L형 또는 T형으로 구부러지는 장소에 사용

04 한국전기설비규정 중 전로의 중성점 접지 내용에 따라 중성점 접지의 시설 목적을 2가지만 적으시오. (4점)

Answer

① 전로의 보호장치의 확실한 동작의 확보
② 이상 전압의 억제

Explanation

(KEC 322.5조) 전로의 중성점의 접지
전로의 보호장치의 확실한 동작의 확보, 이상 전압의 억제 및 대지전압의 저하를 위하여 전로의 중성점에 접지공사를 하여야 한다.

05 전등설비 200[W], 전열설비 400[W], 전동기설비 300[W]인 수용가가 있다. 이 수용가의 최대 수용 전력이 780[W]이라면 수용률[%]을 구하시오. (5점)

• 계산 :   • 답 :

Answer

계산 : 수용률 $= \dfrac{\text{최대 수용 전력}}{\text{설비용량}} \times 100[\%] = \dfrac{780}{200+400+300} \times 100 = 86.67[\%]$

답 : 86.67[%]

Explanation

수용률 : 최대전력과 부하설비용량과의 비
최대전력은 수용가의 계약용량과 수전용 변압기의 용량을 결정하는 중요한 계수

수용률 $= \dfrac{\text{최대수용전력}}{\text{설비용량}} \times 100[\%]$

최대수용전력 = 설비용량 × 수용률
수용률이 커지면 최대전력이 증가되므로 변압기 용량이 커져서 경제적으로 불리

06 한국전기설비규정에 따른 용어의 정의 중 다음 설명이 뜻하는 용어를 적으시오. (5점)

> 가공전선로의 지지물에서 다른 지지물을 거치지 아니하고 수용장소의 인입선 접속점에 이르는 가공전선

Answer

가공인입선

Explanation

(KEC 112조) 용어 정의
"가공인입선"이란 가공전선로의 지지물로부터 다른 지지물을 거치지 아니하고 수용장소의 붙임점에 이르는 가공전선을 말한다.

07 가로등 공사의 줄기초파기 등 현장 여건상 불가피하게 정규버킷대신 세미버킷을 사용하는 경우 버킷용량[m³]은 굴삭기 규격[m³]의 몇 [%]를 적용하는지 적으시오. (3점)

Answer

50[%]

Explanation

전기공사표준 품셈

1-38 기계 터파기 (유압식 백호)

$$Q = \frac{3{,}600 \times q \times k \times f \times E}{cm}$$

여기서 Q : 시간당 작업량[m³/hr], E : 작업효율, q : 버킷용량[m³],
k : 버킷계수, f : 체적환산계수, cm : 1회 사이클 시간[초]

【해설】
① 가로등 공사의 줄터파기 등 현장여건상 **불가피하게 정규버킷 대신 세미버킷을 사용하는 경우** 버킷용량[m³]은 **굴삭기 규격[m³]의 50[%]를 적용**한다.
② 각종 계수 및 운전경비는 토목부문 표준품셈을 적용한다.

08 한국전기설비규정에 따른 지중전선 상호간의 접근 또는 교차에 대한 설명 중 ( )안에 들어갈 숫자를 적으시오. (4점)

> 지중전선이 다른 지중전선과 접근하거나 교차하는 경우에 지중함 내 이외의 곳에서 상호 간의 이격거리가 저압 지중전선과 고압 지중전선에 있어서는 (①)[m] 이상, 저압이나 고압의 지중전선과 특고압 지중전선에 있어서는 (②)[m] 이상이 되도록 시설하여야 한다.

Answer

① 0.15   ② 0.3

Explanation

(KEC 223.7조) 지중전선 상호간의 접근 또는 교차

지중전선이 다른 지중전선과 접근하거나 교차하는 경우에 지중함 내 이외의 곳에서 상호 간의 이격거리가 저압 지중전선과 고압 지중전선에 있어서는 0.15[m] 이상, 저압이나 고압의 지중전선과 특고압 지중전선에 있어서는 0.3[m] 이상이 되도록 시설하여야 한다.

09 다음은 특고압 가공전선로의 일부 평면도이다. ①~⑤의 명칭을 빈칸에 적으시오. (5점)

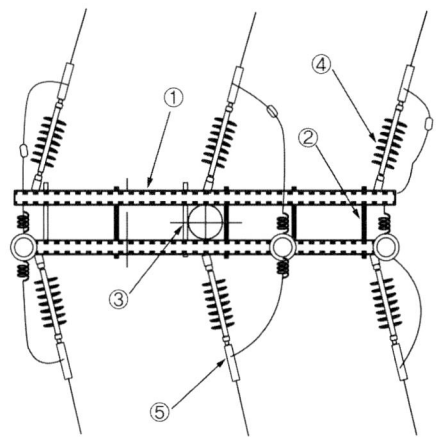

Answer

① 완금(완철)   ② 머신볼트   ③ 완금밴드
④ 폴리머현수애자   ⑤ 데드앤드클램프

10 다음 유접점 시퀀스제어 회로에 대한 각 물음에 답하시오. (8점)

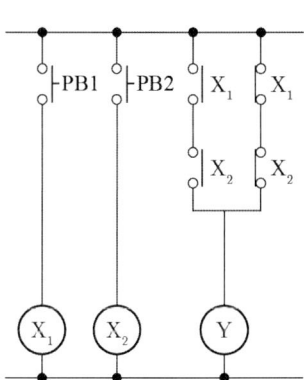

(1) 출력 Y를 입력 X_1, X_2에 대한 가장 간략한 논리식으로 적으시오.

(2) (1)항의 논리식에 대한 진리표를 '0' 또는 '1'을 사용하여 완성하시오(단, 모두 맞아야 정답으로 인정한다).

입력		출력
X_1	X_2	Y
0	0	
1	0	
0	1	
1	1	

(3) (1)항의 논리식을 논리소자를 이용하여 무접점회로(논리회로)로 그리시오(단, AND 2개와 OR 1, NOT 2개만을 이용하여 선의 접속과 미접속에 대한 예시를 참고하여 그리시오).

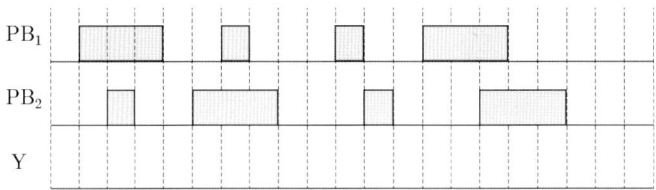

(4) 아래의 타임차트를 완성하시오(단, 누름버튼 스위치 PB1과 PB2의 신호는 누르는 동작을 의미하며, 보조접점의 지연시간은 무시한다. 또한 모두 맞아야 정답으로 인정한다).

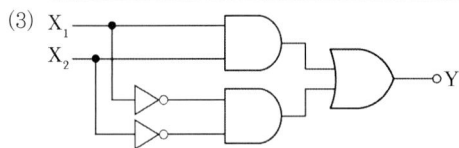

Answer

(1) $Y = X_1 X_2 + \overline{X_1}\,\overline{X_2}$

(2)

입력		출력
X_1	X_2	Y
0	0	1
1	0	0
0	1	0
1	1	1

(3)

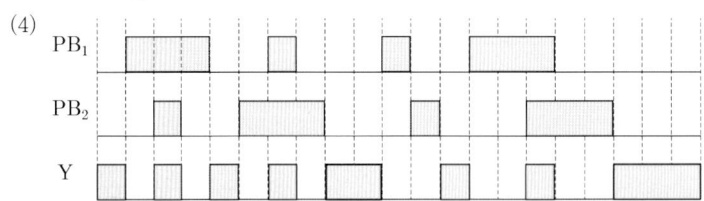

(4)

Explanation

배타적 부정논리합(Exclusive NOR)

(1) 동작사항 : 두 입력의 상태가 같을 때에만 출력이 생기는 판단 기능을 갖는 회로
(2) 논리 기호와 논리식
 ① 논리식 : $X = AB + \overline{A}\,\overline{B}$
 ② 논리기호 :

(3) 회로와 타임 차트

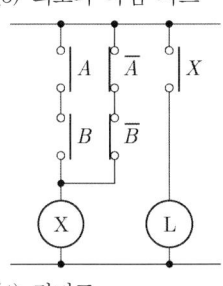 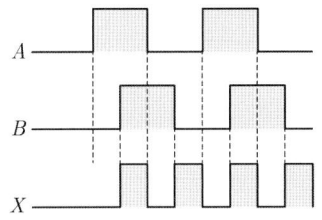

(4) 진리표

A	B	X
0	0	1
0	1	0
1	0	0
1	1	1

11 ★☆☆☆ (5점)

어느 빌딩의 수전설비를 계획하려고 한다. 이 빌딩의 예측되는 부하밀도는 조명 20[VA/㎡], 일반동력 35[VA/㎡], 냉방동력 40[VA/㎡]이다 이 빌딩의 연면적이 60,000[㎡] 일 때 부하설비의 용량[kVA]을 구하시오.

- 계산 :
- 답 :

Answer

계산 : $P = (20 + 35 + 40) \times 60,000 \times 10^{-3} = 5,700[\text{kVA}]$

답 : 5,700[kVA]

Explanation

부하설비용량[VA] = 부하밀도[VA/㎡] × 연면적[㎡]

12 ★☆☆☆ (8점)

다음 설명에 맞는 애자의 명칭을 보기에서 골라 빈 칸에 각각 적으시오.

	〈보기〉 LP애자, 현수애자, 인류애자, 핀애자
①	전선의 직선부분에 사용되며 애자의 꼭지홈이나 옆홈에 바인드선으로 전선을 잡아맨다.
②	특고압 배전선로의 지지물에서 내장이나 인류개소에 장력이 걸리는 전선을 고정하는 데 사용되는 애자이고 클래비스형과 볼소켓형이 있다.
③	저압 가공 배전선로의 내장개소 및 인류개소에서 저압전선과 인입선을 고정 및 지지하는 데 사용된다.
④	특고압 가공배전선로의 지지물에서 전선을지지 및 고정하는 데 사용되는 장주용 애자이다.

Answer

① LP애자 ② 현수애자 ③ 인류애자 ④ 핀애자

Explanation

애자의 형상별 분류

- 핀애자 : 갓모양의 자기편 또는 유리편을 2~4층으로 하여 시멘트로 접합하여 60[kV] 이하의 선로나 기존의 22[kV] 선로에만 주로 사용된다.
  현재 배전선로는 기존의 핀애자에서 라인포스트애자(Line Post)로 대체되고 있다.

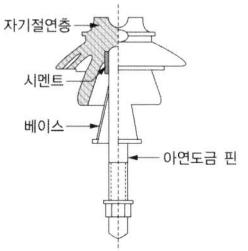

- 현수애자 : 원판형의 절연체 상하에 연결금구를 시멘트로 부착시켜 제작하며 연결 금구의 모양에 따라 클레비스형과 볼소켓형이 있다. 크기는 주로 250(254)[mm]가 사용된다.

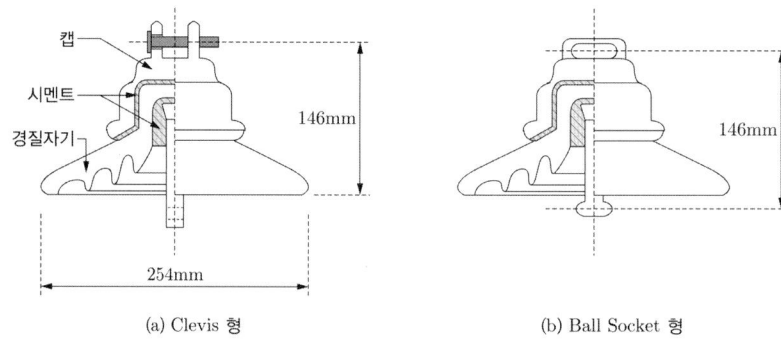

(a) Clevis 형   (b) Ball Socket 형

- 지지애자(Post insulation) : 지지애자는 주로 변전소, 발전소에 사용되는 SP(Station Post)형과 선로용 지지애자로 사용되는 LP(라인포스트, Line Post)형으로 나눈다.
- 장간애자 : 많은 갓을 가지고 있는 원통형의 긴 애자로 구조의 특성상 절연열화가 거의 없고 비에 대한 세척 효과가 우수하다.
- 내무애자 : 현수애자와 같은 모양이나 절연체 밑 부분의 굴곡을 길게 하여 연면거리(누설거리)를 길게 한 애자로서 염해 방지용으로 사용된다.

13 ★★★☆☆ (5점)

그림과 같이 단상 2선식 220[V]의 전원이 공급되는 전동기가 누전으로 인해 외함에 전기가 흐를 때 사람이 접촉하였다. 접촉한 사람에게 위험을 줄 대지전압 V_0은 얼마인가? 단, 변압기 중성점 접지저항은 10[Ω], 전동기 외함 접지저항은 100[Ω]이라 하고 변압기 및 선로의 임피던스는 무시한다.

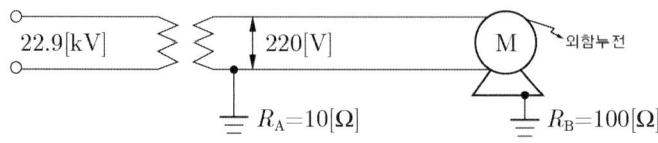

Answer

계산 : $V_0 = \dfrac{100}{100+10} \times 220 = 200[\text{V}]$ 답 : 200[V]

Explanation

등가회로로 나타내면

지락전류 $I_g = \dfrac{V}{R_2 + R_3}$

접촉전압 $V_0 = \dfrac{V}{R_2 + R_3} \times R_3$

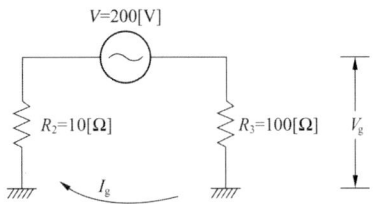

14 ★★★★☆ (5점)

어떤 전기설비에서 6,600[V]의 3상 회로에 변압비 33의 계기용 변압기 2개를 그림과 같이 설치하였다면 그때의 전압계 V_1, V_2, V_3의 지시값은 얼마인지 각각 구하시오.

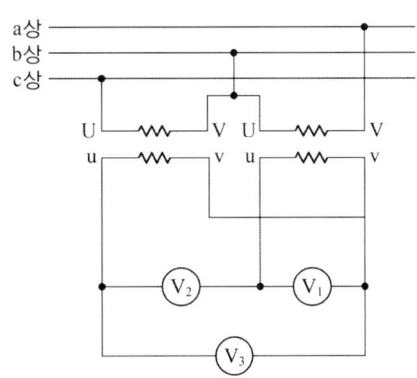

(1) V_1 : •계산 :   •답 :
(2) V_2 : •계산 :   •답 :
(3) V_3 : •계산 :   •답 :

◈ Answer

(1) 계산 : $V_1 = \dfrac{6,600}{33} = 200[\text{V}]$

답 : 200[V]

(2) 계산 : $V_2 = \dfrac{6,600}{33} \times \sqrt{3} = 346.41[\text{V}]$

답 : 346.41[V]

(3) 계산 : $V_3 = \dfrac{6,600}{33} = 200[\text{V}]$

답 : 200[V]

Explanation

문제의 그림에서 V_2는 V_3과 V_1의 Vector 차전압을 지시한다.
따라서 $V_2 = V_3 - V_1 = \sqrt{3}\, V_1 = \sqrt{3}\, V_3$

15 ★★★★☆ (5점)

거리가 1,000[m]인 배전선로 공사에 있어서 단면적 22[mm^2]의 알루미늄 선과 저항이 같은 경동선으로 교체하려고 한다면 그 전선의 공칭단면적[mm^2]을 아래 표에서 선정하시오.

[조건]

- 알루미늄 선의 저항률 : $\frac{1}{35}[\Omega \cdot mm^2/m]$

- 경동선의 저항률 : $\frac{1}{55}[\Omega \cdot mm^2/m]$

전선의 규격[mm^2]	4, 6, 10, 16, 25, 35

- 계산 :
- 답 :

Answer

계산 : 같은 길이 같은 저항이므로

저항 $R = \rho \frac{l}{A}$ 이며

$R = \frac{1}{35} \times \frac{1,000}{22} = \frac{1}{55} \times \frac{1,000}{A}$

따라서 단면적 $A = \frac{35 \times 22}{55} = 14[mm^2]$

답 : 표에서 16[mm^2]

Explanation

- 전기저항 $R = \rho \frac{l}{A} [\Omega]$

  여기서, ρ : 저항률[$\Omega \cdot mm^2/m$]

  l : 전선의 길이[m]

  A : 전선의 단면적[mm^2]

- 전선의 단면적을 바꾸어도 전류와, 전압강하가 같도록 하려면

  $I \times \frac{1}{35} \times \frac{1,000}{22}$(알루미늄선의 전압강하) $= I \times \frac{1}{55} \times \frac{1,000}{A}$(경동선의 전압강하)

- KSC-IEC 전선 규격

전선의 공칭단면적 [mm^2]			
1.5	16	95	300
2.5	25	120	400
4	35	150	500
6	50	185	630
10	70	240	

16 접지의 분류에서 아래 그림과 같은 접지공사방법의 명칭을 적으시오. (4점)

Answer

통합접지

Explanation

(KEC 142.6) 통합접지
전기설비의 접지계통 · 건축물의 피뢰설비 · 전자통신설비 등의 접지극을 공용.
낙뢰에 의한 과전압 등으로부터 전기전자기기 등을 보호하기 위해 서지보호장치 설치

17 고압이상의 철주에 절연전선을 사용하여 접지공사를 그림과 같이 시공하려고 한다. 다음의 물음에 답하시오. (5점)

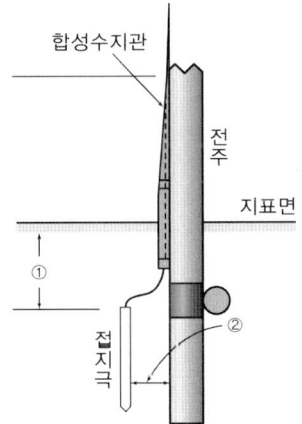

(1) 위 그림의 접지극의 매설깊이(①)는 몇 [m] 이상인지 적으시오(단, 예외 조건은 고려하지 않는다).
(2) 위그림의 철주와 접지극의 이격거리(②)는 몇 [m] 이상인지 적으시오(접지도체를 철주 기타 금속체를 따라서 철주의 옆면에 시설하는 경우이다).

Answer

① 0.75   ② 1

Explanation

(KEC 142.2~3조) 접지극의 시설 및 접지저항, 접지도체

접지극의 매설은 다음에 의한다.
① 접지극은 동결 깊이를 감안하여 시설하되 지표면으로부터 0.75[m] 이상으로 한다.
② 접지도체를 철주 기타의 금속체를 따라서 시설하는 경우에는 접지극을 철주의 밑면(底面)으로부터 0.3[m] 이상의 깊이에 매설하는 경우 이외에는 접지극을 지중에서 그 금속체로부터 1[m] 이상 떼어 매설할 것
③ 접지도체에는 절연전선, 캡타이어 케이블 또는 케이블(통신용 케이블을 제외한다)을 사용할 것
④ 접지도체의 지하 0.75[m]부터 지표상 2[m]까지의 부분은 합성수지관 또는 이와 동등 이상의 절연효력 및 강도를 가지는 몰드로 덮을 것

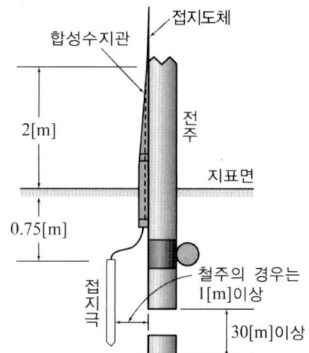

18 ★★★☆☆ (5점)

154[kV] 3상 3선식 전선로에서 각 선의 정전용량이 각각 $C_a = 0.031[\mu F]$, $C_b = 0.030[\mu F]$, $C_c = 0.032[\mu F]$일 때 변압기의 중성점 잔류전압은 몇 [V]인지 계산하시오(소수점 아래는 절사할 것).

• 계산 :   • 답 :

Answer

계산 : $E_n = \dfrac{\sqrt{C_a(C_a - C_b) + C_b(C_b - C_c) + C_c(C_c - C_a)}}{C_a + C_b + C_c} E$

$= \dfrac{\sqrt{0.031(0.031 - 0.030) + 0.030(0.030 - 0.032) + 0.032(0.032 - 0.031)}}{0.031 + 0.030 + 0.032} \times \dfrac{154,000}{\sqrt{3}}$

$= 1,655.91[V]$

답 : 1,655.91[V]

Explanation

중성점의 잔류 전압

중성점 잔류전압은 보통의 운전 상태에서 중성점을 접지하지 않은 경우의 중성점과 대지간의 전압을 말한다. 이러한 잔류전압은 연가가 불충분한 경우가 가장 주된 원인으로 완전한 연가에 의해 0이 될 수 있다.

잔류전압 $E_n = \dfrac{\sqrt{C_a(C_a - C_b) + C_b(C_b - C_c) + C_c(C_c - C_a)}}{C_a + C_b + C_c} \times E$

$= \dfrac{\sqrt{C_a(C_a - C_b) + C_b(C_b - C_c) + C_c(C_c - C_a)}}{C_a + C_b + C_c} \times \dfrac{V}{\sqrt{3}} [V]$

만약에 연가가 되어 있다면 $C_a = C_b = C_c$이므로 잔류전압 $E_n = 0$이 된다.

19. 매입 방법에 따른 건축화 조명 방식을 4가지만 적으시오. (4점)

Answer

① 매입 형광등
② down light(다운라이트)
③ pin hole light(핀 홀 라이트)
④ coffer light(코퍼 라이트)

Explanation

건축화 조명
건축화 조명이란 건축물의 천장, 벽 등의 일부가 조명기구로 이용되거나 광원화 되어 건축물의 마감재료의 일부로서 간주되는 조명설비이다. 이에 대한 종류는 천장면 이용 방법과 벽면 이용 방법으로 대별된다.
(1) 천장 매입방법
① 매입 형광등 : 하면 개방형, 하면 확산판 설치형, 반매입형 등
② down light : 천장에 작은 구멍을 뚫고 조명기구를 매입하여 빛의 빔 방향을 아래로 유효하게 조명하는 방법
③ pin hole light : down-light의 일종으로 아래로 조사되는 구멍을 적게 하거나 렌즈를 달아 복도에 집중 조사되도록 한다.
④ coffer light : 대형의 down light라고도 볼 수 있으며 천장면을 둥글게 또는 사각으로 파내어 조명기구를 배치하여 조명하는 방법
⑤ line light : 매입 형광등방식의 일종으로 형광등을 연속으로 배치하는 조명방식

20. KS규격에 따라 다음 그림 기호의 명칭을 적으시오. (6점)

(1)
1.6(VE16)

(2) ─────//─────
1.6(PF16)

Answer

(1) 경질비닐전선관
(2) 합성수지제 가요관

Explanation

(내선규정 100-5) 배선, 배관 기호
- 강제 전선관은 별도의 표기 없음
- VE : 경질 비닐 전선관
- F_2 : 2종 금속제 가요 전선관
- PF : 합성수지제 가요관

2회 2024년 전기공사산업기사 실기

01 ★☆☆☆☆ (5점)
다음 설명과 같은 조명방식의 명칭을 빈칸에 적으시오.

(1) ① 조명방식 : 벽면을 밝은 광원으로 조명하는 방식으로 숨겨진 램프의 직접광이 아래쪽 벽, 커튼, 위쪽 천장면에 쪼이도록 조명하는 방식
　② 특징 : 실내면을 황색으로 마감하고, 밸런스 판으로 목재, 금속판 등 투과율이 낮은 재료를 사용하고 램프로는 형광램프가 적당하다.
　③ 용도 : 분위기 조명에 이용된다.
(2) ① 조명방식 : 천장과 벽면의 경계구석에 등기구를 배치하여 조명하는 방식
　② 특징 : 천장과 벽면을 동시에 투사하는 조명방식이다.
　③ 용도 : 지하도, 터널에 이용된다.

(1) (　　　　　)　　　　　　　　(2) (　　　　　)

Answer

(1) 밸런스조명　　　　　(2) 코너조명

Explanation

건축화 조명
- 루버 천장 조명
  - 천장면에 루버판을 부착하고 천장 내부에 광원을 배치하여 조명하는 방식
  - 낮은 휘도, 밝은 직사광을 얻고 싶은 경우 훌륭한 조명 효과
- 다운라이트 조명
  천장면에 작은 구멍을 많이 뚫어 그 속에 여러 형태의 하면개방형, 하면루버형, 하면확산형, 반사형 전구 등의 등기구를 매입하는 조명 방식
- 코퍼 조명
  - 천장면을 여러 형태의 사각, 동그라미 등으로 오려내고 다양한 형태의 매입기구를 취부하여 실내의 단조로움을 피하는 조명 방식
  - 고천장의 은행 영업실, 1층홀, 백화점 1층 등에 사용
- 밸런스 조명
  벽면을 밝은 광원으로 조명하는 방식으로 숨겨진 램프의 직접광이 아래쪽 벽, 커튼, 위쪽 천장면에 쪼이도록 조명하는 방식으로 분위기 조명
- 코브 조명
  - 램프를 감추고 코브의 벽, 천장 면에 플라스틱, 목재 등을 이용하여 간접 조명으로 만들어 그 반사광으로 채광하는 조명 방식
  - 천장과 벽이 2차 광원이 되므로 반사율과 확산성이 높아야 한다.
- 코너 조명
  - **천장과 벽면의 경계 구석에 등기구를 배치하여 조명하는 방식**

- 천장과 벽면을 동시에 투사하는 실내 조명 방식으로 지하도용에 이용
• 코니스 조명
  - 코너 조명과 같이 천장과 벽면 경계에 건축적으로 둘레턱을 만들어 내부에 등기구를 배치하여 조명하는 방식
  - 아래 방향의 벽면을 조명하는 방식
• 광량 조명
  연속열 등기구를 천장에 매입하거나 들보에 설치하는 조명 방식
• 광천장 조명
  천장면에 확산투과재인 메탈 아크릴 수지판을 붙이고 천장 내부에 광원 설치하는 조명 방식
• 건축화 조명의 종류

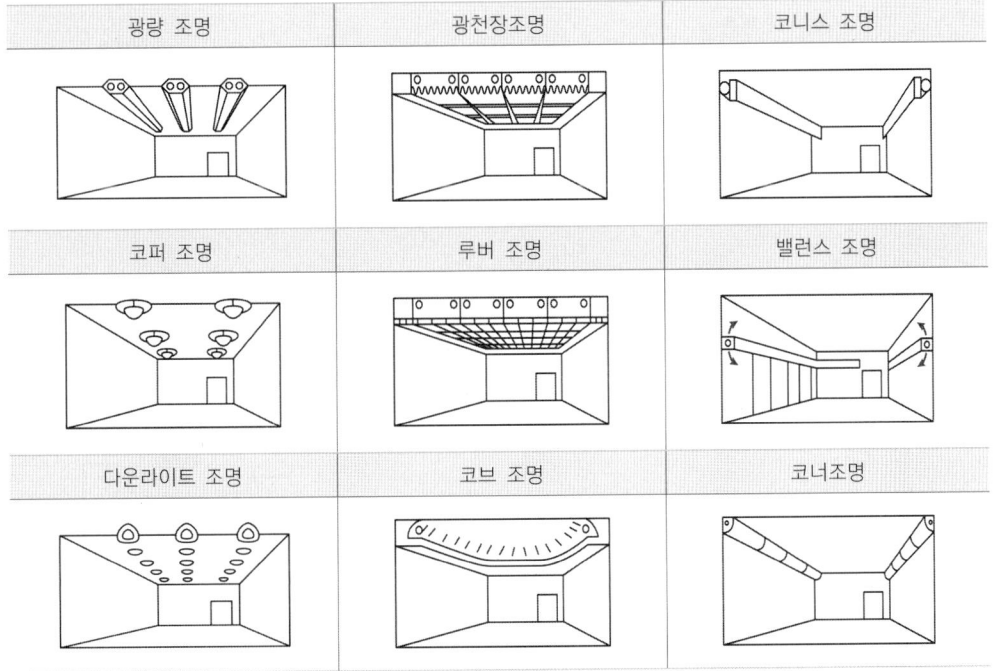

02 그림과 같이 영상 변류기를 당해 케이블의 전원 측에 설치하는 경우, 케이블 차폐측의 접지도체는 어떻게 시설하는 것이 옳은지 접지도체를 그리시오. 단, 케이블의 거리는 100[m]이다. (5점)

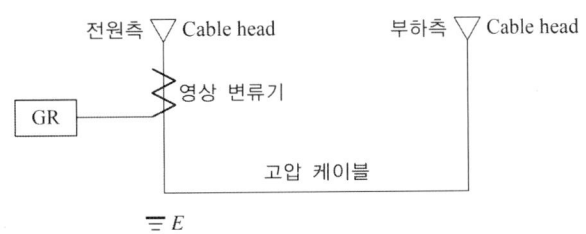

Answer

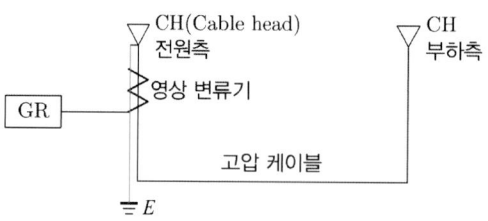

Explanation

케이블 차폐 접지

(1) ZCT를 전원측에 설치 시 전원측 케이블 차폐의 접지는 ZCT를 관통시켜 접지한다.

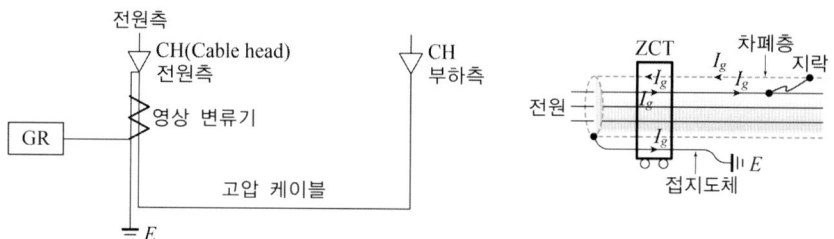

접지도체를 ZCT 내로 관통시켜야만 ZCT는 지락전류 I_g를 검출할 수 있다.

$I_g - I_g + I_g = I_g$

(2) ZCT를 부하측에 설치 시 케이블 차폐의 접지는 ZCT를 관통시키지 않고 접지한다.

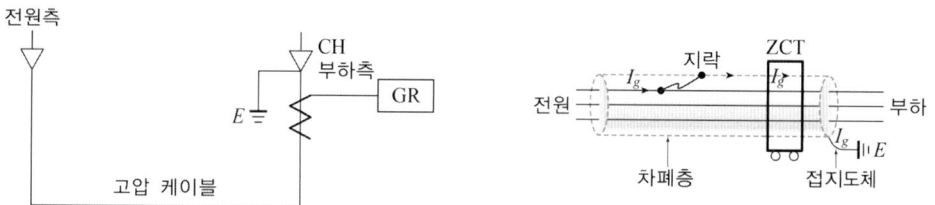

접지도체를 ZCT 내로 관통시키지 않아야 지락전류 I_g를 검출할 수 있다.

03 ★☆☆☆☆ (5점)

비상조명등의 화재안전기술기준에 대한 내용이다. ①~⑤에 알맞은 내용을 ( )에 적으시오.

(1) 조도는 비상조명등이 설치된 장소의 각 부분의 바닥에서 (①)[lx] 이상이 되도록 할 것
(2) 예비전원을 내장하는 비상조명등에는 평상시 점등 여부를 확인할 수 있는 (②)을(를) 설치하고 해당 조명등을 유효하게 작동시킬 수 있는 용량의 (③)와(과) (④)을(를) 내장할 것
(3) 예비전원과 비상전원은 비상조명등을 (⑤)분 이상 유효하게 작동시킬 수 있는 용량으로 할 것

Answer

① 1　　② 점검스위치　　③ 축전지
④ 예비전원 충전장치　　⑤ 20

Explanation

비상조명등의 화재안전성능기준(NFPC 304)
비상조명등은 다음 각 호의 기준에 따라 설치해야 한다.
1. 특정소방대상물의 각 거실과 그로부터 지상에 이르는 복도·계단 및 그 밖의 통로에 설치할 것
2. 조도는 비상조명등이 설치된 장소의 각 부분의 바닥에서 1럭스 이상이 되도록 할 것
3. 예비전원을 내장하는 비상조명등에는 평상시 점등 여부를 확인할 수 있는 점검스위치를 설치하고 해당 조명등을 유효하게 작동시킬 수 있는 용량의 축전지와 예비전원 충전장치를 내장할 것
4. 예비전원을 내장하지 아니하는 비상조명등의 비상전원은 자가발전설비, 축전지설비 또는 전기저장장치(외부 전기에너지를 저장해 두었다가 필요한 때 전기를 공급하는 장치)를 다음 각 세목의 기준에 따라 설치하여야 한다.
    가. 점검에 편리하고 화재 및 침수 등의 재해로 인한 피해를 받을 우려가 없는 곳에 설치할 것
    나. 상용전원으로부터 전력의 공급이 중단된 때에는 자동으로 비상전원으로부터 전력을 공급받을 수 있도록 할 것
    다. 비상전원의 설치장소는 다른 장소와 방화구획 할 것
    라. 비상전원을 실내에 설치하는 때에는 그 실내에 비상조명등을 설치할 것
5. 예비전원과 비상전원은 비상조명등을 20분 이상 유효하게 작동시킬 수 있는 용량으로 할 것. 다만, 지하층을 제외한 층수가 11층 이상의 층 등의 특징소방대상물의 경우에는 그 부분에서 피난층에 이르는 부분의 비상조명등을 60분 이상 유효하게 작동시킬 수 있는 용량으로 해야 한다.

BEST 04 ★★★★★ (6점)
전기공사의 공사원가 비목이 다음과 같이 구성되었을 경우 일반 관리비와 이윤을 계산하시오.

재료비 소계 : 90,000,000원, 노무비 소계 : 50,000,000원, 경비소계 : 2,5000,000원

(1) 일반관리비
  • 계산 :   • 답 :
(2) 이윤
  • 계산 :   • 답 :

Answer

(1) 계산 : 일반 관리비=(90,000,000+50,000,000+2,500,000)×0.06=8,550,000[원]
    답 : 8,550,000[원]
(2) 계산 : 이윤=(50,000,000+2,500,000+8,550,000)×0.15=9,157,500[원]
    답 : 9,157,500[원]

Explanation

(1) 일반관리비=(재료비+노무비+경비)×일반관리비율[%]

시설공사		전문·전기·정보통신·소방 및 기타공사	
공사원가	일반관리비율[%]	공사원가	일반관리비율[%]
50억 원 미만	6.0	5억 원 미만	6.0
50억 원~300억 원 미만	5.5	5억 원~30억 원 미만	5.5
300억 원 이상	5.0	30억 원 이상	5.0

(2) 이윤=(노무비+경비+일반관리비)×15[%]

05 한국전기설비규정에 따른 고압 및 특고압의 전로 중 피뢰기를 시설하여야 하는 곳을 4가지만 적으시오. (4점)

Answer

① 발전소·변전소 또는 이에 준하는 장소의 가공전선 인입구 및 인출구
② 특고압 가공전선로에 접속하는 배전용 변압기의 고압측 및 특고압측
③ 고압 및 특고압 가공전선로로부터 공급을 받는 수용장소의 인입구
④ 가공전선로와 지중전선로가 접속되는 곳

Explanation

(KEC 341.13조) 피뢰기의 시설
고압 및 특고압의 전로 중 다음에 열거하는 곳 또는 이에 근접한 곳에는 피뢰기를 시설하여야 한다.
가. 발전소·변전소 또는 이에 준하는 장소의 가공전선 인입구 및 인출구
나. 특고압 가공전선로에 접속하는 배전용 변압기의 고압측 및 특고압측
다. 고압 및 특고압 가공전선로로부터 공급을 받는 수용장소의 인입구
라. 가공전선로와 지중전선로가 접속되는 곳

06 다음 표에서 설명하는 금속관 공사에 필요한 부품 및 기구의 명칭을 빈칸에 적으시오. (9점)

①	전로의 인입공사에서 전선을 옥외에서 옥내로 인입할 때 빗물의 침입을 방지하기 위해 전선관 끝에 취부하는 부품
②	매입배관 공사를 할 때 직각으로 굽히는 곳에 사용하는 부품
③	노출배관공사에서 관을 직각으로 굽히는 곳에 사용하는 부품
④	금속관을 아웃트렛 박스에 취부할 때 관보다 지름이 큰 관계로 로크너트만으로 고정할 수 없을 때 보조적으로 사용하는 부품
⑤	무거운 기구를 박스에 취부할 때 사용하는 부품
⑥	금속 진선관을 상호 접속할 때 관이 고정되어 있기 때문에 돌려서 접속할 없는 경우에 사용하는 부품
⑦	전선의 절연피복을 보호하기 위해서 금속관의 끝에 취부하는 부품
⑧	금속관 말단의 모를 다듬기 위한 기구
⑨	금속관과 박스를 접속할 때 사용하는 재료로 최소 2개를 사용

Answer

① 엔트런스캡 ② 노멀밴드 ③ 유니버설엘보
④ 링리듀서 ⑤ 픽스처스터드와 히키 ⑥ 유니온커플링
⑦ 부싱 ⑧ 리머 ⑨ 로크너트

Explanation

금속관 공사용 부품

명칭	사용 용도
로크너트 (lock nut)	관과 박스를 접속하는 경우 파이프 나사를 죄어 고정시키는 데 사용
부싱 (bushing)	전선 관단에 끼우고 전선을 넣거나 빼는 데 있어서 전선의 피복을 보호하여 전선이 손상되지 않게 하는 것
커플링 (coupling)	• 금속관 상호 접속 또는 관과 노멀 밴드와의 접속에 사용 • 관의 양측을 돌려서 접속할 수 없는 경우 : 유니온 커플링
새들 (saddle)	노출 배관에서 금속관을 조영재에 고정시키는 데 사용
노멀 밴드 (normal bend)	배관의 직각 굴곡에 사용
링 리듀서	금속을 아웃렛 박스의 로크 아웃에 취부할 때 로크아웃의 구멍이 관의 구멍보다 클 때 사용
유니버설 엘보우 (elbow)	• 노출 배관공사에 관을 직각으로 굽혀야 할 곳의 관 상호 접속 또는 관을 분기해야 할 곳에 사용 • 3방향으로 분기하는 T형 엘보우, 4방향으로 분기하는 크로스 엘보우
터미널 캡 (terminal cap)	전동기에 접속하는 장소나 애자 사용 공사로 옮기는 장소의 관단에 사용
엔트런스 캡(우에사 캡) (entrance cap)	인입구, 인출구의 관단에 설치하여 금속관에 접속하여 옥외의 빗물을 막는 데 사용
픽스쳐 스터드와 히키 (fixture stud & hickey)	아웃렛 박스에 조명 기구를 부착시킬 때 기구 중량의 장력을 보강하기 위하여 사용
블랭크 와셔 (blank washer)	플로어 덕트의 정션 박스에 덕트를 접속하지 않는 곳을 막기 위하여 사용
유니버설 피팅	노출 배관 시 L형 또는 T형으로 구부러지는 장소에 사용

BEST 07 ★★★★★ (5점)

전원공급점에서 40[m]의 지점에 60[A], 45[m] 지점에 50[A], 60[m] 지점에 30[A]의 부하가 걸려 있을 때 부하 중심까지의 거리는 약 몇 [m]인지 계산하시오.

• 계산 :   • 답 :

Answer

계산 : 직선 부하에서의 부하 중심점까지의 거리

$$L = \frac{L_1 I_1 + L_2 I_2 + L_3 I_3}{I_1 + I_2 + I_3} = \frac{40 \times 60 + 45 \times 50 + 60 \times 30}{60 + 50 + 30} = 46.07 [\text{m}]$$

답 : 46.07[m]

Explanation

직선 부하의 부하 중심점까지의 거리

$$L = \frac{L_1 I_1 + L_2 I_2 + L_3 I_3 + \cdots}{I_1 + I_2 + I_3 + \cdots}$$

08. 전기설비기술기준에 따른 이웃 연결 인입선의 정의를 적으시오. (4점)

Answer

하나의 수용장소의 인입선 접속점에서 분기하여 지지물을 거치지 아니하고 다른 수용장소의 인입선 접속점에 이르는 전선

Explanation

이웃 연결 인입선
이웃 연결 인입선이라 함은 하나의 수용장소의 인입선 접속점에서 분기하여 지지물을 거치지 아니하고 다른 수용장소의 인입선 접속점에 이르는 전선을 말한다.

09. 옥내에 시설하는 저압 접촉전선을 절연 트롤리 공사에 의하여 시설하는 경우 표에 따라 시설하여야 한다. 다음 ( )에 들어갈 숫자를 적으시오(단, 지지점 간격 표에 관한 예외 조건은 무시한다). (5점)

[표 : 절연 트롤리선의 지지점 간격]

도체 단면적의 구분	지지점 간격
(①)[mm²] 미만	(②)[m] (굴곡 반지름이 (④)[m] 이하의 곡선 부분에서는 (⑤)[m])
(①)[mm²] 이상	(③)[m] (굴곡 반지름이 (④)[m] 이하의 곡선 부분에서는 (⑤)[m])

Answer

① 500   ② 2   ③ 3   ④ 3   ⑤ 1

Explanation

(KEC 232.81조) 옥내에 시설하는 저압 접촉전선 배선

이동기중기·자동청소기 그 밖에 이동하며 사용하는 저압의 전기기계기구에 전기를 공급하기 위하여 사용하는 접촉전선을 옥내에 시설하는 경우에는 기계기구에 시설하는 경우 이외에는 전개된 장소 또는 점검할 수 있는 은폐된 장소에 애자공사 또는 버스덕트공사 또는 절연트롤리공사에 의하여야 한다. 절연 트롤리선 지지점 간의 거리는 표에서 정한 값 이상일 것.

도체 단면적의 구분	지지점 간격
500[mm²] 미만	2[m] (굴곡 반지름이 3[m] 이하의 곡선 부분에서는 1[m])
500[mm²] 이상	3[m] (굴곡 반지름이 3[m] 이하의 곡선 부분에서는 1[m])

10. 건축물 전기설비에서 저압 간선 케이블의 굵기를 산정하는 데 고려해야 할 요소를 3가지만 적으시오. (5점)

Answer

① 허용전류   ② 전압강하   ③ 기계적 강도

Explanation

케이블의 굵기를 산정하는 데 고려사항
① 허용전류
② 전압강하
③ 기계적 강도
④ 수용률 및 향후 증설부하

11 ★★★★☆ (5점)
가로 20[m], 세로 30[m], 천장높이 4.5[m]인 사무실에 전등설비를 하고자 한다. 사무실의 실지수를 표에 나와있는 기호로 선정하시오(단, 높이는 작업대로부터의 높이를 기준으로 한다).

〈실지수표〉

기호	A	B	C	D	E	F	G	H	I	J
실지수	5.0	4.0	3.0	2.5	2.0	1.5	1.25	1.0	0.8	0.6

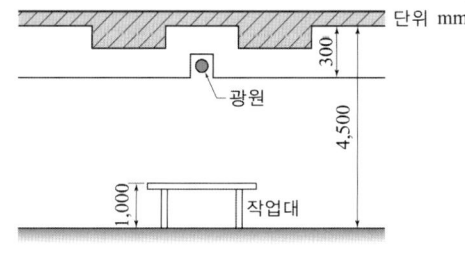

• 계산 : • 답 :

Answer

계산 : 실지수 $(R \cdot I) = \dfrac{XY}{H(X+Y)} = \dfrac{20 \times 30}{(4.5 - 0.3 - 1) \times (20 + 30)} = 3.75$

답 : B

Explanation

실지수(방지수) $= \dfrac{XY}{H(X+Y)}$

여기서, H : 등의 높이 - 작업면 높이[m], X : 방의 가로[m], Y : 방의 세로[m]
문제에서, 등 높이 $H = 4.5 - 0.3 - 1$

• 실지수표

기호	A	B	C	D	E	F	G	H	I	J
실지수	5.0	4.0	3.0	2.5	2.0	1.5	1.25	1.0	0.8	0.6
범위	4.5 이상	4.5~3.5	3.5~2.75	2.75~2.25	2.25~1.75	1.75~1.38	1.38~1.12	1.12~0.9	0.9~0.7	0.7 이하

12 다음 그림은 변전설비의 단선 결선도이다. 각 물음에 답하시오. (6점)

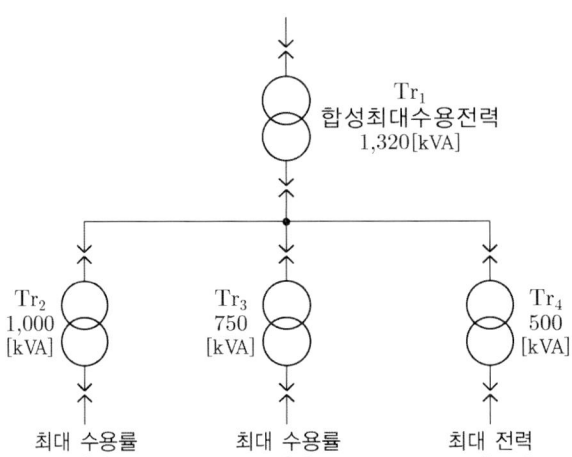

(1) 아래의 용어를 참고하여 부등률을 구하는 계산식을 적으시오.
최대수용전력, 총설비용량, 각 부하군의 최대 수용전력의 합,
합성최대수용전력, 부하의 평균전력, 최대수용률, 상정최대부하
- 답 :
(2) 변압기 Tr1의 부등률을 계산하시오.
- 계산 :   • 답 :
(3) 변압기 Tr1의 표준용량[kVA]을 적으시오.
- 계산 :   • 답 :

Answer

(1) 부등률 = $\dfrac{\text{각 부하군의 최대 수용 전력의 합}}{\text{합성최대수용전력}}$

(2) 계산 : 부등률 = $\dfrac{1{,}000 \times 0.75 + 750 \times 0.8 + 300}{1{,}320}$ = 1.25

   답 : 1.25

(3) 계산 : $[\text{kVA}] = \dfrac{1{,}320}{1.25} = 1{,}056\,[\text{kVA}]$

   답 : 표준용량 1,500[KVA]

Explanation

부등률 = $\dfrac{\text{각 개 최대 수용 전력의 합}}{\text{합성 최대 수용 전력}}$

부등률은 전력기기를 동시에 사용하는 정도로서 부하마다 최대전력이 발생되는 시각이 각각 다르므로 Tr_1의 변압기 용량을 구할 때는 부등률이 적용된다.

13 그림과 같은 회로에서 전원을 개폐하고자 한다. 이 경우 단로기와 차단기의 조작 순서를 적으시오. (4점)

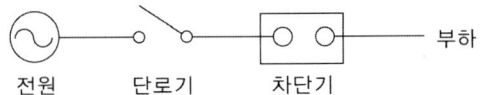

- 전원투입 순서 :   →
- 전원차단 순서 :   →

Answer

전원투입 순서 : 단로기 → 차단기
전원차단 순서 : 차단기 → 단로기

Explanation

인터록(Interlock) : 차단기가 열려 있어야만 단로기 조작 가능
- 급전 시 : DS → CB
- 정전 시 : CB → DS

14 다음 논리회로를 보고 최소 접점이 되도록 간략화 한 Y의 논리식을 적으시오. (5점)

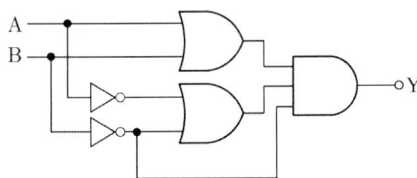

Answer

간략화 과정 : $Y = (A+B)(\overline{A}+\overline{B})\overline{B} = (A\overline{A} + A\overline{B} + B\overline{A} + B\overline{B})\overline{B}$
$= (A\overline{B} + B\overline{A})\overline{B} = A\overline{B}$

답 : $Y = A\overline{B}$

15 송전 선로에서 페란티 현상을 설명하시오. (5점)

Answer

경부하(무부하)시 선로의 정전용량에 의해서 수전단의 전압이 송전단의 전압보다 높아지는 현상

Explanation

페란티 현상
선로의 경부하(무부하) 시 정전용량에 의해서 송전단 전압보다 수전단 전압이 높아지는 현상으로 장거리선로와 지중케이블 선로에서는 정전용량이 크기 때문에 특히 무부하 충전시 문제가 발생되며 부하역률은 지상역률로 중부하시에는 전류가 전압보다 위상이 뒤지지만 지중전선로의 경부하시나 가공전선로의 무부하 충전 시 진상전류가 흐르게 되는 현상으로 분로리액터를 대책으로 한다.

분로리액터(Shunt Reactor)
분로리액터는 페란티 현상을 방지하기 위하여 주요 변전소에 설치되며 지상전력 공급을 통하여 무효분을 조정한다.

16 ★★★☆☆ (4점)
다음 복도 조명의 배선도에서 ①~④의 전선 가닥수를 적으시오.(단, "3"은 3로 스위치, "4"는 4로 스위치를 말한다)

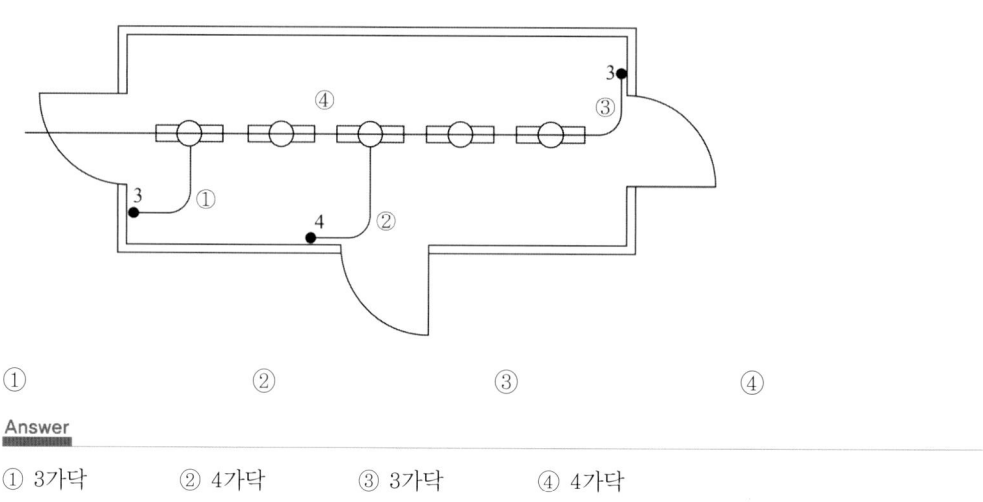

①　　　　　　　②　　　　　　　③　　　　　　　④

Answer

① 3가닥　　② 4가닥　　③ 3가닥　　④ 4가닥

17 ★☆☆☆☆ (5점)
수전전압 13.2/22.9[kV]에 진공차단기와 몰드변압기를 사용 시 이상전압으로부터 변압기를 보호하기 위해 사용하는 기기의 명칭과 해당 기기의 설치위치를 적으시오.

① 명칭 :
② 설치 위치 :

Answer

① 명칭 : 서지흡수기
② 설치위치 : 진공차단기 후단과 몰드변압기 1차측 사이에 설치

Explanation

(내선규정 제3,360조) 서지흡수기
- 구내선로에서 발생할 수 있는 개폐서지, 순간과도전압 등으로 2차기기에 악영향을 주는 것을 막기 위해 서지흡수기를 설치하는 것이 바람직하다.
- 설치위치 : 서지흡수기는 보호하려는 기기전단으로 개폐서지를 발생하는 차단기 후단과 부하 측 사이에 설치 운용한다.

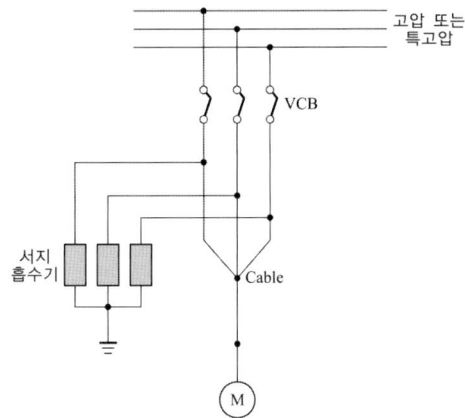

18 경간이 60[m]인 전주에 이도를 1[m]로 하여 가공전선을 가설하고자 한다. 무게가 1[kg]인 가공전선에 요구되는 수평장력[kg]을 계산하시오(단, 안전율은 1로 한다). (4점)

- 계산 :
- 답 :

Answer

계산 : 수평장력 $T = \dfrac{WS^2}{8D} = \dfrac{1 \times 60^2}{8 \times 1} = 450\,[\text{kg}]$

답 : 450[kg]

Explanation

수평장력 : $T = \dfrac{WS^2}{8D}\,[\text{kg}]$

여기서, W : 전선 1[m]당 하중
 D : 이도[m]
 S : 경간[m]

※ 수평장력 $T = \dfrac{\text{인장강도}}{\text{안전율}} = \dfrac{\text{인장하중}}{\text{안전율}}$

19 변압기의 기계적 보호장치를 3가지만 적으시오. (5점)

Answer

① 부흐홀츠 계전기 ② 방압안전장치 ③ 충격압력계전기

Explanation

변압기의 내부 고장 보호용
① 전기적인 보호 방식
 • 비율 차동 계전기

② 기계적인 보호 방식
- 부흐홀츠 계전기
- 방압안전장치
- 유온계(온도계전기),
- 유위계
- 서든 프레서(충격압력계전기)

20 (4점)
알칼리축전지의 포켓식 및 소결식의 종류를 각각 2개씩 적으시오.

(1) 포켓식
-
-

(2) 소결식
-
-

Answer

(1) 포켓식 : AL형, AM형
(2) 소결식 : AH-S형, AHH형

Explanation

알칼리 축전지

$$\begin{cases} \text{포케식} \begin{cases} \text{AL형} & : \text{완 방전형(일반 설치용)} \\ \text{AM형} & : \text{표준형(표준 방전용)} \\ \text{AMH형} & : \text{급 방전형(준고율 방전용)} \\ \text{AH-P형} & : \text{초급 방전형(고율 방전용)} \end{cases} \\ \text{소결식} \begin{cases} \text{AH-S형} & : \text{초급 방전형(고율 방전용)} \\ \text{AHH형} & : \text{초초급 방전형(초고율 방전용)} \end{cases} \end{cases}$$

2024년 전기공사산업기사 실기

BEST 01 ★★★★★ (5점)

110/220[V] 단상 3선식 전력을 공급 받는 어느 수용가의 부하 연결이 아래 그림과 같을 경우 불평형률을 계산하시오(단, 소수점 이하 첫째 자리에서 반올림 할 것).

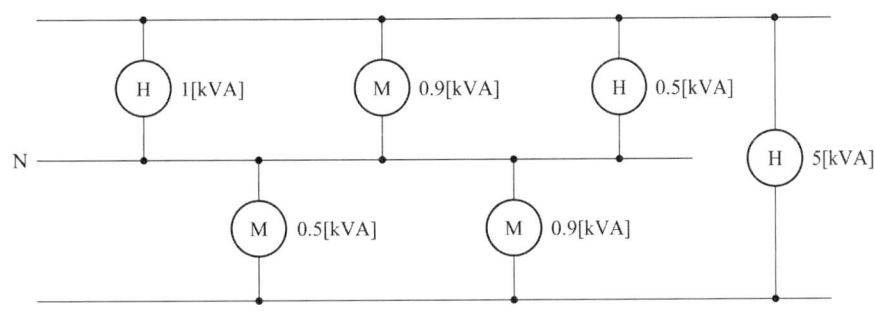

• 계산 :   • 답 :

Answer

계산 : 설비 불평형률 $= \dfrac{(1+0.9+0.5)-(0.5+0.9)}{\dfrac{1}{2}\times(1+0.9+0.5+0.5+0.9+5)}\times 100 = 22.73[\%]$ 답 : 23[%]

Explanation

단상 3선식 설비 불평형률

설비 불평형률 $= \dfrac{\text{중성선과 각 전압측 선간에 접속되는 부하설비용량[kVA]의 차}}{\text{총 부하설비용량[kVA]의 1/2}}\times 100[\%]$

여기서, 불평형률은 40[%] 이하이어야 한다.

02 ★★★☆☆ (5점)

경간 200[m]인 가공 전선로가 있다. 사용 전선의 길이는 경간보다 몇 [m] 더 길게 하면 되는가? 단, 사용전선의 1[m]당 무게는 2.0[kg], 인장하중은 4,000[kg]이고 전선의 안전율을 2로 하고 풍압하중은 무시한다.

• 계산 :   • 답 :

Answer

계산 : 이도 $D = \dfrac{WS^2}{8T} = \dfrac{2\times 200^2}{8\times \dfrac{4,000}{2}} = 5$

실제길이 $L = s + \dfrac{8D^2}{3S} = 200 + \dfrac{8 \times 5^2}{3 \times 200} = 200.33[m]$

실제 더 필요한 길이 : 200.33−200=0.33[m]   답 : 0.33[m]

Explanation

- 이도 : $D = \dfrac{WS^2}{8T} = \dfrac{WS^2}{8 \times \dfrac{인장하중}{안전율}}$

- 실제길이 : $L = S + \dfrac{8D^2}{3S}$

 여기서, L : 전선의 실제 길이[m]
 　　　　D : 이도[m]
 　　　　S : 경간[m]

03 다음 그림의 유접점 회로도를 보고 물음에 답하시오.   (5점)

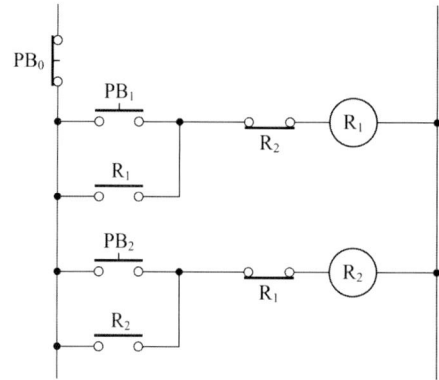

(1) 타임 차트를 완성하시오.

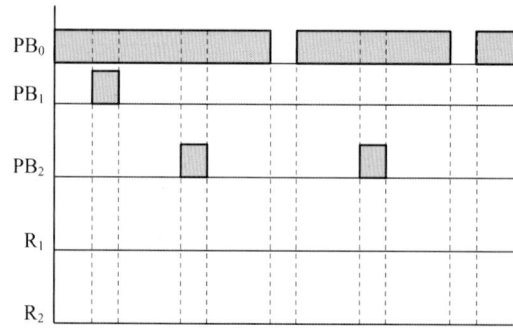

(2) R_1, R_2의 논리식을 적으시오.
 ・ R_1 :
 ・ R_2 :

Answer

(1)

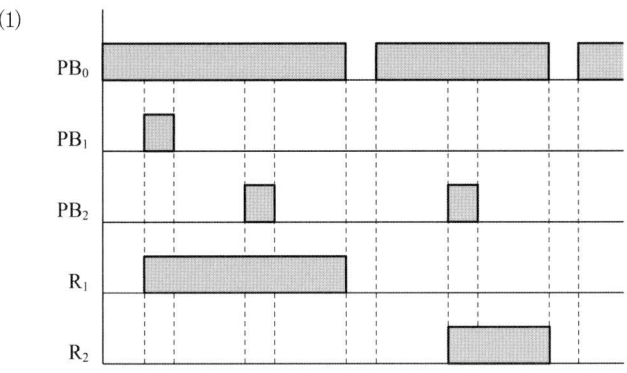

(2) $R_1 = \overline{PB_0} \cdot (PB_1 + R_1) \cdot \overline{R_2}$
$R_2 = \overline{PB_0} \cdot (PB_2 + R_2) \cdot \overline{R_1}$

Explanation

인터록 회로(interlock) : 한쪽이 동작하면 다른 한쪽은 동작할 수 없는 논리(동시 동작 금지 회로)

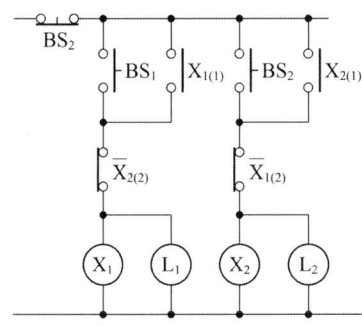
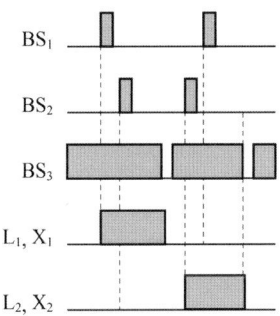

04 ★★☆☆☆ (5점)

플리커 릴레이를 사용한 신호회로 공사이다. 동작설명과 플리커 릴레이 내부접점번호를 이용하여 동작회로를 그리시오(단, 선의 접속과 미접속에 대한 예시를 참고하여 그리시오).

[동작 설명]
① 배선용차단기를 투입하고 S_1 스위치 ON하면 FR여자되며 FR설정시간 간격으로 R_1, R_2 교대점멸
② 배선용차단기를 투입하고 S_3-1, S_3-2 OFF시 PB를 누르고 있는 동안 R_3, R_4 병렬 점등, S_3-1 ON하면 R_3 점등, S_3-2 ON하면 R_4 점등
③ 전원은 단상 2선식 220[V]이다.

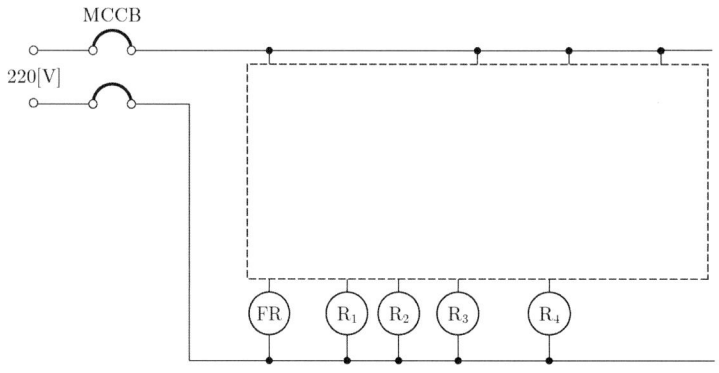

Answer

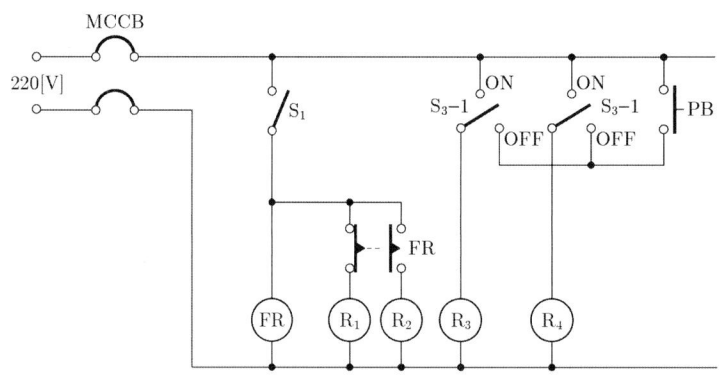

05 ★★★☆☆ (6점)
한류저항기(CLR)의 설치목적 3가지를 적으시오.

Answer

① 비접지 방식에서 GPT를 사용하고 SGR을 동작시키는 데 필요한 유효전류를 발생
② open delta 결선의 각 상의 제3고조파 전압 발생을 방지
③ 중성점 이상 전위 진동 및 중성점 불안정 현상 등의 이상현상을 제거

06 ★★★☆☆ (6점)

다음은 전기설비의 방폭구조에 대한 기호이다. 기호에 맞는 방폭구조의 명칭을 적으시오.

기호	방폭구조의 명칭
d	
o	
p	
e	
i	
s	

Answer

기호	방폭구조의 명칭
d	내압 방폭구조
o	유입 방폭구조
p	압력 방폭구조
e	안전증 방폭구조
i	본질안전 방폭구조
s	특수 방폭구조

Explanation

방폭구조 종류와 정의

방폭구조	정의	기호
내압 방폭구조	용기 내 폭발 시 용기가 폭발압력을 견디며, 접합면, 개구부를 통해 외부에 인화될 우려가 없는 구조	Ex d
압력 방폭구조	용기 내에 보호가스를 압입시켜 폭발성 가스나 증기가 용기 내부에 유입되지 않도록 된 구조	Ex p
안전증 방폭구조	정상 운전 중에 점화원 발생 방지를 위해 기계적, 전기적 구조상 혹은 온도 상승에 대해 안전도를 증가한 구조	Ex e
유입 방폭구조	전기 불꽃, 아크, 고온 발생 부분을 기름으로 채워 폭발성 가스 또는 증기에 인화되지 않도록 한 구조	Ex o
본질안전 방폭구조	정상 시 및 사고 시(단선, 단락, 지락)에 폭발 점화원 (전기 불꽃, 아크, 고온)의 발생이 방지된 구조	Ex ia Ex ib

07 ★★★☆☆ (5점)

전력용 커패시터 3개를 선간전압 3,300[V], 주파수 60[Hz]의 선로에 △로 접속하여 60[kVA]가 되도록 할 때, 여기에 소요되는 커패시터 1개의 정전용량을 구하시오.

Answer

계산 : △결선 : $Q_c = 3\omega CE^2 = 3\omega CV^2 (E=V)$ 이므로

정전용량 $C = \dfrac{Q_c}{3\omega V^2} = \dfrac{60 \times 10^3}{3 \times 2\pi \times 60 \times 3{,}300^2} \times 10^6 = 4.87[\mu F]$

답 : $4.87[\mu F]$

Explanation

- 역률 개선
  - 전력용 콘덴서는 진상 무효분을 공급하여 부하의 역률 개선을 위하여 사용
  - 부하의 역률 저하 원인 : 유도 전동기의 경부하 운전 및 형광방전등의 안정기 등

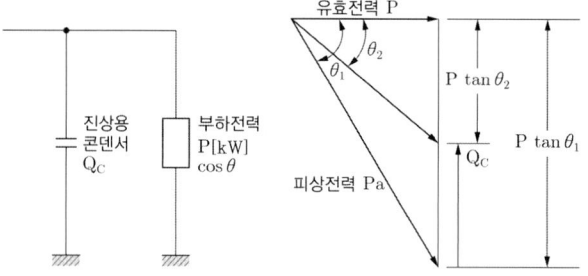

- 전력용 콘덴서 용량

$$Q_c = P(\tan\theta_1 - \tan\theta_2) = P\left(\dfrac{\sin\theta_1}{\cos\theta_1} - \dfrac{\sin\theta_2}{\cos\theta_2}\right) = P\left(\dfrac{\sqrt{1-\cos^2\theta_1}}{\cos\theta_1} - \dfrac{\sqrt{1-\cos^2\theta_2}}{\cos\theta_2}\right) \text{[kVA]}$$

여기서, $\cos\theta_1$: 개선 전 역률, $\cos\theta_2$: 개선 후 역률

- 역률 개선의 효과
  - 전압강하가 감소
  - 전력손실이 감소
  - 설비용량의 여유분 증가
  - 전기요금 절감

- 전력용 콘덴서 결선
  - △결선 : $Q_c = 3\omega CE^2 = 3\omega CV^2 (E = V)$
  - Y결선 : $Q_c = 3\omega CE^2 = 3\omega C\left(\dfrac{V}{\sqrt{3}}\right)^2 = \omega CV^2 (E = \dfrac{V}{\sqrt{3}})$

08 ★★★☆☆ (5점)

다음은 네온방전등을 옥내에 시설하는 경우이다. 다음 각 물음에 답하시오.

(1) 관능회로의 배선은 어떤 공사로 하는지 적으시오.
(2) 관등회로의 배선에서 전선지지점간 최대거리[m]를 적으시오.
(3) 네온방전등에 공급하는 전로의 대지전압은 몇 [V]이하인가?
(4) 네온변압기는 어떤 관리법의 적용을 받는 것이어야 하는가?
(5) 관등회로의 배선에서 전선상호간의 이격거리[mm]는 얼마인가?

Answer

(1) 애자공사   (2) 1[m]   (3) 300[V]
(4) 전기용품 및 생활용품 안전관리법   (5) 60[mm]

Explanation

(KEC 234.12조) 네온방전등

234.12.1 적용범위
네온방전등에 공급하는 전로의 **대지전압은 300[V] 이하**로 하여야 하며, 다음에 의하여 시설할 것

234.12.2 네온변압기
네온변압기는 「전기용품 및 생활용품 안전관리법」의 적용을 받은 것.

234.12.3 관등회로의 배선
1. 관등회로의 배선은 애자공사로 다음에 따라서 시설하여야 한다.
(1) 전선 상호간의 이격거리는 60[mm] 이상일 것.
(2) 전선과 조영재 이격거리는 노출장소에서 표에 따를 것.

전압 구분	이격거리
6[kV] 이하	20[mm] 이상
6[kV] 초과 9[kV] 이하	30[mm] 이상
9[kV] 초과	40[mm] 이상

(3) 전선지지점간의 거리는 1[m] 이하로 할 것.
(4) 애자는 절연성·난연성 및 내수성이 있는 것일 것.

09 ★★★★☆ (5점)

사용전압이 220[V]인 옥내배선에서 소비전력 40[W], 역률 60[%]인 형광등 30개와 소비전력 100[W]인 백열등 50개를 설치한다고 할 때 최소 분기 회로수를 구하여라(15[A]분기회로로 하며 수용률은 100[%]이다).

• 계산 :   • 답 :

Answer

계산 : $N = \dfrac{\dfrac{40}{0.6} \times 30 + 100 \times 50}{220 \times 15} = 2.12$

답 : 15[A] 분기 3회로

Explanation

(내선규정 제 3,315-1~5조) 부하상정 및 분기회로

분기 회로수 = $\dfrac{\text{표준 부하 밀도 [VA/m}^2\text{]} \times \text{바닥 면적 [m}^2\text{]}}{\text{전압 [V]} \times \text{분기 회로의 전류 [A]}}$

【주1】계산결과에 소수가 발생하면 절상한다.
【주2】220 [V]에서 3[kW] (110 [V]때는 1.5 [kW])를 초과하는 냉방기기, 취사용 기기 등 대형 전기 기계 기구를 사용하는 경우에는 단독분기회로를 사용하여야 한다.
주의 : 현재는 16[A]분기회로가 사용되나 문제에서 15[A]라고 하였으므로 이를 적용하여야 한다.

10 ★★★☆☆ (5점)

그림과 같이 전선 1조마다 50[kg]의 장력을 받는 전선 3조와 인류지선을 시설하고자 한다. 이 경우 지선이 받는 장력[kg]을 구하시오.

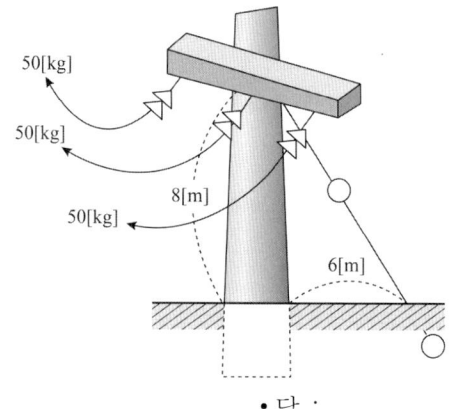

• 계산 : • 답 :

Answer

계산 : 지선장력 $T_0 = \dfrac{T}{\cos\theta} = \dfrac{50 \times 3}{\dfrac{6}{10}} = 250[\text{kg}]$ 답 : 250[kg]

Explanation

지선장력

$T_0 = \dfrac{T}{\cos\theta}$

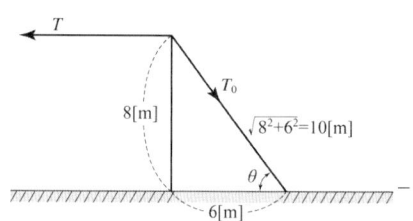

$\cos\theta = \dfrac{T}{T_0} = \dfrac{6}{10}$

$\therefore T_0 = \dfrac{10}{6} \times T = \dfrac{10}{6} \times 50 \times 3 = 250[\text{kg}]$

11 ★★★★☆ (5점)

단상 2선식의 교류 배전선에서 전선 1가닥의 저항이 0.25[Ω]이다. 부하가 220[V], 8.8[kW], 역률이 1일 경우 급전점의 전압을 계산하시오.

• 계산 : • 답 :

Answer

계산 : $V_s = V_r + 2I(R\cos\theta + X\sin\theta)$

급전점의 전압 : $V_s = 220 + 2 \times \dfrac{8.8 \times 10^3}{220} \times 0.25 = 240[V]$ 답 : 240[V]

Explanation

단상 선로의 전압강하(전선 1가닥의 저항이 주어진 경우)
$e = V_s - V_r = 2I(R\cos\theta + X\sin\theta)$ 에서
여기서, 무유도성이라면 $\cos\theta = 1$ 이므로
전압강하 $e = V_s - V_r = 2IR$

---

12 ★☆☆☆☆ (5점)

고압 방전램프의 종류 3가지를 적으시오.

Answer

고압 수은등, 고압 나트륨등, 메탈 헬라이드등

---

13 ★★☆☆☆ (10점)

콘크리트 전주(14[m]) 설치에 지형상 소운반(인력운반)이 필요하여 관련 사항을 산출하고자 한다. 아래 조건을 참고하여 다음 물음에 답하시오.

[조건]
○ 소운반 거리 : 950[m]
○ 운반도로 : 도로상태 불량
○ 전주무게 : 1,500[kg]
○ 1일 실작업 시간(목도) : 360분
○ 목도공 노임은 10,350원이고 목도공은 1일 6시간 기준으로 한다.

[인력운반 및 적상하 시간 기준]
인부(지게)운반과 장대물, 중량물 등 목도 운반비 산출 공식
(1) 기본 공식
운반비 $= \dfrac{A}{T} \times M \times \left(\dfrac{60 \times 2 \times L}{V} + t\right)$

여기에서
A : 목도공의 노임[인부(지게) 운반일 경우 보통인부의 노임]
M : 필요한 목도공의 수($M = \dfrac{\text{총 운반량[kg]}}{\text{1인당 1회 운반량[kg]}}$) 단, 1회 운반량은 50[kg/인]
L : 운반 거리[km], V : 왕복 평균 속도[km/hr],
T : 1일 실작업 시간[분], t : 준비 작업 시간[2분]

(2) 왕복 평균 속도

구분	장대물, 중량물등 목도 운반, 왕복 평균 속도[km/hr]	인부(지게)운반 왕복 평균 속도[km/hr]
도로 상태 양호	2	3
도로 상태 보통	1.5	2.5
도로 상태 불량	1.0	2.0
물논, 도로가 없는 산림지 및 숲이 우거진 지역	0.5	1.5

(1) 필요한 운반 인원수[인]를 구하시오.
- 계산 :   • 답 :

(2) 전주운반에 따른 총 인력운반비[원]를 구하시오.
- 계산 :   • 답 :

Answer

(1) 계산 : $M = \dfrac{\text{총 운반량[kg]}}{\text{1인당 1회 운반량[kg]}} = \dfrac{1,500}{50} = 30[\text{인}]$

답 : 30[인]

(2) 계산 : 운반비 $= \dfrac{A}{T} \times M \times \left(\dfrac{60 \times 2 \times L}{V} + t \right)$
$= \dfrac{10,350}{360} \times 30 \times \left(\dfrac{60 \times 2 \times 0.95}{1} + 2 \right) = 100,050[\text{원}]$

답 : 100,050[원]

14 ★☆☆☆ (5점)

6[L]의 물을 용기에 넣어 20[℃]에서 70[℃]로 온도를 높이는 데 1[kWh]의 전열기로 30분간 가열하였다. 이 전열기의 효율[%]을 계산하시오.

- 계산 :   • 답 :

Answer

계산 : $\eta = \dfrac{cm\theta}{860Pt} \times 100 = \dfrac{6 \times (70-20)}{860 \times 1 \times \dfrac{30}{60}} \times 100 = 69.77$

답 : 69.77[%]

Explanation

전열기 효율 $\eta = \dfrac{\text{열}}{\text{전기}} \times 100 = \dfrac{cm\theta}{860Pt} \times 100 [\%]$

여기서, P : 전력[kW], t : 시간[hour], m : 질량[kg], θ : 온도차[℃]

15 ★☆☆☆☆ (5점)

직경 2.6[mm]의 단선을 동등한 허용전류의 연선으로 교체할 때 연선의 공칭단면적을 적으시오.

• 계산 :   • 답 :

Answer

계산 : 단선의 굵기 : $A = \dfrac{\pi}{4}d^2 = \dfrac{\pi}{4} \times 2.6^2 = 5.31 [\text{mm}^2]$

답 : 6[mm²]

Explanation

전선의 굵기는 허용전류와 관계있으므로

단선의 굵기 : $A = \dfrac{\pi}{4}d^2 = \dfrac{\pi}{4} \times 2.6^2 = 5.31 [\text{mm}^2]$

연선의 공칭단면적 : 1.5, 2.5, 4, **6**, 10[mm²] …

16 ★★☆☆☆ (3점)

송전 계통에 발생한 고장 때문에 일부 계통의 위상각이 커져서 동기를 벗어나려고 할 때 이것을 검출하고 그 계통을 분리하기 위해서 차단하지 않으면 안 될 경우에 사용하는 계전기를 적으시오.

Answer

탈조 보호 계전기

Explanation

탈조 보호 계전기(Out of step protective Relay)
송전 계통에 발생한 고장 때문에 일부 계통의 위상각이 커져서 동기를 벗어나려고 할 때 이것을 검출하고 그 계통을 분리하기 위해서 차단하기 위한 보호계전기

17 ★★★☆☆ (5점)

수전단에 부하가 요구하는 무효전력과 원선도상에서 정해지는 무효전력과의 차에 해당하는 무효전력을 별도로 공급해 주기 위하여 사용하는 조상설비의 종류를 3가지만 적으시오.

Answer

동기조상기, 분로리액터, 전력용 콘덴서

Explanation

조상설비
송전전력을 일정한 전압으로 보내기 위하여 무효전력 공급 및 흡수설비가 필요하며 이를 조상설비라 하며 동기조상기를 비롯하여 분로리액터, 전력용 콘덴서, SVC 등이 있다.

	진 상	지 상	시충전(시송전)	조 정	전력손실	증설
동기조상기	○	○	○	연속적	크다	불가능
분로리액터	×	○	×	단계적	작다	가능
전력용 콘덴서	○	×	×	단계적	작다	가능

18 ★★★☆☆ (5점)

송전선로에 매설지선을 설치하는 주된 목적을 적으시오.

Answer

매설지선은 철탑의 탑각 접지저항을 감소시켜 역섬락을 방지한다.

Explanation

매설지선은 철탑의 접지저항을 낮추기 위하여 아연도금 절연선을 지면 30[cm]깊이에 30~50[m]의 길이로 방사상으로 매설하는 것으로 역섬락 방지용으로 사용된다.
역섬락은 철탑의 접지저항이 큰 경우 뇌격 시 철탑의 전위가 상승하여 철탑으로부터 송전선로 방향으로 섬락이 발생하는 것을 말한다.
이러한 역섬락을 방지하기 위하여
- 철탑의 접지저항을 작게 하고
- 매설지선 사용

19 ★★★☆☆ (5점)

평균 구면 광도 100[cd]의 전구 5개를 직경 10[m]의 원형의 사무실에 점등할 때 조명률 0.4, 감광 보상률을 1.6이라 하면 사무실의 평균조도[lx]는 얼마인가?

• 계산 :   • 답 :

Answer

계산 : 평균조도 $E = \dfrac{FUN}{SD} = \dfrac{4\pi \times 100 \times 0.4 \times 5}{\pi \times \left(\dfrac{10}{2}\right)^2 \times 1.6} = 20[\text{lx}]$

답 : 20[lx]

Explanation

조명계산
$FUN = ESD$
여기서, F[lm] : 광속, U : 조명률, N : 등수
E[lx] : 조도, S[m²] : 면적, $D = \dfrac{1}{M}$: 감광보상율 $= \dfrac{1}{\text{보수율}}$

등수 $N = \dfrac{ESD}{FU}$ 이며 등수계산은 소수점은 무조건 절상한다.

광속
구광원 : $F = 4\pi I$
원통광원 : $F = \pi^2 I$
평판광원 : $F = \pi I$